AF411260

COLÉOPTÈRES

DE FRANCE.

LYON.—IMPRIMERIE DE DUMOULIN, RONET ET SIBUET,

Quai St-Antoine, 35.

HISTOIRE NATURELLE

DES

COLÉOPTÈRES

DE FRANCE ;

Par M. E. Mulsant,

Sous Bibliothécaire de la ville de Lyon,
Membre de l'Académie Royale des Sciences, Belles-Lettres et Arts
des Sociétés Royale d'Agriculture, Littéraire et Linnéenne
de la même ville, etc.

LAMELLICORNES.

PARIS,

MAISON, LIBRAIRE, QUAI DES AUGUSTINS, 29

1842.

PRÉFACE.

Les Lamellicornes sont de tous les Coléoptères ceux dont
on s'est le plus occupé et sur lesquels on a le plus écrit :
néanmoins malgré les travaux nombreux dont ils ont été
l'objet, plusieurs familles de cette riche tribu réclamaient
une révision. L'on n'avait point assez étudié les modifications
remarquables que, chez un certain nombre de ces petits
animaux, chez les Copriens surtout, présentent dans leur
conformation les individus d'une même espèce suivant le
développement qu'ils ont pris à l'état de larve. Et, faute
d'avoir suffisamment consulté la nature, on avait quelquefois
été entraîné à étendre contre son aveu le catalogue des
insectes de cette tribu, en dotant d'un nom spécifique particulier, soit chaque sexe d'une même espèce, soit des individus
s'éloignant plus ou moins de l'état normal.

Les rectifications opérées déjà par d'autres écrivains, celles
que l'étude de ces petits animaux m'a permis de faire, les

livres nombreux qui ont paru depuis la publication du premier volume de l'ouvrage de M. Schœnherr ayant rendu ce beau travail insuffisant, surtout en ce qui concerne les premières familles des Pétalocérides, j'ai cru devoir mettre un soin particulier à compléter la synonymie de ces insectes. Je l'ai fait en inscrivant généralement d'une manière chronologique soit les dénominations génériques, soit les ouvrages qui ont adopté les mêmes désignations. Il sera facile par ce moyen de suivre la marche progressive de la science. Ces recherches m'ont conduit à restituer à plusieurs Lamellicornes les premiers noms spécifiques sous lesquels ils ont été connus, acte de justice dont plusieurs écrivains ont déjà donné l'exemple pour d'autres tribus.

Il me semble utile ici, dans l'intérêt des principes presque universellement admis, de répondre brièvement à quelques-unes des observations que M. le comte Dejean m'a fait l'honneur d'adresser à la Société Entomologique de France sur ma Tribu des Longicornes.

Ce savant naturaliste s'est étonné que j'aie indiqué comme inédites ou non caractérisées certaines coupes nouvelles dénommées dans son catalogue. « Ce ne sont point, dit-il, les caractères qui constituent les genres; les caractères sont des choses variables et qui dépendent tout-à-fait de la manière de considérer l'ensemble des genres que l'on veut traiter, etc. »

Sans aucun doute on peut, suivant les parties de l'organisation auxquelles on s'adresse, formuler de différentes manières le diagnostic d'un genre; mais là, ce me semble, n'est pas la question. Faut-il considérer comme le véritable créateur d'une coupe celui qui s'est borné à la signaler? ou du moins doit-on lui en accorder tout le mérite? Il est assez aisé de réunir, d'après le faciès, des espèces qui semblent devoir constituer de nouveaux genres ; c'est dans les moyens de faire reconnaître ces derniers que gît la difficulté. Le savant auquel je réponds me servira lui-même à prouver cette assertion. Après avoir, sur la foi des naturalistes allemands, adopté dans son catalogue les genres *Argutor*, *Omaseus*, etc., n'a-t-il pas, dans son Spéciès, déclaré infructueux les essais tentés par lui pour les caractériser ?

M. le comte Dejean considère l'Entomologie comme une science de tradition, et, d'après cette opinion, il regarde la publication d'un catalogue comme donnant autant de droits qu'un ouvrage descriptif. Malgré ma profonde admiration pour les lumières et l'expérience de ce savant naturaliste, il me serait impossible de me ranger de son avis, et de croire qu'une figure et une description bien faites soient insuffisantes pour faire reconnaître une espèce. Sans citer ici les travaux de Gyllenhal, par exemple, qui ne laissent généralement rien à désirer, le Spéciès des Carabiques lui-même, quand les descriptions ne sont pas trop basées sur des comparaisons, me servirait à contredire l'opinion trop modeste de son auteur.

Il est vrai que parmi les ouvrages d'Entomologie, surtout parmi les anciens, il en existe un grand nombre écrits si légèrement ou d'une brièveté tellement énigmatique, qu'ils offrent à peine plus de ressources que la tradition ; mais de tels travaux ne sont point ici en cause. Toutes les fois qu'une description est assez mal faite pour ne pas permettre de reconnaître l'objet qu'a voulu signaler l'auteur, elle doit être considérée comme nulle. Quant aux noms de catalogues imprimés ou manuscrits donnés à des espèces inédites, les adopter est une politesse qu'on se doit mutuellement et à laquelle je n'ai jamais manqué quand je n'ai pas été saisi de quelques doutes ; toutefois de semblables indications, comme l'a fort bien dit Latreille, ne donnent aucun droit, et si par ignorance , par hasard , ou même sciemment, un auteur a décrit les mêmes espèces sous d'autres noms , ces derniers seuls doivent être adoptés. De semblables principes ne sauraient souffrir de difficulté sérieuse.

Il me reste à témoigner ma reconnaissance aux personnes qui m'ont permis de rendre mon travail moins incomplet ou moins défectueux, soit en mettant à ma disposition les richesses de leur cabinet ou celles de leur bibliothèque , soit en me fournissant des renseignements ou des avis utiles. Dans l'impossibilité de rappeler ici les noms de toutes, je me bornerai à citer : feu Audouin, MM. Boilleau, Chevrolat, Duponchel, Dupont, Gory, Montandon et Reiche, de Paris ; Foudras, Fontenay, Guillebaud, Hénon, A. Jordan, Jourdan, Perroud, A. et C. Rey, de Lyon ; Bompart , Doublier, Ecoffet , de Fonscolombe, J. Garnier, Gaubil, Nourrisson, Perris, Ch. Perroud, Raymondon et Solier, de divers départements.

<hr>

La publication de ce travail a été retardée par diverses causes qui, je l'espère, ne se renouvelleront pas. Prochainement paraîtra la Monographie des Palpicornes.

TRIBU

DES

LAMELLICORNES.

----—◆—----

Caractères. Antennes courtes, insérées dans une fossette, sous les bords latéraux de la tête, près du point de jonction des joues et de l'épistome, et terminées par une massue feuilletée ou lamellée. — Yeux rarement saillants; presque toujours transversalement coupés, au moins en partie, par les joues ou par un prolongement dépendant de celles-ci. — Epistome couvrant la bouche dans le plus grand nombre. — Mandibules membraneuses chez plusieurs. — Menton recouvrant la languette, ou incorporé avec elle et portant les palpes. — Jambes antérieures toujours dentées au côté externe; armées d'un seul éperon. — Tarses à articles entiers. — Corps le plus souvent ovalaire ou oblong; ordinairement épais et convexe, quelquefois déprimé.

A la tête de tous les insectes décrits dans son Système de la Nature, Linné avait placé ceux dont l'histoire va suivre, soit à cause de leur taille généralement remarquable, soit plutôt en raison d'un caractère qui leur est propre, celui d'avoir leurs antennes terminées par une massue, dont les articles sont dilatés au côté interne en forme de feuillets ou de petites lames : de là, le nom de LAMELLICORNES qui leur a été imposé pour la première fois par M. Duméril.

Faciles à reconnaître entre tous les Pentamères et même entre tous les autres Coléoptères, à la conformation particulière de ces organes, ces insectes composent la tribu la plus distincte de toute notre première section ; néanmoins, malgré le cachet dont ils portent l'empreinte, leur organisation extérieure se modifie de telle sorte, suivant les différents genres; elle présente souvent, selon le sexe, dans les mêmes espèces, des formes si diverses ou si anormales, que peut-être dans aucune autre partie de ses ouvrages, la Nature ne semble avoir pris à tâche do faire briller d'une manière plus éclatante les ressources infinies de son génie créateur.

Habituellement plus étroite que le prothorax, la tête égale ou surpasse exceptionnellement ce dernier en largeur et en surface, par le développement considérable qu'elle acquiert chez certains Priocérides. Généralement penchée, elle se montre parfois presque horizontale; d'autres fois, comme chez divers Cétoniens, verticale ou inclinée. Elle mérite surtout d'être étudiée dans le détail des pièces dont elle se compose.

Le front, dans certaines espèces, presque confondu avec l'épistome ou avec le postépistome, en est ordinairement séparé par une raie apparente, souvent par une ligne élevée ou sorte de suture, qu'en raison de sa position nous désignerons sous le nom de *frontale*. Celle-ci, habituellement entière, est parfois interrompue dans son milieu; chez les uns, elle est unie; chez les autres, elle est chargée d'un à trois tubercules; ou, chez quelques autres, elle se relève en corne à ses extrémités. Le disque du front offre des singularités souvent caractéristiques du sexe. Ainsi, chez les femelles des Onites et des Bubas, il est muni d'un tubercule toujours plus affaibli chez les mâles; ainsi, chez la femelle d'un Dorcus, il est pourvu de deux points saillants particuliers à celle-ci; ainsi encore, chez le *Bolbocerus gallicus*, il est armé d'une corne, remplacée chez la femelle par une ligne transversalement élevée. Dans la plupart des Ontophages, il donne naissance à des saillies qui semblent être plus spécialement une dépendance du vertex. Tantôt c'est une sorte d'arête transversale, soit simple, soit servant de base à des prolongements corniformes droits ou arqués; tantôt c'est une espèce de lame terminée par une pointe linéaire verticale ou penchée en avant. Quelquefois le front est chargé d'une corne, plus ou moins longue et acuminée chez les mâles, soit échancrée, soit plus courte ou rudimentaire dans l'autre sexe; en général cette corne lui est commune avec l'épistome.

Ce dernier couvre souvent la bouche, et alors il sert à fouir; d'autres fois, comme chez les Géotrupes, il laisse ce soin aux mandibules par lesquelles il est débordé en devant. Quelle diversité ne présente-t-il pas dans ses formes? Il est carré dans les Osmodermes; transversal dans les Hannetons; en losange dans les Cératophyes; en triangle dans les Trox; obtriangulaire chez divers Copriens; en demi-cercle chez les Bolbocères. Sa partie supérieure souvent unie ou simplement ponctuée ou chagrinée, se montre, chez plusieurs, munie d'une ligne élevée et transversale, droite ou arquée; pourvue d'un tubercule; ou d'autres fois d'une sorte de carène longitudinale. Elle est creusée en corbeille chez les Pachypes; concave et évasée antérieurement chez divers Lucaniens;

et, par une disposition contraire, relevée chez d'autres, comme chez les Hybales, en une proéminence cornue, toujours moins saillante ou nulle chez les femelles. Son bord antérieur souvent entier, soit dans les deux sexes, soit seulement chez les femelles, comme on le voit chez certains Onites, affecte dans d'autres genres des dispositions variées ; il est échancré dans un grand nombre d'Aphodies ; bisinueux dans les Céruches ; tronqué et comme bidenté chez les Oryctès ; en pointe obtuse chez les Phyllognathes ; renflé en une sorte de petit groin chez les Anisoplies ; relevé en rebord chez les mâles des Osmodermes; festonné ou quadridenté chez les Scarabées ; il se replie en-dessous chez les Hannetons ; se prolonge inférieurement en un triangle perpendiculaire chez les Pachypes; s'aplatit chez les Copriens et les Aphodiens. Dans ces dernières familles l'épistome forme alors, avec les joues aplaties comme lui, cette espèce de *chaperon* qui ombrage les pièces de la bouche et cache la base des antennes.

En général, les joues, chez les Lamellicornes, remplissent un rôle plus important que dans aucune autre tribu. Chez plusieurs, leurs points de séparation avec l'épistome sont difficiles à déterminer ; mais chez d'autres, surtout chez les premiers Coprophages, leurs limites sont indiquées à la périphérie du chaperon par une dent ou une échancrure, et sur la surface de celui-ci par une ligne saillante ou sorte de suture, que nous appellerons *génale*. Leur forme et leur grandeur, comme celles de toutes les autres pièces de l'épicrâne, subissent des modifications nombreuses. Ainsi, chez les Mélolonthins, les joues sont réduites à des proportions exiguës ; chez la plupart des Aphodies, au contraire, elles se dilatent de chaque côté de la tête en forme d'oreillettes. A leur partie postérieure, elles sont habituellement engagées dans les cornées. La saillie ou le *canthus* que leur prolongement forme alors sur les organes de la vision, est d'une étendue variable ; ordinairement linéaire et plus ou moins court chez les espèces Mélitophiles ou Phyllophages, il atteint son maximum de développement chez celles dont la vie est en partie souterraine; il est tel chez certains Coprophages, par exemple, que les yeux semblent divisés transversalement en deux parties plus ou moins inégales, dont l'inférieure généralement la plus volumineuse, sert à guider ces insectes dans les voies ténébreuses où ils s'engagent. Ce n'est point alors un simple prolongement de la joue, c'est la majeure partie de celle-ci, comme chez les Copriens, ou la joue même tout entière, comme chez les Géotrupes, qui environne le côté externe des yeux d'un large bord, d'une tranche horizontale, espèce d'armure destinée à préserver ces organes de toute lésion, dans les chemins souvent rocailleux que sont obligés de se frayer ces divers Coprophiles. Les yeux des autres Lamellicornes n'avaient pas besoin d'être ainsi enchâssés ; toutefois ils sont peu saillants encore chez les espèces crépusculaires ; on remarque au contraire leur proéminence chez celles, comme les Cétoines, dont l'activité est toute diurne.

Les antennes, sur lesquelles repose le caractère le plus distinctif de cette tribu, sont insérées dans une fossette, sous les bords de la tête. Parfois, comme chez les Trox et les Oryctès, leur naissance à peine est ombragée par ces bords ; d'autres fois, comme chez les Copriens, le chaperon cache presque toute leur tige. Généralement elles égalent la tête en longueur ; jamais elles ne dépassent la base du prothorax. Tantôt, comme dans le premier groupe, elles sont droites ou faiblement courbées ; tantôt, comme dans le second, elles se montrent géniculées. Dans peu d'autres tribus, elles offrent moins d'uniformité dans le chiffre de leurs articles : ordinairement on leur en compte neuf ou dix ; ce nombre est réduit à huit chez les Sisyphes, les Pachypes et les Calicnémis ; et par compensation, il s'élève à onze chez la plupart des Géotrupins. Le scape ou pièce basilaire est remarquable à plusieurs égards : chez les Pétalocérides il est épais, soit obconique ou régulièrement renflé, soit, comme chez divers Cétoniens, plus dilaté au côté externe ; chez les Priocérides, il est grêle proportionnellement à son étendue ; chez ceux-là, il est ordinairement droit ; chez ceux-ci, il est constamment arqué. Dans les uns, comme on le voit dans les Trogidiens et quelques familles voisines, il est manifestement plus court que la tige ; dans les autres, les Lucaniens par exemple, il égale au moins cette dernière en longueur. Quelquefois il est glabre sur toute sa surface ; souvent il est garni de longs poils, soit disposés en verticilles, soit rangés seulement sur le côté externe : ils sont alors ou épanouis en rayons, ou relevés en brosse, ou réunis en faisceaux ; tantôt ils ont la flexibilité de la soie ; tantôt, comme chez les Trox, ils ont la raideur du crin. Le pédicelle ou second article est généralement globuleux. Ceux de la tige se montrent arrondis, comprimés, obconiques ou cupiformes, et progressivement d'un diamètre plus grand ; leur nombre s'élève en raison inverse de celui de la massue : dans la plupart des Géotrupins, la tige est composée de six pièces ; dans les mâles des Hannetons, elle est réduite à une seule. Mais de toutes les parties des antennes, la massue est celle qui mérite spécialement de fixer l'attention. C'est elle qui est visiblement le siége des sensations les plus délicates particulières à ces organes. Elle est composée d'articles dilatés au côté interne : chez les Priocérides, ils ont la forme de petites lames, et représentent assez bien un peigne pourvu, selon les genres, de trois à six dents ; chez les Pétalocérides, ils se déploient en espèces de feuillets s'ouvrant ou se fermant comme ceux d'un livre, ou s'écartant et se rapprochant comme les doigts de la main. Le plus souvent ils sont au nombre de trois, constituant par leur réunion une sorte de bouton globuleux, ovale ou oblong : tantôt alors, même dans la contraction, l'intermédiaire est visible par sa tranche ; tantôt il est caché en partie, comme chez les Onites, ou complètement emboîté dans le précédent, comme chez les Hybosores. D'autres fois la massue est composée de quatre ou de six articles dans les femelles, et de cinq ou de sept dans les mâles ; et par un avantage propre à ces derniers, ces feuillets destinés probablement par leur sensibilité aux variations atmosphériques, et peut-être par certaines propriétés olfactives, à favoriser l'accomplissement de l'acte le plus mystérieux de ces insectes, acquièrent un développement beaucoup plus considérable que dans l'autre sexe, se recourbent chez plusieurs comme un élégant panache, et forment en s'épanouissant une sorte d'éventail.

Le labre remplit en général un rôle peu important chez les Lamellicornes. Parfois il est presque nul ou confondu d'une manière intime avec l'épistome dont il tapisse la paroi inférieure, comme on peut le remarquer chez divers Priocérides ; d'autres fois il est membraneux et caché, comme chez les Cétoniens et les premiers Coprophages. Dans les genres où il est visible, il est communément peu développé, ne se montre souvent que par sa tranche, et ne forme une saillie remarquable que dans une partie des Géotrupins. Rarement triangulaire, comme chez les Platycères, quelquefois presque en cœur comme chez plusieurs Ontophages, il se rapproche plus généralement du carré transversal, dont son bord antérieur modifie plus ou moins la forme. Ce dernier, ordinairement cilié, est arqué dans les Oniticelles, bisinueux chez les Gymnopleures, échancré chez les Amphimalles, presque bilobé chez les Anoxies.

Chargées de fonctions plus importantes, les mandibules indiquent aussi d'une manière plus spéciale le genre de vie des divers individus. Chez ceux, comme les premiers et derniers Pétalocérides, qui vivent de fluides ou de matières peu consistantes, leur bord interne et leur extrémité sont d'une nature membraneuse, foliacée, simple ou frangée ; chez ceux au contraire où leur action était plus nécessaire, elles sont entièrement cornées. Tantôt alors, comme chez les Géotrupins, elles forment latéralement aux autres parties de la bouche, une saillie dont la largeur et les sinuosités varient souvent selon le sexe ; tantôt, comme chez les Mélolonthins, elles sont cachées par le labre et les mâchoires, et leur bord externe seul est apparent. Ce dernier offre, chez plusieurs, des particularités dignes d'être signalées : ainsi, il est échancré ou denté chez les Cératophyes, et festonné chez les Pentodons.

D'autres fois il est pubescent, lanugineux ou poilu ; chez les Trox, les poils dont il est hérissé sont remarquables par leur raideur; chez le Hanneton foulon, la plupart de ceux dont il est muni ont acquis la forme et la dureté de certains piquants, mais ils sont inoffensifs et couchés comme des écailles. Le bord interne présente des caractères d'une autre importance. Rarement inerme, il est le plus souvent muni de deux ou trois dents à sa partie antérieure. Chez les uns, la terminale au moins est tronquée ou obtuse et remplit les fonctions d'incisive ; chez les autres, toutes sont tranchantes ou aiguës et peuvent être comparées à des canines. A la base, existe une molaire, séparée des précédentes, quelquefois par une touffe de poils, d'autres fois par une membrane unie ou frangée, à laquelle nous consacrerons la dénomination de *fanon*. Réduite à de faibles proportions dans les Cétoines et dans les espèces des genres analogues, cette molaire acquiert chez les Mélolonthins un développement sans pareil chez tous les autres Coléoptères. Sa surface inégale ou onduleuse, tantôt lisse, tantôt chargée de côtes ou de rides, correspond par ses parties saillantes aux concavités de la dent opposée. Sous son bord inférieur se développe généralement une bordure de poils assez serrés à laquelle M. Straus donne le nom de *brosse*. La coupe transversale des mandibules présente des modifications nombreuses : chez les uns, elle se rapproche du triangle équilatéral ; chez d'autres, comme chez les Hybosores, elle s'en éloigne au point d'avoir l'aplatissement de la lame d'une faulx. Relativement à leur développement, ces pièces offrent des différences non moins frappantes : généralement plus courtes que la tête, elles en égalent ou surpassent la longueur dans les mâles de divers Priocérides. Ordinairement semblables dans les deux sexes, elles se distinguent chez plusieurs mâles par des caractères particuliers. Le plus souvent symétriques, on les voit quelquefois, comme dans les Ochodées, les Bolbocères, etc., montrer entre elles des dissemblances étranges.

Les mâchoires n'offrent pas moins de diversité dans leur nature et dans leurs formes. Habituellement elles sont divisées en deux lobes: là, le supérieur simplement frangé ou garni de poils, est courbé au côté interne chez les Copriens ; droit et assez court chez les Géotrupes ; prolongé en pinceau chez les Trichies, les Cétoines et les Lucanes: ici, comme chez les Trox, il est armé de plusieurs dents. L'inférieur, rarement corné, comme chez les Psammodies et les Ægiales, se montre généralement coriace : il se termine en pointe chez les Hybosores ; présente une ou deux épines chez les Ochodées et les Bolbocères ; mais ordinairement il est inerme ; quelquefois même, comme chez les Oryctès, il est rudimentaire ou presque nul, modification qui conduit naturellement à celle où les deux lobes sont réunis en un seul, tantôt écailleux et multidenté comme chez les Pentodons et les Mélolonthins, tantôt inoffensif et peu développé comme chez les Pachypes.

Les palpes maxillaires, composés de quatre articles, paraissent quelquefois faire exception à cette loi et en présenter cinq, par l'allongement de la pièce palpigère ; dans les Gnorimes et genres voisins, au contraire, chez lesquels l'article de la base est en partie enchâssé dans une fossette, leur nombre semble être réduit à trois.

Le menton, généralement grand, affecte dans sa configuration des différences sensibles : quelquefois en demi-cercle ou presque en triangle, il se rapproche plus souvent de la forme carrée ou tétragone ; son bord antérieur est souvent échancré. Chez les Pétalocérides, la languette est habituellement recouverte par lui ou intimement unie à sa paroi interne ; chez les Priocérides, elle en est ordinairement distincte et se développe alors en deux lobes soyeux plus ou moins allongés. Dans le premier cas, c'est au menton qu'est confié le soin de porter les palpes labiaux ; dans le second, la languette leur sert de support.

Ceux-ci, comme les palpes maxillaires, offrent des variations nombreuses dans la forme et les proportions relatives de leurs articles. Quelquefois ces derniers semblent aussi au-dessous de leur nombre normal, et, au lieu de trois, être réduits à deux, soit que le premier disparaisse dans une fossette, comme chez les Osmodermes, soit que le dernier soit oblitéré, comme chez les Oniticelles et les Ontophages. Ordinairement glabres, ces palpes sont, dans les Copriens, d'une villosité remarquable.

Le prothorax, exceptionnellement plus étroit que la tête, chez certains Lucaniens, excède cette dernière en largeur, chez tous les autres Lamellicornes. Chez ceux-là, il se montre en carré transversal ou un peu rétréci en devant ; chez ceux-ci, où il devait favoriser par sa construction le passage ou l'introduction de l'insecte dans la terre, sa figure la plus ordinaire est celle d'un trapèze à côtés curvilignes ; mais souvent elle se modifie, soit en passant au pentagone irrégulier, soit même en se rapprochant de la forme circulaire, comme dans les Osmodermes ; quelquefois, comme dans les Scarabées, il présente l'image d'une sorte de croissant. Son bord antérieur, généralement échancré pour recevoir la tête, est parfois frangé ou paré d'une bordure colorée. Dans un grand nombre, ses côtés sont ciliés ; chez plusieurs, ils sont en outre crénelés. Au-dessus de la partie médiaire de ces derniers, il est marqué d'un gros point enfoncé chez diverses espèces vivant de matières stercorales, ou même, comme chez les Onites, il offre près de la base deux fossettes linéaires. Mais de toutes les parties de ce segment thoracique, sa surface ou plutôt la moitié antérieure de celle-ci mérite une attention plus spéciale ; souvent elle présente des bizarreries de conformation, toujours moins marquées et même oblitérées ou nulles dans l'autre sexe. Ainsi, dans le *Copris lunaris*, elle est perpendiculairement coupée en devant, fendue au sommet de cette troncature et profondément creusée entre celle-ci et la partie plus externe verticalement rétrécie en pointe comprimée. Ainsi, elle est creusée d'une fossette chez divers Aphodies, ou même excavée dans plusieurs autres genres : chez les Synodendres, elle l'est sur toute sa largeur, avec le bord supérieur sinueux ; chez d'autres, elle l'est d'une manière plus profonde, et longitudinalement dans son milieu : soit alors sans offrir d'autre particularité remarquable, comme dans les Phyllognathes ; soit en présentant au devant de cette excavation une proéminence corniforme, comme dans les Pachypes. D'autres fois le prothorax, à sa partie antérieure, est armé de saillies dont la figure varie selon les espèces : chez les Bubas, c'est un avancement angulaire ou bifide ; chez les Bolbocères, ce sont des dents plus ou moins anormales ; chez les Cératophyes, des cornes horizontalement prolongées.

L'écusson, très-apparent dans le plus grand nombre, parfois même allongé d'une manière insolite comme dans l'*Aphodius hemorrhoïdalis*, cesse de se montrer chez les Copriens, ou n'apparaît qu'au dessous du niveau des élytres et sous une forme rudimentaire.

La face inférieure du thorax, dont l'étude est généralement trop négligée, mérite un examen attentif ; car le développement variable des pièces dont se compose la poitrine de chaque segment, est en harmonie avec le système de progression chez les différents insectes. Dans les Géotrupes, par exemple, et dans les autres Lamellicornes dont la vie est en partie souterraine, les pieds antérieurs destinés à fouir, réclamant une grande puissance, le prosternum est refoulé par des hanches très-volumineuses, et réduit à un rétrécissement linéaire ; chez les Lucanes, au contraire, plus visiblement nés pour la marche, il acquiert une largeur remarquable. Cette même pièce fournit assez souvent des caractères propres à être utilisés dans les distinctions génériques ou spécifiques ; ainsi, chez plusieurs, elle se dilate transversalement après les pieds pour s'unir à l'épimère ; chez les Pentodons, sa partie postérieure se redresse verticalement en une sorte de cylindre couronné de poils ; chez les Synodendres, son extrémité forme une espèce de lame comprimée ; chez les Géotrupes, elle se prolonge en une pointe reçue dans une cavité du mésosternum. Ce dernier, toujours court ou peu développé en longueur, montre également dans sa structure des dissemblances frappantes, suivant les espèces, parfois même les oppositions les plus

tranchées. Ainsi, il est caréné dans l'*Onitis olivieri*, et sillonné antérieurement dans le *Copris lunaris* ; chez la plupart il est tronqué en devant
et graduellement rétréci en arrière ; chez quelques autres, le contraire
a lieu, et sa partie antérieure s'avance en pointe obtuse ou en triangle
renversé, comme on le voit dans les Cétoines. Chez ces insectes, une
autre pièce du médipectus, l'épimère, présente une anomalie non
moins étrange : son développement extraordinaire la force à faire
une saillie en dessus, où elle apparaît sous la forme d'une plaque
légèrement bombée, occupant tout l'espace compris entre le bord
postérieur du prothorax et la base des élytres. Le postpectus offre
également des caractères dont on a peu tiré parti jusqu'à ce jour.
Toujours plus grand que le segment précédent, il semble quelquefois
en usurper les fonctions : ainsi, chez les Copriens, il paraît donner
naissance aux pieds intermédiaires, rejetés en arrière du médipectus
par la direction longitudinale ou oblique des hanches. Le plus souvent,
le métasternum présente à son bord antérieur un angle dont l'écartement varie ; d'autres fois, il s'unit avec le mésosternum sans laisser
aucune trace extérieure de leur jonction. Souvent il se soude de même
avec certaines pièces des flancs, de manière à rendre impossible la
détermination de ses limites. Chez les Aphodies, il forme une espèce de
plaque en losange, excavée dans son milieu, généralement plus lisse
que les parties voisines, toujours glabre chez les femelles, mais
garnie de poils dans quelques mâles.

Exceptionnellement nulles chez la femelle du *Pachypus excavatus*,
ou selon les recherches anatomiques de M. Audouin, cachées sous une
forme rudimentaire, les élytres existent chez tous les autres Lamellicornes. Là, comme chez les Aphodiens, les Géotrupins, les Trogidiens, elles embrassent l'abdomen dans toute sa périphérie ; ici, comme
dans les autres Pétalocérides, elles laissent à découvert le pygidium ;
quelquefois même, comme dans les Valgues, elles atteignent à peine
l'avant-dernier segment. Chez plusieurs, leur base est chargée d'un
tubercule que sa position a fait qualifier du nom de *scapulaire* ou
d'*huméral*. Leur côté externe, généralement curvilinéaire, et parfois
très-légèrement sinueux, offre au-dessous des épaules, chez les
Gymnopleures, une forte échancrure remplie par les flancs du
premier arceau ventral. Assez rarement arrondies à l'extrémité de
la suture, elles se montrent ordinairement entières, ou, chez un
petit nombre, armées d'une dent peu prononcée ; convexes dans la
plupart, elles se rapprochent, principalement chez divers Cétoniens,
de la dépression horizontale. Leur surface, le plus souvent nue, parfois
garnie de poils, présente chez d'autres des espèces d'écailles, tantôt
analogues à des piquants couchés et agglomérés en marbrure, comme

dans le *Melolontha fullo*; tantôt de forme presque circulaire, et alors soit imbriquées comme dans l'*Hoplia farinosa* ♂, soit simplement rapprochées, comme dans la ♀. D'autres caractères aident encore à les différencier ; ainsi, chez les Trox, elles sont chargées de tubercules généralement épineux ; ainsi, chez d'autres, elles sont creusées de sillons ou de stries; chez la plupart des Aphodies, celles-ci simulent de petites rainures.

Les pieds, dont la conformation suffit pour révéler une partie des habitudes des insectes, offrent chez les Lamellicornes, un sujet d'études physiologiques plus varié que dans la plupart des autres tribus. Sans perdre le caractère particulier qui leur est commun à tous, celui d'avoir les jambes antérieures dentées, ils éprouvent sous différents rapports des modifications plus ou moins importantes. Ici, c'est dans leurs dimensions : ainsi, les deux antérieurs, chez les mâles des Onites et du Lucane cerf-volant, sont évidemment plus allongés que les autres ; ainsi, chez les Sisyphes, les postérieurs, chargés de conduire les pilules façonnées par ces petits animaux, égalent au moins le corps en longueur. Là, c'est dans leur disposition : généralement rapprochés entre eux à la base, les intermédiaires, chez les Copriens, font à cette règle une exception sensible. Avec quelle admirable intelligence n'ont pas été construites leurs différentes pièces ! Les hanches, destinées à servir d'attache à des muscles puissants, ont reçu à cet effet un développement considérable. Celles des pieds de devant, forcées de soutenir les efforts les plus laborieux, sont allongées en cylindre et logées dans une cavité profonde, dans laquelle elles tournent sur leur axe ; dans les suivants, la forme cylindrique s'aplatit au côté externe : le plus souvent celles-ci sont transversalement placées ; quelquefois, comme chez les Copriens, les intermédiaires ont une direction oblique ou même longitudinale.

Les trochanters, habituellement peu développés, s'allongent parfois pour renforcer soit les fémurs postérieurs, comme dans les Sisyphes, soit les intermédiaires, comme dans le mâle de l'*Onitis olivieri*, et présentent alors à leur extrémité interne une saillie en forme de dent.

Rarement, comme dans les Calicnémis, les cuisses postérieures ont le volume le plus considérable ; presque toujours ce sont les antérieures qui portent le cachet de la force. Dans les Pétalocérides, dont la vie est en partie souterraine, la base de celles-ci est élargie et renflée, pour donner à leur action plus de puissance et plus d'énergie ; quelquefois même, comme dans les Trox, cette dilatation est suffisante pour cacher la partie inférieure de la tête. Leur bord antérieur, chez ces mêmes fouisseurs, offre souvent une facette de troncature ou un sillon pour recevoir la jambe quand elle se replie ; chez les espèces

plus aériennes, il est simplement en arête ou presque arrondi. Les
quatre dernières cuisses varient aussi suivant le genre de vie des
divers individus. Dans les premières familles, elles sont comprimées,
ovales ou rétrécies en pédicule à la base ; dans les autres, elles se
montrent presque filiformes ou subcylindriques. Les cuisses fournissent quelquefois des caractères distinctifs dont l'emploi ne saurait
être dédaigné. Ainsi, dans les Platycères, elles ont vers l'articulation
fémoro-tibiale deux espèces de lobes, entre lesquels se logent les
jambes dans la flexion. Ainsi, celles de l'*Onitis olivieri* femelle sont toutes
inermes et entières ; chez le mâle, au contraire, les antérieures portent une pointe droite, et les postérieures présentent une échancrure
dont les angles d'ouverture sont épineux.

Plus particulièrement chargées de frayer un passage à l'insecte dans
les voies ténébreuses qu'il est forcé de parcourir, soit à sa sortie de l'état
de nymphe, soit dans la dernière période de son existence, les jambes
de devant sont élargies, comprimées et armées de dents au côté externe. Chez les Lamellicornes plus spécialement fouisseurs, ces dents sont
en général fortes, très-développées ou même courbées comme des
palmes ; dans certaines espèces lignivores, dans les Æsales, par
exemple, où elles devaient remplir l'office de scie, elles sont courtes,
inégales et tranchantes. Quelquefois leurs proportions sont différentes
selon le sexe : ainsi, dans les Trichies, elles sont visiblement plus saillantes dans les femelles que dans les mâles. Leur nombre offre également des variations nombreuses : on en compte deux, dans les Ochodées ; trois, dans la plupart des Aphodiens ; quatre, dans le plus grand
nombre des Copriens ; d'autres espèces enfin en offrent bien davantage,
mais alors, en général, à mesure que leur chiffre s'élève, elles s'affaiblissent d'autant plus qu'elles se rapprochent davantage de la cuisse.
Les jambes fournissent quelquefois des caractères extérieurs propres
à révéler les sexes : dans les Valgues, les antérieures sont sensiblement
plus larges chez les femelles ; dans les Onites, celles des mâles sont
non seulement plus grêles, mais arquées, flexueuses et plus longues ;
dans les Gnorimes, le même sexe est également facile à reconnaître à
un renflement particulier des quatre postérieures. Celles-ci se modifient aussi de diverses manières ; chez les Sisyphaires, à peine sont-
elles dilatées de la base à l'extrémité ; chez les Copriaires, elles sont
triangulairement élargies ; chez les Calicnémis, la dilatation des dernières est poussée jusqu'à l'exagération. Ici, comme dans les Géotrupins et autres genres voisins, leur coupe transversale offre un triangle
isocèle ou scalène ; là, comme dans les Phyllophages et les premiers Copriens, elle présente un ovale irrégulier ou une sorte de losange. Dans
le premier cas, le côté externe, plus ou moins élargi, est creusé de

cannelures transversales ou obliques, dont les lignes d'intersection se
relèvent en espèces de dents garnies de cils spiniformes; dans le second,
tantôt l'arête est armée d'épines, comme dans les Lucanes; tantôt elle
est munie d'une ou plusieurs dents, soit aiguës et saillantes, comme
chez divers Cétoniens, soit obtuses ou oblitérées, comme dans la plupart des Mélolonthins; tantôt enfin elle est garnie d'une frange de longs
poils, comme dans les Scarabées. L'extrémité des mêmes jambes est le
plus souvent terminée par une troncature verticale: celle-ci est simple,
dans les uns; couronnée de cils spiniformes, dans d'autres; dentée,
dans un grand nombre. Quelquefois cette troncature est oblique, et,
tantôt alors, comme chez les premiers Copriens, elle reste entière dans
les deux sexes; tantôt, comme chez les mâles des Bubas, elle est découpée de telle sorte, qu'elle semble donner à ces insectes un éperon de
plus. Un des caractères qui concourent à signaler les Lamellicornes, est
celui de n'avoir aux jambes de devant qu'une seule de ces sortes
d'épines: si certaines espèces, comme les Ochodées, semblent, au
premier coup d'œil, en offrir deux, il est facile, à l'immobilité de la
seconde, de reconnaître en elle une dent. Quant au véritable éperon,
il éprouve parfois, selon les sexes, des modifications importantes:
dans les Trichiaires, par exemple, il a généralement moins de développement dans les mâles que dans les femelles; dans le *Gymnopleurus
pilularius*, il est obtus et infléchi chez ceux-là, horizontal et aigu
dans celles-ci. Les éperons des autres pieds s'écartent aussi quelquefois
de la règle commune, c'est-à-dire, au lieu d'être doubles, se montrent uniques, soit aux quatre jambes, comme les Scarabées et les
Gymnopleures en fournissent l'exemple; soit aux dernières seulement,
comme on le voit dans les Onthophages. Ils offrent aussi dans leur configuration quelques anomalies: ainsi, le postérieur externe est obtus et
un peu courbé dans les Cératophyes, et spatuliforme dans les Ægiales.

La dernière partie des pieds devait éprouver également des modifications en harmonie avec le genre de vie des différentes espèces.
Dans les Phyllophages et les Mélitophiles, par exemple, chez lesquels
l'action des tarses antérieurs est toujours nécessaire, leur grandeur
est proportionnée à celle du corps; dans les Copriens, au contraire, où ils sont souvent réduits à un rôle presque passif, grâce au
développement qu'ont acquis les jambes de devant, développement
indispensable aux fonctions laborieuses dont elles ont été chargées, ils
sont grêles et parfois nuls, comme les mâles des Onites en fournissent la
preuve. Plus utiles, les autres tarses sont toujours existants, plus
poilus, et plus allongés: quelquefois même leur longueur, comme on
l'observe dans certains Trichiaires, surpasse celle de la jambe. Examinés dans le détail des pièces qui les composent, les tarses présentent

constamment cinq articles entiers et d'une évaluation numérique sans ambiguité, mais sujets à varier beaucoup dans leurs formes, leurs dimensions et leurs proportions relatives. En général, les deux extrêmes attirent plus particulièrement l'attention par leur grandeur et souvent par une configuration plus ou moins singulière : ainsi, chez les Calicnémis, le premier est le plus grand de tous ; chez les Gymnopleures, le dernier égale en longueur tous les autres réunis. Dans les Onites, celui de la base des pieds postérieurs s'allonge en parallélogramme ; le même, dans les Oryctès, est dilaté au côté externe en forme de dent. Quelquefois l'une ou l'autre de ces pièces extrêmes affecte, dans la même espèce, des différences qui trahissent le caractère sexuel des individus. Dans les Anisoplies, par exemple, la première pièce des tarses de devant offre une courbure et un renflement beaucoup plus prononcés dans les mâles ; dans les Phyllognathes, c'est la dernière au contraire qui se signale dans le même sexe par un volume plus considérable. Quelles configurations plus ou moins différentes les articles ne présentent-ils pas dans la nombreuse série des Lamellicornes? Ceux des pieds postérieurs des Sisyphes, destinés à retenir les pilules que font rouler ces insectes, sont semi-cylindriques et assez déliés pour se prêter à tous les mouvements de flexion ; ceux des Bousiers, chargés non seulement de servir à la marche de ces lourdes créatures, mais de concourir aux efforts nécessaires pour leur progression souterraine, sont larges, aplatis et en triangle renversé. La puissance d'action des articles tarsiens est encore augmentée par la présence de poils flexibles ou spiniformes, obliquement dirigés d'avant en arrière, et disposés quelquefois comme des franges, le plus souvent en verticilles. Dans certaines espèces, comme dans les Gnorimes, ceux des mâles sont garnis en dessous de sortes de brosses.

Les ongles ou crochets suivent en général la condition des tarses, c'est-à-dire sont forts ou amaigris suivant la grosseur proportionnelle de ceux-ci. Dans les Sisyphaires, par exemple, chez lesquels les derniers sont réduits à un rôle très-secondaire, les crochets paraissent également d'une utilité problématique ; dans les Lucanes, chez lesquels les tarses sont des instruments actifs de progression, les ongles sont habituellement d'un développement remarquable. C'est surtout chez les Hannetons et les genres analogues, qu'ils sont intéressants à étudier. Dans aucune autre famille de Coléoptères, ils ne fournissent au méthodiste des caractères plus nombreux, et à l'observateur une occasion plus favorable de suivre la Nature dans son travail. Ainsi, chez les Mélolonthaires, chaque ongle présente en dessous et à la base, soit un ou deux angles ou saillies rudimentaires, comme dans les Rhizotrogues ; soit, comme dans les Anoxies, une dent très-forte, qui semble doubler le nombre des crochets ; chez les Séricaires, cette branche inférieure est aussi allongée que la principale, avec laquelle elle est soudée dans sa première moitié, en sorte qu'au lieu de quatre il ne semble plus y avoir que deux crochets, mais bifides à leur extrémité, et parfois garnis en dessous d'une membrane, comme on le voit dans les Hyménoplies ; chez les Anomalaires, l'un des ongles des quatre pieds antérieurs est encore fendu, mais déjà l'autre se fait remarquer par un amaigrissement et une brièveté sensibles; enfin, chez les Hopliaires, l'atrophie de cet ongle dégénéré est devenue plus frappante, et fait pressentir l'état anormal des pieds postérieurs, chez lesquels il n'existe plus qu'un seul crochet, soit légèrement fendu, soit entier, et doué de la faculté de se recourber en hameçon.

Au dessous des ongles, et parfois entre leurs branches, apparaît la *plantule*, autre appendice du dernier article des tarses. Habituellement rudimentaire ou faiblement saillante, cette petite pièce acquiert dans certaines espèces, comme dans les Lucanes, un allongement assez notable. Tantôt elle est sétigère ou garnie vers son extrémité de soies rares et divergentes; tantôt, comme dans les Oryctès, les poils sont assez nombreux pour former un ou deux pinceaux.

L'abdomen ou la dernière des trois principales parties du corps, égale le plus souvent en largeur la base du prothorax ; parfois elle la surpasse de beaucoup, comme dans les Osmodermes; d'autres fois, comme dans un grand nombre de Copriens et dans les mâles des Synodendres, son diamètre transversal est inférieur à celui de la partie moyenne du premier anneau thoracique. Vu en dessus, sa grandeur varie en sens inverse de celle de ce dernier. Dans les Onthophages, par exemple, chez lesquels le volume du prothorax a été agrandi pour favoriser le jeu des pieds les plus propres à fouir, l'abdomen paraît avoir souffert de ce développement ; dans les Phyllophages et les Mélitophiles, au contraire, le premier est restreint dans des limites plus étroites, et le second plus libre s'est allongé. Dans l'un ou l'autre cas, le premier arceau supérieur cesse quelquefois d'être visible par suite de son oblitération. Dans quelques familles des Pétalocérides, le dos de l'abdomen est entièrement voilé par les élytres, chargées de leur servir d'étui; mais dans les autres, le dernier arceau ou le pygidium se montre à découvert. Celui-ci forme alors avec la partie supérieure un angle droit ou obtus : sa surface est déprimée chez les uns, et plus ou moins convexe chez les autres ; elle est nue ou hérissée de poils ; parfois, comme chez certaines Cétoines, la *fastuosa* et l'*affinis*, elle permet de reconnaître les femelles à deux impressions irrégulières et obliquement divergentes. Sa configuration répond à celle d'un triangle, mais modifié de diverses manières selon les espèces : il est presque isocèle dans un assez grand nombre ; allongé et obtus dans les Sisyphes ; prolongé, dans le *Melolontha vulgaris* et surtout chez le mâle, en une pointe qui dépasse de beaucoup l'hypopygium. Son bord inférieur est tronqué dans plusieurs Rhizotrogues ; échancré chez divers, soit dans les deux sexes, comme dans les Anoxies, soit seulement chez les femelles, comme dans les Gnorimes, ou dans les mâles, comme dans les Pentodons ; cilié dans quelques Priocérides ; frangé dans les mâles des Valgues, et armé chez les femelles d'une tarière saillante, droite, cornée et dentelée. Le ventre ou la face inférieure de l'abdomen, toujours plus rejeté en arrière par les segments thoraciques, est réduit quelquefois à une faible longueur, surtout dans les familles, comme dans celle des Copriens, où le médipectus a acquis un développement plus considérable. Par suite de ce refoulement, les deux ou trois arceaux antérieurs sont généralement annihilés ; encore le premier au moins de ceux qui existent, est-il souvent caché par les cuisses des pieds postérieurs. Les deux derniers, le pénultième surtout, surpassent ordinairement les précédents en grandeur. Celui-ci est paré, chez certaines Trichies, de taches blanches particulières aux mâles. Enfin le ventre, dans plusieurs Amphimalles, sert aussi à faire reconnaître le même sexe, au sillon longitudinal dont il est creusé, et aux rangées transversales d'épines dont il est armé.

Malgré les modifications plus ou moins importantes que nous venons de signaler dans leur anatomie extérieure, ces insectes, avons-nous dit en commençant, présentent des caractères assez tranchés pour être isolés sans peine de tous les autres Coléoptères. Si nous les étudions dans leur enfance, si nous jetons sur eux un coup-d'œil physiologique et comparatif, dans cet âge où leurs formes sont si différentes, nous trouverons encore entre leurs larves une telle analogie, que la tribu des Lamellicornes nous semblera établie sous l'inspiration de la Nature elle-même.

Ces larves, dont le *Ver blanc* des jardiniers et des agriculteurs peut donner une idée générale, sont faciles à reconnaître à leur corps allongé, semi-cylindrique, le plus souvent blanchâtre avec une teinte ardoisée à l'extrémité, généralement ridé et courbé en dedans, conformation qui leur interdit la possibilité de s'étendre en ligne droite, rend difficile et pénible leur progression sur une surface unie, et les force, dans le repos, à se tenir sur le côté à la manière des Iules. Elles sont hexapodes et cheilognathes, c'est-à-dire pourvues de six pieds et d'une bouche à mandibules et à mâchoires. Toutes paraissent privées de l'organe de la vision, qui leur était inutile dans les lieux obscurs où elles sont condamnées à passer leur vie. Elles ont la tête convexe, subécailleuse, plus ou moins colorée ; les antennes, de quatre à cinq articles, souvent obconiques, mais de formes et de dimensions variables :

l'épistome, en carré transversal, quelquefois presque en trapèze; le labre, très apparent, soit entier et arrondi en devant, soit festonné ou divisé en deux ou trois lobes, généralement cilié ou garni de poils épars, soit en devant, soit à sa face inférieure où ils contribuent au travail de la mastication en retenant les aliments. Les mandibules sont fortes, écailleuses; courtes et subconiques chez les uns, sensiblement plus longues et moins fortement rétrécies chez les autres; soit arrondies, soit obliquement coupées à leur extrémité antérieure; armées dans cette partie, et souvent au côté interne, de dents aiguës ou tranchantes ordinairement symétriques, mais parfois différentes dans les deux branches; enfin munies à la base d'une molaire généralement très-développée. Les mâchoires, d'une consistance toujours moins solide, sont tantôt divisées en deux branches ou deux lobes, tantôt formées d'un seul, soit garni d'une ou de deux rangées de dents plus ou moins nombreuses, soit armé vers le sommet d'un et quelquefois de deux ou trois crochets ou petites épines unguiformes; elles sont souvent en outre munies à leur bord interne de poils spinosules plus ou moins nombreux. Elles portent des palpes de trois à quatre articles, communément subconiques, et diminuant graduellement de grosseur. La lèvre sert aussi de base à des palpes d'une forme analogue, habituellement de deux, et plus rarement de trois pièces.

La tête est suivie de douze à treize anneaux, dont le nombre semble souvent plus grand, chez les Pétalocérides, par l'effet des rides transversales dont ces segments sont sillonnés. Les trois antérieurs représentent les anneaux thoraciques, et portent en dessous chacun une paire de pieds. De chaque côté du premier segments apparaît l'ouverture d'une trachée. Au devant de ce stigmate, existe dans un grand nombre, une sorte de plaque subécailleuse. Les pieds sont composés de cinq pièces, qui plus tard doivent constituer, d'une manière plus distincte ou selon des proportions différentes, la hanche, le trochanter, la cuisse, la jambe, et le tarse. La première est généralement la plus développée chez les larves de cette tribu; l'ongle, ordinairement assez fort, est parfois nul ou rudimentaire.

Des neuf à dix segments appartenants à l'abdomen, les huit premiers sont pourvus d'un stigmate de chaque côté; le dernier est remarquable par sa longueur, généralement supérieure à celle de tous les précédents. Les matières excrémentielles accumulées dans les derniers anneaux, leur donnent ordinairement cette teinte ardoisée dont nous avons parlé; l'extrémité du corps est le plus souvent épaisse et arrondie; quelquefois cependant, elle est plus ou moins rétrécie. Cette extrémité, avons-nous dit, est généralement courbée vers le ventre. Le nombre des segments destinés à prendre cette position n'est pas toujours le même ; parfois il est limité, de sorte que l'espèce de crochet formé par eux est court et peu relevé ; plus ordinairement il est assez considérable pour que le corps semble presque plié par le milieu. De là, principalement, naissent des différences dans la position de l'anus ; il est situé tantôt à l'extrémité du dernier anneau, tantôt à sa partie inférieure ; là, il est simple; ici, il est bilobé ou même trilobé; chez les Pétalocérides il est transversalement étendu; dans les Priocérides, au contraire, il forme une fente longitudinale. Enfin, pour terminer les généralités relatives à ces larves, leurs téguments sont plus ou moins parsemés de poils, soit longs et flexibles, soit courts, raides, dirigés en arrière et visiblement alors destinés à favoriser la progression. Généralement, leur disposition est transversale ; souvent ils représentent sur l'hypopygium une sorte d'ellipse longitudinale ou diverses autres figures.

Les Lamellicornes, dans leur enfance, ne sont pas généralement aussi connus que la facilité de trouver ces insectes à l'état parfait pourrait le faire soupçonner. Cependant leurs métamorphoses ont été le sujet des études d'un assez grand nombre d'Entomologistes. Nous nous bornerons à citer une partie de ceux qui ont décrit ou figuré avec plus ou moins de soins les larves de ces petits animaux.

Frisch, Panzer, MM. Sturm, Bouché, de Haan, etc., se sont occupés de celles de différents Aphodies.

On doit encore à Frisch une esquisse de l'histoire du *Geotrupes stercorarius.*

M. Westhouse a fait connaître la larve du *Trox arenarius.*

Swammerdam, Frisch, Rœsel, M. de Haan, etc., ont suivi dans leurs phases diverses celles de quelques Oryctésiens.

Gœdart, Albin, Rœsel, MM. Kirby, Bechstein, Suckow, de Haan, Bouché, Ratzeburg, etc., nous ont donné des détails plus ou moins amples sur celles de diverses espèces de Mélolonthins.

Celles de plusieurs Cétoniens ont particulièrement été étudiées par Frisch, Rœsel, de Géer, Drumpalmann, MM. Bouché, Burmeister, Schaum, etc.

On trouve celles de quelques Lucaniens représentées dans les ouvrages de Rœsel, Shaw, de M. Ratzeburg, et Westwod.

M. Hammerschmidt a annoncé la découverte de celle de l'*Esalus scarabæoïdes.*

Nos études nous permettront de confirmer la plupart des observations déjà faites, et d'ajouter quelques nouveaux matériaux à l'histoire de ces créatures.

Swammerdam, Posselt, Cuvier, Ramdohr, Gaede, M. de Haan se sont occupés de l'anatomie de ces petits animaux. Le dernier ne s'es pas borné à des recherches de ce genre , il a publié l'essai d'une distribution systématique de ces larves. Voici les divisions établies par ce naturaliste, et les caractères extérieurs sur lesquels elles s'appuient.

I. Corps sillonné transversalement. — Anus transversal.
  A. Mâchoires à sommets simples.
    B. Tête moins large que le corps. — Mandibules à plusieurs dents au dessus du milieu.
      C. Anus à la partie inférieure du dernier article.
        D. Mandibules allongées. . . . . *Oryctes.* Illig.
        DD. Mandibules élargies. . . . . *Scarabæus.* Latr.
      CC. Anus à l'extrémité du dernier article. . . . . *Cetonia.* Fabric.
    BB. Tête aussi large que le corps. — Mandibules unidentées au dessus du milieu.
      C. Anus bilobé. . . . . *Melolontha.* Fabric.
      CC. Anus trilobé.
        D Lobe supérieur plus grand que les inférieurs. . . . . . . *Trichius.* Fabric.
        DD. Lobe supérieur plus petit que les inférieurs. . . . . . . ? *Hoplia.* Illig.
  AA. Mâchoires à crochets doubles. . . . *Aphodius.* Illig.
II. Corps sans sillons transversaux. — Anus longitudinal. . . . . *Lucanus.* Scop.

Nous ne nous attacherons pas à reproduire les considérations anatomiques sur lesquelles cette classification est également basée; ces détails nous entraîneraient trop loin : ils sortiraient d'ailleurs du plan que nous nous sommes tracé. Il est à regretter que M. de Haan n'ait pas eu pour son travail plus de matériaux à sa disposition, il aurait sans doute trouvé d'autres caractères extérieurs qui lui ont échappé. Un de ceux, par exemple, qui distinguent le plus facilement les larves de notre second groupe de celles du premier, consiste dans le développement du deuxième article des antennes et dans la brièveté et l'amaigrissement de celui de l'extrémité.

Nos recherches nous ayant fourni l'occasion d'étudier un assez grand nombre de ces créatures restées inconnues au savant Entomologiste belge , nous allons indiquer leur place dans la classification de cet écrivain, en faisant subir à celle-ci des modifications destinées à la mettre plus en harmonie avec l'ordre méthodique adopté par nous pour la distribution des insectes parfaits. Nous diviserons donc les larves des Lamellicornes de la manière suivante, en nous bornant aux coupes principales.

   I. **Anus transversal.**—2ᵉ article des antennes moins long que tous les suivants réunis.—Segments thoraciques et abdominaux ridés ou plissés transversalement.

     A. Mâchoires profondément bifides.

       (Là , se rangent toutes les larves connues des Copriens, des Aphodiens , des Géotrupins et des Trogidiens).

     AA. Mâchoires à un seul lobe.

       B. Dernier article des pieds muni d'un ongle visible.

        C. Anus simple.—Bord interne des mandibules armé dans sa moitié antérieure de dents profondes et plus ou moins nombreuses (Oryctésiens).

        CC. Anus à plusieurs lobes.—Mandibules unidentées ou armées dans la moitié antérieure de leur bord interne de dents peu profondes ou simplement indiquées.

         D. Anus bilobé (Mélolonthins).

         DD. Anus trilobé (Trichiaires).

      BB. Ongle des derniers pieds, rudimentaire (Cétoniens).

   II. **Anus longitudinal.**—2ᵉ article des antennes au moins aussi long que les suivants réunis; 4ᵉ ou dernier article petit, grêle ou sensiblement plus étroit que le précédent.—Dos des segments abdominaux dépourvus de plis transversaux (Priocérides).

Cette classification, on le sent, doit être simplement considérée comme un essai ou comme un tâtonnement, tant qu'un plus grand nombre de larves ne sera pas connu. Nous n'insisterons donc pas davantage sur cette distribution méthodique, intéressante sans doute pour celui qui désire connaître à quelle famille ou même à quelle coupe générique appartient la larve dont il fait la rencontre; plus utile au physiologiste à qui elle peut révéler des affinités naturelles incertaines ou controversées; mais qui ne saurait être la base d'une classification des insectes sous leur dernier état, comme on l'a tenté récemment pour les Cétoniens.

Les larves qui nous occupent ont toutes une vie cachée ; mais leur nourriture, leurs habitudes et la durée de leur existence dans cet état de transition, sont loin d'être les mêmes. Celles des Coprophages, chargées de continuer l'action bienfaisante des auteurs de leurs jours, ont aussi reçu pour aliment les matières excrémentielles ou stercorales, ou le détritus des plantes jacentes sur le sol. Les unes sont isolées au sein d'une provision nutritive proportionnée à leurs besoins, et cachée dans le sable ou enfouie dans la terre par les soins prévoyants d'une mère; les autres sont logées dans un monceau commun de ces substances sordides, qui leur fournissent également le vivre et le couvert. Malgré les brèches qu'elles ne cessent de faire à la paroi interne de leur retraite, un sens instinctif leur empêche soit de rompre la cloison qui les sépare de leurs voisines, soit de compromettre leur sûreté en apparaissant au dehors. Placées ainsi dans les circonstances les plus favorables à leur développement, c'est-à-dire dans un lieu sûr, au sein d'une nourriture abondante plus ou moins imprégnée de sucs animaux, et par conséquent plus facilement assimilables à leur nature, elles arrivent promptement au terme marqué pour leur transformation en nymphes.

D'autres larves, animées de goûts moins inoffensifs, dédaignent les aliments immondes qui plaisent aux précédentes, et attaquent les racines des végétaux, même les plus utiles. Dans la première année elles vivent pour ainsi dire réunies en famille, et se bornent à chercher dans un rayon limité le peu de nourriture nécessaire à leurs besoins; mais dès que leur appétit s'est accru avec le volume de leur corps, l'égoïsme et l'intérêt les divisent; elles se séparent pour ne plus se rencontrer, à moins que le hasard ne les rassemble passagèrement pour quelque œuvre de destruction. Elles travaillent alors de concert, et comme sous les inspirations du génie du mal, à ronger la plante au pied de laquelle elles se sont groupées, et quand elles en ont opéré la ruine, elles se dispersent de nouveau, pour aller où les pousse leur incessante avidité. Un instinct, malheureusement trop sûr, les guide dans les lieux souterrains qu'elles parcourent et les conduit ordinairement par la voie la plus directe, à l'endroit où elles pourront de nouveau déployer leur nuisible industrie. Elles mènent pendant trois ou quatre ans ce genre de vie, en changeant de peau une fois par année. Le mal opéré par elles, surtout quand elles approchent du terme de leur grosseur, est souvent considérable, si elles se trouvent en grand nombre dans la même localité. La Providence n'a cependant pas entièrement abandonné nos récoltes à leur voracité; elle a créé d'autres êtres destinés à leur faire une guerre acharnée. C'est ainsi que les taupes et les musaraignes les poursuivent dans leurs dédales obscurs et les déchirent sans pitié. Si, malgré les efforts de ces petits mammifères, ces viles créatures nous causent encore des torts affreux,

leurs dégâts accusent souvent notre incurie, ou notre persistance irréfléchie à détruire les ennemis de ces races malfaisantes. Ne murmu-
rons pas contre la Nature; on n'a point assez étudié avec quelle sollicitude elle veille encore à la conservation de ses œuvres, alors même
qu'elle semble les abandonner aux chances du hasard. On n'a pas assez
remarqué avec quel soin elle met un frein à la dent de ces sortes de
rhizophiles, dans les jours où leur appétit insatiable serait le plus funeste aux végétaux. Quand, par exemple, la sécheresse de l'été désole
la terre, et que les plantes altérées penchent leur tête languissante, les
larves dont les atteintes leur seraient alors si redoutables, éprouvent le
besoin de s'enfoncer davantage dans le sol, pour y chercher la fraîcheur.
Quand vers le milieu de l'automne les végétaux, rendus à une vie plus
inerte, succomberaient plus facilement aux blessures qui leur seraient
faites, les mêmes créatures s'enterrent plus profondément, soit pour se
préparer à leur mue, soit pour se mettre à l'abri des froids prochains.
Quelle inégalité dans la longueur de la vie la Nature n'a-t-elle pas
eu soin d'établir entre les larves coprophiles et celles qui rongent les
racines? Les premières, dont elle attend des services plus signalés
encore sous leur dernière forme, mettent souvent à peine quelques
mois pour parvenir à cet état; les secondes, qu'elle semble ne voir se
multiplier qu'à regret, traînent généralement durant plusieurs
années leur obscure existence.

Diverses larves de la même tribu, que nous comprendrons sous le
nom de Sépédophiles, ont aussi une vie plus ou moins prolongée. Les
unes vivent aux dépens des arbres frappés de mort en partie ou en
totalité, soit debout, soit détachés du sol et abandonnés à toutes les
intempéries des saisons; les autres se cachent la plupart dans les troncs
caverneux dont elles augmentent la carie. Plusieurs d'entre elles s'en-
graissent de la vermoulure produite par divers insectes; les moins difficiles se contentent du terreau ou même de la terre, dans laquelle
elles trouvent à s'assimiler quelques parcelles du détritus des végétaux.

Après avoir parcouru, suivant leurs destinées particulières, toutes
les phases de leur existence vermiforme, ces différentes larves se préparent à passer au second état de leurs métamorphoses. Leurs soins et
leur industrie varient alors selon les besoins réclamés pour leur sûreté.
Ainsi, les Coprophiles trouvent une couche toute préparée dans la
retraite où elles ont vécu; les Rhizophiles se préparent dans la terre,
et ordinairement à une profondeur de plusieurs pieds, une cavité
ovale dont la paroi interne, durcie par la pression, les prémunit contre
tout accident; une partie des Sépédophiles convertit en niche l'extrémité de la galerie qu'elles ont creusée dans les arbres; les autres,
dont la vie est plus souterraine, se construisent une coque très-lisse en

dedans et formée des matières qui les entourent, unies entre elles par une humeur visqueuse. Ces mesures de sûreté une fois prises, elles se condamnent au repos, et au bout d'un temps dont la durée varie selon les espèces, leur peau se fend sur le dos et glisse le long du corps : elles sont dès ce moment devenues nymphes.

Dans ce nouvel état on peut déjà reconnaître toutes les parties extérieures de l'insecte futur. Le volume de l'abdomen est réduit à des proportions convenables ; la tête est penchée sur le sternum ; les pieds, comme les bras d'une momie, reposent d'une manière convergente sur la poitrine et sur le ventre ; les organes de la locomotion aérienne, fortement déhiscents, embrassent les flancs en se repliant en dessous. Plusieurs ont le dernier anneau pourvu de deux petits appendices divergents. Dans le principe, ces nymphes sont généralement blanchâtres ; mais au bout de quelques jours, pour les unes, et d'un mois ou souvent plus, pour les autres, elles prennent une teinte de plus en plus prononcée. Toutefois, suivant les observations d'un entomologiste lyonnais, de M. Guillard, qui a suivi avec soin les développements de plusieurs espèces de Cétoines, les élytres sont les dernières à être pénétrées par le pigmentum. A mesure que chaque partie se pare de la couleur qu'elle doit conserver, la pellicule dont le corps était enveloppé se détache peu à peu de ce dernier ; bientôt flétrie et desséchée, elle cède aux mouvements de l'insecte, se déchire, et permet enfin à celui-ci de la faire glisser le long du corps et de se débarrasser ainsi de tous les langes de l'enfance.

Libres de leurs premières entraves, ces petits animaux, vu l'état de mollesse dans lequel ils se trouvent au moment de leur transformation, ne peuvent songer de suite à quitter leur ténébreuse retraite ; mais dès que leurs différents organes ont acquis la consistance nécessaire, plusieurs d'entre eux s'occupent à se frayer un chemin pour arriver au jour. Les plus diligents à se mettre à l'œuvre sont, en général, les Coprophages, c'est-à-dire ceux dont les travaux nous sont les plus utiles : on dirait qu'ils ont hâte de voler aux occupations serviles auxquelles la Nature les appelle. La plupart des autres Lamellicornes ne montrent pas le même empressement à conquérir la liberté dont ils sont près de jouir. Les Hannetons, par exemple, après avoir subi leur dernière métamorphose vers la fin de l'été, semblent prévoir la venue des froids prochains, et attendent prudemment dans les retraites profondes où les gelées ne sauraient les atteindre, que le soleil de février fasse pressentir l'arrivée des beaux jours, pour commencer le mouvement ascendant qui doit les conduire à la lumière. Malgré leur sage lenteur à parcourir ce trajet de quelques pieds de hauteur, leur marche alors n'est pas toujours heureuse. Frappée quelquefois d'une sécheresse printanière, la terre durcie au souffle des vents oppose à ces petits fouisseurs une résistance inattendue. En vain tentent-ils de lutter contre les obstacles qui les irritent, leurs efforts se brisent contre la compacité du sol ; ils succombent épuisés de peines et de fatigues. C'est ainsi qu'à l'aide d'une disposition particulière de l'atmosphère, la Nature rétablit l'équilibre dans ses lois, en faisant moissonner par la mort des myriades de ces êtres malfaisants, dont la multitude menaçait nos récoltes d'une ruine totale.

Arrivés à leur état complet de liberté dans la dernière période de leur existence, les Lamellicornes ont des destinées bien différentes : ils semblent reproduire le tableau bigarré de l'inégalité des rangs dans la société humaine. Les uns, comme des parias, incapables de s'élever au dessus de la condition obscure dans laquelle ils ont passé leurs premiers jours, restent condamnés jusqu'à la fin de leur vie à la nourriture la plus vile, aux fonctions les plus dégoûtantes; analogues, au contraire, à nos heureux du siècle, ceux qui occupent l'extrémité opposée de cette échelle sociale , après avoir échappé aux misères communes à l'enfance, se trouvent parés de vêtements somptueux, et n'ont plus qu'à jouir, au sein des fleurs, de toutes les délices que la terre peut leur offrir.

Examinés soit sous ce point de vue philosophique, soit sous le rapport plus intéressant de leur utilité dans l'économie de la nature, les insectes de cette tribu nombreuse peuvent être répartis en plusieurs castes.

Parmi ceux que leur genre de vie a fait nommer *Coprophages*, quelques-uns, comme les Trogidiens, s'attachent parfois aux restes desséchés des substances animales ; la mission des autres est généralement de faire disparaître les matières excrémentielles ou stercorales. Ces petits vidangeurs ne remplissent pas tous de la même manière le rôle confié à leur zèle. Les Copriens, par exemple, plus délicats ou plus recherchés dans leurs goûts, en raison de l'état membraneux de leurs mandibules, trouvent dans les mucosités et dans les autres parties les moins consistantes ou les plus fluides, une nourriture appropriée à la faiblesse de leurs principaux organes masticateurs. Là, toutefois, ne se bornent pas leurs utiles services : plusieurs d'entre eux forment, avec les déjections sordides au sein desquelles ils vivent, des sortes de petites boules, qu'ils conduisent et enterrent au loin, soit pour y déposer le germe de leurs descendants, soit uniquement, d'autres fois, pour remplir le but providentiel de leur création, celui de délivrer la surface du sol des immondices qui la souillent. Doués d'un appétit plus actif, les Géotrupins ont reçu tous les instruments buccaux propres à le satisfaire. Non seulement ils consomment avec avidité les matières dégoûtantes sous lesquelles ils se cachent, mais ils en entraînent dans des trous profonds un volume considérable, destiné à servir de provision alimentaire à leur progéniture à venir. Les derniers Coprophages se contentent souvent du détritus des plantes.

Tous les autres Lamellicornes trouvent dans les végétaux le soutien de leur existence. Ceux de ces petits animaux qui dans leur enfance étaient si nuisibles aux racines, une fois arrivés à l'état d'insectes parfaits, ont changé de goûts, sans perdre en général leur voracité, et sont devenus *Phyllophages* ou mangeurs de feuilles. La plupart des grandes espèces livrent la guerre aux arbres de nos bois, à ceux plus utiles de nos vergers, et les dépouillent parfois de la verdure dont le printemps venait de les parer, au point de leur rendre, dans les plus beaux mois de l'année, leur nudité hivernale ; d'autres outragent certaines sortes de saules ou divers arbrisseaux moins élevés; les individus de petite taille se plaisent plus particulièrement, et souvent même d'une manière exclusive, sur les humbles plantes de nos champs. Les uns volent au hasard sur toutes celles dont se compose le tapis des prés ; les autres recherchent plus spécialement les graminées, et demandent parfois, à leurs parties florales, une nourriture plus exquise. On les voit alors fixés aux chaumes des céréales, accrochés aux épis des bromes , ou bercés au moindre souffle du vent sur ceux des festuques.

Les Lamellicornes des castes les plus puissantes ou les plus nobles, étaient dans leur jeune âge des larves Sépédophiles. Les unes, comme nous l'avons dit, minaient les troncs cariés; les autres vivaient, soit de la vermoulure échappée des flancs de ces derniers , soit de substances plus pauvres encore en éléments nutritifs. Mais après leur dernière transformation, des destinées plus heureuses sont réservées à ces insectes. Plusieurs, enchaînés par leurs premiers penchants, semblent craindre de s'éloigner des lieux où s'est écoulée leur enfance ; ils demandent aux arbres qui les ont cachés, la nourriture de leurs derniers jours et souvent une retraite pour y fuir en sûreté la lumière qui les blesse. Les autres, complètement dépouillés de leurs habitudes grossières, justifient plus spécialement par leurs goûts délicats le surnom de *Mélitophiles* qui leur a été donné. Ces derniers , quelquefois aussi, recherchent l'abri protecteur des grands végétaux , et vont, à l'aide de leurs mâchoires en pinceau, recueillir sur leurs troncs brunis le liquide mucilagineux que laissent fluer leurs blessures; mais le plus souvent, folâtres comme le papillon et brillants comme lui, ils volent , à son exemple, des corymbes du sureau à ceux de la spirée, ou viennent puiser le nectar le plus parfumé dans la coupe embaumée des roses.

L'inspection de la robe des insectes de cette tribu suffit généralement pour révéler leur condition. Les Oryctès et les Rhizotrogues, condamnés à une vie en partie cachée, sont rougeâtres comme la terre qui leur sert d'asile. Les Coprophages, voués aux travaux les plus vils, portent presque tous les couleurs lugubres adoptées par la douleur. Les espèces crépusculaires ou nocturnes ont aussi communément des teintes obscures comme les ombres, ou noires comme les ténèbres ; celles, au contraire, qui vivent à la lumière, celles surtout pour lesquelles les fleurs ouvrent tous les trésors de leur sein, ont reçu pour leur faire la cour un véritable habit de conquête. Les uns portent un corselet revêtu de velours ; les autres ont des élytres garnies d'écailles colorées; la cuirasse de plusieurs est encadrée dans du jais, ou parée de dessins variés; celle des autres brille d'une richesse toute métallique : là, c'est le cuivre avec toutes ses nuances ; ici, l'argent est uni à l'azur le plus tendre ; ailleurs, c'est l'or avec son poli et son éclat. Et, comme si ce n'était assez du don de la beauté, diverses espèces ont reçu le pouvoir de répandre des odeurs plus ou moins agréables. Celle des Osmodermes est assez forte pour trahir leur présence sur les arbres qu'ils fréquentent ; celle d'une Trichie n'est sensible, au contraire, qu'à une faible distance, mais elle est si parfumée que cette charmante créature semble avoir dérobé aux roses leurs aromes les plus suaves.

Divers Lamellicornes font entendre, dans certaines circonstances, un son particulier, en frottant l'abdomen contre le bord des élytres. Plusieurs ont le vol bruyant, et d'une sonorité en général d'autant plus forte, que la partie inférieure de leurs étuis est plus concave. Durant le jour, cette sorte de murmure échappe facilement à notre attention, au milieu des bruits confus qui s'élèvent de toutes parts ; mais dans les belles soirées du printemps ou de l'été, quand les ombres ramènent avec elles le silence dans les champs, les espèces crépusculaires se révèlent d'assez loin à nos oreilles, par le bourdonnement qu'elles produisent en parcourant les airs.

Avant de prendre leur vol, les Lamellicornes, généralement lourds, ont plus particulièrement besoin que la plupart des autres insectes de faire une provision abondante du fluide aérien, soit pour donner à leur corps plus de légèreté, soit pour acquérir l'énergie nécessaire au soutien de leurs efforts. Aux petites espèces, il suffit, après avoir déployé leurs ailes, d'un instant d'hésitation à se mettre en mouvement, pour recevoir tout le volume d'oxygène qui leur est nécessaire ; pour les plus grosses, une préparation plus longue est indispensable : les unes se bornent à incliner l'abdomen en soulevant les étuis pour faciliter l'intromission de l'air ; les autres, à deux ou trois reprises, comme moyen plus actif, entr'ouvrent et rabaissent brusquement leurs élytres frémissantes , et dès que leurs trachées sont suffisamment gonflées, elles s'élancent dans l'élément léger chargé de les transporter au loin. Dans les champs nouveaux qu'ils parcourent, le hasard ne leur sert pas toujours de guide ; grâce à l'exquise délicatesse de leurs sens, les Coprophages, par exemple, devinent de très-loin les matières odorantes dont la destruction leur est confiée, et travaillent, pendant le sommeil de l'homme, à en enfouir ou disperser les débris.

Les insectes de cette tribu, suivant leur taille ou leur puissance, emploient divers moyens de salut pour échapper aux dangers dont ils sont menacés. Les Lucaniens, surtout les grandes espèces, se servent de leurs mandibules cornées comme d'une arme défensive, et parviennent souvent à faire repentir celui qui ose les attaquer ; mais les espèces dont la faiblesse est le partage ont besoin de recourir à la fuite ou à la ruse. Les unes s'envolent à l'approche de l'ennemi ; les autres se cachent précipitamment dans la terre. Surpris à l'improviste, la plupart de ces petits animaux simulent l'état de mort : ceux-là, comme les Copriens, en contractant leurs pieds et les rapprochant de leur poitrine ; ceux-ci, comme les Géotrupes, en les étendant au contraire, mais avec la raideur et l'immobilité d'un corps privé de vie ; quelques autres, comme les Cétoines, répandent dans les doigts qui les captivent une sorte de bouillie fétide.

Les Lamellicornes sont disséminés sur toute la surface de la France. Plusieurs semblent se plaire sous toutes les zônes et à toutes les températures ; d'autres habitent certaines latitudes sans en dépasser les limites : les uns aiment le midi avec son soleil brûlant ; un grand nombre, le climat moins chaud de nos provinces du centre ou du septentrion ; quelques autres ne descendent jamais de ces montagnes élevées dont la neige couronne presque toujours les sommets. Ceux-là recherchent les campagnes fertiles, les gras pâturages ; ceux-ci peuplent les solitudes des landes, s'établissent dans les dunes ou dans les plaines sablonneuses des bords de la mer. Les Mélitophiles et une partie des Coprophages volent ou travaillent au grand jour, et déploient même une activité plus grande sous l'influence de la chaleur ; la plupart des autres aiment l'ombre ou les ténèbres. Ceux, toutefois, qui semblent uniquement créés dans notre intérêt, se bornent à éviter les rayons du soleil sans ralentir leur zèle ; les espèces plus nuisibles, au contraire, sont en général frappées d'impuissance pendant les heures diurnes : les unes sommeillent alors accrochées au revers des feuilles ou des rameaux des arbres, les autres fuient dans le sein de la terre la lumière qu'elles haïssent : ainsi se trouvent en partie paralysés leurs dommageables penchants. La Nature ne manifeste pas ses soins d'une manière moins admirable sous d'autres rapports : elle semble avoir compté les jours de ces races malfaisantes ; elle a donné aux individus de cette catégorie une existence plus ou moins bornée ; elle a limité à quelques semaines leur disparition totale. Elle n'en a pas agi ainsi envers les Lamellicornes réservés par elle à la destruction des matières immondes. Les uns ont reçu une existence plus prolongée ; les générations des autres se succèdent à des époques plus rapprochées ; l'apparition de tous, enfin, est calculée avec tant de sagesse, que ces espèces se succèdent et s'enchaînent comme les mois et les saisons, pendant tout le cercle de l'année. Car si elles disparaissent momentanément, lorsque la neige couvre le sol d'une couche glaciale et rend leurs services inutiles, elles s'empressent de se montrer et de reprendre leurs travaux sitôt que des vents plus doux viennent suspendre pour quelques jours la rigueur des frimas. Ces utiles créatures comptent généralement peu d'ennemis : les oiseaux dédaignent d'aller les chercher dans les substances au sein desquelles elles se cachent; et parmi les Coléoptères carnassiers, les Brévipennes semblent les plus particulièrement chargés de maintenir leur multitude dans de justes limites. Il n'en est pas ainsi des races malfaisantes, des Hannetons, par exemple; sans parler de l'homme qui leur fait une juste guerre, divers mammifères, une foule d'oiseaux, plusieurs insectes, se montrent acharnés à leur perte. Mais la Nature, qui ne veut pas la destruction complète des espèces, même de celles dont la création nous semble un tort ou une aberration de sa part, permet toujours la conservation d'un assez grand nombre d'individus pour empêcher la formation d'aucune lacune dans la série de ses œuvres.

Les mâles de certains Lamellicornes, par une exception peu commune dans la grande classe des insectes, offrent un exemple touchant de leur sollicitude pour le bien-être futur des larves destinées à leur succéder. On les voit partager, avec leur compagne, la peine de conduire le berceau de leurs descendants dans le lieu où il pourra être laissé en sûreté. Néanmoins, jusque parmi ces petits animaux, l'amour maternel, toujours plus ardent, se révèle par plus de constance dans les fatigues, par plus de courage dans les dangers. C'est donc surtout chez les femelles qu'il faut étudier tout ce que la Nature leur suggère de prévoyance dans l'intérêt de leur postérité. Chacune de ces créatures, guidée par un instinct qui ne les trompe jamais, sait choisir avec art l'endroit où doit être placé le dépôt précieux dont elle est chargée. Chacune a aussi son industrie particulière et les instruments nécessaires pour l'exercer. Les unes forment, avec les déjections des Solipèdes ou des Ruminants, des sortes de pilules destinées à recevoir leurs œufs; les Géotrupes collent les leurs dans des coques construites avec un soin admirable; d'autres les cachent dans le sein de la terre, ou les

disséminent dans les troncs des arbres. Les Valgues ont, pour les introduire, une tarière dentelée en scie ; les Dorcus, pour mieux dérober les
leurs aux recherches de leurs ennemis, se frayent un chemin dans les
flancs des saules caverneux, à l'aide de leurs mandibules cornées.

Ainsi, dans quelque phase de leur existence que nous suivions ces
petits animaux, il est impossible d'observer leur industrie, d'étudier
leur instinct, et nous allions dire leur intelligence, sans nous sentir en-
traînés vers une étude si attachante, sans élever surtout nos pensées
vers cette sagesse divine qui nous révèle d'une manière si visible les
soins de sa providence, en nous offrant les merveilleux témoignages
de sa puissance et de sa grandeur.

Les Lamellicornes, dans la syngénésie des êtres, sembleraient devoir
être placés au nombre des premiers insectes à étuis, sortis de la main
de la Nature. Plusieurs d'entre eux ont préexisté aux anciens bouleverse-
ments dont la surface du globe a été le théâtre. Certaines espèces de
Mélolonthins et des familles voisines sont même jusqu'à ce jour, d'après
les travaux les plus récents de M. Marcel de Serre, les seuls Coléoptères dont les recherches palæontologiques aient signalé la présence
dans les terrains siluriens et cambriens, appartenant à la première
époque de la première période des temps géologiques.

L'archéologie comprend aussi dans son domaine divers insectes de
cette tribu. Plusieurs espèces furent célèbres parmi les Egyptiens et
firent partie de leur culte religieux. Elles figurent sur la plupart des
monuments dont les ruines attestent encore la puissance des Pha-
raons. Ce sont surtout les Copriens et principalement les Sisyphaires,
qui par leurs travaux admirables avaient attiré l'attention des habitants des bords du Nil.

Les écrivains grecs, en parlant de ces Pilulaires, en ont généralement confondu toutes les espèces sous la dénomination de Κάνθαρος.
Les Romains, comme on le voit par les écrits de Pline, leur donnaient
le nom de *Scarabœus*, qu'ils appliquaient souvent à tous les autres Coléoptères. Les modernes pendant longtemps suivirent leur exemple à
cet égard.

Enfin, le législateur de l'histoire naturelle, l'immortel Linné, restreignit l'emploi du mot *Scarabœus* à la désignation générique de tous
les Coléoptères ayant les antennes terminées par une massue feuilletée ou lamellée.

(1762.) Geoffroy en détacha, sous le nom de *Copris*, les espèces dépourvues d'écusson, et sous celui de *Platycerus*, celles qui composent
aujourd'hui nos Priocérides.

(1763.) Peu de temps après l'apparition de l'Histoire abrégée des Insectes, Scopoli, auquel ce travail était resté inconnu, consacrait aux

Platycères de Geoffroy la dénomination de *Lucanus*, donnée à la plus grande espèce par un naturaliste romain, Nigidius Figulus. Déjà, l'Entomologiste de la Carniole ouvrait à la science le chemin qui devait la conduire à la méthode naturelle, en rejetant les divisions basées sur les cornes et autres proéminences dont plusieurs Scarabées sont armés, et en indiquant, d'après leurs habitudes, les moyens de partager ces petits animaux en *Anthophiles* ou amis des fleurs, *Phyllophages* ou mangeurs de feuilles, et *Stercoraires* ou habitants des fumiers.

(1774.) De Géer s'empressa de mettre à profit cette idée, et sans adopter, à l'exemple de Schæffer, la coupe générique établie par l'Entomologiste parisien, distribua les créatures qui nous occupent en trois familles : *Scarabées de terre*, *Scarabées des arbres*, *Scarabées des fleurs*.

(1775.) Ces divisions firent sentir à Fabricius la nécessité de nouvelles dénominations. Il conserva les insectes de la première famille parmi les Scarabées, en en retranchant toutefois quelques-uns dont il fit des *Trox*; appliqua à ceux de la seconde le nom de *Melolontha* déjà employé par divers anciens écrivains grecs; et répartit ceux de la troisième dans les genres *Trichius* et *Cetonia*.

(1789.) Olivier, dans son Entomologie, laissa encore au genre *Scarabæus* les limites étendues qui lui avaient été assignées par le Professeur de Kiel dans son Systema Entomologiæ; mais il y établit trois divisions assez naturellement tranchées : dans la première, figuraient les espèces ayant les mandibules et les mâchoires cornées et les antennes de dix articles ; la seconde comprenait celles à mandibules cornées, à mâchoires presque membraneuses, à antennes de onze articles; dans la troisième étaient groupées celles dont les mandibules membraneuses sont ombragées par le chaperon. L'année suivante (1790), dans l'Encyclopédie Méthodique, tous les Scarabées de cette dernière division passèrent dans le genre *Copris*, auquel il donnait ainsi d'autres bases et une plus grande étendue que ne l'avait fait son fondateur.

(1790.) Dans le même temps, Scriba, dans son Journal, formait le genre *Valgus* avec le *Trichius hemipterus*.

(1792.) Fabricius, négligeant de tirer parti des travaux d'Olivier, se borna, dans son Entomologia Systematica, à détacher des *Scarabæus* de ce dernier l'espèce nommée *Cylindricus*, pour en faire le type du genre *Synodendron*.

(1796.) Latreille, dont les débuts remontaient déjà à quelques années, fit paraître son Précis des Caractères génériques des Insectes. Là, il mit à profit les observations d'Olivier, en donnant le nom de *Geotrupes* aux Scarabées dont ce naturaliste avait formé, dans son Entomologie, sa seconde division. Il démembra aussi le genre *Lucanus*, pour appliquer à quelques espèces la dénomination de *Platycerus*.

(1798.) Bientôt, parurent à peu près simultanément : le Tableau élémentaire de l'Histoire naturelle des animaux, par Cuvier; le Catalogue (descriptif) des Coléoptères de Prusse (Verzeichniss der Käfer Preussens), ébauché par Kugelann et achevé par Illiger; et le Supplementum Entomologiæ Systematicæ de Fabricius.

Cuvier admettait un genre nouveau, celui de *Platycephalus* de M. Brogniart, servant à retrancher des *Copris* d'Olivier ceux qui sont pourvus d'un écusson. Illiger formait la même coupe sous le nom d'*Aphodius* qui a prévalu. L'Entomologiste prussien séparait encore des Scarabées quelques espèces sous la dénomination générique d'*Oryctes*. Le travail de Latreille ne lui était pas parvenu. Le Professeur de Kiel opérait d'une manière différente la division du genre *Scarabæus* tel qu'il l'avait laissé dans son Entomologia Systematica. En se déterminant à admettre les *Copris* de Geoffroy, il constituait à leurs dépens le genre *Onitis*; il adoptait également le nom de *Geotrupes*, mais par un esprit de changement dont il a malheureusement donné plusieurs fois des preuves, il l'appliquait à d'autres espèces, au nombre desquelles figuraient celles dont Illiger venait de faire des *Oryctes*. Ainsi, naquit alors une confusion déplorable qui se propagea facilement sous l'influence de la renommée d'un tel maître.

(1801.) Le même auteur eut, peu d'années après, un tort non moins grave, celui d'admettre le genre artificiel qu'un de ses disciples, Weber, proposait (1801) sous le nom d'*Ateuchus*, et de déshériter ainsi les grands Pilulaires de l'Europe méridionale du nom de *Scarabæus*, réservé plus particulièrement pour eux depuis une longue suite de siècles. C'est dans le dernier de ses travaux sur les Coléoptères, dans son Systema Eleutheratorum, qu'il fit place à cette nouvelle coupe formée d'éléments assez discordants. Il fut mieux inspiré en fondant le genre *Æsalus*.

(1803.) Un naturaliste que nous avons déjà eu l'occasion de citer honorablement, Illiger, dans son Magasin d'Entomologie (Magazin für Insectenkunde) rejoignit aux *Copris* des espèces évidemment déplacées parmi les *Ateuchus*; resserra ce dernier genre dans des limites plus étroites, par la création de celui de *Gymnopleurus*, mais n'osa lui restituer son ancien nom : l'autorité de Fabricius l'arrêta. Dans le même livre, il forma une autre division générique, celle d'*Hoplia*, dont les travaux de Frölich et de Knoch avaient pu lui inspirer l'idée : le premier (1792), dans le journal le Naturaliste (Der Naturforscher), et le second (1801),dans ses Nouveaux Matériaux pour l'Histoire des Insectes (Neue Beyträge für Insectenkunde), avaient en effet signalé les différences remarquables que présentent les ongles de plusieurs espèces du genre *Melolontha*, dont la nouvelle coupe était un démembrement.

Depuis quelques années (an VIII), M. Duméril avait réuni les petits animaux qui nous occupent, sous une dénomination commune, celle de LAMELLICORNES. Latreille, qui, dans son Précis, avait tenté de suivre pour le groupement des insectes le chemin que notre célèbre de Jussieu avait si bien tracé pour les végétaux, Latreille, disons-nous, modifiant ses premiers essais dans son Histoire naturelle des Crustacés et des Insectes, répartit (1802) tous les Scarabées de Linné en quatre familles : *Coprophages*, *Géotrupins*, *Scarabéides* et *Lucanides*. Dans cet ouvrage, où il déployait déjà cet esprit méthodique, cette justesse d'aperçus et ce tact admirable qu'il devait, plus tard, porter à un si haut degré, il sépara sous le nom d'*Onthophagus* les espèces formant la seconde section des *Copris* d'Illiger, et facilita l'étude des *Melolontha* de Fabricius, en distribuant ces insectes dans un certain nombre de divisions, auxquelles depuis on a donné des noms, pour morceler le genre trop étendu de l'Entomologiste danois.

(1807.) Quelques années plus tard, dans son Genera, monument le plus durable de sa gloire, il détacha sous le nom de *Sisyphus*, une espèce d'*Ateuchus*; fonda dans sa famille des Scarabéides un genre de plus, celui d'*Ægialia*; et fractionna les *Trichius* du Professeur de Kiel, en petites sections qui depuis sont devenues génériques.

Dans les dix années suivantes, parurent les genres *Psammodius* créé (1808) par Gyllenhal, dans ses Insecta Suecica; et *Bolboceras* établi (1817) par Kirby, dans les Transactions of the Linnean Society.

(1817.) Alors Latreille, perfectionnant la distribution méthodique de son Genera, rassembla tous les Coléoptères, objet de cette monographie, dans une seule famille, pour laquelle il adopta le nom de LAMELLICORNES; partagea celle-ci, dans la première édition du Règne Animal de Cuvier, en deux tribus : les *Scarabéides* et les *Lucanides*, divisions qui répondaient à celles de *Pétalocères* et de *Priocères*, établies (1806) par M. Duméril; et fit enfin dans la première de ces tribus six sections, auxquelles il donna, dans la seconde édition du Nouveau Dictionnaire d'Histoire Naturelle, les noms de *Coprophages*, *Arénicoles*, *Xylophiles*, *Phyllophages*, *Anthobics* et *Mélitophiles*.

(1819.) Tel était l'état de la science, relativement aux Lamellicornes, quand M. Mac-Leay, dans ses Horæ Entomologicæ, publia, de ces petits animaux, une distribution naturelle, dont nous allons donner un aperçu, en raison de la nouveauté des idées, de la curiosité des rapprochements, et de l'étendue des recherches.

Dans cet ouvrage, les Coléoptères herbivores ayant des antennes en massue le plus souvent lamellée, sont partagés par le savant auteur anglais en deux sections principales. Dans la première, figurent parallèlement à nos Priocérides des espèces étrangères à cette tribu, constituant celle des FRACTICORNES ; dans la deuxième, sont réunis les Pétalocérides. Chaque section est partagée en cinq familles d'insectes *saprophages* ou vivant de matières décomposées, ayant pour correspondantes autant de familles d'insectes *thalérophages*, c'est-à-dire se nourrissant de fleurs ou de verdure. Les Fracticornes représentent, dans la première section, les familles saprophagiennes, en regard desquelles sont placées, comme étant douées de goûts plus délicats, les familles de Priocères, dont deux seulement, celles des Æsalides et des Lucanides, sont propres à nos contrées. Le tableau suivant, pour les Pétalocères, fera sans doute mieux comprendre la pensée de l'auteur.

SAPROPHAGES.   THALÉROPHAGES.

COPROPHAGES.				ANTHOBIES.	
	GÉOTRUPIDES.	Mandibules saillantes, cornées.			RUTÉLIDES.
	SCARABÉIDES.	Mandibules membraneuses.			CÉTONIDES.
	APHODIIDES.	Mandibules membraneuses à l'extrémité.			GLAPHYRIDES.

XÉROPHAGES.				PHYLLOPHAGES.	
	TROGIDES.	Mâchoires dentées. Mandibules à dents aiguës analogues à des canines. . .			MELOLONTHIDES.
	DYNASTIDES.	Mâchoires dentées ou inermes. Mandibules à dents molaires ou incisives.			ANOPLOGNATHIDES.

Pour compléter le développement de son système quinaire, M. Mac-Leay a cherché à expliquer, dans les cercles suivants, les affinités naturelles qu'ont entre eux les Scarabées de Linné, et la manière dont se lient entre elles les différentes familles de ces Pétalocères.

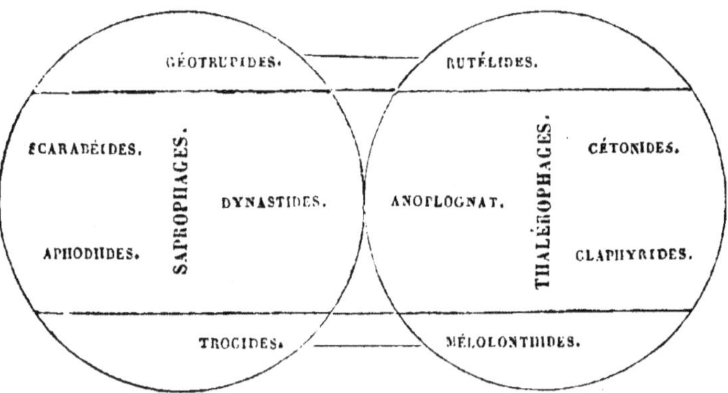

Dans ce travail remarquable, sur lequel nous ne nous étendrons pas davantage, le savant Entomologiste anglais raya le genre *Ateuchus*, ou plutôt restitua, aux espèces auxquelles on l'avait restreint, le nom de

Scarabæus sous lequel elles étaient connues depuis si longtemps; il établit aussi les genres *Hybosorus*, *Serica*, *Dorcus* et *Ceruchus*.

(1820). M. Fischer, dans son Entomographie de la Russie, renferma les espèces de Géotrupes dont le prothorax est armé de cornes, dans un nouveau genre, celui de *Ceratophyus*, proposé déjà en 1812, par le docteur Leach, sous le nom de *Typhæus*.

(1825.) Latreille, dans ses Familles du Règne animal, fonda sous les noms de *Rhizotrogus* et *Amphimallus*, deux coupes génériques dont il avait depuis longtemps tracé lui-même les limites dans un de ses ouvrages. La même année (1825), MM. Lepelletier de Saint-Fargeau et Audinet-Serville, dans l'Encyclopédie Méthodique, en développèrent les caractères, ainsi que ceux des genres suivants, signalés dans les catalogues de MM. Ziegler, Megerle et Dejean : *Oniticellus*, dont Illiger avait fait une division de ses *Copris*; *Ochodeus*, dont le type était un Géotrupin, placé à tort par Fabricius au nombre de ses Melolonthes ; *Pachypus*, qu'Olivier avait rangé parmi ses Hannetons ; et *Anisoplia*, dont Latreille avait fait pressentir la création et posé les bases. Les mêmes auteurs constituèrent aussi, sous les noms de *Osmoderma* et *Gnorimus*, deux autres coupes, tracées également par l'Entomologiste de Brives, pour compléter avec le travail de Scriba le démembrement des *Trichius* du Professeur de Kiel.

Depuis cette époque, le Bulletin de la Société des Naturalistes de Moscou (1830) a servi à enregistrer les genres *Phyllognathus* et *Hymenoplia*, fondés par Eschscholtz, aux dépens des *Oryctes* et des *Serica*.

(1830.) M. Stephens, dans son Synopsis of indigenous Insects, a fait connaître le genre *Phylloperta* de Kirby, servant à diviser les *Anisoplia*, et correspondant à l'un des paragraphes que Latreille, le premier encore, a eu le mérite d'établir dans son Histoire Naturelle des Crustacés et des Insectes. Dans ce dernier ouvrage, où l'harmonie des dispositions générales fait oublier une partie de l'insuffisance des détails. l'illustre Entomologiste avait de même signalé les caractères du genre *Anoxia*, nommé dans les Annales de la Société Entomologique de France (1832), par M. le comte de Castelnau, à qui l'on doit celui de *Calicnemis*, publié vers le même temps, dans le Magasin Zoologique de M. Guérin.

(1833.) M. Brullé, dans l'Expédition scientifique de Morée, a donné les caractères du genre *Geobius*, reproduit plus tard sous le nom d'*Hybalus* par MM. le comte Dejean et Germar.

Quelques années plus tard (1837). le genre *Pentodon* de M. Kirby a été mis au jour par M. Hope, dans son Coleopterist's Manual.

Enfin, dans les Annales de la Société d'Agriculture de Lyon (1839), nous avons formé sous le nom d'*Hexaphyllus*, une coupe nouvelle parmi les Priocérides Cette dernière et quelques autres, que l'étude plus approfondie des insectes de cette tribu nous a fait sentir la nécessité de proposer, compléteront l'histoire des démembrements successifs, opérés dans le genre *Scarabæus* de Linné.

Certains naturalistes, sans avoir établi dans cette tribu aucune coupe générique, ont choisi les Lamellicornes pour sujets de quelques travaux spéciaux. On doit ainsi à plusieurs des monographies locales sur ces insectes. Le chevalier de Moll a fait connaître ceux du pays de Salzbourg, dans ses lettres adressées à François de Paule Schrank; Brahm, ceux des environs de Mayence, dans le Magasin publié par Borkhausen; Baudet-Lafarge, ceux du Puy-de-Dôme (1); M. Garnier, ceux des environs d'Amiens (2). Quelques-uns ont resserré leurs publications dans des limites plus étroites: Suckow, dans son Histoire Naturelle, a décrit une partie des insectes de cette tribu. Nous mentionnerons M. Gory pour sa Monographie des Sisyphes en général, quoique la France soit réduite à n'en posséder qu'une espèce. Creutzer, dans ses Essais Entomologiques, a jeté un nouveau jour sur la détermination spécifique des Copriens, et particulièrement sur celle des Pétalocérides de la famille suivante ou des Aphodiens. Ahrens a commencé à distribuer ces derniers d'une manière plus naturelle, dans ses Matériaux pour la connaissance des Coléoptères de l'Allemagne, publiés dans les Nouveaux écrits des naturalistes de Halle; et M. le docteur Schmidt a achevé d'éclaircir la synonymie et de faciliter la connaissance des espèces difficiles de ce genre si nombreux, dans son travail remarquable publié sous le titre de Révision des espèces d'Aphodies de l'Allemagne, enregistré dans le Journal d'Entomologie, édité par M. Germar. Frœlich, dans un ouvrage périodique imprimé à Halle (3), en signalant, le premier, les caractères fournis par les ongles chez les Mélolonthins, a préparé les divisions indiquées plus tard dans le genre *Melolontha* par Knoch (4), et opérées par Illiger (5), Latreille (6), et divers autres auteurs. Frœlich, dans l'ouvrage cité ci-dessus a également éclairé la détermination des Lucaniens et des Cétoniens. Les Lamellicornes de cette dernière famille ont aussi été l'objet de quelques études spéciales : ainsi, ceux de l'empire d'Autriche et du royaume de Bohême ont été décrits par

(1) Essai sur l'Entomologie du département du Puy-de-Dôme.—Monographie des Lamelli-antennes, *Clermont-Ferrand*, 1809, in-8.

(2) Mémoires de l'Académie du département de la Somme, *Amiens*, 1833, in-8.

(3) Der Naturforscher, *Leipzig*, t. 26, in-8.

(4) Neue Beyträge zur Insektenkunde, *Leipzig*, 1801, in-8.

(5) Magazine zur Insektenkunde, *Braun-Schweig*, 1802, 1806, in-8.

(6) Histoire Naturelle générale et particulière des Crustacées et des Insectes, *Paris*, 1802-05, in-8.—Genera Crustaceorum et Insectorum, *Paris*, 1807-09, in-8.

Andersch (1) et par Fieber (2) ; ceux de diverses parties de la terre par MM. Gory et Percheron dans une Monographie des Scarabés mélito-philes, que le talent iconographique de M. Guérin s'est chargé d'embellir de tout le luxe possible ; ces mêmes insectes mélitophiles ont encore commencé à subir de la part de MM. Burmeister et Schaum une révision insérée dans le Journal de M. Germar. Enfin nos Lucaniens ont fourni à Bonsdorf (3), Thunberg (4), Jean Kœchlin (5) et Davis (6) le sujet d'opuscules descriptifs, monographiques ou critiques.

Outre les divers écrivains énumérés ci-devant, une foule d'autres Entomologistes, par leurs travaux sur les Lamellicornes, ont inscrit leur nom dans les fastes de la science, avec plus ou moins de gloire. Nous nous bornerons à nommer ceux qui ont ajouté quelques anneaux à la chaîne des espèces de ces petits animaux ou qui ont contribué de quelque autre manière aux progrès de la science ; nous citerons entre autres : Poda, dans sa Description des insectes des environs de Gratz ; Drury, dans ses illustrations d'Histoire Naturelle ; Laicharting, dans son Catalogue descriptif des insectes du Tyrol ; Herbst, soit dans les Archives de Fuessly, soit dans son Système Naturel des insectes commencé par Jablonsky ; Petagna, dans son Spécimen des insectes de la Calabre ; De Villers, dans l'Entomologie de Linné, éditée par ses soins ; Preyssler, dans son Catalogue des insectes de Bohême ; Scriba, dans ses Matériaux entomologiques et dans son Journal ; Kugelann et Schneider dans le Nouveau Magasin publié par ce dernier ; Panzer, dans le journal Le Naturaliste, dans ses Matériaux pour l'Histoire des insectes, dans son Entomologie Germanique, dans sa Faune des insectes d'Allemagne ; Rossi, dans sa Faune Étrusque ; Paykull, dans sa Faune de Suède ; Marsham, dans son Entomologie Britannique ; Sturm et Duftschmidt, dans leur Faune : celle du premier embrassant l'Allemagne, celle du second bornée à l'Autriche ; Steven, dans les Mémoires de la Société des Naturalistes de Moscou ; Bonelli, dans son Spécimen d'une Faune Subalpine ; Schönherr, dans sa Synonymie des insectes ; le docteur Leach, dans l'Encyclopédie d'Edimbourg ; Curtis, dans son Entomologie Britannique ; Charpentier, dans ses Heures Entomologiques ; Zetterstedt, dans sa Faune de Laponie ; Villa frères, dans leur Catalogue des insectes d'Europe ; Comolli, dans ses Descriptions des insectes nou-

(1) Entomolog. Taschenbuch, publiés par Hoppe, *Regensburg*, 1796 et 1797, in-12.
(2) Jahrbuch des Gessellschaft böhmisches museums, in-8.
(3) Lucani Genus et in Vetensk. Acad. nya. Handling. : *Stockholm*, 1785, in-8.
(4) Mém. de la Soc. Imp. des nat. de Moscou, *Moscou*, 1806, in-4. (t. 1er).
(5) Correspondance Entomologique, (Strasbourg), 1825, in-8.
(6) Observations on the *Lucanus cervus*. *Walk*. the Entom. Mag. : *London*, 1832, et suiv. in-8.

veaux ou peu connus des environs de Côme; Géné, dans les Mémoires de l'Académie de Turin; le baron de Feistamel, dans les Annales de la Société Entomologique de France; Heer, dans sa Faune de la Suisse.

Quelques écrivains, particulièrement Latreille (1) et M. Charles Nodier (2), se sont occupés de recherches sur les insectes de cette tribu, que l'archéologie comprend dans son domaine.

Divers auteurs ont traité de quelques Lamellicornes sous le rapport des dommages qu'ils nous causent. Pour les travaux de ce genre, nous nous contenterons de signaler le Cours d'Agriculture de l'abbé Rozier; les Mémoires de Gouffier et de Lefébure; l'Insectologie des forêts de M. Bechstein; les Considérations de M. Pfeil, sur les dégâts que les insectes causent aux bois; l'article Hanneton de la Bibliothèque Techno-logico-Economique de Krünitz; l'Histoire du Ver blanc par M. Vibert; celle du Hanneton considérée soit à l'état de larve, soit à celui d'insecte parfait, par M. Plienieger; le travail de M. Ratzeburg sur les insectes des forêts; celui de M. de Fonscolombe sur les insectes nuisibles (3).

D'autres Naturalistes ont pris pour sujet de leurs recherches l'organisation intérieure de divers Coléoptères de cette tribu; nous désignerons principalement : Swammerdam, Ramdhor, Gaede, MM. Léon Dufour, de Haan, et surtout M. Straus-Dürckeim, à qui la science doit, sur l'anatomie du Hanneton vulgaire, un de ces chefs-d'œuvre d'observations et de détails, que Lyonnet seul, jusqu'à ce jour, avait eu le talent et la patience de produire.

Nous diviserons les Lamellicornes en deux groupes :

Groupes.

Antennes		
droites ou faiblement arquées jusqu'à la massue; à premier article généralement épais; obconique ou renflé; à massue composée de trois à sept feuillets réunis à la base, s'ouvrant et se fermant comme ceux d'un livre, ou s'écartant et se rapprochant comme les doigts de la main quand elle est étendue.		PÉTALOCÉRIDES.
géniculées ou formant un coude à l'extrémité de l'article basilaire; celui-ci grêle, arqué et plus long que tous ceux de la tige réunis; à massue de trois à six articles dilatés au côté interne, comme les dents d'un peigne.		PRIOCÉRIDES.

(1) Des insectes peints ou sculptés sur les monuments de l'Egypte : *Voyez* Mémoires du Muséum : *Paris*, 1819.

(2) Recherches Archéologiques et Entomologiques sur le Scarabé sacré des égyptiens, ses significations, ses attributs, ses espèces et ses variétés : insérées dans les Mélanges d'une petite Bibliothèque : *Paris*, 1829, in-8.

(3) Mémoires de l'Académie d'Aix, t. 4.

I. GROUPE.
LES PÉTALOCÉRIDES.

(πέταλον, feuille; κέρας, corne.)

Caractères. Antennes droites ou faiblement arquées jusqu'à la massue; premier article généralement épais, obconique ou renflé; à massue composée de trois à sept feuillets réunis à la base, s'ouvrant et se fermant comme ceux d'un livre.

Leurs larves ont l'anus transversal; les anneaux du corps plus ou moins sillonnés de rides, et le second article des antennes toujours moins long que les deux suivants réunis.

Ils se divisent en huit familles.

Familles.

Pieds intermédiaires —

notablement écartés entre eux à leur naissance. Ecusson le plus souvent invisible. Mandibules membraneuses recouvertes par un chaperon généralement en demi-cercle. Yeux presque entièrement coupés par les joues. Ventre moins long que les deux derniers segments pectoraux. Pygidium découvert. Ongles grêles. — COPRIENS.

rapprochés. Ecusson toujours visible. —

Elytres cachant le pygidium. Ventre généralement moins long que les deux derniers segments abdominaux. —

Mandibules membraneuses, cachées par un chaperon en demi-cercle ou en demi-hexagone. Antennes de 9 articles. — APHODIENS.

Mandibules cornées, saillantes au-delà de l'épistome. —

Yeux peu ou point coupés par les joues. Jambes de devant extérieurement tridentées ou munies de dents isolées quand elles sont en plus grand nombre. — TROGIDIENS.

Yeux en majeure partie coupés par les joues. Jambes de devant extérieurement armées de six à sept dents liées ensemble par leur base. Antennes de 11 articles. — GÉOTRUPINS.

Elytres laissant le pygidium à découvert. Ventre généralement plus long que les deux derniers segments pectoraux. Yeux faiblement coupés. —

Prosternum postérieurement relevé et couronné de poils. Antennes de 10 articles. Mandibules cornées et saillantes latéralement. — ORYCTÉSIENS.

Prosternum non relevé postérieurement. —

Antennes de 8 articles. Cuisses postérieures monstrueusement renflées. — CALICNÉMIENS.

Antennes de 9 ou de 10 articles. —

Mandibules cornées. Epistome transversal. Mésosternum non saillant. Ongles de quelques pieds au moins soit dentés à la base, soit inégaux, soit bifides. — MÉLOLONTHIENS.

Mandibules cachées et membraneuses au côté interne. Epistome presque en carré. Mésosternum souvent saillant. Ongles forts, simples et égaux. Corps déprimé. — CÉTONIENS.

Sous le rapport de leurs goûts et conséquemment des fonctions qu'ils remplissent sur la terre, les Pétalocérides peuvent être répartis en quatre principales castes, c'est-à-dire en :

Coprophages, vivant généralement des matières excrémentielles ou stercorales.	Copriens. Aphodiens. Géotrupins. Trogidiens.
Saprophages, choisissant leurs aliments dans les matières végétales décomposées.	Oryctésiens.
Phyllophages, ou mangeurs de feuilles.	Calicnémiens. Mélolonthins.
Mélitophiles, ou recherchant le miel des fleurs.	Cétoniens.

En examinant de plus près les habitudes de ces petits animaux, on est bientôt conduit à regarder comme nécessaire l'établissement de divisions secondaires, pour signaler d'une manière plus précise le genre de vie de tous les Pétalocérides ; car ceux qui marchent à la tête de chacune de ces castes, offrent, dans le choix de leur nourriture, des différences plus ou moins prononcées avec ceux qui figurent au centre ou à l'extrémité opposée. Les premiers coprophages, par exemple, réduits, par la conformation de leurs instruments buccaux, à sucer ou à lécher les parties les moins consistantes des matières au sein desquelles ils vivent, s'assimilent de cette manière les éléments nutritifs les plus rapprochés de la nature animale. Les Géotrupes et autres espèces analogues, armées de moyens de mastication plus puissants, utilisent, comme tous les gros mangeurs, des parties moins substantielles ou moins recherchées. Les végétaux altérés dans la composition de leurs tissus, suffisent souvent aux derniers coprophages. Parmi les phyllophages, quelques Calicnémiens ont un genre de vie rapproché de celui des Lamellicornes saprophages ; les Hannetons, au contraire, justifient pleinement, par leurs habitudes, la qualification de mangeurs de feuilles ; tandis que chez les Hopliaires on voit déjà les mâchoires s'allonger en une frange soyeuse, à l'aide de laquelle ils peuvent choisir, au sein des fleurs, une nourriture plus sucrée. Enfin, si l'on étudie et la composition buccale et les habitudes des mélitophiles, il sera facile de reconnaître dans les Valgues, dont les principaux organes de nutrition sont garnis de poils spinosules, il sera facile, disons-nous, de reconnaître des espèces moins exquises dans leurs goûts que ces riches Cétoines, pour lesquelles les nectaires des plantes semblent sécréter leurs sucs les plus mielleux.

Nous subdiviserons donc ainsi les Pétalocérides, relativement à leur manière de se nourrir :

LES COPROPHAGES, en
- *Copramorges*, suçant les parties les plus succulentes des matières excrémentielles (Copriens, Aphodiens).
- *Xerophages*, se nourrissant de substances animales desséchées, ou recherchant les matières végétales en partie décomposées (Trogidiens).
- *Coprophages*, mangeant des matières excrémentielles ou stercorales (Géotrupins).

LES SAPROPHAGES,
(Trop peu nombreux en France pour les diviser).

LES PHYLLOPHAGES, en
- *Phytobies*, vivant, au moins en partie, de végétaux en voie de décomposition (Calicnémiens).
- *Phyllophages*, véritables mangeurs de feuilles (les premiers Mélolonthins).
- *Anthobies*, vivant en partie aux dépens des fleurs (quelques Hopliaires au moins).

LES MÉLITOPHILES, en
- *Dendrobies*, passant généralement leur vie sur les arbres (les premiers Cétoniens).
- *Mélitophiles*, ou recueillant, principalement sur les fleurs, les sécrétions mielleuses des végétaux (les autres Cétoniens).

Les insectes compris dans chacune des quatre grandes divisions, montrent donc d'une manière graduelle un genre de vie plus délicat; toutefois, comme on peut le remarquer, les espèces qui terminent ces séries, sont souvent plus avancées sous ce rapport que celles qui figurent à la tête de la série suivante. C'est ainsi que les derniers Mélolonthins sont plus véritablement mélitophiles que les premiers Cétoniens. Telle paraît être, en effet, la marche ordinaire de la Nature : après avoir, pour ainsi dire, tenté un premier essai, selon les desseins de sa volonté toute puissante, elle semble se reporter à quelques pas en arrière du point où elle s'était arrêtée, pour s'avancer ensuite davantage dans la voie progressive vers laquelle tendent tous ses efforts.

Les coprophages, par lesquels nous allons commencer la série des Lamellicornes, n'ont généralement pas un aspect aussi dégoûtant que leur nom semblerait le faire pressentir ; la Nature leur a donné la faculté de sécréter une huile destinée à empêcher aux matières dans lesquelles ils vivent d'adhérer à leur corps, afin de conserver à ce dernier tout son lustre. Ces insectes ont pour parasites une sorte de mite *(gamasus coleoptratorum)* ; elle s'attache à eux souvent en grand nombre, surtout à ceux dont la vie est en partie souterraine.

PREMIÈRE FAMILLE.

LES COPRIENS.

Caractères. Pieds intermédiaires notablement écartés entre eux à leur naissance. Ecusson le plus souvent invisible ; quelquefois apparent, mais alors petit et ordinairement enfoncé. Chaperon généralement en demi-cercle ou en ogive, souvent échancré ou denté, cachant les pièces de la bouche, et la majeure partie de la longueur des antennes. Celles-ci de neuf ou rarement de huit articles ; à scape presque aussi long que la tige ; à massue de trois feuillets, dont l'intermédiaire parfois n'est pas visible en totalité. Yeux presque entièrement coupés par les joues. Labre et mandibules membraneux. Mâchoires terminées par un lobe de cette consistance, déprimé, dilaté et arqué au côté interne : dernier article des palpes maxillaires toujours le plus grand ; le troisième des labiaux généralement petit, grêle et quelquefois indistinct. Menton échancré. Pygidium découvert et subperpendiculaire. Ventre moins long que l'espace compris entre les pieds de derrière et la partie antérieure du médipectus. Tarses des pieds de devant quelquefois nuls. Ongles toujours simples et grêles.

Les Copriens, comme nous l'avons dit précédemment, et comme leur nom d'ailleurs suffit pour l'indiquer, vivent au sein des matières qui constituent le principe élémentaire de nos fumiers. Chargés, concurremment avec d'autres insectes de cette tribu, de détruire ou de disperser les déjections de l'homme et de divers mammifères, ils en sucent ou en lèchent les parties les plus succulentes ou les plus fluides. Ce sont de véritables copramorges. On a surnommé *orduriers* ceux qui semblent rechercher de préférence les excréments humains. La plupart sont noirs ; plusieurs ont une teinte terreuse ; quelques petites espèces présentent des couleurs métalliques.

Nous les diviserons en deux branches :

Branches.

Hanches des pieds intermédiaires	enchâssées obliquement dans le médipectus. Les quatre jambes postérieures, allongées, presque cylindriques, ou n'offrant pas une dilatation bien sensible à leur extrémité. **SISYPHAIRES.**
	enchâssées longitudinalement ou à peu près dans le médipectus. Les quatre jambes postérieures de longueur médiocre, déprimées, graduellement et très-sensiblement dilatées de la base à l'extrémité, offrant l'image d'un triangle renversé. **COPRIAIRES.**

PREMIÈRE BRANCHE.

LES SISYPHAIRES.

Caractères. Hanches des pieds intermédiaires obliquement enchâssées dans le médipectus. Antennes de neuf ou de huit articles, dont les trois de la massue sont tous visibles par leur tranche dans la contraction. Premier article des palpes maxillaires petit ; le deuxième, subsécuriforme ou dilaté au côté interne ; le dernier aussi long que les deux précédents réunis. Palpes labiaux fortement velus ; à premier article le plus grand, et dilaté au côté interne, particulièrement chez les Gymnopleures ; le dernier, grêle et presque nu. Écusson invisible. Jambes intermédiaires et postérieures peu sensiblement dilatées de la base à l'extrémité, à coupe transversale subpentagonale.

De tous les Copriens, les Sisyphaires sont les plus intéressants à connaître. Plus particulièrement chargés de disperser les matières excrémentielles ; doués de l'instinct singulier d'en réunir les molécules en espèces de boules ; occupés sans cesse, comme le Sisyphe de la fable, à faire rouler ces petites masses, qui parfois aussi leur échappent, ils ont depuis longtemps attiré l'attention des hommes. Aristophane, Plutarque, Aristote, Hor-Apollon, et d'autres anciens écrivains, ont parlé de leurs travaux. L'une de nos espèces fut célèbre sur les bords du Nil, et fit partie du culte religieux des Égyptiens. Les Grecs désignaient ces insectes sous le nom de Κανθαροι que les premiers traducteurs ont converti dans notre langue en celui de *Pilulaires.*

Les Sisyphaires se servent de leur chaperon pour diviser d'abord, puis de leurs pattes antérieures pour rassembler les matières dont ils composent un globule, à laquelle ils donnent graduellement un volume plus considérable. Dans ce travail, ils ont le soin de s'attacher aux parties les plus substantielles, et d'élaguer, avec une merveilleuse adresse, les pailles et autres substances peu décomposées par la digestion. Dès que la petite boule est parvenue à un volume suffisant, pour offrir toute la nourriture nécessaire au développement de la larve à qui elle doit servir de retraite, l'insecte la fait rouler pour la consolider davantage, et pour la dérober aux regards indiscrets, en la cachant dans le sein de la terre. Ordinairement le mâle et la femelle unissent leurs efforts pour la conduire : l'un la retient entre ses pieds de derrière, et la pousse en marchant à reculons, en se servant, pour la fixer, de l'éperon des jambes postérieures ; l'autre la tire avec ses pattes de devant. Combien d'obstacles ne trouvent-ils pas dans l'inégalité du terrain ! Que de peines pour les surmonter ! Souvent, surtout parmi les Scarabées, qui construisent une pelote beaucoup plus grosse qu'eux, souvent un ami obligeant vient prêter ses bons offices. Il se place sur le sommet du corps sphérique, et en se penchant en avant, l'entraîne dans un mouvement de rotation. Quelquefois un accident arrive. La boule tombe dans un trou, et y resterait inévitablement, sans le secours de nouvelles forces nécessaires pour l'en extraire. Un Sisyphaire, auquel semblable mésaventure était arrivée, se dirigea, dit Illiger, vers un tas de bouse voisin, et revint bientôt avec trois camarades. Tous quatre réunirent leurs efforts pour tirer la pelote du précipice, et ils y parvinrent enfin ; ce résultat obtenu, les trois compagnons, dont la tâche était accomplie, s'en retournèrent aussitôt à leur ouvrage.

Le hasard m'a quelquefois permis d'être témoin de scènes non moins curieuses. J'avais placé des Sisyphes dans un vase recouvert d'une cloche de toile métallique ; je leur avais fourni les matériaux nécessaires pour leur travail ; mais ils avaient beau façonner des pilules, ils ne pouvaient les conduire bien loin. L'un d'eux finit par grimper sur le treillis, emportant, avec ses pieds postérieurs, et son globule et la femelle qui lui aidait précédemment à le faire rouler. Il parvint ainsi, avec plus ou moins de peine, jusqu'au dôme de cette espèce de voûte ; là, sa petite boule lui échappa ; il se laissa tomber aussitôt pour la rejoindre. Plusieurs fois le même fait s'est renouvelé sous mes yeux avec les mêmes circonstances.

Les mâles généralement montrent un attachement moins vif que l'autre sexe, pour ces petites pelotes qui doivent servir de berceau à leurs descendants. Souvent, pour mettre à l'épreuve leur amour maternel, il m'est arrivé de transporter dans la main un couple de Sisyphes avec le fruit de leurs travaux. Dès que je leur rendais la liberté, le mâle en usait pour s'envoler ; la femelle ordinairement restait attachée à la pilule, objet de ses espérances, et se résignait à la conduire seule. J'ai vu quelques-unes de ces créatures surprises par la nuit avant d'avoir pu enterrer assez profondément leur globule ; le lendemain, de grand matin, je les retrouvais le tenant embrassé entre leurs pattes, comme un trésor dont elles n'avaient pu se séparer.

L'industrie admirable des Sisyphaires n'est pas toujours destinée à assurer le bien-être de leur postérité ; souvent ils travaillent uniquement pour accomplir la mission providentielle dont ils sont chargés : celle de disperser les matières stercorales. Il est facile de s'en convaincre en voyant les mâles déployer le même talent que les femelles, et surtout en s'assurant que celles-ci, dans maintes circonstances, n'ont dans le corps aucun œuf à déposer. Ces pilules inutiles sont souvent conduites par un seul individu, qui au moindre faux pas ou au moindre accident qui l'oblige à lâcher sa petite boule, se laisse facilement enlever, par un autre, le fruit de ses peines.

Cette branche renferme les genres suivants :

GENRES.

Jambes intermédiaires terminées par — un seul éperon. Antennes de 9 articles.

Elytres ayant leur bord extérieur sans échancrure au dessous des épaules. Dernier article des tarses à peine plus long que le premier seulement. Chaperon à six dents. *Scarabæus.*

Elytres présentant au dessous des épaules, à leur côté externe, une forte échancrure remplie par les flancs du premier arceau ventral. Dernier article des tarses aussi long que les quatre précédents réunis. Côté basilaire du pygidium plus grand que les latéraux. . . . . *Gymnopleurus.*

deux éperons. Antennes de 8 articles. Abdomen en triangle curviligne. Côté basilaire du pygidium plus petit que les latéraux. . . . . *Sysiphus.*

Genre *Scarabæus*, SCARABÉE ; LINN.

(Étymologie incertaine.)

Caractères. Chaperon offrant six dents à sa périphérie. Sutures génales non prolongées en apparence sur le front. Antennes de neuf articles, dont les trois derniers forment une massue feuilletée. Élytres sans échancrure au côté externe. Abdomen presque carré. Pygidium obtusément en triangle isocèle, ayant le côté basilaire plus grand que les latéraux. Épisternums de l'antépectus beaucoup plus petits que les épimères, séparés de celles-ci par une suture peu distincte. Métasternum sensiblement saillant en devant. Pieds intermédiaires séparés l'un de l'autre à leur naissance par un intervalle moins grand que la moitié de la cuisse. Jambes antérieures quadridentées au côté externe. Les intermédiaires et postérieures garnies de cils longs et nombreux ; obliquement tronquées à l'extrémité, et terminées par un fort éperon. Quatre premiers articles des tarses postérieurs graduellement plus courts : le dernier à peine aussi long que le premier.

Les écrivains ont émis des opinions diverses sur l'origine du mot Scarabée. Selon Papias, grammairien du XIe siècle, ce nom viendrait de *cabus* ou *caballus*, parce que ces insectes, selon les idées du temps, étaient censés naître du cadavre des chevaux. Bochart l'a fait dériver de l'hébreu *chaphas*, qui signifie fouiller, action qui caractériserait assez bien le genre de vie des coprophages. Fabricius et M. Mac-Leay en ont cherché l'étymologie dans la langue grecque : le premier l'a tiré de σκάπτω, creuser; le second de σκαριφάομαι, gratter. Nous ne nous arrêterons pas à peser la valeur de ces opinions; peut-être Martini et d'autres se sont-ils rapprochés davantage de la vérité en croyant reconnaître la source du mot qui nous occupe, dans celui de καραβος, employé par Aristote pour désigner un insecte qui nous est inconnu.

Avec M. Mac-Leay nous restituons aux insectes de ce genre le nom de *Scarabæus*, sous lequel ils étaient connus des Romains.

Fabricius, en adoptant le genre *Ateuchus* établi par Weber, pour séparer les Copriens dépourvus de cornes de ceux qui en sont armés, avait été obligé d'y admettre quelques Copriaires qui s'y trouvaient évidemment déplacés. Il s'était même écarté de l'esprit de justice qui reconnaît un droit acquis à l'auteur dont les publications ont la priorité; car Creutzer avait déjà proposé, sous le nom d'*Actinophorus*, une coupe générique plus naturelle, comprenant tous nos Sisyphaires.

Les Scarabées sont généralement les plus grands Copriens de nos contrées; ils habitent plus spécialement les provinces méridionales, où ils déploient, sous l'influence de la chaleur, une activité incroyable. Habituellement ils choisissent un terrain en pente pour y enfouir horizontalement leur globule. Il est vraiment curieux de voir, dans les dunes ou sur les bords de la mer, un Scarabée se livrer à ce travail. Il gratte avec vivacité le sable qu'il amoncelle d'abord derrière ses pieds postérieurs, puis se retourne et se sert de son chaperon comme d'une pelle pour pousser plus loin les déblais qui l'embarrassent.

Les pelotes destinées à ne point nourrir de larve, sont enfouies avec peu de précaution. Le lieu dans lequel elles ont été déposées présente, au moins le premier jour, une ouverture béante qui permet parfois de les apercevoir; les autres, au contraire, sont toujours complètement enterrées. En fouillant le sable, on trouve souvent avec une de celles-ci le couple d'insectes par lequel elle a été roulée. On dirait que ces petits animaux restent attachés à cet objet pour veiller à sa conservation, ou pour attendre près de ce dépôt précieux la mort qui doit mettre fin à leurs travaux.

Les œufs, suivant les circonstances, éclosent au bout de huit à quinze jours, et en quelques mois la larve parvient à son état parfait. Aucun auteur n'ayant jusqu'à ce jour parlé de ces dernières, nous allons les faire connaître, en donnant la description de celle du *Scarabæus sacer*.

Corps semi-cylindrique; courbé en dedans; ridé; blanchâtre, avec le dos en partie ardoisé; presque glabre, parsemé de poils livides, longs, flexibles et peu nombreux. Tête convexe, d'un jaune pâle. Antennes de cinq articles : le premier moins grand que le second; celui-ci à peu près égal aux deux suivants, et comme eux subglobu-

leusement renflé vers le sommet ; le dernier, plus court et plus grêle.
Épistome d'un livide jaunâtre ; en parallélogramme transversal. Labre
trilobé, garni de quelques poils comme lui d'un livide jaunâtre. Mandibules rougeâtres et coriaces à la base, noires et cornées à l'extrémité ;
armées près de celle-ci, au côté interne, de trois dents peu profondément découpées. Mâchoires divisées en deux pièces garnies de poils
spinosules et terminées chacune par un crochet unguiforme. Palpes
maxillaires de quatre articles en cône tronqué ; le dernier conique.
Palpes labiaux petits ; de deux pièces. Pieds peu garnis de poils ; composés de cinq pièces : la dernière, armée d'un ongle. Anus situé à la
partie moyenne et postérieure du dernier anneau, au-dessus de deux
espèces de mamelons terminant celui-ci. Hypopygium ou partie inférieure du dernier segment, garni de poils spinosules, servant à favoriser les changements de position de l'animal.

Ces larves sont parfois tourmentées par les acares, qui, plus tard,
s'attachent en parasites au corps des insectes parfaits.

1.S. Sacer; Linn. *Entièrement d'un noir assez brillant. Suture frontale
chargée de deux tubercules, et interrompue dans son milieu. Prothorax
garni de très-petits points élevés. Elytres lisses ; longitudinalement rayées
de six lignes légères ; parsemées entre ces dernières de points enfoncés,
souvent à peine apparents. Cuisses postérieures inermes.*

♂. Jambes antérieures souvent plus grêles ; les postérieures sensiblement arquées. Abdomen ordinairement aussi long que large.

♀. Jambes postérieures presque droites. Abdomen généralement
plus large que long.

Scarabæus Sacer, Linn. Syst. Nat. t. 1. part. 2. p. 545. 18. — *Id.* Amœn. acad. t. 3.
pl. 3. f. 189. 18. — *Id.* Mus. Lud. Ulr. p. 13. 11. — Fab. Syst. Ent. p. 28. 109. — *Id.*
Spec. ins. t. 1, p. 31. 139. — *Id.* Mant. ins. t. 1. p. 16. 139. — *Id.* Ent. Syst.
t. 1. 62. 203. — Lepech. Tageb. 1. 249. — Goeze, Ent. beytr. 1. p. 13. 18. — Fuessly.
Mag. 1. 144 et 166. — Laichart. Verzeich. t. 1. p. 13. 9. — Schœf. Icon. pl. 201.
f. 3. — Harrer, Besch. 27. — Herbst, Natursyst. t. 2. p. 304. 197. pl. 20. f. 2. —
Petagna, Spec. p. 2. 3. — Gmel. Linn. S. Nat. 1. part. 4. p. 1554. 18. — De Villers,
C. Linn. Ent. t. 1. p. 13. 6. — Roemer, Gen. Ins. pl. 1. f. 3. — Oliv. Ent. t. 1. n. 3.
p. 150. 183 pl. 8. f. 59., a, b. — Rossi, Faun. Etrus. t. 1. p. 14. 52. — *Id.* ed.
Helw. t. 1. p. 13. 32. — Panz. Ent. Germ. p. 17. 67. — *Id.* Faun. Germ. 48. 7. —
Blumenb. Handb. p. 326. — *Id.* Man. p. 397. 5. — Tigny, Hist. t. 3. p. 251. fig. 1.
— Mac-Leay, Hor. Ent. ed. Leq. 49. 1. Var. α.
Scarabæus Crenatus, De Geer, Mem. t. 7. 638. 56. pl. 47. 18. — Retzius, Spec. p.
123. 759.
Copris Sacer, Oliv. Encycl. meth. t. 5. 170. 117. — *Id.* Nouv. dict. d'hist. nat. (1e éd.)
t. 5. p. 453. — Latr. Règn. anim. de Cuv. (1e éd.) t. 3. p. 277. — Lamarck,

Anim. sans vert. t. 4. p. 570. 1. — Dumér. Dict. des Sc. Nat. t. 5. p. 280. 15. — Muls. Lett. t. 1. 283. 1.

Actinophorus Sacer, Panz. Symb. Ent. 1. p. 56. pl. 6. f. 3, 4, 5. — Duftsch. Faun. Aust. t. 1. p. 159. 1.

Ateuchus Sacer, Fab. Syst. Eleuth. t. 1. p. 54. 1. — Illig. Mag. t. 2. 122. 1. — Panz. Schæff. Icon. enum. p. 175. 3. — *Id.* Index entom. p. 6. 1. — Latr. Hist. Nat. t. 10. 94. 1. — *Id.* Gener. t. 2. p. 77. 1. — *Id.* Nouv. dict. d'Hist. Nat. (2e édit.) t. 3. p. 51. — *Id.* Crust. arach. Ins. t. 1. p. 555. — Germar, Reise nach. Dalm. p. 183. 18. — Suckow, Naturg. p. 204. 1. — Boit. Man. t. 1. 314. — Guérin, Icon. du Règn. An. pl. 21. f. 2. détails. — *Id.* Dict. Pitt. d'Hist. Nat. t. 1 p. 324. pl. 55. f. 3. — De Casteln. Hist. Nat. t. 2. p. 63. 1.

Ateuchus Pius, Illig. Mag. t. 2. p. 202. 1. — Sturm, Deutsch. Faun. t. 1. p. 86. 1. pl. 10. avec détails.

Var. A. **S. Inermis;** Nob. *Jambes antérieures sans dents apparentes au côté interne.*

Latr. Gener. l. c. — Mac-Leay, l. c. Var. γ. etc.

Var. B. **S. Edentulus;** Nob. *Bord du chaperon presque réduit à quatre ou même à deux dents.*

Var. C. **S. Pius;** Illig. *Suture frontale sans tubercules et souvent non interrompue dans son milieu.*

Illig. Mag. t. 2. l. c. — Sturm. l. c., etc.

Var. D. **S. Punctulatus;** Nob. *Prothorax parsemé, au moins en partie, de petits points enfoncés.*

Linn. Amœn. Acad. l. c.

Var. E. **S. Subsulcatus;** Mac-Leay. *Elytres presque sillonnées.*

Mac-Leay, l. c. Var. 5.

Long. 0^m,024 à 0^m,031 (11 à 14^l). Larg. 0^m,014 à 0^m,018 (6 à 8^l).

Entièrement d'un noir assez brillant. Chaperon en demi-cercle, cilié inférieurement; à six dents : les quatre intermédiaires ou celles de l'épistome sensiblement recourbées ; les latérales ou celles des joues presque horizontales. Epistome, graduellement rétréci de devant en arrière ; finement réticulé en dessus à sa partie antérieure, d'une manière plus oblitérée postérieurement. Suture frontale chargée de deux tubercules ; interrompue entre ces derniers, c'est-à-dire dans son milieu. Front couvert d'aspérités analogues aux dents d'une rape ; hérissé de poils noirs, peu nombreux et souvent usés. Yeux bruns, globuleux ; un peu recouverts par les bords latéraux du front; à moitié partagés par le prolongement des joues, en deux parties, l'une supérieure, l'autre inférieure. Antennes de neuf articles: les six premiers noirs; les trois derniers composés d'une massue feuilletée, d'un brun roussâtre. Prothorax échancré presque en demi-cercle dans la partie médiaire de son bord antérieur; presque une fois aussi large que long; armé d'une petite dent à ses angles antérieurs; débordant un peu dans ce point la base des joues; dilaté et subarrondi sur les côtés; arrondi aux angles postérieurs; obliquement coupé, de ceux-ci à la partie médiaire de sa base, et formant ainsi un angle très-obtus, dont le sommet correspond à la suture des élytres; médiocrement convexe en dessus; parsemé de petits points élevés, moins nombreux près de la base; lisse longitudinalement dans son milieu, et creusé dans la moitié postérieure de cette partie, d'une ligne légère et souvent peu apparente; garni dans tout son pourtour d'un rebord assez étroit: celui du sommet, lisse ; le basilaire, cannelé ou crénelé ; les latéraux, denticulés et ciliés en dessous. Ecusson invisible. Elytres un peu moins larges que le prothorax dans son milieu; aussi longues que la tête et le prothorax réunis; faiblement et subcurvilinéairement rétrécies de la base à l'extrémité ; à bord latéral étroitement rabattu en dessous; dominé et dépassé jusqu'aux angles postérieurs qui sont arrondis, par une carène parallèlement bordée en dedans d'un filet saillant; obtusément tronquées au sommet; entières à l'angle sutural; subdéprimées en dessus; chargées d'un tubercule huméral; subtuberculeuses au dessus des angles postérieurs ; lisses; longitudinalement rayées de six lignes à peine marquées; parsemées dans les intervalles de points très-peu enfoncés et souvent à peine apparents ; parfois presque imperceptiblement ridées transversalement. Dessous du corps d'un noir un peu moins luisant Parties pectorales, finement chagrinées et parsemées de poils. Métasternum obtusément tuberculeux en devant; creusé entre les pattes d'une petite fossette longitudinale, et d'une autre plus large après celle-ci sur le métasternum. Abdomen court : marqué sur chaque arceau, de points enfoncés, ombragés par des poils. Cuisses longitudinalement ponctuées; ciliées; les postérieures inermes. Jambes de devant déprimées, ordinairement bidentées au côté interne ; extérieurement armées de quatre dents, et denticulées entre les intervalles de celles-ci. Jambes intermédiaires marquées au bord antéro-interne de deux petites coches obliques, presque invisibles sur les suivantes; celles-ci un peu arquées, surtout dans les ♂ ; les unes et les autres ciliées, obliquement tronquées à leur extrémité, et terminées par un fort éperon. Tarses grêles; garnis de poils spinosules, souvent un peu plus roux que ceux des autres parties des pieds.

On trouve cette espèce dans le midi de la France, et plus ordinairement en Provence qu'en Languedoc. Elle est commune à Marseille sur les bords de la mer, du côté de Montredon.

Obs. Ordinairement les jambes antérieures sont armées au côté interne de deux sortes de dents; d'autres fois celles-ci sont émoussées ou même entièrement nulles. Les dents du chaperon et celles du côté externe des jambes, se montrent souvent plus ou moins obtuses. Le chaperon se trouve réduit, chez quelques individus, à quatre ou à deux dents émoussées. Le prothorax est généralement couvert, surtout à sa partie antérieure, d'une très-fine granulation ; chez d'autres individus, celle-ci se transforme en petits points enfoncés. Les intervalles des élytres, au lieu d'être planes, sont tantôt faiblement convexes, tantôt et plus rarement longitudinalement concaves dans le milieu, et celles-ci paraissent plus ou moins sillonnées. Enfin, les tubercules de la suture frontale s'effacent et disparaissent aussi complètement. Illiger a fait de cette variété une espèce particulière, sous le nom de *Pius* ; mais elle offre tous les passages qui conduisent à la forme normale. Cette variété se rencontre à Aix en Provence et dans le département des Basses-Alpes ; elle est très-rare à Marseille.

Le *S. sacer* doit son nom à la vénération dont il a été l'objet de la part des habitants des bords du Nil. Messager du printemps, annonçant par sa reproduction le renouvellement de la nature, remarquable par la singulière industrie de disperser, sous la forme de petites boules, les parties des divers excréments, il avait, dit Latreille, paru offrir aux prêtres égyptiens l'emblême des travaux d'Osiris ou du Soleil. D'après cette idée, on l'honorait, selon Porphyre, comme la figure de cet astre. Son image fut multipliée de mille manières; on la grava dans les temples ; on la cisela sur les bas-reliefs et sur les chapiteaux des colonnes des divers monuments ; on la représenta sur les obélisques; on la grava sur des pierres précieuses, façonnées en anneaux servant de cachet, taillées en médaillons, ou divisées en sortes de grains percés dans la longueur de leur axe et propres à faire des colliers.

Cet insecte, suivant M. Goury, était aussi pour les mêmes peuples le symbole de la transmigration des ames, et, par suite de cette croyance religieuse, se voyait placé dans leur tombe, comme un Dieu tutélaire.

De tous les anciens écrivains, Hor-Apollon est celui qui s'est étendu le plus longuement sur l'opinion des Egyptiens, relativement aux coprophages objets de leur culte. Ils en distinguaient, selon lui, trois espèces. Nous ne nous occuperons pas des deux autres, qui paraissent appartenir à des Copriaires étrangers à notre pays, et se rapporter, l'une au *C. Isidis ;* l'autre, au *C. Anceus.* Quant à celle qui fait l'objet de cet article, elle présente, dit-il, des sortes de rayons et a été consacrée au Soleil, soit à cause de cette analogie, soit parce qu'elle ressemble au chat; car cet animal, disent les Egyptiens, suit le cours de cet astre par le mouvement de ses prunelles; elles se dilatent à son lever, s'arrondissent vers le milieu de sa course, et se voilent vers son coucher. C'est pour cela qu'à Héliopolis la statue de ce Dieu a la figure d'un chat.

Cette espèce de Scarabée, ajoute le même écrivain, a trente doigts (1), emblème du même nombre de jours que met le soleil a parcourir chaque signe du zodiaque. Tous les individus sont du sexe masculin (2). Quand cet insecte veut se reproduire, il prend de la fiente de bœuf, en forme une boule, image du monde, la fait rouler avec ses pieds de derrière, en allant à reculons et dans la direction de l'est à l'ouest, sens dans lequel le monde est emporté dans son mouvement. Celui des astres se fait dans une direction opposée, ou du couchant au levant. Le Scarabée enfouit sa boule dans la terre ; l'y laisse pendant vingt-huit jours, espace de temps égal à une révolution lunaire, et pendant lequel le globule se vivifie. Le vingt-neuvième jour, que l'insecte connaît pour être celui de la conjonction de la lune avec le soleil et de la naissance du monde, il ouvre cette boule, la jette dans l'eau (3), et il en sort un nouveau Scarabée. Ce Sisyphaire, chez les Egyptiens, représentait donc, d'une manière symbolique, un être engendré de lui-même, une naissance, un père, le monde, l'homme, et peut-être la force personnifiée dans ce dernier ; car, suivant Plutarque, la caste militaire, parmi les anciens peuples des bords du Nil, avait pour sceau l'image du Scarabée.

Cet insecte figurait aussi parmi les monuments astronomiques des Egyptiens ; il remplaçait dans les signes célestes le scorpion des Grecs, comme on peut le voir par le zodiaque de Dendérah.

Le Scarabée était célèbre à trop de titres pour ne pas jouir aussi de grandes vertus médicales, surtout chez des peuples qui puisaient dans les pratiques superstitieuses une partie de leurs remèdes. Il était donc employé dans beaucoup de cas et de diverses manières par les médecins ou plutôt les empyriques. Les mages le pendaient comme une amulette, pour guérir de la fièvre quarte. Avicenne et d'autres auteurs anciens l'ont préconisé contre un grand nombre de maladies ; des modernes même ont cru devoir le recommander dans certains cas.

(1) En comptant pour un doigt chaque article des tarses, on reconnaîtra que ce insecte avait été bien attentivement examiné.

(2) Les Scarabées mâles étant à peu près uniformément conformés comme les femelles et partageant avec celles-ci les soins qu'exige la conservation de leur postérité, il n'est pas étonnant, dit Latreille, dans son Mémoire sur les insectes sacrés, que les Egyptiens aient pensé que les Scarabées étaient unisexuels et que dans le choix du sexe ils aient préféré celui qui a le plus de prérogatives, le sexe masculin.

(3) La chaleur et l'humidité étaient aux yeux des anciens les agents principaux de la génération spontanée.

2. S. Semipunctatus : Fab. *Entièrement d'un noir assez luisant. Suture frontale très-peu saillante, lisse et dilatée dans sa partie médiaire, avancée sur l'épistome en forme de languette. Prothorax irrégulièrement parsemé de gros points enfoncés. Elytres lisses, longitudinalement rayées de six lignes légères; garnies dans les intervalles de quelques points enfoncés à peine apparents. Cuisses postérieures armées d'une dent.*

♂ Jambes antérieures ordinairement plus grêles; les postérieures sensiblement courbées en dedans vers l'extrémité. Abdomen ordinairement aussi long que large.

♀ Jambes postérieures sans courbure sensible au côté interne, vers l'extrémité. Abdomen généralement plus large que long.

Scarabæus semipunctatus, Fab. Ent. Syst. 1. 63. 207. — Panz. Faun. Germ. 67. 6. — Mac-Leay, Hor. Ent. e. Leq. p. 54. 19.
Scarabæus variolosus, Oliv. Ent. 1. 3. p. 151. 184. pl. 8. f. 60.
Copris variolosus, Oliv. Encycl. meth. t. 5. p. 171. 118.
Actinophorus semipunctatus, Sturm. Verz. 1. 75. 65. — Duftsch. Faun. Aust. t. 1. 160.
Ateuchus semi punctatus, Fab. Syst. Eleuth. 1. 55. 3. — Latr. Hist. Nat. t. 10. 95. 3. — Suckow, Naturg. p. 205. 3. — Boit. Man. 1. 304. — De Casteln. Hist. Nat. t. 2. 65. 15.

Var. A. **S. Substriatus ;** Nob. *Elytres sensiblement striées.*
Mac-Leay, l. c. Var. β.

Var. B. **S. Subinermis ;** Nob. *Dent des cuisses postérieures très-obtuse, presque nulle.*

Long. $0^m,017$ à $0^m,031$ (7 à 14¹). — Larg. $0^m,010$ à $0^m,014$ (4 1/2 à 6 1/2¹).

Entièrement d'un noir assez brillant. Chaperon en demi cercle ; à six dents : les quatre intermédiaires ou celles de l'épistome sensiblement recourbées; les latérales ou celles des joues presque horizontales. Épistome finement réticulé en dessus. Suture frontale, linéaire et très-peu saillante; interrompue dans son milieu, où elle forme une plaque lisse et subcruciale, avancée en forme de languette graduellement rétrécie, sur la partie postérieure de l'épistome, et confondue en arrière avec le front qui est ponctué sur les côtés. Yeux bruns, globuleux, un peu recouverts par les bords latéraux du front ; presque entièrement partagés par le prolongement des joues, en deux parties, l'une supérieure, l'autre inférieure. Antennes de neuf articles : les six premiers noirs; les trois derniers composant une massue feuilletée d'un brun roussâtre. Prothorax échancré presque en demi cercle dans la partie médiaire de son bord antérieur; presque une fois aussi large que long; armé d'une dent à ses angles antérieurs, qui débordent les postérieurs du chaperon ; dilaté et arrondi sur les côtés; arrondi aux angles postérieurs ; curvilinéairement coupé de ceux-ci jusqu'au

milieu de sa base ; formant dans ce point une petite saillie scutelliforme, parfois nulle ou peu apparente; médiocrement convexe en des
sus; irrégulièrement parsemé, excepté près de la base et des angles postérieurs, de petites impressions varioliques marquées dans leur centre
d'un point plus profond; garni d'un rebord dans toute sa périphérie :
celui de devant presque lisse ; le basilaire parallèlement muni d'une
rangée de points enfoncés, donnant chacun naissance à un poil ; les latéraux crénelés et ciliés en dessous. Écusson invisible. Élytres moins
larges que le prothorax dans son milieu ; presque aussi longues que ce
dernier et la tête réunis ; subcurvilinéairement et assez faiblement
rétrécies des épaules à l'extrémité ; étroitement rabattues en dessous
sur les côtés; latéralement tranchantes et parallèlement garnies d'un
filet saillant jusqu'aux angles postérieurs qui sont arrondis ; obtusément tronquées à l'extrémité ; subdéprimées en dessus ; lisses ; chargées
d'un tubercule huméral ; plus obtusément saillantes au dessus des angles postérieurs; rayées longitudinalement de six lignes légères ; parsemées dans les intervalles de points à peine apparents et subsérialement
disposés. Dessous du corps d'un noir plus brillant. Parties pectorales
couvertes de points nombreux ; hérissées de poils bruns. Métasternum
obtusément avancé ; marqué entre les pieds intermédiaires d'une fossette longitudinale, suivie d'une autre plus arrondie. Cuisses ciliées et
garnies d'une rangée longitudinale de points donnant naissance à des
poils ; les postérieures inférieurement échancrées et subcrénelées depuis le trochanter jusqu'aux deux tiers de leur longueur, où elles sont
armées d'une dent. Jambes de devant extérieurement armées de quatre
dents ; denticulées entre celles-ci, et au côté interne ; les intermédiaires et postérieures ciliées; obliquement fendues au côté externe et bidentées. Tarses garnis de poils noirs.

Cette espèce se trouve dans les lieux sablonneux du midi de la
France, et plus spécialement du Languedoc. Elle est très-commune à
Cette.

Obs. Les raies des élytres sont garnies de points ordinairement très-
petits, mais quelquefois plus gros et plus rapprochés. La dent des
cuisses postérieures, généralement forte et incourbée, se montre chez
d'autres individus obtuse et presque nulle.

3. S. Laticollis; Linn. *Entièrement noir ; plus luisant sur le prothorax. Ce dernier parsemé de gros points enfoncés, irrégulièrement et subcirculairement disposés sur les limites de son disque. Suture frontale très-
légère et interrompue dans son milieu. Élytres lisses, longitudinalement
creusées de sept sillons aussi larges que les intervalles. Cuisses postérieures
inermes.*

♂. Eperon des jambes de devant plus avancé que la dent antéro-externe.

♀. Eperon des jambes de devant moins avancé que la dent antéro-externe.

Scarabœus laticollis, Linn. Syst. Nat. 2. 549. 38. — Fab. Syst. Ent. t. 1. 28. 110. — *Id.* Spec. t. 1. 31. 140. — *Id.* Mant. t. 1. p. 16. 160. — *Id.* Ent. Syst. t. 1. 62. 206. — Herbst, Natursyst. 2. p. 307. 198. pl. 20. f. 6. — Petagn. Spec. 2. 4. — Gmel. Linn. Syst. Nat. 1. 4. p. 1554 38. — De Villers, C. Linn. Ent. t. 1. 21. 31. — Oliv. Ent. t. 1. n° 3. p. 152. 185. pl. 8. f. 68. — Panz. Ent. G. p. 17. 68. — *Id.* Faun. Germ 48. 8. — Rossi, Faun. Etr. p. 14. 33. — Sulz. Hist. pl. 1. f. 3.

Bousier Hottentot, Geoff. Hist. t. 1. 89. 2.

Copris hottentota, Dumér. Dict. des sc. nat. t. 5. p. 280. 16.

Copris serratus, Fourc. Ent. par. p. 13. 2.

Copris laticollis, Oliv. Encycl. méthod. t. 5. p. 171. 119.

Ateuchus laticollis, Fab. Syst. Eleuth. t. 1. p. 55. 2. — Walcknaer, Faun. par. t. 1. p. 8. 1. — Sturm, Deutsch. Faun. t. 1. p. 69. 4. — Latr. Hist. Nat. t. 10. p. 95. 4. — Suckow, Naturg. p. 205. 2. — Mac-Leay, Hor. Ent. éd. Leq. p. 54. 17. — Boit. Man. t. 1. p. 314. — De Casteln. Hist. nat. t. 2. p. 65. 16.

Var. A. **S. Lævicollis!** Nob. *Prothorax dépourvu de points enfoncés.*

Mac-Leay, l. c. Var. β.

Long. 0^m,016 à 0^m,023 (7 à 10^l.) — Larg. 0^m,010 à 0^m,013 (4 1/2 à 6^l),

Entièrement noir. Chaperon en demi-cercle ; à six dents : les quatre intermédiaires plus sensiblement recourbées. Épistome finement réticulé en dessus. Suture frontale linéaire et à peine apparente ; interrompue dans son milieu, où elle se confond avec le front. Ce dernier subconvexe, parcimonieusement et grossièrement ponctué sur les côtés, lisse dans sa partie médiaire, et paraissant se prolonger sur l'épistome, sous la forme d'une languette graduellement rétrécie. Yeux bruns, globuleux ; un peu recouverts par les bords latéraux du front ; presque entièrement partagés par le prolongement des joues, en deux parties, l'une supérieure, l'autre inférieure. Antennes de neuf articles : les six premiers noirs ; les derniers composant une massue feuilletée d'un brun roussâtre. Prothorax échancré presque en demi cercle dans la partie moyenne de son bord antérieur ; presque une fois aussi large que long ; armé d'une dent à ses angles antérieurs qui débordent les postérieurs du chaperon ; dilaté et arrondi sur les côtés ; subarrondi aux angles postérieurs ; curvilinéairement coupé de ceux-ci au milieu de sa base ; formant dans ce point une très-petite saillie scutelliforme ; médiocrement convexe en dessus ; très-lisse et plus luisant que le reste du dessus du corps ; irrégulièrement parsemé de points varioliques disposés d'une manière presque circulaire sur les limites de son disque ;

sans rebord à la base; muni d'un rebord lisse à sa partie antérieure ;
cilié et denticulé sur les côtés. Écusson invisible. Élytres notablement
moins larges que le prothorax à sa base, et surtout dans son milieu;
subcurvilinéairement et faiblement rétrécies des épaules à l'extrémité ;
étroitement rabattues en dessous sur les côtés; latéralement tranchantes, et parallèlement garnies d'un petit filet saillant, jusqu'aux angles
postérieurs qui sont arrondis; subdéprimées en dessus; chargées d'un
tubercule huméral; lisses; creusées de sept sillons aussi larges au moins
que les intervalles qui les séparent. Dessous du corps d'un noir plus profond. Parties pectorales garnies de petits points, et hérissées de poils
noirâtres. Métasternum avancé en une pointe formant un angle aigu ;
marqué entre les pieds intermédiaires d'une fossette généralement plus
prononcée. Cuisses ciliées et garnies d'une rangée de points servant de
base à des poils; les postérieures inermes. Jambes antérieures armées
de quatre dents au côté externe; denticulées dans les intervalles de
celles-ci, et au côté intérieur; les quatre postérieures ciliées et bidentées. Tarses garnis de poils spinosules.

Cette espèce habite moins spécialement la France méridionale; on
la trouve dans diverses parties des environs de Lyon, particulièrement
sur les Monts-d'Or et les coteaux de La Pape. Elle est rare aux entours
de Paris.

Genre *Gymnopleurus*, GYMNOPLEURE ; Illig.

(γυμνὸς, nu; πλευρά, côté.)

Caractères. Chaperon n'offrant pas six dents à sa périphérie. Suture
génale prolongée en apparence jusqu'à l'occiput, par une ligne saillante qui semble lui appartenir. Antennes de neuf articles, dont les
trois derniers composent une massue feuilletée. Élytres brusquement
rétrécies au dessous des épaules, et formant au côté externe un sinus
profond rempli par les flancs du premier arceau ventral. Abdomen
presque carré. Pygidium obtusément en triangle isocèle, ayant le côté
basilaire plus grand que les latéraux. Épisternums de l'antépectus d'une
surface presque égale à celle des épimères, séparés de celles-ci par
une suture saillante. Pieds intermédiaires écartés l'un de l'autre, à
leur naissance, par un intervalle moins grand que la longueur de la
cuisse. Jambes antérieures tridentées au côté externe; les intermédiaires et postérieures garnies de cils épineux, courts et peu rapprochés; brusquement tronquées à l'extrémité, et terminées par un seul
éperon. Quatre premiers articles des tarses postérieurs presque égaux;
le dernier aussi long que tous ceux-ci réunis.

Le nom de cette coupe générique indique un des caractères les plus frappants sur lesquels elle repose : les flancs du premier arceau ventral sont mis à découvert par le sinus ou rétrécissement brusque des élytres au-dessous des épaules. Les Gymnopleures ne sont pas moins faciles à reconnaître à l'allongement proportionnel du dernier article des tarses, principalement des postérieurs.

Ces insectes vivent généralement en famille ou rassemblés en nombre plus ou moins grand. Parfois, ils couvrent de leur multitude les déjections des Solipèdes ou des Ruminants sur lesquelles ils se sont abattus. Leur activité toute diurne semble augmenter sous l'influence de la chaleur. Quand le soleil est ardent, ils s'envolent avec facilité dès qu'on les approche. Ils semblent, comme les Scarabées, plus spécialement destinés à habiter nos provinces du midi, où le besoin de ces insectes utiles se fait plus vivement sentir ; cependant les limites de leur séjour sont généralement plus septentrionales.

1. G. Pilularius; Fab. *Dessus du corps d'un noir mat. Epistome chargé d'une carène obtuse. Suture génale sinueusement prolongée jusqu'à l'occiput. Prothorax presque imperceptiblement ruguleux; longitudinalement marqué dans son milieu d'une ligne peu apparente. Elytres parsemées de petits points élevés; rayées de huit lignes ou stries très-légères; transversalement et faiblement plissées sur le second intervalle.*

♂. Eperon des jambes antérieures parallèle sur sa longueur, terminé en pointe obtuse et infléchi vers son extrémité. Dent des cuisses antérieures toujours très-prononcée.

♀. Eperon des jambes antérieures graduellement rétréci de la base à l'extrémité, extérieurement recourbé et presque horizontal. Dent des cuisses antérieures faible ou nulle.

Scarabœus pilularius, Fab. Ent. Syst. t. 1. p. 67. 222. — Herbst, Natursyst. 2. p. 311. 200. pl. 20. f. 5. — De Vill. C. Linn. Ent. t. 1. 22. 32. — Schneid. Mag. 1. p. 346. 222. — Preyssl. Bœhmisch. Ins. 1. p. 46. 38. — Rômer. Gen. Ins. pl. 1. f. 7. — Mac-Leay, Hor. Ent. ed. Leq. p. 59. 27. (♂).
Scarabœus mopsus? Pallas, Icon. p. 3. pl. A. f. 3.
Scarabœus Geoffroyœ, Sultz. Abgek. Gesch. p. 18. pl. 1. f. 7. — Panz. Symb. Ent. pl. 5, f. 5, 6, 7, 8. — Id. Ent. Germ. p. 18. 71.
Scarabœus Geoffroœ, Rossi, Faun. etr. t. 1. p. 15. 33. — Id. Ed. Helw. t. 1. p. 16. 33. — Ponza, Coleopt. salut. 22.
Scarabœus Sturmii, Mac-Leay, Hor. Ent. Ed. Leq. p. 59. 28 (♀).
Copris sinuatus, Fourc. Ent. 1. 15. 8.
Le Bousier à couture, Geoff. Hist. t. 1. 91. 8.
Copris Geoffroœ, Scrib. Journ. t. 1. 34. 35. — Brahm, Rhein. Mag. p. 693. 49.
Copris pilularius, Oliv. Encycl. Meth. t. 5. p. 174. 153. — Schaeff. Icon. t. 1. pl. 3. 7. —

Harrer, Besch. 34. 18. — Dumeril, Dict. des Sc. Nat. t. 5 p. 231. — Mels Lett. t. 1 284. 4.

Actinophorus Geoffroyi, Sturm, Verz. 1. 78. 68. pl. 3. (♂.)
Actinophorus Geoffroy, Duftsch. Faun. Aust. t. 1. p. 161. 4. (♂.)
Actinophorus cantharus, Duftsch. F. Aust. t. 1. p. 16 . 5. (♀.)
Ateuchus pilularius, Fab. Syst. El. t. 1. p. 60. 27. — Panz. Schäff. Icon. p. 5. — Walcknaer, Faun. par. t. 1. p. 9. 3. — Latr. Hist. Nat. t. 16. p. 96. 6. — Id. Nouv. Dict. d'Hist. Nat. t. 3. p. 51. — Baud. Laf. Monog. p. 47. 2. — Suckow, Naturg. 214. 30.
Ateuchus Geoffroy, Fischer, Entom. t. 1. p. 142. 3.
Gymnopleurus cantharus, Illig. Mag. t. 2. p. 201. 2.
Gymnopleurus pilularius, Sturm, Deutsch. Faun. p. 74. 1. pl. 11. ♂. avec détails. — Boit. Man. t. 1. 314. — De Casteln. Hist. Nat. t. 2. p. 70. 1. pl. 4. f. 2. ♂.

Var. A. G. Tuberculatus; Nob. *Carène longitudinale de l'épistome, réduite à un tubercule obtus.*

Mac Leay, l. c. Var. β.

Var. B. G. Lævifrons; Nob. *Suture génale presque indistinctement prolongée sur le front, parfois même invisible.*

Mac-Leay, l. c. Var. γ.

Var. C. G. Lœviusculus; Nob. *Prothorax lisse, ou marqué seulement de petits points enfoncés presque imperceptibles.*

Var. D. G. Dorsalis; Nob. *Ligne longitudinale du milieu du prothorax, indistincte.*

Mac-Leay, l. c. Var. γ.

Var. E. G. Irdistioctus; Nob. *Stries des élytres indistinctes.*

Mac-Leay, l. c. Var. γ.

Var. F. G. Glabriusculus; Nob. *Élytres presque lisses.*

Mac Leay, S. Sturmii. l. c. Var. β.

Var. G. G. Bidentatus; Nob. *Jambes antérieures bidentées seulement, au côté externe.*

Long. 0^m,011 à 0^m,016 (4 1/2 à 7^l). Larg. 0^m,008 à 0^m,011 (3 1/2 à 4 1/2^l).

Entièrement d'un noir mat en dessus. Tête penchée. Chaperon en demi cercle, relevé en rebord et échancré à la partie antérieure de l'épistome, plus faiblement sinueux au point de jonction de ce dernier avec les joues; finement granulé en dessus. Épistome chargé longitudinalement dans son milieu, d'une sorte de carène obtuse, plus élargie et plus élevée vers les limites du front; quelquefois réduite à une faible convexité sur sa moitié postérieure. Suture frontale indistincte. Sutures génales saillantes, prolongées chacune sur le front par une ligne élevée, sinueusement convergente, se réunissant presque à sa semblable vers l'occiput, et formant ainsi en relief une sorte de V. Partie postérieure de la tête, faiblement rebordée. Yeux bruns, globuleux, un peu voilés d'un côté par les bords latéraux du front, plus fortement recouverts de l'autre par le prolongement des joues, qui ne laissent ovalairement apparaître en dessus qu'une faible portion de leur moitié supérieure. Antennes noires, à massue d'un noir gris. Prothorax sinueusement et profondément échancré pour recevoir la tête; avancé en pointe ou en forme de dent à ses angles antérieurs; à peine plus large dans cette partie que les joues, dont il embrasse les angles postérieurs qui sont arrondis; graduellement élargi sur les côtés jusqu'aux deux tiers de la longueur de ceux-ci; curvilinéairement rétréci de ce point aux angles postérieurs qui sont presque arrondis; obarqué à la base; presque indistinctement prolongé au dessus de la suture des élytres, en un petit appendice scutelliforme; sans rebord à sa partie postérieure; rebordé en devant et sur les côtés : ces derniers souvent légèrement denticulés, et leur rebord divisé en deux branches après l'angle latéral; convexement déclive en dessus, à sa partie antérieure; subdéprimé ou d'une convexité semblable à celle des élytres, dans sa seconde moitié; très-finement granulé ou ruguleux; marqué longitudinalement dans son milieu d'une ligne lisse, soit presque indistinctement saillante, soit de niveau aux parties voisines, ou à peine enfoncée; creusé de chaque côté, au dessus du milieu des bords latéraux, d'une fossette assez marquée. Écusson invisible. Élytres presque aussi larges que le prothorax à sa base; aussi longues que ce dernier et le chaperon réunis; arrondies aux épaules; brusquement rétrécies au dessous de celles-ci, et formant à leur bord externe un sinus profond; subparallèles ensuite; arrondies à l'angle externe postérieur; tronquées à l'extrémité; ne couvrant pas le pygidium; moins étroitement rebordées postérieurement; subdéprimées ou faiblement convexes en dessus; parsemées de petits points élevés; rayées longitudinalement de sept à huit lignes ou stries légères; transversalement plissées sur le deuxième intervalle. Dessous du corps d'un noir plus profond et plus luisant. Flancs de l'antépectus chargés d'une ligne élevée et curvilinéaire, qui divise leur surface en deux aires; hérissés, ainsi que le reste des parties pectorales, de petites aspérités donnant naissance à des poils souvent peu apparents. Abdomen presque lisse, transversalement et très-légèrement granulé sur les parties latérales de chaque arceau. Pieds allongés. Cuisses antérieures élargies à la base; armées vers l'extrémité de leur bord antérieur, d'une dent plus saillante ♂. Jambes antérieures à trois dents principales au côté externe; les intermédiaires bidentées, et les postérieures extérieurement denticulées. Dernier article des tarses postérieurs aussi long que tous les autres réunis.

Cette espèce habite les parties chaudes et tempérées de la France. Elle est très-commune dans les environs de Lyon. Les Gymnopleures Pilulaires se trouvent ordinairement réunis en grand nombre sur les matières excrémentielles ou stercorales ; mais, comme l'a remarqué Ponza, à peine les approche t-on, surtout dans les journées chaudes, qu'ils s'envolent avec facilité, au point que, dans un instant, on n'en retrouve pas un seul.

Aucun insecte n'est plus commun, et n'a une synonymie plus embrouillée. Le *Sc. pilularius* de Linné paraît, selon la remarque d'Illiger, avoir été décrit plus tard sous le nom de *Sc. volvens* par Fabricius, qui pourtant a toujours conservé la synonymie du Naturaliste suédois, tout en changeant dans son Entomologia Systematica la phrase spécifique de celui-ci, qu'il avait adoptée jusqu'alors. Olivier et de Villers, qui ont répété la phrase linnéenne, avaient certainement en vue notre *pilularius*. Enfin, d'autres auteurs ont augmenté cette confusion, en faisant de chaque sexe une espèce particulière.

Obs. La carène épistomale est souvent réduite à une sorte de gibbosité tuberculeuse. Quelquefois le front manque des lignes saillantes et sinueuses qui semblent un prolongement de la suture génale. La granulation du prothorax et des élytres se montre très-affaiblie chez d'autres individus, en sorte que ceux-ci paraissent presque lisses en dessus. Dans cette dernière variété, plus particulièrement propre aux provinces du midi, le prothorax semble généralement plus convexe.

2. G. Flagellatus; Fab. *Entièrement noir et assez luisant en-dessus dans ses parties saillantes. Prothorax marqué de nombreuses impressions varioliques, parées dans le fond d'un petit point élevé. Elytres à sept ou huit stries; bosselées sur les intervalles, ou chargées d'élévations irrégulières.*

♂. Eperon des jambes antérieures parallèle dans sa longueur, terminé en pointe obtuse, et infléchi à l'extrémité.

♀. Eperon des jambes antérieures graduellement rétréci de la base à l'extrémité, courbé du côté externe et presque horizontal.

Scarabæus flagellatus, Fab. Maut. t. 1. 17. 163. — *Id.* Ent. Syst. t. 1. p. 66. 219. — Gmel. Linn. Syst. Nat. t. 4. 1555. 226. — Oliv. Ent. t. 1. 3. p. 190. 162. pl. 7. — *Id.* trad. allem. t. 1. p. 101. 199. pl. 47. f. 10 et 11. — Mac-Leay, Horæ Ent. ed. Leq. p. 60. 30.

Scarabæus coriarius, Herbst, Natursvet. t. 2. p 309 199. pl. 20. f. 1.

Copris flagellatus, Oliv. Encycl. Meth. t. 5. p. 174. 131. — Dumér. Dict. des sc. nat. t. 5. p. 281. 13.

Ateuchus flagellatus, Fab. Syst. El. t. 1. 59. 22. — Latr. Hist. Nat. t. 10. p. 97. 7. — Id. Gener. t. 2. p. 78. 2. — Baud. Laf. Monogr. p. 46. 1. — Suckow, Naturg. p. 212. 24. — Fischer, Entom. t. 1. p. 144. 4. pl. 13. f 4.

Gymnopleurus flagellatus, Illig. Mag. t. 2. p. 202. — Boit. Man. t. 1. p. 315. — De Casteln. Hist. Nat. t. 2. p. 72. 20.

Var. A. **G. Clypeolatus**; Nob. *Carène de l'épistome, réduite à un tubercule obtus plus ou moins faible.*

Var. B. **G. Rugulosus**; Nob. *Surface de l'épistome, simplement rugosule et sans traces de gros points enfoncés.*

Var. C. **G. Suturalis**; Chevr. Inéd. *Intervalle voisin de la suture longitudinalement marqué d'une rangée de points enfoncés, souvent d'autant plus réguliers et plus arrondis, qu'ils sont plus rapprochés du prothorax.*

M. Chevrolat, In collect.

Var. D. **G. Asperatus**; Steven, Inéd. *Intervalle juxtasutural uni et marqué d'une rangée de points enfoncés. Impressions varioliques du prothorax plus petites, moins profondes, et d'autant plus confondues ensemble qu'elles sont plus voisines de la tête; points élevés situés dans leur concavité, généralement liés au bord antérieur de celle ci souvent découpé en sortes de languettes et formant ainsi des aspérités plus ou moins apparentes.*

M. le la Ferté, In collect.

Var. E **G. Confusus**; Nob. *Rugosités des élytres moins saillantes; impressions plus confuses.*

Long 0^m,009 à 0^m,0016 (4 à 6 1/2^l). — Larg. 0^m,006 à 0^m,009 (2 1/2 à 4^l).

Entièrement noir; assez luisant sur les parties saillantes, mat dans les autres. Tête penchée. Chaperon en demi cercle; relevé et échancré à la partie antérieure de l'épistome; plus faiblement sinueux au point de jonction de ce dernier avec les joues; ordinairement marqué en dessus de gros points enfoncés, quelquefois **garni de petites aspérités**, mais d'autres fois simplement rugueux ou même rugosule. Epistome longitudinalement chargé d'une carène obtuse peu saillante, dilatée postérieurement, et réduite le plus souvent à une simple gibbosité subtuberculeuse. Suture frontale indistincte. Sutures génales saillantes, prolongées chacune sur le front jusqu'à l'occiput par une ligne élevée sinueusement convergente, formant ainsi en relief une sorte de V. Partie postérieure de la tête faiblement rebordée. Yeux bruns, globuleux, un peu voilés d'un côté par les bords latéraux du front, plus fortement recouverts de l'autre par le prolongement des joues qui ne laissent ovalairement apparaître en dessus qu'une faible portion de leur moitié supérieure. Antennes noires, à massue d'un noir gris. Prothorax subsinueusement et profondément échancré à sa partie antérieure pour recevoir la tête; avancé en pointe ou en espèce de dent à ses angles antérieurs; à peine plus large que les joues dont il embrasse les angles postérieurs qui sont arrondis; graduellement élargi sur les côtés jusqu'aux deux tiers de la longueur de ceux-ci; curvilinéairement rétréci de ce point aux angles postérieurs qui sont presque arrondis; obarqué à la base; presque indistinctement prolongé au dessus de la suture des élytres en un petit appendice scutelliforme; sans rebord à sa partie postérieure; rebordé en devant et sur les côtés: ceux-ci parfois finement denticulés, leur rebord divisé en deux branches après l'angle latéral; convexement déclive en dessus à sa partie antérieure, subdéprimé ou d'une convexité analogue à celle des élytres dans sa seconde moitié; rayé longitudinalement dans son milieu d'une ligne peu apparente et souvent en partie effacée; creusé de chaque côté au-dessus du milieu des bords latéraux d'une fossette assez profonde; marqué sur toute sa surface d'impressions varioliques rapprochées et parfois presque confluentes, graduellement plus grosses de devant en arrière et parées dans leur concavité d'un très-petit point élevé, souvent linéairement prolongé jusqu'à leur bord antérieur. Ecusson invisible. Elytres aussi larges à la base que le prothorax à ses angles postérieurs; aussi longues que ce dernier et la tête réunis; arrondies aux épaules; brusquement rétrécies au-dessous de celles-ci et formant à leur bord extérieur un sinus profond; subparallèles ensuite; arrondies à l'angle externe postérieur; obtusément tronquées à l'extrémité; laissant le pygidium à découvert; étroitement rebordées dans leur pourtour; subdéprimées ou faiblement convexes en dessus; marquées de sept à huit stries légères; chargées sur les intervalles d'élévations tuberculeuses irrégulières, celles des intervalles les plus voisins de la suture en partie transversales, contrastant par leur couleur luisante avec le noir mat du fond: ce dernier parsemé de petits points élevés souvent peu apparents. Pygidium formant un triangle isocèle obtus, dont le côté basilaire a plus de longueur que les latéraux. Dessous du corps d'un noir plus profond. Flancs de l'antépectus chargés d'une ligne élevée et curvilinéaire qui divise leur surface en deux aires; ponctués et hérissés ainsi que les autres parties pectorales de petites aspérités donnant naissance à des poils souvent peu apparents. Abdomen presque lisse; transversalement et finement pointillé sur les côtés de chaque arceau. Pieds allongés. Cuisses antérieures plus fortes, curvilinéairement rétrécies de la base à l'extrémité; armées vers cette dernière, à leur bord antérieur, d'une dent généralement plus saillante dans les mâles. Jambes de devant à trois dents principales au côté externe ; les intermédiaires bidentées, et les postérieures extérieurement denticulées. Dernier article des tarses postérieurs aussi long que tous les précédents réunis.

Cette espèce qui est beaucoup moins commune que la précédente n'habite des localités ni si froides, ni si élevées. Elle fournit beaucoup de variétés. En général, chez les individus méridionaux, le chaperon est moins marqué de gros points enfoncés, souvent même il n'en offre pas la trace.

Le *G. suturalis* de M. Chevrolat, propre à nos provinces du midi, au lieu d'avoir des impressions transversales sur l'intervalle voisin de la suture, offre une surface ruguleusement uniforme, marquée d'une rangée longitudinale d'impressions arrondies. Les individus de l'Algérie présentent ce caractère d'une manière plus apparente encore.

Dans l'*asperatus*, l'intervalle juxtasutural est aussi paré d'une rangée longitudinale de points enfoncés. La surface du prothorax est ruguleuse ; les impressions varioliques de celui-ci sont plus petites, plus oblitérées ; elles se confondent davantage ensemble à mesure qu'elles se rapprochent de la tête ; les intervalles destinés à les séparer latéralement les unes des autres sont en partie interrompus et réduits à une étroite languette analogue aux points placés dans leur concavité, lesquels sont liés au bord antérieur de celle-ci et présentent ainsi des aspérités plus ou moins marquées. Le chaperon est simplement ruguleux ; les élévations des élytres moins saillantes.

Un individu de cette variété a été trouvé par M. le comte Dejean dans le département des Basses-Alpes. Il était en compagnie de divers autres Gymnopleures appartenant au type principal. Je dois la communication de cet exemplaire à M. le marquis de la Ferté, possesseur d'une grande partie de la collection du savant Entomologiste parisien.

M. Fischer a décrit et figuré sous le nom de *serratus* (Entomog. t. 1. p. 145. pl. 13. f. 5.) une espèce de Gymnopleure qui doit se rapporter au *flagellatus*. Il diffère du type par les bords plus dentelés du prothorax et par les stries des élytres plus profondes.

Genre *Sisyphus*, Sɪsʏᴘʜᴇ ; Latreille.

(Nom mythologique.)

Caractères. Chaperon fortement échancré en devant. Suture génale non prolongée en apparence sur le front. Antennes de huit articles, dont les trois derniers forment une massue feuilletée, suborbiculaire et un peu comprimée. Menton angulairement entaillé. Elytres entières. Abdomen en triangle curviligne. Pygidium obtusément en

triangle isocèle, ayant le côté basilaire beaucoup plus court que les
latéraux. Episternums de l'antépectus d'une surface beaucoup moins
grande que celle des épimères ; séparés de celles-ci par une suture
saillante. Pieds intermédiaires écartés entre eux à leur naissance par
un intervalle presque égal à la longueur de la cuisse. Jambes antérieures tridentées au côté externe ; les intermédiaires terminées par
deux éperons. Quatre premiers articles des tarses postérieurs graduellement plus courts : le dernier à peine aussi long que le premier.

Le nom générique de Sisyphe, donné par Latreille aux Pilulaires de
cette coupe, rappelle ce fils d'Eole et d'Arenète, condamné, suivant la
Fable, à rouler au sommet d'une montagne un rocher qui lui échap-
pait toujours au moment où il croyait toucher au terme de ses peines.

Ces insectes, plus que les précédents, semblent tourmentés du
besoin de construire de petites boules et de les conduire au loin. A
défaut de matières excrémentielles de l'homme ou des grands Ruminants, les crottes des chèvres leur servent de pilules toutes fabriquées
et leur permettent d'exercer leur industrie.

Ces petits animaux marchent assez gauchement, mais leurs longs
pieds sont merveilleusement organisés pour leur genre de vie. Ils sont
moins exclusivement méridionaux et s'étendent plus au nord que les
autres Sisyphaires ; ils aiment généralement les terrains en pente, et se
plaisent sur les coteaux exposés au soleil.

1. S. Schæfferi; Linn. *D'un noir peu brillant en dessus. Chaperon
échancré et bidenté. Prothorax marqué de très-petits cercles imprimés.
Elytres à stries légères enfermant entre elles des losanges enchaînés ;
chargées postérieurement d'une protubérance subtuberculeuse. Trochanters
des pieds de derrière subparallèlement prolongés et terminés par une échancrure. Cuisses postérieures en massue, inférieurement unidentées.*

♂. Eperon des jambes de devant plus long que la dent antéro-
externe. Tarses antérieurs allongés.

♀. Eperon des jambes de devant à peine aussi saillant que la dent
antéro-externe. Tarses des mêmes jambes un peu raccourcis.

Scarabæus innommé, Schaeff. Abhand. 3. 148. pl. 3. fig. 20.
Scarabæus Schafferi, Linn. Syst. Nat. 2. 550. 41. — Fab. Syst. Ent. p. 29. 117. — *Id.*
  Spec. Ins. t. 1. p. 52. 148. — *Id.* Mant. Ins. t. 1. 17. 169. — *Id.* Ent. Syst. t. 1. 66.
  220. — Goeze, Ent. Beytr. 1. 26. 41. — Petagn. Spec. 3. 7. — Gmel. Linn. Syst. Nat.
  1. 4. p. 1556. 41. — De Vill. C. Linn. Ent. t. 1. 22. 23. — Oliv. Ent. t. 1. 3. p. 164.
  201. pl. 3. f. 41. — Rossi, Faun. etr. t. 1. 13. 54. — Panz. Ent. Germ. 18. 70. — *Id.*
  Faun. Germ. 48. 9.
Scarabæus longipes, Scopol. Ent. Carn. p. 11. 24.

Bousier araignée, GEOFF. Hist. t. 1. 92. 9.

Copris Arachnoides, FOURC. Ent. par. t. 1. 15.

Copris Schœfferi, SCHAEFF. (innommé) Icon. pl. 3. f. 8. — HARRER, Beschr. 1. 35. 19. —
  SCRIB. Journ. t. 1. 54. 54. — OLIV. Encycl. méth. t. 5. p. 175. 137. — BRAHM, Rhein.
  Mag. p. 694. 50. — DUMÉR. Dict. des Sc. Nat. t. 5. p. — MULS. Lett. t. 1. 284. 5.

Pilularius longipes, SCHRANK, Faun. Boic. t. 1. p. 598. 564.

Actinophorus Schœfferi, STURM, Verzeich. t. 1. p. 82. 71. — DUFTSCH. Faun. Aust. t. 1.
  162. 6.

Ateuchus Schœfferi, FAB. Syst. Eleut. t. 1. 59. 54. — WALCKN. Faun. par. t. 1. p. 9. 2. —
  LATR. Hist. Nat. t. 10. p. 97. 8. — PANZ. Schæff. Icon. Enum. p. 5. — STURM, Deutsch.
  Faun. t. 1. p. 70. 5. — BAUD. LAF. Monogr. p. 47. 5. — GERM. Reise n. Dalm. p. 185.
  20. — SUCKOW, Naturg. p. 212. 26.

Sisyphus Schœfferi, LATR. Gen. t. 2. p. 79. 1. 232. — FISCHER, Entom. t. 2. p. 209.
  pl. 7. f. 1. — LEPELL. et SERV. Encycl. méth. t. 10. p. 438. — BOIT. Man. t. 1. p.
  315. — GORY, Monog. p. 9. pl. 8. — GARNIER, Mém. de la Somme t. 1. p. 60. 1.
  — DE CASTELN. Hist. Nat. t. 2. 75. 1. — GUÉRIN, Dict. pitt. d'Hist. Nat. t. 9. p. 68
  pl. 659. f. 4.

Var. A. S. Boschnæki; FISCH. *Chaperon et prothorax garni de poils
fauves assez longs.*

FISCHER, *S. Boschnæki*, Entom. t. 2. p. 210 .

Var. B. S. Subemarginatus; NOB. *Epistome plus faiblement échancré, à
peine bidenté.*

Var. C. S. Subinermis; NOB. *Dent de la massue des cuisses postérieures
très-émoussée.*

Long. 0^m,007 à 0^m,012 (3 à 5^l.).—**Larg.** 0^m,0045 à 0^m,0070 (2 à 3^l.).

Dessus du corps d'un noir presque mat. Chaperon presque en demi-
cercle; fortement échancré à la partie antérieure de l'épistome; armé
d'une petite dent aux deux côtés de cette échancrure; sinueusement
coupé de celle-ci au point de jonction des joues dont l'angle antérieur
forme une dent moins aiguë; faiblement relevé en rebord dans son
pourtour; subtuberculeusement bombé à la partie antérieure de
l'épistome; couvert sur toute sa surface de grains élevés ou sortes
d'aspérités donnant chacun naissance à un poil noir. Suture frontale
faiblement marquée et interrompue dans son milieu. Palpes d'un
rouge brun. Antennes d'un rouge brun, à massue d'un noir gris. Yeux
noirs, globuleux; presque entièrement recouverts par les bords du
front et par le prolongement des joues, qui ne laissent apparaître en
dessus qu'une faible portion de leur moitié supérieure. Prothorax
subsinueusement et profondément échancré en demi-cercle à sa partie
antérieure; avancé en forme de dent à ses angles antérieurs; un peu
plus large dans ce point que les angles postérieurs des joues qui sont

arrondis ; anguleusement élargi sur les côtés, un peu au devant de leur milieu ; obarqué à la base ; garni dans tout son pourtour d'un rebord souvent peu marqué ; convexement déclive en dessus à sa partie antérieure, d'une convexité semblable à celle des élytres dans sa seconde moitié ; paré de très-petits points occellés ; garni entre ceux-ci de poils noirs, courts et mi-couchés ; longitudinalement rayé dans la moitié postérieure de son milieu d'une ligne peu profonde. Ecusson invisible. Elytres aussi larges à la base que le prothorax à ses angles postérieurs ; aussi longues que lui ; curvilinéairement rétrécies de la base à l'angle sutural ; légèrement garnies d'un double rebord sur les côtés ; laissant le pygidium à découvert ; médiocrement convexes en dessus ; creusées chacune d'un sillon oblique et peu profond, qui, de l'épaule, vient en s'élargissant se réunir à son pareil vers les deux tiers postérieurs ; parées de sept stries longitudinales, dans lesquelles apparaissent en relief de très-petits points enchaînés ; les troisième et sixième, quatrième et cinquième stries pariales ; subtuberculeusement élevées à l'extrémité de ces dernières ; parsemées sur les intervalles de petits grains à peine apparents ; garnies de petits points enfoncés subbisérialement disposés et donnant chacun naissance à un poil. Dessous du corps épais, d'un noir plus luisant ; paré sur les flancs du métasternum de points occellés ; granulé sur la majeure partie de la poitrine ; à plaque métasternale concave et ponctuée. Abdomen triangulaire ; orné parallèlement au pourtour des élytres d'un léger rebord ; transversalement subsillonné sur chaque arceau. Pieds allongés : les intermédiaires largement écartés entre eux ; les postérieurs plus longs que le corps. Cuisses antérieures épaisses à la base ; les intermédiaires oblongues ; les postérieures rétrécies en pédicules à la base, renflées vers leur extrémité en une massue comprimée, et armées inférieurement d'une dent plus forte dans le mâle. Trochanter de ces cuisses prolongé subparallèlement au moins jusqu'au quart de la longueur ; échancré et denté à son extrémité. Jambes antérieures tridentées au côté externe et crénelées dans les intervalles ; jambes intermédiaires et surtout les postérieures arquées ; celles-ci denticulées au côté interne. Tarses grêles, à premier et dernier articles presque égaux et plus grands que les intermédiaires.

Cette espèce est commune dans la plus grande partie de la France.

Obs. La variété Boschnäki est assez rare. Le *S. Tauscheri*, de M. Fischer, d'un noir bronzé, ayant le chaperon peu échancré, les élytres luisantes, striées, avec des tubercules postérieurs très-prononcés, ne doit être qu'une variété du *S. Schœfferi*, ainsi que l'a déjà remarqué M. Gory, dans sa Monographie des insectes de ce genre.

DEUXIÈME BRANCHE.

LES COPRIAIRES.

Caractères. Hanches des pieds intermédiaires longitudinalement enchâssés dans le médipectus. Antennes de neuf articles, dont les trois derniers forment une massue feuilletée : le feuillet intermédiaire parfois caché en partie dans la contraction. Premier article des palpes maxillaires petit ; le deuxième, subsécuriforme ou dilaté au côté interne ; le dernier quelquefois à peine plus long que les deux précédents réunis. Palpes labiaux fortement velus : à premier article le plus souvent moins grand que le suivant ; le dernier, grêle et quelquefois nul ou indistinct. Ecusson invisible dans le plus grand nombre, parfois apparent ou remplacé par un vide scutellaire. Jambes intermédiaires et postérieures déprimées et très-sensiblement dilatées de la base à l'extrémité. Tarses antérieurs quelquefois nuls, au moins dans les mâles ; tarses intermédiaires et postérieurs déprimés : premier article de ceux-ci le plus long de tous.

Les principaux caractères énoncés ci-dessus, c'est-à-dire le mode particulier d'insertion des hanches intermédiaires et la dilatation des jambes des quatre pieds postérieurs, suffisent pour révéler, dans les Copriens qui vont suivre, des habitudes différentes de celles des insectes précédents. Les Copriaires sont, en effet, inhabiles à former ces sortes de pilules, dont la construction ou la conduite occupent d'une manière si active la vie des Copriens de la première branche. Leur rôle est d'être exclusivement fouisseurs. Les grandes espèces creusent, sous les bouses et les crottins, des trous plus ou moins profonds qui leur servent de retraite dans les moments de danger. Elles se tiennent généralement cachées et volent principalement le soir ou pendant la nuit. Les espèces de petite taille travaillent plus volontiers au grand jour et semblent acquérir une activité nouvelle dans les journées les plus chaudes. Dès qu'on les approche, elles s'enfoncent précipitamment dans les matières immondes au sein desquelles elles séjournent, ou se blottissent dans la poussière et y restent immobiles jusqu'à ce que le péril leur semble entièrement passé. Toutes entraînent dans le sein de la terre, pour la nourriture des larves qui leur devront la vie, un certain volume des substances sordides qui leur furent données en aliment. Leur industrie varie dans les soins qu'elles déploient dans cette circonstance. Les unes entassent ces matières stercorales dans des trous cylindriques au fond desquels est déposé le germe d'un de leurs descendants; les autres construisent des coques de formes variables, dans lesquelles est pratiquée une retraite pour recevoir la larve qui naîtra de l'œuf collé dans cette cavité. Ces coques sont fixées aux pierres cachées dans le sol, ou arrêtées dans les enlacements des racines des végétaux. Leur surface terreuse leur permet d'échapper facilement à nos regards, quand on se livre à leur recherche.

Huit à dix jours après la ponte des œufs, a lieu la naissance des larves. Elles sont généralement glabres, ou n'ont qu'une faible quantité de poils destinés à faciliter leur changement de position dans la niche où elles sont enfermées. Quelques-unes, dans le même but, ont été pourvues sur le dos d'un mamelon rétractile qui donne à leur corps une forme singulière. Toutes celles qui nous sont connues ont des mâchoires divisées en deux pièces et l'anus transversal; chez quelques-unes, le dernier anneau est coupé en biseau. Elles ne semblent pas changer de peau avant de passer à l'état de nymphe, et parviennent en peu de mois à celui d'insecte parfait.

Les Copriaires sont encore des insectes généralement plus particuliers à nos provinces du midi. Les espèces en sont nombreuses en individus. Leur couleur est habituellement noire ou terreuse; plusieurs cependant brillent d'une teinte métallique. Chez un grand nombre, les mâles au moins sont armés sur la tête d'une ou de plusieurs cornes, dont la longueur varie singulièrement dans la même espèce. Tantôt, en effet, elles sont très-développées; d'autres fois, elles sont réduites à un tubercule pointu, ou disparaissent même complètement. Les cornes, quand elles existent chez les femelles, présentent quelquefois une structure différente. Le prothorax offre souvent aussi des saillies ou des excavations dont les métamorphoses ne sont pas moins étranges. Il a fallu suivre la série de ces modifications et porter dans la recherche et la connaissance des sexes une attention plus suivie qu'on ne l'avait fait jusqu'alors, pour renfermer le nombre des espèces dans des limites plus étroites.

Lorsqu'on jette un coup d'œil sur les petits animaux dont se compose cette branche, on ne peut s'empêcher d'admirer avec quel art la Nature sait ménager les transitions pour arriver aux essais les plus variés. Ainsi, le corps voûté dans les Bousiers perd de sa convexité dans les Bubas, et devient peu à peu déprimé dans les Onites et les Oniticelles. L'article basilaire des palpes labiaux, d'abord plus grand que le suivant dans le premier genre, se borne à l'égaler en longueur dans la seconde coupe, et lui devient inférieur dans les autres. L'écusson, invisible dans les Bousiers, laisse pressentir son apparition prochaine par le faible vide scutellaire qu'on remarque chez les Bubas, et bientôt, en effet, il apparaît dans les Onites, enfoncé d'abord, puis ensuite au niveau des élytres.

Le meilleur moyen de faire la chasse aux Copriaires et généralement à la plupart des Coprophages suivants, consiste à enlever avec promptitude et à jeter sur un linge les bouses ou les crottins dans lesquels on a l'intention de fouiller. Fidèles à leurs habitudes prévoyantes, les petits habitants de ces matières stercorales cherchent aussitôt à s'enterrer; on trouve les plus actifs sur le linge, faisant de vains efforts pour éviter le sort qui les attend; les autres n'échappent pas à des recherches plus minutieuses. Quand on les touche, ils contractent leurs membres, simulent l'état de mort et demeurent pendant un temps plus ou moins long dans cette attitude trompeuse.

Cette branche se compose des genres suivants :

GENRES.

Palpes labiaux —

- **distinctement de trois articles. Feuillet intermédiaire de la massue**
  - entièrement visible par sa tranche dans la contraction. Prothorax n'offrant point de fossettes longitudinales à la partie de sa base correspondant à la suture des élytres. Ecusson invisible. Point de vide scutellaire. Premier article des palpes labiaux plus grand que le deuxième. Corps convexe. — *Copris.*
  - en partie caché dans la contraction. Prothorax creusé à sa base, au-dessus de la suture des élytres, de deux petites fossettes longitudinales.
    - Ecusson invisible. Vide scutellaire à peu près nul. Premier article des palpes labiaux égal au deuxième. Corps ovale et subconvexe. Prothorax chargé de saillies à sa partie antérieure. — *Bubas.*
    - Ecusson apparent ou remplacé par un vide scutellaire très-marqué. Premier article des palpes labiaux moins grand que le deuxième. Corps oblong et déprimé. Prothorax sans aucune saillie en devant. — *Onitis.*
- **Seulement de deux articles apparents; le troisième, nul ou peu distinct; le premier, plus petit que le deuxième. Corps déprimé.**
  - Ecusson distinct. Corps oblong. Abdomen plus long que large. — *Oniticellus.*
  - Ecusson invisible. Vide scutellaire nul. Corps ovale. Abdomen moins long que large. — *Onthophagus.*

Genre *Copris*, Bousier; Geoffroy.

(κόπρος, fiente, fumier.)

Caractères. Chaperon en demi-cercle (♂ ♀). Feuillet intermédiaire de la massue entièrement visible par sa tranche dans la contraction. Dernier article des palpes maxillaires faiblement renflé au côté interne ; au moins aussi long que les deux suivants réunis. Palpes labiaux de trois articles distincts : le premier, plus grand et plus gros que le deuxième ; le dernier, grêle. Prothorax n'offrant pas deux fossettes à sa base au dessus de la suture des élytres. Ecusson invisible. Point de vide scutellaire. Suture des flancs de l'antépectus saillante. Extrémité inférieure des jambes postérieures peu et presque uniformément sinueuses dans les deux sexes. Tarses antérieurs existants (♂ ♀) ; articles des postérieurs obtriangulaires : le premier de ceux-ci aussi long que les deux suivants réunis. Corps convexe et oblong.

A ces caractères, on en pourrait ajouter d'autres propres à ceux de nos contrées : ils ont l'épistome fendu en devant et la suture frontale chargée d'une corne plus ou moins élevée.

Les Bousiers se tiennent cachés dans les matières dont ils portent le nom, et creusent au-dessous de celles-ci des trous profonds dans lesquels ils s'enfoncent quand ils sont menacés de quelque danger. C'est dans ces trous qu'ils entassent les substances stercorales destinées à nourrir la jeune larve qui doit naître de l'œuf déposé préalablement. Ces insectes ont des couleurs sombres. Ils ne volent guère que le soir ou pendant la nuit.

Brahm, le premier, dans sa Monographie des Lamellicornes des environs de Mayence, a employé le mot *Copris*, tantôt au masculin, tantôt au féminin. Illiger, en reproduisant l'ouvrage de Kugelann, a exclusivement adopté ce dernier genre, et son exemple a été suivi par la plupart des auteurs qui ont écrit après lui. Avec Geoffroy, le fondateur de cette coupe, nous reviendrons au genre masculin.

1. C. Paniscus ; Fab. *D'un noir brillant en dessus. Chaperon en demi-cercle. Epistome fendu en devant. Suture frontale chargée d'une corne rétrécie de la base à l'extrémité et recourbée en arrière. Prothorax obliquement et subconcavement tronqué en devant ; marqué en dessus dans son milieu d'un sillon très-léger et souvent à peine apparent. Elytres à neuf stries sulciformes.*

♂ Eperon des jambes de devant tronqué à son extrémité et sensiblement plus avancé que la dent antéro-externe.

♀. Epcron des jambes de devant à peine plus avancé que la dent
antéro-externe et obtusément terminé en pointe à son extrémité.

Scarabœus paniscus, Fab. Syst. Ent. p. 24. 96. — *Id.* Spec. Ins. t. 1. 27. 120. — *Id.*
  Mant. 1. 24. 136. — *Id.* Ent. Syst. t. 1. 51. 169. — Oliv. Ent. t. 1. 3. p. 112. 130.
  pl. 6. f. 134. — *Id.* trad. allem. 1. p. 69. 130. pl. 38 f. 3.
Copris paniscus, Fab. Syst. El. t. 1. p. 43. 59. — Oliv. Encycl. méth. t. 5. p. 157. 58.
  — Illig. Mag. t. 1. p. 316. 59.
Copris hispanus, Suckow, Naturg. p. 189. 101. Var. β. — De Casteln. Hist. Nat. t. 2. p.
  77. 15.

♂. *Etat normal.* Corne subquadrangulaire à la base, perpendiculaire à la surface de la tête, penchée en avant dans sa première moitié
et fortement recourbée en arrière dans la seconde, aussi élevée que
la partie supérieure du prothorax. Celui-ci obliquement et subconcavement tronqué sur toute sa largeur et dans les deux tiers de sa longueur : l'arête supérieure de cette troncature avancée en rebord, largement échancrée dans sa partie moyenne ou plutôt divisée dans celle-
ci en deux sous-échancrures.

♂. Var. A. **C. Sinuatus;** Nob. *Arête supérieure de la troncature du prothorax étroitement échancrée dans son milieu, à l'extrémité du sillon dorsal,
et arquée de chaque côté de cette échancrure.*

♂. ♀. Var. B. **C. Hispanus;** Linn. *Corne plus déprimée, formant un
angle obtus avec la surface de l'épistome, c'est-à-dire peu ou point portée en
avant et plus couchée en arrière, moins élevée que la partie supérieure du
prothorax. Arête supérieure de la troncature de celui-ci sans échancrure.*

Cette description convient à certains mâles et à l'état normal des
femelles.

Scarabœus hispanus, Linn. Mus. Lud. Ulr. p. 12. 10. — *Id.* Syst. Nat. 1. 2. p. 546. 21.
  — Fab. Syst. Ent. p. 26. 103. — *Id.* Spec. 1. p. 29. 130. — *Id.* Mant. t. 1. p. 15.
  48. — *Id.* Ent. Syst. t. 1. p. 57. 188. — Herbst, Arch. p. 10. 34. — *Id.* Natursyst. 2.
  p. 229. 136. — Gmel. Linn. Syst. Nat. 1. 4. p. 1542. 21. — De Vill. C. Linn. Ent.
  t. 1. 14. 7. — Oliv. Ent. t. 1. 3. p. 113. 131. pl. 6. fig. 47. a. — *Id.* ed. allem. t. 1.
  p. 69. 131. pl. 38. f. 4. — Rossi, Faun. etr. t. 1. p. 12. 26. — *Id.* ed. Helv. t. 1. 13.
  26. — Suckow, Naturg. p. 189. 101. — Latr. Nouv. Dict. d'Hist. Nat. t. 4. p. 281.
Scarabœus hispanicus, Poiret. Voy. t. 1. p. 297.
Copris hispanus, Fab. Syst. El. t. 1. p. 49. 86. — Oliv. Encyc. méth. t. 5. p. 157. 159.
  — Latr. Hist. Nat. t. 10. p. 101. 6. — Suckow, Naturg. p. 189. 101. — Latr. Nouv.
  Dict. d'Hist. Nat. t. 4. p. 281. — Boit. Man. p. 316.
Copris paniscus, De Casteln. Hist. t. 2. p. 77. 14.

♂. ♀. Var. C. **C. Retusus;** Nob. *Corne à peine aussi longue que large,
très-comprimée, plus ou moins couchée sur le prothorax. Troncature de
celui-ci n'occupant pas en dessus la moitié de sa longueur, et bornée anté-*

*rieurement à sa partie moyenne. L'arête de cette troncature droite ou faible-
ment arquée ; rarement subsinueuse.*

C. Hispanus ♀ . OLIV. l. c. etc.

♂ . ♀ . Var. D. **C. Tridens**; NOB. *Jambes antérieures armées seulement
de trois dents au côté externe.*

♂ . ♀ . Var. E. **C. Lævicollis**; NOB. *Dos du prothorax sans sillon apparent.*

Long. 0^m,020 à 0^m,025 (9 à 11^l). — Larg. 0^m,012 à 0^m,016 (5 à 7^l).

♂ . Entièrement d'un noir brillant en dessus. Chaperon en demi-
cercle ; garni en dessous de cils ferrugineux ; rebordé à la périphérie
de l'épistome ; fendu à la partie antérieure de celui-ci, et indistinctement à la jonction de ce dernier avec les joues ; à peine subsinueux
entre ces deux points ; ruguleusement chagriné en dessus ; chargé sur
la suture frontale d'une corne qui lui est commune avec le front : celle-
ci obtusément tétragone vers sa naissance ; graduellement rétrécie de
la base à l'extrémité ; subperpendiculaire, dans sa première moitié, à
la surface de la tête, mais portée en avant parce que celle-ci est penchée ; recourbée en arrière dans sa seconde moitié ; égalant en hauteur
le niveau de la partie supérieure du prothorax, mais éprouvant dans
sa longueur, sa forme et sa direction, des modifications généralement
proportionnées aux décroissances de la taille des individus. Yeux bruns,
globuleux ; divisés transversalement par les joues en deux parties, dont
la supérieure est la plus petite. Antennes de neuf articles : les six premiers d'un rouge ferrugineux ; les trois composant la massue, d'un
gris roussâtre. Palpes d'un rouge ferrugineux. Prothorax trisinueusement et plus ou moins profondément échancré à son bord antérieur,
pour recevoir la tête ; avancé en forme de dent à ses angles antérieurs ;
sensiblement plus large que la partie postérieure des joues ; subsinueusement ou curvilinéairement élargi sur les côtés jusqu'aux deux tiers
de la longueur de ceux-ci, rétréci de ce point aux angles postérieurs,
qui sont très-obtus ; subarrondi ou obarqué à sa partie postérieure ;
presque imperceptiblement subanguleux au-dessus de la suture des
élytres ; latéralement garni de cils ferrugineux ; muni d'un rebord
assez apparent et subcrénelé à sa base, à peine marqué dans le reste
de sa périphérie ; convexe en dessus dans le tiers postérieur de sa surface ; longitudinalement marqué dans le milieu de celle-ci d'un sillon
très-léger souvent à peine apparent ; garni, près de la base, de petites
aspérités qui s'effacent bientôt et se transforment en points enfoncés,
en approchant de la partie antérieure ; chargé au dessus des angles
latéraux de deux rides qui souvent disparaissent, au moins en partie,

et laissent plus visible une fossette creusée entre eux ; obliquement et subconcavement tronqué dans sa moitié ou ses deux tiers antérieurs ; uniformément et ruguleusement chagriné sur la surface de cette troncature : la base de celle-ci creusée d'un sillon irrégulier dirigé du bord antérieur aux angles latéraux ; son sommet avancé en saillie et largement échancré dans sa partie moyenne, ou plutôt offrant dans cette dernière deux sous-échancrures ; obliquement coupé sur les côtés, et de l'extrémité de cet écointement, qui est brusquement terminé, prolongé jusqu'aux bords latéraux sous la forme d'une ligne à peine élevée passant près de la fossette voisine de ces bords, et limitant en devant les rides longitudinales qui enclosent celle-ci. Ecusson invisible. Elytres un peu moins larges à la base que les angles du prothorax ; à peine plus longues que celui-ci et la tête réunis ; curvilinéaires latéralement ; arrondies aux angles postérieurs ; obtuses à l'extrémité ; laissant le pygidium à découvert ; étroitement rabattues en dessous sur les côtés ; convexes en dessus ; parsemées de points plus ou moins marqués ; creusées de neuf stries rendues subsulciformes par la subconvexité des intervalles, et subcrénelées par des points plus profonds dont elles sont bordées : la neuvième relevée en rebord sur les côtés ; celle-ci et la deuxième, de même que la septième et la troisième rectangulairement pariales ou réunies à angle droit. Dessous du corps noir. Episternums de l'antépectus creusés d'une fossette pour recevoir les hanches des pieds antérieurs ; plus petits que les épimères dont ils sont séparés par une suture faiblement saillante ; ruguleusement ponctués et garnis ainsi que les flancs des autres parties pectorales, de poils d'un fauve ferrugineux. Pygidium rebordé. Pieds intermédiaires très-écartés. Partie sternale située entre eux, lisse et imponctuée dans son milieu et longitudinalement creusée d'une ligne. Cuisses de devant plus fortes à la base ; garnies de cils ferrugineux à leur bord antérieur ; creusées au devant de celui-ci d'un sillon destiné à recevoir les jambes dans la contraction. Cuisses postérieures oblongues, inférieurement creusées d'un sillon, ainsi que les intermédiaires. Jambes comprimées : les antérieures quadridentées au côté externe ; les intermédiaires denticulées, et les postérieures armées d'une forte dent au côté externe ; ces dernières peu sinueusement terminées vers le point de leur jonction avec les tarses. Les quatre premiers articles de ceux-ci carénés en dessous, en triangle renversé, ciliés et graduellement moins larges et moins longs ; le dernier plus court que le premier.

♀. Corne transversale déprimée, plus rejetée en arrière et moins élevée que la partie supérieure du prothorax. Ce dernier longitudinalement plus convexe sur le dos ; sans sillon apparent ou n'en offrant que les traces ; moins concavement tronqué en devant ; la troncature coupant à peine la moitié antérieure du dos et n'occupant en devant que la partie médiaire : son arête très-faiblement saillante, sans échancrure et n'offrant le plus souvent, après les écointements latéraux, aucune trace de ligne élevée.

Cette espèce est exclusivement méridionale ; on la trouve dans la Provence, le Languedoc et quelques autres contrées de la France.

Elle éprouve dans ses formes des modifications nombreuses, qui en font autant de variétés liées les unes aux autres par des nuances insensibles. Linné n'avait connu qu'une de ces variétés. Fabricius, en décrivant un individu plus développé, lui a malheureusement donné un autre nom, que nous sommes néanmoins obligé de conserver, car la description du Naturaliste suédois ne peut convenir aux individus mâles les plus développés. Dans l'état normal, la corne des mâles est, comme nous l'avons dit, obtusément tétragone à la base et perpendiculaire à la surface de la tête ; chez les individus moins parfaitement conformés, elle devient plus transversale, plus déprimée, se montre moins courbée en perdant de sa hauteur, et se rejette d'autant plus en arrière, ou forme, avec la surface de l'épistome, un angle d'autant plus obtus qu'elle est rapetissée davantage. Arrivée à certain point, elle n'offre plus de différence avec celle des femelles. Chez les individus les plus dégénérés dans les deux sexes, elle est réduite à une protubérance en forme de triangle équilatéral, de peu d'épaisseur, très-faiblement courbée et couchée sur le prothorax, dont elle dépasse à peine le bord antérieur. La troncature de ce dernier subit aussi des métamorphoses non moins remarquables. Chez les individus mâles de grande taille elle usurpe les deux tiers antérieurs de la partie thoracique et en occupe toute la largeur ; mais à mesure qu'elle mange une moins grande surface du dos du prothorax, la face subconcave est réduite en devant à la partie médiaire, comme on le voit chez les femelles les plus complètement conformées. Le sommet de la troncature, dont nous avons décrit la bizarre découpure, se modifie en même temps ; sa large échancrure subdivisée en deux autres plus faibles, se réduit peu à peu à une seule, qui finit elle-même par disparaître ; son arête est alors dans les deux sexes, droite ou faiblement arquée.

Tous les auteurs, jusqu'à ce jour, ont confondu avec les femelles, les mâles dégénérés qui se rapprochent de ces dernières. Le défaut d'études approfondies a produit dans la synonymie une assez grande confusion.

Selon M. le professeur Costa (Corrispondenza Zoologica, 1re année p. 97), la larve du *Copris paniscus* nuirait à l'olivier en rongeant les racines de cet arbre. Cette assertion nous semble de nature à n'être pas accueillie sans un nouvel examen.

2. **C. Lunaris;** Linn. *Dessus du corps d'un noir brillant. Chaperon
en demi-cercle. Epistome fendu en devant. Suture frontale chargée d'une
corne relevée. Prothorax subperpendiculairement tronqué en devant; creusé
en dessus dans son milieu d'un sillon longitudinal; généralement incisé ou
déprimé à la partie supérieure de la troncature, entre ce sillon et les bords
latéraux. Elytres à neuf stries sulciformes.*

♂. Corne de la tête terminée en pointe. Jambes postérieures très-
sinueusement coupées à l'extrémité.

♀. Corne échancrée au sommet. Jambes postérieures peu sinueusement coupées à l'extrémité.

Scarabœus lunaris. Linn Faun. Suec. 153. 379. (♀). — *Id.* Syst. Nat. t. 1. 2. p. 543.
   10. (♀). — Scor. Ent. Carn. 10. 22. — De Geer, Mem. t. 4. p. 257. 2. pl. 10 f. 1. (♀).
   — Fab. Syst. Ent. p. 22. 86. — *Id.* Spec. t. 1. 21. 108. — *Id.* Mant. t. 1. 13. 120.
   (♂. ♀ ?) — *Id.* Ent. Syst. t. 1. 46. 150. (♂). — Schrank, Enum. p. 1. 1. (♂). —
   Id. Naturfors. t. 24. p. 60. 1. (♂ ♀). — Laichart, Verzeich. t. 1. p. 16. — Herbst,
   Naturs. t. 2. p. 59. 57. pl. 8 f. 7 (♂). f. 8 (♀). — Retz. Gen. et Spec. p. 120. 713.
   (♀). — Gmel. Lin. Syst. nat. 1. 4. 1535. 10 (♀). — De Vill. C. Lin. Ent. 1. p. 114.
   152. (♀ ?). — Oliv. Ent. t. 1. p. 114. 132. (♂). — Razoumow. Hist. Nat. t. 1. 132.
   2. — Rossi, Faun. Etrus. p. 11. 24. (♂ ♀.) — *Id.* ed. Helw. t. 1. p. 11. 24.
   (♂ ♀). — *Id.* Mant. 1. p. 8. 11. (♂. ♀). — Preyssl. Bœhmish. ins. t. 1. p. 27. 26. —
   Martyn, Ent. angl. pl. 2. f. 15 et 16. — Schneid. Mag. t. 1. 2e part. p. 269. 1.
   (♂). — Panz. Ent. Germ. 13. 151. (♂). — *Id.* Faun. Germ. 49. 4. (♂). — Sturm,
   Verzeich. t. 1. p. 87. 74 pl. 4. — Cederhielm, p. 5. 14 (♂ ♀ ?). — Payk. Faun.
   suec. t. 1. p. 50. 37. (♂ ♀). — Marsham, Ent. brit. p. 32. 56. (♀). — Blumenbach,
   Handb. p. 349. 5. — *Id.* Man. p. 396. 3. — Ponza, Mém. de l'Ac. de Tur. (1805)
   p. 32.
Scarabœus 4-dentatus, De Geer, Mem. t. 7. p. 638. 55. pl. 47. f. 17. (♂).
Scarabœus emarginatus, Oliv. Ent. t. 1. 113. 155. (♀). — Fabr. Ent. Syst. t. 1.
   p. 46. 150 (♀). — Panz. Ent. germ. 13. 52. (♀). — *Id.* Faun. germ. 49. 5. (♀).
Copris lunaris, Schaeff. Abhand. 1. p. 134. pl. 3. f. 1-3. — *Id.* Elem. pl. 3. 2.
   (♂), avec détails. — pl. 49. 3. 2. (♀) avec détails. — *Id.* Icon. t. 1. pl. 63. f. 3
   (♂). — fig. 2. (♀). — Harrer, Beschr. t. 1. 30. 31 (♂). 13 (♀) — Fourc. Ent. par. t.
   1. 13. 1. — Oliv. Encycl. méth. 158. 60 (♂). — *Id.* Nouv. Dict. t. 3. p. 433. —
   Brahm, Rhein. Mag. 685. 59. (♂). — Cuv. Tabl. élém. p. 517. 4. — Illig. Kœf. Preuss.
   p. 59. 1. var. α (♂). var. β (♀) — *Id.* Mag. t. 2. p. 503. 2. — Fab. Syst. eleut.
   t. 1. 36. 29. (♂). — Walckn. Faun. par. t. 1. p. 6. 1. (♂ ♀). — Latr. Hist. Nat.
   t. 10. p. 99. 2. (♂). — *Id.* Gen. t. 2. p. 75 (♂). — *Id.* Nouv. Dict. d'hist. nat.
   t. 4. 280. — *Id.* Règn. anim. t. 3. p. 278. (♂ ♀) — Panz. Schaeff. Icon. Enumer.
   p. 80. (♂ ♀). — *Id.* Crit. Rev. p. 3. (♂) — Duftsch. Faun. Aust. t. 1. p. 137. 1
   (♂ ♀). — Sturm, Faun. Aust. t. 1 p. 33. 1. (♂ ♀) pl. 8. f. a. (♂) b. (♀) avec
   détails. — Gyll. Ins. Suec. t. 1. p. 43. 1 (♂ ♀). — Baud.-Laf. Monog. 50. t. 1 (♂).
   — Germ. Reise, p. 182. 8 (♂ ♀) — Lamarck, Anim. s. vert. t. 4. 571. 4. (♂ ♀).
   — Dumér. Dict. des scien. nat. t. 5. 277. (♂). — Suckow. Naturgesch. p. 163.
   55. (♂). — Curtis, Brit. ent. t. 9. 414. (♂), — Boit. Man. t. 1. 316. (♂)

— Muls. Let. t. 1. 286. 10. (♂♀). — Steph. Synop. p. 170. (♂♀). — De Castel. Hist. nat. (♂♀) t. 2. p. 78 16. pl. 5. f. 1. (♀). — Guér. Dict. pitt. t. 1 p. 505. pl. 54. f. 5. a (♂.

Bousier capucin, Geoff. Hist. t. 1 p. 88. 1. (♂♀).

Copris emarginatus. Oliv. Encycl. mét. 61 (♀). — Brahm, Rhein. Mag. 686. 40. (♀). — Fab. Syst. El. t. 1. 57. 50. (♀). — Latr. Hist. nat. t. 10. p. 99. 3. (♀). — Id. Gen. t. 2. 76. (♀). — Panz. Crit. Rev. p. 4. (♀). — Baud. Laf. Monog. 51. 2. (♀) — Suckow, Nat. p. 164. 54. (♀). — Druer. Dict. des scien. nat. t. 5. 278. (♀). — Boit. Man. t. 1. 516. (♀). — Garn. Mém. de la Som. t. 1. p. 64. 2 ♂♀.(♀).

Pilularius Lunus, Schrank, Faun. Boic. t. 1. p. 593. 555. (♂).

Pilularius Belisama, Schrank, Faun. Boic. t. 1. p. 594. 556. (♀).

♂. *Etat normal.* Corne subtriangulaire, postérieurement bidentée à la base, graduellement rétrécie jusqu'à l'extrémité, et subcurvilinéairement relevée jusqu'au niveau de la partie supérieure du prothorax. Celui-ci subperpendiculairement tronqué antérieurement ; armé d'une forte dent obliquement relevée au-dessus de ses angles antérieurs ; profondément entaillé entre celle-ci et la partie supérieure et médiaire de la troncature, qui est sinueuse et fendue dans son milieu, à l'extrémité du sillon dorsal graduellement plus profond en devant.

♂. **Var. A. C. Obliteratus;** Nob. *Corne plus courte, réduite parfois à une sorte de tubercule corniforme en triangle équilatéral, bidenté à la base. Prothorax longitudinalement curvilinéaire sur le dos ; troncature antérieure proportionnellement moins élevée ; sillon plus affaibli ou nul en devant ; sans dents ni incisions apparentes.*

Copris emarginata, De Castel. l. c. 78. 17.

Var. B. C. Corniculatus; Nob. *Semblable au précédent, mais corne sans trace de petites dents.*

♀. *Etat normal.* Corne transversale, obtusément bidentée postérieurement, échancrée au sommet ; moins élevée que le bord supérieur de la troncature du prothorax. Celui-ci, longitudinalement curvilinéaire ; légèrement creusé d'un sillon presque effacé en devant ; offrant, à l'arête de la troncature, entre le sillon dorsal et les bords latéraux, une dépression ou fossette plus ou moins profonde, relevée du côté extérieur en une dent peu saillante.

Copris emarginatus. Oliv. l. c. etc.

♀. **Var. C. C. Deletus;** Nob. *Troncature du prothorax inclinée et peu élevée ; arête de celle-ci obtuse ; dépression indistincte ; dent nulle.*

♂. ♀. **Var. D. C. Castaneus;** Nob. *Dessus du corps et principalement les élytres de couleur châtaine ou même rougeâtre.*

De Vill. l. c. Var. — Rossi, Mant. t. 1. p. 9. 11. Var. — Illig. Kæf. Pruss. l. c. Var. — Ponza, l. c. Var. etc.

Long. 0^m,015 à 0^m,024 (7 à 11¹). — Larg. 0^m,008 à 0^m,013 (4 à 6¹).

♂. Entièrement d'un noir brillant en dessus. Chaperon en demi cercle ; garni en dessous de cils ferrugineux ; rebordé dans sa périphérie ; fendu à la partie antérieure de l'épistome , presque indistinctement à la jonction de ce dernier avec les joues ; subsinueux entre ces deux points ; subruguleusement ponctué en dessus ; chargé sur la suture frontale d'une corne qui lui est commune avec le front : celle-ci subtriangulaire ; rugueusement ponctuée postérieurement , et bidentée près de la base ; graduellement rétrécie jusqu'au sommet ; subperpendiculaire ou faiblement courbée en arrière , et dépassant un peu en hauteur le niveau de la partie supérieure du prothorax , mais souvent plus courte chez les individus de taille inférieure. Yeux bruns, globuleux ; en partie divisés transversalement par le canthus des joues, en deux parties , dont la supérieure est la plus petite. Antennes de neuf articles : les six premiers d'un rouge ferrugineux ; les trois composant la massue , d'un gris roussâtre. Palpes d'un rouge ferrugineux. Prothorax arqué derrière la tête à son bord antérieur ; entaillé dans la partie correspondant aux yeux, et transversalement coupé ensuite jusqu'aux angles antérieurs qui sont obtus ; curvilinéaire sur les côtés ; arrondi aux angles postérieurs ; subarrondi ou obarqué à la base ; presque imperceptiblement prolongé au dessus de la suture des élytres en appendice scutelliforme ; latéralement garni de cils ferrugineux ; rebordé dans sa périphérie , mais presque indistinctement au bord antérieur ; convexe en dessus ; presque horizontal sur le dos , ou subsinueusement relevé d'arrière en avant ; longitudinalement creusé d'un sillon graduellement plus profond en approchant de la partie antérieure ; paré près de la base , et le long de ce sillon , de points occellés ; ruguleusement ponctué sur les côtés ; presque lisse sur le reste de sa surface ; creusé au dessus des bords latéraux d'une fossette , inférieurement limitée par une ride transversale ; subperpendiculairement coupé en devant ; armé au dessus des angles antérieurs d'une dent comprimée ; creusé d'une entaille profondément concave entre cette dent et la partie médiaire : celle-ci sinueusement en arête et fendue dans son milieu à l'extrémité du sillon dorsal ; face subverticale de la troncature correspondant à cette partie moyenne , faiblement concave , rugueusement ponctuée ou subsillonnée longitudinalement, et munie d'une petite dent de chaque côté. Écusson invisible. Élytres un peu moins larges à la base que les angles postérieurs du prothorax ; à peu près égales à celui-ci et à la tête réunis ; curvilinéaires latéralement jusqu'aux angles postérieurs qui sont arrondis ; obtuses à l'extrémité , laissant le pygidium à découvert ; étroitement rabattues en dessous sur les côtés; convexes en dessus; parsemées de points presque indistincts; creusées de neuf stries rendues sulciformes par la subconvexité des intervalles : la 2ᵉ et la 5ᵉ, la 3ᵉ et la 7ᵉ rectangulairement pariales ou réunies à angle droit; toutes ces stries marquées dans le fond de points enchaînés le plus souvent peu apparents. Dessous du corps d'un noir brillant. Flancs de l'antépectus divisés par une ligne élevée et curvilinéaire en deux aires inégales; rugueusement ponctués et garnis, ainsi que les flancs des autres parties pectorales, de poils d'un fauve ferrugineux. Pieds intermédiaires très-écartés. Partie sternale située entre eux, lisse, presque imponctuée, et longitudinalement creusée d'une raie. Cuisses de devant fortes, garnies de cils ferrugineux à leur bord antérieur, creusées au devant de celui-ci d'un sillon transversal destiné à recevoir les jambes dans la contraction. Cuisses postérieures ovales. Jambes comprimées : les antérieures quadridentées au côté externe; les intermédiaires minces à la base, fortement dilatées vers leur extrémité; les postérieures armées d'une dent au côté externe, et sinueusement terminées, vers le point de leur réunion avec les tarses. Les quatre premiers articles de ceux-ci en triangle renversé; ciliés, et graduellement moins larges et moins longs; le dernier plus court que le premier.

♀. Corne transversale; subconvexe à sa face antérieure; subconcave et obtusément bidentée à sa face postérieure; perpendiculaire; moins élevée que le niveau de la partie supérieure du prothorax; parallèle de la base au sommet; échancrée à l'extrémité. Prothorax faiblement arqué longitudinalement sur le dos; creusé d'un sillon peu profond et presque effacé à sa partie antérieure; subperpendiculairement tronqué en devant; armé au dessus des angles antérieurs d'un tubercule pointu, sorte de corne rudimentaire séparée par une fossette légère d'une arête couronnant le sommet de la troncature; faiblement concave et ponctué dans le milieu de la face perpendiculaire de celle-ci. Extrémité des jambes postérieures moins sinueusement découpée.

Cette espèce habite toutes les provinces de la France. Elle est commune dans celles du centre et du midi.

Le *C. Lunaris* varie considérablement. La corne, parfois si longue chez certains mâles, se réduit, chez d'autres, à une sorte de tubercule plus ou moins pointu, offrant presque toujours les traces des petites dents, caractère qui toutefois n'est pas constant, contrairement à l'observation de Duftschmidt. Le prothorax subsinueusement relevé en devant, dans sa longueur, chez les mâles de grande taille, se courbe peu à peu chez d'autres; ses dents latérales si saillantes se réduisent à la faible élévation qu'elles ont chez les femelles les plus fortement organisées, ou s'oblitèrent entièrement dans les deux sexes; les incisions deviennent aussi moins profondes, et finissent par disparaître. Cependant, quel que soit l'état de dégradation auquel soient parvenus les individus, les femelles sont toujours faciles à reconnaître à leur corne échancrée.

Olivier, dédaignant ce qu'avaient écrit Frisch, Geoffroy et d'autres, a eu le premier l'idée de faire, de la femelle, une espèce particulière, et, chose étrange, malgré la facilité de reconnaître cette erreur, une foule d'Entomologistes recommandables l'ont jusqu'à ce jour propagée. Plusieurs ont regardé comme des femelles, les mâles dégénérés chez lesquels la corne est réduite à une protubérance rapprochée de la forme d'un tubercule. Quelques autres enfin ont augmenté la confusion, en réservant à ces avortons le nom spécifique d'*emarginatus*.

Genre *Bubas*, Bubas; Inéd.

(βοῦς, bœuf.)

Caractères. Chaperon en demi-cercle (♂) ou en ogive (♀). Feuillet intermédiaire de la massue en partie caché dans la contraction et non visible dans toute la longueur de sa tranche. Dernier article des palpes maxillaires ovalaire, à peine aussi long que les deux précédents réunis. Palpes labiaux de trois articles distincts : le deuxième, à peu près égal en longueur au premier, mais plus gros que lui; le troisième, grêle. Prothorax marqué à la base de deux fossettes, au dessus de la suture des élytres. Ecusson invisible, offrant à sa place un faible vide scutellaire. Suture des flancs de l'antépectus indistincte. Extrémité inférieure des jambes postérieures sinueusement et profondément découpée (♂), légèrement sinueuse (♀). Tarses antérieurs nuls; articles des postérieurs subparallèles : le premier de ceux-ci presque aussi long que les deux suivants réunis. Corps subconvexe et ovalaire.

Les Bubas, sous le rapport de la forme, de la convexité du corps, du volume du deuxième article des palpes labiaux et de quelques autres caractères, forment une transition naturelle des Bousiers au genre suivant, dans lequel ces insectes ont généralement été confondus par les Entomologistes. La partie antérieure de leur prothorax est chargée d'une saillie plus ou moins avancée dans les mâles et réduite dans l'autre sexe à une sorte d'arête ou ligne saillante. Déjà, chez eux, les élytres forment à la base de la suture un faible vide qui, dans nos Onites, sera rempli par un écusson. Les mâles se distinguent de ceux de cette dernière coupe, par leur suture frontale relevée à chacune de ses extrémités en une corne plus ou moins développée et quelquefois rudimentaire; par leurs jambes un peu moins grêles, moins longues, moins arquées; par leurs cuisses antérieures toujours inermes; enfin, par l'extrémité de leurs jambes postérieures plus sinueuse.

Ces insectes sont exclusivement méridionaux. On les trouve réunis souvent en grand nombre dans les déjections des animaux. Leurs mœurs sont analogues à celles des Onites.

Nous avons adopté, pour cette coupe, le nom de Bubas inscrit dans le catalogue de plusieurs Entomologistes allemands.

1. B. Bison ; Linn. *Dessus du corps d'un noir brillant. Chaperon entier. Epistome chargé d'une ligne élevée. Suture frontale saillante. Prothorax presque indistinctement marqué en dessus d'un sillon longitudinal; chargé à sa partie antérieure d'une saillie en pointe (♂) ou d'une ligne élevée en arc et non interrompue dans son milieu (♀). Elytres lisses, à neuf stries légères. Quelques intervalles relevés en forme de côtes, au moins près de la base.*

♂. Epistome en demi-cercle, muni en dessus d'une arête transversale. Surface du front sans tubercule. Troncature antérieure du prothorax couronnée par une saillie graduellement rétrécie en devant. Extrémité inférieure des jambes postérieures profondément sinueuse.

♀. Epistome en ogive, muni en dessus d'une arête arquée. Front armé d'un tubercule subcorniforme, presque attenant au milieu de la suture frontale. Troncature antérieure du prothorax couronnée par une ligne saillante non interrompue dans son milieu. Extrémité inférieure des jambes postérieures faiblement sinueuse.

Scarabœus bison, Linn. Syst. Nat. 1. 2. p. 547. 27. — Fab. Syst. Ent. p. 23. 91. — *Id.* Spec. Ins. t. 1. p. 26. 115. — *Id.* Mant. t. 1. p. 14. 151. — *Id.* Ent. Syst. p. 50. 164. — Herbst, Natursyst. t. 2. p. 224. 133. pl. 15. fig. 6. — Panz. Beytrag. 1. p. 93. pl. 9. f. 1-5. ♂; pl. 10. f. 1-7. ♀. — Gmel. Lin. Syst. Nat. 1. 4. p. 1556 n. 27. — De Vill. C. Linn. Ent. t. 1. p. 16. 12. pl. 1. f. 2. ♂. — Oliv. Ent. t. 1. 3. p. 120. 140. pl. 6. f. 43 a, ♂; b, ♀; c, vu en dessous. — *Id.* trad. allem. t. 1. p. 75. 140. pl. 40. f. 5, ♂; 6, ♀; 7 en dessous. — Rossi, Faun. etr. t. 1. p. 12. 25. — *Id.* ed. Helw. t. 1. p. 12. 25.

Copris bison, Oliv. Encycl. méth. t. 5. p. 160. 69. — Sturm, Verz. 1. p. 89. 76. — Muls. Lett. t. 1. 286. 11.

Onitis bison, Fabr. Syst. Eleuth. 1. p. 28. 7. — Latr. Hist. Nat. t. 10. p. 106. 4. — *Id.* Nouv. Dict. d'Hist. Nat. t. 23. pl. M. E. p. 512. — Oliv. Encycl. meth. t. 8. p. 492. 13. — Suckow, Naturg. 145. 8. — Dumer. Dict. des Sc. Nat. t. 5, p. 282. 24. — Guérin, Dict. pitt. d'Hist. Nat. t. 5. p. 559. 2. pl. 425. 4. — Boit. Man. 1. p. 315. — De Casteln. Hist. t. 2. 89. 6.

♂. *Etat normal.* Suture frontale chargée à chacune des extrémités d'une corne relevée en arc, recourbée en arrière, comprimée, d'égale largeur dans sa première moitié et graduellement rétrécie vers le som-

met, d'une longueur presque égale à la hauteur de la troncature antérieure du prothorax. Celui-ci subconcavement tronqué en devant;
muni, à la partie dorsale antérieure, d'une proéminence transversale
graduellement rétrécie en pointe obtuse et recourbée, couvrant la
troncature et prolongée d'une longueur égale à celle du front.

♂. Var. A. **B. Brevicornis**; NOB. *Cornes de la suture frontale moins
élevées, presque droites, graduellement rétrécies de la base à l'extrémité;
quelquefois réduites à un tubercule corniforme. Proéminence prothoracique
peu saillante et souvent en pointe plus obtuse.*

♂. Var. B. **B. Dentifrons**; NOB. *Suture frontale n'offrant qu'une courte
dent à ses extrémités. Proéminence prothoracique réduite à une faible saillie
sous la forme d'un angle très-obtus.*

♀. *Etat normal.* Suture frontale relevée en une faible dent à ses
extrémités. Prothorax offrant en devant, dans sa partie médiaire, une
troncature subverticale et transversalement arquée, couronnée par
une arête ou ligne saillante non interrompue dans son milieu.

♀. Var. C. **B. Lineifrons**; NOB. *Suture frontale sans trace de dent à ses
extrémités.*

♂. ♀. Var. D. **B. Castaneus**; NOB. *Dessus du corps et surtout les élytres
d'un brun châtain ou d'un brun rougeâtre.*

Onitis bison, ILLIG. Mag. t. 2. p. 198.

Long. 0^m,015 à 0^m,020 (7 à 9ʲ). — Larg. 0^m,008 à 0^m,012 (3 1/2 à 5ʲ).

♂. Dessus du corps d'un noir brillant. Tête penchée. Chaperon en
demi-cercle; entier; faiblement relevé en rebord dans sa périphérie;
ruguleusement ou subréticuleusement ponctué en dessus et plus finement à sa partie antérieure. Epistome chargé, dans son milieu, d'une
ligne élevée et transversale. Suture frontale saillante; prolongée à chacune de ses extrémités en une corne relevée en arc, recourbée en
arrière, comprimée, parallèle jusqu'à la moitié de sa longueur et graduellement rétrécie en devant, de ce point au sommet qui est terminé
en pointe. Front ruguleusement ponctué; inerme ou n'offrant sur sa
surface aucun tubercule; relevé sur les côtés en une saillie imitant
une suture. Vertex postérieurement garni d'un rebord chargé vers
l'occiput d'une plaque luisante échancrée en devant. Yeux bruns,
globuleux; transversalement divisés par les joues en deux parties, dont
la supérieure plus petite apparaît sous une forme presque ovalaire.
Palpes d'un rouge ferrugineux. Antennes de neuf articles : les six premiers, ferrugineux; les trois de la massue, d'un ferrugineux blan-

châtre. Prothorax sinueusement et profondément échancré en devant
pour recevoir la tête, avancé en espèce de dent à ses angles antérieurs ;
curvilinéairement élargi sur les côtés, jusqu'à la moitié de la longueur
de ceux-ci, sinueusement et fortement rétréci de ce point aux angles
postérieurs ; obtus à ces derniers ; subarrondi à la base ; obtusément et
peu sensiblement anguleux au dessus de la suture des élytres ; rebordé
antérieurement sur les côtés, et d'une manière moins sensible sur les
parties latérales de la base ; convexe en dessus; offrant longitudinalement sur le milieu du dos les traces d'un sillon souvent peu distinct ;
marqué à la base, au dessus de la suture des élytres, de deux impressions courtes, longitudinales et subparallèles ; creusé sur les côtés d'une
fossette assez profonde, au dessus de chaque angle latéral ; ruguleusement ponctué en devant, graduellement presque lisse ou finement
pointillé postérieurement ; subconcavement tronqué dans presque
toute la largeur de sa partie antérieure, mais cette troncature con-
ronnée par une proéminence moins large qu'elle, fortement prolongée
en devant, transversale, graduellement rétrécie en pointe obtuse et
recourbée Ecusson invisible. Vide scutellaire presque nul. Elytres
de la largeur du prothorax à ses angles postérieurs ; moins longues que
ce dernier et la tête réunis ; subparallèles ou faiblement rétrécies de la
base aux deux tiers de leur longueur ; arrondies aux angles postérieurs ; obtuses à l'extrémité ; laissant le pygidium à découvert ; médiocrement convexes en dessus; lisses; presque indistinctement et obsolètement pointillées ; chargées d'un tubercule huméral oblique, laissant
au dessous de lui une dépression très-apparente ; marquées de neuf
stries très-légères : les cinquième et sixième ordinairement pariales ;
offrant quelquefois entre la première et la deuxième, l'apparence
d'une strie raccourcie; quelques intervalles, surtout les troisième et
cinquième, en partie relevés parfois en forme de côtes, principalement vers la base ; le neuvième, formant latéralement une sorte de
rebord. Dessous du corps noir, hérissé de poils fauves et ponctué ou
chagriné sur les flancs des parties pectorales. Ventre glabre. Pygidium
rebordé. Pieds intermédiaires très-écartés. Partie sternale située entre
eux, ponctuée ; marquée antérieurement d'une impression longitudinale, raccourcie, peu profonde et parfois presque indistincte ; et postérieurement d'une sorte de fossette légère au dessus de la base des
pieds de derrière. Hanches des pieds de devant couronnées par une
touffe de poils fauves. Cuisses antérieures plus fortes, surtout à la base;
ciliées et creusées d'un sillon large et peu profond dans la moitié
externe de leur bord antérieur ; cuisses intermédiaires ovales; les postérieures oblongues. Jambes comprimées : les antérieures extérieurement quadridentées; les quatre autres ciliées, denticulées et garnies

d'une dent plus forte au côté externe ; les dernières, très-sinueusement découpées en dessous à l'extrémité. Tarses antérieurs nuls ; les autres généralement bruns ou d'un brun ferrugineux, garnis de cils fauves : premier article des postérieurs parallèle, au moins aussi long que les deux suivants réunis.

♀. Chaperon en ogive ; épistome chargé en dessus dans son milieu d'une ligne élevée et arquée. Suture frontale saillante, transversale, relevée à ses extrémités en forme de petite dent. Front chargé antérieurement d'un tubercule subcorniforme lié ou presque attenant à la partie postérieure du milieu de la suture frontale. Prothorax subperpendiculairement tronqué dans sa partie médiaire antérieure ; cette troncature transversalement arquée et couronnée par une ligne saillante, parfois faiblement obtuse dans son milieu, mais non interrompue. Extrémité inférieure des jambes postérieures faiblement sinueuse.

Cette espèce habite le midi de la France, principalement dans les environs de Montpellier ; elle n'y est pas rare.

Elle offre, suivant la taille des individus, des modifications nombreuses. Les cornes, si remarquables de certains mâles, se rappetissent peu à peu chez d'autres et finissent par n'offrir, comme chez les femelles, qu'une faible dent, qui disparaît presque elle-même quelquefois. L'avancement du prothorax se réduit, chez ces individus dégénérés à une légère saillie formant en devant un angle obtus. La dent de la suture frontale , très-sensible chez certaines femelles, devient complètement nulle chez d'autres ; et la ligne saillante qui couronne la troncature, semble quelquefois s'oblitérer dans son milieu, mais sans se montrer interrompue.

2. **B. Bubalus** ; OLIV. *Dessus du corps d'un noir brillant. Chaperon entier. Epistome muni d'une ligne élevée. Suture frontale saillante. Prothorax marqué en dessus d'un sillon longitudinal apparent ; chargé à sa partie antérieure d'une saillie bidentée ou obtuse (♂), ou d'une ligne élevée en arc oblitéré ou interrompu dans son milieu (♀). Elytres lisses ; à neuf stries légères. Quelques intervalles relevés en forme de côtes, au moins près de la base.*

♂. Epistome en demi-cercle, muni en dessus d'une arête transversale. Surface du front sans tubercule. Troncature antérieure du prothorax couronnée par une saillie bidentée ou obtusément tronquée. Extrémité inférieure des jambes postérieures profondément sinueuse.

♀. Epistome en ogive, muni d'une ligne élevée en arc. Front armé d'un tubercule subcorniforme, situé derrière le milieu de la suture frontale. Troncature antérieure du prothorax couronnée par une ligne saillante, oblitérée ou interrompue dans son milieu. Extrémité inférieure des jambes postérieures faiblement sinueuse.

Onitis Bubalus, OLIV. Encycl. méth. t. 8. p. 492. 14. — GERMAR, Insect. Spec. p 701 (lege 107). 182. — DE CASTELN. Hist. t. 2. p. 89. 7.

♂. *Etat normal.* Suture frontale prolongée à chacune de ses extrémités en une corne relevée en arc : celle-ci comprimée, d'égale largeur ou faiblement élargie vers le sommet, atteignant à peine au niveau de la partie inférieure de la saillie prothoracique, obliquement tronquée à l'extrémité, échancrée dans le milieu de cette troncature ou divisée en deux dents obtuses, dont la postérieure est plus élevée. Prothorax subconcavement et transversalement tronqué en devant; muni à la partie dorsale antérieure d'une proéminence transversale, bilobée à son extrémité, couvrant la troncature et prolongée d'une longueur un peu moins grande que celle du front.

♂. Var A. **B. Integricornis**; NOB. *Cornes de la suture frontale moins élevées, sans échancrure à leur extrémité; quelquefois réduites à un tubercule corniforme. Proéminence prothoracique peu saillante, obtuse, presque indistinctement échancrée.*

♂. Var. B. **B. Inermifrons**; NOB. *Suture frontale offrant à peine les traces d'une dent à ses extrémités. Proéminence prothoracique réduite à une saillie peu sensible et obtusément tronquée.*

♀. *Etat normal.* Suture frontale relevée en une faible dent à ses extrémités. Prothorax offrant en devant, dans sa partie médiaire, une troncature subverticale et arquée, couronnée par une arête ou ligne saillante oblitérée ou interrompue dans son milieu.

♀. Var. C. **B. Simplicifrons**; NOB. *Suture frontale sans traces de dent à ses extrémités.*

♂. ♀. Var. D. **B. Brunnipterus**; NOB. *Dessus du corps et principalement les élytres d'un brun rougeâtre.*

Long. 0ᵐ,013 à 0ᵐ,018 (5 1/2 à 8ⁱ). Larg. 0ᵐ,007 à 0ᵐ,011 (3 1/4 à 4 3/4ⁱ.)

♂. Dessus du corps d'un noir brillant. Tête penchée. Chaperon en demi-cercle; entier; faiblement relevé en rebord dans sa périphérie; ruguleusement ou subréticuleusement ponctué en dessus et plus finement à sa partie antérieure. Epistome chargé, dans son milieu, d'une arête transversale. Suture frontale plus saillante; relevée à chacune de ses extrémités latérales en une corne arquée, comprimée, parallèle ou faiblement dilatée vers le sommet : celui-ci divisé en deux dents obtuses, dont la postérieure est plus longue. Front ruguleusement ponctué ; inerme ou n'offrant sur sa surface aucun tubercule ; relevé en forme de suture sur ses bords latéraux. Tête postérieurement garnie d'un rebord chargé vers l'occiput d'une plaque luisante. Yeux bruns, globuleux ; transversalement divisés par les joues en deux parties, dont la supérieure, plus petite, apparaît en dessus sous une forme ovalaire. Palpes d'un rouge ferrugineux. Antennes de neuf articles : les six premiers, d'un rouge ferrugineux ; les trois de la massue, d'un ferrugineux blanchâtre. Prothorax sinueusement et profondément échancré en devant, pour recevoir la tête ; avancé en espèce de dent à ses angles antérieurs ; curvilinéairement élargi sur les côtés, jusqu'à la moitié de la longueur de ceux-ci ; sinueusement et fortement rétréci de ce point aux angles postérieurs ; obtus à ces derniers ; subarrondi à la base ; obtusément et peu sensiblement anguleux au dessus de la suture des élytres ; rebordé antérieurement sur les côtés, et d'une manière moins sensible sur les parties latérales de la base ; convexe en dessus ; longitudinalement creusé sur le milieu du dos, d'un sillon assez large et peu profond ; marqué à l'extrémité postérieure de ce sillon de deux impressions courtes, longitudinales et subparallèles, attenantes à la base ; creusé sur les côtés d'une fossette assez profonde, au dessus de chaque angle latéral ; ruguleusement ponctué en devant, graduellement lisse ou seulement pointillé posté- rieurement ; subperpendiculairement et subconcavement tronqué dans presque toute la largeur de sa partie antérieure, mais cette troncature couronnée par une proéminence moins large qu'elle, assez fortement prolongée en devant, transversale, bilobée à son bord antérieur. Ecusson invisible. Vide scutellaire presque nul. Elytres de la largeur du prothorax à ses angles postérieurs ; moins longues que ce dernier et la tête réunis ; subparallèles ou faiblement rétrécies de la base aux deux tiers de leur longueur ; arrondies aux angles postérieurs ; obtuses à l'extrémité ; laissant le pygidium à découvert ; médiocrement con- vexes en dessus ; lisses ; presque indistinctement et obsolètement poin- tillées ; chargées d'un tubercule huméral oblique, laissant au dessous de lui une dépression très-apparente ; marquées de neuf stries très- légères : les cinquième et sixième, ordinairement pariales. Plusieurs intervalles, surtout les troisième et cinquième, en partie relevés quel- quefois en forme de côtes, principalement vers la base ; le neuvième, formant latéralement une sorte de rebord. Dessous du corps noir, hé- rissé de poils fauves et ponctué ou chagriné sur les flancs des parties pectorales. Ventre glabre. Pygidium rebordé. Pieds intermédiaires très-écartés. Surface sternale située entre eux ponctuée ; creusée antérieurement, dans son milieu, d'un sillon raccourci, et d'une fossette au dessus de la base des pieds postérieurs. Hanches des pieds de devant garnies d'une touffe de poils fauves. Cuisses antérieures plus fortes, surtout à la base ; ciliées et creusées d'un sillon large et peu profond dans la moitié externe de leur bord antérieur ; cuisses intermédiaires ovales ; les postérieures oblongues. Jambes comprimées : les antérieures grêles, extérieurement quadridentées ; les quatre autres ciliées, denticulées et garnies d'une dent plus forte au côté externe ; les dernières, très-sinueusement découpées en dessous à l'extrémité. Tarses antérieurs nuls ; les autres bruns ou parfois d'un rouge ferrugineux, garnis de cils fauves ; premier article des postérieurs parallèle, au moins aussi long que les deux suivants réunis.

♀. Chaperon en ogive. Epistome chargé en dessus dans son milieu d'une arête assez arquée. Suture frontale saillante et subsinueusement transversale ; relevée à ses extrémités en forme de petite dent. Front chargé antérieurement, derrière le milieu de la suture frontale, d'un tubercule subcorniforme faiblement séparé de celle-ci. Prothorax subperpendiculairement tronqué dans sa partie médiaire antérieure ; cette troncature transversalement arquée et couronnée par une ligne peu saillante, oblitérée ou interrompue dans son milieu, et faisant ainsi paraître la troncature plus ou moins obtuse. Jambes antérieures plus larges ; extrémité inférieure des jambes postérieures faiblement sinueuse.

Cette espèce habite le midi de la France. Elle n'est pas rare dans les environs de Montpellier.

De même que la précédente, elle varie beaucoup. Les cornes si développées de certains mâles parviennent, selon l'état de dégradation des individus, à ne plus laisser de traces de leur existence. La protubérance du prothorax se réduit également à un faible avancement obtus. Les femelles présentent, dans la partie antérieure du prothorax, des modifications analogues.

Obs. Le deuxième intervalle semble quelquefois marqué d'une strie raccourcie et moins distincte que les autres.

M. Germar fait erreur en attribuant à Latreille la dénomination de cette espèce ; elle a été décrite pour la première fois par Olivier.

Elle a généralement une taille inférieure à celle de la précédente et le sillon dorsal du prothorax plus apparent. Les mâles des deux espèces sont toujours faciles à distinguer, sinon aux cornes frontales qui disparaissent parfois, comme nous l'avons fait remarquer, du moins à la protubérance prothoracique toujours terminée en pointe chez le *bison* et bidentée ou obtuse chez le *bubalus*. Les différences spécifiques sont infiniment moins caractérisées chez les femelles. Dans le *bison*, le cha.

peron de celles-ci ordinairement est plus avancé, plus obtus à l'extré-mité ; le tubercule frontal généralement plus rapproché de la suture et souvent lié à celle-ci ; le prothorax plus convexe dans sa moitié anté-rieure ; son sillon plus effacé, souvent indistinct en devant ; la ligne saillante qui couronne la troncature est généralement entière ou peu oblitérée dans son milieu.

Genre *Onitis*, ONITE ; Fabricius.

(ονίς, fumier d'âne.)

Caractères. Chaperon en demi-cercle (♂), en ogive ou subogival (♀); souvent échancré en devant. Feuillet intermédiaire de la massue en partie caché dans la contraction et non visible dans toute la longueur de sa tranche. Dernier article des palpes maxillaires ovale, à peine plus long que les deux précédents pris ensemble. Palpes labiaux de trois articles : le deuxième, notablement plus long que le premier et beaucoup plus gros que lui ; le troisième, grêle et très-court. Prothorax creusé à la base de deux fossettes, au dessus de la suture des élytres. Écusson visible, petit, et quelquefois au dessous du niveau des élytres. Suture des flancs de l'antépectus indistincte. Extrémité inférieure des jambes postérieures avancée en pointe; plus sinueuse ou plus forte-ment dentée dans les mâles. Tarses antérieurs nuls, au moins dans le même sexe ; articles des postérieurs subparallèles : le premier de ceux-ci presque aussi long que les trois suivants réunis. Corps subdé-primé et subparallélogrammique.

Fabricius, le premier, a détaché ces insectes des autres Copriens, avec lesquels ils avaient été compris jusqu'alors. Ils se distinguent facilement de tous ceux que nous avons précédemment décrits, par la présence d'un écusson. Le second article des palpes labiaux a acquis chez eux un volume considérable; et le troisième, quoique petit et grêle, est toujours visible, caractère qui les distingue des genres sui-vants. Les Onites ont la suture frontale toujours inerme à ses extré-mités ; dans le milieu, elle est munie, chez les femelles, d'un tuber-cule parfois subcorniforme, qui souvent semble plutôt une dépen-dance du front. Le prothorax est très-développé, plus large dans son milieu que les élytres. Celles-ci sont parallélogrammiques, avec le dernier intervalle relevé, vers la huitième strie, en rebord plus ou moins tranchant. Ainsi que l'ont remarqué Olivier et M. Brullé, les mâles au moins de ces insectes manquent de tarses aux pieds anté-rieurs; leurs jambes sont grêles, plus longues que dans l'autre sexe, souvent arquées ou flexueuses ; leurs cuisses antérieures ont une épine, dans une partie des espèces.

Les Onites sont exclusivement propres à nos provinces méridionales. Ils habitent les matières excrémentielles de l'homme et des
animaux, creusent dans la terre, sous ces substances sordides, des
trous destinés à leur servir de retraite dans les moments de repos, et
d'abri dans les occasions de péril. C'est dans la terre aussi que vivent
leurs larves, au sein des provisions nutritives qu'ils ont eu le soin d'y
entraîner.

1. O. Olivieri; Illig. *Dessus du corps d'un noir peu luisant. Epistome chargé d'une arête transversale. Sutures frontale et génales saillantes. Prothorax presque lisse; offrant à peine les traces d'un sillon
dorsal. Ecusson profondément enfoncé. Elytres subdéprimées, à stries presque indistinctes. Intervalles non relevés en forme de côtes.*

♂. Epistome fendu en devant. Front muni d'un tubercule peu saillant. Cuisses antérieures armées d'une épine droite ; les intermédiaires
pourvues d'un trochanter terminé par une dent ; les postérieures fortement échancrées à leur bord antérieur. Jambes de devant grêles,
incourbées, sensiblement plus longues que les cuisses. Extrémité inférieure des jambes postérieures à trois échancrures.

♀. Epistome entier. Front armé d'un tubercule corniforme. Cuisses
antérieures inermes ; les intermédiaires pourvues d'un trochanter de
forme ordinaire; les postérieures sans échancrure. Jambes de devant
fortes et de la longueur des cuisses. Extrémité inférieure des jambes
postérieures angulairement avancée.

Onitis Olivieri, Illig. Mag. t. 2. p. 197. 1.—Schönh. Syn. Insect. t. 1. p. 31. 11.—Stc-
kow, Naturg. p. 146. 11. — De Casteln., Hist. Nat. t. 2. p. 88. 2.
Scarabœus Sphinx, Oliv. Ent. t. 1. n. 3. p. 135. 162. pl. 7. f. a. ♀ ; b, ♂. — *Id.* trad.
allem. 1. p. 84. 162. pl. 44. f. 1. 2.
Copris Sphinx, Oliv. Encycl. méth. t. 5. p. 165. 91. — Dumér. Dict. des Sc. Nat. t. 2.
p. 282. 25.
Onitis Sphinx, Oliv. Encycl. méth. t. 8. p. 491. 10. — Latr. Hist. Nat. t. 10. p. 107. 5.
— Boit. Man. t. 1. 315.

♂. Var. A. **O. Planifrons;** Nob. *Tubercule frontal indistinct.*

♂. Var. B. **O. Inermicrus;** Nob. *Cuisses postérieures faiblement échancrées, presque inermes aux angles de cette échancrure.*

♀. Var. C. **O. Subtuberculatus;** Nob. *Tubercule frontal obtus.*

♂. ♀. Var. D. **O. Subcostalis;** Nob. *Troisième et parfois cinquième
intervalles subcostalement relevés.*

♂. ♀. Var. E. **O. Fuscus;** Nob. *Dessus du corps ou seulement les élytres
brunâtres.*

Long. 0^m,021 à 0^m,027 (9 à 12^l). — Larg. 0^m,012 à 0,$_m$016 (5 à 7^l).

♂. **Dessus du corps d'un noir peu luisant. Tête penchée. Chaperon** en demi-cercle ; fendu à la partie antérieure de l'épistome et festonné vers les joues ; relevé en rebord dans sa périphérie et plus sensiblement en devant ; granulé ou ruguleusement chagriné en dessus. Epistome chargé d'une arête assez brièvement transversale. Sutures frontale et génales saillantes. Front relevé sur les côtés en forme de suture ; granulé ou chagriné sur sa surface ; chargé, sur le milieu de celle-ci, d'un tubercule souvent rudimentaire, quelquefois indistinct. Partie postérieure de la tête légèrement rebordée, ce rebord offrant parfois une sorte d'empâtement vers l'occiput. Yeux bruns ; presque à moitié voilés du côté interne par les bords latéraux du front ; transversalement coupés par les joues, du côté externe. Antennes de neuf articles : les six premiers, d'un rouge ferrugineux, quelquefois d'un brun rougeâtre ; les trois de la massue, d'un brun roux ou grisâtre. Prothorax subsinueusement et profondément échancré en devant pour recevoir la tête ; avancé en espèce de dent à ses angles antérieurs ; curvilinéairement élargi sur les côtés jusqu'à la moitié de la longueur de ceux-ci ; subsinueusement rétréci de ce point aux angles postérieurs ; obtus à ces derniers ; bisinueusement en demi cercle à la base, ou prolongé au dessus de la suture des élytres en un angle scutelliforme ; étroitement rebordé en devant et sur les côtés jusqu'aux angles postérieurs ; subcrénelé latéralement ; subdéprimé postérieurement en dessus ; convexement déclive à sa partie antérieure ; granulé ou parfois ruguleusement ponctué en devant, pointillé ou presque lisse à sa partie postérieure et surtout dans son milieu ; offrant ordinairement sur celui-ci les traces d'un sillon large et peu apparent ; creusé de chaque côté au dessus des angles latéraux, d'une fossette assez profonde ; marqué à la base, au dessus de la suture des élytres, de deux impressions longitudinalement courtes et subconvergentes antérieurement. Ecusson petit ; en triangle pointu ; profondément enfoncé. Elytres un peu plus larges que le prothorax à ses angles postérieurs, notablement moins larges que lui dans son milieu ; moins longues que ce dernier et la tête réunis ; subsinueusement parallèles jusqu'aux deux tiers de leur longueur au côté externe ; curvilinéairement rétrécies de ce point aux angles postérieurs qui sont arrondis ; obtuses à l'extrémité ; laissant le pygidium à découvert ; subdéprimées ou faiblement convexes en dessus ; chargées d'un tubercule huméral oblique et obtusément saillant ; presque lisses ou très-obsolètement et ruguleusement ponctuées ; à stries le plus souvent presque indistinctes ou en majeure partie effacées; le troisième intervalle parfois subcostalement relevé près de la base ; le huitième formant, au point de sa réunion avec le neuvième, une sorte de carène latérale effaçant le bord externe perpendiculairement rabattu, et sinueusement prolongée jusqu'au dessus des angles postérieurs, où, en tournant vers la suture, elle s'écarte davantage du bord, et laisse entre elle et ce dernier un intervalle creusé d'une fossette longitudinalement ridée. Dessous du corps d'un noir un peu plus luisant. Flancs des parties pectorales ponctués ou chagrinés et garnis de poils noirs. Pieds intermédiaires très-écartés. Surface sternale située entre eux presque imponctuée, plus brillante; creusée d'une impression transversale bisinueuse. Pygidium rebordé. Pieds de devant sensiblement plus longs que les intermédiaires. Hanches des premiers couronnées par une sorte de touffe de poils ; celles des postérieurs un peu dilatées inférieurement. Cuisses antérieures fortes, graduellement rétrécies de la base à l'extrémité opposée ; armées dans le milieu de leur bord antérieur d'une épine droite ; obliquement tronquées dans leur longueur derrière celle-ci, pour recevoir les jambes dans la flexion. Cuisses intermédiaires ovales, lisses ; fortement comprimées; dilatées et un peu relevées à leur bord postérieur; pourvues à la base d'un trochanter parallèlement prolongé jusqu'au tiers de leur longueur, obliquement coupé à son extrémité et inférieurement terminé par une dent aiguë. Cuisses postérieures oblongues, entaillées dans le milieu de leur bord antérieur en forme de sinus profond, dont les angles d'ouverture sont allongés en dent aiguë et en sens un peu divergents. Jambes antérieures notablement plus longues que les cuisses; grêles; presque d'égale largeur; incourbées vers l'extrémité et ciliées dans cette courbure ; armées au côté externe de quatre dents faiblement saillantes ; subéchancrées au dessous de la dent inférieure et terminées à l'extrémité par un fort éperon. Jambes intermédiaires échancrées au côté interne ; armées extérieurement ainsi que les postérieures, d'une dent plus saillante. Celles-ci faiblement et inégalement bidentées à leur extrémité inférieure. Tarses antérieurs nuls; les autres ciliés, déprimés; le premier article des postérieurs subparallèle, presque aussi long que les trois suivants réunis.

♀. Épistome entier; plus allongé; chargé d'une arête plus développée transversalement. Front armé d'un tubercule subcorniforme. Rebord formé par le neuvième intervalle, cessant vers les angles postérieurs de constituer une arête vive et devenant plus obtus en tournant vers la suture. Pieds de devant moins longs que les intermédiaires. Cuisses antérieures inermes; les intermédiaires sans dilatation à leur bord postérieur; pourvues d'un trochanter graduellement rétréci et ne formant aucune saillie à son extrémité. Cuisses postérieures sans échancrures. Jambes de devant à peine aussi longues que les cuisses ; presque droites au côté interne ; graduellement plus larges au côté externe, de la base à la deuxième dent. Jambes postérieures subsinueusement avancées en une sorte d'angle à leur extrémité inférieure.

Cette espèce est exclusivement méridionale. Elle n'est pas rare dans les environs d'Hyères, de Fréjus, et surtout de Montpellier.

Obs. Fabricius avait confondu cette espèce avec une autre, exotique, sous le nom spécifique de *Sphinx*, qui a été adopté par Olivier pour celle qui nous occupe. Illiger a rectifié ces erreurs en donnant à **celle** de notre pays la dénomination que nous avons adoptée. Olivier a commis une **erreur** plus grave : il a décrit le mâle pour la femelle, *et vice versâ*.

2. **O. Meliboeus;** NOB. *Tête bronzée, tachée de jaune pâle, sur les joues et le plus souvent sur une partie du reste de sa surface. Épistome échancré en devant, chargé en dessus d'une courte arête transversale. Sutures frontale et génales saillantes. Prothorax d'une couleur métallique, avec les côtés d'un jaune pâle ; parsemé en dessus de petits grains, et longitudinalement chargé de chaque côté de la ligne médiaire d'un relief sublinéairement en zigzag. Élytres fauves, tachées de brunâtre ; à troisième et cinquième intervalles relevés en forme de côtes.*

♂. Épistome muni d'une dent assez aiguë de chaque côté de l'échancrure ; chargé en dessus d'une arête presque réduite aux faibles dimensions d'un point. Suture frontale pourvue dans son milieu d'un tubercule rudimentaire. Cuisses de devant armées d'une épine. Jambes antérieures plus longues que les cuisses ; grêles ; incourbées ; terminées par un éperon sensiblement plus grand que la dent antéroexterne.

♀. Épistome muni d'une dent émoussée de chaque côté de l'échancrure ; chargé en dessus d'une arête transversale. Suture frontale armée dans son milieu d'un tubercule corniforme. Cuisses de devant inermes. Jambes antérieures à peine plus longues que les cuisses ; sensiblement et graduellement élargies de la base à l'extrémité et terminées par un éperon à peine aussi long que la dent antéro-externe.

Var. A. O. Tityrus; NOB. *Tête entièrement bronzée ou d'un brun bronzé.*

Onitis amyntas, DE CASTELNAU, Hist. Nat. t. 2. p. 89. 8.

Var. B. O. Alexis; NOB. *Côtés du prothorax de la même couleur que le reste de la surface.*

Long. 0ᵐ,014 à 0ᵐ,018 (6 1/2 à 8ˡ.) — Larg. 0ᵐ,008 à 0ᵐ,009 (3 1/2 à 4ˡ).

♂. Tête penchée; d'une couleur bronzée, tachée de jaune pâle. Épistome fortement échancré en devant; armé d'une petite dent un peu relevée en rebord de chaque côté de l'échancrure; sinueusement et curvilinéairement coupé de celle-ci aux limites des joues; couvert en dessus de points semblables à des aspérités; chargé presque dans son milieu d'une petite arête très-brièvement transversale, presque punctiforme. Joues extérieurement saillantes en forme d'angle ou de dent après l'épistome. Suture frontale saillante; trisinueuse: la sinuosité du milieu très-faiblement relevée en espèce de tubercule rudimentaire. Sutures génales saillantes. Front inégal; transversalement concave; parsemé de points analogues à de petites aspérités. Partie postérieure de la tête relevée en un rebord trisinueux. Yeux bruns; voilés en partie d'un côté par les bords latéraux du front, transversalement coupés de l'autre par les joues, et ne laissant subovalairement apparaître en dessus qu'une portion de leur hémisphère supérieur. Antennes de neuf articles: les six premiers bruns ou d'un brun ferrugineux, les trois de la massue d'un brun grisâtre. Prothorax profondément et peu sinueusement échancré en devant pour recevoir la tête; peu avancé en espèce de dent à ses angles antérieurs; curvilinéairement élargi sur les côtés jusqu'à la moitié de la longueur de ceux-ci; subsinueusement rétréci de ce point aux angles postérieurs qui sont arrondis; subbisinueux à la base au dessus de l'écusson; garni dans toute sa périphérie d'un rebord d'une égale largeur: celui des côtés sensiblement denticulé; convexement déclive sur les côtés et subconvexement d'arrière en avant; plus abruptement incliné au dessus de son bord antérieur; d'un brun bronzé ou d'un brun verdâtre métallique avec les côtés d'un jaune pâle plus ou moins veinés de brun verdâtre; couvert principalement sur son disque de petits grains ou points élevés, placés au sein d'impressions subvarioliques peu apparentes et généralement confondues; ordinairement creusé sur le milieu de son disque d'un sillon peu profond; chargé longitudinalement de chaque côté de celui-ci d'un relief lisse, veineux et formant plus ou moins distinctement deux zigzags; marqué à la base, au dessus de l'écusson, de deux impressions longitudinales, courtes et presque en forme de parenthèses; creusé de chaque côté, au dessus des angles latéraux, d'une fossette profonde. Écusson petit; triangulaire; faiblement rebordé; terminé en pointe un peu obtuse, ou parfois comme bidenté; d'un verdâtre bronzé. Élytres à peine plus larges que le prothorax à ses angles postérieurs, notablement moins larges que lui dans son milieu; aussi longues que ce dernier et le front réunis ; subsinueusement parallèles jusqu'aux deux tiers de leur longueur ; curvilinéairement rétrécies de ce point aux angles postérieurs qui sont arrondis ; obtusément coupées à l'extrémité ; laissant le pygidium à découvert ; subdéprimées en dessus ; fauves, tachetées de brunâtre ou de brun verdâtre, rarement d'un brun fauve irisé de vert métallique et parsemé de taches fauves plus ou moins pâles et souvent punctiformes : suture ordinairement d'un vert obscur ; à neuf stries peu profondes, presque indistinctement ponctuées, très-faiblement et sinueusement rebordées : les septième et huitième pariales et plus courtes, prolongées après leur jonction, jusqu'à la troisième avec laquelle elles se réunissent rectangulairement ; obtusément tuberculeuses à l'extrémité entre les troisième et sixième stries ; à intervalles subaspèrement parsemées de petits grains : le troisième et surtout le cinquième plus distinctement relevés en espèces de côtes, celui-ci lié avec le tubercule huméral obliquement prolongé jusqu'à lui : le neuvième, subperpendiculairement incliné, formant près de la huitième strie un rebord qui s'efface au delà du milieu, où souvent il est remplacé par un rebord plus rapproché de l'externe et prolongé jusqu'aux angles postérieurs. Dessous du corps d'un noir un peu bronzé. Flancs des parties pectorales aspèrement ponctués et garnis de poils fauves. Mésosternum caréné. Métasternum uni au précédent par une ligne presque droite, faiblement avancée en angle dans son milieu ; ponctué ; creusé d'une fossette au dessus de chaque hanche. Pieds de devant plus longs que les intermédiaires : ceux-ci très-écartés entre eux à leur naissance. Hanches des premiers, couronnées par une sorte de touffe de poils ; celles des seconds, munies d'une dent à la base du trochanter. Cuisses antérieures fortes, graduellement rétrécies de la base à l'extrémité opposée ; longitudinalement tronquées ou subsillonnées à leur bord antérieur ; armées à la base, au devant de cette sorte de sillon, d'une épine courbée du côté externe ; pourvues vers l'articulation fémoro-tibiale de deux lobes plus ou moins développés entre lesquels est retenue la jambe dans la flexion. Cuisses intermédiaires ovales et convexes ; les postérieures oblongues, déprimées et subdentées au milieu de leur bord antérieur. Jambes antérieures sensiblement plus longues que les cuisses ; grêles ; faiblement plus renflées dans leur seconde moitié ; armées au côté externe de quatre dents très-espacées ; ciliées et munies au côté interne d'une petite dent ordinairement située au dessous de l'inférieure de celles de la partie opposée ; terminées par un éperon incourbé, infléchi, obtus et dépassant de beaucoup la dent antéro-externe. Jambes postérieures ordinairement dilatées en forme de dent à leur extrémité ; armées en outre au côté externe de deux épines, dont la seconde, très-forte, obliquement

et subcurvilinéairement prolongée d'avant en arrière. Jambes postérieures armées de trois dents moins fortes, la deuxième bidentée ;
obliquement et subsinueusement coupées en dessus à leur extrémité,
profondément découpées en dessous et munies de deux ou trois dents
aiguës. Tarses antérieurs nuls ; les autres ciliés de fauve, ainsi que les
jambes ; à articles déprimés, subparallèles : le premier des postérieurs
aussi long que les trois suivants réunis.

♀. Épistome muni, de chaque côté de l'échancrure antérieure, de
dents plus obtuses ; chargé en dessus d'une arête plus développée
transversalement. Suture frontale armée dans son milieu d'un tubercule corniforme qui semble plutôt une dépendance du front. Hanches
intermédiaires et cuisses antérieures inermes ; celles-ci rudimentairement lobées vers l'articulation fémoro-tibiale. Jambes de devant à
peine plus longues que les cuisses ; dépourvues de dent au côté interne ;
graduellement et sensiblement dilatées de la base à l'extrémité ; armées
au côté extérieur de quatre dents liées ensemble par leur base ; terminées par un éperon plus ou moins pointu, moins saillant en devant
que la dent antéro-externe. Cuisses de devant convexes et sans traces
de dent au bord antérieur. Extrémité inférieure des jambes de derrière simplement sinueuse ou munie de dents émoussées. Tarses antérieurs existants.

Cette espèce est propre à la France méridionale. On la trouve dans
les environs de Montpellier ; elle m'a également été envoyée de Fréjus
par M. Doublier. Elle varie par sa tête et son prothorax tantôt unicolores, tantôt tachés de jaune pâle : la première, sur l'épistome et
surtout sur les joues ; le second, sur les côtés et parfois en devant. La
dent des hanches intermédiaires est aussi plus ou moins développée.

Obs. L'*Onitis Melibœus* est facile à reconnaître à la granulation particulière du prothorax, et surtout à l'espèce de relief longitudinalement
anguleux qui pare le disque de ce segment. On trouve dans les auteurs
entomologiques différentes espèces, telles que les *O. Clinias, Amyntas,
irroratus, Lophus,* qui se rattachent évidemment à la nôtre et n'en sont
que des variétés locales. Nous avons néanmoins dû donner un nouveau
nom à celle de notre pays, parce qu'elle a un cachet particulier qu'on
ne retrouve pas dans les autres. Les caractères servant à distinguer
toutes ces variétés sont de deux sortes : les uns, très-variables, tiennent à la couleur, à la taille, etc. ; les autres, un peu plus constants, se
rattachent aux appendices ; mais ceux-ci perdent beaucoup de leur
importance, en ce qu'ils ne peuvent être observés chez les femelles.
L'*O. Amyntas* de Steven (dans la description duquel cet auteur a pris le
mâle pour la femelle, et *vice versa*), a aussi la tête et le prothorax

parés de jaunepâle; les élytres fauves tachetées de brun; mais les cuisses antérieures (♂) peu ou point lobées vers l'articulation fémoro-tibiale, sont armées dans leur milieu d'une épine à peu près droite, au devant de laquelle se couche la jambe dans les mouvements de contraction; la dent des trochanters intermédiaires est nulle ou rudimentaire. Dans l'*O. irroratus* de Rossi, cette dent est au contraire très-prononcée; mais cette variété, comme la précédente, s'éloigne de notre *O. Melibœus*, par la forme et la position de l'épine des cuisses. L'*O. irroratus* est d'ailleurs généralement d'une teinte plus sombre, d'une taille plus grande; il a souvent la jambe antérieure bidentée au côté interne ou denticulée près de la base. L'*O. Lophus* de Fabricius doit être une synonymie de cette dernière variété, si par l'expression *femoribus intermediis unidentalis* le professeur danois a voulu désigner la dent relevée qui termine la hanche de ces cuisses.

3. O. Ion: Oliv. *Dessus du corps entièrement noir. Suture frontale arquée et saillante; les génales peu apparentes. Prothorax paré de dessins damassés: les parties en relief d'un noir luisant; le fond, d'un noir mat, parsemé de petits grains. Écusson petit, au niveau des élytres. Celles-ci subdéprimées, à stries presque indistinctes: deuxième intervalle et souvent partie de quelques autres relevés et transversalement cannelés.*

♂. Chaperon en demi-cercle. Epistome subéchancré à la partie antérieure de son rebord; presque sans arête sur sa surface. Jambes antérieures grêles; munies d'un éperon court, large et tronqué. Extrémité inférieure des jambes postérieures à trois échancrures.

♀. Chaperon en ogive. Épistome entier; chargé en dessus d'une arête transversale plus ou moins apparente. Jambes antérieures plus courtes et plus larges; armées d'un éperon spiniforme. Extrémité inférieure des jambes postérieures angulairement avancée.

Scarabœus Ion, Oliv. Ent. t. 1. 3. p. 186. 235. pl. 27. f. 239. — *Id.* trad. allem. t. 1. p. 117. 235. pl. 53. f. 4. — Sturm, Hand. 1. 70. pl. 3. f. 5.
Onitis Vandelli, Fab. Syst. El. t. 1. p. 28. 5.— Oliv. Encycl. méth. t. 8. p. 491. 8. — Schönh. Syn. Ins. t. 1. p. 30. 6. — De Casteln. Hist. Nat. t. 2. p. 90.

♂. Var. A. **O. Granulatus;** Nob. *Epistome sans arête apparente.*

♂. ♀. Var. B. **O. Trispinus;** Nob. *Jambes antérieures armées seulement de trois dents.*

Long. 0ᵐ,012 à 0ᵐ,012 (5 à 6ˡ). — Larg. 0ᵐ,006 à 0ᵐ,007 (2 1/2 à 3ˡ).

♂. Dessus du corps entièrement noir. Tête médiocrement penchée. Chaperon en demi-cercle; relevé en rebord dans sa périphérie; subéchancré à la partie antérieure de ce rebord; granuleux sur sa surface;

garni de poils noirs peu apparents. Suture frontale un peu arquée ;
saillante. Sutures génales peu distinctes. Front plus parcimonieusement
granuleux que l'épistome ; relevé en rebord sur les côtés ; vertex chargé
d'un faible tubercule près de l'occiput, et souvent attenant à une ligne
élevée et subbisinueuse qui borde la tête à sa partie postérieure. Yeux
bruns ; un peu voilés du côté interne par les bords latéraux du front ;
transversalement coupés par les joues du côté externe. Antennes de
neuf articles : les six premiers, noirâtres ou parfois d'un brun ferrugineux ; les trois de la massue, d'un gris obscur. Prothorax échancré en
demi-cercle pour recevoir la tête ; avancé en espèce de dent à ses angles
antérieurs ; curvilinéairement élargi jusqu'à la moitié de la longueur
de ceux-ci ; subsinueusement rétréci de ce point aux angles postérieurs ;
obtus à ces derniers ; subarrondis à la base, mais obtusément anguleux
au dessus de la suture des élytres ; étroitement rebordé en devant et
sur les côtés jusqu'aux angles postérieurs, graduellement d'une manière insensible de ce point au milieu de la base ; parfois légèrement
subcrénelé inférieurement, mais surtout latéralement ; subconvexe, en
dessus ; damassé sur toute sa surface ou marqué de points larges et
varioliques, dont plusieurs, en se confondant ensemble, forment des
dessins variés, parsemés de très-petits points élevés et contrastant par
leur couleur d'un noir mat avec le luisant des parties en relief ; creusé
de chaque côté au dessus des angles latéraux d'une fossette assez profonde ; marqué à la base, au dessus de la suture des élytres, de deux
impressions longitudinales, courtes et parallèles. Écusson petit ; en
triangle pointu ; ombragé à sa base par des poils d'un brun roussâtre ;
de niveau avec les élytres à son extrémité. Celles-ci un peu plus larges
que le prothorax à ses angles postérieurs, notablement moins larges
que lui dans son milieu ; sensiblement moins longues que ce dernier et
la tête réunis ; étroitement rabattues inférieurement sur les côtés ; subsinueusement parallèles à leur bord externe jusqu'à la moitié de leur
longueur, curvilinéairement et faiblement rétrécies de ce point aux
angles postérieurs qui sont arrondis ; obtuses à l'extrémité , et laissant
le pygidium à découvert ; déprimées ou subdéprimées en dessus ;
offrant plus ou moins sensiblement les traces de neuf stries presque
indistinctes ; subcostalement relevées sur le deuxième intervalle qui
est cannelé ou divisé par des sillons transversaux ; moins fortement
relevées et subcannelées sur une partie de quelques autres intervalles :
le huitième, formant à sa réunion avec le neuvième, qui est perpendiculairement rabattu, une sorte de carène latérale effaçant le bord
externe, et subrectilinéairement prolongée jusqu'au dessus des angles
extéro-postérieurs, où elle s'oblitère en se terminant sur une saillie
obtuse ; chargées d'un tubercule huméral oblique et médiocrement

protubérant, au dessous duquel s'étend longitudinalement sur leur surface une sorte de sillon occupant le tiers externe de leur largeur et mettant plus en relief la carène latérale. Dessous du corps d'un noir plus luisant. Flancs des parties pectorales ponctués ou chagrinés et garnis de poils noirs. Mésosternum caréné. Métasternum uni au précédent par une suture arquée, faiblement saillante; marqué dans son milieu d'un sillon longitudinal; creusé d'une fossette au dessus de chacune des hanches postérieures. Pygidium légèrement rebordé; parsemé de petits points élevés à peine apparents. Pieds de devant un peu plus longs que les intermédiaires; ceux-ci très-écartés entre eux à leur naissance. Hanches des premiers couronnées par une sorte de touffe de poils; celles des postérieures arrondies, et sans dilatation. Cuisses antérieures fortes, graduellement rétrécies de la base à l'extrémité opposée; inermes; tronquées longitudinalement à leur bord antérieur. Cuisses intermédiaires ovales; les postérieures oblongues, comme lobées à leur bord externe, près de l'articulation fémoro-tibiale : les unes et les autres subconvexes, ponctuées et parsemées de poils. Jambes antérieures à peine plus longues que les cuisses; déprimées; grêles; graduellement et faiblement élargies; quadridentées au côté externe; terminées par un éperon moins long que large, tronqué et un peu courbé inférieurement. Jambes intermédiaires et postérieures déprimées; subtriangulairement élargies de la base à l'extrémité; garnies au côté externe de poils agglomérés en petits fascicules et munies d'une dent faiblement saillante : les postérieures armées de deux dents inégales dans la partie médiaire de leur extrémité inférieure. Tarses antérieurs nuls; les autres ciliés, déprimés : le premier article des postérieurs subparallèle, plus long que les deux suivants réunis.

♀. Chaperon en ogive; entier à la partie antérieure de l'épistome; chargé sur la surface de celui-ci d'une arête transversale, mais le plus souvent en partie oblitérée. Tubercule frontal plus saillant. Jambes antérieures sensiblement plus larges. Éperon spiniforme; grêle; trois fois aussi long que large; terminé en pointe obtuse, incourbé inférieurement. Partie inférieure de l'extrémité des jambes postérieures subsinueusement prolongée en angle.

Je dois cette jolie espèce à M. Perris. Elle avait été trouvée par cet Entomologiste, dans les landes des environs de Mont-de-Marsan.

Olivier, dans son Histoire Naturelle des Coléoptères, la décrivit le premier sous le nom d'*Ion*, d'après un exemplaire de la collection de M Gigot d'Orcy. Fabricius, dans son Systema Eleutheratorum, la dédia à Wandel, sans mentionner le travail de l'auteur français; et ce dernier, oubliant lui-même ce qu'il avait écrit, adopta, dans l'Encyclopédie Méthodique, le nouveau nom du professeur danois. Nous avons restitué à Olivier les droits que lui donnait sa priorité.

Genre *Oniticellus*, ONITICELLE ; ZIEGL. Inéd. LEPELT. et SERV.

(diminutif d'*onitis*.)

Caractères. Chaperon sinueux ou en demi-octogone (♂. ♀). Feuillet intermédiaire de la massue entièrement visible par sa tranche, dans la contraction. Dernier article des palpes maxillaires subfiliforme, aussi long que les deux précédents réunis. Palpes labiaux seulement de deux articles distincts : le deuxième plus long et plus gros que le premier. Prothorax presque circulaire, aussi grand que les élytres ; offrant au plus une seule fossette à la partie de sa base correspondant à la suture des étuis. Écusson visible. Suture des flancs de l'antépectus saillante. Extrémité inférieure des jambes postérieures ciliée et peu ou point sinueuse dans les deux sexes. Tarses antérieurs existants ; articles postérieurs subparallèles : le premier de ceux-ci presque aussi long que les trois suivants réunis. Corps déprimé et subparallélogrammique.

Illiger, dans son Catalogue descriptif des Coléoptères de Prusse, avait formé parmi ses *Copris* une division particulière pour y renfermer ces insectes auxquels depuis on a donné la dénomination générique d'*Oniticellus*. Ces petits animaux semblent, en effet, un diminutif des Onites : comme eux, ils ont le corps déprimé, oblong et pourvu d'un écusson visible ; mais le feuillet intermédiaire de la massue de leurs antennes est toujours entièrement visible par sa tranche dans la contraction ; le troisième article des palpes labiaux est indistinct, et leur prothorax n'offre pas à la base, au dessus de la suture des élytres, ces deux espèces de fossettes ou petites impressions longitudinales qui sont constantes dans nos Bubas et nos Onites.

Les Oniticelles habitent les crottins, les bouses, et, dans l'occasion, les excréments humains. On les trouve constamment occupés à sucer les parties les plus substantielles de ces matières immondes. Quand on les trouble dans leurs travaux, ils s'enterrent de quelques lignes de profondeur dans le sol et s'y tapissent immobiles. Lorsqu'est arrivé le moment de songer à leur postérité, les femelles entraînent dans la terre des matières stercorales, en composent une sorte de coque, dans l'intérieur de laquelle est placé l'œuf, d'où doit sortir la larve destinée à vivre dans cette retraite.

Les auteurs se sont généralement trompés sur les distinctions sexuelles des espèces de ce genre.

1. O. Pallipes : Fab. *Chaperon sinueux ; d'un jaune pâle, varié de bronzé verdâtre. Prothorax ponctué ; d'un flave roussâtre nuancé de bronzé obscur sur les intervalles qui séparent les points ; paré sur son disque de quatre plaques lisses de même couleur, disposées en parallélogramme. Elytres d'un flave roussâtre, à taches linéaires noirâtres ; marquées de quelques points allongés d'un flave blanchâtre, curvilinéairement disposés du milieu de la suture en se dirigeant vers celui de la base.*

♂. Épistome chargé d'une arête arquée et paré au devant de celle-ci d'un rebord de forme analogue, sinueux dans son milieu. Suture frontale uniformément saillante et représentant un angle dont le sommet est dirigé en avant.

♀. Épistome sans arête en dessus. Suture frontale transversalement droite, relevée dans son milieu en un tubercule comprimé et subcorniforme.

Scarabœus pallipes? Fab. Spec. ins. t. 1. p. 55. 153. — *Id.* Mant. ins. t. 1. p. 17. 174. — *Id.* Ent. Syst. t. 1. p. 68. 228. — Herbst, Natursyst. t. 2. p. 327. 214. — Gmel. Linn. Syst. Nat. t. 1. 4. p. 1556. 229.

Ateuchus pallipes ? Fab. Syst. El. t. 1. p. 63. 28.

Onitis pallipes ? Illig. Mag. t. 1. p. 319. 38. — *Id.* t. 2. p. 199. 5.

Oniticellus pallipes ? De Casteln. Hist. Nat. t. 2. p. 91. 6.

♂. ♀. *État normal.* Elytres parées de taches flaves : 1° curvilinéairement disposées du milieu de la suture des élytres en remontant vers la partie antérieure, sur les deuxième, troisième, quatrième, cinquième et sixième intervalles ; 2° transversalement situées à la base sur les cinquième, troisième et deuxième ; 3° presque agglomérées vers l'extrémité, sur les quatrième, cinquième, sixième et septième.

Var. A. **O. Subdeletus;** Nob. *Taches flaves des élytres en partie indistinctes.*

Long. 0ᵐ,007 à 0ᵐ,011 (3 1/2 à 4 1/2ᵗ). — Larg. 0ᵐ,0040 à 0ᵐ,0055 (1 3/4 à 2 1/2ᵗ.).

♂. Tête penchée ; presque lisse ; tantôt presque entièrement d'un jaune pâle ou d'un jaune fauve légèrement nuancé de bronzé verdâtre ; tantôt plus chargée de cette teinte métallique ; quelquefois même entièrement d'un bronze cuivreux ou verdâtre, excepté une partie des joues. Chaperon sinueux. Épistome en demi-hexagone avec le bord antérieur subtriangulairement infléchi en devant et replié en dessus en forme de rebord sinueux ; chargé postérieurement à celui-ci d'une arête simplement arquée. Suture frontale un peu moins élevée que celle-ci ; d'une hauteur uniforme ; présentant la forme d'un angle

dont le sommet est dirigé en avant. Front transversalement subconcave. Partie postérieure de la tête coupée en arc; relevée; sans rebords; un peu détachée du prothorax. Joues dilatées latéralement et
presque carrément coupées à leur partie antérieure. Sutures génales
faiblement saillantes. Yeux bruns; globuleux; voilés d'un côté par les
bords latéraux du front, et de l'autre par les joues, qui ne laissent subovalairement apparaître en dessus qu'une portion de leur hémisphère
supérieur. Antennes de neuf articles : les six premiers d'un flave
livide; les trois de la massue d'un livide cendré. Prothorax échancré
en demi-cercle à sa partie antérieure; avancé en espèce de dent
émoussée à ses angles de devant; curvilinéairement élargi sur les
côtés jusqu'au milieu de la longueur de ceux-ci; subsinueusement rétréci de ce point aux angles postérieurs qui sont arrondis ou à peine
indiqués; obliquement coupé de ces derniers au milieu de la base, où
il présente un angle scutelliforme assez marqué; très-étroitement rebordé en devant, plus largement sur les côtés et d'une manière graduellement rétrécie en approchant des angles postérieurs, où ce rebord s'efface; subdéprimé en dessus sur son disque et à sa partie postérieure; convexement déclive sur les côtés et d'une façon plus abrupte
en devant; creusé au dessus des coudes latéraux d'une fossette assez
profonde; marqué d'un sillon très-court au dessus de l'angle basilaire;
parsemé principalement sur son disque de points inégalement distancés, assez gros, et généralement creusés dans leur milieu d'un point
plus profond; d'un flave roussâtre, se transformant ordinairement
après la mort de l'insecte en une couleur fauve; nuageusement coloré
de bronzé obscur ou de bronzé verdâtre formant en devant trois taches
ou espèces de languettes, mais laissant aux points enfoncés de sa surface la teinte fauve du fond; paré de quatre sortes de plaques lisses paral-
lélogramiquement situées : deux près de la base et deux sur le disque.
Ecusson d'un jaune fauve, irisé de cuivreux : petit; en triangle pointu;
de niveau avec les élytres. Celles-ci à peine aussi larges à la base que
le prothorax à ses angles postérieurs; un peu moins longues que ce
dernier : notablement moins larges que lui dans son milieu; subsinueusement et faiblement rétrécies des épaules aux angles postérieurs
qui sont arrondis; obtusément coupées à l'extrémité; hérissées dans
cette partie d'une rangée de poils livides; laissant le pygidium à découvert; subdéprimées longitudinalement sur leur disque; assez largement rebordées dans leur périphérie; chargées d'un tubercule huméral faiblement et obliquement prolongé jusqu'au tiers du cinquième ou
du quatrième intervalle; inclinées sur les côtés, longitudinalement
au dessous de ce tubercule; marquées de huit stries ponctuées;
subaspèrement et moins distinctement pointillées sur les intervalles;

d'un flave roussâtre ou d'un fauve livide ; parées de taches oblongues ou allongées d'un flave blanchâtre, savoir : trois au milieu situées sur les deuxième, troisième et quatrième intervalles : deux autres sur les cinquième et sixième, obliquement dirigées de ceux-ci au tubercule huméral : trois à la base sur les cinquième, troisième et deuxième intervalles : quatre vers l'extrémité obarcuément disposées sur les quatrième, cinquième, sixième et septième ; marquées, principalement sur les deuxième, troisième et quatrième intervalles au dessus et au dessous des taches flaves, de lignes dentées ou formées de points liés en quinconce, noirâtres ou plutôt d'un vert bronzé vus à certain jour ; parées d'un point de même couleur vers l'extrémité subtuberculeusement relevée du cinquième intervalle. Episternums de l'antépectus d'un jaune flave, tachés de vert bronzé ; aspèrement ponctués. Épimères lisses, brillants, d'un vert métallique. Parties pectorales des deux autres segments thoraciques d'un jaune ou d'un flave livide ; métathorax marqueté de brun verdâtre. Abdomen cuivreux. Pieds médiocrement longs : les intermédiaires très-écartés entre eux. Cuisses antérieures plus fortes, renflées à la base, d'un vert métallique en devant, d'un jaune livide taché de brun verdâtre sur leur face postérieure ; les intermédiaires et les dernières oblongues, déprimées, d'un flave livide avec une tache brunâtre. Jambes de devant aplaties, quadridentées au côté externe ; d'un fauve livide, garnies de poils de même couleur, bordées de vert bronzé. Jambes intermédiaires et postérieures d'un flave livide, tridentelées au côté externe, d'un vert bronzé à l'extrémité. Tarses de cette couleur : les antérieurs grêles ; les autres assez allongés, à articles subparallèles : le premier des postérieurs au moins aussi long que les trois suivants réunis.

♀. Épistome sans arête sur sa surface. Suture frontale transversalement droite, relevée dans son milieu en un tubercule subcorniforme ou comprimé et subarrondi à sa partie supérieure. Pieds antérieurs un peu moins allongés que dans l'autre sexe ; jambes de devant plus larges.

Cette espèce est exclusivement méridionale. Je l'ai reçue de M. Solier comme se trouvant à Hyères et à Marignane ; M. Bompart m'en a remis des individus pris dans la Camargue ; M. Goupil me l'a envoyée de Béziers.

Cet Oniticelle est-il bien le *Scarabœus pallipes* de Fabricius, comme on le croit généralement? L'insecte, d'après lequel a été faite la description de cet auteur, venait de la côte de Coromandel et se trouvait dans la collection de Banks. Olivier, qui avait vu dans le cabinet de ce dernier cette espèce typique, la regardait comme une simple variété de notre *O. flavipes*.

Obs. La tête de cette espèce est plus ou moins chargée de couleur métallique. Les taches en forme de languette qui s'avancent sur la partie antérieure du prothorax sont parfois presque confondues ensemble. Les sortes de points flaves dont les élytres sont parées s'effacent souvent en partie et quelquefois presque en totalité après la mort de l'insecte.

2. O. Flavipes ; Fab. *Chaperon presque en demi-octogone, d'un bronzé cuivreux en dessus. Épistome échancré en devant. Suture frontale indistincte. Prothorax d'un brun verdâtre sur son disque, d'un roux jaune sur les côtés. Élytres d'un livide brun, parées de taches plus claires et peu distinctes curvilinéairement disposées de l'épaule au milieu de la suture, et d'un point verdâtre près de l'extrémité. Pieds d'un livide roussâtre.*

♂. Épistome chargé de deux lignes élevées et arquées : l'antérieure sinueuse dans son milieu. Pieds de devant allongés; leurs cuisses dépassant sensiblement les côtés du prothorax; leurs jambes plus grêles, densement garnies de poils extérieurement.

♀. Épistome sans lignes élevées. Pieds moins longs; cuisses antérieures dépassant à peine les côtés du prothorax; jambes de devant peu garnies de poils.

Scarabæus flavipes, Fab. Spec. ins. t. 2. Append. p. 493. — *Id.* Mant. t. 1. p. 18. n. 177. — *Id.* Ent. Syst. t. 1. p. 70. 233. — Schaeff. Icon. t. 1. 74. 6. — Harrer, Besch. 1 21. — Herbst, Natursyst. t. 2. p. 516. 202. pl. 20. f. 7. — *Id.* Arch. 46. pl. 17. 1 19. — Oliv. Ent. t. 1. 3. p. 169, 210. pl. 7. f. 54. — Rossi, Faun. etr. t. 1. p. 16. 37. — *Id.* éd. Helw. t. 1. 17. 37. — Schneid. Mag. 278. 10. — Panz. Faun. Germ. 48 10. — *Id.* Ent. Germ. p. 18. 73. — Gmel. Linn. Syst. Nat. 1. 4. p. 1557. 258. — De Vill. t. 1. 37. 67.

Scarabæus thoracocircularis, Laichart. Ins. tyr. t. 1. 24. 17.

Bousier fauve, Geoff. t. 1. p. 90. 6.

Copris fulvus, Fourcr. Ent. par. t. 1. p. 14. 6.

Copris flavipes, Oliv. Encycl. meth. t. 5. p. 177. 147. — Brahm, Reinisch. Mag. p. 694. 51. — Illig. Kæf. preuss. 1. p. 46. 11. — Dumér. Dict. des Sc. nat. t. 5. p. 281. 22.

Copris thoracocircularis, Scriba. Journ. t. 1. p. 53. 36.

Ateuchus flavipes, Fab. Syst. El. t. 1. p. 63. 59. — Panz. Schaeff. Icon. l. c.

Onitis flavipes, Illig. Mag. t. 1. p. 319. 59. — Schœnh. Syn. Insect. t. 1. p. 32. 49. — Walck. Faun. par. t. 1. p. 5. 1. — Duftsch. Faun. Aust. t. 1. 157. 2. — Sturm, Deutsch. Faun. t. 1. 29. — Suckow, Naturg. p. 149. 19.

Onthophagus flavipes, Latr. Hist. Nat. t. 10. 109. 1. — *Id.* Gener. t. 2. 83. 1. — Bard. Laf. Monog. p. 60. 1. — Boit. Man. 1. 316.

Oniticellus flavipes, Guér. Dict. class. d'Hist. Nat. t. 12. 215. — *Id.* Dict. pitt. d'Hist. nat. t. 6. p. 339. — De Casteln. Hist. nat. t. 2. 91. 5.

Var. A. O. Subcornutus ; Nob. *Partie occipitale de la tête plus arquée ou faiblement relevée en proéminence obtuse.*

Var. B. O. Fulvicollis ; Nob. *Prothorax roux sur le disque, sans reflet ou avec un faible reflet métallique.*

Var. C. O. Maculatus ; Nob. *Elytres marquées, outre les taches ordinaires, surtout près de la base, de quelques autres peu distinctes.*

Var. D. O. Fulvipterus ; Nob. *Elytres d'un fauve livide, marquées de plaques plus obscures.*

Long. 0^m,007 à 0^m,012 (3 1/2 à 5^l). — Larg. 0^m,0035 à 0^m,0050 (1 3/4 à 2 1/2^l).

♂ Tête penchée. Chaperon en demi-octogone, c'est-à-dire parallèle sur les côtés des joues ; subéchancrément tronqué à la partie antérieure de l'épistome ; cilié de fauve en dessous de ce dernier ; plus émoussé aux angles de celui-ci qu'à ceux des joues ; étroitement rebordé dans sa périphérie ; déprimé et pointillé en dessus ; chargé de deux lignes élevées plus saillantes que le rebord antérieur : la première subsinueuse ou parallèle à celui-ci, la postérieure obtusément arquée. Sutures génales faiblement apparentes ; suture frontale indistincte. Front subconcave dans son disque ; pointillé ; d'un rouge cuivreux irisé de vert, ainsi que l'épistome. Partie postérieure de la tête coupée en arc ; sans rebords ; un peu détachée du prothorax. Yeux d'un brun rouge ; globuleux ; voilés d'un côté par les bords latéraux du front, et de l'autre par les joues, qui ne laissent apparaître en dessus qu'une portion de leur hémisphère supérieur. Antennes de neuf articles : les six premiers d'un jaune ou d'un roux livide, les trois de la massue d'un gris roussâtre. Prothorax échancré en demi-cercle ; un peu émoussé à ses angles antérieurs ; arcuément élargi sur les côtés jusqu'au milieu de la longueur de ceux-ci ; subsinueusement coupé de ce point aux angles postérieurs qui sont à peine marqués ; subarrondi à la base ; légèrement prolongé en appendice scutellaire au dessus de la suture des élytres ; étroitement rebordé en devant et sur les côtés jusqu'aux angles postérieurs, où, après s'être faiblement dilaté pour former ces derniers, ce rebord s'efface bientôt ; subdéprimé en dessus sur son disque et à sa partie postérieure, convexement déclive dans le reste de sa périphérie ; longitudinalement marqué dans son milieu d'une saillie linéaire presque indistincte dans la première moitié, changée dans la seconde en un sillon léger graduellement plus profond, souvent presque effacé et réduit postérieurement à une fossette linéaire ; pointillé ou presque uniformément garni de petits points enfoncés un peu plus rapprochés et plus petits en devant ; d'un roux brun irisé de vert bronzé sur son disque, d'un roux jaune sur les côtés ; creusé au dessus des

angles latéraux d'une fossette assez profonde bordée d'un point bronzé·
Écusson peu apparent ; presque de niveau avec les élytres ; triangulaire ; étroit ; une fois au moins plus long que large. Élytres à peine
aussi larges à la base que le prothorax à ses angles postérieurs ; à peine
aussi longues que ce dernier ; notablement moins larges que lui dans
son milieu ; subparallèles ou plutôt subcurvilinéairement et faiblement rétrécies de la base aux angles postérieurs qui sont arrondis ;
obtusément coupées à l'extrémité ; laissant le pygidium à découvert ;
hérissées près de l'angle sutural d'une rangée de poils livides ; déprimées ou subdéprimées longitudinalement dans leur milieu ; chargées
d'un tubercule huméral faiblement et obliquement prolongé jusqu'au
milieu du quatrième ou cinquième intervalle ; sensiblement inclinées
sur les côtés longitudinalement au dessous de ce tubercule ; marquées
de huit stries ponctuées ; moins distinctement pointillées sur les intervalles ; l'extérieur de ceux-ci relevé en rebord, et les troisième et cinquième subcostalement ; d'un roux brunâtre livide; marquées de taches peu tranchées d'un roux livide, curvilinéairement disposées du
tubercule scapulaire au milieu de la suture ; d'un vert bronzé le long
de celle-ci ; parées d'un point de même couleur vers l'extrémité subtuberculeusement relevée du cinquième intervalle. Pygidium légèrement rebordé, ponctué et creusé d'une fossette d'un vert bronzé. Dessous du corps roux ou d'un roux jaune semé de taches d'un brun verdâtre légèrement bronzé. Parties pectorales pointillées ; épimères de
l'antépectus lisses; épisternums garnis de poils livides. Métasternum
un peu bombé et longitudinalement rayé d'une ligne légère. Pieds
médiocrement longs : les intermédiaires très-écartés entre eux. Cuisses
d'un roux jaune ou d'un roux livide avec quelques taches ou reflets
d'un vert bronzé : les antérieures plus renflées et plus fortes, parcimonieusement hérissées de poils livides; les intermédiaires et postérieures
oblongues, déprimées, glabres. Jambes d'un jaune roussâtre livide :
les antérieures armées au côté externe de quatre dents généralement
d'un vert bronzé, ombragées en dessus par des cils livides et criniformes assez nombreux. Tarses grêles, ciliés, déprimés, en majeure
partie d'un vert bronzé : le premier article des postérieurs subparallèle et aussi long que les trois suivants réunis.

♀. Chaperon garni d'un rebord plus élevé, plus tranchant et faiblement échancré à la partie antérieure de l'épistome. Ce dernier sensiblement bombé sur son disque et sans lignes élevées sur sa surface.
Front plutôt convexe que concave. Pieds antérieurs plus courts : leurs
cuisses dépassant à peine les côtés du prothorax ; leurs jambes plus
élargies et garnies de poils moins nombreux et plus soyeux ; leur éperon plus grêle, plus long et plus pointu.

Cette espèce est commune dans les parties chaudes et tempérées de la France.

Elle offre diverses variétés peu remarquables. Chez quelques individus, la partie postérieure de la tête semble se détacher davantage du prothorax et s'élever en corne obtuse et avortée. Chez d'autres, le disque du prothorax perd plus ou moins sa teinte obscure. Les élytres semblent présenter quelquefois des taches peu distinctes près de la base; elles sont d'autres fois d'un roux livide sur les côtés; enfin, chez plusieurs, cette couleur prédomine, leur surface seule est marquée de plaques plus obscures.

M. Schönherr rapporte à une variété de l'*O. flavipes* le *Copris verticicornis* de Fabricius. Herbst, Gmelin, de Villers, Olivier, Suckow et Marsham qui ont mentionné cette espèce dans leurs ouvrages, se sont bornés à reproduire le texte du professeur de Kiel. Il est probable qu'aucun deux ne l'a vue, car tous se bornent à lui donner l'Angleterre pour patrie, et à citer la collection de Tunstall dans laquelle elle a été décrite par l'Entomologiste danois. M. Stephens lui-même n'ajoute aucun détail descriptif à ceux de Fabricius: cet insecte semble être pour lui notre *O. flavipes*.

Genre *Onthophagus*, ONTHOPHAGE; LATREILLE.

(ἄνθος , bouse, crottin ; φάγος , mangeur.)

Caractères. Chaperon le plus souvent en demi-cercle, avec ou sans échancrure; quelquefois ogival (♂). Feuillet intermédiaire de la massue entièrement visible par sa tranche dans la contraction. Dernier article des palpes maxillaires subfiliforme, aussi long au moins que les deux précédents réunis. Palpes labiaux seulement de deux articles distincts : le deuxième plus long et plus renflé que le premier. Prothorax presque en croissant ou subcirculaire et fortement échancré à son bord antérieur; ordinairement environ aussi grand que les élytres. Ecusson invisible. Point de vide scutellaire. Extrémité inférieure des jambes postérieures ciliée et peu ou point sinueuse dans les deux sexes. Tarses antérieurs toujours existants. Articles des postérieurs subparallèles : le premier de ceux-ci à peu près aussi long que les trois suivants réunis. Corps ovale ou oblong, subdéprimé.

Les Onthophages ont les antennes de neuf articles, dont les trois derniers forment la massue; les yeux en partie voilés d'un côté par les bords latéraux du front, et, de l'autre, par les joues qui ne laissent subovalairement apparaître en dessus qu'une faible portion de leur hémisphère supérieur; les cuisses de devant très-lisses du côté antérieur et munies près de la base d'un pinceau de poils dorés; les jambes de devant comprimées, élargies de la base à l'extrémité, munies en dessous d'une arête longitudinale ; les intermédiaires et postérieures en triangle allongé; les flancs de l'antépectus et souvent quelques autres parties de leur corps aspèrement ponctuées, c'est-à-dire marquées de points enfoncés, relevés sur l'un de leurs bords en espèces de petites aspérités analogues à celles d'une râpe.

De tous les Copriaires, les Onthophages méritent d'être étudiés avec le plus de soin ; ils offrent les exemples les plus nombreux des modifications étonnantes que peuvent présenter certaines parties du corps, selon l'état de développement des individus. La Nature pour eux semble avoir changé quelques-unes des lois d'après lesquelles étaient régis les genres précédents. Ainsi, contrairement à ce que nous avons vu chez les Bubas, ce sont ici les mâles dont le chaperon s'allonge en ogive ou en triangle curviligne, quand cette pièce affecte dans les deux sexes des différences signalées ; et si, dans l'O. *tages*, le front des femelles semble encore, comme celui des Onites, muni d'un tubercule, dans tous les Onthophages suivants, les appendices corniformes, quand ils existent, sont surtout l'attribut du sexe masculin. Mais ces marques extérieures de la puissance et de la force n'offrent pas toujours, dans la même espèce, la même longueur ni les mêmes formes. Elles se rapetissent et s'annihilent au point d'être réduites quelquefois aux faibles dimensions d'une arête. A mesure que cette dégradation se manifeste d'une manière plus sensible, les autres caractères extérieurs de la masculinité perdent également de leur importance ; ils s'affaiblissent et s'effacent de telle sorte qu'il faut souvent l'œil exercé d'un maître pour distinguer l'un de l'autre, sans le secours de l'anatomie, les deux sexes parvenus aux dernières limites de la dégénération. Ainsi, le chaperon en triangle curviligne se rapproche peu à peu du demi-cercle; son extrémité, relevée et obtusément tronquée, se montre bientôt plus ou moins échancrée ; le prothorax perd ses saillies ou ses excavations, et la suture frontale dont on ne voyait que de faibles traces dans les mâles les plus développés, se montre moins rudimentaire chez les avortons de ceux-ci, et devient ainsi presque semblable à celle des femelles les moins caractérisées, chez lesquelles sa saillie s'est affaiblie. Cette suture et l'arête située derrière elle occupent des positions souvent douteuses ; parfois la première semble située sur l'épistome ; la seconde tantôt appartient visiblement au front, ou plus ordinairement est une dépendance du vertex. Pour éviter toute équivoque, nous conserverons à la ligne antérieure plus ou moins saillante le nom de suture frontale.

L'autre sexe n'offre ordinairement sur le front ou sur le vertex qu'une simple arête ; mais par une singularité bizarre, chez certaines femelles, dans leur état plus ou moins complet de développement, cette arête se relève à chacune de ses extrémités en une sorte de dent ou de cornicule. On prendrait ces individus ainsi avantagés, pour de véritables mâles. Faute d'avoir suivi toutes ces modifications, étudié les lois qui régissent ou font reconnaître ces anomalies, mis à profit les indications fournies par l'anatomie , les auteurs sont tombés dans les erreurs les plus étranges.

Les Onthophages habitent les déjections des Solipèdes et des grands Ruminants, ou les matières excrémentielles de l'homme , et même quelquefois les débris de matières animales. Si on les inquiète dans leur retraite , ils gagnent le sol, s'y enterrent un peu et y restent immobiles. Quand est venu pour chaque espèce le moment de perpétuer sa race, la femelle entraîne dans la terre, à une profondeur variable, une certaine quantité des matières au sein desquelles elle vivait, elle en construit une sorte de coque oblonge ou subcylindrique , obtuse ou arrondie à ses extrémités, de la grosseur d'un gland; dans l'intérieur de celle-ci , elle a soin de ménager une cavité dont elle a l'art avec sa bouche de rendre lisse et unie la face interne. Ce travail terminé, elle y colle un œuf et ferme l'ouverture. Nous avons dit que ce dernier mettait à peine dix jours à éclore. La larve qui en sort ronge la paroi de sa prison, sans jamais la percer. Son dos est relevé en bosse et pourvu d'un mamelon rétractile destiné à faciliter ses changements de position ; sa peau est d'une grande finesse, et sans en changer elle parvient en deux mois et demi environ au terme de sa croissance. Si la sécheresse trop prolongée a durci les aliments qui lui étaient destinés , l'insecte futur se ressent de la privation qu'il a endurée dans sa jeunesse , et c'est à de semblables circonstances qu'il faut attribuer l'état dégénéré de certains individus. Après avoir pris , tant bien que mal, son développement, la larve se change en nymphe, et au bout de peu de peu de jours , l'Onthophage paraît sous sa dernière forme.

Les larves de ces petits animaux n'ayant pas encore été décrites , nous allons faire connaître celle de l'O. *taurus*. Tête convexe, d'un jaune livide. Antennes de quatre articles : le premier le plus long ; subcylindrique ou graduellement rétréci de la base à l'extrémité, ainsi que les deux suivants ; le dernier grêle, aciculé. Épistome transversal. Labre presque trilobé , plus coloré que la tête. Mandibules noirâtres et subcornées vers l'extrémité; armées au côté interne, l'une de deux , l'autre de trois dents , dont l'antérieure terminale est plus longue; munies en outre d'une dent molaire à leur base. Mâchoires à deux divisions , terminées chacune par une pointe unguiforme et garnies en outre , au côté interne , de poils spinosules. Palpes maxillaires de quatre articles en cônes tronqués , graduellement plus étroits.

Palpes labiaux de deux pièces. Corps hexapode, ordinairement plié en deux; blanc, ardoisé dans une partie de sa longueur; glabre; semi-cylindrique de la tête à l'extrémité des anneaux thoraciques; et, de ce point graduellement et fortement relevé en bosse en dessus, jusqu'au dos du sixième segment, où il forme un mamelon rétractile couronné par des poils très-courts et spinosules; curvilinéairement déclive de ce mamelon jusqu'à l'extrémité. Anus transversal. Pieds médiocrement allongés; d'un blanc livide; parsemés de poils très-peu nombreux; sans ongles à l'extrémité.

1. O. Tages: Oliv. *Dessus du corps glabre, uniformément d'un noir presque mat. Chaperon en demi-cercle (♂. ♀); échancré à la partie antérieure de son rebord. Suture frontale saillante. Prothorax couvert de points enfoncés presque confluents, généralement ombiliqués. Élytres à stries assez légères. Intervalles chargés de petits grains parfois presque bisérialement disposés.*

♂. Suture frontale plus ou moins saillante; horizontale ou faiblement et régulièrement arquée sur sa tranche. Éperon des jambes de devant dilaté de la base à l'extrémité, et obliquement tronqué à celle-ci.

♀. Suture frontale faiblement saillante à ses extrémités latérales, et relevée dans son milieu en une pointe obtuse ou en une sorte de tubercule comprimé. Éperon des jambes de devant subparallèle dans la plus grande partie de sa longueur, et terminé en pointe.

Scarabæus tages, Oliv. Ent. t. 1. 3. 143. 173. pl. 9. fig. 76. (♀).—*Id.* traduct. allem. 1. p. 90. 173. pl. 45. f. 8. (♀).
Scarabæus amyntas, Oliv. Ent. t. 1. 3. 127. 150. pl. 9. f. 81. (♂)—*Id.* trad. allem. 1. p. 78. 150. pl. 41. f. 12. (♂).
Scarabæus juvencus, Scriba, Beytr. t. 1. p. 50. 1. pl. 4. f. 1. (♂).
Scarabæus hybneri, Fab. Ent. Syst. t. 1. p. 61. 205 (♀). — Panz. Ent. Germ. p. 17. 66 (♀). — *Id.* Faun. Germ. 67. 5. (♀).
Scarabæus alces, Fab. Ent. Syst. t. 1. p. 56. 182 (♂). Panz. Ent. Germ. p. 15. 58.
Copris tages, Oliv. Encycl. méth. t. 5. p. 168. 105. (♀).
Copris amyntas, Oliv. Encycl. méth. t. 5. p. 162. 79 (♂).
Copris gibbosus, Scriba, Journ. t. 1. p. 56. 41. (♀).
Copris vitulus, Scriba, Journ. t. 1. p. 53. 33. (♂).
Copris hybneri, Fab. Syst. Eleuth. t. 1. p. 53. 107. (♀). — Sturm, Verz. t. 1. p. 91. 77 (♀). — *Id.* Deutsch. Faun. t. 1. p. 42. 6. (♀). — Illig. Mag. t. 2. p. 206. 10. ♂. (♀). — Schönh. Syn. Ins t. 1. 54. 127. ♂ (♀). — Duftsch. Faun. Aust. t. 1. p. 152. 15. ♂ (♀). ♀ (♂). — Suckow, Naturg. p. 197. 122. ♂ (♀).
Copris alces, Fab. Syst. Eleuth. t. 1. p. 46. 75. (♂). — Sturm, Verz. t. 1. p. 92. 78. pl. 4. (♂). — Illig. Mag. t. 2. p. 206. 10. ♀ (♂). — *Id.* Mag. t. 3. p. 149. ♀ (♂) — Schönh. Syn. Ins. t. 1. p. 55. 127. ♀ (♂).

Onthophagus tages, Latr. Hist. Nat. t. 10. p. 111. 6. (♀). — Boit. Man. t. 1. p.
318. (♀).
Onthophagus amyntas, Latr. Hist. Nat. t. 10. p. 116. 16. (♂). — Boit. Man. t. 1. p.
318. (♂).
Onthophagus hybneri, De Casteln. Hist. Nat. t. 2. p. 86. 23. ♂. ♀.

♂. *État normal.* Suture frontale légèrement arquée ; élevée ; comprimée en forme de lame ; d'une hauteur au moins trois fois égale à son
épaisseur ; horizontale sur sa tranche, mais paraissant subdentée à chacune de ses extrémités par l'effet de son arcuité ; divisant la surface de
la tête de telle sorte que le front et le vertex réunis sont plus grands que
l'épistome. Prothorax tronqué en devant : la partie supérieure de cette
troncature bisinueuse, c'est-à-dire arcuément avancée dans son milieu,
sinueusement coupée de chaque côté de celui-ci, et terminée à chacune
de ses extrémités par une sorte de dent ou de pointe obtuse.

♂. Var. A. **O. Difformis** ; Nob *Suture frontale moins élevée et faiblement
arquée sur sa tranche. Épistome d'une surface égale à celle du front et du
vertex réunis. Troncature du prothorax faiblement sinueuse et sans dents
à ses extrémités.*

♂. Var. B. **O. Dubius** ; Nob. *Suture frontale peu élevée, et arquée sur sa
tranche. Epistome d'une surface plus grande que celle du front et du vertex
réunis. Prothorax curvilinéairement et régulièrement déclive à sa partie
antérieure, sans traces de troncature ni de sinuosités.*

♀. *État normal.* Suture frontale droite transversalement ; faiblement saillante à ses extrémités et sinueusement élevée de celles-ci
jusqu'à son milieu, c'est-à-dire offrant trois espèces de tubercules comprimés dont le médiaire domine les latéraux ; divisant la surface de la
tête de telle sorte que celle du front et du vertex réunis est un peu
moins grande que celle de l'épistome. Prothorax sans troncature ni
sinuosités à sa partie antérieure.

♀. Var. C. **O. Unituberculatus** ; Nob. *Suture frontale moins saillante et
subsinueusement arquée sur sa tranche, ou n'offrant ainsi qu'un tubercule
comprimé, quelquefois peu élevé.*

♀. Var. D. **O. Sycophanta** ; Nob. *Suture frontale effacée sur les côtés,
et réduite dans le milieu à un faible tubercule comprimé.*

♂. ♀. Var. E. **O. Umbrinus** ; Nob. *Élytres châtaines.*

Long. 0^m,007 à 0^m,012 (3 1/2 à 5^l). — Larg. 0^m,005 à 0^m,007 (2 à 3^l).

♂. Dessus du corps glabre ; entièrement d'un noir presque mat.
Tête penchée. Chaperon en demi-cercle ; relevé en rebord dans sa pé-

riphérie et d'une manière plus sensible en devant ; brièvement cilié sur les deux faces de ce rebord, et subéchancré à sa partie antérieure ; subréticuleusement ponctué en dessus. Sutures génales peu distinctes. Suture frontale subtransversale, faiblement courbée en arrière vers ses extrémités ; relevée en lame comprimée plus saillante que le rebord du chaperon. Front plus grand que l'épistome ; à surface plane, ruguleusement ponctuée. Vertex postérieurement relevé dans son milieu. Yeux bruns. Antennes brunes ou d'un brun ferrugineux, à massue d'un gris de souris. Prothorax subsinueusement et profondément échancré pour recevoir la tête ; avancé à ses angles antérieurs en forme de dent ; curvilinéairement élargi sur les côtés jusqu'à la moitié de la longueur de ces derniers, puis sinueusement rétréci jusqu'aux angles postérieurs qui sont arrondis ; presque en demi-cercle à la base, faiblement et obtusément subanguleux au dessus de la suture des élytres ; étroitement rebordé en devant et sur les côtés ; subdéprimé sur la partie postérieure de son disque et parfois presque indistinctement à l'angle antésutural ; convexement et fortement déclive sur les côtés; subperpendiculairement déclive ou obliquement tronqué en devant : le sommet de cette troncature bisinueusement coupé , c'est-à-dire en demi-cercle dans sa partie moyenne, sinueux de chaque côté de celle-ci et terminé par une petite dent ; presque uniformément marqué sur sa surface de points enfoncés presque confluents et généralement ombiliqués ou ponctués eux-mêmes dans leur milieu ; creusé de chaque côté, au dessus des angles latéraux, d'une fossette cicatrisée ; offrant longitudinalement dans la moitié postérieure de son milieu les traces d'un sillon dorsal. Écusson invisible. Élytres, à la base, de la largeur des angles latéraux du prothorax ; moins larges que ce dernier dans leur milieu respectif; égales à lui en longueur ; curvilinéaires de leur naissance aux angles externes postérieurs qui sont arrondis ; plus étroites à ceux-ci qu'à la base et surtout que dans le milieu ; obtusément coupées à l'extrémité ; subdéprimées longitudinalement sur leur disque, convexement déclives sur les côtés ; à neuf stries assez légères , transversalement ponctuées , et garnies latéralement d'un rebord souvent indistinct ; irrégulièrement ou presque bisérialement chargées de petits grains sur les intervalles : le neuvième de ces derniers rabattu en dessous et relevé vers la huitième strie en une espèce de rebord qui efface l'externe ; chargées d'un tubercule huméral ; sub-tuberculeuses et obtuses à l'extrémité du troisième au cinquième intervalle. Pygidium presque lisse, finement et parcimonieusement pointillé. Dessous du corps d'un noir plus luisant ; parsemé de poils noirs plus nombreux sur les cuisses de devant et sur les flancs de l'antépectus : ceux-ci aspèrement ponctués. Parties pectorales des deux autres segments et métasternum marqués de points plus gros, plus lisses et moins rapprochés : le dernier souvent uni longitudinalement dans son milieu. Ventre presque lisse. Cuisses assez densement parsemées de gros points : les antérieures fortes, plus renflées à la base : les intermédiaires oblongues : les postérieures allongées. Jambes de devant extérieurement quadridentées, obtuses à l'extrémité ; les intermédiaires et postérieures quatre ou cinq-denticulées latéralement. Éperon des jambes de devant court, courbé, graduellement renflé de la base à l'extrémité, et obliquement tronqué à celle-ci. Tarses antérieurs grêles, cylindriques ; les autres aplatis, ciliés : premier article des postérieurs parallèle, aussi long que les trois suivants réunis.

♀. Outre les caractères déjà indiqués : prothorax toujours convexement déclive à sa partie antérieure, sans troncature ni sinuosités.

Cette espèce est commune dans la France méridionale. On la trouve également sur les flancs des montagnes des hautes et des basses Alpes. Par sa suture frontale, son vertex sans corne ni arête, sa ponctuation, sa taille, etc., elle est facile à distinguer des autres espèces d'une couleur analogue.

Obs. Dans les mâles les plus développés, la suture frontale étant un peu arquée, usurpe une partie de la surface de l'épistome et rend le front, y compris le vertex, plus grand que ce dernier ; mais à mesure que cette suture perd de sa hauteur, son arcuité diminue également et elle resserre la surface postérieure de la tête dans des limites plus étroites. Chez ces mâles dégénérés le prothorax est conforme à celui des femelles ; néanmoins ils sont toujours faciles à reconnaître entre celles-ci à la forme de la suture frontale, et à l'éperon des jambes de devant.

Presque tous les auteurs ont erré dans les distinctions sexuelles de cette espèce.

2. **O. Lemur ;** Fab. *Tête et prothorax d'un bronzé cuivreux ; brièvement hérissés de poils concolores. Chaperon en demi-cercle (♂♀), échancré à sa partie antérieure. Front chargé entre les yeux d'une arête en forme de lame plus développée transversalement que la suture frontale. Prothorax quadrituberculé en devant. Elytres striées, d'un fauve livide, marquées chacune de taches d'un vert bronzé curvilinéairement disposées de l'épaule au milieu de la suture.*

♂. Suture frontale à peine apparente.

♀. Suture frontale saillante.

Scarabæus lemur, Fab. Spec. Ins. t. 2. Append. p. 493 (♂). — *Id.* Mant. t. 1. p. 13. 127. — *Id.* Ent. syst. t. 1. p. 48. 158. (♂). — Herbst, Natursyst. t. 2. p. 213. 128.

pl. 16. f. 9. (♂). — GMEL. Linn. Syst. Nat. t. 1. 4. p. 1553. 133. (♂). — DE VILL. C.
Linn. Ent. t. 1. p. 21. 28. (♂). — PANZ. Naturforsch. t. 24. p. 5. 6. pl. 1. f. 6. ♂.
— Id. Ent. germ. p. 15. (♂). — Id. Faun. germ. 48. 5. ♂. — OLIV. Ent. t. 1. p. 3.
129. 152. pl. 21. fig. 191 a, ♂; id. b, ♂ grossi. — PREYSS. Bœhm. ins. t. 1. p. 97.
95. (♂).

Scarabæus quadrituberculatus. LAICHART, Ins. tyr. t. 1. p. 23. n° 16 (♂). — MOLL, Nat.
Hist. brief. t. 1. p. 175. 21. (♂).

Scarabæus decempunctatus. SCHALLER. Abhand. Hall. Gesell. t. 1. p. 257. (♂).

Copris lemur. OLIV. Encycl. méth. t. 5, p. 165. 81. (♂). — WALCK. Ent. par. t. 1. p. 6.
2. (♂). — DUFTSCH. Faun. Austr. t. 1. p. 150. 2 (♂). — STURM, Deutsch. Faun. t. 1.
p. 38. 3. ♂ (♂ var.); ♀ (♂). — BAUD. Laf. Monog. p. 52. 4. (♂). — GERMAR,
Reise n. Dal. p. 182. 9. — SUCKOW, Natur. p. 169. 49. (♂).

Onthophagus lemur. LATR. Hist. t. 10. p. 116. 13. (♂). — BOIR. Man. t. 1. p. 319. —
GARN. Mém. de la Somme, t. 1. p. 65. 3. (♂). — DE CASTELN. Hist. t. 2. p. 86. 27 (♂).

Etat normal. Prothorax chargé à sa partie antérieure de quatre boutons dont les deux intermédiaires sont réunis à la base. Elytres parées
chacune de cinq taches curvilinéairement situées sur les huitième .
septième , cinquième , troisième et deuxième intervalles.

♂. ♀. Var. A. **O. Curvicinctus**; NOB. *Elytres parées de six à sept taches disposées sur les deuxième à huitième intervalles , souvent plus allongées , dilatées et unies entre elles de manière à former une bande en quart
de cercle.*

♂. ♀. Var. B. **O. Lineolatus** ; NOB. *Une ou plusieurs taches des élytres
longitudinalement prolongées.*

♂. ♀. Var. C. **O. Mutabilis**; NOB. *Taches des élytres au-dessous du
nombre normal.*

♂. ♀. Var. D. **O. Glandicolor** ; NOB. *Elytres sans taches.*

♂. ♀. Var. E. **O. Egenus**; NOB. *Tubercules du prothorax indistincts ou
presque indistincts.*

Long. 0ᵐ,006 à 0ᵐ,009 (2 1/2 à 4ˡ). Larg. 0ᵐ,0035 à 0ᵐ,0050 (1 1/2 à 2ˡ).

♂. Tête subhorizontale , peu densement ponctuée ; souvent unie
sur les intervalles; d'un bronzé cuivreux ; brièvement hérissée de poils
d'un fauve jaunâtre. Chaperon en demi-cercle ; relevé en rebord dans
sa périphérie et plus sensiblement en devant; subéchancré à sa partie
antérieure. Sutures génales à peine indiquées. Suture frontale arquée ,
à peine apparente , et souvent presque sans traces comme les précédentes. Front chargé entre les yeux d'une carène transversale ou faiblement arquée à ses extrémités , relevée en forme de lame subhorizontale sur sa tranche, plus développée transversalement que la suture
frontale ; vertex lisse , presque imponctué. Yeux d'un brun verdâtre.

Antennes d'un brun ferrugineux, à massue d'un gris obscur. Prothorax semi-circulairement échancré en devant ; avancé à chacun de ses angles antérieurs en une espèce de dent ordinairement assez aiguë ; subcurvilinéairement élargi sur les côtés jusqu'aux trois cinquièmes de leur longueur ; subsinueusement rétréci de ce point aux angles postérieurs qui sont émoussés ; en arc renversé à la base, et presque imperceptiblement subanguleux au dessus de la suture des élytres, subconvexe sur son disque ; plus élevé que les élytres ; curvilinéairement déclive sur les côtés ; chargé à sa partie antérieure de quatre dents arrondies à leur extrémité, ou espèces de boutons dont les deux intermédiaires ont une naissance commune ; transversalement subconcave au dessous de ces saillies ; longitudinalement marqué dans la moitié postérieure de son milieu d'un sillon parfois peu apparent ; d'un bronzé cuivreux ; ponctué et lisse sur la subconcavité antérieure, presque uniformément et assez densement chargé, sur le reste de sa surface, de petits grains, de la base de chacun desquels naît un poil court, hérissé, d'un livide jaunâtre ; creusé au dessus des angles latéraux d'une fossette dont le bord inférieur est subtuberculeusement relevé. Ecusson invisible. Elytres, à la base, un peu plus larges que le prothorax à ses angles postérieurs ; un peu plus larges au dessous des épaules, que ce dernier dans son diamètre transversal le plus grand ; plus longues que lui ; curvilinéaires de leur naissance aux angles postérieurs qui sont arrondis ; plus étroites à ceux-ci qu'à la base et surtout que dans le milieu ; obtusément coupées à l'extrémité ; subdéprimées longitudinalement sur leur disque ; convexement déclives sur les côtés ; à neuf stries peu profondes et transversalement ponctuées ; subdéprimées sur les intervalles : le neuvième de ceux-ci rabattu en dessous et relevé vers la huitième strie en une espèce de rebord qui efface l'externe ; les autres presque bisérialement subgranuleux et garnis de poils d'un jaune livide, courts et inclinés en arrière ; chargées d'une tubercule huméral ; obtuses vers l'extrémité des troisième à cinquième intervalles ; fauves ou d'un fauve livide, à suture d'un vert métallique ; parées d'une rangée de taches oblongues ou parfois subpunctiformes, d'un brun verdâtre ou d'un vert bronzé, curvilinéairement disposées de l'épaule au milieu de la suture, sur les 8e, 7e, 5e, 3e et 2e intervalles. Pygidium bronzé et ponctué. Dessous du corps et pieds bronzés, assez luisants ; parsemés de poils fauves ou d'un fauve livide, plus densement rapprochés sur les cuisses de devant et sur les flancs des parties pectorales : ceux-ci aspèrement ponctués. Métasternum marqué de points plus gros et moins rapprochés ; parfois longitudinalement rayé dans son milieu, ou paré d'une ligne lisse ou subcaréniforme. Cuisses antérieures plus fortes et renflées à la base : les intermédiaires ovales : les postérieures oblongues, faiblement convexes et fortement ponctuées. Jambes antérieures quadridentées au côté externe ; les dernières denticulées. Tarses antérieurs grêles, cylindriques, d'un rouge ferrugineux ; les autres déprimés, ciliés. Premier article des postérieurs parallèle, au moins aussi long que les trois suivants réunis.

♀. Epistome ruguleusement ponctué, et prothorax un peu moins convexe en dessus.

Cette espèce est commune dans une grande partie de la France. On la trouve principalement du printemps au milieu de l'été. Elle paraît aimer les lieux secs.

Obs. Dans les mâles les plus développés, la suture frontale est à peine apparente ou ne se laisse reconnaître qu'à une trace lisse ; l'arête du front est au contraire laminiforme ; les espèces de boutons du prothorax, présentent chacun une saillie très-prononcée. Ces caractères se modifient singulièrement chez d'autres individus. Les dents prothoraciques finissent par se réduire à des tubercules indistincts ; l'arête du front perd alors beaucoup de sa hauteur, et, par contre, la suture frontale se montre légèrement saillante ou subtuberculeuse. Chez la femelle les saillies du prothorax éprouvent les mêmes métamorphoses ; mais la suture frontale perd aussi de son élévation en même temps que l'arête. Quelquefois, après la mort de l'insecte, les élytres deviennent nébuleuses ou obscures.

3. **O. Maki :** Illig. *Tête et prothorax de couleur bronzée ; assez densement hérissés de longs poils fauves. Chaperon en demi-cercle (♂♀) ; échancré en devant. Prothorax granuleux. Élytres striées ; d'un fauve livide ; parées de deux rangées de taches subpunctiformes noirâtres : la rangée antérieure sinueusement curvilinéaire des épaules au tiers de la suture ; la postérieure située près de l'extrémité, plus courte et en sens opposé. Intervalles subgranuleusement ponctués et garnis de poils.*

♂. Suture frontale arquée à peine apparente. Front chargé près de l'occiput d'une corne droite, subgraduellement rétrécie de la base à l'extrémité, et terminée en pointe obtuse.

♀. Suture frontale saillante. Front chargé, vers sa partie postérieure, d'une arête un peu moins développée transversalement que la suture frontale.

Copris maki, Illig. Mag. t. 2. p. 204. 7.—Seckow, Nat. p. 191. 107.—Germar, Faun. Eur. t. 3. 1.

♂♀. *État normal.* Première rangée de chaque élytre composée de cinq taches ou sortes de points oblongs, disposés sur les 2°, 3°, 5°, 7° et

8e intervalles. Rangée postérieure formée de trois taches analogues à celle des précédents, et placées sur les 2e, 3e et 5e intervalles.

Var. A. **O. Strigatus**; Nob. *Taches des élytres au dessus du nombre normal et souvent plus dilatées.*

Var. B. **O Variabilis**; Nob. *Taches des élytres au dessous du nombre normal.*

Var. C. **O. Lineatus**; Nob. *Élytres longitudinalement marquées sur toutes les stries, ou sur la majeure partie d'entre elles, de lignes noirâtres débordant ces dernières. Taches subpunctiformes moins apparentes et quelquefois indistinctes.*

Long. 0^m,006 à 0^m,008 (3 à 3 1/2^l). — Larg. 0^m,0045 à 0_m,0050 (1 3/4 à 2^l).

♂. Tête subhorizontale; ruguleusement ponctuée; bronzée; hérissée de longs poils fauves. Chaperon en demi-cercle; relevé en rebord dans sa périphérie; échancré à la partie antérieure de celui-ci. Sutures génales peu distinctes. Suture frontale un peu plus apparente, arquée. Vertex chargé vers sa partie postérieure, d'une corne droite, semi-circulairement dilatée à la base, rétrécie de celle-ci au sommet terminée en pointe obtuse, presque aussi haute que le dos du prothorax. Yeux bruns. Antennes de neuf articles : les six premiers ferrugineux ou parfois brunâtres; les trois de la massue d'un gris obscur. Prothorax semi-circulairement échancré en devant; avancé à chacun de ses angles antérieurs en une espèce de dent peu aiguë; subcurvilinéairement élargi sur les côtés jusqu'aux trois cinquièmes de leur longueur, subsinueusement rétréci de ce point aux angles postérieurs qui sont peu marqués; presque en ogive renversée à la base; subconvexe sur son disque; convexement déclive sur les côtés et d'une manière plus abrupte en devant; quelquefois longitudinalement marqué antérieurement d'une faible dépression; offrant plus ordinairement dans la moitié postérieure de son milieu les traces d'un sillon dorsal; bronzé; presque uniformément et assez densement chargé de petits grains, de la base de chacun desquels naît un poil fauve longuement hérissé; creusé au dessus des angles latéraux d'une fossette peu profonde, dont le bord inférieur est subtuberculeusement relevé. Ecusson invisible. Elytres, à la base, de la largeur du prothorax à ses angles postérieurs; aussi larges dans leur milieu que ce dernier dans son diamètre transversal le plus grand; égales à lui en longueur; curvilinéaires de leur naissance aux angles postérieurs qui sont arrondis; plus étroites à ceux ci qu'à la base et surtout que dans le milieu; obtusément coupées à l'extrémité ; subdéprimées longitudinalement sur leur disque ; convexement déclives sur les côtés ; à neuf stries peu profondes, ponctuées et très-étroitement rebordées ; subdéprimées sur les intervalles : le neuvième de ceux-ci rabattu en dessus et relevé vers la huitième strie en une espèce de rebord qui efface l'externe, les autres presque bisérialement subgranuleux et garnis de poils brunâtres inclinés en arrière ; tuberculeuses à l'épaule, et subtuberculeusement obtuses vers l'extrémité des troisième à cinquième stries ; d'un fauve livide, à suture obscure, ou plutôt d'un vert métallique vue à certain jour ; parées de deux rangées de taches oblongues ou subpunctiformes, brunes ou d'un brun verdâtre : l'antérieure sinueusement curvilinéaire de l'épaule au tiers de la suture, et composée de cinq taches placées sur les 8e, 7e, 5e, 3e, et 2e intervalles ; la seconde plus courte, arquée en sens opposé de la précédente, et formée de trois taches analogues, placées vers l'extrémité, sur les 2e, 3e et 5e intervalles. Dessous du corps et pieds d'un noir bronzé, parsemés de poils d'un livide flavescent, plus densement rapprochés sur les cuisses antérieures et sur les flancs des parties pectorales, surtout de l'antépectus : ceux-ci aspèrement ponctués. Métasternum marqué de points enfoncés plus gros et moins rapprochés ; parfois subcaréné longitudinalement. Cuisses antérieures plus fortes et renflées à la base : les intermédiaires ovales : les postérieures oblongues, faiblement convexes, et marquées de points enfoncés assez gros. Jambes antérieures quadridentées au côté externe ; les suivantes 4 ou 5-denticulées. Tarses antérieurs grêles, cylindriques, d'un rouge ferrugineux : les autres déprimés, parallèles, d'un noir verdâtre à la base, d'un ferrugineux brunâtre à l'extrémité ; premier article des postérieurs aussi long que les trois suivants réunis.

♀. Elle diffère par les caractères indiqués ; par son prothorax sans fossette à la partie antérieure, et un peu plus déprimé en dessus.

Cette espèce habite la Provence et le Languedoc. M. Foudras me l'a rapportée du département du Var ; je l'ai reçue de Montpellier de M. Hénon, et de Béziers de M. Gaubil. On la trouve mais rarement autour de Lyon.

Obs. Les taches varient par leur nombre et par leur forme. Ordinairement la bande antérieure en a cinq : quelquefois il en existe sur le 6e intervalle une plus petite ou confondue avec celle du 7e ; d'autres fois il en manque quelques-unes du nombre normal. La bande inférieure est tantôt réduite à deux taches ; tantôt elle en offre une 4e plus petite sur le 4e intervalle. Chez quelques individus les bandes se joignent vers la suture de manière à former une espèce de ✕ transversale, ayant la branche postérieure plus courte. Les taches sont souvent subpunctiformes ou plus ou moins oblongues. Chez plusieurs, les élytres sont marquées longitudinalement sur les 8e et 7e stries, ou même quelquefois sur toutes, de lignes noirâtres plus larges que celles-ci. Dans ce dernier cas qui s'applique à notre *O. lineatus*, la plupart des taches pâlissent ou s'effacent. Enfin les lignes noirâtres se sont dilatées parfois au point de rendre les élytres presque entièrement obscures. Cet effet n'a souvent lieu qu'après la mort des insectes.

4. O. Nuchicornis; Linn. *Tête et prothorax d'un noir bronzé, légèrement pubescents. Chaperon subéchancré à la partie antérieure de son rebord. Suture frontale arquée. Bords latéraux du prothorax sans sinuosité à la base extérieure de l'espèce de dent formée par les angles de devant. Élytres d'un fauve livide, réticulées de noir. Pygidium ruguleusement ponctué.*

♂. Chaperon subogival ou presque en demi-cercle. Suture frontale peu ou point saillante. Vertex relevé postérieurement en une lame ordinairement cornigère, mais parfois inerme et réduite aux faibles proportions d'une arête paraissant limitée latéralement à sa base par deux raies longitudinales, graduellement et sensiblement plus rapprochées dans ce point qu'à la suture frontale.

♀. Chaperon en demi-cercle. Suture frontale presque aussi saillante que l'arête placée derrière elle : celle-ci située sur le milieu du vertex, sensiblement plus développée transversalement que la précédente.

Scarabæus nuchicornis, Linn. Faun. Suec. 134. 381.—*Id.* Syst. Nat. 1. 2. 547. 24. ♂ ♀. — Poda, Mus. Gr. p. 18. 2.— Muller (Oth.) Faun. Frid. p. 1. 2. ( ).— *Id.* Zool. Dan. prod. p. 55. 479 ( ). — Pontop. Dan. Atl. t. 1. p. 423. 3. — De Geer, Mem. t. 4. p. 265. 9 ♂♀.—Retz. Spec. p. 121. 720.—Fab. Syst. Ent. p. 26. 104. ♂♀. — *Id.* Spec. ins. t. 1. 30. 132. ♂♀. — *Id.* Maut. ins. t. 1. p. 15. 150. — *Id.* Ent. Syst. t. 1. p. 58. 192. — Goez. Ent. Beytr. 1. p. 17. 24. — Schrank. Enum. p. 3. 3. ♂. — Laichart, Verz. ins. tyr. t. 1. p. 21. 14. var. γ ♂. var. δ. ♀. — Fuessly, Mag. 1. p. 308. — Meiding. Verz. p. 713. 24. — Gmel. Linn. Syst. Nat. 1. 4. 1543. 24. — De Vill. C. Linn. Ent. t. 1. p. 14. 9. — Leske, Mus. 1. p. 2. 46. — Rossi, Faun. Etr. t. 1. 13. 29? ♂♀. — *Id.* édit. Helw. t. 1. p. 14. 29. — Preyss. Böhm. ins. t. 1. p. 45. 48. pl. 2. f. 10. A, B. — Martyn, Ent. Angl. pl. 1. f. 5 ? — Panz. Ent. Germ. p. 16. 62. — *Id.* Faun. Germ. 41. 1. — Hoppe, Taschenb. 116. 20. — Cederhielm, Faun. Ing. prod. p. 5. 15. — Marsh. Ent. Brit. p. 32. 57. — Ponza, Col. Salut. p. 34. 10.

Scarabæus planicornis, Herbst, Natursyst. t. 2. p. 210. 126, pl. 14. f. 13.

Scarabæus Xiphias, Fab. Ent. Syst. t. 1. p. 59. 193. — Payk. Faun. Suec. t. 1. p. 32. 39. — Panz. Ent. Germ. p. 16. 36 (63).

Le petit Bousier noir cornu, Geoff. Hist. t. 1. p. 89. 5. (♂)

Le petit Bousier noir sans cornes, Geoff. Hist. t. 1. p. 89. 4. (♀).

Copris nuchicornis, Fourcr. Ent. Par. t. 1. p. 14. 3 (♂). — Cuvier, Tabl. élém. p. 517. 7. — Schneid. Mag. 1. p. 277. — Sturm, Verz. 1. p. 107. 90. — *Id.* Deutsch. Faun. t. 1. 57. 15.— Illig. Käf. pr. p. 42. 5.— *Id.* Mag. t. 1. p. 53. 5. b.— Fab Syst. El. t. 1. p. 50. 90. — Walck. Ent. par. t. 1. p. 7. 6. — Duftsch. Faun. Aus. t. 1. p. 148. 11. ♂ ♀. — Schönh. Syn. ins. t. 1. 51. 112. — Gyll. Ins. Suec. t. 1. 46. 4. ♂ ♀. — Baud. Laf. Monog. p. 54. 7. ♂ ♀.—Suckow, Naturg. p. 192. 108.—Zetterst. Faun. Lap. p. 186. 1. — *Id.* Ins. Lap. p. 118. 1.— Muls. Lett. t. 1. p. 285. 7.

Copris acornis, Fourcr. Ent. par. t. 1. p. 14. 4. (♀).

Copris planicornis, Scriba, Journ. t. 1. p. 53. 32. ♀. — Brahm, Rhein. Mag. p. 689. 44.

Copris Xiphias, Fab. Syst. El. t. 1. p. 50. 92.

Pilularius nuchicornis, Schrank, Faun. Boic. t. 1. 396. 359.

Pilularius trituberculatus, Schrank, Faun, Boic. t. 1. 397. 362 (♂ var.).

Onthophagus nuchicornis, Latr. Hist. nat. t. 10. 113. 9. ♂ ♀. — *Id.* Gen. t. 2. p. 87. — Boit. Man. t. 1. p. 317. ♂ ♀.—Steph. Syn. p. 175. 8.—Garn. Mém. de la Somme, t. 1. p. 63. 2. ♂ ♀.— De Casteln. Hist. nat. t. 2. p. 87. 30. ♂ ♀.

Onthophagus planicornis, Latr. Gen. t. 2. p. 87. 8.

Onthophagus Xiphias, Latr. Gen. t. 2. p. 87. 6.

Onthophagus Dillwynii, Stephens, Synops. p. 175. 7. pl. 18. f. 6.

♂. *Etat normal*. Lame du vertex semi-circulairement dilatée à sa base ; transversalement arquée sur sa surface ; subparallèle d'abord, puis subrectangulairement rétrécie ; moins large aux angles formés par ce rétrécissement que la suture frontale ; prolongée dans la direction de sa base en une corne subcylindrique formant avec le front un angle très-obtus ; un peu moins élevée que le dos du prothorax, et terminée par une pointe arrondie en devant. Prothorax subperpendiculairement et obtusément tronqué en devant ; longitudinalement creusé dans le milieu de la face de cette troncature d'une fossette formant à la partie antérieure du dos une faible échancrure ; subtuberculeux de chaque côté de celle-ci.

♂. Var. A. **O. Xiphias**; Fab. *Lame du vertex latéralement sinueuse à partir de sa base et terminée par une petite pointe droite.*

Fab. l. c. — Brahm, *C. planicornis*, l. c. — Latr. *O. nuchicornis*, Gen. l. c.

♂. Var. B. **O. Trituberculatus**; Schrank. *Lame du vertex subtriangulaire ; très-peu élevée ; tronquée au sommet. Prothorax obtusément et peu sensiblement bituberculeux en devant, presque entièrement déclive curvilinéairement au dessus du bord antérieur.*

Schrank, *P. trituberculatus*, l. c. — Latr. *Onth. planicornis*, l. c.

♀. *Etat normal*. Arête du vertex légèrement arquée sur sa tranche, et subrectangulairement coupée à ses extrémités. Prothorax obtusément et bisinueusement tronqué en devant ; avancé dans le milieu de sa

partie antérieure en une saillie obtuse, ruguleusement et faiblement
creusée d'un sillon qui la fait paraître bilobée ou bituberculeuse à son
extrémité.

Var. C. **O. Indistinctus;** Nob. *Arête du vertex arquée, peu élevée, se
confondant à ses extrémités avec la surface de la tête. Prothorax convexement déclive en devant et sans saillie dans cette partie.*

Steph. *O. Dillwynii* ♀?

♂♀. Var. D. **O. Dillwynii;** Steph. *Elytres d'un livide tirant sur le fauve
ou quelquefois sur le jaune; parées d'un réseau noir bronzé, à mailles plus
larges, souvent en partie effacé.*

Stephens, *O. Dillwynii,* ♂. — Solier, *O. ambiguus,* in litteris.

♂♀. Var. E. **O. Immaculatus;** Nob. *Elytres livides ou d'un livide
fauve, ou flavescent, sans taches.*

♂♀. Var. F. **O. Vulneratus;** Nob. *Prothorax marqué sur les côtés
d'une ou de plusieurs taches rouges.*

♂♀. Var. G. **O. Rubripes;** Nob. *Pieds d'un rouge ferrugineux, quelquefois un peu obscur.*

Long. $0^m,006$ à $0^m,009$ (2 1/2 à 4ᴵ). Larg. $0^m,0033$ à $0^m,0045$ (1 1/2 à 2ᴵ).

♂. Tête penchée; d'un noir bronzé, parfois d'un bronzé verdâtre
ou obscur; pointillée près du bord du chaperon, finement et subruguleusement ponctuée sur le disque de l'épistome et d'une manière
plus lisse sur le front; hérissée de poils d'un fauve livide. Chaperon
presque en demi-cercle; relevé en rebord dans sa périphérie, et grà-
duellement d'une manière un peu plus sensible en devant; subéchancré à la partie antérieure de ce rebord. Sutures génales indiquées par une raie faiblement distincte. Suture frontale un peu
plus apparente; à peine saillante; arquée. Vertex semi-circulaire à
sa naissance; relevé en une lame arquée transversalement sur sa
surface, limitée latéralement par les traces de deux raies convergentes, qui semblent la continuation directe des sutures génales:
cette lame formant avec le front un angle très obtus; brusquement et
angulairement rétrécie à la hauteur du bord antérieur du segment
prothoracique, et prolongée subarcuément dans la direction de sa
base sous la forme d'une corne subcylindrique, un peu moins élevée
que le dos du prothorax, et terminée en pointe arrondie en devant.
Angles de la lame peu saillants et non réfléchis en devant. Yeux
noirs. Antennes d'un brun ferrugineux, à massue d'un gris obscur.

Prothorax subsinueusement échancré en demi-cercle pour recevoir la tête ; médiocrement avancé et un peu obtus à ses angles antérieurs ; curvilinéairement et non sinueusement élargi sur les côtés jusqu'à la moitié de la longueur de ces derniers, puis subsinueusement rétréci jusqu'aux angles postérieurs qui sont subarrondis ; presque en demi-cercle à la base ou subanguleux au dessus de la suture des élytres ; rebordé dans sa périphérie, plus étroitement en devant, et presque indistinctement mais souvent d'une manière subcrénelée à la base ; d'un noir bronzé, parfois d'un bronzé verdâtre ou plus obscur ; un peu plus élevé que les élytres ; subdéprimé sur la partie postérieure de son disque, convexement déclive sur les côtés ; subperpendiculairement et obtusément tronqué en devant ; longitudinalement déprimé derrière la lame cornigère ; très-faiblement échancré au sommet de cette dépression ; souvent presque indistinctement avancé en pointe subtuberculeuse de chaque côté de cette échancrure ; pointillé sur la face de la troncature ; aspèrement ponctué sur ses côtés, et d'une manière plus lisse et moins dense sur son disque : les points de cette dernière partie généralement ombiliqués, et donnant chacun, de même que tous les autres, naissance à un poil mi-couché, d'un fauve livide ; offrant longitudinalement dans la seconde moitié de son milieu les traces parfois indistinctes d'un sillon dorsal ; marqué de chaque côté, au dessus des coudes latéraux, d'une fossette cicatrisée, dont le bord inférieur est tuberculeusement relevé. Ecusson invisible. Elytres un peu plus larges à la base que le prothorax à ses angles postérieurs ; à peine aussi larges dans leur milieu que ce segment mesuré dans son plus grand diamètre transversal ; égales à lui en longueur ; curvilinéaires de leur naissance aux angles postérieurs qui sont arrondis ; plus étroites à ceux-ci qu'à la base et surtout que dans le milieu ; obtusément coupées à l'extrémité ; subdéprimées longitudinalement sur leur disque ; convexement déclives sur les côtés ; à neuf stries légères, peu distinctement rayées transversalement, et garnies de chaque côté d'un rebord généralement peu distinct ; irrégulièrement et presque bisérialement chargées de petits grains sur les intervalles : le neuvième de ces derniers rabattu en dessous, et relevé vers la 8e strie en une espèce de rebord qui efface l'externe ; presque glabres ou parsemées de poils livides courts et peu apparents ; subtuberculeuses aux épaules ; faiblement obtuses à l'extrémité ; livides ou d'un fauve livide, quelquefois d'un livide flavescent ou jaunâtre ; réticulées de noir. Pygidium obscurément d'un vert bronzé, subruguleusement ponctué, et parsemé de poils livides souvent usés. Dessous du corps et pieds d'un noir bronzé brillant ; parsemés de poils fauves, plus nombreux sur les cuisses de devant et sur les flancs de l'antépectus : ceux-ci aspèrement ponctués ; parties latérales des autres segments pectoraux marquées de points plus gros, plus lisses et moins rapprochés. Métasternum presque imponctué longitudinalement sur son disque, et légèrement rayé dans son milieu. Cuisses parsemées de points assez gros : les antérieures plus fortes et renflées à la base ; les intermédiaires oblongues ; les postérieures allongées. Jambes de devant extérieurement quadridentées; les intermédiaires et postérieures généralement 4-denticulées. Tarses antérieurs grêles, cylindriques; les autres aplatis, ciliés de roux; premier article des postérieurs subparallèle, subdenticulé au côté externe, aussi long que les trois suivants réunis.

♀. Outre les caractères indiqués : échancrure du rebord de l'épistome plus profonde; disque du prothorax un peu plus déprimé.

Cette espèce est généralement commune dans toutes les parties de la France ; mais elle varie beaucoup. Les individus qui habitent des plages maritimes, ont les élytres plus pâles, soit livides, soit d'un jaune livide ; le réseau d'un noir bronzé dont celles-ci sont parées, a les mailles ordinairement plus grandes ; souvent il est comme déchiré, ou il n'en reste que de faibles lambeaux; quelquefois même on n'en voit plus de traces. Dans ces mêmes individus le prothorax présente parfois des taches sanguinolentes. Plusieurs échantillons de ces jolies variétés m'ont été communiqués par M. Chevrolat qui les avait reçues de Vannes ; elles m'ont également été envoyées de Béziers par M. Gaubil.

L'*O. nuchicornis*, a souvent été confondu avec l'*O. fracticornis*. Creutzer, le premier, a signalé nettement la plupart des caractères distinctifs de ces espèces. Il l'a fait avec ce judicieux esprit de critique qui décèle un observateur fort habile. Après lui, Illiger, qui avait réuni ces deux Onthophages sous une dénomination commune, dans son Catalogue des Coléoptères de Prusse, reconnut son erreur dans son Magasin, et corrobora par ses propres remarques celles du naturaliste précité. Les écrits de ces deux hommes distingués n'ont pas empêché d'autres naturalistes d'embrouiller la synonymie, en constituant comme espèces propres, des variétés de celles-ci.

5. **O. Fracticornis;** Preyssler. *Téte et prothorax bronzés, légèrement pubescents. Bords latéraux sinueux à la base extérieure de l'espèce de dent formée par les angles de devant, dont le rebord est dilaté à l'extrémité. Elytres fauves ou d'un fauve un peu livide, tachetées ou subréticulées de brun ; légèrement striées. Pygidium presque lisse et pointillé.*

♂. Chaperon en triangle subcurviligne ou en ogive. Suture frontale peu ou point saillante. Vertex chargé à sa partie postérieure d'une lame ordinairement cornigère, mais parfois inerme et réduite aux faibles proportions d'une arête paraissant limitée latéralement à sa base par deux raies, longitudinalement courbées en dedans, et à peine moins écartées postérieurement qu'à la suture frontale.

♀. Chaperon subogival ou presque en demi-cercle. Suture frontale presque aussi saillante que l'arête placée derrière elle : celle-ci située vers la partie postérieure du vertex ; à peine aussi développée transversalement que la précédente.

Scarabæus fracticornis, Preyssler, Böhm. Ins. t. 1. p. 99. 96. pl. 1. f. 6. 7. — Panz. Ent. Germ. p. 15. 60. — *Id.* Faun. Germ. 49. 9. — *Id.* Krit. Rev. p. 5.

Scarabæus nuchicornis, Oliv. Ent. t. 1. p. 146. 177. pl. 7. fig. 53. — Panzer, Faun. Germ. 4. 1. — Herbst, Natursyst. t. 2. 199. 120. pl. 14. f. 4. 5. — Payk. Faun. Suec. t. 1. p. 31. 38.

Scarabæus Herbstii, Brahm, Ins. Kal. 1. p. 39. 126. (♀). — *Id.* Rhein. Mag. p. 688. (♀)

Scarabæus assimilis, Hoppe, Enum. Ins. Elytr. p. 28. — *Id.* Taschenb. p. 115. 9.

Scarabæus Xiphias. Panz. Faun. Germ. 49. 8?

Copris, Schaeff. Abhandl. 1. p. 146. pl. 3. f. 9-15?

Copris similis, Scriba. Journ. 1. p. 56. 40. ♂. Var. — *Id.* Beytr. 1. p. 35. pl. 5. f. 4.

Copris nuchicornis, Illig. Käf. Preuss. p. 42. Var. α, γ, δ, θ.

Copris fracticornis, Creutzer, Ent. Vers. p. 64 et suiv. — Sturm, Verzeich. p. 105. 89. — Illig. Mag. t. 1. 32. — Fab. Syst. El t. 1. p. 50. 91. — Duftsch. Faun. Aust. t. 1. p. 147. 10. ♂♀. — Sturm, Deut. Faun. t. 1. 54. 14. — Schönh. Syn. Ins. t. 1. 52. 113. — Gyll. Ins. Suec. t. 1. p. 47. 5. ♂♀. — Suckow, Naturg. p. 192. 109. — Zetterst. Faun. Lap. p. 187. 2. — *Id.* Ins. Lap. p. 118. 2.

Copris Xiphias, Sturm, Verz. p. 108. 91?

Onthophagus fracticornis, Latr. Hist. Nat. t. 10. p. 112. — *Id.* Gen. t. 2. p. 86. 5. ♂♀. — De Casteln. Hist. Nat. t. 2. p. 87. 29. ♂♀.

♂. *Etat normal.* Chaperon en triangle subcurviligne, tronqué et beaucoup plus relevé en rebord à sa partie antérieure que dans le reste de sa périphérie. Lame du vertex inclinée dans la direction de l'épistome et presque plane ou faiblement subconcave; un peu dilatée latéralement au dessus de sa base, formant de chaque côté un angle réfléchi en devant et plus large que la suture frontale, puis subsinueusement rétrécie jusqu'au niveau du milieu de la partie antérieure du prothorax où elle se courbe et se prolonge sous la forme d'une corne fortement penchée en avant, obtusément et très-brièvement recourbée en arrière à son extrémité. Prothorax obtusément tronqué en devant; marqué de trois dépressions sur la face de cette troncature.

♂. Var. A. **O. Subrecticornis;** Nob. *Epistome subéchancré à la partie* *antérieure de son rebord. Corne de la lame du vertex faiblement penchée en devant, souvent plus ou moins raccourcie, terminée en pointe droite. Dépressions ou fossettes de la troncature du prothorax très-affaiblies, souvent peu distinctes.*

♂. Var. B. **O. Tricuspidus**; Nob. *Chaperon ogival, entaillé à la partie antérieure de son rebord. Corne de la lame du vertex réduite aux proportions d'une simple dent. Troncature du prothorax très-obtuse, à une seule fossette ou souvent sans dépression bien distincte dans le milieu.*

♂. Var. C. **O. Sublaminatus**; Nob. *Chaperon presque en demi-cercle assez fortement entaillé à la partie antérieure de son rebord; souvent presque denté de chaque côté de l'échancrure. Lame du vertex courte, inerme, subsinueusement arquée sur sa tranche, à peine un peu plus élevée que le bord antérieur du prothorax. Troncature de ce dernier très-obtuse, à une seule fossette ou même sans dépression sensible dans son milieu.*

♂. Var. D. **O. Similis**; Scriba. *Chaperon presque en demi-cercle; assez fortement entaillé à la partie antérieure de son rebord. Suture frontale assez sensiblement saillante. Lame du vertex rudimentaire, parfois faiblement plus élevée que la précédente; arquée, et souvent confondue avec la surface de la tête, avant d'atteindre les lignes longitudinales qui sembleraient lui devoir servir de limite sur les côtés. Prothorax curvilinéairement déclive en devant, sans traces de troncature.*

Scriba, Journ. l. c.

♀. *État normal.* Chaperon subogival on presque en demi-cercle; subbidenté à la partie antérieure de son rebord plus élevé dans ce point que dans le reste de la périphérie. Suture frontale presque aussi saillante que l'arête du vertex : celle-ci située vers la partie postérieure de la tête; arquée sur sa tranche; un peu moins développée transversalement que la suture; limitée sur les côtés par une ligne peu apparente, longitudinalement curvilinéaire, qui semble le prolongement de la suture génale. Prothorax curvilinéairement déclive en devant; à peine obtusément tronqué au dessus du bord antérieur.

♀. Var. E. **O. Nasutus**; Nob. *Chaperon obtusément tronqué en devant; sans entaille ni échancrure à son bord antérieur à peine plus relevé dans ce point que dans le reste de sa périphérie.*

♀. Var. F. **O. Pauperatus**; Nob. *Chaperon en demi-cercle; moins vivement entaillé que dans l'état normal; plus obtus aux angles qui limitent cette entaille. Suture frontale et arête du vertex uniformément peu élevées, limitées de chaque côté par une ligne longitudinalement curvilinéaire très-distincte, souvent un peu saillante.*

♂. ♀. Var. F. **O. Marginatus** ; Nob. *Elytres parées à la base et à l'extrémité d'une sorte de bordure d'un fauve jaune, uniformément d'un noir brun, ou très-parcimonieusement tachetées de fauve jaune sur le reste de leur surface.*

Long. $0^m,006$ à $0^m,010$ (2 1/2 à 4 1/2^l). Larg. $0^m,0035$ à $0^m,0060$ (1 2/3 à 2 1/2^l).

♂. Tête penchée ; bronzée ou d'un bronzé obscurément cuivreux ; parsemée de petits points donnant chacun naissance à un poil d'un fauve livide ; généralement lisse sur son disque dans les intervalles des points ; subruguleuse sur ses côtés. Chaperon en triangle subcurviligne, obtusément tronqué à la partie antérieure de l'épistome ; assez brusquement et très-notablement plus relevé en rebord dans ce point que dans le reste de sa périphérie ; peu ou point échancré. Sutures génales indiquées par une raie faiblement distincte. Suture frontale un peu plus apparente ; à peine saillante ; arquée. Vertex transversal à sa naissance, relevé en suivant l'inclinaison du front et de l'épistome, en une lame à surface plane ou subconcave limitée de chaque côté par une ligne ou raie peu apparente, intérieurement arquée et qui semble le prolongement de la suture génale : cette lame latéralement un peu repliée à sa base au dessus des yeux ; paraissant ainsi s'élargir jusqu'au dessus du niveau du bord antérieur du prothorax, où elle forme de chaque côté un angle réfléchi en devant ; subsinueusement rétrécie de ce point en forme de triangle dont le sommet se courbe et se prolonge sous la forme d'une corne déprimée, subsinueuse, aussi élevée que le dos du prothorax, subrectangulairement penchée en avant, et obtusément et très-brièvement recourbée en arrière à son extrémité. Yeux noirs. Antennes d'un ferrugineux brunâtre, à massue d'un gris obscur. Prothorax sinueusement échancré en demi-cercle en devant pour recevoir la tête ; avancé à ses angles antérieurs en forme de dent assez prononcée et légèrement relevée ; sinueux à la base extérieure de cette dent ; de là, curvilinéaire sur les côtés jusqu'aux trois cinquièmes de la longueur de ceux-ci ; puis subsinueusement rétréci jusqu'aux angles postérieurs qui sont presque arrondis, mais toutefois assez sensiblement marqués ; presque en demi-cercle à la base, anguleux au dessus de la suture des élytres ; rebordé dans sa périphérie, plus étroitement en devant, et surtout postérieurement où souvent ce léger rebord paraît subcrénelé ; bronzé ou d'un bronzé obscurément cuivreux ; subconvexe sur son disque, convexement déclive sur les côtés ; subperpendiculairement tronqué en devant : cette troncature marquée sur sa face perpendiculaire de trois impressions ou fossettes, dont l'intermédiaire est ordinairement seule prolongée d'une manière visible jusqu'au dos, où elle forme au milieu de la partie antérieure une sorte d'échancrure; très-lisse et pointillé sur la face de la troncature; aspèrement ponctué en dessus sur les côtés, plus lisse et moins ponctué sur le disque et surtout près de la base : les points de cette dernière partie rarement ou imperceptiblement ombiliqués, et donnant chacun, comme les autres, naissance à un poil mi-couché, peu allongé, d'un fauve livide; offrant longitudinalement dans la seconde moitié de son milieu un sillon dorsal très-peu profond, antérieurement prolongé sous la forme d'une trace lisse; marqué de chaque côté, au dessus des coudes latéraux, d'une fossette cicatrisée, tuberculeusement relevée à son bord inférieur. Écusson invisible. Élytres un peu plus larges à la base que le prothorax à ses angles postérieurs; à peine plus larges que ce segment, mesurés tous deux dans leur plus grand diamètre transversal; légèrement plus longues que lui; curvilinéaires de leur naissance aux angles postérieurs qui sont arrondis; plus étroites à ceux-ci qu'à la base et surtout que dans le milieu; obtusément coupées à l'extrémité; subdéprimées longitudinalement sur leur disque; convexement déclives sur les côtés; à neuf stries légères, peu distinctement rayées transversalement; irrégulièrement ou presque bi ou trisérialement chargées de petits grains sur les intervalles : le neuvième de ces derniers rabattu en dessous et relevé vers la huitième strie en une espèce de rebord qui efface l'externe : les autres presque glabres ou garnis de poils livides, courts, mi-couchés et peu apparents; subtuberculeuses aux épaules; obtusément tronquées à l'extrémité des deuxième à sixième stries; fauves ou d'un fauve un peu pâle, quelquefois d'un fauve jaunâtre; subréticuleusement parsemées de taches brunes; à suture d'un vert métallique. Pygidium d'un bronzé obscur; presque lisse; très finement et parcimonieusement pointillé; parsemé de poils livides, souvent peu apparents. Dessous du corps noir et presque glabre sur le ventre; d'un noir bronzé sur les parties pectorales et sur les pieds, et garni de longs poils d'un fauve pâle, plus nombreux sur les cuisses de devant et sur les flancs de l'antépectus : ceux-ci aspèrement ponctués. Parties latérales des autres segments thoraciques marquées de points plusgros, plus lisses, moins rapprochés. Métasternum ponctué à peu près comme ces dernières, et longitudinalement rayé dans son milieu. Cuisses parsemées de points assez gros : les antérieures plus fortes et renflées à la base; les intermédiaires oblongues; les postérieures allongées. Jambes de devant extérieurement quadridentées; les intermédiaires 5-denticulées. Tarses antérieurs grêles, cylindriques; les autres aplatis, ciliés de roux. Premier article des postérieurs subparallèle, subdenté au côté externe; aussi long que les trois suivants réunis.

♀. Outre les caractères déjà détaillés : chaperon moins fortement relevé en rebord en devant, plus profondément entaillé. Prothorax un peu plus déprimé sur son disque.

Cette espèce se trouve presque toute l'année, mais surtout dans l'automne. Elle est beaucoup plus commune que la précédente dans les environs de Lyon. Sa taille est généralement plus grande. Elle varie moins pour la couleur ou le dessin des élytres. Ordinairement celles ci sont fauves ou d'une teinte analogue, marquées de taches brunes ou d'un brun noir, irrégulières, plus ou moins liées les unes aux autres, mais constituant moins distinctement une sorte de réseau. Parfois ces taches sont plus nombreuses, plus rapprochées ; chez quelques individus, elles se sont élargies à tel point que les élytres sont presque uniformément d'un noir brunâtre, moins la base et l'extrémité.

Preyssler a, le premier, déterminé cette espèce. Hoppe, dans son Enumération des Insectes des environs d'Erlang, la décrivit sous un autre nom, d'une manière plus reconnaissable et plus détaillée. Un peu plus tard, Creutzer, avec une supériorité de talent remarquable, fit ressortir les caractères les plus propres à la faire distinguer de l'*O. nuchicornis*, avec lequel divers Entomologistes s'obstinaient à la confondre.

Nous compléterons son travail en y ajoutant des moyens de distinction qui ont échappé à son œil exercé. Dans l'état normal, l'*O. fracticornis* a la tête et le prothorax bronzés; le chaperon subogival (♀), ou en triangle curviligne, assez brusquement et fortement relevé en rebord à son extrémité (♂). La lame du vertex de celui-ci est transversale à sa naissance, inclinée, mais plane ou subconcave sur sa surface, plus large que la suture frontale à ses angles latéraux réfléchis en devant, prolongée en une corne penchée en avant et formant presque un angle droit avec sa base. L'arête du vertex (♀) est subperpendiculairement coupée à ses extrémités et sensiblement plus développée transversalement que la suture frontale, dépassant latéralement les raies longitudinales qui sembleraient devoir lui servir de limite; le prothorax est sans saillie à la partie antérieure. L'*O. nuchicornis*, au contraire, a la tête et le prothorax ordinairement noirs ou d'un noir bronzé; le chaperon en demi-cercle (♀), ou subogival et faiblement plus dilaté à son extrémité (♂). La lame du vertex de celui-ci est curvilinéairement rétrécie de la base à ses angles latéraux qui ne sont pas réfléchis en devant, moins large dans ce point que la suture frontale, et terminée par une sorte de corne prolongée dans la direction de sa base ou faiblement arquée. Le prothorax ($♀$) est avancé en saillie à sa partie antérieure. Ces marques distinctives seraient suffisantes pour séparer les individus des deux espèces, lorsqu'ils sont rapprochés de l'état normal ; mais, comme nous l'avons dit, à mesure que ceux-ci se montrent dans un état de dégradation plus complet, les caractères extérieurs des sexes s'affaiblissent et disparaissent. Ainsi, le chaperon finit par offrir l'image d'un demi-cercle même chez les mâles, chez lesquels il s'écartait le plus de cette forme ; la lame si développée du vertex se réduit peu à peu aux faibles dimensions d'une arête ; l'angle que formait son prolongement corniforme devient de plus en plus grand à mesure que cette corne se rapetisse ; les saillies du prothorax des femelles s'effacent complètement. Il est donc nécessaire de s'attacher à d'autres signes plus constants et plus généraux. Dans l'*O. fracticornis*, les angles antérieurs du prothorax sont très-légèrement relevés à l'extrémité, et forment une dent très-prononcée, grace à la sinuosité existante à la base de celle-ci au côté externe ; le pygidium est à peu près lisse et finement pointillé ; la tranche externe des jambes postérieures offre ordinairememen, outre la dent de l'extrémité, deux rangées plus ou moins rapprochées de cinq dentelures chacune. Dans l'*O. nuchicornis*, les angles antérieurs du prothorax ne sont ni relevés à leur extrémité, ni sinueux à leur côté externe ; le pygidium est rugulusement marqué de points assez gros ; et enfin, les jambes postérieures ont moins distinctement une double rangée d'épines, et celles-ci sont ordinairement réduites à quatre.

6. O. Nutans ; Fab. *Dessus du corps entièrement d'un noir presque mat. Chaperon entier ($♂♀$). Prothorax sinueux à la base extérieure de l'espèce de dent formée par ses angles de devant ; subaspèrement et densement ponctué ; garni de poils courts et faiblement apparents ; bituberculeux en devant. Elytres à stries légères ; parsemées sur les intervalles de points ou de très-petits grains irrégulièrement ou presque trisérialement disposés.*

$♂$. Épistome ogival. Suture frontale faiblement saillante. Vertex relevé en une sorte de lame subsinueusement arquée sur sa tranche ou prolongée en forme de corne. Partie antérieure du prothorax concave et à peine bituberculeuse.

$♀$. Épistome plus arrondi ou subogival. Suture frontale très-saillante. Vertex chargé à sa partie postérieure d'une arête laminiforme et subhorizontale sur sa tranche. Partie antérieure du prothorax avancée en une saillie bituberculeuse.

Scarabœus nutans, Fab. Mant. t. 1. 15. 151. (♂).—*Id.* Ent. Syst. t. 1. 59. 191. (♂).
—Herbst, Naturg. t. 2. p. 206. 123. 14. f. 10.—Gmel. Lin. Syst. nat. 1. 4. p. 1544.
167. (♂).—Panz. Naturf. t. 24. p. 8. (♂♀). pl. 1. f. 8. ♂.—*Id.* Ent. Germ. p. 16.
64. (♂).—*Id.* Faun. Germ. 6. 1. ♂. —Oliv. Ent. t. 1. 3. p. 145. 176. pl. 21. fig.
188 a, ♂; b, ♂ grossi; c, ♀; d, ♀ grossie.—Marsham, Ent. Britan. p. 35. 62. (♂).
Scarabœus verticicornis, Laichart. Tyrol. Ins. t. 1. 22. 15.
Copris nutans, Schæffer, Icon. t. 1. pl. 63. 5. (♂)?—Harr. Beschr. 19.—Panz. Schæff.
Icon. Enum. 4.—Oliv. Encycl. meth. t. 5. p. 169. 108. ♂♀.—Schneider, Mag. 1. 3.
p. 255. 5.—Brahm, Rhein. Mag. p. 692. 48.—Illig. Kæf. Preus. p. 44. 7. ♂♀.
—Duftsch. Faun. Aust. t. 1. p. 150. 12. ♂♀.—Sturm, Deut. Faun. t. 1. 60. 17.
—Schoenh. Syn. Ins. t. 1. 55. 114.—Baud-Laf. Monog. p. 55. 5. (♂♀).—Suckow,
Naturg. p. 193. 110. (♂♀).
Pilularius nutans, Schrank, Faun. Boic. t. 1. p. 398. 563
Onthophagus nutans, Latr. Hist. nat. t. 10. p. 111. 7. (♂♀).—*Id.* Gener. t. 2. p. 85.
2. (♂♀).—Boit. Man. t. 1. p. 317. ♂♀.—Steph. Synops. p. 175. 9. ♂♀.—Garn.
Mém. de la Somme. t. 1. p. 64. 4. (♂♀).—De Casteln. Hist. t. 2. p. 87. 31. (♂♀).

♂. *État normal.* Vertex relevé en une lame subsinueusement triangulaire à sa base, subparallèlement rétrécie ensuite en une espèce
de corne penchée en avant et terminée par une pointe obtuse légèrement recourbée en arrière. Partie antérieure du prothorax hémisphériquement excavée derrière la lame cornigère.

♂. Var. A. **O. Distinguendus**; Nob. *Lame frontale courte, à peine plus
élevée que dans l'autre sexe; subarrondie à ses angles latéraux, ou subsinueusement arquée sur sa tranche, sans prolongement corniforme.*

♂♀. Var. B. **O. Infucatus**; Nob. *Elytres d'un brun rougeâtre.*

Sturm, l. c. Var. β.

Long. 0^m,0075 à 0^m010 (3 1/2 à 4 1/2^l).—Larg. 0^m,0050 à 6^m0055.
             (2 1/4 à 2 1/2^l).

♂. Tête un peu inclinée; d'un noir presque métallique. Chaperon
en ogive; fortement relevé à la partie antérieure de l'épistome, à
peine rebordé dans le reste de sa périphérie. Epistome pointillé en
dessus. Suture frontale arquée, très-peu saillante. Vertex relevé en
une lame subsinueusement triangulaire jusqu'à la hauteur des deux
tiers de la partie antérieure du prothorax; courbé dans ce point, et
linéairement prolongé en une espèce de corne penchée en avant et
terminée par une pointe obtuse légèrement recourbée en arrière. Yeux
bruns. Antennes d'un brun ferrugineux, à massue d'un gris obscur.
Prothorax sinueusement échancré en devant; avancé à chacun de ses

angles antérieurs en une dent très-légèrement relevée ; sinueux, puis
curvilinéaire sur les côtés, jusqu'aux trois cinquièmes de la longueur
de ceux-ci ; gracieusement et subsinueusement rétréci de ce point aux
angles postérieurs qui sont peu marqués ; en arc renversé à la base ,
subanguleux au dessus de la suture des élytres ; garni dans toute sa
périphérie d'un léger rebord : le postérieur plus étroit, moins apparent et subcrénelé antérieurement ; subconvexe sur son disque et plus
élevé que les élytres ; curvilinéairement déclive sur les côtés et d'une
manière abrupte en devant ; hémisphériquement excavé dans le
milieu de cette partie, pour loger le coude de la lame occipitale quand
l'insecte relève la tête ; creusé d'une fossette de chaque côté de cette
excavation ; offrant au sommet de la déclivité antérieure trois sinuosités, dont l'intermédiaire plus ou parfois presque uniquement
prononcée, est séparée de chacune des latérales par un intervalle
curvilinéaire formant une saillie subtuberculeuse plus ou moins marquée ; subaspèrement ponctué et d'une manière graduellement plus
dense en se rapprochant de la déclivité antérieure ; ordinairement
paré longitudinalement dans son milieu d'une trace linéaire lisse, rarement subsulciforme postérieurement ; creusé d'une fossette au dessus des coudes latéraux ; garni de poils assez courts, d'un fauve livide,
inclinés en arrière et souvent peu apparents ; noir, mais ayant parfois une teinte bronzée par l'effet des poils moins usés. Écusson invisible. Élytres un peu plus larges à la base que le prothorax à ses
angles postérieurs ; le débordant un peu dans leur plus grande largeur respective ; presque aussi longues que le front et ce dernier
réunis ; curvilinéaires jusqu'aux angles postérieurs qui sont arrondis ; plus étroites à ceux-ci qu'à la base et surtout que dans le milieu ;
obtusément coupées à l'extrémité ; subdéprimées longitudinalement sur leur disque ; convexement déclives sur les côtés ; d'un noir
presque mat ; à neuf stries légères et ponctuées ; subdéprimées sur les
intervalles : le neuvième de ceux-ci rabattu en dessous et relevé vers
la huitième strie en une espèce de rebord effaçant l'externe, et à peine
apparent lui-même quand l'insecte est vu en dessus ; les autres intervalles irrégulièrement ou en partie presque trisérialement parsemés
de très-petits grains, derrière chacun desquels naît un poil court, incliné, noirâtre et souvent indistinct ; chargées d'un tubercule huméral,
et subtuberculeuses vers l'extrémité des troisième à cinquième intervalles. Pygidium subruguleusement pointillé. Dessous du corps et pieds
d'un noir plus profond et plus luisant. Flancs des parties pectorales
ponctués, plus densement et plus aspèrement sur ceux de l'antépectus ;
hérissés de longs poils d'un fauve livide et peu serrés. Métasternum
longitudinalement rayé dans son milieu ; marqué de points un peu

moins gros, mais plus serrés que ceux des flancs voisins. Cuisses antérieures garnies de cils fauves; les intermédiaires oblongues, les postérieures allongées, faiblement convexes et marquées de points enfoncés assez gros. Jambes antérieures quadridentées au côté externe; les suivantes 4 ou 5-denticulées. Tarses antérieurs grêles, cylindriques, d'un rouge ferrugineux; les autres déprimés, ciliés. Premier article des postérieurs parallèle, au moins aussi long que les trois suivants réunis.

♀. Vertex chargé d'une arête transversalement plus longue et un peu plus élevée que la suture frontale, subhorizontale sur sa tranche. Partie antérieure du prothorax avancée en une saillie bilobée, ou présentant de chaque côté de la ligne médiane une sorte de tubercule ou une espèce de dent obtuse très-sensible chez quelques individus, et à peine distincte chez d'autres; transversalement excavée au dessous de cette saillie. Éperon des jambes de devant plus grêle, souvent plus long et plus pointu.

Cette espèce habite la Bourgogne, le Jura et les autres parties du nord de la France; on ne la trouve pas dans les environs de Lyon.

Obs. La corne des mâles les plus développés dépasse sensiblement la hauteur du prothorax; chez d'autres, elle disparaît et la saillie occipitale est alors réduite à une lame subsinueuse ou arquée sur sa tranche, arrondie à ses angles latéraux, et par là facile à distinguer de celle de la femelle.

L'*O. nutans* diffère de l'*O. tages* par les saillies de sa tête; de l'*O. taurus* par les poils, la ponctuation et les dents de son prothorax; ce dernier caractère, sa taille et son épistome entier, empêchent de le confondre avec les *O. furcatus, emarginatus* et *ovatus*.

7. O. Cœnobita; Herbst. *Tête et prothorax cuivreux ou d'un vert cuivreux, pubescents : le dernier subaspèrement ponctué. Angles antérieurs de celui-ci très-faiblement relevés à leur extrémité et garnis d'un rebord plus épaissi ou dilaté dans ce point. Elytres d'un fauve jaune, plus ou moins distinctement tachetées de brunâtre; légèrement striées; non chargées de petits grains sur les intervalles. Pygidium d'un cuivreux obscur ou d'un vert bronzé, finement ponctué.*

♂. Suture frontale indistincte ou à peine apparente. Vertex chargé d'une lame ou arête cornigère.

♀. Suture frontale saillante. Vertex chargé d'une lame ou arête inerme.

Scarabæus cœnobita, HERBST, Arch. p. 11. 40.—*Id*. trad. fr. p. 73. 35.—*Id*. Natursyst.
t. 2. p. 202. 121. pl. 14. f. 7. 8.—OLIV. Ent. t. 1. 3. p. 147. 178. pl. 26. f. 9. 228.
a, ♂; b, grossi.—PANZ. Ent. Germ. p. 15. 59.—*Id*. Faun. Germ. 48. 6.—MARSHAM,
Ent. Brit. p. 53. 58.

Scarabæus tenuicornis, PREYSSL. Boehm. Ins. t. 1. p. 44. 47. pl. 3. f. 1. A. B.

Scarabæus fulgens, BRAHM, Ins. Kal. 1. p. 58. 124.—VOET, Icon. pl. 25. f. 20.

Scarabæus nuchicornis, FUESSLY, N. Mag. 1. p. 308?

Copris cœnobita, SCRIBA, Journ. t. 1. p. 55. 38.—OLIV. Encycl. Meth. t. 5. p. 169. 110.
SCHNEIDER, Mag. p. 278. 9.—BRAHM, Rhein. mag. p. 690. 45.—ILLIG. Kæf. Preuss.
p. 40. ♂♀.—SCHOENH. Syn. Ins. t. 1. p. 51. 110.—DUFTSCH. Faun. Aust. t. 1. p. 146.
9. ♂♀.— STURM, Deut. Faun. t. 1. 58. 16.— BAUD. LAF. Monog. p. 53. 6. ♂.
—SUCKOW, Nat. p. 191. 106. ♂♀.— DUMÉR. Dict. des Scien. Nat. t. 5. p. 279. 7.

Onthophagus cœnobita, LATR. Hist. nat. t. 10. p. 112. 8.—*Id*. Gen. t. 2. p. 86. 4. ♂♀.
—BOIT. Man. t. 1. p. 317.—STEPHENS, Synops. p. 174. 5.—GARN. Mém. de la Somme.
t. 1. p. 64. 3.—DE CASTELN. Hist. t. 2. p. 86. 28. ♂♀.

♂. *État normal*. Chaperon subogival, tronqué ou échancré en devant. Lame du vertex relevée, relativement à la surface de la tête,
en angle très-obtus; faiblement et graduellement moins large depuis
sa base jusqu'aux deux cinquièmes de sa longueur, où elle forme deux
angles faiblement réfléchis en devant; plus penchée en arrière à partir de ce point et rétrécie en une espèce de triangle dont le sommet,
après s'être courbé, se prolonge en une corne faiblement penchée en
avant, aussi élevée au moins que le dos du prothorax, terminée par
une pointe obtuse presque indistinctement recourbée en arrière et
à peine plus avancée que la ligne qui s'élèverait perpendiculairement
de la base. Prothorax obtusément tronqué en devant, et creusé d'une
impression dans le milieu de cette troncature.

♂. Var. A. **O. Tricuspis**; NOB. *Chaperon en demi-cercle, échancré en*
devant. Lame du vertex latéralement liée jusqu'aux angles à la surface de
la tête; terminée par une lame plus courte et sans courbure. Prothorax
obtus au dessus du bord antérieur et sans enfoncement en devant.

ILLIG. Kælf. Preus. l. c. Var. β. — DUFTSCH. l. c. Var. β.

♂. Var. B. **O. Cuspidiusculus**; NOB. *Lame du vertex unie à la surface de*
la tête, peu saillante et chargée d'une corne rudimentaire. Prothorax cur-
vilinéairement déclive à sa partie antérieure.

STURM, l. c. Var. b.

♀. *État normal*. Chaperon en demi-cercle, échancré en devant.
Lame du vertex perpendiculaire à la surface de la tête, et subhorizontale sur sa tranche. Prothorax obtusément tronqué au dessus de

son bord antérieur et faiblement proéminent dans le milieu de la partie supérieure de cette troncature.

♀. Var. C **O. Subprominulus**; Nob. *Lame du vertex réduite à une arête arquée et peu saillante. Prothorax curvilinéairement déclive à sa partie antérieure, presque indistinctement plus avancé dans le milieu de celle-ci.*

L. 0^m,007 à 0^m,009. (3 à 4^l). L. 0^m,0040 à 0^m,0055 (1 3/4 à 2 1/4^l).

Tête penchée; cuivreuse ou d'un vert cuivreux; peu densement ponctuée; presque lisse entre ces points qui donnent chacun naissance à un poil souvent usé. Chaperon subogival; obtusément tronqué, ou échancré à sa partie antérieure; notablement relevé en rebord en devant, et faiblement dans le reste de sa périphérie. Sutures gé-nales et frontale indistinctes ou à peine apparentes. Vertex relevé vers sa partie postérieure en une lame qui paraît naître du front; celle-ci graduellement et faiblement moins large depuis son origine jusqu'au niveau du bord antérieur du prothorax, où elle offre de chaque côté un angle très-légèrement réfléchi en devant; plus fortement rétrécie à partir de ce point, et formant une sorte de triangle d'une inclinaison égale à celle de l'épistome, et dont le sommet se courbe et se prolonge sous la forme d'une corne déprimée, non sinueuse, faiblement penchée en avant, aussi élevée au moins que le dos du prothorax, et terminée par une pointe obtuse presque indistinctement recourbée en arrière. Yeux bruns. Antennes ferrugineuses ou d'un ferrugineux brunâtre, à massue d'un gris obscur. Prothorax sinueusement échancré en demi-cercle en devant pour recevoir la tête; avancé à ses angles antérieurs en une sorte de dent non sinueuse à sa base extérieure, légèrement re-levée à son extrémité et garnie dans ce point d'un rebord plus dilaté; curvilinéaire sur les côtés jusqu'aux trois cinquièmes de la longueur de ceux-ci, puis sinueusement rétréci jusqu'aux angles postérieurs qui sont arrondis, mais toutefois assez sensiblement marqués; pres-que en demi-cercle à la base, anguleux au dessus de la suture des élytres; rebordé dans toute sa périphérie, étroitement en devant, et moins distinctement postérieurement où ce léger rebord paraît sub-crénelé; cuivreux ou d'un vert cuivreux; subconvexe sur son disque et plus élevé que les élytres, convexement déclive sur les côtés, et obliquement tronqué en devant : la face de cette troncature lisse et parcimonieusement pointillée : creusée, pour recevoir la lame corni-gère quand l'insecte relève la tête, d'une dépression plus ou moins profonde supérieurement prolongée jusqu'au dos, où elle forme au milieu de la partie antérieure une sorte d'échancrure; aspère-ment ponctué ou couvert de points très-rapprochés en devant, graduellement plus lisses et moins serrés près de la base, et donnant chacun naissance à un poil d'un fauve livide, brièvement hérissé et un peu penché en arrière ; longitudinalement creusé dans son milieu d'un sillon assez large, peu profond, parfois prolongé depuis l'espèce d'échancrure antérieure jusqu'à la base, et plus prononcé près de celle-là, d'autres fois plus apparent dans sa seconde moitié, souvent effacé en partie ou en totalité ; marqué de chaque côté au dessus des coudes latéraux d'une fossette presque cicatrisée, tuberculeusement relevée à son bord inférieur. Ecusson invisible. Elytres un peu plus larges à la base que le prothorax à ses angles postérieurs ; à peine aussi larges dans leur milieu que ce dernier dans son diamètre transversal le plus grand ; égales à lui en longueur ; curvilinéaires de leur naissance aux angles postérieurs qui sont arrondis ; plus étroites à ceux-ci qu'à la base et surtout que dans le milieu ; obtusément coupées à l'extrémité ; subdéprimées longitudinalement sur leur disque, convexement déclives sur les côtés ; à neuf stries légères, peu distinctement rayées transversalement ; déprimées sur les intervalles : le neuvième de ces derniers rabattu en dessous et relevé vers la huitième strie en une espèce de rebord qui efface l'externe : les autres presque trisérialement garnis de points de chacun desquels s'élève un poil livide, mi-couché, souvent peu apparent ; subtuberculeuses aux épaules ; obtusément tronquées à l'extrémité entre les deuxième à sixième stries ; ordinairement d'un fauve jaune, parfois d'un fauve rougeâtre ou d'un fauve gris, habituellement comme revêtues d'un léger vernis ou parées d'un reflet cuivreux ; parsemées de taches brunâtres en général faiblement apparentes, souvent peu nombreuses et plus rarement nulles. Pygidium d'un cuivreux obscur ou d'un vert bronzé subruguleusement et peu densement marqué de petits points. Dessous du corps et pieds d'un vert métallique brillant ; ventre généralement plus obscur et presque glabre. Parties pectorales garnies de longs poils d'un fauve jaune, plus nombreux sur les flancs de l'antépectus ; ceux-ci aspèrement ponctués ; les suivants marqués de points plus unis et moins rapprochés. Métasternum un peu plus parcimonieusement ponctué et longitudinalement rayé dans son milieu. Cuisses ciliées et garnies de poils d'un fauve jaune : les antérieures plus fortes, plus renflées vers la base, densement ponctuées : les intermédiaires oblongues ; les postérieures ovales : ces quatre dernières parsemées de points plus gros. Jambes de devant extérieurement quadridentées ; les suivantes 5-denticulées. Tarses antérieurs grêles, subcylindriques : les autres déprimés, ciliés : le premier des postérieurs subparallèle, subsinueux, extérieurement subdenté, presque aussi long que les quatre suivants réunis.

♀. Outre les caractères indiqués : chaperon plus uniformément relevé en rebord dans sa périphérie ou moins fortement en devant. Epistome ruguleusement ponctué. Lame du vertex faiblement arquée transversalement, obliquement coupée à ses extrémités, moins étendue
que la suture frontale. Prothorax subdéprimé sur son disque, presque
de niveau avec les élytres, subconvexement déclive en devant jusqu'à
la troncature qui ne s'élève qu'à la moitié de la hauteur du disque.

Cette espèce habite les parties tempérées et septentrionales de la
France. Elle est peu commune dans les environs de Lyon.

Elle subit des variations analogues à plusieurs de ses congenères.
Chez les mâles les plus développés, le chaperon est subogival, tronqué
et sans échancrure, mais fortement relevé en rebord en devant; la
suture frontale indistincte; la lame du vertex telle que nous l'avons
décrite; la troncature du prothorax presque aussi élevée que le disque
de celui-ci, obtuse à son sommet. Mais à mesure que les individus
s'éloignent de cet état de perfection, le chaperon se rapproche de la
forme semi-circulaire; sa partie antérieure se montre échancrée,
son rebord est moins brusquement relevé en devant et présente
souvent une petite dent de chaque côté de l'échancrure; la suture
frontale devient plus ou moins apparente, la corne du vertex se
rapetisse; son extrémité se simplifie; le coude formé à sa naissance,
auquel elle devait sa légère direction en avant, s'efface; elle devient
alors une prolongation en ligne à peu près droite de la lame basilaire;
celle-ci en même temps perd de sa hauteur; elle se colle de plus en
plus à la partie postérieure de la tête dont elle était très-détachée;
ses angles offrent peu de saillie. Le prothorax perd l'espèce de concavité qu'il présentait en devant; sa troncature se montre plus obtuse,
moins élevée, et finit par être remplacée par une déclivité curvilinéaire.

Des modifications en harmonie avec quelques-unes des précédentes
s'observent aussi chez les femelles : la lame du vertex, en se rapetissant, perd ses angles latéraux et devient arquée sur sa tranche.
La faible troncature de la partie antérieure du prothorax disparaît,
et la saillie elle-même s'efface à peu près complétement.

Obs. Cette espèce est facile à reconnaître à son éclat cuivreux; à la
dilatation sensible du rebord de l'extrémité des angles antérieurs du
prothorax qui sont un peu relevés; au peu d'inclinaison en avant de
la corne du vertex dont l'extrémité dépasse très-faiblement la ligne
perpendiculaire qu'on tirerait en suivant la direction de la lame
dont elle est le prolongement; aux intervalles non granuleux des
élytres.

8. O. Vacca ; Linn *Epistome d'un noir violâtre ; partie postérieure de la tête et prothorax d'un vert bronzé, d'un bronzé obscur ou d'un bronzé violâtre ; presque glabres. Angles antérieurs du prothorax sans dilatation au rebord de leur extrémité, sans sinuosité à leur côté externe. Elytres d'un jaune fauve ou d'un fauve jaunâtre, tachetées de vert métallique ou de brun verdâtre ; à stries légères ; chargées de petits grains sur les intervalles. Pygidium finement ponctué.*

♂. Suture frontale indistincte ou faiblement saillante. Vertex chargé d'une lame tantôt prolongée en forme de corne, tantôt réduite à une arête arquée et sinueuse sur sa tranche.

♀. Suture frontale très-sensiblement saillante. Vertex relevé en une lame tantôt chargée de deux cornes ou dents corniformes, tantôt réduite à une arête horizontale ou arquée et non sinueuse sur sa tranche.

Scarabæus vacca, Linn. Syst. Nat. 547. 25. (♀).—Mull. Linn. Natursyst. p. 65. 25.— Fab. Syst. Ent. p. 26. 101. (♀).—*Id.* Spec. Ins. t. 1. 28. 126. (♀).—*Id.* Mant. t. 1. 15. 143. (♀).— *Id.* Ent. Syst. t. 1. 55. 179. (♀).—Goeze. Ent. Beytr. 1. p. 19. 25. —Laichart. Tyrol. Ins. t. 1. 20. 13. (♀).—Herbst, Natursyst. t. 2. p. 194. 118. pl. 14. f. 3 et 4.— Gmel. Linn. Syst. Nat. 1. 4. p. 1543. 25. (♀).— De Vill. Car. Linn. Ent. t. 1. 15. 10. (♀).—Oliv. Ent. t. 1. 3. p. 128. 151. pl. 8. f. 65. a. ♂ (♀); b. ♀ (♀ Var.).— Panz. Ent. Germ. p. 14. 57. ♂ ♀.— *Id.* Faun. Germ. 12. 4.— Rossi, Faun. Etr. t. 1. p. 13. 28. ♀.—*Id.* éd. Helw. t. 1. 13. 28. —Preyssl. Bœhm. Ins. 1. p. 40. 39.— Hoppe, Taschenb. t. 1. p. 143 7. ♂ et ♀ (♂ Var.). — Tigny, Hist. t. 5. p. 248. ♂ (♀). ♀ (♀ Var.). — Marsh. Ent. Brit. p. 34. 61.

Scarabæus nuchicornis, Oliv. Ent. t. 1. 3. p. 146. 177. pl. 7. f. 53. ♂ et ♀ (♂ Var.)

Scarabæus medius, Panz. Faun. Germ. 37. 4.—Hoppe, Taschenb. 117. 11 ?

Le Bousier à deux cornes, Geoff. Hist. t. 1. p. 90. 5.

Copris conspurcatus, Fourcr. Ent. Par. t. 1. p. 14. 5.

Copris vacca, Schæff. Icon. t. 1. pl. 73. 2? (♂) 3? (♀).—Scriba, Journ. t. 1. p. 51. 27. —Oliv. Encycl. Méth. t. 5. p. 80. ♂ (♀). ♀ (♀. Var.). — Illig. Kæff. Preuss. (♀). —*Id.* Mag. t. 2. p. 203. 4.—Fab. Syst. El. t. 1. 45. 70. — Walck. Ent. Par. t. 1. p. 7. 4.—Duftsch. Faun. Aust. t. 1. p. 142. 6. ♂ ♀.— Sturm, Verz. p. 100. 86.—*Id.* Deutsch. Faun. t. 1. p. 46. 9. ♂ ♀.—Schoenh. Syn. Ins. t. 1. 47. 88.—Gyll. Ins. Suec. t. 4. 252. — Baud. Laf. Monog. p. 51. 3. ♂ (♀); ♀ (♀. Var.). — Suckow, Nat. p. 185. 86. ♂ ♀.

Copris nuchicornis, Oliv. Ency. Méth. t. 5. p. 169. 109. ♂ et ♀ (♂ Var.).

Copris medius, Kugel. Schneider Mag. 271. 3. — Brahm, Rhein. Mag. p. 686. 42? —Creutz. Vers. p. 62. 19. — Dufisch. Faun. Aust. t. 1. p. 143. 7. ♂ ♀. — Sturm, Deutsch. Faun. t. 1. p. 51. 12. pl. 9. f. c. ♂; f. ♀.—Schoenh. Syn. Ins. t. 1. 48. 89. — Gyll. Ins. Suec. t. 1. 43. 3.—Germ. Reise, p. 182. 12.—Suckow. Nat. p. 183. 87.

Copris affinis, Sturm, Verz. p. 102. 87. pl. 4. f. w. x. y. z. ♂ (♂ Var.) et ♀ (♀ Var.). —*Id.* Deutsch. Faun. t. 1. p. 47. 10. ♂ (♂ Var.). ♀ (♀ Var.). — Dufstch. Faun. Aust. t. 1. p. 145. 8. ♂ (♂ Var.) et ♀ (♀ Var.).

Onthophagus vacca, Latr. Hist. Nat. t. 10. p. 113. 13. ♂ (♀) et ♀ (♀ Var.).—*Id.* Gen. t. 2. p. 85. 3. ♂♀.—Boit. Man. t. 1. p. 318. (♀).— Muls. Lett. t. 1. p. 285. ♂ (♀). ♀ (♀ Var.).—De Casteln. Hist. t. 2. p. 86. 25. ♂♀.

Onthophagus medius, Latr. Hist. Nat. t. 10. p. 114. 12.—Boit. Man. t. 1. p. 318.—De Casteln. Hist. t. 2. p. 86. 24.

♂. *État normal.* Chaperon ogival, largement relevé en rebord à son extrémité antérieure, tronqué ou échancré. Lame du vertex formant avec la surface de la tête un angle très-obtus; presque parallèle depuis sa base jusqu'au tiers de sa longueur, où elle présente de chaque côté un angle très-sensiblement réfléchi en devant; rétrécie, à partir de ce point et en suivant la même inclinaison, en une espèce de triangle courbé vers le sommet et prolongé en une corne subrectangulairement penchée en devant, plus élevée que le dos du prothorax, terminée par une pointe obtuse arrondie sur sa face antérieure. Prothorax subtriangulairement tronqué et cavé en devant : le sommet de cette concavité formant dans le milieu de la partie antérieure du dos une sorte d'échancrure.

♂. *Var. A.* **O. Affinis;** Sturm. *Chaperon subogival, moins largement relevé en devant, tronqué ou faiblement échancré. Lame du vertex peu développée en hauteur jusqu'aux angles latéraux, rétrécie et prolongée ensuite en une corne courte et faiblement penchée en avant. Prothorax subconcavement tronqué en devant d'une manière parallèle au bord antérieur et bituberculeux au milieu du sommet obtus de cette troncature.*

Copris affinis ♂ des auteurs.
Copris nuchicornis ♀. Olivier, Encycl. méth. l. c.

♂. **Var. B.** **O. Vicinus;** Nob. *Presque semblable au précédent ; mais suture frontale légèrement saillante. Lame du vertex subtriangulaire, c'est-à-dire très-peu ou point développée en hauteur jusqu'aux angles latéraux qui reposent ordinairement sur la surface de la tête, et forment la base d'un triangle tronqué au sommet et sans prolongement corniforme. Troncature antérieure du prothorax plus obtuse, peu ou point subconcave, plus sensiblement bituberculeuse en devant.*

♂. **Var. C.** **O. Difficilis;** Nob. *Chaperon en demi-cercle, échancré en devant. Suture frontale sensiblement saillante. Lame du vertex réduite à une arête arquée sur sa tranche. Prothorax subcurvilinéairement déclive en devant jusques un peu au dessus du bord antérieur où il est obtusément tronqué, et comme bituberculeux dans le milieu du sommet de cette légère troncature.*

♀. *État normal.* Chaperon en demi-cercle, graduellement et médiocrement plus relevée en rebord que dans le reste de sa périphérie, entier ou subéchancré en devant. Vertex chargé vers sa partie postérieure d'une lame transversale relevée à chacune de ses extrémités en une petite corne ou en une dent plus ou moins développée. Prothorax subconcavement tronqué en devant dans sa partie moyenne, et avancé dans le milieu du sommet obtus de cette troncature en une saillie semi-circulaire, sillonnée en dessus.

♀. Var. D. **O. Medius**; Kugelann. *Lame du vertex plus développée transversalement que la suture frontale.*

Kugelann, l. c. *Copris medius* ♀ et *Onthophagus medius* ♀ des auteurs.

♀. Var. E. **O. Intermedius**; Nob *Lame du vertex à peine aussi développée ou moins développée transversalement que la suture frontale.*

Copris vacca ♀ et *Onthophagus vacca* ♀ de la plupart des auteurs.

♀. Var. F. **O. Propinquus**; Nob. *Lame du vertex inerme, horizontale sur sa tranche. Troncature du prothorax plus réduite et plus obtuse; saillie presque divisée en deux tubercules.*

Copris affinis ♀ des auteurs.
Copris vacca, Var. Illig. Mag. t. 2. p. 203.

♀. Var. G. **O. Similis**; Nob. *Suture frontale très sensiblement saillante. Lame du vertex réduite à une arête arquée sur sa tranche. Prothorax subcurvilinéairement déclive en devant jusques un peu au dessus du bord antérieur où il est obtusément tronqué, et comme bituberculeux dans le milieu du sommet de cette faible troncature.*

♂♀. Var. H. **O. Sublineolatus**; Nob. *Taches des élytres formant des lignes ou des espèces de traits longitudinaux plus ou moins réguliers.*

♂♀. Var. I. **O. Basalis**; Nob. *Elytres brunes ou d'un brun verdâtre; tachetées de fauve jaune, avec la base et plus rarement l'extrémité presque entièrement de cette dernière couleur.*

Long. 0^m,007 à 0^m,012 (3 à 5^l).—Larg. 0,^{m}0045 à 0^m,0060 (2 à 2 3/4^l).

♂. Tête penchée ; ruguleusement ponctuée ; brièvement hérissée de poils gris ou fauves le plus souvent usés et indistincts; d'un noir violâtre sur la plus grande partie antérieure de l'épistome, d'un bronzé obscur, d'un bronzé verdâtre ou d'un vert métallique sur le reste de sa surface. Chaperon ogival; tronqué en devant, sans ou avec échancrure ; largement relevé en rebord dans cette partie, et parfois peu sensiblement dans le reste de sa périphérie. Sutures génales et frontales indistinctes ou très-faiblement distinctes. Vertex relevé vers sa partie postérieure en une lame qui paraît naître du front : celle-ci presque parallèle depuis le point où elle se détache de la tête, jusqu'au tiers de sa hauteur, où elle

présente de chaque côté un angle très-sensiblement réfléchi en devant; fortement rétrécie ensuite en suivant la même direction, et formant une sorte de triangle courbé avant le sommet et prolongé en une
corne droite, subrectangulairement penchée en devant, plus élevée
que le dos du prothorax, et terminée par une pointe obtuse arrondie
sur sa face antérieure, mais non recourbée en arrière. Yeux bruns.
Antennes brunes ou d'un brun ferrugineux, à massue grise. Prothorax
sinueusement échancré en demi-cercle en devant pour recevoir la
tête; avancé à ses angles antérieurs en une sorte de dent presque insensiblement relevée vers son extrémité dont le rebord est sans dilatation; sans sinuosité et subcurvilinéaire sur les côtés jusqu'aux deux
tiers de la longueur de ceux-ci, puis sinueusement rétréci jusqu'aux
angles postérieurs qui sont arrondis, mais sensiblement marqués: presque en ogive renversée à la base ou en demi-cercle anguleux au dessus de la suture des élytres; rebordé dans toute sa périphérie, mais
plus étroitement en devant et en arrière surtout au dessous des angles postérieurs; d'un noir violâtre, d'un bronzé obscur, d'un bronzé
verdâtre, ou d'un vert métallique; subconvexe sur son disque et plus
élevé que les élytres; convexement déclive sur les côtés, subtriangulairement tronqué en devant : la face de cette troncature creusée
de trois impressions dont l'intermédiaire profondément concave se
prolonge jusqu'à la partie antérieure du dos où elle forme une sorte
d'échancrure; longitudinalement creusé en dessus d'un sillon généralement très-apparent, quelquefois en partie moins distinct; subaspèrement ou subgranuleusement garni de petits points plus rapprochés à la partie antérieure que sur le disque, et donnant chacun
naissance à un poil très-brièvement hérissé, et le plus souvent usé,
indistinct et laissant glabre la surface thoracique; marqué de chaque côté, au dessus des coudes latéraux, d'une fossette cicatrisée tuberculeusement relevée à son bord inférieur. Écusson invisible. Élytres
plus larges à la base que le prothorax à ses angles postérieurs;
à peine aussi larges dans leur milieu, que ce dernier dans son diamètre transversal le plus grand; égales à lui en longueur; curvilinéaires de leur naissance aux angles postérieurs qui sont arrondis ;
plus étroites à ceux-ci qu'à la base et surtout que dans le milieu;
obtusément coupées à l'extrémité; subdéprimées longitudinalement
sur leur disque, convexement déclives sur les côtés ; à neuf stries
légères peu distinctement pouctuées ou rayées transversalement ;
déprimées ou subdéprimées sur les intervalles : le neuvième
de ces derniers fortement rabattu en dessous et relevé vers la huitième strie en une espèce de rebord effaçant l'externe, et invisible
lui-même quand on considère l'insecte perpendiculairement en dessus:

les autres irrégulièrement garnis de petits grains, au pied desquels naissent des poils courts, concolores et indistincts; subtuberculeuses aux épaules; obtusément tronquées à l'extrémité des troisième à cinquième intervalles; d'un jaune fauve ou d'un fauve jaune; à suture d'un brun verdâtre ou d'un vert métallique; plus ou moins densement parées de taches des mêmes couleurs. Pygidium d'un bronzé obscur parfois légèrement cuivreux, ou d'un vert métallique; finement ponctué. Ventre glabre; d'un bronzé obscur; parties pectorales et pieds soit de cette dernière couleur, soit plus ordinairement d'un bronzé verdâtre ou d'un vert bronzé, luisant; flancs despremières aspèrement ponctués et parés de longs poils d'un jaune fauve. Métasternum subaspèrement ponctué sur les côtés, longitudinalement lisse et presque obsolétement sillonné. Cuisses, les antérieures surtout, ciliées; marquées de points assez gros souvent en partie effacés. Jambes de devant extérieurement quadridentées; les suivantes 4 ou 5-denticulées. Tarses antérieurs grêles, subcylindriques; les autres déprimés, ciliés: le premier des postérieurs subparallèle, subdenté au côté externe, au moins aussi long que les trois suivants réunis.

♀. Outre les caractères indiqués : épistome et front plus sensiblement ruguleux ou parfois rugueux sur leur surface. Prothorax subdéprimé sur son disque et à peu près de niveau avec les élytres.

Cette espèce est commune dans la plus grande partie de la France.

Linné le premier la décrivit, d'après un individu femelle trouvé dans le midi de la France par son ami Gouan. Pendant longtemps les femelles chez lesquelles les cornes étaient les plus développées passèrent pour les représentants de l'autre sexe. On doit à Panzer d'avoir fait connaître le mâle.

Cet Onthophage varie beaucoup dans sa taille et sa couleur, et dans la forme des parties et des appendices de sa tête. Les auteurs d'Entomologie se sont basés sur ces caractères fugitifs pour constituer trois espèces, aux dépens de celle qui nous occupe. Kugelann, dans le Magasin de Schneider, nomma *O. medius* les individus d'une teinte plus sombre, c'est-à-dire ceux chez lesquels la tête et le prothorax sont d'un bronzé obscur ou violâtre, et les élytres plus chargées de taches d'un brun verdâtre; leur chaperon est en général obtusément tronqué et sans échancrure en devant; l'arête du vertex transversalement plus développée; le prothorax moins aspèrement ponctué. Sturm, dans son Manuel, appliqua le nom d'*affinis* aux individus dégénérés chez lesquels la lame du vertex n'offre dans le mâle qu'une corne très-courte, et ne présente chez la femelle aucun cornicule : le prothorax dans les deux sexes montre à sa partie antérieure deux petits boutons ou espèces de tubercules.

Lorsqu'on examine un grand nombre de sujets, il est facile de se convaincre du peu de fondement sur lequel ces espèces ont été admises. Entre la première, dont la partie antérieure du chaperon est plus obtuse, dont l'arête du vertex est plus développée transversalement, dont le prothorax est plus aspèrement ponctué, et le *O. vacca* proprement dit, des auteurs, on ne trouve que des transitions insensibles. La couleur passe de même du bronzé obscur au vert métallique, et les élytres, par un effet analogue à celui que nous avons signalé chez l'*O. nuchicornis*, se parent ordinairement chez les individus des provinces méridionales de taches moins nombreuses, moins dilatées et d'un éclat métallique plus brillant.

Quant à l'*O. affinis*, il n'est que le produit des modifications que nous avons déjà plusieurs fois signalées et dont nous avons fait connaître le principe. Plus les individus se montrent dégénérés, plus ils se rapprochent de l'unité de conformation dans les deux sexes. On ne saurait trop avoir sous les yeux cette règle, dans l'étude des espèces de ce genre. Ainsi, dans l'*O. vacca* ♂, le chaperon en se modifiant, s'échancre à sa partie antérieure, et abandonne peu à peu sa forme ogivale pour s'arrondir davantage. La suture frontale, d'indistincte qu'elle était chez les sujets très-développés, finit par devenir apparente et même passablement saillante. La lame du vertex perd de sa hauteur à la base; elle se lie davantage à la tête dont elle était détachée; en même temps ses angles latéraux deviennent moins marqués, son prolongement corniforme se dresse en se rapetissant, et présente tous les degrés de diminution jusqu'à sa disparition; la lame offre alors la forme d'un triangle dont le sommet tronqué s'émousse et s'oblitère; elle se réduit enfin chez les individus les plus dégradés, à une simple arête plus ou moins arquée sur sa tranche. Le prothorax dont la partie antérieure était triangulairement cavée pour recevoir la lame cornigère quand l'insecte relevait la tête, voit ses concavités et sa troncature disparaître à mesure qu'elles deviennent inutiles par la réduction de la pièce dont le vertex était paré. Dès que celle-ci a perdu son appendice corniforme, signe remarquable de la puissance masculine, le prothorax montre en devant deux sortes de petits boutons ou tubercules rapprochés, situés de chaque côté du sillon dorsal, analogues à ceux qu'il présente chez les femelles; sa convexité diminue, et de plus élevé qu'il était au dessus des élytres, il se rabaisse à leur niveau.

Les femelles subissent aussi des modifications remarquables, dont il est facile de suivre la série : le chaperon d'abord arrondi et entier, s'échancre bientôt. Les petites cornes qui se dressent aux extrémités de la lame du vertex se raccourcissent, deviennent une simple dent et disparaissent complètement; puis cette lame, de horizontale qu'elle

était sur sa tranche, se montre arquée, en rentrant dans les faibles
proportions d'une arête. La saillie ou l'avancement du milieu de la
partie antérieure du prothorax diminue de volume, et en s'amoin-
drissant se divise plus visiblement en deux petits boutons comme chez
les mâles dégénérés; la troncature transversale que dominait cette
saillie, s'offre moins concave et s'efface; le prothorax alors, en devant,
se présente légèrement bituberculeux, curvilinéairement déclive, ou
seulement un peu obtus au dessus du bord antérieur.

9. O. Taurus : Linn. *Dessus du corps noir, quelquefois irisé de verdâtre. Chaperon entier. Prothorax creusé d'une fossette ou obtusément tronqué
à sa partie antérieure ; marqué de petites impressions circulaires ou de
points médiocrement rapprochés et presque uniformément distancés, plus
affaiblis en devant et sur les côtés. Elytres à stries légères et transversalement rayées ; intervalles irrégulièrement pointillés.*

♂. Chaperon subogival. Suture frontale indistincte ou peu apparente.

♀. Chaperon en demi-cercle. Suture frontale saillante.

Scarabœus taurus, Linn. Syst. Nat. 1. 2. p. 547. 26.—Schreber, Nov. Spec. Insect. p.
7. 1. fig. 6, ♂. — Muller, Linn. Natursyst. p. 65. 26. — Fab. Syst. Entom. p. 26.
100. ♂.—*Id.* Spec. Ins. t. 1. 28. 125. ♂.—*Id.* Mant. t. 1. 15. 142. ♂.—*Id.* Ent.
Syst. t. 1. 54. 178. ♂.—Sultz. Hist. Ins. p. 17. pl. 1. f. 5. ♂.—Goeze, Ent. Beyt.
p. 19. 26. — Laichart. Verzeich. t. 1. p. 19. 12. ♂♀. — Herbst, Arch. p. 11. 38.
—*Id.* Natursyst. t. 2. p. 184. 114. pl. 13. f. 6. ♂. f. 7. ♀.—Hoppe, Enum. p. 27.
—*Id.* Tasch. 1. iii. 5. — Moll. Briefe, t. 1. p. 175. 22. ♀. — Gmel. Linn. Syst. Nat.
1. 4. p. 1543. 166. ♂. — De Villers, C. Linn. Ent. t. 1. p. 16. 11. ♂. — Rœmer,
Ins. 1. f. 5.—Panz. Ent. Germ. p. 14. 55. ♂.—*Id.* Faun. Germ. 12. 13.—Oliv. Ent.
t. 1. 3. p. 144. 174. pl. 8. f. 63. a, ♂. b. ♀ (♂ var.).—Poiret, Voy. t. 1. p. 297.
—Rossi, Faun. Etr. t. 1. p. 12. 27. ♂.—*Id.* éd. Helw. t. 1. 13. 27.—Preyssler,
Verzeich. Bœhm. Ins. 1. p. 103. 99. —Kugelann, Schneid. Mag. 1. 275. 6. ♂.
—Sturm, Verzcich. 1. p. 92. 79.—Tigny, Hist. Nat. t. 5. p. 251.—Ponza, Coleopt.
Salut. p. 33. 6.
Scarabœus illyricus, Scop. Ent. Carn. p. 11. 25. ♂.
Scarabœus rugosus, Scor. Ent. Carn. p. 10. 23. ♀.
Scarabœus quadrum, Kugel. Schneid. Mag. 1. 276. 7. ♀?—Panz. Ent. Germ. 1. p. 13.
74. ♀.
Le Bousier à cornes retroussées. Geof. Hist. t. 1. p. 92. ♂.
Copris corniger, Fourc. Ent. par. p. 16. 10.
Copris taurus, Schæff. Abhand. 1. p. 144. pl. 3. f. 7. 8.—*Id.* Icon. t. 1. pl. 63. f. 4. ♂.
—Harrer, Besch. 1. 13.—Scriba, Journ. t. 1. p. 52. 29.—Oliv. Encycl. méth. t. 5.
p. 168. 106 ♂ et ♀ (♂).—*Id.* Nouv. Dict. d'Hist. nat. t. 3. p. 433.—Brahm, Rhein·
Mag. p. 691. 44.—Cuv. Tabl. Elém. p. 517. 6.—Illig. Kæf. Preus. p. 44. 8.—Creutz.
Vers. p. 72. 25.—Fab. Syst. El. t. 1. 45. 69.—Walck. Ent. Par. p. 6. 3. ♂♀ et var.
—Duftsch. Faun. Aust. t. 1. p. 150. 13. ♂♀.—Sturm, Deutsch. Faun. t. 1. p. 43. 7.

—Schœnh. Syn. Ins. t. 1. 46. 85.—Baud, Laff. Monog. p. 55. 8. ♂ ♀.— Lamarck, Anim. S. V. t. 4. p. 571.—Dumer. Dict. des Scienc. Nat. t. 5. p. 278. 5.—Suckow, Naturg. p. 181. 83. ♂ ♀.—Muls. Lett. t. 1. p. 285. 8.

Pilularius taurus, Schrank, Faun. Boic. t. 1. p. 595. 357.

Pilularius cruoreus, Schrank, Faun. Boic. 397. 361 ? (♀ Var.).

Onthophagus taurus, Latr. Hist. nat. t. 10. p. 113. 10.—*Id.* Nouv. dict. d'hist. nat. t. 23. p. 520.—*Id.* Crust. Arach. Ins. t. 1. p. 536.—Guérin, Dict. clas. d'hist. nat. t. 12. p. 222.—*Id.* Dict. pitt. d'hist. nat. t. 6. p. 342.—Boit. Man. t. 1. p. 317.—Curtis Brit. Ent. t. 2. p. 52. ♂.—Steph. Synops. p. 171. ♂ ♀.—Garnier, Mém. acad. de la Somme, t. 1. p. 63. 1. ♂ ♀.—De Casteln. Hist. nat. t. 2. p. 85. 18. ♂ ♀. pl. 5. f. 4. ♂.

♂. *Etat normal.* Front relevé jusqu'à la partie postérieure du vertex en une lame prolongée de chaque côté en une corne obliquement inclinée, arquée et presque aussi longue que le prothorax. Celui-ci creusé d'une fossette à sa partie antérieure, et sur les côtés d'un sillon destiné à loger les cornes quand l'insecte relève sa tête.

♂. Var. A. **O. Bos ;** Villa. *Cornes plus courtes et arquées ; sillons latéraux du prothorax moins prononcés.*

Onthophagus bos, Villa, Col. Eur. p. 34. 17.

♂. Var. B. **O. Bovillus ;** Nob. *Cornes courtes et arquées. Prothorax sans traces de sillons sur les côtés.*

Scarabæus capra, Fab. Ent. Syst. t. 1. p. 55. 180.—Gmel. Linn. Syst. Nat. 1543. 166. —De Vill. C. Lin. Ent. t. 4. p. 208.— Oliv. Ent. t. 1. 3. p. 145. 175. pl. 20. f. 182. a, b.

Copris taurus, Illig. Kæf. preuss. l. c. Var. β. — Sturm, Deut. Faun. l. c. Var. b. — Duft. l. c. Var. β.

Copris capra, Oliv. Encycl. mét. t. 5. p. 168. 107.— Fab. Syst. El. t. 1. p. 46. 72. —Baud. Laf. Monog. p. 55. 9.—Suckow, Naturg. p. 182. 84.

Onthophagus capra, Latr. Hist. nat. t. 10. p. 114. 11.—Boit. Man. p. 318.—De Casteln. Hist. t. 2. p. 86. 19.

♂. Var. C. **O. Recticornis ;** Leske. *Cornes courtes et droites. Prothorax sans sillons latéraux.*

Scarabæus recticornis, Leske, Reise durch Sachsen, 45. A. f. 8, 9.

Scarabæus capra, Fab. Mant. t. 1. p. 15. 144.—Panz, Ent. Germ. p. 14. 56.—*Id.* Faun. Germ. 49. 7. — *Id.* Krit. Rev. p. 4. — Rossi, Faun. Etr. t. 1. p. 13. 30. — *Id.* éd. Helw. t. 1. 14. 30.

Copris taurus, Duftsch. l. c. Var. γ.

Copris capra, Scriba, Journ. t. 1. p. 52. 31.—Brahm, Mag. p. 69. 47.—Creutz. Ent. Vers. p. 72. 25.—Duftsch. Faun. Aust. t. 1. p. 151. 44.

♂. Var. D. **O. Capreolus ;** Nob. *Cornes réduites chacune à une simple pointe. Prothorax subconcave transversalement ; sillons latéraux nuls*

Scarabœus taurus, Oliv. Ent. l. c. ♀.—Tigny, l. c. ♀.—Rossi. l. c. ♀.

Copris taurus, Oliv. Encycl. méth. l. c. ♀.—Duftsch. l. c. ♂, Var. δ.

♂. **Var. E. O. Femineus**; Nob. *Cornes nulles. Front chargé seulement d'une ligne élevée. Prothorax curvilinéairement déclive en devant.*

Scarabœus taurus, Laichart. l. c. Var. δ.

Copris capra, Scriba, l. c. ♀.—Baud. Laf. l. c. ♀., etc.

Onthophagus capra, Latr. Hist. l. c. ♀.

♀. *État normal.* Vertex chargé vers sa partie postérieure d'une arête un peu plus saillante que la suture, et moins développée transversalement que celle-ci. Prothorax transversalement et subconcavement tronqué à sa partie antérieure.

♀. **Var. F. O. Mendax**; Nob. *Prothorax curvilinéairement déclive à sa partie antérieure.*

♂♀. **Var. G. O. Nigrovirescens**; Nob. *Dessus du corps d'un noir verdâtre, principalement sur la tête et le prothorax.*

Laichart. l. c. Var. ε. — Illig. — Sturm, l. c. Var. etc.

♂♀. **Var. H. O. Fuscipennis**; Nob. *Tête et prothorax d'un noir verdâtre submétallique. Elytres brunes.*

Laichart. l. c. Var. ε.—Illig., Sturm, l. c. Var. etc.

♂♀. **Var. I. O. Rufipes**; Nob. *Tête et prothorax d'un brun verdâtre. Elytres d'un rouge brun. Pieds d'un ferrugineux livide.*

♂♀. **Var. K. O. Piliger**; Nob. *Elytres parsemées de poils livides assez apparents.*

Long. 0ᵐ,007 à 0ᵐ,012 (3 à 5ˡ).— Larg. 0ᵐ,004 à 0ᵐ,006 (1 3/4 à 2 1/2ˡ).

♂. Tête un peu inclinée ; parfois irisée de verdâtre ; subruguleusement pointillée, d'une manière plus lisse sur le front. Chaperon en ogive ; rebordé dans sa périphérie et d'une manière graduellement plus marquée d'arrière en devant. Epistome sensiblement relevé à sa partie antérieure ; longitudinalement caréné ou tectiforme en dessus. Sutures génales très-peu apparentes. Suture frontale indistincte. Front graduellement relevé d'avant en arrière et formant sur le vertex une sorte de lame dont les extrémités se prolongent chacune en une corne arquée, presque aussi longue que le prothorax, dont elle semble embrasser le côté. Yeux bruns. Antennes d'un rouge ferrugineux, à massue d'un gris roussâtre. Prothorax fortement échancré à sa partie antérieure ; avancé en une sorte de dent à ses angles de devant ; subcurvilinéairement et graduellement élargi sur les côtés jusqu'au milieu de la longueur de ceux-ci ; gracieusement et subsinueusement rétréci de ce point aux angles postérieurs qui sont infléchis; en arc renversé à la base ; sensiblement subanguleux au dessus de la suture des élytres; étroitement rebordé dans sa périphérie, et moins distinctement à sa partie postérieure, surtout près des angles ; subdéprimé sur son disque et plus élevé que les élytres ; subconvexement déclive en devant et sur les côtés ; marqué d'une large fossette dans le milieu de sa partie antérieure; creusé au dessus de ses bords latéraux et parallèlement à ceux-ci, d'un sillon plus profond destiné à loger les cornes quand l'insecte relève la tête ; stigmatisé, dans le milieu de la longueur de ce sillon, d'une fossette presque confondue avec celui-ci; brièvement et légèrement subsillonné longitudinalement au dessus de l'angle de la base; noir, parfois irisé de verdâtre ; marqué de points médiocrement rapprochés, presque uniformément distancés et graduellement affaiblis en devant et sur les côtés : ceux du disque au moins, examinés attentivement, formés d'une impression circulaire ou semi-circulaire ; ombiliquées. Écusson invisible. Élytres, à la base, de la largeur du prothorax à ses angles postérieurs; à peine plus larges dans leur milieu que ce dernier dans son diamètre transversal le plus grand ; sensiblement moins longues que lui ; curvilinéaires de leur naissance aux angles postérieurs qui sont arrondis; plus étroites à ceux-ci, qu'à la base et surtout que dans le milieu ; obtusément tronquées à l'extrémité ; longitudinalement subdéprimées en dessus, convexement déclives sur les côtés ; noires ou d'un noir brunâtre ; à neuf stries légères presque imperceptiblement rebordées et transversalement rayées ; intervalles parsemés de très-petits points, donnant naissance à des poils ordinairement peu apparents : le neuvième intervalle rabattu en dessous et relevé sur les limites de la huitième strie en un rebord qui efface l'externe. Dessous du corps d'un noir luisant ; ponctué et hérissé sur l'antépectus et sur les flancs des autres parties pectorales de poils d'un livide jaunâtre. Métasternum et ventre lisses, presque impointillés. Pieds noirs; luisants. Cuisses ciliées : les antérieures plus fortes à la base ; les intermédiaires presques ovales ou oblongues; les postérieures plus allongées et très-faiblement convexes ainsi que les précédentes. Jambes antérieures quadridentées, les autres quadridenticulées au côté externe. Tarses souvent bruns ou d'un brun rougeâtre : premier article des postérieurs subparallèle, aussi long que les trois suivants réunis.

♀. Outre les caractères indiqués : épistome uniformément plane, sans carène longitudinale. Prothorax plus déprimé en dessus; sans fossette à sa partie antérieure; sans sillons au dessus des bords latéraux, mais marqués près de ceux-ci d'une fossette plus apparente.

Cette espèce habite presque toutes les parties de la France. Elle est très-commune dans les environs de Lyon , mais plus rare dans le nord.

Le mâle a été signalé pour la première fois par Schreber et a reçu de Linné son nom spécifique. Scopoli soupçonnait avoir trouvé la femelle dans son *S. rugosus*. Laicharting le premier a caractérisé les deux sexes. Cet auteur avait déjà indiqué les différences que montrent dans leur longueur les cornes du mâle, quand Fabricius désigna sous le nom spécifique de *capra* une de ces variétés. L'autorité du professeur danois a servi de règle à la plupart des auteurs qui ont écrit depuis lui, jusqu'à nos jours. Quelques-uns cependant, tels que Illiger et divers autres, ont su résister à l'entraînement général. Nous avons décrit le mâle dans son état de développement le plus complet. Le même sexe, suivant les divers individus, éprouve des modifications plus ou moins prononcées. Ainsi, la carène longitudinale de l'épistome s'affaisse peu à peu, de telle sorte que la surface de ce dernier devient plane comme chez la femelle ; le chaperon quitte la forme ogivale pour se rapprocher du demi-cercle ; les cornes se montrent graduellement plus courtes; elles perdent alors leur courbure, leur inclinaison, se dressent comme deux petites pointes, et finissent par disparaître complètement. Les sillons latéraux du prothorax subissent des changements proportionnels. Leur rebord inféro-postérieur forme d'abord une arête moins sensible; puis à mesure qu'ils deviennent inutiles par le raccourcissement des pièces corniformes, leur concavité se montre moins étendue et plus faible ; leurs traces mêmes s'effacent entièrement. La fossette antérieure, subarrondie dans les individus les mieux caractérisés, s'étend en largeur chez d'autres comme chez les femelles, puis devient moins marquée à mesure que l'espèce de troncature antérieure du prothorax se change en une convexe déclivité.

Les femelles ne subissent que cette dernière modification. Elles se distinguent des mâles par leur suture frontale presque aussi saillante que l'arête du vertex.

Dans les deux sexes, la tête et le prothorax passent parfois du noir au noir verdâtre presque métallique. Les élytres sont généralement plus brunes et quelquefois d'un brun rougeâtre. Notre var. H se rapporte à des individus chez lesquels le pygmentum ne s'est pas étendu. Ponza a signalé une autre variété ayant le prothorax paré de deux bandes rouges obliques. Nous n'avons pas rencontré cette curieuse anomalie. Les individus ♂ des provinces méridionales ont les cornes sensiblement plus longues que ceux des contrées moins chaudes.

L'*O. taurus* même médiocrement développé est facile à reconnaître entre toutes les autres espèces de ce genre. La femelle et les

mâles peu caractérisés se distinguent de l'*O. tages* par la forme différente des saillies de la tête, et de l'*O. nutans* par le prothorax glabre et paré de points ombiliqués, par les élytres pointillées et non
granulées.

10. O. Schreberi: Linn. *Dessus du corps d'un noir luisant. Chaperon
en demi cercle (♂ ♀), subéchancré à la partie antérieure de son rebord.
Suture frontale et arête du front presque également saillantes. Prothorax
glabre, finement ponctué. Elytres striées; parées chacune de deux taches
rouges. Pieds intermédiaires et postérieurs de même couleur.*

♂. Éperon des jambes de devant dilaté, infléchi, et obtusément
tronqué à son extrémité.

♀. Éperon des jambes de devant rétréci vers son extrémité et terminé en pointe obtuse.

Scarabæus schreberi, Linn. Syst. nat. 1. 2. 551. 45. — Mull. Linn. Natursyst. p. 73. 45.
— Fab. Syst. Ent. p. 30. 120. — *Id*. Spec. ins. t. 1. p. 33. 151. — *Id*. Mant. t. 1.
17. 172. — *Id*. Ent. Syst. t. 1. p. 68. 225. — Goeze, Beyt. 1. p. 29. 45. — Laichart.
Verz. t. 1. p. 24. 18 (♂), var. β (♀?). — Herbst, Natursyst. t. 2. p. 518. 203. pl.
20. f. 8. — Gmel. Linn. Syst. nat. 1. 4. 1556. 45. — De Vill. C. Linn. Ent. t. 1.
24. 36. — Oliv. Ent. t. 1. 3. p. 173. 214. pl. 19. f. 176 a, ♂; b, *id*. grossi. —
Panz. Ent. Germ. p. 18. 72. — *Id*. Faun. Germ. 28. 4. — Rossi, Faun. etr. t. 1. p.
16. 36. — *Id*. éd. Helw. t. 1. p. 16. 36. — Preyss. Bœhm. ins. t. 1. p. 41. 41.

Bousier à points rouges, Geoff. Hist. t. 1. p. 91. 7.

Copris hæmorrhoidalis, Fourc. Ent. par. t. 1. p. 15. 7.

Copris schreberi, Schaeff. Icon. t. 1. pl. 73. f. 6. — Scriba, Journ. t. 1. p. 55. 57. —
Oliv. Encycl. méth. t. 5. p. 178. 152. — Schneider, Mag. 1. 3. p. 278. 11. — Brahm,
Rhein. Mag. p. 693. 52. — Illig. Kæff. Preuss. p. 43. 9. — *Id*. Mag. t. 2. 207. 13.
— Payk. Faun. suec. t. 1. p. 34. 41. — Duftsch. Faun. Aust. t. 1. p. 154. 18. — Sturm,
Deut. Faun. t. 1. p. 41. 5. — Schoenh. Syn. ins. t. 1. 55. 151. — Gyll. Ins. suec. t. 1. 48.
7. — Baud. Laf. Monog. p. 57. 12. — Suckow, Naturg. p. 198. 126. — Dumér. Dict. des
Sc. nat. t. 5. p. 281. — Muls. Lett. t. 1. p. 284. 6.

Pilularius schreberi, Schrank, Faun. Boic. t. 1. p. 599. 363.

Ateuchus schreberi, Fab. Syst. El. t. 1. p. 32.

Onthophagus schreberi, Latr. Hist. nat. t. 10. p. 110. 3. — *Id*. Nouv. Dict. d'Hist. nat. t.
23. p. 520. — Boit. Man. t. 1. p. 318. — Guer. Dict. class. d'Hist. nat. t. 12. p. 223.
— *Id*. Dict. pitt. d'Hist. nat. t. 6. p. 342. — De Casteln. Hist. t. 2. p. 87. 52.

♂. *État normal.* Prothorax subperpendiculairement déclive ou
obliquement tronqué en devant, trisinueux et quadridenté au sommet
de cette troncature. Cuisses et jambes antérieures noirâtres.

♂. **Var. A. O. Bidentatus**; Nob. *Prothorax faiblement tronqué en devant; le sommet de cette troncature à peine sinueux et très-légèrement bidenté.*

♂. Var. B. **O. Mixtus;** Nob. *Prothorax convexement déclive en devant, sans traces de dents ni de troncature.*

♀. *Etat normal.* Prothorax subconvexement déclive à sa partie antérieure; transversalement creusé sur cette déclivité de trois petites fossettes: les deux latérales plus apparentes et couronnées chacune par une dent obtuse.

♀. Var. C. **O. Indistinctus;** Nob. *Prothorax convexement déclive en devant, sans traces de fossettes ni de dents.*

♂. ♀. Var. D. **O. Obscurus;** Nob. *Taches des élytres presque indistinctes.*

♂. ♀. Var. E. **O. Bimaculatus;** Nob. *Taches des élytres réunies et ne formant plus alors qu'une tache rouge plus ou moins étranglée dans son milieu.*

♂. ♀. Var. F. **O. Rubripes;** Nob. *Tous les pieds rouges.*

♂. ♀. Var. G. **O. Juvenilis;** Nob. *Corps et pieds d'un rouge brun; élytres à taches presque fauves et peu distinctes.*

Baud. Laf. Monog. p. 58. Var.

L. 0^m,0050 à 0^m,0075 (2 1/4 à 3 1/4^l).— L. 0^m,0033 à 0^m,0045 (1 1/2 à 2^l).

♂. Dessus du corps entièrement glabre et luisant. Tête très-penchée. Chaperon en demi-cercle; relevé en rebord dans sa périphérie et d'une manière un peu plus sensible en devant; subéchancré à la partie antérieure de ce rebord et fendu sur les côtés. Épistome rugueusement ponctué. Suture frontale subarquée, très-saillante, limitée latéralement par les sutures génales, et paraissant être uniquement une dépendance de l'épistome. Arête du front située entre les yeux, transversalement plus étendue et généralement un peu plus élevée que la précédente. Intervalle situé entre ces deux lignes saillantes plus uni et moins densement ponctué que la partie antérieure de l'épistome. Yeux bruns. Antennes d'un rouge ferrugineux ou brunâtre, à massue d'un gris obscur. Prothorax subsinueusement et profondément échancré pour recevoir la tête; avancé à ses angles antérieurs en forme de dent émoussée; curvilinéairement élargi sur les côtés, jusqu'à la moitié de la longueur de ceux-ci; subsinueusement rétréci de ce point aux angles postérieurs qui sont arrondis; en demi-cercle à la base, subanguleux au dessus de la suture des élytres; subconvexe sur son disque; convexement et fortement déclive sur les côtés; presque perpendiculairement déclive ou obliquement tronqué en devant; trisinueux transversalement et quadridenté au sommet de cette troncature; la face de cette dernière creusée d'une fossette sous chacune des dents; noir ou d'un noir violâtre luisant; marqué de points médiocrement rapprochés, presque uniformément distancés, mais plus petits à la partie antérieure; creusé de chaque côté au dessus des angles latéraux d'une fossette peu profonde. Écusson invisible. Élytres de la largeur du prothorax à ses angles postérieurs; à peine aussi longues que ce dernier; aussi larges que lui dans leur diamètre transversal respectivement le plus grand; curvilinéaires de leur naissance aux angles postérieurs qui sont arrondis; plus étroites à ceux-ci qu'à la base et surtout que dans le milieu; obtusément tronquées à l'extrémité; laissant le pygidium à découvert; subconvexes en dessus longitudinalement sur leur disque, convexement déclives sur les côtés; à neuf stries légères, transversalement ponctuées; irrégulièrement pointillées sur les intervalles; ceux-ci subdéprimés: le neuvième, rabattu en dessous et relevé vers la huitième strie en une espèce de rebord qui efface l'externe; chargées d'un tubercule huméral peu saillant; d'un noir luisant; parées à la base, entre les septième et troisième stries, d'une tache rouge fauve subtriangulaire ou graduellement plus étroite de dedans en dehors; ornées vers l'extrémité, entre les première et septième stries d'une tache transversalement subovale de même couleur. Pygidium noir, luisant, très-étroitement rebordé, et d'une ponctuation presque analogue à celle du prothorax. Dessous du corps d'un noir plus luisant et plus sombre; flancs de l'antépectus ponctués et longitudinalement chargés de deux lignes élevées, sinueuses et divergentes; flanes des autres parties pectorales marqués de points plus gros ou occellés. Métasternum en partie presque uni ou peu distinctement pointillé; longitudinalement et peu profondément rayé. Hanches noires. Cuisses antérieures brunes ou d'un brun ferrugineux; ciliées de fauve; plus fortes que les suivantes; renflées à la base. Cuisses intermédiaires ovales, les postérieures oblongues; les quatre dernières rouges ou d'un rouge ferrugineux, lisses et faiblement convexes. Jambes antérieures d'un brun métallique, extérieurement quadridentées; les intermédiaires et postérieures rouges, quadridenticulées sur l'arête. Eperon des jambes antérieures rouge ou d'un rouge ferrugineux; courbé en dessous; dilaté et tronqué à l'extrémité (♂), ou terminé en pointe (♀). Tarses rougeâtres: les antérieurs grêles, subcylindriques; les autres déprimés, ciliés, avec le premier article des postérieurs plus long que les deux suivants réunis.

♀. Suture frontale généralement aussi saillante que l'arête du front. Prothorax un peu plus déprimé sur son disque.

Cette espèce est commune au printemps et en été dans les parties méridionales de la France. Les taches de ses élytres la font aisément reconnaître.

11. O. Semicornis ; Panz. *Dessus du corps d'un noir peu luisant, et peu densement hérissé de poils raides. Chaperon échancré en devant. Front chargé d'une lame anguleuse. Prothorax transversalement concave en devant, tranchant au sommet de cette concavité ; ponctué et marqué, au moins près de sa base, de petits cercles imprimés. Elytres à stries longitudinalement parées d'un filet presque indistinct. Intervalles déprimés et non granuleux.*

♂. Eperon des jambes de devant brusquement courbé en dessous, et parallèle de sa base à sa courbure. Suture frontale généralement peu saillante.

♀. Eperon des jambes de devant graduellement rétréci de la base à l'extrémité et moins courbé inférieurement. Suture frontale généralement plus saillante.

Scarabœus semicornis, Panz. Faun. Germ. 58. 10. ♂ ♀.—*Id.* Krit. Revis. p. 7.

Copris semicornis, Duftsch. Faun. Aust. t. 1. p. 140. 4. ♂ ♀.—Sturm, Deutsch. Faun. t. 1. p. 40. 4. ♂.—Suckow, Nat. p. 166. 40.

♂. *Etat normal.* Tête chargée, d'un œil à l'autre, sur les limites du vertex, d'une lame verticale, angulairement rétrécie de la base à l'extrémité, fortement échancrée et bidentée au sommet, plus haute que la moitié de sa longueur. Prothorax concavement tronqué en devant : le sommet de cette troncature semi-circulairement avancé et légèrement fendu dans son milieu, sinueusement coupé de chaque côté de cette saillie, et terminé par une petite dent.

♂. Var. A. **O. Angulicornis ;** Nob. *Lame frontale un peu moins haute que la moitié de sa longueur, en demi-octogone. Saillie du prothorax moins prononcée.*

Cette modification s'applique à l'état normal des femelles.

♀. Var. B. **O. Decipiens ;** Nob. *Lame frontale peu élevée, arquée ou presque indistinctement anguleuse. Prothorax curvilinéairement déclive en devant ; faiblement subexcavé au dessus de la partie médiaire de son lord antérieur, chargé au dessus de cette faible troncature ou de cette espèce de sillon transversal d'une saillie arquée ; sans sinuosités et sans dents latéralement.*

Long. 0^m,0055 à 0^m,0063 (2 1/2 à 3^l). Lar. 0^m,0037 à 0^m,0042 (1 3/5 à 2^l)

♂. Dessus du corps noir, peu luisant. Peu densement hérissé de poils concolores, raides et peu allongés Tête inclinée ; ruguleusement ponctuée sur l'épistome. Chaperon presque en demi-hexagone ou en demi-

cercle largement échancré en devant ; relevé en rebord dans sa périphérie, et graduellement d'une manière presque insensiblement plus
saillante antérieurement. Sutures génales faiblement apparentes. Suture frontale arquée, très-sensiblement saillante. Front transversalement ou subarcuément chargé d'une lame s'étendant d'un œil à l'autre
sur la limite du vertex : cette lame notablement plus large conséquemment que la suture frontale ; perpendiculaire à sa base, mais penchée
en avant en raison de l'inclinaison de la tête ; aussi haute quand celle-ci
est horizontale que le dos du prothorax ; aspèrement ponctuée sur sa
face antérieure ; perpendiculairement coupée sur les côtés jusqu'à la
moitié de sa hauteur, rétrécie de ce point à son sommet qui reste
large, fortement échancré dans son milieu et relevé en espèce de
dent à chacune de ses extrémités. Yeux noirs. Antennes d'un ferrugineux livide, à massue d'un gris obscur. Prothorax subsinueusement
échancré en demi-cercle en devant pour recevoir la tête : avancé à ses
angles antérieurs ; sans sinuosité et subcurvilinéairement élargi sur les
côtés jusqu'à la moitié de la longueur de ceux-ci, puis subsinueusement
rétréci jusqu'aux angles postérieurs qui sont obtus ou assez faiblement
marqués ; presque en demi-cercle à la base, subanguleux au dessus de
la suture des élytres ; rebordé dans toute sa périphérie, moins visiblement et plus étroitement à sa partie postérieure ; subconcave sur
son disque et plus élevé que les élytres ; convexement déclive sur les
côtés ; transversalement concave au dessus de son bord antérieur :
le sommet de cette concavité arcuément ou subsemicirculairement
avancé et légèrement subéchancré ou fendu dans le milieu de cette
saillie, sinueusement coupé de chaque côté de celle-ci et relevé en
forme de dent obtuse ou de bouton à l'extrémité latérale de ces sinuosités ; sans traces de sillon dorsal ; marqué au dessus des coudes
latéraux d'une fossette presque cicatrisée, tuberculeusement relevée à
son bord inférieur ; couvert au dessus de la base et sur son disque de
cercles imprimés et ombiliqués, graduellement plus serrés et transformés en points enfoncés en se rapprochant du bord antérieur ;
d'un noir profond et peu luisant, comme le reste du dessus du corps, et
hérissé de poils concolores, raides et peu allongés, naissant de chaque
point ou impression. Ecusson invisible. Elytres un peu plus larges à la
base que le prothorax à ses angles postérieurs ; presque insensiblement
plus larges dans leur milieu que ce dernier dans son diamètre transversal le plus grand ; aussi longues que lui et le front réunis ; curvilinéaires de leur naissance aux angles postérieurs qui sont arrondis ;
plus étroites à ceux-ci qu'à la base et surtout que dans le milieu ; obtusément coupées à leur extrémité ; subdéprimées longitudinalement
sur leur disque ; convexement déclives sur les côtés ; à neuf stries

presque indistinctement rebordées et parées dans leur milieu d'un filet analogue à ces rebords, de telle sorte qu'elles sont remplies ou remplacées par trois lignes excessivement légères, soit entières, soit caténiformes ou interrompues, et même quelquefois en partie effacées; déprimées sur les intervalles : le neuvième de ceux-ci rabattu en dessous et relevé vers la huitième strie en une sorte de rebord effaçant l'externe : les autres intervalles peu ou point granuleusement, mais subbisérialement hérissés de poils concolores, raides et peu allongés; à peine subtuberculeuses aux épaules et obtusément tronquées à l'extrémité des troisième à cinquième intervalles. Pygidium noir, peu densement ponctué et hérissé de poils. Dessous du corps et pieds d'un noir brillant; garnis de poils d'un cendré fauve moins clairsemés et plus apparents sur les bords des cuisses et sur les flancs de l'antépectus. Ceux-ci aspèrement ponctués; ceux des autres parties pectorales et métasternum marqués de points plus gros et moins rapprochés. Cuisses peu convexes, également parsemées de gros points : les antérieures plus fortes et plus renflées à la base : les intermédiaires oblongues ; les postérieures allongées. Jambes de devant extérieurement quadridentées; les suivantes quadridenticulées. Tarses antérieurs grêles, subcylindriques; les autres déprimés, subparallèles; le premier article des postérieurs aussi long que les trois suivants réunis.

♀. Outre les caractères indiqués : disque du prothorax moins convexe ou plus déprimé.

Cette espèce remarquable a été découverte en Silésie par le baron de Hillfrid; elle a été prise une fois dans les environs de Lyon par M. Foudras; mais elle est plus particulièrement du midi, où elle est rare. J'en ai reçu de M. Goupil divers exemplaires trouvés par ce naturaliste sous le cadavre d'une taupe, dans les environs de Béziers.

Obs. L'O. semicornis, comme la plupart des espèces de ce genre, éprouve suivant le développement des individus des modifications importantes qui en varient la physionomie. Ainsi, la lame frontale est parfois réduite à une arête peu élevée, à peine anguleuse sur sa tranche; la découpure antérieure du prothorax a une espèce d'arc faiblement saillant, rapproché du bord antérieur, c'est-à-dire notablement rabaissé au dessous du niveau du dos, qui est devenu curvilinéairement déclive en devant au dessus de cet arc. Les cercles imprimés qui parent ordinairement la surface du prothorax sont parfois en grande partie transformés en points enfoncés; et les intervalles des élytres, pour l'ordinaire déprimés et simplement hérissés de poils, offrent quelquefois une très-faible subconvexité et une légère granulation.

12. O. Furcatus ; Fab. *Dessus du corps noir peu luisant, avec l'extré-mité des élytres rougeâtre. Chaperon échancré en devant. Vertex chargé d'une lame simple ou cornigère. Prothorax et pygidium granuleux, ponc-tués ; le premier assez densement hérissé de poils flexibles. Elytres à stries légères, souvent rendues plus profondes par la subconvexité des intervalles.*

♂. Suture frontale en général faiblement ou à peine saillante. Lame du vertex ordinairement cornigère.

♀. Suture frontale très-sensiblement saillante. Lame du vertex toujours inerme.

Scarabæus furcatus, Fab. Spec. Insect. t. 1. 50. 134. (♂).—*Id*. Mant. t. 1. 16. 153. ♂♀. —*Id*. Ent. Syst. t. 1. p. 60. 198. — Herbst. Natursyst. t. 2. p. 182. 113. pl. 13. fig. 5. a. b.— Gmel. Linn. Syst. Nat. 1. 4. 1544. 169. ♂♀. — De Vill. C. Linn. Ent. t. 4. p. 208. ♂♀. —Panz. Naturf. t. 24. p. 8. 9. pl. 1. f. 9. ♂.— *Id*. Ent. Germ. p. 16. 65.—*Id*. Faun. Germ. 12. 5.—Oliv. Ent. t. 1. 3. p. 150. 182. pl. 8. f. 61. a, ♂; b, ♂ grossi; c, ♀ (♂. Var?); d, *id*. grossi.— Rossi, Faun. Etr. 1. 14. 31.—*Id*. ed. Helw. t. 1. p. 15. 31.—Ponza, Col. Salut. p. 53. 7.

Scarabæus vitulus, Laichart. Tyrol. Ins. t. 1. p. 26. 20. (♂).

Copris furcatus, Oliv. Encycl. méth. t. 5. p. 170. 116 ♂♀.—Sturm, Verz. p. 96. 83. — *Id*. Deutsch. Faun. t. 1. p. 45. 8. ♂♀.—Fab. Syst. Eleuth. t. 1. p. 52. 102. —Scœhnh. Syn. Ins. t. 1. p. 54. 122.— Duftsch. Faun. Aust. t. 1. p. 153. 16. ♂♀. — Suckow, Naturg. p. 195. 118.—Baud. Laf. Monog. p. 56. 10. ♂♀.

Onthophagus furcatus, Latr. Hist. nat. t. 10. p. 11. 5.—Boit. Man. t. 1. p. 217. ♂. —De Casteln. (*O. fanatus*, par erreur.) Hist. t. 2. p. 87. 33. ♂♀.

♂. *Etat normal.* Lame du vertex à trois cornes presque sans sinuo-sités : les deux extrêmes prolongées dans la direction de leur base, c'est-à-dire formant avec le front un angle un peu obtus; un peu plus élevées que le dos du prothorax et terminées en pointe obtuse; l'in-termédiaire très-courte, plus penchée en avant.

♂. **Var. A. O. Bicornutus;** Nob. *Lame du vertex relevée aux deux extré-mités de sa tranche en une corne formant avec le front un angle plus obtus, et moins élevée que le dos du prothorax.*

♂. **Var. B. O. Bidentatus ;** Nob. *Lame du vertex échancrée sur sa tranche et relevée en espèce de dent aux deux extrémités de cette échan-crure.*

♂. **Var. C. O. Laminiger ;** Nob. *Lame du vertex horizontale ou imper-ceptiblement arquée sur sa tranche.*

♀. *Etat normal.* Lame du vertex horizontale sur sa tranche.

♂. **Var. D. O. Degener;** Nob. *Lame du vertex moins élevée et sensi-blement arquée sur sa tranche.*

♂ ♀. Var. E. **O. Rubellus**; *Dessus du corps ou seulement les élytres d'un rouge brun.*

L. 0^m,0037 à 0^m,0048 (1 3/4 à 2 1/2^l).--L. 0^m,0025 à 0^m,0033 (1 1/5 à 1 1/2^l).

♂. Tête penchée ; noire ou d'un noir violâtre ; subruguleusement ponctuée et pointillée sur l'épistome et plus uniment sur le front ; hérissée de poils d'un fauve livide, souvent usés. Chaperon en demi-cercle, échancré en devant; relevé en rebord dans sa périphérie et souvent d'une manière plus saillante ou en forme de petite dent de chaque côté de l'échancrure. Sutures génales presque indistinctes. Suture frontale arquée, généralement peu saillante. Front relevé sur les côtés en un rebord qui semble le prolongement de la suture frontale, limitée à chacune de ses extrémités par les génales. Vertex relevé en une lame à trois cornes : celles situées aux deux extrémités de la tranche formant avec le front un angle un peu obtus ou presque droit, peu sensiblement courbées en devant, subtétragones, aussi hautes que le dos du prothorax, terminées en pointe obtuse : l'intermédiaire très-courte, plus penchée en avant et tronquée. Yeux bruns. Antennes d'un rouge ferrugineux, quelquefois livide, à massue d'un gris obscur. Prothorax échancré en demi-cercle en devant pour recevoir la tête ; avancé à ses angles antérieurs en forme de dent assez prononcée et légèrement relevée ; sinueux à la base antérieure de cette dent ; de là, curvilinéairement élargi sur les côtés jusqu'à la moitié de la longueur de ceux-ci, puis subcurvilinéairement rétréci jusqu'aux angles postérieurs qui sont faiblement marqués; presque en demi-cercle à la base, mais subanguleux au dessus de la suture des élytres; rebordé dans toute sa périphérie, et plus étroitement à sa partie postérieure ; subconvexe sur son disque et plus élevé que les élytres; convexement déclive sur les côtés et d'une manière plus abrupte en devant; d'un noir violâtre ; longitudinalement creusé dans la seconde partie de son milieu d'un léger sillon dorsal dont parfois il n'existe que les traces ; marqué de chaque côté au dessus des coudes latéraux d'une fossette peu profonde et subtuberculeusement relevée à son bord inférieur; aspèrement couvert de petits grains plus rapprochés à la partie antérieure que sur le disque, et derrière chacun desquels se hérisse, d'un point enfoncé plus ou moins apparent, un poil d'un fauve livide. Écusson invisible. Élytres un peu plus larges à la base que le prothorax à ses angles postérieurs; à peine plus larges dans le milieu que ce dernier dans son diamètre transversal le plus grand ; un peu plus longues que lui; curvilinéaires de leur naissance aux angles postérieurs qui sont arrondis; plus étroites à ceux-ci qu'à la base et surtout que dans le milieu; obtusément coupées à leur extrémité; subdéprimées

longitudinalement sur leur disque ; convexement déclives sur les côtés ;
à neuf stries presque indistinctement rebordées, transversalement
rayées, légères mais paraissant ordinairement plus profondes par la
subconvexité plus ou moins sensible des intervalles : le neuvième de
ceux-ci rabattu en dessous et relevé en rebord vers la huitième strie :
les autres, subbisérialement chargés de petits grains de la base de
chacun desquels sort un poil livide, mi-couché, peu apparent ; faiblement subtuberculeuses aux épaules ; noires ; d'un rouge fauve, et obtusément tronquées à l'extrémité des deuxième à sixième stries. Pygidium d'un noir bronzé ; subruguleusement garni de points enfoncés
de chacun desquels s'élève un petit grain et un poil livide. Dessous
du corps et pieds d'un noir luisant ; garnis d'assez longs poils d'un gris
livide, plus nombreux sur les flancs de l'antépectus : ceux-ci aspèrement ponctués : ceux des autres parties pectorales et métasternum
marqués de points plus gros et plus unis : le dernier longitudinalement sillonné. Ventre presque lisse. Cuisses parcimonieusement ponctuées et faiblement convexes : les antérieures plus fortes, plus renflées
vers la base ; les intermédiaires oblongues ; les postérieures allongées.
Jambes de devant extérieurement quadridentées : les suivantes tridenticulées ou trispinosules. Tarses antérieurs grêles, subcylindriques ;
les autres déprimés, subparallèles, ciliés : le premier article des postérieurs aussi long que les trois suivants réunis.

♀. Epistome plus ruguleusement marqué de points d'inégale grosseur. Vertex transversalement relevé en une lame faiblement arquée,
dépassant en hauteur le bord antérieur du prothorax et horizontale
sur sa tranche. Disque du prothorax subdéprimé.

Cette espèce habite les parties méridionales et tempérées de la
France. Elle est très-commune dans la Provence et le Languedoc, et
n'est pas rare dans les environs de Lyon.

Elle est facile à distinguer des espèces voisines par ses élytres rougeâtres à l'extrémité.

Obs. L'arête du vertex si remarquablement tricorne chez les mâles
les plus développés, offre selon les individus du même sexe des modifications importantes. Chez les uns ; le cornicule du milieu a disparu
et les deux branches latérales sont en même temps devenues plus courtes ; chez d'autres, celles-ci sont réduites à des espèces de dents faisa nt
saillie à chacune des extrémités de l'arête laminiforme qui semble
échancrée dans son milieu ; enfin ces dents elles-mêmes finissent par
disparaître, et l'arête est alors horizontale sur sa tranche, comme chez
les femelles à l'état normal. A partir de ce point jusqu'au dernier degré de dégénération dans lequel cette arête devenue plus rudimentaire se montre plus ou moins arquée en dessus, le seul caractère

extérieur distinctif des deux sexes consiste dans la suture frontale presque insensiblement moins saillante dans les mâles.

13. O. Ovatus; Linn. *Dessus du corps d'un noir peu luisant, parfois légèrement bronzé sur le prothorax. Chaperon échancré en devant. Front chargé d'une arête inerme. Prothorax assez densement hérissé de poils flexibles; ruguleusement ponctué et souvent granuleux. Pygidium peu ou point chargé de petits grains. Elytres unicolores; à stries légères, mais souvent rendues plus profondes par la subconvexité des intervalles : ceux-ci subbisérialement granuleux.*

♂. Suture frontale indistincte ou à peine saillante.

♀. Suture frontale très-sensiblement saillante.

Scarabæus ovatus, Linn. Syst. Nat. 1. 2. 551. 46.—Mull. Linn. Natursyst. p. 73. 46 —Fab. Syst. Ent. p. 30. 124.—*Id.* Spec. Ins. t. 1. 34. 158.—*Id.* Mant. t. 1. 18. 180 —*Id.* Ent. Syst. t. 1. 70. 237.— Gœze, Ent. Beytr. 1. p. 29. 46.—Laichart. Ins Tyr. t. 1. p. 26. 19.—Herbst, Archiv. p. 12. 45. pl. 19. 1. 18.—*Id.* Natursyst. t. 2. p. 320. 204. pl. 20. f. 9.—Mull, Naturhist. Brief. t. 1. 176. 24.—Petagn. Spec, p. 3. 8.—Gmel. Linn. Syst. nat. 1. 4. 1557. 46.—De Vill. C. Linn. Ent. t. 1. p. 24. 37.—*Id.* t. 4. p. 201. 28.—Panz. Ent. Germ. p. 19. 75.—*Id.* Faun. Germ. 48. 11. —Oliv. Ent. t. 1. 3. p. 175. 220. pl. 20. f. 187. a; b. grossi.—Rossi, Faun. Etr. t. 1 p. 17. 38.—*Id.* éd. Helw. t. 1. 17. 38.—Preyssler, Bœhm. Ins. p. 46. 49.—Payk. Faun. Suec. t. 1. p. 33. 4).—Marsham, Ent. Brit. p. 35. 63.

Copris ovatus, Scriba, Journ. t. 1. p. 56. 39.— Oliv. Encycl. Méth. t. 5. p. 179. 158. —Schneider, Mag. p. 278. 10.—Brahm, Rhein. Mag. p. 695. 53.—Sturm, Verz. p. 112. 94.—*Id.* Deut. Faun. t. 1. p. 61. 18.—Illig. Kæf. Preuss. p. 45. 10.—Schœnh. Syn. Ins. t. 1. p. 56. 137 —Duftsch. Faun. Aust. t. 1. p. 154. 17.—Gyll. Ins. Suec. t. 1. p. 48. 6.—Baud. Laf. Monog. p. 57. 11.—Suckow, Naturg. p. 200. 132.

Pilularius ovatus, Schrank, Faun. Boic. t. 1. p. 400. 366.

Ateuchus ovatus, Fab. Syst. Ent. t. 1. p. 63. 52.—Walck. Ent. Par. t. 1. 9. 5.

Onthophagus ovatus, Latr. Hist. nat. t. 10. p. 110. 4.—Boit. Man. t. 1. p. 318.—Steph. Synops. p. 176. 10.—Garn. Mém. t. 1. p. 65. 6. —De Casteln. Hist. t. 2. p. 87. 34.

♂♀. **Var. A. O. Fucatrus;** Nob. *Dessus du corps et surtout les élytres d'un rouge brun plus ou moins clair.*

L. 0^m,0045 à 0^m,0055 (2 à 2 1/2').—L. 0^m,0030 à 0^m,0038 (1 1/4 à 1 3/4).

♂. Dessus du corps uniformément noir, ou avec la tête et surtout le prothorax d'un noir légèrement bronzé. Tête penchée ou inclinée; parsemée de points assez gros mélangés de beaucoup plus petits; hérissée de poils d'un fauve livide, souvent usés. Chaperon en demi-cercle; échancré en devant; subsinueusement relevé en rebord dans sa périphérie, et souvent d'une manière plus saillante ou en forme de

petite dent de chaque côté de l'échancrure. Sutures génales peu apparentes. Suture frontale souvent indistincte, parfois très-légèrement
saillante; arquée. Front chargé entre les yeux d'une arête transversale
un peu moins développée dans sa longueur que la suture précédente.
Vertex aspèrement ponctué; aussi grand que le front. Occiput sublu-
berculeusement convexe. Yeux bruns. Antennes d'un ferrugineux
livide, à premier article souvent brunâtre, à massue d'un gris obscur.
Prothorax échancré en demi-cercle en devant pour recevoir la tête;
avancé à ses angles antérieurs sans sinuosité, et subcurvilinéairement
élargi sur les côtés jusqu'à la moitié de la longueur de ceux-ci, puis
subsinueusement rétréci jusqu'aux angles postérieurs qui sont faiblement marqués; presque en demi-cercle à la base, mais subanguleux au dessus de la suture des élytres; rebordé dans toute sa périphérie et plus étroitement à sa partie postérieure; subconvexe sur son
disque et plus élevé que les élytres; convexement déclive sur les
côtés et d'une manière plus abrupte en devant; noir ou d'un noir
bronzé; offrant rarement dans la moitié postérieure de son milieu les
faibles traces d'un sillon dorsal; marqué de chaque côté au dessus des
coudes latéraux d'une fossette presque cicatrisée et subtuberculeusement relevée à son bord inférieur; assez densement et subruguleusement couvert de points enfoncés plus rapprochés à sa partie
antérieure, et de chacun desquels se hérisse un poil d'un fauve livide:
ces points enfoncés souvent aspèrement chargés d'un grain dans leur
moitié antérieure: les plus rapprochés de la base ordinairement
transformés en cercles ou demi-cercles imprimés, ombiliqués dans
leur milieu. Ecusson visible. Elytres un peu plus larges à la base que
le prothorax à ses angles postérieurs; à peine plus larges dans le
milieu que ce dernier dans son diamètre transversal le plus grand;
aussi longues que lui et le front réunis; curvilinéaires de leur naissance aux angles postérieurs qui sont arrondis; plus étroites à ceux-ci
qu'à la base et surtout que dans le milieu; obtusément coupées à leur
extrémité; noires ou d'un noir brunâtre; subdéprimées longitudinalement sur leur disque; convexement déclives sur les côtés; à neuf
stries transversalement rayées ou ponctuées, presque indistinctement
et subflexueusement rebordées, légères, mais paraissant souvent plus
profondes par la subconvexité plus ou moins sensible des intervalles:
le neuvième de ceux-ci rabattu en dessous et relevé vers la huitième
strie en une sorte de rebord effaçant l'externe; les autres intervalles
subbisérialement chargés de petits grains, de la base de chacun
desquels sort un poil livide, mi-couché, peu apparent; faiblement
subtuberculeuses aux épaules; obtusément tronquées à l'extrémité des
troisième à cinquième intervalles. Pygidium d'un noir bronzé; subru-

guleusement ponctué; rarement ou très-faiblement granuleux; parsemé de poils livides. Dessous du corps d'un noir mat sur le ventre; d'un noir bronzé luisant sur les parties pectorales et sur les pieds; garni d'assez longs poils d'un fauve livide, plus nombreux sur les flancs de l'anté-pectus : ceux-ci aspèrement ponctués : ceux des autres parties pecto-rales et le métasternum marqués de points plus gros et plus unis : ce dernier longitudinalement sillonné. Cuisses médiocrement convexes, ciliées, marquées de gros points : les antérieures plus fortes, plus ren-flées vers la base; les intermédiaires oblongues; les postérieures allon-gées. Jambes de devant extérieurement quadridentées : les suivantes tridenticulées ou trispinosules. Tarses antérieurs grêles, subcylindri-ques, d'un ferrugineux livide; les autres déprimés, subparallèles : le premier article des postérieurs aussi long que les trois suivants réunis.

♀. Épistome plus ruguleusement ponctué et pointillé. Prothorax subdéprimé sur son disque.

Cette espèce est commune dans toute la France.

Obs. Le tubercule occipital n'est pas visible quand la tête n'est pas inclinée. Le prothorax paraît plus ou moins bronzé selon que les poils dont il est hérissé sont plus apparents ou plus ou moins usés. Sa surface est tantôt aspèrement granuleuse ou chargée de petits grains, d'autres fois elle n'offre à peu près que des points enfoncés. La subconvexité des intervalles des élytres varie sensiblement suivant les individus.

14. **O. Emarginatus:** INÉD. *Dessus du corps entièrement d'un noir médiocrement luisant. Chaperon échancré antérieurement. Suture et arête frontales distinctes. Vertex paré d'une plaque lisse et bilobée. Prothorax marqué de points gros et confluents. Élytres à stries très-légères; à inter-valles irrégulièrement et assez densement ponctués, et relevés longitudi-nalement dans leur milieu en forme de côtes faiblement subdéprimées.*

♂. Suture frontale transversalement plus grande que l'arête située derrière elle. Jambes de devant antérieurement armées d'une dent très-saillante.

♀. Suture frontale moins développée transversalement que l'arête située derrière elle. Jambes de devant légèrement subsinueuses au côté interne.

Onthophagus emarginatus, M. Solier, *in litteris.*

L. 0,^m0055 à 0,^m0062 (2 1/2 à 2 3/4^l). — L. 0,^m0033 à 0,^m0040 (1 1/2 à 1 3/4^l)

♂. Dessus du corps d'un noir médiocrement luisant. Tête transversa-lement ovale; penchée; surdéprimée; ruguleusement couverte de points confluents. Chaperon échancré en devant; relevé en rebord dans

cette partie, et peu sensiblement dans le reste de sa périphérie. Sutures génales peu distinctes. Suture frontale médiocrement arquée.
Front chargé entre les yeux d'une arête moins développée transversalement que la suture précédente, et à peine plus élevée que celle-ci.
Occiput paré d'une plaque lisse presque en forme d'accent circonflexe.
Yeux noirs. Antennes d'un brun ferrugineux ou d'un brun livide, à
massue d'un gris obscur. Prothorax semi-circulairement échancré en
devant; avancé en espèce de dent à ses angles antérieurs; subsinueusement curvilinéaire sur les côtés jusqu'à la moitié de la longueur de
ceux-ci, puis sinueusement rétréci jusqu'aux angles postérieurs qui
sont obtus, mais assez marqués; en demi-cercle à la base; sans rebord
à celle-ci, étroitement rebordé dans le reste de sa périphérie; assez
régulièrement convexe en dessus et un peu plus élevé que les élytres;
ruguleusement couvert de points enfoncés gros et confluents, de chacun
desquels sort un poil très-court, obscur et presque indistinct; d'un
noir presque violâtre; creusé d'une fossette au dessus de chacun des
angles latéraux; longitudinalement marqué dans la seconde moitié
de son milieu des traces souvent peu apparentes d'un sillon dorsal.
Ecusson invisible. Elytres sensiblement plus larges à la base que les
angles postérieurs du prothorax qui correspondent à la sixième strie;
à peine plus larges que ce dernier dans leur plus grande largeur respective; égales à lui en longueur; curvilinéaires de leur naissance aux
angles postérieurs qui sont arrondis; plus étroites à ceux-ci qu'à la
base et surtout que dans le milieu; obtusément tronquées à l'extrémité;
subconvexes longitudinalement sur leur disque; convexement déclives
sur les côtés; d'un noir plus sombre que le prothorax; à neuf stries
très-légères, et transversalement rayées ou ponctuées; à neuvième
intervalle rabattu en dessous et relevé vers la huitième strie en une
espèce de rebord effaçant l'externe; les autres intervalles relevés cha
cun longitudinalement dans leur milieu en une espèce de côte sub-
dentelée latéralement et subdéprimée en dessus; irrégulièrement et
assez densement marquées de points sensiblement moins gros que ceux
du prothorax et donnant chacun, comme ceux-ci, naissance à un poil
très-peu distinct; chargées d'un tubercule huméral peu apparent;
tronquées à l'extrémité des troisième à sixième intervalles. Pygidium
marqué de gros points enfoncés; hérissé de quelques poils livides.
Dessous du corps d'un noir luisant : parsemé sur les pieds et sur les
segments thoraciques de poils livides. Flancs de l'antépectus aspèrement ponctués; ceux des autres parties pectorales garnis, ainsi que
le métasternum et les cuisses, de gros points enfoncés, dont quelques-
uns, vus de près, sur les premières, sont ombiliqués. Cuisses antérieures et intermédiaires oblongues; celles-là plus fortes, plus ren-

flées, plus ciliées ; les postérieures allongées, subanguleusement dilatées inférieurement. Jambes de devant extérieurement quadridentées
et armées d'une dent très-saillante au côté interne ; les suivantes
quatre ou cinq-denticulées à leur bord extérieur. Tarses de devant
grêles, d'un rouge ferrugineux ; les autres déprimés, noirs et ciliés.
Premier article des postérieurs parallèle, presque égal en longueur
aux quatre derniers réunis.

♀. Eperon des jambes de devant ordinairement plus grêle et terminé en pointe plus aiguë.

Cette jolie espèce habite la Provence. On la trouve dans le printemps et au commencement de l'été. Je l'ai reçue de M. Solier comme
devant être l'*O. emarginatus* du catalogue de M. le comte Dejean. Elle
m'a également été envoyée du département du Var par M. Doublier.

Obs. La plaque lisse du vertex est quelquefois moins distincte. Les
élévations costiformes des intervalles des élytres sont aussi plus prononcées chez certains individus que chez d'autres.

SECONDE FAMILLE.

LES APHODIENS.

Caractères. Pieds intermédiaires aussi rapprochés que les autres à
leur naissance. Ecusson toujours visible. Epistome formant avec les
joues un chaperon couvrant les pièces de la bouche et la majeure
partie de la longueur des antennes. Celles-ci de neuf articles : à scape
aussi long que la tige : à massue de trois feuillets, tous visibles par leur
tranche, dans la contraction. Yeux quelquefois ombragés en partie
par le bord antérieur du prothorax, peu apparents, placés à fleur de
tête sur les bords latéraux de celle-ci ; recevant le plus souvent à leur
partie antérieure le bord postérieur des joues. Labre et mandibules de
faible consistance. Mâchoires à deux lobes : l'externe ou supérieur
membraneux, soit dilaté et arqué en dedans, soit court et frangé :
l'interne généralement petit, parfois peu distinct, rarement corné ou
subcorné à son extrémité. Palpes maxillaires de quatre articles notablement développés chez la plupart : le deuxième ou plus habituellement le dernier le plus long. Palpes labiaux de trois articles : le dernier
moins court que les précédents. Menton échancré. Pygidium caché
par les élytres qui embrassent le pourtour de l'abdomen. Ventre moins
long que l'espace compris entre la partie antérieure du médipectus
et celle des pieds de derrière. Métasternum formant entre les quatre
pieds postérieurs une sorte de plaque, ordinairement en losange, que

nous désignerons sous le nom de plaque métasternale. Pieds médio-crement allongés. Cuisses antérieures généralement plus fortes, plus épaisses, renflées à la base et graduellement rétrécies vers l'extrémité ; les suivantes plus comprimées, ovales ou oblongues. Jambes anté-rieures tridentées ; tranche des quatre postérieures généralement armée de deux dents en cremaillère renversée ; rarement denticulée. Tarses toujours existants. Ongles simples et grêles, parfois indistincts.

Les Aphodiens sont principalement les copramorges des pays septentrionaux. Dans les parties chaudes de l'Europe, où l'action de la chaleur est plus énergique, la Nature convie à la destruction des matières excrémentielles et stercorales les Scarabées, les Gymno-pleures, les Bubas, les Onites, c'est-à-dire les coprophages les plus puissants Sous les zônes où les rayons solaires ont moins de vivacité , elle a multiplié les insectes de cette famille. Les froides contrées de l'Allemagne, de la Pologne et de la Suède en recèlent un grand nombre d'espèces étrangères à notre patrie.

Ces petits animaux ont entre eux une grande analogie. Détachés du genre *Scarabæus* de Linné, tel que Fabricius, après divers morcelle-ments, l'avait laissé dans son Entomologia Systematica , ils restèrent pendant plusieurs années réunis dans celui d'*Aphodius* fondé par Illiger. Gyllenhal, le premier, en sépara quelques espèces pour en former une nouvelle coupe sous le nom de *Psammodius* Quelques années plus tard, Ahrens, frappé de la variété de leur conformation, rejeta la nouvelle division générique du naturaliste suédois, mais tenta dans le deuxième volume publié par la Société des naturalistes de Halle , de grouper ces insectes suivant leur faciès, en les répartissant dans les six petites familles suivantes :

1re COPROIDES. Corps déprimé. (*A. scrutator, subterraneus, erraticus.*)

2me CONVEXES. Corps convexe.

    A. Semblables à l'*A. fossor*, (*A. fimetarius , fœtens, scybalarius.*)

    B. Semblables à l'*A. granarius.* (*A. hæmorrhoïdalis , tristis.*)

3me OBLONGS.

    A. Elytres jaunes sans taches, analogues à l'*A. sordidus.* (*A. nitidulus.*)

    B. Elytres jaunes tachées, analogues à l'*A. inquinatus.* (*A. cons-purcatus, pictus.*)

    C. Elytres jaunâtres avec une plaque brune , analogues à l'*A. consputus.* (*A. sphacelatus.*)

4me Déprimés.

> Analogues à l'*A. nigripes*. (*A. depressus*, *pecari*.)

5me Cylindriques.

> Analogues à l'*A. bimaculatus*. (*A. niger*.)

6me Troxoïdes.

> A. Faiblement convexes. (*A. asper, porcatus, testudinarius*.)
>
> B. Globuleux. (*A. elevatus, sulcicollis*.)

Ce premier essai est resté long-temps sans fixer l'attention des naturalistes, cependant M. Stephens, dans son Synopsis, en adoptant la division établie par Gyllenhal, sentit la nécessité de fractionner les espèces trop nombreuses de notre premier rameau, et les partagea de la manière suivante :

> A. Ecusson grand.
>> a. Corps convexe. (*fossor, subterraneus, hœmorrhoïdalis*.)
>> b. Corps déprimé. (*erraticus*.)
>
> B. Ecusson petit.
>> a. Chaperon tuberculeux, ordinairement échancré.
>>> 1. Corps convexe. (*scrutator, fimetarius*, etc.)
>>> 2. Corps déprimé. (*porcus*, etc.)
>> b. Chaperon sans tubercules distincts.
>>> 1. Corps déprimé. Chaperon entier. (*rufipes, luridus*.)
>>> 2. Corps faiblement convexe. Chaperon un peu échancré. (*contaminatus, pecari, merdarius*, etc.)

M. Schmidt, dans sa révision savante des Aphodies de l'Allemagne, modifiant à sa manière le travail de Ahrens, et lui donnant des bases moins vagues, a réparti nos Aphodiates dans les quatre groupes ci-après indiqués :

1° Planes surtout sur les élytres. (*A. scrutator, subterraneus, erraticus*.)

2° Typiques ou Aphodies proprement dits.

> A. Prothorax avec des angles postérieurs bien marqués.
>
>> (Subdivisés ensuite, principalement d'après la couleur des élytres et les taches dont elles sont parées.)
>
> B. Prothorax avec des angles postérieurs arrondis. (*A. contaminatus, obliteratus*.)

3° Déprimés (*A. rufipes, luridus, depressus, pecari*.)

4° Globuleux (*A. elevatus*.)

Enfin, plus récemment, divers catalogues ont indiqué sous le nom d'*Oxyomus*, une nouvelle coupe générique, dont M. de Castelnau a esquissé les caractères, dans laquelle ont été réunies les espèces rejetées par Latreille du genre *Psammodius*, tel que Gyllenhal l'avait établi.

En étudiant avec soin la structure de ces insectes, il nous a semblé qu'ils étaient susceptibles de divisions plus nombreuses; plusieurs surtout nous ont paru devoir occuper une place différente de celle qui leur avait été assignée. Les coupes nouvelles que nous avons formées sont le fruit de ces observations. Sans briser les liens qui unissent ces Lamellicornes dans une famille si naturelle, elles sont destinées à indiquer d'une manière plus précise les modifications plus ou moins sensibles qu'ils présentent.

Ces insectes, comme ceux de la première famille, sont également chargés de détruire les parties les plus fluides, ou les moins consistantes des matières excrémentielles ou stercorales au sein desquelles ils habitent; on les trouve généralement en grand nombre dans ces substances immondes. Quelques-uns vivent dans l'occasion ou semblent même rechercher de préférence les matières animales en voie de décomposition. La plupart ont une activité diurne; d'autres sont principalement crépusculaires.

Leur corps est en général paré de couleurs peu brillantes : les prédominantes sont le noir et le rouge; les élytres de plusieurs sont d'un jaune livide avec ou sans taches noires.

Les femelles de ces insectes ne construisent point de coques pour servir d'habitations à leurs descendants. Elles se contentent de déposer leurs œufs au sein des tas ou des parcelles de bouse, de fumier ou de détritus des végétaux. Les larves, en vivant de ces matières, se pratiquent ordinairement une espèce de niche dans laquelle elles subissent plus tard leurs dernières métamorphoses.

Divers auteurs ont suivi quelques-unes de ces larves dans leurs dévelopements. Nous allons donner ici la description de celle de l'*Aphodius fimetarius*, à laquelle se rattachent par leur analogie toutes celles qui nous sont connues.

Corps semi-cylindrique, ridé, courbé en dedans: d'un blanc sale sur les anneaux thoraciques et sur les côtés des premiers segments de l'abdomen, d'un gris ardoisé sur la ligne dorsale de ceux-ci et graduellement sur toute la surface des derniers. Tête convexe; d'un roux jaunâtre. Antennes aussi longuement prolongées en avant que la tête; de cinq articles : le dernier plus court. Mandibules cornées; noires, surtout vers l'extrémité; subtridentées. Mâchoires profondément bifides ou à deux branches; ciliées au côté interne. Palpes maxillaires de quatre articles. Palpes labiaux de trois. Pieds d'un blanc rougeâtre.

Nous partagerons les Aphodiens en deux branches.

<table>
<tr><td rowspan="2">Pieds postérieurs</td><td>ayant les cuisses moins renflées que celles des pieds de devant; les tarses généralement grêles; les ongles toujours distincts.</td><td>BRANCHE.
Aphodiaires.</td></tr>
<tr><td>ayant les cuisses au moins aussi renflées que celles des pieds de devant; les tarses épais, composés d'articles triangulairement élargis vers leur extremité, diminuant graduellement de grosseur; les ongles rudimentaires, indistincts.</td><td>*Psammodiaires.*</td></tr>
</table>

PREMIÈRE BRANCHE.

LES APHODIAIRES.

Caractères. Pieds postérieurs ayant les cuisses moins renflées que celles des pieds de devant; les tarses généralement grêles; les ongles toujours distincts.

Cette branche peut être divisée en trois rameaux.

<table>
<tr><td rowspan="2">Intervalles des stries des élytres</td><td>rarement en forme de côtes ou d'arêtes, et dans ce cas, soit au dessous du nombre de dix, soit n'offrant pas avec ce nombre les sixième et huitième à partir de la suture, plus courts que le septième qui est prolongé jusqu'à l'extrémité. Prothorax sans traces de sillon. Elytres entières à l'angle sutural.</td><td>Chaperon ordinairement en demi-hexagone, quelquefois en demi-cercle, mais alors peu ou point échancré en devant. Tête subdéprimée ou médiocrement convexe. Lobe supérieur des mâchoires membraneux et très-développé.</td><td>RAMEAUX.
Aphodiates.</td></tr>
<tr><td>Chaperon en demi-cercle, fortement échancré dans la majeure partie de sa largeur. Tête convexement déclive. Lobes maxillaires courts et frangés.</td><td>*Ammœciates.*</td></tr>
<tr><td colspan="2">au nombre de dix (y compris le sutural et sans compter le bord externe), en forme de côtes: les sixième et huitième à partir de la suture, plus courts que le septième qui est prolongé jusqu'à l'extrémité. Prothorax le plus souvent creusé d'un sillon dans la partie postérieure de son milieu. Elytres parfois obliquement coupées à l'angle sutural.</td><td>*Pleurophorates.*</td></tr>
</table>

PREMIER RAMEAU.

APHODIATES.

Le corps de ces insectes, rarement plane ou déprimé longitudinalement sur le dos, offre généralement une convexité dont le degré varie suivant les espèces. Le chaperon présente à peu près la forme d'un demi-hexagone ayant les angles émoussés, ou, comme chez les Acrosses, se montre semi-circulaire quand ces angles se sont arrondis davantage. Dans ce dernier cas, son bord antérieur est entier ; dans le premier, il est fréquemment échancré d'une manière plus ou moins manifeste, et souvent cette échancrure est rendue plus sensible par son abaissement subconcave dans ce point. Parfois, comme dans l'*Acrossus pecari*, ses bords latéraux aboutissent directement aux yeux ; dans le plus grand nombre, ils débordent ces organes : là, ils sont prolongés en ligne droite jusqu'à l'extrémité, et la partie postérieure du chaperon est coupée subtransversalement de manière à former des angles aigus ou presque droits ; ici, les joues sont plus ou moins dilatées latéralement en demi-cercle, et leur bord , au devant des yeux, est curvilinéaire ou très-obliquement dirigé. Le chaperon semble alors auriculé ou pourvu d'une petite oreille de chaque côté. La suture frontale indiquée par une raie plus ou moins distincte, est chargée dans un grand nombre d'un à trois tubercules, qui semblent parfois dépendre, d'une manière plus spéciale ou même exclusive, de l'épistome. Ce dernier, chez plusieurs, présente en outre sur son disque une ligne élevée, arquée ou semi-circulaire. Ce relief et les tubercules postérieurement situés, sont régulièrement plus saillants chez les mâles, dans l'état normal des deux sexes ; mais souvent ils se montrent affaiblis par suite des circonstances défavorables dans lesquelles les insectes se sont trouvés dans leur jeune âge sous le rapport de la nutrition, et alors ils deviennent un caractère distinctif équivoque.

Le prothorax est plus ou moins échancré en devant sur toute sa largeur, avec ses angles antérieurs avancés en espèce de dent. Chez les uns, comme dans les Coprimorphes, les Eupleures, il est écointé ou sinueusement coupé des bords latéraux à la base ; chez les autres, ses angles postérieurs sont tantôt arrondis, tantôt bien formés. Au dessus des élytres, il est tronqué parfois presque en ligne droite , ou d'autres fois en arc renversé régulier ou bisinueux. Sur les côtés, il est régulièrement rebordé ; mais quelquefois à sa partie postérieure, il est sans rebord, comme les Trichonotes en offrent l'exemple, ou n'en montre qu'un étroit et peu apparent, comme on le voit chez certains Aphodies. Sa surface est généralement plus convexe et plus dilatée latéralement dans les mâles, et creusé à sa partie antérieure, chez quelques-uns de ceux-ci, d'une fossette plus ou moins profonde, qu'on n'observe pas dans l'autre sexe.

L'écusson fournit quelquefois, par sa grandeur insolite, des moyens faciles de division entre les nombreuses espèces de cette coupe.

Les élytres, contrairement à ce que nous avons vu dans la famille précédente, couvrent l'abdomen et embrassent habituellement le pourtour de celui-ci. Les Coloboptères présentent seuls à cet égard une légère exception. Chez quelques espèces, elles sont subtuberculeuses vers l'extrémité, et légèrement rétuses au dessous de cette sorte de calus. Dans un petit nombre, elles présentent sept sillons ; mais en général elles ont dix stries, dont les sixième et septième, et la huitième surtout, n'arrivent pas jusqu'à la base ; dont la neuvième, le plus souvent courbée vers l'externe avec laquelle elle s'unit au dessous de l'épaule, est quelquefois directement prolongée jusqu'à l'angle huméral. Ces stries ont chez la plupart de ces insectes une conformation particulière : elles sont creusées souvent d'une manière analogue à de petites rainures, et nous leur donnerons dans ce cas le nom de rainurelles. Leur fond est alors transversalement rayé par des lignes ou des strioles qui dépassent souvent leurs bords latéraux, et rendent ceux-ci dentés ou crénelés d'une manière plus ou moins sensible ; dentés, quand cette raie n'altère pas la surface voisine de l'intervalle ; et crénelés, quand elle est accompagnée d'une dépression. A leur partie postérieure, ces stries sont tantôt subterminales ou prolongées presque jusqu'à l'extrémité des élytres, tantôt plus courtes, et souvent alors pariales ou réunies par le bout à une de leurs semblables. Les intervalles, le plus souvent planes ou subdéprimés, se montrent parfois relevés en espèces de côtes. Les élytres sont généralement glabres ; quelquefois elles sont garnies de poils, soit dans les deux sexes, soit très-rarement dans l'un des deux seulement : leurs couleurs plus particulièrement que celles des autres parties de leur corps éprouvent, suivant différentes circonstances, des modifications plus ou moins importantes. M. Schmidt a essayé à cet égard de poser quelques règles que nous allons reproduire en les modifiant dans certains points ; elles permettront aux Entomologistes peu exercés de remonter plus facilement d'une variété à l'espèce principale.

1°. Chez les Aphodiates entièrement noirs dans leur état normal, les élytres tantôt ne changent pas de couleur, tantôt passent soit au brun, comme dans l'*Aph. ater*, soit au brun rouge ou même au rouge brun, comme dans le *T. fossor*.

2°. Quand les élytres, dans leur état normal, sont noires avec l'extrémité rougeâtre, elles ne conservent parfois que de faibles traces de cette teinte plus claire, ou, ce qui est plus ordinaire, elles s'en parent sur une plus grande partie de leur surface, comme on le voit dans l'*Aph. granarius*.

3°. Les élytres dont l'état régulier est d'être noires avec une tache rouge, perdent souvent celle-ci et deviennent unicolores. Ex. *Aph. bimaculatus*.

4°. Celles qui dans l'état normal sont rouges ou jaunâtres avec une tache noire ou noirâtre, montrent celle-ci tantôt affaiblie ou complétement effacée, tantôt dilatée au point de couvrir toute la surface des étuis. Toutefois la tache a peu de propension à s'étendre quand sa teinte est plus vive, quand ses contours sont plus précis, comme dans l'*Aph. conjugatus* et dans l'*Acr. pecari*; et quelquefois, comme dans ce dernier, elle a plus de disposition à s'oblitérer, à mesure que les individus habitent des contrées plus méridionales.

5° Chez les individus dont les élytres rougeâtres ou jaunâtres sont parées de taches noires subpunctiformes, souvent liées ou enchaînées les unes aux autres, celles-ci disparaissent quelquefois au moins en partie, ou plus souvent se dilatent sur une partie plus ou moins considérable de la surface des étuis, sans jamais les obscurcir entièrement. Ex. *Aph. tessulatus*, etc.

6° Enfin les espèces à élytres jaunâtres ou rougeâtres, et à prothorax d'une couleur analogue sur les côtés, conservent leur couleur intacte, comme les *Aph. lugens, nitidulus, ferrugineus*, ou rarement, comme l'*Aph. sordidus* en offre l'exemple, présentent un ou deux points obscurs sur les étuis.

Ces modifications différentes semblent faciles à expliquer. Là, en effet, l'insecte, au sortir de son état de nymphe, a été trop promptement exposé à l'air, et le pigmentum, par l'effet de la dessication des élytres, n'a plus eu la faculté de se répandre; ici, au contraire, la matière colorante trop abondante ou favorisée par des circonstances heureuses, a usurpé un espace qui ne lui était pas destiné. Ainsi, d'après notre manière de voir, l'état normal des Aphodiates à élytres tachées, existe généralement dans le terme moyen des modifications qu'ils éprouvent dans l'extension ou la diminution de ces taches.

Le dessous du corps des insectes qui nous occupent, mérite comme la partie supérieure une attention particulière. Il fournit des caractères distinctifs, utiles, et, jusqu'à ce jour, généralement négligés.

La plaque métasternale à laquelle on peut donner le nom de cuirasse, habituellement lisse, se montre généralement plus concave chez les mâles et velue chez quelques-uns, comme on le voit dans l'*Acr. pecari*. Les cuisses postérieures offrent aussi parfois dans le même sexe, des angles ou des dents qu'on chercherait en vain chez les femelles. L'éperon des jambes de devant, plus grêle chez ces dernières, ne se termine jamais d'une manière aussi obtuse que quelques mâles en offrent l'exemple. Les ongles sont toujours distincts.

On doit principalement à Illiger, Creutzer, Duftschmidt. MM. Schœnnerr, Sturm et Schmidt, d'avoir éclairci la synonymie, fixé la détermination ou précisé les caractères des espèces si nombreuses de cette coupe et souvent si difficiles à reconnaître entre elles.

Nous répartirons ces insectes dans les genres suivants:

GENRES.

Elytres

à dix stries ou rainurelles ;

Prothorax glabre.

Elytres arrondies ou obtuses à leur extrémité, couvrant le pygidium.

Elytres tronquées à l'extrémité, couvrant imparfaitement le pygidium. — *Colobopterus.*

Chaperon dilaté sur les côtés, au devant des yeux, en forme d'oreillettes ; très-obliquement ou curvilinéairement coupé à la partie postérieure des joues ; quelquefois offrant des bords latéraux directement prolongés jusqu'aux yeux sans les déborder, mais alors prothorax rebordé à sa base.

Premier article des tarses postérieurs à peu près aussi long que les quatre suivants réunis. Corps longitudinalement déprimé sur le dos. — *Coprimorphus.*

Premier article des tarses postérieurs sensiblement moins long que les quatre suivants réunis.

Ecusson ayant au moins le cinquième de la longueur des élytres.

Elytres longitudinalement déprimées sur le dos. Ecusson enfoncé. — *Eupleurus.*

Elytres convexes.

Bords antérieur et latéral des joues réunis à angle droit. — *Otophorus.*

Joues subcirculairement dilatées sur les côtés. — *Teuchestes.*

Ecusson court. — *Aphodius.*

Chaperon peu ou point dilaté sur les côtés ; subtransversalement coupé à la partie postérieure des joues, au devant des yeux qu'il déborde ; quelquefois offrant ses bords latéraux directement prolongés jusqu'aux yeux sans les déborder, mais alors base du prothorax sans rebord dans le milieu de sa base. Corps faiblement convexe.

Chaperon en demi-cercle. Prothorax sans rebord à la base ou du moins dans le milieu de celle-ci. — *Acrossus.*

Chaperon en demi-hexagone. Elytres souvent garnies de poils. — *Melinopterus.*

Prothorax garni de poils ainsi que les élytres. — *Trichonotus.*

à sept sillons ou rainurelles. — *Heptaulacus.*

Genre *Colobopterus*, Coloboptère; Nob.

(κολοβός, tronqué; πτερόν, aile).

Caractères. Corps subparallélipipède; longitudinalement subdéprimé sur le dos. Chaperon presque en demi-hexagone; notablement auriculé. Lobe externe des mâchoires très-développé, en forme d'oreilles de lièvre, c'est-à-dire non dilaté au côté interne. Palpes maxillaires à dernier article subcylindrique, légèrement renflé dans le milieu, à peine plus long que le deuxième. Palpes labiaux à dernier article sensiblement plus grêle que les deux précédents; le deuxième un peu plus court que les autres. Prothorax arrondi aux angles postérieurs, ou subsinueusement coupé de ceux-ci à la base; rebordé à cette dernière. Elytres convexement déclives sur les côtés; tronquées à l'extrémité et ne cachant pas entièrement le pygidium. Premier article des tarses postérieurs aussi long que les trois suivants réunis.

Ces insectes, par diverses parties de la bouche, par leurs élytres tronquées, semblent servir de transition de la famille précédente à celle-ci.

1. C. Erraticus; Linn. *Court, longitudinalement déprimé sur le dos. Chaperon obtus en devant, faiblement auriculé. Tête et prothorax noirs : celui-ci densement marqué de points inégaux et en partie ombiliqués. Elytres tronquées à l'extrémité; d'un jaune gris sale, à suture plus obscure; à stries légères subcrénelées, et terminées seulement par des strioles transversales.*

♂. Suture frontale linéairement en relief à ses deux extrémités; chargée dans son milieu d'un petit tubercule saillant, peu distinctement bifide, ou tronqué au sommet. Prothorax subconvexe ou faiblement subdéprimé.

♀. Suture frontale indistincte; tubercule peu apparent ou nul. Prothorax subdéprimé.

Scarabæus erraticus, Linn. Faun. Suec. p. 134. 383.—*Id.* Syst. Nat. p. 548. 29.—Muller, Linn. Natursyst. p. 66. 29.—Gmel. Linn. Syst. Nat. p. 1548. 29.—De Geer, Mém. t. 4. p. 270. 15.—Retz. Spec. p. 122. 726.—Fab. Syst. Ent. p. 16. 55.—*Id.* Spec. Ins. t. 1. p. 17. 66.—*Id.* Mant. t. 1. p. 9. 72.—*Id.* Ent. Syst. t. 1. 27. 86.—Goeze, Ent. Beyt. t. 1. p. 20. 29.—Schæff. Icon. t. 1. pl. 26. 9.—Harrer, Besch. n° 11.

—Herbst, Arch. p. 5. 10. pl. 19. f. 2.—*Id.* trad. fr. p. 68. 9. pl. 19. f. 2.— *Id.* Nat. t. 2. p. 159. 91. pl. 12. f. 6.—De Vill. C. Linn. Ent. t. 1. p. 17. 14.—Oliv. Ent. t. 1. p. 79. 83. pl. 18. f. 163. a, b.—Rossi, Faun. Etr. t. 1. p. 6. 12.—*Id.* éd. Helwig, t. 1. 6. 12.—Panz. Ent. Germ. p. 6. 21.—*Id.* Faun. Germ. 47. 4.—Cederh. Faun. Ing. p. 3. 6.—Payk. Faun. Suec. t. 1. p. 16. 19.—Marsh. Ent. Brit. p. 9. 5. —Schrank, Faun. Boic. 1. p. 386.

Copris erraticus, Oliv. Encycl. méth. t. 5. p. 145. 8.

Aphodius erraticus, Illig. Kæff. Preus. 34. 27.—Sturm, Verz. p. 28. 17.—*Id.* Deutsch. Faun. t. 1. 90. 7.—Fab. Syst. El. t. 1. p. 72. 21.—Schoenh. Syn. Ins. t. 1. 72. 22. —Latr. Hist. Nat. t. 10. 125. 14.—Duftsch. Faun. Aust. t. 1. p. 100. 14.—Gyll. Ins. Suec. t. 1. p. 16. 7.—Suckow, Nat. p. 230. 21.—Boit. Man. t. 1. p. 321.—Steph. Synops. p. 188. 4.—De Casteln. Hist. t. 2. p. 97. 35.—Schmidt, Zeitsch. t. 2. 1. 95 3.

Var. A. C. Submaculatus; Nob. *Elytres marquées chacune vers l'extrémité d'une tache nébuleuse, souvent réduite à deux sortes de lignes obscures et très-courtes, longitudinalement situées, l'une sur le deuxième intervalle, et l'autre sur le quatrième.*

Var. B. C. Nebulosus; Nob. *Elytres marquées chacune d'une tache nébuleuse ou obscure, couvrant obliquement une partie plus ou moins étendue de leur disque, souvent presque depuis le calus huméral jusque vers l'angle sutural.*

Sturm, l. c. Var. b.—Schmidt, l. c. Var. β.

Var. C. C. Fumigatus; Nob. *Elytres d'un brun livide ou brunes, avec le bord apical et une partie du latéral d'un jaune gris ou d'un gris livide.*

Sturm, l. c. Var. c.—Gyllenh. l. c. Var.—Schmidt, l. c. Var. δ.

L. 0^m,0061 à 0^m,0078 (2 3/4 à 3 1/2^l).—L. 0^m,0037 à 0^m,0045 (1 1/2 à 2^l).

Chaperon presque en demi-cercle; faiblement auriculé; rebordé dans sa périphérie, plus étroitement dans le milieu de sa partie antérieure qui est subéchancrée, un peu plus largement aux angles de devant qui sont arrondis; légèrement convexe en dessus; d'un noir assez luisant; presque uniformément couvert, ainsi que le reste de la tête, de petits points enfoncés rapprochés. Suture frontale subtrituberculeuse (♂), unituberculeuse ou presque sans tubercules (♀). Palpes bruns, avec l'extrémité des premiers articles livide. Antennes brunes, à massue obscure ou d'un gris brunâtre. Prothorax échancré en devant; paré dans cette échancrure d'une bordure d'un jaune roux livide; avancé à ses angles antérieurs en forme de dent médiocrement aiguë; subcilié sur les côtés; arcuément et sensiblement élargi d'avant en arrière; subsinueusement coupé des angles postérieurs à la base; obarqué à celle-ci; très-légèrement rebordé au côté interne des angles de devant; muni d'un rebord plus large sur les côtés et à la base; médiocrement convexe en dessus; d'un noir assez luisant; presque uniformément garni sur toute sa surface de points enfoncés, inégaux, les moins petits généralement ombiliqués. Ecusson en triangle étroit, allongé, très-pointu, à côtés anguleux; un peu au dessous du niveau des élytres sur ses bords latéraux; noir; fortement ponctué antérieurement, presque lisse et subcaréné à l'extrémité. Elytres un peu moins larges que le prothorax à ses angles postérieurs; d'un tiers plus longues que ce dernier; parallèles des épaules à la moitié de leur longueur, subcurvilinéairement rétrécies de ce point aux angles externes qui sont arrondis; tronquées à l'extrémité; déprimées ou subdéprimées longitudinalement sur leur disque, convexement déclives sur les côtés; postérieurement chargées d'un calus sur les troisième à septième intervalles; d'un jaune gris sale; à stries faiblement subcrénelées par des strioles transversales qui apparaissent seules après la partie inférieure du calus. Dessous du corps brun, brun châtain ou brun noirâtre, médiocrement luisant; hérissé de poils fauves sur l'antépectus et les cuisses antérieures, garni de poils plus pâles sur les quatre suivantes. Plaque métasternale ruguleusement pointillée et longitudinalement sillonnée. Cuisses intermédiaires et postérieures marquées de petits points rapprochés. Premier article des tarses postérieurs à peu près aussi long que les trois suivants réunis.

Cette espèce habite principalement les parties chaudes et tempérées de la France. Elle est très-commune dans les environs de Lyon, du milieu de l'été au milieu de l'automne.

Obs. La tête et le prothorax se couvrent selon la volonté de l'animal d'une efflorescence rorulente analogue au glauque dont se parent certains fruits; elle se convertit en se desséchant en une matière blanche, pruineuse, presque cotonneuse, persistante après la mort de l'insecte, mais alors facile à enlever. Les stries s'oblitèrent vers leur extrémité de telle sorte qu'on ne voit plus que les strioles transversales. Les septième et huitième stries sont ordinairement plus courtes et pariales; la neuvième, et plus rarement une des précédentes, rectangulairement liée avec l'une des cinq ou six premières : celles-ci également subterminales et plus ou moins distinctement pariales.

La variété B paraît être l'état normal. J'ai décrit celle qui est la plus commune dans nos contrées.

Genre *Coprimorphus ;* Coprimorphe ; Nob.

(κοπρις , copris ; μορφή , forme).

Caractères. Corps subparallélipipède, longitudinalement déprimé sur le dos. Chaperon en demi-hexagone ; notablement auriculé. Lobe externe des mâchoires très-développé, plus dilaté au côté interne. Palpes maxillaires à dernier article subcylindrique , tronqué à l'extrémité, plus long que le deuxième. Palpes labiaux égaux en grosseur ; à deuxième article globuleux, à peine plus long que la moitié des deux autres qui sont à peu près égaux en longueur. Prothorax sinueusement coupé des bords latéraux à la base ; largement rebordé à celle-ci. Elytres subperpendiculairement déclives sur les côtés, légèrement rétuses à l'extrémité , embrassant tout le pourtour de l'abdomen. Premier article des tarses postérieurs presque aussi long que les quatre suivants réunis.

Les insectes de cette coupe ont presque le faciès des Oniticelles et servent encore à lier la seconde famille à la première.

1. C. Scrutator ; Herbst. *Allongé , presque parallélogrammique , longitudinalement déprimé sur le dos. Chaperon subéchancré en devant ; auriculé sur les côtés. Tête et prothorax noirs : celui-ci latéralement taché de rouge ; rebordé à la base. Elytres à stries profondes et subcrénelées ; rétuses vers l'extrémité des cinquième à huitième intervalles ; rouges ainsi que le ventre.*

♂. Tête armée de trois tubercules : les deux latéraux liés à la suture frontale : l'intermédiaire situé plus en avant, dépendant de l'épistome, plus saillant, corniforme dans son état de développement complet. Prothorax creusé en devant d'une fossette médiocrement profonde et parfois peu distincte ; plus convexe en dessus, plus dilaté sur les côtés.

♀. Tête munie de trois tubercules, peu saillants, presque égaux en grosseur. Prothorax sans dépression à sa partie antérieure ; moins convexe en dessus ; moins dilaté sur les côtés.

Scarabæus scrutator, Herbst , Natursyst. t. 3. p. 161. 100. pl. 16.f. 6.—Fab. Ent. Syst. 1. 24. 73.—Panz. Ent. Germ. 3. 7.

Scarabæus brevicornis , Panz. Naturf. t. 24. p. 62. 4.

Scarabæus rubidus, Oliv. Ent. t. 1. 3. p. 77. 81. pl. 26. f. 224.—Rossi, Mant. t. 1. p. 6. 5.

Copris rubidus , Oliv. Encycl. méth. t. 5. p. 145. 5.

Aphodius scrutator, Sturm, Verz. p. 20. 6.—*Id.* Deutsch Faun. t. 1. 82. 2.—Fab. Syst. El. t. 1. 69. 5.—Panz. Faun. Germ. 31. 1.—Latr. Hist. nat. t. 10. 120. 5.—Duftsch.

Faun. Aust. t. 1. 90. 5. — Stckow, Nat. 225. 5. — Boit. Man. t. 1. 510. — Muls. Lett.
t. 1. 287. 2. — Steph. Synop. p. 189. 5. — De Casteln. Hist. nat. t. 2. 96. 21 —
Schmidt, Zeitschr. t. 2. 1. p. 94. 1.

Var. A. **C.** Submaculatus; Nob *Taches du prothorax presque effacées.*

Schmidt, l. c. Var. β.

Var. B **C.** Nigricollis; Nob *Prothorax entièrement noir.*

Schmidt, l. c. Var. γ.

Var. C. **C.** Brunnipes; Nob *Jambes et tarses des quatre pieds postérieurs* *brunâtres.*

Long. 0^m,009 à 0^m,014 (4 à 6^l). — Larg. 0^m,0045 à 0^m,0060 (2 à 2 3/4^l).

♂. Tête penchée; noire; à surface subdéprimée, inégale, subruguleusement et peu densement marquée de petits points; subtransversalement armée de trois tubercules : les deux extrêmes liés par
leur partie postérieure à la suture frontale linéairement et faiblement
indiquée : l'intermédiaire situé plus en avant, plus saillant, en forme
de petite corne recourbée en arrière. Chaperon presque en demi-
hexagone, subéchancré et déprimé dans le milieu de sa partie antérieure; notablement auriculé; rebordé dans toute sa périphérie. Antennes d'un rouge brunâtre, à massue d'un rouge pâle, quelquefois d'un
rouge cendré ou grisâtre Prothorax. échancré en devant; paré dans
cette échancrure d'une bordure d'un jaune rouge livide; souvent en
partie rebordé derrière celle-ci; avancé à ses angles antérieurs en
forme de dent courte et assez aiguë; curvilinéairement et faiblement
dilaté sur les côtés; obliquement et subsinueusement coupé de l'extrémité de ceux-ci à la base; obarcuément et bissubsinueusement coupé
à cette dernière; plus largement rebordé à celle-ci que sur les côtés;
déprimé sur son disque, convexement déclive sur les parties antérieures
et latérales; creusé en devant d'une fossette médiocrement profonde;
inégalement parsemé sur toute sa surface de points assez gros; d'un
noir peu luisant; plus ou moins largement paré de rouge sur les côtés,
et marqué d'une sorte de point obscur et subtuberculeux qui divise
quelquefois en deux taches la partie colorée. Ecusson en triangle
allongé; noir; assez densement ponctué en devant; subcaréné et rebordé
vers son extrémité. Elytres un peu moins larges que le prothorax à la
base; moitié plus longues que lui; subsinueusement subparallèles
jusqu'aux trois-quarts de leur longueur, arrondies de ce point à l'angle
sutural; longitudinalement déprimées sur le dos, convexement déclives latéralement à celui-ci, et subperpendiculaires sur les côtés;
postérieurement rétuses et chargées d'un calus entre les quatrième et

huitième stries : ces dernières subcrénelées ou subdentées par des strioles transversales. Intervalles subdéprimés. Ventre d'un rouge jaune. Parties pectorales d'un noir luisant; aspèrement ponctuées. Antépectus et cuisses de devant hérissés de poils fauves. Plaque métasternale glabre, pointillée, longitudinalement sillonnée. Cuisses noires, luisantes, assez densement marquées de petits points. Jambes antérieures, noires, tridentées; les suivantes rouges, d'un rouge obscur, ou parfois brunâtres. Tarses de même couleur : premier article des postérieurs aussi long que les quatre suivants réunis.

♀. Outre les caractères indiqués, éperon des jambes antérieures plus effilé que dans l'autre sexe.

Cette espèce habite généralement les parties montagneuses et d'une nature calcaire de nos provinces tempérées et méridionales. Elle n'est pas rare dans les Monts-d'Or. lyonnais On la trouve dans les bouses et les crottins, principalement du milieu de l'été au milieu de l'automne.

Obs. Les sixième et septième ou cinquième à huitième stries sont plus courtes et au moins en partie pariales.

Les élytres, après la mort de l'insecte, restent souvent maculées de taches obscures ou brunâtres.

Genre *Eupleurus*, EUPLEURE; NOB.

(εὔπλευρος, qui a de belles côtes).

Caractères. Corps subparallèlipipède; longitudinalement déprimé sur le dos. Chaperon en demi-hexagone; notablement auriculé. Lobe externe des mâchoires très-développé, plus dilaté au côté interne. Palpes maxillaires à dernier article subcylindrique, tronqué à son extrémité, aussi long que les deux précédents réunis. Palpes labiaux courts; d'égale grosseur : le dernier ovalaire, à peine plus long que chacun des autres. Prothorax sinueusement coupé des bords latéraux à la base; rebordé à celle-ci. Ecusson enfoncé, égalant environ le cinquième de la longueur des élytres. Ces dernières subperpendiculairement déclives sur les côtés, légèrement rétuses à l'extrémité. Premier article des tarses postérieurs à peu près aussi long que les trois suivants réunis.

1. E. Subterraneus; LINN. *Entièrement d'un noir brillant; médiocrement allongé; subdéprimé longitudinalement sur le dos. Chaperon sensiblement échancré et notablement auriculé. Prothorax irrégulièrement parsemé de gros points enfoncés. Elytres légèrement rétuses postérieurement; à stries profondes, transversalement rayées, longitudinalement rebordées et encaissées entre des intervalles élevés et convexes.*

♂. Suture frontale armée de trois tubercules : l'intermédiaire plus
fort et situé un peu plus en arrière. Chaperon chargé d'une ligne élevée, courbée en arc vers les tubercules latéraux. Prothorax creusé
d'une fossette triangulaire au dessus du milieu de son bord antérieur ;
plus convexe en dessus.

♀. Tubercules du prothorax presque d'égale grosseur et peu saillants. Ligne arquée, presque effacée. Prothorax sans fossette ; moins
convexe en dessus.

Scarabæus subterraneus, Linn. Faun. Suec. p. 151. 582.— *Id.* Syst. nat. p. 548. 28.
   —Muller, (P. L. S.) Linn. Natursyst. p. 66. 28.—Gmel. Linn. Syst. nat. p. 1546. 28.
   —De Geer, Mém. t. 4. p. 267. 12.—Retz. Spec. p. 121. 723.—Fab. Syst. Ent. p. 14.
   46.—*Id.* Spec. Ins. t. 1. p. 15. 58.—*Id.* Mant. t. 1. p. 8. 61.—*Id.* Ent. Syst. t. 1.
   p. 25. 70.—Goeze, Ent. Beyt. p. 20. 28.—Schrank, Enum. p. 5. 7. — *Id.* Faun.
   Boic. 1. p. 387. 511.—Herbst, Arch. p. 4. 7.—*Id.* trad. fran. p. 67. 7.—*Id.* Naturs·
   t. 2. p. 123. 85. pl. 11. f. 6.—De Vill. C. Linn. Ent. t. 1. p. 17. 13.—Oliv. Ent.
   t. 1. 3 p. 76. 79. pl. 18. f. 162., a. b.—Rossi, Faun. Etr. t. 1. p. 5. 9.— *Id.* éd. Helw.
   p. 4. 9.—Panz. Ent. Ger. p. 2. 5.—*Id.* Faun. Ger. 28. 3.—Cederh. Faun. Ingr. p. 2. 2.
Copris subterraneus, Oliv. Encycl. méth. t. 5. p. 144. 5.
Aphodius subterraneus, Illig. Kæf. Preus. p. 20. 5.—Sturm, Verz. p. 45. 37.—*Id.* Deut.
   Faun. t. 1. p. 115. 21.—Fab. Syst. El. t. 1. p. 72. 18.—Panz. Faun. Germ. (2ᵉ éd.)
   28. 7.— *Id.* Krit. Rev. t. 1. p. 12.—Schœnh. Syn. Ins. t. 1. 70. 18. —Marsham, Ent.
   Brit. p. 18. 29. — Walk. Faun. par. p. 11. 4. — Latr. Hist. nat. t. 10. p. 124. 11.
   — Duft. Faun. Aust. t. 1. p. 91. 4.—Gyll. Ins. Suec. t. 1. p. 17. 8.—Baud. Laf. Mon.
   p. 63. 2.—Suckow, Nat. p. 228. 18.—Boit. Man. t. 1. p. 321.—Steph. Syn. p. 188. 2.
   — De Casteln. Hist. t. 2. p. 96. 22. — Garnier, Mém. de la Somme. t. 1. p. 69. 4.
   —Schmidt, Zeitsch. t. 2. 1. p. 95. 2.

Var. A. E. Fuscipennis ; Nob. *Elytres brunes ou d'un brun châtain.*

Illig. Kæf. Preus. l. c. Var. β.—Sturm, l. c. Var. b.—Duftsch, l. c. Var. β.—Gyll.
   l. c. Var. — Schmidt, l. c. Var. β.

L. 0ᵐ,0056 à 0ᵐ,0067 (2 1/2 à 3ˡ). —L. 0ᵐ,0028 à 0ᵐ,0034 (1 1/4 à 1 1/2ˡ).

Chaperon presque en demi-hexagone, subconcavement abaissé et
sensiblement échancré dans le milieu de sa partie antérieure ; relevé
aux angles de devant ; notablement auriculé ; presque uniformément
rebordé dans son pourtour. Tête médiocrement convexe en dessus ; d'un
noir luisant comme tout le reste du corps ; ruguleusement ponctuée
près des bords, plus lisse sur son disque ; chargée sur l'épistome d'un
arc saillant. Suture frontale trituberculeuse. Palpes et antennes d'un
rouge brun ; massue de ces dernières un peu plus obscure. Prothorax
faiblement échancré en devant ; paré dans cette échancrure d'une bordure d'un jaune roux luisant ; à angles antérieurs peu avancés et peu
aigus ; cilié latéralement ; arqué sur les côtés jusqu'aux trois-cin-

quièmes de leur longueur, sinueusement coupé de ce point aux angles
postérieurs; à peine plus large à ceux-ci qu'aux antérieurs; subsinueusement en arc renversé à la base; latéralement rebordé, depuis l'extrémité des angles de devant et moins étroitement à sa partie postérieure;
subdéprimé sur son disque, convexement déclive sur les côtés; luisant;
inégalement parsemé de gros points enfoncés ordinairement nuls
près du bord antérieur. Ecusson en triangle allongé, pointu; égalant
environ le cinquième de la longueur des élytres; enfoncé au dessous
du niveau de celles-ci; couvert de points confluents dans sa première
moitié, plus lisse ou subcaréné postérieurement. Elytres à peine plus
larges que le prothorax à sa base; d'un quart ou d'un tiers plus longues
que lui; subsinueusement parallèles des épaules jusqu'à la moitié de
leur longueur; arcuément rétrécies de ce point aux angles postérieurs
qui sont arrondis; obtuses à l'extrémité; déprimées ou subdéprimées
longitudinalement sur leur disque, convexement perpendiculaires sur
les côtés; un peu rétuses postérieurement; chargées d'un calus assez
faible vers l'extrémité des quatrième à septième stries : celles-ci en
forme de rainurelles; transversalement rayées dans le fond, mais non
crénelées; longitudinalement garnies de chaque côté d'un rebord
étroit. Intervalles plus élevés que ce dernier, convexes, lisses; à peine
plus larges que les stries et leur rebord réunis. Dessous du corps d'un
noir luisant; aspèrement ponctué sur les flancs des parties pectorales;
hérissé de poils fauves principalement sur l'antépectus et les cuisses
de devant. Plaque métasternale glabre, pointillée, longitudinalement
sillonnée. Cuisses et jambes noires : les premières ou du moins les
quatre postérieures parcimonieusement pointillées. Tarses d'un rouge
brun ou brunâtre; premier article des postérieurs au moins aussi long
que les trois suivants réunis.

Cette espèce habite toutes les parties de la France. Elle est commune
presque partout.

Obs. Les stries sont presque toutes subterminales; une ou deux des
quatrième à huitième s'oblitèrent ordinairement après le calus et se
réunissent subparialement à l'une de leurs voisines.

Le rebord des rainurelles s'efface quelquefois près de la base des
élytres.

Genre *Otophorus*, Oтоphore; Noв.

(ὦτος, oreille; φέρω, je porte).

Caractères. Corps subparallélipipède; longitudinalement subdéprimé sur le dos. Epistome presque en demi-cercle, obtus en devant.
Joues transversalement coupées à leur jonction avec ce dernier qu'elles

débordent sur les côtés : leurs bords antérieur et latéral réunis à angle droit. Lobe externe des mâchoires très-développé, plus dilaté au côté interne. Palpes maxillaires à dernier article légèrement renflé dans le milieu; moins grand que les deux précédents réunis. Palpes labiaux courts, d'égale grosseur : le dernier, ovalaire, à peine plus grand que chacun des autres. Prothorax sinueusement coupé des bord latéraux à la base; sans dent à chacune des extrémités de celle-ci ; rebordé à sa partie postérieure. Ecusson égalant à peu près le quart de la longueur des élytres : celles-ci obtuses à l'extrémité. Premier article des tarses postérieurs aussi long que les trois suivants réunis.

1. O. Hæmorrhoidalis; Linn. *Court; d'un noir assez luisant; faiblement convexe longitudinalement sur le dos. Chaperon subéchancré en devant. Joues dilatées et rectangulairement coupées à leur partie antérieure. Prothorax rebordé à sa base ; pointillé, et marqué de points plus gros ombiliqués. Elytres rouges à l'extrémité; à rainurelles larges et transversalement rayées. Intervalles pointillés.*

♂. Suture frontale chargée de trois petits tubercules : les deux latéraux transversaux : l'intermédiaire, plus arrondi, un peu plus saillant. Prothorax un peu plus dilaté sur les côtés.

♀. Tubercules de la suture frontale presque égaux, moins prononcés ou presque nuls. Prothorax moins dilaté latéralement.

Scarabæus hæmorrhoidalis, Linn. Faun. Suec. p. 135. 386.—*Id.* Syst. nat. p. 548. 33. —Gmel. Linn. Syst. nat. p. 1545. 33.—De Vill. C. Linn. Ent. 1. p. 18. 17.—Herbst, Natursyst. t. 2. 152. 95. pl. 12 f. 11.—Fab. Ent. Syst. t. 1. p. 29. 93.—Schall., Hall. Gesell. p. 248. 11.— Oliv. Ent. 1. 3. p. 85. 89. pl. 26. f. 223. a, b.— Panz. Ent. Ger. p. 8. 27.—*Id.* Faun. Ger. 28. 8.—Cederh. Faun. Ing. pr. 3. 8.— Payk. Faun. Suec. t. 1. p. 8.
Scarabæus alpinus, Scopoli, Ent. Carn. p. 9. 21?
Scarabæus granarius, Fab. Syst. Ent. p. 16. 56. Var. β.—*Id.* Spec. Ins. t. 1. p. 17. 70. —Rossi, Faun. Etr. t. 1. p. 7. 15.—*Id.* éd. Helw. t. 1. p. 7 15.
Copris hæmorrhoidalis, Oliv. Encycl. Méth. t. 5. p. 147. 14.
Aphodius hæmorrhoidalis, Illig. Kæf. Preus. p. 25. 12.— Panzo. Faun. Ger. (2.ne éd.) 28. 9.—Sturm, Verz. p. 47. 59.—*Id.* Deut. Faun. 1. p. 125. 26.—Fab. Syst. El. t. 1. p. 75. 30.—Schœnh. Syn. Ins. t. 1. p. 78. 41.—Marsham, Ent. Brit. p. 19. 50.— Walck. Faun. par. p. 12. 8.—Latr. Hist. Nat t. 10. p. 124. 10.—Dufst. Faun. Aust. t. 1. p. 95. 9.—Gyll. Ins. Suec. t. 1. p. 18. 10.—Suckow, Nat. p. 240. 40.— Zetterst. Faun. Lap. 179. 7.—*Id.* Ins. Lap. p. 114. 7.—Boit. Man. t. 1. p. 321. —Steph. Syn. p. 188. 5.—De Casteln. Hist. t. 2. 94. 9.—Schmidt, Zeitsch. t. 2. 1. p. 113. 23.

Var. A. O. Sanguinolentus; Herbst. *Elytres marquées en outre d'une tache humérale rouge.*

Scarabœus sanguinolentus, Herbst, Arch. p. 6. 15. pl. 19. f. 4.—*Id.* trad. fran. p. 68.
12. pl. 19. 4.—Gmel. Linn. Syst. nat. p. 1547. 183.
Aphodius hœmorrhoidalis, Illig. l. c. Var. β. — Sturm, Deut. Faun. Var. b.—Schoenh.
l. c. Var. β.—Suckow, l. c. Var. β.—Schmidt, l. c. Var. β.

Var. B. O. Humeralis; Nob. *Elytres parées d'une tache humérale
rouge; noires à l'extrémité.*

Scarabœus bimaculatus, Kugelann, Schneid. Mag. 3. p. 266. 23.
Aphodius hœmorrhoidalis, Illig. l. c. Var. γ.—Sturm, Deut. Faun. Var. C.—Schoen.
l. c. Var. γ.—Suckow, l. c. Var. γ.—Schmidt, l. c. Var. γ.

Var. C. O. Rubidus; Nob. *Elytres, ventre et pieds d'un rouge brun ou
brunâtre.*

Duftsch. l. c. Var. β.—Schmidt, l. c. Var. δ.

L. 0^m,0039 à 0^m,0050 (1 3/4 à 2 1/4^l).—L. 0,^{m}0017 à 0^m,0028 (3/4 à 1 1/4^l).

Chaperon presque en demi-hexagone; subconcavement abaissé et
subéchancré dans le milieu de sa partie antérieure; subarrondi aux
angles de devant, subrectangulairement dilaté au point de jonction
des joues dont le côté externe est longitudinalement subcurvilinéaire;
rebordé dans son pourtour et un peu plus fortement aux angles de
devant qui semblent un peu relevés. Tête faiblement convexe en
dessus; noire sur toute sa surface; subruguleusement pointillée. Epistome subtuberculeux sur son disque. Suture frontale trituberculeuse.
Front ponctué. Palpes bruns ou d'un brun châtain. Antennes d'un
rouge brunâtre, à massue un peu plus obscure. Prothorax médiocrement échancré en devant; paré dans cette échancrure d'une bordure
d'un roux jaune; avancé à ses angles antérieurs en une espèce de dent
assez aiguë; cilié latéralement; arcuément et faiblement élargi sur les
côtés jusqu'aux trois-cinquièmes de la longueur de ceux-ci; sinueusement coupé de ce point à la base; subsinueusement en arc renversé
à cette dernière; presque indistinctement rebordé au côté interne
des angles de devant; muni latéralement et postérieurement d'un
assez large rebord rétréci au dessus de l'écusson; convexe ou médiocrement convexe en dessus; d'un noir assez luisant; presque également
marqué sur toute sa surface de points ombiliqués assez rapprochés;
très-finement ou peu distinctement pointillé entre ceux-ci. Ecusson en
triangle étroit, allongé, subanguleux sur les côtés, pointu à l'extrémité; égalant en longueur au moins le quart des élytres; noir; couvert de points confluents sur les trois quarts au moins de sa surface,
lisse postérieurement. Elytres à peu près égales en largeur au prothorax; d'un quart ou d'un tiers plus longues que lui; subparallèles ou

faiblement rétrécies des épaules au tiers de leur longueur; subarrondies de ce point à l'angle sutural; faiblement convexes longitudinalement sur le dos; convexement et subperpendiculairement déclives sur les côtés; noires avec l'extrémité d'un rouge brunâtre; à rainurelles transversalement rayées, peu ou point subcrénelées, surtout les juxtasuturales. Intervalles déprimés, pointillés. Dessous du corps noir ou d'un noir châtain luisant; aspèrement ponctué sur les flancs des parties pectorales; hérissé, principalement sur l'antépectus et sur les cuisses de devant, de poils livides ou d'un livide jaunâtre. Plaque métasternale pointillée et longitudinalement sillonnée. Cuisses et jambes noires ou d'un noir châtain; celles-là ou du moins celles des quatre pieds postérieurs assez densement marquées de petits points. Tarses d'un rouge ferrugineux. Premier article des postérieurs aussi long que les trois suivants réunis.

Cette espèce habite diverses parties de nos provinces, principalement les tempérées et les méridionales. Elle ne se trouve pas dans les environs de Marseille, et paraît être assez commune dans les Landes, d'où je l'ai reçue abondamment de M. Perris. Elle n'est pas rare dans les environs de Lyon.

Les rainurelles sont profondes et ont au moins le quart de la largeur des intervalles. La huitième rainurelle, ou les huitième et neuvième, ou plus rarement les huitième et septième, sont plus courtes et parfois pariales.

Obs. M. Schœnherr rapporte à l'*Aph. pusillus*, le *Sc. hœmorrhoidalis* d'Olivier; la description donnée par ce dernier auteur, et surtout la figure grossie de l'insecte, semblent évidemment s'adresser à l'espèce ci-dessus. Le même M. Schœnherr regarde comme synonymes le *Scar. hœmorrhoidalis* de Herbst, et le *Scar. granarius* de Linné : c'est encore une erreur manifeste. L'insecte figuré dans l'ouvrage de l'Entomologiste allemand représente visiblement celui que nous venons de décrire, et d'ailleurs on lit dans le texte : « Ce qui distingue particulièrement cet insecte du *Sc. granarius* de Linné dont il est très-voisin, c'est l'écusson; car dans le *Sc. granarius*, il est très-petit et arrondi postérieurement, et dans l'*hœmorrhoidalis* il est grand et longuement pointu. Les élytres servent aussi à différencier ces deux espèces, non à cause du rouge dont elles sont parées, mais comme l'a fait remarquer de Géer, par leurs sillons beaucoup plus profonds. En raison de ces différences, j'avais appelé cet insecte *sanguinolentus*, M. Fabricius voulant n'en faire avec le *granarius* de Linné qu'une seule espèce. »

M. Schmidt, entraîné sans doute par l'auteur de la Synonymie des Insectes, s'est abstenu, contre son habitude, de citer le Système de la Nature de Herbst.

Genre *Teuchestes*, TEUCHESTE; Nob.

(τευχηστής, armé.)

Caractères. Corps très-convexe en dessus. Chaperon en demi-hexa-gone, avec les joues dilatées presque en demi-cercle sur les côtés. Lobe externe des mâchoires très-développé, plus dilaté au côté interne. Palpes maxillaires à dernier article subcylindrique, à peine plus grand que le second. Palpes labiaux courts, surtout le deuxième; graduellement plus grêles; coniques; le dernier subovalaire. Prothorax sinueusement coupé des bords latéraux à la base; armé d'une petite dent dirigée en arrière à chacune des extrémités de celle-ci; rebordé à sa partie postérieure. Ecusson égalant en longueur au moins le quart des élytres; celles-ci arrondies à l'extrémité, embrassant l'abdomen dans son pourtour. Premier article des tarses à peu près aussi long que les trois suivants réunis.

1. T. Fossor; LINN. *Court, très-convexe, entièrement d'un noir brillant. Chaperon échancré à sa partie antérieure, notablement auriculé; chargé de trois tubercules situés au devant de la suture frontale. Prothorax sinueu-sement coupé de l'extrémité des bords latéraux à la base. Ecusson grand. Elytres à dix stries étroites, peu profondes, légèrement subcrénelées et postérieurement affaiblies. Intervalles imponctués.*

♂. Tubercule intermédiaire plus saillant, subcorniforme, recourbé en arrière. Prothorax creusé d'une fossette à sa partie antérieure; plus convexe et généralement lisse sur son disque. Eperon des jambes de devant large et obtusément tronqué à son extrémité.

♀. Tubercules, surtout les latéraux, peu saillants, parfois peu appa-rents. Prothorax sans dépression à sa partie antérieure; moins convexe et généralement parsemé sur toute sa surface de points enfoncés. Eperon des jambes de devant grêle et terminé en pointe obtuse.

Scarabœus fossor, LINN. Faun. Suec. p. 154. 384.—*Id.* Syst. nat. p. 548. 51.—MULLER, (P. L. S.) Linn. nat. p. 67. 31.—GMEL. Linn. Syst. nat. p. 1546. 31.--MULLER (Oth.), Faun. Frid. p. 1. 5.—*Id.* Zool. Dan. pr. p. 55. 451.—DE GÉER, Mém. t. 4. p. 264. 8. pl. 10. f. 7.— RETZ. Spec. p. 121. 719.— FAB. Syst. Ent. p. 14. 47.—*Id.* Spec. Ins. t. 1. p. 15. 59.—*Id.* Mant. t. 1. p. 8. 62.—*Id.* Ent. Syst. t. 1. p. 23. 72.—GOEZE, Ent. Beyt. t. 1. p. 21. 51.—SCHÆFF. Abhand. t. 3. pl. 3. f. 16.-18.— *Id.* Icon. t. 2. pl. 144. f. 7.—HARRER, Beschr. 6.—LESKE, Naturg. p. 446. 4.—LAICHART. Tyr. Ins. t. 1. p. 10. 4.—HERBST, Natursyst. t. 2. p. 128. 86. pl. 12. f. 1.— FOURCR. Ent. par. 1. p. 10. 20.— MOLL, Nat. Bri. t. 1. p. 156. α (♂) Var. β (♀).—DE VILL. C. Linn. Ent. t. 1. p. 17. 15.— OLIV. Ent. t. 1. 3. p. 75. 78. pl. 20. fig. 184. a. — RAZOUM. Hist. nat. t. 1. p. 155. 4.—ROSSI, Mant. t. 1. p. 6. 5.— PREYSSL. Bœhm. Ins. t. 1. p.

18. 14. — Martyn, ent. angl. pl. 3. f. 50? — Brahm, Rhein. Mag. p. 664. 10.
—Panz. Ent. Germ. p. 2. 6.—*Id.* Faun. Germ. 28. 4.—Payk. Faun. Suec. t. 1. 6. 7.
—Tigny, Hist. t. 5. p. 240.—Marsham, Ent. Brit. p. 16. 24.
Le Scarabée tête armée, Geof. Hist. t. 1. p. 82. 20.

Copris fossor, Oliv. Nouv. Dict. d'hist. Nat. t. 5. p. 435.—*Id.* Encycl. Méth t. 5. p. 144. 1.
Aphodius fossor, Illig. Kæf. pr. p. 19. 3.—Sturm, Verz. p. 19. 3.—*Id.* Deut. Faun. t. 1.
    p. 81. 1. pl. 12.—Fab. Syst. El. t. 1. p. 67. 2.—Schoenh. Syn. Ins. t. 1. p. 66. 2.
    —Walck. Faun. par. p. 11. 1.—Schrank, Faun. Boic. p. 581. 551. — Latr. Hist.
    nat. t. 10. p. 119. 1.—*Id.* Nouv. Dict. d'hist. Nat. t. 2. p. 230.—Duftsch. Faun.
    Aust. t. 1. p. 89. 1.—Gyll. Ins. Suec. t. 1. p. 12. 1.—Bacd. Lat. Monog. p. 62. 1.
    —Lamarck, Anim. sans Vert. t. 4. p. 474. 2.— Suckow, Nat. p. 222. 2.—Zetterst.
    Faun. Lap. p. 177. 1.—Boit. Man. t. 1. p. 319.—Muls. Lett. t. 1. p. 228.—Garn.
    Mém. de la Somme, t. 1. p. 68. 1.—Westwood, Intr. pl. 20. f. 14 à 18.—De Casteln.
    Hist. nat. t. 2. p. 94. 1.—Schmidt, Zeitsch. t. 2. 1. p. 96. 4.

Var. A. **T. Brunneus**; Nob. *Elytres brunes en totalité ou en partie.*

Var. B. **T. Sylvaticus**; Ahrens. *Elytres d'un rouge brun ou brunâtre.*

Aphodius sylvaticus, Ahrens, Hall. Gesell. 2. 33. 4.
Scarabœus, Schæff. Icon. pl. 144. f. 8.
Scarabœus fossor, Hoppe, Enum. 1. 26.—Oliv. Ent. pl. 20. f. 184. b.—Scriba, Journ.
    t. 1. p. 45. 11. etc.
Aphodius fossor, Illig. l. c. Var. β.—Sturm, Faun. Germ. l. c. Var. b.— Schoenh, l. c.
    Var. β.—Duftsch. l. c. Var. β.— Suckow, l. c. Var. β.—Schmidt, l. c. Var. γ.

Long. 0^m,009 à 0^m,013. (4 à 5^l).—Larg. 0^m,0045 à 0^m,0057 (2 à 2 1/2^l).

Dessus du corps entièrement d'un noir brillant. Chaperon en
demi-hexagone ; échancré et abaissé dans le milieu de sa partie
antérieure ; subarrondi aux angles de devant; notablement auriculé ;
rebordé dans toute sa périphérie, mais plus étroitement à l'échancrure ; subruguleusement pointillé en dessus ; transversalement chargé
sur l'épistome, au devant de la suture frontale, de trois tubercules
parfois prolongés derrière celle-ci : l'intermédiaire subcorniforme (σ)
ou obtus (φ) : les latéraux respectivement moins prononcés. Yeux
bruns. Antennes d'un rouge ferrugineux, à massue d'un gris de souris
ou d'un gris obscur. Prothorax médiocrement échancré en devant ;
paré dans cette échancrure d'une bordure d'un rouge livide ; avancé
en espèce de dent à ses angles antérieurs ; en arc sur les côtés jusqu'aux
quatre cinquièmes de la longueur de ceux-ci ; sinueusement coupé de
ce point à la base, où cette dernière présente une espèce de dent ;
subbisinueux à sa partie postérieure ; étroitement rebordé au côté interne de ses angles de devant, plus largement sur ses bords latéraux
et surtout à la base ; rayé parallèlement à ce rebord d'une ligne ponctuée ou subcrénelée ; très-convexe en dessus ; creusé en devant d'une

fossette subtriangulaire plus ou moins profonde, et imponctué sur son disque (♂), ou sans dépression en devant et inégalement parsemé sur toute sa surface de points assez gros (♀). Ecusson égalant en longueur environ le quart des élytres; obsolètement ponctué; anguleux dans le milieu de ses côtés; terminé en pointe. Elytres presque de la largeur du prothorax; une fois aussi longues que lui; subsinueusement parallèles depuis les épaules jusqu'aux trois cinquièmes de leur longueur; arrondies à l'extrémité; très-convexes en dessus; à dix stries étroites, peu profondes, postérieurement affaiblies, légèrement ponctuées ou transversalement rayées et subcrénelées. Intervalles déprimés ou sub-déprimés, lisses ou presque indistinctement pointillés : le onzième relevé en rebord et strié dans la majeure partie de sa longueur. Dessous du corps d'un noir brillant. Parties pectorales aspèrement ponctuées et garnies de poils d'un roux brunâtre. Plaque métasternale glabre, luisante, finement et très-légèrement pointillée, longitudinalement rayée. Pieds noirs, assez luisants. Cuisses fortes : les antérieures tronquées à leur bord antérieur ; les quatre postérieures légèrement pointillées. Premier article des tarses postérieurs au moins aussi long que les trois suivants réunis.

Cette espèce est particulière aux contrées froides ou tempérées de la France. Elle est commune dans les pâturages les plus élevés des Monts-d'Or lyonnais. L'*Aph. sylvaticus* que Ahrens s'est attaché, sans fondement, à vouloir considérer comme une espèce particulière, n'est pas rare dans nos provinces plus septentrionales.

Obs. Les stries égalent à peine le sixième de la largeur des intervalles. Les troisième et quatrième stries ainsi que les septième et huitième ou sixième et huitième, sont ordinairement plus courtes et pariales.

Genre *Aphodius*, APHODIE ; Illiger.

(ἄφοδος, excrément.)

Caractères. Corps plus ou moins convexe. Chaperon généralement en demi-hexagone, rarement en demi-cercle. Joues ordinairement dilatées latéralement; quelquefois d'une manière peu sensible, mais alors curvilinéairement ou très-obliquement coupées à leur partie postérieure. Palpes maxillaires allongés; à deuxième article presque aussi long que le dernier : celui-ci subfiliforme ou faiblement renflé dans le milieu. Palpes maxillaires courts, à second article moins grand que les deux autres qui sont presque égaux. Ecusson court. Elytres glabres, au moins dans leur première moitié; arrondies à leur extrémité, mais parfois d'une manière un peu obtuse. Premier article des tarses toujours moins long que les quatre suivants réunis.

1. **A. Scybalarius**; Fab. *Court, convexe en dessus. Chaperon en demi-hexagone. Suture frontale trituberculeuse. Tête et prothorax noirs. Celui-ci arrondi ou subsinueusement coupé de l'extrémité des bords latéraux à la base; rebordé à cette dernière; parsemé de gros points en dessus. Elytres d'un jaune brunâtre; marquées sur les parties latérales de leur disque, d'une tache allongée noirâtre; à stries subdentées. Intervalles lisses et subdéprimés.*

♂. Épistome chargé sur son disque d'une ligne élevée en arc; armé derrière celle-ci, sur les limites de la suture frontale, de trois tubercules : l'intermédiaire plus prononcé. Prothorax creusé en devant d'une fossette plus ou moins profonde; imponctué, en général, sur une large étendue de son disque. Eperon des jambes de devant plus fort. Plaque métasternale concave.

♀. Epistome sans traces distinctes de ligne arquée sur son disque; armée sur les limites de la suture frontale de trois tubercules, dont les latéraux surtout sont peu prononcés. Prothorax sans dépression à sa partie antérieure; généralement plus ponctué sur son disque. Eperon des jambes antérieures plus grêle. Plaque métasternale plane.

Scarabæus scybalarius, Fab. Spec. Ins. t. 1. p. 16. 60. (description).— *Id.* Mant. t. 1. p. 8. 65.

Scarabæus conflagratus, Herbst, Arch. p. 5. 11.—*Id.* trad. fr. p. 68. 10.— *Id.* Natursyst. t. 2. pl. 12. f. 7. — Gmel. Linn. Syst. Nat. p. 1347. 180. — Fab. Ent. Syst. t. 1. p. 27. 85. — Oliv. Ent. t. 1. 5. p. 80. 85. pl. 26. 220. —Panz. Ent. Germ. p. 6. 20.—*Id.* Faun. Germ. 47. 2.—Marsh. Ent. Brit. p. 11. 10.

Scarabæus conspurcatus, Muller, Zool. Dan. Prod. p. 55. 455. — Latchart. Tyr. Ins. t. 1. p. 15. 6.

Scarabæus coprinus, Marsh. Ent. Brit. p. 12. 11.

Scarabæus scybalarius, Oliv. Ent. t. 1. p. 79. 84. pl. 26. 226, a, b?

Copris conflagratus, Oliv. Encycl. Meth. t. 5. p. 146. 10.

Copris scybalarius, Oliv. Encycl. Mét. t. 5. p. 146. 9?

Aphodius scybalarius, Illig. Kæf. Perus. p. 33. 26.—Sturm, Deut. Faun. t. 1. p. 92. 8. Var. b. — Schoenh. Syn. Ins. t. 1. p. 68. 10. Var. β. — Latr. Hist. t. 10. p. 120. 6. Var. —Duftsch. Faun. Aust. t. 1. p. 107. 21. Var. β.—Gyll. Ins. Suec. t. 1. p. 15. 6. Var. b.—Suckow, Nat. p. 225. 10.— Boir. Man. t. 1. p. 519. Var.—Garnier, Mém. de la Somme, t. 1. p. 69. 7. Var.—De Casteln. Hist. t. 2. p. 96. 27. Var.—Schmidt, Zeitsch. t. 2. 1. p. 100. 8. Var. β.

Aphodius conflagratus, Fab. Syst. El. t. 1. p. 72. 20.—Fallén. Obs. Ent. p. 6. 1.

Var. A. A. Nigricans; Nob. *Tache des élytres courrant presque entiérement leur surface et ne laissant que leur extrémité plus claire.*

Sturm, l. c. Var. c.—Duftsch. l. c. Var. γ.—Schmidt, l. c. Var. γ.

Var. B. A. Argillicolor ; Nob. *Elytres uniformément d'un jaune brunâtre.*

Scarabæus fimetarius, Linn. Faun. Suec. 585. Var. β.—*Id.* Syst. Nat. p. 548. 32. Var. β.

Scarabæus scybalarius, Fab. Spec. Ins. t. 1. p. 16. 60. (diagnostic). — *Id.* Mant. t. 1. p. 8. 65. Var.—*Id.* Ent. Syst. t. 1. 25. 77.—Gmel. Linn. Syst. Nat. p. 1547. 178. —De Vill. C. Linn. Ent. t. 1. p. 20. 20. et t. 4. p. 199. 20.—Panz. Ent. Germ. p. 3. 10.—*Id.* Faun. Germ. 47. 1.—*Id.* Krit. Rev. t. 1. p. 10.

Scarabæus fœtidus, Herbst, Arch. p. 7. 17. pl. 19. fig. 6.—*Id.* trad. fr. p. 69. 14. pl. 19. 6.—Schrank, Faun. Boic. t. 1. p. 384. 337.

Aphodius scybalarius, Illig. p. l. c. α.—Sturm, Verz. p. 30. 26.—*Id.* Deut. Faun. l. c. a. —Fab. Syst. El. t. 1. p. 70. 12.—Schœnh. l. c. α.—Walck. Faun. Par. t. 1. p. 11. 2. — Latr. l. c. a.—Duftsch. l. c. α.—Gyll. l. c. a.—Suckow, l. c. α.—Boit. l. c. a. —Steph. Syn. p. 190. 8.—Garnier, l. c. a.—De Casteln. l. c. a.—Schmidt, l. c. α.

Var. C. A. Pallipes ; Nob. *Pieds d'un livide obscur.*

L. 0^m,0050 à 0^m,0067 (2 1/4 à 3ˡ).—L. 0^m,0028 à 0^m,0033 (1 1/4 à 1 1/2).

Dessus du corps convexe. Chaperon en demi-hexagone ; subconcavement abaissé et faiblement échancré dans le milieu de sa partie antérieure ; subarrondi aux angles de devant ; notablement auriculé ; rebordé dans toute sa périphérie, mais plus étroitement à l'échancrure ; subconvexe en dessus ; d'un noir luisant, ainsi que le reste de la tête ; ruguleusement ponctué. Yeux bruns. Antennes d'un livide brunâtre, à massue obscure. Palpes bruns ou d'un brun ferrugineux avec l'extrémité des derniers articles au moins d'un livide ferrugineux. Prothorax à peine échancré en devant, paré d'une bordure d'un rouge livide ; angles antérieurs peu avancés ; subarcuément et peu sensiblement dilaté sur les côtés ; arrondi ou coupé d'une manière légèrement subsinueuse aux angles postérieurs ; subbisinueux à la base ; rebordé à celle-ci et d'une manière graduellement un peu plus étroite jusqu'aux angles de devant ; rayé parallèlement à ce rebord d'une ligne ponctuée ou subcrénelée ; convexe en dessus ; d'un noir luisant ; parsemé près des angles antérieurs, ou même sur les côtés et à la base, de gros points notablement espacés ; parfois, en outre, obsolètement et uniformément pointillé. Ecusson en triangle curviligne et presque équilatéral ; d'un noir luisant ; ponctué à la base, lisse vers l'extrémité. Elytres à peu près de la largeur du prothorax, de moitié plus longues que lui ; subsinueusement parallèles jusqu'aux trois-cinquièmes de leur longueur ; arrondies à l'extrémité ; convexes en dessus ; peu distinctement chargées d'un faible calus près de l'extrémité des troisième à septième stries ; d'un jaune brunâtre ; marquées d'une tache obscure ou noirâtre sur la partie latérale de leur disque ; à stries ou rainurelles assez profondes, subdentées ou subcrénelées par des strioles transversales. Intervalles lisses et subdéprimés. Dessous du corps noirâtre. Flancs des parties pectorales aspèrement ponctués et garnis de poils gris. Plaque métasternale lisse, creusée d'un sillon. Pieds d'un ferrugineux obscur livide ou jaunâtre. Cuisses, surtout les antérieures, parfois noirâtres et alors jambes d'un brun châtain. Tarses toujours plus clairs. Cuisses de devant ciliées, tronquées à leur bord antérieur; les suivantes oblongues, lisses. Premier article des tarses postérieurs aussi long que les trois suivants réunis.

Cette espèce habite la plupart des provinces de la France; elle est médiocrement commune aux environs de Lyon.

Obs. Les cinq ou six premières stries sont également subterminales : la sixième est ordinairement liée à la neuvième, et ces dernières enclosent ainsi les septième et huitième qui sont plus courtes et pariales. Cette disposition facile à observer et le prothorax entièrement noir, distinguent aisément cette espèce de l'*Aph. fimetarius* et autres avec lesquels elle a le plus d'analogie de forme et de couleur.

Les élytres sont tantôt unicolores, tantôt chargées sur leur disque d'une tache allongée obscure, qui parfois se dilate au point de couvrir presque toute leur surface.

Gyllenhal rapporte à l'*A. sordidus* le *Scar. fimetarius* Var. β de Linné. Ce savant auteur fait observer que l'immortel Naturaliste a cité, dans sa Synonymie, la dissertation dans laquelle Uddmann à décrit une variété du *sordidus;* il ajoute que ce dernier est abondant en Suède, tandis que le *scybalarius* y est peu commun; enfin il se fonde surtout pour appuyer son opinion sur les mots *thoracis latera pallida* qui se trouvent dans la description de la Faune de Suède. Ces mots, selon nous, s'appliquent à l'espèce principale, c'est-à-dire à notre *A. fimetarius*, dont le *scybalarius* n'est aux yeux de Linné qu'une variété, et non à celle-ci, car en parlant de cette dernière il dit : *capite thoraceque nigro.*

Cette espèce offre un exemple de la légèreté avec laquelle Fabricius travaillait quelquefois. Dans la phrase diagnostique de son Spéciès, il se borne à dire *elytris testaceis;* dans sa description il ajoute : *maculâ marginali nigrâ.* Dans son Mantissa, il indique, comme une observation : *variat elytris immaculatis,* sans avoir parlé auparavant de la tache qui doit exister. Et, après avoir admis cette variété, il en constitue deux espèces dans son Entomologia Systematica.

M. Schœnherr, et tous les auteurs après lui, rapportent à notre *argillicolor* le *Scar. scybalarius* d'Olivier. La phrase diagnostique de cet Entomologiste porte cependant : « Elytres testacées avec une tache obscure,» et la figure correspond à cette indication. Cet insecte a le corps plus allongé, la tache des élytres plus grande et les pieds plus pâles; peut-être faut-il le rapporter à une autre espèce.

2. **A. Conjugatus;** Panz. *Allongé, convexe, luisant en dessus. Chaperon en demi-hexagone. Suture frontale trituberculeuse. Tête et prothorax noirs : celui-ci sinueusement coupé de l'extrémité des bords latéraux à la base; rebordé à cette dernière; paré près des angles antérieurs d'une tache jaune. Elytres de cette couleur; ornées vers leur milieu d'une bande transversale et dentée d'un noir bleuâtre, raccourcie du côté extérieur; à stries peu profondes et subcrénelées. Intervalles déprimés, presque indistinctement pointillés.*

♂. Suture frontale armée de trois tubercules : l'intermédiaire plus saillant, subcorniforme. Epistome chargé au devant de ceux-ci d'un relief arqué. Prothorax convexe; creusé en devant d'une fossette plus ou moins profonde.

♀. Suture frontale armée de trois tubercules médiocrement saillants, presque égaux : l'intermédiaire parfois à peine plus prononcé que les latéraux. Relief de l'épistome moins marqué. Prothorax moins convexe; moins dilaté sur les côtés; sans dépression à sa partie antérieure.

Scarabæus conjugatus, Panz. Ent. Germ. Add. 19—20.—*id.* Faun. Germ. 28. 6.—Koy et Boehm, Naturf. t. 29. p. 106.

Aphodius conjugatus, Sturm, Verz. p. 25. 10.—*Id.* Deutsch. Faun. t. 1. p. 84, 3.— Duftsch. Faun. Aust. t. 1. p. 89. 2.—Suckow, Nat. p. 222, 4.—De Casteln. Hist. t. 2. p. 94. 2.—Schmidt, Zeitsch. t. 2. 1. p. 97. 5.

Aphodius fasciatus, Fab. Syst. El. t. 1. 68. 4. — Latr. Hist. t. 10. p. 119. 2. — Boit. Man. t. 1. 519.

Var. A. **A. Fasciatus;** Nob. *Bande noire des élytres non prolongée jusqu'à la suture.*

L. 0^m,008 à 0^m,010 (3 3/4 à 4 1/2^l).—L. 0^m,0045 à 0^m,0050 (1 7/8 à 2 1/4^l).

Dessus du corps convexe. Chaperon en demi-hexagone; abaissé et faiblement échancré dans le milieu de sa partie antérieure; subarrondi aux angles de devant; notablement auriculé; rebordé dans toute sa périphérie, mais plus étroitement à l'échancrure; subconvexe en dessus; d'un noir luisant, ainsi que le reste de la tête; subruguleusement parsemé de petits points. Yeux bruns. Antennes d'un brun livide, à massue d'un gris obscur. Palpes luisants, bruns, avec l'extrémité des articles souvent plus claire. Prothorax faiblement échancré en devant; paré d'une bordure d'un ferrugineux livide, presque indistinctement et subanguleusement avancée dans le milieu; à angles antérieurs peu saillants; subarcuément et médiocrement élargi d'avant en arrière sur les côtés; subsinueusement coupé de la partie postérieure de ceux-ci à la base; subbisinueux à cette dernière; rebordé d'une manière assez étroite latéralement et postérieurement; convexe

en dessus; d'un noir luisant, paré aux angles antérieurs d'une tache
jaune plus ou moins prolongée sur les côtés; inégalement parsemé de
points assez gros, moins nombreux ♂, ou presque nuls ♀, sur le disque
et à la partie antérieure. Écusson en triangle curviligne et presque
équilatéral; noir; obsolètement ponctué à la base; lisse vers l'extrémité. Elytres à peu près de la largeur du prothorax; une fois aussi
longues que lui; subsinueusement parallèles ou très-légèrement élargies des épaules aux trois cinquièmes de leur longueur; arrondies à
l'extrémité; convexes en dessus; jaunes ou d'un jaune un peu pâle;
parées chacune vers les deux tiers postérieurs d'une bande noire
ou d'un noir bleuâtre, dentée transversalement et prolongée de la
huitième strie à la suture que quelquefois elle n'atteint pas, et vers
laquelle elle se rétrécit inégalement; à stries étroites, peu profondes,
et subcrénelées par des strioles transversales. Intervalles déprimés,
lisses, peu distinctement pointillés. Dessous du corps noir; aspèrement
ponctué sur les flancs des parties pectorales; garni, principalement
sur l'antépectus et sur les cuisses de devant, de poils d'un livide jaunâtre. Plaque métasternale luisante, pointillée, longitudinalement sillonnée. Cuisses et jambes noires, luisantes : celles-là finement ponctuées. Tarses d'un ferrugineux livide quelquefois un peu obscur : premier article des postérieurs un peu moins long que les trois suivants
réunis.

Cette belle espèce est rare en France. Elle m'a été envoyée des
environs de Châlon-sur-Saône par [M. Myard. Elle a été trouvée près
de Lyon dans les pâturages qui entourent Limonest par M. Pascal.
Elle paraît dès le milieu de février et cesse de se montrer vers la fin de
mars. On la retrouve plus rarement en automne. Ses métamorphoses
ont été suivies par Koy et Bœhm.

Obs. La septième strie est généralement plus courte, libre ou sub-
pariale avec la huitième. Les autres sont habituellement toutes subterminales; cependant la sixième ou plus rarement la huitième est
parfois raccourcie, et celle des deux qui offre cette modification dans
sa longueur afflue vers la septième ou s'unit à elle.

3. **A. Fœtens**; Fab. *Peu alongé; convexe; subdéprimé sur le dos, à la
base des élytres. Chaperon en demi-hexagone. Suture frontale trituberculeuse. Tête et prothorax d'un noir luisant. Celui-ci paré d'une tache
rougeâtre aux angles de devant; sinueusement coupé des bords latéraux
aux angles postérieurs; rebordé à la base. Elytres à stries ou rainurelles
transversalement rayées. Intervalles lisses et déprimés. Ventre rouge.*

♂. Epistome chargé sur son disque d'un relief arqué ; armé

derrière celui-ci, sur les limites de la suture frontale, de trois tubercules : l'intermédiaire subcorniforme. Prothorax plus convexe. Plaque métasternale ordinairement marquée d'une impression.

♀. Epistome sans relief arqué bien distinct ; muni sur les limites de la suture frontale de trois faibles tubercules : l'intermédiaire souvent plus prononcé. Prothorax moins convexe.

Scarabæus fœtens, Fab. Mant. 1. p. 8. 63.—*Id.* Ent. Syst. t. 1. p. 24. 75.—Schæff. Icon. t. 2. pl. 144. f. 5.—Harrer, Beschr. 7.—Gmel. Linn. Syst. Nat. p. 1547. 116. —De Vill. C. Linn. Ent. t. 4. p. 206.—Herbst, Natursyst. t. 2. p. 173. 109.—Panz. Ent. Germ. p. 3. 9.—*Id.* Faun. Germ. 48. 1.—*Id.* Krit. Rev. p. 10.—Payk. Faun. Suec. p. 11. 14.—Céderh. Faun. Ing. pr. p. 2. 4.

Aphodius fœtens, Illig. Kæff. Preus. p. 31. 24. Var β.—Panz. Ent. Schæff. Icon. p. 139. 5.—*Id.* Index. Ent. p. 8. 4.—Latr. Hist. t. 10. p. 120. 5.—Duftsch. Faun. Aust. t. 1. p. 101. Var. β.—Schoenh. Syn. Ins. t. 1. p. 67. 8.—Gyll. Ins. Suec. t. 1. p. 13. 3.—Suckow. Naturg. p. 224. 8.—Zetterst. Faun. Lap. p. 178. 3.—Schmidt, Zeitsch. t. 2.—1. p. 101. 9.

Var. A. A. Nigricollis; Nob. *Prothorax entièrement noir.*

Var. B. A. Vaccinarius; Herbst. *Elytres rouges avec l'extrémité noirâtre.*

Scarabæus vaccinarius, Herbst, Naturs. t. 2. p. 138. 90. pl. 12. f. 5.
Scarabæus fimetarius, Schrank, Faun. Boic. t. 1. p. 382. 333. Var. 3.
Aphodius fimetarius, Latr. Gen. t. 2. p. 90. Var. B.
Aphodius fœtens, Schoenh. l. c. Var. β. — Gyll. l. c. Var. b. — Suckow. l. c. Var. β. —Schmidt, l. c. Var. β.

Var. C. A. Sanguinipennis; Nob. *Elytres entièrement rouges.*

Scarabæus fimetarius, Laichart. Tyr. Ins. 1. p. 12. Var. γ.—Schrank, Faun. Boic l. c. Var. 2.
Scarabæus fœtens, Payk. l. c. Var. β.
Aphodius fœtens, Illig. Kæff. p. 31. 24. — *Id.* Mag. t. 1. p. 30.—Creutz. Ent. Vers. p. 46. 13.—Sturm, Deut. Faun. p. 85. 4. a.—Schoenh. l. c. Var. γ.—Duftsch. l. c. α. —Gyll. l. c. Var. c.—Suckow, l. c. Var. γ.—Boit. Man. p. 320.—De Casteln. Hist. t. 2. p. 94. 4.—Schmidt, l. c. Var. γ.
Aphodius fimetarius, Latr. Gen. t. 2. p. 90. Var. A.

Var. D. A. Fuscipes; Nob. *Pieds noirâtres.*

Scarabæus scrutator, Marsh. Ent. Brit. p. 11. 8?

L. 0^m,005 à 0^m,010 (2 1/4 à 4 1/2^l). —L. 0^m,0030 à 0^m,0045 (1 1/3 à 2^l).

Chaperon en demi-hexagone ; abaissé, mais seulement tronqué ou à peine échancré dans le milieu de sa partie antérieure ; subarrondi aux angles de devant ; médiocrement auriculé ; rebordé dans toute sa périphérie, et un peu plus étroitement dans sa partie abaissée; subconvexe en dessus, subruguleusement pointillé; d'un noir luisant ainsi que le reste de la tête. Yeux bruns. Antennes rouges ou d'un rouge jaune, à massue d'un rouge pâle. Palpes rougeâtres, à dernier article brunâtre à la base. Prothorax faiblement échancré en devant; paré d'une bordure d'un rouge livide, peu distinctement avancée dans son milieu; à angles antérieurs peu saillants; arcuément et médiocrement élargi sur les côtés d'avant en arrière; sinueusement coupé des trois quarts des bords latéraux aux angles postérieurs; bissubsinueux à la base; rebordé à cette dernière et d'une manière moins étroite sur les côtés; convexe en dessus; d'un noir luisant, paré aux angles antérieurs d'une tache plus ou moins étendue rouge ou rougeâtre; longitudinalement creusé dans le tiers postérieur de son milieu, d'un sillon quelquefois peu marqué; parsemé de points enfoncés très-clairsemés. Ecusson légèrement au dessous du niveau des élytres; en triangle curviligne, à côtés notablement plus longs que la base; noir; obsolètement ponctué; parfois subcaréné postérieurement. Elytres à peu près de la largeur du prothorax; d'un tiers plus longues que lui; subparallèles ou faiblement élargies des épaules aux deux tiers de leur longueur; arrondies à l'extrémité; longitudinalement subdéprimées sur le dos à la base, et subperpendiculaires sur les côtés de celle-ci, graduellement plus convexes en avançant vers le milieu; presque indistinctement rétuses vers l'extrémité au dessus du bord postérieur; rouges; à rainurelles, rayées transversalement dans le fond, mais non crénelées. Intervalles déprimés à la base, subdéprimés postérieurement; lisses ou imperceptiblement pointillés. Dessous du corps noir, avec le ventre et les côtés de l'antépectus rouges: ceux-ci aspèrement ponctués ainsi que les autres parties pectorales, et plus densement garnis que ces dernières de poils d'un roux livide. Plaque métasternale longitudinalement creusée d'un sillon; légèrement pointillée. Cuisses luisantes; noires, brunes, d'un rouge brun ou d'un rouge livide: les antérieures ordinairement plus obscures, tronquées à leur bord antérieur; les suivantes oblongues, comprimées, lisses ou très-légèrement pointillées. Jambes ordinairement de la couleur de leurs cuisses: celles de devant habituellement noires ou brunes: les quatre postérieures communément d'un brun rouge ou d'un rouge brun. Tarses de cette dernière couleur ou ferrugineux. Premier article des postérieurs sensiblement moins long que les trois suivants réunis.

Cette espèce habite les contrées tempérées et septentrionales de la France. Elle est médiocrement commune aux environs de Lyon. On la trouve depuis l'été jusque vers la fin de l'automne.

24

Obs. Nous avons décrit la variété C, qui se trouve plus particulièrement dans nos provinces. Celle que nous regardons comme l'espèce typique, ainsi que l'*A. vaccinarius* sont rares en France, et propres à nos contrées les plus froides. Dans les pays septentrionaux de l'Europe, la tache des élytres s'étend quelquefois sur toute leur surface au point de les colorer entièrement en noir. Cette variété remarquable ne se rencontre jamais dans notre patrie.

Les rainurelles ont à peu près le tiers de la largeur des intervalles : les sixième et septième, ou septième et huitième, et parfois les sixième à huitième, sont plus courtes et pariales : les autres sont à peu près prolongées jusqu'à l'extrémité.

Cette espèce se distingue facilement de l'*A. fimetarius*, par son corps plus large ; son chaperon généralement peu échancré ; son prothorax plus fortement écointé à ses angles postérieurs ; ses élytres déprimées sur le dos à la base et plus sensiblement relevées en arrière surtout chez le mâle, subrétuses vers l'extrémité ; ses rainurelles ni subdentées, ni subcrénelées ; son écusson dont les côtés sont notablement plus longs que la base.

4. **A. Fimetarius ;** Linn. *Peu allongé ; convexe. Chaperon en demi-hexagone. Suture frontale trituberculeuse. Tête et prothorax d'un noir luisant : celui-ci paré d'une tache rouge aux angles de devant ; sinueusement coupé des bords latéraux à la base ; rebordé à cette dernière. Elytres rouges ; à stries transversalement rayées et subdentées. Intervalles pointillés. Ventre noir.*

♂. Suture frontale armée de trois tubercules ; l'intermédiaire subcorniforme. Epistome chargé au devant de ceux-ci d'une ligne élevée ; en demi-cercle. Prothorax creusé à sa partie antérieure d'une fossette plus ou moins profonde ; très-convexe en dessus. Eperon des jambes de devant assez fort. Plaque métasternale concave.

♀. Tubercules moins prononcés et parfois presque égaux. Ligne semi-circulaire moins en relief, parfois presque indistincte. Prothorax moins convexe ; sans dépression à sa partie antérieure. Eperon des jambes de devant plus grêle. Plaque métasternale sans concavité.

Scarabœus fimetarius, Linn. Faun. Suec. p. 134. 385. a.—*Id.* Syst. Nat. p. 548. 32. —Poda, Mus Gr. p. 18.—Scopol. Ent. Carn. p. 9. 20.—Muller, (Oth.) Faun. Frid. p. 1. 4.—*Id.* Zool. Deut. pr. p. 53. 454.—Muller, (P. L. S.). Linn. Nat. p. 67. 32. —Fab. Syst. Ent. p. 15. 51.—*Id.* Spec. Ins. t. 1. p. 16. 64.—*Id.* Mant. t. 1. p. 9. 70. —*Id.* Ent. Syst. t. 1. p. 27. 84.—Goeze, Ent. Beytr. t. 1. p. 21. 32.—Schæff. Abhand. t. 1. pl. 3. f. 19.—Harrer, Beschr. p. 7.—Leske, Naturg. p. 466. 5.—*Id.* Mus. p. 1. 17.—Schrank, Enum. p. 4. 4.—*Id.* Faun. Boic. t. 1. p. 382. 333.—

Laichart. Ins. Tyr. t. 1. p. 11. 50.—Herbst, Arch. p. 5. 9.—*Id.* trad. fr. p. 68. 8.
—*Id.* Natursyst. t. 2. p. 136. 89. pl. 12. f. 4.—Gmel. Linn. Syst. Nat. p. 1545. 52.
— De Vill. C. Linn. Ent. t. 1. p. 18. 16. — Oliv. Ent. t. 1. 3. p. 78. 82. pl. 18.
f. 167.—Rossi, Faun. Etr. t. 1. p. 5. 10.—*Id.* éd. Helwig, t. 1, p. 5. 10.—Martyn,
ent. ang. pl. 3. f. 22.—Panz. Ent. Germ. p. 5. 18.—*Id.* Faun. Germ. 31. 2.—Cuvier,
Tab. Elem. (Platycephalus). p. 517. 8.—Cederhielem, Faun. Ingr. pr. p. 2. 5.—Payk.
Faun. Suec. t. 1. p. 40. 13,—Tigny, Hist. t. 5 p. 241.—Marsh. Ent. Brit. p. 10. 7.
—Blumemb. Hand. p. 306.—*Id.* tr. fr. p. 397. 6.

Le Scarabée bedeau, Geoffr. Hist. t. 1. p.

Scarabæus pedellus, De Géer, Mém. t. 4. p. 266. 10. pl. 10. f. 8 et 9.—Retz. Spec.
p. 121. 721.

Scarabæus bicolor, Fourcr. Ent. Par. t. 1. p. 9. 18.

Copris fimetarius, Oliv. Encycl. Méth. t. 5. p. 145. 6.

Aphodius fimetarius, Illig. Kæf. pr. p. 51. 23.—Sturm, Verz. p. 25. 12.—*Id.* Deutsch.
Faun. t. 1. p. 87. 5.—Fab. Syst. El. t. 1. p. 72. 19.—Walck. Faun. par. t. 1. 12. 5.
—Latr. Hist. Nat. t. 10. p. 125. 13.—*Id.* Gen. t. 2. p. 89. a.—*Id.* Nouv. Dict. d'hist.
Nat. t. 2. p. 230.—*Id.* Crust. Ar. Ins. t. 1. p. 559.—Schœnh. Syn. Ins. t. 1. p. 71.
19.—Duftsch. Faun. Aust. t. 1. p. 101. 16.—Gyll. Ins. Suec. t. 1. 14. 4.—Panz.
Index. Ent. p. 8. 5.—Lamarck, Anim. sans Vert. t. 4. p. 574. 1.—Suckow, Nat. p.
229. 19.—Zetterst. Faun. Lap. p. 178. 4.—Boit. Man. p. 320.—Muls. Lett. 1.
286. 1.—Steph. Syn. 189. 6.—Garn. Mém. de la Somme, t. 1. p. 68. 3.—De
Casteln. Hist. t. 2. p. 94. 3.—Schmidt, Zeitsch. t. 2. 1. p. 102. 10.

Var. A. A. Bicolor; Nob. *Prothorax entièrement noir.*

Var. B. A. Maculipennis; Nob. *Elytres maculées de noir ou de noirâtre.*

Creutz. Ent. Vers. p. 43.—Schmidt. l. c. Var. ε.

Var. C. A. Punctulatus; Nob. *Elytres marquées d'un point noirâtre aux
trois-quarts de leur longueur, sur les troisième à sixième stries.*

M. Chevrolat, in collect.

Var. D. A. Subluteus; Nob. *Elytres d'un jaune rouge.*

Var. E. A. Hypopygialis; *Anus rouge.*

Schmidt, l. c. Var. β.

Var. F. A. Imperfectus; *Dessous du corps d'un rouge brun. Tête parfois
en partie de la même couleur. Ecusson brunâtre.*

Gyll. l. c. t. 4. Var. b et c.—Schmidt, l. c. Var. γ. et δ.

L. 0,^{m}0056 à 0^m,0072 (2 1/2 à 3 1/4^l)—L. 0,^{m}0028 à 0,^{m}0036 (1 1/4 à 1 5/8^l).

Chaperon en demi-hexagone, échancré et déprimé dans le milieu de
son bord antérieur ; notablement auriculé ; rebordé dans sa périphérie, mais plus étroitement dans la partie échancrée ; subconvexe en
dessus, d'un noir brillant, ainsi que le reste de la tête ; presque uniformément pointillé. Vertex lisse. Yeux bruns. Antennes rouges ou d'un

rouge jaune, à massue plus pâle. Palpes rougeâtres, à dernier article brunâtre, au moins à la base. Prothorax à peine échancré en devant; paré d'une bordure d'un rouge livide; à angles antérieurs très-peu avancés; arcuément et peu sensiblement élargi sur les côtés d'avant en arrière; subsinueusement coupé des cinq sixièmes des bords latéraux à la base, où celle-ci présente une très-faible dent; bissubsinueusement en arc renversé à sa partie postérieure; presque uniformément rebordé sur les côtés et à la base; convexe en dessus; d'un noir brillant, paré aux angles de devant d'une tache rouge ou d'un rouge jaune livide, plus ou moins étendue sur les côtés; inégalement parsemé de points enfoncés assez gros, généralement plus clairsemés sur le disque et surtout à la partie antérieure. Ecusson au niveau des élytres; en triangle curviligne, à côtés faiblement plus grands que la base; noir; obsolètement ponctué à sa partie antérieure, presque lisse ou subcaréné postérieurement. Elytres à peu près de la largeur du prothorax, de deux tiers plus longues que lui; subsinueusement et faiblement élargies de la base aux deux tiers de leur longueur; arrondies à l'extrémité; presque uniformément convexes en dessus; rouges; à stries transversalement rayées et subdentées. Intervalles déprimés ou subdéprimés; finement pointillés. Dessous du corps noir, avec les côtés de l'antépectus rouges ou d'un rouge livide : ceux-ci aspèrement ponctués ainsi que les autres parties pectorales, et plus densement garnis que ces dernières de poils d'un roux livide. Plaque métasternale longitudinalement sillonnée; concave (σ), sans concavité ($\female$) et parsemée de petits points assez distincts. Cuisses de devant d'un noir assez luisant; tronquées à leur bord antérieur : les quatre suivantes parfois d'un rouge brun ou d'un rouge livide; parsemées de points peu profonds. Jambes généralement de la couleur de leurs cuisses respectives, quelquefois d'une teinte un peu plus claire. Tarses ferrugineux : premier article des postérieurs un peu moins long ou à peine aussi long que les trois suivants réunis.

Cette espèce est la plus commune; on la trouve presque toute l'année et sous les zônes les plus différentes, depuis les plaines méridionales jusqu'aux sommets des Alpes.

Obs. Les stries ou rainurelles ont généralement le tiers ou le quart de la largeur des intervalles; les sixième et septième, septième et huitième, ou sixième à huitième, sont ordinairement plus courtes et pariales; les autres sont à peu près prolongées jusqu'à l'extrémité.

La Var. F se rapporte à des individus chez lesquels la couleur ne s'est pas développée. L'*A. autumnalis* de Naézen, citée par Paykull et Gyllenhal, ayant le corps un peu plus court, les élytres rougeâtres et le dessous du corps d'un rouge brun, paraît être dans le même cas.

5. **A. Rubens :** Dej. Inéd. Comolli. *Court, convexe en dessus. Chaperon en demi-hexagone. Suture frontale trituberculeuse. Tête et prothorax d'un noir luisant. Celui-ci densement marqué de points inégaux ;
subrectangulaire aux angles postérieurs ; sans rebord dans le milieu de
sa base. Elytres d'un rouge brun, à tache obscure sur leur disque ; à rainurelles étroites et à peine subdentées. Intervalles déprimés, pointillés.*

♂. Suture frontale subtuberculeusement élevée vers ses extrémités ;
armée dans son milieu d'un tubercule plus saillant et situé plus en avant.
Epistome chargé au devant de ceux-ci d'un relief arqué, peu prononcé, et parfois oblitéré. Prothorax plus convexe. Elytres plus arquées
longitudinalement sur le dos. Plaque métasternale concave ou marquée d'une fossette. Eperon des jambes de devant plus fort.

♀. Suture frontale à peine subtransversalement élevée vers ses
extrémités ; offrant rarement, dans son milieu, les traces d'un tubercule rudimentaire. Epistome obtusément gibbeux et sans vestiges de
relief arqué. Prothorax moins convexe. Elytres plus horizontales longitudinalement sur le dos. Plaque métasternale sans concavité. Eperon
des jambes de devant plus grêle.

Aphodius rubens, Dejean, Catal. 3me éd. p. 160.—Comolli, De Coleopt. Nov. p. 23. 47.

Var. A. A. Carthusianus ; Nob. *Elytres d'un rouge brun sans tache.*

Var. B. A. Rupicola ; Nob. *Elytres noires.*

L 0,^{m}0050 à 0,^{m}0060 (2 1/4 à 2 3/4^l).—L. 0,^{m}0030 à 0,^{m}0033 (1 1/4 à 1 1/2^l)

Chaperon en demi-hexagone ; subconcavement abaissé et subéchancré à sa partie antérieure ; notablement auriculé ; rebordé dans
toute sa périphérie, mais plus largement aux angles de devant. Tête
subconvexe ; d'un noir assez luisant ; lisse et ponctuée sur le front,
ruguleusement ponctuée sur l'épistome. Ce dernier chargé (♂) de
traces plus ou moins apparentes d'une ligne arquée, généralement
indistincte (♀) ou remplacée par une gibbosité obtuse. Yeux noirs.
Antennes d'un brun ferrugineux ou noirâtres, à massue d'un gris
obscur. Palpes d'un noir brillant. Prothorax médiocrement échancré
en devant et paré d'une bordure d'un gris rougeâtre ; à angles antérieurs médiocrement avancés ; subarrondi sur les côtés de ceux-
ci, puis prolongé jusqu'aux angles postérieurs d'une manière subcurvilinéaire ou presque en ligne droite ; peu sensiblement élargi
d'avant en arrière ; obtus ou subrectangulaire aux angles postérieurs qui sont un peu émoussés ; en arc renversé, indistinctement
bissubsinueux à la base ; garni sur les côtés d'un rebord prolongé
jusqu'au tiers du bord postérieur où il s'efface graduellement ; médio-

crement convexe en dessus ; d'un noir assez brillant ; densement et presque uniformément garni de points d'inégale grosseur, ombiliqués en très-petit nombre. Ecusson en triangle subcurviligne et presque équilatéral ; d'un noir luisant ; densement ponctué à la base, lisse et souvent subcaréné à l'extrémité. Elytres, à la base, un peu moins larges que le prothorax à ses angles postérieurs ; une fois aussi longues que lui ; subsinueusement et faiblement élargies des épaules aux deux tiers de leur longueur ; curvilinéairement rétrécies à partir de ce point ; subarrondies à l'extrémité ; médiocrement convexes en dessus sur le dos, convexement subperpendiculaires sur les côtés ; d'un rouge brun luisant, obscurément maculé de noirâtre ; à rainurelles étroites, médiocrement profondes, presque entières ou légèrement subdentées par des strioles transversales ou subpunctiformes. Intervalles déprimés, parsemés de très-petits points assez apparents. Dessous du corps d'un noir luisant. Flancs des parties pectorales aspèrement ponctués : ceux de l'antépectus garnis ainsi que les cuisses de devant de poils d'un livide roussâtre, assez clairsemés. Plaque métasternale glabre, ponctuée, longitudinalement sillonnée. Cuisses et jambes noires, luisantes, assez densement ponctuées, garnies de poils peu nombreux. Tarses d'un rouge ferrugineux livide, ciliés de fauve livide : premier article un peu plus obscur, celui des postérieurs presque aussi long que les trois suivants réunis.

J'ai trouvé cette espèce en assez grande abondance, pendant les mois de juin, juillet et août, dans les pâturages de Bovinant, au dessus de la Grande-Chartreuse. C'est le véritable *Aph. rubens* de M. le comte Dejean, ainsi que me l'a écrit ce savant entomologiste. M. Schmidt a décrit sous le même nom une espèce qui me semble différer de celle-ci par plusieurs points. Dans l'*Aph. rubens* de l'auteur allemand, l'épistome n'offre point de traces de la ligne arquée ; le prothorax a sur les côtés une tache d'un brun rouge, et sa base paraît être entièrement sans rebord ; l'écusson offre vers son extrémité une transparence jaunâtre. Cette description se rapporte à l'*Aph. rhenonum* (de M. Zetterstedt), avec lequel notre *Aph. rubens* offre des différences de localité au moins. Quant aux caractères assignés à l'espèce qui nous occupe, ils se sont trouvés constants sur plusieurs centaines d'individus que j'ai eu l'occasion d'examiner.

Obs. Les rainurelles ont le cinquième ou le sixième de la largeur des intervalles ; les cinquième et sixième stries sont plus courtes et pariales ; les autres le plus souvent presque également subterminales, mais quelquefois pourtant variablement réunies à leurs voisines.

L'*Aph. rubens* n'offre point aux angles postérieurs du prothorax cet écointement subsinueux qu'on remarque dans les *Aph. fœtens* et *fime-*

tarius; il se distingue encore de ceux-ci ainsi que du *lapponum* avec lequel il a davantage d'analogie, par le défaut de taches aux côtés du prothorax, et de rebord dans le milieu de la base de ce segment.

6. A. Alpicola : Nob. *Allongé, faiblement convexe et d'un noir luisant en dessus. Chaperon en demi-hexagone. Suture frontale tuberculeuse. Prothorax bissubsinueusement en arc renversé et rebordé à la base ; assez densement marqué en dessus de points inégaux. Ecusson en triangle curviligne et équilatéral, lisse et ponctué en devant. Elytres subgraduellement élargies jusqu'aux deux tiers de leur longueur ; à rainurelles subdentées. Intervalles lisses, déprimés et finement ponctués. Premier article des tarses postérieurs presque aussi long que les trois suivants réunis.*

♂. Suture frontale subtuberculeusement élevée vers ses extrémités ; munie dans son milieu d'un tubercule plus saillant et à peine situé plus en avant. Epistome chargé sur son disque d'un relief subtransversal ou arqué, parfois complètement oblitéré. Prothorax plus convexe. Plaque métasternale généralement concave ou marquée d'une fossette. Eperon des jambes de devant plus fort.

♀. Suture frontale munie de trois saillies subtuberculeuses trèsfaibles et parfois presque oblitérées : l'intermédiaire à peine plus prononcée. Epistome plus fortement subruguleux ; légèrement et obtusément gibbeux sur son disque. Prothorax moins convexe. Plaque métasternale peu ou point marquée d'une fossette. Eperon des jambes de devant plus grêle.

Var. A. A. Orobius; Nob. *Elytres postérieurement d'un brun rouge graduellement plus clair vers leur extrémité.*

Long. 0^m,0045 à 0^m0067 (2 à 3^l).—**Larg.** 0^m,0022 à 0^m0033 (1 à 1 1/2^l).

Dessus du corps entièrement d'un noir luisant. Chaperon en demihexagone ; faiblement échancré et subconcavement abaissé dans le milieu de sa partie antérieure ; rebordé dans sa périphérie ; faiblement relevé aux angles de devant ; notablement auriculé. Tête subhorizontale ; subconvexe ; subruguleusement ponctuée, et d'une manière assez serrée sur l'épistome, uniment et moins densement sur le front. Yeux noirs. Palpes bruns. Antennes d'un brun livide ou d'un rouge brunâtre, à massue grise. Prothorax faiblement échancré en devant ; paré d'une bordure d'un gris rougeâtre ; à angles antérieurs émoussés et à peine avancés ; curvilinéaire latéralement près de ceux-ci, puis subrectilinéairement et très-faiblement élargi jusqu'aux angles postérieurs qui sont émoussés et obtusément ouverts ; subobliquement coupé de ceux-ci à la base; bissubsinueusement en arc renversé à cette dernière; rebordé latéralement et plus étroitement au côté interne de ses angles de devant et à sa partie postérieure; médiocrement convexe en dessus; densement couvert sur toute sa surface de points circulaires entremêlés d'autres points plus petits. Ecusson en triangle curviligne, à côtés à peu près égaux à la base; ponctué à cette dernière, lisse, subcaréné, et parfois avec une faible transparence rougeâtre vers l'extrémité. Elytres, aux épaules, à peu près de la largeur du prothorax; une fois au moins aussi longues que lui; subsinueusement et faiblement élargies jusqu'aux deux tiers de leur longueur; curvilinéairement rétrécies à partir de ce point, et arrondies à l'extrémité; médiocrement convexes sur le dos, convexement déclives sur les côtés, et plus obliquement à leur partie postérieure; à rainurelles médiocrement profondes et subdentées par des strioles transversales. Intervalles déprimés; pointillés; lisses ou parfois imperceptiblement subruguleux sur le disque, mais plus visiblement sur les côtés et à l'extrémité. Dessous du corps entièrement d'un noir luisant, plus particulièrement garni sur l'antépectus et aux cuisses de devant de poils jaunâtres ou livides. Flancs des parties pectorales aspèrement ponctués. Plaque métasternale finement pointillée, longitudinalement sillonnée. Ventre subruguleusement ponctué. Cuisses d'un noir luisant; lisses, parcimonieusement garnies de petits points. Jambes d'un brun ferrugineux ou d'un rouge ferrugineux brunâtre. Tarses d'une teinte graduellement plus claire. Premier article des postérieurs presque aussi long que les trois suivants réunis.

Cette espèce a été trouvée par M. Claudius Rey sur les montagnes qui entourent Aix-les-Bains en Savoie; elle doit probablement habiter aussi la chaîne française qui domine le lac du Bourget.

Obs. Les rainurelles ont environ un cinquième des intervalles : les troisième, quatrième et cinquième de celles-là sont ordinairement graduellement plus courtes et affluentes vers la sixième, qui vient obliquement s'unir à la deuxième; mais quelquefois la sixième est oblitérée ou interrompue vers son extrémité; les deuxième à troisième ou quatrième sont alors subterminales ou n'offrent que d'une manière imparfaite la disposition indiquée, à l'aide de laquelle il est facile de reconnaître cette espèce.

Les *Aph. alpicola* et *vernus* ont entre eux quelque analogie de taille et de couleur, mais il est facile de les distinguer l'un de l'autre. Le premier est d'un noir plus profond; il a la tête généralement plus lisse ou offrant de faibles rugosités; le prothorax moins convexe, plus sensiblement rebordé à sa base, ne présentant jamais en dessus ni traces de sillon, ni une sorte de ligne lisse longitudinalement sur le

milieu de son disque; l'écusson plus large à la base, moins pointu
postérieurement; assez profondément ponctué à sa partie antérieure,
mais très-lisse entre les points; tout le corps, et surtout les élytres,
graduellement et sensiblement dilaté presque jusqu'aux deux tiers
de la longueur de celles-ci; les stries non subcrénelées et d'une disposition terminale bien différente; enfin les intervalles plus déprimés et
sans traces de rides.

7. A. Vernus; Nob. *Allongé, médiocrement convexe et d'un noir
luisant en dessus. Chaperon en demi-hexagone. Tête trituberculeuse. Prothorax très-étroitement rebordé et bissubsinueusement en arc renversé à la
base; densement marqué en dessus de points inégaux; offrant longitudinalement dans son milieu les traces d'un léger sillon ou d'un espace étroit
imponctué. Écusson subéquilatéral, subruguleusement ponctué en devant.
Élytres subparallèles, graduellement d'un brun rougeâtre vers le bord
postérieur; à rainurelles légèrement subcrénelées. Intervalles pointillés,
presque indistinctement subruguleux. Premier article des tarses postérieurs
un peu plus long que les deux suivants réunis.*

♂. Suture frontale armée de trois tubercules : l'intermédiaire plus
saillant, subcorniforme, situé un peu plus en arrière. Épistome chargé
au devant de ces tubercules d'un relief arqué. Prothorax plus convexe,
ordinairement creusé d'une fossette légère près du milieu de son bord
antérieur. Plaque métasternale concave ou subconcave.

♀. Suture frontale chargée de trois tubercules presque égaux, peu
saillants. Relief de l'épistome peu prononcé, souvent presque indistinct.
Surface de la tête généralement plus rugueuse. Prothorax moins convexe. Plaque métasternale plane ou faiblement bombée.

Var. A. A. Martialis; Nob. *Élytres brunes ou d'un brun rougeâtre avec
l'extrémité plus claire.*

L. 0,^m0045 à 0,^m0056 (2 à 2 1/2^l).—L. 0,^m0022 à 0,^m0028 (1 à 1 1/4^l).

Chaperon en demi-hexagone; faiblement échancré et sensiblement
abaissé en devant; notablement auriculé; rebordé dans sa périphérie,
plus étroitement à la partie échancrée, plus largement aux angles
antérieurs qui sont légèrement relevés. Tête inclinée; subdéprimée; d'un noir luisant; rugueusement ponctuée sur l'épistome, d'une
manière plus lisse sur le front. Yeux et palpes bruns. Antennes d'un
brun livide ou d'un brun rougeâtre, à massue d'un gris obscur. Prothso-
rax assez faiblement échancré en devant; paré d'une bordure d'un
flave livide; à angles antérieurs peu avancés et émoussés; arqué sur
les côtés, mais moins curvilinéaire à la partie postérieure de ceux-ci,

vers les angles de derrière qui sont très-émoussés; subobliquement ou subtransversalement coupé de ceux-ci à la base; bissubsinueusement en arc renversé à cette dernière ; rebordé latéralement et à sa partie postérieure , mais beaucoup plus étroitement à celle-ci ; convexe en dessus ; d'un noir luisant; densement marqué sur les côtés, et un peu plus parcimonieusement sur le disque, de points enfoncés d'inégale grosseur : les uns simples et très-petits, les autres, vus de près, analogues à des cercles imprimés ; offrant parfois les traces plus ou moins distinctes d'un sillon longitudinal en partie effacé, remplacé d'autres fois par un espace linéaire lisse et imponctué. Ecusson en triangle équilatéral et subcurviligne; presque indistinctement couvert de rides excessivement fines ; ruguleusement marqué à la base de points assez gros et peu profonds, imponctué et généralement subcaréné à sa partie postérieure; noir avec une transparence ferrugineuse vers l'extrémité. Elytres moins larges à leur naissance que le prothorax à ses angles postérieurs ; une fois au moins aussi longues que lui ; subparallèles des épaules au tiers de leur longueur, très-faiblement renflées dans le second tiers, puis curvilinéairement et médiocrement rétrécies; arrondies mais non obtusément à leur extrémité; subconvexes sur le dos , convexement subperpendiculaires sur les côtés et convexement déclives à leur partie postérieure ; noires, d'un noir brunâtre ou d'un brun luisant, passant insensiblement au brun rougeâtre vers l'extrémité; à rainurelles assez larges, médiocrement profondes antérieurement, et affaiblies à leur partie postérieure , légèrement subdentées et subcrénelées par des strioles transversales. Intervalles déprimés ; presque indistinctement ridés ; irrégulièrement parsemés de points très-petits. Dessous du corps d'un noir médiocrement luisant. Flancs de l'antépectus aspèrement ponctués et principalement garnis ainsi que les cuisses antérieures de poils livides. Plaque métasternale lisse, longitudinalement sillonnée, marquée de points nombreux. Anneaux du ventre très-densement ponctués. Région anale garnie de longs poils. Cuisses et jambes noires ou d'un noir brunâtre luisant : celles-là lisses et assez densement ponctuées. Tarses ferrugineux ou d'un ferrugineux brunâtre : premier article des postérieurs sans renflement sensible vers son extrémité, un peu plus long que les deux suivants réunis.

Cette espèce n'est pas rare sur nos Monts-d'Or lyonnais dans les premiers beaux jours et jusqu'au mois d'avril. Elle est très-abondante au printemps, dans les Landes, d'où je l'ai reçue en grand nombre de M. Perris.

Obs. La rainurelle externe est rectangulairement unie à la première ou juxta-suturale ; les deuxième, troisième, neuvième, et quel-

quefois quatrième, sont presque également subterminales; toutefois la
quatrième est plus ordinairement raccourcie, ainsi que les cinquième,
sixième, septième, huitième : quelques-unes d'entre elles sont variablement pariales avec leur voisine.

L'*Aph. vernus* a été confondu avec l'*Aph. tristis* dont il est très-
distinct. Il en diffère par sa taille plus grande, son corps plus allongé ;
sa tête munie de tubercules plus saillants et chargée d'un relief sur
l'épistome; son prothorax plus arqué sur les côtés jusqu'aux angles
postérieurs, garni à la base d'un rebord plus étroit; son écusson en
triangle équilatéral; ses élytres à rainurelles plus sensiblement subcrénelées, à intervalles très-légèrement ridés ou moins unis; ses jambes postérieures non dilatées inférieurement dans le mâle ; enfin par
les articles des tarses postérieurs sans renflement à leur extrémité, et
par le premier de ceux-ci plus allongé.

8. A. Ater; DE GEER *Court, convexe en dessus. Chaperon en demi-hexagone. Tête trituberculeuse, d'un noir luisant ainsi que le prothorax. Ce
dernier rebordé et bissubsinueusement en arc renversé à la base; assez
densement marqué en dessus de points inégaux et en partie ombiliqués ;
offrant souvent, longitudinalement dans son milieu, les traces d'un léger
sillon ou un espace étroit impon-tué. Ecusson en triangle curvilinéaire et
subéquilatéral. Elytres d'un noir mat et presque soyeux; à rainurelles à
peine subdentées. Intervalles déprimés, lisses, pointillés. Premier article
des tarses postérieurs un peu moins long que les trois suivants réunis.*

♂. Suture frontale armée de trois tubercules, dont l'intermédiaire
plus saillant. Epistome chargé au devant de ceux-ci d'un relief transversal ou subarqué. Prothorax plus convexe. Plaque métasternale
concave. Eperon des jambes antérieures plus fort.

♀. Suture frontale chargée de trois tubercules moins prononcés,
presque égaux. Ligne de l'épistome moins saillante. Prothorax moins
convexe. Plaque métasternale plane. Eperon des jambes de devant
plus grêle.

Scarabæus ater, DE GEER, Mém. t. 4. p. 270. 16.—RETZ. Spec. p. 122. 727.—DE VILL.
  C. Linn. Ent. t. 1. p. 21. 29; (il a reproduit la phrase de DE Geer, mais l'insecte inscrit
  dans sa collection sous le nom d'*ater*, est le *Sc. granarius*, LINN.)— FAB. Ent. Syst.
  t. 1. p. 26. 80.—HERBST, Nat. t. 2. p. 169. 106.—PANZ. Ent. Germ. p. 4. 11.—*Id.*
  Faun. Germ. 43. 1.
Scarabæus terrestris, FAB. Syst. Ent. p. 15. 48—*Id.* Spec. Ins. t. 1. p. 16. 61.—*Id.* Mant.
  Ins. t. 1. p. 8. 66.—*Id.* Ent. Syst. t. 1. p. 25. 78.—GMEL. Linn. Syst. Nat. 1547. 179.
  —DE VILL. C. Linn. Ent. t. 1. p. 20. 21. et t. 4. p. 200. 21.—SCHNEIDER, Mag. 1. p.
  263. 4.—PANZ. Ent. Germ. p. 4. 11.—*Id.* Faun. Germ. 47. 3.—MARSH. Ent. Brit.
  p. 17. 26. (♀).

Scarabæus obscurus, MARSH. Ent. Brit. p. 18. 28.

Aphodius ater, ILLIG. Kæff. Preuss. p. 19. 4.—*Id.* Mag. 1. p. 20. 4.—STURM. Verz. p. 46. 58.—*Id.* Deutsch. Faun. 1. 122. 25.—FAB. Syst. El. 1. p. 71. 15.—CREUTZ. Ent. Vers. p. 18. 2.—SUCKOW, Nat. p. 227. 15.

Aphodius terrestris, FAB. Syst. El. t. 1. p. 71. 13.—SCHŒNH. Syn. Ins. 1. p. 59. 13. —STURM, Deut. Faun. 1. 118. 25. pl. 13. f. c. C. D.—LATR. Hist. t. 10. p. 121. 8? —DUFTSCH. Faun. Aust. 1. p. 92. 6.—GYLL. Ins. Suec. t. 1. p. 13. 2.—PANZ. Index, p. 10.—SUCKOW, Nat. p. 226. 13.—ZETTERST. Faun. Lap. p. 177. 2.—STEPH. Syn. p. 194. 19. (♀).—SCHMIDT, Zeitsch. t. 2. 1. p. 97. 6.

Aphodius obscurus, STEPH. Syn. p. 195. 20. (♂).

Var. A. **A. Terrenus**; KIRBY, Inéd. STEPH. *Elytres brunes.*

Aphodius terrenus, STEPH. Syn. p. 195. 21.

Scarabæus pusillus, MARSH. Ent. Brit. p. 18. 27.

Aphodius terrestris, SUCKOW, l. c. Var. β.—SCHMIDT, l. c. Var. β.

L. 0^m,0034 à 0^m,0050 (1 1/2 à 2 1/4^l).—L. 0^m,0020 à 0^m,0025 (7/8 à 1 1/8^l).

Chaperon en demi-hexagone; subconcavement abaissé et très-distinctement échancré en devant; notablement auriculé; rebordé dans sa périphérie, et plus étroitement dans sa partie échancrée. Tête à surface subdéprimée; d'un noir médiocrement luisant; ruguleusement pointillée près de ses bords, subruguleusement ou presque uniment sur le reste de sa surface. Yeux et palpes bruns. Antennes d'un brun rougeâtre, à massue d'un gris brunâtre. Prothorax à peine échancré en devant; paré d'une bordure d'un jaune roux; à angles antérieurs très-peu avancés et un peu obtus; subarqué sur les côtés; obliquement coupé de ceux-ci à la base; bissubsinueusement en arc renversé à cette dernière; d'un noir un peu plus luisant que la tête, surtout chez le mâle; couvert sur toute sa surface de points inégaux, en partie ombiliqués, rapprochés sur le disque, plus serrés ou presque confluents sur les côtés; offrant parfois longitudinalement dans son milieu les traces d'un léger sillon ou un espace étroit imponctué. Ecusson en triangle subéquilatéral et curviligne; d'un noir mat; subruguleusement ponctué à la base, lisse et souvent subcaréné à l'extrémité. Elytres, aux épaules, un peu moins larges que le prothorax à ses angles postérieurs; de moitié plus longues que lui; subsinueusement et faiblement élargies jusqu'à la moitié de leur longueur; puis, curvilinéairement et médiocrement rétrécies, et arrondies à l'extrémité; subdéprimées sur le dos, convexement subperpendiculaires sur les côtés; obtusément arrondies postérieurement; d'un noir mat presque soyeux; à rainurelles luisantes, étroites, à peine subdentées par des strioles transversales, postérieurement moins profondes. Intervalles déprimés, plus ou moins superficiellement marqués de petits points souvent un peu plus apparents sur les côtés. Dessous du corps noir ou d'un noir châtain médiocrement luisant ; aspèrement ponctué sur les parties pectorales ; parcimonieusement hérissé sur l'antépectus et les cuisses de devant de poils livides ou d'un gris blanc. Plaque métasternale luisante, pointillée, longitudinalement sillonnée. Pieds noirs ou d'un noir châtain. Cuisses parsemées de points assez rapprochés. Tarses souvent bruns, à dernier article rouge ou rougeâtre : premier article des postérieurs un peu moins long que les trois suivants réunis.

Cette espèce peu commune habite particulièrement les parties froides ou septentrionales de la France. Je l'ai trouvée quelquefois dans les environs de Lyon.

Obs. Les rainurelles ont environ le sixième de la largeur des premiers intervalles : les deuxième et neuvième rainurelles sont généralement subterminales. Parfois la troisième et quelques autres sont aussi longuement prolongées, mais ordinairement les troisième à huitième sont graduellement plus courtes, et alors les cinquième et sixième, souvent les septième et huitième, et même les troisième et quatrième, sont pariales.

Cette espèce est une de celles dont il est le plus difficile d'établir la synonymie. Fabricius, comme l'a fort justement remarqué M. Schmidt, paraît avoir décrit chacun des sexes sous un nom différent : le mâle, dont le tubercule médiaire est plus saillant, dont le prothorax est plus luisant, sous celui d'*ater* ; la femelle, sous celui de *terrestris*. Panzer, après avoir dit dans son Entomologia Germanica que l'espèce désignée sous ce dernier nom était très-différente de la première, les a réunies plus tard dans son Index sous le nom d'*ater.* Quant aux auteurs qui ont reproduit textuellement dans leurs ouvrages la phrase diagnostique de De Géer ou de quelques autres auteurs, plusieurs l'ont appliquée sans doute à des espèces autres que celle qui nous occupe. Ainsi, dans la collection de De Villers qui se trouve entre les mains de M. Tissier jeune, de Lyon, le nom d'*ater* a été donné au *Sc. granarius* de Linné. Celui auquel De Géer a imposé ce nom, ne peut être confondu avec les variétés noires des *Aph. bimaculatus*, *plagiatus* et *rubens*, car celles-ci n'ont point de rebord à la base du prothorax. La teinte de ses élytres uniformément d'un noir mat le distingue suffisamment des *Aph. granarius*, *pusillus* et *vernus*, chez lesquels ces parties sont faiblement rougeâtres vers l'extrémité. Il s'éloigne des deux premiers par la longueur du premier article des tarses postérieurs. Son corps plus raccourci, ses élytres sans éclat, à stries moins visiblement subdentées, à intervalles sans trace de la plus légère rugosité, le séparent encore du dernier au premier coup d'œil. Enfin, plusieurs caractères assez frappants servent à le différencier de l'*Aph. tristis :* son épistome est chargé d'un relief ; son prothorax est émoussé aux angles postérieurs, marqué en dessus de points en partie ombiliqués : ses élytres sont peu ou point dilatées latéralement dans leur milieu, moins distinctement pointillées sur leurs intervalles, d'une teinte plus terne, et différentes par la disposition des stries ; les articles de ses tarses ne sont pas noueux, et le premier des postérieurs est beaucoup plus long relativement aux suivants.

Le *Sc. terrestris* d'Olivier, que M. Schœnherr paraît rapporter à l'*A. ater*, a été appliqué par le premier de ces auteurs au *Sc. granarius* de Linné, ainsi que j'ai eu l'occasion de m'en assurer chez M. Chevrolat, possesseur d'une grande partie de la collection d'Olivier.

9. **A. Granarius;** Linn. *Peu allongé; subparallèle; faiblement convexe en dessus et d'un noir très-luisant. Chaperon en demi-hexagone. Suture frontale tuberculeuse. Prothorax étroitement rebordé en arc renversé à la base; parsemé en dessus de points circulaires peu nombreux sur le disque. Écusson subcordiforme, infléchi postérieurement. Élytres passant au rouge brun à l'extrémité; à rainurelles subdentées. Intervalles déprimés, lisses, presque indistinctement pointillés. Premier article des tarses postérieurs sensiblement moins long que les deux suivants réunis.*

♂. Suture frontale élevée souvent sur toute sa longueur, et d'une manière plus marquée à ses extrémités où elle se lie aux sutures génales; armée dans son milieu d'un tubercule assez saillant. Epistome chargé sur son disque d'un relief transversal. Prothorax plus convexe et en général moins ponctué. Eperon des jambes de devant fort.

♀. Suture frontale presque uniformément et plus faiblement élevée. Tubercule médiaire légèrement prononcé ou peu distinct. Relief de l'épistome presque entièrement ou complètement oblitéré. Prothorax moins convexe et généralement plus ponctué. Eperon des jambes de devant grêle et terminé en pointe plus aiguë.

Scarabæus granarius, Linn. Syst. Nat. p. 547. 23.—Muller, Linn. Nat. p. 64. **23.**— Moll, Nat. Brief. 1. p. 167. 12.—Gmel. Linn. Syst. Nat. p. 1548. 23. (moins la cit. de Fab.).—De Vill. C. Linn. Ent. 1. p. 14. 8.—Herbst, Nat. t. 2. p. 150. 94. pl. 12. f. 10.—Oliv. Ent. 1. 3. p. 82. 88. pl. 18. f. 172, a, b.—Scriba, Journ. 1. p. 47. 17. —Preyssl. Bœhm. Ins. p. 29. 28. pl. 1. f. 5, a, b.
Scarabæus hæmorrhoïdalis, De Geer, Mém. t. 4. p. 271. 17?—Rætz. Spec. p. 122. 728? —Schrank, Faun. Boic. 1. p. 386. 343?—Marsh. Ent. Brit. p. 19. 30.
Copris granarius, Oliv. Encycl. Méth. t. 5. p. 147. 15.
Aphodius granarius, Illig. Kæff. Preuss. p. 23. 11. Var. a.—Id. Mag. 2. p. 192 5.— Duftsch. Faun. Aust. 1. 95. 10.—Gyll. Ins. Suec. 1. p. 18. 10.—Steph. Syn. p. 197. 28.—Schmidt, Zeitsch. 2. 1. p. 122. 31.
Aphodius niger, Creutz. Ent. Vers. p. 20. 4.—Sturm, Verz. p. 47. 40.
Aphodius inquinatus, Illig. Mag. t. 1. p. 24. Var. ζ.

Aphodius carbonarius, Sturm, Deut. Faun. 1. p. 128, 30. pl. 14. f. c. C. — Schœnh. Syn. Ins. 1. p. 77. 40.—Suckow, Nat. p. 239. 39.—Garn. Mém. de la Somme, t. 1. p. 69. 6.

(♂) Var. A. **A. Parcepunctatus;** Nob. *Presque imponctué sur son disque, parfois d'un rouge brun latéralement.*

(♀) Var. B. **A. Cribratus;** Nob. *Prothorax couvert de points enfoncés assez rapprochés.*

Var. C. **A. Mœstus;** Ziegl. inéd. Schmidt. *Elytres d'un brun châtain à la base, graduellement d'une teinte plus claire en approchant de l'extrémité.*

Aphodius mœstus, Ziegl. Schmidt, l. c. Var. ζ.—Duftsch. l. c. Var. δ.

Var. D. **A. Concolor;** Nob. *Elytres entièrement d'un noir brunâtre ou peu distinctement d'un brun rougeâtre vers leur bord apical.*

Duftsch. l. c. Var. β.

Var. E. **A. Rugosulus;** Nob. *Intervalles des élytres garnies de points nombreux et assez marqués; parfois presque indistinctement et superficiellement ridés.*

L. 0,ᵐ0022 à 0,ᵐ0050 (1 à 2 1/4ˡ).—**L.** 0,ᵐ0011 à 0,ᵐ0023 (1/2 à 1ˡ).

Chaperon en demi-hexagone ; échancré et sensiblement abaissé en devant; notablement auriculé; rebordé dans sa périphérie, plus étroitement à la partie échancrée , plus largement aux angles antérieurs qui sont peu ou point relevés. Tête penchée; subconvexe ; d'un noir brillant ; rugueusement ponctuée sur l'épistome , d'une manière plus unie sur le front. Yeux noirâtres. Palpes bruns ou d'un brun châtain. Antennes d'un rouge brun plus ou moins sombre, à massue d'un gris obscur. Prothorax à peine échancré en devant et paré d'une bordure d'un jaune roux ; à angles antérieurs très-peu avancés et peu aigus; arqué sur les côtés, jusqu'aux angles postérieurs qui sont très-émoussés ou subarrondis et peu obtusément ouverts; obliquement et presque subsinueusement coupé de ceux-ci à la base ; en arc renversé à cette dernière ; légèrement et très-brièvement rebordé au côté interne des angles de devant; garni sur ses bords latéraux et postérieur d'un rebord très-sensiblement plus étroit à celui-ci; convexe en dessus; lisse et d'un noir très-luisant; irrégulièrement parsemé de points circulaires, plus rares sur le disque que sur les côtés; ordinairement, en outre, garni de petits points plus ou moins apparents. Ecusson subcordiforme ou en triangle curviligne rétréci à la base ; d'un noir luisant; lisse, parcimonieusement ponctué , ou parfois entièrement uni ; rarement subsillonné ou creusé d'une fossette ; longitudinalement convexe et infléchi à sa partie postérieure. Elytres un peu moins larges à la base que le prothorax à ses angles de derrière ; près de moitié plus longues que ce dernier ; subsinueusement parallèles ou insensiblement élargies jusqu'aux deux tiers de leur longueur ; curvilinéairement rétrécies à partir de ce point et obtusément arrondies à l'extrémité ; subconvexes sur le dos, convexement subperpendiculaires sur les côtés, subconvexement ou subobliquement déclives à leur partie postérieure ; noires ou d'un noir brun très-luisant, passant insensiblement au noir ferrugineux ou au brun rouge vers le bord postérieur ; à rainurelles subdentées par des strioles transversales, assez larges, peu profondes et affaiblies ou oblitérées vers leur extrémité. Intervalles lisses, presque indistinctement pointillés. Dessous du corps noir ou d'un noir brun luisant ; flancs de l'antépectus aspèrement ponctués et principalement garnis ainsi que les cuissses antérieures de poils d'un cendré livide. Plaque métasternale longitudinalement rayée ; luisante, unie ou superficiellement pointillée. Ventre densement et obsolètement ponctué ; parcimonieusement garni de poils plus longs vers la région anale. Cuisses et jambes d'un noir ou d'un brun ferrugineux, quelquefois même d'un ferrugineux plus ou moins obscur : celles-là lisses, luisantes, superficiellement pointillées. Tarses d'un rouge ferrugineux livide : premier article des postérieurs souvent à peine de moitié plus long que le suivant.

Cette espèce est commune dans toutes les parties de la France. Sa larve est ordinairement abondante sous le détritus des plantes ; souvent elle semble se contenter dans la terre des sucs dont celle-ci a été imprégnée par suite de la décomposition des végétaux jacents sur le sol. Suivant la nourriture plus ou moins abondante dont ils ont été pourvus dans leur jeune âge, les individus, à leur dernier état, varient d'une manière assez sensible par la taille, les saillies de la tête, la ponctuation du prothorax, le poli des intervalles.

Obs. Les rainurelles égalent environ le cinquième des intervalles : l'externe de celles-là est rectangulairement liée avec la première ; les deuxième et troisième sont subterminales : la quatrième, parfois libre et subterminale, se lie plus ordinairement avec la septième en enclosant les cinquième et sixième, dont l'une plus courte est affluente ou s'unit à l'autre qui se prolonge ordinairement davantage ; les huitième et neuvième, à peine plus longues que la plus courte de ces dernières, sont libres ou subpariales. Cette disposition des stries permet de distinguer facilement cette espèce de celles avec lesquelles elle a le plus d'analogie.

Fabricius, le premier, a jeté de la confusion dans la synonymie en appliquant à une autre espèce (au *pusillus* de Herbst) le nom de *granarius*, imposé par Linné à celle qui nous occupe. Dans son Spéciès, il avait en outre confondu le *Sc. hæmorrhoidalis* du naturaliste suédois avec celui qu'il désignait faussement sous la dénomination de *granarius*, et ne rectifia cette seconde erreur qu'à la publication de son Entomologia Systematica.

L'*Aph. emarginatus* de M. Stephens, p. 198. 29, paraît être un *Aph. granarius* ♀, dont le chaperon est plus fortement échancré, la suture frontale moins notablement tuberculeuse, et les élytres brunâtres.

10. A. Bimaculatus ; Fab. *Allongé, subparallèle, faiblement convexe en dessus. Chaperon en demi-hexagone. Suture frontale trituberculeuse. Tête d'un noir luisant ainsi que le prothorax. Ce dernier sans rebord dans le milieu de la base ; parsemé en dessus de points circulaires. Elytres d'un noir luisant, parées d'une tache humérale rouge ; à rainurelles assez profondes, subdentées. Intervalles déprimés, lisses, superficiellement pointillés. Premier article des tarses postérieurs à peine aussi long que les deux suivants réunis.*

♂. Suture frontale subtuberculeusement ou linéairement élevée à ses extrémités, où elle se lie aux sutures génales ; munie dans son milieu d'un tubercule plus saillant. Epistome chargé sur son disque d'une gibbosité obtuse. Plaque métasternale subconcave. Eperon des jambes de devant fort et terminé en pointe obtuse.

♀. Suture frontale munie de trois tubercules obtus, également rudimentaires, ou parfois peu apparents. Epistome presque sans gibbosité distincte. Plaque métasternale sans concavité. Eperon des jambes de devant grêle et terminé en pointe plus aiguë.

Scarabæus bimaculatus, Fab. Mant. t. 1. p. 8. 67.— *Id*. Ent. Syst. t. 1. p. 26. 82. —Schall, Hall. Gesell. p. 249. 12.—Gmel. Linn. Syst. Nat. t. 1. p. 1548. 184. —De Vill. C. Linn. Ent. t. 4. p. 207.—Herbst, Natursyst. t. 2. p. 159. 98. pl. 12. f. 14.—Panz. Naturf. t. 24. p. 3. pl. 1. f. 2.—*Id*. Ent. Germ. p. 4. 15.—*Id*. Faun. Germ. 43. 2.—*Id*. Krit. Rev. t. 1. p. 11.—Oliv. Ent. t. 1. 3. p. 85. 91. pl. 9. f. 72. a. b.—Rossi, Faun. Etr. t. 1. p. 6. 11.—*Id*. éd. Helw. p. 5. 11.— Schrank, Faun. Boic. t. 1. p. 389. 548.

Copris bimaculatus, Oliv. Encycl. méth. t. 5. p. 147. 16.

Aphodius bimaculatus, Sturm, Verz. p. 51. 44.—*Id*. Deut. Faun. t. 1. p. 126. 28.—Fab. Syst. El. t. 1. p. 71. 17.—Schoenh. Syn. Ins. t. 1. p. 70. 17.—Walck. Faun. Par. t. 1. 11. 3.—Latr. Hist. t. 10. p. 123.—Gyll. Ins. Suec. t. 1. 50. 24.— Suckow, Nat. p. 228. 17.—Boit. Man. t. 1. p. 320.—Steph. Syn. p. 197. 27.—De Casteln. Hist. 1. 2. p. 96. 31.—Schmidt, Zeitsch. t. 2. 1. p. 123. 32.

Aphodius terrestris, Illig. Kæff. Preuss. p. 24. 13. Var. β.

Aphodius varians, Duftsch. Faun. Aust. t. 1. p. 93. 7. Var. β.

Var. A. A. Ambiguus; Nob. *Elytres entièrement noires.*

Scarabæus niger, Panz. Faun. Germ. 37. 1.
Aphodius terrestris, Illig. l. c. Var. A.—De Casteln. Hist. t. 2. p. 96. 24.
Aphodius niger, Sturm, Deut. Faun. t. 1. p. 127. 29.
Aphodius varians, Duftsch. l. c. Var. α.

Var. B. A. Punctatellus; Nob. *Elytres noires, assez densement garnies de petits points très-apparents.*

L. 0^m^,0050 à 0^m^,0060 (2 1/4 à 2 3/4^l^). L. 0^m^,0023 à 0^m^,0027 (1 à 1 1/4^l^).

Chaperon en demi-hexagone ; subconcavemeut abaissé et assez fortement échancré en devant; médiocrement auriculé ; rebordé dans sa périphérie, presque indistinctement à l'échancrure, assez largement aux angles de devant qui sont un peu relevés en forme de dent. Tête subconvexe; d'un noir luisant; ruguleusement ponctuée sur l'épistome, d'une manière plus unie sur le front. Yeux bruns. Palpes d'un brun ferrugineux livide plus ou moins clair dans quelques parties. Antennes d'un livide ferrugineux, souvent un peu brunâtre, à massue d'un gris obscur. Prothorax médiocrement échancré en devant, et avancé en espèce de dent à ses angles antérieurs; curvilinéaire sur les côtés, mais d'une manière moins prononcée vers les angles postérieurs qui sont obtusément ouverts; subsinueusement coupé de ceux-ci à la base; faiblement en arc renversé à cette dernière; garni sur les côtés d'un rebord qui se rétrécit graduellement, et qui s'efface peu après les angles postérieurs; sans rebord dans le reste de la base; médiocrement convexe en dessus; d'un noir luisant; inégalement parsemé de points analogues à de petits cercles imprimés, plus nombreux sur les côtés que sur le disque; généralement pointillé en outre d'une manière superficielle et presque indistincte. Ecusson parallèle dans sa première moitié, rétréci en forme d'angle dans la seconde; d'un noir luisant; subruguleusement et légèrement ponctué. Elytres un peu moins larges à leur naissance que le prothorax à ses angles postérieurs; une fois aussi longues que lui; subsinueusement subparallèles ou à peine élargies jusqu'aux deux tiers de leur longueur; [curvilinéaires à partir de ce point, et obtusément arrondies à l'extrémité; sub-déprimées longitudinalement sur le dos, convexement déclives sur les côtés ; d'un noir luisant; parées d'une tache rouge couvrant ordinairement leur base depuis le calus huméral jusqu'à la seconde strie, et prolongée en se rétrécissant, jusqu'au tiers de leur longueur; à rainurelles assez profondes, dentées et plus ou moins subcrénelées par des strioles transversales. Intervalles lisses et superficiellement pointillés. Dessous du corps d'un noir luisant. Flancs de l'antépectus aspèrement

ponctués et parcimonieusement garnis ainsi que les cuisses antérieures de poils livides. Plaque métasternale luisante longitudinalement
sillonnée, et beaucoup plus finement ponctuée que les parties voisines.
Cuisses et jambes noires ou d'un noir brunâtre , quelquefois avec une
transparence rougeâtre : les premières lisses et pointillées. Tarses d'un
ferrugineux livide : premier article des postérieurs à peine aussi long
que les deux suivants réunis.

Cette espèce habite la plus grande partie de nos provinces. Autour
de Lyon, elle est commune dans les crottins; à Paris, suivant
MM. Reiche et Chevrolat, on la trouve plus particulièrement sous les
cadavres des animaux. Helwig en avait également fait la remarque.

Obs. Les rainurelles ont le quart ou le cinquième de la largeur des
premiers intervalles; les cinquième et sixième, et souvent aussi les
septième et huitième sont affluentes ou pariales, avec l'une de chaque
paire plus courte : les autres sont également subterminales.

L'*Aph. ambiguus* est facile à reconnaître entre les autres Aphodies
noirs, à la forme, la longueur et le peu de convexité de son corps; à
la structure de son écusson ; à la subcrénelure et la disposition de ses
rainurelles.

M. Schönherr avait rapporté à la variété noire de l'*Aph. plagiatus*
l'*Aph. niger* de M. Sturm; M. Schmidt, en s'adressant à ce dernier, s'est
convaincu que le *niger* de cet auteur était notre *Aph. ambiguus.*

11. A. Plagiatus; Linn. *Subsemi-cylindrique; lisse et d'un noir métallique luisant en dessus. Chaperon en demi-hexagone. Suture frontale peu
ou point saillante. Prothorax presque rectilinéaire sur les côtés; en arc
renversé et sans rebord apparent à la base; marqué en dessus de points en
partie circulaires et moins nombreux sur le disque. Ecusson subcordiforme.
Elytres à rainurelles étroites et subdentées. Intervalles subdéprimés , imponctués ou indistinctement pointillés. Premier article des tarses postérieurs au moins aussi long que les deux suivants réunis.*

♂. Suture frontale à peine saillante vers ses extrémités. Epistome
assez fortement relevé en gibbosité obtuse sur la partie postérieure
de son disque. Eperon des jambes de devant plus fort.

♀. Suture frontale indistincte ou sans traces de saillie. Epistome
relevé en gibbosité plus obtuse. Eperon des jambes de devant plus
grêle et plus pointu.

Etat normal. Elytres parées, près de la suture, d'une tache oblongue
et purpurine.

Scarabœus plagiatus, Linn. Syst. Nat. 559. 85.—Mull. Linn. Naturs. p. 91. 83.—Fab.
Syst. Ent. p. 19. 70.—*Id.* Spec, 1. p. 21. 87.—*Id.* Mant. 1. p. 11. 96,—*Id.* Ent. Syst.

1. p. 37. 119.—Gmel. Linn. Syst. Nat. p. 1552. 85.—Herbst, Natursyst. t. 2. p. 293.
188.—Oliv. Ent. t. 1. 3. p. 92. 104. pl. 25. f. 215, a, b.—Rossi, Mant. 1. p. 8. 9.
—Panz. Ent. Germ. p. 11. 42.—*Id.* Faun. Germ. 43. 6.—Payk. Faun. Suec. 1.
p. 23. 28.

Copris plagiatus, Oliv. Encycl. Méth. t. 5. p. 150. 31.

Aphodius plagiatus, Fab. Deutsch. Faun. 1. p. 152. 49.—Fab. Syst. El. 1. p. 79. 47.
—Schœnh. Syn. Ins. p. 84. 64.—Duftsch. Faun. Aust. 1. 125. 42.—Latr. Hist.
t. 10. p. 133. 26.—Gyll. Ins. Suec. t. 1. 31. 26.—Suckow, Nat. p. 250. 61.—Boit.
Man. 1. 323.—Stephens, Synop. 207. 33.—Schmidt, Zeitsch. t. 2. 1. p. 125. 33.

Var. A. **A. Niger**; Illig. *Elytres entièrement noires.*

Scarabœus plagiatus, Payk. l. c. Var. β.

Aphodius plagiatus, Fab. l. c. Var.—Sturm, l. c. Var. b.—Duftsch. l. c. Var. β.—Latr.
l. c. Var.—Gyll. l. c. Var. b.—Suckow, l. c. Var. β.—Boit. l. c. Var.—Schmidt,
l. c. Var. β.

Aphodius niger, Illig. Kæff. Pr. p. 24. 14.—*Id.* Mag. t. 1. p. 23.—Gyll. Ins. Suec. 1.
p. 30. 25.—Suckow, Nat. p. 251. 62.—Zetterst. Faun. Lap. 185. 22.—Stephens,
Syn. p. 197. 26.—De Casteln. Hist. t. 2. 96. 26.

L. 0^m,0033 à 0^m,0045 (1 1/2 à 2^l).—L. 0,^{m}0017 à 0^m,0022 (3/4 à 1^l).

Chaperon en demi-hexagone; large, à peine échancré, faiblement
et subconcavement abaissé à sa partie antérieure; étroitement rebordé dans sa périphérie; légèrement relevé aux angles de devant; notablement auriculé. Tête assez fortement convexe sur son disque; d'un
noir luisant; densement ponctuée: d'une manière ruguleuse et plus
profonde près de ses bords, plus superficiellement et d'une façon plus
unie sur le front et sur la gibbosité de l'épistome, sur les côtés de laquelle on distingue quelques points circulaires. Yeux et palpes d'un
noir brun. Antennes d'un ferrugineux brunâtre livide, à massue d'un
gris obscur. Prothorax subarqué dans la partie médiaire de son bord
antérieur, et graduellement sinueux près des angles antérieurs qui sont
faiblement avancés en espèce de dent émoussée; paré en devant d'úne
bordure d'un flave livide; subrectilinéaire sur les côtés jusqu'aux
angles postérieurs qui sont obtusément ouverts et peu émoussés; en
arc renversé à la base ou d'une manière presque indistinctement
bisinueuse; garni sur les côtés d'un rebord très-marqué, qui s'efface
aux angles ou peu après les angles postérieurs; convexe en dessus;
d'un noir luisant; garni de points circulaires, très-rapprochés près
des bords latéraux, plus clairsemés sur le disque; parsemé en outre
de points très-petits. Ecusson étroit, subcordiforme ou subparallèle
dans les deux tiers de sa longueur, et postérieurement terminé en
forme d'angle; d'un noir luisant; ponctué à la base, lisse et imponctué

vers l'extrémité. Elytres un peu plus étroites à leur naissance que le
prothorax à ses angles postérieurs ; plus d'une fois aussi longues que
lui ; subsinueusement et très-faiblement élargies jusqu'aux trois cinquièmes de leur longueur, curvilinéairement rétrécies à partir de ce
point et arrondies à l'extrémité ; médiocrement convexes sur le dos,
convexement et fortement déclives sur les côtés, d'une manière plus
oblique à la partie postérieure ; d'un noir luisant ; à rainurelles étroites, entières ou à peine subdentées par des strioles transversales. Intervalles déprimés, lisses, imponctués ou superficiellement et indistinctement pointillés. Dessous du corps d'un noir luisant. Flancs de l'antépectus aspèrement ponctués, et principalement garnis, ainsi que les
cuisses de devant, de poils d'un gris livide. Flancs des autres parties
pectorales obsolètement et subaspèrement ponctués. Plaque métasternale marquée de points un peu plus profonds ; longitudinalement
sillonnée. Ventre garni de petits points peu profonds et médiocrement rapprochés. Cuisses brunes ou d'un brun rougeâtre ; lisses,
pointillées. Jambes d'un brun ferrugineux ou d'un rouge brun. Tarses
graduellement d'une teinte plus claire : premier article des postérieurs
au moins aussi long que les deux suivants réunis.

Cette espèce paraît ne se trouver à son état normal que dans les
pays septentrionaux de l'Europe. J'ai décrit la variété noire, la seule,
je crois, qui se trouve en France.

Cette dernière habite les parties froides ou tempérées de notre
pays. Elle m'a été envoyée d'Amiens par M. Garnier. J'en ai reçu de
M. Chevrolat des exemplaires pris par lui à Chantilly, où elle est
assez commune dans les crottins de brebis. On la trouve mais rarement dans les environs de Lyon.

Obs. Les stries égalent environ le sixième de la largeur des premiers
intervalles. La septième est généralement plus courte et liée avec la
huitième qui se recourbe plus ou moins brièvement vers la suture. Les
deuxième, troisième, quatrième, cinquième, sixième, sont souvent
un peu inégalement subterminales, libres ou variablement pariales:
dans ce cas les cinquième et sixième, et plus rarement les troisième
et quatrième, s'unissent ordinairement ensemble.

L'*Aph. niger* est facile à distinguer de l'*Aph. ambiguus* (variété noire
de l'*A. bimaculatus*) qui, comme lui, n'a pas de rebord à la base du
prothorax ; le *niger* a le corps toujours plus petit, plus étroit, plus
convexe et d'une couleur métallique ; la suture frontale est à peine
saillante ; les stries des élytres sont plus étroites, plus légères et
d'une disposition différente ; les intervalles à peu près impointillés.

Illiger, après avoir créé dans son Catalogue descriptif des Coléoptères
de Prusse son *Aph. niger*, avait remarqué dans son Magasin qu'il parais-

sait être la variété noire du *plagiatus*. Gyllenhal avait admis l'*Aph. niger*, comme espèce propre, avec les mêmes scrupules.

12. A. Quadrimaculatus ; Linn. *Allongé, subsemi-cylindrique; d'un noir luisant. Chaperon en demi-hexagone. Tête tuberculeuse. Prothorax en arc renversé et peu distinctement rebordé à la base; assez densement garni en dessus de points inégaux. Elytres parées chacune d'une tache rouge vers l'épaule, et d'une autre plus grande et plus arrondie vers les trois quarts de leur longueur; à rainurelles étroites et à peine subdentées. Intervalles déprimés, lisses, superficiellement pointillés. Pieds noirs. Premier article des tarses postérieurs moins long que les deux suivants réunis.*

♂. Suture frontale presque indistinctement apparente vers ses extrémités. Epistome chargé d'une gibbosité obtuse et parfois subcaréniforme. Plaque métasternale concave. Eperon des jambes de devant parallèle, légèrement renflé vers son extrémité et terminé en pointe obtuse.

♀. Suture frontale indistincte. Epistome chargé d'une gibbosité moins prononcée. Plaque métasternale sans concavité. Eperon des jambes de devant plus grêle, graduellement rétréci et terminé en pointe.

Scarabœus quadrimaculatus, Linn. Faun. Suec. 138. 398.—*Id.* Syst. Nat. 1. 2. 558. 84. —Muller, (Oth.). Dan. Zool. Pr. p. 55. 474.—Muller. Linn. Naturs. p. 91. 84.—Gmel. Linn. Syst. Nat. 1551. 84.—De Vill. C. Linn. Ent. t. 1. p. 35. 58.—Marsham, Ent. Brit. p. 28. 47.

Scarabœus quadripustulatus, Fab. Syst. Ent p. 19. 70.—*Id.* Spec. Ins. t. 1. p. 21. 86. —*Id.* Mant. Ins. t. 1. p. 10. 94.—*Id.* Ent. Syst. t. 1. p. 36. 115.—Panz. Ent. Germ. p. 10. 39.—*Id.* Faun. Germ. 43. 5.—Payk. Faun. Suec. t. 1. p. 24. 29.

Aphodius 4-maculatus, Illig. Kæf. Preuss. p. 35. 32.—Latr. Hist. t. 10. p. 132. 22. —Gyll. Ins. Suec. 1. 42. 41.—Duméril, Dict. des Scien. Nat. t. 2. p. 278. 5. —Boit. Man. 1. p. 323.—Steph. Syn. p. 206. 52.—Garn. Mém. de la Somme, t. 1. p. 70. 12.—Schmidt, Zeitsch. t. 2. p. 110. 19.

Aphodius quadripustulatus, Sturm, Verz. p. 52. 46.—*Id.* Deutsch. Faun. 1. p. 156. 52. —Fab. Syst. El. 1. p. 78. 43.—Schœnh. Syn. Ins. t. 1. p. 83. 58.—Baud. Laf. Monog. p. 80. 25.—Suckow, Nat. p. 148. 55.—Hummel, Mémoires de la Société des Naturalistes de Moscou. t. 6. p. 138. 7.

Var. A. A. Sanguinolens ; Nob. *Tache humérale nulle.*

Scarabœus sanguinolentus, Panz. Faun. Germ. 43. 4. Sturm, Faun. l. c. Var. b.—Suckow, l. c. Var. β.—Schmidt, l. c. Var. β.

Var. B. A. Caudatus ; Nob. *Tache postérieure des élytres prolongée jusqu'à l'extrémité.*

Sturm, Faun. l. c. Var. c.—Suckow, l. c. Var. γ.—Schmidt, l. c. Var. γ.

Var. C. A. Prolongatus; Nob. *Tache humérale des élytres linéairement prolongée jusqu'à la postérieure avec laquelle elle s'unit.*

Sturm, Faun. l. c. Var. d.—Suckow, l. c. Var. δ.—Schmidt. l. c. Var. δ.

Long. 0^m,022 à 0^m,0028 (1 à 1 1/4).—Larg. 0^m,0011 à 0^m,0014 (1/2 à 3/4).

Chaperon en demi-hexagone ; échancré et faiblement abaissé dans le milieu de sa partie antérieure ; notablement auriculé ; rebordé dans sa périphérie, un peu moins étroitement aux angles de devant qui sont légèrement relevés. Tête penchée ; subdéprimée ; d'un noir luisant ; presque uniformément marquée de petits points assez rapprochés, d'une manière subruguleuse près de ses bords, et plus unie sur le reste de sa surface. Yeux et palpes bruns. Antennes d'un brun rougeâtre, à massue d'un gris obscur. Prothorax à peine échancré en devant et paré d'une bordure d'un livide brunâtre ; à angles antérieurs très-peu avancés et assez aigus ; subarqué sur les côtés, et d'une manière plus prononcée près des angles de devant ; bissubsinueusement en arc renversé à la base ; à peine rebordé à celle-ci, et moins légèrement sur les côtés ; médiocrement convexe en dessus ; d'un noir luisant ; garni, mais moins densement sur le disque, de points inégaux : les moins petits peu distinctement circulaires. Ecusson en triangle curviligne et subéquilatéral ; d'un noir luisant, et presque imponctué. Elytres à peine plus étroites à la base que le prothorax à ses angles postérieurs ; une fois au moins aussi longues que lui ; subparallèles jusqu'aux trois cinquièmes de leur longueur ; curvilinéairement rétrécies à partir de ce point et arrondies à l'extrémité ; médiocrement convexes en dessus ; convexement déclives sur les côtés et moins fortement à leur partie postérieure ; d'un noir luisant ; parées d'une petite tache rouge au dessous du calus huméral, et d'une autre circulaire et plus grande de même couleur, située vers les trois quarts de leur longueur, entre les deuxième à septième stries ou rainurelles : celles-ci étroites, subdentées par des strioles transversales. Intervalles déprimés, lisses et superficiellement pointillés. Dessous du corps d'un noir luisant. Flancs de l'antépectus aspèrement ponctués, et principalement garnis, ainsi que les cuisses antérieures, de poils d'un gris cendré. Plaque métasternale finement ponctuée, longitudinalement sillonnée. Cuisses et jambes d'un noir luisant : celles-là lisses, très-parcimonieusement et superficiellement pointillées. Tarses d'un brun rouge graduellement plus clair : premier article des postérieurs généralement moins long que les deux suivants réunis.

Cette espèce habite la plus grande partie des provinces de la France.

On la trouve dans le Languedoc près de Montpellier, et non moins communément dans le nord. Elle n'est pas rare au printemps dans les environs de Lyon. J'ai reçu de M. Chevrolat la var. *sanguinolens.*

Obs. Les rainurelles ont à peu près le quart de la largeur des premiers intervalles : les deuxième, troisième, sixième et neuvième de celles-là sont presque également subterminales ; les quatrième et cinquième un peu plus courtes sont le plus souvent affluentes ou liées ensemble ; les septième et huitième plus courtes encore, tantôt libres ou plus rarement pariales.

13. A. Tristis; Panz. *Assez court ; d'un noir luisant et médiocrement convexe en dessus. Chaperon en demi-hexagone. Suture frontale subtuberculeusement saillante. Prothorax rebordé et bissubsinueusement en arc renversé à la base ; densement marqué en dessus de points inégaux : les moins petits, circulaires. Elytres un peu dilatées latéralement dans le milieu ; à rainurelles assez larges et profondes, non dentées par les strioles transversales. Intervalles subdéprimés, lisses, finement ponctués. Articles des tarses noueux : le premier des postérieurs à peine aussi long ou moins long que les deux suivants réunis.*

♂. Suture frontale linéairement élevée à ses extrémités, où elle se lie aux sutures génales ; Epistome légèrement relevé sur son disque en gibbosité obtuse, parfois transformée en une faible carène longitudinale, prolongée jusqu'au milieu de la suture frontale. Plaque métasternale subconcave. Jambes postérieures fortement dilatées en dessous en forme de lame de rasoir.

♀. Suture frontale apparente ou très-faiblement et uniformément éleuée dans toute sa longueur. Epistome presque indistinctement gibbeux sur son disque. Plaque métasternale plane ou faiblement bombée. Jambes postérieures de forme ordinaire.

Scarabœus tristis, Panzer, Faun. Germ. 73. 1.—*Id.* Krit. rev. p. 14 et p. 20.
Aphodius tristis, Illig. Mag. t. 1. p. 22. t. 2. p. 193. 7. (♂). — Sturm, Deutsch. Faun. t. 1. p. 158. 35. (♀).—Gyll. Ins. Suec. t. 1. p. 20. 12. (♂).—Zetterstedt, Faun. Lap. p. 117. 21. (♂).—Schmidt, Zeitsch. t. 1. 2. p. 121. 30. (♂♀).

Var. A. A. Vicinus; Nob. *Elytres d'un brun châtain.*

Schmidt, l. c. Var. γ.

Var. B. A. Pellucidus; Nob. *Elytres soit noires, soit d'un rouge brun à l'extrémité, marquées vers les quatre cinquièmes de leur longueur d'une transparence rougeâtre plus ou moins apparente, plus ou moins élargie, réduite souvent à une sorte de point sur le quatrième intervalle.*

Var. C. **A. Scapularis**; Nob. *Semblable à la variété précédente, avec une transparence rougeâtre à l'épaule.*

Panzer, l. c. 73. 1. — Schmidt, l. c. Var. β.

Var. D. **A. Fallax**; Nob. *Elytres noires, graduellement d'un rouge brun à l'extrémité.*

Var. E. **A. Mirandus**; Nob. *Elytres entièrement d'un rouge brun.*

L. $0^m,0037$ à $0^m,0045$ (1 1/2 à 2^l). — **L.** $0^m,0016$ à $0^m,0025$ (3/4 à 1^l).

Chaperon en demi-hexagone; échancré et légèrement abaissé en devant; notablement auriculé; rebordé dans sa périphérie, plus étroitement à la partie échancrée, plus largement aux angles antérieurs qui sont faiblement relevés. Tête penchée; subdéprimée; d'un noir luisant; ruguleusement et densement ponctuée. Yeux et palpes bruns: ceux-ci souvent en partie d'un brun ferrugineux. Antennes brunes ou d'un brun ferrugineux livide, à massue d'un gris obscur. Prothorax à peine échancré en devant; paré d'une bordure d'un flave livide; à angles antérieurs très-peu avancés et un peu émoussés; curvilinéairement élargi d'abord sur les côtés, puis rectilinéaire et subparallèle jusqu'aux angles postérieurs qui sont obtusément ouverts; subobliquement coupé de ceux-ci à la base; bissubsinueusement en arc renversé à cette dernière; muni sur les côtés et à sa partie postérieure d'un rebord presque également étroit; médiocrement convexe en dessus; d'un noir luisant; densement marqué, surtout sur les côtés, de points enfoncés d'inégale grosseur : les moins petits, vus de près, analogues à des cercles imprimés. Ecusson étroit; subcordiforme; noir, luisant; obsolètement et ruguleusement ponctué à la base, lisse et caréné postérieurement. Elytres moins larges à leur naissance que le prothorax à ses angles postérieurs; aussi longues que lui; subsinueusement et sensiblement élargies des épaules aux trois cinquièmes de leur longueur; puis curvilinéairement et médiocrement rétrécies; obtusément arrondies à leur extrémité; subdéprimées sur le dos; convexement déclives sur les côtés et à leur partie postérieure; d'un noir luisant ou d'un noir châtain; à rainurelles larges, assez profondes, entières ou presque indistinctement subdentées, mais paraissant souvent subcrénelées par l'effet luisant des espaces situés entre leurs strioles transversales. Intervalles déprimés, irrégulièrement garnis de petits points assez rapprochés. Dessous du corps d'un noir luisant. Flancs de l'antépectus surtout aspèrement ponctués et garnis, ainsi que les cuisses antérieures, de poils d'un gris livide. Plaque métasternale plane, longitudinalement sillonnée, lisse; marquée de points beaucoup plus petits que ceux des parties voisines. Cuisses et jambes d'un noir ferrugineux, ou d'un brun luisant, ou d'un brun ferrugineux : les premières très-lisses et parcimonieusement ponctuées. Eperon des jambes postérieures obtus. Tarses d'un ferrugineux brunâtre livide : premier article des postérieurs dilaté vers son extrémité, moins long que les deux suivants réunis.

Cette espèce a été découverte près de Dresde, par M. le secrétaire des finances Zenker, et décrite pour la première fois par Panzer. M. Schmidt, le premier, a signalé les différences qui distinguent les deux sexes. Elle habite des zônes très-différentes. Je l'ai reçue des Hautes-Alpes, de M. le capitaine Morineau ; de Paris, de M. Chevrolat. Elle m'a été envoyée des Landes par M. Perris. On la trouve, dès les premiers beaux jours, dans les environs de Lyon.

Obs. Les rainurelles égalent en largeur environ le tiers des intervalles, et perdent graduellement de leur profondeur en se rapprochant de l'extrémité. Les deuxième, troisième, quatrième, cinquième, neuvième sont ordinairement presque également subterminales ; les sixième, et surtout septième et huitième plus courtes : ces dernières affluentes l'une vers l'autre ou pariales.

14. A. Exiguus ; Nob. *Oblong ; médiocrement convexe et luisant en dessus. Chaperon en demi-hexagone. Suture frontale subtuberculeuse. Tête et prothorax noirs : celui-ci, bissubsinucusement en arc renversé et à peine rebordé à la base ; assez densement marqué en dessus de points inégaux. Ecusson assez grand, ponctué. Elytres subparallèles, ou très-faiblement dilatées vers leur milieu ; d'un brun rouge graduellement plus clair vers l'extrémité ; à rainurelles subcrénelées. Intervalles pointillés et presque imperceptiblement subruguleux. Premier article des tarses postérieurs aussi long que les deux suivants réunis.*

♀. Suture frontale rudimentairement en relief vers ses extrémités où elle se lie aux sutures génales qui sont peu apparentes ; offrant dans son milieu les traces peu distinctes d'un tubercule. Epistome chargé sur son disque d'un relief arqué. Plaque métasternale plane. Eperon des jambes de devant grêle.

Long. 0^m,045 (2^l). —Larg. 0^m,0022 (1^l).

Chaperon en demi-hexagone ; sensiblement abaissé et médiocrement entaillé dans le milieu de sa partie antérieure ; garni dans sa périphérie, d'un rebord plus large et relevé aux angles de devant ; notablement auriculé. Tête inclinée ; subconvexe ; d'un noir luisant ; subruguleusement ponctuée près des bords de l'épistome, et d'une manière plus unie sur le disque de celui-ci et sur le front. Yeux bruns.

Palpes d'un brun noirâtre. Antennes d'un brun rouge ou d'un rouge brun, à massue d'un gris obscur. Prothorax faiblement échancré en devant; paré d'une bordure d'un brun rouge livide; à angles antérieurs peu avancés; très-faiblement arqué sur les côtés; un peu moins large aux angles de devant qu'aux postérieurs qui sont légèrement émoussés et obtusément ouverts; bissubsinueusement en arc renversé à la base; presque indistinctement rebordé au côté interne des angles de devant; muni latéralement et à sa partie postérieure d'un rebord plus étroit à cette dernière; densement garni, surtout sur les côtés, de points circulaires plus parcimonieusement entremêlés d'autres beaucoup plus petits; entièrement d'un noir brun luisant. Ecusson en triangle non curviligne et équilatéral; subruguleusement marqué à la base de points peu nombreux et en partie oblitérés; lisse, imponctué, et subcaréné postérieurement; noir ou d'un noir brunâtre avec une transparence rougeâtre vers l'extrémité. Elytres au moins aussi larges que le prothorax; moins d'une fois aussi longues que lui; subsinueusement subparallèles dans les deux tiers de leur longueur, ou plutôt parallèles dans le premier tiers et peu sensiblement renflées dans le second; arrondies à l'extrémité; médiocrement convexes sur le dos, convexement déclives sur les côtés, et d'une manière plus abrupte à leur partie postérieure; luisantes; d'un brun rouge à la base, et graduellement d'un rouge brun vers l'extrémité; à rainurelles assez larges, faiblement subcrénelées par des strioles transversales. Intervalles pointillés, presque indistinctement subruguleux : les plus rapprochés de la suture subconvexes. Dessous du corps noir ou d'un noir brunâtre, luisant; très-parcimonieusement garni de poils cendrés livides, plus longs vers la région anale. Flancs des parties pectorales subaspèrement ponctués. Plaque métasternale assez densement ponctuée et longitudinalement sillonnée. Ventre marqué de points serrés et peu profonds. Cuisses et jambes d'un noir brunâtre : les premières lisses, luisantes et ponctuées. Tarses d'un brun rouge graduellement plus clair vers leur extrémité; à articles grêles: le premier des postérieurs aussi long que les deux suivants réunis.

J'ai pris cette espèce dans les pâturages de la Grande-Chartreuse; je n'en ai trouvé qu'un individu.

Obs. Les rainurelles se rétrécissent et s'oblitèrent vers leur extrémité , et se prolongent presque toutes également jusqu'à une certaine distance du bord postérieur.

L'*Aph. exiguus* diffère beaucoup de l'*Aph. putridus.* Il n'a pas , comme ce dernier, le corps très-convexe; le chaperon et les côtés du prothorax rougeâtres; l'écusson allongé; les stries des élytres entières. Il se distingue de l'*Aph. granarius*, avec lequel il a de l'analogie, par sa couleur; la ponctuation plus serrée de son prothorax; la forme de son écusson ; la longueur relative du premier article des tarses postérieurs. Son prothorax entièrement noir; son écusson plus grand, en triangle équilatéral et non curviligne ou subcordiforme; ses élytres d'une couleur différente, dilatées dans leur second tiers; enfin la longueur relative du premier article des tarses postérieurs, empêchent de le confondre avec l'*Aph. pusillus*. Il s'éloigne de l'*Aph. cœnosus* de Panzer (si toutefois cet Aphodie, dont M. Schmidt fait une espèce particulière, n'est pas, suivant l'opinion de Panzer lui-même, une simple variété ♀ du *pusillus*) par sa suture frontale subtuberculeuse; son épistome chargé d'un relief saillant, et plus rugueument ponctué; son écusson de niveau avec les élytres; celles-ci plus faiblement convexes; enfin par ses cuisses intermédiaires et postérieures non dilatées.

15. A. Pusillus; Herbst. *Court; médiocrement ou faiblement convexe en dessus ; d'un noir luisant, avec les angles antérieurs du prothorax et l'extrémité des élytres d'un brun rougeâtre. Chaperon en demi-hexagone. Suture frontale presque indistincte. Prothorax très-étroitement rebordé à la base; assez densement marqué en dessus de points inégaux : les moins petits, circulaires. Ecusson non infléchi postérieurement. Elytres à rainurelles entières, graduellement moins profondes. Intervalles subconvexes, lisses, presque indistinctement pointillés. Premier article des tarses postérieurs à peine aussi long que les deux suivants réunis.*

♂. Suture frontale linéairement et très-légèrement élevée vers ses extrémités. Epistome chargé sur son disque d'une très-faible gibbosité parfois subcaréniforme. Eperon des jambes de devant fortement rétréci de la base à l'extrémité.

♀. Suture frontale sans traces de saillie. Epistome sans gibbosité apparente sur son disque. Eperon des jambes de devant plus grêle.

Scarabœus pusillus, Herbst, Natursyst. t. 2. p. 155. 96 pl. 12. f. 12, et pl. 18. f. 6. —Payk. Faun. Suec. t. 1. p. 10. 12.—Panz. Faun. Germ. 49. 11.
Scarabœus granarius, Fab. Syst. Ent. p. 16. 56.—*Id*. Spec Ins. t. 1. p. 17. 70.—*Id*. Mant. 1. p. 9. 77. — *Id*. Ent. Syst. 1. p. 29. 92. — Panz. Ent. Germ. p. 7. 26.— *Id*. Faun. Germ. 43. 3.—*Id*. Krit. rev. p. 13.—Rossi, Faun. Etr. t. 1. p. 7. 15.
Aphodius granarius, Illig. Kœf. Preus. p. 22. 11. Var. β.—*Id*. Mag. 1. p. 22. 11. —Sturm, Verz. 48. 41.—*Id*. Deutsch. Faun. t. 1. p. 130. 31. Var. b.—Suckow, Nat. p. 259. 38.—De Casteln. Hist. t. 2. p. 96. 25.
Aphodius pusillus, Schoenh. Syn. Ins. t. 1. p. 88 à 90.—Sturm, Deut. Faun. 1. p. 160. 54.—Duftsch. Faun. Aust. t. 1. p. 97.11.—Schmidt, Zeitsch. t. 2. 1. p. 114. 26.
Aphodius granum, Gyllenh. Ins. Suec. 1. p. 19. 11.—Stephens, Syn. p. 205. 48. —Zetterstedt, Faun. Lap. p. 184. 20.

Var. A. A. Cœcus; Nob. *Tache des angles antérieurs du prothorax nulle ou peu apparente.*

Illig. Kæf. Preus. l. c. Var. α. — Sturm, Faun. Germ. p. 130. Var. a. — Schmidt, l. c. Var. δ.

Var. B. A. Rufulus; Nob. *Élytres entièrement d'un brun marron ou d'un brun rouge.*

Scarabæus cœnosus, Panz. Faun. Germ. 58. 7?
Aphodius granarius, Panz. Index, p. 11 ? — Illig. Kæf. Preus. l. c. Var. γ. — *Id.* Mag. l. c. Var. ζ. — Sturm, Deut. Faun. p. 131. Var. c. — Duftsch. l. c. Var. ε. — Schoenh. l. c. Var. γ. — Suckow, l. c. Var. γ.
Aphodius granum, Gyll. l. c. Var. b.

Var. C. A. Macularis; Nob. *Élytres rougeâtres vers le calus huméral et parfois sur le quatrième intervalle vers les trois quarts de leur longueur.*

Aphodius granarius, Illig. l. c. Var. δ. — Sturm, Verz. Var. β. — Schoenh. l. c. Var. β. — Duftsch. l. c. Var. β.
Aphodius pusillus, Steph. Syn. p. 205. 47. — Schmidt, l. c. Var. β.

L. 0^m,0022 à 0^m,0037 (1 à 1 3/4^l). — L. 0^m,0011 à 0^m,0019 (1/2 à 4/5)^l.

Chaperon presque en demi-hexagone; légèrement échancré et très-faiblement abaissé en devant; médiocrement auriculé; rebordé dans sa périphérie, plus étroitement à sa partie échancrée, moins étroitement aux angles antérieurs qui sont arrondis et à peine relevés. Tête penchée; subconvexe; d'un noir brun assez luisant; subruguleusement ponctuée près de ses bords, lisse et uniformément garnie de petits points sur le reste de sa surface. Yeux bruns. Palpes brunâtres, quelquefois d'un brun livide, ou d'un rouge brun assez clair. Antennes d'un rouge brun, à massue d'un gris obscur. Prothorax à peine échancré en devant, et paré d'une bordure d'un jaune rouge livide; à angles antérieurs très-peu avancés et peu aigus; subarqué sur les côtés, mais d'une manière plus prononcée à la partie antérieure de ceux-ci; émoussé aux angles postérieurs qui sont très-obtusément ouverts; obliquement et presque subsinueusement coupé de ceux-ci à la base; bissubsinueusement en arc renversé à cette dernière; sans rebord distinct au côté interne des angles de devant; garni sur ses bords latéraux et postérieur d'un rebord très-sensiblement plus étroit et souvent peu apparent à celui-ci; médiocrement convexe en dessus; noir ou d'un noir brun assez luisant; taché de brun rouge ou livide aux angles antérieurs; garni sur toute sa surface de points circulaires, ordinairement plus serrés sur les côtés et plus visiblement entremêlés sur le disque de points simples et beaucoup plus petits. Ecusson sub-cordiforme ou en triangle curviligne rétréci à la base; d'un noir châtain luisant; de niveau avec les élytres; subruguleusement ponctué en devant; caréné longitudinalement dans sa plus grande étendue; souvent comme rebordé sur les côtés. Elytres un peu moins larges à leur naissance que le prothorax à ses angles postérieurs; de trois-quarts plus longues que lui; subsinueusement et à peine élargiesjusqu'à la moitié de leur longueur; curvilinéairement rétrécies à partir de ce point et arrondie à leur extrémité; subconvexes sur le dos, convexement déclives ou subperpendiculaires sur les côtés; subconvexement déclives à leur partie postérieure; noires ou d'un noir châtain assez luisant, passant insensiblement vers le bord apical au brun rouge plus ou moins clair; à rainurelles très-faiblement et graduellement moins larges et moins profondes de la base à leur extrémité où souvent elles s'oblitèrent; entières ou peu sensiblement subdentées par des strioles transversales qui se montrent moins apparentes postérieure-ment. Intervalles lisses, unis ou presque imperceptiblement poin-tillés; ordinairement subconvexes, quelquefois d'une convexité plus forte et rendant les stries plus profondes ou subsulciformes. Dessous du corps noir ou d'un noir châtain luisant; flancs de l'antépectus aspè-rement ponctués et principalement garnis, ainsi que les cuisses anté-rieures, de poils d'un gris livide. Plaque métasternale très-luisante, longitudinalement sillonnée et parcimonieusement pointillée. Pieds d'un rouge brunâtre un peu plus obscur sur les cuisses et les jambes: celles-là presque imperceptiblement parsemées de petits points. Pre-mier article des tarses postérieurs à peine aussi long ou moins long que les deux suivants réunis.

Cette espèce habite principalement les parties tempérées et septen-trionales de la France. On la trouve dans les montagnes du Lyonnais.

Obs. Les rainurelles égalent environ le quart de la largeur des pre-miers intervalles : les deuxième à cinquième de celles-là sont presque également subterminales; les septième et huitième, ou plus rarement les sixième et septième, sont un peu plus courtes et pariales; la neu-vième plus prolongée que les trois précédentes et presque liée à la cinquième.

Le corps varie dans sa convexité et par suite dans son faciès. Ordinai-rement il est court et subdéprimé en dessus; d'autres fois il est cylin-drique et assez fortement convexe.

Suivant M. le docteur Schmidt, qui a été en correspondance avec M. Sturm, et qui a eu sous les yeux des exemplaires provenant de la collection de cet auteur, l'*Aph. pusillus* de ce dernier est identique avec celui de Herbst, et son *Aph. granarius* n'en est qu'une variété.

L'*Aph. pusillus* se distingue de l'*Aph. granarius* par sa taille plus petite; son corps proportionnellement un peu moins étroit, moins luisant; les angles antérieurs de son chaperon plus arrondis; sa suture frontale sans tubercule dans le milieu; son épistome sans relief; la surface de sa tête moins rugueuse; son prothorax moins transversalement coupé des angles postérieurs à la base, plus sinueux et plus étroitement rebordé à cette dernière, plus densement ponctué en dessus, et rougeâtre aux angles de devant; son écusson non infléchi postérieurement; les intervalles de ses élytres plus convexes et enfin par la disposition des stries ou rainurelles.

Il a plus d'analogie encore avec l'*Aph. tristis*; leur corps est de la même structure et parfois de la même taille, quoique généralement celle du dernier soit un peu plus grande. Néanmoins celui-ci est toujours facile à reconnaître à son corps d'un noir moins luisant, à ses élytres dont les intervalles sont planes et distinctement marqués de points assez nombreux; à ses articles des tarses noueux. Les jambes postérieures du mâle présentent d'ailleurs une configuration qu'on ne retrouve pas dans l'*Aph. pusillus*.

16. A. Monticola ; Dej. Inéd. *Court, très-convexe et passablement luisant en dessus. Chaperon en demi-hexagone. Suture frontale subtuberculeuse. Prothorax très-convexe; bissubsinueusement en arc renversé et sans rebord à la base ; assez densement marqué de points inégaux ; d'un brun noirâtre, avec les angles antérieurs d'un brun rouge. Ecusson petit, caréné, presque imponctué. Elytres d'un brun rouge; graduellement dilatées latéralement et convexement élevées sur le dos jusques au delà de la moitié; à rainurelles à peine subdentées. Intervalles déprimés, superficiellement pointillés. Pieds d'un rouge brun. Premier article des tarses postérieurs un peu plus grand que les deux suivants réunis.*

Suture frontale rudimentairement en relief vers ses extrémités où elle se lie aux sutures génales aussi apparentes qu'elle ; presque sans traces distinctes de tubercules dans son milieu. Epistome obtusément gibbeux sur son disque. Eperon des jambes de devant grêle.

Long. 0^m,0039 (1 3/4^l). — Larg. 0^m,0018 (7/8^l).

Corps longitudinalement convexe en dessus. Chaperon en demi-hexagone; subconcavement abaissé, largement tronqué et subéchancré à sa partie antérieure; garni dans sa périphérie d'un rebord étroit, sensiblement plus large et relevé en espèce de petite dent aux angles de devant; fortement auriculé. Tête convexe ; brune ; rugueusement ponctuée sur l'épistome, et plus uniment sur le front. Yeux noirâtres.

Palpes d'un rouge brun, plus clair dans certaines parties. Antennes d'un rouge livide, à massue grise. Prothorax à peine échancré en devant ; paré d'une bordure d'un flave livide ; peu sensiblement avancé aux angles de devant ; presque en carré transversal ; faiblement subarqué latéralement ; légèrement émoussé aux angles postérieurs qui sont peu obtusément ouverts ; subobliquement coupé de ceux-ci à la base ; bissubsinueusement et faiblement en arc renversé à cette dernière ; presque indistinctement rebordé aux angles de devant ; garni sur les côtés d'un rebord qui s'efface après les angles postérieurs ; très-convexe en-dessus ; d'un brun assez luisant et graduellement d'un brun rouge vers les angles de devant ; densement marqué sur les côtés de points circulaires, plus clairsemés sur le disque, mais plus abondamment entremêlés de points beaucoup plus petits. Ecusson triangulaire, à côtés un peu plus longs que la base ; d'un brun rouge ; lisse, presque imponctué, subcaréné. Elytres, aux épaules, à peine aussi larges que le prothorax ; près d'une fois aussi longues que lui ; subsinueusement et sensiblement élargies jusqu'aux trois cinquièmes de leur longueur, arrondies à leur extrémité ; médiocrement convexes sur le dos ; convexement déclives sur les côtés ; subconvexement relevées longitudinalement de la base jusques au delà de leur milieu ; faiblement subrétuses vers leur extrémité au dessous d'un léger calus situé vers les quatre cinquièmes de leur longueur, entre les quatrième et septième intervalles ; d'un brun rouge, médiocrement luisant ; à rainurelles assez profondes et à peine subdentées. Intervalles déprimés près de la base, subconvexes vers l'extrémité ; pointillés, superficiellement près de la première et subruguleusement vers la seconde : l'externe longitudinalement subsillonné ou muni d'un léger rebord graduellement plus étroit. Dessous du corps d'un brun rouge ; plus particulièrement garni sur les flancs de l'antépectus, aux cuisses de devant et vers la région anale, de poils d'un jaune livide. Cuisses et jambes d'un rouge brun : les premières pointillées. Tarses d'une teinte plus pâle : premier article des postérieurs un peu moins long que les trois suivants réunis, mais plus grands que les deuxième et troisième pris ensemble.

L'*Aph. monticola* a été trouvé dans le département des Basses-Alpes par M. le comte Dejean. Je dois à l'obligeance de M. le marquis de la Ferté Senectère, possesseur d'une grande partie de la collection du savant Entomologiste parisien, la communication de l'individu unique sur lequel repose cette espèce.

Obs. Les rainurelles ont environ le cinquième de la largeur des premiers intervalles. Les troisième, quatrième et cinquième stries sont graduellement plus courtes et affluentes vers la sixième, qui est obliquement dirigée vers l'extrémité de la troisième avec laquelle elle s'unit à peu près.

Cet insecte diffère de l'*Aph. gibbus* de M. Germar, par sa taille un peu plus grande ; la convexité plus forte de son prothorax et de ses élytres ; sa couleur, son éclat et ses intervalles plus distinctement pointillés. Il lui ressemble par la conformation de sa tête, la troncature du chaperon, le défaut de rebord à la base du prothorax et la ponctuation de celui-ci ; par l'écusson, la disposition des stries et la longueur proportionnelle du premier article des tarses.

17. A. Hydrochæris ; Fab. *Allongé et plus ou moins convexe en dessus. Chaperon en demi-hexagone. Suture frontale trituberculeuse. Epistome et écusson d'un rouge brun. Prothorax rebordé en devant, faiblement en arc renversé à la base ; moins étroitement rebordé dans le milieu de celle-ci que près des bords latéraux ; d'un fauve jaune ; paré sur son disque d'une tache pentagonale et d'un point sur les côtés, noirs. Elytres d'un fauve jaune ; à stries étroites et subcrénelées. Intervalles subconvexes et densement pointillés. Premier article des tarses postérieurs à peu près égal aux deux suivants réunis.*

♂. Suture frontale sublinéairement en relief à ses extrémités où elle se lie aux sutures génales presque aussi saillantes qu'elle ; armée dans son milieu d'un tubercule corniforme, plus convexe sur sa face antérieure, et tronqué au sommet. Epistome ruguleusement ponctué ; obtusément chargé sur son disque d'un relief transversal. Prothorax arqué sur les côtés, plus curvilinéairement et moins distinctement coupé de ceux-ci à la base ; très-convexe en dessus, presque lisse ou simplement pointillé sur son disque. Elytres plus convexes. Plaque métasternale creusée d'une fossette peu profonde. Eperon des jambes de devant plus fort.

♀. Suture frontale sublinéairement en relief à ses extrémités où elle se lie aux sutures génales presque aussi saillantes qu'elle ; munie dans son milieu d'un tubercule plus ou moins faible. Epistome rugueusement ponctué ; obtusément gibbeux sur son disque ; sans traces de relief. Prothorax faiblement arqué sur les côtés, plus distinctement coupé d'une manière un peu oblique des angles postérieurs à la base ; subconvexe et assez densement ponctué en dessus. Elytres moins convexes. Plaque métasternale sans fossette. Eperon des jambes de devant plus grêle.

Scarabæus hydrochœris, Fab. Suppl. p. 23. 73. 4.
Aphodius hydrochœris, Fab. Syst. El. 1. p. 69. 6.—Illig. Mag. t. 2. p. 193. 10.—Ahrens, Neu. Schrift. d. n. Gesell. z. Halle, t. 2. 2. 26. 1. pl. 1. f. 13. n.—Suckow, Nat. p. 223. b.—Schmidt, Zeitsch. t. 2. 1. p. 137. 47.

Var. A. **A. Coloratus**; Nob. *Côtés du prothorax sans tache punctiforme noirâtre sur les côtés.*

Schmidt, l. c. Var. β.

Var. B. **A. Discicollis**; Nob. *Tache du disque du prothorax arrondie à sa partie postérieure, et raccourcie de telle sorte que la couleur jaunâtre forme un demi-cercle qui l'entoure.*

Var. C. **A. Germanus**; Nob. *Epistome d'un brun rouge; côtés du prothorax presque couleur de sanguine ou d'un rouge brun livide.*

L. $0^m,0075$ à $0^m,0100$. (3 1/2 à 4 1/2^l).—L. $0^m,0033$ à $0^m,0045$ (1 1/2 à 2^l).

Chaperon en demi-hexagone ; subéchancré et subconcavement abaissé en devant; fortement auriculé; étroitement rebordé dans sa périphérie; sensiblement relevé à ses angles antérieurs. Tête subhorizontale; subdéprimée ou faiblement convexe ; d'un rouge brun ou brunâtre et ruguleusement ou rugueusement couverte sur l'épistome de points presque confluents; noirâtre ou plus obscure et plus uniment marquée de points moins gros sur le front. Palpes et antennes d'un fauve livide ou d'un livide jaunâtre. Prothorax à peine échancré en devant; visiblement rebordé et paré d'une bordure d'un jaune gris ; à angles antérieurs faiblement avancés et un peu émoussés; arqué sur les côtés jusqu'aux angles postérieurs qui sont émoussés et obtusément ouverts; en arc renversé à la base, parfois d'une manière bissubsinueuse; garni sur les côtés et à sa partie postérieure d'un rebord moins large qu'en devant, et plus rétréci ou moins apparent après les angles postérieurs, qu'au devant de l'écusson où il est cilié en dessous ; assez fortement convexe en dessus; luisant; pointillé et parsemé de points circulaires plus nombreux sur les côtés; d'un jaune rouge ou d'un fauve jaune; marqué de chaque côté près du milieu des bords latéraux d'une tache punctiforme noirâtre , et paré sur son disque d'une large tache pentagonale, attenante au bord antérieur et terminée à la partie opposée, par un angle presque prolongé jusqu'au bord postérieur. Ecusson d'un rouge brun ; en triangle subcurviligne, à côtés un peu plus grands que la base; subruguleusement couvert de points assez petits et très-serrés; parfois longitudinalement chargé dans son milieu d'une ligne lisse et faiblement élevée. Elytres un peu moins larges dans leur milieu que le prothorax dans son diamètre le plus grand; une fois aussi longues que lui; subsinueusement parallèles des épaules aux deux tiers de leur longueur; curvilinéairement rétrécies à partir de ce point et arrondies à l'extrémité ; médiocrement convexes sur le dos, convexement subperpendiculaires ou déclives sur les côtés, et convexement déclives à leur partie postérieure ; d'un jaune fauve ou d'un fauve rouge livide faiblement luisant; à stries étroites, subcrénelées par des strioles transversales, et rendues plus profondes par la subconvexité plus ou moins forte des intervalles : ceux-ci densement, superficiellement et subrugueusement pointillés. Anté-pectus d'un fauve jaune; aspèrement ponctué et garni sur ses flancs, ainsi que sur les cuisses antérieures, de poils d'un livide jaunâtre. Parties pectorales suivantes plus brunes. Plaque métasternale lisse, luisante, longitudinalement sillonnée, superficiellement pointillée. Ventre d'un jaune fauve avec le bord des anneaux brunâtre; garni parcimonieu-sement de poils plus longs vers la région anale. Cuisses, surtout les quatre postérieures, d'un jaune rouge ou d'un jaune fauve; lisses, presque impointillées. Jambes et tarses moins pâles et plus rougeâtres : premier article des postérieurs à peu près égal aux deux suivants réunis.

Cette belle espèce est exclusivement méridionale : on la trouve dans les environs d'Hyères et de Fréjus : je l'ai reçue de MM. Solier et Chevrolat.

Obs. Les rainurelles ont environ un cinquième de la largeur des intervalles. Les septième et huitième, et moins souvent les quatrième et cinquième stries, sont ordinairement plus courtes et pariales : les dernières sont alors le plus habituellement encloses par la sixième qui se recourbe pour s'unir, ainsi que la neuvième, à la troisième, ou à la quatrième qui, dans ce cas, se prolonge davantage que la cinquième. Quelquefois les quatrième et cinquième sont seulement affluentes l'une vers l'autre ou presque aussi longuement prolongées que leurs voisines.

Ordinairement le front est noirâtre; parfois il est d'un rouge bru-nâtre plus ou moins clair, ainsi que le chaperon. Quelquefois ce der-nier est d'une teinte noirâtre vers la suture frontale, et graduellement plus rouge près de ses bords.

En Corse, en Sardaigne, en Allemagne, et même aussi dans le midi de la France, on trouve des individus dont la tache pentagonale du prothorax est moins vive, moins nettement dessinée dans ses contours; dont la teinte générale du corps est plus rougeâtre, souvent d'un rouge ou d'un fauve brun livide.

Outre les modifications qu'ils présentent dans leur couleur, ces insectes offrent selon les sexes des dissemblances assez remarquables. Frappé des différences que nous avons signalées, Ahrens s'était de-mandé si certains individus de nos provinces méridionales ne devaient pas constituer une autre espèce que ceux de l'Allemagne. En examinant un grand nombre d'exemplaires de diverses localités, en étudiant surtout les lois d'après lesquelles varie la physionomie des deux sexes, on est bientôt porté à résoudre cette question d'une manière négative.

Les individus des différents pays présentent tous en effet les caractères distinctifs de l'espèce ; tous ont le prothorax visiblement rebordé à sa partie antérieure, muni postérieurement d'un rebord plus étroit près des angles qu'au devant de l'écusson : ce dernier entièrement ou à peu près couvert de points très-rapprochés ; les stries d'une forme et d'un dessin semblable, séparées par des intervalles plus ou moins convexes pointillés de même ; enfin, le premier article des tarses postérieurs proportionnellement d'une égale longueur. Quant aux saillies de la tête, à la rugosité plus ou moins forte de l'épistome, à la ponctuation du prothorax, à la convexité du corps, nous avons déjà eu l'occasion d'observer que la Nature, qui est admirable dans ses harmonies, nous offre souvent entre les sexes des différences dont le but est facile à deviner. C'est ainsi que chez les Aphodiens la plaque métasternale des mâles est souvent concave ou creusée en fossette, et quelquefois garnie de poils, tandis qu'elle est plane et glabre chez les femelles ; en revanche, celles-ci ont le corps moins convexe, l'épistome plus rugueux, et souvent le prothorax marqué sur le disque de points plus nombreux et plus profonds.

18. A. Sordidus; Fab. *Allongé ; subparallèle ; médiocrement convexe et luisant en dessus. Chaperon en demi-hexagone. Suture frontale trituberculeuse. Prothorax faiblement en arc renversé et muni d'un rebord étroit à la base; sans rebord en devant; d'un jaune rouge, avec le disque et un point de chaque côté, noirs. Élytres d'un jaune rouge, ou d'un jaune fauve à suture brunâtre ; à stries subcrénelées. Intervalles lisses, subconvexes, presque impointillés. Premier article des tarses postérieurs au moins égal aux deux suivants réunis.*

♂. Suture frontale subtuberculeusement en relief vers ses extrémités, où elle se lie aux sutures génales moins élevées qu'elle ; armée dans son milieu d'un tubercule plus saillant, transversal, tronqué ou subéchancré à son extrémité. Epistome obtusément et souvent subtransversalement tuberculeux sur son disque. Prothorax plus convexe et moins ponctué sur le dos. Plaque métasternale généralement subconcave. Eperon des jambes de devant plus fort.

♀. Suture frontale faiblement chargée de trois saillies, presque également plus ou moins faibles : celle du milieu parfois à peine aussi prononcée que les latérales. Epistome faiblement gibbeux. Prothorax moins convexe, plus ponctué sur son disque. Plaque métasternale plane. Eperon des jambes de devant plus grêle.

Scarabæus sordidus, Fab. Syst. Ent. p. 16. 55.—*Id.* Spec. Ins. t. 1. p. 17. 68.—*Id.* Maut. Ins. t. 1. p. 9. 75.—*Id.* Ent. Syst. t. 1. p. 29. 90. -Goeze, Ent. Beytr. t. 1.

p. 69. 21.—Schæff. Icon. t. 1. pl. 26. f. 9?—Harrer, Besch. 8.—Herbst, Arch. p. 6.
13. pl. 19. f. 3.—*Id.* trad. fr. p. 68. 11. pl. 19. f. 5.—*Id.* Natursyst. t. 2. p. 146.
93. pl. 12. f. 9.—Schrank, Naturforsch. t. 24. p. 63. 5.—Gmel. Linn. Syst. nat. 1546.
173. — De Vill. C. Linn. Ent. t. 1. p. 20. 24. et t. 4. p. 200. — Oliv. Ent. t. 1. 3.
p. 82. 87. pl. 25. f. 216, a, b.—Rossi, Mant. t. 1. p. 6. 4.—Preyssl. Bœhm. Ins.
p. 66. 33.—Martyn, ent. pl. 2. f. 13?—Panz. Ent. Germ. p. 7. 24.—*Id.* Faun.
Germ. 48. 2.—*Id.* Krit. rev. p. 13.—Payk. Faun. Suec. t. 1. p. 12. 15.—Marsh. Ent.
Brit. p. 10. 6.

Copris sordidus, Oliv. Encycl. méth. t. 5. p. 146. 12.

Aphodius sordidus, Illig. Kæf. Preus. p. 32. 23, a.—*Id.* Mag. 1. p. 30.—Creutz. Ent.
Vers. p. 49. 14. β.—Sturm, Verz. p. 31. 30.—*Id.* Deutsch. Faun. 1. p. 93. 9, a.—Fab.
Syst. El. 1. p. 74. 26.—Schoenh. Syn. Ins. 1. p. 75. 33.—Walck. Faun. par. p. 12.
7.—Latr. Hist. t. 10. p. 128. 16.—Duftsch. Faun. Aust. 1. p. 102. 17, α.—Gyll.
Ins. Suec. t. 1. p. 26. 19.—Suckow, Nat. p. 233. 32.—Hummel, Suppl. p. 137. 2.
—Boit. Man. p. 322.—Zetterst. Faun. Lap. p. 181. 11.—Steph. Syn. p. 191. 12.
—De Casteln. Hist. t. 2. p. 94. 8.—Schmidt, Zeitsch. t. 2. 1. p. 139. 49.

Var. A. **A. Limbatellus;** Nob. *Tache discoïdale du prothorax occupant
tout l'espace médiaire de ce segment depuis le bord antérieur jusqu'à la
base.*

Sturm, Deut. Faun. l. c. Var. c.—Creutz. l. c. Var. α.—Duftsch. l. c. Var. x.—Suckow,
l. c. Var. δ.

Var. B. **A. Bipunctatellus;** Nob. *Elytres marquées à l'épaule d'un point
obscur.*

Scarabœus sordidus, Herbst. Nat. l. c. α.—Fab. Ent. Syst. l. c. Var.—Payk. l. c. Var. γ.
Aphodius sordidus, Illig. Kæf. l. c. diag. — Creutz. l. c. Var. γ. — Sturm, Verz. l. c.
Var. γ.—*Id.* Deut. Faun. l. c. Var. c.—Schoenh. l. c. Var. γ.—Duftsch. l. c. Var. β.
—Gyll. l. c. Var. b.—Suckow, l. c. Var. γ.—Schmidt, l. c. Var. β.

Var. C. **A. Quadripunctatus;** Uddm. *Elytres marquées chacune de deux
points obscurs : l'un près de l'épaule, l'autre aux deux tiers de leur longueur.*

Scarabœus quadripunctatus, Uddmann, Nov. Spec. Ins. p. 6. 2.—Panz. Naturf. t. 24. p. 4.
4. pl. 1. f. 4.—Scriba, Journ. 1. p. 10.
Scarabœus conspurcatus, De Geer, Mém. t. 4. p. 268. 13.—Retz. Spec. p. 122. 721.
Scarabœus sordidus, Herbst, Nat. l. c. p. 148.—Payk. l. c. Var. γ.
Aphodius sordidus, Illig. Kæf. l. c. Var. β.—Creutz. l. c. Var. δ.—Sturm, Verz. l. c.
—*Id.* Faun. l. c. Var. d.—Schoenh. l. c. Var. β.—Duftsch. l. c. Var. γ.—Gyll. l. c.
Var. c.—Suckow, l. c. Var. β.—Zetterst. l. c. Var. b.—Schmidt, l. c. Var. γ.

Var. D. **A. Aurantiacus;** Nob. *Côtés du prothorax d'un rouge plus ou
moins obscur. Elytres d'un fauve rouge avec l'extrémité d'un jaune fauve.*

Var. E. **A. Rufus;** Moll. *Dessus du corps entièrement d'un rouge brunâtre ou d'un rouge brun plus ou moins obscur.*

Scarabœus rufus, Moll.. Nat. Brief. 1. p. 160. 6

Aphodius rufescens, Schmidt, Zeitsch. 2. 1. p. 138. 48. α, β.

Var. F. **A. Rufescens;** Fab. *Disque du prothorax d'un noir brunâtre, à côtés d'un rouge brunâtre ainsi que les élytres.*

Scarabœus sordidus, Herbst, Nat. l. c. p. 149. Var. 3.—Payk. l. c. p. 13.

Aphodius sordidus, Illig. l. c. Var. γ.—Creutz, l. c. p. 51. Var. ζ.—Sturm, Verz. p. 31.
20. Var. ζ.—*Id.* Deut. Faun. 1. p. 94. Var. f. g.—Duftsch. l. c. p. 102. Var. δ, s.
—Latr. Hist. t. 10. p. 128. Var.

Aphodius rufescens, Fab. Syst. El. 1. p. 74. 27.—Schoenh. Syn. Ins. 1. p. 94. 54. α, β.
—Gyll. Ins. suec. 1. p. 27. 20.—Suckow, Nat. p. 236. 33.—Zetterst. Faun. Lap.
p. 181. 12.—De Casteln. Hist. t. 2. p. 94. 7.—Schmidt, Zeitsch. t. 2. 1. p. 138. 48.

Var. G. **A. Hypocyphthus;** Kuntze, inéd. Schmidt. *Elytres d'un rouge brunâtre marquées sur leur disque d'une tache obscure ou noirâtre.*

Scarabœus sordidus, Herbst, Nat. l. c. Var. 4.

Aphodius sordidus, Illig. Kæf. Preus. l. c. Var. δ.—Creutz. l. c. Var. θ.—Sturm, Verz.
l. c. Var. θ.—*Id.* Deut. Faun. l. c. Var. h.—Duftsch. l. c. Var. n.

Aphodius rufescens, Schoenh. l. c. Var. γ.—Gyll. l. c. Var. b.—Suckow, l. c. Var. γ.
—Schmidt, l. c. Var. δ. (*Aphodius hypocyphthus*, Kuntze, inéd.).

Var. H. **A. Arcuatus;** Moll. *Tache obscure ou noirâtre des élytres dilatée au point de ne laisser que la suture et leur pourtour d'un rouge brun.*

Scarabœus arcuatus, Moll. Nat. Brief. 1. p. 164. 7.

Scarabœus sordidus, Herbst. l. c. Var. 5.

Scarabœus fœtens, Oliv. Ent. 1. 3. p. 85. 92.

Copris fœtens, Oliv. Encycl. méth. t. 5. p. 148. 17.

Aphodius sordidus, Creutz. l. c. Var. ι.—Sturm, Verz. l. c. Var. ι.—*Id.* Deut. Faun. l.
c. Var. i.

Aphodius rufescens, Schoenh. l. c. Var. δ.—Gyll. l. c. Var. c.—Suckow, l. c. Var. δ.

Var. I. **A. Melanotus;** Nob. *Elytres entièrement d'un brun noirâtre ou même d'un noir brunâtre.*

Aphodius sordidus, Illig. Kæf. Preus. l. c. Var. ε.—Creutz. l. c. Var x.—Sturm, l. c.
Var. x.—*Id.* Deut. Faun. l. c. Var. x.

Aphodius rufescens, Schoenh. l. c. Var. x —Suckow, l. c. Var. ε.—Schmidt, l. c. Var. δ.

L 0,^{m}0056 à 0,^{m}0076 (2 1/2 à 3 1/2^l).—L. 0,^{m}0028 à 0,^{m}0038 (1 1/4 à 1 3/4^l).

Chaperon en demi-hexagone; échancré et subconcavement abaissé en devant; fortement auriculé; rebordé dans sa périphérie; sensiblement relevé à ses angles antérieurs. Tête garnie de petits points assez rapprochés et presque également distancés; faiblement subruguleuse et d'un rouge brunâtre sur l'épistome, parfois concolore,

mais souvent plus obscure ou noirâtre sur le front. Yeux noirs. Palpes
et antennes d'un rouge jaune ou d'un fauve livide; massues des dernières d'un gris rougeâtre. Prothorax à peine échancré en devant;
sans rebord, mais paré d'une bordure d'un gris rougeâtre; à angles
antérieurs émoussés et peu avancés; faiblement élargi d'avant en arrière; subarqué sur les côtés et plus faiblement près des angles postérieurs qui sont émoussés et obtusément ouverts; subobliquement coupé
de ceux-ci à la base; faiblement en arc renversé à cette dernière et
parfois d'une manière bissubsinueuse; étroitement rebordé et souvent
presque indistinctement au côté interne des angles de devant; garni
latéralement et à sa partie postérieure d'un rebord sensiblement plus
étroit à cette dernière; convexe et luisant en dessus; d'un noir brunâtre sur son disque; d'un jaune rouge sur les côtés et quelquefois
près des bords antérieur et postérieur; marqué sur ceux-là d'une
tache subpunctiforme obscure; plus parcimonieusement ponctué sur
son disque, garni sur les côtés de points circulaires plus ou moins
rapprochés. Ecusson en triangle curviligne et subéquilatéral; brun,
d'un brun rouge, ou même d'un rouge brunâtre; lisse, luisant;
ponctué à la base, imponctué vers l'extrémité. Elytres à peu près
de la largeur du prothorax; une fois environ aussi longues que lui;
subparallèles ou plutôt subsinueusement et faiblement élargies des
épaules à la moitié de leur longueur, curvilinéairement rétrécies
à partir de ce point et arrondies vers l'extrémité; médiocrement convexes sur le dos, curvilinéairement déclives sur les côtés, et d'une
manière plus abrupte à leur partie postérieure; d'un jaune fauve ou
d'un jaune rouge luisant et souvent un peu livide; à rainurelles assez
larges, subdentées et subcrénelées par des strioles transversales. Intervalles subdéprimés, lisses, presque imperceptiblement pointillés.
Antépectus d'un fauve livide; aspèrement ponctué, et ainsi que les
cuisses de devant, garni, plus particulièrement que les autres parties
pectorales, de poils livides : celles-ci brunes ou d'un brun livide.
Plaque métasternale lisse, luisante; longitudinalement sillonnée et
presque impointillée. Ventre d'un fauve jaune ruguleusement ponctué; parcimonieusement garni de poils livides plus longs vers la
région anale. Cuisses antérieures d'un rouge ferrugineux plus ou
moins obscur; les suivantes d'un fauve livide; luisantes; superficiellement ponctuées. Jambes d'un rouge ferrugineux. Tarses souvent un peu livides : premier article des postérieurs à peu près égal
aux deux suivants réunis.

Cette espèce habite principalement les parties tempérées et septentrionales de la France. Les premières variétés sont généralement peu
communes. L'*Aph. rufescens* n'est pas rare dans les environs de Lyon; le

melanotus appartient à des contrées plus froides : on le trouve à Pilat et dans les Alpes.

Obs. Les rainurelles ont environ le cinquième de la largeur des premiers intervalles; les deuxième et troisième sont subterminales; les huitième à quatrième graduellement un peu plus raccourcies.

Aucune espèce ne varie davantage pour la couleur. Elle présente toutes les nuances intermédiaires entre le jaune fauve, le fauve rouge et le noir. Fabricius et plusieurs auteurs à son exemple ont voulu faire une espèce particulière du *rufescens*. Celui-ci, selon M Schmidt, a généralement la taille plus petite; le corps plus étroit, plus convexe; les tubercules de la suture frontale moins forts; le prothorax couvert sur le disque de points circulaires plus nombreux. Je n'ai trouvé aucune constance dans ces caractères fugitifs; et quant à la couleur, je possède des individus chez lesquels le jaune semble vouloir percer au travers de la nuance rougeâtre; j'ai même trouvé un exemplaire dont les élytres sont d'un rouge brun dans une grande partie de leur longueur, et d'un jaune fauve vers l'extrémité.

L'*Aph. sordidus* n'a pas le prothorax rebordé en devant, comme l'*hydrochœris*. Sa suture frontale est plus fortement armée que dans le *lugens*, et ses élytres sont sans rebord noirâtre dans leur pourtour. Il se distingue facilement des *Aph. immundus* et *nitidulus*, par sa taille, sa couleur, etc.

19. A. Lugens; Creutz. *Oblong; faiblement convexe et peu luisant en dessus. Chaperon en demi-hexagone. Suture frontale faiblement subtritu-berculeuse. Epistome et bords latéraux du prothorax d'un brun rouge: celui-ci noir sur son disque; bissubsinueusement en arc renversé et très-étroitement rebordé à la base. Elytres d'un jaune gris, à suture brune et leur pourtour d'un rouge brunâtre; à stries étroites, légères et subcrénelées. Intervalles subdéprimés et pointillés. Premier article des tarses postérieurs plus long que les deux suivants réunis.*

♂. Suture frontale souvent légèrement en relief dans toute sa longueur, subtuberculeusement élevée vers ses extrémités ; munie dans son milieu d'une sorte de tubercule à peine plus prononcé. Epistome relevé sur son disque en une gibbosité obtuse, parfois subcaréniforme et prolongée jusqu'au tubercule médiaire avec lequel elle se confond. Prothorax plus convexe. Eperon des jambes de devant plus fort.

♀. Saillies subtuberculeuses de la suture frontale plus faibles ou presque nulles. Gibbosité de l'épistome moins sensible et plus obtuse. Prothorax moins convexe. Eperon des jambes de devant grêle et graduellement rétréci de la base à l'extrémité.

Aphodius lugens, Creutzer, Ent. Vers. p. 59. 17. pl. 1. f. 10. a.—Sturm, Verz. p. 29.
18. — *Id.* Deutsch. Faun. 1. p. 141. 40.—Duftsch. Faun. Aust. 1. p. 104. 19.
—Suckow, Nat. p. 231. 22.—De Casteln. Hist. t. 2. p. 94. 5.—Schmidt, Zeitsch.
t. 2. 1. p. 140. 50.

Var. A. A. Indecorus; Nob. *Prothorax entièrement noir.*

Creutzer, l. c. Var. β.—Sturm, l. c. Var. b.—Suckow, l. c. Var. β. — Schmidt, l. c.
Var. β.

Var. B. A. Emarginalis; Nob. *Bordure brunâtre du bord des élytres
presque effacée ou peu apparente.*

L. 0,^{m}0078 à 0^m,0100 (3 1/2 à 4 1/2^l)—L. 0,^{m}0038 à 0,^{m}0048 (1 3/4 à 2 1/4^l).

Chaperon en demi-hexagone; échancré; légèrement et subconcavement abaissé en devant; faiblement auriculé; curvilinéairement
coupé à la partie postérieure des joues qui débordent les yeux; rebordé
dans sa périphérie; à peine relevé aux angles de devant. Tête subdéprimée. Epistome d'un brun rouge ou d'un rouge ferrugineux plus ou
moins obscur; subruguleusement et presque uniformément marqué
de points petits et peu profonds. Front d'un noir brunâtre; lisse;
ponctué près de la suture frontale, imponctué postérieurement. Yeux
noirs. Palpes et antennes d'un jaune orangé; luisants. Prothorax faiblement échancré en devant; sans rebord, mais paré d'une bordure
d'un flave livide; à angles antérieurs médiocrement avancés et passablement aigus; curvilinéaire d'abord sur les côtés, puis subrectilinéaire jusqu'aux angles postérieurs qui sont très-émoussés et oblusé-
ment ouverts; subobliquement coupé de ceux-ci à la base; bissubsinueusement en arc renversé à cette dernière; étroitement rebordé au
côté interne des angles de devant; garni sur les côtés d'un rebord assez
large qui se rétrécit depuis les angles postérieurs jusqu'au milieu de la
base où il est presque indistinct; médiocrement convexe en dessus;
luisant; noir ou d'un noir brunâtre, avec les côtés et parfois les parties
antérieure et postérieure graduellement d'un brun rouge, ou d'un
rouge ferrugineux livide et plus ou moins obscur; presque uniformément garni de points superficiels sur le disque, plus marqués latéra-
ralement, de grosseur inégale : les moins petits généralement circulaires. Ecusson en triangle pointu, à côtés un peu plus longs que la
base; subruguleusement ponctué à celle-ci; lisse, imponctué et subcaréné vers l'extrémité; brun, d'un brun rougeâtre ou d'un rouge
ferrugineux obscur. Elytres un peu moins larges à leur naissance que
le prothorax à ses angles postérieurs; plus d'une fois aussi longues que
lui; subsinueusement et faiblement élargies des épaules à la moitié de
leur longueur, curvilinéairement rétrécies à partir de ce point et

arrondies à l'extrémité ; faiblement convexes en dessus ; d'un jaune
gris ou d'un fauve jaune, avec la suture brunâtre et le bord extérieur
d'un rouge brun, parfois brunâtre ; à stries étroites, très-légères,
dentées et subcrénelées par des strioles transversales. Intervalles
subdéprimés, lisses, superficiellement et peu distinctement pointillés.
Dessous du corps brun ou d'un brun livide. Flancs de l'antépectus d'un
jaune ferrugineux sur les bords ; aspèrement ponctués et principalement garnis, ainsi que les cuisses de devant de poils d'un fauve livide.
Plaque métasternale lisse, luisante, superficiellement pointillée,
longitudinalement sillonnée. Ventre plus habituellement maculé de
fauve livide ou même en grande partie de cette teinte, et très-parcimonieusement garni de poils livides, plus longs vers la région anale.
Cuisses antérieures d'un rouge ferrugineux parfois obscur ou brun :
les autres d'un rouge ferrugineux livide, luisantes, garnies de points
superficiels et peu nombreux. Jambes d'un rouge ferrugineux : dents
des antérieures ordinairement très-émoussées ou subarrondies à l'extrémité. Tarses d'un rouge ferrugineux ou plus rarement d'un rouge livide : premier article des postérieurs un peu moins long que les trois
suivants réunis.

Cette espèce habite diverses parties de la France méridionale. Elle
m'a été envoyée d'Uzès par M. Gaubil ; de Montpellier, par M. Henon ;
des environs d'Embrun, par M. le capitaine Morineau. On la trouve
pendant l'été.

Obs. Les stries égalent à peine le sixième de la largeur des premiers intervalles : les septième et huitième ou sixième et septième
sont généralement plus courtes, libres, affluentes ou pariales : les autres sont inégalement et variablement subterminales.

20. **A. Immundus;** Creutz. *Suboblong ; faiblement convexe et à
peu près mat en dessus. Chaperon presque en demi-cercle. Suture frontale
à peine indiquée, ou indistincte. Epistome d'un rouge pâle. Prothorax sans
rebord en devant ; étroitement rebordé et faiblement en arc renversé à la
base ; noirâtre sur son disque, avec les côtés d'un rougeâtre livide, marqués d'un point obscur. Elytres blondes ou d'un jaune cendré, à suture
brunâtre ; à stries étroites, légères et subcrénelées. Intervalles déprimés et
superficiellement pointillés. Premier article des tarses postérieurs au moins
aussi long que les deux suivants réunis.*

♂. Suture frontale très-faiblement ou presque indistinctement
élevée vers ses extrémités ; sans saillie dans son milieu. Epistome
obtusément subtuberculeux ou gibbeux sur son disque. Prothorax plus
convexe. Plaque métasternale plus largement sillonnée.

♀. Suture frontale généralement sans traces de saillies. Gibbosité de l'épistome presque nulle ou indistincte.

Aphodius immundus, Creutz. Ent. Vers. 57. 16. pl. 1. f. 9. a. —Sturm, Verz. p. 53. 22. —*Id*. Deut. Faun. 1. p. 142. 41.—Duftsch. Faun. Aust. 1. p. 105. 18.—Suckow, Nat. p. 242. 44.—De Casteln. Hist. t. 2. p. 78. 49.—Schmidt, Zeitsch. t. 2. 1. p. 140. 51.

Var. A. **A. Melinopleurus**; Nob. *Côtés du prothorax entièrement d'un jaune gris.*

Var. B. **A. Fulvicollis**; Nob. *Dessus du corps entièrement d'un jaune gris, avec la tête et le disque du prothorax plus rougeâtres ou d'un rougeâtre légèrement obscur.*

Creutz. l. c. Var. β. — Sturm, l. c. Var. b. — Duftsch. l. c. Var. β. — Schmidt, l. c. Var. β.

L. 0^m,0050 à 0^{m}0056 (2 1/4 à 2 1/2^l).—L. 0^m,0025 à 0^{m}0028 (1 1/3 à 1 1/4^l).

Chaperon presque en demi-cercle, arrondi à ses angles antérieurs; peu sensiblement abaissé et obtus ou très-légèrement échancré en devant; sans dilatation marquée au côté externe des joues qui débordent à peine les yeux; rebordé dans sa périphérie et d'une manière un peu moins étroite aux angles de devant qui sont peu sensiblement relevés. Tête penchée; subconvexe; garnie de petits points également distancés; presque lisse ou légèrement subruguleuse sur l'épistome, lisse sur le front; d'un rouge brunâtre plus ou moins obscur ou plus ou moins jaune sur celui-là, parfois concolore sur celui-ci, mais plus ordinairement brun ou noirâtre. Yeux noirs. Palpes et antennes d'un livide jaunâtre : massue de ces dernières d'un gris rougeâtre. Prothorax à peine échancré en devant; sans rebord, mais paré d'une bordure d'un jaunâtre livide; à angles antérieurs peu avancés et peu aigus; subarcuément et faiblement élargi de devant en arrière, jusqu'aux angles postérieurs qui sont à peine émoussés et peu obtusément ouverts; faiblement en arc renversé à la base et parfois d'une manière bissubsinueuse; rebordé latéralement et d'une façon graduellement plus étroite des angles de derrière au milieu de sa partie postérieure; passablement (♂) ou médiocrement (♀) convexe en dessus; mat ou presque mat; garni de points assez rapprochés, très-peu profonds et d'inégale grosseur : les moins petits circulaires; d'un rouge jaune ou d'un flave rouge sur les côtés, et maculé dans le milieu de ceux-ci d'une tache subpunctiforme brunâtre; brun ou noirâtre longitudinalement sur sa partie médiaire, soit d'une manière plus restreinte et très-tranchée, soit plus largement et en offrant une transition moins brusque entre les deux couleurs. Ecusson en triangle curviligne, à côtés un peu plus grands que la base; d'un rouge brun, plus ou moins obscur, ou même brun ou noirâtre avec ou sans transparence rougeâtre; sans éclat; presque lisse; obsolètement ou superficiellement garni de petits points à la base, imponctué vers l'extrémité. Elytres presque aussi larges à leur naissance que le prothorax à ses angles postérieurs; une fois environ aussi longues que lui; subsinueusement et faiblement élargies jusqu'au milieu de leur longueur, curvilinéairement rétrécies à partir de ce point et arrondies à l'extrémité; subdéprimées ou faiblement convexes sur le dos, convexement déclives sur les côtés et d'une manière plus oblique à leur partie postérieure; d'un jaune cendré, mat ou peu luisant, avec la suture brunâtre; à stries étroites, presque superficielles ou peu profondes et subcrénelées par des strioles transversales. Intervalles déprimés, superficiellement et peu distinctement pointillés. Antépectus d'un fauve jaune, aspèrement ponctué, et garni sur ses flancs ainsi que les cuisses antérieures de poils d'un cendré livide. Parties pectorales suivantes brunes ou maculées de jaune brunâtre. Plaque métasternale longitudinalement sillonnée, assez densement pointillée. Ventre d'un fauve jaunâtre ou livide avec le bord des anneaux plus obscur; garni trèsparcimonieusement de poils plus longs vers la région anale. Cuisses antérieures d'un livide rouge ou brunâtre; les suivantes d'un jaune livide, lisses, luisantes, superficiellement et parcimonieusement pointillées. Jambes et tarses d'un rouge ferrugineux, parfois d'un rouge jaune. Premier article des postérieurs de ceux-ci au moins aussi long que les deux suivants réunis.

Cette espèce habite presque toutes les provinces de la France. Elle est commune dans les environs de Lyon.

Obs. Les stries ont environ un cinquième ou un sixième de la largeur des intervalles. La disposition terminale de ces stries est assez variable. Ordinairement les quatrième et cinquième, et quelquefois les septième et huitième sont pariales et plus courtes, ou du moins l'une des deux.

L'*Aph. immundus* se distingue du *lugens* par sa taille beaucoup plus petite; son chaperon en demi-cercle; ses joues débordant à peine les yeux; sa suture frontale sans traces de tubercules; ses élytres d'une teinte plus pâle, plus terne, sans rebord d'un rouge brunâtre dans leur pourtour; ses stries plus superficielles, plus faiblement crénelées et d'une disposition différente vers l'extrémité; enfin par ses intervalles plus déprimés et moins visiblement ponctués. La forme de son chaperon, sa suture frontale non trituberculeuse, son corps ovale ou oblong, d'une teinte pâle et sans éclat empêchent au premier coup d'œil de le confondre avec l'*Aph. nitidulus.*

21. A. Nitidulus; Fab. *Allongé ; subcylindrique ; médiocrement convexe et très-luisant en dessus. Chaperon en demi-hexagone. Suture frontale subtrituberculeuse. Epistome d'un rouge brun ou noirâtre. Prothorax sans rebord en devant, faiblement en arc renversé et très-étroitement rebordé à la base ; d'un noir brunâtre sur son disque, avec les côtés d'un jaune rouge livide, marqués d'un point obscur. Elytres d'un jaune fauve, à suture brunâtre ; à stries médiocrement étroites, peu profondes, subcrénelées. Pieds rougeâtres. Premier article des tarses postérieurs égal aux deux suivants réunis.*

♂. Suture frontale subtuberculeusement ou sublinéairement en relief vers ses extrémités, où elle se lie aux sutures génales moins prononcées qu'elle ; munie dans son milieu d'un tubercule plus saillant. Epistome chargé sur son disque d'une gibbosité obtusément subtuberculeuse. Prothorax plus convexe. Plaque métasternale plus largement sillonnée ou marquée d'une fossette. Eperon des jambes de devant plus court et plus renflé.

♀. Suture frontale moins distinctement en relief vers ses extrémités ; munie dans son milieu d'un tubercule plus affaibli. Gibbosité de l'épistome plus obtuse et moins élevée. Prothorax moins convexe. Plaque métasternale plane ou bombée. Eperon des jambes de devant plus grêle.

Scarabœus nitidulus, Fab. Ent. Syst. t. 1. p. 30. 94.—Panz. Ent. Germ. p. 8. 29.

Scarabœus ictericus, Moll. Nat. Brief. t. 1. p. 18. 13?—Payk, Faun. Suec. t. 1. p. 17. 21.

Scarabœus merdarius, Panz. Faun. Germ. 48. 3. (hors la synonymie).—*Id.* Ent. Germ. appendix, p. 364.—Schrank, Faun. Boic. 1. p. 385. 555?

Scarabœus castaneus, Marsh. Ent. Brit. p. 12. 12?

Aphodius ictericus, Creutz. Ent. Vers. p. 52. 15.—Sturm, Verz. p. 52. 21.—Duftsch. Faun. Aust. 1. 105. 20.

Aphodius nitidulus, Fab. Syst. El. 1. 73. 32.—Illig. Mag. 1. 322. 32.—Sturm, Deut. Faun. 1. p. 95. 10.—Panz. Faun. Germ. 91. 2.—*Id.* Krit. rev. p. 14.—*Id.* Index, p. 9. —Schoenh. Syn. Ins. 1. 78. 44.— Gyll. Ins. Suec. 1. 28. 21.—Suckow, Nat. p. 241. 43.—Steph. Syn. p. 192. 13.— De Casteln. Hist. t. 2. p. 94. 10.—Schmidt, Zeitsch. t. 2. 1. p. 141. 52.

L. 0,^{m}0050 à 0,^{m}0056 (2 1/4 à 2 1/2^l).—L. 0,^{m}0020 à 0,^{m}0022 (7/8 à 1^l).

Chaperon en demi-hexagone ; subconcavement abaissé et faiblement ou médiocrement échancré en devant ; notablement auriculé ; étroitement rebordé dans sa périphérie, mais plus légèrement à sa partie

échancrée ; sensiblement relevé aux angles antérieurs. Tête penchée ;
subdéprimée ; luisante ; garnie de points également distancés ; subruguleuse sur l'épistome et surtout près des bords de celui-ci , lisse et
plus finement ponctuée sur le front : d'un rouge brunâtre quelquefois obscur, ou brunâtre en partie sur le premier, plus ordinairement
brune ou noirâtre sur le second. Yeux d'un gris obscur. Palpes et
antennes d'un rougeâtre livide : massue de celles-ci d'un gris rougeâtre. Prothorax faiblement échancré en devant; sans rebord , mais
paré d'une bordure d'un fauve livide ; à angles antérieurs peu avancés
et passablement aigus ; arqué sur les côtés ; peu sensiblement moins
large en devant qu'aux angles postérieurs qui sont à peine émoussés
et obtusément ouverts ; en arc renversé à la base et souvent d'une manière bissubsinueuse ; garni au bord interne des angles de devant d'un
rebord qui s'efface bientôt ; rebordé latéralement et d'une manière
graduellement plus étroite des angles de derrière au milieu de sa
partie postérieure ; convexe en dessus ; très-luisant ; superficiellement
pointillé et marqué en outre sur les côtés de points moins petits et
circulaires ; d'un brun noirâtre sur le dos, avec les côtés d'un rouge
livide, marqués d'une tache subpunctiforme obscure. Ecusson en triangle curviligne et subéquilatéral ; d'un rouge brunâtre plus ou moins
obscur ; lisse ; luisant ; pointillé à la base, impointillé et subcaréné
postérieurement. Elytres de la largeur du prothorax ; une fois au
moins aussi longues que lui ; subsinueusement parallèles des épaules
aux trois cinquièmes de leur longueur ; curvilinéairement rétrécies
à partir de ce point et arrondies à leur extrémité ; médiocrement
convexes sur le dos ; convexement et fortement déclives sur les côtés,
d'une manière plus oblique à leur partie postérieure; d'un jaune fauve
ou d'un fauve jaune et très-luisant, avec la suture brunâtre ; à rainurelles assez étroites, peu profondes et dentées et subcrénelées
par des strioles ou des points transversaux. Intervalles déprimés ou
subdéprimés; lisses; légèrement pointillés. Antépectus d'un fauve
livide ; aspèrement ponctué sur les flancs, et plus particulièrement
garni, ainsi que les cuisses de devant, de poils livides. Parties pectorales suivantes d'un brun livide plus ou moins obscur, souvent d'un
brun jaunâtre près de la plaque métasternale : celle-ci très-luisante,
longitudinalement sillonnée, presque impointillée. Ventre d'un fauve
jaune souvent obscur ou brunâtre, quelquefois même brun ; ruguleusement et obsolètement ponctué ; parcimonieusement garni de
poils plus longs vers la région anale. Cuisses antérieures d'un brun
jaunâtre : les suivantes d'un fauve livide ou d'un livide jaunâtre; lisses;
très-luisantes et presque impointillées. Jambes d'un rouge ferrugineux
ou d'un rouge jaune. Tarses d'une couleur semblable ou d'une teinte

un peu plus pâle : premier article des postérieurs aussi long que les deux suivants réunis.

Cette espèce habite, du nord au midi, la plus grande partie des provinces de la France. Elle n'est pas rare dans les environs de Lyon.

Obs. Les stries ont à peu près le quart ou le cinquième de la largeur des premiers intervalles ; souvent elles sont affaiblies postérieurement : les cinquième et sixième sont ordinairement plus courtes et pariales : les septième et huitième, ou huitième et neuvième, sont souvent également pariales mais un peu moins courtes, et les deuxième, troisième et quatrième presque également subterminales.

22. A. Merdarius; Fab. *Oblong ; faiblement convexe et peu luisant en dessus. Chaperon presque en demi-cercle. Suture frontale à peine indiquée, ou indistincte. Tête noire, finement ponctuée. Prothorax bissubsinueusement en arc renversé à la base et sans rebord dans le milieu de celle-ci ; noir ; paré d'une tache livide à ses angles antérieurs ; densement garni de points circulaires. Elytres d'un jaune fauve, avec la suture noire ; à rainurelles subcrénelées. Intervalles subconvexes ou subdéprimés, subruguleusement pointillés. Pieds brunâtres. Premier article des tarses postérieurs presque aussi long que les trois suivants réunis.*

♂. Suture frontale parfois superficiellement apparente vers ses extrémités. Epistome très-faiblement gibbeux sur son disque. Plaque métasternale très-concave. Eperon des jambes de devant plus fort.

♀. Suture frontale indistincte. Epistome à peine gibbeux sur son disque. Plaque métasternale largement sillonnée, mais sans concavité. Eperon des jambes de devant plus grêle.

Scarabæus merdarius, Fab. Syst. Ent. p. 19. 73 —*Id.* Spec. Ins. 1. p. 21. 90.— *Id.* Ent. Syst. app. t. 4. 435. 123-124.—Herbst, Arch. p. 7. 22. —*Id.* trad. fr. p. 69. 17. —*Id.* Natursyst. t. 2. p. 267. 162. pl. 18. f. 5.—De Villers, C. Linn. Ent. t. 1. p. 37. 64.—Oliv. Ent. t. 1. 3. p. 94. 104. pl. 19. f. 173. a. b.—Preyssl. Bœhm. Ius. 37. 35.—Panz. Ent. Germ. add. 164. (364.) 45-46.—Payk. Faun. Suec. 1. p. 22. 26.—Marsh. Ent. Brit. p. 30. 52.
Scarabæus quisquilius, Schrank, Enum. p. 18. 29.—*Id.* Faun Boic. 1. p. 391. 332. —Panz. Faun. Germ. 48. 4.—*Id.* Krit. rev. p. 17.
Copris merdarius, Oliv. Encycl. méth. t. 5. p. 151. 35.
Aphodius merdarius, Illig. Kæf. pr. p. 34. 28.—Sturm, Verz. p. 35. 23.—*Id.* Deutsch. Faun. 1. p. 145. 43.— Fab. Syst. El. 1. p. 80. 52 — Schoenher, Syn. Ins. t. 1. p. 85. 70.—Walck. Faun. Par. 1. p. 13. 13.—Latr. Hist. t. 10. p. 134. 29.—Duftsch. Faun. Aust. 1. p. 123. 38.—Baud. Laff. Monog. p. 78. 22.—Duméril, Dict. des Scienc. Nat. t. 2. p. 279. 10.—Suckow. Nat. p. 253. 67.—Boit. Man. 1. p. 324.—Muls. Lettr. 1. 285. 4.—Steph. Syn. p. 204. 45.—Garn. Mém. de la Somme, 1. 71. 17. —De Casteln. Hist. t. 2. 97. 43.—Schmidt, Zeitsch. t. 2. 1. p. 142. 55.

Var. A. **A. Atricollis ;** Nob. *Prothorax entièrement noir.*

Var. B. **A. Ictericus;** Laichart. *Bord extérieur des élytres noir, jusques au dessous des épaules, et parfois noirâtre ou obscur dans le reste de sa longueur, mais d'une teinte graduellement affaiblie.*

Scarabœus ictericus , Laichart. Tyr. Ins. 1. p. 14. 8.

Scarabœus foriorum , Panz. Faun. Germ. 58. 9. (avec le prothorax noir).

Scarabœus gelbinus , Schrank , Faun. Boic. 1. p. 391. 353.

Aphodius merdarius , Sturm, Verz. p. 34. 23. Var. δ.—Gyll. Ins. Suec. p. 29. 23.
      —Zetterst. Faun. Lap. p. 185. 23.

Aphodius foriorum , Sturm, Deut Faun. 1. p. 144. 44.—De Casteln. Hist. t. 2. p. 97.
      41.—Schmidt, Zeitsch. 2. 1. p. 142. 54.

Var. C. **A. Melinopus;** Nob. *Pieds d'un livide jaunâtre.*

Gyll. l. c. Var.

Long. 0,^{m}0033 à 0,^{m}0045 (1 1/2 à 2^l).—Larg. 0,^{m}0017 à 0,^{m}0022 (3/4 à 1^l).

Chaperon presque en demi-cercle ou parfois presque en demi-hexagone ; tronqué ou subéchancré et sans abaissement sensible en devant ; peu ou point auriculé ; rebordé dans sa périphérie ; à peine relevé aux angles antérieurs. Tête subhorizontale ; subconvexe ; d'un noir peu luisant ; uniformément et subruguleusement marquée de points assez rapprochés. Yeux noirs. Palpes et antennes d'un brun plus ou moins livide ; massue des dernières, grise. Prothorax à peine échancré en devant ; sans rebord, mais paré d'une bordure d'un flave livide ; à angles antérieurs très-peu avancés et peu aigus ; faiblement élargi d'avant en arrière ; subarqué d'abord , puis subrectilinéaire jusqu'aux angles postérieurs qui sont émoussés et obtusément ouverts ; obliquement coupé de ceux-ci à la base ; bissubsinueusement en arc renversé à cette dernière ; étroitement rebordé latéralement, et garni à sa partie postérieure d'un rebord moins apparent, affaibli ou indistinct au devant de l'écusson ; faiblement convexe en dessus ; d'un noir peu luisant ; paré aux angles de devant d'une tache d'un fauve livide, obscurément plus ou moins prolongée sur les côtés ; presque uniformément et densement garni de points circulaires, mélangés d'autres plus petits. Ecusson en triangle curviligne et subéquilatéral ; ruguleusement ponctué à la base , lisse, subcaréné postérieurement , presque rebordé sur les côtés ; noir ou d'un noir brunâtre. Elytres de la largeur du prothorax ; de deux tiers plus longues que lui ; subsinueusement et faiblement élargies des épaules à la moitié de leur longueur ; curvilinéairement rétrécies de ce point et arrondies à leur extrémité ; médiocrement convexes sur le dos et convexement déclives sur les côtés; d'un jaune fauve et peu luisant, avec la suture noire; à rainurelles légères et subcrénelées. Intervalles subdéprimés ou subconvexes, subruguleusement pointillés. Dessous du corps noir, quelquefois d'un brun jaunâtre. Flancs de l'antépectus aspèrement ponctués et plus particulièrement garnis, ainsi que les cuisses de devant, de poils livides. Plaque métasternale lisse, luisante, longitudinalement sillonnée et généralement concave ou creusée en forme de fossette. Ventre subruguleusement pointillé; parcimonieusement garni de poils livides, plus longs vers la région anale. Cuisses antérieures noires ou d'un noir brunâtre : les suivantes brunes, d'un brun livide ou même d'un jaunâtre livide; cuisses luisantes, presque impointillées. Jambes plus généralement brunâtres. Tarses d'une teinte analogue ou graduellement plus clairs vers l'extrémité : premier article des postérieurs à peu près égal aux trois suivants réunis.

Cette espèce est commune dans presque toute la France.

Obs. Les stries ont environ le cinquième de la largeur des premiers intervalles; elles sont affaiblies vers l'extrémité : les septième et huitième sont généralement un peu plus courtes et pariales : les autres presque également subterminales.

L'*Aph. merdarius*, par sa petite taille, son épistome noir, sa suture frontale indistincte ou à peu près, ses jambes brunâtres, son premier article allongé, se distingue facilement des précédents. M. Schmidt, dans sa Révision des Aphodies de l'Allemagne, admet, comme espèce particulière, sur la foi de Panzer, l'*Aph. foriorum*, de ce dernier qu'il dit ne pas connaître. Ce savant paraît avoir attaché trop d'importance aux expressions : *differt magnitudine majori* dont se sert l'entomologiste iconographe, dans la comparaison de son *Scar. foriorum* avec le *merdarius*, car cet auteur cite M. Sturm : or, ce dernier donne une taille égale aux deux espèces. Le *Scar. foriorum* de Panzer a le prothorax et le bord des élytres noirs.

23. **A. Ferrugineus;** Inéd. *Court; faiblement convexe, lisse, très-luisant et entièrement d'un rouge clair ou d'un rouge flave en dessus. Chaperon en demi-hexagone. Suture frontale tuberculeuse. Prothorax subarrondi aux angles postérieurs; en arc renversé et presque sans rebord distinct à la base. Élytres à rainurelles faiblement subdentées. Intervalles déprimés, presque indistinctement pointillés. Premier article des tarses postérieurs à peine de moitié plus grand que le suivant.*

♂. Suture frontale linéairement en relief sur toute sa longueur, ou du moins vers les extrémités où elle se lie aux sutures génales qui sont moins élevées; armée dans son milieu d'un tubercule saillant. Epistome tuberculeusement ou transversalement gibbeux sur son disque. Prothorax plus convexe. Plaque métasternale concave. Eperon des jambes de devant plus fort.

♀. Tubercule intermédiaire à peine plus saillant que le relief de la suture frontale. Gibbosité de l'épistome plus faible. Prothorax moins convexe. Plaque métasternale sans concavité. Eperon des jambes de devant plus grêle.

Long. 0,^m0056 (2 1/2^l).—Larg. 0,^m0028 (1 1/2^l).

Dessus du corps lisse, très-luisant et entièrement d'un rouge clair ou d'un rouge flave ou jaune, moins les yeux. Chaperon en demi-hexagone; échancré et sensiblement abaissé dans le milieu de sa partie antérieure; rebordé dans sa périphérie; relevé aux angles de devant; notablement auriculé. Tête subhorizontale; subconvexe; ruguleusement couverte sur l'épistome de points assez rapprochés et presque également distancés, ponctuée sur le front d'une manière plus unie. Yeux brunâtres. Palpes et antennes d'un jaune rouge : massue des dernières plus pâle. Prothorax faiblement échancré en devant; sans rebord, mais paré d'une bordure d'un livide rougeâtre; à angles peu avancés et assez obtus; arqué sur les côtés; subarrondi aux angles postérieurs; en arc renversé et faiblement bissubsinueusement à la base; garni latéralement d'un rebord étroit qui s'efface ou devient presque indistinct après les angles postérieurs; convexe; presque superficiellement et peu densement garni de très-petits points entremêlés de points circulaires plus apparents. Ecusson en triangle curviligne; à côtés plus longs que la base; obsolètement ponctué près de celle-ci, lisse vers l'extrémité. Elytres à peu près de la largeur du prothorax; de deux tiers plus longues que lui; subsinueusement parallèles près des épaules, faiblement renflées ensuite jusqu'aux trois cinquièmes de leur longueur; curvilinéairement rétrécies à partir de ce point et arrondies à l'extrémité; subdéprimées sur le dos, convexement déclives sur les côtés et à leur partie postérieure; à suture parfois plus foncée; à rainurelles étroites, peu profondes, à peine subdentées par des strioles transversales. Intervalles déprimés; superficiellement et presque indistinctement pointillés. Dessous du corp très-luisant et entièrement d'un rouge jaune; garni plus particuliè rement sur l'antépectus et aux cuisses de devant de poils peu nombreux d'un livide jaunâtre. Plaque métasternale longitudinalement sillonnée. Ventre subruguleusement pointillé; parcimonieusement garni de poils plus longs et plus apparents vers la région anale. Cuisses d'un rouge jaune, presque impointillées. Jambes et tarses d'un rouge ferrugineux : premier article des postérieurs de ceux-ci à peine de moitié plus long que le suivant.

Cette espèce habite les environs de Montpellier où elle est rare. Elle m'a été envoyée par M. Solier comme étant l'*Aph. ferrugineus* du Catalogue de M. le comte Dejean. Je l'ai reçue également de M. le colonel de Fontenay.

L'*Aph. ferrugineus*, par sa couleur, son prothorax presque indistinctement rebordé ou sans rebord à la base, la brièveté de son premier article des tarses postérieurs, est facile à distinguer de tous les autres.

24. **A. Lividus**; Oliv. *Allongé; subcylindrique et très-luisant en dessus. Chaperon en demi-hexagone. Suture frontale tuberculeuse. Prothorax subtransversal ou très-faiblement en arc renversé et sans rebord à sa base: d'un noir brunâtre en devant et sur son disque, d'un jaune rouge livide et marqué d'un point obscur sur les côtés. Ecusson étroit et subcordiforme, imponctué et postérieurement incliné. Elytres d'un flave fauve, avec la suture et une tache longitudinale sur leur disque d'un brun livide; à rainurelles assez profondes et dentées. Intervalles lisses, déprimés, presque impointillés. Premier article des tarses postérieurs moins long que les deux suivants réunis.*

♂. Suture frontale linéairement et faiblement en relief, parfois sur toute sa longueur, mais pour l'ordinaire seulement vers ses extrémités, où elle se lie aux sutures génales à peine moins prononcées, armée dans son milieu d'un tubercule arrondi et peu émoussé à son extrémité. Epistome chargé sur son disque d'une gibbosité qui semble servir de base au tubercule de la suture frontale, ou qui d'autres fois se lie à lui en forme de carène. Plaque métasternale concave. Eperon des jambes de devant plus fort, plus émoussé à son extrémité.

♀. Tubercule de la suture frontale moins saillant. Gibbosité de l'épistome moins prononcée. Plaque métasternale sans concavité. Eperon des jambes de devant plus grêle.

Scarabæus lividus, Oliv. Ent. t. 1. 3. p. 86. 93. pl. 26. f. 222. a, b.

Scarabæus vespertinus, Panz. Faun. Germ. 67. 3.—*Id.* Krit. Rev. p. 13.

Scarabæus biliteratus, Marsh. Ent. Brit. p. 13. 19.

Copris lividus, Oliv. Encycl. méth. t. 5. p. 148. 18.

Aphodius lividus, Creutz. Ent. vers. 44. 12. pl. 1. f. 7. a.—Sturm, Verz. p. 54. 24.
—Latr. Hist. t. 10. p. 127.—Gyllenh. Ins. Suec. t. 1. p. 28. 22.—Boit. Man. 1. p. 322.—Stephens, Syn. p. 192. 14.— De Casteln. Hist. t. 2. p. 98. 43.— Schmidt, Zeitsch. t. 2. 1. p. 144. 57.

Aphodius anachoreta, Sturm, Deut. Faun. 1. p. 97. 11.—Schoenh. Syn. Ins. 1. p. 76. 35.—Duftsch. Faun. Aust. 1. p. 108. 22.—Panz. Index. p. 13.—Sturkow, Nat. p. 237. 31.

Var. A. **A. Limicola;** PANZ. *Prothorax moins largement noirâtre sur son disque ; élytres sans taches.*

Scarabæus limicola, PANZ. Faun. Germ. 58. 6. — *Id.* Krit. Rev. p. 22.
Scarabæus vespertinus, PANZER, l. c. Var.
Aphodius lividus, CREUTZER, l. c. Var β. — STURM, Verz. l. c. Var. β. — DUMÉRIL, Dict. des
  Scienc. Nat. t. 2. p. 279. 11. — BOUCHÉ, Nat. 1. p. 190. larv. — SCHMIDT , l. c. Var. β.
Aphodius anachoreta, STURM, l. c. Var. b. — PANZ. Index. p. 13. — SUCKOW, l. c. Var. β.

Var. B. **A. Anachoreta;** FAB. *Tache du disque du prothorax ainsi que celle des élytres dilatée au point de ne laisser paraître la couleur foncière que sur le bord de ces parties.*

Aphodius anachoreta, FAB. Syst. El. t. 1. p. 74. 28. — STURM, Deut. Faun. l. c. Var. c.
  — SUCKOW, l. c. Var. γ.
Aphodius lividus, CREUTZ. l. c. Var. γ. — STURM, Verz. l. c. Var. γ. — SCHMIDT, l. c. Var. γ.

L. 0,^{m}0039 à 0,^{m}0045 (1 3/4 à 2^l). — L. 0,^{m}0019 à 0,^{m}0022 (7/8 à 1^l).

Chaperon en demi-hexagone ; à peine abaissé et médiocrement ou assez fortement échancré en devant ; notablement auriculé ; rebordé dans sa périphérie, et moins étroitement aux angles antérieurs qui sont légèrement relevés. Tête penchée ; subdéprimée ; d'un rouge brun et ruguleusement ponctuée sur l'épistome, d'une couleur plus obscure et plus unie sur le front. Yeux d'un gris noir. Palpes et antennes d'un livide ou flave rouge ou rougeâtre. Prothorax à peine échancré en devant ; sans rebord, mais paré d'une bordure d'un fauve livide, ou d'un livide jaune ; à angles antérieurs assez aigus et très-faiblement saillants ; arqué sur les côtés, et légèrement plus étroit à la partie antérieure de ceux-ci qu'aux angles de derrière qui sont émoussés ou subarrondis et obtusément ouverts ; subtransversal ou faiblement en arc renversé à la base ; distinctement rebordé au côté interne des angles de devant, garni latéralement d'un rebord plus marqué qui s'efface après les angles postérieurs ; brunâtre et sans traces de rebord à la base ; convexe en dessus ; lisse ; luisant ; d'un flave rougeâtre avec une sorte de point obscur sur les côtés ; couvert sur son disque d'une tache noirâtre ou d'un brun noirâtre attenante au bord de devant ; arrondie ou anguleuse au dessus du bord postérieur qu'elle n'atteint pas ; parsemé d'une manière irrégulière, mais presque également sur toute sa surface, de points circulaires peu rapprochés ; indistinctement en outre pointillé. Ecusson petit, étroit, subcordiforme ou en triangle curviligne rétréci à la base et très-sensiblement moins long à celle-ci que sur les côtés ; d'un rouge brun plus ou moins obscur ; lisse ; luisant et postérieurement incliné. Elytres un peu moins larges ou à peine aussi larges que le prothorax ; près d'une fois aussi longues que lui ;

subsinueusement parallèles jusqu'à la moitié de leur longueur, ou très-faiblement élargies vers celle-ci, curvilinéairement rétrécies à partir de ce point et arrondies à leur extrémité ; médiocrement convexes sur le dos, convexement et très-fortement déclives sur les côtés, et moins abruptement à leur partie postérieure ; d'un flave rougeâtre ou d'un jaune gris, avec la suture brune ou brunâtre ; luisantes ; parées sur leur disque d'une tache couvrant leur surface presque depuis la base jusqu'aux quatre cinquième de leur longueur, sur les troisième, quatrième, cinquième intervalles, et graduellement d'une manière moins longue sur les sixième et septième ; à stries prolongées presque jusqu'à l'extrémité, assez profondes et plus ou moins dentées, mais non crénelées. Intervalles déprimés, lisses, et presque indistinctement pointillés. Dessous du corps d'un jaune gris, parfois plus ou moins brunâtre sur les flancs des derniers segments pectoraux. Antépectus aspèrement ponctué et plus particulièrement garni ainsi que les cuisses de devant de poils livides. Plaque métasternale luisante, presque impointillée, longitudinalement sillonnée. Ventre ruguleusement ponctué, parcimonieusement garni de poils livides, plus longs vers la région anale. Jambes d'un rouge ferrugineux, parfois livide. Tarses généralement plus pâles : les postérieurs sensiblement plus courts que la jambe ; à premier article moins long que les deux suivants réunis.

Cette espèce se trouve, mais rarement, dans la plupart de nos provinces. M. Bouché en a décrit la larve,

Obs. Toutes les rainurelles sont également prolongées ou du moins ne laissent qu'un espace égal entre leur extrémité et le bord postérieur ou postérieur externe : souvent plusieurs d'entre elles, surtout les huitième et neuvième, sont pariales.

L'*Aph. lividus*, par sa couleur, par son prothorax et ses élytres tachés, se distingue facilement de l'*Aph. ferrugineus* ; son prothorax sans rebord à la base empêche de le confondre avec les espèces voisines.

25. A. Lineolatus: ILLIG. *Court, convexe et luisant en dessus. Chaperon en demi-hexagone. Suture frontale trituberculeuse. Prothorax bis-subsinucusement en arc renversé et très-étroitement rebordé à la base ; noir en dessus, et d'un fauve livide sur les côtés ; marqué de points inégaux moins nombreux sur le dos. Elytres d'un flave cendré, parées sur leur disque de traits, ou de bandes longitudinales noires ; à stries plus profondes dans leur milieu, à peine subdentées. Intervalles presque indistinctement pointillés. Premier article des tarses postérieurs un peu moins long que les deux suivants réunis.*

♂. Suture frontale souvent en relief sur toute sa longueur, subtuberculeusement relevée vers chacune de ses extrémités près des sutures génales qui sont peu apparentes; armée dans son milieu d'un tubercule plus saillant. Epistome subruguleux, chargé sur son disque d'un relief arqué, parfois réduit à une gibbosité transversale ou subtuberculeuse. Prothorax parcimonieusement ponctué. Plaque métasternale concave. Eperon des jambes de devant plus fort.

♀. Elévations subtuberculeuses de la suture frontale moins prononcées; tubercule du milieu souvent à peine plus saillant. Epistome rugueusement ponctué; à gibbosité plus faible, plus obtuse. Prothorax densement et plus fortement ponctué. Plaque métasternale sans concavité. Eperon des jambes de devant plus grêle.

Aphodius lineolatus, Illig. Mag. t. 2. p. 191. 5.—Sсско̄w. Nat. p. 233. 27.

Etat normal. Deuxième à huitième stries des élytres couvertes d'une ligne noire : les cinquième, sixième et septième, depuis la partie inférieure du calus huméral : les autres, d'un point moins rapproché de la base; toutes, jusqu'aux trois quarts de leur longueur. Plusieurs de ces lignes, surtout celles des deuxième et troisième, quatrième et cinquième stries sont partialement réunies à leur extrémité.

Var. A. **A. Fuscicollis**; Nob. *Bords latéraux du prothorax obscurs ou seulement avec une transparence fauve.*

Var. B. **A. Deletus**; Nob. *Lignes noires des élytres en partie effacées.*

Var. C. **A. Conjunctus**; Nob. *Lignes noires des deuxième, troisième, quatrième et cinquième stries, liées à leur extrémité par une tache noire; et les sixième et septième, par une tache semblable à leur partie antérieure, sous le calus huméral.*

Var. D. **A. Vittatus**; Nob. *Lignes noires des troisième et quatrième, cinquième et sixième stries, dilatées au point de couvrir au moins en partie les quatrième et sixième intervalles, et de former sur ceux-ci une bande longitudinale plus ou moins interrompue.*

L. 0^m,0033 à 0^m,0050 (1 1/2 à 2 1/4^l).—L. 0,^{m}0017 à 0^m,0025 (3/4 à 1 1/8^l).

Chaperon en demi-hexagone; faiblement abaissé et peu ou point échancré à sa partie antérieure; rebordé dans sa périphérie; légèrement relevé aux angles de devant; notablement auriculé. Tête subconvexe; noire; subruguleusement et assez densement ponctuée sur l'épistome, et d'une manière plus unie sur le front. Yeux et palpes bruns. Antennes brunâtres, à massue grise. Prothorax faiblement échancré en devant; paré d'une bordure d'un livide rougeâtre; à angles antérieurs peu avancés; très-arqué sur les côtés; à peine moins

large aux angles de devant qu'à ceux de derrière qui sont très-obtusément ouverts, mais point émoussés; subobliquement coupé de ceux-ci
à la base; bissubsinueusement et faiblement en arc renversé à celle-ci;
garni d'un léger rebord au côté interne des angles de devant, assez
fortement rebordé latéralement, et plus étroitement à sa partie postérieure; convexe en dessus; d'un noir luisant, avec les côtés d'un fauve
jaune ou d'un flave cendré; densement marqué latéralement, peu densement ou parfois très-parcimonieusement sur son disque, de points
circulaires entremêlés de points beaucoup plus petits. Ecusson en
triangle curviligne et subéquilatéral ou plus large à la base; noir;
subrugueusement et assez densement ponctué sur toute sa surface.
Elytres moins larges aux épaules que le prothorax dans son milieu;
moins d'une fois aussi longues que lui; subparallèles dans leur premier tiers, faiblement renflées dans le second, et arrondies à leur
extrémité; médiocrement convexes sur le dos, convexement déclives
sur les côtés et à leur partie postérieure; d'un flave cendré, d'un jaune
gris ou parfois d'un jaune fauve; parées sur chacune des deuxième à
septième ou huitième stries d'une ligne ou d'un trait noir commençant
un peu après la base et prolongé jusqu'aux trois quarts de la longueur:
les deuxième et troisième, quatrième et cinquième, souvent unis parialement, ou par une tache carrée, vers leur extrémité : les sixième et
septième liés de même au dessous du calus huméral; ordinairement
ornées sur les quatrième et sixième intervalles d'une bande longitudinale noire, laissant souvent ressortir des lambeaux plus ou moins
nombreux de la couleur du fond; à stries subcrénelées à la base, peu
ou point subdentées et plus profondes sur le disque. Intervalles déprimés, lisses, presque impointillés. Dessous du corps d'un brun
noirâtre avec la partie anale d'un jaune brunâtre; celle-ci plus particulièrement garnie de longs poils ainsi que les flancs de l'antépectus
et des cuisses de devant. Plaque métasternale lisse, imponctuée, longitudinalement sillonnée. Cuisses antérieures brunes ou brunâtres
en partie : les quatre suivantes d'un jaune rouge livide, lisses, impointillées. Jambes et tarses d'une teinte plus rouge : premier article
des tarses postérieurs un peu moins long que les deux suivants
réunis.

Cette jolie espèce est exclusivement méridionale. Elle m'a été envoyée du département des Landes par M. Perris; de celui de l'Hérault
par M. Gaubil; de Corse, par M. Nourrisson. Je l'ai reçue également
de M. Dupont de Paris.

Obs. Les cinquième et sixième stries, et quelquefois aussi les
septième et huitième, sont plus courtes et pariales; les autres presque
toutes également subterminales.

26. A. Melanostictus; Schueppel, Inéd. Schmidt. *Allongé; médiocrement convexe et luisant en dessus. Chaperon en demi-hexagone. Suture frontale trituberculeuse. Tête et prothorax d'un noir luisant : celui-ci d'un rouge jaune brunâtre sur les côtés ; bissubsinueusement et faiblement en arc renversé à la base ; plus étroitement rebordé dans le milieu de celle-ci ; marqué en dessus de points en partie ombiliqués. Ecusson en triangle subéquilatéral. Elytres subparallèles; d'un jaune gris; parées de cinq taches noires isolées, et dont deux parfois sont composées; à stries subcrénelées. Intervalles subdéprimés, superficiellement pointillés. Premier article des tarses postérieurs égal aux deux suivants réunis.*

♂. Suture frontale chargée de trois tubercules : l'intermédiaire un peu plus saillant. Epistome obtusément gibbeux sur son disque. Tête ruguleuse. Prothorax convexe, superficiellement ponctué sur le disque. Plaque métasternale subconcave. Eperon des jambes de devant plus fort.

♀. Suture faiblement ou presque indistinctement trituberculeuse. Epistome peu sensiblement et très-obtusément gibbeux sur son disque. Tête rugueusement ponctuée. Prothorax moins convexe, moins densement, mais presque aussi profondément ponctué sur le disque que sur les côtés. Plaque métasternale plane. Eperon des jambes de devant plus grêle.

Aphodius melanostictus; Schueppel , inéd.—Schmidt , Zeitsch. t. 2, 1. p. 153. 62. Var. β.
Scarabœus conspurcatus, Fab. Syst. Ent. p. 16. 54.—*Id.* Spec. Ins. 1. p. 17. 67.—*Id.* Mant. 1. p. 9. 73.—*Id.* Ent. Syst. 1. p. 28. 87.—Herbst , Nat. t. 2. p. 140. 92. pl. 12. f. 8.—Panz. Ent. Germ p. 6. 22?—*Id.* Faun. Germ. 47. 5.—*Id.* Krit. rev. p. 12. *Aphodius conspurcatus*, Illig. Kæff. Preuss. p. 25. 15. (en retranchant la synonymie qu'il en exclut dans son Maggasin , t. 1. p. 24).—*Id.* Mag. t. 3. p. 150.—Creutz. Ent. Vers. p. 21. 5.—Sturm, Verz. p. 36. 26.—*Id.* Deutsch. Faun. 1. p. 102. 14. —Duftsch. Faun. Aust. 1. p. 110. 26.—Baud. Laf. Monog. p. 73. 15.—Suckow, Nat. p. 231. 23.—Boit. Man. 1. p. 321.

Etat normal des taches des élytres : 1° Une *basilaire* simple, plus ou moins allongée en parallélipipède, située près de la base du cinquième intervalle. 2° Une *discoïdale antérieure*, de forme analogue à la précédente, placée presque au milieu de la longueur du troisième intervalle; parfois simple, ordinairement accompagnée sur le quatrième intervalle d'une plus petite tache qu'elle dépasse en avant et en arrière. 3° Une *subhumérale*, naissant au dessous du calus huméral et prolongée sur le septième intervalle , jusques au delà du milieu; souvent simple, parfois accompagnée d'une petite tache sur le huitième intervalle. 4° et 5° Deux *discoïdales postérieures*, petites, subpunctiformes et transversalement placées sur les cinquième et troisième intervalles

presque aux deux tiers de la longueur. Quelquefois on voit au dessous
de la dernière, ou même de toutes deux, un point obscur ou noirâtre.

Var. A. **A. Egenus ;** Nob. *Elytres parées de moins de cinq taches.*

Aphodius conspurcatus, De Casteln. Hist. t. 2. p. 95. 17.

Var. B. **A. 6-Maculatus ;** Nob. *Elytres comme dans l'état normal, mais
marquées en outre d'un point obscur sur le troisième intervalle, au dessous
de la discoïdale postéro-interne.*

Var. C. **A. 7-Maculatus ;** Nob. *Semblable à la précédente variété, mais
élytres parées en outre d'un point obscur sur le cinquième intervalle, au
dessous de la discoïdale postéro-externe.*

Var. D. **A. Catenatus ;** Nob. *Tache subhumérale composée, nébuleusement liée à son extrémité avec la discoïdale postéro externe. Basilaire
souvent unie par un trait noir sur la quatrième strie, avec la discoïdale
antérieure qui est composée.*

Obs. Dans cette variété se reproduit souvent la disposition des Var. B ou C.

Var. E. **A. Subannulatus ;** Nob. *Tache subhumérale composée, nébuleusement liée à son extrémité avec la discoïdale postéro-externe ; cette
dernière transversalement unie avec la discoidale postéro-interne qui est
elle même prolongée sur le troisième intervalle, jusqu'à la discoïdale antérieure, laquelle est tantôt simple, tantôt composée.*

Schmidt. l. c. Var. γ.

Obs. Avec cette variété se reproduisent aussi parfois les dispositions des Var. B ou C.

Long. 0,^m0067 (3^l)—Larg. 0,^m0028 (1 1/4^l).

Chaperon en demi-hexagone ; échancré et subconcavement abaissé
à sa partie antérieure ; rebordé dans sa périphérie, moins étroitement
aux angles de devant qui sont à peine relevés ; fortement auriculé.
Tête subconvexe ; d'un noir luisant ; rugueusement (♀), ou ruguleusement (♂) ponctuée. Yeux noirs. Palpes bruns. Antennes d'un rouge
livide brunâtre, à massue d'un gris obscur. Prothorax faiblement
échancré en devant ; paré d'une bordure obscurément d'un rouge livide ; à angles antérieurs peu avancés ; subarqué sur les côtés, et moins
sensiblement près des angles postérieurs qui sont légèrement émoussés
et peu obtusément ouverts ; subobliquement coupé de ceux-ci à la
base ; bissubsinueusement et faiblement en arc renversé à cette dernière ; indistinctement rebordé au côté interne des angles de devant ;
garni, latéralement et à sa partie postérieure, d'un rebord qui devient
graduellement plus étroit ou moins apparent vers le milieu de celle-
ci ; convexe en dessus ; d'un noir luisant, avec les côtés d'un rouge

31

jaune quelquefois un peu obscur ; plus densement couvert latéralement que sur le disque de points circulaires et ombiliqués, entremêlés d'autres points beaucoup plus petits. Ecusson en triangle curviligne et presque équilatéral ; subruguleusement et densement ponctué jusque près de l'extrémité ; noir, avec une transparence rougeâtre à sa partie postérieure. Elytres de la largeur du prothorax ; une fois au moins aussi longues que lui ; subsinueusement parallèles jusqu'aux deux tiers de leur longueur, ou à peine élargies dans leur milieu ; arrondies à l'extrémité ; médiocrement convexes sur le dos ; convexement déclives sur les côtés, et d'une manière plus abrupte et plus rectilinéaire à leur partie postérieure ; d'un jaune gris luisant ; parées de cinq à sept taches noires, la plupart allongées : une à l'épaule avec un long prolongement sur le septième intervalle : deux sur le cinquième, l'une à la base, l'autre vers les deux tiers : deux sur le troisième, l'une aux deux cinquièmes, l'autre aux deux tiers : l'antérieure de celles-ci ordinairement dilatée sur le quatrième intervalle, la postérieure souvent suivie d'un point obscur ; à stries étroites, légères et crénelées par des strioles ou des points transversaux. Intervalles subdéprimés, quelquefois sinueusement nuancés ; peu distinctement pointillés. Dessous du corps noir ; parcimonieusement garni de poils livides, plus longs ou moins rares sur les parties pectorales, aux cuisses de devant, et vers la région anale qui parfois est d'un rouge brunâtre. Plaque métasternale lisse, presque impointillée, longitudinalement sillonnée. Cuisses d'un rouge jaune ou d'un jaune rouge livide ; lisses ; luisantes ; presque imponctuées. Jambes d'un rouge ferrugineux ou d'un rouge brunâtre. Tarses souvent d'une teinte un peu plus claire : premier article des postérieurs aussi long que les deux suivants réunis.

Cette belle espèce habite les différentes zônes de la France, mais elle est rare partout. Elle m'a été envoyée du département de la Moselle par M. Nourrisson. Je l'ai trouvée mais peu fréquemment dans nos montagnes du Lyonnais. J'ai vu dans les cabinets de MM. Dupont, Chevrolat et Audinet-Serville une partie des variétés que j'ai signalées.

Obs. Les stries ont à peine le sixième de la largeur des premiers intervalles, mais elles semblent plus larges par l'effet de leurs strioles transversales : les septième et huitième stries sont plus courtes et pariales ; les quatrième et cinquième sont aussi ordinairement pariales, mais un peu moins raccourcies et encloses par les sixième et troisième ou par les sixième et quatrième, celle-ci se prolongeant alors au delà de la cinquième.

L'*Aph. melanostictus* a été pendant longtemps confondu avec le *conspurcatus* de Linné. Ce dernier paraît être exclusivement propre aux pays septentrionaux de l'Europe. Il a le corps un peu plus petit; ses élytres sont parées également : 1° d'une tache basilaire; 2° d'une discoïdale antérieure sur le troisième intervalle; 3° d'une tache distincte située à côté de la précédente sur le quatrième; 4° et 5° de deux discoïdales postérieures sur les troisième et cinquième intervalles; 6° d'une subhumérale toujours simple, sur le septième intervalle; 7° et enfin d'une humérale composée de deux taches punctiformes unies ensemble sur l'épaule. Selon Gyllenhal et M. Schmidt, ces taches sont constantes, dans leur nombre, dans leur forme et dans leur simplicité, c'est-à-dire ne sont jamais ni composées, ni liées entre elles. Le naturaliste suédois que je viens de citer, avait le premier remarqué que son *Aph. conspurcatus* dont l'identité avec celui de Linné avait été constatée par M. Smith, ne se rapportait pas aux descriptions données par Illiger, Creutzer, Sturm, etc. M. Schmidt a opéré la séparation de ces deux espèces en consacrant à celle des derniers écrivains cités, le nom de *melanostictus* indiqué par M. Schüppel. N'ayant pas vu l'*Aph. conspurcatus* des pays du nord, je n'ose émettre aucune opinion sur la validité de la séparation établie.

L'*Aph. melanostictus* a quelque analogie avec l'*inquinatus*, et probablement plusieurs écrivains auront pris pour lui des variétés de ce dernier. Il en diffère par une taille plus grande; il a les bords latéraux du prothorax entièrement tachés de rougeâtre; les stries plus superficielles; la tache subhumérale toujours restreinte sur le septième intervalle, ou du moins sans dilatation sur le sixième; enfin ses discoïdales postérieures ne sont jamais unies par une tache antérieurement située sur le quatrième intervalle.

Le *Scarabée gris des bouses* de Geoffroy, dont M. Schœnherr et tous les autres auteurs font un synonyme de l'*Aph. conspurcatus*, doit évidemment être rapporté à l'*Aph. inquinatus*. Au reste, Geoffroy, de Géer, Latreille, M. Duméril et divers autres paraissent avoir confondu plusieurs insectes différents sous la dénomination spécifique de *conspurcatus*.

27. A. Inquinatus; Herbst. *Court; médiocrement convexe et luisant en dessus. Suture frontale subtrituberculeuse. Chaperon en demi-hexagone. Tête et prothorax noirs : ce dernier taché sur les côtés de roux livide. Elytres d'un jaune gris; rayées longitudinalement de noir sous les épaules et près du bord extérieur; parées de trois taches de même couleur : l'une simple à la base, les deux autres tricomposées, situées sur les parties antérieure et postérieure du disque; à stries subcrénelées. Intervalles subdéprimés, pointillés. Premier article des tarses postérieurs au moins aussi long que les deux suivants réunis.*

♂. Suture frontale subtuberculeusement ou subtransversalement en relief à ses extrémités, où elle se lie aux sutures génales peu prononcées; armée dans son milieu d'un tubercule plus saillant. Epistome subruguleux, offrant parfois sur son disque les traces presque indistinctes d'un relief transversal, ou les traces rudimentaires d'une carène longitudinale. Prothorax plus convexe, plus finement ponctué sur le dos. Plaque métasternale concave et garnie de poils. Eperon des jambes de devant plus fort.

♀. Saillies de la suture frontale peu prononcées, parfois indistinctes. Epistome très-rugueux, parfois granuleux; obtusément gibbeux pour l'ordinaire sur son disque. Prothorax moins convexe, plus fortement ponctué sur le dos. Plaque métasternale plane et glabre. Eperon des jambes de devant plus grêle.

Scarabæus inquinatus, Herbst, Arch. p. 6. 16. pl. 19. 5.—*Id.* trad. fr. p. 13. 69. pl. 19. 5.—*Id.* Natursyst. t. 2. p. 156. 97. pl. 12. f. 13.—Fab. Mant. 1. p. 9. 74.—*Id.* Ent. Syst. 1. p. 28. 88.—Gmel. Linn. Syst. Nat. p. 1547. 181.—De Vill. C. Linn. Ent. t. 4. p. 207.—Panz. Ent. Germ. p. 7. 23.—*Id.* Faun. Germ. 28. 7.—*Id.* Krit. rev. p. 13.—Payk. Faun. Suec. 1. p. 19. 23.

Le Scarabée gris des bouses, Geoff. Hist. 82. 19.

Scarabæus distinctus, Mull. Zool. Dan. Prod. p. 53. 456.

Scarabæus vaginosus, Fuessly, Mag. 1. p. 44. 149.

Scarabæus conspurcatus, Schrank. Enum. p. 4. 5.—*Id.* Faun. Boic. 1. p. 384. 338.— Fourcr. Ent. Par. 1. p. 10. 19.

Scarabæus tessulatus, Laichart. Tyr. Ins. 1. p. 14. 7 ?

Scarabæus attaminatus, Marsh. Ent. Brit. p. 15. 15.

Aphodius conspurcatus, Illig. Kæff. Preuss. p. 25. 15. Var. β.—Latr. Hist. t. 10. p. 126. 15.

Aphodius inquinatus, Creutz. Ent. Vers. p. 24. 6. Var. β.—Sturm, Verz. p. 37. 28. —*Id.* Deut. Faun. 1. p. 105. 16. a.—Duftsch. Faun. Aust. 1. p. 111. 27.—Gyllenh. Ins. Suec. 1. p. 22. 15.—Baud. Laf. Monog p. 74. 16.—Suckow, Nat. p. 232. 24. —Boit. Man. 1. 321—Zetterst. Faun. Lap. p. 181. 10.—Steph. Syn. 193. 17.— Garn. Mém. 1. p. 70. 11.—De Casteln. Hist. 2. p. 95. 10.

Etat normal des taches des élytres. La première, *basilaire*, simple, parallélogrammique ou en carré long, située à la base sur le cinquième intervalle. La deuxième, *discoïdale antérieure*, formée de trois taches subpunctiformes, réunies, et subtransversalement placées au quart de la longueur sur les quatrième, troisième et deuxième intervalles. La troisième, *discoïdale postérieure*, composée également de trois petites taches subpunctiformes, triangulairement ou arcuément situées aux deux tiers de la longueur, sur les cinquième, quatrième et troisième intervalles. Enfin, la quatrième, *subhumérale*, naissant au dessous du calus huméral sur le huitième intervalle, et longitudinalement prolongée sur le septième jusques au delà de la moitié, accompagnée ordinairement de traits inégaux et moins allongés, placés latéralement sur les huitième, neuvième et dixième intervalles.

Var. A. **A. Fumosus**; Nob. *Prothorax entièrement noir.*

Schmidt, l. c. Var. β.

Var. B. **A. Pauper**; Nob. *Taches des élytres au dessous du nombre normal.*

> α. Discoïdale antérieure, réduite à deux taches subpunctiformes, ou à une seule; ou même entièrement effacée.
> β. Discoïdale postérieure, souvent nulle ou n'offrant qu'une ou deux taches subpunctiformes.

Obs. Parfois on voit, plus près de l'extrémité, un ou deux petits points obscurs rudiments de la tache en demi-lune qui se montre dans la variété F.

> γ. Traits longitudinaux nuls sur les dixième, cinquième et même huitième intervalles.

Schmidt, l. c. Var. β.

Var. C. **A. Baseolus**; Nob. *Discoïdale antérieure unie à la basilaire par leurs angles opposés, ou même celle-là prolongée jusqu'à la base :*

> α. Sur le quatrième intervalle seulement.
> β. Sur les quatrième et troisième intervalles, et formant alors avec la basilaire une bande oblique et souvent dentée.

Sturm, Deut. Faun. l. c. Var. a.

Var. D. **A. Hemicyclus**; Nob. *Semblable à la précédente (β), mais bande prolongée en quart de cercle jusqu'à la suture, et formant ainsi avec sa semblable de l'autre élytre, un demi-cercle qui entoure l'écusson de plus ou moins près.*

Var. E. **A. Scutellaris**; Nob. *Semblable à la précédente, mais basilaire et discoïdale antérieure réunies, dilatées jusqu'à l'écusson et formant ainsi une grosse tache scutellaire.*

Schmidt. l. c. Var. λ.

Var. F. **A. Lunatus**; Nob. *Élytres parées au dessous de la discoïdale postérieure, de deux ou trois petites taches subpunctiformes, plus ou moins unies et disposées sur les cinquième, quatrième et troisième intervalles, en demi-lune ou en arc renversé.*

Schmidt, l. c. Var. δ.

Var. G. **A. Ophthalmicus**; Nob. *Tache semi-lunaire de la variété précé-*

dente unie à la discoïdale postérieure et composant avec elle une sorte de cercle.

Obs. Avec les Var. F. G., se trouvent souvent reproduites les dispositions des Var. C ou E.

Var. H. A. Auctus; Nob. *Lignes ou traits longitudinaux dont se compose la subhumérale, plus ou moins réunis ou confondus en une seule tache, souvent dilatée sur le sixième intervalle.*

Var. I. A. Nubilus; Panz. *Analogue à la précédente ; mais tache subhumérale prolongée jusqu'à la discoïdale postérieure avec laquelle elle se lie.*

> α. Discoïdale antérieure liée avec la basilaire, tache sublunaire nulle ou rudimentaire.

Scarabæus nubilus, Panzer, Faun. Germ. 58. 3.
Aphodius nubilus, Sturm, Deut. Faun. 1. p. 103. 15.
Aphodius inquinatus, Creutz. l. c. Var. γ.—Duftsch. l. c. Var. β.—Gyll. l. c. Var. b. —Suckow, l. c. Var. γ.—Zetterst. l. c. Var. b.—Schmidt, l. c. Var. k.

> β. Semblable à la Var. I. α; mais tache sublunaire unie à la discoïdale postérieure comme dans la Var. G.

Scarabæus fœdatus, Marsh. Ent. Brit. p. 14. 16.

Var. K. A. Subcinctus; Nob. *Subhumérale liée d'une part avec la discoïdale postérieure, de l'autre, avec la basilaire.*

Obs. Généralement alors avec la disposition de la Var. C. et souvent de celles de F ou G.

Var. L. A. Interruptus; Nob. *Subhumérale liée à la discoïdale postérieure, qui l'est elle-même à la discoïdale antérieure.*

Obs. Généralement alors avec la disposition de la Var. C. et souvent des Var. F. ou G.

Var. M. A. Centrolineatus; Panz. *Semblable à la précédente ; et de plus, basilaire unie à la subhumérale, de telle sorte que les élytres sont en grande partie noires, avec un espace allongé, sur leur disque, présentant la couleur du fond.*

Scarabæus centrolineatus, Panz. Faun. Germ. 58. 1.
Aphodius conspurcatus, Illig. Kæff. Preuss. l. c. Var. δ.—Sturm, Verz. l. c. Var. δ.
Aphodius inquinatus, Creutz. l. c. Var. δ.—Sturm, Deut. Faun. l. c. Var. b.—Illig. Mag. l. c. Var. ε.—Schoenh. l. c. Var. δ.—Duftsch. l. c. Var. γ.—Gyll. l. c. Var. c. —Suckow, l. c. Var. δ.

Obs. Ici se reproduisent encore généralement la disposition des Var. F ou G.

Var. N. A. Anxius; Nob. *Basilaire, discoïdales antérieure et postérieure, et subhumérale unies et dilatées de telle sorte que les élytres semblent alors noires, parsemées de taches d'un fauve livide.*

L. 0^m,0033 à 0^m,0060 (1 1/2 à 2 3/4^l).—L. 0^m,0017 à 0^m,0030 (3/4 à 1 3/8^l).

Chaperon en demi-hexagone ; médiocrement échancré, et à peine abaissé à sa partie antérieure ; rebordé dans sa périphérie ; non relevé aux angles de devant ; médiocrement auriculé. Tête penchée ; subconvexe ; d'un noir luisant ; ruguleusement ou rugueusement ponctuée sur l'épistome. généralement plus lisse sur le front. Yeux noirs. Palpes d'un brun luisant, avec l'extrémité des articles parfois d'un brun livide ou même d'un livide brunâtre. Antennes brunes ou d'un brun rougeâtre, à massue d'un gris obscur. Prothorax faiblement échancré en devant ; paré d'une bordure d'un jaune rouge livide ; à angles antérieurs peu avancés ; subarqué latéralement ; un peu moins large aux angles de devant qu'aux postérieurs qui sont sensiblement émoussés et obtusément ouverts ; subobliquement coupé de ceux-ci à la base ; bissubsinueusement en arc renversé à cette dernière ; garni d'un léger rebord au côté interne des angles de devant, rebordé latéralement et plus étroitement à sa partie postérieure ; convexe en dessus ; marqué plus densement sur les côtés de points circulaires entremêlés de points beaucoup plus petits ; d'un noir luisant, avec les côtés tachés aux angles de devant et rarement sur toute leur étendue d'un fauve livide plus ou moins obscur. Ecusson en triangle curviligne, à côtés plus longs que la base ; ruguleusement ponctué à celle-ci , lisse et subcaréné postérieurement ; noir avec une transparence rougeâtre vers l'extrémité. Elytres moins larges que le prothorax dans son milieu ; près d'une fois aussi longues que lui ; subsinueusement subparallèles jusqu'à la moitié de leur longueur, curvilinéairement rétrécies à partir de ce point et arrondies à l'extrémité ; médiocrement convexes sur le dos, curvilinéairement déclives sur les côtés, et d'une manière moins abrupte postérieurement ; d'un jaune gris ou d'un jaune roux livide ; luisantes ; rayées longitudinalement de noir sous les épaules et plus près du bord externe ; parées en outre de trois taches : l'une simple, au milieu de la base : les deux autres tricomposées, situées l'une à la partie antérieure, l'autre à la partie postérieure du disque, et formant avec leurs semblables de l'autre élytre, les angles d'un parallélogramme allongé ; à stries légères, étroites et subcrénelées par des strioles transversales. Intervalles subdéprimés et subbisérialement pointillés. Dessous du corps d'un brun noirâtre, brun ou d'un brun livide ; garni plus particulièrement de poils livides sur l'antépectus et aux cuisses de devant, et de poils roux à la région anale qui souvent est d'un rougeâtre livide. Plaque métasternale longitudinalement sillonnée. Cuisses brunâtres, ou d'un livide brunâtre. Les quatre

postérieures lisses, superficiellement pointillées. Jambes d'un rouge
brunâtre ou d'un rouge livide. Tarses d'une teinte généralement analogue : premier article des postérieurs aussi long que les deux suivants
réunis.

Cette espèce est commune dans presque toutes les parties de la
France.

Obs. Les rainurelles ont environ le cinquième de la largeur des
premiers intervalles : les septième et huitième stries, souvent aussi les
quatrième et cinquième, ou plus rarement les quatrième et troisième,
ou cinquième et sixième, sont plus courtes et pariales.

28. **A. Pictus;** Sturm. *Assez court ; médiocrement convexe et luisant
en dessus. Chaperon en demi-hexagone. Suture frontale subtrituberculeuse.
Tête et prothorax noirs : le dernier ordinairement taché, sur les côtés,
de rouge brun livide. Elytres subparallèles ; d'un jaune de paille ; parées
chacune de deux arcs dirigés vers la suture, naissant, l'un, du milieu de
la base et formé de taches en partie liées ensemble : l'autre, des épaules
et composé de taches dont les premières sont isolées et les dernières unies en
échiquier ; à stries étroites, subdentées. Intervalles déprimés et presque
impointillés. Premier article des tarses postérieurs à peine aussi long
que les deux suivants réunis.*

♂. Suture frontale subtuberculeusement relevée à chacune de ses
extrémités; armée dans son milieu d'un tubercule plus saillant. Epistome chargé sur son disque d'un relief arqué. Prothorax plus convexe,
plus parcimonieusement et plus superficiellement ponctué. Plaque
métasternale glabre et concave. Cuisses intermédiaires et postérieures
plus dilatées Eperon des jambes de devant plus fort.

♀. Suture frontale subtrituberculeuse : la saillie médiaire souvent
à peine aussi prononcée que les latérales. Epistome chargé sur son
disque d'un relief rudimentaire et parfois peu distinct. Prothorax
moins convexe, moins parcimonieusement et moins superficiellement
ponctué sur son disque. Plaque métasternale plane ou très-faiblement
bombée. Eperon des jambes de devant plus grêle.

Aphodius pictus, Sturm, Deutsch. Faun. 1. p. 100. 13.—Duftsch. Faun. Aust. 1. p.
112. 28.—Suckow, Nat. p. 255. 27.—Schmidt, Zeitsch. t. 2. 1. p. 159. 65.
Aphodius inquinatus, Creutz. Ent. Vers. p. 24. 6. Var. η. pl. 1. f. 1. α.

Etat normal des taches des élytres. L'arc interne offre : 1o une *basilaire*, simple, allongée, située à la base du cinquième intervalle : 2o une
discoïdale antéro-externe, double, formée d'une petite tache carrée,
placée au tiers de la longueur sur le cinquième intervalle, unie à une
autre plus longuement prolongée en devant, sur le quatrième : 3o une

discoïdale antéro-interne, liée postérieurement à la dernière par leurs angles opposés, carrée, placée sur le troisième intervalle et plus ou moins dilatée sur le deuxième. L'arc externe présente : 1° une *humérale*, naissant de l'angle huméral, et subtriangulairement dilatée sur les septième et huitième intervalles : 2° une *subhumérale*, simple, prolongée jusqu'à la moitié de la longueur, sur le septième intervalle : 3° quatre *discoïdales postérieures*, petites, carrées, liées ensemble par leurs angles opposés, c'est-à-dire transversalement disposées en échiquier aux deux tiers de la longueur, sur les cinquième, quatrième, troisième et deuxième intervalles : celles des cinquième et surtout troisième, postérieures aux autres ; celle du cinquième souvent presque sur la même ligne que celles des quatrième et deuxième.

Var. A. A. Flavidulus ; Nob. *Prothorax largement taché sur les côtés et marqué d'un point obscur.*

Schmidt, l. c. Var. β.

Var. B. A. Brumalis ; Nob. *Prothorax peu distinctement taché sur les côtés.*

Var. C. A. Indigens ; Nob. *Taches des élytres plus ou moins oblitérées et au dessous du nombre normal.*

    α. Discoïdale antéro-externe nulle ou réduite à une tache subpunctiforme.

    β. Discoïdale antéro-interne nulle ou sans dilatation sur le deuxième intervalle.

    γ. Discoïdales postérieures réduites à une ou deux petites taches.

Long. 0^m,045 à 0^m,0050 (2 à 2 1/4^l).—Larg. 0^m,0022 à 0^m,0025 (1 à 1 1/8^l).

Chaperon en demi-hexagone ; sensiblement abaissé et médiocrement échancré à sa partie antérieure ; rebordé dans sa périphérie ; relevé aux angles de devant ; notablement auriculé. Tête subconvexe ; d'un noir luisant, ruguleusement ponctuée près des bords de l'épistome, plus uniment sur le disque de celui-ci et sur le front. Yeux bruns. Palpes d'un brun noirâtre avec l'extrémité de plusieurs articles livide. Antennes d'un livide brunâtre ou d'un brun livide, à massue d'un gris obscur. Prothorax faiblement échancré en devant ; paré d'une bordure d'un brun rouge livide ; à angles antérieurs peu avancés ; médiocrement arqué sur les côtés, et moins sensiblement vers les angles postérieurs qui sont légèrement émoussés et obtusément ouverts ; subobliquement coupé de ceux-ci à la base ; bissubsinueusement en arc renversé à cette dernière ; indistinctement rebordé au côté interne des angles de devant ; garni latéralement et à sa partie postérieure d'un rebord très-étroit à cette dernière ; convexe en dessus ; d'un noir luisant, avec les bords latéraux tachés de rouge brun livide ; peu densement marqué sur les côtés et plus parcimonieusement encore sur son disque, de points circulaires, entremêlés de points beaucoup plus petits. Ecusson en triangle curviligne, à côtés plus longs que la base ; lisse, luisant, d'un noir brunâtre, avec une transparence livide vers l'extrémité ; uniment ponctué à sa partie antérieure, imponctué et un peu incliné postérieurement. Elytres au moins aussi larges que le prothorax ; près d'une fois aussi longues que lui ; subsinueusement parallèles dans le premier tiers de leur longueur, faiblement dilatées dans le second, et arrondies à l'extrémité ; faiblement convexes sur le dos, convexement déclives sur les côtés et presque aussi fortement à leur partie posté-rieure ; d'un jaune de paille luisant, à suture plus foncée ou d'un brun livide ; parées de deux arcs, formés de taches noires ou noirâtres en carré plus ou moins long, et en partie liées ensemble : l'arc interne naissant du milieu de la base et recourbé vers le milieu de la suture ; l'externe plus grand, partant de l'angle huméral et curvilinéairement dirigé vers le bord interne, aux deux tiers de la longueur ; à stries étroites, subdentées par des strioles ou des points transversaux. Inter-valles déprimés, lisses, presque impointillés. Dessous du corps d'un noir médiocrement luisant ; parcimonieusement garni de poils d'un livide jaunâtre, plus longs et moins clairsemés aux flancs de l'anté-pectus, aux cuisses de devant et à la région anale. Plaque métasternale longitudinalement sillonnée, presque impointillée. Ventre subrugu-leusement ponctué. Cuisses d'un brun rouge ou d'un rouge livide bru-nâtre ; lisses, marquées de points peu rapprochés. Jambes d'un rouge brun ou d'un rouge livide brunâtre. Tarses ordinairement d'une teinte graduellement plus claire vers leur extrémité : premier article des postérieurs à peine aussi long que les deux suivants réunis.

Cette jolie espèce habite les parties tempérées et septrionales de la France ; on la trouve au printemps et surtout pendant l'automne. Elle est généralement peu commune. Elle m'a été donnée par M. le docteur Martin, de Besançon, et par M. Claudius Rey qui l'avait trouvée dans le vallon de Baunant près Lyon. Je l'ai prise quelquefois dans les mon-tagnes du département du Rhône.

Obs. Les stries ont environ le sixième de la longueur des premiers intervalles ; les cinquième et sixième, septième et huitième sont ordi-nairement plus courtes et pariales ; l'une des deux dernières, plus prolongée que l'autre, se réunit aussi parialement avec la quatrième ou parfois avec la cinquième également plus prolongée alors que la sixième qui afflue vers elle.

L'*Aph. pictus* a de l'analogie avec le *tessulatus* et avec certaines variétés de l'*inquinatus*. Il se distingue de celles-ci par la teinte plus pâle de ses élytres. L'arc interne de ces dernières est composé de taches plus nombreuses, autrement disposées, et se prolonge jusque vers le milieu de la suture au lieu de s'arrêter vers le quart. L'arc externe offre sous les épaules deux taches au lieu d'un trait; les discoïdales postérieures qui terminent cet arc sont ordinairement au nombre de quatre au lieu de trois, et celle du troisième intervalle est postérieure aux autres au lieu de leur être antérieure. Enfin la plaque métasternale est glabre dans les mâles du *pictus* au lieu d'être garnie de poils, comme chez ceux de l'*inquinatus*.

29. A. Tessulatus; Creutz. *Court; très-convexe et luisant en dessus. Chaperon en demi-hexagone. Suture frontale trituberculeuse. Tête et prothorax noirs : ce dernier assez densement marqué de points inégaux. Élytres postérieurement élargies; d'un flave brunâtre ou d'un fauve jaune brunâtre avec la suture obscure; parées chacune de deux arcs dirigés vers la suture, naissant, l'un du milieu de la base et formé de taches généralement liées ensemble; l'autre, des épaules, et composé d'un trait et de taches liées en échiquier; à stries rougeâtres, étroites, subdentées. Intervalles déprimés et presque impointillés. Premier article des tarses postérieurs à peine aussi long que les deux suivants réunis.*

♂. Suture frontale subtuberculeusement ou linéairement en relie vers ses extrémités où elle se lie aux sutures génales presque auss prononcées; armée dans son milieu, et un peu plus en avant, d'un tubercule plus saillant. Épistome peu distinctement chargé d'un relief linéairement transversal. Prothorax convexe. Cuisses de derrière anguleusement dilatées à leur partie postérieure.

♀. Tubercule de la suture frontale peu saillant, souvent à peine plus élevé que la suture frontale à ses extrémités. Relief de l'épistome moins distinct. Prothorax subconvexe. Cuisses postérieures de forme ordinaire.

Scarabœus inquinatus, Oliv. Ent. 1. 3. p. 84. 90. pl. 26. f. 221. a, b.—Marsh. Ent.
Brit. p. 13. 14.
Copris inquinatus, Oliv. Encycl. méth. t. 5. p. 147. 15.
Aphodius tessulatus, Creutz. Ent. Vers. p. 31. diag. et Var. γ. —Sturm, Deut. Faun. 1.
p. 112. Var. a.—Duftsch Faun. Aust. 1. p. 113. 30.—Gyll. Ins. Suec. 1. p. 23. 18.
—Seckow, Nat. p. 253. Var. γ.—Steph. Syn. p. 193. 18. —De Casteln. Hist. t. 2.
p. 95. 30.—Schmidt, Zeitsch. t. 2. 1. p. 162. 66.

Etat normal des taches des élytres. L'arc interne offre : 1° une *basilaire*, double, allongée sur la base du cinquième, et plus petite sur celle du quatrième intervalle : 2° une *discoïdale antéro-externe*, simple, allongée, le plus souvent liée à la précédente (souvent seulement par un trait noir qui couvre la suture) et située aux deux cinquièmes de la longueur des élytres sur le quatrième intervalle : 3° une *discoïdale antéro-interne* unie à la dernière par leurs angles opposés, double, presque carrée sur le troisième intervalle et plus ou moins dilatée sur le deuxième. L'arc externe présente : 1° une *subhumérale* formée d'un trait allongé, composé, partant de l'angle huméral sur le huitième intervalle, prolongé sur le septième jusqu'au delà du milieu de la longueur et couvrant plus ou moins les huitième à dixième : 2° cinq *discoïdales postérieures*, presque carrées, liées les unes aux autres, transversalement disposées en échiquier et dirigées de l'extrémité de la précédente vers la suture, sur les sixième, cinquième, quatrième, troisième et deuxième intervalles : les sixième, quatrième et deuxième placées antérieurement aux cinquième et troisième et souvent nulles.

Var. A. **A. Irregularis**; Noʙ. *Taches des élytres au dessous du nombre normal, parfois presque toutes effacées.*

Cʀᴇᴜᴛᴢ.l . c. Var. β.—Sᴛᴜʀᴍ, l. c. diagn.—Sᴄʜᴍɪᴅᴛ, l. c. Var. η.

Var. B. **A. Connexus**; Noʙ. *Arc interne lié à la base avec l'externe.*

Sᴄʜᴍɪᴅᴛ, l. c. Var. β.

Var. C. **A. Amplificatus**; Noʙ. *Discoïdale antéro-externe doublée ou accompagnée d'une tache à peu près égale sur le cinquième intervalle.*

Var. D. **A. Appendiculatus**; Noʙ. *Tache basilaire obliquement prolongée vers la suture de manière à représenter un troisième arc rudimentaire.*

Cʀᴇᴜᴛᴢ. l. c. p. 31. Var. δ. pl. 1. f. 3. a.—Sᴛᴜʀᴍ, Verz. p. 43. 34. α.—*Id.* Deut. Faun. p. 112. Var. b.—Dᴜꜰᴛsᴄʜ. l. c. Var. α.—Sᴜᴄᴋᴏᴡ, Nat. p. 235. Var. β.—Sᴄʜᴍɪᴅᴛ, l. c. Var. γ.

Var. E. **A. Dilatatus**; Noʙ. *Taches de l'arc interne unies et dilatées au point de ne laisser entre elles et l'écusson ou la suture qu'une ou deux petites marques de la couleur du fond.*

Scarabæus inquinatus, Hᴇʀᴅsᴛ, Naturs. t. 2. p. 157.
Scarabæus tessulatus, Pᴀʏᴋ. Faun. Suec. 1. p. 20. 24.
Scarabæus contaminatus, Pᴀɴᴢ. Faun. Germ. 47. 7.—*Id.* Krit. Rev. p. 16.
Aphodius tessulatus, Cʀᴇᴜᴛᴢ. l. c. Var. ε. pl. 1. f. 4.—Gʏʟʟ. l. c. Var.—Sᴜᴄᴋᴏᴡ, Nat. p. 234. 31. α.—Sᴄʜᴍɪᴅᴛ, l. c. Var. δ.

Var. F. **A. Scutellatus**; Noʙ. *Taches de l'arc interne dilatées au point* *de couvrir jusqu'à la suture tout l'espace compris entre elles et l'é-cusson.*

Creutz, l. c. Var. ζ. (la figure citée se rapporte à la Var. précédente).— Sturm, Verz. p. 43. 34. Var. β.—*Id.* Deut. Faun. l. c. Var. c.—De Casteln. l. c. Var.—Schmidt, l. c. Var. ε.

Var. G. A. Intricatus; Nob. *Discoïdale antéro-externe nébuleusement liée à la subhumérale, et discoïdale antéro-interne unie à la discoïdale postérieure du deuxième intervalle.*

Var. H. A. Umbrosus; Nob. *Taches des deux arcs dilatées au point de se réunir et de couvrir plus de la moitié de l'élytre, en ne laissant apparaître que de faibles espaces de la couleur du fond.*

Creutz. l. c. Var. η.—Schmidt, l. c. Var. ζ.

L. 0^m,0034 à 0^m,0050 (1 1/2 à 2 1/4^l).—L. 0^m,0019 à 0^m,0028 (4/5 à 1 1/4^l).

Chaperon en demi-hexagone; subéchancré et fortement abaissé dans le milieu de sa partie antérieure; rebordé dans sa périphérie, et plus étroitement à la partie échancrée; très-sensiblement relevé à ses angles de devant; notablement auriculé. Tête subconvexe; noire; rugueusement ponctuée ou granuleuse sur l'épistome, lisse et poin-tillée sur le front. Yeux noirs. Palpes bruns. Antennes d'un rouge brun livide, à massue grise. Prothorax faiblement échancré en devant; sans rebord mais garni dans cette échancrure d'une bordure d'un livide brunâtre; à angles antérieurs peu avancés et assez obtus; arqué sur les côtés; à angles postérieurs très-marqués, peu obtusément ouverts; bissubsinueusement et faiblement en arc renversé à la base; garni latéralement d'un rebord étroit, et plus étroitement encore rebordé à sa partie postérieure; convexe en dessus; d'un noir assez luisant, parfois avec une transparence rougeâtre sur les côtés; densement marqué sur ceux-ci, et plus parcimonieusement garni sur son disque de points circulaires entremêlés de points beaucoup plus petits. Ecusson en triangle subcurviligne et subéquilatéral; noir; obsolètement ponctué à la base, lisse et peu distinctement subcaréné à l'extrémité. Elytres, aux épaules, de la largeur du prothorax; une fois au moins aussi longues que lui; subsinueusement et sensiblement élargies jusqu'aux trois cinquièmes de leur longueur; curvilinéaire-ment rétrécies à partir de ce point et arrondies à l'extrémité; convexes sur le dos et plus élevées dans le milieu de celui-ci qu'à la base; convexement déclives sur les côtés; d'un fauve livide, d'un fauve jaune, ou d'un flave brunâtre, avec la suture plus obscure, brunâtre ou même brune; à stries rougeâtres, étroites, légères, subdentées;

parées de deux arcs formés de taches en partie carrées ou parallélogrammiques enchaînées les unes aux autres : l'un plus court, partant du milieu de la base et dirigé d'une manière oblique ou subcurvilinéaire vers le tiers ou les deux cinquièmes de la suture : l'autre, naissant de l'angle huméral et curvilinéairement prolongé vers les deux tiers du bord interne. Intervalles déprimés, lisses, superficiellement pointillés. Dessous du corps d'un brun noirâtre sur les segments thoraciques, quelquefois d'un brun livide ou d'un jaune brunâtre sur le ventre. Flancs des parties pectorales aspèrement ponctués : ceux de l'antépectus plus particulièrement garnis de poils livides, ainsi que les cuisses de devant et les trochanters des cuisses postérieures. Plaque métasternale lisse, presque impointillée, longitudinalement sillonnée. Cuisses brunes ; les quatre dernières souvent d'un brun rougeâtre plus ou moins livide, lisses, luisantes, presque impointillées. Jambes d'un rouge ferrugineux plus ou moins obscur. Tarses d'une teinte généralement et graduellement plus claire : premier article des postérieurs à peine aussi long que les deux suivants réunis.

Cette espèce habite les contrées froides ou tempérées de la France; on la trouve principalement en automne. Elle n'est pas bien rare dans les environs de Lyon, surtout dans la vallée de Baunant.

Obs. Les stries ont environ le sixième de la largeur des premiers intervalles. Les cinquième et sixième, et plus rarement les quatrième et cinquième, sont généralement plus courtes et pariales.

Le *Scarabæus tessulatus* du chevalier de Möll, paraît se rapporter à l'*Aph. inquinatus*; du moins ce qu'en dit cet auteur est trop peu explicatif, pour qu'on puisse avec certitude l'appliquer à cette espèce. Paykull, le premier, a décrit d'une manière reconnaissable une des variétés de notre *Aph. tessulatus*, dont Creutzer a fait connaître le type et les principales variétés.

L'*Aph tessulatus* se distingue facilement du *pictus* par les caractères suivants : il est plus court, plus convexe, un peu élargi postérieurement. Son prothorax est rarement et à peine taché à la partie antérieure des bords latéraux ; ses angles postérieurs sont très-marqués et subrectangulaires au lieu d'être émoussés et très-obtusément ouverts. Ses élytres sont d'une teinte plus obscure ; leur suture est plus brunâtre ; leurs stries sont plus légères, et leurs intervalles moins déprimés ; l'arc interne dont elles sont parées se prolonge davantage en arrière ; l'arc externe n'offre au dessous des épaules qu'un seul trait très-allongé au lieu de deux taches, et les discoïdales sont au nombre de cinq au lieu de quatre. Enfin les mâles de l'*Aph. tessulatus* offrent dans leurs cuisses postérieures, une conformation qui ne se retrouve pas chez ceux du *pictus*.

30. **A. Sticticus**; Panz. *Court; convexe et luisant en dessus. Chaperon en demi-hexagone, paré de chaque côté d'une tache d'un fauve livide. Suture frontale unie ou presque indistinctement subtuberculeuse. Prothorax bissinueusement en arc renversé et à peine rebordé à la base; noir sur son disque, et d'un jaune fauve sur les côtés, avec un point obscur. Elytres à peine élargies postérieurement; d'un fauve jaune ou d'un jaune brun, à suture et stries obscures; parées chacune de deux arcs formés de taches obliques liées ensemble, naissant : l'un du milieu de la base; l'autre, des épaules, et dirigés vers la suture. Intervalles presque impointillés; subdéprimés antérieurement : les deuxième et troisième surtout, convexement relevés vers l'extrémité. Premier article des tarses postérieurs à peu près aussi long que les trois suivants réunis.*

♂. Suture frontale transversalement et presque indistinctement subtuberculeuse vers ses extrémités; munie dans son milieu d'un rudiment de tubercule à peine plus apparent. Epistome chargé sur son disque d'une faible gibbosité, souvent longitudinalement subcaréniforme et prolongé jusqu'à l'espèce de tubercule médiaire avec lequel elle s'unit. Eperon des jambes antérieures plus fort.

♀. Suture frontale indiquée par une raie à peine apparente; sans traces de saillies. Gibbosité du disque de l'épistome peu sensible. Eperon des jambes de devant grêle.

Scarabæus sticticus, Panz. Faun. Germ. 58. 4.—*Id.* Krit. rev. p. 11.
Scarabæus nemoralis, Panz. Faun. Germ. 67. 1.
Aphodius sticticus, Creutz. Ent. Vers. p. 26. 7 et p. 159.—Sturm, Verz. p. 41. 52.
    —*Id.* Deut. Faun. 1. p. 106. 17.—Duftsch. Faun. Aust. 1. p. 113. 29.—Gyll. Ins.
    Suec. 1. p. 23. 16.—Steph. Syn. p. 195. 16.—De Casteln. Hist. t. 2. p. 95. 15.
    —Schmidt, Zeitsch. 2. 1. p. 158. 64.
Aphodius prodromus, Fab. Syst. El. 1. p. 70. 11?—Illig. Mag. t. 1. p. 320 et t. 2. p.
    150.—Schœnh. Syn. Ins. 1. p. 69. 14.—Suckow, Nat. 1. p. 227. 11.

Etat normal des élytres. Arc interne formé de trois taches : la première, peu allongée, presque attenante à la base, sur le cinquième intervalle : la deuxième, presque carrée, au tiers de la longueur, sur le quatrième intervalle, souvent liée à la précédente par une raie obscure qui suit la quatrième strie : la troisième, sur le deuxième intervalle, presque semblable à la précédente avec laquelle elle est unie par la moitié antérieure de son bord latéral. Arc externe composé de cinq taches : la première, double, formée d'une tache presque carrée, située au dessous du calus huméral, sur le septième intervalle, unie à une autre de moitié plus longue, sur le huitième : la deuxième, allongée, double, placée vers le milieu de la longueur des élytres sur les sixième et septième intervalles, et ordinairement liée aux précédentes par un trait obscur qui suit la septième strie : la troisième presque carrée ou peu allongée, située sur le cinquième intervalle, postérieurement à celle du sixième, avec laquelle elle est unie par les angles opposés et formant avec les quatrième et cinquième, placées sur les quatrième et troisième intervalles, un arc ou plutôt une sorte de demi-cercle.

Var. A. **A. Clypeolatus**; Nob. *Chaperon et même prothorax entièrement noirs, avec une transparence fauve ou rougeâtre sur les côtés.*

Var. B. **A. Pallescens**; Nob. *Taches des élytres plus pâles ou souvent en parties effacées.*

Schmidt, l. c. Var. β.

Var. C. **A. Striolatus**; Nob. *Deuxième et troisième taches de l'arc interne liées aux quatrième et cinquième de l'arc externe, par des traits noirs plus ou moins dilatés qui suivent les deuxième, troisième et quatrième stries.*

Var. D. **A. Prolongatus**; Nob. *Première tache de l'arc externe prolongée jusqu'à la deuxième en couvrant le septième intervalle; plus ou moins allongée sur le huitième et souvent dilatée sur le neuvième.*

Var. E. **A. Occellatus**; Nob. *Troisième et cinquième taches de l'arc interne plus allongées postérieurement, dilatées en forme de sixième tache sur le quatrième intervalle, et formant ainsi avec la quatrième tache un cercle complet.*

Var. F. **A. Confusus**; Nob. *Offrant généralement les caractères des Var. C. D. E.; ayant en outre les stries plus obscures ou formant autant de traits noirâtres ou moins dilatés parfois au point de rendre méconnaissable la forme normale. Les élytres ne semblent souvent alors, sur les quatre cinquièmes de leur longueur, qu'un mélange de taches noires et de traits plus ou moins allongés, d'un fauve livide.*

L. $0^m,0039$ à $0^m,0050$ (1 3/4 à 2 1/4^l).—L. $0^m,0018$ à $0^m,0025$ (7/8 à 1 1/8^l).

Chaperon en demi-hexagone; à peine abaissé et peu ou point échancré à son bord antérieur; étroitement rebordé dans sa périphérie; insensiblement relevé à ses angles de devant; sans dilatation bien sensible au côté externe des joues. Tête subdéprimée; noire, avec les bords latéraux de l'épistome largement d'un fauve livide; lisse ou indistinctement subruguleuse sur toute sa surface, et uniformément marquée de petits points assez rapprochés. Yeux bruns. Palpes et antennes d'un fauve livide : ces dernières à massue grise. Prothorax médiocrement échancré en devant; paré d'une bordure d'un fauve

livide ; à angles antérieurs peu avancés ; sensiblement plus large en
arrière qu'en devant ; subarqué sur les côtés et plus, sensiblement près
des angles antérieurs que près des postérieurs qui sont un peu émoussés
et obtusément ouverts ; subobliquement coupé de ceux-ci à la base ;
bissinueusement en arc renversé à cette dernière ; rebordé au côté
interne des angles de devant ; garni latéralement d'un rebord qui se
rétrécit après les angles postérieurs et devient presque indistinct dans
le milieu de la base ; convexe en dessus ; d'un noir luisant sur son
disque, assez largement d'un jaune fauve ou d'un fauve livide sur
les côtés et parfois sur une partie de la base; marqué près du milieu des
bords latéraux d'une tache obscure et subpunctiforme qui disparaît
quand la bordure jaunâtre se trouve rétrécie ; plus ou moins sensiblement pointillé sur toute sa surface, et marqué de points circulaires
moins petits, clairsemés sur le disque et plus nombreux sur les bords
latéraux de celui-ci. Ecusson en triangle curviligne, à base moins
grande que les côtés ; brun ou d'un brun jaunâtre ; luisant ; obsolètement ponctué en devant, lisse ou subcaréné à sa partie postérieure.
Elytres, aux épaules, un peu moins larges que le prothorax dans son
milieu ; une fois au moins aussi longues que lui ; subsinueusement et
très-faiblement élargies jusqu'à la moitié de leur longueur ; curvilinéairement rétrécies de ce point et arrondies à l'extrémité ; médiocrement convexes sur le dos, convexement déclives sur les côtés, et plus
obliquement à leur partie postérieure ; d'un fauve jaune ou d'un fauve
foncé livide, à suture d'un fauve rougeâtre, ou même brunâtre ; à
stries d'un fauve plus obscur ou rougeâtre, légères, étroites, subcrénelées par des strioles transversales ; parées de deux arcs formés de
taches allongées et presque en losange, généralement liées les unes
aux autres : l'un plus court, partant du milieu de la base et subcurvilinéairement dirigé vers le tiers ou les deux cinquièmes de la suture:
l'autre, naissant de l'angle huméral et curviléairement prolongé vers
les deux tiers du bord interne. Intervalles presque impointillés ;
subdéprimés ou déprimés près de la base, la plupart, surtout les
deuxième et troisième, convexement ou subcostalement relevés vers
l'extrémité. Flancs de l'antépectus d'un fauve jaune et plus particulièrement garnis de poils livides, ainsi que les cuisses de devant et
la région anale. Parties pectorales suivantes brunes. Ventre d'un
fauve jaune, parfois un peu obscur. Cuisses d'un fauve livide ou
d'un jaunâtre livide, superficiellement pointillées. Pieds et tarses
d'une teinte légèrement plus rougeâtre. Premier article des tarses
postérieurs à peu près aussi long que les trois suivants réunis.

Cette jolie espèce habite principalement les bois, dans les provinces
tempérées ou septentrionales de la France. Elle m'a été donnée par

M. Chevrolat. Je l'ai prise , vers la fin de l'été , dans la forêt de Saint-Germain près Paris, dans une excursion faite avec M. Boilleau.

Obs. Les stries sont très-étroites ; elles ont à peine le sixième de la largeur des intervalles ; mais par l'effet des strioles dont elles sont crénelées , elles semblent égaler le tiers de la largeur de ceux-ci. Les cinquième et sixième , septième et huitième stries sont graduellement plus courtes et pariales ; parfois les troisième et quatrième sont elles-mêmes un peu raccourcies et subpariales.

L'*Aph. sticticus*, par les taches de son chaperon ; ses élytres d'une teinte plus brunâtre , à stries obscures, à taches généralement obliques , à intervalles juxtasuturaux subcostalement relevés, est facile à reconnaître entre toutes les espèces voisines.

31. A. Consputus; Creutz. *Oblong; faiblement convexe et peu luisant en dessus. Chaperon en demi-hexagone. Suture frontale subtrituberculeuse. Tête et prothorax noirs, avec leurs côtés d'un jaunâtre livide : le second bissinueusement en arc renversé à la base et presque indistinctement rebordé dans le milieu de celle-ci. Élytres d'un jaunâtre livide, couvertes sur la majeure partie de leur surface d'une tache d'un gris obscur et presque métallique, enclosant près de son extrémité une tache punctiforme de la couleur foncière ; à stries étroites et subcrénelées. Intervalles subdéprimés, pointillés. Premier article des tarses postérieurs au moins aussi long que les deux suivants réunis.*

♂. Suture frontale légèrement en relief vers ses extrémités, et quelquefois dans toute sa longueur; munie dans son milieu et un peu en arrière d'un tubercule plus prononcé. Sutures génales peu apparentes. Epistome chargé sur son disque d'une gibbosité obtuse et parfois subcaréniforme. Plaque métasternale concave.

♀. Suture frontale presque indistincte. Gibbosité de l'épistome peu apparente. Plaque métasternale souvent plus largement sillonnée, mais non creusée en fossette.

Aphodius consputus, Creutz. Ent. Vers. p. 41. 11. pl. 1. f. 6. a.—Sturm, Verz. p. 35. 25. a.—*Id.* Deut Faun. 1. p. 98. 12.—Schoenh. Syn. Ins. 1. p. 77. 36.—Suckow, Nat. p. 238. 33.—De Casteln. Hist. 2. p. 97. 43?—Schmidt, Zeitsch. 2. 1. p. 145. 58. *Aphodius prodromus*, Duftsch. Faun Aust. 1. p. 109. 24.

Var. A. **A. Mendicus;** Nob. *Tache des élytres d'un gris obscur, effacée ou peu apparente.*

Creutz. l. c. Var. β.——Sturm, Verz. l. c. Var. —*Id.* Deut. Faun. l.c. Var. a.—Duftsch. l. c. Var. β.—Schoenh. l. c. Var. β. --Suckow, l. c. Var. β.—Schmidt, l. c. Var. β.

Var. B. **A. Metallescens;** Chevrol. inéd. *Tache grise plus pâle , plus métallique et peu nettement limitée vers ses bords avec la couleur jaunâtre livide.*

M. Chevrolat, in collect.

Var. C. **A. Impunctatus**; Nob. *Tache punctiforme d'un jaunâtre livide, nulle ou indistincte vers l'extrémité de la tache d'un gris brunâtre.*

L. 0^m,0045 à 0^m,0050 (2 à 2 1/4^l).—L. 0^m,0022 à 0^m,0026 (1 à 1 1/8^l).

Chaperon en demi-hexagone; peu sensiblement abaissé, tronqué ou à peine échancré à sa partie antérieure; presque uniformément rebordé dans sa périphérie; non relevé aux angles de devant; sans dilatation bien marquée au côté externe des joues qui débordent les yeux et sont obliquement ou arcuément coupées à leur partie postérieure. Tête d'un noir luisant; parée de chaque côté de l'épistome d'une tache d'un jaunâtre livide, quelquefois faiblement transparente; presque lisse, marquée de très-petits points passablement distancés. Yeux bruns. Palpes bruns ou d'un brunâtre livide. Antennes d'un jaunâtre livide, à massue d'un gris obscur. Prothorax faiblement échancré en devant; paré d'une bordure d'un jaunâtre livide; à angles antérieurs très-peu avancés; subarqué sur les côtés; et plus faiblement vers les angles postérieurs qui sont émoussés et obtusément ouverts; subobliquement coupé de ceux-ci à la base; bissubsinueusement en arc renversé à cette dernière; faiblement rebordé au côté interne des angles de devant; garni latéralement d'un rebord très-apparent qui se rétrécit après les angles de derrière, et devient presque indistinct dans le milieu de la partie postérieure; médiocrement convexe en dessus; d'un noir luisant, avec les côtés d'un jaunâtre livide; lisse, finement pointillé et d'une manière un peu plus superficielle sur le dos. Ecusson en triangle curviligne, à côtés un peu plus longs que la base; d'un brun noirâtre, lisse, superficiellement pointillé, parfois subcaréné postérieurement. Elytres, aux épaules, à peine de la largeur du prothorax; près d'une fois aussi longues que lui; subsinueusement élargies jusqu'aux deux tiers de leur longueur, arrondies à l'extrémité; médiocrement ou faiblement convexes sur le dos, subconvexement déclives sur les côtés et plus obliquement à leur partie postérieure; d'un jaunâtre livide, couvertes sur presque toute leur surface d'une tache d'un gris obscur ou, si l'on veut, d'un gris brunâtre et presque métallique, enclosant ou laissant apparaître vers son extrémité une sorte de point jaunâtre; à suture plus obscure; garnies vers le côté externe d'une bordure d'un flave grisâtre ou d'un jaunâtre livide, qui s'élargit vers le bord apical; parées sur la partie grise la plus rapprochée de ce dernier d'une tache punctiforme, d'un jaunâtre livide, et enfin de cette même couleur sur le calus huméral et une partie de la base, et souvent, mais d'une manière linéaire, le long des deux tiers de la suture; à stries très-étroites, crénelées par des strioles tranversales :

légères, mais rendues moins superficielles ou plus profondes par la subconvexité des intervalles : ceux-ci pointillés : les juxta-suturaux plus visiblement convexes vers leur partie postérieure. Dessous du corps d'un noir brunâtre luisant, avec le ventre, au moins en partie, d'un jaune roux livide ; parcimonieusement garni de poils livides moins clairsemés ou plus apparents sur les flancs de l'antépectus, aux cuisses de devant et à la région anale. Plaque métasternale longitudinalement sillonnée. Pieds d'un jaunâtre livide. Cuisses superficiellement et parcimonieusement pointillées. Premier article des tarses postérieurs au moins égal aux deux suivants réunis.

Cette espèce habite principalement les parties tempérées et septentrionales de la France. On la trouve au printemps et dans l'automne, principalement dans les crottins de brebis. Je l'ai prise très-abondamment dans les environs de Lyon et de Besançon.

Obs. Les stries ont environ le sixième de la largeur des premiers intervalles ; elles sont plus superficielles vers leur extrémité : les septième et huitième, et moins brièvement les cinquième et sixième, sont pariales et raccourcies : la neuvième se lie ordinairement avec la cinquième en enclosant les précédentes.

32. **A. Quadriguttatus;** Herbst. *Allongé ; faiblement convexe, lisse et luisant en dessus. Chaperon en demi-hexagone. Suture frontale sans saillies. Tête et prothorax noirs : le dernier bissubsinueusement en arc renversé et presque sans rebord à la base ; paré d'une tache d'un fauve livide aux angles de devant. Elytres noires, ornées chacune de deux taches d'un rouge jaune : l'une à la base, l'autre moins grande et plus arrondie vers les trois quarts de la longueur. Premier article des tarses au moins aussi long que les deux suivants réunis.*

♂. Chaperon peu sensiblement relevé aux angles de devant. Suture frontale indistincte. Epistome chargé sur son disque d'une faible gibbosité subcaréniforme. Prothorax convexe. Plaque métasternale fortement concave. Eperon des jambes de devant subparallèle, tronqué et dilaté au côté interne à l'extrémité.

♀. Chaperon assez largement et sensiblement relevé aux angles de devant. Suture frontale indistincte. Gibbosité de l'épistome plus obtuse et plus affaiblie. Prothorax subconvexe. Plaque métasternale sans concavité. Eperon des jambes de devant grêle, graduellement rétréci de la base à l'extrémité et terminé en pointe.

Scarabœus quadriguttatus, Herbst, Arch. p. 10. 51. pl. 19. f. 13.—*Id.* trad. fr. p. 72. 27. pl. 19. f. 15.— *Id.* Naturg. t. 2. p. 270. 164. pl. 18. f. 8.

Scarabœus quadrimaculatus, Fab. Syst. Ent. p. 19. 70.—*Id.* Spec. 1. p. 21. 86.—*Id.* Mant. 1. p. 10. 94. — *Id.* Ent. Syst. 1. p. 56. 115. — Panz. Naturf. t. 21. p. 3. 3.

pl. 1. f. 5.—*Id.* Ent. Germ. p. 10. 58.—*Id.* Faun. Germ. 23. 10.—GMEL. Linn. Syst. Nat. p. 1551. 84.—OLIV. Ent. t. 1. 5. p. 92. 105. pl. 19. f. 174. a, b.— SCHNEID. Mag. 1. p. 245.—ROSSI. Faun. Etr. 1. p. 9. 20.—*Id.* éd. HELW. 1. p. 9. 20. —CEDERH. Faun. Ingr. Prodr. p. 4. 12.—PAYK. Faun. Suec. 1. p. 55. 30.

Aphodius quadriguttatus, ILLIG. Kæf. Preus. p. 55. 31.—*Id.* Mag. t. 1. p. 50. 31.—LATR. Hist. t. 10. p. 151. 21.—GYLLENH. Ins. Suec. 1. p. 41. 40.—BOIT. Man. 1. p. 525. —GARN. Mem. de la Somme. 1. p. 71. 13.—SCHMIDT, Zeitsch. t. 2. 1. p. 155. 43.

Aphodius quadrimaculatus, STURM, Verz. 1. p. 52. 45.—*Id.* Deutsch. Faun. p. 154. 50. —FAB. Syst. El. 1. p. 78. 42.—SCHOENH. Syn. Ins. 1. p. 82. 57.—BAUD. LAF. Monog. p. 80. 24.—SUCKOW, Nat. p. 247. 54.—DE CASTELN. Hist. t. 2. p. 97. 34.

Aphodius quadripustulatus, DUFTSCH. Faun. Aust. 1. p. 125. 41.

Var. A. A. Angularis; NOB. *Côtés du prothorax parés seulement d'une faible tache aux angles de devant.*

SCHMIDT, l. c. Var. β.

Var. B. A. Cruciatus; NOB. *Tache des élytres dilatées au point de paraître rouges, avec une croix étroite sur leur surface et leur pourtour, noirâtres.*

Aphodius 4-guttatus, ILLIG. Mag. l. c. Var. β.—SCHMIDT, l. c. Var. γ.
Aphodius 4-maculatus, STURM, Deut. Faun. l. c. Var. b.—SUCKOW, l. c. Var. β.

Obs. La citation d'Illiger doit, je pense, trouver ici sa place, quoiqu'il ne parle pas de la croix et ne fasse mention que de la bordure noire. Je n'ai point vu de variété semblable à celle qu'il indique.

L. 0,^{m}0033 à 0^m,0045 (1 1/2 à 2^l).—L. 0,^{m}0017 à 0^m,0022 (3/4 à 1^l).

Chaperon en demi-hexagone; tronqué ou à peine subéchancré et sans abaissement sensible à sa partie antérieure; rebordé dans sa périphérie; faiblement auriculé. Tête subdéprimée; d'un noir luisant; presque uniment marquée de petits points médiocrement rapprochés. Yeux noirs. Palpes et antennes d'un jaune fauve ou d'un rouge jaune livide; massue des dernières, grise. Prothorax faiblement échancré en devant; paré d'une bordure d'un flave livide; à angles antérieurs peu avancés; curvilinéaire d'abord sur les côtés, puis rectilinéairement prolongé jusqu'aux angles de derrière qui sont bien marqués et subrectangulairement ou peu obtusément ouverts; subobliquement coupé de ceux-ci à la base; bissubsinueusement en arc renversé à cette dernière; rebordé latéralement et plus étroitement à sa partie postérieure; médiocrement (♂) ou faiblement (♀) convexe en dessus; d'un noir luisant, avec les côtés d'un rouge jaune; presque uniment et assez densement marqué latéralement, et plus superficiellement sur le disque, de points inégaux : les moins petits peu distinctement circulaires. Écusson triangulaire, à côtés plus longs que la base; noir; lisse, presque impointillé ; longitudinalement caréné, presque rebordé. Elytres, aux épaules, à peu près de la largeur du prothorax ; une fois au moins aussi longues que lui ; curvilinéairement et faiblement élargies de la base à la moitié de leur longueur, pareillement rétrécies à partir de ce point et arrondies à l'extrémité ; subdéprimées sur le dos, subconvexement ou faiblement déclives sur les côtés, et plus abruptement à leur partie postérieure ; d'un noir luisant ; parées chacune de deux taches d'un rouge jaune : l'une irrégulière ou subarrondie, située à la base, depuis l'angle huméral jusqu'au premier intervalle : la seconde, ordinairement moins grande, plus arrondie, placée vers les trois quarts de la longueur, de la sixième ou de la septième strie jusqu'à la deuxième et parfois presque jusqu'à la suture ; à rainurelles étroites, à peine subdentées par des strioles transversales. Intervalles déprimés ou subdéprimés ; lisses, presque indistinctement pointillés. Dessous du corps d'un noir luisant ; garni de poils livides peu nombreux, plus longs ou plus apparents sur les flancs de l'antépectus, aux cuisses de devant et vers la région anale. Plaque métasternale longitudinalement sillonnée. Cuisses d'un jaune rouge, presque impointillées. Jambes et tarses d'un rouge jaune. Premier article des tarses postérieurs aussi long que les deux suivants réunis.

Cette espèce est commune au printemps dans la plupart des provinces de la France

Obs. Les stries ont, près de la base, environ le cinquième de la largeur des premiers intervalles, mais elles sont rétrécies vers leur extrémité : les cinquième et sixième sont ordinairement pariales, et les sept et huitième un peu plus courtes, pariales ou affluentes : les autres presque également subterminales.

33. **A. Sericatus:** Ziegl. Inéd. Schmidt. *Oblong ; médiocrement convexe et peu ou point luisant en dessus. Chaperon en demi-hexagone. Suture frontale subtrituberculeuse. Tête et prothorax noirs ou d'un noir brunâtre et densement ponctués : le dernier marqué de points en partie circulaires; rebordé et bissubsinueusement en arc renversé à la base. Elytres entièrement glabres ; noires ou d'un noir châtain et soyeux ; à stries peu profondes, à peine subcrénelées. Intervalles couverts de rides longitudinales très-fines, ou subréticuleusement et obsolètement ponctués. Premier article des tarses postérieurs au moins aussi long que les deux suivants réunis.*

♂. Suture frontale transversalement ou subtuberculeusement en relief vers ses extrémités où elle se lie aux sutures génales ; munie dans son milieu d'un tubercule plus prononcé. Epistome subruguleux ; subtuberculeusement et obtusément gibbeux sur son disque. Prothorax plus convexe, un peu moins profondément ponctué. Plaque métasternale marquée d'une fossette légère. Eperon des jambes de devant plus fort.

♀. Suture frontale faiblement en relief vers ses extrémités ; munie dans son milieu d'un tubercule rudimentaire, parfois peu distinct. Epistome ruguleux ou rugueux ; obtusément gibbeux sur son disque. Prothorax moins convexe, plus fortement ponctué. Plaque métasternale plane. Eperon des jambes de devant plus grêle et terminé en pointe plus aiguë.

Aphodius sericatus, Schmidt, Zeitsch. t. 2. 1. p. 128. 33.

Var. A **A. Immaturus;** *Dessus du corps et surtout les élytres d'un brun châtain ou même d'un châtain brunâtre.*

L. 0,ᵐ0060 à 0,ᵐ0072 (2 3/4 à 3 1/4ˡ). — L. 0,ᵐ0032 à 0,ᵐ0040 (1 1/2 à 1 3/4ˡ).

Chaperon en demi-hexagone ; abaissé, subéchancré à sa partie antérieure ; rebordé dans sa périphérie, et plus étroitement à la partie échancrée qu'à ses angles antérieurs qui sont sensiblement relevés ; médiocrement ou parfois fortement auriculé. Tête subconvexe ; noire ou d'un noir brunâtre ; presque uniformément et assez densement ponctuée, subruguleusement (♂) ou ruguleusement (♀) sur sa surface, plus inégalement près de son pourtour. Palpes noirs. Antennes brunes ou d'un brun livide, à massue d'un gris noirâtre. Prothorax faiblement échancré en devant, et paré d'une bordure d'un jaune fauve ; à angles antérieurs émoussés et peu avancés ; curvilinéaire d'abord sur les côtés, puis subrectilinéaire jusqu'aux angles postérieurs qui sont très-émoussés et obtusément ouverts ; curvilinéairement et obliquement coupé de ceux-ci à la base ; bissubsinueusement en arc renversé à celle-ci ; rebordé sur les côtés, et d'une manière plus étroite à sa partie postérieure ; médiocrement convexe en dessus ; noir ou d'un noir brun peu luisant ; densement marqué de points d'inégale grosseur : les moins petits circulaires et peu distinctement ombiliqués ; offrant rarement les très-faibles traces d'une partie de sillon dorsal ou d'une ligne lisse. Ecusson en triangle curviligne et équilatéral, ou à bords latéraux à peine aussi longs que la base ; d'un noir brun presque mat ; densement ponctué à sa partie antérieure, lisse et le plus souvent subcaréné postérieurement. Elytres, aux épaules, un peu moins larges que le prothorax à ses angles de derrière ; de trois quarts plus longues que lui ; entièrement glabres ; subcurvilinéairement élargies jusqu'à la moitié au moins de leur longueur, plus curvilinéairement rétrécies et arrondies à l'extrémité ; faiblement ou médiocrement convexes en dessus ; noires ou d'un noir plus ou moins châtain et soyeux ; à stries ou rainurelles peu profondes, entières ou à peine subdentées par des strioles transversales. Intervalles déprimés, presque indistinctement ruguleux et marqués de petits points irréguliers, souvent allongés, peu profonds et assez rapprochés. Dessous du corps et pieds d'un noir brun, quelquefois d'une couleur plus claire, plus luisante; aspèrement ponctué sur les flancs des parties pectorales; hérissé sur ceux-ci et sur les cuisses antérieures de poils d'un livide jaunâtre. Plaque métasternale assez fortement ponctuée; longitudinalement sillonnée (♂) ou rayée (♀). Cuisses marquées de points assez nombreux. Tarses d'un brun rougeâtre: premier article des postérieurs au moins aussi long ou un peu plus long que les deux suivants réunis.

Cette espèce, signalée par M. Ziegler, a été décrite pour la première fois par M. Schmidt. Elle habite les provinces méridionales de la France. On la trouve en grande abondance pendant l'été dans les pâturages élevés que parcourent les moutons dans la chaîne des Alpes, depuis la Grande-Chartreuse jusqu'à la mer. Elle m'a été envoyée de Gap, par M. Rouix; de Draguignan, par M. Doublier; de Marseille, par M. Solier. Elle a également été prise dans les Pyrénées, par M. Charles Boilleau.

Obs. Les stries ou rainurelles sont peu profondes, légèrement subdentées par des strioles transversales; leur largeur égale à peine le cinquième de celle des premiers intervalles; les troisième à sixième ou septième stries sont graduellement plus courtes, libres ou variablement pariales.

L'*Aph. sericatus* se distingue de l'*obscurus*, par la surface plus lisse de sa tête et de son prothorax; par les points de cette dernière partie, moins profonds et moins indistinctement ombiliqués; par les intervalles des élytres, obsolètement et finement ponctués et garnis de rides presque indistinctes qui leur donnent cette apparence soyeuse à laquelle l'espèce doit son nom. Dans l'*Aph. obscurus*, au contraire, les rides sont fortes, très-visibles; les points plus gros, plus profonds et souvent liés les uns aux autres de manière à produire des sortes de stries longitudinales.

34. A. Obscurus; Fab. *Oblong; médiocrement convexe et peu ou point luisant en dessus. Chaperon en demi-hexagone. Suture frontale subtriiuberculeuse. Tête et prothorax noirs, densement et ruguleusement ponctués: le dernier marqué de points en grande partie circulaires; rebordé et bissubsinueusement en arc renversé à sa partie postérieure. Elytres brièvement garnies de poils dans leur seconde moitié; d'un brun noirâtre à la base, et généralement d'une teinte plus claire vers l'extrémité; à stries peu profondes, à peine subcrénelées. Intervalles larges, ruguleusement ou réticuleusement et fortement ponctués. Premier article des tarses postérieurs au moins aussi long que les deux suivants réunis.*

♂. Suture frontale linéairement ou subtuberculeusement saillante vers ses extrémités où elle se lie aux sutures génales; relevée dans son milieu en un tubercule plus prononcé. Epistome chargé sur son disque d'une gibbosité souvent en forme de carène longitudinale prolongée jusqu'au tubercule médiaire avec lequel elle se confond; muni plus antérieurement d'un relief transversal quelquefois peu apparent. Prothorax plus convexe. Plaque métasternale creusée d'une fossette peu profonde. Eperon des jambes de devant plus fort.

♀. Saillies de la suture frontale moins prononcées. Gibbosité de l'épistome plus faible; relief indistinct. Prothorax moins convexe. Plaque métasternale plane. Eperon des jambes de devant plus grêle.

Scarabæus obscurus, FAB. Ent. Syst. t. 1. p. 23. 79.—PANZER, Ent Germ. p. 4. 13.

Aphodius thermicola, STURM, Verz. p. 44. 55. pl. 2. f. t. T. U.

Aphodius obscurus, FAB. Syst. El. t. 1. p. 71. 14.—PANZER, Faun. Germ. 91. 1.—STURM Deut. Faun. t. 1. p. 117. 22.—DUFTSCH. Faun. Aust. t. 1. p. 99. 15 Var. β.—SUCKOW Nat. p. 227. 14.—DE CASTELN. Hist. t. 2. p. 95. 12.—SCHMIDT, Zeitsch. t. 2. 1. p. 128. 36.

Var. A. A. Meridionalis; NOB. *E'ytres de couleur marron ou d'un brun rouge, avec l'extrémité graduellement plus claire.*

STURM, Deut. Faun. l. c. Var. b.—DUFTSCH. l. c. Var. z.—SCHMIDT, l. c. Var. β.

L. 0,^{m}0056 à 0^m,0067 (2 1/2 à 3^l)—L. 0,^{m}0022 à 0,^{m}0028 (1 à 1 1/4^l).

Chaperon en demi-hexagone; légèrement abaissé et subéchancré à sa partie antérieure; rebordé dans sa périphérie et un peu plus étroitement dans la partie échancrée; à peine relevé aux angles antérieurs; médiocrement auriculé. Tête subconvexe: d'un noir peu ou point luisant; densement et rugueusement ponctuée sur l'épistome et surtout près des bords de celui-ci, d'une manière plus unie sur le front. Yeux et palpes bruns ou noirâtres. Antennes d'un brun livide, à massue brune. Prothorax légèrement échancré en devant; paré d'une bordure d'un cendré rougeâtre livide; à angles antérieurs peu avancés et passablement émoussés; subcurvilinéairement d'abord, puis rectilinéairement et faiblement élargi d'avant en arrière jusqu'aux angles postérieurs qui sont à peine émoussés et obtusément ouverts; bissubsinueusement en arc renversé à la base; rebordé sur les côtés, et d'une manière sensiblement plus étroite à son bord postérieur; médiocrement convexe en dessus: d'un noir peu ou point luisant; ruguleusement couvert de points presque confluents et d'inégale grosseur, en grande partie circulaires, peu ou point ombiliqués; offrant quelquefois longitudinalement dans son milieu une trace ou ligne lisse. Ecusson en triangle curviligne et équilatéral, ou offrant des côtés à peine aussi longs que la base; d'un noir mat;

marqué d'assez gros points en devant, le plus souvent presque lisse ;
subcaréné et paré d'une transparence rougeâtre à sa partie postérieure ; quelquefois rayé ou comme rebordé sur les côtés. Élytres un
peu moins larges à la base que le prothorax à ses angles postérieurs ;
presque une fois aussi longues que ce dernier : subcurvilinéairement
élargies jusqu'à la moitié au moins de leur longueur, puis curvilinéairement rétrécies et arrondies à leur extrémité ; faiblement ou médiocrement convexes en dessus ; soit d'un brun noirâtre passant souvent
graduellement au brun rouge, soit d'un brun marron plus clair vers
l'extrémité ; hérissées près de celle-ci de poils grisâtres, très-courts,
peu distincts et parfois usés ; à stries ou rainurelles très-peu profondes
ou superficielles, subdentées par des strioles transversales et postérieurement affaiblies ou oblitérées. Intervalles déprimés ; rugueusement et densement ponctués, ou couverts de points profonds souvent
confluents et substrialement disposés ou séparés par des sortes de
lignes élevées formant une espèce de réseau. Dessous du corps noir ou
d'un brun noirâtre peu ou point luisant ; parcimonieusement hérissé
de longs poils, principalement sur les flancs de l'antépectus et vers la
région anale : ceux-ci aspèrement ponctués. Plaque métasternale
longitudinalement sillonnée ; glabre, ciliée dans son pourtour et
marquée de points plus gros que sur son disque. Cuisses et jambes
d'un brun plus ou moins rougeâtre ou même d'un rouge brun : celles-
là ciliées et marquées de points peu profonds. Tarses d'un rouge brun,
graduellement plus clair : premier article des postérieurs un peu
plus long que les deux suivants réunis.

Cette espèce habite quelques-unes de nos provinces méridionales.
Je l'ai reçue de Béziers, de M. Gaubil. On la trouve principalement sur
la fin de l'été et dans l'automne. Elle est facile à distinguer de l'*Aph.
sericatus*, par ses élytres postérieurement hérissées de poils courts,
ayant des stries d'une disposition différente et des intervalles plus
rugueux et plus fortement ponctués.

Obs. Les stries ont environ le quart de la largeur des premiers
intervalles ; les rainurelles sont affaiblies, souvent oblitérées, confuses
ou peu distinctes vers l'extrémité : les deuxième, troisième, neuvième,
et souvent quatrième, sont presque également subterminales : les
quatrième ou cinquième à huitième, graduellement plus courtes et
variablement affluentes ou pariales : quelques-unes de ces dernières
sont cependant parfois plus prolongées que celles avec lesquelles elles
se lient.

Le nom de *thermicola* adopté par M. Sturm avait été appliqué
pour la première fois par Creutzer à un individu pris dans les environs
des bains de Bade.

55. A. A. Porcus: Fab. *Oblong; faiblement convexe et médiocrement luisant en dessus. Chaperon presque en demi-cercle. Suture frontale trituberculeuse. Tête et prothorax noirs; densement ponctués; ce dernier, rebordé et bissubsinueusement en arc renversé à la base. Élytres d'un rouge brun violâtre; à rainurelles larges, entières, presque sans stries transversales et garnies de rebords lisses et unis. Intervalles marqués de points subbistrialement liés les uns aux autres et laissant entre eux un relief irrégulier, ou formé de guillochis. Premier article des tarses postérieurs à peine aussi long que les deux suivants réunis.*

♂. Suture frontale obtusément tuberculeuse vers ses extrémités, munie dans son milieu d'un tubercule plus aigu et plus saillant. Épistome chargé sur son disque d'un relief subarqué ou transversal. Prothorax plus convexe. Éperon des jambes de devant terminé en pointe plus obtuse.

♀. Suture frontale chargée de trois tubercules obtus, peu prononcés, presque égaux. Relief de l'épistome presque oblitéré ou indistinct. Prothorax moins convexe. Éperon des jambes de devant terminé en pointe plus aiguë.

Scarabæus porcus, Fab. Mant. 1. p. 8. 67.—*Id.* Ent. Syst. 1. p. 26. 82.—Panz. Ent. Germ. p. 4. 14.

Scarabæus putridus, Braun, Rhein. Mag. p. 674. 26?

Scarabæus anachoreta, Panz. Faun. Germ. 55. 1.—*Id.* Krit. rev. p. 11.

Scarabæus turpis, Marsham, Ent. Brit. p. 15. 21.

Aphodius porcus, Illig. Kæf. Preus. p. 51. 22.—Sturm, Verz. p. 27. 15.—*Id.* Deut. Faun. 1. p. 89. 6.—Fab. Syst. El. 1. p. 71. 16.—Schœnh. Syn. Ins. 1. p. 70. 16. —Latr. Hist. t. 10. p. 124. 12.—Duftsch. Faun. Aust. 1. p. 116. 25.—Suckow, Nat. p. 228. 16.—Boit. Mar. 1. 520.—Steph. Syn. p. 199. 52.—De Casteln. Hist. t. 2. 95. 15.—Schmidt, Zeitsch. t. 2. 1. p. 151. 59.

Var. A. **A. Hœmorrhoideus;** Nob. *Anus rouge.*

Var. B. **A. Ruficrus;** Nob. *Angles du prothorax, élytres et pieds entièrement d'un rouge brunâtre.*

Schmidt. l. c. Var β.

L. 0,^m 0034 à 0,^m 0055 (1 1/2 à 2 1/2^l).—L. 0,^m 0017 à 0,^m 0028 (5/4 à 1 1/4^l).

Chaperon presque en demi-cercle; à peine abaissé et subéchancré à sa partie antérieure; rebordé dans sa périphérie; faiblement relevé aux angles de devant; peu ou point auriculé. Tête subdéprimée; d'un noir médiocrement luisant; ruguleusement couverte de points assez gros et presque confluents. Yeux bruns. Palpes d'un brun-livide. Antennes d'un rouge ferrugineux livide; à massue grise ou d'un gris rougeâtre. Prothorax faiblement échancré en devant, et paré d'une bordure d'un

rouge jaunâtre ; à angles antérieurs médiocrement avancés et assez
aigus ; subarcuément et sensiblement élargi d'avant en arrière,
jusqu'aux angles postérieurs qui sont très-émoussés et très-obtusément
ouverts ; subcurvilinéairement coupé de ceux-ci à la base ; bissubsinueusement en arc renversé à cette dernière ; rebordé sur les côtés,
et plus étroitement à sa partie postérieure ; convexe ($\mathcal{O}^{7}$) ou médiocrement convexe ($\mathcal{Q}$) ; d'un noir peu luisant ; presque uniformément
couvert de points assez gros , peu distinctement circulaires, presque
confluents sur les côtés, un peu moins serrés sur le disque ; souvent
longitudinalement marqué sur le milieu de celui-ci, d'une ligne lisse
plus ou moins prolongée. Ecusson en triangle subcurviligne, à côtés
plus grands que la base ; d'un noir assez luisant ; ponctué à la partie
antérieure ; lisse, imponctué et souvent subcaréné postérieurement.
Elytres, aux épaules, un peu moins larges que le prothorax à ses
angles de derrière ; une fois au moins aussi longues que lui ; subsinueusement et très-faiblement élargies des épaules aux trois cinquièmes de
leur longueur ; curvilinéairement rétrécies à partir de ce point et
arrondies à l'extrémité ; subdéprimées en dessus sur le dos, convexement déclives sur les côtés, et plus faiblement ou plus obliquement
à leur partie postérieure ; d'un rouge violâtre médiocrement luisant; à
rainurelles larges, presque indistinctement rayées par des strioles
transversales, ni dentées ni crénelées par celles-ci et garnies de rebords
lisses ordinairement plus élevés que les intervalles. Ceux-ci marqués
chacun de points allongés ou obliques longitudinalement ou subbistrialement liés ensemble pour la plupart, et laissant entre eux , en
relief, une sorte de côte ou de ligne élevée , et comme composée de
guillochis. Dessous du corps d'un noir luisant. Flancs des parties pectorales , ceux de l'antépectus surtout, aspèrement ponctués ; ceux-ci
principalement garnis ainsi que les cuisses de devant de poils jaunâtres
dorés. Plaque métasternale pointillée , longitudinalement sillonnée et
marquée postérieurement d'une impression transversale. Ventre
ruguleusement marqué de petits points assez serrés et peu profonds.
Région anale plus longuement garnie de poils. Cuisses noires, lisses ,
luisantes, parsemées de petits points. Jambes d'un rouge ferrugineux
quelquefois plus ou moins obscur. Tarses d'un rouge ferrugineux
généralement plus pâle : premier article des postérieurs à peine aussi
long que les deux suivants réunis.

Cette espèce habite une assez grande partie des provinces de la
France, depuis le Languedoc jusqu'à Paris et même un peu plus au
nord. Elle est médiocrement commune partout.

Obs. Les rainurelles égalent à peu près la moitié de la largeur des
premiers intervalles : les deuxième, troisième, sixième et neuvième

sont presque également subterminales; souvent la sixième est postérieurement liée à la troisième ou à la neuvième, et quelquefois à toutes les deux, et ainsi se trouvent encloses les quatrième et cinquième, septième et huitième, qui sont plus courtes et pariales.

La rainurelle juxtasuturale offre plus distinctement que les autres des strioles transversales, et les intervalles les plus externes sont plus uniment ponctués ou offrent peu distinctement le relief dont les autres sont parés; malgré ces modifications cette espèce est facile à reconnaître entre toutes les autres de ce genre.

Genre *Acrossus*, Acrosse; Nob.

(ἄκροσσος, sans rebord).

Caractères. Corps oblong ou allongé, médiocrement ou faiblement convexe en dessus. Chaperon en demi-cercle, parfois légèrement subtronqué en devant; sans dilatation semi-circulaire sensible latéralement; offrant parfois ses côtés directement prolongés jusqu'aux yeux, mais ordinairement coupé transversalement à la partie postérieure des joues qui débordent ces organes. Lobe supérieur des mâchoires très-développé et courbé du côté interne. Palpes maxillaires allongés; le dernier article filiforme : le deuxième presque aussi long, renflé vers l'extrémité. Palpes labiaux grêles, cylindriques ou filiformes, décroissant graduellement de longueur et de grosseur. Prothorax sans rebord à la base ou du moins dans le milieu de celle-ci. Ecusson court Elytres médiocrement ou faiblement convexes; ordinairement glabres; quelquefois garnies de poils mais seulement alors à leur partie postérieure; arrondies à leur extrémité. Premier article des tarses postérieurs de grandeur variable.

1. A. Discus: Jurine. Inéd. Schmidt. *Allongé; médiocrement convexe et assez luisant en dessus. Chaperon en demi-cercle, subtransversalement coupé à la partie postérieure des joues; noirâtre, avec le bord d'un rouge brun. Suture frontale presque sans traces de saillies. Prothorax bissubsinueusement en arc renversé et sans rebord à la base; densement ponctué; noirâtre avec les côtés d'un brun rouge. Elytres peu uniformément d'un brun noirâtre, souvent avec des taches d'un brun rouge plus ou moins distinctes; à rainurelles légèrement subdentées. Intervalles déprimés, finement ponctués. Premier article des tarses postérieurs à peine aussi long que les deux suivants réunis.*

♂. Suture frontale ordinairement indiquée seulement par une raie plus ou moins apparente, offrant parfois les traces presque indistinctes de trois saillies rudimentaires, ou d'autres fois presque insensiblement

en relief sur toute sa longueur. Epistome moins ruguleusement ponctué. Prothorax plus convexe. Eperon des jambes de devant plus fort
et plus court.

♀. Suture frontale sans traces distinctes de saillies. Epistome plus
ruguleusement ponctué. Prothorax moins convexe. Eperon des jambes
de devant plus long et plus grêle.

Aphodius discus, Schmidt, Zeitsch. t. 2. 1. p. 127. 34.

Var. A. A. Cyclocephalus; Nob. *Tête et prothorax d'un brun noirâtre.
Elytres d'un brun rouge, souvent plus clair vers l'extrémité.*

L. 0^m,0061 à 0,^m0067 (2 3/4 à 3^l) —L. 0,^m0030 à 0,^m0033 (1 3/8 à 1 1/2^l).

Chaperon en demi-cercle; sans échancrure ni abaissement sensible
à sa partie antérieure; sans dilatation semi-circulaire au côté externe
des joues, dont la partie postérieure est obliquement ou subtransversalement coupée au devant des yeux qu'elle déborde. Tête subconvexe,
subruguleusement couverte de points confluents; peu luisante; noirâtre sur son disque, graduellement d'un rouge brun dans le pourtour
du chaperon. Yeux noirâtres. Palpes brunâtres. Antennes d'un rouge
brunâtre livide, à massue d'un gris obscur. Prothorax faiblement
échancré en devant; obscurément garni d'une bordure d'un fauve rouge
livide; à angles antérieurs peu avancés; curvilinéaire sur les côtés de
ceux-ci, puis subrectilinéairement prolongé jusqu'aux angles postérieurs qui sont très-émoussés et peu obtusément ouverts; subobliquement coupé de ceux-ci à la base; bissinueusement et faiblement en
arc renversé à cette dernière; légèrement rebordé au côté interne des
angles de devant; garni latéralement d'un rebord assez fort qui s'efface après les angles postérieurs; médiocrement convexe en dessus;
densement couvert sur toute sa surface de points circulaires plus parcimonieusement entremêlés d'autres plus petits; marqué latéralement
au devant des angles de derrière d'une dépression parfois peu ou point
prononcée; noirâtre avec les côtés graduellement d'un rouge brun.
Ecusson en triangle curviligne et à peu près équilatéral; noirâtre;
rarement d'un rouge brun; légèrement tuilé; peu ou point subruguleusement ponctué, lisse près des bords. Elytres, aux épaules, un peu
moins larges que le prothorax; au moins une fois aussi longues que
lui; subsinueusement et faiblement élargies jusqu'aux trois cinquièmes
de leur longueur; curvilinéairement rétrécies à partir de ce point et
arrondies à l'extrémité; médiocrement convexes en dessus, convexement déclives sur les côtés et à leur partie postérieure; d'un brun
noirâtre, souvent parsemées de taches d'un brun rouge, plus ou moins

distinctes; à stries ou rainurelles étroites, parfois presque sans dentelures, quelquefois légèrement ou sensiblement dentées. Intervalles
subdéprimés; lisses, ou presque indistinctement subruguleux; fortement pointillés. Dessous du corps d'un noir brunâtre médiocrement
luisant, avec le ventre ou du moins l'extrémité de celui-ci d'un brun
rouge; garni plus particulièrement sur les flancs de l'antépectus, aux
cuisses de devant, autour de la plaque métasternale, et plus longuement
vers la région anale, de poils d'un jaune livide. Plaque métasternale
longitudinalement sillonnée. Cuisses brunes ou d'un brun rougeâtre;
parcimonieusement et finement ponctuées. Jambes d'un rouge brun ou
d'un rouge brun livide. Tarses généralement un peu plus pâles : premier article des postérieurs un peu moins long ou à peine aussi long
que les deux suivants réunis.

Cette espèce est rare dans notre patrie. J'en ai reçu de M. Solier un
exemplaire venant du Piémont. Elle a été prise par M. Charles Boilleau
à Bagnère-de-Luchon, et par M. Claudius Rey sur les montagnes limi-
trophes entre la France et la Savoie. M. Foudras et moi l'avons trouvée
dans les environs de Lyon.

Obs. Les stries ont environ le sixième de la largeur des premiers
intervalles; les cinquième et sixième sont plus courtes et pariales;
quelquefois les troisième et quatrième, et même les septième et
huitième, un peu plus allongées, le sont également : l'une de ces
dernières se prolonge ordinairement alors jusqu'à la deuxième, avec
laquelle elle s'unit. Parfois cette disposition est troublée par l'oblitération ou le raccourcissement des septième et huitième ou de l'une
d'elles La sixième, dans ce cas, se montre libre ou variablement liée
à la septième.

L'*Acr. discus* n'a point la partie postérieure des joues aussi transversalement coupée que les espèces suivantes Il se distingue du *rufipes*
par sa taille plus petite; sa tête et son prothorax fortement ponctués;
ses intervalles déprimés, plus visiblement pointillés, etc.

2 A. Rufipes : Linn. *Allongé; médiocrement convexe et d'un noir
luisant en dessus. Chaperon en demi-cercle; transversalement coupé à la
partie postérieure des joues. Suture frontale sans saillies. Prothorax
bissinueusement en arc renversé à la base, et sans rebord dans le milieu de
celle-ci; lisse ou pointillé sur son disque. Elytres subsinueusement et faiblement élargies jusqu'aux deux tiers de leur longueur; à rainurelles
étroites et subdentées. Intervalles lisses et subconvexes. Premier article des
tarses postérieurs aussi long que les trois suivants réunis.*

♂. Suture frontale sans saillies. Epistome peu sensiblement subtu-

berculeux sur son disque. Plaque métasternale faiblement subconcave.
Eperon des jambes de devant plus fort.

♀. Suture frontale sans traces de saillies. Epistome moins sensiblement subtuberculeux sur son disque. Plaque métasternale plane.
Eperon des jambes de devant plus grêle.

Scarabæus rufipes, Linn. Faun. Suec. 159. 403.—*Id.* Syst. Nat. p. 559. 86.—Muller,
Zool. Dan. Prodr. p. 55. 469.—Fab. Syst. Ent. p. 19. 68.—*Id.* Spec. t. 1. p. 20. 84.
—*Id.* Mant. 1. p. 10. 92.—*Id.* Ent. Syst. 1. p. 54. 110.—Gmel. Linn. Syst. Nat.
p. 1552. 86.—De Vill. C. Linn. Ent. 1. p. 36. 60. — Oliv. Ent. 1. 3. p. 87. 94. pl.
18. f. 171.—Rossi, Mant. 1. p. 8. 8.—Gederh. Faun. Ingr. Pr. p. 4. 11.

Scarabæus oblongus, Schrank, Enum. p. 17. 27.—*Id.* Faun. Boic. p. 381. 352.—Herbst.
Nat. t. 2. p. 261. 159. pl. 18. f. 2. (*rufipes*).—Panz. Ent. Germ. p. 9. 34.—*Id.*
Faun. Germ. 47. 10.

Copris rufipes , Oliv. Encycl. méth. t. 5. p. 148. 19.

Aphodius rufipes, Fab. Syst. El. 1. p. 76. 35.—Illig. Mag. t. 3. 150.—Schœnh. Syn. Ins.
1. p. 79. 49.—Duftsch. Faun. Aust. 1. p. 115 52.—Baud. Laf. Mon. p. 75. 17.
—Suckow, Nat. p. 243. 48.—Steph. Syn. p. 200. 35.—Garn. Mém. de la Somme,
t. 1. p. 71. 15.

Var. A. **A. Oblongus;** Scopoli. *Dessus du corps de couleur de poix ou d'un brun rougeâtre avec les élytres d'une teinte plus claire.*

Scarabæus oblongus, Scopoli, Ent. Carn. p. 8. 19.—Moll. Nat. Brief. 1. p. 171.
—Scriba, Beytr. 1. p. 36. 6. pl. 4. f. 6. 6, a.—Gmel. Linn. Syst. Nat. p. 1553. 212.
—Braum, Rhein. Mag. p. 663. 11.—Payk. Faun. Suec. 1. p. 15. 18.—Tigny, Hist.
t. 5. 241.

Scarabæus capitatus, De Geer, Mém. t. 4. p. 263. 7. pl. 10. f. 7.—Retz. Spec. p. 121.
718.

Scarabæus rufipes, Marsh. Ent. Brit. p. 25. 42.

Aphodius oblongus , Illig. Kæf. Preus. p. 19. 2.— Creutz. Ent. Vers. p. 17.—Latr. Hist.
t. 10. p 129. 18.—Boit, Man. 1. p. 322.

Aphodius rufipes, Sturm, Verz. p. 22. 8.—*Id.* Deut. Faun. 1. p. 133. 33.—Gyll. Ins.
Suec. 1. p. 31. 27.—Zetterst. Faun. Lap. p. 182. 13.—Schmidt, Zeitsch. t. 2. 1.
p. 167. 71.

Var. B. **A. Juvenilis;** Nob. *Dessus du corps entièrement d'un rouge brun.*

Gyllhen. l. c. Var. b.—Zetterst. l. c. Var. b.

Long. 0^m,0112 à 0^m0135 (5 à 6^l).—**Larg.** 0^m,0045 à 0^m0056 (2 à 2 1/2^l).

Chaperon en demi-cercle ; rebordé dans sa périphérie ; sans dilatation auriculaire au côté externe des joues ; transversalement coupé
au côté postérieur de celles-ci ; débordant fortement les yeux. Tête
noire, ou d'un brun noirâtre passablement luisant, parée dans le
dernier cas d'une transparence d'un brun rouge près des bords ;

presque lisse ou subruguleusement pointillée. Yeux noirâtres. Palpes et antennes d'un rougeâtre livide ; massue de celles-ci d'un rouge jaune. Prothorax médiocrement échancré en devant ; garni d'une bordure obscurément d'un rouge livide ; à angles antérieurs émoussés et peu saillants ; subcurvilinéaire sur les côtés de ceux-ci, puis subrectilinéairement prolongé jusqu'aux angles postérieurs qui sont émoussés et subrectangulairement ouverts ; subobliquement coupé de ceux-ci à la base, bissinueusement en arc renversé à cette dernière ; légèrement rebordé au côté interne des angles de devant, garni latéralement d'un assez large rebord qui s'efface après les angles postérieurs ; médiocrement convexe en dessus ; d'un noir brunâtre passant graduellement au brun ou au brun rougeâtre sur les côtés ; assez densement et peu profondément ponctué près de ceux-ci, lisse ou superficiellement pointillé sur le reste de sa surface. Ecusson en triangle curviligne, à côtés plus longs que la base ; brun ou d'un brun rougeâtre ; lisse, presque impointillé. Elytres, aux épaules, à peine aussi larges ou un peu moins larges que le prothorax ; une fois et demie aussi longues que lui ; subsinueusement et sensiblement élargies jusqu'aux deux tiers de leur longueur, arrondies à l'extrémité ; faiblement convexes sur le dos, convexement déclives sur les côtés, plus abruptement et plus rectilinéairement à leur partie postérieure ; d'un noir brunâtre, plus ordinairement brunes ou d'un brun rougeâtre assez luisant ; à stries étroites, légères et subdentées. Intervalles subdéprimés ou parfois subconvexes, surtout vers l'extrémité ; lisses, superficiellement ou presque indistinctement pointillés. Dessous du corps d'un brun rouge ou d'un rouge brun ; presque glabre, plus particulièrement garni de poils d'un jaunâtre livide sur les flancs des parties pectorales, aux cuisses de devant et vers la région anale. Flancs des parties pectorales aspèrement ponctués. Plaque métasternale longitudinalement sillonnée. Pieds d'un brun rouge. Cuisses marquées de petits points assez nombreux. Premier article des tarses postérieurs aussi long que les trois suivants réunis.

Cette espèce est commune dans la plupart des provinces de la France.

Obs. Les stries ont environ le septième de la largeur des premiers intervalles : les cinquième et sixième sont ordinairement plus courtes et pariales ; mais souvent les quatrième à septième sont inégalement plus courtes et variablement liées ensemble. Les huitième et neuvième sont généralement prolongées parallèlement au dessous des précédents presque jusqu'à la troisième, et souvent pariales.

Quelques auteurs, entre autres Hoppe, dans son Enumeratio, p. 26, ont voulu rapporter le *Scar. oblongus* de Scopoli, à l'un des genres de la famille des Melolonthins ; mais Creutzer a fait très-judicieusement observer que ceux qui émettaient cette opinion avaient peu médité sur les indications suivantes données par l'Entomologiste de la Carniole : 1° l'analogie existante entre le faciès du *Sc. oblongus* et du *Tenebrio molitor* ; 2° le chaperon arrondi et armé de deux dents à sa partie postérieure (c'est-à-dire coupé transversalement à la partie postérieure des joues), caractères qui suffisent pour justifier la synonymie que nous avons donnée.

3. **A. Luridus;** Fab. *Oblong ; faiblement convexe et médiocrement luisant en dessus. Chaperon en demi-cercle ; transversalement coupé à la partie postérieure des joues. Suture frontale sans saillies. Tête et prothorax noirs et finement ponctués : le dernier bissubsinueusement en arc renversé et sans rebord à la base. Elytres d'un gris jaune, à suture et rainurelles noires ; parées sur les intervalles de traits de cette couleur, disposés alternativement en avant et en arrière sur deux rangées obliques et divergentes dirigées de l'épaule vers la suture. Premier article des tarses postérieurs aussi long que les trois suivants réunis.*

♂. Suture frontale presque indistinctement élevée vers ses extrémités. Epistome faiblement gibbeux sur son disque. Tête et prothorax plus superficiellement ponctués : celui-ci plus convexe. Plaque métasternale plane ou légèrement subconcave. Eperon des jambes de devant parallèle, tronqué à son extrémité et fortement courbé en dessous.

♀. Suture frontale généralement sans saillie distincte. Epistome plus faiblement gibbeux. Tête et prothorax garnis de points plus marqués : celui-ci moins convexe. Plaque métasternale faiblement bombée. Eperon des jambes de devant subhorizontal, graduellement rétréci de la base à l'extrémité.

Scarabaeus luridus, Fab. Syst. Ent. p. 19. 69.—*Id.* Spec. 1. p. 17. 69 —*Id.* Mant. 1. p. 9. 76.—*Id.* Ent. Syst. p. 29. 91.—Gmel. Lin. Syst. Nat. p 1546. 174.—De Vill. C. Linn. Ent. 1. p. 20. 25 et t. 4. p. 200.—Herbst, Natursyst. t. 2. p. 264. 160. pl. 18. f. 5.—Rossi, Faun. Etr. t. 1. p. 7. 14.—*Id.* éd. Helw. p. 6. 14.—Schneid. Mag. 1. p. 260. 8.—Panz. Ent. Germ. p. 7. 25.—*Id.* Faun. Germ. 47. 6.—*Id.* Krit. rev. p. 15.—Hoppe, Enum. p. 26.—Payk. Faun. Suec. t. 1. p. 13. 16.—Schrank, Faun. Boic. t. 1. p. 385. 329.—Marsh. Ent. Brit. p. 27. 45.

Aphodius rufipes, Illig. Kæf. Preus. p. 28. 18. Var. γ.—Latr. Hist. t. 10. p. 130. Var.

Aphodius luridus, Fab. Syst. El. t. 1. p. 76. 57.—Illig. Mag. p. 323.—Sturm, Deut. Faun. t. 1. p. 135. 35.—Gyll. Ins. Suec. t. 1. p. 33. 30.—Baud Laf. Mon. p. 79. —Latr. Nouv. Dict. t. 2. p. 231.—Steph. Syn. p. 201. 38.—Garn. Mém. de la Somme, t. 1. p. 71. 18.—De Casteln. Hist. t. 2. p. 97. 42.—Schmidt, Zeitsch. t. 2. 1. p. 167. 72.

Aphodius nigripes, Schœnh. Syn. Ins. t. 1. p. 80. 50. Var. γ. —Duftsch. Faun. Aust. t. 1. p. 116. 53. Var. z.—Suckow, Nat. p. 244. 49. Var. γ.
Aphodius rufitarsis, Latr. Gen. t. 2. p. 88. Var. C.

Etat normal. Elytres d'un gris jaunâtre, à stries noires, parées de sept taches noires, plus longues que larges, en parallélogramme obliquiangle, disposées sur deux rangées divergentes : la première obliquement dirigée de la partie inférieure du calus huméral vers le milieu de la suture, et composée de trois taches situées sur les septième, cinquième et troisième intervalles : la seconde, formant un arc partant du même point et aboutissant vers les deux tiers de la suture, se composant de quatre taches placées sur les huitième, sixième, quatrième et deuxième intervalles. Souvent les taches des septième et huitième intervalles sont réunies.

Var. A. A. Nigro-sulcatus; Marsh. *Elytres sans taches sur les intervalles.*

Scarabæus nigro-sulcatus, Marsh Ent. Brit. p. 27. 46.
Aphodius lividus, Walck. Faun. Paris. 1. p. 12. 9.
Aphodius luridus, Steph. Synop. p. 201. 29. Var. δ. —Schmidt, l. c. Var. β.

Var. B. A. Interpunctatus; Herbst. *Taches des élytres au dessous du nombre normal.*

Scarabæus interpunctatus, Herbst, Arch. p. 8. 26. pl. 19. f. 11.—Id. trad. fr. p. 71. 22. pl. 19. f. 11.—Schæff. Icon. pl. 26. f. 8.
Aphodius luridus, Panz. Enum. Schæff. Icon.—Schmidt, l. c. Var. γ.
Aphodius nigripes, Suckow, l. c. Var. δ.

Var. C. A. Informis; Nob. *Taches des élytres, petites, irrégulières ou ne présentant pas la forme normale.*

Aphodius luridus. Gyll. l. c. Var. c.

Var. D. A. Intricarius; Nob. *Taches plus allongées que dans l'état normal : les postérieures atteignant celles de la première rangée et s'unissant à elles par leurs angles opposés.*

Schmidt, l. c. Var. δ.

Var. E. A. Connexus; Nob. *Taches de la rangée antérieure prolongées jusqu'à la base, celles de la postérieure s'unissant aux angles inférieurs des précédentes.*

Scarabæus luridus, Oliv. Ent. t. 1. 3. p. 90. 100. pl. 26. f. 168. h
Copris luridus, Oliv. Encycl. méth. t. 5. p. 148. 25.
Aphodius luridus, Schmidt, l. c. Var. ε.

Var. F. A. Variegatus; Herbst. *Taches des deux rangées dilatées et* *prolongées jusqu'à la base, de telle sorte que les élytres semblent couvertes, depuis leur naissance jusques après le milieu, d'une seule tache noire découpée postérieurement.*

Scarabœus variegatus, HERBST, Arch. p. 9. 27. pl. 19. f. 12.—*Id.* trad. fr. p. 71. 22. pl. 19. f. 12.—*Id.* Naturs. t. 2. p. 266. 161. pl. 18. f. 4.—MOLL. Nat. Brief. t. 1. p. 172. 18.—PANZ. Faun. Germ. 47. 8.—*Id.* Krit. rev. p. 21.—MARSH. Ent. Brit. p. 26. 44.

Scarabœus varius, GMEL. Lin. Syst. nat. p. 1553. 209.

Aphodius rufipes, ILLIG. Kæff. Preus. l. c. Var. β.—LATR. Hist. t. 10. p. 130. Var.

Aphodius luridus, GYLL. l. c. Var. b.—STEPHENS, l. c. Var. β.—GARN. l. c. Var.—DE CASTELN. l. c. Var.—SCHMIDT, l. c. Var. ζ.

Aphodius nigripes, SCHŒNH. l. c. Var. β.—DUFTSCH. l. c. Var. β.—SUCKOW, l. c. Var β.

Aphodius rufitarsis, LATR. Gen. l. c. Var. B.

Aphodius variegatus, BOIT. Man. t. 1. p. 322.

Var. G. **A. Apicalis**; NOB. *Elytres noires, avec l'extrémité seule d'un gris jaune.*

Aphodius luridus, SCHMIDT, l. c. Var. η.

Var. H. **A. Lateralis**; NOB. *Elytres noires, moins le milieu du bord externe.*

Aphodius luridus, SCHMIDT, l. c. Var. θ.

Var. I. **A. Gagatinus**; FOURCR. *Elytres entièrement noires.*

Le scarabée jayet, GEOFF. Hist. t. 1. p. 83. 21.

Scarabœus gagatinus, FOURCR. Ent. par. t. 1. p. 10. 21.

Scarabœus gagates, MULLER (Oth). Zool. dan. prod. p. 55. 476.—MOLL. Nat. Brief. t. 1. p. 172.—OLIV. Ent. t. 1. 3. p. 87. 95. pl. 24. f. 213.—TIGNY, Hist. t. 5. p. 242. —SCHRANK, Faun. Boic. p. 388. 517.—MARSH. Ent. Brit. p. 26. 43.

Scarabœus arator, HERBST, Arch. p. 9. 30.

Scarabœus rufipes, HERBST, Natursyst. t. 2. p. 282. 174. pl. 19. f. 3. (*arator*).—PREYSSL. Bœhm. Ins. p. 96. 93. pl. 3. f. 12. a.

Scarabœus nigripes, FAB. Ent. Syst. t. 1. p. 35. 111.—BRAHM, Rhein. Mag. p. 603. 12. —PANZ. Ent. Germ. p. 9. 35.—*Id.* Faun. Germ. 47. 9.

Scarabœus luridus, PAYK. l. c. Var. β.

Copris gagates, OLIV. Encycl. méth. t. 5. p. 148. 20.

Aphodius rufipes, ILLIG. Kæf. Preus. l. c. Var. α.—LATR. Hist. t. 10. p. 129. 19. Var. a. —BOIT. Man. 1. p. 322.—MULS. Lettr. 1. p. 288. 7.

Aphodius nigripes, STURM, Verz. p. 22. 9.—*Id.* Deut. Faun. p. 134. 34.—FAB. Syst. El. t. 1. p. 76. 36.—SCHŒNH. Syn. Ins. l. c. Var. α.—GYLL. Ins. Suec. t. 1. p. 32. 28.—BAUD. Laf. Mon. p. 75. 18. —PANZ. Ind. Ent. p. 11. 26.—SUCKOW, l. c. Var. α. —ZETTERST. Faun. Lap. p. 182. 14.—BOIT. Man. t. 1. p. 322.—STEPH. Syn. p. 201. 38.—GARN. Mém. de la Somme. t. 1. p. 9. 14.—DE CASTELN. Hist. t. 2. p. 96. 39.

Aphodius luridus, LATR. Nouv. Dict. t. 2. p. 231. (*Var. gagates*).—SCHMIDT, l. c. Var. ι.

Aphodius rufitarsis, Latr. Gen. l. c. Var. A.

Var. J. A. Bipaginatus; Nob. *L'une des élytres noire, l'autre d'un gris jaune, avec ou sans taches.*

Aphodius luridus, Schmidt, l. c. Var. x.

Var. K. A. Rufitarsis; Latr. *Entièrement noir, moins les tarses qui sont d'un rouge brun.*

Aphodius rufitarsis, Latr. Gen. l. c. Var. A.

L. 0,^{m}0067 à 0,^{m}0100 (3 à 4 1/2^l).—**L.** 0,^{m}0027 à 0,^{m}0036 (1 1/4 à 1 2/3^l).

Chaperon obtusément en demi-cercle, sans dilatation semi-circulaire au côté externe des joues; subtransversalement coupé à la partie
postérieure de celles-ci au devant des yeux qu'il déborde; rebordé dans
toute sa périphérie et graduellement d'une manière plus forte à son
bord antérieur. Tête subdéprimée en dessus; d'un noir luisant; subruguleuse près de son pourtour. unie sur le reste de sa surface, et
presque uniformément marquée de petits points passablement distancés. Palpes bruns ou d'un brun presque livide. Antennes brunes ou
d'un brun légèrement roussâtre; à massue d'un gris obscur. Prothorax
faiblement échancré en devant, et paré d'une bordure d'un rouge
jaune livide; à angles antérieurs obtus et peu avancés; curvilinéaire
d'abord sur les côtés, puis rectilinéaire jusqu'aux angles postérieurs
qui sont faiblement émoussés et subrectangulairement ouverts; bissubsinueusement en arc renversé à la base; étroitement rebordé au
côté interne des angles de devant; garni sur les côtés d'un rebord
beaucoup plus large, prolongé un peu après les angles postérieurs; faiblement convexe en dessus; d'un noir luisant; presque uniformément
marqué de points un peu moins petits que ceux de la tête. Écusson en
triangle curviligne, à côtés moins longs ou à peine aussi longs que la
base; brun, d'un brun noir ou parfois d'un brun livide; densement
ponctué à sa partie antérieure; lisse ou obsolètement et parcimonieusement ponctué, et quelquefois subcaréné à sa partie opposée. Élytres
un peu moins larges à la base que le prothorax aux angles postérieurs;
de moitié plus longues que lui; subcurvilinéairement élargies de leur
naissance à la moitié de leur longueur; puis curvilinéairement rétrécies ensuite et arrondies à l'extrémité; très-faiblement convexes
en dessus; garnies sur leur tiers postérieur, de poils mi-couchés, d'un
roux livide, courts et parfois indistincts; à suture et rainurelles noires:
celles-ci assez profondes et transversalement rayées par des strioles
qui ne crénèlent pas leurs bords; parées de six à sept taches noires,

allongées, disposées en quinconce sur deux rangées divergentes, de l'épaule au bord interne. Intervalles déprimés, obsolètement et finement ponctués. Dessous du corps noir, luisant, aspèrement ponctué sur les flancs des parties pectorales; hérissé plus densement sur ceux de l'antépectus et sur les cuisses de devant, et plus longuement à l'anus, de poils d'un gris ou d'un fauve livide. Plaque métasternale marquée de points plus gros que les parties voisines, et longitudinalement sillonnée. Cuisses et jambes d'un noir luisant : les quatre postérieures parsemées de gros points. Jambes ciliées de roux à leurs dents externes. Tarses d'un brun rougeâtre ou d'un rouge brun : premier article des postérieurs aussi long que les trois suivants réunis.

Cette espèce est commune dans la plus grande partie des provinces de la France.

Obs. Les rainurelles sont assez profondes, non crénelées, peu ou point denticulées : elles égalent à peu près en largeur le cinquième de celle des premiers intervalles. Les quatrième, cinquième, sixième, et plus rarement septième rainurelles, sont plus courtes : la cinquième est généralement pariale avec l'une de ses voisines; parfois les quatrième, cinquième et sixième sont réunies vers leur extrémité; d'autres fois les quatrième et huitième sont subpariales et enclosent les cinquième et sixième qui sont pariales.

Helwig, le premier, a réuni à la même espèce les principales variétés qui s'y rattachent; malgré ses observations et celles d'Illiger, l'*A. gagatinus* a été pendant longtemps encore regardé par la plupart des Entomologistes comme une espèce particulière.

La fig. 168. pl. 18. de l'Entomologie d'Olivier est ou défectueuse ou s'applique à un autre insecte.

M. Schmidt rapporte avec doute à notre Var. B. l'*Aph. lutarius* de Fabricius; les expressions *elytra crenato striata* employées par le professeur danois semblent indiquer que l'insecte décrit par lui n'appartient pas à cette espèce.

4. **A. Depressus;** Kugel. *Oblong; faiblement convexe et luisant en dessus. Chaperon en demi-cercle; subtransversalement coupé à la partie postérieure des joues. Suture frontale sans saillies. Tête et prothorax noirs; finement ponctués : ce dernier bissubsinueusement en arc renversé et sans rebord à la base. Elytres d'un rouge brunâtre; à stries légères et subcrénelées. Intervalles glabres, subdéprimés, finement ponctués. Premier article des tarses postérieurs au moins aussi long que les trois suivants réunis.*

♂. Suture sans saillies bien distinctes. Epistome faiblement gibbeux

sur son disque. Prothorax plus convexe. Plaque métasternale légèrement subconcave. Eperon des jambes de devant subparallèle et
tronqué à son extrémité.

♀. Suture frontale sans saillies distinctes. Epistome plus faiblement
gibbeux. Prothorax moins convexe. Plaque métasternale plane, ou
faiblement bombée. Eperon des jambes de devant plus grêle et rétréci
de la base à l'extrémité.

Scarabæus depressus, Kugel. Schneid. Mag. p. 262. 11.—Fab. Ent. Syst. t. 4. App.
p. 435—Panz. Ent. Germ. p. 5. 19.—*Id.* Faun. Germ. 59. 1.—Payk. Faun. Suec. 1.
p. 15. 18.

Aphodius depressus, Illig. Kæf. Preus. p. 28. 19.—*Id.* Mag. 1. p. 21. 10.—Sturm, Verz.
p. 25. 13.—*Id.* Deutsch. Faun. p. 156. 56.—Fab. Syst. El. 1. p. 80. 55.—Schoenh.
Syn. Ins. 1. p. 86. 74.—Latr. Hist. t. 10. p. 154. 50.—Gyll. Ins. Suec. 1. p. 55.
29.—Seckow, Nat. p. 254. 71.—Boir. Man. 1. p. 324.—Zetterst. Faun. Lap. p.
183. 15.—*Id.* Ins. Lap. p. 115. 15.—Steph. Syn. p. 201. 57. — De Castln. Hist.
t. 2. p. 97. 35.—Schmidt, Zeitsch. t. 2. 1. p. 169. 73.

Aphodius nigripes, Duftsch. Faun. Aust. 1. p. 116. 55. Var. ɛ.

L. 0^m,0072 à 0^m,0090 (3 1/4 à 4′).— L. 0,^m0039 à 0^m,0045 (1 5/8 à 2′).

Chaperon obtusément en demi-cercle; sans dilatation semi-circulaire au côté externe des joues; subtransversalement coupé à la partie
postérieure de celles-ci au devant des yeux qu'il déborde; étroitement
rebordé dans sa périphérie. Tête subdéprimée; d'un noir luisant;
presque uniment marquée de petits points passablement distancés.
Yeux bruns. Palpes et antennes d'un rouge livide, parfois un peu
brunâtre : massue des dernières d'un gris obscur. Prothorax médiocrement échancré en devant; paré d'une bordure d'un roux livide;
à angles antérieurs assez avancés; curvilinéaire d'abord sur les côtés,
puis rectilinéaire jusqu'aux angles postérieurs qui sont subrectangulairement ouverts et faiblement émoussés; bissubsinueusement en
arc renversé à la base; à peine rebordé au côté interne des angles de
devant; garni latéralement d'un rebord qui s'efface après les angles
postérieurs; faiblement convexe en dessus; d'un noir luisant; marqué
de points presque aussi petits sur le disque que sur la tête, moins
superficiels et en partie un peu plus gros sur les côtés et près de la
base. Ecusson en triangle subcurviligne, à côtés moins longs ou à
peine aussi longs que la base; d'un noir luisant; lisse, presque imponctué. Elytres, aux épaules, moins larges que le prothorax aux angles
postérieurs; de deux tiers plus longues que lui; subcurvilinéairement
élargies de leur naissance à la moitié de leur longueur, curvilinéairement rétrécies à partir de ce point et obtusément arrondies à l'extré-

mité ; subdéprimées sur le dos, convexement déclives sur les côtés et d'une manière plus oblique vers l'extrémité ; d'un rouge brunâtre, à suture plus obscure ; entièrement glabres ; à stries légères, étroites, subcrénelées par des strioles transversales ; déprimées ou faiblement rétuses vers l'extrémité, au dessous de la réunion des cinquième et sixième stries, entre les deuxième à sixième intervalles : ceux-ci subdéprimés ou très-légèrement convexes et rendant alors les stries moins légères en apparence ; finement ponctués. Dessous du corps d'un noir luisant ; aspèrement ponctué sur les flancs de l'antépectus et subaspèrement sur ceux des autres parties pectorales ; parcimonieusement garni de poils livides plus apparents aux cuisses de devant et vers la région anale. Plaque métasternale longitudinalement sillonnée. Cuisses et jambes d'un noir luisant : les premières parcimonieusement ponctuées. Tarses d'un rouge brun parfois livide : premier article des postérieurs aussi long que les trois suivants réunis.

Cette espèce, généralement rare en France, habite les contrées froides ou tempérées de notre pays. M. Foudras et moi l'avons trouvée chacun une seule fois dans les environs de Lyon.

Obs. Les stries ont à peu près le septième de la largeur des premiers intervalles, mais elles semblent moins étroites par l'effet des strioles transversales. Les cinquième et sixième stries sont plus courtes et pariales ; les autres presque également subterminales.

Gyllenhal et M. Zetterstedt ont émis des doutes sur la validité de cette espèce. Duftschmidt n'en a fait qu'une variété de son *Aph. nigripes.* M. Schmidt s'appuie sur les raisons suivantes pour le séparer spécifiquement de celui-ci : 1° il n'habite pas les mêmes localités ; 2° le dessus de son corps est plus luisant, plus poli, plus finement et plus superficiellement ponctué ; 3° sa tête et son prothorax pris ensemble sont proportionnellement plus longs ; 4° le rebord de son chaperon est plus étroit, et ses joues plus obliquement ou moins transversalement coupées à leur partie postérieure ; 5° le rebord des côtés de son prothorax se prolonge davantage sur la partie postérieure ; 6° son prothorax est plus sensiblement convexe ; 7° ses élytres sont toujours entièrement glabres ; 8° ses stries sont plus étroites, moins profondes ou méritent moins le nom de rainurelles ; elles sont distinctement subcrénelées et séparées par des intervalles moins déprimés. De toutes ces remarques, la dernière m'a semblé la plus constante et la plus caractéristique. Quant à la septième elle distinguerait facilement cette espèce de la précédente, si chez quelques individus de celle-ci les poils n'étaient parfois usés ou enlevés, et alors peu ou point apparents.

5. **A. Pecari;** Fab. *Oblong ; faiblement convexe et luisant en dessus. Chaperon en demi-cercle. Suture frontale sans saillies. Tête et prothorax noirs : le dernier presque imponctué sur son disque; fortement bissinueux et sans rebord dans le milieu de sa partie postérieure. Élytres d'un rouge brunâtre; parées sur la suture, vers le milieu de leur longueur, d'une tache noire oblongue ; à stries à peine subdentées. Intervalles déprimés. Premier article des tarses postérieurs un peu plus long que les deux suivants réunis.*

♂. Suture frontale sans traces de saillies. Epistome subtuberculeusement gibbeux sur son disque. Prothorax moins faiblement convexe. Plaqué métasternale subconcave et garnie de poils.

♀. Suture frontale sans traces de saillies. Gibbosité de l'épistome ordinairement moins tuberculeuse ou plus affaiblie. Plaque métasternale glabre et sans concavité.

Scarabæus pecari, Fab. Ent. Syst. 1. p. 38. 125.—Panz. Ent. Germ. p. 12. 47.—*Id.* Faun. Germ. p. 51. 3.—Braum, Rhein. Mag. 673. 25.

Scarabæus satellitius, Herbst. Nat. t. 2. p. 281. 172. pl. 19. f. 1.

Scarabæus affinis, Braum, Ins. Kal. 1. p. 66. 211.

Scarabæus decipiens, Schrank, Faun. Boic. 1. p. 382. 324?

Aphodius pecari, Illig. Kæf. Preus. p. 29. 20.—Sturm, Verz. p. 26. 14.—*Id.* Deut. Faun. 1. p. 137. 37.—Fab. Syst. El. 1. p. 80. 54.—Schœnh. Syn. Ins. 1. p. 36. 73.—Latr. Hist. t. 10. p. 426. pl. 82. f. 8.—Duftsch. Faun. Aust. 1. p. 118. 54.—Baud. Laf. Mon. p. 81. 26.—Suckow, Nat. p. 254. 70.—Schmidt, Zeitsch. 2. 1. p. 170. 74.

Var. A. A. Planus ; Dahl Inéd. Schmidt. *Elytres sans tache noire.*

Duftsch, l. c. Var. β.—Schmidt, l. c. Var. β. (*Aphodius planus*, Dahl).

L. 0ᵐ,0056 à 0ᵐ,0067 (2 1/2 à 3ˡ).—L. 0ᵐ,0028 à 0ᵐ,0033 (1 1/4 à 1 1/2).

Chaperon presque en demi-cercle ; tronqué, mais sans échancrure sensible à sa partie antérieure ; rebordé dans sa périphérie, sans dilatation au côté externe des joues qui débordent à peine les yeux. Tête subdéprimée ; d'un noir luisant ; presque unie ou superficiellement et obsolètement pointillée. Yeux bruns. Palpes et antennes d'un rouge livide : celles-ci à massue grise. Prothorax médiocrement échancré en devant ; paré d'une bordure d'un livide jaunâtre ; à angles antérieurs émoussés et médiocrement avancés ; curvilinéaire sur les côtés de ceux-ci, puis subrectilinéairement prolongé jusqu'aux angles postérieurs qui sont très-émoussés ou subarrondis et rectangulairement ouverts ; transversalement coupé à la base après ceux-ci, et en arc renversé dans le milieu de cette dernière ; rebordé au côté interne des angles de devant ; garni latéralement d'un rebord très-prononcé qui s'efface après les angles postérieurs ; faiblement convexe en dessus ; d'un noir luisant ; parsemé sur les côtés de points circulaires, nuls ou très-peu nombreux sur le disque qui est plus lisse. Écusson en triangle curviligne et pointu; à côtés moins longs que la base; d'un noir luisant, quelquefois avec une transparence rougeâtre près des bords; lisse ou peu distinctement pointillé. Elytres, aux épaules, à peine aussi larges que le prothorax; près d'une fois aussi longues que lui; faiblement et subcurvilinéairement élargies jusqu'au milieu de leur longueur, et pareillement rétrécies à partir de ce point; obtuses ou subarrondies à leur extrémité; subdéprimées sur le dos; convexement et faiblement déclives sur les côtés; d'un rouge brunâtre luisant; parées vers les deux tiers de leur longueur, d'une tache noire, oblongue plus ou moins dilatée, commune aux deux étuis; à rainurelles étroites, à peine subdentées, légères près de la base, plus profondes et rebordées vers l'extrémité. Intervalles déprimés dans leur plus grande longueur, subconvexe à leur partie postérieure. Dessous du corps d'un noir moins luisant; parcimonieusement garni de poils d'un jaune livide, plus nombreux et plus apparents sur les flancs de l'antépectus, des cuisses de devant et vers la région anale. Plaque métasternale longitudinalement sillonnée. Cuisses d'un rouge pâle ou d'un rouge jaune, presque impointillées. Jambes d'un rouge livide brunâtre. Tarses d'une teinte graduellement plus **pâle**; premier article des postérieurs un peu plus long que les deux suivants réunis.

Cette jolie espèce habite les parties tempérées et méridionales de la France. Elle est commune au printemps dans les environs de Lyon. L'*Acr. planus* n'est pas rare dans le Languedoc et surtout près de Montpellier, d'où il m'a été envoyé par M. Raymondon et par M Hénon. Il semble remplacer dans ces contrées l'espèce typique.

Obs. Les rainurelles ont environ le cinquième de la largeur des premiers intervalles. Les cinquième et sixième stries sont généralement un peu plus courtes et pariales : toutes les autres presque également subpariales.

La tête et le prothorax, ainsi que chez le *Colobopterus erraticus* et quelques autres Aphodiates, se couvrent, selon la volonté de l'animal, d'une efflorescence qui se dessèche et persiste après la mort de l'insecte, mais qui est facile à enlever.

Genre Melinopterus, MÉLINOPTÈRE; Nob.

(μήλινος, jaunâtre; πτερὸν, aile).

Caractères. Corps oblong ou allongé; faiblement ou médiocrement convexe en dessus. Chaperon en demi-hexagone; sans dilatation semi-circulaire au côté externe des joues; transversalement coupé à la partie postérieure de celles-ci. Lobe supérieur des mâchoires très-développé, concave et penché du côté interne. Palpes maxillaires allongés; à second article graduellement un peu plus renflé vers l'extrémité, presque aussi long que le dernier : celui-ci légèrement fusiforme. Palpes labiaux courts; à articles presque d'égale grosseur ou graduellement et faiblement plus grêles : le dernier le plus long de tous. Prothorax glabre. Elytres d'un livide jaunâtre, parfois glabres ou brièvement garnies de poils vers leur extrémité, plus ordinairement couvertes de poils sur toute leur surface, au moins dans les mâles : neuvième strie prolongée jusqu'à l'angle huméral. Tarses grêles : premier article des postérieurs presque aussi long ou à peine plus long que les deux suivants réunis.

1. M. Prodromus; Brahm. *Allongé; faiblement convexe et luisant en dessus. Chaperon en demi-hexagone; transversalement coupé à la partie postérieure des joues. Suture frontale sans saillies bien marquées. Tête et prothorax noirs : le dernier d'un livide jaunâtre sur les côtés; faiblement rebordé et en arc renversé à la base. Elytres livides; parées sur leur disque d'une grande tache obscure ou brunâtre anguleusement coupée des épaules à la suture; à stries subcrénelées. Premier article des tarses postérieurs au moins aussi long que les deux suivants réunis.*

♂. Suture frontale légèrement élevée vers ses extrémités; offrant ordinairement dans son milieu, les rudiments d'un tubercule à peine aussi apparent Chaperon faiblement gibbeux sur son disque, et parfois d'une manière subcaréniforme. Tête presque uniment pointillée. Prothorax transversal ou plus large que long; faiblement convexe; en arc renversé et peu distinctement rebordé à sa partie postérieure; lisse ou presque indistinctement pointillé sur son disque. Elytres garnies de poils grisâtres très-visibles. Plaque métasternale plane, plus largement sillonnée; garnie de poils dans son pourtour. Eperon des jambes de devant subparallèle et tronqué à son extrémité.

Scarabæus prodromus, Brahm, Ins. Kal. 1. p. 5. 9.
Scarabæus contaminatus, Herbst, Nat. t. 2. p. 274. Var.—Payk. Faun. Suec. p. 21. 25.
Aphodius contaminatus, Illig. Kæf. Preus. p. 26. 16. Var. β.—Latr. Hist. t. 10. p. 131.
  20. Var.—Duméril, Dict. des Scien. Nat. t. 2. p. 279. Var.
Aphodius prodromus, Creutz. Ent. Vers. 37. 10.—Illig. Mag. t. 1. p. 26. 16 *bis*.—Gyll.
  Ins. Suec. 1 p. 56. 53.—Steph. Syn. 1. p. 203. 41.—Schmidt, Zeitsch. t. 2. 1. p.
  146. 59. ♀. (♂). et Var. v.
Aphodius consputus, Duftsch. Faun. Aust. 1. p. 119. 56.—Suckow, Nat. p. 245. 51.
Aphodius sphacelatus, Zetterst. Faun. Lap. p. 183. 18.

♀. Suture frontale peu ou point sensiblement élevée vers ses extrémités; sans traces apparentes de tubercule dans son milieu Epistome faiblement gibbeux sur son disque. Tête ruguleusement ponctuée près de ses bords. Prothorax presque aussi long que large; plus convexe; bissubsinueusement en arc renversé, et moins étroitement rebordé à sa partie postérieure ; parsemé en dessus de points circulaires. Elytres glabres ou presque indistinctement hérissées de poils très-courts vers leur partie postérieure. Plaque métasternale glabre. Eperon des jambes de devant grêle et terminé en pointe.

Scarabæus prodromus, Brahm, Rhein. Mag. p. 678. 30.
Scarabæus conspurcatus, Laichart. Tyr. Ins. 1. p. 13. 6.
Scarabæus sphacelatus, Panz. Faun. Germ. 58. 5.—Marsh. Ent. Brit. p. 15. 20.
Aphodius prodromus, Creutz. Ent. Vers. 37. 10. Var. b.—Sturm, Deut. Faun. 1. p.
    147. 43. —Zetterst. Faun. Lap. 1. p. 183. 17.—Schmidt, Zeitsch. t. 2. 1. p. 146.
    59. ♂. (♀). et Var. ξ.
Aphodius conspultus, Fab. Syst. El. 1. 77. 40.—Schoenh. Syn. Ins. 1. 81. 54.—Walck.
    Faun. Par. 1. p. 13. 11.—Suckow. Nat. p. 246. Var. γ.—Garnier, Mémoire de la
    Somme, t. 1. p. 71. 16. —De Casteln. Hist. t. 2. p. 97. 43.
Aphodius sphacelatus, Gyllenh. Ins. Suec. 1. p. 37. 34.—Steph. Syn. p. 203. 42.

Var. A. **M. Restrictus;** Nob. *Bordure des côtés du prothorax très-rétrécie et réduite parfois à une tache près des angles de devant.*

Schmidt, l. c. Var. β.

Var. B. **M. Marginalis;** Stephens. *Partie postérieure du prothorax bordée de jaune livide.*

Aphodius marginalis, Steph. Syn. p. 203. 43. (♀).
Aphodius prodromus, Illig. Mag. t. 1. p. 27. 16. Var. β. (♀).—Schmidt, l. c. Var. x.

Var. C. **M. Flavo-griseus;** Nob. *Elytres sans taches.*

Scarabæus fimetarius, De Geer, Mém. t. 4. p. 267. 11. Var? (♀).
Scarabæus contaminatus, Illig. Kæf. Preus. l. c. Var. δ. (♀).
Aphodius prodromus, Illig. Mag. 1. l. c. Var. γ (♂).
Aphodius conspultus, Duftsch. l. c. Var. δ.

Var. D. **M. Griseolus;** Nob. *Tache des élytres presque effacée.*

Aphodius conspultus, Duftsch. l. c. Var. γ.
Aphodius prodromus, Schmidt, l. c. Var. ι.

Var. E. **M. Angustatus;** Nob. *Tache des élytres plus ou moins rétrécie et presque réduite parfois à la forme d'une sorte de trait.*

Schmidt, l. c. Var. θ.

Var. F. **M. Semi-lunus;** Nob. *Tache des élytres, enclosant, vers son extrémité, une sorte de demi-lune de la couleur du fond.*

Aphodius consputus, Duftsch. l. c. Var. β. (♀).
Aphodius prodromus, Duftsch. l. c. Var. ε.

Var. G. M. Obliquus; Nob. *Tache des élytres couvrant toute la partie postérieure de celles-ci, en ne laissant ainsi paraître la couleur du fond, qu'à la base et le long du bord interne.*

Schmidt, l. c. Var. ζ.

Var. H. M. Extensus; Nob *Tache des élytres dilatée au point de couvrir celles-ci qui sont alors entièrement d'un gris obscur ou noirâtre, moins quelquefois le bord de la suture et un espace plus ou moins restreint vers l'extrémité.*

Aphodius prodromus. Illig. Mag. l. c. Var. δ.—Gyll. l. c. Var. c.—Schmidt, l. c. Var. γ.
Aphodius punctatosulcatus, Sturm, l. c. Var. b. (♂).
Aphodius sphacelatus, Gyll. l. c. Var. b.
Aphodius consputus, Suckow, Nat. p. 246. 51. Var. δ.

L. 0^m,0039 à 0^m,0078 (1 3/4 à 3 1/2'). — L. 0^m,0018 à 0^m,0039 (7/8 à 1 3/4').

Chaperon en demi-hexagone; peu ou point échancré et sans abaissement bien sensible à sa partie antérieure; subtransversalement coupé au bord postérieur des joues, dont le côté externe rectilinéaire forme avec celui de l'épistome un angle rentrant très-ouvert, au lieu de suivre la direction du premier. Tête subdéprimée ou très-faiblement convexe; d'un noir luisant. Yeux noirâtres. Palpes bruns, ou quelquefois en partie d'un brunâtre livide. Antennes livides ou d'un livide brunâtre, à massue d'un gris obscur. Prothorax faiblement échancré en devant; paré d'une bordure d'un fauve livide; à angles de devant peu avancés; curvilinéaire d'abord, puis rectilinéaire sur les côtés jusqu'aux angles postérieurs qui sont à peine émoussés et peu obtusément ouverts; en arc renversé à la base; légèrement rebordé au côté interne des angles de devant; garni latéralement et à sa partie postérieure d'un rebord beaucoup plus étroit à cette dernière; médiocrement convexe en dessus; d'un noir luisant, avec les côtés d'un livide jaunâtre; parfois marqué dans le milieu de cette bordure, d'une tache punctiforme obscure; parsemé (♂) ou couvert (♀) de points circulaires, moins nombreux (♀) ou presque nuls (♂) sur le disque; en outre peu distinctement pointillé. Ecusson en triangle curviligne; à côtés plus longs que la base; d'un brun noirâtre luisant; lisse, presque impointillé; légèrement infléchi et parfois avec une transparence rougeâtre vers son extrémité. Elytres, aux épaules, à peine aussi larges ou un peu moins larges que le prothorax; près d'une fois aussi longues que lui ; subcurvilinéairement et faiblement élargies jusqu'à la moitié de leur longueur ; curvilinéairement rétrécies à partir de ce point et arrondies à l'extrémité ; faiblement (♂) ou médiocrement (♀) convexes en dessus ; livides, d'un livide jaunâtre ou même parfois d'un jaunâtre livide ; parées sur leur disque d'une grande tache obscure ou brunâtre, souvent peu nettement tranchée ou moins distincte (♂), presque oblongue , mais anguleusement coupée ou rétrécie au côté antéro-interne, à partir de l'angle huméral jusque vers le tiers de la suture qu'elle n'atteint pas ; souvent parées postérieurement à celle-ci d'une petite tache subtransversale ; à stries subcrénelées. Intervalles subdéprimés (♀), ou faiblement convexes (♂); soit presque imponctués sur leur partie antérieure, glabres ou très-brièvement hérissés de poils seulement vers leur partie postérieure (♀); soit avec leur partie médiaire longitudinalement et très-étroitement presque lisse, et leurs parties latérales garnies de petits points nombreux de chacun desquels sort un poil livide mi-couché (♂). Dessous du corps brun, parfois avec la plaque métasternale, une partie du ventre et surtout la région anale, d'un brun livide ou d'un livide jaunâtre ; parcimonieusement hérissé de poils livides, plus apparents ou plus nombreux sur l'antépectus, aux cuisses de devant et vers l'anus. Cuisses antérieures d'un flave brunâtre ; les autres d'un jaunâtre livide ; lisses, luisantes, parcimonieusement pointillées. Jambes et tarses d'un livide jaunâtre : premier article des postérieurs de ceux-ci au moins aussi long que les deux suivants réunis.

Cette espèce habite presque toutes les parties de la France. On la trouve abondamment dans les premiers beaux jours, et plus communément encore depuis le mois de septembre jusqu'à l'arrivée des froids.

Obs. Les deuxième à quatrième stries sont subterminales: les cinquième et sixième, septième et huitième, sont pariales et graduellement plus courtes, et ordinairement encloses par la neuvième qui s'unit avec la troisième ou la quatrième.

Le *Mel. prodromus* est un des Aphodiates sur lesquels les Entomologistes ont le plus erré. Les auteurs des écrits antérieurs à 1790 , l'ont peu connu ou l'ont confondu avec d'autres espèces. Brahm, autant qu'il est possible d'en juger par son travail incomplet , paraît avoir, le premier, signalé le mâle, dans son Insecten-Kalender, et la femelle , dont il était tenté de former une espèce à part, dans le Magazin de Borkhausen. Illiger, dans son Catalogue des insectes de Prusse, l'avait rangé au nombre des variétés du *contaminatus*; lorsque Creutzer, à qui l'on doit d'avoir nettement tracé les limites indécises entre plusieurs Aphodiates, forma de celui-ci une espèce distincte, en considérant toutefois la femelle comme une simple variété. La plupart des auteurs qui lui ont succédé ont suivi ses errements à cet égard ; d'autres ont donné au mâle et à la femelle des noms différents. M. Schmidt, le premier, a caractérisé les deux sexes, mais par une erreur nouvelle, il a pris l'un pour l'autre.

Le *Mel. prodromus* varie beaucoup dans sa taille et différents autres rapports. Les mâles ont généralement la tête et le prothorax plus larges et imponctués au moins sur le disque ; chez les femelles, ces parties sont au contraire marquées de points plus ou moins nombreux. La bordure d'un jaunâtre livide des côtés du prothorax se rétrécit parfois au point d'être restreinte à un espace plus ou moins étroit près des angles de devant; d'autres fois elle se prolonge le long du bord postérieur. La tache des élytres offre aussi des modifications importantes: tantôt elle est presque indistincte, tantôt par un excès contraire elle acquiert une teinte très-foncée, qui ne se montre bien dans tout son lustre que chez les femelles, en raison de la nudité de leurs étuis; souvent elle est suivie d'une petite tache brunâtre qui se lie plus ou moins à elle, en enclosant une sorte de demi-lune de la couleur du fond; quelquefois la tache principale s'est dilatée au point de couvrir toute la surface des élytres.

M. Schœnherr et les autres Synonymistes rapportent à cette espèce le *Scarabœus contaminatus* de Fabricius. Cet écrivain paraît, en effet, dans la description de son Entomologia systematica, avoir confondu plusieurs espèces; mais la phrase diagnostique ne semble pas lui être applicable.

Selon Duftschmidt, il faudrait rapporter à l'*Aph. consputus* de Creutzer et non à *Aph. sticticus*, l'*Aph. prodromus* de Fabricius. Celui-ci, si l'on en croit l'auteur de la Faune d'Autriche, aurait reçu de Megerle des exemplaires authentiques des *prodromus* et *consputus* et se serait plu à en changer les noms. « A quoi bon? se demande Duftschmidt, que deviendra la science si tout homme distingué peut opérer des mutations semblables selon son bon plaisir? Supposons que Megerle (ce qui est incroyable) ait fait lui-même erreur, comment le professeur danois a-t-il pu rapporter son *Aph consputus* à celui de Creutzer? sans doute, il n'a pas lu la description de ce dernier, à laquelle il n'est permis à personne de se tromper et surtout à un Fabricius. » Malgré ces raisonnements très-justes, tel était en Allemagne l'ascendant du professeur de Kiel, que Duftschmidt lui-même s'est cru obligé de suivre ce grand maître jusque dans ses écarts.

Les individus (♀) de petite taille du *Mel. prodromus* ont une certaine analogie avec l'*Aph. consputus*, mais ils sont toujours faciles à reconnaître à leurs joues plus transversalement coupées au bord postérieur, à la forme différente de leur corps, et surtout à l'épistome dont les côtés sont dépourvus de taches d'un livide jaunâtre,

Selon Gyllenhal, notre *Mel. prodromus* (♂) est l'*Aph. pubescens* du catalogue de M. le comte Dejean. L'*Aph. prodromus* de M. Sturm se distingue de notre *Mel. prodromus*, selon M. Schmidt, par son corps plus court, plus large, plus déprimé, sans aucune convexité; par sa tête et son prothorax presque aussi longs, pris ensemble, que les élytres; et surtout par son prothorax sans traces de rebord à sa partie postérieure.

2. **M. Obliteratus;** Heyden. inéd. Panzer. *Allongé; faiblement convexe et luisant en dessus. Chaperon en demi-hexagone. Tête et prothorax d'un noir bronzé : la première, bordée de roux livide dans le pourtour de l'épistome; le second taché de même, arqué et non cilié sur les côtés; subarrondi aux angles postérieurs; bissinueusement en arc renversé et légèrement rebordé à la base. Elytres d'un fauve livide; glabres ou très-brièvement hérissées de poils à leur partie postérieure; longitudinalement rayées de noirâtre sous l'épaule, et parées sur les parties antérieure et postérieure de leur disque, de taches brunes liées ensemble et plus ou moins oblitérées; à stries crénelées. Intervalles subconvexes, lisses et imponctués dans leur première moitié.*

♂. Suture frontale rudimentairement élevée à ses extrémités. Epistome très-sensiblement gibbeux sur son disque et souvent d'une manière longitudinalement subcaréniforme. Prothorax subarcuément et faiblement rétréci d'avant en arrière, plus parcimonieusement ou plus superficiellement pointillé sur son disque. Plaque métasternale subconcave. Eperon des jambes de devant plus fort et plus courbé en dessous.

♀. Suture frontale presque indistincte ou très-légèrement élevée vers ses extrémités. Epistome à peine gibbeux et ordinairement sans traces de carène. Prothorax subarqué latéralement et aussi large en arrière qu'en devant; plus distinctement ponctué sur son disque. Plaque métasternale sans concavité. Eperon des jambes de devant plus grêle et plus horizontal.

Aphodius obliteratus, Panz. Faun. Germ. 110. 3.—Schmidt, Zeitsch. t. 2. 1. p. 164. 69.
Aphodius insubidus, Germar, Ins. Spec. p. 110. 114.

Etat normal des taches des élytres. Ces dernières offrent: 1° *trois discoïdales antérieures*, savoir, deux *antéro-externes*, généralement en carré peu allongé, situées au quart de la longueur, l'une vers le quatrième, et l'autre souvent plus petite, sur le troisième intervalle; une

antéro-interne ordinairement liée à la dernière par leurs angles opposés.
et placée aux deux cinquièmes des élytres sur le deuxième intervalle;
2° trois *discoïdales postérieures* de forme presque analogue aux précédentes, composées également de deux *postéro-externes* situées, l'une
sur le quatrième intervalle, l'autre sur le troisième, ordinairement plus
petite que la précédente, et placée un peu plus en avant; une *postéro-
interne*, plus petite encore, sur le deuxième intervalle, liée à la dernière
par leurs angles opposés; 3° une *subhumérale* formée de traits longitudinaux naissant au dessous du calus huméral, prolongés sur les
septième et huitième intervalles, auxquels s'adjoint souvent une tache
plus pâle sur le sixième.

Var. A. M. Fulveolus; Nob. *Taches des élytres au dessous du nombre
normal.*

> α. Discoïdales antérieures du troisième ou du deuxième, quelquefois même
>   toutes deux, et rarement celles-ci et celle du quatrième intervalle,
>   très-pâles, peu distinctes ou nulles.

> β. Discoïdale postérieure du deuxième intervalle, et quelquefois celle du
>   troisième également, pâles, peu distinctes ou nulles.

> γ. Subhumérale réduite à un seul trait, quelquefois même entièrement
>   indistincte.

L. 0^m,0045 à 0^m,0056 (2 à 2 1/2^l).—L. 0^m,0022 à 0^m,0023 (1 à 1 1/4^l).

Chaperon en demi-hexagone; tronqué ou à peine échancré, et sans
abaissement sensible à sa partie antérieure; assez fortement rebordé
dans sa périphérie; transversalement coupé à la partie postérieure
des joues dont le côté externe rectilinéaire forme avec celui de l'épistome un angle rentrant très-ouvert, au lieu de suivre la direction du
premier. Tête subdéprimée; d'un noir légèrement bronzé; parée sur
les côtés de l'épistome d'une tache d'un roux livide, ordinairement
prolongée en bordure plus étroite à la partie antérieure de ce dernier;
ruguleusement marquée, près des bords de celui-ci et sur les côtés de
son disque, de points assez gros ou circulaires, uniformément garnie de
points plus petits sur le reste de sa surface. Palpes et antennes d'un
rouge brun livide: massue des dernières d'un gris obscur. Prothorax
médiocrement échancré en devant; paré d'une bordure d'un fauve
livide; à angles antérieurs avancés en espèce de dent peu émoussée;
subarqué et non cilié sur les côtés; subarrondi aux angles postérieurs;
bissinueusement en arc renversé à la base; rebordé au côté interne
des angles de devant, plus fortement sur les côtés, et très étroitement
au bord postérieur; faiblement convexe en dessus; d'un noir luisant

et légèrement bronzé; paré latéralement d'une tache d'un roux livide, ordinairement prolongée, mais d'une manière plus étroite, jusqu'aux angles de derrière; marqué sur les côtés de points circulaires entremêlés d'autres beaucoup plus petits; plus superficiellement ponctué sur le disque; offrant parfois les traces d'un léger sillon longitudinal ou d'une sorte de ligne imponctuée. Ecusson en triangle curviligne, à côtés plus longs que la base; brun ou d'un brun rougeâtre surtout sur ses bords; subconcave dans sa première moitié, incliné à sa partie postérieure; uni ou seulement parsemé de quelques points près de la base. Elytres moins larges aux épaules que le prothorax dans son milieu; près d'une fois aussi longues que lui; subsinueusement et sensiblement élargies jusqu'aux deux tiers de leur longueur; arrondies à l'extrémité; médiocrement convexes en dessus; glabres ou très-brièvement hérissées de poils seulement dans leur seconde moitié; d'un fauve jaune ou d'un fauve livide; parées au dessous des épaules de deux ou trois traits noirâtres liés ensemble et inégalement prolongés; marquées de trois taches brunes ou brunâtres, plus ou moins affaiblies ou oblitérées, de longueur inégale, liées entre elles sur la partie antérieure du disque, où elles forment au quart de la longueur une sorte de bande oblique, sur les quatrième à deuxième intervalles: et de trois autres taches analogues composant une bande presque parallèle à la précédente vers les trois cinquièmes de la longueur; offrant souvent en outre une teinte plus foncée du milieu du bord externe vers l'angle sutural et parfois presque indistinctement tachées près de celui-ci; à stries crénelées par des points transversaux. Intervalles: les plus rapprochés de la suture subconvexes, les autres subdéprimés; tous imponctués dans leur première moitié, pointillés d'une manière graduellement plus distincte dans la seconde. Dessous du corps d'un brun noirâtre, luisant, avec l'anus d'un fauve pâle; parcimonieusement garni de poils livides plus apparents sur les flancs de l'antépectus et vers la région anale. Plaque métasternale longitudinalement sillonnée; presque impointillée. Cuisses d'un jaunâtre livide: les antérieures plus densement garnies de poils que les suivantes, et comme celles-ci parcimonieusement ponctuées. Jambes de devant ordinairement d'un rougeâtre ferrugineux; les suivantes d'un jaunâtre livide, hérissées de poils peu nombreux. Tarses grêles, poilus, d'une teinte analogue à celle des cuisses: premier article des postérieurs presque aussi long ou un peu moins long que les deux suivants réunis.

Cette espèce est généralement peu connue en France; elle doit habiter la plupart de nos provinces. On la trouve dans les environs de Lyon. Elle a été pour la première fois découverte près de Heildeberg par Höpfner, désignée sous le nom qu'elle porte par Heyden, et décrite et figurée par Panzer. Elle a beaucoup d'analogie avec la suivante, dont on serait tenté de la considérer comme une simple variété. Elle en diffère principalement par son épistome le plus souvent entièrement bordé de roux livide; par son prothorax non cilié sur les côtés, garni en dessus de points plus marqués; par ses élytres plus sensiblement élargies, ordinairement d'une teinte un peu moins pâle, glabres ou tout au plus garnies de poils très-courts vers leur extrémité; enfin par les intervalles de celles-ci lisses et imponctués, du moins dans leur première moitié. La disposition des stries est la même que dans le *Mel. contaminatus.*

3. M. Contaminatus; Herbst. *Allongé; faiblement convexe et luisant en dessus. Chaperon en demi-hexagone. Tête et prothorax d'un noir légèrement bronzé; tachés de roux livide sur les côtés: le second arqué et cilié latéralement, subarrondi aux angles postérieurs; bissinueusement en arc renversé et très-étroitement rebordé à la base. Ely'res d'un jaunâtre livide, garnies de poils sur toute leur surface; longitudinalement rayées de noirâtre sous l'épaule, et parées chacune sur les parties antérieure et postérieure de leur disque de trois taches de même couleur et liées ensemble; à stries crénelées. Intervalles subconvexes et ponctués.*

♂. Suture frontale rudimentairement élevée vers ses extrémités. Epistome très-sensiblement gibbeux et le plus souvent d'une manière longitudinalement subcaréniforme. Prothorax subarcuément et légèrement rétréci d'avant en arrière, moins distinctement pointillé sur son disque. Plaque métasternale postérieurement creusée d'une fossette transversale assez profonde. Eperon des jambes de devant plus fort et plus courbé en dessous.

♀. Suture frontale généralement indistincte ou très-légèrement élevée vers ses extrémités. Epistome à peine gibbeux, et ordinairement sans traces de carène. Prothorax subarqué latéralement et aussi large en arrière qu'en devant; plus distinctement pointillé sur son disque. Plaque métasternale marquée d'une fossette légère. Eperon des jambes de devant plus grêle et plus horizontal.

Scarabæus contaminatus, Herbst, Arch. p. 9. 28. pl. 19. f. 13. —*Id.* trad. fr. p. 71. 25. pl. 19. f. 13.—*Id.* Natursyst. t. 2. p. 273. 167. pl. 18. f. 11.—Gmel. Linn. Syst. Nat. p. 1553. 210.—Preysl.. Bœhm. Ins. p. 35. 52. pl. 3. f. 9. a, b?—Fab. Ent. Syst. t. 1. p. 35. 114.

Scarabæus conspurcatus, Oliv. Ent. t. 1. 3. p. 81. 86. pl. 25. f. 214. a. b.

Aphodius contaminatus, Illig. Kæff. Preuss. p. 26. 16. z..—*Id.* Mag. t. 1. p. 26. 16. —Creutz. Ent. Vers. p. 54. 9. pl. 1. f. 5. a.—Sturm, Verz. p. 59. 29.—*Id.* Deut. Faun. 1. p. 148. 46.—Fab. Syst. El. 1. p. 77. 59.—Schœnh. Syn. Ins. 1. p. 82. 55. —Walk. Faun. Par. 15. 10. —Latr. Hist. t. 10 p. 151. 20. — Gyllenh. Ins. Succ. 1

p. 53. 32.—Suckow, Nat. p. 246. 52.—Boit. Man. 1. 321? — Steph. Syn. p. 202.
40. — De Casteln. Hist. t. 2. p. 97. 37.—Schmidt, Zeitsch. t. 2. 1. p. 163. 68.

Etat normal des taches des élytres. Celles-ci présentent : 1° trois *discoïdales antérieures*, savoir : deux *antéro-externes*, généralement peu allongées, situées au quart de la longueur, l'une sur le quatrième, l'autre souvent plus petite sur le troisième intervalle; une *antéro-interne* ordinairement liée à la dernière par leurs angles opposés et placée aux deux cinquièmes des élytres sur le deuxième intervalle; 2° trois *discoïdales postérieures*, de forme analogue aux précédentes, composées également de deux *postéro-externes* situées aux trois cinquièmes de la longueur, l'une sur le quatrième, l'autre souvent plus petite ou punctiforme, sur le troisième intervalle; et d'une *postéro-interne*, habituellement liée ou presque liée à la dernière par leurs angles opposés et placée aux deux tiers sur le deuxième intervalle; 3° une *subhumérale* formée d'un trait longitudinal, naissant du calus huméral et prolongé jusqu'au quart du septième intervalle et d'un trait semblable situé sur le sixième, partant d'un point un peu moins rapproché de la base et prolongé presque jusqu'au milieu de la longueur.

Var. A. **M. Incoloratus ;** Nob. *Taches du chaperon peu transparentes.*

Var. B. **M. Miser;** Nob. *Taches des élytres au dessous du nombre normal.*

    α. Discoïdale antérieure du troisième ou du deuxième intervalle, et quelquefois toutes les deux, nulles.

    β. Discoïdale postéro-interne, ou discoïdale-postérieure du deuxième ou du troisième intervalle, et souvent toutes les deux, nulles.

    γ. Subhumérale réduite à un seul trait.

Var. C. **M. Indistinctus;** Nob. *Elytres plus obscures; taches peu distinctes.*

L. 0^m,0056 à 0^m,0072 (2 1/4 à 3 1/4^l).—L. 0^m,0028 à 0^m,0036 (1 1/4 à 1 5/8^l).

Chaperon en demi-hexagone; tronqué ou à peine subéchancré, et sans abaissement sensible à sa partie antérieure; fortement rebordé dans sa périphérie; transversalement coupé à la partie postérieure des joues. Tête subdéprimée; d'un noir bronzé; parée d'une tache d'un roux livide, sur les côtés de l'épistome ; ruguleusement marquée près des bords de celui-ci et sur les côtés de son disque, de points assez gros ou circulaires, pointillée sur le reste de sa surface. Yeux bruns. Palpes et antennes d'un brun bronzé, ou parfois d'un rouge

brun livide : massue des dernières d'un gris obscur. Prothorax médiocrement échancré en devant; paré d'une bordure d'un fauve livide ; à
angles antérieurs avancés en espèce de dent peu émoussée; subarqué
et cilié sur les côtés; subarrondi aux angles postérieurs; bissinueusement en arc renversé à la base; rebordé au côté interne de ses angles
de devant, plus fortement latéralement et très-étroitement à son bord
postérieur ; faiblement convexe en dessus ; d'un noir bronzé luisant ;
paré latéralement d'une tache d'un roux livide, ordinairement prolongée, mais d'une manière plus étroite, aux angles de derrière ;
assez densement marqué sur les côtés de petits points circulaires très-
apparents, plus petits, plus superficiels et moins rapprochés sur le
disque; offrant parfois de légères traces d'un sillon longitudinal ou
d'une sorte de ligne imponctuée. Ecusson en triangle curviligne, à
côtés plus longs que la base; brun, luisant, avec une transparence rougeâtre; subconcave dans sa première moitié, souvent incliné à sa partie
postérieure; uni ou seulement parsemé de quelques points près de sa
naissance. Elytres moins larges aux épaules que le prothorax dans son
milieu; près d'une fois aussi longues que lui; subsinueusement subparallèles ou faiblement élargies jusqu'aux deux tiers de leur longueur ;
arrondies à l'extrémité; faiblement convexes en dessus ; hérissées sur
toute leur surface de poils courts, livides et mi-couchés; d'un jaunâtre
livide ; parées au dessous des épaules de deux ou trois traits noirs
joints ensemble et inégalement prolongés; marquées de trois taches
de longueur inégale, liées entre elles sur la partie antérieure du
disque, où elles forment au quart de la longueur une sorte de bande
oblique, sur les quatrième à deuxième intervalles: et de trois autres
taches analogues composant une bande presque parallèle à la précédente vers les trois cinquièmes de la longueur; offrant souvent en
outre une teinte plus foncée du milieu du bord externe à l'angle sutural, et parfois presque indistinctement tachées près de celui-ci ; à
stries crénelées par des strioles transversales Intervalles subdéprimés,
les plus rapprochés de la suture subconvexes; tous assez fortement
ponctués surtout près des stries. Dessous du corps luisant, brun, avec
l'anus d'un fauve pâle ; parcimonieusement garni de poils livides plus
apparents sur l'antépectus et vers la région anale. Plaque métasternale longitudinalement rayée et postérieurement creusée d'une fossette
plus ou moins prononcée. Cuisses d'un jaunâtre livide : les antérieures
plus densement garnies de poils, et parfois d'une teinte faiblement
rougeâtre ; parcimonieusement pointillées ainsi que les suivantes.
Jambes de devant quelquefois d'un rougeâtre ferrugineux; les suivantes
d'un flave rougeâtre ou d'un jaunâtre livide, hérissées de poils peu nombreux. Tarses grêles, poilus, d'une teinte analogue à celle des cuisses:

premier article des postérieurs presque aussi long ou un peu moins long que les deux suivants réunis.

Cette espèce habite la plupart des provinces de la France. On la trouve au printemps et surtout en automne. Elle est extrêmement commune pendant cette dernière saison, sur les montagnes du Beaujolais.

Obs. Les stries sont plus affaiblies vers leur extrémité : la neuvième s'unit avec la deuxième ou avec la troisième; la septième qui est généralement la plus courte, afflue vers la huitième ou se lie à celle-ci qui est ordinairement prolongée parallèlement à la neuvième, vers la troisième ou la quatrième, en enclosant ainsi les quatrième à septième ou cinquième à septième.

Genre *Trichonotus*, TRICHONOTE ; NOB.

(θριξ, poil; νῶτος, dos).

Caractères. Corps oblong ; faiblement convexe. Chaperon en demi-hexagone; auriculé. Mâchoires à deux lobes membraneux : le supérieur beaucoup plus développé et courbé du côté interne. Palpes maxillaires à deuxième article renflé vers l'extrémité, une fois aussi long que le suivant : le dernier fusiforme, à peine plus grand que le deuxième. Palpes labiaux courts, filiformes : le dernier article égal en longueur aux deux précédents réunis. Prothorax garni de poils ainsi que les élytres. Celles-ci à dix stries. Premier article des tarses postérieurs à peu près égal aux deux suivants réunis.

1. **T. Scropha;** FAB. *Oblong ; faiblement convexe, terne et garni de poils livides jaunâtres. Chaperon en demi-hexagone. Suture frontale indistincte. Tête et prothorax noirs : la première pointillée ; le second bissinueusement en arc renversé et sans rebord à la base; uniformément et subaspèrement garni en dessus de points rapprochés. Elytres brunes, généralement d'un brun rougeâtre vers leur extrémité; à dix rainurelles profondes et moins larges que les intervalles : ceux-ci subdéprimés, subgranuleux ou aspèrement ponctués. Premier article des tarses postérieurs moins long que les deux suivants réunis.*

♂. Suture frontale indistincte. Sutures génales apparentes, plus ou moins élevées. Epistome peu sensiblement gibbeux sur son disque et parfois d'une manière subcaréniforme. Plaque métasternale subconcave.

♀. Suture frontale indistincte. Sutures génales apparentes. Epistome insensiblement gibbeux sur son disque. Plaque métasternale plane.

Scarabæus scropha, FAB. Mant. 1. p. 11. 99. — *Id.* Ent. Syst. 1. p. 38. 123. — GMEL.

Linn. Syst. Nat. 1. 4. p. 1551. 199.—De Vill. C. Lin. Ent. t. 4. p. 210.—Panz. Ent. Germ. 11. 44.—*Id.* Faun. Germ. 47. 12.

Scarabæus minutus, Herbst, Naturg. t. 2. p. 269. 163. pl. 18. f. 7.

Scarabæus tomentosus, Schneid. Mag. 1. p. 269. 30.—Braum, Rhein. Mag. p. 680. 55.

Scarabæus fuscus, Rossi. Faun. Etr. Mant. 1. p. 8. 10.

Copris scropha, Oliv. Encycl. méth. t. 5. p. 151. 35.

Aphodius scropha, Illig. Kæf. Preus. p. 34. 29.—Creutz. Ent. Vers. p. 60. 18.—Sturm, Verz. p. 55. 49.—*Id.* Deut. Faun. 1. p. 162. 56.—Fab. Syst. El. 1. p, 80. 51. —Latr. Hist. t. 10. p. 154. 28.—Schoenh. Syn. Ins. 1. p. 85. 69. — Duftsch. Faun. Aust. t. 1. p. 126. 43.—Gyll. Ins. Suec. 41. 59. — Suckow, Nat. p. 252. 66.—Boit. Man. 1. p. 324.—Steph. Syn. p. 207. 55.— De Casteln. Hist. t. 2. p. 97. 39.—Schmidt, Zeitsch. t. 2. 1. p. 133. 41.

Var. A. T. Setiger; Nob. *Elytres d'un rouge brun sale, graduellement plus clair vers l'extrémité.*

Sturm, l. c. Var. b.—Suckow, l. c. Var. β.—Schmidt, l. c. Var. β.

Long. 0^m,0033 (1 1/2¹).—Larg. 0^m,0017 (3/4¹).

Chaperon en demi-hexagone; peu sensiblement abaissé, tronqué ou faiblement échancré à sa partie antérieure; étroitement rebordé dans sa périphérie; légèrement relevé aux angles de devant; passablement auriculé. Tête subdéprimée; noire; peu ou point luisante; lisse, finement pointillée, garnie de poils d'un livide jaunâtre, souvent usés. Yeux bruns. Palpes brunâtres. Antennes d'un rouge brun livide, à massue d'un gris obscur. Prothorax faiblement échancré en devant; paré d'une bordure obscurément d'un livide rougeâtre; à angles antérieurs peu avancés; curvilinéaire d'abord sur les côtés, puis rectilinéaire jusqu'aux angles postérieurs qui sont légèrement émoussés et obtusément ouverts; subobliquement coupé de ceux-ci à la base; bissubsinueusement en arc renversé à cette dernière; garni sur les côtés d'un rebord apparent, sans rebord ou presque indistinctement rebordé à sa partie postérieure; médiocrement convexe en dessus; d'un noir brunâtre, presque sans luisant; uniformément marqué de points rapprochés, donnant chacun naissance à un poil jaunâtre mi-couché; parfois longitudinalement imponctué dans son milieu Ecusson en triangle subcurviligne; à côtés plus longs que la bàse; d'un noir brunâtre; pointillé et garni de poils livides. Elytres, aux épaules, un peu moins larges que le prothorax; près d'une fois aussi longues que lui; subparallèles ou faiblement élargies jusqu'au milieu de leur longueur, subcurvilinéairement rétrécies à partir de ce point et arrondies à l'extrémité; faiblement convexes en dessus; brunes ou brunâtres à la base, et pour l'ordinaire graduellement d'un brun rouge vers l'extrémité; à dix rainurelles profondes et souvent, surtout les plus rapprochées de la suture, moins étroites postérieurement Intervalles déprimés ou subdéprimés; bissérialement ponctués ou chargés de petits grains, de chacun desquels sort un poil mi-couché, jaunâtre, luisant. Dessous du corps d'un brun noirâtre; parcimonieusement garni de poils livides, plus longs ou plus apparents sur les flancs de l'antépectus, aux cuisses de devant et vers la région anale. Plaque métasternale pointillée, longitudinalement sillonnée. Cuisses et jambes brunâtres ou d'un brun rouge : celles-là parsemées de points et garnies de poils peu nombreux. Tarses d'un rouge livide : premier article des postérieurs moins long que les deux suivants réunis, ou parfois presque aussi long qu'eux.

Cette espèce habite la plupart des provinces de la France. Elle n'est pas rare au printemps dans les environs de Lyon.

Obs. Les rainurelles ont environ le quart de la largeur des premiers intervalles : les cinquième et sixième stries, et surtout les septième et huitième, sont plus courtes et pariales : les autres subterminales.

Genre *Heptaulacus*, HEPTAULAQUE; Nob.

(ἑπτὰ, sept ; αὖλαξ, sillon).

Caractères. Corps oblong; faiblement convexe. Chaperon en demi-hexagone. Mâchoires à deux lobes membraneux : le supérieur beaucoup plus développé et courbé du côté interne. Palpes maxillaires à deuxième article renflé vers l'extrémité, une fois aussi long que le suivant; le dernier fusiforme, plus long que le deuxième. Palpes labiaux courts : le dernier subfiliforme, égal en longueur aux deux précédents réunis. Prothorax sans rebord à la base; garni de poils ainsi que les élytres. Celles-ci à sept sillons ou rainurelles, séparées par des espèces de côtes ou d'arrêtes

1. **H. Sus**; HERBST. *Allongé; faiblement convexe, ter ncet garni de poils d'un livide jaunâtre, en dessus. Chaperon en demi-hexagone. Suture frontale faiblement apparente. Tête d'un rouge brunâtre livide. Prothorax d'un brun rougeâtre, avec les côtés d'un flave rougeâtre; bissubsinueusement en arc renversé et sans rebord à la base ; marqué en dessus de points circulaires moins nombreux sur le disque. Elytres d'un jaune roux livide; à sept rainurelles aussi larges que les intervalles : les troisième et cinquième de ceux-ci parés de taches allongées, brunes. Premier article des tarses postérieurs presque aussi long que les trois suivants réunis.*

♂. Suture frontale peu sensiblement saillante, sur toute sa longueur, ou légèrement plus élevée vers ses extrémités. Epistome très-faiblement et obtusément gibbeux sur son disque.

♀. Suture frontale presque indistinctement saillante. Epistome sans gibbosité sensible.

Scarabœus sus, Herbst. Arch. 9. 29. pl. 19 f. 14. a, b.—*Id.* trad. fr. p. 71. 24. pl. 14. 19. f. a, b.—*Id.* Natursyst. t. 2. p. 271. 165. pl. 18. f. 9.— Fab. Mant. 1. p 11. 95.—*Id.* Ent. Syst. 1. p. 56. 117.—Gmel. Lin. Syst. Nat. p. 1552. 202.—De Vill. t. 4. p. 209 —Panz. Ent. Germ. p. 11. 41.—*Id.* Faun. Germ. 28. 11.—Marsh. Ent. Brit. p. 29. 50.

Scarabœus pubescens, Oliv. Ent. t. 1. 3. p. 91. 101. pl. 24. f. 205. a, b.

Scarabœus quisquilius, Schrank, Faun. Boic. t. 1. p. 391. 352?

Copris pubescens, Oliv. Encycl. méth. t. 5. p. 149. 26.

Copris sus, Oliv. Encycl. meth. t. 5. p. 150. 30.

Aphodius sus, Illig. Kæf. Preus. p. 27. 17.—Sturm, Verz. p. 40. 51.—*Id.* Deut. Faun. 1. p. 151. 48.—Fab. Syst. Ent. 1. p. 78. 44.—Schœnh. Syn. Ins. 1. p. 83. 61. —Walk. Faun. Par. p. 13. 12.—Latr. Hist. t. 10. p. 132. 23.—Duftsch. Faun. Aust. 1. p. 126. 44.—Gyll. Ins. Suec. 1. p. 39. 36.—Suckow, Nat. p. 249. 58.—Boit. Man. 1. p. 523.— Steph. Syn. p. 208. 57.—De Casteln. Hist. t. 2. p. 97. 36. —Schmidt, Zeitsch. t. 2. 1. p. 163. 67.

Long. 0,"0028 à 0,"0045 (1 1/4 à 2ˡ). — Larg. 0,"0014 à 0,"0022 (5/8 à 1ˡ).

Chaperon en demi-hexagone ; largement tronqué ou à peine subéchancré et sans abaissement sensible à sa partie antérieure ; rebordé dans sa périphérie ; non relevé aux angles de devant ; transversalement coupé à la partie postérieure des joues : les côtés de celles-ci prolongés dans la direction de ceux de l'épistome. Tête subdéprimée ou très-faiblement convexe ; d'un rouge brunâtre livide sur l'épistome, d'une teinte plus foncée ou plus obscure sur le front ; aspèrement parsemée sur le premier de points peu rapprochés donnant chacun naissance à un poil livide : presque lisse sur le second. Yeux bruns. Palpes et antennes d'un jaune rouge livide ; massue de celles-ci un peu plus foncée. Prothorax à peine échancré en devant ; paré d'une bordure obscurément d'un livide rougeâtre ; à angles antérieurs sans avancement sensible ; cilié sur les côtés ; curvilinéaire d'abord sur ceux-ci, puis rectilinéaire vers les angles postérieurs qui sont peu ou point émoussés et très-obtusément ouverts ; obliquement et sinueusement coupé de ceux-ci à la base ; bissubsinueusement en arc renversé à cette dernière ; garni latéralement d'un rebord étroit qui s'efface après les angles postérieurs ; faiblement convexe en dessus ; d'un brun rougeâtre, avec les côtés graduellement d'un livide rougeâtre ; garni, sur ces derniers plus densement et d'une manière plus marquée que sur le disque, de points circulaires de chacun desquels sort un poil mi-couché d'un livide jaunâtre. Ecusson en triangle curviligne ; ordinairement légèrement au dessous du niveau des élytres ; d'un roux livide ;

38

impointillé. Elytres, aux épaules, un peu moins larges que le prothorax; de deux tiers plus longues que lui; subsinueusement et subcurvilinéairement élargies jusqu'au milieu de leur longueur; presque également rétrécies à partir de ce point et subarrondies à leur extrémité; entières à l'angle sutural; faiblement convexes en dessus; d'un jaune roux livide; à sept rainurelles aussi larges que les intervalles: ceux-ci bissérialement garnis de poils jaunâtres et convergents, produisant l'effet de guillochis: les troisième et cinquième parés chacun, sur leurs deux tiers antérieurs, de quatre ou cinq taches allongées brunâtres: le sixième sans taches ou n'en offrant qu'une ou deux. Dessous du corps d'un jaune roux, plus brunâtre dans certaines parties; parcimonieusement garni de poils livides, plus longs ou plus apparents sur les flancs de l'antépectus, aux cuisses de devant et vers la région anale. Cuisses d'un jaune rougeâtre ou d'un jaune livide; superficiellement ponctuées. Jambes d'un rouge brunâtre. Tarses généralement un peu plus pâles: premier article des postérieurs presque aussi long que les trois suivants réunis.

Cette espèce est rare en France, et n'habite que nos provinces septentrionales.

Obs. Le septième intervalle et surtout le cinquième, sont plus courts: celui-ci est ordinairement enclos par les quatrième et sixième parialement réunis.

2. **H. Nivalis;** Nob. *Suballongé; faiblement convexe, peu luisant et garni de poils d'un livide jaunâtre, en dessus. Chaperon presque en demi-hexagone. Suture frontale presque indistincte. Tête et prothorax noirs, aspèrement ponctués: le second bissinueusement en arc renversé et sans rebord à la base. Elytres d'un flave roussâtre livide, en majeure partie couvertes de taches brunes liées entre elles; à sept rainurelles subsulciformes, plus larges que les intervalles. Premier article des tarses postérieurs presque aussi long que les trois suivants réunis.*

♂. Suture frontale peu sensiblement ou presque indistinctement saillante sur toute sa longueur, ou légèrement plus élevée vers ses extrémités. Epistome faiblement et obtusément gibbeux sur son disque.

♀. Suture frontale presque indistinctement saillante. Epistome sans gibbosité sensible.

Aphodius sus, Var. Gyllenh. Ins. Suec. t. 3. p. 671?

L. 0^m,0028 à 0^m,0039 (1 à 1 3/4^l). — L. 0^m,0016 à 0^m,0022 (5/8 à 1^l).

Chaperon en demi-hexagone, subarrondi aux angles de devant

qui ne sont pas relevés; tronqué ou à peine subéchancré et sans
abaissement bien sensible à sa partie antérieure; rebordé dans sa
périphérie; transversalement coupé à la partie postérieure des joues:
les côtés rectilinéaires de celles-ci formant avec ceux de l'épistome un
angle très-ouvert. Tête subdéprimée ou très-faiblement convexe; d'un
noir peu luisant; aspèrement garnie sur l'épistome de points rapprochés, donnant chacun naissance à un poil livide ou d'un livide
jaunâtre; lisse et pointillée sur le front. Palpes et antennes d'un
rougeâtre livide : massue des dernières grise. Prothorax à peine
échancré en devant; paré d'une bordure obscurément d'un rougeâtre
livide; à angles antérieurs sans avancement sensible; cilié et subarqué
sur les côtés, mais d'une manière moins apparente vers les angles postérieurs qui sont un peu émoussés et très-obtusément ouverts; obliquement et sinueusement coupé de ceux-ci à la base; bissinueusement en
arc renversé à cette dernière; garni latéralement d'un rebord étroit
qui s'efface après les angles postérieurs; faiblement convexe en dessus;
d'un noir peu luisant; aspèrement garni de points assez rapprochés sur
le disque, plus serrés et plus marqués latéralement, de chacun
desquels sort un poil mi-couché, d'un livide jaunâtre ; offrant parfois
dans la seconde moitié de son milieu les traces d'un sillon dorsal.
Ecusson en triangle curviligne; de niveau avec les élytres; noirâtre;
lisse, presque impointillée. Elytres moins larges aux épaules que le
prothorax à ses angles postérieurs; près d'une fois aussi longues que
lui; subcurvilinéairement élargies jusqu'au milieu de leur longueur,
curvilinéairement et plus sensiblement rétrécies à partir de ce point,
un peu obtusément subarrondies à leur extrémité; émoussées ou
subarrondies à l'angle sutural; médiocrement ou faiblement convexes
en dessus; d'un flave roussâtre, mais parsemées sur toute leur longueur
depuis la suture jusqu'à la sixième rainurelle exclusivement, de taches
brunes unies ensemble, de telle sorte que sur cette partie elles semblent brunes et parsemées de taches rondes d'un flave roussâtre; à sept
rainurelles subsulciformes peu profondes, plus larges que les intervalles. Ceux-ci bissérialement garnis de poils d'un livide jaunâtre,
couchés presque longitudinalement en arrière. Dessous du corps
et pieds d'un rouge brun ; garnis de poils livides. Plaque métasternale
longitudinalement sillonnée. Cuisses aspèrement pointillées. Premier
article des tarses postérieurs presque aussi long que les trois suivants
réunis.

Cette espèce habite les Hautes-Alpes, d'où je l'ai reçue de M. le
capitaine Morineau. Elle y a également été prise par M. Rey, professeur à l'école vétérinaire de Lyon. On la trouve dans le mois de
juin.

3. **H. Testudinarius;** Fab. *Oblong ; faiblement convexe, terne et garni de poils d'un livide jaunâtre, en dessus. Chaperon presque en demi-hexagone. Suture frontale faiblement apparente. Tête et prothorax noirs: la première, granuleuse : le second bissubsinueusement en arc renversé et sans rebord à la base ; couvert en dessus de points profonds et confluents. Elytres brunes, parsemées de taches arrondies d'un fauve jaunâtre; creusées de sept larges sillons, séparés par des intervalles étroits, élevés en forme d'arêtes. Premier article des tarses postérieurs aussi grand que les deux suivants réunis.*

♂. Suture frontale très-faiblement élevée vers ses extrémités où elle se lie aux sutures génales. Epistome obtusément gibbeux sur son disque. Prothorax plus convexe.

♀. Suture frontale à peine apparente vers ses extrémités, quelquefois entièrement presque indistincte. Gibbosité de l'épistome peu sensible. Prothorax moins convexe.

Scarabæus testudinarius, Fab. Syst. Ent. p. 19. 72.—*Id.* Spec. Ins. 1. p. 21. 89.—*Id.* Mant. 1. p. 11. 98.—*Id.* Ent. Syst. t. 1. p. 58. 122.—Herbst, Arch. p. 7. 21. pl. 19· f. 7. a. b.—*Id.* trad. fr. p. 69. 16. pl. 19. f. 7. a. b.—*Id.* Natursyst. t. 2. p. 277. 169. pl. 18. f. 15.—Gmel. Linn. Syst. Nat. p. 1551. 200.—De Vill. C. Lin. Ent. t. 1. p. 37. 63, et t. 4. p. 202. 63.—Preysl. Bœhm. Ins. p. 95. 92.—Oliv. Eut. 1. 5. p. 95. 105. pl. 20. f. 186. a. b.—Panz. Ent. Germ. p. 11. 43.—*Id.* Faun. Germ. 18. 12.—Marsh. Ent. Brit. p. 28. 49.

Copris testudinarius, Oliv. Encycl. méth. t. 5. p. 151. 32.

Aphodius testudinarius, Illig. Kæf. Preus. p. 35.—Sturm, Verz. p. 54. 48.—*Id.* Deut. Faun. 1. 161. 55.—Fab. Syst. El. 1. 79. 50.—Schœnh. Syn. Ins. 1. p. 85. 68. —Latr. Hist. t. 10. p. 133. 27.—Duftsch. Faun. Aust. t. 1. p. 127. 46.—Gyll. Ins. Suec. 1. p. 40. 37.—Baud. Laf. Mon. p. 82. 27.—Suckow, Nat. p. 252. 65.—Boit. Man. 1. p. 523.—Steph. Syn. p. 209. 58.—Schmidt, Zeitsch. p. 133. 42.

L 0,^{m}0028 à 0^m,0039 (1 1/4 à 1 3/4^l)—L. 0,^{m}0014 à 0,^{m}0018 (5/8 à 7/8^l).

Chaperon presque en demi-hexagone ; faiblement abaissé et assez fortement échancré à sa partie antérieure ; à peine rebordé dans sa périphérie ; subarrondi aux angles de devant qui ne sont pas relevés ; sans dilatation sensible au côté externe des joues, dont la partie postérieure est transversalement coupée au devant des yeux qu'elle déborde. Tête subconvexe; d'un noir gris terne ; couverte de petits grains, derrière chacun desquels naît un poil mi-couché, d'un livide jaunâtre. Yeux bruns. Palpes et antennes d'un rouge livide : celles-ci à massue grise. Prothorax à peu près sans échancrure en devant: paré d'une bordure d'un livide rougeâtre, à angles antérieurs sans avancement bien marqué ; arqué sur les côtés, et d'une manière moins sensible près des angles postérieurs qui sont faiblement émoussés et

peu obtusément ouverts ; subobliquement coupé de ceux-ci à la base ;
bissubsinueusement en arc renversé et sans rebord à cette dernière ;
garni antérieurement sur les côtés d'un rebord très-apparent qui
s'affaiblit ou s'efface vers les angles de derrière qui sont un peu infléchis ; convexe en dessus ; d'un noir mat, paraissant ainsi que la tête
d'un noir gris ; couvert presque uniformément de points assez gros,
profonds, réguliers et confluents : peu densement garni de poils
couchés, d'un livide jaunâtre. Écusson en triangle subcurviligne ; à
côtés plus longs que la base ; un peu au dessous du niveau des élytres ;
d'un noir brunâtre ; obsolètement pointillé ; longitudinalement caréné.
Élytres aux épaules un peu moins larges que le prothorax ; une fois au
moins aussi longues que lui ; subsinueusement et faiblement élargies
jusqu'aux trois cinquièmes de leur longueur ; curvilinéairement
rétrécies à partir de ce point et arrondies à l'extrémité ; faiblement
convexes en dessus ; d'un brun noirâtre à la base, pour l'ordinaire
graduellement d'un brun rouge vers l'extrémité ; parsemées de taches
arrondies d'un fauve jaunâtre ou d'un fauve livide ; creusées chacune
de sept larges sillons séparés par des intervalles de moitié plus étroits :
ceux-ci relevés en forme d'arêtes et bissérialement garnis de poils
livides et couchés en forme de guillochis. Dessous du corps d'un noir
brunâtre, parfois d'un brun rougeâtre ; terne ; presque uniformément
garni de poils livides plus longs vers la région anale. Flancs des parties
pectorales subaspèrement ponctués. Plaque métasternale densement
ponctuée ; longitudinalement sillonnée. Cuisses et jambes d'un brun
rouge ; garnies de poils d'un livide jaunâtre : celles-là couvertes de
points presque confluents. Tarses d'un rougeâtre livide : premier
article des postérieurs égal aux deux suivants réunis.

Cette espèce habite la plupart des parties de la France. Elle n'est
pas rare dans les environs de Lyon. On la trouve au printemps et dans
l'automne.

Obs. Les cinquième et septième intervalles sont plus courts ; les
autres sont subterminaux ; les quatrième et sixième sont réunis parialement en enclosant le cinquième.

DEUXIÈME RAMEAU.

AMMOECIATES.

Les Ammœciates tiennent encore aux premiers Aphodiens par leur
chaperon échancré plutôt qu'entaillé, leur prothorax sans traces de
sillons, leurs intervalles des élytres non en forme de côtes. Ils s'en
éloignent par leur tête convexement déclive, leur chaperon plus fortement échancré, armé de chaque côté de cette échancrure d'une dent

parfois émoussée, mais d'autres fois aiguë et relevée. Sous le rapport des organes de la mastication, ils se rapprochent des derniers Aphodiens; leurs mâchoires, en effet, sont terminées par un lobe court et frangé, et leurs élytres présentent une forme que nous retrouverons chez les Psammodiaires : elles sont dilatées sur les côtés et subconvexement plus élevées sur le dos jusqu'aux deux tiers de leur longueur.

Ce rameau ne comprend qu'un seul genre.

Genre *Ammœcius*, AMMOECIE; NOB.

(ἄμμος, sable; οἰκέω, j'habite).

Caractères. Corps glabre, court, renflé et gibbeux postérieurement. Chaperon presque en demi-cercle, fortement échancré à sa partie antérieure, et comme bidenté de chaque côté de cette échancrure. Lobe supérieur des mâchoires court, subtriangulaire, frangé. Palpes maxillaires à deuxième et troisième articles obconiques; le quatrième ovalaire, aussi long que les trois précédents réunis. Palpes labiaux courts, à articles presque de la même grosseur : le dernier le plus long de tous. Prothorax sans traces de sillon dorsal en dessus. Elytres entières à l'angle sutural; à dix stries.

Ces insectes, comme leur nom l'indique, habitent plus particulièrement les lieux sablonneux.

1. **A. Elevatus:** FAB. *Court, très-convexe et d'un noir luisant en dessus. Chaperon presque en demi-hexagone, largement échancré en devant. Épistome chargé d'un relief transversal. Prothorax bissubsinueusement en arc renversé et rebordé à la base; parsemé près de celle-ci et sur les côtés de points circulaires. Elytres latéralement dilatées et subconvexement élevées sur le dos jusqu'aux deux tiers de leur longueur: à stries étroites, marquées de gros points. Intervalles subconvexes, imponctués. Premier article des tarses postérieurs au moins aussi long que les deux suivants réunis.*

♂. Plaque métasternale faiblement subconcave et plus ou moins distinctement marquée d'une impression transversale.

♀. Plaque métasternale plane.

Scarabæus elevatus, OLIV. Ent. t. 3. p. 89. 97?—*Id.* trad. allem. 1. p. 54. 97. pl. 30. f. 3. 4?—FAB. Ent. Syst. 1. p. 57. 118?—PANZ. Faun. Germ. 87. 1.—*Id.* Krit. rev. p. 17.—PAYK. Faun. Suec. 1. p. 28. 54.

Aphodius elevatus, LATR. Hist. t. 10. p. 132. 24.—STURM, Deut. Faun. 1. 170. 61. —DUFTSCH. Faun. Aust. 1. p. 129. 49.—BOIT. Man. 1. 323.—SCHMIDT, Zeitsch. t. 2. 1. p. 171. 76.

Psammodius elevatus. Gyll. Ins. Suec. 1. p. 6. 2.

Ægialia elevata, Panz. Index. p. 13.

Var. A **A. Edentulus;** Nob. *Angles antérieurs du chaperon à dents émoussées et peu relevées.*

Var. B. **A. Fusciventris;** Nob. *Dessous du corps et pieds, ou du moins les cuisses, bruns ou d'un brun rougeâtre.*

Long. 0^m,0045 à 0^m067 (2 à 3^l).—Larg. 0^m,0025 à 0^m0037 (1 1/8 à 1 5/8^l).

Dessus du corps entièrement d'un noir luisant. Chaperon presque en demi-hexagone; sans abaissement sensible, mais largement et fortement échancré en demi cercle à sa partie antérieure; à peine rebordé dans cette échancrure, garni dans le reste de sa périphérie d'un rebord dilaté et relevé en espèce de dent aux angles de devant. Tête convexement déclive; chargée sur l'épistome d'un relief transversal; rugueusement ponctuée ou granuleuse au devant de celui-ci, presque lisse et imponctuée sur le disque de sa surface. Suture frontale indiquée seulement par une raie plus ou moins distincte. Yeux noirs. Palpes et antennes bruns ou d'un brun rougeâtre. Prothorax à peine échancré en devant; garni d'une bordure presque concolore; à angles antérieurs subarrondis et à peine avancés; subrectilinéaire sur les côtés, obliquement et subsinueusement coupé de ceux-ci à la base; bissubsinueusement en arc renversé à cette dernière; presque uniformément rebordé à celle-ci et sur les côtés, garni d'un rebord plus étroit au côté interne des angles de devant; très-convexe en dessus; inégalement parsemé latéralement et postérieurement de points circulaires, lisse ou simplement pointillé à sa partie antérieure. Ecusson triangulaire, à côtés plus longs que la base; lisse en dessus. Elytres, aux épaules, à peine aussi larges que le prothorax; notablement dilatées jusqu'aux trois cinquièmes de leur longueur; arrondies à l'extrémité; très-convexes en dessus, sensiblement et subconvexement élevées de la base jusques au delà du milieu; convexement subperpendiculaires sur les côtés, et d'une manière un peu moins abrupte à leur partie postérieure; à stries étroites, crénelées par de gros points subtransversaux, et rendues plus profondes par la subconvexité des intervalles: ceux-ci lisses, impointillés. Dessous du corps et pieds noirs, ou parfois bruns, ou d'un brun rougeâtre; luisants; parcimonieusement garnis de poils livides jaunâtres, sur les flancs de l'antépectus, aux cuisses de devant et vers la région anale. Plaque métasternale longitudinalement sillonnée. Cuisses impointillées. Premier article des tarses postérieurs au moins aussi long que les deux suivants réunis.

Celte espèce exclusivement méridionale aime les terrains sablonneux. Elle m'a été envoyée de Marseille par M. Solier; de Draguignan,
par M. Doublier, et des Landes où elle paraît n'être pas rare dans le
mois de mai, par M. Perris. Elle a été trouvée dans les environs de
Lyon, près du château de Montchat, par MM. le colonel de Fontenay
et Foudras.

Obs. Les septième et huitième stries sont plus courtes et pariales;
les quatrième et cinquième ont la même brièveté et la même disposition, ou affluent vers la sixième qui vient obliquement s'unir à l'extrémité de la troisième.

Olivier, Fabricius, Panzer et Gyllenhal ne font aucune mention
du relief transversal dont l'épistome est chargé. Chez les trois premiers, cette omission n'est peut-être ou même probablement qu'un
simple oubli de leur part. Quant à Gyllenhal, s'il ne parle pas de cette
saillie transversale, c'est sans doute parce qu'elle n'existait pas chez
les individus qui ont passé sous ses yeux : elle n'aurait pas échappé à
son œil exercé. Je l'ai vue quelquefois très-affaiblie, mais jamais entièrement nulle; son oblitération complète ne serait pas d'ailleurs un
caractère suffisant pour constituer une espèce particulière. Les exemplaires provenant de la Hongrie diffèrent sous quelques rapports,
selon M. Solier, de ceux de notre pays.

TROISIÈME RAMEAU.

PLEUROPHORATES.

Les Aphodiaires de ce troisième rameau se reconnaissent à leur
chaperon fortement entaillé en devant ou coupé suivant la direction
de deux lignes droites convergentes, et surtout aux intervalles des
stries de leurs élytres, élevés, au moins postérieurement, en forme
de côtes ou d'arêtes, parmi lesquelles les sixième et huitième, entre
autres, à compter de la suture, sont toujours plus courtes que la
septième, qui se prolonge jusqu'à l'extrémité. D'autres caractères
extérieurs moins constants, ou qui n'apparaissent que d'une manière
progressive chez les diverses espèces, aident encore à les distinguer.
En étudiant ces modifications, on peut suivre la série des essais tentés
par la Nature pour arriver aux Lamellicornes de la branche suivante.
Car si les premiers insectes de ce rameau ont encore avec les Aphodiates une analogie marquée, les derniers se rapprochent visiblement
des Psammodiaires. Le *Pl. arenarius* semble destiné à servir de transition entre ces deux coupes. Ses élytres ne sont relevées en forme de
côtes que vers leur extrémité; sa tête est simplement ponctuée, et son

prothorax n'offre les traces d'aucun sillon. Plus tard, chez d'autres
Pleurophorates, nous verrons la tête se couvrir de sortes de grains,
d'espèces de papilles ou de verrues; le prothorax présenter dans la
partie postérieure de son milieu un canal plus ou moins marqué, et
montrer sur sa surface des raies ou des égratignures transversales, qui
se convertiront chez les Rhyssèmes en sillons très-prononcés, séparés
par des intervalles élevés et convexes, lisses ou chargés de sortes de
verrues. Le même segment thoracique est dépourvu ou à peine garni
de cils flexibles dans son pourtour, c'est-à-dire sur ses bords latéraux
et postérieurs, chez les insectes placés en tête de ce rameau; chez
ceux de l'extrémité au contraire, il est muni, comme chez les Psammodies, de soies courtes et grossières. Si nous étudions les parties de
la bouche de ces petits animaux, elles nous révéleront des modifications non moins remarquables. Chez les Plagiogones et les Oxyomes,
par exemple, le lobe supérieur des mâchoires présente encore le
développement et la courbure qu'on lui voit chez les Aphodiates; chez
les Pleurophores et les Rhyssèmes, il fait pressentir par son rappetissement les changements plus importants qu'éprouveront chez les Lamellicornes suivants les pièces auxquelles ils se rattachent. Les palpes
subissent aussi des lois analogues, et se montrent successivement fusiformes, ovoïdes ou subconiques. La plupart des Pleurophorates ont
les tarses grêles, et le premier article des postérieurs ordinairement
parallèle ou d'une grosseur égale dans sa longueur. Tous ont les
ongles très-distincts.

Ces insectes semblent rechercher de préférence les lieux sablonneux.
Ils se tiennent généralement cachés pendant le jour et volent aux
approches de la nuit.

Nous les répartirons dans les genres suivants :

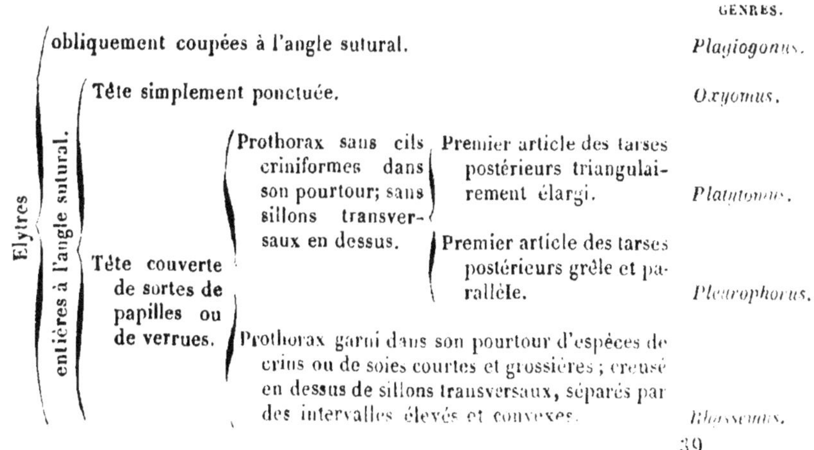

Genre *Plagiogonus*, PLAGIOGONE ; NOB.

(πλάγιος, oblique; γώνη, angle.)

Caractères. Corps court; médiocrement convexe. Chaperon en demi-hexagone, entaillé en devant. Mâchoires à deux lobes membranéux : le supérieur très-développé, courbé du côté interne. Palpes maxillaires à dernier article fusiforme, aussi long que les trois précédents réunis. Palpes labiaux à dernier article renflé, ovalaire ou subconique. Tête simplement ponctuée, non chargée de papilles. Prothorax non cilié ; sans traces de sillons soit transversaux, soit longitudinaux, en dessus. Élytres obliquement coupées à l'angle sutural, armées d'une petite épine à l'extrémité de la suture. Intervalles en forme de côtes, seulement vers leur partie postérieure.

1. P. Arenarius: OLIV. *Court; médiocrement convexe et luisant en dessus. Chaperon en demi-hexagone, fortement entaillé en devant. Tête et prothorax d'un noir châtain : la première uniment pointillée; le second sans rebord à la base, et peu densement garni en dessus de points circulaires ; sans traces de sillon. Elytres d'un brun rougeâtre; sensiblement dilatées jusqu'aux deux tiers de leur longueur; obliquement coupées et armées d'une petite dent à l'angle sutural; à stries rendues postérieurement plus profondes par l'élévation et la convexité plus marquée des intervalles.*

Scarabæus arenarius. OLIV. Ent. 1. 3. p. 96. 110. pl. 24. f. 206. a, b.

Scarabæus pusillus, PREYSSL. Bœhm Ins. p. 104. 100. pl. 2. a, b.—PANZ. Faun. Germ. 58. 8.—*Id.* Krit. rev. p. 18.

Scarabæus rhododactylus, MARSHAM, Ent. Brit. p. 29. 51.

Copris arenarius, OLIV. Encycl. méth. t. 5. p. 152. 38.

Aphodius arenarius, ILLIG. Kæf. Preus. p. 22. 10. (en se bornant à la synonymie donnée dans son Magasin, t. 1. p. 22).—CREUTZ. Ent. Vers. p. 18. 3.—STURM, Verz. p. 50, 43. pl. 2. f. 5. V.—*Id.* Deut. Faun. 1. p. 176. 65.—LATR. Hist. t. 10. p. 136. 34? —SCHOENH. Syn. Ins. 1. p. 88, a. 89.—DUFTSCH. Faun. Aus. 1. p. 129. 48.—GYLL. Ins. Suec. 1. 42. 42.—BAUD. LAF. Monog. p. 77. 21.—SUCKOW, Nat. p. 259. 84. —STEPH. Syn. p. 207. 54.—GARN. Mém. de la Somme. 1. p. 72. 21.—SCHMIDT, Zeitsch. t. 2. 1. p. 110. 20.

Var. A. P. Sabulicola; NOB *Elytres d'un rouge brun.*

SCHMIDT, l. c. Var. β.

L. 0^m,0022 à 0^m,0028 (1 à 1 1/4^l).—L. 0^m,0008 à 0^m,0012 (3/8 à 5/8^l).

Chaperon en demi-hexagone; profondément entaillé en devant; à angles antérieurs rendus saillants ou transformés chacun par l'effet de cette entaille en une forte dent; peu sensiblement auriculé; rebordé

dans sa périphérie. Tête subconvexe; noire ou d'un noir châtain assez
luisant, souvent graduellement d'un brun rougeâtre dans son pourtour; subruguleuse près de celui-ci, lisse et presque uniformément
marquée sur le reste de sa surface de petits points médiocrement
rapprochés. Palpes et antennes d'un rouge brunâtre ou d'un rouge
livide : massue de celles-ci d'un gris roux. Prothorax à peine échancré
en devant; paré d'une bordure d'un jaune rouge livide; à angles
antérieurs à peine saillants et émoussés; curvilinéaire d'abord sur les
côtés, puis subrectilinéaire jusqu'aux angles postérieurs qui sont un
peu inclinés, entiers et obtusément ouverts; obliquement coupé de
ceux-ci à la base; bissubsinueusement en arc renversé à cette dernière;
rebordé sur les côtés, sans rebord à sa partie postérieure; médiocrement convexe en dessus; noir ou d'un noir châtain assez luisant;
marqué de points circulaires entremêlés d'autres beaucoup plus petits:
les premiers plus nombreux sur les côtés que sur le disque. Écusson
en triangle; à côtés plus longs que la base; brun ; lisse, luisant;
légèrement incliné postérieurement. Elytres un peu moins larges aux
épaules que le prothorax aux angles de derrière; une fois aussi longues
que lui; subsinueusement et très-sensiblement élargies jusqu'aux trois
cinquièmes de leur longueur; curvilinéairement rétrécies à partir de
ce point; obliquement tronquées à l'angle sutural et armées d'une
petite dent à l'extrémité de la suture; médiocrement convexes en
dessus; très-faiblement subconvexes longitudinalement, ou plus élevées de leur base aux deux tiers de leur longueur; d'un noir châtain
assez luisant, passant souvent et insensiblement à une teinte plus
claire en se rapprochant de l'extrémité; à rainurelles entières, rayées
souvent peu distinctement par des strioles transversales, étroites et
légères à la partie antérieure, plus larges postérieurement et rendues
plus profondes par la convexité des intervalles : ceux-ci déprimés près
de la base et dans leur plus grande longueur, élevés en forme de côtes
vers l'extrémité. Dessous du corps brun, ou d'un brun rougeâtre
presque mat; parcimonieusement garni de poils livides moins indistincts sur les flancs de l'antépectus. Plaque métasternale luisante,
longitudinalement sillonnée. Pieds d'un rouge brun ou brunâtre,
garnis de poils peu nombreux. Cuisses luisantes, presque impointillées. Premier article des tarses postérieurs un peu moins long que
les trois suivants réunis.

Cette espèce habite les parties tempérées et septentrionales de la
France. Elle m'a été envoyée d'Amiens, où elle paraît n'être pas rare,
par M. Garnier. On ne l'a point trouvée dans les environs de Lyon.
L'espèce typique d'Olivier existe dans la collection de M. Chevrolat.

Obs. Les deuxième et troisième intervalles sont à peu près prolongés jusqu'à l'extrémité; les quatrième, cinquième et sixième graduellement plus courts; les septième et neuvième enclosent le huitième aussi raccourci que le sixième, et après s'être réunis se prolongent jusqu'au bord apical externe sous la forme d'une côte plus saillante; le dixième est court et oblitéré.

Genre *Oxyomus;* Oxyome, Eschscholtz; Inéd. De Casteln.

(ὀξύς, pointu; ὁμός, semblable.)

Caractères. Corps subsemi-cylindrique. Chaperon presque en demi-hexagone, entaillé en devant. Lobe supérieur des mâchoires membraneux, très-développé, courbé du côté interne. Palpes maxillaires à dernier article subfiliforme, aussi long que les précédents réunis. Palpes labiaux grêles, petits, de grosseur presque égale; à dernier article le plus long. Menton échancré. Tête faiblement convexe, simplement ponctuée. Prothorax non garni de cils criniformes; creusé en dessus d'un canal longitudinal dans la partie postérieure de son milieu. Premier article des tarses postérieurs parallèle; aussi long que les trois suivants réunis.

1. O. Porcatus; *Subsemi-cylindrique et d'un noir obscur en dessus. Chaperon presque en demi-hexagone, concavement abaissé et subéchancré en devant. Tête uniment et uniformément marquée de petits points. Prothorax densement et plus grossièrement ponctué; longitudinalement canaliculé dans la partie postérieure de son milieu; sans rebord à la base. Elytres creusées de dix sillons très-concaves, rayés dans le fond par des strioles transversales, et séparés par des intervalles étroits et tranchants. Premier article des tarses postérieurs parallèle, au moins aussi long que les trois suivants réunis.*

Scarabæus porcatus, Fab. Syst. Ent. p. 20. 75.—*Id.* Spec. Ins. 1. p. 21. 92.—*Id.* Mant. 1. p. 11. 101.—*Id.* Ent. Syst. 1. p. 38. 126.—Herbst, Arch. p. 8. 24. pl. 19. f. 9. a, b, c.—*Id.* trad. fr. p. 70. 19. pl. 19. f. 9. a, b, c.—*Id.* Nat. t. 2. p. 275. 168. pl. 18. f. 12.—Gmel. Linn. Syst. Nat. p. 1552. 204.—De Vill. C. Linn. Entom. 1. p. 57. 65.—Rossi. Faun. Etr. p. 10. 21.—Preysl. Bœhm. Ins. p. 32. 30.—Oliv. Ent. 1. 3. p. 96. 109 pl. 19. f. 178. a, b.—Panz. Ent. Germ. p. 12. 47.—*Id.* Faun. Germ. 28. 13.—Schrank, Faun. Boic. 1. p. 390. 350.—Payk. Faun. Succ. 1. p. 29. 35.—Marsh. Ent. Brit. p. 50. 54.

Scarabæus sylvestris, Scop. Ent. Carn. p. 5. 11.

Scarabæus fenestralis, Schrank, Enum. p. 17. 28.

Scarabæus forcolatus, Moll. Nat. Brief. 1. p. 175. 19.

Copris porcatus, Oliv. Encycl. Méth. t. 5. p. 152. 57.

Aphodius porcatus, Illig. Kæf. Preus. p. 22. 9.—Sturm, Verz. p. 55. 50.—*Id.* Deut.
Faun. 1. p. 164. 57.—Fab. Syst. El. 1. p. 81. 57.—Schoenh. Syn. Ins. 1. p. 87. 76.
—Latr. Hist. t. 10. p. 155. 32.—Duftsch. Faun. Aust. 1. p. 127. 47.—Baud.
Laf. Mon. p. 77. 20.—Syckow, Nat. p. 255. 73.—Boit. Man. 1. 525.—Garn. Mém.
de la Somme. t. 1. p. 72. 20.

Psammodius porcatus, Gyll. Ins. Suec. 1. p. 8. 4.—Steph. Syn. p. 210. 5.

Oxyomus porcatus, De Casteln. Hist. t. 2. p. 98. 1.

Var. A. O. Foveolatus; Nob. *Dessus du corps et pieds d'un rouge brun,
ordinairement plus clair sur les élytres.*

Long. 0,"0028 (1 1/4¹).—Larg. 0,"0014 (5/8¹).

Chaperon presque en demi-hexagone; sensiblement abaissé et
subéchancré à sa partie antérieure; indistinctement rebordé dans sa
périphérie; subarrondi aux angles de devant qui ne sont pas relevés;
sans dilatation bien sensible au côté externe des joues, dont la partie
postérieure est obliquement coupée au devant des yeux qu'elle déborde. Tête subconvexement déclive; d'un noir mat; presque lisse,
finement pointillée. Yeux bruns. Palpes et antennes d'un livide rougeâtre : massue de celles-ci souvent à peine plus obscure. Prothorax
à peu près sans échancrure en devant; paré d'une bordure d'un fauve
livide; à angles antérieurs peu ou point avancés et très-émoussés;
subrectilinéaire sur les côtés jusqu'aux angles postérieurs qui sont
bien marqués, subrectangulairement ou peu obtusément ouverts;
subobliquement coupé de ceux-ci à la base; subtransversalement
tronqué et sans rebord à cette dernière; visiblement rebordé sur les
côtés; convexe en dessus; d'un noir mat; couvert de points presque
confluents, moins profonds vers la partie antérieure; longitudinalement creusé dans la secon le moitié de son milieu d'un sillon cana-
liculiforme; inégal sur les côtés ou offrant les traces d'un sillon obliquement dirigé des angles antérieurs vers le milieu. Ecusson en triangle, à côtés plus longs que la base; d'un noir mat; ruguleusement
couvert de petits points confluents. Elytres, aux épaules, un peu moins
larges que le prothorax à ses angles postérieurs; subsinueusement
subparallèles ou à peine élargies jusqu'aux deux tiers de leur longueur,
curvilinéairement rétrécies à partir de ce point et arrondies à l'extrémité; médiocrement convexes sur le dos, convexement déclives sur
les côtés; creusées de dix sillons trois fois plus larges que les premiers
intervalles, et rayées dans le fond par des strioles transversales. Intervalles étroits, en forme d'arêtes. Dessous du corps noir ou d'un noir
brunâtre mat; marqué de points circulaires sur les flancs des parties
pectorales. Plaque métasternale ovale, ponctuée et longitudinalement

sillonnée. Ventre ponctué. Pieds brunâtres ou souvent d'un brun rougeâtre. Cuisses marquées de points assez rapprochés. Premier article des tarses postérieurs parallèle, au moins aussi long que les trois suivants réunis.

Cette espèce habite presque toutes les parties de la France. Au déclin du jour, dans les belles soirées, non seulement du printemps et de l'été, mais encore de l'automne, on est sûr de la voir voler. On la trouve abondamment au sein des débris que les rivières rejettent sur leurs bords après les inondations.

Obs. Les deuxième, troisième, septième et neuvième côtes ou intervalles sont prolongées jusqu'à l'extrémité : la cinquième un peu moins raccourcie que les quatrième et sixième, et les huitième et dixième sont encore plus courtes.

Genre *Platytomus*, PLATYTOME ; Nob.

(πλατὺς, large; τομή, section.)

Caractères. Corps oblong. Chaperon presque en demi-cercle; entaillé en devant. Lobe supérieur des mâchoires membraneux, **passablement** développé. Palpes maxillaires à dernier article le plus long de tous; faiblement renflé à la base et rétréci vers son extrémité. Dernier article des palpes labiaux de forme analogue. Tête convexe et papilleuse. Prothorax non cilié dans son pourtour ; obsolètement canaliculé en dessus dans la partie postérieure de son milieu; **sans** rides transversales en dessus. Premier article des tarses postérieurs triangulairement élargi vers son extrémité.

1. **P. Sabulosus;** Dej. Inéd. *Oblong, et d'un brun médiocrement luisant en dessus. Chaperon presque en demi-cercle; notablement entaillé en devant. Tête papilleuse. Prothorax rebordé à la base; assez densement parsemé en dessus de gros points enfoncés; offrant de chaque côté une sorte de léger sillon arqué; obsolètement canaliculé longitudinalement dans la partie postérieure de son milieu. Elytres à stries profondes; marquées de gros points qui crénèlent les intervalles. Premier article des tarses postérieurs obtriangulaire, moins long que les deux suivants réunis.*

Long. 0,ᵐ0033 (1 1/2¹) — Larg. 0,ᵐ00014 (2/3¹).

Chaperon presque en demi-cercle; notablement entaillé à sa partie antérieure; sensiblement auriculé; presque uniformément rebordé dans sa périphérie. Tête convexe; d'un brun ferrugineux dans son pourtour, graduellement plus obscure sur son disque et postérieurement; aspèrement ponctuée sur l'épistome, unie et presque indistinctement pointillée sur le front. Palpes et antennes d'un rouge pâle. Prothorax à peine échancré en devant; paré d'une bordure d'un fauve jaune; sans avancement sensible à ses angles antérieurs; subarcuément et très-faiblement élargi sur les côtés; sinueusement coupé de ceux-ci à la base; presque en demi-cercle à cette dernière; garni latéralement d'un rebord étroit; paré au devant de sa partie postérieure, d'une rangée parallèle de gros points contigus et presque effacés, qui le font paraître largement mais légèrement rebordé; convexe en dessus, avec les côtés fortement déclives; d'un brun noir, et d'un brun ferrugineux près de ses bords; marqué au dessous des angles antérieurs d'une sorte de sillon arqué, peu profond et ponctué; parsemé sur toute sa surface de gros points enfoncés; longitudinalement et obsolètement creusé dans la seconde moitié de son milieu d'un sillon ponctué. Écusson noirâtre; petit; terminé en pointe obtuse; un peu au dessus du niveau des élytres. Celles-ci à peu près de la largeur du prothorax; un peu plus d'une fois plus longues que lui; subparallèles jusqu'aux deux tiers de leur longueur; curvilinéairement rétrécies à partir de ce point; subarrondies à l'extrémité; médiocrement convexes en dessus; d'un brun noir ou d'un brun ferrugineux assez faiblement luisant; à dix stries assez profondes, moins larges que les intervalles, fortement ponctuées. Intervalles subconvexes et lisses en dessus; crénelés sur les côtés par les points des stries qui les font paraître convexes. Dessous du corps d'un brun noirâtre luisant. Flancs des parties pectorales aspèrement ponctués et garnis de poils plus longs d'un fauve livide. Plaque métasternale ovale, profondément sillonnée. Pieds d'un rouge ferrugineux. Cuisses imponctuées : les antérieures subsinueuses à leur bord antérieur : les postérieures moins fortes que celles-ci. Éperon des jambes de derrière fort. Premier article des tarses postérieurs en triangle renversé, moins long que les deux suivants réunis.

Cette espèce habite le midi de la France où elle est rare. Elle a été trouvée par M. Foudras dans les environs de Marseille et envoyée à M. le comte Dejean, qui l'a indiquée dans le genre *Oxyomus* de son Catalogue sous le nom que je lui ai conservé.

Obs. Elle est facile à distinguer du *Pl. cæsus* par son corps moins allongé; par son prothorax plus fortement ponctué; transversalement marqué seulement sur les côtés d'un sillon arqué et peu apparent; par ses élytres à intervalles très-notablement crénelés; enfin par le premier article des tarses postérieurs obtriangulaire.

Les quatrième et cinquième intervalles sont pariaux; le deuxième un peu plus court et libre; le septième prolongé jusqu'à l'extrémité; les huitième et dixième libres et un peu plus courts que le neuvième qui est également raccourci.

Genre *Pleurophorus*, Pleurophore; Nob.

(πλευρόν, des côtes; φερω, je porte.)

Caractères. Corps allongé, parallèle, faiblement convexe. Chaperon presque en demi-cercle, entaillé en devant. Mâchoires terminées par un lobe membraneux, frangé, peu développé. Palpes maxillaires à dernier article arcuément dilaté au côté interne; aussi long que les précédents réunis. Palpes labiaux à dernier article subconique ou ovalairement renflé à la base et terminé en pointe. Tête faiblement convexe; papilleuse. Prothorax non cilié; longitudinalement canaliculé dans la partie postérieure de son milieu; sans sillons transversaux en dessus. Premier article des tarses postérieurs parallèle.

1. **P. Cœsus;** Panz. *Allongé, subparallèle; faiblement convexe et d'un noir luisant en dessus. Chaperon notablement entaillé en devant. Tête papilleuse. Prothorax parsemé de points enfoncés; subobsolètement marqué sur les côtés de deux raies ou sillons transversaux raccourcis; rebordé à la base; longitudinalement canaliculé dans la partie postérieure de son milieu. Elytres à stries subcrénelées. Intervalles subconvexes, imponctués. Premier article des tarses postérieurs parallèle.*

Scarabæus cæsus, Panz. Faun. Germ. 35. 2.
Aphodius cæsus, Sturm, Verz. p. 57. 52.—*Id.* Deut. Faun. 1. p. 167. 59.—Fab. Syst.
    El. 1. p. 82. 65.—Schœnh. Syn. Ins. 1. 88, a. 92.—Latr. Hist. t. 10 p. 136. 36.
    —Duftsch. Faun. Aust. 1. p. 133. 52.—Suckow, Nat. p. 261. 87.—Boit. Man. 1.
    p. 324.
Psammodius cæsus, Steph. Syn. p. 210. 4.
Oxyomus cæsus, Dé Casteln. Hist. t. 2. p. 98. 2.

Var. A. **P. Elongatulus;** Nob. *Elytres d'un rouge brun.*

Sturm, Deut. Faun. l. c. Var. b.

L. 0ᵐ,0028 à 0ᵐ,0034 (1 1/4 à 1 1/2).—L. 0ᵐ,0018 à 0ᵐ,0022 (4/5 à 1ˡ).

Chaperon presque en demi-cercle, assez fortement entaillé à sa partie antérieure; peu sensiblement auriculé; peu obliquement coupé à la partie postérieure des joues au devant des yeux qu'il dépasse; rebordé dans sa périphérie. Tête subconvexe; brune ou d'un noir brunâtre, et graduellement d'un brun rouge ou d'un rouge brun dans son pourtour; papilleuse ou couverte de rides entrecoupées. Palpes et antennes d'un rouge brunâtre livide. Prothorax peu sensiblement échancré à sa partie antérieure; paré d'une bordure d'un rouge jaune livide ; à angles de devant à peine avancés et légèrement émoussés ; sublinéaire ou faiblement arqué sur les côtés ; légèrement rétréci d'avant en arrière, et graduellement plus incliné ou incourbé vers les angles postérieurs qui sont peu émoussés et obtusément ouverts ; subobliquement coupé de ceux-ci à la base ; en arc renversé à cette dernière ; garni d'un rebord dilaté aux angles de devant et plus étroit sur le reste des bords latéraux ainsi qu'à la partie postérieure où il est néanmoins très-apparent ; convexe en dessus ; noir ou d'un noir brunâtre, luisant ; presque imperceptiblement pointillé ; parsemé de points circulaires assez gros ; marqué de chaque côté de deux espèces de sillons ponctués, obliquement transversaux : le premier, naissant de l'angle de devant : le second, situé sur le milieu des côtés du disque, notablement distant du bord latéral, et n'arrivant pas ainsi que le précédent à la ligne médiane ; longitudinalement creusé dans la seconde moitié de son milieu, d'un sillon plus profond, ponctué ou formé par une rangée irrégulière de points enfoncés. Écusson en triangle étroit ; d'un noir brunâtre avec une transparence rougeâtre vers son extrémité ; lisse ; imponctué. Élytres, aux épaules, un peu moins larges que le prothorax à ses angles postérieurs ; près d'une fois et demie aussi longues que lui ; subparallèles jusqu'aux trois quarts de leur longueur et arrondies à l'extrémité ; subdéprimées longitudinalement sur la majeure partie de leur longueur, subperpendiculaires sur les côtés et convexement déclives à leur partie postérieure ; brunes ou d'un noir brunâtre, luisant ; à stries profondes, étroites, subcrénelées par des strioles transversales. Intervalles subconvexes, lisses, imponctués. Dessous du corps d'un brun noirâtre, luisant, ou d'un brun quelquefois même rougeâtre sur les côtés de l'antépectus. Plaque métasternale allongée, longitudinalement sillonnée. Pieds d'un rouge brun ou brunâtre. Cuisses antérieures renflées : les suivantes plus grêles, lisses, imponctuées. Tarses grêles : premier article des postérieurs parallèle, plus long que les deux suivants réunis.

Cette espèce est commune dans presque toutes les parties de la France. Pendant les beaux jours, on la voit souvent voler après le coucher du soleil.

Obs. Les deuxième, troisième, septième et neuvième intervalles, sont subterminaux : les troisième et septième sont liés ensemble en enclosant les quatrième et cinquième souvent pariaux, et le sixième un peu plus court ; les huitième et dixième sont libres et à peine plus prolongés que le sixième.

Genre *Rhyssemus*, RHYSSÈME; NOB.

(ῥύσσημα, peau ridée.)

Caractères. Corps subsemi-cylindrique. Chaperon presque en demi-cercle; entaillé en devant. Lobe supérieur des mâchoires médiocrement développé, frangé ou subpectiné. Dernier article des palpes maxillaires et labiaux le plus long de tous; subconique, ou notablement renflé à la base et graduellement rétréci jusqu'à l'extrémité. Menton échancré. Tête convexement déclive; papilleuse. Prothorax garni sur les côtés et à la base, de cils ou plutôt de soies courtes et grossières; canaliculé en dessus dans la partie postérieure de son milieu; creusé de sillons transversaux séparés par des intervalles relevés et convexes. Premier article des tarses postérieurs faiblement renflé vers son extrémité.

1. **R. Asper;** FAB. *Subsemi-cylindrique; médiocrement convexe et d'un noir mat ou peu luisant, en dessus. Chaperon presque en demi-cercle, notablement entaillé en devant. Tête papilleuse. Prothorax creusé transversalement de quatre sillons finement granuleux, séparés par des intervalles presque lisses : les deux postérieurs interrompus dans leur milieu par un canal longitudinal. Elytres à rainurelles étroites, peu ou point dentées. Intervalles aspèrement et bissubsérialement chargés de petits points élevés. Premier article des tarses postérieurs parallèle, au moins aussi long que les deux suivants réunis.*

Scarabæus asper, FAB. Syst. Ent. p. 19. 77.—*Id.* Spec. Ins. 1. p. 22. 94.—*Id.* Mant. 1. p. 11. 105.—*Id.* Ent. Syst. 1. p. 39. 128.—HERBST, Arch. p. 8. 25. pl. 1. 9. f. 10. —*Id.* trad. fr. p. 70. n° 20 pl. 19. f. 10.—*Id.* Natursyst. t. 2. p. 278. 170. pl. 18. f. 14.—GMEL. Linn. Syst. Nat. p. 1552. 206.—OLIV. Ent. 1. 3. p 94. 105. pl. 23. f. 204. a, b.—ROSSI, Faun. Etr. 1. p. 10. 22.—*Id.* éd. Helw. p. 10. 22.—SCHRANK. Faun. Boic. 1. 390. 551.—PANZ. Ent. Germ. p. 12. 49.—*Id.* Faun. Germ. 47. 13.

Ptinus germanus, LINN. Syst. Nat. 1. 2. 566. 6?—DE VILL C. Linn. Ent. 1. p. 63. 6?

Copris asper, OLIV. Encycl. Méth. t. 5. p. 151. 54.

Aphodius asper, ILLIG. Kæf. Preus. p. 21. 8.—STURM, Verz. p. 56. 51.—*Id.* Deut. Faun. p. 165. 58.—FAB. Syst. El. 1. p. 82. 61.—SCHOENH. Syn. Ins. 1. p. 87. 82.—LATR. Hist. t. 10. p. 125. 33. — DUFTSCH. Faun. Aust. 1. p. 130. 50.—BAUD. LAF. Monog. p. 76. 19.—SUCKOW, Nat. p. 256. 77.—DUMÉRIL, Dict. des Scienc. Nat. t. 2. p. 280. 18.—BOIT. Man. 1. 323.

Psammodius asper, GYLLENH. Ins. Suec. 1. p. 9. 5.—STEPH. Syn. p. 210. 5.

Oxyomus asper, DE CASTELN. Hist. t. 2. p. 98. 3.

Var. A. R. Rufiper; NOB. *Elytres d'un rouge brun ou d'un rouge brunâtre.*

STURM, Deut. Faun. l. c. Var. b.

L. 0^m,0028 à 0^m,0039 (1 1/4 à 1 3/4^l).—L. 0^m,0014 à 0^m,0018 (5/8 à 7/8^l).

Chaperon presque en demi-cercle; assez fortement entaillé à sa partie antérieure; peu sensiblement auriculé; très-obliquement coupé au bord postérieur des joues; légèrement rebordé dans sa périphérie. Tête convexement déclive; d'un noir brunâtre et sans luisant, graduellement d'un brun rouge ou d'un rouge brun dans son pourtour; fortement chagrinée sur sa surface ou couverte de sortes de papilles; sinueusement sillonnée sur la suture frontale, ou marquée vers le milieu de celle-ci d'une impression plus ou moins distincte en forme de V. Palpes et antennes d'un rouge jaune ou d'un rouge livide. Prothorax à peine échancré en devant; sans rebord, mais paré d'une bordure d'un flave livide; peu avancé à ses angles antérieurs qui sont émoussés; subarqué ou subrectilinéaire sur les côtés jusqu'aux trois cinquièmes de la longueur de ceux-ci, obliquement coupé et plus infléchi de ce point à la base; faiblement en arc renversé à cette dernière; cilié ou garni de soies courtes, grossières et livides; très-étroitement et à peine rebordé latéralement ainsi qu'à sa partie postérieure; très-convexe en dessus; d'un noir mat; transversalement marqué de quatre sillons finement granuleux, non prolongés jusqu'au bord extérieur, et séparés chacun par un intervalle élevé et presque lisse; longitudinalement creusé dans la seconde moitié de son milieu d'un canal ou sillon plus profond, qui coupe et interrompt les deux intervalles postérieurs qui, pour l'ordinaire, se réunissent parialement sur ses bords. Ecusson petit, en triangle étroit; brun, avec une transparence rougeâtre; lisse ou indistinctement pointillé. Elytres, aux épaules, moins larges que le prothorax dans son diamètre transversal le plus grand; un peu plus larges que ce dernier à la partie postérieure de son écointure; près d'une fois aussi longues que lui; subparallèles ou plutôt subcurvilinéairement et faiblement élargies jusqu'aux deux tiers de leur longueur, arrondies à l'extrémité; médiocrement convexes sur le dos, subperpendiculairement déclives sur les côtés, et convexement à leur partie postérieure; d'un noir mat; à rainurelles très-étroites et peu ou point subdentées. Intervalles convexes; aspèrement et presque bissérialement chargés de petits grains ou de points élevés très-rapprochés. Dessous du corps d'un noir brunâtre médiocrement luisant; parcimonieusement garni sur l'antépectus de poils peu apparents. Plaque métasternale presque en losange, plus large transversalement que longitudinalement; ponctuée et sillonnée. Pieds d'un rouge brun ou brunâtre. Cuisses antérieures renflées: les suivantes plus grêles, presque imponctuées. Jambes garnies de poils ainsi que les cuisses antérieures. Tarses grêles : premier article des postérieurs parallèle, au moins aussi long ou un peu plus long que les deux suivants réunis.

Cette espèce habite la majeure partie des provinces de la France. Elle n'est pas bien rare dans les environs de Lyon. On la trouve assez abondamment au milieu des débris que rejettent la Saône ou le Rhône lors de leurs débordements.

Obs. Les deuxième, troisième, septième et neuvième intervalles sont subterminaux : les troisième et septième liés ensemble, enclosent les quatrième et cinquième ordinairement pariâux, et le sixième qui est plus raccourci ; les huitième et dixième sont libres et à peine plus prolongés que le sixième.

2. **R. Verrucosus**; Nob. *Allongé, subparallèle; faiblement convexe et d'un noir peu luisant en dessus. Chaperon presque en demi-cercle, notablement entaillé en devant. Tête parsemée de sortes de verrues. Prothorax creusé transversalement de quatre sillons granuleux séparés par des intervalles élevés et verruqueux : les deux postérieurs interrompus dans l'ur milieu par un canal longitudinal. Elytres à rainurelles étroites et dentées. Intervalles chargés longitudinalement d'une rangée de fortes aspérités. Premier article des tarses postérieurs subparallèle, un peu moins long que les trois suivants réunis.*

Long. 0^m,036 (1 2/3^l). — Larg. 0^m,0018 (5/6^l).

Chaperon presque en demi-cercle; assez fortement entaillé à sa partie antérieure ; peu sensiblement auriculé ; très-obliquement coupé au bord postérieur des joues; sans rebord apparent dans sa périphérie. Tête convexement déclive; d'un noir mat, et graduellement d'un brun rougeâtre à son pourtour; granuleuse et parsemée en outre de sortes de verrues. Palpes et antennes d'un rouge brunâtre. Prothorax à peine échancré en devant; sans rebord, mais paré d'une bordure d'un flave livide; peu avancé à ses angles antérieurs qui sont émoussés; subarqué sur les côtés jusqu'à la moitié de la longueur de ceux-ci, obliquement coupé et sensiblement plus infléchi de ce point à la base; faiblement en arc renversé à cette dernière; cilié ou garni de soies courtes, grossières et livides; très-étroitement ou à peine rebordé latéralement ainsi qu'à sa partie postérieure; très-convexe en dessus; d'un noir presque mat; transversalement marqué de quatre sillons granuleux, non prolongés jusqu'au bord extérieur et séparés chacun par un intervalle relevé et verruqueux; longitudinalement creusé dans la seconde moitié de son milieu d'un canal ou sillon plus profond, qui coupe et interrompt les deux intervalles postérieurs qui, pour l'ordinaire, se réunissent parialement sur ses bords. Ecusson petit, peu apparent, en triangle étroit; noirâtre; lisse ou indistinctement pointillé. Elytres, aux épaules, moins larges que le prothorax dans son diamètre transversal le plus grand, un peu plus larges que ce dernier à la partie postérieure de son écointure; près d'une fois aussi longues que lui; subparallèles ou plutôt subsinueusement et faiblement élargies jusqu'aux deux tiers de leur longueur, arrondies à l'extrémité; subdéprimées longitudinalement sur le dos, convexement déclives sur les côtés et à leur partie postérieure; d'un noir presque mat; à rainurelles étroites, dentées. Intervalles longitudinalement chargés d'une rangée de fortes aspérités un peu dirigées en arrière. Dessous du corps brun ou d'un brun noirâtre; parcimonieusement garni sur l'antépectus de poils peu apparents. Plaque métasternale oblongue; longitudinalement rayée et creusée en fossette plus ou moins profonde. Pieds d'un brun rouge. Cuisses antérieures renflées, munies d'une arête à leur bord antérieur : les intermédiaires et surtout les postérieures plus grêles, subobsolètement marquées de gros points presque confluents. Premier article des tarses postérieurs subparallèle, subdenté extérieurement dans le milieu de sa longueur, presque aussi long que les trois suivants réunis.

Cette jolie espèce m'a été envoyée de Marseille par M Solier.

Obs. Les cinquième et sixième intervalles, affluents l'un vers l'autre ou subparialement réunis, sont plus courts ainsi que les huitième et dixième : les autres sont plus longs ou presque également subterminaux.

SECONDE BRANCHE.

LES PSAMMODIAIRES.

Caractères. Cuisses de derrière, au moins aussi renflées que celles de devant. Tarses des quatre pieds postérieurs épais, diminuant graduellement de grosseur; à premier article triangulairement élargi vers son extrémité. Ongles rudimentaires, indistincts.

Gyllenhal, comme nous l'avons dit, a le premier réuni sous le nom de *Psammodius* les insectes qui composent cette branche et diverses coupes voisines de celle-ci. Latreille, en adoptant plus tard la dénomination générique du savant suédois, en restreignit l'application à un très-petit nombre d'espèces qui font évidemment la transition de la famille des Aphodiens à la suivante. La coupe nouvelle que nous offrons ici, sans avoir l'étendue de celle du premier naturaliste, est moins bornée que celle du second; elle repose surtout sur des caractères moins équivoques ou plus apparents, et qui se rattachent également aux habitudes de ces petits animaux.

Sous le rapport des formes extérieures, ces insectes ont beaucoup d'analogie avec une partie des Pleurophorates. Leur tête est convexement déclive et papilleuse; leur prothorax, canaliculé longitudinalement dans la partie postérieure de son milieu, et quelquefois aussi creusé de sillons transversaux. Les intervalles des stries de leurs élytres sont élevés en forme de côtes, parmi lesquelles les sixième et huitième à partir de la suture sont plus courtes que la septième qui se prolonge jusqu'à l'extrémité. Leur abdomen est généralement renflé. De même que chez plusieurs espèces du rameau précédent, le dernier article des palpes est le plus épais de tous, presque conique ou subovalaire à la base, subacuminé à l'extrémité; mais les mâchoires présentent une ou deux dents coriaces, subcornées, ou du moins un faisceau de poils, qu'il est facile, vu la petitesse de l'organe, de prendre pour une dent.

Le nom de cette coupe indique les lieux que fréquentent ces insectes : ils sont encore habitants des sables.

Nous les répartirons dans les deux genres suivants, pour suivre, comme nous l'avons fait jusqu'ici, le travail progressif de la Nature.

GENRES.

Prothorax
- peu ou point garni sur les côtés de cils en forme de soies courtes et grossières; sans sillons transversaux en dessus. *Diastictus.*
- garni sur les côtés et à sa partie postérieure de cils en forme de soies courtes et grossières; creusé en dessus de sillons transversaux séparés par des intervalles élevés et convexes. *Psammodius.*

Genre *Diastictus*, Diasticte ; Nob.

(διαστίζω, distinguer par des points.)

Caractères. Corps court; gibbeux postérieurement. Chaperon presque en demi-cercle, entaillé en devant. Lobe supérieur des mâchoires peu développé, frangé : l'interne muni d'une dent coriace. Dernier article des palpes maxillaires subovalairement renflé à la base, subacuminé à l'extrémité; le plus long de tous. Dernier article des palpes labiaux fortement renflé, ovalaire. Tête convexement déclive; papilleuse. Prothorax peu ou point cilié dans son pourtour; sans sillons transversaux en dessus.

**1. D. Sabuleti: **P*ayk. Court; gibbeux, et d'un noir brunâtre peu luisant en dessus. Chaperon presque en demi-cercle, notablement entaillé à sa partie antérieure. Tête papilleuse, subtransversalement sillonnée sur la suture frontale. Prothorax couvert de gros points circulaires presque confluents; subobsolètement marqué de chaque côté de son disque d'un sillon subtransversal; longitudinalement canaliculé dans la partie postérieure de son milieu. Elytres suboviformes ou subovales et gibbeuses; à rainurelles subsulciformes et ponctuées. Intervalles lisses et en forme de côtes. Premier article des tarses postérieurs subtriangulairement dilaté, aussi long que les deux suivants réunis.*

Scarabæus sabuleti, P*ayk*. Faun. Suec. 1. p. 27. 52.—F*ab*. Supp. p. 24. 125-126.
— P*anz*. Faun. Germ. p. 37. 3.
Aphodius sabuleti, I*llig*. Kæff. Preus. p. 21. 7.—F*ab*. Syst. El, 1. p. 81. 56.—S*turm*.
Deutsch. Faun. 1. p. 169. 60. pl. 15. f. a, A, B.—S*choenh*. Syn. Ins. 1. p. 86. 75.
—L*atr*. Hist. t. 10. p. 131. 31.—S*uckow*, Nat. p. 255. 72.—B*oit*. Man. 1. p. 324.
Psammodius sabuleti, G*yllenh*. Ins. Suec. 1. p. 97. 3.—Z*etterst*. Faun. Lap. 174. 1.
—S*teph*. Syn. p. 210. 2.

Var. A. D. Latitans; N*ob*. *Elytres d'un rouge brun.*

P*ayk*. l. c. Var. β.—S*uckow*, l. c. Var. β.

Long. 0^m,0028 (1 1/4^l).—Larg. 0^m,0014 (5/8^l).

Chaperon presque en demi-cercle, assez fortement entaillé à sa partie antérieure; légèrement auriculé; rétréci ou très-obliquement coupé au bord postérieur des joues; à peine rebordé dans sa périphérie. Tête convexement déclive; d'un brun noirâtre, et graduellement d'un brun rouge dans son pourtour; sans éclat; rugueusement ponctuée ou plutôt papilleuse sur sa surface; creusée à la suture frontale d'une sorte de sillon en forme d'accent circonflexe très-ouvert. Palpes et antennes d'un rouge brunâtre. Prothorax médiocrement échancré à sa partie antérieure; sans rebord, mais paré d'une bordure d'un rouge brun; à angles antérieurs graduellement avancés et émoussés; arqué et subanguleusement dilaté dans le milieu de ses côtés : arrondi aux angles postérieurs qui sont très-obtusément ouverts, subobliquement coupé de ceux-ci à la base; en arc renversé à cette dernière, étroitement rebordé latéralement, et peu distinctement à sa partie postérieure; très-convexe en dessus; d'un noir brunâtre mat; rugueusement couvert de gros points enfoncés presque confluents; subtriangulairement déprimé près des angles de devant qui sont d'un brun rougeâtre; longitudinalement creusé d'une sorte de canal dans la moitié postérieure de son milieu ; marqué transversalement sur les côtés de son disque d'un sillon un peu oblique et plus léger, non prolongé jusqu'au bord latéral, et graduellement oblitéré vers la ligne médiane qu'il n'atteint pas. Ecusson très-apparent, triangulaire ; à côtés plus longs que la base ; d'un noir brunâtre ; lisse et presque impointillé. Elytres, aux épaules, un peu moins larges que le prothorax aux angles postérieurs ; une fois au moins aussi longues que lui ; subcurvilinéairement élargies de la base au milieu de leur longueur, curvilinéairement rétrécies à partir de ce point, et arrondies à l'extrémité ; très-convexes en dessus, et subconvexement plus élevées longitudinalement depuis la base jusqu'au milieu, et curvilinéairement déclives postérieurement ; d'un noir brunâtre et sans éclat ; à rainurelles profondes, paraissant subsulciformes par l'effet de la convexité des intervalles, ni dentées ni crénelées, marquées dans le fond d'une rangée de points circulaires ou subtransversaux confluents ou liés les uns aux autres. Intervalles une fois au moins aussi larges que les rainurelles ; lisses ; convexes, relevés en forme de côtes. Dessous du corps d'un noir brunâtre ou d'un brun luisant ; parcimonieusement garnis de poils, sur l'antépectus. Plaque métasternale en losange, dilatée à ses angles latéraux ; longitudinalement sillonnée et creusée d'une fossette plus ou moins profonde. Pieds d'un rouge brun ou brunâtre ; garnis de poils principalement aux cuisses de devant et à toutes les jambes. Cuisses toutes presque également renflées ; lisses, imponctuées. Articles des tarses postérieurs triangulairement élargis vers leur extrémité : le premier au moins aussi long que les deux suivants réunis. Ongles rudimentaires, indistincts.

Cette espèce généralement rare habite les parties froides et tempérées de la France. Je l'ai trouvée dans les montagnes des environs de Lyon.

Obs. Les deuxième, troisième et septième intervalles sont subterminaux : les troisième et septième sont parialement réunis en enclosant les quatrième, cinquième et sixième graduellement plus courts : les neuvième et dixième sont subpariaux et un peu moins raccourcis que le huitième.

Genre *Psammodius*, Psammodie ; Gyllenh.

(πσαμμώδης, sablonneux.)

Caractères. Corps court ; gibbeux postérieurement. Chaperon presque en demi-cercle ; entaillé en devant. Mâchoires épaisses : lobe supérieur de celles-ci court, frangé : lobe interne muni d'une ou de deux petites dents subcornées. Dernier article des palpes maxillaires et labiaux le plus long de tous : celui-là arcuément dilaté au côté interne et subacuminé à l'extrémité ; celui-ci obconique, ou subovalairement renflé à la base et terminé en pointe. Tête convexement déclive et papilleuse. Prothorax garni dans son pourtour de cils en forme de soies courtes et grossières ; creusé en dessus de sillons transversaux séparés par des intervalles élevés et convexes.

1. **P. Sulcicollis;** Illig. *Court; gibbeux et d'un brun peu luisant en dessus. Chaperon presque en demi-cercle, entaillé en devant. Tête convexe et papilleuse. Prothorax creusé de quatre sillons transversaux, séparés par des intervalles lisses et élevés : les deux postérieurs interrompus dans le milieu par un canal longitudinal. Élytres élargies et gibbeuses jusqu'au delà de leur moitié; à rainurelles sulciformes, obsolètement ponctuées. Intervalles en forme de côtes. Premier article des tarses postérieurs triangulairement dilaté, aussi grand que les deux suivants réunis.*

Aphodius sulcicollis, Illig. Mag. t. 1. 20. 7-8.—Panz. Faun. Germ. 99. 1.—Sturm, Deut. Faun. 1. 175. 63. pl. 15. f. c. C.—Schoenh. Syn. Ins. 1. p. 88. 85.—Duftsch. Faun. Aust. t. 1. p. 131. 51.—Seckow, Nat. p. 257. 78.

Scarabæus asper, Payk. Faun. Suec. 1. p. 29. 36.

Psammodius sulcicollis, Gyllenh. Ins. Suec. 1. p. 9. 6. — De Casteln. Hist. t. 2. p. 98. 1.

Var. A. P. Canaliculatus; Nob. *Dessus du corps d'un rouge brun ou brunâtre.*

Long. 0m,0034 (1 1/2ʼ)—Larg. 0m,0017 (3/4ʼ).

Chaperon presque en demi-cercle, assez fortement entaillé à sa partie antérieure, comme bidenté par l'effet de cette entaille ; rebordé d'une manière graduellement plus sensible depuis les joues jusqu'à l'extrémité de ces dents, sans rebord dans sa partie entaillée ; peu ou point auriculé. Tête convexement déclive ; brune ou d'un brun rouge, graduellement plus clair à son pourtour ; garnie de sortes de papilles sur l'épistome ; chargée vers le milieu du front d'une espèce de relief en forme de V. Palpes et antennes d'un rouge brunâtre. Prothorax faiblement échancré en devant; sans rebord, mais paré d'une bordure d'un rouge brunâtre livide ; à angles antérieurs subarrondis; arqué sur les côtés qui sont raccourcis; un peu plus sensiblement infléchi aux angles postérieurs qui sont émoussés et obtusément ouverts ; subobliquement coupé de ceux-ci à la base ; en arc renversé à cette dernière ; cilié ou garni de soies courtes, grossières et livides, et muni latéralement d'un rebord moins sensible à sa partie postérieure ; très-convexe en dessus ; brun ou d'un brun rougeâtre; creusé transversalement de quatre sillons non prolongés jusqu'aux bords latéraux, et séparés chacun par un intervalle élevé et convexe ; longitudinalement creusé dans la seconde moitié de son milieu d'un sillon plus profond qui coupe et interrompt le transversal postérieur, et les deux derniers intervalles qui se réunissent parialement sur les bords. Ecusson en triangle émoussé à son extrémité; à côtés plus longs que la base; d'un brun rougeâtre; un peu au dessous du niveau des élytres; subruguleusement couvert de très-petits points confluents. Elytres moins larges aux épaules que le prothorax aux angles postérieurs; près d'une fois et demie plus longues que lui; subgraduellement élargies jusqu'aux deux tiers de leur longueur, arrondies à l'extrémité; très-convexes en dessus; subconvexement plus élevées longitudinalement de la base aux deux tiers postérieurs, et convexement déclives à partir de ce point; à rainurelles profondes, sulciformes, peu distinctement ponctuées. Intervalles plus larges que les rainurelles, lisses, élevés en forme de côtes. Dessous du corps d'un brun rouge; parcimonieusement garni de poils d'un livide jaunâtre sur l'antépectus et aux cuisses, surtout celles de devant. Pieds d'un rouge brun. Cuisses renflées, les postérieures plus sensiblement que celles de devant et surtout que les intermédiaires : les unes et les autres parsemées de points assez petits. Eperon des jambes postérieures spatuliforme. Articles des tarses des quatre pieds de derrière fortement élargis en triangle vers leur extrémité, et graduellement moins larges les uns que les autres : le premier des postérieurs aussi long que les deux suivants réunis. Ongles rudimentaires et peu apparents.

Cette espèce habite presque toutes les parties de la France, mais particulièrement nos provinces tempérées et septentrionales. Elle est rare dans le midi.

Obs. Les deuxième et troisième intervalles sont subterminaux; les septième et neuvième libres ou parialement réunis sont de même longuement prolongés et se lient ordinairement avec le troisième ou avec le quatrième, en enclosant ainsi les quatre à sixième ou cinquième et sixième : ce dernier est généralement plus court que les deux précédents, surtout que le cinquième qui se prolonge souvent plus que le quatrième; les huitième et neuvième sont raccourcis.

2. **P. Porcicollis;** Illig. *Court; convexe et d'un brun peu luisant en dessus. Chaperon presque en demi-cercle, entaillé en devant. Tête convexe et papilleuse. Prothorax creusé transversalement de quatre sillons ponctués, séparés par des intervalles lisses et élevés : les deux postérieurs interrompus dans leur milieu par un canal longitudinal. Elytres ovales et gibbeuses; à rainurelles sulciformes, crénelées. Intervalles en forme de côtes. Premier article des tarses postérieurs subtriangulairement dilaté, au moins aussi grand que les deux suivants réunis.*

Aphodius porcicollis, Illig. Mag. t. 2. p. 195. 20.—Suckow, Nat. p. 258. 80.
Psammodius porcicollis, De Casteln. Hist. t. 2. 99. 2.

Var. A. Ps. Rugosulus; Nob. *Dessus du corps d'un rouge brun ou bru-nâtre.*

Long. 0^m^,0039 (1 3/4).—Larg. 0^m^,0019 (7/8).

Chaperon presque en demi-cercle, assez fortement entaillé à sa partie antérieure, comme bidenté par l'effet de cette entaille; très-légèrement rebordé; peu ou point auriculé. Tête convexement déclive; brune ou d'un brun rougeâtre, et d'une teinte plus claire dans son pourtour; chargée sur sa surface de sortes de papilles. Palpes et antennes d'un rouge livide, parfois légèrement brunâtre. Prothorax faiblement échancré en devant; sans rebord, mais paré d'une bordure d'un rouge brun livide; à angles antérieurs subarrondis; subarqué sur les côtés qui sont raccourcis; plus sensiblement infléchi aux angles postérieurs qui sont émoussés et obtusément ouverts; subobliquement coupé de ceux-ci à la base; en arc renversé à cette dernière; cilié ou garni de soies grossières, courtes et livides, et muni latéralement, ainsi qu'à sa partie postérieure, d'un rebord très-étroit; brun ou d'un brun rougeâtre; très-convexe en dessus; creusé de quatre sillons transversaux non prolongés jusqu'aux bords latéraux, parsemés de gros points assez rapprochés, et séparés chacun par un intervalle élevé, convexe et un peu flexueux; longitudinalement creusé dans la seconde moitié de son milieu, d'un sillon plus profond qui coupe et interrompt les deux intervalles postérieurs qui se réunissent parialement sur ses bords. Ecusson très-petit, peu apparent; en triangle étroit; lisse; d'un brun rougeâtre. Elytres un peu moins larges aux épaules que le prothorax à ses angles postérieurs; une fois au moins plus longues que lui; suboviformes ou curvilinéairement élargies jusqu'à la moitié de leur longueur, pareillement rétrécies à partir de ce point et subarrondies à l'extrémité; très-convexes en dessus; subconvexement plus élevées longitudinalement, de la base à leur milieu; brunâtres ou d'un brun rouge; à rainurelles profondes, sulciformes, crénelées par des points transversaux. Intervalles à peine plus larges que les rainurelles, lisses, élevés en forme de côtes. Dessous du corps d'un brun rouge; parcimonieusement garni de poils sur l'antépectus et aux cuisses de devant. Plaque métasternale subtriangulaire, longitudinalement rayée. Pieds bruns. Cuisses toutes presque également renflées; marquées de gros points. Tarses intermédiaires et postérieurs subtriangulairement élargis vers leur extrémité : le premier de ceux-ci aussi long que les deux suivants réunis. Ongles rudimentaires, presque indistincts.

Cette espèce habite nos provinces méridionales. Elle m'a été envoyée de Marseille, où elle est peu commune, par M. Solier. Elle est rare dans les environs de Lyon. On la trouve dans le sable.

TROISIÈME FAMILLE.

LES TROGIDIENS.

Caractères. Pieds intermédiaires aussi rapprochés que les autres à leur naissance. Écusson toujours visible. Élytres embrassant l'abdomen dans son pourtour et cachant le pygidium. Épistome laissant à découvert une partie des mandibules qui sont cornées. Yeux peu ou point coupés par les joues. Antennes de neuf à onze articles ; insérées au devant des yeux sous le bord plus ou moins étroit de la tête ; à scape le plus souvent obconique, en général moins long que la tige : à deuxième article globuleux : les suivants cupiformes : les trois derniers composant une massue lamellée dont le feuillet intermédiaire cesse, chez un petit nombre, d'être visible dans la contraction. Lobe inférieur des mâchoires coriace ou corné ; tantôt en forme de dent simple ou bifide, tantôt armé de crochets. Dernier article des palpes maxillaires le plus long de tous. Épistome en forme d'angle ou de demi-cercle à sa partie antérieure. Ventre moins long que les deux derniers segments pectoraux. Cuisses antérieures ou postérieures souvent plus renflées que les autres. Jambes de devant ordinairement bi ou tridentées au côté externe ; quelquefois munies d'un plus grand nombre de dents, mais alors isolées, au moins en partie. Ongles rarement presque indistincts. Corps plus ou moins convexe.

La Nature, chez les Trogidiens, nous offre une modification importante dans certaines parties de la bouche des Lamellicornes. Les mandibules que nous avons vues jusqu'ici plus ou moins rudimentaires et cachées sous le chaperon, commencent à saillir au delà de cette pièce, et devenues plus solides ou cornées, vont jouer un rôle actif dans l'acte de la mastication. Les mâchoires qui, déjà chez les Psammodies, avaient acquis plus de consistance et plus d'épaisseur, nous montreront leur lobe inférieur, au moins, armé d'une dent ou de plusieurs crochets. De ces changements dans l'organisation buccale, découlent nécessairement des différences dans la manière de vivre de ces petits animaux. Les Trogidiens, en effet, semblent rechercher de préférence les débris des matières organiques et surtout des matières animales. Ils habitent particulièrement les terreins sablonneux ou légers, et s'enfoncent moins profondément dans le sol que les insectes de la famille suivante ;

aussi la Nature a-t-elle jugé inutile de prolonger les joues sur le côté externe des yeux, pour en former, comme chez les Géotrupins, une tranche ou une sorte de cordon protecteur destiné à préserver ces organes de toute lésion. Diverses espèces de cette coupe simulent l'état de mort quand elles sont menacées de quelque danger. La vie de ces insectes est en général obscure ou cachée, et leur activité principalement nocturne ; plusieurs sont condamnés par l'état incomplet de leurs ailes à rester attachés à la terre, avec laquelle leur corps poudreux permet facilement de les confondre ; ceux auxquels il est donné de pouvoir voler, attendent principalement les approches de la nuit pour se livrer à leurs courses aériennes.

M. Waterhouse, le premier, a fait connaître la larve de l'une des espèces de cette famille, celle du *Trox arenarius*, Fab. Nous allons répéter la description qu'il en a donnée dans la première partie des Transactions de la Société entomologique de Londres (t. 1. p. 33.)

Tête ronde, déprimée, à peine plus large que les segments qui la suivent, grossièrement ponctuée à sa partie antérieure. Labre petit, transversal, garni en devant de très-petits tubercules. Mandibules courtes, unidentées au côté interne. Mâchoires à deux lobes, armées d'épines. Palpes maxillaires de trois articles. Antennes formées également de trois pièces : celle de l'extrémité, petite. Corps composé de douze segments d'égale grosseur : les trois premiers portant chacun, en dessous, une paire de pieds ; tous ridés en dessus, moins le prothoracique et le terminal.

Cette famille comprend les genres suivants, qui, vu la variété des formes et des caractères des insectes qu'ils renferment, pourraient servir de base à l'établissement de plusieurs branches.

GENRES.

Antennes —

— **de dix articles,**

de neuf articles. Elytres lisses. Cuisses postérieures plus renflées. Ongles presque rudimentaires. — *Ægialia.*

Premier article des tarses postérieurs moins long que les deux suivants réunis. Elytres tuberculeuses ou chargées de côtes. Cuisses de devant plus renflées et dilatées. — *Trox.*

Premier article des tarses postérieurs plus long que les deux suivants réunis. Elytres sans côtes ni tubercules :

— Article intermédiaire de la massue caché dans la contraction. Ecusson très-apparent. — *Hybosorus.*

— Article intermédiaire de la massue visible par sa tranche, dans la contraction. Ecusson très-petit, peu distinct. — *Geobius.*

de onze articles. Jambes de devant fortement bidentées au côté externe, armées d'une épine au dessous de l'éperon. — *Ochodæus.*

Genre *Ægialia*, Ægialie; Latr.

(αἰγιαλός, qui habite les bords de la mer.)

Caractères. Antennes de neuf articles; insérées sous le rebord de la tête : scape allongé, parallèle : deuxième article globuleux, égal en grosseur au précédent : les quatre suivants serrés : les trois derniers formant une massue dont le feuillet intermédiaire est visible par sa tranche dans la contraction. Labre peu apparent, subcoriace, subéchancré, cilié. Mandibules cornées, courtes; l'une des deux terminée par une dent : l'autre bifide à son extrémité. Mâchoires à deux lobes : le supérieur terminé par des cils spiniformes : l'inférieur corné et bidenté. Palpes maxillaires assez épais : premier article peu apparent : deuxième, graduellement plus renflé vers le sommet, moitié plus long que le troisième : dernier, progressivement rétréci, le plus long de tous. Palpes labiaux courts, épais; à dernier article subconique, renflé à la base. Menton échancré. Joues et prothorax garnis de cils flexibles. Elytres lisses, gibbeuses. Cuisses postérieures plus renflées que celles de devant. Jambes antérieures dilatées et tridentées au côté externe : celles de derrière terminées par des éperons presque spatuliformes. Premier article des tarses postérieurs élargi vers son extrémité. Tarses presque rudimentaires.

Les Ægialies ont le port et presque tous les caractères des Psammodies; mais le chaperon ne cache pas entièrement toutes les parties de la bouche; leurs mandibules et le lobe inférieur des mâchoires sont cornés. Ni leur prothorax ni leurs élytres n'offrent des traces de sillons.

1. A. Arenaria; Fab. *Corps court et gibbeux postérieurement; d'un brun noirâtre, lisse et luisant en dessus. Chaperon presque en demi-cercle; subéchancré en devant. Tête convexement déclive; papilleuse. Joues, prothorax et élytres garnis de cils d'un livide jaunâtre : les dernières à dix stries légères. Intervalles larges, déprimés et imponctués. Dessous du corps d'un rouge brunâtre.*

Scarabæus arenarius, Fab. Mant. 1. p. 11. 105.—*Id.* Ent. Syst. 1. 39. 130.—Gmel. Linn. Syst. Nat. p. 1533. 213.—Herbst, Nat. t. 2. p. 291. 186.—Rossi, Mant. App. p. 79. 2.—Payk. Faun. Suec. 1. p. 27. 33.

Scarabæus globosus, Kugel. Schneid. Mag. 4. p. 514. 31.—Panz. Faun. Germ. 37. 2. *Id.* Krit. rev. p. 20.

Aphodius globosus, Illig. Kæf. Preus. p. 20. 6.—*Id.* Mag. t. 1. p. 20. 6.—Sturm, Deut. Faun. 1. p. 171. 62.

Aphodius arenarius, Fab. Syst. El. t. 1. p. 82. 63.—Schœnh. Syn. Ins. 1. p. 88. 88. — Suckow, Nat. p. 259. 83.

Psammodius arenarius, Gyllenh. Ins. Suec. 1. p. 6. 1.

Ægialia globosa, Latr. Gen. t. 2. p. 97. 1.—*Id.* Nouv. dict. d'hist. Nat. t. 1. p. 175.
— *Id.* Règne anim. 2ᵉ édit. t. 3. p. 540.—Panz. Index. Ent. p 15. 1.—Boir. Man. 1.
p. 326.—Stephens, Syn. p. 212. 1.—Garnier, Mém. de la Somme, t. 1. p. 75. 1.
—De Casteln. Hist. t. 2. p. 99. 1.

Var. A. A. Globosa; Nob. *Dessus du corps d'un brun rougeâtre ou d'un
rouge brun; plus clair près des bords.*

Illig. Kæf. Preus. l. c. Var. β.—Sturm, l. c. Var. b.

L. 0ᵐ,0045 à 0ᵐ,0056 (2 à 2 1/2).—L. 0ᵐ,0022 à 0ᵐ,0028 (1 à 1 1/4ˡ).

Dessus du corps entièrement d'un noir brunâtre ou même d'un brun
noirâtre luisant. Chaperon en demi-cercle; subéchancré à sa partie
antérieure : étroitement rebordé dans sa périphérie; cilié et sans dilatation sensible au côté externe des joues. Tête convexement déclive;
papilleuse sur sa surface. Antennes et palpes rougeâtres ou d'un rouge
livide. Prothorax faiblement échancré en devant; paré d'une bordure obscurément rougeâtre; à angles antérieurs peu avancés et assez
aigus; subrectilinéairement et faiblement élargi d'avant en arrière sur
les côtés jusqu'aux deux tiers de la longueur de ceux-ci; arrondi aux
angles postérieurs; bissinueusement en arc renversé à la base, subanguleux dans le milieu de celle-ci; subcrénelé, garni de cils jaunâtres,
et sans rebord latéralement ainsi qu'à sa partie postérieure; convexe,
lisse et imponctué en dessous. Ecusson petit, en triangle curviligne
et subéquilatéral; lisse, luisant. Elytres subhémisphériques; un peu
moins larges à la base que le prothorax à ses angles de derrière; subcurvilinéairement et fortement élargies jusqu'aux trois cinquièmes de
leur longueur; arrondies à l'extrémité; convexes en dessus et fortement déclives sur les côtés; plus faiblement convexes longitudinalement, mais très-sensiblement plus élevées dans le milieu qu'à la base;
à dix stries marquées de points rapprochés peu profonds, souvent
oblitérés ou peu apparents : les deux ou trois stries juxtasuturales
moins légères que les externes. Intervalles subdéprimés, lisses, imponctués. Dessous du corps noir ou d'un noir brunâtre; garni de poils
jaunâtres moins clairsemés sur les flancs des parties pectorales et vers
la région anale. Plaque métasternale marquée d'une fossette punctiforme. Ventre ruguleusement ponctué. Pieds d'un brun noirâtre ou
d'un rouge brun; parsemés de poils d'un jaunâtre livide. Tarses d'une
teinte un peu plus claire; les postérieurs à articles courts, triangulairement élargis : le premier à peine aussi long que les deux suivants
réunis. Ongles très-petits.

Cette espèce habite les lieux sablonneux et généralement les rives

de la mer Elle a été trouvée par M. Foudras sur les bords du Rhône,
dans le lieu des environs de Lyon appelé la Vitriolerie.

Genre *Trox*, TROX; FABR.

(τρώξ, nom employé, selon Fabricius, par les anciens auteurs grecs et dont il faut sans
doute chercher l'étymologie dans le verbe τρώγω, je ronge).

Caractères. Antennes à peine de la longueur de la tête ; de dix articles : le basilaire épais, presque aussi long que tous ceux de la tige
réunis, hérissé à sa partie antérieure de poils criniformes réunis en
faisceau : le deuxième, petit, orbiculaire : les cinq suivants cupiformes, serrés : les trois derniers formant une massue ovalaire, lamellée,
dont le feuillet intermédiaire, dans la contraction, est visible par sa
tranche. Epistome avancé en forme d'angle. Labre coriace ou subcorné.
Mandibules fortes, cornées, courtes, arquées et garnies de poils criniformes au côté externe, parfois dentées au côté interne. Mâchoires
hérissées également à leur côté externe de poils raides ; à deux lobes :
le supérieur lacinié : l'inférieur armé de deux pointes cornées, en
partie cachées souvent sous des cils spiniformes. Premier article des
palpes maxillaires petit : les deuxième et troisième presque égaux,
obconiques : le dernier subcylindrique ou fusiforme, aussi long que
les trois autres pris ensemble. Languette cachée par le menton. Palpes
labiaux courts, à dernier article ovalaire, plus renflé que le précédent.
Menton échancré, très-velu. Prothorax garni sur les côtés et à la base
de cils en forme de soies courtes et grossières. Elytres dures, épaisses,
tuberculeuses ou chargées de côtes. Corps convexe, élargi postérieurement Ventre plat. Cuisses de devant renflées et dilatées en demi-
cercle à leur bord antérieur. Jambes des mêmes pieds peu élargies ;
extérieurement munies de dents en partie isolées : celle de l'extrémité
bidentée.

Ces insectes habitent en général les terreins sablonneux et ont le
corps presque toujours couvert de terre ou de poussière. On les trouve
quelquefois aux pieds des arbres, vivant de débris de matières végétales, mais ils se nourrissent plus particulièrement des parties animales desséchées, fréquentent les charognes, se cachent sous les mor-
ceaux de feutre ou d'étoffes de laine. Ils font entendre une petite
stridulation produite par le frottement. Quand on les approche, ils
inclinent la tête, replient leurs pieds de devant et font les morts jusqu'à ce que le danger soit passé. Chez quelques espèces, les ailes sont
incomplètement développées ; chez les autres, ces organes le sont
assez pour leur permettre de voler.

1 T. Perlatus; Scriba. *Dessus du corps noir, ordinairement terreux ou grisâtre sur les parties non en relief. Tête trituberculeuse sur le front. Prothorax rebordé postérieurement; sillonné dans son milieu; bosselé ou chargé de six côtes longitudinales : les deux latérales plus irrégulières et liées ensemble; parsemé sur ces côtes de gros points ombiliqués. Elytres à dix rainurelles légères, rebordées; alternativement chargées sur les intervalles d'une rangée de gros tubercules arrondis et luisants et d'une rangée de beaucoup plus petits.*

Le Scarabée perlé, Geoff. Hist t. 1. p. 78. 11.

Scarabœus subterraneus, Fourcr. Ent. Par. 1. p. 8. 11.

Trox perlatus. Scriba. Ent. Beytr. 1. 5. p. 42. 8. pl. 5. f. 1. a.—*Id.* Journ. 1. p. 58. 44. —Sturm, Deutsch. Faun. t. 2. p. 114. 2.—Garnier, Mém. de la Somme, t. 1. p. 79. 1. —De Casteln. Hist. t. 2 p. 107. 10.

Trox sabulosus, Oliv. Ent. 1. 4. p. 8. 6. pl. 1. f. 1. a, b, c.—Tigny, Hist. t. 5. p. 259. pl. page 251. f. 2.—Latr. Hist. t. 10. p. 152. 2.—*Id.* Gen. t. 2. p. 98. 1.—Baud. Laf. Mon. p. 17. 1.—Lamarck, Anim. s. vert. t. 4. p. 579. 1.—Boit. Man. 1. p. 327.

L. 0^m^,0078 à 0^m^,0090 (3 1/2 à 4).— L. 0^m^,0042 à 0^m^,0048 (1 7/8 à 2 1/8^l^).

Dessus du corps entièrement noir, mais souvent terreux ou grisâtre, avec les parties en relief d'un noir luisant. Chaperon subogival ou en triangle curviligne; sans rebord. Tête faiblement convexe; couverte de points circulaires assez profonds et presque confluents, donnant naissance à des poils presque toujours enlevés; inégale; transversalement marquée d'un sillon un peu oblitéré, dans la direction de la suture frontale; chargée sur le front de trois tubercules plus ou moins prononcés et triangulairement disposés. Palpes et antennes noirs: massue de celles-ci brune ou d'un gris obscur. Prothorax échancré en devant; paré d'une bordure fauve, suivie d'une rangée de gros points circulaires; à angles de devant avancés en dent forte et aiguë : arqué sur les côtés et légèrement sinueux près des angles postérieurs qui forment en arrière une dent très-prononcée; bissinueux à la base et prolongé en angle émoussé dans le milieu de celle-ci; garni de cils courts et criniformes sur ses côtés et à sa partie postérieure; à peine relevé sur ceux-là et muni à cette dernière d'un rebord interrompu dans le milieu; médiocrement convexe en dessus; bosselé; comme creusé de sept sillons dont celui du milieu est moins irrégulier, ou chargé de six espèces de côtes longitudinales, dont les deux intermédiaires bordent flexueusement le sillon du milieu, et se prolongent davantage en devant que les latérales, qui sont plus irrégulières et liées postérieurement entre elles; parsemé, et d'une manière plus apparente sur les parties en relief, de points circulaires un peu plus gros que ceux de la tête, ombiliqués, en donnant chacun naissance à un poil le plus souvent enlevé. Ecusson en triangle subéquilatéral ; lisse, souvent caréné. Elytres, aux épaules, un peu plus larges que le prothorax à ses angles postérieurs ; près d'une fois et demie aussi longues que lui ; subcurvilinéairement élargies jusqu'aux deux tiers de leur longueur, arrondies à l'extrémité ; offrant leur bord externe replié en dessous ; denticulées dans leur pourtour ; convexes en dessus et graduellement plus élevées longitudinalement depuis leur naissance jusques au delà de leur milieu ; à dix rainurelles légères, peu apparentes par leur peu de profondeur, garnies de chaque côté d'un léger rebord en forme de ligne élevée, très-étroite et subsinueuse. Intervalles chargés de tubercules semi-globuleux, lisses, luisants et postérieurement garnis d'un fascicule de crins courts, le plus souvent usés et laissant voir alors les points enfoncés du sein desquels ils sont sortis ; alternativement plus larges et chargés d'une rangée de gros tubercules et d'une autre de beaucoup plus petits, de telle sorte qu'en comptant l'intervalle juxta-sutural où ces élévations sont un peu moins saillantes, on remarque sur les élytres cinq rangées beaucoup plus apparentes que les autres. Aîles peu développées. Dessous du corps et pieds d'un noir mat ; aspèrement ponctués. Cuisses de devant semi-circulairement renflées au bord antérieur ; les suivantes grêles. Jambes de devant extérieurement armées de dents isolées : la dernière bidentée ; jambes intermédiaires et postérieures denticulées ; ciliées au côté interne. Quatre premiers articles des tarses postérieurs presque égaux.

Cette espèce habite une grande partie des provinces de la France. On la trouve çà et là dans les environs de Lyon. Elle est moins rare en Auvergne, suivant M. Baudet Lafarge.

Obs. Les deuxième et troisième rangées de gros tubercules ou celles des troisième et cinquième intervalles sont raccourcies et pariales : la quatrième ou celle du septième intervalle est à peine aussi longue ; la cinquième ou celle du neuvième intervalle se courbe postérieurement vers la suture.

2. **T. Hispidus ;** Laichart. *Dessus du corps noir, ordinairement terreux ou grisâtre. Tête obsolètement sillonnée sur le front. Prothorax sans rebord à la base, sillonné dans son milieu ; densement et subruguleusement ponctué ; bosselé ou chargé de six côtes irrégulières : les deux latérales parialement liées postérieurement. Elytres à dix rainurelles : celles-ci larges, très-légères, sinueuses, rebordées, obsolètement marquées de gros points ; alternativement chargées sur les intervalles, d'une rangée de forts tubercules arrondis et hérissés à leur partie postérieure d'un fascicule de crins jaunâtres, et d'une rangée de points élevés.*

Trox hispidus, Laichart. Tyrol. Ins. 1. p. 30. 2.—Herbst. Nat. t. 3. p. 28. 10. — Illig.
Kæf. Preus. (Trox sabulosus, Obs.) p. 99.—Fab. Syst. El. 1. p. 110. 4.—Walck.
Faun. Par. 1. p. 26. 2.— Latr. Hist. t. 10. p. 153. 2 (3).—*Id.* Gen. t. 2. p. 99. 2.
—Sturm, Deut. Faun. t. 2. p. 148. 4.—Duftsch. Faun. Aust. 1. p. 57. 2.—Boit.
Man. 1. p. 327.—Dumer. Dict. des Scienc. Nat. t. 55. p. 519. 1. pl. cah. 4. — Garnier,
Mém. de la Somme, t. 1. p. 79. 2.—De Casteln. Hist. t. 2. p. 107. 12?

Trox luridus, Rossi, Faun. Etr. 1. p. 17. 39.

Trox niger, Rossi, Mant. 1. p. 9. 12. pl. 2. f. M, et t. 2. App. 128.

Trox arenarius, Payk. Faun. Suec. 1. p. 80. 2.

Trox arenosus, Gyllenh. Ins. Suec. 1. p. 11. 2.—Stephens, Syn. p. 215. 2.

L. 0^m,0078 à 0^m,0090 (3 1/2 à 4^l).—L. 0^m,0045 à 0^m,0050 (2 à 2 1/4^l).

Dessus du corps noir; mais souvent terreux et grisâtre. Chaperon
subogival ou en triangle curviligne, sans rebord ou presque indistinctement rebordé. Tête subdéprimée, couverte de points circulaires
confluents, donnant chacun naissance à un poil caduc, le plus souvent
enlevé; transversalement marquée d'un sillon un peu oblitéré, dans la
direction de la suture frontale; non moins obsolètement sillonnée
longitudinalement sur le milieu du front; chargée de chaque côté de
cette sorte de fossette d'un tubercule très-peu marqué. Palpes et
antennes d'un rouge brunâtre. Prothorax échancré en devant; paré
d'une bordure d'un roux livide suivie d'une rangée de points circulaires; à angles antérieurs avancés en forme de dent forte et aiguë;
subarqué sur les côtés; non sinueux près des angles postérieurs qui
forment une dent peu prononcée; bissinueux à la base et prolongé en
angle émoussé dans le milieu de celle-ci; garni latéralement et à sa
partie postérieure de cils criniformes fauves ou jaunâtres; sans rebord
sur les côtés et à la base, mais relevé vers la partie anguleuse du
milieu de celle-ci; médiocrement convexe en dessus; creusé de
cinq ou sept sillons dont celui du milieu est le plus régulier; ou chargé
de six espèces de côtes longitudinales dont les deux intermédiaires
plus larges bordent le sillon médiaire, et se prolongent davantage
surtout en avant que les latérales qui sont plus irrégulières et parialement liées postérieurement; couvert, mais d'une manière plus apparente sur les parties saillantes, de points presque circulaires, de chacun
desquels sort un poil sétiforme, jaunâtre, luisant, caduc et souvent
enlevé. Ecusson en triangle curviligne, imponctué en dessus. Elytres,
à leur base, un peu moins longues que le prothorax à ses angles postérieurs; une fois et demie aussi longues que lui; élargies curvilinéairement aux épaules, et subcurvilinéairement ensuite jusqu'aux deux tiers
de leur longueur; arrondies à l'extrémité; offrant leur bord extérieur
replié en dessous sur les flancs du ventre et subcanaliculé; ciliées et

peu distinctement subdenticulées dans leur pourtour; convexes en dessus, et subconvexement plus élevées longitudinalement depuis leur naissance jusques au delà de leur milieu; à rainurelles n'égalant guères plus de la moitié de la largeur des intervalles les plus étroits, légères, peu distinctes par leur peu de profondeur, munies de chaque côté d'un rebord plus apparent ou d'une ligne élevée très-étroite, peu ou point flexueuse; non marquées de fossettes. Intervalles alternativement plus larges et élevés en forme de côtes; celles-ci chargées de tubercules postérieurement garnis d'un fascicule de poils criniformes jaunâtres, généralement moins courts et moins caducs que dans l'espèce précédente; de telle sorte qu'en comptant l'intervalle juxta-sutural, les élytres présentent cinq côtes longitudinales. Intervalles intermédiaires planes, chargés d'une rangée de gros points élevés, glabres et beaucoup moins apparents. Ailes développées. Dessous du corps et pieds, d'un noir mat et terreux; aspèrement ponctués et garnis de poils sétiformes courts et jaunâtres. Cuisses de devant semi-circulairement renflées au bord antérieur; les autres, surtout les intermédiaires, grêles. Jambes de devant extérieurement armées de dents isolées: celle de l'extrémité bidentée. Jambes intermédiaires et postérieures denticulées; ciliées au côté interne. Tarses postérieurs subcylindriques; à premier article à peine plus long que chacun des trois suivants.

Cette espèce habite la plus grande partie des provinces de France. Elle est commune dans le midi et n'est pas rare dans les environs de Lyon.

Obs. Les première et dixième, deuxième et neuvième, troisième et huitième stries sont pariales et enclosent ainsi les quatrième et cinquième, sixième et septième plus courtes et parialement réunies. Les deuxième et cinquième côtes sont parialement réunies en enclosant la quatrième et la troisième qui sont graduellement plus courtes. Cette dernière se termine sur un tubercule assez prononcé.

3. **T. Sabulosus ;** Linn. *Dessus du corps noir, généralement terreux ou grisâtre. Tête sans élévations tuberculeuses sur le front. Prothorax sans rebord à la base ; sillonné dans son milieu ; densement couvert de points circulaires ; bosselé ou chargé de six côtes longitudinales irrégulières, liées entre elles. Elytres à dix rainurelles : celles-ci larges, légères, sinueuses, rebordées, varioleuses ou creusées de fossettes punctiformes, plus profondes sur les stries latérales que sur celles du disque. Intervalles alternativement plus élevés, et formant ainsi cinq côtes (y compris la suturale) chargées de fascicules de crins fauves et courts.*

Scarabæus sabulosus, Linn. Faun. Suec. p. 156. 390.—*Id.* Syst. Nat p. 551. 48.

—Schrank, Enum. p. 16. 26.—Petagn. Spec. p. 3. 10.—Gmel. (Trox.) Linn. Syst.
Nat. p. 1585. 48.—De Vill. C. Linn. Ent. 1. p. 25. 38.—Römer, Ins. p. 59. pl. 34.
3.—Poiret, Voy. 1. p. 297?— Martyn, Ent. pl. 3. f. 26?

Scarabæus femoratus, De Geer, Mém. t. 4. p. 269. pl. 10. f. 12.—Retz. Spec. p. 122.
725.

Trox sabulosus, Fab. Syst. Ent. p. 31. 1.—*Id.* Spec. 1. p. 34. 1.—*Id.* Mant. 1. p. 18. 1.
   —*Id.* Ent. Syst. 1. p. 86. 2.—*Id.* Syst. El. 1. p. 110. 3.— Laichart, Tyr. Ins. 1. p.
   28. 1.—Herbst, Nat. t. 3. p. 12. 1. pl. 21. f. 1—Scriba, Beytr. 1. p. 44. 9. pl. 5.
   f. 2.—*Id.* Journ. 1. p. 57. 1.—Schneid. Mag. 1. 3. 279. 1.—Panz. Ent. Germ. p.
   33. 1.—*Id.* Faun. Germ. 7. 1.—Cederh. Faun. Ingr. Prodr. p. 10. 31.—Payk. Faun.
   Suec. 1. p. 79.—Illig. Kæf. Preus. p. 98. 1.—Marsh. Ent. Brit p. 24. 39?—Walck.
   Faun. Par. 1. p. 26. 1.—Schrank, Faun. Boic. 1. p. 401.—Latr. Hist. t. 10. p.
   152. 2. Var.—Schoenh. Syn. 1. p. 117. 4.—Sturm, Deut. Faun. t. 2. p. 146. 3. pl.
   38 et détails.—Duftsch. Faun. Aust. 1. p. 86. 1.—Gyllenh. Ins. Suec. 1. p. 10. 1.
   —Zetterst, Faun. Lap. p. 174.—*Id.* Ins. Lap. p. 111.—Dumer. Dict. des Scienc.
   Nat. t. 55. p. 619. 2.—Steph. Syn. p. 214. 1.—Garnier, Mém. de la Somme, t. 1.
   p. 79. 3.—De Casteln. Hist. t. 2. p. 107. 9. pl. 7. f. 7.

Trox hispidus, Oliv. Ent. 1. 4. p. 9. 8. pl. 2. f. 9. a, b.—Baud. Laf. Mon. 17. 2.
   —Lamarck, Anim. s. vert t. 4. p. 579. 2.

L. 0^m,0078 à 0^m,0095 (3 1/2 à 4 1/4^l).—L. 0^m,0039 à 0^m,0048 (1 3/4 à 2 1/8^l).

Dessus du corps noir ou d'un noir brunâtre, mais souvent terreux
et grisâtre. Chaperon subogival ou en triangle curviligne ; sans rebord.
Tête faiblement convexe ; couverte de points circulaires presque
confluents, donnant chacun naissance à un poil caduc, souvent
enlevé ; transversalement marquée d'un sillon un peu oblitéré, dans
la direction de la suture frontale ; plus obsolètement ou presque indistinctement sillonnée transversalement derrière le front ; très-légèrement inégale sur ce dernier. Palpes et antennes d'un rouge brun ou
d'un brun rouge, avec la massue de celles-ci un peu plus obscure.
Prothorax échancré en devant, paré d'une bordure d'un fauve livide ;
à angles antérieurs avancés en dent forte et aiguë ; arqué sur les côtés ;
légèrement sinueux près des angles postérieurs qui formen' en arrière
une dent très-prononcée ; bissinueux à la base et prolongé en angle
émoussé dans le milieu de celle-ci ; garni latéralement ainsi qu'à la
partie postérieure de cils criniformes ou d'espèces de soies courtes
et grossières ; sans rebord sur les côtés ainsi qu'à la base, mais
relevé dans la partie anguleuse du milieu de celle-ci ; médiocrement convexe en dessus ; bosselé ; longitudinalement sillonné [dans
son milieu et latéralement creusé de plusieurs fossettes anormales ;
ou chargé de six espèces de côtes dont les deux intermédiaires bordant
le sillon dorsal sont moins irrégulières et prolongées davantage en
devant, que les latérales avec l'une desquelles elles sont liées et qui

s'unissent également entre elles à leur partie antérieure ; couvert,
et d'une manière plus apparente sur les parties en relief, de points
circulaires à peine plus gros que ceux de la tête, presque confluents,
et de chacun desquels naît un poil raide ou sétiforme, court, d'un
livide jaunâtre, faiblement caduc et assez souvent enlevé. Ecusson
presque en demi-cercle ou en triangle très-curviligne ; lisse ; longitudinalement concave ; quelquefois chargé d'une petite carène postérieurement. Elytres au moins aussi larges à leur base que le prothorax
à ses angles postérieurs ; une fois et demie aussi longues que lui ;
élargies d'une manière curvilinéaire aux épaules, puis subrectilinéairement jusqu'aux deux tiers de leur longueur ; arrondies à l'extrémité;
offrant leur bord extérieur replié en dessous et subcanaliculé ; ciliées
et presque indistinctement subdenticulées dans leur pourtour ; convexes en dessus ; et subconvexement plus élevées longitudinalement
depuis leur naissance, jusques au delà de leur milieu ; à dix rainurelles presque aussi larges que les intervalles les plus étroits, légères,
peu distinctes par leur peu de profondeur, munies de chaque côté
d'un rebord apparent ou d'une ligne élevée très-étroite et longitudinalement flexueuse, varioleuses ou creusées de fossettes presque
confluentes. Intervalles alternativement plus larges et élevés en forme
de côtes et formant ainsi, y compris la juxta-suturale, cinq côtes
longitudinales couronnées de distance en distance de fascicules de
poils criniformes d'un jaunâtre luisant, mais faiblement caducs,
parfois nuls et laissant apparaître alors une rosette de points enfoncés
du sein desquels ils sortaient. Dessous du corps et pieds d'un noir
mat ; aspèrement ponctués et garnis de poils sétiformes, courts et
jaunâtres Cuisses de devant semi-circulairement renflées au bord
antérieur ; les suivantes grêles. Jambes de devant extérieurement
armées de dents isolées: celle de l'extrémité bidentée : jambes intermédiaires et postérieures denticulées ; ciliées au côté interne. Tarses
postérieurs cylindriques, ayant les quatre premiers articles presque
égaux.

Cette espèce habite les parties tempérées et septentrionales de la
France. On la trouve mais rarement dans les montagnes des environs
de Lyon.

Obs. Les première et dixième, deuxième et neuvième, troisième et
huitième stries sont pariales, et enclosent ainsi les quatrième à
septième qui sont plus courtes. La troisième côte ou celle du cinquième
intervalle est raccourcie et se lie à la deuxième, vers les cinq sixièmes
de leur longueur, sur une sorte de tubercule peu apparent. Les quatrième et cinquième graduellement plus longues se courbent du côté
interne.

Les élytres, vu la faiblesse des stries, semblent chargées de cinq côtes, entre lesquelles existent une double rangée de fossettes dont plusieurs sont souvent unies transversalement.

4. T. Scaber: Linn. *Dessus du corps noir, ordinairement terreux ou grisâtre. Tête chargée d'une ligne transversale souvent peu saillante. Prothorax longitudinalement creusé dans son milieu d'un sillon dorsal dont les bords sont élevés en forme de côte; bosselé, creusé de deux fossettes latéralement. Élytres à dix stries peu profondes, assez étroites et légèrement rebordées. Intervalles alternativement plus élevés: les cinq subcostaux, chargés de faibles tubercules couronnés de crins fauves: les autres parés de fascicules de poils non disposés sur des tubercules.*

Silpha scabra, Linn. Syst. Nat. p. 573. 23.—Gmel. Linn. Syst. Nat. 1. p. 1624. 25. —De Vill. C. Linn. Ent. 1. p. 82. 20.

Scarabœus (Trox) *arenosus*, Gmel. Linn. Syst. Nat. 1. p. 1586. 398.

Trox arenarius, Fab. Mant 1. p. 18. 2.—*Id.* Ent. Syst. 1. p. 87. 3.—*Id.* Syst. El. 1. p. 111. 3.—Oliv. Ent. 1. 4. p. 10, 9. pl. 1. f. 7. a, b —Schneid. Mag. t. 1. p. 279. 2. —Panz. Ent. Germ. p. 55. 2.—*Id.* Faun. Germ. 97. 1.—Walck. Faun. Par. 1. p. 26. 3.—Latr. Hist. t. 10. p. 154. 3 (4).—*Id.* Gen. t. 2. p. 99. 3.—Sturm, Deutsch. Faun. t. 2. p. 149. 3.—Schoenh. Syn. Ins. 1. p. 218. 6.—Gyllenh. Ins. Suec. 1. p. 11. 3.—Baud. Laf. Mon. p. 18. 3. —Boit. Man. 1. p. 327.—Duméril, Dict. des Scien. Nat. t. 55. p. 519. 3.—Waterhouse, Trans. of Ent. Soc. t. 1. pl. 3. f. 4. larve, nymphe et détails.—Westwood, Intr. f. 19. 3. larve.—De Casteln. Hist. t. 2. p. 108. 14.

Trox barbosus, Laichart. Tyr. Ins. 1. p. 31. 3.

Trox hispidus, Payk. Faun. Suec. 1. p. 81. 3.

Trox scaber, Illig. Kæf. Preus. p. 99. 2.—Duftsch. Faun. Aust. t. 1. p. 87. 3.—Steph. Syn. p. 215. 3.—Heer, Faun. Helv. 1. 3. p. 533. 5.

L. 0^m,0056 à 0^m067 (2 1/2 à 3^l).—L. 0^m,0028 à 0^m,0034 (1 1/4 à 1 1/2^l).

Dessus du corps noir, mais ordinairement terreux ou grisâtre. Chaperon subogival ou en triangle curviligne, sans rebord ou presque indistinctement rebordé. Tête subdéprimée; couverte de points circulaires presque confluents, donnant chacun naissance à un poil caduc et souvent enlevé; transversalement marqué d'un sillon un peu oblitéré, dans la direction de la suture frontale; un peu inégale ou longitudinalement sillonnée sur le front et parfois transversalement subsillonnée dans le milieu de celui-ci. Palpes et antennes d'un rouge fauve. Prothorax échancré en devant; paré d'une bordure fauve ou d'un fauve livide; à angles antérieurs avancés en forme de dent forte et aiguë; subarqué sur les côtés; peu ou point sinueux près des angles postérieurs qui sont ordinairement très-prononcés et rectangulairement ouverts; bissinueux à la base et prolongé en angle émoussé dans le milieu de celle-ci; garni latéralement, ainsi qu'à la partie postérieure de cils criniformes courts, fauves ou jaunâtres; sans rebord ou à peine rebordé à cette dernière; médiocrement convexes en dessus; une fois aussi large que long; longitudinalement sillonné dans son milieu et subcostalement relevé de chaque côté de ce large sillon; bosselé sur les parties latérales ou chargé sur chacune d'un bosselage en demi-cercle lié aux côtes qui bordent le canal du milieu; couvert de points circulaires presque aussi rapprochés et à peine moins petits que ceux de la tête, et de chacun desquels naît un poil jaunâtre, luisant, caduc et souvent enlevé. Ecusson presque en triangle curviligne, très-émoussé ou subarrondi à l'extrémité; imponctué en dessus. Élytres, à la base, faiblement plus larges que le prothorax à ses angles postérieurs; une fois aussi longues que lui; subcurvilinéairement élargies jusqu'aux trois cinquièmes de leur longueur; arrondies à l'extrémité; offrant leur bord extérieur replié en dessous et subcanaliculé; ciliées dans leur pourtour; convexes en dessus; à peine subconvexes longitudinalement et coupées d'une manière convexement subperpendiculaire à leur partie postérieure; à rainurelles égalant à peine le tiers des intervalles les plus étroits, légères, garnies d'un faible rebord ou d'une ligne élevée très-étroite. Intervalles alternativement un peu plus larges, et relevés en forme de côtes subtuberculeusement chargées de fascicules de poils fauves et criniformes, de telle sorte qu'en comptant l'intervalle juxta-sutural, les élytres présentent cinq côtes longitudinales. Intervalles intermédiaires planes, garnis de fascicules plus petits et moins distinctement portés sur des tubercules. Ailes développées. Dessous du corps et pieds d'un brun noirâtre, garnis de poils séliformes, courts et d'un jaunâtre luisant. Cuisses de devant semicirculairement renflées: les autres, surtout les intermédiaires, grêles. Jambes de devant extérieurement armées de dents isolées: celle de l'extrémité bidentée. Jambes intermédiaires et postérieures denticulées, ciliées au côté interne. Tarses postérieurs subcylindriques, offrant les quatre premiers articles presque égaux.

Cette espèce habite la plupart des parties de la France, mais elle est moins commune dans le midi. On la trouve assez fréquemment dans les environs de Lyon. On la voit souvent voler le soir dans les beaux jours du printemps.

Obs. Les première et dixième, deuxième et neuvième, troisième et huitième stries sont pariales et enclosent ainsi les septième et sixième, et quatrième et troisième qui sont libres ou pariales et graduellement plus courtes.

Olivier s'est assuré à Londres où, comme l'on sait, existe la collection de Linné, que la *Silpha scabra* de cet auteur est la même espèce

d'insectes que le *Trox arenarius* de Fabricius. A l'exemple d'Illiger et
de quelques autres j'ai conservé le nom spécifique donné par l'immortel
auteur du Systema Naturæ.

Genre *Hybosorus*, Hybosore; Mac-Leay.

(ὑβός, voûté ; Σορός, cercueil.)

Caractères. Antennes de dix articles : le premier épais, obconique
ou subglobuleusement renflé vers l'extrémité , hérissé en dessus de
poils épars : le deuxième , beaucoup plus petit, subsphérique : les
cinq suivants obconiques et graduellement plus courts , plus larges et
plus cupiformes : les trois derniers formant une massue ovale dont le
feuillet intermédiaire est emboîté par les deux autres dans la contraction. Chaperon en demi-cercle. Mandibules arquées ou falciformes ,
terminées en pointe à leur extrémité ; inermes ou sans dents au côté
interne. Mâchoires à deux lobes ; le supérieur membraneux , allongé,
droit et arrondi au sommet : l'inférieur subcorné , en forme de petite
dent. Palpes maxillaires assez développés : premier article petit ,
subglobuleux : deuxième obconique, plus d'une fois aussi long que
le suivant : le dernier fusiforme , terminé en pointe , aussi long que
les trois autres réunis. Palpes labiaux courts , subcylindriques ; à dernier article aussi long que les deux précédents réunis. Menton presque
en carré long, arqué latéralement, faiblement échancré au sommet ;
hérissé de poils peu nombreux. Languette peu distincte. Ecusson très-
apparent. Jambes antérieures , extérieurement armées de deux ou
trois dents. Corps oblong et convexe.

1. H. Arator: Fab. *Oblong ; convexe, longitudinalement arqué , et
d'un noir brunâtre luisant en dessus. Chaperon en demi-cercle. Prothorax
subtrapézoïde; bissinueusement en arc renversé et rebordé à la base ;
pointillé sur son disque. Elytres à près de vingt stries formées par des
points. Intervalles impointillés : le juxta-sutural et le troisième moins
étroits que les autres.*

Scarabæus arator, Fab. Syst. Ent. p. 18. 66.—Id. Spec. Ins. 1. p. 20. 80.—Id. Mant.
Ins. 1. p. 10. 90.—Id. Ent. Syst. 1. p. 33. 66.—Gmel. Linn. Syst. Nat. p. 1550.
196.—Herbst, Nat. t. 2. p. 289. 181.—Illig. Mag. t. 2. p. 210. 7.—Schœnh. Syn.
1. p. 29. 19.—Suckow, Nat. p. 141. 19.

Geotrupes arator, Fab. Syst. El. 1. p. 91. 75.

Hybosorus arator, Mac. Leay. Horæ. Ent. 1. 1. p. 120.—Id. ed. Lequien. p. 33.—Latr.
Règn. anim. 2e éd. t. 4. p. 546.—Guérin, Icon. du Règn. anim. pl. 22. f. 10. avec
détails.—De Casteln. Hist. t. 2. p. 108. 1.

Long. 0,^m0078 (3 1/2^l). — Larg. 0,^m0039 (1 3/4^l).

Dessus du corps longitudinalement arqué, entièrement lisse et d'un noir brunâtre luisant. Chaperon en demi-cercle ; sans dilatation bien sensible au côté externe des joues ; garni dans sa périphérie d'un rebord très-léger et rougeâtre. Tête subdéprimée; aspèrement ponctuée sur l'épistome, lisse sur le front. Suture frontale indistincte. Yeux globuleux, situés sur les côtés de la tête, entiers ou non coupés par le prolongement des joues. Palpes et antennes d'un rouge pâle: massue des dernières flave ou d'un jaune rougeâtre. Prothorax médiocrement échancré en devant; paré d'une bordure d'un fauve livide ; près d'une fois aussi large que long ; subtrapézoïdal ou subcurvilinéairement élargi sur les côtés d'avant en arrière, et d'une manière plus rectilinéaire vers les angles postérieurs qui sont peu ou point émoussés et rectangulairement ouverts ; bissinueusement en arc renversé à la base ; cilié et garni latéralement d'un large rebord qui se rétrécit graduellement après les angles de derrière jusqu'au milieu de sa partie postérieure où il devient presque indistinct; convexe en dessus ; parsemé de points circulaires peu serrés, graduellement plus petits et plus superficiels sur son disque. Ecusson très-visible, en triangle subcurviligne, à côtés un peu plus longs que la base ; pointillé près de celle-ci, parfois subsillonné, lisse et infléchi postérieurement. Elytres, aux épaules, presque aussi larges que le prothorax à ses angles postérieurs ; une fois et demie aussi longues que lui; subcurvilinéairement élargies jusqu'aux deux tiers de leur longueur ; arrondies à l'extrémité ; convexes en dessus; subarcuément plus élevées longitudinalement dans le milieu qu'à leur naissance ; strialement ponctuées, c'est-à-dire à dix-huit ou vingt stries peu régulières formées par des points, et postérieurement en partie oblitérées. Intervalles déprimés, lisses, impointillés: le juxta-sutural et le troisième sensiblement moins étroits que les autres. Dessous du corps parcimonieusement garni de poils fauves ; d'un brun rouge sur les flancs de l'antépectus et sur le ventre, d'une teinte plus obscure sur les deux derniers segments thoraciques. Pieds bruns ou d'un brun rouge, garnis de longs poils fauves. Cuisses intermédiaires, et surtout les postérieures plus renflées que celles de devant. Jambes antérieures terminées au côté externe par deux fortes dents, et quelquefois munies au dessous de l'avant-dernière, d'une dent rudimentaire. Jambes intermédiaires et postérieures unidentées par l'effet d'une échancrure située vers l'extrémité. Premier article des tarses postérieurs un peu plus long que le deuxième.

Cette espèce est plus particulière à l'Espagne et au nord de l'Afrique. Elle a été trouvée quelquefois, mais rarement, dans nos provinces les plus méridionales.

Genre *Geobius*, GÉOBIE; BRULLÉ.

(γη, terre; βίος, vie.)

Caractères. Antennes de dix articles : le premier épais, garni de poils peu nombreux, une fois aussi long que le second : celui-ci subglobuleux : les cinq suivants obconiques, graduellement moins grêles : les trois derniers composant une massue lamellée, dont les feuillets graduellement moins longs en dehors, sont tous visibles par la tranche, dans la contraction. Chaperon en demi-cercle. Labre subcordiforme, peu avancé, frangé. Mandibules cornées, courtes, brièvement et fortement arquées, inégalement tridentées au côté interne. Mâchoires armées de trois crochets cornés et bifides. Deuxième article des palpes maxillaires graduellement renflé vers le sommet; le troisième court : le dernier ovalaire, au moins aussi long que le deuxième. Palpes labiaux courts : le deuxième article subsécuriforme : le dernier ovalaire un peu plus long et à peine aussi gros que le précédent. Menton subtrapézoïde, faiblement échancré. Écusson petit, peu distinct. Pieds peu allongés. Cuisses antérieures plus fortes. Jambes de devant tridentées au côté externe; sans autre dent que l'éperon au côté interne. Tarses grêles. Corps oblong et convexe.

1. **G. Dorcas ;** Fab. *Oblong ; d'un noir brunâtre et médiocrement convexe en dessus. Chaperon subsinueusement en demi-cercle. Tête rugueuse. Prothorax tronqué en devant et à la base ; arqué, cilié et garni d'un double rebord sur les côtés; lisse ou superficiellement pointillé en dessus. Elytres lisses ; légèrement striées vers la suture, indistinctement ou très-obsolètement du côté externe.*

♂. Epistome armé à sa partie antérieure d'une corne élevée.

♀. Epistome sans trace de corne.

Copris dorcas, FAB. Suppl. p. 31. 172-173.—*Id.* Syst. El. 1. p. 44. 65.
Geobius cornifrons, BRULLÉ, Exped. Scient. de Morée, t. 3. p. 173. 291.—DE CASTELN. Hist. t. 2. p. 108. 1.
Ægialia cornifrons, DÉJ. Catal. 1ʳᵉ éd. p. 55.—GUÉRIN, Iconogr. du Règn. anim. pl. 22. f. 1. ♂ et détails.
Hybalus cornifrons, DEJ. Catal. 2ᵉ éd. p. 49.
Hybalus dorcas, GERMAR. Faun. Ins. Sue. fasc. 20. pl. 5. a, b, c, d. ♂, ♀ et détails.

♂. *Etat normal.* Corne graduellement rétrécie de la base au sommet; subperpendiculairement élevée, et courbée en arrière à son extrémité ; presque égale à la tête en longueur. Prothorax creusé en devant d'une fossette, et subtuberculeux aux côtés de celle-ci.

♂. Var. A. **G. Capreolus**; Nob. *Corne plus courte. Fossette et tubercules du prothorax indistincts.*

♂♀. Var. B. **G. Gazella**; Nob. *Dessus du corps d'un rouge brun plus ou moins clair.*

L. 0^m,00   à 0^m,0078 (à 3 1/2^l). — L. 0^m,00   à 0^m,0045 (2^l).

Dessus du corps entièrement châtain ou d'un châtain noirâtre. Chaperon subsinueusement en demi-cercle; fendu aux limites de l'épistome et des joues; paré de cils jaunâtres et à peine rebordé dans sa périphérie. Tête subdéprimée ou faiblement convexe; rugueuse; chargée près des angles antérieurs de l'épistome, d'une sorte de verrue ou d'empâtement subtuberculeux et peu saillant, presque attenant à la suture frontale indiquée par un sillon ordinairement en partie oblitéré et subarqué du côté du front. Yeux non coupés par les joues. Palpes et antennes d'un rouge brunâtre : massue des dernières plus pâle ou d'un flave rougeâtre. Prothorax médiocrement échancré en devant; paré d'une bordure d'un flave livide; à angles antérieurs avancés en forme de dent saillante et aiguë; presque une fois aussi large que long; arqué sur les côtés; faiblement plus large aux angles postérieurs qui sont émoussés ou subarrondis et très-obtusément ouverts; tronqué presque en ligne droite à la base; rebordé assez largement en devant, très-étroitement à sa partie postérieure et sur les côtés; garni subparallèlement au rebord de ceux-ci d'une ligne élevée aussi légère, prolongée des angles de devant à ceux de derrière où elle s'efface; hérissé de cils jaunâtres naissant entre cette ligne et le rebord externe; convexe en dessus; lisse ou parcimonieusement et superficiellement pointillé. Ecusson très-petit, à peine apparent; semi-circulaire. Elytres, aux épaules, aussi larges que le prothorax à ses angles postérieurs; de moitié plus longues que lui ; faiblement et subcurvilinéairement élargies jusqu'au tiers de leur longueur, pareillement rétrécies ensuite jusqu'aux deux tiers et obtusément arrondies à l'extrémité; légèrement convexes sur le dos, convexement et fortement déclives sur les côtés, avec le bord externe invisible en dessus par l'effet de cette convexité; marquées, de la suture au milieu de la largeur, de quatre ou cinq stries légères presque effacées, les suivantes indistinctes. Intervalles lisses et impointillés : le deuxième le plus large. Dessous du corps couleur de poix ou d'un rouge brun; presque glabre; aspèrement ponctué sur les flancs des parties pectorales surtout sur ceux de l'antépectus. Pieds d'une teinte un peu plus claire. Cuisses lisses, imponctuées: les antérieures plus fortes. Jambes de devant extérieurement tridentées vers l'extré-

mité : les suivantes subbidentées et garnies de poils spiniformes.
Eperon externe des jambes postérieures au moins aussi long que la
moitié des tarses : ceux-ci grêles ; à premier article à peu près égal
aux trois suivants réunis.

Cette espèce, plus particulière aux contrées les plus chaudes de
l'Europe ou au nord de l'Afrique, se trouve aussi mais rarement dans
nos provinces méridionales.

Genre *Ochodæus*, Ochodée ; Meg. Inéd. Latr.

(ὀχέω, je porte ; ὀδούς, dent)

Caractères. Antennes de onze articles : le premier épais, garni en
dessus de poils soyeux, longs et nombreux : le deuxième globuleux :
les suivants moins gros, obconiques ou cupiformes et graduellement
moins grêles : les trois derniers composant une massue lamellée, dont
les feuillets presque égaux sont tous visibles par leur tranche, dans la
contraction. Labre apparent, fortement échancré, subcordiforme.
Mandibules cornées, saillantes, arquées et garnies de poils au côté
externe ; l'une dentée, l'autre échancrée au dessous de l'extrémité
interne. Mâchoires à deux lobes : le supérieur spinigère : l'inférieur
armé d'un crochet unguiforme et cilié. Palpes maxillaires dépassant
l'extrémité des mâchoires ; à dernier article subcylindrique, aussi
long que les deux précédents réunis. Palpes labiaux à premier article
orbiculaire : le deuxième obconique, plus renflé et plus long que le
dernier qui est ovalaire. Menton obarcuément rétréci, échancré en
devant. Jambes antérieures extérieurement armées de deux fortes
dents, vers leur extrémité ; munies d'une petite épine au côté interne.
Corps ovale, faiblement convexe.

MM. Lepelletier de St Fargeau et Audinet Serville ont donné dans le
t. 10 de l'Encyclopédie Méthodique, et Latreille dans le Règne Animal
de Cuvier, les caractères de ce genre indiqué par M. Megerle et
signalé dans le catalogue de M. le comte Dejean.

1. O. Chrysomelinus; Fab. *Ovale ; médiocrement convexe ; fauve et
hérissé de poils mi-couchés, en dessus. Chaperon bissinueusement arqué ;
fendu en devant. Tête et prothorax aspèrement granuleux ; ciliés ainsi que les
élytres. Celles-ci à huit ou neuf stries ponctuées. Intervalles aspèrement ponctués. Cuisses postérieures armées d'une dent vers leur extrémité inférieure.*

Melolontha chrysomelina, Fab. Ent. Syst. t. 2. p. 175. 82.—*Id.* Syst. El. t. 2. p. 179.
108.—Panzer, Faun. Germ. 34. 11.—*Id.* Krit. rev. p. 102.— Illig. Mag. t. 4. p.
82. 108.

Scarabæus chrysomeloides, De Vill. C. Linn. Ent. t. 4. p. 204. 82.—Sturm, Verz. p. 56. 62.

Ochodæus chrysomelinus, De Casteln. Hist. t. 2. p. 104.

Var. A. O. Scymnoides; Nob. *Corps entièrement d'un fauve jaune ou d'un jaune fauve.*

L 0^m,0050 à 0^m,0056 (2 1/4 à 2 1/2^l)—L. 0^m,0033 à 0^m,0039 (1 1/2 à 1 3/4^l).

Dessus du corps entièrement fauve et brièvement garni de poils concolores, raides ou subspinosules. Chaperon arqué et sinueusement rétréci de chaque côté, au devant des yeux; légèrement fendu en devant: à peine rebordé. Labre peu apparent, cilié. Mandibules fauves, très-découvertes; garnies de poils. Tête faiblement convexe; uniformément rugueuse ou aspèrement granuleuse. Suture frontale indiquée par un sillon transversal. Yeux subglobuleux, non partagés par les joues, échancrés dans le milieu de leur partie postérieure. Palpes et antennes d'un fauve rouge; massue des dernières un peu plus pâle. Prothorax subbisinueusement et faiblement arqué en devant, avancé en espèce de dent assez aiguë à ses angles antérieurs; cilié et arqué sur les côtés; notablement moins large aux angles de devant qu'à ceux de derrière qui sont peu ou point émoussés et obtusément ouverts; en arc renversé à la base; presque uniformément rebordé dans tout son pourtour ou moins sensiblement à son bord antérieur; convexe en dessus et curvilinéairement déclive en devant; rugueusement ponctué ou aspèrement chargé de grains entre lesquels naissent des poils presque couchés. Ecusson très-apparent, en triangle; granuleux. Elytres, aux épaules, au moins aussi larges que le prothorax à ses angles postérieurs; une fois au moins aussi longues que lui; subcurvilinéaires et à peine rétrécies jusqu'aux deux tiers de leur longueur, et obtusément arrondies à l'extrémité; médiocrement convexes sur le dos; convexement déclives sur les côtés, et moins fortement à leur partie postérieure; à huit ou neuf stries ponctuées et presque terminées seulement par des points circulaires. Intervalles subdéprimés ou déprimés; irrégulièrement et aspèrement ponctués ou chargés de grains plus petits que ceux du prothorax, et comme ceux-ci donnant chacun naissance à un poil court mi-hérissé. Dessous du corps d'un rouge brun, garni de poils d'un livide jaunâtre. Pieds d'un rouge brunâtre. Cuisses antérieures un peu plus fortes que les postérieures, ponctuées et garnies ainsi que les suivantes de longs poils jaunâtres, plus visiblement disposés sur ces dernières sur deux rangées longitudinales. Les postérieures armées en dessous d'une dent vers l'extrémité.

Jambes de devant fortement bidentées vers le sommet du côté externe, et munies d'une petite dent souvent peu distincte vers leur milieu; pourvues au dessous de l'éperon, d'une épine au côté interne. Jambes intermédiaires et postérieures comprimées, graduellement élargies vers l'extrémité, hérissées de poils et armées d'épines au côté externe. Tarses subcylindriques; à premier article presque égal aux trois suivants réunis.

Cette espèce est très-rare en France. MM. Fondras et Reissier l'ont prise dans le mois de mai, volant en plein jour dans les saulées d'Oullins, près Lyon; M. Perret et quelques autres Entomologistes l'ont trouvée près du Grand-Camp, sous les débris de ramilles que le Rhône laisse sur ses bords après les inondations. J'en ai reçu de M. Solier un exemplaire envoyé d'Autriche; celui-ci est d'une taille plus grande, d'une teinte plus foncée; il a les poils plus pâles que la couleur foncière, les élytres plus granuleuses, et les stries plus profondes.

QUATRIÈME FAMILLE.

LES GÉOTRUPINS.

Caractères. Pieds intermédiaires aussi rapprochés que les autres à leur naissance. Ecusson toujours visible. Elytres embrassant l'abdomen dans son pourtour et cachant au moins la majeure partie du pygidium. Epistome en forme d'angle ou de demi-cercle à sa partie antérieure; laissant à découvert le labre, et débordé par les mandibules qui sont cornées. Yeux extérieurement coupés par les joues sur la plus grande partie de leur zône médiaire. Antennes de onze articles, insérées au devant des yeux, sous le rebord étroit de la tête aux limites des joues et de l'épistome; à scape obconique, moins long que la tête : à deuxième article globuleux : les suivants cupiformes; les trois derniers composant une massue lamellée dont le feuillet intermédiaire est au moins en partie visible par sa tranche. Cuisses presque également renflées. Jambes de devant aplaties, graduellement dilatées, extérieurement armées de six à sept dents unies entre elles à leur base. Jambes intermédiaires et postérieures trigones, dentées ou chargées d'arêtes transversales au côté externe. Tarses grêles, cylindriques : premier article des postérieurs presque égal aux deux suivants réunis : le dernier donnant naissance à une plantule rudimentaire, sétigère. Ongles très-apparents. Corps convexe.

Les Géotrupins se distinguent au premier coup d'œil des insectes de la famille précédente par leurs yeux en grande partie coupés par les joues, et des Pétalocérides qui suivent, par leurs élytres recouvrant à peu près complètement le pygidium. Ils n'ont point, comme les Oryctésiens, le prosternum perpendiculairement relevé à sa partie postérieure.

Si nous consultons leurs habitudes, si nous interrogeons leurs organes masticateurs chargés de nous révéler leur manière de vivre, nous trouverons suffisamment justifiée la place que nous leur avons assignée; les premières espèces de cette coupe se lient en effet aux Trogidiens par la forme du lobe inférieur de leurs mâchoires, armé de sortes de dents ou de crochets cornés; les dernières, au contraire, ont comme les Oryctès cette même pièce inerme et velue. D'après ces indications, les Bolbocères munis d'instruments propres à déchirer semblent moins spécialement créés pour détruire les substances stercorales fraîchement déposées, que pour se nourrir de matières d'une consistance plus solide. Les observations peu suivies faites sur ces insectes, dont la vie cachée pendant le jour augmente la rareté, confirment pleinement cette opinion. Quant aux Géotrupaires dont les mœurs nous sont mieux connues, en raison de leur existence en général moins souterraine ou moins exclusivement nocturne et de la facilité de les observer que leur nombre nous fournit, ils ont visiblement reçu la mission providentielle de délivrer la surface de la terre des ordures les plus dégoûtantes ou de les entraîner dans le sol. Ils hantent les déjections excrémentielles de l'homme, des solipèdes et des ruminants; creusent sous ces matières sordides des trous obliques ou perpendiculaires dont ils s'éloignent peu durant le jour, ou à l'ouverture desquels ils se trouvent cramponés pour satisfaire leur appétit glouton. En cas de danger, ils trouvent dans le fond de ces retraites qu'ils ont eu la prévoyance de se ménager, un refuge plus ou moins assuré. Aux approches de la nuit, ils quittent ces lieux obscurs pour se mettre en quête d'une nourriture plus fraîche et chercher un nouveau séjour pour le lendemain. Avant de prendre leur vol, ils donnent à leur abdomen un mouvement de va et vient, l'abaissent pour permettre à l'air de s'introduire sous les élytres, entr'ouvrent et referment celles-ci brusquement et à plusieurs reprises pour faire entrer dans leur corps une provision plus abondante du fluide aérien, puis se dressent sur leurs pieds de derrière et essaient de se confier à l'élément léger qui doit les transporter. Souvent au moment de prendre l'essor, leur premier coup d'aile frappe l'air avec trop de force et les rejette en arrière sur le dos. Ils tombent quelquefois de la sorte à plusieurs reprises, avant d'arriver à des essais plus heureux. Leur vol est sonore, lourd et peu sinueux; et comme il a pour objet la recherche des matières

stercorales, il est généralement bas et parfois à fleur de terre. Ces
insectes semblent peut-être, plus particulièrement encore que les
autres Lamellicornes, sensibles aux influences atmosphériques ; dans
les belles soirées ils se montrent en grand nombre. Cette circonstance
n'avait pas échappé aux habitants des campagnes, et comme souvent
un beau jour succède à un soir calme et serein, ils en avaient conclu
que l'apparition de ces stercoraires était pour le lendemain le présage
d'une journée agréable.

Quand on s'approche de ces petits animaux ou qu'on cherche à les
saisir, souvent ils se renversent immobiles en étendant leurs pattes
avec une raideur remarquable. Ils simulent ainsi l'état de mort pour
sauver leur vie ou leur liberté menacées ; ces soins ou cette ruse ne
les arrachent pas toujours à un sort cruel et souvent l'Ecorcheur
(*Lanius collurio*, Gmel.) les emporte et les embroche aux épines du pru-
nelier, pour les retrouver au besoin quand l'appétit se fera sentir.

Les Géotrupaires sont communément tourmentés par une mite
(*Gamasus coleoptratorum*) qui s'attache à eux souvent en grand nombre.

Dans cette famille, comme dans celle des Copriens, les mâles,
contrairement à ce qu'on remarque en général chez les insectes, ont
souvent une taille plus forte que les femelles.

Un des plus anciens auteurs allemands, Frisch (1), est le seul qui soit
entré dans des détails un peu circonstanciés sur les soins que prend
l'espèce la plus commune (*G. stercorarius*) pour assurer le bien être
de sa postérité. Nous allons reproduire ses observations en leur donnant
un complément nécessaire. Quand la femelle se prépare à sa ponte
(ce qui, pour le plus grand nombre, a lieu en automne), elle creuse
un trou quelquefois de quinze pouces et même plus, de profondeur.
On dirait qu'en descendant aussi bas dans le sol elle prévoit que les
jours de la larve dont la naissance aura lieu, pourraient être menacés
par la bêche du jardinier ou par la charrue du laboureur, si elle rap-
prochait davantage de la surface de la terre la demeure qu'elle lui
prépare. Ses mandibules cornées, qui font à peu près l'office d'un groin
de porc, ses pattes, les antérieures surtout, fortes, tranchantes et
dentelées sont les instruments que lui a donnés la Nature pour parvenir
à son but. Avec leur aide, l'espèce de puits qu'elle entreprend est
bientôt achevé. Il est probable qu'elle y monte et descend plusieurs
fois pour presser la paroi de cette galerie verticale, et lui donner une
dureté analogue à celle du pisé. Ces préparatifs terminés, elle construit dans le fond, et le plus souvent avec de la terre, une sorte de
nid ou une coque ovoïde ouverte d'un côté. Dans ce berceau artiste-

____

(1) Frisch, Beschreib. part. IV. p. 13 pl. 6. 1, larve ; 2, nymphe ; 3-5, insecte parfait.

ment uni sur sa paroi interne, elle colle un œuf blanchâtre de la grosseur d'un grain de froment; puis elle entraîne et entasse au dessus de la niche qui a reçu son dépôt, les matières stercorales placées à sa portée, de manière à en former une espèce de saucisson de trois ou quatre pouces de longueur. On en trouve quelquefois deux, rarement trois, sous une même bouse. Le nombre des pontes semble assez limité. L'œuf déposé reste à peine huit jours dans cet état. Il en sort bientôt une larve analogue pour la forme à celle du Hanneton, d'une couleur ardoisée et revêtue d'une peau dont la délicatesse craindrait les moindres injures. Heureusement elle n'en a point à redouter. Elle s'engraisse en s'élevant progressivement dans l'espèce de tuyau rempli d'aliments à sa convenance, et comme celle de divers Copriens, par une exception qui n'avait pas encore été signalée dans l'Ordre nombreux des Coléoptères, ne change de peau que pour passer à l'état de nymphe. Quelque temps après, a lieu sa dernière métamorphose. Quand la ponte se fait dans le milieu ou vers la fin de l'automne, la transformation en insecte parfait s'opère au commencement du printemps, ou même quelquefois vers la fin de l'hiver si le temps est doux.

Les larves des Géotrupins sont les dernières, parmi les Pétalocérides, qui nous présenteront des mâchoires à deux divisions. Ces larves n'ayant pas été décrites, nous allons faire connaître celle de l'espèce dont nous avons esquissé les mœurs. Corps semi-cylindrique; courbé en dedans; d'un blanc sale sur une faible partie des premiers anneaux, d'un gris bleuâtre ou ardoisé sur le reste de son corps. Tête convexe. Labre membraneux, trilobé. Mandibules fortes, cornées, arquées, tridentées à l'extrémité, armées au milieu du côté interne d'une dent trifide et d'une autre à la base. Mâchoires formées de deux divisions subcylindriques : la supérieure un peu plus longue, armée au sommet d'un crochet corné : l'inférieure ciliée longitudinalement au côté interne, munie à l'extrémité de deux pointes cornées. Palpes maxillaires de quatre articles; palpes labiaux de deux. Antennes de quatre articles : le troisième renflé, obliquement coupé au sommet : le dernier plus grêle. Pieds membraneux, hérissés de poils raides et peu nombreux; bilobés à l'extrémité et pourvus d'ongles très-petits.

Nous diviserons cette famille en deux branches.

<table>
<tr><td rowspan="4">Deuxième article
des antennes.</td><td></td><td align="right">GENRES.</td></tr>
<tr><td>plus grand que le troisième —Menton sans échancrure.</td><td align="right">Bolbocéraires.</td></tr>
<tr><td>notablement plus court que le troisième.—Menton échancré.</td><td align="right">Géotrupaires.</td></tr>
</table>

PREMIÈRE BRANCHE.

LES BOLBOCÉRAIRES.

Caractères. Second article des antennes plus grand que le troisième. Menton échancré.

Elle est restreinte au genre suivant.

Genre *Bolboceras*, BOLBOCÈRE ; KIRBY.

(βολβός, bulbe; κέρας, corne.)

C aractère. Corps subhémisphérique. Mandibules terminées l'une en pointe, l'autre par deux dents. Mâchoires à deux lobes : le supérieur lacinié ou garni de cils plus ou moins raides et ordinairement muni d'une dent : l'inférieur formé de deux crochets cornés, simples ou bidentés. Ecusson plus long sur les côtés qu'à la base.

Les mâles ont la tête armée d'une corne et leur prothorax de dents.

Ce genre a été fondé par Kirby dans le 12 vol. (p. 18) des Transactions de la Société Linéenne de Londres. Il a pour type un insecte de l'Australasie. MM. Lepelletier et A. Serville en ont reproduit les caractères dans le t. 10 (p 360) de l'Encyclopédie méthodique.

En 1781. Acharius, professeur à Wadsna avait publié sous le nom de *Bulbocerus*, dans le 2e volume des Nouveaux Mémoires de la Société Royale de Suède (Konungslig vetenskaps Academiens nya Handlingar), une coupe générique différente, restée ignorée dans la collection peu répandue que nous venons de citer, et reproduite en 1787 par Fabricius, sous le nom de *Lethrus* qui dès lors a été adopté.

1. **B. Mobilicornis;** FAB. *Subhémisphérique : d'un noir luisant en dessus. Prothorax fortement ponctué sur toute sa surface. Ecusson à peine parsemé de quelques points dans le milieu de sa base. Elytres à quinze ou seize stries marquées de gros points, et rendues graduellement plus profondes vers la suture, par les intervalles plus convexes. Dessous du corps fauve.*

♂. Tête armée d'une corne mobile. Prothorax denté en devant.

♀. Tête chargée sur le front d'un relief transversal, tuberculeux à ses extrémités. Prothorax inerme.

Scarabæus mobilicornis, FAB. Syst. Ent. p. 11. 32 ♂.—*Id.* Spec. Ins. 1. p. 12. 38. ♂. —*Id.* Mant. 1. p. 40. 6. ♂. — *Id.* Ent. Syst. 1. p. 15. 43. ♂ ♀. — *Id.* Syst. El. 1. p. 24. 7. ♂ ♀.—JABLONSK. Nat. 1. p. 298. 41. pl. 6. f. 6. a.—GMEL. Linn. Syst. Nat

p. 1352. 116. ♂♀ .—De Vill. C. Linn. Ent. 1. p. 12. ♂. et t. 4. p. 199. ♀.—Oliv.
Ent. 3. 1. p. 63. 71. pl. 10. f. 88. a, b, c, d. ♂; pl. 23. f. 88. e, ♀.—Schneid.
Mag. 1. p. 340.—Brahm, Rhein. Mag. p. 662. 9. ♂♀.—Panz. Symb. Ent. p. 75.
pl. 7. f. 1 à 4. ♂; 5 à 7. ♀.—*Id.* Ent. Germ. p. 2. 4.—*Id.* Faun. Germ. 12. 2.—*Id.*
Index. p. 2.—Hoppe. Tasch. 1. p. 169 et p. 216.—Payk. Faun. Suec. 1. p. 3. ♂♀.
—Sturm, Verz. p. 61. 55.—*Id.* Deut. Faun. 1. p. 20. 3. ♂♀. pl. 6. s. ♂; t. ♀.
u, v, détails.—Ticny, Hist. t. 5. p. 236. ♂♀.—Schoenh. Syn. Ins. 1. p. 24. 7.
—Duftsch. Faun. Aust. 1. p. 81. 3. ♂♀ .—Gyllenh. Ins. Suec. 1. p. 3. 2.—Suckow,
Nat. p. 136. 7.

♀. *Scarabæus bicolor,* Fab. Syst. Ent. p. 15. 52.—*Id.* Spec. Ins. 1. p. 17. 65.—*Id.* Mant.
1. p. 9. 71.—Gmel. Linn. Syst. Nat. p. 1548. 187.—Herbst, Nat. t. 2. p. 167. 104.

Scarabæus armiger, Laichart. Tyr. Ins. 1. p. 18. 11. pl. 1. f. 11. ♂.

Geotrupes mobilicornis, Latr. Hist. t. 10 p. 145. 3. ♂♀. pl. 43. (p. 141.) f. 2. ♂.
—*Id.* Nouv. dict. d'hist. Nat. t. 15. p. 98.—Boit. Man. 1. p. 326.

Odontæus mobilicornis, Még. Déj. Catal. 1 édit. p. 56.

Bolboceras mobilicornis, Latr. Crust. Arach. Ins. t. 1. p. 545.—Steph. Syn. p. 178. 1.
—Garn. Mém. de la Somme. t. 1. p. 77. 1.—De Casteln. Hist. t. 2. p. 105. 12.
—Heer, Faun. Helv. 1. 3. p. 500. 2.

Ceratophyus mobilicornis, Fischer, Ent. 1. p. 150. 3. ♂♀.

♂. *Etat normal.* Tête munie sur le milieu de la suture frontale d'une
corne mobile, subcomprimée, parallèle dans sa plus grande longueur, dépassant en hauteur le dos du prothorax, sensiblement dilatée
et courbée en arrière à son extrémité. Prothorax longitudinalement
subhorizontal et sillonné dans son milieu; fortement cavé sur les côtés
de son disque; obliquement tronqué en devant; armé de deux petites
dents relevées, à l'extrémité du sillon dorsal; muni au dessus de
chacun des angles de devant d'un appendice ou espèce de corne
comprimée, large et courbée en arrière.

Var. A. **B.** Recticornis; Nob. *Corne de la tête plus courte et presque droite,
Prothorax convexement déclive en devant, faiblement sillonné, et souvent
sans cavités de chaque côté du disque; dents du même segment prothoracique plus faibles; cornes réduites parfois à un appendice en demi-cercle,
comprimé.*

♀. *Etat normal.* Tête dépourvue de corne; longitudinalement munie
sur l'épistome d'une ligne élevée; transversalement sillonnée dans la
direction de la suture frontale et sur les limites postérieures du front;
chargée sur le milieu de celui-ci d'un relief transversal non prolongé
jusqu'à ses bords latéraux et tuberculeusement élevé à chacune de ses
extrémités. Prothorax convexement déclive en devant; légèrement
sillonné; sans cavités sur les côtés du disque; muni à la partie antérieure du sillon dorsal d'un relief subsinueux. Muni de chaque côté de
celui-ci d'un tubercule comprimé.

♀, Var. B. **B. Obliteratus;** Nob. *Ligne élevée de l'épistome , tubercules latéraux de la partie antérieure du prothorax et, quelquefois même, relief de celui-ci , plus ou moins oblitérés.*

♂♀. Var. C. **B. Fulvus;** Nob. *Corps fauve en dessus , et d'un fauve livide ou d'un jaune fauve en dessous.*

Scarabæus mobilicornis, Sturm, l. c. Var. b.—Duftsch. l. c. Var. γ.
Ceratophyus mobilicornis, Fischer , l. c. Var. pl. 18. f. 5. ♂.

♂♀. Var. D. **B. Testaceus**; Fab. *Corps d'un jaune fauve en dessus et en dessous.*

♀. *Scarabæus testaceus*, Fab. Syst. Ent. p. 15. 50.—*Id.* Spec. 1. p. 16. 6.—*Id.* Mant. 1. p. 9. 69.—*Id.* Ent. Syst. p. 27. 85.—*Id.* Syst. El. 1. p. 26. 17.—Schæffer, Icon. pl. 151. f. 4.—Harrer, Besch. n° 29.—Oliv. Ent. 1. 5. p. 69. 77.—Panz. Symb. Ent. pl. 8. f. 1.-7.—id. Allgem. Lit. Zeit. (1797.) n° 145. p. 524.—*Id.* Ent. Germ. p. 5. 17.—*Id.* Schæff. Icon. Enum. n° 4. p. 145.—*Id.* Krit. rev. p. 2.—Marsh. Ent. Brit. p. 16. 25.—Tigny , Hist t. 5. p. 259.

♂♀ *Scarabæus mobilicornis* , Herbst, Nat. t. 2. p. 155. 88. pl. 12. f. 5. ♀ ; pl. 6. f. 7. ♂.—Scriba , Journ. 1. p. 249-250.—Panz. Faun. Germ. 28. f. 5. a , b , c. ♂ ; d. ♀.—Duftsch. l. c. Var. δ.—Héer , l. c. Var. b.

L. 0^m,0056 à 1 0,^m0090 (2 1/2 à 4^l) —L. 0,^m033 à 0^m0056 (1/2 à 2 1/2).

Dessus du corps d'un noir luisant. Chaperon composant une figure à trois lobes triangulairement disposés: les deux latéraux formés par les joues, qui se prolongent en quart de cercle sur le côté externe des yeux. Epistome semi-circulaire ; ruguleusement ponctué ; rougeâtre en devant ; garni d'un rebord qui se bifurque aux limites des joues et se prolonge d'une part sur le côté externe de celles-ci, et de l'autre sur les bords latéraux du front. Palpes et antennes d'un rouge livide ou d'un rouge jaune : massue de celles-ci ovale, à premier article cupiforme, noirâtre. Prothorax bissinueusement échancré en devant ; à angles antérieurs avancés en forme de dent aiguë, curvilinéairement d'abord , puis rectilinéairement élargi sur les côtés jusqu'aux angles postérieurs qui sont très-prononcés , souvent légèrement relevés et rectangulairement ouverts; en arc renversé à la base ; rebordé dans tout son pourtour; convexe en dessus; presque uniformément marqué de gros points assez rapprochés. Ecusson en triangle curviligne plus long que large ; très-obtus à l'extrémité; parsemé de quelques points dans le milieu de la base, lisse et imponctué postérieurement. Elytres un peu moins larges à l'angle huméral qui est arrondi, que le prothorax à ses angles postérieurs; subcurvilinéairement élargies sur les côtés jusqu'au tiers de leur longueur , pareillement rétrécies jusqu'aux deux tiers et arrondies à l'extrémité; très-convexes en dessus; abruptement déclives à leur partie postérieure; à quinze ou seize stries, marquées de points assez rapprochés et plus gros que ceux du prothorax: les stries externes très-légères, les autres graduellement plus profondes par l'effet des intervalles qui se montrent plus convexes en se rapprochant de la suture. Intervalles lisses et imponctués. Dessous du corps et pieds fauves et garnis de longs poils concolores. Cuisses assez finement ponctuées. Jambes de devant graduellement dilatées, extérieurement armées de six à sept dents progressivement plus fortes. Jambes intermédiaires et postérieures munies au côté externe d'une dent séparée de l'extrémité par une échancrure. Premier article des tarses postérieurs plus long que les deux suivants réunis.

Cette espèce assez rare paraît se trouver çà et là, dans toutes les provinces de la France. Je l'ai prise sous des bouses desséchées; elle a été trouvée par Kingelmann dans les excréments humain et par M. Foudras dans des crottins de brebis; mais elle doit vivre aussi, et peut-être d'une manière plus particulière, d'autres matières organiques végétales ou animales en voie de décomposition. Elle vole le soir, et quelquefois, suivant M. Chevrolat, en quantité assez considérable. Dans leurs courses nocturnes, ces insectes deviennent la proie de divers autres animaux lucifuges comme eux. L'un des fils du célèbre voyageur Vaillant a remarqué que les crapauds entre autres étaient au nombre de leurs ennemis; et ces Batraciens étant dépourvus de dents, on peut souvent trouver les Bolbocères entiers dans leur estomac. M. Perret de Lyon a confirmé la vérité de ces observations.

Obs. Fabricius, dans ses premiers ouvrages, avait fait de la femelle une espèce particulière sous le nom de *Scarabæus bicolor*; dans son Entomologia Systematica, il réunit les deux sexes sous la dénomination de *Mobilicornis*, en persistant à séparer spécifiquement la var. ♀ dont il avait fait son *Sc. testaceus*.

2. **B. Gallicus:** Nob. *Subhémisphérique ; d'un noir luisant en dessus. Prothorax imponctué sur son tiers postérieur. Ecusson couvert de points rapprochés. Elytres à quinze ou seize stries marquées de gros points, et rendues plus apparentes vers la suture par les intervalles moins déprimés. Dessous du corps fauve.*

♂. Tête armée d'une corne conique et non mobile. Prothorax quadridenté à sa partie antérieure.

♀. Tête chargée sur le front d'un relief en forme d'angle. Prothorax mutique et muni à sa partie antérieure d'un relief transversal.

♂. *Etat normal.* Massue des antennes allongée et courbée. Tête presque entièrement couverte par la base d'une corne conique, non mobile; offrant sur sa face antérieure, sous la forme d'une ligne saillante, les traces de la suture frontale, aussi élevée que le dos du prothorax, perpendiculaire dans sa plus grande longueur, transversalement comprimée, presque lisse et légèrement courbée vers son extrémité. Epistome en demi-cercle. Prothorax subperpendiculairement tronqué à sa partie antérieure; armé de deux dents à la partie médiaire du sommet de cette troncature, et, de chaque côté, d'une autre subcorniforme, plus rapprochée de l'angle antérieur.

♂. Var. A. **B. Provincialis**; Nob *Corne de la tête moins élevée que le dos du prothorax et plus ou moins raccourcie. Saillies du prothorax un peu moins saillantes que dans l'état normal.*

♀. *Etat normal.* Massue des antennes ovalaire. Tête subdéprimée, inerme. Suture frontale très-apparente sous la forme d'une ligne transversale, élevée. Front chargé d'un relief non prolongé jusqu'aux bords latéraux et formant dans son milieu un angle obtus dont le · sommet est dirigé en avant. Epistome moins curvilinéaire à son bord antérieur, souvent presque carré. Prothorax convexement déclive en devant; peu sensiblement tronqué au dessus de la partie médiaire du bord antérieur; transversalement chargé au sommet de cette courte troncature d'une ligne ou d'un relief peu saillant, séparé par une dépression sensible d'une gibbosité, qui le suit d'une manière parallèle au bord antérieur.

♀. Var. B. **B. Conjunctus**; Nob *Relief transversal de la partie antérieure du prothorax affaibli et lié à la gibbosité qui le suit de manière à former un relief arqué parallèle au bord antérieur.*

Long. 0^m,0112 à 0^m,135 (5 à 6^l). — Larg. 0^m,0090 (4^l).

Dessus du corps entièrement noir ou d'un brun noirâtre, luisant. Chaperon en demi-cercle jusqu'à la partie postérieure de l'épistome, subtransversalement dilaté et fortement auriculé au côté externe des yeux; garni dans sa partie circulaire d'un rebord prolongé directement sur les bords latéraux du front. Tête rugueusement ponctuée. Palpes et antennes d'un fauve jaune. Prothorax bissubsinueusement échancré en devant; fortement avancé en dent aiguë à ses angles antérieurs; curvilinéairement élargi d'avant en arrière sur les côtés, et d'une manière plus rectilinéaire près des angles antérieurs qui sont arrondis; bissinueusement en arc renversé à la base; rebordé dans toute sa périphérie; ruguleusement et profondément ponctué sur les côtés, parsemé de points moins nombreux sur la partie antérieure de son disque, lisse et imponctué postérieurement. Ecusson égalant au moins le cinquième de la longueur des élytres; en triangle subcurviligne et subéquilatéral ou plus long qu'il n'est large à la base; parfois un peu inégal sur sa surface ou marqué d'une dépression plus ou moins apparente; subruguleusement garni de points profonds et rapprochés, presque lisse près de ses bords. Elytres d'un sixième moins larges que le prothorax à sa partie postérieure, sensiblement moins larges que ce dernier, examinées dans leur diamètre transversal le plus grand; de moitié plus longues que lui; subsemi-globuleuses, ou subcurvilinéairement élargies des épaules au quart de leur longueur, pareillement rétrécies ensuite jusqu'aux deux tiers, et arrondies à l'extrémité; convexes en dessus; très-convexement déclives sur les côtés, et d'une manière plus abrupte à leur partie postérieure; chargées d'un calus huméral; à quinze ou seize stries ponctuées ou plutôt formées par des points : les plus rapprochées de la suture plus marquées et plus profondes dans la majeure partie de leur longueur. Intervalles lisses et impointillés : les juxta-suturaux subconvexes, surtout près de la base, les externes déprimés. Dessous du corps fauve ou d'un fauve jaunâtre et garni de longs poils concolores. Pieds d'un brun rouge, parfois d'un rouge brun ou même quelquefois fauves. Jambes antérieures extérieurement armées de six dents graduellement plus fortes; les intermédiaires tridentées; les postérieures quadridentées; échancrées entre la dernière dent et l'extrémité. Premier article des tarses postérieurs à peu près égal aux deux suivants réunis.

Cette belle et rare espèce est exclusivement méridionale. J'en dois les deux sexes à l'obligeance de M. Doublier. Ils avaient été trouvés par lui, soit dans les montagnes peu éloignées de Draguignan, soit sur les hauteurs voisines de Saint-Tropez. Le mâle a été pris dans un bois de pins des environs de Marseille par M. Solier. Il m'a été envoyé par ce naturaliste comme devant être le *Bolboceras lusitanicus* du catalogue de M. le comte Déjean, nom que j'aurais volontiers adopté; mais M. Rambur ayant émis des doutes sur l'identité de l'espèce, je me suis vu forcé, de crainte de commettre une erreur, de donner à celle que j'ai décrit, une autre dénomination spécifique.

Le *B. gallicus*, selon M. Solier, produit un cri assez fort pour attirer l'attention; c'est à cette particularité qu'il dut le plaisir de le prendre.

Obs. Le *B. gallicus* a beaucoup d'analogie avec une autre espèce européenne, le *B. quadridens* (*Scarabæus quadridens* de Duftschmidt ou *Æneas* de Panzer); mais ce dernier est d'une couleur rouge et n'a pas l'écusson ponctué.

SECONDE BRANCHE.

LES GÉOTRUPAIRES.

Caractères. Second article des antennes notablement plus court que le troisième. Menton échancré.

Ils forment trois genres.

<table>
<tr><td rowspan="3">Elytres</td><td rowspan="2">libres, couvrant des ailes.</td><td>Article intermédiaire de la massue uniformément et entièrement visible par sa tranche dans la contraction. Epistome formant avec le front un losange longitudinal.</td><td>GENRES.

Ceratophyus.</td></tr>
<tr><td>Article intermédiaire de la massue en partie caché dans la contraction. Epistome formant avec le front une figure irrégulière à peine aussi longue ou moins longue que large.</td><td>*Geotrupes.*</td></tr>
<tr><td>soudées. Ailes nulles ou très-rudimentaires. Article intermédiaire de la massue des antennes uniformément et entièrement visible par sa tranche dans la contraction.</td><td>*Thorectes.*</td></tr>
</table>

Genre *Ceratophyus*, CÉRATOPHYE; FISCHER.

(κέρας-τος, corne; φύω, produire.)

Caractères. Mandibules terminées l'une et l'autre de la même manière. Mâchoires à deux lobes velus, inermes : l'inférieur bifide. Menton fortement échancré. Deuxième article des palpes labiaux semi-circulairement renflé au côté interne Epistome formant avec le front un losange longitudinal. Article intermédiaire de la massue uniformément et entièrement visible par sa tranche dans la contraction. Ecusson moins long que large. Corps médiocrement convexe; armé de dents ou de cornes à la partie antérieure du prothorax.

1. C. Typhœus; LINN. *Oblong; médiocrement convexe et d'un noir luisant en dessus. Prothorax bissubsinueusement tronqué et garni d'un rebord non interrompu à la base. Ecusson cilié. Elytres une fois plus longues que le prothorax; à quinze stries dont les six ou sept plus rapprochées de la suture sont graduellement plus profondes à la base. Intervalles lisses, subconvexes en devant, déprimés postérieurement. Eperon des jambes de devant incourbé.*

♂. **Prothorax armé de trois cornes en devant : celle du milieu plus** courte et réduite parfois aux faibles proportions d'une dent. Carène de l'épistome très-saillante.

♀. Prothorax offrant au dessus du tiers médiaire de son bord antérieur une troncature peu élevée, limitée de chaque côté par une fossette suivie d'une dent plus ou moins saillante. Carène de l'épistome à peine indiquée.

Scarabæus typhœus, Linn. Mus. Lud. Ubr. p. 8. 6.—*Id.* Syst. Nat. p. 543. 9.—Schæff. Icon. pl. 26. 4. ♂.—Harrer, Besch. 4.—Muller, Linn. Nat. p. 55. 9.—De Geer, Mém. t. 4. p. 262. pl. 10. f. 5. ♂.—Retz. Spec. p. 121. 717.—Fab. Syst. Ent. p. 10. 26.—*Id.* Spec. 1. p. 10. 30.—*Id.* Mant. 1. p. 3. 33.—*Id.* Ent. Syst. 1. p. 12. 34.—*Id.* Syst. El. 1. p. 23. 3.—Goeze, Ent. Beytr. 1. p. 8. 9.—Fourcr. Ent. Par. 1. p. 6. 4.—Herbst, Arch. p. 3. 1.—*Id.* trad. fr. p. 66. 1.—*Id.* Nat. 1. p. 278. 33. pl. 6. f. 1. 2.—Gmel. Linn. Syst. Nat. p. 1531. 9.—De Villers, C. Linn. Ent. 1. p. 10. 1. —Oliv. Ent. 1. 3. p. 59. 65. pl. 7. f. 52. a, b.—Scriba, Journ. 1. p. 44. 8. ♂ ♀. —Rossi, Faun. Etr. 1. p. 4. 7.—*Id.* éd. Helw. t. 1. 7.—Panz. Ent. Germ. p. 1. 11. —*Id.* Faun. Germ. 2. 23.—Hoppe, Enum. p. 24.—*Id.* Tasch. 1. p. 104.—Illig. Kæf. Preuss. p. 9. 1.—Payk. Faun. Suec. 1. p. 8. 1.—Cuvier, Tab. El. p. 516. 3. —Martyn, Ent. pl. 1. f. 3. ♂. f. 4. ♀.—Sturm, Verz. 1. p. 59. 53.—*Id.* Deut. Faun. 1. p. 18. 1.—Tigny, Hist. t. 3. p. 235.—Marsh. Ent. Brit. 1. p. 7. 1.—Walck. Faun. Par. 1. p. 3. 1.—Schrank. Faun. Boic. 1. p. 380. 327.—Schoenh. Syn. Ins. 1. p. 23. 3.—Duftsch. Faun. Aust. 1. p. 79. 1.—Gyllenh. Ins. Suec. 1. p. 3. 1.—Baud. Laf. Mon. p. 84. 1.—Suckow. Nat. p. 134. 3.

Le Phalangiste, Geoff. Hist. t. 1. p. 72. 4. pl. 1. f. 3. ♂.

Geotrupes typhœus, Latr. Hist. t. 10. p. 144. 2.—*Id.* Nouv. Dict. d'Hist. Nat. t. 13. p. 143. —Lamarck, An. s. vert. t. 4. p. 578. 4.—Duméril, Dict. des Scien. Nat. t. 18. p. 447. pl. cah. 4. ♂.—Guérin, Dict. Class. d'Hist. Nat. t. 3. 409.—Oliv. Encycl. Méth. pl. 144. f. 9. ♂ ♀.—Boit. Man. 1. p. 325.—Muls. Lettr. 1. p. 282. 1.—Garnier, Mém. de la Somme. t. 1. p. 77. 5.—Guérin, Dict. pitt. t. 3. p. 409.—De Casteln. Hist. t. 2. p. 100. 2.

Typhœus vulgaris, Leach. Edimb. Encycl. t. 9. art. Entomology —Stephens, Syn. p. 180. 1.

Ceratophyus typhœus, Fischer, Entom. t. 2. p. 143.—Heer, Faun. Helv. 1. 3. p. 500. 1.

Armideus typhœus, Villa, Coleopt. Eur. p. 16.

♂. *Etat normal.* Prothorax tronqué presque en ligne droite en devant; arrondi à ses angles antérieurs; convexement déclive et imponctué sur son disque; muni un peu au dessus du milieu de son bord antérieur d'une corne conique mi-perpendiculaire; armé au dessus de chacun des angles de devant d'une corne horizontale, une fois plus grande que celle du milieu, aussi longuement prolongée que la tête. convexe seulement au côté externe, très-obliquement échancrée en dessus vers son extrémité.

Var. A. **C. Pumilus;** Marsh. *Prothorax muni d'une dent à ses angles de* *devant; armé en dessus de chacun de ceux-ci d'une corne de moitié moins longue que la tête, conique ou non échancrée vers son extrémité; pourvu au dessus du milieu du bord antérieur d'une dent subcorniforme; parsemé sur son disque de points enfoncés.*

Scarabœus pumilus, MARSH. Ent. Brit. p. 8. 2.

♀. *État normal.* Prothorax échancré en devant; à angles antérieurs avancés en forme de dent extérieurement courbée; ruguleusement ponctué sur la majeure partie de sa surface, parsemé sur son disque de points peu nombreux; longitudinalement sillonné dans le milieu de celui-ci; subconvexement et faiblement déclive en devant; perpendiculairement coupé au dessus de la partie médiaire de son bord antérieur; rebordé au sommet de cette troncature; creusé aux extrémités latérales de celle-ci d'une petite excavation suivie d'une dent relevée, située sur les limites du bord antérieur et intermédiaire entre la troncature et l'angle de devant.

♀. Var. B. **C. Pusillus;** NOB. *Dent des angles antérieurs moins forte. Troncature peu élevée. Dents latérales nulles ou à peine indiquées.*

♂♀. Var. C. **C. Brunneus;** NOB *Elytres brunes en totalité ou en partie.*

ILLIG. Kæf. Preuss. l. c. Var. β.

Long. 0^m,0135 à 0^m,0210 (6 à 9 1/2^l). —Larg. 0^m,0072 à 0^m,0110 (3 1/4 à 5^l).

Dessus du corps d'un noir luisant. Chaperon subtriangulaire; auriculé au côté externe des yeux. Epistome rhomboïdal, émoussé à son angle antérieur; aigu à ses angles latéraux; formant avec le front un losange sensiblement relevé en rebord; rugueusement ponctué; chargé d'une carène saillante sur son disque. Palpes et antennes noirs: massue de celles-ci brune. Prothorax arqué et cilié sur les côtés; subarrondi aux angles de derrière; bissubsinueusement tronqué à la base; rebordé latéralement et à sa partie postérieure. Ecusson en triangle subcurviligne; à côtés moins longs que la base; cilié et très-légèrement rebordé dans sa périphérie; lisse et imponctué en dessus. Elytres à peu près de la largeur du prothorax à ses angles postérieurs; une fois plus longues que lui; faiblement élargies jusqu'au tiers de la longueur, subcurvilinéairement et légèrement rétrécies jusqu'aux deux tiers, et arrondies à l'extrémité; faiblement convexes sur le dos, convexement déclives sur les côtés; à quinze ou seize stries graduellement moins profondes en se rapprochant du bord extérieur, sans points apparents vers la base, oblitérées ou seulement continuées par des points à leur partie postérieure. Dessous du corps et pieds d'un noir luisant, hérissés de longs poils noirs. Jambes antérieures dilatées; armées au côté externe de six ou sept dents graduellement plus fortes vers l'extrémité. Eperon incourbé. Jambes intermédiaires et postérieures arquées; trigones; à quatre ou cinq arêtes transversales au côté extérieur. Premier article des tarses postérieurs aussi long que les deux suivants réunis.

Cette espèce habite presque toutes les provinces de la France. Dans les environs de Lyon, on la trouve plus facilement dans les montagnes que dans la plaine.

Elle offre, suivant le développement que l'insecte a pris dans son jeune âge, des modifications analogues à celles que nous avons signalées chez divers Copriens. A mesure que dans les mâles s'affaiblissent les signes les plus distinctifs de leur puissance, ils s'*effemélisent* s'il était permis d'employer cette expression, c'est-à-dire, ils se rapprochent des conditions extérieures sous lesquelles se présentent les femelles. Ainsi le *C. pumilus* montre comme dans l'autre sexe des angles antérieurs aigus et la surface du prothorax ponctuée, caractères qu'on ne trouve pas dans le *typhœus* ♂ à l'état normal.

Genre *Geotrupes*, GEOTRUPE; Latr.

(γῆ, terre; τρυπάω, percer.)

Caractères. Mandibules terminées l'une et l'autre de la même manière. Mâchoires à deux lobes velus, inermes: l'inférieur sans division. Menton fortement échancré. Deuxième article des palpes labiaux ovalaire. Article intermédiaire des antennes en partie caché dans la contraction. Epistome formant avec le front une figure irrégulière moins longue ou à peine aussi longue que large. Ecusson à côtés moins longs que la base. Corps convexe. Tête et prothorax toujours inermes dans les deux sexes.

1. G. **Stercorarius;** Linn. *Oblong; convexe et d'un noir luisant en dessus. Massue des antennes d'un rouge fauve. Prothorax bissubsinueusement tronqué et garni d'un rebord lisse, non interrompu à la base; offrant dans le milieu de sa partie supérieure les traces d'un sillon ponctué, lisse et imponctué sur le reste de son disque. Elytres une fois plus longues que le prothorax; sans gouttière sur les côtés; à seize ou dix-huit stries profondes et ponctuées. Intervalles subconvexes.*

♂. Arête inférieure des jambes de devant denticulée jusqu'au milieu de la longueur; armée aux deux tiers, d'une forte dent isolée. Cuisses de la dernière paire postérieurement munies d'une dent, près de l'extrémité du trochanter également prolongée en forme de dent.

♀. Arête inférieure des jambes de devant seulement denticulée jusqu'au milieu de la longueur. Cuisses postérieures sans autre dent que celle de l'extrémité du trochanter, qui souvent est peu distincte.

Scarabœus stercorarius, Linn. Faun. Suec. p. 135. 388.—*Id.* Syst. Nat. p. 550. 42. —Poda, Mus. Gr. p. 18.—Scopol. Ent. Carn. p. 11. 26.—Mull. Faun. Frid. 1. 5. —*Id.* Zool. Dan. Prod. p. 54. 458.—De Geer, Mém. t. 4. p. 259. 4. pl. 9. f. 10. 11.—Retz. Spec. p. 120. 715. —Fab. Syst. Ent. p. 17. 60.—*Id.* Spec. 1. p. 18. 74. —*Id.* Mant. 1. p. 10. 81.—*Id.* Ent. Syst. 1. p. 30. 97.—*Id.* Syst. El. 1. p. 24. 10. —Schæff. Icon. 1. pl. 23. f. 9.—Harrer, Besch. 1. 10.—Schrank, Enum. p. 15. 23. ♀. id. 2e Var. ♂.—*Id.* Faun. Boic. 1. p. 387. 345.—Laichart. Tyr. Ins. 1. p. 92. 2.—Herbst, Arch. p. 7.—*Id.* trad. fr. p. 69. 15.—*Id.* Nat. t. 2. p. 252. 175. pl. A. f. 1. 20.—Moll, Nat. Br. 1. p. 169. 14.—Fourcr. Ent. Par. 1. p. 7. 9. —Petagna, Spec. p. 2. 5.—Gmel. Linn. Syst. Nat 1549. 42.—De Vill. C. Linn. Ent. 1. p. 23. 34.—Oliv. Ent. 1. 3. p. 64. 72. pl. 5. f. 39. a, b, c, d.—Preysl. Bœhm. Ins. 1. p. 26. 34.—Scriba, Journ. 1. p. 44. 9.—Razoum. Hist. t. 1. p. 135. 5.—Rossi, Faun. Etr. 1. p. 8. 17.—*Id.* éd. Helw. 1. p. 8. 17.—Brahm, Rhein. Mag. p. 684. —Panzer. Ent. Germ. p. 8. 30.—*Id.* Faun. Germ. 49. 1.—Cederh. Faun. Ingr. Prod. p. 3. 9.—Illig. Kæff. Preuss. p. 9. 2.—Payk. Faun. Suec. 1. 4.—Cuvier, Tabl. El. p. 516.—Sturm, Verz. p. 63. 57. pl. 2.—*Id.* Deut. Faun. 1. p. 22.—Martyn, Ent. Angl. pl. 3. f. 25.—Marsh. Ent. Brit. p. 20. 32. ♀.—Walk. Faun. Par. 1. p. 3. 2. —Schœnh. Syn. Ins. 1. p. 26. 11.—Tigny, Hist. t. 5. p. 237.—Duftsch. Faun. Aust. 1. p. 82. 4.—Gyllenh. Ins. Suec. 1. p. 4. 5.—Baud. Laf. Mon. p. 85. 2.—Suckow, Nat. p. 137. 11.

Le grand pillulaire, Geoffr. Hist. t. 1. p. 76. 9.

♂. *Scarabœus spiniger*, Marsh. Ent. Brit. p. 21. 33.

Geotrupes stercorarius, Latr. Hist. t. 10. p. 146, 4.—*Id.* Gen. t. 2. p. 92. 1.—*Id.* Nouv. Dict. d'Hist. Nat. t. 13. p. 97.—*Id.* Cuv. Règn. anim. 1re éd. t. 3. p. 280.—*Id.* Règne anim. 2e éd. t. 4. p. 544.—Lamarck, An. s. vert. t. 4. p. 577. 2.—Duméril, Dict. des Scien. Nat. t. 18. p. 447.—Guérin, Dict. class. d'hist. Nat. t. 3. p. 409.—*Id.* Dict. Pittor. t. 3. p. 409.—Boit. Man. 1. p. 325.—Zetterst. Ins. Suec. p. 175. 1. —*Id.* Ins. Lap. p. 111. 1.—Muls. Lettr. 1. p. 282. 2. —Steph. Syn. p. 185. 10. —Garn. Mém. de la Somme, t. 1. p. 75. 1.—De Casteln. Hist. t. 2. p. 101. 4. —Heer, Faun. Helv. 1. 3. p. 498. 1.

— Prothorax ponctué sur les côtés de la ligne du milieu.

Var. A. G. **Puncticollis**; Steph. *Prothorax parsemé sur son disque de points assez nombreux. Elytres, — α. noires ou d'une nuance qui se rattache à cette couleur. — β. Violâtres. — γ. Bleuâtres. —δ. Verdâtres.*

Geotrupes puncticollis, Steph. Syn. p. 184. 7.

— — Prothorax imponctué sur les côtés de la ligne du milieu.

+ Prothorax creusé d'un sillon longitudinal.

Var. B. **G. Exaratus**; Nob. *Prothorax creusé sur toute la longueur de son milieu d'un sillon inégalement profond.*

　　　　+ + Prothorax longitudinalement marqué sur une partie de son milieu, d'un sillon ou d'une ligne de points.

Var. C. **G. Foveatus**; Marsh. *Prothorax creusé de chaque côté de deux fossettes subpunctiformes.*

Scarabæus foveatus, Marsh. Ent. Brit. p. 21. 34.
Geotrupes foveatus, Steph. Syn. p. 183. 5.

Var. D. **G. Punctato-Striatus**; Kirby. Inéd. Steph. *Elytres profondément creusées de stries formées par des points.*

Geotrupes punctato-striatus, Steph. Syn. p. 183. 6.

Var. E. **G. Mutator**; Marsh. *Elytres profondément creusées de stries séparées par des intervalles inégaux, ou presque géminées.*

Scarabæus mutator, Marsh. Ent. Brit. p. 22. 35.
Geotrupes mutator, Steph. Syn. p. 184 7.

Var. F. **G. Subrugulosus**; Nob. *Intervalles des élytres ridés.*

Var. G. **G. Subviolaceus**; Nob. *Elytres, — α, d'un violâtre obscur, — β, violâtres, — γ, d'un violâtre cuivreux, — δ, d'un violet cuivreux.*

Moll, l. c. Var. β.—Schrank, Faun. Boic. l. c. 2e Var.—Sturm, Deut. Faun. l. c. Var. d.
　　—Duftsch. l. c. Var. δ.

　　　　Obs. Le prothorax est d'une couleur analogue ou plus souvent d'une teinte plus foncée; quelquefois il est d'un noir violâtre, irisé de vert ou même de vert cuivreux. Les deux derniers segments pectoraux sont violets ou d'un violet bleuâtre; les flancs de l'antépectus et le ventre, d'un vert irisé de bleuâtre, d'un vert bleuâtre, d'un bleu violet ou d'un violet bleuâtre; les pieds violets ou d'un bleu violet.

Var. H. **G. Chalybæus**; Nob. *Elytres, — α, d'un bleu noirâtre, — β, d'un bleu violâtre, — γ, d'un bleu d'acier, — δ, d'un bleu verdâtre.*

Scopoli. l. c. 1re Var.—Schrank, En. l. c. 5e Var.—*Id.* Faun. Boic. l. c. 2e Var.
　　—Moll, l. c. Var. γ.—Sturm, l. c. Var. b.

　　　　Obs. Le prothorax est ordinairement d'une teinte analogue ou plus obscure. Les deux dernier segments pectoraux sont violets ou d'un bleu violet. L'antépectus, le ventre et les pieds d'un bleu verdâtre ou d'un vert bleuâtre.

Var. I. **G. Virescens**; Nob. *Elytres — α, d'un vert bleuâtre, — β, d'un vert obscur, — γ, d'un vert bronzé, — δ, d'un vert métallique semi-doré.*

Scopol. l. c. 3e Var.—Fab. Syst. El. l. c. Var.—Schrank, Faun. Boic. l. c. 3e Var.

—Moll., l. c. Var. δ.—Sturm, Deut. Faun. l. c. Var. a et e.—Duftsch. l. c. Var. β.
et γ.

> *Obs.* Le prothorax est généralement de la même teinte ou plus obscur. Les
> deux derniers segments pectoraux sont d'un bleu violet violet; les flancs
> de l'antépectus et le ventre d'un vert bleuâtre, les pieds violâtres ou d'un
> vert bleuâtre. Souvent tout le dessous du corps est vert doré.

Var. J. G. Juvencus; Nob. *D'un rouge brunâtre ou violâtre en dessus.*

Duftsch. l. c. Var. ε.

L. 0ᵐ,0155 à 0ᵐ,0245(7 à 11 1/2ˡ).—L. 0ᵐ,0084 à 0ᵐ,0140(3 3/4 à 6 1/4ˡ).

Chaperon subtriangulaire; auriculé au côté externe des yeux.
Epistome rhomboïdal; émoussé à son angle antérieur; noir; ruguleusement ponctué et chargé d'une carène terminée postérieurement
par un tubercule subcorniforne. Antennes d'un rouge brunâtre; à
scape parfois brunâtre ou bleu ; à massue d'un rouge cendré. Prothorax subtrapézoïdal; tronqué en devant; à angles antérieurs peu ou
point avancés en espèce de dent ; subcurvilinéairement et fortement
élargi sur les côtés jusqu'aux deux tiers de la longueur de ceux-ci,
curvilinéaire de ce point aux angles postérieurs qui sont peu marqués
ou très-émoussés, et très-obtusément ouverts; tronqué en ligne presque droite ou légèrement bissubsinueuse à sa base; garni dans toute
sa périphérie d'un rebord lisse ou non crénelé: celui de la partie
postérieure un peu affaibli mais non interrompu aux deux subsinuosités; convexe en dessus; convexement déclive en devant; d'un noir
luisant; assez densement et ruguleusement ponctué et souvent bleuâtre
près de ses bords latéraux; marqué au dessus du milieu de ceux-ci
d'une fossette punctiforme ; offrant longitudinalement sur sa partie
médiaire les traces d'un sillon ponctué; lisse et généralement imponctué sur le reste de son disque. Ecusson en triangle curviligne;
à côtés sinueux vers leur extrémité, moins longs que la base ; noir;
presque lisse sur les côtés, longitudinalement sillonné et marqué de
gros points. Elytres un peu moins larges que le prothorax à ses angles
postérieurs ; sensiblement plus étroites que ce dernier examinées ainsi
que lui dans leur diamètre transversal le plus grand; une fois plus
longues que lui; légèrement dilatées des épaules au sixième de la
longueur, ou subcurvilinéairement subparallèles jusqu'aux deux tiers
de leur longueur, et arrondies à l'extrémité ; rebordées dans leur
périphérie ; déclives ou non relevées en gouttière sur les côtés ; convexes en dessus; chargées d'un calus huméral ; d'un noir luisant avec
les bords violâtres ou bleuâtres, plus ordinairement parées d'un éclat
métallique et d'une teinte se rapportant au violet , au bleu ou au vert;

généralement à seize ou dix-huit stries, toujours très-apparentes, le plus souvent assez profondes, parfois même légèrement subsulciformes, ponctuées ou formées par des points contigus: quelques-unes, entre autres deux au moins situées au dessous du calus huméral, simplement indiquées par des points moins rapprochés. Intervalles subconvexes, habituellement lisses, quelquefois ruguleux. Dessous du corps et pieds d'une couleur métallique et garnis de longs poils noirâtres. Jambes antérieures extérieurement armées de six à sept dents graduellement plus développées de la base à l'extrémité jusqu'à l'avant dernière qui est généralement la plus forte. Premier article des tarses postérieurs aussi long que les deux suivants réunis.

Cette espèce est commune dans toute la France. Elle est vulgairement connue sous le nom de *fouille-merde*, qu'on applique souvent à toutes les espèces de ce genre.

2. **G. Hypocrita;** Schneid. Inéd. Lepell. S.-Farg. et Aud. Serv. *Subovale, convexe et d'un noir peu luisant en dessus. Massue des antennes d'un rouge brunâtre. Prothorax bissubsinueusement tronqué et garni d'un rebord lisse et non interrompu à la base; offrant ordinairement dans le milieu de sa partie supérieure les traces d'un sillon ponctué; lisse et imponctué sur le reste de son disque. Elytres près d'une fois plus longues que le prothorax; à quinze stries légères et obsolètement ponctuées. Intervalles unis et déprimés. Dessous du corps d'un vert doré brillant.*

♂. Arête inférieure des jambes de devant armée de dents graduellement plus prononcées depuis la base jusqu'au milieu, où il s'en élève une à peu près aussi forte que l'anté-pénultième externe; munie plus antérieurement d'une dent solitaire. Cuisses postérieures offrant, à leur bord postérieur, une petite dent non comprise celle que forme l'extrémité du trochanter.

♀. Arête inférieure des jambes de devant denticulée jusqu'au milieu, où la dernière dentelure est peu saillante et non suivie plus antérieurement d'une dent solitaire. Cuisses postérieures inermes ou n'offrant d'autre dent que celle que forme l'extrémité du trochanter.

Scarabæus hypocrita, Illig. Mag. t. 2. p. 209. 4. Obs.
Scarabæus stercorarius, Razoum. Hist. 1. p. 135. Var.—Rossi, Faun. Etr. 1. 8. Var. β.
Geotrupes hypocrita, Lepel. de S. Farg., et Aud. Serv. Encyc. Méth. t. 10. 362. 1. ♂ (♀) et ♀ (♂).—Garnier, Mém. de la Somme, t. 1. p. 76. 3.—Herr, Faun. Helvet. 1. 3. p. 499. 2.
Geotrupes sublevigatus, Steph. Syn. p. 185. 9.

Var. A **G. Lævicollis;** Nob. *Prothorax sans traces de sillon dorsal.*

Var. B. **G. Substriatus**; Nob. *Elytres plus distinctement parées de stries ponctuées.*

Var. C. **G. Subvirescens**; Nob. *Dessus du corps avec un reflet verdâtre plus distinct et plus brillant près de son pourtour.*

L. $0^m,0135$ à $0^m,0202$ (6 à 9^l). — **L.** $0,^m0078$ à $0^m,00112$ (3 1/2 à 5^l).

Dessus du corps entièrement d'un noir faiblement luisant, souvent presque mat, avec les bords du prothorax et des élytres d'un bleu violâtre ou verdâtre. Chaperon subtriangulaire; auriculé au côté externe des yeux. Episiome rhomboïdal; émoussé à son angle antérieur; ruguleusement ponctué et chargé d'une carène tuberculeusement élevée vers son extrémité. Antennes d'un rouge brunâtre, à massue d'un rouge cendré. Prothorax subtrapézoïdal; tronqué en devant; avancé en espèce de petite dent assez pointue à ses angles antérieurs; subcurvilinéairement et fortement élargi sur les côtés jusqu'aux deux tiers de la longueur de ceux-ci, arrondi de ce point jusqu'aux angles postérieurs qui sont peu marqués; tronqué en ligne légèrement bissubsinueuse à sa base; garni dans toute sa périphérie d'un rebord lisse ou non crénelé : celui de la partie postérieure ni incliné, ni interrompu aux subsinuosités; convexe en dessus; convexement déclive en devant; assez densement ponctué et souvent bleuâtre près de ses bords latéraux; marqué d'une petite fossette au dessus du milieu de ceux-ci; offrant généralement dans la partie médiaire de son disque un léger sillon longitudinal ponctué ou formé par des points; imponctué sur le reste de sa surface. Ecusson en triangle curviligne; à côtés moins longs que la base et subsinueux postérieurement; irrégulièrement parsemé de points assez gros dans son milieu. Elytres presque aussi larges que le prothorax, examinées ainsi que celui-ci dans leur diamètre transversal le plus grand; près d'une fois aussi longues que lui; dilatées des épaules au quart de leur longueur; subcurvilinéairement et faiblement rétrécies ensuite jusqu'aux deux tiers et arrondies ou subarrondies à l'extrémité; étroitement rebordées dans leur périphérie; déclives ou non relevées en gouttière sur les côtés; médiocrement convexes en dessus; chargées d'un calus huméral; marquées d'une quinzaine de stries environ, légères, formées par des points ou obsolètement ponctuées. Intervalles déprimés, lisses ou sans traces de rides. Dessous du corps garni ainsi que les pieds de longs poils noirâtres; d'un vert brillant sur les flancs de l'antépectus, sur le ventre et sur les cuisses : d'un bleu violâtre sur les deux derniers segments pectoraux, à la partie antérieure des cuisses de devant, aux jambes et aux tarses. Jambes antérieures extérieurement armées de sept dents graduellement plus développées de la base à l'extrémité, jusqu'à la dernière qui est généralement la plus forte : l'avant-dernière séparée ordinairement de l'antépénultième par un intervalle plus grand et peu sinueux. Premier article des tarses postérieurs au moins aussi long que les deux suivants réunis.

Cette espèce paraît habiter la plupart des parties de la France. Elle est commune dans les environs de Marseille, selon M. Solier; elle n'est pas bien rare pendant l'automne dans les montagnes du Beaujolais. On la trouve aussi, mais moins fréquemment, près de Paris et dans nos provinces septentrionales.

3. **G. Sylvaticus;** Panz. *Ovale; convexe et d'un noir bleuâtre en dessus. Massue des antennes d'un rouge brunâtre. Prothorax bissinueusement tronqué et garni d'un rebord crénelé et non interrompu, à la base; offrant dans le milieu de sa partie supérieure les traces d'un sillon ponctué; parsemé de points assez nombreux sur le reste de son disque. Elytres environ une fois aussi longues que le prothorax; à quinze stries légères, subruguleusement et faiblement ponctuées. Intervalles déprimés, subtransversalement ridés. Dessous du corps d'un bleu violet.*

♂. Arête inférieure des jambes de devant garnie depuis la base jusques un peu au delà du milieu de quatre à cinq petites dents assez prononcées; inerme plus antérieurement.

♀. Arête inférieure des jambes de devant à peine denticulée depuis la base jusques au delà du milieu.

Scarabœus sylvaticus, Panz. Ent. Germ. p. 8. 31.—*Id.* Faun. Germ. 49. 3.—Hoppe, Tasch. t. 2. p. 174. 7.—Payk. Faun. Suec. t. 1. 5. 5.—Illig. Kæf. Preuss. p. 9. 3. —Sturm, Verz. p. 65. 58.—*Id.* Deut. Faun. 1. p. 24. 5.—Fab. Syst. El. 1. p. 25. 11. —Marsh. Ent. Brit. p. 23. 38.—Walckn. Faun. Par. 1. 3. 3.—Duftsch. Faun. Aust. 1. p. 85. 5.—Suckow, Nat. p. 138. 12.—Hummel, Suppl. Faun. Ingr. p. 137. 1. *Scarabœus stercorosus*, Hartmann, inéd. Scriba, Journ. t. 1. p. 251. *Geotrupes sylvaticus*, Latr. Hist. t. 10. p. 146. 5.—Curtis, Brit. Ent. 266. 3. —Boit. Man. 1. p. 325.—Garnier, Mém. de la Somme, t. 1. p. 76. 4.—De Casteln. Hist. t. 2. p. 101. 6.—Heer, Faun. Helv. 1. 3. p. 499. 3.

Var. A. **G. Nigrinus;** Nob. *Prothorax parsemé de points. Dessus du corps entièrement noir.*

Var B. **G. Monticola;** Heer. *Prothorax densement ponctué. Elytres à stries légères, et fortement ridées sur les intervalles.*

Var. C **G. Amœthysticus;** Nob. *Dessus du corps violet.*

Duftsch, l. c. Var. β.

Var. D. **G. Juvenilis**; Nob. *Elytres tachées de brun.*

Illig. Kæf. Preus. l. c. Var. β.

L. 0,ᵐ0123 à 0,ᵐ0190 (5 1/2 à 8 1/2ˡ).—L. 0,ᵐ0078 à 0,ᵐ0100 (3 1/2 à 4 1/2ˡ).

Chaperon subtriangulaire; auriculé au côté externe des yeux.
Epistome subrhomboïdal, subarrondi ou en ogive très-émoussée à
son angle antérieur; d'un noir violâtre ou bleuâtre et rugueusement
ponctué en dessus; chargé d'une carène noire tuberculeusement
élevée vers son extrémité. Antennes d'un rouge brunâtre, à massue
d'un rouge cendré. Prothorax subtrapézoïdal; tronqué en devant; à
peine avancé à ses angles antérieurs en espèce de dent peu pointue;
subrectilinéairement et fortement élargi sur les côtés jusqu'aux deux
tiers de la longueur de ceux-ci, curvilinéairement rétréci à partir de
ce point jusqu'aux angles postérieurs qui sont à peine émoussés et
subrectangulairement ou peu obtusément ouverts; bissinueusement
tronqué à la base; garni dans toute sa périphérie d'un rebord presque
égal : celui de la partie postérieure subcrénelé et ordinairement d'une
manière plus marquée au dessus de l'écusson; convexe en dessus;
convexement déclive en devant; d'un noir bleuâtre, avec ses bords
d'un bleu violet; parsemé de points peu rapprochés sur son disque,
beaucoup plus nombreux latéralement; offrant longitudinalement
dans sa partie médiaire les traces plus ou moins apparentes d'une
raie légère ou d'une sorte de sillon ponctué ou formé par des points;
marqué au dessus du milieu de ses bords latéraux d'une petite fossette
punctiforme. Ecusson en triangle curviligne ; à côtés subsinueux vers
l'extrémité et moins longs que la base; d'un bleu noirâtre en dessus,
avec une transparence d'un rouge jaune sur ses bords; lisse, marqué
longitudinalement dans son milieu d'un sillon peu profond et d'une
double rangée de points enfoncés. Elytres à peu près aussi larges à
leur naissance que le prothorax à ses angles postérieurs , un peu
moins larges que ce dernier, examinées ainsi que lui dans leur
diamètre transversal le plus grand; près d'une fois aussi longues que
lui; faiblement dilatées des épaules au quart de leur longueur, subcurvilinéairement rétrécies ensuite jusqu'aux deux tiers et arrondies à
leur extrémité ; étroitement rebordées dans leur périphérie; déclives
ou non canaliculées à la partie dilatée latéralement au dessous des
épaules ; convexes en dessus; chargées d'un calus huméral; d'un noir
bleuâtre, avec les bords et les stries ordinairement d'un bleu violâtre:
celles-ci au nombre de quinze environ , légères, formées par des points
subruguleusement liés les uns aux autres. Intervalles déprimés, garnis
de rides transversales moins marquées que les stries. Dessous du corps

et pieds d'un violet brillant; garnis de longs poils noirâtres. Tarses bruns : premier article des postérieurs au moins aussi long que les deux suivants réunis.

Cette espèce appartient plus particulièrement aux parties tempérées et septentrionales de la France. On la trouve dans les bois, quelquefois sous les bouses, mais plus ordinairement au pied de diverses substances cryptogamiques.

Obs. Duftschmidt indique une autre variété, d'un vert doré que je ne sais pas avoir été trouvée en France.

4. G. Vernalis : Linn. *Court; convexe et d'un noir violâtre luisant, en dessus. Epistome subarrondi en devant. Antennes noires. Prothorax bissinueusement tronqué, et garni d'un rebord lisse, interrompu aux sinuosités, à la base; densement couvert en dessus de points inégaux. Elytres de moitié plus longues que le prothorax; à peu près aussi larges que lui; latéralement canaliculées par l'effet de leur rebord recourbé; arrondies à l'extrémité; strialement et souvent peu distinctement ponctuées. Dessous du corps violet.*

♂. Arête inférieure des jambes de devant armées de six à sept dents, parmi lesquelles l'avant-dernière est la plus développée. Cuisses de la dernière paire de pieds crénelées par sept ou huit dentelures, à leur bord postérieur.

♀. Arête inférieure des jambes de devant faiblement denticulées. Cuisses de la dernière paire de pieds inermes ou n'offrant qu'une petite dent formée par l'extrémité du trochanter.

Scarabæus vernalis, Linn. Faun. Suec. p. 136. 389.—*Id.* Syst. Nat. p. 551. 43.—Muller. Lin. Nat. p. 72. 43.—Poda, Mus. Gr. p. 19.—Muller, Faun. Frid. 1. 6.—*Id.* Zool. Dan. Prodr. p. 54. 459.—De Geer, Mém. t. 4. p. 202. 5. pl. 10. f. 4.—Retz. Spec. p. 121. 716.—Fab. Syst. Ent. p. 17. 61.—*Id.* Spec. Ins. 1. p. 19. 75.—*Id.* Mant. 1. p. 10. 82.—*Id.* Ent. Syst. 1. p. 31. 98.—*Id.* Syst. El. 1. p. 25. 12.—Sultz. Gesch. p. 17. pl. 1. f. 6.—Schæff. Icon. pl. 222. 23?—Harrer, Besch. 10.—Goeze, Ent. Beytr. 1. p. 28. 43.—Barb. Gen. pl. 1. f. 6.—Schrank, Enum. p. 15. 24.—*Id.* Faun. Boic. 1. 387. 346.—Laichart. Verz. 1. p. 9. 5.—Moll. Nat. Brief. 1. p. 170.—Fourcr. Ent. Paris. 1. p. 7, 10.—Petagn. Spec. Ins. Cal. p. 2. 6.—Gmel. Linn. Syst. Nat. p. 1549. 43.—De Vill. C. Linn. Ent. 1. p. 23. 35.—Roemer, Gen. 1. f. 6.—Rossi, Faun. Etr. 1. p. 9. 18.—*Id.* éd. Helw. p. 8. 18.—Preyssl. Bœhm. Ins. p. 27. 25.—Schneid. Mag. 1. p. 259. 4.—Brahm, Rhein. Mag. p. 685. 37.—Panz. Schæff. Icon. En. pl. 222.—*Id.* Ent. Germ. p. 9. 32.—*Id.* Faun. Germ, 42. 2.—Cederh. Faun. Ing. Prodr. p. 4. 10.—Illig. Kæf. Preus. p. 10. 4.—*Id.* Mag. t. 2. p. 210.—Cuvier, Tabl. El. p. 516.—Payk. Faun. Suec. 1. p. 6.—Sturm, Verz. p. 67. 60.—*Id.* Deut. Faun. 1. p. 25. 6.—Tigny, Hist. t. 5. p. 238.—Marsh. Ent. Brit. p. 23. 37.—Blumenb. Handb. p. 327. 8.—*Id.* trad. fr. p. 598. 8.—Walck. Faun. Par. 1. p. 4. 4.—Duftsch.

Faun. Aust. 1. p. 84. 6.—Schœnh. Syn. Ins. 1. p. 27. 13.—Gyllenh. Ins. Suec. 1.
p. 5. 5.—Baud. Laf. Mon. p. 86. 4.—Suckow, Nat. p. 139. 13.—Zetterst. Faun.
Lap. 176. 3.—*Id.* Ins. Lap. p. 113. 5.
Le petit pillulaire, Geoff. Hist. 1. p. 77. 10.
Geotrupes vernalis, Latr. Hist. t. 10 p. 146.—*Id.* Nouv. Dict. d'hist. Nat. t. 13. p. 98.
—*Id.* Règn. an. (1re éd.) t. 5. p. 280.—*Id.* 2e éd. t. 4. p. 584.— Lamarck, An. s.
vert. t. 4. p. 577. 3.—Boit, Man. 1. p. 525.—Garnier, Mém. de la Somme, 1. p.
75. 2.—De Casteln. Hist. t. 2. p. 101. 8.—Heer, Faun. Helv. 1. 5. p. 499. 4.
Geotrupes lœvis, Haw, inéd. Curtis, Brit. Ent. 266. 4.—Steph. Syn. p. 181. 2.

+ Prothorax densement et ruguleusement couvert de petits points d'inégale grosseur.

Var. A. G. Obscurus; Nob. *Dessus du corps entièrement — α, noir, —
β, d'un noir verdâtre avec les rebords bleuâtres, — γ, d'un noir bronzé,
avec les rebords verdâtres.*

Gyllenh. l. c. Var. b.—Zetterst. l. c. Var. b.

Obs. Quelquefois les intervalles présentent des rides plus ou moins légères.

Var. B. G. Violaceus; Nob. *Dessus du corps — α, d'un bleu violet, —
β, violet.*

Obs. Le prothorax est quelquefois d'un violet noirâtre ou même d'un noir violâtre.
Les élytres sont assez souvent strialement ponctuées d'une manière moins indistincte.
Les intervalles présentent aussi parfois de légères rides.

++ Prothorax parsemé de points moins rapprochés ou à peine subruguleux.

Var. C. G. Varians; Nob. *Dessus du corps d'une couleur changeante, —
α, d'un violet verdâtre, — β, d'un bleu métallique plus ou moins obscur
paraissant vert à certain jour, — γ, d'un bleu verdâtre; avec le pourtour
souvent verdâtre. Elytres à stries très-légères, formées de points. Intervalles
très-faiblement ridés.*

Geotrupes vernalis, Heer, Faun. Helv. 1. 5. p. 499. Var. b. (*G. splendens*, Ziegl.)

Obs. Je l'ai vu dans certaines collections sous le nom de *G. autumnalis.*

Var. D. G. Splendens; Inéd. *Dessus du corps — α, d'un vert bleuâtre,—
β, d'un vert doré. Tête et prothorax parfois irisés de violâtre, ou même
violâtres sur la majeure partie de sa surface. Elytres à stries très-légères
formées par des points. Intervalles très-faiblement ridés.*

Scarabæus vernalis, Scop. Ent. Carn. 11. 27.—Sultz. Gesch. 17. Var.—Germar, Reis.
Naf. Dalm. p. 178. 5.—Heer, Faun. Helv. 1. 5. p. 500. Var. δ. (*G. autumnalis*, Ziegl.).

+++ Prothorax lisse, imponctué ou tout au plus superficiellement et très-parcimonieusement pointillé sur son disque.

Var. E. **G. Politus**; Nob. *Dessus du corps — α, noir, — β, d'un noir violet, — γ, violet. Elytres lisses presque sans traces de stries.*

Geotrupes vernalis, Curtis, Brit. Ent. 266. 5.—Steph. Syn. p. 181. 1.

Obs. Quelquefois avec le pourtour d'un violet changeant ou verdâtre.

Var. F. **G. Pyrænneus**; Charp. *Dessus du corps — α, violet, — β, d'un violet changeant. — γ, d'un vert métallique obscur, parfois irisé de violâtre, — δ, d'un noir verdâtre, — ε, d'un noir métallique; avec le pourtour d'un vert doré dans toutes ces variétés. Elytres à stries légères formées par des points et ordinairement géminées. Intervalles assez sensiblement ridés.*

G. pyrænneus, Charpent. Hor. Ent. p. 208.

L. $0^m,0123$ à $0^m,0170$ (5 1/2 à 7 1/2ˡ).—L. $0^m,0078$ à $0^m,0112$ (3 1/2 à 5ˡ).

Chaperon subtriangulaire, auriculé au côté externe des yeux. Epistome subrhomboïdal, presque arrondi à son angle antérieur; d'un bleu noirâtre et ruguleux en dessus; chargé d'une carène subtuberculeusement élevée vers son extrémité. Antennes entièrement noires. Prothorax subtrapézoïdal; tronqué en devant, légèrement en arc renversé; peu ou point avancé en espèce de dent à ses angles antérieurs; subarcuément et fortement élargi sur les côtés jusqu'aux deux tiers de la longueur de ceux-ci; arrondi de ce point aux angles postérieurs qui sont émoussés; bissubsinueusement tronqué à la base; garni dans toute sa périphérie d'un rebord plus incliné et interrompu aux deux sinuosités de la partie postérieure; convexe en dessus et convexement déclive en devant; noir ou d'un noir violâtre, quelquefois d'un noir bleuâtre ou d'un bleu noirâtre; avec les bords d'un bleu violet; assez densement parsemé de petits points presque circulaires, entremêlés d'autres beaucoup plus petits; offrant quelquefois les traces presque indistinctes d'un sillon dorsal; marqué au dessus du milieu des bords latéraux d'une fossette subpunctiforme. Ecusson subanguleusement en triangle curviligne; à côtés moins longs que la base; d'un noir violâtre, parfois d'un violet ou d'un bleu noirâtre; lisse, ponctué le long de sa base. Elytres aussi larges à leur naissance que le prothorax à ses angles postérieurs; sensiblement moins larges que ce dernier, examinées ainsi que lui dans leur diamètre transversal le plus grand; de moitié plus longues que lui; faiblement dilatées des épaules au quart de leur longueur, subcurvilinéairement rétrécies ensuite jusqu'aux deux tiers et arrondies à l'extrémité; rebordées dans leur périphérie; canaliculées, surtout au dessous des épaules, par l'effet de leur rebord recourbé; convexes en dessus; plus abruptement convexes à leur partie postérieure que sur les côtés; chargées d'un calus huméral; d'un noir violâtre ou brunâtre, quelquefois d'un bleu ou d'un violet noirâtre, avec les bords d'un bleu violet; lisses ou parsemées de rides excessivement légères; à stries formées par de très-petits points, souvent presque indistinctes, d'autres fois un peu plus apparentes. Dessous du corps et pieds d'un bleu violet brillant; garnis de longs poils noirâtres. Tarses bruns: premier article des postérieurs plus long que les deux suivants réunis.

Cette espèce habite presque toutes les parties de la France. Presque partout elle est commune; on la trouve principalement au printemps et dans l'automne. Elle répand une odeur particulière que quelques auteurs ont comparée au musc et à laquelle Illiger trouve quelque analogie avec la lavande.

Le *G. varians* habite nos montagnes lyonnaises les plus froides. Le *pyrænneus* m'a été envoyé des Cévennes par M. Alexis Jordan et des Pyrénées par MM. Jouard, Myard et Bompart. Le *splendens* est propre aux Alpes: on le trouve à la Chartreuse.

Genre *Thorectes*, THORECTE; NOB.

(θωρηκτής, cuirassé.)

Caractères. Elytres soudées. Ailes nulles ou très-rudimentaires. Article intermédiaire des antennes uniformément et entièrement visible par sa tranche dans la contraction. (Les autres caractères sont analogues à ceux du genre précédent.)

1. T. Lævigatus: FAB. *Subhémisphérique et d'un noir peu luisant en dessus. Epistome arrondi en devant. Antennes noires. Prothorax tronqué presque en ligne droite et garni d'un rebord deux fois interrompu à la base; assez densement garni de petits points, en dessus. Elytres d'un tiers plus longues que le prothorax; moins larges que lui; latéralement déclives ou non canaliculées; subarrondies ou en ogive et plus infléchies à leur extrémité; à stries formées par des points, très-légères ou peu distinctes. Intervalles presque unis. Dessous du corps d'un bleu obscur.*

♂. Arête inférieure des jambes de devant très-sensiblement dentelée jusqu'au milieu, et munie plus antérieurement d'une dent isolée rapprochée du bord interne.

♀. Jambes de devant légèrement denticulées sur leur arête inférieure jusqu'au milieu de leur longueur.

Scarabœus lavigatus, Fab. Suppl. p. 23. 98 99.—*Id.* Syst. El. 1. p. 25. 13.—Illig. Mag. t. 2. p. 210. 6. —Suckow, Nat. p. 140. 14.

Geotrupes lævigatus, De Casteln. Hist. t. 2. p. 101.

Var. A. T. Lineicollis; Nob. *Prothorax marqué longitudinalement dans son milieu d'une ligne apparente.*

Var. B. T. Desjardinii; Gory. Inéd. *Elytres souvent parées d'un reflet bleuâtre ; strialement ponctuées ou ornées ou de stries légères formées par des points graduellement affaiblis près du bord externe.*

Var. C. T. Subgeminalis; Nob. *Elytres à stries légères formées par des points et souvent géminées.*

Var. D. T. Subrugulosus; Nob. *Elytres à stries légères formées par des points souvent subruguleusement liés ensemble. Intervalles sensiblement garnis de rides.*

Var. E. T. Simplicidens; Nob. *Jambes de devant terminées à l'extrémité par une dent non bifide.*

L. 0^m,0112 à 0^m,0202 (5 à 9^l)—L. 0^m,0070 à 0^m,0117 (3 1/4 à 5 1/4^l).

Dessus du corps entièrement d'un noir peu luisant ou quelquefois d'un noir bleuâtre surtout sur les élytres. Chaperon presque à trois lobes : l'intermédiaire ou l'épistome en demi-cercle, beaucoup plus grand : les latéraux ou les joues arrondis en quart de cercle au côté externe des yeux. Epistome ruguleux; chargé d'un tubercule vers sa partie postérieure. Vertex paré d'un empâtement lisse, ordinairement divisé en deux parties. Antennes entièrement noires. Prothorax subtrapézoïdal; tronqué en devant; à angles antérieurs en forme de dent courte et assez aiguë; subarcuément et fortement élargi jusqu'aux deux tiers de la longueur de ceux-ci; arrondi de ce point à la base; tronqué presque en droite ligne à celle-ci; légèrement rebordé sur les côtés et garni d'un rebord deux fois interrompu à la partie postérieure; très-convexe en dessus, avec les côtés assez largement moins inclinés; uniformément et parfois subruguleusement couvert de points assez rapprochés; marqué au dessus du milieu des bords latéraux d'une fossette subpunctiforme. Ecusson en triangle curviligne; à côtés subarrondis à leur partie antérieure et moins longs que la base; parfois peu distinctement rebordé; imponctué en dessus, rarement subcaréné vers son extrémité. Elytres soudées; sensiblement moins larges à leur naissance que le prothorax à sa partie postérieure et surtout que ce dernier dans son diamètre transversal le plus grand; d'un tiers plus longues que lui; curvilinéairement dilatées jusqu'au quart de leur longueur, curvilinéairement rétrécies et abaissées à leur extrémité, où elles forment une ogive renversée; déclives ou non canaliculées et plus légèrement rebordées au dessous des épaules; convexes en dessus; subconvexement plus élevées de la base au milieu de leur longueur; convexement et abruptement déclives à leur partie postérieure; peu distinctement chargées d'un calus huméral; légèrement et ponctueusement striées ou parées de stries légères, soit peu distinctement ponctuées, soit analogues à des rides, souvent en partie effacées ou d'autres fois géminées. Intervalles ordinairement parsemés de quelques rides. Ailes nulles ou très-rudimentaires. Dessous du corps et pieds d'un bleu ou violet foncé ou noirâtre; garnis de poils noirs. Jambes de devant munies au côté externe de six à sept dents graduellement plus développées de la base à l'extrémité : la dernière généralement bidentée. Tarses bruns : premier article des postérieurs au moins aussi long que les deux suivants réunis.

Cette espèce habite nos provinces du midi où elle n'est pas rare. Elle a été trouvée quelquefois près de Lyon dans la vallée qui se prolonge jusqu'à Izeron.

Obs. Dans tous les exemplaires qui m'ont passé sous les yeux du *T. hœmisphericus*, espèce voisine qui habite le nord de l'Afrique, le prothorax n'a point le rebord interrompu à la base.

Les descriptions de Rossi sont si incomplètes qu'il serait difficile de reconnaître si son *Scar. hœmisphericus* se rapporte à l'espèce qui porte ce nom dans Olivier, ou à notre *T. lævigatus.*

CINQUIÈME FAMILLE.

LES ORYCTÉSIENS.

Caractères. Pieds intermédiaires aussi rapprochés que les autres à leur naissance. Ecusson toujours visible. Elytres ne couvrant pas le pygidium. Prosternum relevé postérieurement en forme d'appendice couronné de poils à son extrémité. Labre coriace, peu ou point apparent. Mandibules cornées, débordant latéralement l'épistome, extérieurement garnies de poils. Mâchoires de consistance solide. Dernier article des palpes le plus épais de tous. Languette recouverte par le menton; celui-ci hérissé de poils. Yeux en partie coupés par les joues. Antennes de dix articles, insérées presque à nu, au devant des yeux, sous le faible rebord que forme la tête au point de jonction de l'épistome et des joues : à scape obconique, moins long que la tige, extérieurement arqué et renflé vers le sommet, hérissé de poils flexibles; à deuxième article globuleux : les suivants cupiformes : les trois derniers composant une massue lamellée, dont le feuillet intermédiaire est en partie caché dans la contraction. Ventre moins long que les deux derniers segments pectoraux. Cuisses postérieures plus renflées que les autres. Jambes de devant aplaties, dilatées, extérieurement armées de trois fortes dents, quelquefois séparées par des dents plus petites. Premier article des tarses postérieurs triangulairement élargi vers l'extrémité, dilaté en forme de dent au côté externe. Ongles forts, rarement inégaux. Corps épais, convexe.

Chez les Oryctésiens, comme chez tous les Pétalocérides qui vont suivre, les élytres ne se prolongent plus assez pour embrasser l'abdomen dans son pourtour, et le pygidium reste à peu près entièrement à découvert. Outre cette particularité qui aide à les séparer des Géotrupins, ces insectes présentent dans les caractères que nous avons indiqués une organisation assez distincte, pour justifier la formation de la petite famille qu'ils constituent. L'épistome est rétréci en espèce de bec ou montre la figure d'un triangle, de manière à laisser tout le jeu nécessaire aux mandibules qui le débordent latéralement : les mâchoires, chez les premières espèces, sont entièrement inermes, comme dans les Oryctès, ou à peine denticulées comme. dans les Phyllognathes; mais dans le genre suivant, elles se présentent plus visiblement cornées et armées de crochets simples et bidentés. Le dernier article des tarses intermédiaires et postérieurs est muni d'une plantule quelquefois rudimentaire et simplement alors séligère, mais souvent très-développée et garnie d'un faisceau de poils.

Ces insectes sont tous d'une taille remarquable. Dans leur nombre figurent les plus grands Pétalocérides de nos contrées et même de l'Europe. La tête de la plupart est armée, chez les mâles au moins, d'une corne plus ou moins élevée, et le prothorax de plusieurs est concavement déclive ou excavé.

Divers auteurs (1) ont donné des détails plus ou moins longs sur la vie, les métamorphoses et les mœurs de l'*Oryctes nasicornis*, l'une des espèces de cette famille. La femelle, quelque temps après son apparition, c'est-à-dire dans le mois de juin ou dans celui de juillet, dépose isolément dans le terreau, dans le tan ou aux pieds de certains arbres, des œufs blanchâtres, généralement de la grosseur au moins d'une

(1) Frisch, Besch. Von. Allerl. Ins. 1730. part. 3. p. 6. tabl. 3. f. 1. ♂; 8, 10, 11, 13, détails. — *Id*. Part. 3. t. 1. 1. larve?

Swamerdam, Bibl. Nat. t. 1. p. 300-346. pl. 27. f. 1. ♂, 2. ♀ , 3. œufs, 4-5. larve. pl. 28. f. 4. coque; 6. nymphe.

Roesel, Insect. Belust. t. 2. n° 5. pl. 6. f. 1-4.

graine de chanvre , mais d'un volume proportionnellement variable comme celui de l'insecte parfait. Un mois et demi environ après la ponte, paraissent les jeunes larves. Celles-ci commencent à ronger les feuilles pourries ou le détritus des végétaux ; plus tard elles attaquent successivement les jeunes racines et les parties plus ligneuses des arbres. Leur forme est analogue à celle des autres larves de Lamellicornes. Elles ont la tête convexe, d'un rouge brun, assez densement marquée à sa partie antérieure de points enfoncés qui s'effacent postérieurement. Les antennes, moins longuement prolongées que les mâchoires, ont cinq articles : le premier, court, en partie contractile : le deuxième moins long que le suivant, et comme lui subglobuleusement renflé vers son extrémité : le dernier, subconique. Les mandibules sont cornées, noires, arquées, terminées en pointe ; armées au côté interne d'une dent située au dessous du sommet, et à la base, d'une molaire plus forte et diversement conformée que sa pareille. Les mâchoires n'ont qu'un seul lobe, armé à la partie antérieure de son bord interne d'un crochet coriace, noirâtre, et longitudinalement au dessous de celui-ci, de trois épines. Les palpes maxillaires ont quatre articles : le premier, court, subcupiforme : le deuxième , subcylindrique, le plus long : le troisième, court, obconique : le dernier, plus grand que celui-ci, terminé en pointe obtuse. Les palpes labiaux présentent deux articles : le dernier conique Le corps est près de moitié plus large que la tête, composé de treize anneaux : le prothoracique paré de chaque côté d'une plaque cartilagineuse , d'un jaune rouge, située entre le stigmate antérieur et la tête. Les six ou sept premiers segments abdominaux sont hérissés de poils et garnis de rides transversales qui disparaissent dans les suivants. La partie postérieure est obtuse, et l'anus transversal. Les pieds sont jaunâtres, garnis de poils concolores ; terminés par des ongles graduellement plus courts à chaque paire, d'avant en arrière. La durée de leur vie vermiforme est ordinairement de trois ou quatre ans, pendant lesquels elles changent plusieurs fois de peau. Durant cet espace de temps elles nuisent à des arbres quelquefois précieux, comme l'olivier. Quelques petits mammifères, tels que les Musaraignes, leur font la guerre ; divers insectes les attaquent ; quelques Hyménoptères fouisseurs vivent à leurs dépens. Enfin quand elles ont atteint la grosseur que leur corps doit acquérir, elles s'enfoncent plus profondément dans le sol ; choisissent, s'il est possible, une terre plus compacte, se construisent avec la tête, les pieds et la partie postérieure de leur corps, une sorte de coque dans laquelle, après un mois de préparation, elles passent à l'état de nymphe. Cette métamorphose s'opère dans le mois d'avril, et huit semaines plus tard a lieu la dernière transformation.

Les premiers insectes de cette famille se tiennent généralement cachés pendant le jour, et prennent leur vol aux approches de la nuit.

Nous diviserons les Oryctésiens en deux petites branches.

BRANCHES.

Mandibules

non festonnées au côté externe. Dernier article des tarses intermédiaires et postérieurs muni d'une plantule aussi longue que la moitié des ongles et terminée par un faisceau de poils. — *Oryctésaires.*

festonnées au côté externe. Dernier article des tarses intermédiaires et postérieurs muni d'une plantule rudimentaire, sétigère ou pourvue de deux soies divergentes. — *Pentodonaires.*

PREMIÈRE BRANCHE.

LES ORYCTÉSAIRES.

Caractères. Mandibules fortes; non festonnées latéralement; peu ou point dentées à leur tranche interne. Lobe supérieur des mâchoires coriace, inerme ou peu distinctement denté, hérissé de poils. Lobe inférieur nul ou rudimentaire. Palpes maxillaires à premier article petit, subglobuleux : le deuxième subarcuément renflé au côté interne une fois aussi long que le suivant : le dernier subcomprimé, le plus long de tous, graduellement renflé dans son milieu. Palpes labiaux à troisième article elliptique, renflé, plus long que les deux précédents réunis. Menton en triangle tronqué ou subéchancré au sommet. Suture frontale peu apparente. Jambes antérieures extérieurement tridentées. Dernier article des tarses intermédiaires et postérieurs muni d'une plantule égale à la moitié de la longueur des ongles et terminée par un faisceau de poils. Tête, des mâles au moins, armée d'une corne.

Cette branche répond au genre *Oryctes* fondé par Illiger dans son Verzeichniss der Kæfer Preussens, p. 11.

Elle forme deux genres.

GENRES.

Épistome

rétréci en forme de bec tronqué ou échancré en devant. Joues formant sur les yeux un canthus graduellement moins saillant à son extrémité. Plantule terminée par un pinceau touffu. — *Oryctes.*

en forme de triangle recourbé. Joues formant sur les yeux un canthus brusquement coupé à sa partie postérieure où il offre une espèce de dent. Plantule terminée par quatre à cinq poils ordinairement divergents. — *Phyllognathus.*

Genre *Oryctes*, ORYCTÈS ; ILLIGER.

(ὀρύκτης, qui creuse la terre.)

Caractères. Epistome rétréci en espèce de bec tronqué ou échancré en devant. Mandibules émoussées à leur extrémité. Mâchoires à deux lobes : le supérieur inerme ; extérieurement arqué et hérissé de longs poils : l'inférieur rudimentaire, à peine indiqué par un petit faisceau de poils. Joues formant sur la zône médiaire des yeux un canthus graduellement affaibli postérieurement jusqu'au niveau de ces organes. Prothorax dans les deux sexes concavement déclive sur une partie de sa surface. Plantule terminée par un pinceau touffu et serré. Ongles toujours égaux.

1. O. Grypus; ILLIG. *Dessus du corps convexe, luisant et d'une coul ur marron, plus obscur sur la tête et sur le prothorax. Chaperon rétréci et avancé à sa partie antérieure en forme de bec courbé du côté externe vers son extrémité, entaillé ou échancré en devant. Prothorax concavement ou subconcavement déclive sur la moitié au moins de sa longueur. Elytres unistrialement ponctuées près de la suture, lisses et imperceptiblement pointillées sur le reste de leur surface.*

♂. Déclivité du prothorax abruptement et subconcavement relevée à sa partie postérieure en une espèce d'arête tridentée.

♀. Déclivité du prothorax subabruptement relevée à sa partie postérieure en une espèce d'arête simplement arquée.

Geotrupes grypus, ILLIG. Mag. t. 2. p. 212.—GERMAR (AHRENS) Faun. Europ. 1. 1. ♂.
    —*Id.* Reis. n. Dalm. p. 177.—SUCKOW, Nat. p. 116. 7.
Oryctes grypus, DE CASTELN. Hist. t. 2. p. 115. 8.—HEER, Faun. Helv. 1. 3. p. 554.

♂. *Etat normal.* Tête couverte par une corne subtétragone et subruguleusement pointillée à la base, graduellement rétrécie, plus lisse et subarrondie vers l'extrémité ; subperpendiculaire dans son premier tiers, courbée en arrière dans les deux autres ; plus élevée que le dos du prothorax. Celui-ci concavement déclive en devant sur les deux tiers de sa longueur et autant de sa largeur ; abruptement et subconcavement relevé à la partie postérieure de cette déclivité sur le tiers médiaire de sa largeur ; obtusément denté ou tuberculeux aux deux extrémités du sommet de cette élévation, et muni dans le milieu d'une dent un peu plus antérieure et plus faible ; convexement déclive sur la surface postérieure de cette élévation, qui forme au dessus des élytres une saillie parfois égale au tiers de l'épaisseur du corps; marqué sur les parties latérales de la déclivité d'une impression sinueusement rétrécie postérieurement et rugueuse dans le fond : subcanaliculé près des angles de devant.

♂. Var. A. **O. Simus**; Nob. *Corne de la tête moins élevée que le dos du prothorax, parfois réduite aux faibles dimensions d'un tubercule corniforme. Déclivité du prothorax plus restreinte dans sa longueur et dans sa largeur; partie dorsale qui le suit , à peine, plus élevée que le milieu des élytres. Impressions latérales presque oblitérées.*

Illig. Mag. t. 2. p. 212. Var. —Suckow, l. c. Var.

♀. *Etat normal.* Tête couverte par la base d'une corne rugueuse subperpendiculaire , déprimée en devant, graduellement rétrécie et terminée en pointe obtuse; moins élevée que le dos du prothorax. Celui-ci lisse et subconcavement déclive sur la moitié de sa longueur et de sa largeur, abruptement relevé à la partie postérieure de cette déclivité en une faible arête arquée; horizontalement subconvexe postérieurement à celle-ci, et à peine plus élevé que le milieu des élytres; rugueux et marqué d'une fossette de chaque côté de la déclivité.

♀. Var. B. **O. Nasutus**; Nob. *Corne rudimentaire. Déclivité subconcave plus restreinte. Fossette oblitérée.*

L. 0^m,029 à 0^m,045 (13 à 20^l). — L. 0^m,014 à 0^m,022 (6 1/2 à 10^l).

Epistome avancé dans le milieu de sa partie antérieure en forme d'une sorte de bec, faiblement dilaté ou extérieurement courbé vers son extrémité , sensiblement relevé, entaillé ou subéchancré en devant; sinueusement élargi d'avant en arrière jusqu'aux limites des joues, où il forme une dent assez marquée. Joues prolongées sur le côté externe des yeux, où elles forment un canthus graduellement affaibli postérieurement. Parties de la bouche densement hérissées de poils d'un rouge fauve. Prothorax trisinueusement échancré en devant; garni derrière cette échancrure d'un rebord lisse , plus large et plus aplati dans le milieu ; à angles antérieurs avancés en forme de dent; subrectilinéairement et assez fortement élargi sur les côtés jusqu'à la moitié de la longueur de ceux-ci, subcurvilinéairement rétréci de ce point aux angles postérieurs qui sont obtusément ouverts , et forment en arrière une sorte de dent très-émoussée; bissinueusement tronqué à la base ; garni latéralement d'un rebord ponctué et graduellement rétréci des angles de devant à la moitié de la longueur, après laquelle ce rebord devient presque uniformément étroit et imponctué ; muni à la base d'un rebord ponctué en arrière ; convexe en dessus ; rugueux sur les côtés et surtout à la partie antérieure de ceux-ci. Ecusson en triangle curviligne, à côtés moins longs que la base ; parsemé en dessus de points subcirculaires ordinairement plus nombreux chez les femelles. Elytres un peu plus larges que le prothorax à ses angles postérieurs ; de deux tiers plus longues que lui ; subsinueusement subparallèles jusqu'aux trois cinquièmes de leur longueur ; curvilinéairement rétrécies à partir de ce point et arrondies à l'extrémité ; médiocrement convexes sur le dos ; convexement déclives sur les côtés ; chargées d'un calus huméral, et d'un autre moins prononcé extérieurement un peu au dessus de l'angle sutural ; unistrialement ponctuées le long de la suture, imponctuées, mais presque imperceptiblement pointillées sur le reste de leur surface. Dessus du corps et pieds d'un rouge fauve. Cuisses lisses, imponctuées ; les postérieures un peu plus renflées. Jambes de devant extérieurement tridentées : les suivantes fortement échancrées vers le sommet. Premier article des tarses postérieurs triangulairement élargi vers l'extrémité, formant une dent au côté externe : dernier article muni d'une plantule pénicillée.

Cette espèce habite nos provinces méridionales où elle est assez commune. Elle est rare dans les environs de Lyon. Sa larve vit dans le tan des serres, les couches des jardins ; elle attaque divers arbres, principalement le chêne, l'olivier et l'amandier ; on l'accuse même de nuire aux champs de luzernes, en coupant les racines de cette plante (DE FONSCOLOMBE, Mém. de l'Académie d'Aix, t. 4).

Il faut sans doute appliquer à l'*O. grypus*, ce que M. Costa dit des dommages causés par l'*O. nasicornis* (Correspond. Zoolog., première année, page. 95).

2. O. Nasicornis : LINN. *Dessus du corps convexe ; luisant et d'une couleur marron plus obscure sur la tête et sur le prothorax. Chaperon rétréci et avancé à sa partie antérieure en forme de bec subparallèle ou légèrement plus étroit vers son extrémité, entier en devant. Prothorax concavement ou subconcavement déclive sur la moitié au moins de sa longueur. Elytres unistrialement ponctuées près de la suture, parsemées sur le reste de leur surface de petits points en partie circulaires et parfois substrialement disposés.*

♂. Déclivité du prothorax abruptement et subconcavement relevée à sa partie postérieure en une espèce d'arête tridentée.

♀. Déclivité du prothorax subabruptement relevée à sa partie postérieure en une espèce d'arête simplement arquée.

Scarabœus nasicornis, Linn. Faun. Suec. 138. 378.—*Id.* Syst. Nat. 1. 2. p. 544. 15. —Poda, Mus. Græc. p. 17.—Scopol. Ent. Carn. p. 6. 14.—Muller, (Oth.) Faun. Frid. 1. 1. — *Id.* Zool. Dan. Prod. p. 52. 547. — Muller, (P. L. S.) Linn. Nat. p. 58. 15.—De Geer, Mém. t. 4. p. 255. 1. — Retz. Spec. p. 120. 712. — Fab. Syst. Ent. p. 11. 29.—*Id.* Spec. 1. p. 11. 33.—*Id.* Mant. 1. p. 6. 36.—*Id.* Ent. Syst. 1. p. 14. 38. — Goeze, Naturf. t. 9. p. 63.—*Id.* Ent. Beytr. 1. p. 13. 13.—Leske, Nat. p. 466. 3.—*Id.* Mus. p. 1. 9.—Schrank, Enum. p. 2. 2.—*Id.* Faun. Boic. 1. p. 380. 528.—Laichart. Verz. 1. p. 7. 1.—Herbst, Arch. p. 3. 3.—*Id.* trad. fr. p. 66. 3. —Jablonsk. Nat. 1. p. 285. 36. pl. 6. f. 4, 5.—Moll, Nat. Br. 1. p. 154. — Fourcr. Ent. Par. 1. p. 5. 1.—Gmel. Lin. Syst. Nat. p. 1537. 15.—De Vill. C. Linn. Ent. 1. p. 12. 5.—Oliv. Ent. 1. 3. p. 57. 41. pl. 3. f. 19. a-d.— Rossi, Faun. Etr. 1. p. 3. 5.—*Id.* éd. Helw. 5.—Braum, Rhein. Mag. p. 661. 7.—Preyssl. Bœhm. Ins. 1. p. 31. 29.—Hoppe. Enum. p. 25.—*Id.* Tasch. 1. p. 106.—Panz. Ent. Germ. 1. 2.—Cederh. Faun. Ingr. Prod. p. 1. 1.—Cuv. Tabl. Elem. p. 518.—Payk. Faun. Suec. 1. p. 2. —Sturm, Verz. p. 14. 2.—Tigny, Hist. t. 5. p. 252.—Blumenbach, Hand. p. 350. 4. —*Id.* trad. fr. p. 597.—Shaw, Gen. Zool. t. 6. pl. 4. ♂. œufs, larve et nymphe (copie de Roesel).—Dumer. Dict. des Scien. Nat. t. 48. p. 34. pl. cah. 4.

Le moine, Geoffr. Hist. 1. 68. 1.

Oryctes nasicornis, Illig. Kæf. Preuss. p. 14. 1.—Latr. Hist. t. 10. p. 163. 1.—*Id.* Gen. t. 2. p. 102.—*Id.* Nouv. Dict. t. 24. p. 185.—*Id.* Règn. Anim. 2e édit. t. 4. p. 548.—Guérin, Dict. Class. d'Hist. Nat. t. 12. p. 443.—*Id.* Dict. Pitt. t. 6. p. 464. pl. 454.—Boit. Man. 1. p. 327.—Steph. Syn. p. 217. 1.—Muls. Lett. 1. p. 288. 2. —De Casteln. Hist. t. 2. p. 113. 7.—Heer, Faun. Helv. 1. 3. p. 534. 2.— De Haan, Nouv. Ann. du Mus. t. 4. p. 136. pl. 10. f. 1. larve pl. 13. f. 4. a-d, détails; pl. 15. f. 1. a-d, détails; pl. 13. f. 1. a-d, nymphe.

Geotrupes nasicornis, Fabr. Suppl. p. 16. 36.—*Id.* Syst. El. 1. p. 13. 41.—Walck. Faun. Par. 1. p. 2.—Panz. Faun. Germ. 28. 2. ♂.—Sturm, Deut. Faun. 1. p. 8. pl. 4. a, ♂; b. ♀ et détails. pl. 5. o. œufs; p, q, r, larve; s, nymphe et coque (les fig. de la pl. 5. sont tirées de Roesel).—Duftsch. Faun. Aust. 1. p. 76. 1.—Schœnh. Syn. Ins. 1. p. 13. 35.—Baud. Laf. Mon. p. 14. 1.—Suckow, Nat. p. 116. 36.

♂. *Etat normal.* Tête couverte par une corne subtétragone et subruguleusement pointillée à la base, graduellement rétrécie, plus lisse et subarrondie vers l'extrémité; subperpendiculaire dans son premier tiers, courbée en arrière dans les deux autres; plus élevée que le dos du prothorax. Celui-ci concavement déclive en devant sur les deux tiers de sa longueur et autant de sa largeur; abruptement et subconcavement relevé à la partie postérieure de cette déclivité sur le tiers médiaire de sa largeur; obtusément denté ou tuberculeux aux deux extrémités du sommet de cette élévation, et muni dans le milieu d'une dent un peu plus antérieure et plus faible, convexement déclive sur la surface postérieure de cette élévation qui forme au dessus des élytres une saillie parfois égale au tiers de l'épaisseur du corps ; marqué sur les parties latérales de la déclivité d'une impression sinueusement rétrécie postérieurement et rugueuse dans le fond ; subcanaliculé près des angles de devant.

Var. A. O. Aries ; JABLONSKI. *Corne de la tête moins élevée que le dos du prothorax, parfois réduite aux faibles dimensions d'un tubercule corniforme. Déclivité du prothorax plus restreinte dans sa longueur et dans sa largeur; partie dorsale qui la suit à peine plus élevée que le milieu des élytres. Impressions latérales presque oblitérées.*

Scarabæus aries, JABLONSK. Natursyst. t. **2**. p. 91. 72. pl. 10. f. 3.
Geotrupes nasicornis, DUFTSCH. l. c. Var. β.
Oryctes corniculatus, VILLA. Col. p. 34. 19.
Oryctes nasicornis, HEER, l. c. Var. β.

♀. *Etat normal*. Tête couverte par la base d'une corne rugueuse, subperpendiculaire, déprimée en devant, graduellement rétrécie et terminée en pointe obtuse, moins élevée que le dos du prothorax. Celui-ci lisse et subconcavement déclive sur la moitié de sa longueur et de sa largeur; abruptement relevé à la partie supérieure de cette déclivité en une faible arête arquée; horizontalement subconvexe postérieurement à celle-ci, et à peine plus élevé que le milieu des élytres; rugueux et marqué d'une fossette et souvent en outre d'une légère dépression de chaque côté de la déclivité.

Var. B. O. Tuberculatus ; NOB. *Corne rudimentaire. Déclivité subconcave plus restreinte. Fossette oblitérée.*

L. 0ᵐ,0270 à 0ᵐ0360 (12 à 16ˡ).—L. 0ᵐ0125 à 0ᵐ,0185 (6 à 8ˡ).

Epistome avancé dans le milieu de sa partie antérieure en forme d'une espèce de bec subparallèle ou légèrement plus étroit vers son extrémité; entier ou presque indistinctement subéchancré en devant; sinueusement élargi d'avant en arrière jusqu'aux limites des joues, où il présente une dent assez marquée. Joues prolongées sur le côté externe des yeux où elles forment un canthus graduellement affaibli postérieurement. Parties de la bouche densement hérissées de poils roux. Prothorax trisinueusement échancré en devant; garni derrière cette échancrure d'un rebord lisse plus large et plus aplati dans le milieu; à angles antérieurs avancés en forme de dent; subrectilinéairement et assez fortement élargi sur les côtés jusqu'à la moitié de la longueur de ceux-ci; subcurvilinéairement rétréci de ce point aux angles postérieurs qui sont obtusément ouverts et forment en arrière une sorte de dent très-émoussée; bissinueusement tronqué à la base;

garni latéralement d'un rebord ponctué et graduellement rétréci
des angles de devant à la moitié de la longueur, après laquelle ce
rebord devient presque uniformément étroit et imponctué ; muni à
la base d'un rebord ponctué en arrière ; convexe en dessus ; rugueux
sur les côtés et surtout à la partie antérieure de ceux-ci. Ecusson en
triangle curviligne, à côtés moins longs que la base ; parsemé en
dessus de points subcirculaires ordinairement plus nombreux chez les
femelles. Elytres un peu plus larges que le prothorax à ses angles
postérieurs ; de deux tiers plus longues que lui ; subsinueusement
subparallèles jusqu'aux trois cinquièmes de leur longueur ; curvilinéairement rétrécies à partir de ce point et arrondies à l'extrémité ;
médiocrement convexes sur le dos ; convexement déclives sur les
côtés ; chargées d'un calus huméral et d'un autre moins prononcé
extérieurement un peu au dessus de l'angle sutural ; unistrialement
ponctuées le long de la suture ; couvertes sur le reste de leur surface
de petits points circulaires un peu plus rapprochés sur les côtés et
surtout postérieurement. Dessous du corps et pieds d'un rouge fauve.
Cuisses lisses, imponctuées : les postérieures un peu plus renflées.
Jambes de devant extérieurement tridentées : les suivantes fortement
échancrées vers le sommet. Premier article des tarses intermédiaires
et postérieurs triangulairement élargi vers l'extrémité, formant une
dent au côté externe ; dernier article muni d'une plantule pénicillée.

Cette espèce habite nos provinces tempérées, ou plus particulièrement les septentrionales où elle semble remplacer l'espèce précédente
dont généralement elle n'atteint pas la taille. Elle est commune à
Paris dans les jardins en juin et en juillet. Elle est connue vulgairement sous le nom de *Licorne* ou de *Rhinocéros*.

Genre *Phyllognathus*, PHYLLOGNATHE ; ESCHSCHOLTZ.

(φύλλον, feuille, γνάθος, mâchoire.)

Caractères. Epistome en triangle recourbé en devant. Mandibules
en pointe à l'extrémité. Mâchoires terminées par un lobe subfiliforme,
hérissé de longs poils, peu distinctement muni d'une ou de deux très-
petites dents. Lobe inférieur nul. Joues formant sur les yeux un
canthus brusquement coupé à sa partie postérieure où il offre une
sorte de dent à son angle postéro-externe. Prothorax cavé sur son
disque dans le mâle, convexement déclive chez la femelle. Plantule
terminée par quatre ou six poils seulement, et ordinairement divergents. Ongles des pieds antérieurs des mâles, inégaux.

Ce genre a été établi par Eschscholtz dans le Bulletin de la Société
Impériale des Naturalistes de Moscou, deuxième année (1830) p. 65.

1. P. Silenus; FAB. *Dessus du corps convexe, luisant et d'une couleur marron un peu plus obscure sur la tête et sur le prothorax. Épistome en forme de triangle recourbé en devant. Joues prolongées sur les yeux et comme dentées à leur angle postérieur. Tête et prothorax subaspèrement ponctués. Élytres subcanaliculées latéralement jusqu'au milieu de leur longueur ; unistrialement ponctuées le long de la suture ; marquées de points assez gros et presque superficiels, irrégulièrement ou parfois subsérialement disposés ; postérieurement chargées d'un calus.*

♂. Tête armée d'une corne. Prothorax excavé. Dernier article des tarses antérieurs très-renflé. Ongle interne des mêmes pieds beaucoup plus épais et plus crochu que l'autre.

♀. Tête gibbeuse mais inerme. Prothorax sans excavation. Dernier article des tarses antérieurs moins renflé. Ongle des mêmes pieds égaux.

Scarabæus excavatus, FORSTER, Cent. 1. p. 1. no 1?

Scarabæus silenus, FAB. Spec. Ins. 1. p. 13. 44.—*Id.* Mant. 1. p. 7. 46.—*Id.* Ent. Syst. 1. p. 18. 51.—*Id.* Syst. Ent 13. 58.—SCOPOLI, Del flor. et Faun. Ins. pl. 21. f. C. —GMEL, Linn. Syst. Nat. p. 1558. 134.—DE VILL. C. Linn. Ent. 1. p. 19. 19 et t. 4 p. 199.—OLIV. Ent. 1. 3. p. 41. 45. pl. 8. f. 62. a, b. ♂; c. ♀.—*Id.* trad. allem. 1. p. 53. 45. p. 24. f. 1. 2. 4.—ROSSI, Faun. Etr. 1. p. 5. 8.—*Id.* éd. Helw. p. 4. 8.

Geotrupes silenus, FAB. Suppl. p. 18. 46.—*Id.* Syst. El. 1. p. 16.—SCHOENH. Syn. Ins. 1. 17. 75.—AHRENS, Faun. Eur. 2. 1. ♂.—SUCKOW, Nat. p. 122. 74.

Oryctes silenus, LATR. Hist. t. 10. p. 164.—*Id.* Règn. anim. 2e éd. t. 3. p. 549.—BOIT. Man. 1. p. 328.—DE CASTELN. Hist. t. 2. p. 115.

♂. *Etat normal.* Tête couverte par la base d'une corne presque trigone, déprimée sur sa face antérieure, graduellement rétrécie, subperpendiculaire et ridée au dessus de sa naissance, mais bientôt courbée en arrière jusqu'à son extrémité qui est presque lisse, aussi élevée que les trois quarts de l'épaisseur du prothorax. Celui-ci sans rebord, sinueux et cavé sur le cinquième de la longueur des côtés, après les angles de devant, rebordé postérieurement à cette cavité ; creusé en dessus dans son milieu, sur la moitié de sa largeur, d'une cavité profonde presque prolongée en se rétrécissant jusqu'à la base, au devant de laquelle elle présente une échancrure en demi-cercle ; obliquement déclive en devant à l'extrémité de ce demi-cercle où le bord de la cavité forme une sorte de dent. Ecusson en général, ruguleux ou ruguleusement couvert de points rapprochés et peu profonds, avec sa partie postérieure lisse.

Var. A. **P. Curvicornis;** NOB. *Corne courte, quelquefois moins longue que le front, courbée en arrière depuis sa naissance. Prothorax sans sinuosité ni cavité sur les côtés et rebordé sur toute la longueur de ceux-ci ;*

cavité de la partie supérieure peu profonde, plus restreinte, parfois réduite à une sorte de fossette prolongée au plus depuis le bord antérieur jusqu'au milieu de la longueur. Ecusson ordinairement parcimonieusement ponctué, quelquefois même presque lisse.

♀. *Etat normal.* Tête gibbeuse; offrant par la disposition des rides' les traces d'une suture frontale en forme d'accent circonflexe dont l'angle serait dirigé en arrière, ou celles d'une corne rudimentaire et sans saillie. Prothorax convexement déclive en devant; sans cavité. Ecusson , en général, ruguleux ou ruguleusement couvert de points rapprochés et peu profonds , avec sa partie postérieure lisse.

♀. Var. B. **P.Gibbifrons**; Nob. *Tête gibbeuse, sans traces apparentes de suture frontale. Ecusson ordinairement parcimonieusement ponctué, quelquefois presque lisse.*

♂♀. Var. C. **P. Bacchus**; Nob. *Dessus du corps d'un rouge marron.*

L. 0^m,00180 à 0^m,0270 (8 à 12^l). —L. 0^m,0095 à 0^m,0140 (4 1/4 à 6 1/2^l).

Dessus du corps entièrement d'une couleur marron, plus obscure sur la tête et sur le prothorax. Epistome avancé en forme d'angle; sans rebord dans sa périphérie, mais sensiblement recourbé à sa partie antérieure. Joues curvilinéairement prolongées sur une partie des yeux; transversalement coupées à la partie postérieure et formant une sorte de dent à leur angle de derrière. Menton hérissé de poils roux. Antennes et palpes d'un rouge brun ou brunâtre. Prothorax tronqué à peu près en ligne droite et très-légèrement rebordé à sa partie antérieure; très-fortement élargi sur les côtés jusqu'au milieu de la longueur de ceux-ci, subrectilinéairement et plus faiblement rétréci jusqu'aux angles postérieurs qui sont obtusément ouverts et forment en arrière une sorte de dent subarrondie; bissubsinueusement tronqué à la base; un peu plus largement rebordé à cette dernière que sur les côtés; marqué en dessus de points assez gros et peu profonds, ruguleusement unis ou transformés en rides sur les parties antérieure et latérales. Ecusson en triangle subcurviligne et subéquilatéral. Elytres un peu plus larges aux épaules que le prothorax à ses angles postérieurs; environ une fois aussi longues que lui; subarcuément subparallèles jusqu'aux trois quarts de leur longueur; rebordées sur les côtés et munies d'une gouttière qui s'élargit légèrement des épaules au milieu de la longueur, après laquelle elle s'efface; arrondies aux angles postéro-externes; obtusément tronquées et sans rebord à l'extrémité; convexes en dessus; chargées d'un calus huméral, et d'un autre non moins apparent en dessus de leur partie postérieure qui est abruptement déclive; unistrialement ponctuées parallèlement à la suture; quelquefois subcanaliculées le long de celle-ci; en général irrégulièrement marquées de points peu profonds et souvent subruguleux, parfois obliquement et subsérialement disposés; offrant chez quelques individus trois nervures obliques : les deux extrêmes parialement réunies aux cinq sixièmes de la longueur en enclosant la calosité postérieure. Pygidium ponctué et hérissé de longs poils roux. Dessous du corps et pieds d'une couleur marron un peu plus claire; garnis de longs poils roux sur les parties pectorales et aux cuisses. Les postérieures de celles-ci arquées à leur bord antérieur, plus dilatées et moins ponctuées que les précédentes. Cuisses antérieures tridentées au côté externe; les suivantes munies de deux rangées obliquement transversales de poils spiniformes; échancrées vers leur sommet. Premier article des tarses postérieurs triangulairement dilaté vers l'extrémité, formant une dent à son angle postéro-externe : les suivants obconiques: le dernier muni en dessous d'une plantule égalant en longueur le tiers de celle des ongles et terminée par un faisceau de poils.

Cette espèce est exclusivement méridionale ; on ne la trouve pas, je crois, avant d'avoir atteint Tournon ou Valence; elle est commune dans la Provence et dans le Languedoc, d'où elle m'a été envoyée copieusement par M. Hénon. Elle paraît dans les mois de juin et de juillet.

Obs. Chez les mâles de grande taille, la corne a les proportions que nous avons indiquées dans l'état normal; le prothorax offre sur les côtés au dessous des angles de devant une cavité qui interrompt le bord latéral; il est creusé en dessus presque au niveau de son bord antérieur; mais à mesure que les individus se montrent d'une taille plus dégénérée par l'effet des privations qu'ils ont endurées à l'état de larve, la corne se rappetisse, la cavité latérale s'efface, la supérieure diminue de profondeur et d'étendue et se réduit aux faibles proportions d'une espèce de fossette. Ces individus dégradés qui offrent avec les femelles une dissemblance moins prononcée, ont comme celles-ci les élytres plus ruguleusement ponctuées et montrent souvent assez distinctement les nervures dont nous avons parlé; chez les mâles très-développés, ces nervures sont au contraire généralement indistinctes, et les points plus petits, plus circulaires et peu ou point ruguleux.

DEUXIÈME BRANCHE.

PENTODONAIRES.

Caractères. Mandibules festonnées au côté externe. Mâchoires cornées, unidentées. Suture frontale saillante, dentée ou tuberculeuse dans son milieu. Premier article des tarses postérieurs muni d'une plantule rudimentaire, terminée par deux soies divergentes.

Cette branche est bornée au genre suivant.

Genre *Pentodon*, PENTODON; KIRBY, Inéd. HOPE.

(πέντε, cinq; ἰδούς, dent.)

Caractères. Epistome en forme de triangle tronqué et bidenté en devant. Mandibules fortes; à trois festons au côté externe; munies dans la moitié inférieure de leur tranche interne d'une lame membraneuse transversalement coupée et formant une dent à sa partie supérieure. Mâchoires cornées; peu distinctement divisées en deux lobes : le supérieur armé d'un crochet bidenté : l'inférieur tridenté. Palpes maxillaires à premier article petit, subglobuleux : le deuxième obconique, une fois aussi long que le suivant : le dernier subovalaire ou elliptique, renflé, presque aussi long que tous les précédents réunis. Palpes labiaux à dernier article renflé, plus long que tous les autres pris ensemble. Menton allongé, graduellement et médiocrement rétréci vers le sommet où il est tronqué. Jambes antérieures munies de dents, souvent informes, ordinairement entre-mêlées de dents plus petites. Ongles égaux. Tête dépourvue de cornes.

Ce genre inédit de Kirby a été publié par M. F. W. Hope dans son Coleopterist's Manual, p. 92.

1. P. Monodon; FAB. *Oblong; convexe et d'un noir luisant en dessus. Epistome en forme de triangle émoussé et bidenté. Joues prolongées sur les yeux; dentées à leur angle postérieur. Suture frontale saillante et unituberculeuse dans son milieu. Prothorax couvert de points plus ruguleux en devant. Elytres subparallèles ou plus larges dans leur milieu; ruguleusement marquées de points subsérialement mais obliquement disposés; parées de trois faibles nervures enclosant à leur extrémité un calus souvent peu prononcé.*

Scarabæus monodon, FAB. Ent. Syst. 1. 20. 57.—SCHNEID. Mag. 1. p. 341.—LATR. Hist.
    t. 10. p. 170.—DE CASTELN. Hist. t. 2. p. 112. 20.
Scarabæus idiota, HERBST, Nat. t. 2. p 164. 101. pl. 17. 4.
Scarabæus punctatus, LATR. Gener. t. 2. p. 104. ♂. (♂ ♀).
Geotrupes monodon, FAB. Suppl. p. 19. 50.—Id. Syst. El. 1. p. 17. 55.—STURM, Verz.
    1. p. 16. 4. pl. 1. f. B. P.—ILLIG. Mag. 1. p. 311. 55 —DUFTSCH. Faun. Aust. 1. p. 77.
    2. ♂. (♂ ♀).

Var. A. **P. Brunneus;** NOB. *Elytres brunes ou d'un brun rougeâtre ou même d'un brun rouge.*

L 0,^{m}0190 à 0^m,0236 (8 1/2 à 10 1/2').—L. 0,^{m}0100 à 0^m,0130 (4 1/2 à 5 3/4').

Dessus du corps entièrement d'un noir assez luisant. Epistome presque en triangle, émoussé et muni à sa partie antérieure de deux petites pointes relevées; garni d'un léger rebord interrompu près de celles-ci et souvent peu distinct. Joues prolongées sur une partie des yeux; offrant une espèce de dent à leur angle postérieur. Tête rugueusement ponctuée. Suture frontale indiquée par une ligne faiblement en relief unituberculeusement élevée dans son milieu. Antennes et palpes roux. Prothorax bissubsinueusement tronqué en devant; à angles antérieurs aigus et légèrement avancés; curvilinéairement et fortement élargi sur les côtés jusqu'aux trois quarts de la longueur de ceux-ci; arrondi aux angles postérieurs; bissubsinueusement en arc renversé à la base; garni en devant d'un rebord plus élargi et plus écrasé dans son milieu; latéralement rebordé jusqu'aux angles de derrière; sans rebord à sa partie postérieure; convexe en dessus; couvert de points assez gros plus rapprochés et subruguleux près de la tête; offrant quelquefois longitudinalement dans son milieu une trace lisse et imponctuée. Ecusson en triangle subcurviligne ; à côtés généralement presque aussi longs que la base ; lisse et imponctué, soit quelquefois subsillonné, soit marqué d'un seul point ou d'un très-petit nombre dans sa partie médiane. Elytres faiblement plus larges aux épaules que le prothorax à ses angles postérieurs ; une fois aussi longues que lui ; subsinueusement et sensiblement élargies jusqu'à la moitié de la longueur, curvilinéairement rétrécies à partir de ce point ; arrondies aux angles postéro-externes et obtusément tronquées à leur extrémité ; convexes en dessus ; plus abruptement déclives à leur partie postérieure que sur les côtés ; marquées près de la suture d'une strie ponctuée prolongée jusqu'à l'extrémité ; presque lisses sur le calus huméral ; ruguleusement couvertes sur le reste de leur surface de points presque disposés en forme de stries obliques; offrant plus ou moins distinctement trois nervures obliquement dirigées de dehors en dedans: l'externe naissant du dessous du calus huméral parialement réunie à la plus interne aux cinq sixièmes de la longueur, où elles enclosent un calus parfois peu prononcé. Pygidium peu profondément ponctué. Dessous du corps et pieds d'un noir luisant : garnis de poils roux plus apparents ou plus nombreux aux quatre cuisses de devant et aux flancs des parties pectorales: ceux-ci aspèrement ponctués. Cuisses postérieures plus larges et plus déprimées; imponctuées dans le milieu de leur longueur : les intermédiaires ponctuées. Jambes de devant dilatées et armées au côté externe de dents quelquefois informes : les antérieures généralement les plus fortes et souvent entremêlées d'autres plus petites. Jambes intermédiaires ciliées au côté interne, extérieurement garnies de poils spinosules et échancrées vers leur extrémité. Eperon des jambes de derrière fortement rétréci dans la seconde moitié et terminé en pointe. Premier article des tarses postérieurs, subtriangulairement dilaté au côté externe; à peine plus long que le suivant : le dernier article muni d'une plantule rudimentaire terminée par deux soies.

Cette espèce exclusivement méridionale est rare. On la trouve, selon M. Solier, dans les environs de Marseille et de Marignane. Elle m'a été envoyée par ce savant naturaliste comme étant le *Scarabæus puncticollis* du catalogue de M. le comte Dejean; je n'ai point trouvé de caractères suffisants pour le séparer du *G. monodon* de Fabricius. Duftschmidt, dans sa Faune d'Autriche, et Latreille dans son Genera, s'étaient demandé si les *P. monodon* et *punctatus* ne constituaient pas une seule espèce dont le premier serait le mâle et le second la femelle. Je me suis assuré par des recherches spéciales que ces doutes n'étaient pas fondés.

2. **P. Punctatus;** De Villers. *Oblong; convexe et d'un noir luisant en dessus. Epistome en forme de triangle émoussé et bidenté. Joues prolongées sur les yeux; dentées à leur angle postérieur. Suture frontale saillante et bituberculeuse dans son milieu. Prothorax couvert de points plus ruguleux en devant. Elytres graduellement plus larges à leur partie postérieure; ruguleusement marquées d'assez gros points subsériarialement mais obliquement disposés; parées de trois faibles nervures enclosant à leur extrémité un calus souvent peu prononcé.*

Scarabæus punctatus, De Villers, C. Lin. Ent. 1. p. 40. 88. pl. 1. f. 3.—Oliv. Ent. 1. 3. p. 52. 60. pl. 8. f. 70.—*Id.* trad. allem. 1. p. 39. 60. pl. 25. f. 6.—Fab. Ent. Syst. 1. p. 21. 64.—Latr. Hist. t. 10. p. 170.—*Id.* Gen. t. 2. p. 104. 1. (♀).—*Id.* Nouv. Dict. d'Hist. Nat. t. 30. p. 299.—*Id.* Règn. anim. 2e édit. t. 3. p. 550.—Lamarck, Anim. s. vertéb. t. 4. p. 595.—Suckow, Nat. p. 124. 80.—Boit. Man. 1. p. 328. —Guérin, Dict. pittor. t. 8. p. 616.—De Casteln. Hist. t. 2. p. 112. 19.
Scarabæus algerinus, Herbst, Nat. t. 2. p. 250. 155. pl. 17. f. 6.—Fuessly, Mag. 1. p. 40.
Scarabæus punctulatus, Rossi, Mant. 1. p. 5.
Geotrupes punctatus, Fab. Suppl. p. 21. 57.—*Id.* Syst. El. 1. p. 18. 63.—Schœnh. Syn. Ins. 1. p. 18. 81.—Suckow, Nat. p. 124. 80.
Geotrupes monodon, Duftsch. Faun. Aust. 1. p. 77. 2. ♀ (♂♀).

Var. A. **P. Castaneus;** Nob. *Elytres brunes, d'un brun rougeâtre ou même d'un brun rouge.*

L. 0^m,0190 à 0^m,0236 (8 1/2 à 10 1/2^l).—L. 0^m,0100 à 0^m,130 (4 1/2 à 5 3/4^l).

Dessus du corps entièrement d'un noir assez luisant. Epistome presque en triangle; émoussé et muni à sa partie antérieure de deux petites dents ou pointes relevées; garni d'un léger rebord interrompu près de celles-ci, et souvent peu distinct. Joues prolongées sur une partie des yeux et offrant une espèce de dent à leur angle postérieur. Tête ruguleusement ponctuée. Suture frontale saillante, bituberculeusement relevée dans son milieu. Antennes et palpes d'un rouge brun ou brunâtre. Prothorax bissubsinueusement tronqué en devant; à angles antérieurs aigus et légèrement avancés; curvilinéairement et fortement élargi sur les côtés jusqu'aux trois quarts de la longueur de ceux-ci; arrondi aux angles postérieurs; bissinueusement en arc renversé à la base; garni en devant d'un rebord plus élargi et plus écrasé dans son milieu; latéralement rebordé jusqu'aux angles de derrière; sans rebord à sa partie postérieure; convexe en dessus; couvert de points assez gros, plus rapprochés et subruguleux près de la tête; offrant quelquefois longitudinalement dans son milieu une trace linéaire lisse et imponctuée. Ecusson en triangle curviligne, subsinueux et pointu à son extrémité; à côtés presque aussi longs que la base; lisse et imponctué, soit quelquefois subsillonné, soit marqué d'un seul point ou d'un très-petit nombre, dans sa partie médiane. Elytres faiblement plus larges aux épaules que le prothorax à ses angles postérieurs; une fois aussi longues que lui; subcurvilinéairement et sensiblement élargies jusqu'aux deux tiers de leur longueur, arrondies aux angles postéro-externe, et obtusément tronquées à leur extrémité; convexes en dessus; plus abruptement déclives à leur partie postérieure que sur les côtés; marquées près de la suture d'une strie ponctuée prolongée jusqu'à l'extrémité; presque lisses sur le calus huméral; ruguleusement couvertes sur le reste de leur surface de points presque disposés en forme de stries obliques; offrant plus ou moins distinctement trois nervures obliquement dirigées de dehors en dedans : l'externe naissant du dessous du calus huméral, pariale ment réunie à la plus interne aux cinq sixièmes de la longueur, où elles enclosent un calus parfois peu prononcé. Pygidium peu profondément ponctué. Dessous du corps et pieds d'un noir luisant; garnis de poils roux, plus apparents ou plus nombreux aux quatre cuisses de devant et aux flancs des parties pectorales : ceux-ci aspèrement ponctués. Cuisses postérieures plus larges et plus déprimées, imponctuées dans le milieu de leur longueur; les intermédiaires ponctuées. Jambes de devant dilatées et armées au côté externe de dents quelquefois informes : les antérieures ordinairement plus fortes et souvent entremêlées d'autres plus petites. Jambes intermédiaires ciliées au côté interne, garnies en dehors de poils spinosules, et échancrées vers leur extrémité. Eperons des jambes de derrière fortement rétrécis dans leur seconde moitié et terminés en pointe. Premier article des tarses postérieurs subtriangulairement dilaté du côté externe; à peine plus long que le suivant : dernier article muni d'une plantule rudimentaire terminée par deux soies.

Cette espèce est exclusivement méridionale. On la trouve dans les chemins. Elle est assez commune. Je l'ai prise dès le mois d'avril dans le Languedoc.

Obs Elle se distingue de la précédente par ses élytres moins étroites, et plus élargies vers l'extrémité, ce qui leur donne un air moins allongé ; marquées en dessus de points plus gros qui écrasent davantage la ponctuation du prothorax. Enfin elle se reconnaît principalement à sa suture frontale qui se relève dans son milieu en deux petites dents ou espèces de tubercules comprimés.

SIXIÈME FAMILLE.

LES CALICNÉMIENS.

Caractères. Pieds intermédiaires aussi rapprochés que les autres à leur naissance. Ecusson toujours visible. Elytres n'enveloppant pas entièrement le pourtour de l'abdomen, et laissant le pygidium au moins à découvert. Prosternum non relevé à sa partie postérieure en forme d'appendice couronné de poils. Antennes de huit articles : le premier épais, obconique : les trois ou cinq derniers formant une massue lamellée. Mandibules cornées, non saillantes au côté externe. Epistome incliné ou prolongé en un lobe incliné. Mâchoires petites. Palpes maxillaires terminés par un article plus gros, presque aussi long que les trois précédents réunis. Palpes labiaux à dernier article le plus long. Yeux en partie coupés par les joues. Jambes antérieures extérieurement bidentées. Cuisses postérieures très-fortement renflées. Tarses cylindriques. Ongles égaux, simples, inermes. Corps oblong.

Les Calicnémiens forment une famille peu nombreuse, composée d'insectes assez singuliers, bien distincts des précédents et de ceux qui vont suivre, par leurs antennes composées seulement de huit articles. Ils doivent leur nom au renflement remarquable de leurs cuisses postérieures. Les premiers se lient aux Oryctésiens par leurs mandibules saillantes au delà de l'épistome, par le premier article de leurs tarses postérieurs subtriangulairement renflé. Les derniers montrent, comme plusieurs Mélolonthins, des antennes terminées par une massue composée de plus de trois feuillets.

Ces insectes habitent les parties les plus méridionales de la France. Leurs larves sont encore inconnues.

Cette famille comprend deux genres assez distincts pour être les types de deux branches.

		GENRES.
Massue des antennes.	de trois articles : les deux sexes pourvus d'élytres.	*Calicnemis.*
	de cinq articles : femelles aptères.	*Pachypus.*

Genre *Calicnemis*; CALICNÉMIS; DE CASTELN.

(καλὴ, belle; χνήμη, jambe.)

Caractères. Antennes de huit articles : le premier épais, obconique: le deuxième globuleux : les trois derniers formant une massue lamellée. Tête semi-cylindrique. Epistome obliquement incliné. Mandibules peu saillantes, cornées, arquées, terminées en pointe, inermes au côté interne. Palpes maxillaires à dernier article fortement renflé, rétréci vers l'extrémité, presque aussi long que les trois précédents réunis. Yeux peu coupés par les joues. Prothorax transversal, non excavé. Pygidium recourbé en dessous. Jambes antérieures bidentées extérieurement: les postérieures monstrueusement renflées. Tarses cylindriques. Ongles égaux : les postérieurs peu développés. Corps oblong, convexe. Elytres et ailes existantes dans les deux sexes.

1. C. Latreillæi : DE CASTELN. *Oblong; convexe, très-lisse et luisant en dessus. Tête petite, semi-cylindrique, obliquement tronquée en devant; d'un rouge brun ainsi que le prothorax. Celui-ci très-arqué sur les côtés ; cilié; bissinueusement en arc renversé à la base. Elytres d'un jaune fauve avec la suture d'un rouge brun; aspèrement granuleuses et creusées le long de cette dernière d'une strie profonde; lisses et comme vernissées sur le reste de leur surface. Cuisses et jambes postérieures difformément dilatées.*

Calicnemis latreillæi, DE CASTELN. dans le Magas. Zool. de M. GUÉRIN, cl. IX (1822) pl. 7. — GUÉRIN, Dict. pitt. t. 6. p. 587. pl. 444. f. 4. — DE CASTELN. Hist. t. 2. p. 129. (*calocnemis*, sans doute par erreur typographique.) pl. 14. f. 1.

L. 0,^{m}0155 (7^{l}). — L. 0,^{m}0085 (3 3/4^{l}).

Tête semi-cylindrique; d'un rouge brun ; lisse, luisante, imponctuée; obliquement inclinée sur l'épistome, qui forme en devant un ovale transversal; finement ponctuée, légèrement rebordée, et densement ciliée en devant. Yeux noirs, assez saillants sur le côté de la tête. Prothorax tronqué et très-légèrement rebordé en devant; à angles antérieurs à peine prononcés; arqué presque en demi-cercle et cilié sur les côtés; d'une largeur double au moins de sa longueur; trois fois aussi large dans son milieu, que la tête; émoussé aux angles postérieurs qui sont très-obliquement ouverts; cilié de jaunâtre, et bissinueusement en arc renversé à la base; à peine rebordé latéralement et moins distinctement à sa partie postérieure; convexe en dessus; marqué de chaque côté d'une fossette punctiforme; lisse, luisant; d'un rouge brun ou d'une couleur marron. Ecusson assez grand, en triangle curviligne et presque équilatéral; d'une couleur marron un peu plus obscure que le prothorax; longitudinalement sillonné dans le milieu; curvilinéairement incliné à sa partie postérieure. Elytres à peine plus larges à leur naissance que le prothorax à ses angles de derrière; subsinueusement subparallèles ou légèrement élargies jusqu'aux deux tiers de leur longueur; curvilinéaires de ce point à l'angle sutural qui est subarrondi; subdéprimées longitudinalement sur le dos, convexement déclives sur les côtés; lisses et comme vernissées; très-parcimonieusement hérissées vers leur extrémité de poils peu apparents; d'un jaune fauve, passant au jaune marron ou au rouge marron vers la suture, qui est elle-même d'un rouge brun ou d'un brun rouge; creusées le long de celle-ci d'une strie assez profonde; garnies d'une rangée de petits grains entre la suture et cette strie, et aspèrement granuleuses ou hérissées de petites aspérités semblables, au côté externe de celle-ci. Avant-dernier segment dorsal et pygidium découverts: celui-ci recourbé en dessous. Partie inférieure du corps et pieds d'un rouge brunâtre; hérissés de longs poils d'un jaunâtre ou d'un jaune fauve. Cuisses postérieures ovales, beaucoup plus dilatées que les intermédiaires et surtout que les antérieures. Jambes de devant extérieurement armées vers l'extrémité de deux fortes dents noirâtres: les intermédiaires graduellement élargies et obliquement tronquées à leur extrémité : les postérieures très-fortement et difformément dilatées; aspèrement ponctuées. Premier article des tarses intermédiaires et postérieurs subtriangulairement élargi vers l'extrémité; aussi long que les deux suivants réunis.

Cette espèce, qui habite plus particulièrement la Barbarie, se trouve mais rarement dans les parties chaudes de la France méridionale. On l'a prise à Fréjus. Je l'ai reçue de M. Solier.

Obs. Cet insecte a été désigné primitivement par M. le comte Dejean sous le nom de *Pachypus truncatifrons*, et décrit par M. de Laporte sous celui que nous avons dû adopter.

Genre *Pachypus*, Pachype; Déjean, Inéd. S. Farg. Latr.

(παχύς, épais; πούς, pieds.)

Caractères. Antennes de huit articles: le premier épais, obconique, plus long que les deux suivants réunis, hérissé en dessus de poils subcriniformes; les deuxième et troisième obconiques : les cinq derniers formant une massue lamellée. Tête déprimée. Epistome en demi-cercle, terminé en devant par un lobe triangulaire, perpendiculairement incliné. Mandibules cachées, petites, cornées, inermes au côté interne. Mâchoires coriaces, terminées en pointe obtuse. Palpes maxillaires à dernier article légèrement renflé, plus gros que les précédents et plus long que tous ceux-ci réunis. Palpes labiaux à dernier article subovalaire, renflé, près d'une fois aussi long que les deux autres pris ensemble. Menton hérissé de poils. Yeux peu coupés par les joues. Pygidium non recourbé en dessous. Jambes antérieures bidentées; les postérieures obconiques. Tarses grêles. Ongles égaux. Corps oblong. Femelles aptères.

Les femelles des insectes de ce genre, par une exception unique chez les Lamellicornes, ne présentent, ainsi que nous venons de le dire, ni ailes, ni élytres apparentes. Il faut, comme l'a fait M. Audouin, désarticuler le prothorax pour trouver de faibles rudiments des étuis.

1. **P. Candidæ;** Petagn. *Epistome en demi-cercle. Suture frontale saillante. Prothorax relevé en pointe plus ou moins prononcée à son bord antérieur. Dessous du corps hérissé de longs poils.*

♂. Massue des antennes plus longue que la tige. Prothorax d'un noir luisant; excavé en dessus. Ailes et élytres existantes. Tarses postérieurs notablement plus longs que les jambes.

♀. Massue des antennes plus courte que la tige. Prothorax roux, convexement déclive et sans excavation. Ailes et élytres nulles. Tarses postérieurs à peine aussi longs que la jambe.

Scarabæus Candidæ, Petagna, Spec. p. 5. 9. pl. 1. f. 6. a, b. ♂.—*Id.* Cyrill. Ent. Neap. 1. pl. 1. f. 12. ♂.—Gmel. Linn. Syst. Nat. p. 1533. 409.—De Vill. C. Linn. Ent. t. 4. p. 206.

Pachypus excavatus, Déj. Catal. 1re éd. p. 57.—S. Farg. et A. Serville, Encycl. Méth. t. 10. p. 366. ♂.—Latr. Règn. anim. t. 4. p. 555. ♂.—Guérin, Icon. Règn. anim, pl. 24. f. 6. ♂.—*Id.* Dict. pitt. t. 6. p. 586. pl. 444. f. 3. ♂; 3. a. ♀.—Feistamel, Ann. soc. Entom. t. 5. p. lxvii et t. 6. p. 257. pl. 8. f. 14. ♂; 15. ♀.—De Casteln. Hist. t. 2. p. 129.

Cœlodera excavata, Déj. Catal. 2ᵉ éd. p. 159.—Genè, Mem. della Acad. di Tor. t. 39.
p. 190. pl. 1. f. 21. a. ♂ ; b. ♀. (dont il y a eu des tirés à part, sous le titre : De
quib. Sard. Ins. p. 30. 30. et pl. 1. f. 21. a. ♂ ; b. ♀.).

Var. A. **P. Excavatus** ; Fab. *Elytres et pieds bruns ou noirs.*

Scarabœus excavatus, Fab. Ent. Syst. 1. p. 31. 100. ♂.
Geotrupes excavatus, Fab. Suppl. p. 22. 61. ♂.—*Id.* Syst. El. 1. p. 19. 67. ♂.—Suckow,
Nat. p. 128. 92. ♂.
Pachypus siculus, De Casteln, Hist. t. 2. p. 129. 2.

Var. B. **P. Cornutus** ; Oliv. *Elytres antérieurement d'un rouge fauve.*

Melolontha cornuta, Oliv. Ent. 1. 5. p. 20. 16. pl. 7. f. 74 a, b. ♂.—*Id.* trad. allem.
t. 2. p. 12. 15. pl. 58. f. 5. 6.—*Id.* Encycl. Méth. t. 7. p. 17. 19.

L. 0,ᵐ0095 à 0,ᵐ0135 (4 1/4 à 6ˡ).—L. 0,ᵐ0056 à 0ᵐ0071 (2 1/2 à 3 3/4ˡ.)

♂. Epistome en demi-cercle; relevé en rebord dans sa périphérie ou
creusé en dessus en forme de corbeille; bordé postérieurement par la
suture frontale qui est saillante en forme de lame; noir ou d'un noir
brunâtre, quelquefois d'un brun rouge à sa partie antérieure : celle-ci
perpendiculairement prolongée inférieurement en un lobe triangulaire. Tête noire; ponctuée; transversalement chargée sur le front de
deux reliefs parallèles à la suture frontale; hérissée entre ceux-ci de
longs poils fauves. Antennes et palpes d'un rouge pâle; massue des
premières aussi longue que la tige. Prothorax avancé dans le milieu
de son bord antérieur en forme d'angle ou de pointe mi-relevée
; sinueux près des angles de devant qui sont aigus; obliquement élargi
sur les côtés jusqu'aux deux cinquièmes de la longueur de **ceux-ci** ;
trois fois aussi large dans ce point que la tête; plus faiblement et
sinueusement rétréci ensuite jusqu'aux angles de derrière qui sont
curvilinéairement inclinés mais très-prononcés et obtusément ouverts;
en arc renversé à la base ; très-étroitement rebordé sur les côtés et à
sa partie postérieure; plus longuement cilié sur ceux-là qu'à celle-ci;
creusé en dessus d'une excavation postérieurement semi-circulaire qui
occupe les deux tiers antérieurs de sa longueur; convexement déclive
au devant de la base ; marqué de chaque côté d'une fossette punctiforme ; noir, d'un brun rouge ou même d'un rouge brun, brillant, lisse
ou superficiellement pointillé. Ecusson en demi-cercle; d'un noir luisant; ponctué à sa partie antérieure, lisse et curvilinéairement incliné
postérieurement. Elytres près d'un quart plus larges aux épaules que
le prothorax à ses angles postérieurs; de près de moitié plus longues
que lui; subrectilinéairement et fortement rétrécies jusqu'à l'angle
postéro-externe; arrondies chacune à l'extrémité; moitié environ
moins larges dans ce point qu'à leur naissance; subdéprimées longitu-

dinalement sur le dos; voûtées ou convexement déclives vers le bord apical; chargées d'un calus huméral; fortement déclives sur les côtés extérieurement à ce calus; substrialement et obsolètement ou souvent peu distinctement ponctuées; quelquefois chargées, entre les rangées de points, de nervures à peine prononcées; d'un rouge brunâtre; parées chacune d'une grande tache noire qui du milieu du bord externe se dirige obliquement vers la suture, aux trois quarts de la longueur de celle-ci, et couvre ainsi toute l'extrémité. Pygidium triangulaire, d'un noir bronzé luisant; hérissé de poils fauves dans son pourtour, et parcimonieusement sur sa surface. Dessous du corps brun ou d'un fauve brun assez luisant sur les segments thoraciques; aspèrement couvert de points rapprochés sur les flancs des parties pectorales, plus parcimonieusement ponctué sur la plaque métasternale; assez densement hérissé de longs poils fauves ou d'un livide jaunâtre. Ventre fauve ou d'un fauve jaune avec les anneaux parés d'une bordure flave. Cuisses brunes ou d'un brun fauve hérissées de longs poils: les postérieures plus renflées que les précédentes et surtout que les antérieures. Jambes de devant extérieurement munies de deux dents parfois oblitérées ou déformées: les suivantes triangulairement élargies; obliquement tronquées à leur extrémité. Tarses grêles, près d'une fois aussi longs que les jambes; composés d'articles presque égaux, le dernier, pourvu d'une plantule rudimentaire et brièvement sétigère. Ongles forts.

♀. Dessus du corps entièrement roux. Rebord de l'épistome et suture frontale moins saillants. Massue des antennes plus courte que la tige. Prothorax faiblement relevé dans le milieu de son bord antérieur; convexement déclive en dessus, d'arrière en avant. Elytres et ailes nulles. Abdomen subcordiforme, ou arqué latéralement jusqu'au tiers, rétréci ensuite, et terminé en pointe; convexe en dessus; hérissé de poils peu allongés, d'un roux jaunâtre. Dessous du corps plane; garni de poils roussâtres. Tarses postérieurs à peine aussi longs que les jambes.

Cette espèce singulière et remarquable a été pour la première fois découverte dans la Calabre par Jules Candida, décrite et figurée en 1787 par Vinc. Petagna, sous le nom de *Sc. candidæ*. Peu de temps après, en 1789, Olivier qui avait sous les yeux l'ouvrage du naturaliste napolitain, la plaça parmi ses *Melolontha* et substitua sans raison à la dénomination spécifique qui lui avait été donnée, celle de *cornuta*. Enfin, en 1792, Fabricius qui possédait les travaux des deux Entomologistes précités, l'appela sans motif plus plausible *Sc. excavatus*, dénomination qu'il ne m'a pas paru juste d'adopter.

La femelle est restée inconnue pendant longtemps. Découverte en Corse, en 1829, par M. Vieux, son existence a été révélée à l'Académie de Turin, le 13 décembre 1835, par M. Géné; à la Société Entomologique de France, par M. le baron Feistamel, le 7 octobre 1836 (Ann. Soc. Ent. t. 6. p. 257.) ou plutôt, suivant les procès-verbaux des séances, le 7 décembre 1836 (Ann. t. 5. p. LXVII). La description de cet insecte a paru en 1836 dans les Mémoires de la première de ces compagnies, et en 1837, dans les Annales de la secoude.

Le *Pachypus candidæ* paraît assez commun en Corse, sur les coteaux qui avoisinent Bonifacio, d'où il m'a été envoyé par M. Alexis Jordan; mais il est très-rare dans la France continentale. Il y a été, selon les renseignements que m'a fournis M. Duponchel, trouvé pour la première fois en 1810, à Biarrits, près Bayonne, par M. Bardol, médecin militaire.

Obs. Quelques auteurs, qui ignoraient sans doute l'origine de la dénomination spécifique de cet insecte, l'ont inscrit sous le nom de *Sc. candidus* dans leur citation de Petagna.

M le baron Feistamel a commis une erreur d'un autre genre en donnant sept articles à la massue des antennes du mâle.

SEPTIÈME FAMILLE.

LES MÉLOLONTHINS.

Caractères. Pieds intermédiaires aussi rapprochés que les autres à leur naissance. Ecusson toujours visible. Elytres n'embrassant pas le pourtour de l'abdomen et laissant à découvert le pygidium et une partie du segment dorsal précédent. Joues formant sur les yeux un canthus généralement prolongé jusqu'à la moitié de leur zône médiaire. Antennes de neuf à dix articles, insérées au devant des yeux, sous le bord étroit que forme la tête au point de jonction de l'épistome et des joues : à scape obconique ou parfois subglobuleux, plus renflé du côté externe, vers son extrémité : à massue de trois à sept feuillets, tous visibles par leur tranche dans la contraction. Epistome le plus souvent transversal, couvrant les mandibules. Celles - ci courtes, épaisses; cornées; ne formant, dans le repos, point de saillies en dehors de l'épistome; armées ordinairement vers l'extrémité du côté interne, de deux dents, souvent séparées, par une touffe de poils, de la molaire basilaire : celle-ci différemment conformée dans les deux mandibules. Mâchoires généralement écailleuses et munies de quatre à six dents tranchantes, souvent disposées presque en fer à cheval ou en partie sur deux rangées. Dernier article des palpes maxillaires et labiaux le plus long et le plus épais. Ventre plus grand que les deux derniers segments pectoraux. Cuisses postérieures plus renflées que les précédentes. Jambes de devant armées d'une à trois dents. Dernier article des tarses postérieurs habituellement le plus long, ordinairement muni en dessous d'une plantule rudimentaire ou tout au plus médiocrement développée et sétigère. Ongles, d'une paire de pieds au moins, tantôt pourvus en dessous d'une dent, d'un crochet ou d'une branche plus courte que la supérieure, tantôt inégaux ou bifides, tantôt enfin uniques.

Chez les Trogidiens et les Lamellicornes suivants, dont le genre de vie réclamait des mandibules cornées, nous avons vu celles-ci former au devant ou sur les côtés de l'épistome une saillie plus ou moins prononcée ; les Pétalocérides dont il va être ici question, par une modification à laquelle nous ont déjà préparé les Pachypes, vont nous offrir ces pièces cachées dans le repos entre le labre et les mâchoires, et visibles seulement par leur tranche externe. Avec une composition buccale établie sur des proportions si différentes, la nourriture des Mélolonthins ne devait plus être la même ; ils sont en effet phyllophages ou mangeurs de feuilles, et toute leur organisation répond au but d'une semblable destination. Les mandibules sont pourvues à la base d'une très-grosse molaire, dont les sillons ou les cavités de l'une répondent aux côtes ou aux tubercules de la dent opposée. Entre cette molaire et la dent ou les dentelures de l'extrémité, existe un bord membraneux ou un vide voilé par une touffe de poils. Les mâchoires sont armées de pointes cornées qui s'entrecroisent, véritables lanières chargées de déchirer, de diviser les expansions membraneuses des arbres ou des arbrisseaux. Chez les Mélolonthins les plus voraces, elles sont habituellement disposées en fer à cheval ou sur deux rangées liées entre elles par la dent de l'extrémité, qui semble, en partie au moins, jouer le rôle d'incisive ; chez les autres, ces deux rangées se rapprochent et se confondent en une seule à la base ; enfin chez les Hopliaires qui nous conduiront à la famille suivante, ces dents commencent à s'oblitérer ou à se cacher sous une frange soyeuse, à l'aide de laquelle l'insecte peut butiner au sein des fleurs. L'épistome est ordinairement transversal ; quelquefois, comme dans les Anisoplies, il a la forme d'une sorte de groin ; dans tous les cas, il en remplit les fonctions, c'est-à-dire, il aide ces petits animaux à fouir, ou contribue par son rebord relevé à leur frayer un chemin dans le sol.

Dans aucune autre famille de cette tribu, les antennes ne s'écartent autant de l'unité de conformation. Chez les uns, elles présentent neuf articles dont les trois derniers composent la massue ; chez les autres, elles offrent dix pièces, mais alors souvent le nombre des lamelles du bouton terminal s'accroît aux dépens des articles de la tige : ainsi, la massue est de quatre à cinq feuillets dans les Anoxies, et de six à sept dans les Hannetons.

Destinés à une vie moins souterraine que la plupart des autres Pétalocérides dont nous avons passé la revue, les Mélolonthins ont les yeux chargés d'un canthus étroit et peu saillant ; leurs segments pectoraux, n'ayant point à fournir aux cuisses des muscles aussi puissants, se sont resserrés dans des limites moins étendues ; le ventre en retour s'est allongé davantage ; les pieds chargés d'un rôle moins pénible sont devenus plus grêles et se sont rapprochés de la forme tubulaire ; les ongles enfin, qui devaient concourir à la progression d'une manière plus active, ont acquis un développement inconnu chez les Copriens. Chez les premiers Mélolonthaires, habitués à sommeiller pendant le jour sur les arbres, accrochés à la renverse comme des Bradypes, les ongles sont armés à la base d'un fort crochet qui double presque leur puissance. Chez les Séricaires, ce crochet s'allonge presque à l'égal de la branche principale, en s'unissant dans sa plus grande longueur à la tranche inférieure de celle-ci ; et quelquefois, comme chez les Hyménoplies, il est pourvu en dessous d'une membrane. Chez diverses espèces de cette branche et de la suivante, l'un des ongles, soit entier, soit bifide, semble s'être enflé aux dépens de l'autre qui s'est amaigri et raccourci, et la Nature nous conduit ainsi par degrés aux Hopliaires, chez lesquels les pieds postérieurs ne présentent qu'un seul crochet.

Outre une organisation si bien appropriée à leur genre de vie, les Mélolonthins nous offrent encore, selon les sexes, des harmonies curieuses à étudier. Ainsi, quelquefois les femelles ont une robe différente par la teinte ou par la couleur de celle des mâles ; leurs élytres sont revêtues d'écaillettes moins rapprochées et moins brillantes chez quelques-unes des espèces peu nombreuses qui en sont parées. Mais obligées par leur condition, de rentrer plus souvent dans la terre, ou au moins d'y cacher vers la fin de leur vie le dépôt dont elles sont chargées, elles ont les pieds plus courts et plus forts, les cuisses de derrière plus renflées, les jambes de devant plus dilatées, et souvent armées de dents plus nombreuses ou plus aiguës. Les mâles se distinguent par d'autres caractères appropriés à leurs besoins ou aux fonctions qu'ils ont à remplir : leurs antennes, qui semblent douées de propriétés olfactives (1) ou jouir d'un sens qui nous est inconnu, ont une

____

(1) M. Duponchel nous semble avoir émis une opinion très-judicieuse dans ses *Réflexions sur l'usage des antennes*, insérées dans la Revue Zoologique publiée par la société Cuvierienne, mars 1840.

massue généralement beaucoup plus développée et quelquefois composée d'un article de plus ; leur ventre offre chez plusieurs un sillon longitudinal dans son milieu, et des poils spinosules sur le travers de ses anneaux ; leurs tarses, surtout les postérieurs sont, souvent plus allongés, et le dernier article de ceux de devant ou de dernière offre chez plusieurs un renflement ou une courbure remarquable.

Les Mélolonthins sont des insectes nuisibles dans toutes les phases de leur vie active, mais principalement à l'état de larves. Celles-ci, comme nous l'avons dit (pag. 18 et 19), ont la tête aussi large que le segment prothoracique ; les mâchoires à un seul lobe ; le deuxième article des antennes moins long que tous les suivants réunis ; le dos couvert de rides transversales ; le dernier article des pieds, muni d'un ongle généralement plus développé aux pieds de devant ; l'anus situé à l'extrémité de l'abdomen, transversal et bilobé. Elles ont, comme l'a remarqué M. de Haan, les pieds moins allongés que celles des Oryctésiens et des Cétoniens.

Gœdart (1) le premier a fait connaître la larve d'une espèce de cette famille, celle du *Melolontha vulgaris* ; nous allons la décrire, en attachant plus d'importance à la forme des organes. Corps de cinquante millimètres environ de longueur ; d'un blanc sale ou légèrement jaunâtre, avec les derniers segments abdominaux ardoisés ; semi-cylindrique ; courbé en dedans ; composé de treize anneaux non compris la tête : celle-ci semi-globuleuse, d'un jaune fauve. Labre d'un jaune rouge ; semi-circulaire ; rugueux en dessous. Mandibules allongées ; d'un jaune fauve à la base, noires vers l'extrémité ; presque unidentées à leur bord incisif. Mâchoires à un seul lobe, oblong, garni de poils spiniformes, et muni au côté interne de deux rangées de petites épines. Palpes maxillaires de quatre articles : les premier et troisième petits ; les second et quatrième plus longs, presque égaux. Antennes de cinq articles : le premier semi-globuleux ; le deuxième moins grand que le troisième ; le quatrième prolongé en forme de dent à son extrémité externe : le dernier court, subcurvilinéairement dilaté au côté externe. Anneaux prothoraciques hérissés de longs poils ; segments abdominaux garnis de poils plus courts ; pieds hérissés de longs poils ; jambes et tarses renflés, à ongles graduellement plus courts à chaque paire.

Cette larve, suivant les recherches de M. le baron Walcknaer (2), serait le Spondyle ou Sphondyle d'Aristote et des autres anciens naturalistes.

(1) Gœdart, édit. de Lister, p. 265. 111. 1. 111.
(2) Voy. Ann. de la Soc. Entomol. de France, t. 5. p. 22.

Mouffet, Latreille et quelques autres auteurs modernes l'ont considérée comme étant le Cossus, regardé comme un mets délicat par les Romains et les Phrygiens; nous avons combattu cette opinion dans une dissertation publiée depuis peu (1).

Depuis Gœdart, beaucoup d'auteurs, principalement Rœsel, MM. Vibert, Feburier, Plieninger et Ratzebourg (2), sans compter ceux que nous citerons dans notre Synonymie, se sont occupés du *Melolontha vulgaris*. Nous allons, en y ajoutant nos propres observations, reproduire les détails les plus intéressants de l'histoire de cet insecte; ils

(1) Ann. des Scien. Phys. et Nat. publiées par la Soc. d'Agr. de Lyon, t. 4. p. 28.

(2) Rœsel, Insect. Belustig. t. 2. 1re classe no 1. pl. 1. f. 1. œufs; 2-5. larve; 6. nymphe; 7, 10, 11, ♂; 9, 12. ♀.

Vibert, Du ver blanc, etc. *Paris*, 1827, in-8°.

Feburier, Mém. de la soc. d'agr. de Seine-et-Oise, t. 28. p. 127 et suiv.

Plieninger, der Maikæfer, als Larve und als Kæfer. *Stuttgard*, 1834, in-8o.

Ratzburg, die Forst-Insecten, *Berlin*, 1837, in-8°.

Voyez encore les ouvrages suivants :

Rozier, Cours complet d'agriculture pratique, art. Hanneton.

De Gouffier, Mémoires d'agriculture, d'économie rurale et domestique, publiés par la société royale d'agriculture de Paris, 1787, p. 41 et suiv.

Lefébure, mêmes Mémoires, année 1791.

Hennert, Ueber den Raupenfrass und Windbruch in d. Kœnigl. preuss. Forstein. *Leipzig*, 1798, in-4o.

Observat. sur la phys. l'hist. nat. et les arts, t. 1. p. 59.

Adam. Ueber die Vertilgung der Maykæfer und iher Larven (Voigts Magaz. t. 4. p. 71-75.)

Kruenitz, OEconomisch-technologische Bibliothek, t. 86. art. Maikæfer.

Bechstein, Forstinsectologie, *Gotha* 1818, in-8o.

Suckow, Verhand. der grosherr. Badischen Landwirthschaft. Verein. zu Ettling.

Pfeil, Ueber Insecktenschaden in Wældern. *Berlin*, 1827.—Kritische Blætter, in-8o.

Schmidberger, Beitræge zur Obstbaumzucht und zur Naturgeschichte der den Obstbæumen schædlichen Insecten. *Linz*. 1827 et suiv.

Correspondenzblatt der Kœnigl. Wurtemb. Landwirthschaft. Verein. Iahrg. 1832, in-8.

Hegtschweiler, Denkschrift. der allgem. Schweiz. Gesellsch. fur die ges. Naturwissensch. *Zurich*. 1833, in-4o.

Bouché, Naturgeschichte der schædlichen und nutzlichen Garteninsecten; *Berlin*, 1833. in-8o.

Deschiens, Rapport fait à la société d'agriculture de Seine-et-Oise, 1834.

Mémoires de la Société d'Agriculture de Seine-et-Oise, année 1835.

Feistmantel, Die Forstwissenschaft, nach ihrem ganzen Umfange. *Wien*. 1835, in-8o.

Journal de la Société d'Agriculture et des comices agricoles des Deux-Sèvres, 2me année, avril 1839. p. 50 et suiv.

Costa, Corrispondenza zoologica, etc. *Napoli*, 1839. p. 98. et suiv.

De Fonscolombe, Mémoires de l'Académie d'Aix, t. 4. p. 1-236.

Pouchet, Zoologie Classique, *Rouen*, 1841, (t. 2e), etc., etc.

serviront à donner une idée générale des habitudes des espèces de cette famille.

Quand le printemps revient, suivi de vents plus doux, les Hannetons dégourdis par la chaleur renaissante se rapprochent peu à peu de la surface du sol, et s'apprêtent ainsi à abandonner les lieux où ils ont passé leur premier âge. Ordinairement ils commencent à paraître en France, vers la mi-avril ou un peu plus tard, selon l'état de la température; et quatre à six semaines après, toute la génération est sortie de terre. Arrivés à la lumière, ils volent sur les arbres et s'y tiennent en repos durant le jour. Le soir, à la clarté douteuse du crépuscule, ils quittent les feuilles ou les rameaux auxquels ils étaient accrochés, et parcourent les airs en bourdonnant. Leur vol est lourd comme celui de tous les Coléoptères un peu pesants; ils en dirigent les mouvements avec peine et tombent au moindre choc. De cette difficulté à éviter les obstacles qui ressemble à de l'imprévoyance, est venu le proverbe français : *étourdi comme un hanneton.*

A la nuit close, ces insectes viennent de nouveau chercher un asile sur les arbres dont ils dévorent alors la verdure. Dans les années où leur nombre est peu considérable, leurs outrages sont à peine sensibles; mais dans celles où ils paraissent en grande multitude dans certaines localités, ils dépouillent quelquefois celles-ci de toutes les feuilles dont le printemps avait paré les arbres. Ceux qu'ils ont ainsi dénudés ne périssent pas pour l'ordinaire, mais ils éprouvent un dommage plus ou moins considérable. Ceux de nos vergers, obligés d'employer à la production de nouvelles feuilles la surabondance de sève qui devait servir à la nourriture des fruits, restent un an ou deux sans produire de ces derniers. Les forêts mêmes, selon les observations de M. de Pronville, se ressentent visiblement des dégradations qu'elles ont éprouvées ; les couches ligneuses se forment plus difficilement; il en résulte une grande perte, particulièrement sensible sur les taillis et sur les baliveaux des arbres réservés.

Le vol des Hannetons a généralement peu d'étendue; mais quelquefois après avoir tout détruit dans certains lieux, ils se rassemblent en hordes nombreuses, comme les Criquets de l'Orient, et émigrent à des distances plus ou moins considérables. Pendant le mois de mai 1841, des nuées de ces insectes traversèrent la Saône, dans la direction du nord-est au sud-ouest, et s'abattirent sur les vignes des environs de Mâcon. Les rues de cette ville étaient jonchées de ces Coléoptères; et à certaines heures, en passant sur le pont, il fallait faire le moulinet autour de soi, pour n'en être pas couvert. Le 18 mai 1832, à neuf heures du soir, ils assaillirent au sortir du village de Talmontiers, la diligence sur la route de Gournay à Gisors (Eure), avec une telle

violence, que les chevaux effrayés obligèrent le conducteur à rétro-
grader jusqu'au village, pour y attendre que cette grêle d'une nouvelle
espèce eût cessé. En 1688, dans le comté de Galway en Irlande, ils
formèrent un nuage si considérable, que l'air en était obscurci l'espace
d'une lieue, et que les habitants de la campagne avaient de la peine à
se frayer un chemin.

Les ravages que nous causent, sous leur dernière forme, ces êtres
malfaisants, seraient bien plus grands et plus répandus, si la Nature
leur avait accordé une vie moins passagère; mais heureusement elle
a limité à un temps très-court la durée de leur existence. Les mâles,
dans les printemps favorables, ne vont guère au delà de huit à douze
jours, après lesquels ils tombent épuisés sur la terre, où ils deviennent
la proie d'une foule d'ennemis, quand ils n'usent pas le peu de forces
qui leur reste pour creuser eux-mêmes leur tombeau. Souvent alors
au bout de quatre semaines, la génération entière a disparu; mais si
le mois de mai est attristé par des pluies froides ou des gelées nocturnes, les Hannetons se cachent pendant ces intempéries, pour re-
paraître après qu'elles sont passées. L'apparition de l'espèce dure alors
un mois et demi, et quelquefois un peu plus.

Les femelles, avant de mourir, ont un devoir important à remplir :
celui d'assurer le sort de leur postérité. L'instinct qui les guide les
porte à choisir, pour y cacher leur ponte, une terre douce, légère,
bien meuble, de préférence à un sol dur, argileux, humide ou ombragé. Quelquefois cependant la nécessité ou des circonstances particulières les obligent à s'écarter de ces règles générales. Dans l'heure
qui suit le coucher du soleil, elles se répandent dans les champs à
leur convenance, s'enfoncent de dix à vingt centimètres, suivant la
compacité du terrain, et y déposent rassemblés en un tas, douze à
trente œufs, quelquefois davantage. Le chiffre de ceux dont chaque
femelle est chargée varie de cinquante à quatre-vingts; mais un nombre
plus ou moins grand reste toujours infécond, si la température froide
ou pluvieuse n'a pas permis à l'insecte de prendre une nourriture
convenable ou assez copieuse. Tous ces œufs n'arrivent pas en même
temps à leur complet développement; les uns sont encore très-petits
que d'autres ont acquis toute leur grosseur. Quand ceux-ci ont été
confiés à la terre, la mère, après un repos convenable, se fraie un
chemin pour aller un peu plus loin fonder une autre colonie. La
distance qu'elle met entre les pontes, quand elle en fait plusieurs, est
toujours proportionnée avec une sagesse admirable à la quantité d'aliments dont auront besoin les êtres vermiformes qui lui devront le jour.
Sa tâche une fois accomplie elle termine bientôt une vie désormais
inutile.

Quatre à six semaines après le dépôt des œufs, suivant que l'endroit est plus ou moins favorisé par la chaleur, a lieu la naissance de la larve. Celle-ci porte en France plusieurs noms vulgaires. On la nomme suivant les lieux, *ver blanc*, *ver des jardins*, *ver de blé*, *ver malis*, *ver ture*, *ton*, *man*, *meunier*.

De prime abord, les larves se contentent pour nourriture de parcelles de fumier, du détritus des végétaux ou de filaments à moitié décomposés des plantes. Elles croissent rapidement et atteignent dans la même année huit à neuf lignes de longueur, mais leur grosseur n'est point en harmonie avec cet allongement. En revanche, ce sera principalement en épaisseur que leur corps se développera dans les années suivantes. Pendant les quatre à cinq mois qui suivent leur naissance, par un instinct particulier aux êtres faibles ou timides, elles vivent réunies en famille comme diverses chenilles jusqu'à leur première mue; mais après l'hiver, pendant lequel elles ont eu le soin de s'enterrer pour éviter les atteintes des gelées, le besoin d'une nourriture plus abondante les force à se disperser. Elles pratiquent dans toutes les directions des galeries souterraines, mais toutefois sans s'éloigner beaucoup des lieux qui les ont vues naître. Dès ce moment, elles commencent à attaquer d'une manière plus particulière les racines vivantes et à commettre des dégâts qui vont croissant avec leur grosseur et avec la force de leurs mandibules.

Les plantes annuelles ou vivaces atteintes de leurs blessures, sont faciles à reconnaître à un air maladif, à une couleur plus pâle; lorsqu'on les examine de près et avec attention, on les voit quelquefois vaciller : il suffit de passer le doigt à leur pied pour en extraire le ver destructeur; mais souvent alors il est trop tard pour remédier au mal. Toutefois lorsqu'on néglige de leur rendre visite ou qu'on se trouve dans l'impossibilité de le faire, elles sont bientôt rongées jusqu'au collet et annoncent par leur flétrissure et leur dessiccation le passage de l'ennemi.

Les ravages occasionnés par les vers blancs dans les années où ils existent en nombre considérable sont quelquefois effrayants. Les jardins maraîchers sont dévastés; des luzernes bien garnies sont en peu de temps détruites en partie ou en totalité; des prairies d'une grande étendue jaunissent et restent sans produit (1); des pièces d'avoine

(1) On en a vu des exemples en 1834 dans le département de Seine-et-Oise, en 1835 dans différentes parties de l'Allemagne, et plus récemment encore dans les environs de Tournus. Lorsqu'on visitait ces champs désolés, le gazon miné à deux ou trois pouces s'affaissait sous le pied qui le foulait, et si l'on soulevait ces plantes flétries, on pouvait trouver jusqu'à douze ou quinze vers blancs sur le faible espace de trois centimètres carrés.

blanchissent et périssent sur pied avant la maturité. Le quart, le tiers et jusqu'à la moitié des épis de blé s'arrache, sous la main du moissonneur, au lieu de se couper.

Ces larves voraces ne bornent pas leurs dégâts à la destruction des plantes herbacées : à mesure qu'elles croissent en âge et en forces, dans leur dernière année surtout, elles outragent aussi les végétaux ligneux. Leur corps semble avoir été courbé en arc pour embrasser plus facilement les racines. Dès que les latérales d'un jeune arbre ont été rongées, on voit, selon l'observation de M. Bouché, pendre desséchées les pousses nouvelles qui leur correspondent; bientôt les mans attaquent aussi la racine principale et forcent le sujet à périr. Les annales de l'agriculture offrent sur ce chapitie des pages affligeantes. On a vu, suivant le rapport de M. Deschiens, six hectares de glandées trois fois semés dans l'espace de cinq ans avec une réussite parfaite, être autant de fois détruits entièrement; tel pépiniériste éprouver des pertes supérieures au montant de toute une année de contributions de sa commune; tel autre conserver à peine la centième partie des plants qu'il possédait. D'après M. Ratzebourg, un semis considérable de bois a été détruit en 1835, dans les dépendances de l'institut forestier du royaume de Prusse; et suivant le témoignage de M. Meyerinck, plus de mille mesures de pins sauvages de six à sept ans ont été dévastés dans la forêt de Kolbitz.

Les Hannetons dans leur état vermiforme s'attachent parfois aux pieds des vieux arbres de nos jardins et de nos vergers, en nombre assez grand pour occasionner leur mort. On en a trouvé jusqu'à près d'un décalitre rassemblés autour d'une même souche. Au premier coup d'œil, jeté sur ces parties rongées, on croirait les blessures faites par des rats, mais on ne tarde pas à reconnaître la trace des vers blancs aux filaments irrégulièrement déchirés et pendants çà et là.

Ces vers résistent à des fléaux qui sembleraient devoir les anéantir. Ainsi, les inondations terribles qui ont dévasté les bords de la Saône pendant ces années dernières, n'ont eu sur ces fouisseurs aucune funeste influence; et comme M. Meyerinck l'avait déjà remarqué en Allemagne, des terres ou des prairies qui étaient restées quatre semaines sous l'eau, n'ont pas été délivrées de ces larves vivaces.

Malgré les ravages causés par les mans, ravages quelquefois tels qu'ils font naître de véritables cris d'alarme, on ne peut s'empêcher d'admirer avec quelle sollicitude la Nature semble avoir pris soin de les atténuer, en suspendant plusieurs fois dans l'année la voracité de ces êtres nuisibles, et à des époques où les végétaux auraient le plus à redouter de leurs atteintes. Les larves dont nous traçons la vie s'enterrent, avons-nous dit, aux approches de l'hiver; pendant la belle saison, ordinairement vers la fin de juin, c'est-à-dire dans le moment où la sève est moins abondante, où les arbres se préparent à produire leurs secondes feuilles, elles s'enfoncent aussi pour changer de peau, et à une profondeur suffisante pour ne pas craindre d'être troublées dans cette opération laborieuse. Enfin, dans les temps de sécheresse, elles éprouvent le besoin de chercher la fraîcheur, et elles restent cachées dans le sein de la terre jusqu'à ce qu'une pluie bienfaisante vienne ranimer les végétaux languissants, et les inviter elles-mêmes à se rapprocher de la surface du sol. Si l'état de la température les force à prolonger trop longtemps leur séjour dans les lieux où les confinent la sécheresse et la chaleur, elles éprouvent un amaigrissement plus ou moins considérable et prolongent quelquefois d'un an leur existence vermiforme.

Ordinairement vers le mois de juillet de leur troisième été, elles s'enfoncent plus profondément qu'elles ne l'ont fait encore, pour y subir leur transformation en nymphe. Ce changement s'opère dans une cavité ovale, construite avec régularité et d'une paroi serrée, mais non tapissée de soie en dedans, comme l'ont prétendu Latreille et d'autres naturalistes. La nymphe repose dans cette espèce de sépulcre, tantôt couchée sur le dos, tantôt en sens opposé, offrant sa dépouille séchée, le plus souvent fixée à l'extrémité de son corps. Cette transformation a lieu généralement vers la mi-août; mais cette époque est variable selon la longueur du jeûne subi par les larves. Quelquefois, comme l'a remarqué M. Ludecke, on voit des vers blancs manger encore pendant tout le mois de septembre, et ne passer qu'en octobre à leur second état.

Quatre à six semaines après le changement en nymphe, a lieu la dernière métamorphose. L'insecte parfait, en rejetant les espèces de langes qui l'enveloppaient, a d'abord le corps mou et blanchâtre, mais peu à peu il perd cette teinte si claire, et ses téguments acquièrent plus de consistance. Parfois, si les beaux jours de l'automne se prolongent, on voit sortir de terre des Hannetons dont la transformation en nymphe a été prématurée. D'autres fois, ceux qui ont revêtu leur dernière forme dans le temps ordinaire, apparaissent au sein même de l'hiver (1) si la température est assez douce pour leur faire croire à l'arrivée du printemps; mais ordinairement ils restent dans leur retraite jusque vers le milieu de février, époque à laquelle ils commencent à se frayer le chemin qui doit les conduire au jour, en avril

---

(1) Dans le mois de janvier 1834 qui fut d'une douceur extraordinaire, on vit dans plusieurs endroits du Wurtemberg et de la Suisse voler des Hannetons qui avaient subi leur transformation dans l'arrière-saison de 1833. PLIENING. Maik. p. 27.

ou en mai. Ils doivent à leur apparition générale dans ce dernier mois, le nom de *Scarabés de mai* qu'ils portent en Allemagne.

La vie des Hannetons est donc communément de trois ans; mais nous avons indiqué certaines circonstances qui les obligent à prolonger de toute la durée d'une révolution solaire leur existence souterraine. On peut forcer quelquefois les larves qu'on élève à retarder ainsi leur dernière transformation, en les arrachant de temps à autre du poudrier dans lequel elles se tiennent cachées; parfois, cependant, malgré les violences qui leur sont faites et l'amaigrissement qui en est la suite, elles se métamorphosent aux époques ordinaires, mais en produisant des sujets d'une taille plus ou moins exiguë.

Les Hannetons ont des ennemis nombreux. Dans leur jeune âge, les taupes, les musaraignes, les courtillières leur font une guerre acharnée; une foule de Coléoptères carnassiers concourent à leur perte; les pies, les corneilles et autres oiseaux les atteignent avec leur bec dans leur retraite souterraine; les porcs, en fouillant le sol, les broient sous leurs dents avides. Dans leur dernier état, divers mammifères tels que les renards, les fouines, les belettes, les blaireaux, les hérissons, en font un affreux carnage; les chauves-souris les poursuivent dans leur vol crépusculaire; les engoulevents et quelques autres oiseaux nocturnes s'en repaissent; les choucas (1) fondent sur eux la nourriture de leur jeune famille; les pies grièches, les moineaux et une partie des passereaux les déchirent sans pitié; enfin la plupart de nos oiseaux de basse-cour en font leurs délices.

Malgré les êtres divers chargés de maintenir la multiplication des Hannetons dans de justes bornes, souvent ils se reproduisent en nombre alarmant. Quelquefois alors la Nature, par des moyens dont elle seule peut disposer, rétablit l'équilibre en faisant périr des myriades de ces êtres malfaisants. Ainsi, tantôt elle frappe la terre d'une sécheresse printannière et donne au sol une compacité extraordinaire, contre laquelle s'épuisent les efforts de ces insectes que les beaux jours devaient voir naître; tantôt dans les derniers mois de l'année, elle séduit les vers blancs par des chaleurs anormales (2) et les attire ainsi près de la superficie du sol, où ils sont atteints par un brusque retour des froids; tantôt enfin, quelques maladies sont chargées de les décimer, la muscardine entre autres. selon les observations récentes de M. le docteur Jourdan de Lyon.

(1) On peut voir quelquefois, comme l'a remarqué M. Feburier, une couche de quelques centimètres de têtes et d'élytres de Hannetons au pied des vieilles tours où ces oiseaux ont leurs nids.

(2) On en fit surtout la remarque en décembre 1832 dans le royaume de Wurtemberg. (Correspondentzblatt des Kœnigl. Wurtemb. Landswirth. Verein. p. 79).

Quelquefois, soit en raison de diverses circonstances particulières, soit principalement par l'effet de notre persistance irréfléchie à détruire les ennemis de ces Lamellicornes nuisibles, les Hannetons se multiplient au point de nous causer des dégâts effrayants. L'homme est alors forcé de leur faire lui-même la guerre.

Il n'entre pas dans notre plan de rappeler ici tous les moyens proposés (1) pour arrêter ou atténuer leurs ravages : deux seulement, dans le nombre, peuvent être employés avec succès sur une grande échelle : la chasse aux larves, et surtout les battues pour la destruction de l'insecte parfait. La première s'opère en pratiquant, le lendemain d'une pluie, au printemps et dans l'été, des labours, pendant lesquels on fait suivre la charrue, soit par des enfants chargés de ramasser les vers blancs (2), soit par une troupe de coqs d'Inde dont l'avidité stimule le zèle à détruire les mans. Dans les heures les plus chaudes des mois d'été, on peut même se contenter de laisser les larves sur la terre quand celle-ci est peu humide ; elles ne tardent pas à périr (3). Les battues employées à la destruction de ces Lamellicornes, sont plus faciles, ou du moins sont le gage d'un succès plus assuré. Les Hannetons ne se fixent jamais sur les herbes, même les plus hautes, à moins qu'il n'existe point dans les environs de végétaux plus élevés. Pendant le jour, ils sommeillent sur les arbres, principalement ceux des avenues, des lisières des bois, et ceux qui sont isolés. A l'aide de chasses générales on pourrait parvenir à les détruire en grande partie, dans certaines localités pour lesquelles ils sont un fléau. Dans divers cantons de la Suisse, comme le rapportent J.-B. Say, MM. Godet et Pouchet, on oblige les propriétaires à détruire ces Lamellicornes, soit à l'état de larve, soit sous celui d'insecte parfait. En France, des conseils généraux ont voté des fonds, des préfets ont accordé des primes pour le même objet ; des mémoires réclamant des mesures générales ont été adressés aux Chambres ; les éléments d'un projet de loi ont depuis quelque temps été soumis au Gouvernement (4).

Anciennement le *Melolontha vulgaris* était employé dans des cas de rhumatisme et même dans ceux d'hydrophobie, par des médecins qui

(1) Nous ne proposerons pas l'exemple de ces habitants d'un district de l'Irlande qui avaient eu l'idée de mettre le feu à une forêt de plusieurs lieues d'étendue pour se délivrer des hannetons.

(2) M. Bailly de Villeneuve, fermier à Sartory (Seine-et-Oise), en huit jours de travail, dans les mois de juillet et d'août 1834, a fait recueillir 637,600 vers blancs. Cette opération lui a coûté 333 fr. 50 c.

(3) En 1836, selon M. Plieninger, on fit périr les vers blancs, dans le royaume de Wurtemberg, en les exposant, à midi, aux rayons du soleil.

(4) Voyez Mémoires de la Société d'agriculture de Seine-et-Oise.

le confondaient probablement avec le *Meloe proscarabæus* (le *maiwurm*, le *ver de mai* des Allemands). Depuis assez longtemps on a cessé de croire à son action spécifique.

Hennert, Bechstein et d'autres auteurs ont avancé que cet insecte, et quelques autres de la même famille, dévoraient les chenilles ; malheureusement cette assertion repose sur un faux préjugé.

Cette espèce ne nous offre donc à peu près aucun dédommagement pour les dégâts qu'elle nous cause. Les vers blancs servent de nourriture aux porcs et à la plupart de nos volailles. On a tenté de tirer des insectes parfaits une substance huileuse propre à graisser les essieux des voitures ; des essais faits à Magdebourg en 1836 ont mal réussi. Il paraît d'après M. Farkas, qu'en Hongrie on a été plus heureux (1). Enfin, récemment on a recueilli le liquide noirâtre qu'on trouve dans le gosier de ces Coléoptères ; il a été trouvé propre à fournir aux peintres une belle couleur brune.

Nous n'ajouterons pas, avec M. Ratzebourg, que les Hannetons infusés dans l'huile, détruisent les punaises ; car évidemment c'est le liquide oléagineux qui seul agit en semblable circonstance.

Telle est l'histoire du Hanneton vulgaire ; mais il est à croire qu'une partie des dégâts dont on accuse son jeune âge, est causée par d'autres espèces, dont les larves ont avec la sienne une grande analogie. Ces ravages, dont nous avons esquissé le tableau, seraient bien plus considérables, si la Nature, par une sage prévoyance, n'avait eu le soin, chez divers Mélolonthins, chez les Anoxies par exemple, de restreindre le nombre des femelles.

Les individus de cette famille les plus capables de nous nuire en raison de leur taille, ont en général une robe triste, des teintes peu remarquables ; ils sont crépusculaires ou nocturnes, et se cachent pendant le jour sur les arbres et dans la terre ; tous sont plus ou moins phyllophages. Parmi ceux d'une grosseur médiocre ou ceux que leur petitesse rend moins malfaisants, plusieurs montrent des élytres ornées de dessins variés, avec le prothorax d'un éclat métallique ; quelques-uns ont le corps tout entier paré de couleurs plus ou moins brillantes ; chez d'autres, la beauté est rehaussée par de petites écailles d'un éclat souvent ravissant ; la plupart de ces espèces sont diurnes : elles fréquentent les arbrisseaux ou vivent sur les herbes, principalement les graminées ; plusieurs sont anthobies ou se nourrissent aux dépens des fleurs.

---

(1) On obtient cette substance au moyen d'une forte ébullition.

Nous les répartirons dans les quatre branches suivantes :

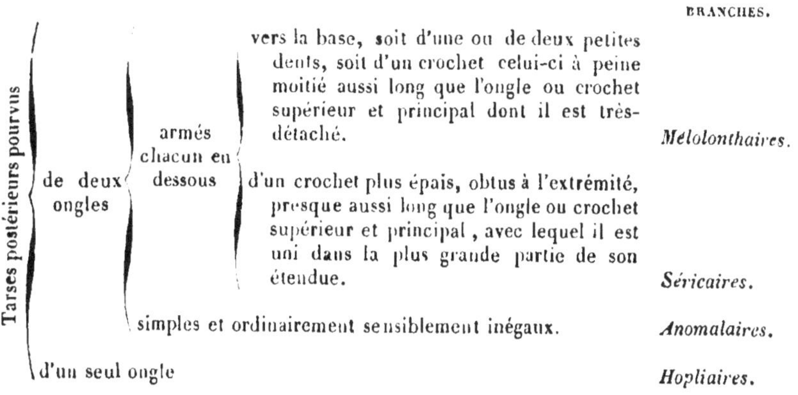

PREMIÈRE BRANCHE.

LES MÉLOLONTHAIRES.

Caractères. Tarses postérieurs pourvus de deux ongles, armés chacun en dessous vers la base, soit d'une ou de deux petites dents, soit d'un crochet : celui-ci moins épais et à peine moitié aussi long que l'ongle ou crochet supérieur et principal dont il est très-détaché. Suture frontale transversale ou courbée en arrière. Jambes postérieures munies de deux éperons.

Ils forment quatre genres.

Genre *Melolontha*, HANNETON ; FABR.

(μηλολόνθη, nom employé par Aristote et par d'autres auteurs grecs, pour distinguer une espèce de Coléoptères.)

Caractères. Antennes de dix articles : à massue composée de six feuillets chez les femelles, et de sept chez les mâles : à scape obconique, densement cilié au côté externe, plus long que le troisième article. Epistome transversal. Labre épais, bilobé. Mandibules cornées, bidentées à l'extrémité. Mâchoires armées de cinq dents cornées, en partie disposées sur deux rangées. Palpes maxillaires à dernier article généralement subcylindrique, le plus long, mais moins grand que les trois précédents réunis. Palpes labiaux à troisième article plus long que le précédent, terminé en pointe obtuse. Menton échancré. Premier article des tarses postérieurs au moins aussi long que le deuxième : le dernier le plus grand de tous, muni d'une plantule sétigère et peu développée. Ongles de tous les pieds, égaux et munis chacun en dessous d'un fort crochet à la base.

Le nom de μηλολόνθη, μηλολάενθη, μηλόνθη, ou μηλάνθη a été employé par les Grecs pour désigner un Coléoptère qui servait aux enfants de jouet, comme on le voit par le vers suivant d'Aristophane dans la comédie des *Nuées* (v. 761) :

« Donnez l'essor à votre esprit; laissez-le voler où il voudra, comme le Mélolonthe attaché par la patte à un fil. »

et par cette sentence attribuée à Pythagore :

« Législateurs, laissez au peuple la liberté du Mélolonthe retenu par un fil. »

Selon quelques annotateurs du comique grec, le Mélolonthe est une espèce de Scarabée de couleur blonde. Eustathius et J. Pollux le peignent comme un animal plus grand qu'une guêpe, et dont l'apparition correspond à l'époque de la floraison des pommiers. Enfin, d'après Bochart, il tirerait son nom de ce qu'il est la ruine de ces arbres; ces caractères divers s'appliqueraient assez bien à notre Hanneton. Mais si l'on en croit un ancien scholiaste d'Aristophane, le Mélolonthe serait un petit animal de couleur d'or, semblable à un Scarabée; aussi, d'après Hesychius, était-il nommé par plusieurs *Chrysocantharus* ou Scarabée doré, dénomination qui répond à peu près à celle de *Scarabæus viridis* que lui donne Gaza. Il faudrait alors voir dans le Mélolonthe des anciens une de nos riches Cétoines, la *fastuosa* ou l'*affinis*, par exemple; dans ce cas, on trouverait très-raisonnable le commentaire donné par Suidas : insecte qui se pose sur les fleurs

Mac-Leay rapporte le Mélolonthe des anciens à notre *Trichius fasciatus* ou à une espèce d'*Amphicome;* nous ne voyons pas sur quelle autorité il appuie son opinion.

Notre mot Hanneton paraît originaire de la basse latinité, et provenir du mot *alisonans*, *alitonans*, *alitonus* (qui fait du bruit avec son aile, qui bourdonne en volant).

Les femelles des insectes de ce genre ne sont pas moins communes que les mâles.

1. M. Fullo : LINN. *Oblong ; convexe en dessus et d'un noir luisant parsemé de petites écailles blanches et étroites ; paré de trois lignes longitudinales sur le prothorax, de deux plaques sur l'écusson, et de marbrures sur les élytres, formées par l'agglomération d'écaillettes semblables.*

♂. Epistome une fois aussi large que long, creusé en corbeille ou fortement relevé en rebord. Massue des antennes très-développée, quatre fois au moins aussi longue que tous les articles précédents réunis : arquée du côté externe ; de sept feuillets. Jambes de devant extérieurement bidentées vers leur extrémité, et offrant quelquefois les traces d'une dent dans le milieu.

♀. Epistome plus d'une fois aussi large que long, moins fortement relevé en rebord. Massue des antennes petite, près de moitié moins longue que les articles précédents réunis ; presque ovale ; de six feuillets. Jambes de devant extérieurement armées de trois dents aiguës.

Scarabœus fullo, LINN. Faun. Suec. p. 137. 394.—*Id.* Syst. Nat. p. 553. 57.—SCOPOLI, Ent. Carn. p. 6. 12.—MULLER, Lin. Nat. p. 77. 57. pl. 3. f. 67.—DE GEER, Mém. t. 4. p. 272. 19. pl. 10. f. 13. (antennes).—RETZIUS, Spec. p. 124. 745.—FOURCR. Ent. Par. 1. p. 5. 2.—SCHRANK, Enum. p. 6. 9 —DE VILL. C. Lin. Ent. 1. p. 25. 40. —POIRET, Voy. p. 298.—MARSH. Ent. Brit. 1. 36. 64.

Le Foulon, GEOF. Hist. t. 1. p. 69.

Melolontha fullo, HERBST, Nat. t. 3. p. 36. 1. pl. 22. f. 2. ♀.—OLIV. Ent. 1. 3. p. 9. 1. pl. 3. f. 28. a, b. ♂; c. ♀.—*Id.* trad. allem. t. 2. p. 27. 1.—*Id.* Encycl. Méth. t. 7. p. 12. 1.—MEYER, in SCRIBA. Journ. t. 1. p. 261. —SCHNEID. Mag. 1. 3. p. 280. 1. —FROELICH, Naturf. t. 26. 82. 10.—BRAHM, Rhein. Mag. p. 699. 57. —PAYK. Faun. Suec. t. 2. p. 206. 1.—GOEZE, Eur. Faun. 8. p. 118. 11.—CUVIER, Tabl. p. 519. 15. —PAYK. Faun. Suec. t. 2. p. 206. 1.—SCHRANK, Faun. Boic. 1. p. 402. 369.—TIGNY, Hist. t. 5. p. 267.—SCHOENH. Syn. Ins. t. 3. p. 163. 1.—LATR. Hist. t. 10. p. 182. 1. —*Id.* Nouv. Dict. t. 14. p. 190. pl. F. 14. 1.—DUFTSCH. Faun. Aust. 1. p. 185. 1. —GYLL. Ins. Suec. 1. p. 20. 1.—BAUD. LAF. Mon. p. 20. 1.—CURTIS, Brit. Ent. 406. 2.—BOIT. Man. 1. p. 350.—MULS. Lett. 1. p. 281. 13.—STEPH. Syn. p. 222. 2. —DE HAAN, Nouv. Ann. du Mus. t. 4. p. 142. pl. 9. f. 6. a, b; pl. 14. f. 4. a, b, c, d; pl. 15. f. 4. a, b, c, d. larve et détails.—GUERIN, Dict. Pitt. t. 5. 557.—DE CASTELN. Hist. t. 2. p. 131. 5.—HEER, Faun. Helv. 1. 3. p. 539. 1.

Var. A. M. Luctuosa ; NOB. *Elytres presque entièrement noires.*

Var. B. M. Marmorata ; NOB. *Elytres rougeâtres, marbrées de blanc.*

Scarabœus fullo, GMEL, Lin. Syst. Nat. p. 1558. 57.—MARTYN, Ent. pl. 1. ♂; 2. ♀. —SHAW, Gen. Zool. t. 6. p. 5. ♂ ♀.

Melolontha fullo, FAB. Syst. Ent. p. 31. 1.—*Id.* Spec. 1. p. 35. 1.—*Id.* Mant. 1. p. 19. 1.—*Id.* Ent. Syst. 2. p. 154. 1.—*Id.* Syst. El. 2. p. 160. 3.—SCH.FF. Icon. pl. 25. 2. ♀.—PETAGNA, Spec. p. 5. 11. pl. 1. f. 1.—HERBST, l. c. pl. 22. f. 1. ♂.—ROSSI,

Faun. Etr. 1. p. 17. 40.—*Id.* éd. Helw. p. 18. 40.—Panz. Ent. Germ. p. 221. 1ʳ
—*Id.* Faun. Germ. 101. 8. ♂.—*Id.* Schæff. Icon. p. 37.—Duftsch. l. c. Var. β.
—Lamarck, Anim. s. Vert. t. 4. p. 589. 5.—Duméril, Dict. des Scienc. Nat. t. 20.
p. 266. pl. 4ᵉ cah. (col. pétal.) f. 6.—Fischer, Entom. t. 2. p. 242. pl. 28. f. 1. ♂;
2. ♀.—Ratzer. Fort-insect. pl. 77. 3. pl. 1. f. 4. ♂.—De Casteln. l. c. Var.—Heer,
Faun. Helv. 1. 3. p. 539. 1.

L. 0ᵐ,0337 à 0ᵐ,0360 (15 à 16ˡ)—L 0ᵐ,0135 à 0ᵐ,0146 (6 à 6 1/2ˡ).

Epistome transversal; relevé dans son pourtour. Suture frontale
indiquée par une raie subarquée. Tête noire, densement et finement
ponctuée; parée d'écaillettes elliptiques blanches, qui forment une
bordure autour de l'épistome et une ligne longitudinale de chaque
côté du front. Palpes et antennes noirs ou noirâtres. Prothorax bissubsinueusement et faiblement en arc renversé à sa partie antérieure;
avancé à ses angles de devant en espèce de dent; très-arqué sur les
côtés; relevé en rebord graduellement plus étroit, vers les angles du
milieu de ceux-ci; à angles postérieurs presque rectangulairement
ouverts et très-prononcés; bissinueusement coupé à la base et sans
rebord dans le milieu de cette dernière: convexe en dessus; ruguleusement ponctué; longitudinalement canaliculé dans son milieu; noir, parsemé de petites écailles blanches qui forment trois lignes longitudinales:
l'une sur le sillon dorsal, et une de chaque côté, non loin du bord
latéral. Ecusson en triangle curviligne, subarrondi à son extrémité;
noir, lisse, couvert de deux plaques d'écaillettes blanches. Elytres un
peu plus larges aux épaules qui sont presque arrondies, que le prothorax à ses angles postérieurs; trois fois aussi longues que lui; faiblement rétrécies jusqu'à l'angle postéro-externe qui est arrondi;
tronquées et plus raccourcies vers l'angle sutural; convexes ou presque tectiformes en dessus; légèrement rétuses vers leur extrémité au
dessous d'un calus apparent; ruguleusement ponctuées; noires, parées
d'une marbrure blanche formée par de petites écailles ou poils squammiformes. Pygidium triangulaire; revêtu d'écaillettes d'un blanc
grisâtre. Dessous du corps laineux ou très-densement couvert sur les
parties pectorales de longs poils flexibles roussâtres, et revêtu sur le
ventre d'écaillettes ou de poils squammosules d'un blanc grisâtre.
Pieds d'un noir luisant; parsemés de petites écailles blanches. Cuisses
postérieures plus renflées. Eperon des jambes de devant peu apparent,
très-grêle. Jambes intermédiaires et postérieures biépineuses. Ongles
armés d'une forte dent à la base.

Cette espèce habite la plupart des provinces de la France; mais,
comme |l'ont remarqué MM. Bechstein et de Haan, on ne la trouve
que dans les endroits sablonneux. Elle est commune dans le lieu des

environs de Lyon appelé la Mouche : sa larve y vit des racines des arbrisseaux qui y croissent ; elle est analogue à celle du *M. vulgaris* pour les caractères. Elle a la tête orangée ; le corps d'un blanc livide , avec les derniers segments ardoisés ; les anneaux prothoraciques garnis de poils flexibles ; les six premiers segments abdominaux transversalement ridés , granuleux , munis de poils courts, raides, mi-couchés, destinés à faciliter la progression de l'animal. Elle ne tapisse point de soie la cavité dans laquelle elle doit se métamorphoser en nymphe. L'insecte parfait paraît en juillet ; il sort de terre au crépuscule du soir, vole sur les arbres, et principalement sur les pins quand il en existe près des lieux où il a vu le jour.

En 1731, selon Frisch, les *foulons* parurent en grande multitude dans la Marche de Brandebourg, rongèrent les feuilles, principalement celles des chênes, et dépouillèrent aussi beaucoup d'arbres fruitiers. Le gazon même était dévoré par eux quand ils se posaient à terre. Vers la fin du siècle dernier, d'après Hennert, ils rongèrent la verte chevelure des pins des environs de Peitz.

Le *H. foulon* produit une strideur ou un bruit aigu, par le frottement de son abdomen contre les élytres. Il est vulgairement appelé *Hanneton peint*, *Hanneton du Poitou*, etc.

Suivant M. de Walckenaer, il faut rapporter à la *Cetonia aurata* e non à l'insecte dont il est ici question , le *Scarabæus fullo* dont parle Pline (lib. XXX. p. 30.)

2. **M. Albida ;** Dej. Inéd. De Casteln. *Oblong ; médiocrement convexe en dessus. Epistome rougeâtre ; front noir : celui-ci et le prothorax densement couverts de poils d'un blanc cendré. Elytres testacées ; élargies, et canaliculées le long du bord externe jusqu'aux deux cinquièmes de leur longueur ; chargées en dessus de cinq nervures ; couvertes de poils d'un blanc de lait et presque en forme de petites écaillettes. Pygidium en triangle équilatéral ; prolongé en pointe assez large, médiocrement développée , déprimée, graduellement rétrécie et tronquée ou échancrée à son extrémité.*

♂. Epistome sans échancrure sensible dans le milieu de sa partie antérieure ; plus fortement relevé en rebord. Massue des antennes près d'une fois aussi longue que tous les articles précédents pris ensemble. Jambes de devant bidentées au côté externe. Pygidium prolongé en une pointe près du tiers aussi longue que lui.

♀. Epistome sinueux ou échancré dans le milieu de sa partie antérieure ; moins creusé en dessus. Massue des antennes moins longue que les articles précédents réunis. Jambes de devant tridentées au

côté externe. Pygidium terminé par une pointe courte et parfois pres·
que nulle.

Melolontha albida, Déj. Catal. 1.ᵉ éd. p. 57 ?

Var. A. M. Pulverea; Nob. *Prothorax couvert de poils d'un blanc sale ou*
cendré, densement rassemblés sur les côtés du disque où ils forment une
bande touffue longitudinalement arquée, moins épais sur le reste de la
surface où ils laissent entrevoir la couleur du fond. Elytres comme poudrées
de poils blancs ou blanchâtres.

Melolontha albida, De Casteln. Hist. t. 2. p. 131. 3. (♂).

L. 0ᵐ,0270 à 0ᵐ,0292 (12 à 13ˡ).—L. 0ᵐ,0100 à 0ᵐ,0110 (4 1/2 à 5ˡ).

Epistome en parallélogramme transversal; rebordé dans sa périphérie. Joues couvertes de poils blancs; prolongés sur les yeux. Tête d'un
rouge brunâtre sur l'épistome, noire ou d'un brun noirâtre sur le front;
couverte poils blancs offrant des directions diverses, plus densement
réunis et couchés du côté interne sur les bords latéraux du front.
Palpes et antennes d'un fauve jaune ou d'un rouge brunâtre. Prothorax
tronqué en arc renversé en devant; sans rebord, mais densement cilié;
à angles antérieurs avancés en espèce de dent assez aiguë; plus d'une
fois moins long que large; fortement et subrectilinéairement d'abord,
puis curvilinéairement élargi sur les côtés jusqu'aux deux cinquièmes
de la longueur de ceux-ci; sinueusement et moins fortement rétréci
ensuite jusqu'aux angles de derrière qui forment une dent et sont
subrectangulairement ouverts; bissinueusement en arc renversé à la
base; garni latéralement et à sa partie postérieure d'un rebord étroit,
effacé dans le milieu de celle-ci; densement cilié au dessous de cette
dernière; d'un brun rougeâtre ou d'un rouge brunâtre, mais densement
couvert de poils blancs ou d'un blanc légèrement jaunâtre, longs, couchés et formant une mèche plus épaisse vers les sinuosités de la base;
longitudinalement sillonné dans son milieu; faiblement convexe sur le
disque; convexement déclive sur les côtés de celui-ci, et d'une manière
plane et moins forte, de ces derniers aux bords latéraux. Ecusson presque en demi-cercle; d'un noir luisant; peu densement marqué de
chaque côté de la ligne médiane, et seulement dans leur moitié antérieure, de points enfoncés de chacun desquels sort un poil blanc
presque squammiforme. Elytres, aux épaules, de la largeur du prothorax aux angles postérieurs; subcurvilinéairement et assez fortement
élargies jusqu'aux deux cinquièmes de leur longueur, pareillement
rétrécies jusqu'à l'angle postéro-externe qui est arrondi; subsinueusement tronquées à leur extrémité; subdentées à l'angle sutural;

reusées à partir de l'angle huméral d'un canal brièvement prolongé
le long du bord externe; médiocrement convexes en dessus; obliquement déprimées au dessous du calus huméral; testacées ou d'un rouge
brunâtre, mais farineuses ou assez densement couvertes de poils blancs,
couchés et subsquammiformes; parcimonieusement hérissées à la base
de longs poils livides peu apparents; chargées de cinq nervures, dont
la première est suturale : les deux suivantes plus fortes, parallèlement
prolongées de la naissance presque jusqu'à l'extrémité, où elles se réunissent sur un calus très-prononcé : la quatrième, la plus légère,
antérieurement raccourcie ou peu distincte : la cinquième bordant le
canal latéral et prolongée presque parallèlement au bord externe.
Pygidium en triangle équilatéral, brièvement terminé par une pointe
assez large, subparallèle et tronquée ou échancrée à l'extrémité;
densement revêtu en dessus de poils blancs et couchés; offrant longitudinalement dans son milieu les traces d'une raie généralement dénudée vers son extrémité. Dessous du corps noir; densement couvert
de longs poils d'un blanc jaunâtre sur les parties pectorales; comme
poudré sur le ventre de poils blancs; paré sur les côtés de celui-ci de
poils subsquammiformes formant une tache triangulaire ou en dent de
scie sur chaque segment. Pieds testacés. Cuisses garnies de poils blancs.
Tarses cylindriques : le dernier article le plus long de tous. Ongles
armés en dessous d'un crochet à la base.

Cette espèce est méridionale. Je l'ai vue dans quelques collections
sous le nom d'*albida* que je lui ai conservé.

Obs. Dans les individus provenant des parties les plus méridionales
et dans un état parfait de conservation, le prothorax est densement
revêtu, les poils dont il est couvert sont plus blancs et les élytres sont
comme farineuses. Chez d'autres individus, les poils du prothorax sont
plus cendrés, moins serrés sur le disque; et les élytres semblent simplement poudrées ou garnies de poils plus fins, moins blancs, et
offrant peu l'image d'espèces de petites écailles

3. M. Vulgaris; Fab. *Oblong; médiocrement convexe en dessus. Tête
et prothorax d'un noir légèrement bronzé ou verdâtre; peu densement
hérissé de poils cendrés assez courts. Elytres testacées; élargies, et canaliculées le long du bord externe jusqu'aux deux cinquièmes de leur
longueur; chargées en dessus de cinq nervures; comme poudrées de poils
courts et cendrés. Pygidium en triangle équilatéral, prolongé en une
pointe assez large, déprimée, graduellement rétrécie et tronquée ou
échancrée à l'extrémité.*

♂. Epistome sans échancrure sensible dans le milieu de sa partie
antérieure; plus fortement relevé en rebord. Massue des antennes près

d'une fois aussi longue que tous les articles précédents réunis. Jambes de devant bidentées au côté externe Pygidium prolongé en une pointe moitié aussi longue que lui.

♀. Epistome sinueux ou échancré dans le milieu de sa partie extérieure ; moins fortement creusé sur son disque. Massue des antennes moins longue que les articles précédents réunis. Jambes de devant tridentées au côté externe. Pygidium prolongé en une pointe moins de moitié aussi longue que lui.

Scarabæus melolontha, Linn. Faun. Suec. p. 136. 392. —*Id.* Syst. Nat. p. 554 60. —Schæff. Elem. pl. 8. f. 3 et 4. ♀ ; et pl 109. f. 4 7.♂.—*Id.* pl. 93. f. 1. ♂ ; 2. ♀. —Harrer, Besch. n₀ 23. — Poda, Mus. Gr. p. 19.—Scop. Ent. Carn. p. 7. 16.—Muller, (Oth.) Faun. Frid. 2. 9.—*Id.* Zool. D. Prod. p. 54. 464.—Muller, Linn. Nat. p. 80. 60.—De Geer, Mém. t. 4. p. 273. 20. pl. 10. f. 14.—Retz. Spec. p. 124. 746. —Fischer, (J. L.) Nat. p. 130. 246.—Fuessl. Mag. 1. p. 374. 14.—Schrank, Enum. p. 8. 11.—Gœze, Naturf. t. 9. p. 61.—*Id.* Eur. Faun. 8. p. 127. 16.—Fourcr. Ent. Par. 1. p. 5. 3.—Gmel. Linn. Syst. Nat. p. 1562. 60.—De Vill. C. Linn. Ent. 1. p. 28. 43.—Razoum. Hist. t. 1. p. 136. 7.—Cuv. Tabl. 519. 14.—Blumenb. Handb. p. 319. 10.—*Id.* trad. fr. p. 399. 10.—Marsh. Ent. Brit. p. 36. 65.—Shaw, Gen. Zool. t. 6. p. 21. pl. 3. ♂ ♀, œufs, larve et nymphe. (copie retournée de Rœsel).
Scarabæus majalis, Moll. Nat. Brief. 1. p. 179. 25.
Melolontha vulgaris, Fab. Syst. Ent. p. 32. 2.—*Id.* Spec. 1. p. 35. 3.—*Id.* Mant. 1. p. 19. 3.—*Id.* Ent. Syst. 2. p. 155. 3 —*Id.* Syst. El. t. 2. p. 161. 6.—Laichart. Tyr. Ins. 1. p. 34. 1.—Petagn. Spec. p. 4. 12.—Oliv. Ent. 1. 5. p. 12. 5. pl. 1. f. 1. a-d.—*Id.* Encycl. Méth. t. 7. p. 13. 7.—Scriba, Journ. 1. 59. 47.—Meyer, Scrib. Journ. 1. p. 261. 2.—Rossi, Faun. Etr. 1. p. 18. 41.—*Id.* éd. Helw. p. 18. 41. —Preysl. Bœhm. Ins. 1. p. 50. 51.— Schneid. Mag. t. 3. p. 280. 2.—Martyn, Ent. pl. 2. f. 12.—Frœl. Naturf. t. 26. 82.—Brahm, Rhein. Mag. p. 700. 58.—Panz. Ent. Germ. p. 221. 2.—*Id.* Faun. Germ. 95. 6.—Hoppe, Tasch. t. 2. p. 176. 9. —Cederh. Faun. Ingr. 235.—Payk. Faun. Suec. t. 2. p. 207. 2.—Tigny, Hist. t. 5. p. 253.—Walckenær, Faun. Par. 1. p. 183. 1.—Schrank, Faun. Boic. 1. p. 402. 370.—Latr. Hist. t. 10. p. 183. 3.—*Id.* Gen. t. 2. p. 107. 1.—*Id.* Nouv. Dict. d'Hist. Nat. t. 14. p. 191.—*Id.* Régn. anim. 2ᵉ éd. t. 4. p. 559.—Duftsch. Faun. Aust. 1. p. 184. 2. —Gyllenh. Ins. Suec. 1. p. 556. 2.—Baud. Laff. Mon. p. 21. 2.—Rhandhor, Abhandl. p. 121. pl. 8.—Schœnh. Syn. Ins. t. 3. p. 165. 3.—Lamarck, Anim. s. Vert. t. 4. p. 588. 1.—Curtis, Brit. Ent. 406. 1.—Straus-Duerck. Cons. pl. 1.—Boit. Man. 1. p. 331.—Muls. Lettr. t. 1. 281. 12.—Steph. Syn. p. 223. 2.— De Haan. Nouv. Ann. du Mus. t. 4. p. 143. pl. 12. f. 1 ; pl 14. f. 5. a, b, c, d. larve et détails.—Guérin, Régn. Anim. pl. 24. bis. f. 6. antennes (♂) ; f. 6. a. antennes ♀. — *Id.* Dict. pitt. t. 3. pl. 200. ♂. larve, nymphe.—Ratzeb. Fort.-Ins. p. 63 et suiv. pl. 3. f. 1. ♂ ; 2. ♀.—Westwood, Introd. p. 216 f. 22. 1-9.—De Casteln. Hist. t. 2. p. 130. 1.

Var. A. M. Lugubris; Nob. *Elytres d'un brun noirâtre ou brunes. Pieds bruns ou d'un brun rougeâtre.*

Scarabæus melolontha, Ponza. Col. Salut. p. 36. 28. Var.
Melolontha vulgaris, Hoppe, Tasch. 1796. p. 174. 21. Var.—Duftsch. l. c. Var. ✗

Var. B. M. Disaicollis; Nob. *Prothorax d'un rouge brunâtre sur son disque.*

Duftsch, l. c. Var. β.

Var. C. M. Ruficollis; Nob. *Epistome et prothorax d'un rouge brun ou brunâtre, généralement plus clair sur le disque de celui-ci.*

L. 0,^{m}0190 à 0,^{m}0270 (9 1/2 à 12^{l}).—L. 0,^{m}0090 à 0,^{m}0110 (4 à 5^{l}).

Epistome transversal; relevé en rebord dans sa périphérie. Joues prolongées sur les yeux. Tête d'un noir bronzé, avec le pourtour de l'épistome rougeâtre; subaspèrement ponctuée; garnie de poils d'un blanc cendré, plus hérissés sur le front. Suture frontale indiquée par une trace distincte. Palpes et antennes d'un fauve jaunâtre ou d'un rouge testacé. Prothorax tronqué en devant, faiblement en arc renversé; sans rebord, mais densement cilié; à angles antérieurs avancés en espèce de dent assez aiguë; une fois moins long que large; fortement et subrectilinéairement d'abord, puis curvilinéairement élargi sur les côtés jusqu'aux deux cinquièmes de la longueur de ceux-ci; subsinueusement et moins fortement rétréci de ce point jusqu'aux angles de derrière qui forment une dent prononcée et sont subrectangulairement ouverts; bissinueusement en arc renversé à la base; garni latéralement et à sa partie postérieure d'un rebord étroit presque effacé dans le milieu de cette dernière; densement cilié au dessous de celle-ci; d'un noir bronzé ou verdâtre; faiblement convexe sur le disque; convexement déclive sur les côtés de celui-ci, moins fortement et moins convexement de ces derniers aux bords latéraux; couvert près de ceux-ci de points circulaires ombiliqués, confluents et graduellement plus petits sur les côtés du disque; plus superficiellement et un peu moins densement ponctué sur celui-ci; longitudinalement marqué dans son milieu d'une raie plus ou moins légère et généralement d'une ou de deux faibles dépressions; creusé latéralement d'une fossette subpunctiforme; peu densement hérissé de poils cendrés souvent usés, au moins sur le disque. Ecusson presque en demi-cercle; d'un noir bronzé luisant; ponctué et garni près de la base de poils fins et blanchâtres. Elytres un peu plus larges aux épaules que le prothorax à ses angles postérieurs; subcurvilinéairement et assez fortement élargies jusqu'aux deux cinquièmes de leur longueur, pareillement rétrécies jusqu'à l'angle postéro-externe qui est arrondi; subsinueusement tronquées à leur extrémité; creusées à partir de l'angle huméral d'un canal brièvement prolongé le long du bord externe; médiocrement convexes en dessus, obliquement déprimées au dessous du calus huméral; testacées, d'un fauve rouge, ou parfois d'un fauve jaunâtre ; chargées de cinq nervures, dont la première est suturale : les deux suivantes plus fortes, parialement prolongées de la base, presque jusqu'à l'extrémité où elles se réunissent sur un calus très-prononcé : la quatrième antérieurement raccourcie : la cinquième presque parallèle au bord externe ; subruguleusement et légèrement ponctuées ; parcimonieusement hérissées à la base de longs poils livides ; comme poudrées parcimonieusement de poils cendrés très-courts. Pygidium en triangle oblong, ou équilatéral, prolongé en une pointe assez large, subparallèle ou graduellement rétrécie, parfois subarrondie, le plus souvent tronquée, échancrée ou inégalement bidentée à son extrémité ; couvert en dessus de poils courts et cendrés ; subsillonné longitudinalement dans son milieu. Dessous du corps noir ; densement hérissé sur les parties thoraciques de longs poils d'un blanc cendré ; parcimonieusement garni sur le ventre de poils courts et peu apparents ; paré sur les côtés de celui-ci de petites écailles d'un blanc de lait formant sur chaque segment une tache triangulaire ou en dent de scie. Pieds grêles ; testacés. Cuisses hérissées de poils : les postérieures en partie noirâtres. Tarses cylindriques : dernier article le plus long de tous. Ongles armés en dessous d'un crochet à la base.

Cette espèce est commune dans toute la France. Elle porte dans nos environs le nom vulgaire de *Bardoire*.

4. M. Hippocastani ; Fab. *Oblong ; médiocrement convexe en dessus. Partie antérieure de la tête et prothorax testacés ; hérissés de longs poils laineux et d'un blanc jaunâtre, plus densement rassemblés sur les côtés du disque du second, où ils forment une bande longitudinale oblique ou subarquée. Elytres testacées ; élargies, et canaliculées jusqu'à la moitié de leur longueur ; chargées en dessus de cinq nervures ; comme poudrées de poils d'un blanc cendré. Pygidium en triangle, à côtés subsinueux et moins longs que la base ; prolongé en une pointe grêle, subconvexe et rétrécie avant son extrémité.*

♂. Epistome sans échancrure sensible dans le milieu de sa partie antérieure. Massue des antennes près d'une fois aussi longue que tous les articles précédents réunis. Pygidium à côtés presque aussi longs que la base ; prolongé par une pointe de moitié moins longue que lui.

♀. Epistome sinueux ou échancré dans le milieu de sa partie antérieure. Massue des antennes plus courte que les articles précédents réunis. Pygidium à côtés sensiblement moins longs que la base ; prolongé en une pointe courte.

Melolontha hipposcastani, Fab. Syst. El. t. 2. p. 162. 7.—Panz. Faun. Germ. 97. 8. — Fallen, Obs. Ent. 3. p. 41.—Latr. Hist. t. 10. p. 184. 4.—Id. Nouv. Dict. d'Hist.

Nat. t. 14. p. 191.—Illig. Mag. t. 4. p. 76. 7. —Duftsch. Faun. Aust. 1. p. 185. 5.
—Gyllenh. Ins. Suec. 1. p. 558. 5.—Baud. Lat. Monog. p. 21. 5.—Boit. Man. 4.
p. 331.—Guérin, Dict. Pitt. t. 3. p. 557.—Ratzeb. Forst. Ins. p. 76. 2. pl. 5. f. 3. ♀.
—De Casteln. Hist. t. 2. p. 131. 2.
Melolontha vulgaris, Herbst. Nat. t. 3. p. 46. 5. pl. 22. f. 6. 7.—Oliv. Ent. 1. 5. p. 13.
5. Var. pl. 1. f. 3. a, b, c.—*Id.* trad. allem. t. 2. p. 32. Var.—*Id.* Encycl. Méth.
t. 7. p. 14. 7. Var.

Var. A. M. Nigripes; Porro, inéd. Comolli. *Entièrement noir, excepté les antennes et les élytres qui sont testacées : ces dernières moins leur rebord qui est noir.*

Melolontha nigripes, Comolli, De Coleopt. Nov. p. 24. 49.
Melolontha hippocastani, Duftsch. l. c. Var. ♂.—Gyllenh. l. c. Var. b.

Var. B. M. Tibialis; Nob. *Semblable à la variété précédente, mais jambes et tarses d'un rouge brunâtre.*

Var. C. M. Nigricollis; Nob. *Antennes, élytres et pieds, ou du moins les jambes et les tarses testacés ou d'un rouge brun ou brunâtre; tout le reste du corps noir.*

Var. D. M. Coronata; Nob. *Antennes, disque du prothorax, élytres et pieds testacés; tête, côtés du prothorax, dessous du corps et parfois pygidium noirs ou d'un noir brunâtre.*

Long. 0^m,0200 à 0^m,0238 (9 à 11^l).—**Larg.** 0^m,084 à 0^m,0110 (3 3/4 à 5^l).

Epistome transversal; relevé en rebord dans sa périphérie. Joues prolongées sur les yeux; densement hérissées de poils laineux d'un blanc jaunâtre. Tête testacée, ou d'un rouge brunâtre sur l'épistome, et passant graduellement au noir bronzé sur la partie postérieure du front; plus brièvement et plus parcimonieusement garnie sur le premier que sur le second de poils laineux d'un blanc jaunâtre. Suture frontale peu distincte. Palpes et antennes d'un rouge brun. Prothorax tronqué en devant en arc renversé; cilié et sans rebord; à angles antérieurs avancés et très-prononcés; une fois moins long que large : fortement et subrectilinéairement d'abord, puis curvilinéairement élargi sur les côtés jusqu'à la moitié de la longueur de ceux-ci; subsinueusement et moins fortement rétréci de ce point aux angles postérieurs qui forment une dent prononcée, etsont subrectangulairement ouverts; bissinueusement en arc renversé à la base; garni latéralement et à sa partie postérieure d'un rebord étroit qui s'efface dans le milieu de cette dernière; densement cilié au dessous de celle-ci; testacé ou d'un rouge brunâtre; convexe sur le disque, convexement déclive sur les côtés de celui-ci, et moins fortement et moins convexement de ces derniers aux bords latéraux ; densement et ruguleusement ponctué sur les côtés; parsemé sur le disque de points plus gros et moins rapprochés ; chargé au dessus du milieu des bords latéraux d'un empâtement lisse et luisant ; parcimonieusement garni sur les côtés, et plus longuement hérissé dans son milieu, de poils laineux d'un blanc jaunâtre, plus densement rassemblés sur les déclivités latérales du disque, où ils forment une bande longitudinalement oblique, faiblement arquée ou triangulairement élargie vers la base. Ecusson en demi-cercle ; d'un brun noirâtre et luisant; ponctué près de sa naissance, lisse et imponctué sur le reste de sa surface. Elytres à peine plus larges aux épaules que le prothorax à ses angles postérieurs; subcurvilinéairement et assez fortement élargies jusqu'à la moitié de leur longueur; pareillement rétrécies jusqu'à l'angle postéro-externe; subsinueusement tronquées à l'extrémité; creusées à partir de l'angle huméral d'un canal prolongé, mais d'une manière graduellement affaiblie jusques au delà de la moitié ; médiocrement convexes en dessus; obliquement déprimées au dessous du calus huméral; testacées, d'un rouge brunâtre ou d'un rouge jaune brunâtre; chargées de cinq nervures : la première, suturale : les deux suivantes, plus fortes, prolongées presque jusqu'à l'extremité, où elles se réunissent sur un calus prononcé : la quatrième plus légère, antérieurement moins distincte : la cinquième bordant le canal latéral et prolongée presque parallèlement au bord externe. Pygidium en triangle, à côtés moins longs que la base et légèrement sinueux ; prolongé en une pointe courte, faiblement courbée en dessus et généralement rétrécie avant son extrémité ; d'un brun rougeâtre ; couvert de points confluents; garni de poils couchés et cendrés. Dessous du corps noir ; densement hérissé sur les parties pectorales de longs poils d'un blanc cendré. Ventre comme poudré de petits poils blancs; paré sur les côtés de petites écailles d'un blanc de lait, formant sur chaque segment une tache triangulaire ou en dent de scie. Pieds grêles; testacés ou d'un rouge jaune brunâtre. Cuisses hérissées de poils d'un blanc cendré. Jambes de devant tridentées ($\mathcal{J}$ $\mathcal{Q}$). Tarses cylindriques à dernier article le plus long de tous. Ongles doubles ou armés en dessous d'un fort crochet à la base.

Cette espèce est en général un peu moins commune que la précédente. Elle paraît en même temps On la connaît dans nos environs sous le nom vulgaire de *Roi péterel*, (c'est-à dire *Roi petit*, changé en *pétet* puis en *péterel*) donné aussi au Roitelet.

Obs. Rœsel regardait les *M. vulgaris* et *hippocastani* comme une même espèce paraissant une année avec le prothorax noir et l'année suivante avec le prothorax rouge. Ce préjugé est encore répandu, surtout en Allemagne, parmi les personnes étrangères à l'entomologie.

Genre *Anoxia*, ANOXIE; DE CASTELNAU.

(α privatif; ἐξύ, pointe.)

Caractères. Antennes de dix articles; à massue composée de quatre feuillets chez les femelles, et de cinq dans les mâles : à scape obconique, densement cilié au côté externe, à peine aussi long que le troisième article. Labre transversal. Lobe épais, bilobé. Mandibules cornées, bidentées à l'extrémité. Mâchoires armées de cinq dents cornées. Palpes maxillaires à dernier article le plus épais, et un peu moins long que les trois précédents réunis. Palpes labiaux à dernier article plus grand que le précédent, terminé en pointe obtuse. Menton échancré. Premier article des tarses postérieurs au moins aussi long que le deuxième : le dernier le plus long de tous, muni d'une plantule sétigère et sensiblement développée. Ongles de tous les pieds, égaux et munis chacun en dessous d'un fort crochet à la base.

Ce genre a été fondé par M. de Laporte, comte de Castelnau, dans les Annales de la Société Entomologique de France, t. 1ᵉʳ p. 407; plus tard M. le comte Dejean l'a indiqué dans son second catalogue (p. 159) sous le nom de *Catalasis.*

Ces insectes sont crépusculaires ou nocturnes, les femelles sont en général peu nombreuses.

1. **A. Matutinalis;** DAHL. Inéd. DE CASTELN. *Allongé, convexe et d'un noir verdâtre ou bronzé en dessus. Tête et prothorax couverts de poils couchés assez grossiers, d'un cendré jaunâtre : le second obtusément coupé à ses angles de derrière; prolongé postérieurement dans le milieu de sa base en un angle à côtés subrectilinéaires; paré longitudinalement sur le milieu de son disque d'une bande de poils blancs. Elytres chargées de trois ou quatre côtes légères; couvertes de poils d'un cendré jaunâtre, plus rares sur les côtés et formant, dans chacun des trois sillons qui séparent celles-ci, une large bande de poils uniformément plus serrés. Dessous du corps laineux sur la poitrine, garni de poils courts sur le ventre; parés sur les côtés des segments abdominaux d'une double rangée de taches blanches formées de poils subsquammiformes; les extérieures triangulaires.*

♂. Angles antérieurs de l'épistome peu ou point émoussés. Massue des antennes aussi longue que la tige; composée de cinq feuillets. Pygidium tronqué ou faiblement échancré au sommet. Ventre déprimé et subcanaliculé longitudinalement dans son milieu. Jambes de devant sans éperon; leur extrémité obliquement coupée et courbée du côté externe en forme de dent; extérieurement bissubsinueuses ou parfois munies dans leur milieu d'une dent rudimentaire.

♀. Angles antérieurs de l'épistome ordinairement arrondis. Massue des antennes piriforme; composée de quatre feuillets; plus courte que le troisième article seulement. Pygidium fortement échancré et terminé par une dent de chaque côté de l'échancrure. Ventre non canaliculé. Jambes de devant armées d'un éperon; tridentées au côté externe.

Anoxia matutinalis, De Casteln. Ann. de la soc. Entom. de Fr. t. 1. p. 407. 4.—Hist. t. 2. p. 4. 132. (♀).

Var. A. **A. Vespertina;** Nob. *Couleur foncière testacée, d'un fauve clair ou d'un rouge brunâtre. Poils d'un blanc cendré. Pieds d'un rouge brunâtre.*

L. 0^m,0248 à 0^m,0270 (11 à 12'). —L. 0^m,0106 à 0^m,0112 (4 3/4 à 5').

Epistome transversal, relevé en rebord dans sa périphérie. Tête d'un noir bronzé; garnie de poils assez grossiers d'un blanc cendré ou d'un cendré jaunâtre, plus couchés sur l'épistome que sur le front. Palpes et antennes d'un rouge brunâtre. Prothorax d'un tiers moins long que large; à peine bissinueusement tronqué en arc renversé, en devant; à angles antérieurs avancés en espèce de dent assez aiguë; rectilinéairement élargi sur les côtés jusqu'à la moitié de la longueur de ceux-ci; subrectilinéairement et moins fortement rétréci de ce point aux angles de derrière qui sont peu ou point émoussés et très-obtusément ouverts; coupé subrectilinéairement ou presque sans sinuosité de ces angles au milieu de la base qui est postérieurement prolongée en forme d'angle émoussé; muni latéralement d'un rebord subdentelé, moins sensiblement et plus uniment rebordé à sa partie postérieure; convexe; chargé au dessus des angles latéraux d'une cicatrice ou d'un empâtement lisse et luisant; d'un noir ou d'un brun verdâtre ou bronzé; marqué de points circulaires, de chacun desquels sort un poil assez grossier, couché, d'un blanc cendré jaunâtre; paré longitudinalement dans son milieu d'une ligne formée de poils blancs ou blanchâtres plus serrés, et souvent non prolongée jusqu'à la base. Ecusson en demi-cercle, d'un noir ou d'un brun verdâtre ou bronzé; longitudinalement lisse et glabre dans son milieu, densement couvert de chaque côté de poils blancs ou blanchâtres. Elytres plus larges aux épaules que le prothorax à ses angles postérieurs; plus d'une fois aussi longues que lui; subrectilinéairement ou subcurvilinéairement et faiblement rétrécies jusqu'à l'angle postéro-externe qui est arrondi; subsinueusement tronquées à l'extrémité ; subdentées à l'angle sutural ; convexes en dessus ; chargées de quatre côtes peu prononcées : la première suturale : les deuxième et troisième postérieurement réunies sur un calus souvent assez faible : celle-ci dilatée ou bifurquée antérieurement : la dernière peu oblique, plus étroite ou semblable à une nervure et graduellement affaiblie en se rapprochant du sillon qui passe sous le calus huméral ; d'un noir verdâtre ou bronzé, pour l'ordinaire graduellement d'un rouge brun vers l'extrémité ; garnies de poils assez grossiers, couchés et d'un blanc cendré ou d'un cendré jaunâtre, plus rares sur les côtes, plus densement rassemblés dans les légers sillons qui séparent les côtes, et formant ainsi sur chaque élytre trois larges bandes uniformes ou non mouchetées, dont l'intermédiaire plus courte est enclose par les deux latérales prolongées jusqu'à l'extrémité : les externes élargies et divisées en deux branches antérieurement. Pygidium faiblement convexe ; en triangle échancré au sommet ; à côtés moins longs que la base qui est arquée ; d'un noir ou d'un brun verdâtre ou bronzé ; couvert de poils cendrés ou d'un cendré jaunâtre et couchés. Dessous du corps d'un noir bronzé ou verdâtre ; densement hérissé sur les segments thoraciques de longs poils laineux d'un blanc cendré jaunâtre ou roussâtre ; garni sur le ventre de poils courts, blanchâtres ou d'un cendré jaunâtre, plus densement réunis sur le bord des segments où ils composent une bordure blanche ou blanchâtre, interrompue latéralement et offrant par là une rangée de taches en ovale transversal ; paré d'une rangée plus extérieure de taches subtriangulaires, formée par des poils subsquammiformes, blancs ou blanchâtres. Pieds d'un rouge brun, comme poudrés de poils cendrés. Cuisses hérissées en dessous de poils longs et laineux. Dernier article des tarses subarqué, un peu moins long que les trois précédents réunis ; muni d'une plantule médiocrement développée, sétigère ou terminée par deux soies divergentes. Ongles doubles : le crochet inférieur un peu moins long que la moitié du supérieur.

Cette espèce habite plus particulièrement la Corse que la France continentale ; on la trouve cependant quelquefois dans nos provinces méridionales.

Je lui ai conservé le nom primitivement imposé par Dahl, sous lequel je l'ai vue dans les cabinets de MM. Gory, Chevrolat et Perroud. Elle m'a été donnée par le premier.

Obs. La couleur d'un noir bronzé ou verdâtre des élytres donne aux poils une teinte plus jaunâtre qu'ils ne l'ont réellement.

2. **A. Australis;** Schoenh. *Allongé; convexe et d'un noir verdâtre ou bronzé en dessus. Tête et prothorax couverts de poils couchés assez grossiers d'un cendré jaunâtre : le second obtusément coupé à ses angles postérieurs; subrectilinéairement ou bissubsinueusement prolongé en angle dans le milieu de sa base; paré longitudinalement sur le milieu de son disque d'une raie de poils blancs. Elytres couvertes de poils d'un blanc cendré; chargées de trois ou quatre côtes légères; parées dans chacun des trois sillons qui séparent celles-ci d'une bande de poils plus serrés et presque disposés par fascicules. Dessous du corps laineux sur la poitrine, garni de poils courts sur le ventre; paré sur les côtés des segments abdominaux d'une double rangée de taches blanches, formées de poils subsquammiformes : les extérieures triangulaires.*

♂. Angles antérieurs de l'épistome peu ou point émoussés. Massue des antennes aussi longue que la tige; composée de cinq feuillets. Pygidium tronqué ou faiblement échancré au sommet Ventre déprimé et canaliculé longitudinalement dans son milieu. Jambes de devant sans éperon; leur extrémité obliquement coupée et courbée du côté externe en forme de dent; subsinueuses ou parfois munies extérieurement dans leur milieu d'une dent rudimentaire.

♀. Angles antérieurs de l'épistome ordinairement arrondis. Massue des antennes piriforme; composée de quatre feuillets; moins longue que le troisième article seulement. Pygidium fortement échancré et terminé par une dent de chaque côté de l'échancrure. Jambes de devant armées d'un éperon; tridentées au côté externe.

Melolontha australis, Schoenh. Syn. Ins. t. 3. p. 169. 15.

Var. A. **A. Occitanica;** Nob. *Couleur foncière testacée, d'un fauve clair ou d'un rouge brunâtre. Poils des élytres — α, blancs, — β, d'un blanc cendré, — γ, d'un blanc jaunâtre, — δ, jaunâtres.*

Melolontha occidentalis, Fab. Syst. Ent. p. 32. 3.—*Id.* Spec. Ins. 1. p. 36. 4.—*Id.* Mant. Ins. 1. p. 19. 5.—*Id.* Ent. Syst. 2. p. 156. 6.—*Id.* Syst. El. 2. p. 163. 10.—Oliv. Ent. 1. 5. p. 14. 7. pl. 1. f. 7. a, b.—*Id.* trad. allem. (Illig.) p. 54. 7. (Sturm.) p. 8. 7. pl. 57. f. 2. 3.—*Id.* Encycl. Méth. t. 7. p. 14. 9.—Latr. Hist. t. 10. p. 183. 2. —Boit. Man. p. 331.
Anoxia occidentalis, De Casteln. Hist. t. 2. p. 132. 2. (♂).

L. 0,^{m}00225 à 0^m,0270 (10 à 12^l).—L. 0,^{m}0090 à 0^m,0100 (4 à 4 1/2^l).

Epistome transversal; relevé en rebord dans sa périphérie. Tête d'un noir bronzé, quelquefois d'un brun rougeâtre sur l'épistome; garnie sur ce dernier de poils d'un cendré jaunâtre couchés en divers sens, hérissée sur le front de poils plus longs et de même couleur. Palpes et antennes d'un rouge brunâtre. Prothorax d'un tiers moins long que large; bissubsinueusement tronqué en devant; à angles antérieurs avancés en espèce de dent assez aiguë; rectilinéairement élargi sur les côtés jusqu'à la moitié de la longueur de ceux-ci; subrectilinéairement et moins fortement rétréci de ce point aux angles de derrière qui sont peu ou point émoussés et subrectangulairement ouverts quand les côtés de la base sont presque en droite ligne, ou obtusément quand ceux-ci se montrent sinueux; prolongé postérieurement en forme d'angle émoussé dans le milieu de sa base; muni latéralement d'un rebord dentelé; moins sensiblement et plus uniment rebordé à sa partie postérieure; convexe; chargé au dessus des angles latéraux d'une cicatrice ou d'un empâtement lisse et luisant; d'un noir, ou d'un brun verdâtre ou bronzé; marqué de points circulaires, de chacun desquels sort un poil assez grossier, couché, d'un cendré jaunâtre; paré longitudinalement dans son milieu d'une ligne formée de poils blancs plus serrés, et souvent non prolongée jusqu'à la base. Ecusson en demi-cercle; d'un noir ou d'un brun verdâtre ou bronzé; longitudinalement lisse et glabre dans son milieu, densement couvert de chaque côté de poils blancs presque squammiformes. Elytres un peu plus larges aux épaules que le prothorax à ses angles postérieurs; plus d'une fois aussi longues que lui; subrectilinéairement ou subcurvilinéairement et faiblement rétrécies jusqu'à l'angle postéro-externe qui est arrondi; subsinueusement tronquées à l'extrémité; subdentées à l'angle sutural; convexes en dessus; chargées de quatre côtes peu prononcées: la première suturale: les deuxième et troisième postérieurement réunies sur un calus souvent assez faible: celle-ci dilatée ou bifurquée antérieurement; la dernière un peu oblique, plus étroite ou semblable à une nervure et graduellement affaiblie en se rapprochant du sillon qui passe sous le calus huméral; d'un noir ou d'un brun bronzé, pour l'ordinaire graduellement d'un rouge brun vers l'extrémité; garnies de poils assez grossiers, couchés, blancs ou d'un cendré blanchâtre, plus densement rassemblés dans les légers sillons qui séparent les côtes, et formant ainsi sur chaque élytre trois larges bandes longitudinales (comme composées de mouchetures ou de fascicules), dont l'intermédiaire plus courte, est enclose par les deux latérales ordinairement prolongées jusqu'à l'extrémité: l'externe élargie ou divisée en deux branches antérieurement. Pygidium faiblement convexe; en triangle échancré au sommet, à côtés moins longs que la base qui est arquée; d'un noir ou d'un brun verdâtre ou bronzé; couvert de poils cendrés et couchés. Dessous du corps d'un noir bronzé ou verdâtre; densement hérissé sur les segments thoraciques de longs poils laineux d'un blanc jaunâtre ou roussâtre; garni sur le ventre de poils blanchâtres, courts, plus grossiers et couchés, plus densement réunis sur le bord des segments où ils composent une bordure blanche interrompue latéralement aux deux tiers médiaires, et offrant par là une rangée de taches en ovale transversal; paré d'une rangée plus extérieure de taches subtriangulaires, formées par des poils subsquammiformes d'un blanc de lait. Cuisses d'un rouge brun, hérissées de longs poils d'un blanc roussâtre. Jambes et tarses d'un rouge brunâtre : dernier article de ceux-ci subarqué, un peu moins long que les trois précédents pris ensemble; muni d'une plantule médiocrement développée, sétigère ou terminée par deux soies divergentes. Ongles doubles : le crochet inférieur un peu moins long que la moitié du supérieur.

Cette espèce est principalement méridionale, mais on la trouve aussi dans quelques-unes des parties tempérées de la France. Elle est commune à Marseille sur les pins et quelquefois sur les tamaris. Elle m'a été envoyée du département du Var par M. Doublier.

Obs. J'ai adopté le nom de *australis*, indiqué par M. Schœnherr, pour désigner cette espèce confondue avec le *Scar. occidentalis* de Linné, par Fabricius, Olivier et Latreille. Ces deux derniers, par suite de cette confusion, ont donné à tort sept feuillets à la massue des antennes de notre *A. australis* ♂; ce caractère est seulement propre à l'espèce linnéenne qui appartient à notre genre *Melolontha*.

L'*A. australis* a généralement une taille moins forte, le prothorax proportionnellement plus dilaté à ses angles latéraux, plus sinueux à la base que l'*A. matutinalis*.

3. **A. Scutellaris:** Chevrolat, Inéd. *Allongé; convexe en dessus, noir et garni de poils concolores peu apparents* (♂), *d'un noir bronzé ou verdâtre, paré de petites écailles ou de poils squammiformes jaunes* (♀). *Prothorax subrectangulairement coupé à ses angles postérieurs; bissinueusement en arc renversé à la base; orné longitudinalement en dessus de trois bandes de poils blanchâtres* (♂) *ou de petites écailles jaunes* (♀). *la bande médiaire plus étroite et généralement plus raccourcie. Elytres chargées de trois ou quatre côtes légères; unicolores* (♂) *ou fasciculeusement parées de petites écailles jaunes, formant souvent une bande sur chacun des trois sillons qui séparent les côtes* (♀). *Flancs des segments abdominaux parés chacun d'une tache subtriangulaire : l'antérieure formée de poils laineux : les suivantes composées de poils plus courts ou subsquammiformes.*

♂. Angles antérieurs de l'épistome peu ou point émoussés. Massue des antennes aussi longue au moins que la tige ; composée de cinq feuillets. Pygidium faiblement échancré. Ventre longitudinalement déprimé et subcanaliculé dans son milieu. Jambes de devant sans éperon : leur extrémité obliquement coupée et courbée du côté externe en forme de dent ; extérieurement bissubsinueuses ou parfois munies dans leur milieu d'une dent rudimentaire.

♀. Angles antérieurs de l'épistome arrondis. Massue des antennes piriforme ; composée de quatre feuillets ; plus courte que le troisième article seulement. Pygidium fortement échancré, terminé par une dent émoussée de chaque côté de l'échancrure. Ventre non canaliculé. Jambes de devant armées d'un éperon ; extérieurement tridentées.

Anoxia scutellaris, CHEVROLAT, in collect.
Melolontha lanuginosa, DE JENISSON, inéd. M. SOLIER, *in litteris*.

L. 0ᵐ,0225 à 0ᵐ,0248 (10 à 11ˡ). —L. 0ᵐ,095 à 0ᵐ,0100 (4 1/4 à 4 1/2ˡ).

♂. Epistome transversal ; relevé en rebord dans sa périphérie. Tête noire, garnie de longs poils fins et soyeux d'un livide jaunâtre , couchés sur l'épistome, hérissés sur le front. Palpes et antennes noirs. Prothorax d'un tiers moins long que large : bissubsinueusement tronqué ou faiblement en arc renversé en devant ; à angles antérieurs avancés en espèce de dent assez aiguë ; rectilinéairement élargi sur les côtés presque jusqu'à la moitié de la longueur de ceux-ci ; subrectilinéairement et moins fortement rétréci de ce point aux angles postérieurs qui sont peu ou point émoussés et subrectangulairement ouverts ; bissinueusement en arc renversé à la base ; muni latéralement d'un rebord subdentelé, garni à sa partie postérieure d'un rebord plus uni , moins apparent et graduellement affaibli vers le milieu de celle-ci ; convexe en dessus ; longitudinalement subsillonné dans son milieu ; subdéprimé sur les côtés du disque et transversalement au devant du milieu de la partie postérieure ; marqué, et plus densement latéralement, de points circulaires, de chacun desquels sort un poil allongé, flavescent ou livide, très-fin et peu apparent ; paré dans son milieu d'une ligne étroite et raccourcie formée par des poils plus serrés, d'un blanc jaunâtre ; orné sur les côtés d'une touffe moins apparente formée par des poils semblables. Ecusson presque en demi-cercle ; noir, mais densement revêtu de longs poils fins et presque soyeux d'un blanc sale ou d'un blanc flavescent ; à peine marqué longitudinalement dans son milieu d'une raie dénudée. Elytres un peu plus larges aux épaules que le prothorax à ses angles postérieurs ; une fois au moins aussi longues que lui ; subrectilinéairement ou subcurvilinéairement et assez sensiblement rétrécies jusqu'à l'angle postéro-externe ; subsinueusement tronquées à l'extrémité ; subdentées à l'angle sutural ; sublectiformes en dessus ; chargées de quatre côtes à peine prononcées : la première, suturale : les deuxième et troisième postérieurement réunies sur un calus subtuberculeux, celle-ci dilatée ou bifurquée antérieurement ; la dernière ou externe un peu oblique, plus étroite ou semblable à une nervure et graduellement affaiblie en se rapprochant du sillon qui passe sous le calus huméral ; d'un noir assez luisant ; garnies de poils concolores, couchés, assez fins et peu apparents. Pygidium faiblement convexe ; en triangle échancré au sommet ; à côtés moins longs que la base qui est arquée ou arrondie latéralement ; noir ; garni de poils fins et couchés d'un cendré jaunâtre. Dessous du corps noir ; densement hérissé sur la poitrine de longs poils laineux d'un blanc cendré ou légèrement roussâtre ; garni sur les deux tiers médiaires du ventre de poils beaucoup moins longs et moins épais, parfois un peu plus agglomérés sur le bord des segments et formant latéralement, aux deux tiers médiaires, une rangée le plus souvent peu distincte de taches blanches ; paré d'une rangée plus extérieure de taches subtriangulaires, formées : la plus rapprochée du prothorax, par des poils blanchâtres soyeux ou laineux : les suivantes par des poils subsquammiformes. Pieds d'un noir ou d'un brun luisant ; aspèrement ponctués. Cuisses couvertes de longs poils blanchâtres. Dernier article des tarses à peu près aussi long que les trois suivants réunis ; muni d'une plantule médiocrement développée, sétigère. Ongles doubles : le crochet inférieur au moins aussi long que la moitié du supérieur.

♀. Couleur foncière, d'un noir ou d'un brun verdâtre ou bronzé. Tête hérissée de poils fins et roussâtres, parée de poils jaunes, couchés et squammiformes. Prothorax parsemé de petites écailles jaunes ; orné de trois bandes formées par des écailles semblables : celle du milieu plus étroite et raccourcie : les latérales plus larges et souvent prolongées jusqu'à la base. Ecusson revêtu de poils squammiformes jaunes ou flavescents. Elytres parsemées de petites écailles jaunes ou flavescentes, souvent enlevées sur les côtes, ou plus densement rassemblées dans chacun des trois sillons qui séparent ces dernières, où elles forment une bande fasciculeuse. Pygidium couvert de poils jaunes et squammiformes. Ventre non déprimé longitudinalement, parsemé de petites écailles flavescentes.

Cette espèce est principalement méridionale. On la trouve surtout près de Perpignan. Elle a été prise une fois par M. Foudras dans les environs de Lyon. Elle m'a été donnée par M. Chevrolat sous le nom

que je lui ai conservé. Je l'ai reçue de M. Solier comme étant le
Melolontha lanuginosa de M. de Jenisson.

4. A. Pilosa; Fab. *Allongé ; convexe et d'un noir légèrement verdâtre
ou bronzé en dessus. Tête revêtue de poils d'un blanc cendré. Prothorax
subrectangulairement coupé à ses angles de derrière ; bissinueusement en
arc renversé à la base ; parsemé en dessus de poils d'un blanc cendré plus
densement réunis près des côtés et dans le milieu, sous la forme de trois
bandes longitudinales raccourcies : l'intermédiaire plus étroite. Elytres
comme poudrées de poils d'un blanc cendré, assez courts et couchés.
Dessous du corps densement laineux ; paré d'une mèche triangulaire sur
le flanc de chacun des segments dont la base est un peu dénudée.*

♂. Angles antérieurs de l'épistome peu ou point émoussés. Massue
des antennes de cinq feuillets : ceux-ci presque aussi longs que la tige.
Ventre longitudinalement déprimé et subcanaliculé dans son milieu.
Jambes de devant sans éperon ; leur extrémité obliquement coupée
et courbée du côté externe en forme de dent ; inermes au dessous de
celle-ci.

♀. Angles antérieurs de l'épistome subarrondis. Massue des antennes piriforme, composée de quatre feuillets ; moins longue que le
troisième article seulement. Ventre non canaliculé longitudinalement
dans son milieu. Jambes de devant armées d'un éperon, extérieurement tridentées.

Scarabœus deserti, Lepech. Tageb. 1. p. 513. pl. 19. f. 17?—Gmel. Linn. Syst. Nat. p.
1571. 322?
Melolontha pilosa, Fab. Ent. Syst. 1. 2. p. 156. 5.—*Id.* Syst. El. t. 2. p. 162. 9.—Panz.
Faun. Germ. 31. 20.—Latr. Hist. t. 10. p. 185. 6. (♀).—Duftsch. Faun. Aust. 1.
p. 186. 4.—Boit. Man. p. 331. (♀).—Fischer, Entom. t. 2. p. 214. pl. 28. f. 9.
Melolontha villosa, Oliv. Ent. 1. 5. p. 13. 6. pl. 1. f. 4. a.—Herbst. Nat. t. 3. p. 55.
6. pl. 22. f. 8.—Latr. Hist. t. 10. p. 104. (♂).—*Id.* Gen. t. 2. p. 108. 2.—Baud.
Laf. Mon. p. 22. 4.—Boit. Man. t. 1. p. 331. (♂).
Anoxia villosa, De Casteln. Hist. 2. p. 132. 5. Var.
Catalasis pilosa, Heer, Faun. Helv. 1. 3. p. 539. 1.

Var. A. A. Villosa; Fab. *Couleur foncière fauve ou testacée au lieu
d'être d'un brun noirâtre.*

Melolontha villosa, Fab. Spec. Ins. t. 2. append. p. 496.—*Id.* Mant. 1. p. 19. 4.—*Id.* Ent.
Syst. 1. 2. p. 156. 4.—*Id.* Syst. El. 2. p. 162. 8.—Oliv. Ent. 1. 5. p. 13. 6. pl. 1.
f. 4. b, c.—*Id.* trad. allem. (Illig.) t. 2. p. 33. 6.—*Id.* Encycl. Méth. 7. 14. 8.
—Scriba, Journ. 1. p. 59. 48.—Panz. Ent. Germ. p. 221. 3.—*Id.* Faun. Germ. 31.
19.—Walck. Faun. Par. 1. p. 184. 2.—Tigny, Hist. t. 5. p. 268.—Illig. Mag. t. 2.

p. 215. 2, et t. 4. p. 77. 8.—Latr. Gen. t. 2. p. 108. 2.—*Id.* Nouv. Dict. d'Hist. Nat. t. 14. p. 191.—Dumer. Dict. des Scien. Nat. t. 20. p. 269.

Scarabæus testaceus, Pallas, Icon. 1. p. 19. A. 22. pl. B. f. A. 22.

Scarabæus cerealis, Scopol. Del. Flor. et Faun. Ins 1. p. 49. pl. 21. f. B.

Scarabæus glaucus, Gmel. Linn. Syst. Nat. p. 1583. 386.

Scarabæus villosus, Gmel. Linn. Syst. Nat. p. 1564. 265.

♀. *Melolontha anketeri*, Herbst, Nat. t. 3. p. 43. 3. pl. 22. f. 4.

Melolontha pilosa, Duftsch. l. c. Var. β.

Anoxia villosa, De Casteln. Hist. t. 2. p. 132. 3. (♂).

L. 0^m,0225 à 0^m,0270 (10 à 12^l).—L. 0^m,0100 à 0^m,0110 (4 1/2 à 5^l.)

Epistome transversal; relevé en rebord dans sa périphérie; d'un brun noirâtre, mais densement couvert, ainsi que le reste de la tête de poils d'un blanc sale ou blanc cendré, couchés sur le premier et hérissés sur la seconde. Palpes et antennes bruns, souvent mélangés de rouge brunâtre, ou même entièrement de cette dernière couleur. Prothorax d'un tiers moins long que large; échancré ou tronqué faiblement en arc renversé en devant; à angles antérieurs avancés en espèce de dent assez aiguë; rectilinéairement élargi sur les côtés jusqu'à la moitié de la longueur de ceux-ci, subsinueusement et moins sensiblement rétréci de ce point aux angles de derrière qui sont peu émoussés et obtusément ouverts; bissinueusement en arc renversé à la base; faiblement relevé latéralement en un rebord subdentelé, moins visiblement rebordé à sa partie postérieure; convexe en dessus; légèrement inégal; d'un brun noirâtre; presque superficiellement couvert de points circulaires; parsemé de poils d'un blanc cendré qui forment trois bandes longitudinales postérieurement raccourcies : celle du milieu plus étroite que les latérales. Ecusson presque aussi long que la moitié du prothorax; en espèce de triangle sinueux et arrondi à l'extrémité; noirâtre, mais couvert en dessus de poils couchés d'un blanc cendré, qui laissent ordinairement à nu dans le milieu une raie longitudinale étroite. Elytres plus larges aux épaules que le prothorax à ses angles postérieurs; subparallèles ou subsinueusement et légèrement rétrécies jusqu'à l'angle postéro-externe qui est arrondi; obtusément tronquées à l'extrémité, subdentées à l'angle sutural; convexes en dessus; chargées d'un calus huméral, et d'un autre moins prononcé situé obliquement au devant de l'angle sutural; d'un brun noirâtre; comme poudrées d'une poussière cendrée par l'effet des poils couchés dont elles sont garnies. Pygidium en triangle subéquilatéral, tronqué et échancré à l'extrémité; garni de poils cendrés. Dessous du corps et cuisses laineux ou densement hérissés de longs poils d'un blanc cendré, plus épais sur les segments pectoraux. Côtés du ventre dénudés à la base des segments, et parés vers le bord de ceux-ci d'une mèche plus touffue qui forme sur chaque anneau un triangle ou une sorte de dent. Pieds assez grêles; d'un brun noirâtre. Tarses à articles obconiques : les quatre premiers courts : le dernier aussi long que les trois précédents réunis; muni d'une plantule médiocrement développée et terminée par deux soies divergentes. Ongles doubles; le crochet inférieur près de moitié aussi long que le supérieur.

Cette espèce habite du midi au nord une grande partie des provinces de la France. Elle est commune à Montpellier, et n'est pas rare au commencement de l'été, dans les environs de Lyon.

Genre *Rhizotrogus*, Rhizotrogue ; Latreille.

(ῥίζα, racine; τρώγω, je ronge.)

Caractères. Antennes de dix articles : à massue composée de trois feuillets (♂♀); à scape obconique, cilié au côté externe, à peu près aussi grand que les troisième et quatrième articles réunis. Epistome transversal. Labre, épais, bilobé ou très-fortement échancré. Mandibules cornées, généralement bidentées à l'extrémité. Mâchoires armées de cinq dents : les quatre postérieures sur deux rangées rapprochées. Palpes maxillaires à dernier article habituellement lancéolé ou renflé dans le milieu, à peu près aussi long que les trois autres réunis. Palpes labiaux petits, à dernier article conique. Cuisses de derrière plus renflées (♀). Tarses postérieurs plus grands (♂), ou à peine aussi grands (♀) que la jambe : à dernier article le plus long de tous, muni d'une plantule sétigère presque rudimentaire. Ongles de tous les pieds, égaux et munis chacun en dessous d'une ou de deux petites dents.

Le genre *Microdonta* de M. Kirby, publié par M. Hope, rentre dans cette coupe. L'auteur du Coleopterist's Manual nous semble avoir commis plusieurs erreurs dans sa distribution de nos Mélolonthaires. Il place les *Mel. solstitialis* et *atra* de Fabricius parmi les Rhizotrogues de Latreille, et semble ainsi leur attribuer des antennes de dix articles, tandis qu'elles n'en ont que neuf; et il range les *Mel. æquinoctialis et æstiva* qui ont évidemment dix articles aux mêmes organes, parmi ses *Microdonta* dont le principal caractère est de n'en présenter que neuf.

Les Rhizotrogues sortent de terre après le coucher du soleil, parcourent les airs durant le crépuscule, et terminent leur premier vol à la nuit close. Rarement on les voit pendant le jour. Les femelles, moins vagabondes et généralement moins nombreuses, sont par là même plus ou moins rares. Elles ont la massue des antennes plus courte ; le prothorax habituellement plus coloré ; le ventre plus volumineux ; les cuisses postérieures sensiblement plus renflées ; les jambes, surtout celles de devant, plus fortes, armées de dents plus aiguës ; les tarses plus courts. Elles n'offrent point sur le ventre le sillon longitudinal qu'on observe généralement chez les mâles. Ces insectes ont une robe qui se rapproche de plus ou moins près du fauve ou de la couleur de brique, et qui fait souvent le désespoir du descripteur par les teintes peu tranchées, par les nuances insaisissables qui se présentent chez les variétés des mêmes espèces.

1. R. Æstivus: Oliv. *Suballongé ; faiblement convexe en dessus. Prothorax à angles postérieurs subrectangulairement ouverts et légèrement prolongés en forme de dent ; ponctué ; densement pointillé sur les intervalles des points ; d'un livide fauve ; paré longitudinalement dans son milieu d'une bande d'un rouge brun ; glabre, hérissé de longs cils à son bord antérieur. Ecusson densement pointillé. Elytres subgraduellement élargies postérieurement ; glabres ; subrugueusement ponctuées ; chargées de deux ou trois nervures ; d'un fauve jaune luisant, se changeant le long de la suture en une large bande d'un rouge brun. Pygidium d'un jaune rouge ; glabre ; ruguleusement ponctué.*

♂. Massue des antennes graduellement plus large vers l'extrémité ; très-sensiblement plus longue que les six articles précédents. Ventre longitudinalement sillonné ; garni ainsi que les cuisses postérieures de poils subspinosules. Jambes de devant faiblement tridentées.

♀. Massue des antennes elliptique ; à peine plus longue que les six articles précédents. Ventre sans sillon longitudinal ; non muni de poils spinosules. Jambes de devant armées de dents très-prononcées.

Melolontha æstiva, Oliv. Ent. 1. 5. p. 17. 11. pl. 2. f. 11. b.—*Id.* éd. allem. (Illig.) t. 2. p. 37. 11.—*Id.* (Sturm.) t. 2. p. 10. 11. pl. 58. f. 1.—*Id.* Encycl. Méth. t. 15. p. 13. —Latr. Hist. t. 10. p. 185. 7.—*Id.* Gener. t. 2. p. 109. 3.—*Id.* Nouv. Dict. d'hist. Nat. t. 14. p. 191.—Illig. Mag. t. 2. p. 218. 4.—Duftsch. Faun. Aust. 1. p. 189. 6. —Baud.-Laf. Mon. p. 22. 5.—Schœnh. Syn. Ins. t. 3. p. 176. 55.—Boit. Man. p. 332.—De Casteln. Hist. t. 2. p. 133. Var.—Heer, Faun. Helv. 1. 3. p. 538. 10. *Melolontha inanis*, Brahm. Ins. Kal. 1. p. 85. 276.—*Id.* Rhein. Mag. p. 705. 61.

Var. A. **R. Incertus;** Nob. *Tête et prothorax d'un rouge jaune ; ce dernier sans bande dorsale apparente. Elytres d'un fauve jaunâtre, passant insensiblement au rouge brun en se rapprochant de la suture ; offrant cette même teinte dans leur pourtour. Pygidium, dessous du corps et pieds d'un jaune rouge.*

Obs. Les individus de cette variété, qui m'ont passé sous les yeux, étaient tous des femelles.

Var. B. R. Subvittatus; Nob. *Tête et prothorax d'un jaune rougeâtre. ce dernier paré légèrement d'une bande dorsale d'un rouge jaunâtre. Elytres semblables à celles de la variété précédente. Pygidium, dessous du corps et pieds d'un jaune rougeâtre.*

Var. C. R. Maculicollis; Villa. *Dessous du corps, pygidium, tête et prothorax d'un flave livide : ce dernier paré longitudinalement dans son milieu d'une bande rougeâtre ou d'un rouge brunâtre. Elytres comme dans les variétés précédentes.*

Melolontha maculicollis, Villa. Col. Eur. p. 34. 20.
Rhizotrogus maculicollis, Heer, Faun. Helv. t. 1. 3. p. 558. 11.

Var. D. R. Lividigaster; Nob. *Tête et prothorax d'un flave livide : celui-ci paré d'une bande dorsale d'un rouge brun. Elytres d'un fauve livide ; parées dans leur pourtour d'une bordure d'un rouge brun et d'une bande longitudinale de même couleur, de la suture à la première nervure. Pygidium et dessous du corps d'un flave livide.*

L. 0,^{m}0135 à 0^m,0190 (6 à 8^l).—L. 0,^{m}0056 à 0^m,0067 (2 1/2 à 3^l.)

Epistome transversal; sinueux ou échancré dans le milieu de sa partie antérieure; arrondi aux angles de devant; cilié en dessous; rebordé dans sa périphérie; presque plane en dessus; d'un fauve ou d'un rouge flave, ou d'un fauve livide, avec le rebord brunâtre; glabre; ruguleusement couvert de gros points rapprochés. Suture frontale plus profondément imprimée de chaque côté; courbée en arrière à ses extrémités. Front d'une couleur et d'une ponctuation aussi forte que celle de l'épistome; plus chagriné; hérissé de poils jaunâtres médiocrement apparents; transversalement chargé dans son milieu d'une arête subcrénelée et légèrement arquée, presque réunie à ses extrémités à une autre plus droite, plus faible et souvent peu apparente, située sur les limites du vertex. Palpes et antennes d'un fauve jaune. Prothorax tronqué et rebordé en devant; à angles antérieurs très-légèrement avancés ou peu prononcés; anguleusement dilaté dans le milieu de ses côtés, d'un quart moins moins large en devant qu'aux angles postérieurs qui sont rectangulairement ouverts, peu ou point émoussés et souvent un peu prolongés en forme de dent; bissinueusement en arc renversé à la base ; densement garni au dessous du milieu de celle-ci d'une frange de longs poils jaunes ou jaunâtres qui ombragent une partie de l'écusson; cilié et muni latéralement d'un rebord dentelé, uniment rebordé à sa partie postérieure; convexe; marqué de chaque côté, au dessus des angles latéraux, d'une fossette cicatrisée, en partie obscure; marqué de points enfoncés un peu moins gros et moins serrés que ceux de l'épistome; subruguleusement pointillé dans les intervalles de ces points; offrant parfois les traces d'un sillon dorsal presque oblitéré, et dans le milieu de celui-ci un court espace imponctué; hérissé de longs cils ou poils jaunâtres parcimonieusement disposés le long de son bord antérieur, glabre sur le reste de sa surface; d'un livide fauve, paré longitudinalement dans son milieu d'une bande rouge brun, graduellement ou subtriangulairement élargie postérieurement. Ecusson en triangle curviligne et subéquilatéral; fauve ou d'un rouge brun; densement pointillé. Elytres à peine aussi larges aux épaules que le prothorax aux angles postérieurs; trois fois environ aussi longues que lui; subsinueusement dilatées jusqu'aux deux tiers de leur longueur; ciliées latéralement; arrondies à l'angle postéro-externe; subsinueusement tronquées à l'extrémité; subdéprimées longitudinalement sur le dos; convexement déclives sur les côtés et au devant du bord apical; creusées d'une fossette humérale qui rend plus saillant le calus voisin; chargées de trois nervures : la première, suturale, prolongée jusqu'à l'extrémité : la deuxième moins saillante, mais subgraduellement dilatée jusqu'à la déclivité postérieure où elle s'efface : la troisième plus affaiblie, plus courte et parfois peu distincte; glabres; fauves ou d'un fauve jaune luisant; parées dans leur pourtour d'une bordure d'un rouge brun; ornées sur la suture d'une bande longitudinale de couleur analogue, ordinairement plus large dans sa moitié antérieure : parfois limitée à la première nervure, et formant alors un contraste frappant avec la couleur foncière : plus souvent élargie et généralement d'une teinte graduellement affaiblie jusqu'au delà de la seconde nervure. Pygidium glabre; uniformément d'un jaune ou d'un flave rougeâtre, quelquefois d'un jaune livide. Dessous du corps d'un jaune rougeâtre, jaune ou d'un jaune pâle ou livide. Poitrine densement couverte de longs poils jaunâtres ou cendrés. Ventre presque glabre. Pieds d'un jaune rougeâtre, quelquefois d'un jaune pâle. Cuisses antérieures parcimonieusement garnies de poils laineux; les autres hérissées de poils peu nombreux. Jambes de devant extérieurement tridentées (♂♀). Premier article des tarses postérieurs à peine aussi long que la moitié du dernier.

Cette espèce habite du nord au midi une grande partie des provinces de la France. Elle n'est pas rare dès la fin d'avril dans les environs de Lyon. Elle vole le soir.

Obs. Les femelles ont en général le prothorax d'une teinte moins livide ou plus rougeâtre, et la bande dorsale de ce segment souvent effacée. Elles seules paraissent fournir notre **Var. A.**

2. **R. Thoracicus;** Déj. Inéd. *Suballongé: faiblement convexe en dessus. Prothorax à angles postérieurs émoussés et obtusément ouverts; ponctué; indistinctement pointillé sur les intervalles des points; d'un jaune rouge souvent d'un livide rougeâtre, paré longitudinalement dans son milieu d'une bande d'un rouge brun, postérieurement élargie; glabre, hérissé de longs cils à son bord antérieur et au milieu du postérieur Ecusson ponctué en forme de V. Elytres subgraduellement élargies postérieurement; glabres; subruguleusement ponctuées; chargées de trois à quatre nervures; d'un rouge brun. Pygidium glabre; subruguleusement ponctué; d'un jaune rouge, longitudinalement paré d'une large bande d'un brun rouge.*

♂. Massue des antennes graduellement plus large vers l'extrémité; très-sensiblement plus longue que les six articles précédents réunis. Ventre longitudinalement déprimé ou subsillonné; garni ainsi que les cuisses de derrière de poils subspinosules. Jambes de devant faiblement tridentées.

♀. Massue des antennes elliptique; à peine aussi longue que les six articles précédents réunis. Ventre sans dépression longitudinale; sans poils subspinosules. Jambes de devant armées de dents très-prononcées.

Rhizotrogus thoracicus, Déj. Catal. 2ᵉ édit. p. 161.

Var. A. R. Collaris; Nob. *Tête d'un rouge brunâtre. Prothorax un peu plus foncé sur son disque, passant insensiblement au rouge jaune sur les côtés; sans bande dorsale apparente. Pygidium et dessous du corps d'un rouge jaune, plus foncé sur celui-là.*

Obs. Cette variété paraît être particulière aux femelles.

Var. B. R. Vitticollis; Perroud, Inéd. *Prothorax d'un flave rougeâtre, paré d'une bande dorsale d'un rouge brun. Elytres d'un rouge brun violâtre.*

Rhizotrogus vitticollis, M. Perroud, in collect.

Var. C. R. Pallidifrons; De La Ferté, Inéd. *Tête et prothorax d'un flave rougeâtre: ce dernier paré d'une bande dorsale d'un rouge brun. Elytres d'une teinte graduellement un peu moins foncée sur les côtés. Dessous du corps et pieds d'un flave livide.*

Var. D. R. Lineicollis; De La Ferté, Inéd. *Tête et prothorax d'un flave rougeâtre ou d'un livide tirant sur le fauve: ce dernier paré d'une bande dorsale d'un rouge brun. Ponctuation de l'écusson moins distincte. Elytres d'un livide fauve avec leur pourtour et une large bande suturale d'un rouge brun. Dessous du corps et pieds d'un livide jaunâtre.*

Rhizotrogus lineicollis, M. De La Ferté, in collect.

L. 0^m,0135 à 0^{m}0169 (6 à 7 1/2^l).—L. 0^{m}0056 à 0^m,0067 (2 1/2 à 3^l).

Epistome transversal ; sinueux ou échancré dans le milieu de sa partie antérieure ; arrondi à ses angles de devant ; cilié en dessous ; garni dans sa périphérie d'un rebord brunâtre ; d'un rouge jaune, quelquefois en partie ou entièrement d'un jaune fauve, et ruguleusement ponctué sur sa surface. Suture frontale courbée en arrière à ses extrémités. Front d'une couleur analogue ; transversalement chargé d'une faible arête subcrénelée ; plus fortement ponctué que l'épistome au devant de celle-ci, presque lisse postérieurement. Antennes et palpes d'un fauve jaune. Prothorax tronqué et rebordé en devant ; à angles antérieurs sans avancement sensible, peu ou point émoussé ; anguleusement dilaté dans le milieu de ses côtés ; d'un tiers moins large en devant qu'aux angles postérieurs qui sont émoussés et obtusément ouverts ; bissinueusement en arc renversé à la base ; cilié et muni latéralement d'un rebord dentelé, uniment rebordé à sa partie postérieure ; densement garni au dessous du milieu de celle-ci d'une frange de longs poils d'un blanc jaunâtre qui ombragent une partie de l'écusson ; convexe ; marqué de chaque côté, au dessus des angles latéraux d'une fossette cicatrisée ; couvert de points enfoncés moins rapprochés mais plus gros que ceux du front ; subruguleux ou subruguleusement et indistinctement pointillé sur les intervalles qui séparent ces points ; laissant quelquefois sur le milieu du disque un espace étroit imponctué ; glabre ; hérissé près de son bord antérieur et au dessus de la partie médiaire de sa base de longs cils d'un livide jaunâtre ; d'un jaune rouge ou d'un flave rougeâtre ; paré longitudinalement dans son milieu d'une bande d'un rouge brun graduellement élargie d'avant en arrière. Ecusson en triangle curviligne et subéquilatéral ; d'un rouge brun ; lisse, marqué d'une ou deux rangées irrégulières de points enfoncés, parallèles à ses bords latéraux ou figurant une sorte de V, mais quelquefois en partie oblitérés. Elytres à peine plus larges que le prothorax à ses angles postérieurs ; près de trois fois aussi longues que lui ; subsinueusement dilatées jusqu'aux trois quarts de leur longueur ; arrondies à l'angle postéro-externe ; tronquées à l'extrémité ; ciliées latéralement ; subdéprimées longitudinalement en dessus ; convexement déclives sur les côtés et au devant du bord apical ; subrugueusement marquées de points au moins aussi gros que ceux du prothorax ; parées de trois nervures apparentes : la première suturale, prolongée jusqu'à l'extrémité : les deuxième et troisième, surtout celle-ci, oblitérées avant d'arriver à un calus à peine prononcé situé au devant du bord apical ; souvent subconvexement relevées en côtes plus faibles dans les intervalles qui séparent ces nervures; chargées d'un calus huméral très-fort; offrant quelquefois les traces d'une quatrième nervure naissant de ce dernier; glabres; d'un rouge brun ou d'un rouge brun violâtre. Pygidium glabre; rugueusement ou ruguleusement ponctué; d'un jaune fauve ou d'un jaune rouge parfois livide; paré longitudinalement dans son milieu d'une large bande d'un rouge brun. Dessous du corps d'un jaune rouge; couvert sur la poitrine de longs poils cendrés; glabre sur le ventre ou transversalement garni sur chaque segment, d'une rangée de poils subspinosules. Pieds d'un jaune fauve. Cuisses de devant hérissées de longs poils jaunâtres. Jambes antérieures tridentées (σ♀). Dernier article des tarses postérieurs à peine plus long que le deuxième.

Je dois à l'obligeance de M. le marquis de La Ferté Sénectère, possesseur d'une grande partie de la collection de M. le comte Dejean, la communication des types de cette espèce à laquelle j'ai conservé le nom imposé par le savant entomologiste parisien. Ces individus provenaient des environs de Genève.

Le *R. thoracicus* a été trouvé dans les environs de Lyon par MM. Foudras et Guaynon, et dans ceux de Bordeaux par M. Philippe Perroud: ce dernier l'avait appelé *R. vitticollis.* J'en ai vu dans la collection de M. le colonel de Fontenay divers exemplaires, provenant des environs de Perpignan. Les deux dernières variétés que j'ai signalées ont été prises, en juin, par M. de La Ferté, au sommet des Albères, dernier chaînon des Pyrénées Orientales, entre Bellegarde et Collioure.

Obs. Ainsi que dans l'espèce précédente, les femelles ont en général le prothorax d'une teinte moins livide et généralement dépourvu de la bande dorsale. La couleur de leurs élytres est aussi ordinairement plus foncée.

3. R. Cicatricosus: Nob. *Suballongé; faiblement convexe en dessus Prothorax à angles postérieurs émoussés et obtusément ouverts; ruguleusement ponctué; d'un rouge pâle, légèrement vineux; glabre; hérissé de longs cils à son bord antérieur. Ecusson parcimonieusement ponctué; brunâtre dans son pourtour. Elytres subgraduellement élargies postérieurement; glabres; ruguleusement ponctuées; chargées de deux à trois nervures; d'un fauve jaune, avec le rebord sutural et celui du pourtour brunâtres. Pygidium glabre et ruguleusement ponctué.*

σ. Massue des antennes graduellement élargie vers son extrémité; presque aussi longue que tous les articles précédents réunis. Ventre longitudinalement sillonné. Jambes de devant faiblement tridentées.

♀. Massue des antennes ovalaire, plus courte que les six articles précédents réunis. Ventre sans sillon longitudinal. Jambes de devant armées de dents très-prononcées.

Var. A. **R. Rubidus**; Nob. *Prothorax d'un jaune rouge ou d'un flave fauve. Elytres souvent d'un fauve livide.*

L. 0^m,0135 à 0^m,0170 (6 à 7 1/2^l)—L 0^m,0067 à 0^m,0072 (3 à 3 1/4^l).

Epistome transversal; sinueux ou échancré dans le milieu de sa partie antérieure; arrondi à ses angles de devant; cilié de jaunâtre en dessous; muni dans sa périphérie d'un rebord brun; faiblement concave en dessus; d'un rouge pâle ou d'un rouge jaune, subrugueusement ponctué. Suture frontale brune, courbée en arrière vers ses extrémités. Front ordinairement d'une teinte un peu plus pâle que l'épistome; chargé transversalement dans son milieu d'une faible arête subcrénelée; plus grossièrement et plus rugueusement ponctué en devant qu'en arrière de celle-ci. Antennes et palpes d'un fauve jaune. Yeux noirs. Prothorax tronqué en devant; garni d'un rebord presque oblitéré vers ses extrémités; à angles antérieurs obtusément ouverts, prononcés, mais à peine avancés; d'une largeur double de sa longueur; anguleusement dilaté dans le milieu de ses côtés; d'un tiers moins large en devant qu'aux angles postérieurs qui sont émoussés et obtusément ouverts; bissinueusement en arc renversé à la base; cilié et muni latéralement d'un rebord dentelé, uniment rebordé à sa partie postérieure; densement garni au dessous du milieu de celle-ci d'une frange de longs poils d'un blanc jaunâtre qui ombragent une partie de l'écusson; convexe; marqué de chaque côté au dessus des angles latéraux, d'une fossette cicatrisée et généralement brunâtre; rugueusement couvert de points enfoncés, en général moins rapprochés et moins gros que ceux de la partie antérieure du front, laissant sur le milieu du disque une sorte de cicatrice ou un espace ovalaire ou informe, lisse et imponctué; imperceptiblement et rugueusement pointillé sur les intervalles qui séparent les points; glabre; hérissé près de son bord antérieur de cils jaunâtres; d'un rouge pâle légèrement vineux, parfois d'un rouge jaune ou jaunâtre. Ecusson en triangle curviligne émoussé à son extrémité; d'un rouge jaune ou d'un fauve jaune avec le pourtour brunâtre; lisse, ordinairement marqué près des bords latéraux d'une double rangée de points enfoncés, quelquefois en partie oblitérés. Elytres à peine plus larges aux épaules que le prothorax à ses angles postérieurs; trois fois aussi longues que lui; subsinueusement dilatées jusqu'aux deux tiers de leur longueur; arrondies à l'angle postéro-externe; tron-

quées à l'extrémité, ciliées latéralement; subdéprimées longitudinalement sur le dos, convexement déclives sur les côtés et au devant du
bord apical; ruguleusement marquées de points au moins aussi gros
et un peu moins rapprochés que ceux du prothorax; creusées d'une
fossette humérale, faisant ressortir le calus voisin; obliquement déprimées sous celui-ci; parées de trois à quatre nervures peu saillantes : la
première suturale, prolongée presque jusqu'à l'extrémité : la seconde
et la troisième s'effaçant avant d'arriver à un calus postérieur parfois
presque aussi prononcé que l'huméral : la quatrième plus étroite, antérieurement raccourcie; mais celle-ci et quelquefois même la troisième
peu distinctes; glabres; d'un fauve jaune, avec le rebord sutural et,
moins étroitement, celui du pourtour bruns ou brunâtres. Pygidium
glabre; d'un fauve jaune ou d'un jaune fauve; ruguleusement ponctué.
Dessous du corps et pieds d'un jaune orangé, quelquefois d'un jaune
livide. Poitrine densement revêtue de poils jaunâtres. Ventre presque
glabre. Cuisses de devant hérissées de longs poils jaunâtres. Jambes
de devant tridentées (σ ♀). Dernier article des tarses postérieurs à
peine plus long que le deuxième.

Cette espèce est principalement méridionale. Je l'ai reçue de
Nismes de M. Bompart; de Montpellier, de M. Hénon. On la trouve
également dans l'Aveyron. Elle n'est pas rare dans les environs
de Lyon. Peut-être est-ce le *R. meridionalis* du catalogue de M. le
comte Dejean.

Obs. Les femelles ont ordinairement le prothorax d'une teinte
moins pâle ou plus vineuse, et couvert de points moins rapprochés.

4. R. Marginipes; Chevrolat, Inéd. *Suballongé; médiocrement
convexe en dessus. Prothorax à angles postérieurs peu ou point émoussés
et obtusément ouverts; d'un jaune fauve et marqué de points très-rapprochés (σ) ou d'un rouge pâle et couvert de poils confluents (♀); hérissé
sur toute sa surface de longs poils jaunâtres. Ecusson ponctué sur son
disque; brunâtre dans son pourtour. Elytres légèrement élargies dans
leur milieu ou postérieurement; ruguleusement ponctuées; chargées de
trois faibles nervures; d'un jaune fauve (σ) ou d'un fauve jaune (♀),
avec le rebord sutural et celui du pourtour brunâtres. Pygidium subruguleusement ponctué; brièvement hérissé de poils jaunâtres.*

σ. Massue des antennes graduellement plus large vers l'extrémité;
très-sensiblement plus longue que les six articles précédents réunis.
Ventre longitudinalement sillonné; garni ainsi que les cuisses de
derrière de poils subspinosules. Jambes de devant en général faiblement tridentées.

♀. Massue des antennes ovalaire, à peine aussi longue que les six articles précédents réunis. Ventre sans sillon longitudinal ; garni de poils flexibles, ainsi que les cuisses de derrière. Jambes de devant armées de dents très-prononcées.

Rhizotrogus marginipes, M. Chevrol. In collect.

Var. A. R. Pallidus ; Nob. *Prothorax soit d'un flave fauve, ou d'un livide fauve (♂), soit d'un rouge jaunâtre ou d'un rouge fauve (♀). Elytres d'un flave fauve, d'un fauve flave ou d'un fauve livide (♂♀). Dessous du corps d'un livide jaunâtre.*

Var. B. R. Signatus ; Nob. *Prothorax longitudinalement paré dans son milieu d'une bande plus ou moins apparente d'une teinte plus foncée.*

L. 0^m,00135 à 0^m,0157 (6 à 7^l). — L. 0^m,0061 à 0^m,0072 (2 3/4 à 3 1/4^l).

Epistome transversal ; sinueux ou échancré dans le milieu de sa partie antérieure ; arrondi à ses angles de devant ; cilié en dessous ; muni dans sa périphérie d'un rebord brun ou brunâtre ; faiblement concave en dessus ; d'un jaune rouge (♂) ou d'un rouge pâle (♀), ainsi que le reste de la tête ; subruguleusement ponctué. Suture frontale d'une teinte plus foncée ; courbée en arrière vers ses extrémités. Front plus rugueusement et aussi grossièrement ponctué que l'épistome ; hérissé de poils jaunâtres moins courts et plus apparents ; transversalement chargé d'une faible arête subcrénelée. Palpes et antennes d'un flave fauve, ou orangés. Yeux noirs. Prothorax tronqué et rebordé en devant ; à angles antérieurs à peine avancés, mais très-prononcés et obtusément ouverts ; d'une largeur double de sa longueur ; anguleusement dilaté dans le milieu de ses côtés ; d'un tiers moins large en devant qu'aux angles postérieurs qui sont peu ou point émoussés, presque indistinctement relevés et obtusément ouverts ; bissinueusement en arc renversé à la base ; cilié et muni latéralement d'un rebord dentelé, uniment rebordé à sa partie postérieure ; densement garni au dessous du milieu de celle-ci d'une frange épaisse de longs poils jaunâtres qui ombragent une partie de l'écusson ; convexe ; marqué de chaque côté au dessus des angles latéraux d'une fossette subpunctiforme ou presque cicatrisée et généralement obscure ; ordinairement d'un rouge pâle (♀) ou d'un jaune fauve (♂), avec le rebord postérieur brunâtre ; couvert de points enfoncés très-rapprochés (♂) ou confluents (♀), au moins aussi gros que ceux de l'avant front, et de chacun desquels se hérisse un long poil jaunâtre. Ecusson en triangle curviligne ; d'un rouge fauve, avec le pourtour brunâtre ; lisse, ponctué de chaque côté de son disque ; généralement subcaréné longitudinalement dans le milieu de sa moitié postérieure. Elytres faiblement plus larges aux épaules que le prothorax à ses angles postérieurs; près de trois fois aussi longues que lui; subsinueusement dilatées jusqu'à la moitié ou aux deux tiers de leur longueur; arrondies à l'angle postéro-externe; ciliées latéralement; subsinueusement tronquées à l'extrémité; faiblement convexes longitudinalement sur le dos; convexement déclives sur les côtés et près du bord apical; ruguleusement marquées de points un peu moins gros et moins rapprochés que ceux du prothorax; d'un jaune fauve (σ) ou d'un fauve jaune (φ), avec le rebord sutural et celui du pourtour d'un rouge brun ou brunâtre; presque glabres, très-parcimonieusement garnies de poils livides un peu moins courts et moins indistincts à leur base; creusées d'une fossette humérale faisant ressortir le calus voisin; obliquement déprimées sous celui-ci; parées de trois faibles nervures: la première suturale, prolongée presque jusqu'à l'extrémité: la deuxième oblitérée avant d'arriver à un calus peu marqué, situé au devant du milieu du bord postérieur: la troisième plus raccourcie et souvent indistincte. Pygidium d'un jaune fauve (σ) ou d'un fauve jaune(φ); subruguleusement marqué de points peu profonds, de chacun desquels sort un poil court et livide. Dessous du corps et pieds d'un jaune tirant sur le fauve, ou d'une teinte plus claire que le dessus. Poitrine densement revêtue de longs poils jaunâtres. Ventre presque glabre ou garni de poils mi-couchés assez courts et peu apparents. Cuisses de devant hérissées de longs poils jaunâtres. Jambes de devant extérieurement tridentées ($\sigma\,\varphi$), avec le bord brunâtre, et souvent avec un reflet bleu ou violet. Tarses garnis en dessous de cils subspinosules.

Cette espèce est principalement méridionale. Elle m'a été donnée par M. Chevrolat comme venant de Bordeaux. Elle a été prise dans les environs de la même ville par M. Perroud; je l'ai reçue de M. Perris de Mont-de-Marsan, et l'ai trouvée quelquefois dans les environs de Lyon.

Obs. Les femelles ont le prothorax surtout d'une teinte moins pâle que les mâles.

Le *R. marginipes*, par son prothorax hérissé de poils, a quelque analogie avec le *R. æquinoctialis*, Fabr.; mais il est facile de l'en distinguer. Le dernier est d'une taille plus grande (ordinairement $0^m,0180$), le dessus de son corps est d'un rouge fauve; son prothorax est couvert de points enfoncés moins gros et moins profonds; les élytres ont trois côtes très-apparentes, elles sont marquées de points moins profonds et très-sensiblement moins rapprochés, même chez les σ, que ceux du prothorax, et ces points donnent naissance à un duvet facile à voir presque sans l'aide d'une loupe.

5. R. Vicinus; Dej. Inéd. *Suballongé; médiocrement convexe en dessus; glabre, d'un fauve jaune ou livide et presque transparent avec les rebords d'un rouge brunâtre. Prothorax à angles postérieurs presque en forme de dent et rectangulairement ouverts; à peine hérissé de quelques poils en devant; ruguleusement ponctué. Ecusson ponctué de chaque côté. Elytres faiblement élargies dans leur milieu ou postérieurement; subruguleusement marquées de points moins gros que ceux du prothorax; parées de trois nervures à peine prononcées. Pygidium couvert de points confluents.*

♂. Massue des antennes graduellement élargie, aussi longue au moins que les cinq articles précédents réunis. Ventre longitudinalement sillonné dans son milieu. Jambes de devant légèrement tridentées; quelquefois n'ayant d'autre dent que celle de l'extrémité.

♀. Massue des antennes ovalaire, moins longue que la tige ou que les six articles précédents réunis. Ventre sans sillon longitudinal. Jambes de devant armées de dents très-prononcées.

Rhizotrogus vicinus, Dej. Catal. 2ᵉ édit. p. 161. —M. Solier, In litteris.

Var. A. R. Pallipennis; Nob. *Elytres d'un livide tirant sur le fauve.*

L. 0,ᵐ0112 à 0,ᵐ0135 (5 à 6ᴵ). —L. 0,ᵐ0045 à 0,ᵐ0050 (2 à 2 1/4ᴵ).

Epistome transversal; sinueux ou échancré dans le milieu de sa partie antérieure; arrondi aux angles de devant; cilié en dessous; relevé en un rebord brunâtre; assez fortement concave en dessus d'un jaune rougeâtre ou d'un jaune fauve livide, ainsi que le reste de la tête; ruguleusement ponctué. Suture frontale faiblement distincte, d'une teinte brunâtre; courbée en arrière vers ses extrémités. Front glabre; transversalement chargé dans son milieu d'une arête faible, subsinueuse, lisse et imponctuée sur sa tranche; plus rugueusement et plus grossièrement ponctuée en devant de celle-ci qu'en arrière. Palpes et antennes d'un jaune fauve livide. Prothorax tronqué et rebordé en devant; garni en dessous d'une frange épaisse de poils courts et blanchâtres; à angles antérieurs à peine avancés, mais prononcés et obtusément ouverts; d'une largeur double de sa longueur; anguleusement dilaté dans le milieu de ses côtés; d'un tiers moins large en devant qu'aux angles postérieurs qui sont faiblement prolongés en espèce de dent à peine relevée, et subrectangulairement ouverts; bissinueusement en arc renversé à la base; cilié et muni latéralement d'un rebord dentelé, uniment rebordé à sa partie postérieure; garni au dessous de celle-ci d'une frange épaisse de poils courts et blanchâtres qui ombragent à peine la naissance de l'écusson; convexe; creusé

de chaque côté, au dessus des angles latéraux, d'une fossette punctiforme; d'un rouge livide ou d'un rouge jaune (♀), d'un fauve livide ou
d'un fauve jaunâtre (♂) et parfois presque transparent, avec ses rebords
d'un rouge brunâtre ; rugueusement marqué de points plus gros que
ceux de la partie antérieure du front, et parés chacun, examinés avec
attention, d'un ou de deux cercles dans leur fond ; lisse dans les intervalles de ces points ; offrant généralement dans le milieu de son
disque un espace imponctué ; glabre ou à peine hérissé de poils peu
nombreux à son bord antérieur. Ecusson en triangle curviligne,
ponctué sur les côtés de son disque ; souvent subcaréné longitudinalement dans son milieu ; glabre ; d'un jaune rougeâtre avec le
pourtour d'un rouge brunâtre. Elytres faiblement plus larges aux
épaules que le prothorax à ses angles postérieurs ; deux fois et demie
aussi longues que lui ; subsinueusement dilatées jusqu'à la moitié ou
jusqu'aux deux tiers de leur longueur ; arrondies à l'angle postéro-
externe ; ciliées latéralement ; tronquées à l'extrémité ; médiocrement
convexes ; plus convexement ou plus abruptement déclives au devant
du bord apical que sur les côtés ; d'un fauve livide ou d'un fauve jaune,
souvent presque transparentes, avec le rebord sutural et celui du
pourtour d'un rouge brunâtre ; ruguleusement marquées de points
sensiblement moins gros que ceux du prothorax ; glabres ou indistinctement garnies près du bord postérieur de poils très-courts ; creusées
d'une fossette humérale faisant ressortir le calus voisin ; obliquement
déprimées sous celui-ci ; parées de trois faibles nervures : la première,
suturale, oblitérée avant d'arriver à l'extrémité : les deuxième et
troisième à peine prononcées, rendues plus apparentes ou moins
indistinctes par une ponctuation presque nulle, n'atteignant ni l'une
ni l'autre un calus assez marqué situé au devant du bord postérieur.
Pygidium tronqué ou émoussé au sommet ; couvert de points confluents
un peu plus gros et plus circulaires que ceux des élytres ; d'un jaune
fauve livide en partie transparent ; presque indistinctement garni de
poils très courts. Dessous du corps et pieds d'un fauve jaune ou d'un
fauve jaunâtre ou d'un fauve livide. Poitrine revêtue de longs poils
blanchâtres. Ventre presque transparent ; parcimonieusement garni
de poils couchés, fins, courts et faiblement apparents. Jambes de
devant extérieurement tridentées (♂ ♀) avec le bord brunâtre , et
souvent avec un reflet bleu ou violet. Premier article des tarses postérieurs presque aussi long que le deuxième.

Cette espèce exclusivement méridionale a été trouvée par M. Solier,
dans les environs de Marseille où elle est assez rare. Elle habite les bois
de pin où, pendant le jour, on la trouve, selon le même naturaliste,
ordinairement cachée sous les pierres. Elle a été désignée dans le cata-

logue de M. le comte Dejean, sous le nom de *R vicinus* que je lui ai conservé.

Genre *Amphimallus*, AMPHIMALLE; LATREILLE.

(ἀμφίμαλλος, laineux des deux côtés.)

Caractères. Antennes de neuf articles, à massue composée de trois feuillets (♂♀). Premier article des tarses à peine plus long que les deux tiers du suivant: le dernier le plus long de tous. (Les autres caractères sont semblables à ceux du genre précédent.)

Ces insectes ont avec ceux de la coupe précédente beaucoup d'analogie de formes et d'habitudes. La plupart, durant le jour, se tiennent cachés dans la terre ou sur les arbres, pour ne se mettre en mouvement qu'au lever du soleil, ou principalement au crépuscule du soir; quelques-uns cependant, dans certaines circonstances, volent durant les heures diurnes.

Chez plusieurs espèces les mâles ont, comme chez les précédents, le ventre longitudinalement sillonné et garni de rangées transversales de poils spinosules. Les femelles, généralement peu nombreuses, offrent souvent une teinte, quelquefois même une couleur différente et se distinguent, comme celles des Rhizotrogues, par des caractères qui offrent une harmonie admirable avec le rôle qu'elles doivent remplir.

1. A. Ater; HERBST. *Allongé; convexe en dessus. Prothorax à angles postérieurs ordinairement un peu émoussés et obtusément ouverts; noir (♂) ou d'un rouge fauve (♀); densement couvert de points de chacun desquels se hérisse un poil cendré. Ecusson ponctué. Elytres à peine élargies dans leur milieu; subrugueusement ponctuées; noires (♂), ou d'un fauve livide avec la suture et le pourtour obscurs (♀); presque entièrement glabres; sans calus postérieur bien marqué; parées de trois nervures peu prononcées.*

♂. Massue des antennes graduellement élargie; plus longue que les cinq articles précédents réunis. Ventre longitudinalement déprimé ou subsillonné au moins en partie dans son milieu. Jambes de devant plus étroites, souvent bidentées seulement au côté externe.

♀. Massue des antennes ovalaire; plus courte que les cinq articles précédents réunis. Ventre sans traces de sillon longitudinal. Jambes de devant toujours tridentées.

Melolontha atra, Herbst, Nat. t. 3. p. 84. 37. pl. 24. f. 1.—Fab. Ent. Syst. t. 2. p. 158.
13.—*Id.* Syst. El. t. 2. p. 164. 19.—Panz. Ent. Germ. p. 222. 6.—*Id.* Faun. Germ.
47. 14.—Schoenh. Syn. Ins. t. 3. 176. 61 et App. p. 88. 122.

Melolontha fusca, Oliv. Ent. t. 5. p. 19. 13. pl. 2. f. 10.—*Id.* Encycl. méth. t. 7. p. 16.
16.—Latr. Hist. t. 10. p. 189. 13.—Baud.-Laf. Monog. p. 26. 9.

Amphimallon atrum, De Castern. Hist. t. 2. p. 134. 2.

Rhizotrogus ater, Heer, Faun. Helv. 1. 3. p. 557. 4.

Var. A. A. Fuscus; Nob. *Elytres brunes ou d'un brun rougeâtre.*

L. 0,"0123 à 0,"146 (5 1/2 à 6 1/2ˡ).—L. 0,"0061 à 0,"0067 (2 3/4 à 3 1/4ˡ).

♂. Epistome transversal; à peine ou point subéchancré dans le
milieu de sa partie antérieure; arrondi aux angles de devant; cilié en
dessous; relevé en rebord dans sa périphérie; assez fortement concave en dessus; noir comme le reste de la tête, et comme celle-ci
ruguleusement ponctué, et hérissé de poils grisâtres. Suture frontale
peu distincte. Front transversalement chargé dans son milieu d'une
arête subsinueuse et subcrénelée. Palpes et antennes bruns ou d'un
brun rouge. Prothorax tronqué et à peine rebordé en devant; à
angles antérieurs à peine avancés, très-légèrement émoussés et obtusément ouverts; d'une largeur double de sa longueur; anguleusement
dilaté dans le milieu de ses côtés; d'un tiers moins large en devant
qu'aux angles postérieurs qui sont légèrement émoussés et obtusément
ouverts; bissinueusement en arc renversé à la base; cilié et muni
latéralement d'un rebord très-étroit et subdentelé; uniment et légèrement rebordé à sa partie postérieure; garni au dessous du milieu
de celle-ci d'une frange épaisse de longs poils d'un livide jaunâtre qui
ombragent une partie de l'écusson; convexe; creusé de chaque côté, au
dessus des angles latéraux d'une fossette punctiforme peu apparente;
noir; uniformément couvert de points rapprochés, de chacun desquels
se hérisse un long poil d'un livide grisâtre. Ecusson en triangle curviligne et subéquilatéral; noir; marqué sur son disque de points plus
serrés et un peu moins gros que ceux du prothorax, lisse et imponctué
dans son pourtour. Elytres à peine plus larges aux épaules que le
prothorax à ses angles postérieurs; deux fois et quart aussi longues
que lui; subsinueusement et faiblement élargies jusqu'à la moitié de
leur longueur; arrondies à l'angle postéro-externe; tronquées à l'extrémité; ciliées dans leur pourtour; subconvexes longitudinalement sur
le dos, convexement déclives sur les côtés, et plus abruptement au
devant du bord apical; noires ou d'un noir brunâtre luisant; subrugueusement marquées de points moins rapprochés et un peu moins
gros que ceux du prothorax; parcimonieusement hérissées de poils
grisâtres près de leur naissance, glabres sur le reste de leur surface;

creusées d'une fossette humérale faisant ressortir le calus voisin; obliquement déprimées sous celui-ci; parées de trois à quatre nervures : la première, suturale, prolongée presque jusqu'à l'extrémité : les deuxième et troisième oblitérées avant d'arriver à un calus peu marqué situé au devant du bord postérieur : la quatrième naissant du calus huméral, très-faible, souvent peu ou point distincte. Pygidium noir ou d'un brun noir; presque lisse; marqué de petits points, de chacun desquels sort un poil fin, souvent enlevé ou indistinct. Dessous du corps et pieds noirs. Poitrine densement revêtue, et cuisses antérieures garnies de longs poils d'un blanc cendré.

♀. Tête d'un rouge fauve, avec le rebord de l'épistome et la suture frontale, bruns. Prothorax d'un rouge quelquefois un peu plus pâle; en général moins longuement hérissé de poils; garni sous le bord postérieur d'une frange presque uniforme de poils plus courts, n'ombrageant que la naissance de l'écusson : celui ci d'un rouge fauve, avec les bords brunâtres. Elytres d'un fauve flave ou d'un fauve livide, avec la suture brune et le pourtour d'un rouge brunâtre. Pygidium d'un rouge fauve, parfois paré de deux taches jaunâtres. Dessous du corps d'un fauve rougeâtre. Pieds d'un rouge fauve ou d'un rouge brunâtre : bord externe des jambes de devant brun ou noirâtre.

Cette espèce habite les parties méridionales et tempérées de la France, mais particulièrement les premières. Elle est assez commune vers le solstice d'été au Mont-Cindre, et sur divers autres points des Mont-d'Or lyonnais. Elle commence à voler vers cinq heures du matin et rentre en terre quelques heures après.

Latreille est le seul auteur qui ait décrit la femelle qui est rare. Un exemplaire de celle-ci m'a été donné par M. Chevrolat. Selon ce savant entomologiste, il faudrait rapporter à notre *A. ater* le *Rh. perplexus* du catalogue de M. le comte Dejean.

2. **A. Pini**; Oliv. *Suballongé; faiblement convexe en dessus. Prothorax à angles postérieurs légèrement émoussés et subrectangulairement ouverts; longitudinalement sillonné dans son milieu; d'un noir brûlé, avec les côtés d'un jaune fauve; densement ponctué; médiocrement hérissé de poils grisâtres. Elytres faiblement élargies dans leur milieu; d'un fauve rougeâtre; ruguleusement et subobsolètement ponctuées; très-parcimonieusement hérissées de poils peu apparents; parées de cinq nervures très-distinctes. Pygidium d'un jaune fauve; presque glabre. Dessous du corps brun. Pieds d'un jaune rouge.*

♂. Massue des antennes graduellement élargie, garnie de quelques poils, plus longue que les cinq articles précédents réunis. Ventre longitudinalement sillonné; transversalement armé de poils spino-

sules sur ses segments antérieurs. Jambes de devant faiblement tridentées, ou parfois seulement presque unidentées, au côté externe.

♀. Massue des antennes ovalaire, à peine plus longue que la tige
seulement. Ventre sans sillon longitudinal; garni ainsi que les cuisses
de derrière de poils flexibles. Jambes de devant tridentées.

Melolontha pini, OLIV. Ent. 1. 5. p. 18. 12. pl 2. f. 9. a, b.—*Id.* Encycl. méth. t. 7.
  p. 16. 14.—FAB. Ent. Syst. t. 2. p. 158. 15.—*Id.* Syst. El. t. 2. p. 165. 21. —SCHOENH.
  Syn. Ins. t. 3. p. 175. 54.—LATR. Hist. t. 10. p. 187. 10.—BOIT. Man. 1. p. 352.

Amphimallon spini (*pini*), DE CASTELN. Hist. t. 2. p. 154. 1.

Rhizotrogus pini, GUÉRIN, Icon. Règn. anim. pl. 24 *bis.* f. 7. antennes.—HEER, Faun.
  Helv. 1. 3. p. 558. 9.

Microdonta pini, HOPE, Coleopt. Man. p. 105.

Var. A. A. Bicolor; NOB *Elytres d'un brun noirâtre le long de la suture
et sur une plus ou moins grande étendue de leur surface, principalement
sur les côtés, avec une partie des nervures fauve ou d'un fauve testacé.
Ecusson noir.*

Var. B. A. Ustulatipennis; NOB. *Ecusson et élytres entièrement d'un noir
brûlé.*

L. 0,^m0135 à 0,^m0157 (6 à 7^l) — L. 0,^m0056 à 0,^m0067 (2 1/2 à 3^l).

Epistome transversal; sinueux ou échancré dans le milieu de sa
partie antérieure; arrondi à ses angles de devant; cilié en dessous;
glabre; subruguleusement et finement ponctué; d'un jaune fauve;
concave ou relevé dans sa périphérie en un rebord brunâtre. Suture
frontale courbée en arrière vers ses extrémités. Front d'un noir brûlé
assez luisant; parcimonieusement hérissé de poils grisâtres; plus
grossièrement ponctué en devant; longitudinalement sillonné dans
son milieu; marqué de chaque côté, sur sa seconde moitié, d'une
impression transversale un peu oblique. Palpes et antennes d'un
jaune fauve: massue de celles-ci d'un rouge brun parfois légèrement
violâtre. Prothorax tronqué et à peine rebordé en devant; paré en
dessous d'une courte frange de poils blanchâtres; à angles antérieurs
très-prononcés ou faiblement avancés, parfois légèrement relevés et
rectangulairement ouverts; d'une largeur double de sa longueur;
anguleusement dilaté dans le milieu de ses côtés; d'un tiers moins
large en devant qu'aux angles de derrière qui sont légèrement
émoussés et peu obtusément ouverts; bissinueusement en arc renversé
à la base; cilié et muni latéralement d'un rebord denticulé, uniment
rebordé à sa partie postérieure; garni au dessous du milieu de celle-ci
d'une frange de poils d'un blanc jaunâtre, qui ombragent une partie
de l'écusson; convexe; marqué au dessus des angles latéraux d'une

fossette cicatrisée; longitudinalement sillonné dans son milieu; subruguleusement couvert de points presque confluents plus gros que ceux
de la tête; peu densement hérissé de poils grisâtres; d'un noir brûlé,
avec les côtés longitudinalement d'un jaune fauve. Ecusson en triangle
curviligne et subéquilatéral; brun et souvent presque imponctué;
parcimonieusement garni de poils blanchâtres. Elytres à peine plus
larges aux épaules que le prothorax à ses angles postérieurs; deux
fois et quart aussi longues que lui; faiblement élargies dans leur
milieu; arrondies à l'angle postéro-externe; tronquées à l'extrémité;
parcimonieusement ciliées dans leur périphérie; faiblement convexes longitudinalement sur le dos, convexement déclives sur les
côtés, et plus abruptement au devant du bord apical; ruguleusement
et presque superficiellement ponctuées; assez longuement hérissées
près de la base, et brièvement sur le reste de leur surface, de poils
le plus souvent indistincts; parées de cinq nervures : la première,
suturale : la deuxième plus renflée que les autres, s'oblitérant près de
l'extrémité ainsi que la troisième, sur un calus à peine marqué : les
deux externes naissant, l'une au dessous, l'autre en dehors du calus
huméral, et souvent postérieurement réunies au devant du bord apical; subconvexement relevées en côtes plus faibles dans les intervalles
qui séparent ces nervures; obliquement déprimées sur le calus huméral; d'un rouge testacé ou d'un rouge fauve, avec les nervures plus
pâles. Pygidium d'un jaune fauve; presque glabre; subobsolètement
ponctué. Dessous du corps d'un noir brunâtre, avec le segment anal
ou les deux derniers segments fauves; assez densement hérissé sur la
poitrine de longs poils d'un blanc cendré. Ventre garni de poils courts,
couchés et cendrés. Pieds d'un jaune rouge. Jambes de devant extérieurement brunâtres.

Cette espèce est exclusivement méridionale. Elle m'a été envoyée
de Béziers par M. Gaubil, et de Nismes par M. Javet. Elle est rare à
Marseille, et commune à Toulon et à Hyères : on la trouve sur les pins.

3. **A. Tropicus: Schoenh.** *Suballongé; médiocrement convexe en
dessus. Epistome d'un rouge testacé. Front noirâtre. Prothorax à angles
postérieurs subrectangulairement ouverts; creusé au dessus d'une fossette
ou sillonné en partie dans son milieu; d'un brun de poix, avec les côtés
d'un rouge testacé; densement ponctué; garni de poils d'un livide jaunâtre
en partie couchés, en partie relevés. Elytres faiblement élargies dans leur
milieu; d'un rouge testacé; ruguleusement ponctuées; parcimonieusement
hérissées de poils assez longs près de la base, courts et peu distincts sur le
reste de leur surface; chargées de trois à quatre nervures. Pygidium d'un
rouge testacé; presque glabre. Ventre brunâtre. Pieds d'un rouge testacé.*

♂. Massue des antennes graduellement élargie; plus longue que les cinq articles précédents réunis. Ventre longitudinalement sillonné; transversalement armé de poils spiniformes sur le milieu de chaque segment. Jambes de devant faiblement tridentées, quelquefois n'ayant d'autre dent que celle de l'extrémité.

♀. Massue des antennes ovale; moins longue que la tige. Ventre inerme et sans sillon longitudinal; garni ainsi que les cuisses de derrière de poils flexibles. Jambes de devant toujours tridentées.

Melolontha tropica, SCHOENHERR, Syn. Ins. t. 3. p. 175 et App. p. 87. 119. (décrit par Gyllenhal.)

Amphimallon tropicum, DE CASTELN. Hist. t. 2. p. 154. 5.

Rhizotrogus tropicus, HEER, Faun. Helvet. 1. 3. p. 536. 2.

L. 0,^m0135 à 0,^m0168 (6 à 7 1/2'). —L. 0,^m0067 à 0,^m0078 (3 à 3 1/2').

Epistome transversal; subsinueux ou subéchancré dans le milieu de sa partie antérieure; arrondi à ses angles de devant; d'un rouge jaune ou d'un fauve jaune; cilié en dessous; concave, relevé en un rebord brun; presque glabre; densement ponctué; parfois comme creusé de deux fossettes légères près de la suture frontale. Celle-ci indiquée par une ligne courbée en arrière à ses extrémités. Front d'un noir peu luisant; transversalement chargé dans son milieu d'une arête subcrénelée, interrompue par un sillon longitudinal souvent presque effacé; plus grossièrement ponctué au devant de celle-ci qu'en arrière; hérissé de poils d'un livide jaunâtre, souvent usés ou enlevés en partie. Vertex chargé d'une arête plus faible et raccourcie. Palpes et antennes d'un rouge jaune ou d'un fauve jaune. Prothorax tronqué et rebordé en devant; garni en dessous d'une frange assez courte de poils d'un livide jaunâtre; à angles antérieurs sans avancement sensible, mais prononcés et obtusément ouverts; anguleusement dilaté dans le milieu de ses côtés; d'un tiers moins large en devant qu'aux angles de derrière qui sont en général légèrement émoussés, à peine relevés et un peu obtusément ouverts; bissinueusement en arc renversé à la base; cilié et muni latéralement d'un rebord dentelé, uniment rebordé à sa partie postérieure; garni au dessous de celle-ci et surtout dans le milieu, d'une frange épaisse de longs poils jaunâtres qui ombragent une partie de l'écusson; marqué de chaque côté, au dessus des angles latéraux, d'une fossette souvent cicatrisée, et placée sur un tubercule; généralement creusé d'une fossette plus grande, ou quelquefois en grande partie sillonné longitudinalement sur le milieu de son disque; d'un brun de poix avec les côtés d'un rouge jaune ou d'un fauve jaune; densement couvert sur le disque et parcimonieusement sur les côtés de points moins gros que ceux de la partie antérieure du front; garni de poils assez courts et couchés d'un cendré jaunâtre, plus densement rassemblés sur les côtés du disque où ils forment une bande arquée, et sur le sillon dorsal. Ecusson en triangle curviligne; émoussé à l'extrémité; fauve; densement ponctué excepté près de ses bords; garni de poils d'un cendré jaunâtre couchés ou peu relevés; quelquefois subcaréné longitudinalement. Elytres à peine plus larges aux épaules que le prothorax à ses angles postérieurs; deux fois et demie au moins aussi longues que lui; subsinueusement et faiblement élargies jusqu'à la moitié de leur longueur; arrondies à l'angle postéro-externe; tronquées à l'extrémité; ciliées dans leur pourtour; médiocrement convexes en dessus; convexement et plus abruptement déclives au devant du bord apical que sur les côtés; d'un rouge fauve ou d'un fauve rouge luisant, avec le rebord sutural brunâtre; subrugueusement marquées près de la suture, et subruguleusement vers le bord externe de points sensiblement moins rapprochés et à peine plus gros que ceux du prothorax; parcimonieusement hérissées de longs poils près de la base, et de poils plus courts près de l'extrémité; à peu près glabres sur le reste de leur surface; creusées d'une fossette humérale faisant ressortir le calus voisin; obliquement déprimées ou subsillonnées sous celui-ci; parées de trois à quatre nervures veinées d'une ligne blanchâtre peu ou point sinueuse : la première nervure, suturale, généralement la plus renflée, prolongée jusqu'à l'extrémité: la deuxième plus forte que la troisième, et comme celle-ci oblitérée avant d'arriver à un calus assez apparent, situé au devant du bord postérieur: la quatrième, grêle, peu saillante et souvent à peine prononcée : la cinquième ordinairement indiquée par une veine blanchâtre. Pygidium d'un fauve rouge plus foncé que celui des élytres, quelquefois d'un fauve brunâtre; souvent paré sur les côtés du disque de deux taches longitudinales plus claires ou jaunâtres; marqué de points assez rapprochés et peu profonds, de chacun desquels sort un poil assez court et mi-couché. Dessous du corps brun ou d'un brun rouge; revêtu sur la poitrine de longs poils d'un blanc cendré; garni sur le ventre de poils courts, couchés, et plus densement rassemblés sur les flancs de chaque segment. Pieds d'un fauve jaune.

♀. D'une taille un peu plus grande; d'une teinte ordinairement plus foncée; offrant la ponctuation du prothorax et des élytres généralement un peu plus forte: les cuisses postérieures plus renflées.

Cette espèce est exclusivement méridionale. On la trouve près de Marseille, dans les prairies.

4. A. Fallenii; Schoenh. *Suballongé; médiocrement convexe en dessus. Epistome d'un rouge testacé. Front noirâtre. Prothorax à angles postérieurs un peu obtusément ouverts; creusé en dessus d'une fossette ou sillonné en partie dans son milieu; d'un brun de poix, avec les côtés d'un fauve livide; paré d'une bande dorsale de même couleur, marquée d'une tache sur la fossette; densement ponctué; couvert de poils d'un fauve jaunâtre en partie couchés, en partie hérissés. Elytres faiblement élargies dans leur milieu; fauves ou d'un fauve roux; ruguleusement ponctuées; hérissées de longs poils livides, plus longs près de la base, plus rares et plus courts sur le reste de leur surface; chargées de trois à quatre nervures. Pygidium d'un jaune livide ou d'un livide jaunâtre. Dessous du ventre brunâtre. Pieds d'un fauve jaune.*

♂. Massue des antennes graduellement élargie; plus longue que les cinq articles précédents. Ventre longitudinalement sillonné, transversalement armé de poils spiniformes sur le milieu de chaque segment. Jambes de devant faiblement tridentées, quelquefois n'ayant d'autre dent que celle de l'extrémité.

♀. Massue des antennes ovale; moins longue que les cinq précédents réunis. Ventre sans sillon longitudinal, et garni ainsi que les cuisses de derrière de poils flexibles. Jambes de devant toujours tridentées.

Melolontha fallenii, Schoenh. Syn. Ins. t. 3. p. 175. 31 et App. p. 85. 118. (décrit par Gyllenhal.)—Gyllenhal, Ins. Suec. t. 4. p. 258.
Amphimalla fallenii, Steph. Syn. p. 221. 2.
Rhizotrogus ochraceus, Heer, Faun. Helv. 1. 3 p. 557. 3.

Var. A. **A. Lateralis;** Nob. *Prothorax d'un brun de poix sur tout son disque, d'un fauve livide seulement sur les côtés. Pygidium plus obscur.*

Var. B. **A. Fulvicollis;** Nob. *Prothorax à peine taché de brun, parfois entièrement d'un fauve livide.*

Var. C. **A. Suturalis;** Nob. *Elytres d'un fauve brunâtre longitudinalement sur toute la nervure suturale et quelquefois plus largement.*

Var. D. **A. Aurantiacus;** Nob. *Elytres orangées.*

L. 0^m,0146 à 0^m,0168 (6 1/2 à 7 1/2^l) —L. 0^m,0061 à 0^m,0072 (2 3/4 à 3 1/4^l).

♂. Epistome transversal; subsinueux ou subéchancré dans le milieu de sa partie antérieure; arrondi à ses angles de devant; d'un rouge jaune ou d'un rouge testacé; concave, relevé en un rebord brun; densement ponctué; presque glabre; comme creusé de deux fossettes près de la suture frontale. Celle-ci indiquée par une ligne

courbée en arrière à ses extrémités. Front d'un noir peu luisant ;
transversalement chargé dans son milieu d'une arête subcrénelée,
interrompue par un sillon longitudinal parfois presque effacé ; plus
grossièrement ponctué au devant de celle-ci que l'épistome ; hérissé
de poils d'un fauve jaunâtre, parfois en partie enlevés. Vertex chargé
d'une arête plus faible et raccourcie. Palpes et antennes d'un rouge
jaune ou d'un fauve jaune. Prothorax tronqué et rebordé en devant ;
garni en dessous d'une frange assez courte de poils d'un livide jaunâtre ; à angles antérieurs sans avancement sensible, mais assez prononcés et obtusément ouverts ; anguleusement dilaté dans le milieu
de ses côtés ; d'un tiers moins large en devant qu'aux angles de derrière qui sont en général légèrement émoussés, à peine relevés et
peu obtusément ouverts : bissinueusement en arc renversé à la base ;
cilié et muni latéralement d'un rebord dentelé, uniment rebordé à
sa partie postérieure ; garni au dessous de celle-ci et surtout dans le
milieu d'une frange épaisse de longs poils jaunâtres, qui ombragent
une partie de l'écusson ; convexe ; marqué de chaque côté, au dessus
des angles latéraux d'une fossette brunâtre ; généralement creusé
d'une fossette plus grande, ou quelquefois en partie sillonné longitudinalement dans le milieu de son disque ; d'un brun de poix, avec
les côtés assez largement d'un fauve livide ou jaunâtre ; paré d'une
bande dorsale de cette dernière couleur, marquée d'une tache brune
sur la fossette ; densement couvert sur le disque et parcimonieusement sur les côtés, de points moins gros que ceux de la partie antérieure du front ; garni de poils jaunâtres ou d'un fauve livide, en
partie assez courts et couchés, en partie longs et hérissés et moins
épais sur les côtés. Ecusson en triangle curviligne, émoussé à l'extrémité ; fauve ; densement ponctué excepté près de ses bords ; hérissé
de poils jaunâtres. Elytres à peine plus larges aux épaules que le
prothorax à ses angles postérieurs ; deux fois et demie au moins aussi
longues que lui ; subsinueusement et faiblement élargies jusqu'à la
moitié de leur longueur ; arrondies à l'angle postéro-externe ; tronquées à l'extrémité ; ciliées dans leur pourtour ; médiocrement convexes en dessus ; convexement et plus abruptement déclives au devant
du bord apical que sur les côtés ; fauves, d'un fauve roux ou d'un
testacé roussâtre et luisant, avec le rebord sutural brun et celui du
pourtour brunâtre ; subrugueusement marquées de points sensiblement moins rapprochés et un peu plus gros que ceux du prothorax ;
parcimonieusement hérissées de poils jaunâtres, longs près de la
base et autour de l'écusson, assez courts, peu apparents, et souvent
en partie enlevés sur le reste de leur surface ; creusées d'une fossette
humérale faisant ressortir le calus voisin ; obliquement déprimées,

ou subsillonnées sous celui-ci; parées de trois à quatre nervures en général sinueusement veinées de blanchâtre : la première, suturale, généralement la plus renflée, prolongée presque jusqu'à l'extrémité : la deuxième plus forte que la troisième, et, comme celle-ci, oblitérée avant d'arriver à un calus assez prononcé, situé au devant du bord postérieur : la quatrième, grêle, peu saillante et souvent à peine prononcée. Pygidium d'un jaune livide ou d'un livide jaunâtre; subobsolètement marqué de points peu rapprochés et beaucoup plus petits que ceux du prothorax et des élytres, et de chacun desquels se hérisse un poil fin et livide. Dessous du corps d'un brun de poix ou d'un rouge brun; revêtu sur la poitrine de longs poils d'un blanc jaunâtre; garni sur le ventre de poils courts, couchés et plus densement rassemblés près du bord de chaque segment, qu'ils parent d'une bordure blanchâtre triangulairement élargie sur les flancs. Pieds d'un fauve jaune.

♀. Dessus du corps d'une teinte ordinairement un peu plus foncée. Ponctuation du prothorax souvent un peu plus forte. Cuisses postérieures plus renflées.

Cette espèce habite principalement les parties orientales de la France méridionale. Je l'ai reçue du département du Var de M. Doublier. Elle a été commune en 1840 dans les environs de Lyon, surtout aux Brotteaux. Elle paraît vers la fin de juin et vole de cinq à neuf heures du matin.

Obs. Elle diffère de la précédente par son prothorax paré dans son milieu d'une bande longitudinale plus pâle; hérissé de poils plus longs, plus relevés et d'une teinte différente; par ses élytres d'une nuance moins rouge; et enfin par les nervures de celles-ci veinées par une ligne plus sinueuse.

5. **A. Solstitialis;** Linné. *Suballongé ; médiocrement convexe. Epistome d'un jaune rougeâtre ou d'un fauve livide. Front brun ou d'un fauve brunâtre. Prothorax à angles postérieurs émoussés et obtusément ouverts ; creusé en dessus d'une fossette, ou sillonné en partie dans son milieu ; d'un flave roux, avec les côtés du disque et une tache sur la fossette brunâtres, ou d'un fauve brunâtre; densement ponctué ; couvert de poils d'un livide jaunâtre, en partie couchés, en partie hérissés. Elytres faiblement élargies dans leur milieu ; d'un roux cendré ; subruguleusement ponctuées ; chargées de cinq nervures sinueusement veinées de blanchâtre; parcimonieusement hérissées de longs poils. Dessous du ventre brunâtre. Pieds orangés, ou d'un fauve jaune.*

♂. Massue des antennes graduellement élargie; plus longue que les cinq articles précédents réunis. Ventre longitudinalement sillonné; transversalement hérissé d'une rangée de poils rougeâtres et spiniformes. Jambes de devant faiblement tridentées, souvent n'ayant d'autre dent que celle de l'extrémité.

♀. Massue des antennes ovale, plus courte que les cinq articles précédents réunis. Ventre sans sillon longitudinal; garni ainsi que les cuisses postérieures de poils flexibles. Jambes de devant tridentées.

Scarabœus solstitialis, LINN. Faun. Suec. p. 137. 393.—*Id.* Syst. Nat. p. 554. 61. —PODA, Mus. græc. p. 21. 16.—SCOPOL. Ent. Carn. p. 2. 3.—MULLER (Oth.), Faun. Frid. p. 2. 10.—*Id.* Zool. Dan. Prod. p. 54. 465.—MULLER. (P. L. S.) Linn. Nat. p. 83. 61.—DE GEER, Mém. t. 4. p. 276. 21. pl. 10. f. 15.—RETZ. Spec. 124. 747. —SCHÆFF. Icon. pl. 93. f. 5?—HARRER, Beschr. n° 23—LESKE, Nat. p. 467. 11.— SCHRANK, Enum. p. 8. 12.—GMEL. Linn. Syst. Nat. p. 1563. 61.—DE VILL. C. Linn. Ent. 1. p. 29. 44.—RAZOUM. Hist. 1. p. 137. 8.—MARTYN, Ent. pl. 2. f. 17.—CUV. Tabl. élém. p. 519?—MARSH. Ent. Brit. 1. p. 58?—BLUMEMB. Handb. p. 320. 11—*Id.* trad. fr. p. 399. 11.

Le petit Hanneton d'automne, GEOFF. Hist. t. 1. p. 74. 7.

Scarabœus autumnalis, FOURCR. Ent. Par. 1. p. 6. 7.

Melolontha solstitialis, FAB. Syst. Ent. p. 33. 5.—*Id.* Spec. Ins. 1. p. 37. 7.—*Id.* Mant. 1. p. 19. 9.—*Id.* Ent. Syst. 2. p. 157. 11.—*Id.* Syst. Eleuth. t. 2. p. 164. 16. —LAICHART. Verz. 1. p. 35. 2. β, ♂; γ, ♀.—PETAGN. Spec. p. 4. 13.—HERBST, Nat. t. 3. p. 58. 8. pl. 22. f. 9.—OLIV. Ent. 1. 5. p. 16. 10. pl. 2. f. 8. a, b et f. 11. 2.—*Id.* éd. allem. (Illig.) t. 2. p. 36. 10.—*Id.* Encycl. méth. t. 7. p. 15. 12. —SCRIBA, Journ. 1. p. 60. 49.—ROSSI, Faun. Etr. 1. p. 19. 42.—*Id.* éd. Helw. t. 1. p. 19. 42.—PANZER, Ent. Germ. p. 221. 4.—PAYK. Faun. Suec. t. 2. p. 208. 3. —CEDERH. Faun. Ingr. p. 77. 236.—FALLÉN, Obs. Ent. 2. p. 27. 2.—WALCK. Faun. Par. p. 184. 3.—LATR. Hist. t. 10. p. 187.—*Id.* Gen. t. 2. p. 109. 4.—*Id.* Nouv. Dict. t. 14. p. 192.—DUFTSCH. Faun. Aust. 1. p. 188. 5.—GYLLENH. Ins. Suec. 1. p. 60. 3.—BAUD.-LAF. Monog. p. 24. 6.—MALINOUSK. N. Schrift. d. G. zu Halle. 1. 6. p. 16. ♀.—LAMARCK. An. s. Vert. t. 4. p. 589. 3.—DUMÉRIL. Dict. des Scien. Nat. t. 20. p. 270.—CURTIS, Brit. Ent. 406. 3.—BOIT. Mau. 1. 332.

Amphimalla solstitialis, STEPH. Syn. p. 221. 1.

Amphimallon solstitiale, DE CASTELN. Hist. t. 2. p. 134. 4.

Rhizotrogus solstitialis, HEER, Faun. Helv. 536. 1.

L. 0,^m0157 à 0,^m0180 (7 à 8^l).—L. 0,^m0067 à 0,^m0078 (3 à 3 1/2^l).

♂. Epistome transversal; sinueux ou subéchancré dans le milieu de sa partie antérieure; arrondi aux angles de devant; glabre; subruguleusement ponctué; d'un jaune rougeâtre ou d'un flave fauve; concave, relevé en un rebord brunâtre; comme creusé de deux fossettes près de la suture frontale. Celle-ci indiquée par une ligne subsinueuse dans son milieu et courbée en arrière à ses extrémités. Front d'un fauve brunâtre ou d'un brun livide; transversalement chargé dans son milieu d'une arête subcrénelée, interrompue par une fossette longitudinale; moins densement ponctué au devant de celle-ci qu'en arrière; hérissé de poils d'un jaunâtre livide. Vertex chargé d'une arête plus faible et raccourcie. Palpes et antennes d'un fauve jaune ou d'un rouge jaune. Prothorax tronqué et rebordé en devant; garni en dessous d'une frange épaisse de poils assez courts et jaunâtres; à angles antérieurs sans avancement sensible, mais assez prononcés et obtusément ouverts; anguleusement dilaté dans le milieu de ses côtés; de deux cinquièmes moins large en devant qu'aux angles de derrière qui sont en général émoussés, à peine relevés et obtusément ouverts; bissinueusement en arc renversé à la base; cilié et muni latéralement d'un rebord dentelé, uniment rebordé à sa partie postérieure; garni en dessous de celle-ci et surtout dans le milieu, d'une frange épaisse de longs poils d'un blanc jaunâtre; con-vexe; marqué de chaque côté au dessus des angles latéraux d'une fossette cicatrisée d'un fauve brunâtre; généralement creusé d'une fossette plus grande, ou quelquefois en partie sillonné longitudinale-ment dans le milieu de son disque; d'un jaune ou d'un flave roux, avec les côtés du disque et une tache sur la fossette dorsale d'un fauve brunâtre ou d'un fauve brun; densement couvert de points enfoncés moins gros que ceux de la partie antérieure du front; garni sur tout son disque de poils d'un jaune roux, en partie couchés, en partie hérissés, moins épais ou presque nuls près des bords latéraux. Ecusson en triangle obtus à l'extrémité; d'un jaune roux, avec le pourtour d'un rouge brunâtre et imponctué; couvert sur le reste de sa surface de points un peu moins gros que ceux du prothorax, de chacun desquels sort un poil mi-couché, d'un livide roussâtre ou d'un jaune roux. Elytres à peine plus larges aux épaules que le prothorax à ses angles postérieurs; près de trois fois aussi longues que lui; à peine élargies jusqu'au milieu de leur longueur; arrondies à l'angle postéro-externe; tronquées à l'extrémité; ciliées dans leur pourtour; médio-crement convexes en dessus; convexement et plus abruptement dé-clives au devant du bord apical que sur les côtés; d'un roux cendré ou d'un roux jaune luisant, avec le rebord sutural brun et l'externe d'un rouge fauve; subruguleusement marquées de points sensible-ment moins rapprochés et moins profonds, et à peine aussi gros que ceux du prothorax; creusées d'une fossette humérale faisant ressortir le calus voisin; obliquement déprimées ou subsillonnées sous celui-ci; parées de cinq nervures sinueusement veinées de blanchâtre : la pre-mière, suturale, prolongée jusqu'à l'extrémité; la deuxième et souvent la troisième presque aussi renflées que la précédente, et toutes deux oblitérées en général avant d'arriver à un calus assez prononcé, situé au devant du bord extérieur : la quatrième naissant du calus huméral, et la cinquième de l'angle huméral, s'effaçant l'une et l'autre près du bord apical ; parcimonieusement hérissées de longs poils concolores, irrégulièrement disposés sur les nervures. Pygidium d'un flave ou d'un livide roussâtre ; subgranuleusement marqué de points peu rapprochés, de chacun desquels se hérisse un long poil d'un flave roussâtre. Dessous du corps d'un roux jaune sur les segments pectoraux, et revêtu de longs poils d'un blanc roussâtre ; d'un rouge obscurément vineux ou brunâtre sur le ventre, et garni de poils courts, couchés et plus densement rassemblés près du bord de chaque segment qu'ils parent d'une bordure blanchâtre, triangulairement élargie sur les flancs. Pieds orangés.

♀. Epistome ordinairement d'une teinte moins claire, souvent d'un fauve livide. Front plus obscur ou brunâtre. Prothorax d'un livide roussâtre ou d'un livide fauve, avec les côtés du disque et la fossette dorsale d'un brun livide ; hérissé, ainsi que l'écusson, de poils moins longs et ordinairement plus blanchâtres. Elytres moins rousses ou d'un jaune cendré. Pieds d'un fauve brunâtre, d'un fauve jaune, parfois d'un fauve livide. Cuisses postérieures plus renflées.

Cette espèce est commune dans presque toutes les provinces de la France. Elle paraît vers la fin de juin. Elle vole le soir et quelquefois en plein midi. La larve, suivant M. Plieninger, habite les terres sablonneuses, légères et surtout en friche.

6. A. Rufescens ; Latr. *Oblong ; médiocrement convexe. Tête et prothorax d'un rouge fauve. Celui-ci plus particulièrement d'une légère couleur vineuse ; à angles postérieurs peu ou point émoussés et obtusément ouverts ; couvert de petits points confluents ; garni d'un duvet blanchâtre. Ecusson d'un rouge fauve, plus grossièrement ponctué. Elytres assez faiblement élargies jusqu'aux deux tiers au moins de leur longueur ; fauves ou d'un fauve jaune ; ponctuées ; hérissées d'un duvet très-court et peu apparent ; chargées de quatre à cinq faibles nervures. Dessous du corps d'un flave fauve. Pieds orangés ou d'un jaune fauve.*

♂. Massue des antennes plus longue que la tige. Ventre longitudinalement sillonné ; muni, ainsi que les cuisses de derrière, de poils spinosules.

♀. Massue des antennes plus courte que la tige. Ventre sans sillon longitudinal ; garni, ainsi que les cuisses postérieures, de poils flexibles.

Melolontha rufescens, Latr. Hist. t. 10. p. 188. 12.—Baud.-Laf. Monog. p. 25. 7. —Boit. Man. 1. 333.

Melolontha semi-rufa, Schœnh. Syn. Ins. t. 3. p. 177. App. p. 91. 126. (décrit par Gyllenhal.)

Rhizotrogus rufescens, Heer, Faun. Helv. 1. 3. p. 537. 5.

L. 0^m,0112 à 0^m,0145 (5 à 6 1/2^l). — L. 0^m,0050 à 0^m,067 (2 1/4 à 3^l).

Epistome transversal : faiblement entaillé dans le milieu de sa partie antérieure ; arrondi aux angles de devant ; relevé en rebord dans sa périphérie ; subruguleusement ponctué ; d'un rouge fauve, avec le rebord brunâtre. Suture frontale brunâtre, courbée en arrière vers ses extrémités. Front d'un rouge pâle violâtre ; subrugueusement et plus fortement ponctué ; transversalement relevé dans son milieu en un relief faible ou peu distinct. Palpes et antennes d'un jaune fauve. Prothorax tronqué et rebordé en devant ; à angles antérieurs sans avancement sensible, mais prononcés et obtusément ouverts ; anguleusement dilaté, dans le milieu de ses côtés ; d'un quart moins large en devant qu'aux angles de derrière qui sont peu ou point émoussés, à peine relevés et obtusément ouverts ; bissubsinueusement en arc renversé à la base ; densement garni en dessous de celle-ci d'une frange épaisse de poils d'un blanc cendré ou jaunâtre, qui ombragent une partie de l'écusson ; muni latéralement d'un rebord denticulé, uniment rebordé à sa partie postérieure ; convexe en dessus ; d'un rouge fauve ou plutôt d'une faible couleur vineuse ; marqué au dessus des angles latéraux d'une fossette punctiforme ou cicatrisée ; offrant longitudinalement dans son milieu les traces d'un sillon interrompu ; couvert de très-petits points confluents ; garni d'un duvet fin, cendré ou blanchâtre, parfois d'un blanc jaunâtre, court et parfois médiocrement apparent ; cilié latéralement ; hérissé au devant du milieu de sa partie postérieure de longs poils d'un livide jaunâtre. Ecusson d'un rouge fauve ; en triangle subéquilatéral, ou à côtés ordinairement un peu moins longs que la base ; couvert en dessus de points sensiblement plus gros et moins rapprochés que ceux du prothorax ; garni de poils blanchâtres souvent enlevés. Elytres à peine plus larges aux épaules que le prothorax à ses angles postérieurs ; deux fois et demie aussi longues que lui ; subsinueusement élargies jusqu'aux deux tiers au moins de leur longueur ; arrondies à l'angle postéro-externe ; tronquées à l'extrémité ; garnies dans leur pourtour de cils peu épais ; faiblement convexes longitudinalement sur le dos, convexement déclives sur les côtés, et plus abruptement au devant du bord apical ; d'un fauve jaunâtre et luisant, avec le rebord externe et surtout le sutural le plus souvent obscur ou brunâtre ; subruguleusement couvertes de points moins rapprochés, mais très-sensiblement plus gros que ceux du prothorax ; hérissées d'un duvet mi-relevé, fin, court, d'un livide jaunâtre, et peu apparent ; chargées d'un calus huméral très-prononcé, un peu obliquement prolongé en forme de côte graduellement affaiblie jusqu'au quart de leur longueur ; parées de trois à cinq nervures naissant au dessous de la base et oblitérées avant l'extrémité; la première suturale, souvent plus rougeâtre ou plus obscure que le reste de la surface : les deuxième et troisième moins larges, très-distinctes sur le disque, presque effacées avant d'atteindre le calus postérieur qui est très-faible : les quatrième et cinquième souvent peu apparentes ou indistinctes, surtout chez les femelles. Pygidium d'un fauve testacé ; subruguleusement marqué de points sensiblement plus petits que ceux des élytres, presque confluents, et de chacun desquels se hérisse un poil livide mi-couché, fin, court, peu apparent. Dessous du corps d'un jaune fauve ou d'un flave fauve ; revêtu sur la poitrine de longs poils d'un blanc jaunâtre, plus parcimonieusement disposés sur les cuisses. Ventre garni à la base d'un duvet court et couché, presque glabre vers l'extrémité. Pieds orangés ou d'un jaune fauve, plus rougeâtre ou plus foncé sur les jambes et les tarses.

Cette espèce est commune dans presque toute la France principalement de la fin de mai au solstice d'été : elle vole le soir.

Obs. Ordinairement la nervure voisine de la suture et surtout le rebord de celle-ci sont plus obscurs, d'autres fois ils sont de la couleur du reste des élytres.

L'*A. rufescens* a quelque analogie avec le *M. aprilinus* (Duftsch.), mais il en est très-distinct. Le dernier a une taille plus petite; le corps plus étroit; le prothorax d'un jaune roux, au lieu d'avoir une couleur vineuse, hérissé de longs poils concolores, et souvent de points au moins aussi petits mais un peu moins serrés. La finesse de ponctuation du prothorax distingue facilement ces deux espèces de toutes les précédentes. Le *M. aprilinus* n'a, je crois, pas été trouvé en France.

7. A. Marginatus : Herbst. *Subovale ; médiocrement convexe en dessus. Tête et prothorax d'un brun de poix presque bronzé (♂), ou d'un brun châtain (♀) : celui-ci à angles postérieurs émoussés et rectangulairement ouverts ; marqué en dessus de points confluents beaucoup plus petits que ceux du front ; hérissé de longs poils d'un cendré jaunâtre. Élytres faiblement élargies dans leur milieu ; entièrement d'un testacé livide (♀), ou d'un testacé livide à la base et longitudinalement sur leur disque, et d'une teinte graduellement plus brune près des bords externes et postérieurs, et plus largement du côté de la suture (♂); subruguleusement ponctuées; chargées d'une nervure juxta-suturale ; garnies d'un duvet court et mi-couché. Ventre d'un flave livide.*

♂. Massue des antennes graduellement élargie, presque aussi longue que tous les articles précédents réunis. Ventre longitudinalement sillonné. Jambes de devant tridentées, mais offrant souvent la dent inférieure et parfois l'avant-dernière oblitérées.

♀. Massue des antennes ovalaire, plus courte que les cinq articles précédents réunis. Ventre sans sillon longitudinal. Jambes de devant toujours tridentées.

♀. *Melolontha ruficornis*, Fab. Syst. Ent. p. 33. 6?—*Id*. Spec. 1. 37. 8?—*Id*. Mant. 1. 20. 12?—*Id*. Ent. Syst. 2. 159. 19?—*Id*. Syst. El. 2. 163. 25?—Rossr', Mant. 1. p. 10. 13?—Panz. Ent. Germ. p. 222. 5?—Schoenh. Syn. Ins. t. 3. p. 176?

♂. *Melolontha marginata*, Herbst, Arch. p. 14. 5. pl. 19. f. 22.—*Id*. trad. fr. p. 75. 4. pl. 19. *bis*. f. 22.—*Id*. Nat. t. 3. p. 86. 58. pl. 24 f. 2.—Brahm. Rh. mag. 1. p. 708. 64.

♂. *Melolontha pagana*, Oliv. Ent. 1. 5. p. 82. 117. pl. 10. f. 116.—*Id*. trad. allem. (Illig.) 2. p. 107. 117.—*Id*. Encycl. méth. t. 7. p. 16. 15.—Schoenh. Syn. Ins. t. 3. append. p. 88. 121.

♂♀. *Amphimallum paganum*, De Casteln. Hist. t. 2. p. 134. 5.

♂. *Rhizotrogus paganus*, Heer, Faun. Helv. p. 558. 7.

L. 0^m,0100 à 0^m,0123 (4 1/2 à 5 1/2^l).—L. 0^m,0050 à 0^m,0061 (2 1/4 à 2 3/4^l).

♂. Epistome transversal ; subéchancré dans le milieu de sa partie antérieure ; arrondi aux angles de devant ; glabre, presque uni ; peu densement ponctué ; d'un brun de poix ainsi que le reste de la tête ; concave, relevé en rebord ; marqué de deux fossettes près de la suture frontale. Celle-ci indiquée par une raie subsinueuse dans son milieu et courbée en arrière à ses extrémités. Front couvert de points gros, assez profonds et confluents ; hérissé de poils jaunâtres souvent en partie enlevés ; chargé d'une légère arête subcrénelée, moins prononcée que celle du vertex. Palpes et antennes d'un fauve jaune : les premiers et la tige des secondes parfois d'un fauve obscur. Prothorax tronqué et peu sensiblement rebordé en devant ; brièvement garni en dessous d'une frange épaisse de poils d'un cendré jaunâtre ; à angles antérieurs sans avancement sensible, mais prononcés et obtusément ouverts ; anguleusement dilaté dans le milieu de ses côtés ; de deux cinquièmes moins large en devant qu'aux angles de derrière qui sont émoussés et subrectangulairement ouverts ; bissinueusement en arc renversé à la base ; cilié et muni latéralement d'un rebord subdenticulé ; pourvu à sa partie postérieure d'un rebord uni qui s'efface après les sinuosités de celle-ci ; garni en dessous de cette dernière et surtout dans le milieu, d'une frange épaisse de longs poils d'un cendré jaunâtre qui ombrage la base de l'écusson ; convexe ; marqué de chaque côté au dessus des angles latéraux d'une fossette légère ; d'un brun de poix ou d'un brun noirâtre, assez luisant et presque métallique ; couvert de points confluents sensiblement moins gros que ceux du front, moins rapprochés et moins petits près des bords latéraux ; hérissé de longs poils d'un cendré jaunâtre. Ecusson en triangle curviligne et subéquilatéral, émoussé à l'extrémité; aspèrement couvert de points confluents beaucoup plus gros que ceux du prothorax, donnant naissance à des poils hérissés et d'un cendré jaunâtre; parfois imponctué longitudinalement dans son milieu. Elytres à peine plus larges aux épaules que le prothorax à ses angles de derrière; deux fois et demie au moins aussi longues que lui; subsinueusement et sensiblement élargies jusqu'à la moitié de leur longueur; subcurvilinéairement et plus faiblement rétrécies à partir de ce point; arrondies à l'angle postéro-externe et tronquées à l'extrémité; plus brièvement et plus deusement ciliées de cendré jaunâtre près de celle-ci que sur les côtés; faiblement convexes sur le dos, convexement déclives latéralement, et plus abruptement au devant du bord apical; d'un testacé livide ou d'un fauve livide à la base et longitudinalement sur leur disque, passant au testacé brun ou au fauve brun graduellement plus foncé sur le reste de leur surface, mais d'une manière plus étroite près des bords latéraux que vers l'extrémité, et surtout vers la suture, où cette couleur plus foncée forme une sorte de bande progressivement élargie d'avant en arrière; à rebords externe et sutural d'un brun noir; subruguleusement couvertes de points à peine aussi gros que ceux de l'écusson, mais très-sensiblement moins petits et moins rapprochés que ceux du prothorax, et donnant naissance à de poils concolores, mi-relevés et peu allongés; creusées d'une fossette humérale faisant ressortir le calus voisin : obliquement déprimées sous celui-ci; parées près de la suture d'une nervure graduellement élargie et prolongée jusqu'à l'extrémité; offrant souvent une ou deux autres nervures à peine indiquées ou presque indistinctes et non prolongées jusqu'à un calus peu marqué, situé au devant du bord apical. Pygidium d'un fauve rougeâtre, marqué de points circulaires presque superficiels peu rapprochés, de chacun desquels naît un poil court et indistinct; lisse entre ces points ou plutôt imperceptiblement subrugosule. Poitrine d'un brun de poix bresque bronzé; revêtu de longs poils d'un blanc cendré ou d'un cendré jaunâtre. Ventre presque glabre; d'un flave tirant sur le fauve vers l'anus, et graduellement d'une teinte plus livide vers les segments pectoraux. Pieds d'un brun de poix. Cuisses (les quatre dernières surtout), souvent d'un brun rougeâtre; aspèrement pointillées et parsemées de longs poils d'un cendré blanchâtre.

♀. Tête et prothorax d'une couleur de poix tirant sur le châtain. Elytres entièrement d'un testacé livide, d'un livide tirant sur le fauve ou d'un jaunâtre cendré, avec les rebords du pourtour et de la suture bruns. Pygidium d'un livide fauve. Ventre d'un flave jaunâtre ou

quelquefois d'un flave livide, presque transparent. Pieds d'un rouge
brun livide ou d'un fauve livide avec les tarses d'une teinte plus
claire.

Cette espèce habite principalement les parties tempérées de la
France ; on la trouve dans les environs de Lyon, du mois de mai au
solstice d'été. Elle vole le soir, et même pendant le jour, surtout près
des blés. Selon M. Germar (Mag. t. 1. p. 8.), la larve vit aux dépens des
céréales.

Obs. Herbst le premier a figuré et décrit sous le nom de *M. marginata*, le mâle de cette espèce, que plus tard Olivier a appelé *M. pagana*. Peut-être, avant le naturaliste prussien, Fabricius avait-il connu la
femelle ; mais son diagnostic est trop incomplet pour faire reconnaître
l'espèce.

DEUXIÈME BRANCHE.

LES SÉRICAIRES.

Caractères. Tarses postérieurs armés de deux ongles égaux en
longueur, munis chacun en dessous d'une sorte de crochet plus épais,
subcorné, presque aussi long que l'ongle ou crochet supérieur et
principal, à la tranche inférieure duquel il est uni dans la majeure
partie de son étendue, obtus à son extrémité. Suture frontale en arc
renversé. Antennes de neuf ou de dix articles : le premier plus grand
qu'aucun de ceux de la tige, fortement dilaté ou renflé vers son extrémité, hérissé de poils : le deuxième globuleux : les deux ou trois suivants moins épais, obconiques : les deux autres comprimés : les trois
derniers formant une massue feuilletée. Elytres sans bordure membraneuse apparente dans leur pourtour. Pygidium en grande partie
découvert. Segment propygidial habituellement voilé. Pieds plus longs
dans les mâles que dans l'autre sexe. Jambes de derrière munies
de deux éperons. Premier article des tarses postérieurs généralement le plus long.

Les premiers Mélolonthins nous ont offert des ongles tous armés en
dessous, à la base ou près de celle-ci, soit d'une ou de deux dents presque rudimentaires, soit d'un crochet notablement développé.
Chez les insectes que nous allons décrire, ou les Séricaires, ce
crochet semble se présenter encore, mais avec des modifications
dans sa forme et sa direction qui en dénaturent l'usage. Il s'est allongé,
et en acquérant plus de développement, il a perdu de sa courbure
et s'est uni presque sur toute sa longueur à la tranche inférieure de

l'ongle, auquel il semble composer une seconde branche subcornée,
verticalement plus épaisse et un peu plus courte que la principale,
obtusément tronquée à l'extrémité, et quelquefois garnie en dessous
d'une bordure membraneuse.

Les Séricaires présentent encore dans leur organisation une foule
d'autres caractères qui les isolent des deux coupes voisines, et permettent de les réunir dans une branche très-distincte. La tête et le
prothorax sont convexement déclives. La suture frontale que nous
avons vue, chez les Mélolonthaires, rectilinéairement transversale ou
courbée en arrière à ses extrémités, se montre ici arquée en sens
opposé. Les mandibules ont une partie de leur bord incisif membraneux. Les mâchoires offrent six dents, en un triangle très-resserré.
La massue des antennes des mâles montre encore dans les insectes des
deux premiers genres, comme dans plusieurs de ceux de la branche
précédente, un développement anormal; mais à partir des Brachy-
phylles, tous les autres Mélolonthins ne présenteront plus chez les
deux sexes, dans les feuillets de cette massue, des différences de longueur si frappantes. Les deux derniers segments pectoraux occupent
un espace généralement plus considérable que chez les autres
espèces de cette famille, et par le rappetissement plus ou moins
sensible qu'ils forcent le ventre à éprouver, le pygidium se trouve
souvent moins découvert, ou ombragé à sa base par les élytres. Les
pieds sont assez allongés, grêles et comprimés. Les hanches postérieures, peu engagées dans les cavités pectorales, ont acquis une
surface plus considérable, forment une plaque triangulaire couvrant
près de la moitié de l'espace compris entre les hanches intermédiaires
et le ventre. Les jambes sont munies de poils spiniformes. Les tarses
sont habituellement grêles, et les postérieurs, au moins, offrent leurs
quatre premiers articles graduellement moins longs les uns que les
autres, et le premier plus grand que celui de l'extrémité. Enfin chez
quelques mâles les ongles antérieurs sont d'une grosseur très-inégale :
l'interne ou antérieur présente un renflement obtus et très-prononcé
à sa branche inférieure, tandis que la principale se prolonge en une
pointe aciculaire.

Ces insectes sont d'assez petite taille ; la conformation de leurs
organes masticateurs dénote en eux des goûts moins voraces que
ceux des Mélolonthaires; plusieurs ont une robe irisée ou parée de
reflets brillants et de couleurs diverses. Quelques-uns volent pendant
le jour ; les autres sont crépusculaires ou nocturnes.

Nous les répartirons dans les genres suivants :

Jambes de devant extérieurement armées	de deux dents.	Prothorax tronqué presque en ligne droite à la base, ou n'offrant à celle-ci que deux faibles subsinuosités plus rapprochées du milieu que des angles postérieurs.	Antennes de neuf articles. Palpes maxillaires légèrement tronqués. — *Serica.* Antennes de dix articles. Palpes maxillaires terminés en pointe. — *Omaloplia.*
		Prothorax tronqué en arc renversé à la base, offrant à cette dernière deux sinuosités prononcées, près des angles postérieurs qui, par l'effet de celles-ci, paraissent prolongés en arrière en forme de dent. Antennes de neuf articles. — *Brachyphylla.*	
	de trois dents.	Branche inférieure des ongles, non garnie en dessous d'une membrane. — *Triodonta.*	
		Branche inférieure des ongles garnie en dessous d'une membrane. — *Hymenoplia.*	

Genre *Serica*, SERIQUE; MAC LEAY.

(σηριχός, soyeux.)

Caractères. Corps allongé, médiocrement convexe. Palpes maxillaires à dernier article presque aussi grand que les trois précédents réunis, subfiliforme, tronqué à l'extrémité. Palpes labiaux courts; à dernier article égal en longueur aux deux autres pris ensemble. Antennes de neuf articles : le premier aussi grand que les trois ou quatre suivants réunis ; extérieurement renflé vers l'extrémité. Prothorax tronqué presque en ligne droite à sa base, ou n'offrant à celle-ci que deux faibles subsinuosités plus rapprochées du milieu que des angles postéro-externes. Jambes de devant extérieurement armées de deux dents.

Ce genre a été fondé par M. Mac Leay dans ses Horæ Entom. t. I, p. 146. Les insectes qu'il renferme sont crépusculaires ou nocturnes. Les mâles ont les antennes beaucoup plus développées, et la branche inférieure de l'un des ongles de devant plus épaisse.

1. S. Brunnea; LINN. *Corps allongé ; médiocrement convexe, glabre et d'un rouge jaune en dessus. Yeux noirs. Chaperon échancré à son bord antérieur. Prothorax bissinueusement subarqué en devant et bissinueusement en arc renversé à la base ; creusé de chaque côté d'une fossette marquée d'une tache punctiforme obscure ; peu profondément ponctué. Ecusson en triangle. Elytres allongées, faiblement élargies postérieurement ; munies d'un léger rebord à l'extrémité ; à dix stries subobsolètement ponctuées ainsi que les intervalles : ceux-ci médiocrement convexes. Pieds et dessous du corps d'un jaune rouge.*

♂. Massue des antennes extérieurement courbée, près d'une fois aussi longue que tous les articles précédents réunis. Ongles des pieds de devant inégaux : l'un des deux plus long, arqué en deçà de la moitié de sa longueur et terminé par une pointe aciculée ; branche inférieure de cet ongle plus épaisse.

♀. Massue des antennes fusiforme, moins longue que tous les articles précédents réunis. Ongles des pieds antérieurs égaux en grosseur ; arquée seulement au delà du milieu de leur longueur.

Scarabœus brunneus, LINN. Faun. Suec. p. 138. 396.—*Id.* Syst. Nat. p. 556. 72.
　—MULLER, Linn. Naturs. p. 86. 72.—MULLER, Zool. Dan. Prod. p. 55. 473.—GMEL.
　Linn. Syst. Nat. p. 1568. 72.—DE VILL. C. Linn. Ent. 1. p. 32. 52.—MARTYN, Ent.
　pl. 3. f. 24.—MARSH. Ent. Brit. 1. 38. 67.
Le Scarabé fauve aux yeux noirs, GÉOFF. Hist. 1. 1. 83. 22.
Scarabœus fulvus, DE GEER, Mém. t. 4. p. 277. 23. pl. 10. f. 17.—RETZIUS, Spec. p.
　125. 749.
Scarabœus fulvescens, FOURCR. Ent. Par. 1. 10. 22.
Melolontha brunnea, FAB. Syst. Ent. p. 36. 20.—*Id.* Spec. Ins. 1. p. 39. 26.—*Id.* Mant.
　1. p. 21. 32.—*Id.* Ent. Syst. t. 2. p. 165. 42.—*Id.* Syst. El. t. 2. p. 170. 54.—OLIV.
　Ent. 1. 5. p. 43. 55. pl. 4. f. 38.—*Id.* éd. allem. (Illig.) 1. 66. 65.—*Id.* Encycl.
　méth. t. 7. p. 27. 73.—ROSSI, Faun. Etr. 1. p. 22. 50.—*Id.* éd. Helw. p. 22. 50.
　—HERBST, Naturf. t. 3. p. 87. 39. pl. 24. f. 3.—PANZ. Ent. Germ. p. 223. 10.—*Id.*
　Faun. Germ 95. 7.—PAYK. Faun. Suec. t. 2. p. 209. 4.—WALCK. Faun. Par. 1. p.
　185. 5.—ILLIG. Mag. t. 2. p. 220. 8.—LATR. Hist. t. 10. p. 192. 15.—DUFTSCH.
　Faun. Aust. 1. p. 191. 10.—GYLLENH. Ins. Suec. 1. p. 61. 4.—BAUD.-LAF. Monog.
　27. 11.—SCHŒNH. Syn. t. 3. p. 178.—BOIT. Man. 1. 335.—RATZEB. Forst. p. 79. 6.
　pl. 3. f. 12. ♀.
Serica brunnea, MAC-LEAY. Hor. Ent. 1. p. 147.—*Id.* éd. Leq. p. 80.—STEPHENS, Syn.
　p. 219. 1.—DE CASTELN. Hist. t. 2. p. 148. 1.—HEER, Faun. Helv. 1. 3. p. 535. 1.

L. 0,^{m}0073 à 0^m,0100 (3 1/2 à 4 1/2^l).—L. 0,^{m}0045 à 0^m,0050 (2 à 2 1/4^l).

Epistome en trapèze, rétréci en devant ; échancré à sa partie antérieure ; d'un jaune rouge ; ruguleusement marqué d'assez gros points ; parsemé de poils peu nombreux et peu apparents ; relevé dans sa périphérie en un rebord brunâtre sur sa tranche. Suture frontale indiquée par une ligne en arc renversé. Front souvent obscur, quelquefois brun; presque uni et plus parcimonieusement marqué de points moins gros que l'épistome. Yeux noirs, globuleux, saillants sur les côtés de la tête. Antennes et palpes d'un jaune rouge. Prothorax d'une teinte un peu plus rouge que les élytres; bissinueusement subarqué et rebordé en devant; à angles antérieurs émoussés ou subarrondis; curvilinéaire d'abord, puis rectilinéaire sur les côtés, jusqu'aux angles de derrière qui sont légèrement émoussés et rectangulairement ouverts; bissinueusement en arc renversé à la base; garni à celle-ci et sur les côtés d'un rebord étroit et d'un rouge un peu obscur; parcimonieusement cilié au dessus de celui des bords latéraux; convexe en dessus; glabre; d'un rouge jaune; creusé de chaque côté, d'une fossette habituellement marquée d'un point noirâtre; assez uniment couvert sur toute sa surface de points moins profonds et moins rapprochés que ceux de l'épistome. Ecusson en triangle au moins un tiers plus long que large à la base, d'un rouge jaune; subruguleusement ponctué. Elytres à peine plus larges aux épaules que le prothorax à ses angles postérieurs; plus de trois fois aussi longues que lui; subparallèles ou faiblement élargies jusqu'aux trois cinquièmes de leur longueur; ciliées sur les côtés entre un double rebord dont l'un des deux s'efface à l'angle postéro-externe qui est arrondi; tronquées à l'extrémité; médiocrement ou faiblement convexes longitudinalement sur le dos, convexement déclives sur les côtés et à leur partie postérieure; d'un rouge jaune ou d'un roux jaune, ainsi que le prothorax et l'écusson, avec le rebord sutural et celui du pourtour peu distinctement plus rougeâtres; glabres; à dix stries, subobsolètement ponctuées, ainsi que les intervalles qui sont subconvexes: la première strie prolongée jusqu'à l'extrémité : les autres postérieurement oblitérées vers la naissance de la déclivité qui précède le bord apical : les troisième et quatrième, sixième et septième ordinairement pariales. Pygidium d'un jaune rouge ou orangé; glabre; subruguleusement ponctué. Dessous du corps d'un jaune rouge, souvent avec un reflet d'un glauque azuré visible à certain jour; presque glabre. Pieds allongés, grêles; d'un jaune rouge : ceux de derrière aussi distants des intermédiaires que de l'anus.

Cette espèce habite plus particulièrement les parties septentrionales tempérées de la France. Je l'ai reçue néanmoins des Pyrénées et de quelques autres lieux du midi. Elle est principalement crépusculaire et peu commune aux environs de Lyon. M. Saxesen, selon M. Ratzebourg, a trouvé sa larve sous des pierres, dans un terrain dans lequel serpentaient des racines de pins.

Obs. M. Schœnherr et d'autres citent à tort dans leur synonymie le

Scar. brunneus décrit par Schrank dans son Enumeratio ; cet auteur dit lui-même dans sa Fauna Boïca, que cet insecte appartient à son genre *Scarabæus,* qui comprend nos Aphodiens, Géotrupins et Oryctésiens.

Mac Leay et d'autres donnent dix articles aux antennes ; ainsi que Latreille, je n'en puis trouver que neuf.

Genre *Omaloplia*, OMALOPLIE; STEPHENS.

(ὁμαλὸς, égal; ὁπλὴ, ongle.)

Caractères. Corps ovale , convexe, longitudinalement arqué. Palpes maxillaires à dernier article presque aussi long que les trois précédents réunis, extérieurement renflé dans le milieu et terminé en pointe. Palpes labiaux , courts à dernier article conique. Antennes de dix articles : le premier aussi long que les trois à quatre suivants réunis; extérieurement renflé vers l'extrémité. Prothorax tronqué presque en droite ligne à la base , ou n'offrant à cette dernière que deux faibles subsinuqsités plus rapprochées du milieu que des angles postérieurs. Jambes de devant extérieurement armées de deux dents.

M. Megerle avait désigné sous le nom d'Omaloplia , les insectes renfermés dans le genre Serica de M. Mac-Leay; avec M. Stephens nous restreignons l'application de cette dénomination aux espèces de cette coupe. Ces petits animaux sont diurnes. Les mâles ont encore la massue des antennes très-developpée ; mais leurs ongles antérieurs ne diffèrent pas de ceux des femelles.

1. O. Holoscericea : SCOPOL. *Corps ovale ; convexe ; longitudinalement arqué en dessus ; glabre ; noir ou d'un noir brunâtre, soyeux avec une teinte cendrée. Chaperon à peine subéchancré à sa partie antérieure ; ruguleusement couvert de points plus gros que ceux du front. Prothorax subarcuément en arc renversé en devant ; arqué sur les côtés; tronqué postérieurement presque en ligne droite , avec les angles de derrière rectangulairement ouverts ; sans rebord dans le milieu de sa base; moins fortement ponctué que l'épistome. Elytres à dix stries très-densement ponctuées: les troisieme et quatrième plus courtes et pariales. Intervalles subconvexes, parcimonieusement ponctués. Dessous du corps d'un brun rouge.*

♂. Massue des antennes subelliptique , extérieurement courbée , près d'une fois aussi longue que tous les articles précédents réunis. Dents des jambes de devant parfois émoussées.

♀. Massue des antennes subovalaire , moins longue que tous les

articles précédents réunis. Jambes de devant toujours fortement
bidentées.

Le Scarabé brun chagriné, Géof. Hist. t. 1. p. 84. 25.
Scarabæus holoscericeus, Scopoli, Ann. Quinq. Hist. Nat. p. 77. 15.
Scarabæus sulzeri, Fuessly, Verz. p. 3. 35.—Brahm, Ins. Kal. t. 1. p. 223. 760.
Scarabæus pellucidus, Sultz. Abgek. Gesch. p. 18.—Fuessly, Mag. 1. p. 167.—Gmel.
    Linn. Syst. Nat. p. 1570. 315.
Scarabæus chrysomeloïdes, Schrank, Enum. p. 16. 25.
Scarabæus lamellatus, Fourcr. Ent. Par. p. 11. 25.
Trox holoscericeus, Laichart. Tyr. Ins. 1. p. 31. 4.
Melolontha berolinensis, Herbst, Arch. p. 155. 21.
Melolontha variabilis, Oliv. Ent. 1. 5. p. 52. 70. pl. 4. f. 57.—*Id.* Encycl. Méth. t. 30.
    89.—Fab. Ent. Syst. t. 2. p. 180. 101.—*Id.* Syst. El. t. 2. p. 182. 129.—Schneid.
    Mag. c. 2. p. 284. 9.—Hoppe. Enum. p. 50.—Panz. Ent Germ. p. 226. 26.—*Id.* Faun.
    Germ. 97. 12.—Illig. Faun. Par. t. 4. p. 84. 129.—Walck. Mag. 1. p. 187. 14.
    —Latr. Hist. t. 10. p. 193.—*Id.* Gen. t. 2. p. 111. 6.—*Id.* Nouv. Dict. d'hist. Nat.
    t. 14. p. 193.—Duftsch. Faun. Aust. 1. p. 191. 11.—Baud.-Laf. Monog. p. 27. 10.
    —Schœnh. Syn. Ins. t. 3. p. 179. 72.—Boit. Man. 1. 155.—Muls. Lettr. 1. 280. 7.
Melolontha holoscericea, Scriba, Journ. 1. p. 64. 56.
Melolontha chrysomelina, Schrank, Faun. Boic. t. 1. p. 412. 380.
Serica variabilis, De Casteln. Hist. t. 2. p. 148. 3.
Serica sulzeri, Heer, Faun. Helv. p. 536. 2.

Var. A. S. Fusca ; Nob. *Dessus du corps d'un brun rouge , soyeux,
avec une teinte.ou un velouté blanchâtre.*

Var. B. S. Pellucida ; Sulz. *Dessus du corps fauve ou d'un fauve jaune
soyeux, avec une teinte ou un velouté blanchâtre.*

Sultz. l. c. pl. 1. f. 9.—Duftsch. l. c. Var. β.

Long. 0,^m0090 (4^l).—Larg. 0,^m0045 (2^l).

Dessus du corps glabre, noir ou d'un noir brunâtre, soyeux, comme
velouté de cendré, ou paré d'une teinte cendrée, analogue, vu à
certain jour, au glauque de plusieurs fruits; quelquefois irisé de
diverses couleurs. Epistome en trapèze, rétréci en devant; à peine
subéchancré à sa partie antérieure ; relevé dans sa périphérie en un
rebord moins saillant sur les côtés ; ruguleusement couvert de gros
points confluents; subcaréné transversalement dans son point de
jonction avec les joues. Suture frontale indiquée par une raie en arc
renversé. Front chargé de points moins profonds et moins rapprochés
que ceux de l'épistome. Palpes et antennes d'un fauve livide ou d'un
fauve jaunâtre. Prothorax échancré ou presque en arc renversé en
devant et garni d'un rebord écrasé ; à angles antérieurs avancés en

espèce de dent saillante et aiguë; arqué sur les côtés ; sensiblement plus étroit aux angles de devant qu'à ceux de derrière qui sont rectangulairement ouverts ; tronqué presque en ligne droite à la base, ou avec la partie médiaire de celle-ci presque indistinctement plus prolongée en arrière; cilié et rebordé latéralement; garni à la base de cils peu apparents et d'un très-faible rebord qui s'efface un peu après les angles postérieurs; convexe en dessus; subruguleusement couvert de points moins rapprochés et moins profonds que ceux de l'épistome. Ecusson en triangle presque équilatéral, légèrement obtus à son extrémité; subruguleusement ponctué excepté près des bords, qui, parfois, sont d'un brun rougeâtre. Elytres à peine plus larges que le prothorax à ses angles postérieurs; subcurvilinéairement élargies jusqu'à la moitié de leur longueur, et pareillement rétrécies dans leur seconde moitié; arrondies à l'angle postéro-externe; ciliées dans leur pourtour entre un double rebord, prolongés l'un et l'autre en s'affaiblissant jusqu'à l'angle sutural : l'externe très-étroit; obtusément tronquées à l'extrémité; convexes en dessus; faiblement creusées d'une fossette humérale ; à dix stries : les première et deuxième subterminales : les troisième et quatrième plus courtes, et parialement réunies postérieurement sur un calus indistinct : les cinquième à neuvième graduellement plus longues : cette dernière subterminale; ponctuées, très-densement sur les stries, parcimonieusement sur les intervalles qui sont médiocrement convexes. Pygidium subruguleusement et assez densement ponctué; hérissé de quelques poils d'un fauve livide. Dessous du corps et pieds d'un brun rouge ou d'un rouge brun avec une teinte cendrée. Poitrine subobsolètement ponctuée ; garnie de poils fins, mi-couchés, peu épais, médiocrement apparents, d'un fauve livide. Ventre marqué de points moins gros; transversalement garni sur chacun de ses anneaux, d'une rangée de poils d'un fauve livide et à peine apparents. Pieds allongés. Cuisses ponctuées, garnies de poils moins rares sur les antérieures; toutes ciliées postérieurement. Jambes de devant tridentées : les autres munies de poils spiniformes, plus courts en dessus qu'en dessous.

Cette espèce habite la plus grande partie des provinces de la France. On la trouve pendant les beaux jours dans les lieux sablonneux. Elle n'est pas rare dans les environs du château de Mont-Chat, près Lyon.

Obs. Elle est facile à distinguer de la *S. brunnea*, même dans ses variétés les plus claires, par son corps plus court, plus ovale, plus arqué longitudinalement, par son velouté blanchâtre et par la branche interne du double rebord extérieur de ses élytres à peine plus saillante que l'autre.

Elle a été découverte et décrite par Geoffroy; quelques années plus tard Scopoli lui imposa, le premier, le nom spécifique que nous avons dû adopter. Fabricius dans ses premiers ouvrages l'avait confondue avec une autre espèce exotique, distinguée par Illiger sous le nom de *Melol. sericea*.

Genre *Brachyphylla*, BRACHYPHYLLE; NOB.

(βραχύν, court; φύλλον, feuille.)

Caractères. Corps court, subdéprimé sur le dos, subovalaire ou presque en carré long. Mâchoires à dents intermédiaires au moins aussi longues que les autres. Palpes maxillaires à dernier article presque aussi grand que les trois précédents réunis, extérieurement renflé dans son milieu et terminé en pointe. Palpes labiaux à dernier article le plus long. Antennes de neuf articles: le premier subtriangulairement renflé vers l'extrémité. Prothorax tronqué en arc renversé à la base, offrant à cette dernière deux sinuosités prononcées près des angles postérieurs, qui, par l'effet de celles-ci, paraissent prolongés en arrière en forme de dent. Jambes de devant bidentées au côté externe.

Les insectes de cette coupe ont une activité diurne. Ils ne présentent plus comme tous les Mélolonthins précédents un développement anormal dans les feuillets de la massue des mâles; et les ongles des pieds antérieurs de ces derniers sont égaux.

1. **B. Ruricola;** FAB. *Peu allongé et subparallélogrammique; subdéprimé ou faiblement convexe en dessus. Epistome sans échancrure en devant. Tête et prothorax d'un noir presque mat; ponctués et peu densement hérissés de poils grossiers: le second échancré en devant, arqué sur les côtés et bissubsinueusement en arc renversé et rebordé à la base, avec les angles postérieurs légèrement prolongés en forme de dent. Elytres faiblement élargies dans leur milieu et moins rétrécies postérieurement; à dix stries subobsolètement ponctuées; d'un rouge jaune, parées le long de la suture et dans leur pourtour d'une bordure noire. Dessus du corps et pieds noirs.*

♂. Massue des antennes au moins aussi longue que les cinq articles précédents réunis. Jambes de devant à dents souvent émoussées. Tarses antérieurs plus longs que la jambe.

♀. Massue des antennes moins longue que les cinq articles précédents réunis. Jambes de devant à dents toujours aiguës. Tarses antérieurs à peine aussi grands que la jambe.

Le Scarabé à bordure, GEOF. Hist. t. 1. p. 80. 15.
Melolontha ruricola, FAB. Syst. Eut. p. 38. 50.—*Id.* Spec Ins. 1. 45. 45..—*Id.* Mant.

1. 23. 58.—*Id.* Ent. Syst. t. 2. p. 173. 75.—*Id.* Syst. El. t. 2. p. 176. 97.—Oliv·
Ent. 1. 5. p. 52. 71. pl. 3. f. 25.—*Id.* Encycl. Méth. t. 7. p. 30. 92.—Panz. Nat.
t. 24. p. 8. 10. pl. 1. f. 10.—*Id.* Ent. Germ. p. 224. 18.—Herbst, Naturs. t. 3.
p. 116. 70. pl. 25. f. 2.—Rossi, Faun. Etr. 1. p. 20. 47.—*Id.* éd. Helw. p. 20. 47.
—Scriba, Journ. 1. p. 11. et. p. 263.—Schneid. Mag. c. 3. p. 289. 13.—Latr. Hist.
t. 10. p. 194. 17.—*Id.* Nouv. Dict. d'Hist. Nat. t. 14. 173.—Duftsch. Faun. Aust.
1. p. 204. 20.—Baud.-Laf. Monog. p. 29. 14.—Schoenh. Syn. Ins. t. 3. p. 184. 102.
—Duméril, Dict. des Scienc. Nat. t. 20. p. 270.—Boit. Man. 1. 335.—Muls. Lett.
1. 279.—Ratzeb. Forst. p. 80. 8. pl. 3. f. 13.

Scarabæus marginatus, Fuessly, Verz. 3. 37.—Fourcroy, Ent. Par. 1. p. 9. 15.—Martyn,
Ent. Angl. pl. 1. f. 7.

Melolontha floricola, Laichart. Tyr. Ins. t. 41. 6.—Schrank, Faun. Boic. 1. p. 411.
379.

Melolontha nigromarginata, Herbst, Arch. p. 155. 20. pl. 43. f. 7.—*Id.* trad. fr. p. 77.
pl. 43. 7.

Scarabæus ruricola, Gmel. Linn. Syst. Nat. p. 1558. 235.—De Vill. C. Linn. Ent. 1.
p. 38. 74.—Brahm, Rh. Mag. p. 716. 68.—Marsh. Ent. Brit. p. 39. 68.

Omaloplia ruricola, Steph. Syn. 220. 1.

Serica ruricola, De Casteln. Hist. t. 2. p. 148.

Serica marginata, Heer, Faun. Helv. 1. 3. p. 536. 3.

Var. A. B. Immarginata ; Nob. *Bordures suturale et du pourtour des
élytres à peine apparentes ou indistinctes. Dessous du corps et pieds d'un brun
rouge ou d'un rouge brun livide.*

Var. B. B. Obscura ; Nob. *Elytres d'un fauve obscur, ou brunâtres avec
une bordure noire le long de la suture et dans leur pourtour.*

Fab. Syst. Ent. l. c. Var.

Var. C. B. Humeralis ; Fab. *Elytres d'un brun noirâtre, avec une tache
punctiforme humérale, fauve ou pâle, et parfois une autre analogue, près
de la suture au delà de leur milieu.*

Melolontha humeralis, Fab. Syst. Ent. p. 40. 39.—*Id.* Spec. Ins. 1. p. 46. 68.—*Id.*
Mant. 1. p. 24. 82.—*Id.* Ent. Syst. t. 2. p. 181. 108.—*Id.* Syst. El. t. 2. p. 184. 39.
—Oliv. Ent. 1. 5. p. 53. 72. pl. 3. f. 26.—*Id.* Encycl. méth. t. 7. 93. 31.—Herbst,
Nat. t. 3. p. 75. 22.—Panz. Ent. Germ. p. 226. 25.—*Id.* Faun. Germ. 34. 10.
—Schoenh. Syn. Ins. t. 3. p. 185.

Scarabæus humeralis, Gmel. Linn. Syst. Nat. t. 4. p. 1567. 286.

Var. D. B. Disca ; Nob. *Elytres noires avec leur disque brun, irisées de
diverses couleurs.*

Var. E. B. Atrata ; Fourcr. *Elytres entièrement noires, irisées de diverses couleurs, principalement de vert et de violet.*

Le velours noir, Geoff. Hist. t. 1 p. 84. 23.

Scarabæus atratus, Fourcr. Ent Par. 1. p. 11. 23.

Melolontha ruricola. Scriba, Journ. 11. 10.—Latr. Hist. l. c.
Serica marginata, Heer, l. c. Var. 5.

L. 0^m,067 à 0^m,0072 (3 à 1/4^l).—L. 0^m,0039 à 0^m,0045 (1 3/4 à 2^l.)

Epistome en trapèze, rétréci en devant; sans échancrure à sa partie
antérieure, relevé en rebord dans son pourtour; d'un noir presque
mat ainsi que le reste de la tête; couvert comme celle-ci de points
inégaux : les plus gros donnant naissance à d'assez longs poils grossiers
et hérissés, généralement noirs ou grisâtres. Suture frontale en arc
renversé; peu distincte. Palpes et antennes fauves ou d'un fauve jaunâtre: massue des dernières plus obscure. Prothorax échancré ou
faiblement en arc renversé et à peine rebordé en devant; à angles
antérieurs avancés en espèce de dent; arqué sur les côtés; d'un tiers
moins large aux angles de devant qu'à ceux de derrière, qui sont
légèrement prolongés postérieurement en forme de dent et obtusément ouverts; bissinueusement en arc renversé à la base; cilié et
étroitement rebordé latéralement; muni à sa partie postérieure d'un
rebord plus écrasé et non interrompu; convexe en dessus; d'un noir
presque mat; marqué de chaque côté d'une fossette parfois peu apparente; offrant le plus souvent sur son milieu les traces d'un sillon
longitudinal; subruguleusement garni de points plus égaux et très-
sensiblement moins rapprochés que ceux de la tête; peu densement
hérissé de poils grossiers, généralement noirs ou grisâtres. Ecusson
en triangle subcurviligne; à côtés plus longs que la base; d'un noir
brunâtre mat, avec les bords quelquefois d'un brun rouge; marqué
sur sa surface, qui est plus unie que celle du prothorax, d'une ponctuation analogue à celle de ce dernier ou un peu plus fine. Elytres
à peine plus larges aux épaules que le prothorax à ses angles postérieurs; deux fois aussi longues que celui-ci; subcurvilinéairement et
faiblement élargies jusqu'à la moitié de leur longueur; un peu plus
légèrement rétrécies dans leur seconde moitié; arrondies à l'angle
postéro-externe, et tronquées à l'extrémité; subdéprimées ou faiblement convexes sur le dos, obliquement ou convexement déclives sur
les côtés; creusées d'une légère fossette humérale; à dix stries subobsolètement ponctuées : les première, neuvième et dixième terminales : les autres oblitérées sur un calus assez apparent, situé au
devant du bord apical; d'un rouge jaune irisé de diverses couleurs,
avec l'intervalle juxta-sutural noir, et une bordure dans son pourtour
de même couleur et au moins aussi large; parsemées de poils peu
nombreux et peu apparents, en partie noirs, en partie livides. Intervalles subdéprimés, parcimonieusement et subobsolètement ponc-

tués. Pygidium convexe ; d'un noir peu luisant ; subaspèrement marqué de points plus petits et plus légers que ceux du prothorax, et donnant chacun naissance à un poil livide. Dessous du corps et pieds ponctués d'un noir plus luisant que le prothorax ; peu densement garnis de poils mi-couchés noirâtres ou d'un gris livide. Cuisses postérieures plus renflées. Jambes de devant extérieurement bidentées ; quelquefois brunes ou d'un brun rougeâtre. Tarses antérieurs ordinairement d'un rouge brun ou brunâtre.

Cette espèce habite la plus grande partie des provinces de la France. Elle est commune dans les environs de Marseille, et n'est pas rare dans ceux de Lyon. On la trouve, pendant le jour, sur les graminées et autres plantes peu élevées.

Obs. Le *B. ruricola* a été décrit pour la première fois par Geoffroy sous le nom de *Scarabé à bordure*, et, en 1775, nommé *M. ruricola* par Fabricius, et *Scar: marginatus* par Fuessly.

Les poils de la tête et du prothorax sont plus ordinairement noirs chez les mâles, et grisâtres chez les femelles.

Genre *Triodonta*, Triodonte ; Nob.

(τρεῖς, trois ; ὀδοὺς-οντος, dent.)

Caractères. Corps allongé ; faiblement convexe et légèrement élargi postérieurement. Palpes maxillaires à dernier article presque aussi long que les trois précédents réunis, renflé, légèrement tronqué à l'extrémité, Dernier article des palpes labiaux conique. Antennes de dix articles, quelquefois ne paraissant en présenter que neuf, surtout chez les femelles, par l'effet de la réunion ou de la séparation peu sensible de deux articles de la tige. Jambes de devant tridentées au côté externe. Branche inférieure des ongles non garnie en dessous d'une membrane.

Les espèces de cette coupe sont généralement crépusculaires. Les mâles ont la branche inférieure de l'ongle antérieur ou interne des pieds de devant notablement plus développée que l'autre.

1. T. Aquila ; Dej. Inéd. De Casteln. *Corps allongé ; médiocrement convexe en dessus ; d'un fauve brunâtre, ponctué et garni de poils couchés d'une teinte plus claire. Chaperon sans échancrure à sa partie antérieure. Tête grossièrement ponctuée. Prothorax tronqué postérieurement presque en ligne droite, avec les angles de derrière rectangulairement ouverts ; sans rebord dans le milieu de sa base ; marqué de chaque côté d'une fossette ou d'un faible tubercule ; moins fortement ponctué que la tête. Elytres allongées, postérieurement élargies ; à onze stries assez légères, mais* *rendues plus apparentes par la subconvexité des intervalles. Pieds et dessous du corps d'un fauve moins obscur.*

♂. Massue des antennes elliptique ; à peu près aussi longue que les cinq articles précédents réunis. Dents des jambes de devant parfois émoussées. Ongles des mêmes pieds inégaux : l'un des deux offrant la branche supérieure ou principale prolongée en une longue pointe aciculée, et l'inférieure plus épaisse que celle de l'autre ongle.

♀. Massue des antennes ovalaire, à peine aussi longue que les quatre articles précédents réunis. Jambes de devant toujours armées de dents aiguës. Ongles des mêmes pieds égaux : la branche supérieure de chacun d'eux faiblement plus longue que l'inférieure.

Omaloplia aquila, Dej. Catal. 1re éd. p. 59.
Serica aquila, De Casteln. Hist. t. 2. p. 148. 2.

Var. A. T. Noctua ; Nob. *Prothorax d'un fauve brunâtre sur le disque ; d'un fauve flave ou livide sur les côtés. Elytres et pieds d'un fauve livide. Dessous du corps d'un jaune livide, ou d'un flave tirant sur le fauve.*

L.0,^m0067 à 0^m,0078 (3 à 3 1/2^l).—L. 0,^m0033 à 0^m,0039 (1 1/2 à 1 3/4^l.)

♂. Epistome en trapèze, rétréci en devant ; sans échancrure à sa partie antérieure ; relevé dans sa périphérie en un rebord plus saillant en devant que sur les côtés ; d'un rouge fauve ainsi que le reste de la tête, et comme elle ruguleusement couvert de gros points confluents. Suture frontale indiquée par une raie en arc renversé. Front garni de poils couchés, d'un livide fauve. Yeux noirs, globuleux, situés sur les côtés de la tête. Palpes et antennes d'un fauve jaune. Prothorax échancré ou presque en arc renversé, et rebordé en devant ; à angles antérieurs avancés en espèce de dent saillante ; curvilinéaire latéralement sur les côtés de celle-ci, puis rectilinéairement prolongé jusqu'aux angles postérieurs qui sont à peine émoussés et rectangulairement ouverts ; tronqué presque en ligne droite à la base, ou avec la partie médiaire de celle-ci à peine prolongée en arrière ; garni à cette dernière d'un rebord qui s'efface en approchant du milieu ; rebordé latéralement ; médiocrement convexe en dessus ; fauve ou d'un fauve brunâtre ; creusé de chaque côté d'une fossette légère, souvent peu apparente, située près du milieu des bords latéraux, sur une faible gibbosité ou sur un tubercule obtus et peu saillant, ordinairement marqué d'un point obscur ; subruguleusement couvert sur toute sa surface de points moins profonds, un peu moins gros et moins rapprochés que ceux du prothorax, et de chacun desquels sort un poil couché et d'un livide fauve ou jaunâtre. Ecusson en triangle

un peu plus long que large ; d'une couleur et d'une ponctuation semblables à celles du prothorax. Elytres, aux épaules, de la largeur du
prothorax aux angles postérieurs ; deux fois et demie aussi longues
que lui ; graduellement élargies jusqu'aux deux tiers de leur longueur ;
arrondies à l'angle postéro-externe et tronquées à l'extrémité ; ciliées
dans leur périphérie ; faiblement convexes longitudinalement sur le
dos ; convexement déclives sur les côtés, et plus abruptement à leur
partie postérieure ; creusées d'une fossette humérale faisant ressortir
le calus voisin ; à onze stries assez légères, mais rendues plus apparentes par la subconvexité des intervalles : les deuxième à septième
de celles-là postérieurement oblitérées sur un calus assez apparent,
situé au devant du bord apical ; d'un fauve brunâtre ; couvertes
comme le prothorax de points moins rapprochés et moins profonds
que ceux de la tête, et de chacun desquels sort un poil couché et d'un
livide fauve ou jaunâtre. Pygidium d'un fauve jaune ; un peu plus
finement ponctué que les élytres et garni de poils concolores. Dessous
du corps et pieds d'un fauve jaune, ou d'une teinte un peu moins
obscure que la partie supérieure ; ponctués et garnis comme celle-ci
de poils d'un livide fauve. Pieds allongés ; grêles.

Cette espèce habite diverses parties de la France méridionale. J'en
ai reçu de M. Chevrolat un exemplaire venant de Perpignan. On la
trouve également dans les environs de Lyon. La Var. *noctua* m'a été
envoyée par M. Perris.

Genre *Hymenoplia*, Hyménoplie ; Eschscholtz.

(ὑμὴν, membrane ; ὁπλὴ, ongle.)

Caractères. Corps suballongé ; subparallèle ; convexe. Mâchoires à
dents intermédiaires sensiblement plus courtes que les autres. Palpes
maxillaires à dernier article aussi long que les deux précédents pris
ensemble, fortement renflé, et tronqué obliquement à l'extrémité.
Palpes labiaux à dernier article arcuément conique. Antennes de neuf
articles : le premier aussi long au moins que les deux suivants réunis,
subgraduellement et fortement renflé vers l'extrémité. Jambes de
devant tridentées au côté externe. Branche inférieure des ongles
garnie en dessous d'une membrane.

Ce genre a été fondé par Eschscholtz dans le Bulletin de la Société
impériale des naturalistes de Moscou, 1830, t. 2. p. 65. Les insectes
de cette coupe ont une activité toute diurne. Les mâles ont aux pieds
de devant la branche inférieure de l'ongle antérieur ou interne notablement plus développée que l'autre.

1. H. Chevrolati : Nob. *Corps oblong ; convexe en dessus ; d'un gris noir métallique ou bronzé; hérissé de longs poils d'un livide flavescent. Chaperon sans échancrure en devant ; faiblement subconvexe transversalement; ruguleusement ponctué. Prothorax bissubsinueusement échancré en devant; subsinueusement arqué sur les côtés; subtrisinueusement et faiblement en arc renversé à la base; marqué d'une ponctuation analogue à celle de la tête. Ecusson plus finement et plus densement ponctué. Elytres à peine élargies dans leur milieu; arrondies à l'angle sutural ; à cinq stries dont les deux externes généralement peu distinctes; ruguleusement ponctuées; hérissées de poils disposés sur cinq espèces de bandes longitudinales.*

♂. Massue des antennes plus longue que les cinq articles précédents réunis. Ongles des pieds de devant, inégaux : l'un des deux offrant la branche supérieure courbée en deçà de la moitié de sa longueur, et prolongée en une longue pointe aciculée : l'inférieure plus épaisse que son analogue.

♀. Massue des antennes plus courte que les cinq articles précédents réunis. Ongles des pieds de devant, égaux, courbés seulement vers l'extrémité.

Serica strigosa, DE CASTELN. Hist. t. 2. 148. 5.

Var. A. H. Lugdunensis; Nob. *Elytres d'un gris noir à la base, graduellement d'un fauve brun livide avec une teinte métallique, sur le reste de leur surface; quelquefois entièrement de cette couleur ainsi que les pieds et le dessous du corps.*

L. 0^m,0045 à 0^{m}0050 (2 à 2 1/4^l).—L. 0^{m}0022 à 0^m,0027 (1 à 1 1/4^l).

Dessus du corps d'un gris noir et métallique ; peu densement hérissé de longs poils d'un livide jaunâtre ou d'un livide cendré. Tête inclinée. Epistome en trapèze, rétréci en devant ; sans échancrure et plus fortement relevé à sa partie antérieure en un rebord élargi de bas en haut sur les côtés; à surface presque plane, ou très-faiblement subconvexe; ruguleusement marqué ainsi que le reste de la tête de gros points rapprochés. Suture frontale légèrement saillante; en arc renversé. Palpes d'un brun livide, bruns ou même souvent noirâtres. Antennes d'un fauve obscur, avec la massue noire ou noirâtre. Prothorax bissubsinueusement échancré en arc renversé, et légèrement rebordé en devant; à angles antérieurs avancés en espèce de dent; arqué sur les côtés jusqu'aux trois quarts de la longueur de ceux-ci, puis subrectilinéaire jusqu'aux angles de derrière qui sont faiblement émoussés et subrectangulairement ouverts; tronqué presque en droite ligne à la base, ou plutôt subtrisinueusement et faiblement en arc renversé; cilié latéralement et muni d'un rebord étroit, ainsi qu'à la partie postérieure; paré au dessous du milieu de celle-ci, d'une frange de poils blanchâtres qui ombragent la base de l'écusson; convexe en dessus, plus incliné près des bords latéraux et basilaire; couvert de points aussi gros et aussi rapprochès que ceux de la tête, et de chacun desquels se hérisse un poil livide ou d'un livide flavescent. Ecusson en triangle subcurviligne; à côtés plus longs que la base; couvert d'une ponctuation un peu plus serrée et moins grosse que celle du prothorax. Elytres à peine plus larges aux épaules que le prothorax à ses angles postérieurs; deux fois et demie aussi longues que lui; sub-curvilinéairement et faiblement élargies jusqu'à la moitié de leur longueur; arrondies chacune aux angles postéro-externe et sutural, et conséquemment à l'extrémité; médiocrement convexes sur le dos, convexement et fortement déclives sur les côtés, et moins abrupte-ment à leur partie postérieure; creusées d'une fossette humérale assez marquée; ruguleusement ponctuées à la base, et d'une manière graduellement un peu moins sensible à l'extrémité, ou couvertes de points liés par des rides, moins gros et moins marqués que ceux du prothorax; à cinq stries apparentes: les trois à quatre plus rappro-chées de la suture, plus distinctes; hérissées comme le prothorax de poils livides ou d'un livide flavescent, disposés sur cinq espèces de bandes longitudinales. Intervalles formant des espèces de côtes lé-gères, paraissant divisées chacune par une strie indistincte ou à peine indiquée. Pygidium convexe; d'une ponctuation analogue à celle des élytres; hérissé de poils. Dessous du corps et pieds d'un gris noir métallique ou d'un gris bronzé comme le dessus; ponctué et garni de longs poils d'un livide blanchâtre ou flavescent, en partie couchés. Jambes de devant tridentées au côté externe.

Cette espèce est principalement méridionale. On la trouve dans le lieu des environs de Lyon appelé le Pont-de-Vassieu sur la festuca elatior. Elle paraît vers le milieu de mai.

Obs. La plupart des auteurs paraissent l'avoir confondue avec le *Mel. strigosa* d'Illiger. Cette dernière espèce de Séricaire habite le Portugal et quelques parties de l'Espagne. D'après un exemplaire que j'ai vu chez M. Chevrolat, et provenant de la collection du naturaliste allemand qui lui a imposé son nom, elle diffère de la nôtre par sa taille moins petite, son épistome chargé d'une forte carène longi-tudinale, creusé de chaque côté de deux espèces de fossette; ses ély-tres hérissées de poils plus intriqués et non disposés par bandes. Elle a été appelée *H. bifrons* par Eschscholtz.

Le nom spécifique de *strigosa* devant être restitué à l'espèce décrite par Illiger, j'ai dédié celle de ce pays au savant Entomologiste parisien M. Chevrolat.

L'*Ily. chevrolati* a de l'analogie avec l'*Il. rugulosa* de M. Rambur, mais cette dernière a le prothorax ponctué d'une manière plus unie, creusé dans la partie postérieure de son milieu d'un sillon peu profond, hérissé de poils plus courts et moins apparents; l'écusson légèrement rebordé, offrant dans son milieu un espace lisse; les élytres à dix stries distinctes; à intervalles subcostalement et presque également relevés; garnies de poils d'un blanc cendré plus fins et presque couchés.

TROISIÈME BRANCHE.

LES ANOMALAIRES.

Caractères. Tarses postérieurs pourvus de deux ongles plus ou moins inégaux, simples, inermes, c'est-à-dire sans dent ni crochet en dessous. Pieds de devant armés de deux ongles inégaux : le plus développé généralement fendu à son extrémité. Suture frontale subrectilinéaire. Palpes maxillaires à premier article notablement plus petit que chacun des suivants. Antennes de neuf articles: le premier plus grand qu'aucun de ceux de la tige, fortement renflé vers son extrémité, parcimonieusement hérissé de poils; le deuxième globuleux; les deux ou trois suivants moins épais, obconiques: le sixième comprimé: les trois derniers composant une massue feuilletée. Elytres garnies dans leur pourtour d'une bordure membraneuse plus apparente vers leur extrémité. Pygidium découvert ainsi que le segment abdominal qui le précède. Jambes de derrière munies de deux éperons. Quatre premiers articles des tarses postérieurs presque égaux, ou faiblement et subgraduellement plus courts: le dernier au moins aussi long que les deux précédents réunis.

Les Anomalaires ont pour les distinguer un caractère facile à saisir: leurs tarses postérieurs sont armés de deux ongles simples et inermes, c'est-à-dire n'offrant en dessous ni dent ni crochet.

En étudiant les insectes de la branche précédente, nous avons vu les ongles de chaque paire des tarses de devant offrir déjà chez certains mâles une inégalité sensible; cette disparité se montre ici d'une manière générale et bien plus prononcée. Aux quatre pieds antérieurs, l'ongle qui semble s'être allongé aux dépens de son voisin est le plus souvent fendu à l'extrémité. Chez les Euchlores, qui viennent naturellement à la suite des Séricaires, il est divisé transversalement relativement à son épaisseur verticale, de manière à présenter deux dents comprimées, situées l'une au dessus de l'autre. Chez les Anisoplies, au contraire, la fente s'est opérée longitudinalement sur sa largeur, en sorte qu'il offre deux pointes, s'avançant inégalement l'une à côté de l'autre ; mais déjà chez les derniers Phylloperthes, il commence à tourner vers la première de ces dispositions qu'il reprendra définitivement chez les Hopliaires. Les insectes que nous allons décrire ont la tête penchée ou perpendiculairement inclinée; les mandibules bi ou tridentées à leur extrémité , échancrées à leur bord interne entre ces dentelures et la molaire de la base, et pourvues dans ce vide, d'une houppe de poils ou d'une membrane frangée; les mâchoires cornées, armées, comme chez les Séricaires, de six dents, mais plus longues et plus aiguës et disposées en triangle moins étroit; la suture frontale subrectilinéairement transversale; le prothorax convexement déclive en devant; les élytres parées d'une bordure membraneuse plus distinctement visible vers leur extrémité; le pygidium en espèce de triangle arqué à la base , à côtés à peine plus longs que les deux tiers de celle-ci; le sternum longitudinalement sillonné entre les quatre pieds de derrière ou marqué d'une impression en forme de fer de flèche. Les hanches postérieures offrent un développement un peu moins considérable que dans la branche précédente. Les jambes, par une disposition singulière, ont un renflement remarquable qui occupe leurs deux tiers antérieurs, et se montrent étranglées au devant de leur extrémité qui s'élargit plus ou moins. Les ongles sont moins arqués que chez les premiers Mélolonthaires , mais chez plusieurs ils peuvent, par un jeu de charnière, se recourber en forme de hameçon. Les insectes de cette branche indiquent suffisamment par la conformation de leurs mandibules et de leurs mâchoires , les goûts destructeurs dont ils sont animés. Ils rongent les feuilles et nuisent même aux fleurs. Tous sont diurnes.

Nous les répartirons dans les genres suivants :

GENRES.

Menton

  notablement concave dans la moitié antérieure de sa surface. Epistome toujours transversal. Corps généralement convexe.

    L'un des ongles des quatre pieds antérieurs terminé par deux petites dents ou pointes comprimées, placées l'une au dessus de l'autre. — *Euchlora.*

    Tous les ongles entiers. — *Anomala.*

  sans concavité bien apparente dans la moitié antérieure de sa surface. L'un des ongles des quatre pieds antérieurs terminé par deux pointes ordinairement situées l'une à côté de l'autre. Corps généralement subdéprimé sur le dos.

    Epistome en forme de groin, ou rétréci d'avant en arrière jusqu'à sa partie antérieure qui est dilatée sur les côtés et relevée en rebord. — *Anisoplia.*

    Epistome transversal. — *Phyllopertha.*

Genre *Euchlora*; EUCHLORE; MAC LEAY.

(εὔχλωρος, d'un beau vert.)

Caractères. Corps convexe, mais quelquefois médiocrement. Epistome transversal. Labre échancré. Mandibules cornées, tridentées à l'extrémité. Palpes maxillaires à deuxième article plus grand que le troisième : à dernier plus épais, subfiliforme ou plus renflé dans le milieu, aussi long au moins que les deux précédents réunis. Palpes labiaux à dernier article conique, moins long que les deux précédents réunis. Menton concave dans la moitié antérieure de sa surface. Jambes postérieures généralement aussi larges ou plus larges à l'extrémité que dans leur partie médiaire. L'un des ongles (l'externe, quand les pieds sont dirigés en arrière) plus court et généralement plus grêle que l'autre : celui-ci, aux quatre pieds antérieurs, terminé par deux dents placées l'une au dessus de l'autre.

Selon Latreille (Règn. Anim. t. 4, p. 563), les mâles seuls auraient l'un des ongles bifide; dans ceux que nous allons décrire, cet ongle l'est dans les deux sexes.

Le genre *Aprosterna* de M. Hope correspond à celui-ci.

Les insectes de cette coupe et de la suivante se tiennent généralement sur les arbrisseaux dont ils dévorent les feuilles. Ils sont parés de couleurs métalliques.

1. E. Julii ; DUFTSCH. *Corps ovale oblong, convexe, glabre, et d'une couleur métallique en dessus. Antennes à massue d'un noir violet. Prothorax moins densement ponctué que la tête. Ecusson couvert sur toute sa surface de points plus serrés et ordinairement plus petits que ceux du prothorax. Elytres garnies de points plus superficiels que ceux de ce dernier; à stries distinctes. Métasternum profondément sillonné.*

♂. Massue des antennes fusiforme, presque aussi longue que tous les articles précédents réunis. L'un des ongles des pieds de devant arqué en dessous dans son milieu.

♀. Massue des antennes proportionnellement plus épaisse, sensiblement moins longue que tous les articles précédents réunis. Ongles des pieds de devant subparallèles ou sans courbure en dessous.

Var. A. E. Nigrita; DALH, Inéd. *Prothorax et tout le dessus du corps noir, tirant parfois sur le bleu ou le violet. Dessous du corps d'une teinte presque analogue.*

Melolontha nigrita, Fab. Ent. Syst. t. 2. p. 167. 52?—*Id*. Syst. Eleut. t. 2. p. 172. 67?
Melolontha dubia, Moll. Nat. Brief. 1. p. 181. V. 12.
Melolontha oblonga, Rossi, Faun. Etr. 1. p. 19. 24.
Melolontha julii, Duftsch. Faun. Aust. t. 1. p. 195. Var. ψ et χ.

Var. B. E. Dubia; Scopol. *Prothorax et tout le dessus du corps: —
α, violet. — β, d'un bleu violet.— γ, d'un bleu foncé. Dessous du corps d'un
bleu obscur; — d'un vert foncé bleuâtre; — d'un vert foncé.*

Scarabœus dubius, Scopol. Ent. Carn. p. 3. 4. Var. 2.—Schæff. Icon. t. 1. pl. 23. f. 3.
Scarabœus scopoli, Fuessly, Verz. p. 2. 23. Var.
Melolontha oblonga, Fab. Gener. Mant. p. 209. 6-7?—*Id*. Spec. Ins. 1. p. 37. 9?—*Id*.
    Mant. 1. 20. 13?—*Id*. Ent. Syst. t. 2. p. 159. 18?—*Id*. Syst. El. t. 2. p. 165. 24?—
    Rossi, Faun. Etr. 1. p. 19. 24. Var.—*Id*. éd. Helv. p. 19. 24.—Panz. Ent. Germ. p.
    222. 9?
Melolontha dubia, Laichart. Tyr. Ins. 1. p. 39. 3. Var. κ. λ et μ.—Moll, Nat. Br.
    1. p. 181. Var. 9, 10 et 11.—Schrank, Faun. Boic. 1. 406. Var. o.
Melolontha frischii, Naezen, Ventensk. Acad. Hand. 1794. p. 265. 1. Var.
Melolontha julii, Payk. Faun. Suec. t. 2. p. 210. 3. Var. β.—Fallén. Obs. Ent. p. 28.
    3. γ.—Duftsch. Faun. Aus. t. 1. p. 195. 14. Var σ et φ.—Gyllenh. Ins. Suec. t. 1.
    p. 62. 6. Var. b et c.—Muls. Lettr. t. 1. p. 280. 8.—Zetterst. Faun. Lap. p. 170. 1.
    —*Id*. Ins. Lap. p. 110. 1.
Anomala frischii, Steph. Syn. p. 225. Var.
Anomala julii, Heer, Faun. Helv. 1. 3. p. 541. Var. c.

Var. C. E. Varians; Nob. *Prothorax : — α, d'un bleu vert.— β, d'un vert
obscur; élytres d'un bleu plus ou moins obscur, unicolores ou avec la
suture verte.*

Melolontha dubia, Laichart. Tyr. Ins. 1. p. 39. Var. γ.—Moll. Nat. Brief. 1. p. 181
    Var. 9 et 10.—Schrank, Faun. Boic. l. c. Var. η.

Var. D. E. Incerta; Nob. *Dessus du corps d'un bleu violet. Prothorax
bordé de flave.*

Var. E. E. Janthina; Leske. *Prothorax d'un bleu vert ou d'un vert tirant
sur le bleu, bordé de jaune fauve sur les côtés. Elytres : — α, violettes ou
d'un bleu violet le long de la suture et dans leur pourtour, violâtres avec
une transparence fauve ou d'un rouge jaune sur le reste de leur surface.
— β, violettes sur le rebord sutural et quelquefois dans une partie de leur
pourtour, d'un jaune rouge ou d'un jaune fauve glacé de violâtre sur le reste
de leur surface.*

Scarabœus janthinus, Leske, Mus. p. 3. 62.—Gmel. Linn. Syst. Nat. p. 1561. 421.—
    Schæff. Icon. pl. 25. f. 4?
Melolontha dubia, Scopol. Ent. Carn. p. 3-4. Var. 1.—Moll. l. c. Var. 3.
Melolontha julii, Duftsch. l. c. Var. τ.

Var. F. E. Aenea; De Geer. *Prothorax et tout le dessus du corps d'un vert* *métallique.* — α, *obscur.* — β, *clair et brillant.* — γ, *presque doré. Dessous du corps d'un vert obscur.*

Scarabœus œneus, De Geer, Mém. t. 4. p. 277. pl. 10. f. 16.—Retz. Spec. p. 123. 748.
Scarabœus dubius, Sultz, Abg. Gessch. p. 18. pl. 1. f. 11.
Melolontha frischii, Fab. Syst. Ent. p. 37. 25. Var.—*Id.* Spec. 1. p. 41. 33. Var.—*Id.* Ent. Syst. t. 2. p. 167. 53. Var.—Oliv. Ent. 1. 5. p. 53. 40. pl. 4. f. b. d.
Melolontha dubia, Laichart. Tyr. Ins. 1. p. 38. Var. θ.—Moll, l. c. Var. 5, 6, 7, 8.—Herbst, Nat. p. 128. 78. f. 25. 9.—Schneid. Mag. c. 3. p. 282. 2.—Schrank, l. c. Var. ζ et θ.
Melolontha julii, Fab. Ent. Syst. t. 2. p. 167. 51.—*Id.* Syst. El. t. 2. p. 171. 66.—Panz. Ent. Germ. p. 223. 11.—Cederh. Faun. Ingr. p. 77. 237.—Duftsch. l. c. Var. γ.
Melolontha vitis, Latr. Gen. t. 2. p. 111. 7.—Baud.-Laf. Monog. p. 28. 12.
Anomala frischii, Steph. l. c. Var.—Heer, Faun. Helv. p. 540.
Euchlora julii, De Casteln. Hist. t. 2. p. 135. 7.

Var. G. E. Vitis; Fab. *Prothorax d'un vert métallique, paré sur les côtés d'une bordure flave. Elytres d'un vert métallique, avec ou sans bordure flave sur une partie de la longueur de leurs bords latéraux.*

Melolontha vitis, Fab. Syst. Ent. p. 37. 26.—*Id.* Spec. 1. p. 41. 54.—*Id.* Mant. 1. p. 21. 41.—*Id.* Ent. Syst. t. 2. p. 167. 54.—*Id.* Syst. El. t. 2. p. 172. 69.—Petagn. Ins. Cal. p. 5. 19.—Oliv. Ent. 1. 5. p. 54. 39. pl. 2. f. 12. a, b, c.—*Id.* Encycl. Méth. t. 7. p. 23. 56.—Herbst, Nat. t. 3. p. 129. 79. pl. 25. f. 59.—Rossi, Faun. Etr. 1. p. 22. 52.—*Id.* éd. Helw. 1. p. 23. 52.—Schneid. Mag. c. 3. p. 282. 5.—Panz. Ent. Germ. p. 223. 13.—*Id.* Faun. Germ. 97. 11.—Duftsch. Faun. Aust. 1. 193. 5.—Schoenh. Syn. Ins. t. 3. p. 193. 133.—Duméril, Dict. des Scienc. Nat. t. 20. p. 270.
Scarabœus vitis, Gmel. Linn. Syst. Nat. 1560. 249.—De Vill. C. Linn. Ent. 1. p. 38. 71.—Marsham, Ent. Brit. p. 41. 72.
Euchlora vitis, De Casteln. Hist. p. 135. 6.
Anomala vitis, Heer, Faun. Helv. p. 540. 1.

Var. H. E. Frischii; Fab. *Prothorax d'un vert métallique.* — α, *légèrement foncé.* — β, *brillant.* — γ, *bronzé et paré sur les côtés d'une bordure flave. Elytres* — α, *d'un rouge jaune ou d'un fauve jaune, glacées de vert métallique, avec la suture, souvent une partie du pourtour et quelquefois une ou plusieurs taches de cette dernière couleur.* — β, *d'un jaune tirant légèrement sur le fauve, ou même d'un beau jaune, avec la suture en grande partie au moins concolore, et faiblement glacées de vert pâle.* — γ, *entièrement ou à peu près jaunes, ou d'un jaune tirant sur le fauve, sans reflet verdâtre apparent.*

Melolontha frischii, Fab. Syst. Ent. p. 37. 25.—*Id.* Spec. 1. p. 41. 33.—*Id.* Mant. 1. p. 21. 40.—*Id.* Ent. Syst. t. 2. p. 167.—*Id.* Syst. Eleut. t. 2. p. 172. 68.—Oliv. Ent. 1. 5. p. 53. 40.—*Id.* Encycl. Méth. t. 7. p. 24. 57.—Rossi, Faun. Etr. 1. p. 22. 51.—*Id.* éd. Helw. p. 22. 51.—Panz. Ent. Germ. p. 223. 12.—Payk. Faun. Suec. t. 2. p. 210. 5.—Cederh. Faun. Ingr. p. 77. 238.—Walck. Faun. Par. 1. p. 185. 7.—

LATR. Hist. t 10. p. 192. 14. Var. a, b, c.—GYLLENH. Ins. Suec. 1. p. 62. 5.—BAUD.
LAF. Monog. p. 29. 13.—DUMÉRIL., Dict. des Scienc. Nat. t. 20, p. 270.—BOIT. Man.
p. 233.—STEPH. l. c. Var. a.

Scarabœus frischii, SCHÆFF. Icon. pl. 23. f. 4? —GMEL. Lin. Syst. Nat. p. 1561. 250.—
DE VILL. C. Linn. Ent. 1. p. 38. 70.—MARTYN, Ent. Angl. pl. 4. f. 42.—MARSH. Ent.
Brit. p. 40. 71.

Melolontha dubia, MOLL. l· c. Var. 1.—SCHRANK, l. c. Var. α, ε et ι.

Melolontha julii, FAB. Ent. Syst. t. 2. p. 167. 51. Var. —DUFTSCH. l. c. Var. γ, δ, ε, ι, x, λ.
—GYLL. Ins. Suec. 1. p. 62. 6.

Euchlora julii, DE CASTELN. Hist. t. 2. p. 136. 7. Var. *Frischii*.

Anomala julii, HEER, l. c. Var. d.

Var. I. E. Micans; NOB. *Prothorax : —α, d'un vert métallique, brillant
et presque doré, taché de rouge fauve ou de rouge jaune. — β, d'un rouge
fauve ou d'un rouge jaune, glacé de vert brillant et doré, et paré de
tach·s ou de traits de cette couleur. — γ, d'un rouge jaune ou d'un rouge
fauve, paré de taches ou de traits bleus. Élytres d'une couleur analogue à
celle du prothorax.*

Melolontha dubia, LAICHART. l. c. Var. δ et ε.—MOLL. l. c. Var. 2.—SCHRANK, l. c.
Var. β, γ.

Melolontha frischii, OLIV. Ent. 1. pl. 4. f. c.

Melolontha julii, DUFTSCH. l. c. Var. α, ξ.

Var. J. E. Viridi-cuprea; NOB. *Prothorax d'un vert métallique paré d'un
reflet cuivreux. Élytres vertes avec ou sans reflet cuivreux.*

Melolontha dubia, SCHRANK, l. c. Var. ζ.

Var. K. E. Rubrocuprea; NOB. *Prothorax et dessus du corps entièrement
d'un rouge cuivreux.*

L. 0^m,0123 à 0^m,0158 (5 1/2 à 7^l).—L. 0^m,0061 à 0^m,0072 (2 3/4 à 3 1/4^l.)

Dessus du corps glabre, métallique, brillant; souvent sans bordure
d'une autre couleur sur les côtés du prothorax et des élytres. Tête et
prothorax convexement déclives. Epistome transversal; émoussé ou
subarrondi à ses angles antérieurs; muni dans sa périphérie d'un
rebord médiocrement saillant; plane ou à peine subconvexe transversalement; ruguleusement couvert de points confluents. Suture frontale
subrectilinéaire, peu ou point saillante. Front, à sa partie antérieure,
d'une ponctuation analogue à celle de l'épistome, moins densement et
moins ruguleusement ponctué sur le vertex. Palpes ordinairement
bruns ou noirâtres. Antennes d'un flave rouge, irisées de violâtre, à
massue souvent d'un noir violet. Prothorax faiblement échancré en
devant en arc renversé; muni d'un rebord moins étroit et plus écrasé
dans son milieu ; à angles antérieurs avancés en forme de dent aiguë

et rectangulairement ouverts; subsinueusement arqué sur les côtés;
de moitié moins large en devant qu'aux angles de derrière qui sont
émoussés et obtusément ouverts; bissubsinueusement en arc renversé
à la base; à peine cilié et paré latéralement d'un rebord assez étroit;
sans rebord apparent à la base ou du moins dans le milieu de celle-ci;
sans frange visible en dessous de cette dernière; convexe en dessus;
creusé de chaque côté d'une fossette légère; couvert de points moins
rapprochés que ceux de la tête, formant en général un demi-ovale
transversal dont la moitié postérieure est oblitérée. Ecusson en triangle curviligne ou souvent presque en demi-cercle; marqué de points
rapprochés. Elytres à peine plus larges aux épaules que ce dernier
aux angles de derrière; deux fois et demie aussi longues que lui;
sensiblement élargies de leur naissance au dessous des épaules; généralement subparallèles, ou à peine et graduellement élargies dans le
milieu, de leur partie subhumérale à l'angle postéro-externe qui est
arrondi; munies dans leur pourtour d'un rebord graduellement affaibli des épaules à cet angle, après lequel il est peu distinct; parées
extérieurement d'une bordure membraneuse obscure ou peu apparente; tronquées à l'extrémité; convexes en dessus, mais quelquefois
médiocrement; couvertes de points aussi rapprochés, plus superficiels,
presque plus petits que ceux du prothorax, et dont le pourtour ovalaire
ou subcirculaire est plus nettement dessiné; à dix stries inégalement
marquées: la suturale très-écartée de la deuxième, et comme elle
prolongée à peu près jusqu'à l'extrémité: la troisième légèrement
plus raccourcie, enclosant ou limitant avec la cinquième un calus
très-apparent situé au devant du bord apical; quelquefois comme
chargées de quelques nervures principalement formées par les
intervalles sutural, troisième, septième et neuvième. Pygidium couvert de rides très-fines; hérissé principalement vers son extrémité de
poils fins et livides. Dessous du corps d'une couleur métallique plus
obscure. Poitrine parcimonieusement hérissée de poils grisâtres et
assez courts. Métasternum creusé d'un sillon assez profond, offrant
souvent de chaque côté de celui-ci une ligne oblique plus courte,
convergente et moins fortement marquée, formant avec lui une
impression en fer de flèche. Ventre presque glabre. Pieds d'une couleur métallique analogue à celle du ventre.

Cette espèce habite presque toutes les parties de la France. Elle
vit principalement sur diverses espèces de saules.

Obs. Aucune espèce de Mélolonthins n'offre sous le rapport de la
taille, des couleurs, des teintes, et même de la convexité et de la ponctuation, une aussi grande quantité de variétés. Dans le nombre, nous
avons compris l'*E vitis* des auteurs; elle se distingue généralement par

ses antennes d'un rouge testacé, irisées de violâtre; par son écusson à peine aussi densement ponctué que le prothorax, et lisse à l'extrémité; par les stries des élytres en partie moins distinctes; mais toutes ces différences ne sont pas constantes et se rencontrent chez d'autres individus de l'*E. julii*, chez la variété *nigrita*, par exemple. Quant à la bordure flave du prothorax qui sert à caractériser l'*E. vitis*, nous la retrouvons dans les variétés, *janthina*, *frischii*, et *incerta* : cette dernière a été formée sur un bel exemplaire qui m'a été donné par M. Blondel de Versailles. Dans la variété *frischii*, le corps est quelquefois faiblement convexe et sensiblement plus élargi postérieurement. Probablement il faut rapporter à de semblables individus le *M. julii* de Paykull et peut-être celui de Panzer, que M. Schœnherr donne comme synonyme de notre *A. Junii*. La variété *vitis* est principalement méridionale. On la trouve aussi dans les environs de Lyon. La *nigrita* provient des Basses-Alpes. L'*E. cyanicollis* de M. Villa n'a, je crois, pas été trouvée en France.

2. **E. Devota;** Rossi. *Corps ovale oblong, postérieurement élargi, médiocrement convexe en dessus; d'un bleu violet obscur et métallique, avec l'épistome rebordé de fauve. Tête et prothorax hérissés de poils cendrés ou d'un cendré jaunâtre : celui-ci couvert de points rapprochés et presque superficiels, surtout à leur partie postérieure. Elytres glabres, plus subruguleusement marquées de points analogues à ceux du prothorax; obsolètement striées. Ecusson et dessous du corps d'un violet noirâtre.*

♂. Massue des antennes fusiforme, sensiblement plus longue que les cinq articles précédents réunis. L'un des ongles des pieds de devant arqué en dessous dans son milieu.

♀. Massue des antennes proportionnellement plus épaisse, à peine aussi longue que les cinq articles précédents réunis. Ongles des pieds de devant sans courbure en dessous.

Melolontha devota, Rossi, Faun. Etr. 1. p. 19. 44.—*Id*.éd. Helw. p. 19. 44.

Var. A. **E. Apicalis;** Nob. *Extrémité des élytres et partie des pieds, d'un violet fauve.*

Var. B. **E. Versicolor;** Nob. *Elytres entièrement ou presque entièrement d'un fauve jaune irisé de violâtre.*

Obs. Dans cette variété souvent une partie de l'épistome, les bords latéraux du prothorax, une partie au moins du pygidium et une partie des pieds, surtout les cuisses, sont de la couleur des élytres ou d'une teinte plus jaune.

L. 0^m,0123 à 0^m,0135 (5 1/2 à 6^l)—L 0^m,0056 à 0^m,0067 (2 1/2 à 3^l).

. Tête et prothorax convexement déclives ; d'un bleu violet obscur ou d'un violet noirâtre. Épistome transversal; faiblement arqué en devant, avec les angles antérieurs arrondis ; muni dans sa périphérie d'un rebord assez saillant d'un fauve rouge ; plane en dessus ; couvert de points confluents, ou plus rapprochés et plus sensiblement subruguleux que ceux du reste de la tête. Celle-ci hérissée de poils. Suture frontale rectilinéaire. Palpes et antennes d'un fauve rouge. Prothorax faiblement échancré en arc renversé en devant ; peu distinctement rebordé ; à angles antérieurs rectangulairement ouverts et sensiblement avancés en forme de dent aiguë ; arqué sur les côtés ; d'un tiers moins large en devant qu'aux angles de derrière qui sont peu ou point émoussés et rectangulairement ouverts ; bissubsinueusement en arc renversé à la base ; cilié et très-étroitement rebordé latéralement, muni à sa partie postérieure d'un rebord plus apparent aux angles, et graduellement affaibli en approchant du milieu de celle-ci où il s'efface ; garni au dessous de cette dernière d'une frange de poils d'un cendré jaunâtre qui ombrage la base de l'écusson ; convexe en dessus ; creusé de chaque côté d'une fossette généralement peu apparente ; subruguleusement couvert de points presque confluents, à peine plus gros que ceux de la tête, peu profonds et presque superficiels à leur partie postérieure ; hérissé de longs poils d'un cendré jaunâtre. Ecusson en triangle curviligne et subéquilatéral ; d'une couleur et d'une ponctuation semblables à celles du prothorax. Elytres un peu plus larges aux épaules que le prothorax à ses angles postérieurs ; curvilinéairement élargies jusqu'aux trois cinquièmes de leur longueur ; arrondies à l'angle sutural et tronquées à l'extrémité ; munies extérieurement au rebord de leur pourtour, d'une bordure membraneuse d'un blanc livide, graduellement moins étroite depuis le dessous des épaules où elle prend naissance, jusqu'à l'angle sutural ; médiocrement convexes en dessus ; glabres ; d'un bleu violet obscur ou d'un violet noirâtre et métallique ; généralement parées d'une tache fauve au dessous de l'angle huméral ; subruguleusement couvertes de sortes de points rapprochés, transversalement et irrégulièrement ovales, presque superficiels surtout à leur partie postérieure, en partie ombiliqués ; subobsolètement parées de dix stries dont quelques-unes et surtout les externes sont à peine indiquées : la suturale très-écartée de la seconde et comme elle prolongée à peu près jusqu'à l'extrémité ; la troisième légèrement plus courte et enclosant avec la sixième un calus médiocrement apparent situé au devant du bord apical ; quelquefois chargées de trois à quatre nervures distinctes, formées par les intervalles sutural, troisième, cinquième et septième qui sont plus renflés : les deux premiers alors prolongés presque jusqu'à l'extrémité, les deux autres oblitérés vers le calus postérieur. Pygidium d'un bleu violet obscur; couvert de fines rides ; parcimonieusement hérissé de longs poils Dessous du corps et pieds d'un bleu violet plus sombre. Poitrine et cuisses, principalement les quatre antérieures, assez densement hérissées de longs poils d'un cendré jaunâtre. Ventre presque glabre: avant-dernier segment de celui-ci séparé de l'anal par une membrane fauve. Cuisses antérieures bidentées vers leur extrémité ; parfois d'un rouge fauve au moins en partie. Tarses souvent de cette couleur.

Cette espèce est exclusivement méridionale; on la trouve mais rarement dans le département du Var. Je l'ai reçue de MM. Solier et Dupont.

Genre *Anomala*, ANOMALE ; Inéd.

(ἀνωμαλής, inégal.)

Caractères. Corps médiocrement convexe. Palpes labiaux à dernier article presque aussi long que les deux précédents réunis. Pieds armés, chacun, de deux ongles inégaux: aucun d'eux fendu.

Ces insectes ont les mœurs des Euchlores auxquels ils ressemblent sous tous les autres rapports. Je leur ai réservé le nom *d'Anomala* créé par M. Mégerle pour indiquer une coupe générique dont Mac Leay a donné les caractères, et qu'il a appelée *Euchlora.*

1. **A. Junii;** Creutz. Inéd. Duftsch. *Corps ovale oblong, postérieurement élargi ; médiocrement ou faiblement convexe en dessus. Tête et prothorax glabres, d'un vert métallique brillant : la première couverte de points plus rapprochés : le second paré ordinairement de jaune cendré sur les côtés. Ecusson obsolètement sillonné, parcimonieusement et superficiellement ponctué ; d'un vert brillant. Dessous du corps et pieds d'un rouge cuivreux à reflets verts. Ongles postérieurs obscurs.*

♂. Massue des antennes fusiforme, aussi longue que tous les articles précédents réunis. L'un des ongles des pieds de devant arqué en dessous dans son milieu.

♀. Massue des antennes fusiforme, presque aussi longue que tous les articles précédents réunis. Ongles des pieds de devant plus longs et sans courbure en dessous dans leur milieu.

Melolontha junii, Duftsch. Faun. Ausl. 1. p. 199. 15.
Melolontha frischii, Panz. Faun. Germ. 97. 10 ?
Euchlora junii, De Casteln. Hist. t. 2. p. 136. 10.

Var. A. **A. Thoracica**; Nob. *Prothorax unicolore.*

Var. B. **A. Scutellaris**; Nob. *Elytres parées d'une tache scutellaire presque carrée, d'un vert métallique.*

Var. C. **A. Doublieri** : Nob. *Dessus du corps entièrement d'un vert métallique plus foncé sur les élytres.*

L. 0,^{m}0129 à 0,^{m}0146 (5 3/4 à 6 1/2^l). — L. 0,^{m}0061 à 0,^{m}0078 (2 3/4 à 3 1/2^l).

Tête et prothorax convexement déclives. Epistome transversal ; sans échancrure en devant, arrondi à ses angles antérieurs ; muni dans sa périphérie d'un rebord peu saillant ; plane en dessus ; d'un vert métallique ainsi que le reste de la tête, et ruguleusement couvert de points confluents ou plus serrés que sur celle-ci. Suture frontale rectilinéaire. Palpes et antennes d'un fauve jaune ou d'un rouge jaune: massue des dernières d'une teinte moins claire que la tige. Yeux violets. Prothorax échancré ou coupé en arc renversé en devant ; garni d'un rebord écrasé ; à angles antérieurs avancés en forme de dent aiguë ; anguleusement dilaté sur les côtés et généralement subsinueusement rétréci près des angles postérieurs qui sont peu ou point émoussés et obtusément ouverts ; d'un quart ou d'un tiers moins large en devant qu'en arrière ; bissubsinueusement en arc renversé à la base ; cilié et étroitement rebordé latéralement, muni à sa partie postérieure d'un rebord affaibli ou presque effacé dans le milieu de celle-ci ; garni au dessous de cette dernière d'une frange de poils courts et presque entièrement cachée ; médiocrement convexe en dessus ; creusé de chaque côté d'une fossette peu apparente ; offrant le plus souvent, sur le milieu de son disque, les traces d'un sillon longitudinal ; d'un vert métallique brillant ordinairement, avec les bords latéraux en partie au moins d'un jaune cendré ; marqué de points un peu moins petits et moins rapprochés que ceux de la tête. Ecusson en triangle très-curviligne ou presque en demi-cercle ; d'un vert métallique brillant ; obsolètement sillonné ; peu densement et presque superficiellement marqué de points notablement plus petits que ceux du prothorax. Elytres un peu plus larges aux épaules que ce dernier aux angles de derrière, deux fois aussi longues que lui ; subcurvilinéairement et faiblement élargies jusqu'aux deux tiers de leur longueur ; garnies latéralement d'un rebord qui s'efface vers l'angle postéro-externe qui est arrondi ; parées extérieurement à celui-ci d'une bordure membraneuse peu apparente ; tronquées à l'extrémité ; médiocrement ou faiblement convexes en dessus ; d'un jaune cendré brillant semi-doré, glacé de vert pâle et métallique , avec le rebord sutural et celui des côtés d'un rouge fauve ; subruguleusement et strialement ponctuées ou parées de stries plus ou moins distinctes et formées par des points subruguleux. Intervalles des stries imponctués, mais peu lisses; quatre d'entre eux moins interrompus par des rides et plus sensiblement convexes ou relevés en forme de nervures peu prononcées: la première suturale, peu saillante, rétrécie postérieurement: la deuxième subgraduellement élargie et prolongée presque jusqu'à l'extrémité, où elle se lie avec la quatrième, en enclosant un calus médiocrement apparent : la troisième plus indistincte, s'oblitérant sur ce tubercule. Pygidium obsolètement couvert de points presque confluents; d'un jaune fauve brillant; paré généralement d'une bordure plus ou moins large de vert métallique à la base, et d'une tache de même couleur sur les côtés. Dessous du corps et pieds ponctués; cuivreux ou d'un rouge cuivreux irisé de vert, quelquefois entièrement de cette dernière couleur. Poitrine et cuisses antérieures et intermédiaires assez densement garnies de poils mi-couchés et d'un cendré livide; ventre paré de poils plus courts et plus rares. Cuisses postérieures beaucoup plus renflées que les autres; quelquefois tachées ou bordées de jaune cendré ainsi que les précédentes.

Cette espèce habite le département du Var. Je l'ai reçue de MM. Solier et Doublier. La Var. C que j'ai dédiée à ce dernier est un peu plus convexe et moins sensiblement élargie postérieurement.

Genre *Anisoplia*, ANISOPLIE; MEG. Inéd. LEPELT. SERV.

(ἄνισος, inégal; ὁπλή, ongle.)

Caractères. Corps subdéprimé en dessus. Epistome en forme de groin, ou graduellement rétréci d'arrière en avant, jusqu'à sa partie antérieure qui est dilatée sur les côtés et relevée en rebord. Labre subarqué, sans échancrure en devant. Mandibules bidentelées à l'extrémité. Palpes maxillaires à deuxième article un peu plus long que le troisième : le dernier plus renflé, aussi grand au moins que les deux précédents réunis. Palpes labiaux à dernier article subcylindrique, obtus. Menton échancré, sans concavité bien apparente dans la moitié antérieure de sa surface. Jambes postérieures généralement moins larges à l'extrémité que dans leur partie médiaire. L'un des ongles (l'externe, quand les pieds sont dirigés en arrière) plus court et généralement plus grêle que l'autre : celui-ci bifide aux quatre pieds antérieurs, ou terminé par deux pointes inégales placées horizontalement l'une à côté de l'autre.

On trouve principalement ces insectes sur diverses graminées. Leurs élytres, particulièrement celles des femelles, sont parées généralement de bordures ou de dessins noirs sur un fond qui se rapproche de plus ou moins près de la couleur fauve.

1. A. Austriaca ; Herbst. *Epistome en forme de groin. Tête et prothorax d'un vert métallique obscur ; ponctués ; parcimonieusement garnis d'un duvet court et cendré. Prothorax arqué sur les côtés des angles de devant qui sont faiblement émoussés et légèrement relevés, sans sinuosité près des angles de derrière qui sont presque émoussés ; longitudinalement creusé d'un sillon dorsal peu profond, et marqué de chaque côté d'une impression oblique. Elytres brièvement pubescentes autour de l'écusson, à peu près glabres sur le reste de leur surface ; à stries peu distinctes. Pygidium subpénicillé vers l'anus. Dessous du corps d'un noir bronzé ou verdâtre ; assez densement revêtu de poils cendrés, régulièrement couchés sur le ventre.*

♂. Massue des antennes elliptique ; aussi longue au moins que les cinq articles précédents réunis. Elytres sans renflement bien prononcé, à leur bord externe ; au dessous des épaules. Tarses antérieurs aussi épais à la base que les intermédiaires ; à premier article moins long que les deux suivants réunis ; à dernier article épais, très-arqué, de grosseur presque égale ou comme échancré en dessous.

♀. Massue des antennes subovalaire, moins longue que les cinq articles précédents réunis. Bord extérieur des élytres veineusement renflé au dessous des épaules. Tarses antérieurs visiblement plus grêles, surtout à leur naissance, que les intermédiaires ; à premier article aussi long que les deux suivants réunis ; à dernier article graduellement plus épais et à peine arqué.

♀. *Etat normal.* Elytres d'un jaune cendré ou d'un jaune fauve; noires sur la suture et sur le calus huméral; parées: 1° d'une bordure prenant naissance vers le renflement en forme de veine qu'elle laisse intact, et ordinairement dilatée au devant de l'angle postéro-externe ou sur le calus postérieur qu'elle couvre; 2° d'une tache scutellaire carrée et postérieurement bidentée ; 3° d'une bande subflexueusement transversale ou plutôt faiblement en arc renversé, coupant la suture aux trois cinquièmes de la longueur, et non prolongée jusqu'à la bordure.

Scarabæus cyathiger. Scopol.. Ent. Carn. p. 4. 6?

Scarabæus agricola, Schrank, Enum p. 11. 7. ♂ (♀).—*Id.* Faun. Boic. 1. 409 373.
— Laichart. Tyr. Ins. 1. 39. 4.— Oliv. Ent. 1. 5. p. 61. 84. pl. 9. f. 104.—*Id.*
Encycl. Méth. 7. p. 34. 108. — Panzer, Faun. Germ. 47. 18. — *Id.* Krit. Rev.
p. 99.—Duftsch Faun. Aust. 1. p. 201. 13. Var. γ et δ.—Bald.-Laf. Monog. p. 31.
♀.—Fischer, Entom. t. 2 p. 216. 4. pl. 31. f. a. (♀).

Melolontha austriaca, Herbst, Nat. t. 3. p. 100. 50. pl. 24. f. 9. — Scho. Nat. Syn.
Ins. t. 3. p. 205. 186.

Melolontha fruticola, LATR. Hist. t. 10 p. 197. Var.
Melolontha graminicola, LATR. Gen. t. 2. p. 113. Var. B.

♀. Var. A. **A. Maura;** NOB. *Elytres: α, d'un noir violet. — β, noires. — γ, noirâtres, avec quelques taches peu distinctes tirant sur le fauve.*

Melolontha floricola, DUFTSCH. Faun. Aust. 1. p. 203. Var ζ et η.
Melolontha agricola, DUFTSCH. Faun. Aust. 1. p. 201. Var. β.—FISCHER, Entom. t. 2.
p. 216. 4. pl. 31. f. 4. b.
Melolontha austriaca, SCHOENH. Syn. Ins. t. 3. p. 203. Var. δ.

♀. Var. B. **A. Quadrimaculata;** NOB. *Elytres noires, parées chacune de quatre taches d'un rouge testacé: 1° une au milieu de la base; 2° deux représentant une bande interrompue en arc renversé située aux deux tiers de la longueur ; 3° la quatrième sur le renflement subhuméral.*

♀. Var. C. **A. Connexa;** NOB. *Elytres d'un jaune cendré. Bande transversale noire, dilatée antérieurement et unie à la tache scutellaire. Bordure du pourtour: — α, bien marquée. — β, nulle ou en partie effacée.*

Melolontha agricola, DUFTSCH. Faun. Aust. 1. p. 201. Var. α.

♀. Var. D. **A. Interrupta;** NOB. *Bande transversale réduite à trois taches: une sur la suture, punctiforme, et une sur chaque étui: — α, punctiforme. — β, transformée en un trait allongé et ordinairement d'une teinte affaiblie.*

♀. Var. E. **A. Unipunctata;** NOB. *Bande transversale réduite à une sorte de point sutural. Bordure: — α, bien marquée. —β, en partie effacée ou d'une teinte affaiblie.*

♀. Var. F. **A. Deleta;** NOB. *Bande transversale nulle. Tache scutellaire et bordure existantes.*

Melolontha floricola, DUFTSCH. Faun. Aust. 1. p. 203. Var. δ.

♀. Var. G. **A. Immarginata;** NOB. *Tache scutellaire et bande des élytres bien marquées. Bordure nulle ou à peine apparente.*

♀. Var. H. **A. Scutellaris;** NOB. *Tache scutellaire bien marquée. Bande et bordure nulles ou à peine indiquées.*

Melolontha austriaca, HERBST, Arch. IV. p. 16. 12. pl. 19. *bis*. f. 26.—*Id.* trad. fr. p. 77.
9. pl. 19. *bis*. f. 26. — *Id.* Nat. t. 3. p. 98. 49. pl. 24. f. 8.—PANZ. Krit. Rev. p. 99.
Scarabœus agricola, SCHRANK, Enum. l. c. ♀
Scarabœus austriacus, GMEL. Linn. Syst. Nat. p. 1561. 252.
Melolontha fruticola, OLIV. Ent. 1. 5. p. 63. 86. pl. 13. f. a. ♂ (♀).—*Id.* Encyc. Méth.
t. 7. p. 55. 110. ♀ (♂).
Melolontha floricola, PANZ. Faun. Germ. 47. 17.—LATR. Hist. t. 10. p. 196. ♀.—
DUFTSCH. Faun. Aust. 1. p. 203. Var. γ.

Melolontha graminicola, LATR. Gen. t. 2. p. 113. Var. A.

Anisoplia austriaca, HEER, Faun. Helv. p. 542. 1. ♀.

♀. Var. I. **A. Excutellata**; NOB. *Tache scutellaire nulle ou à peine indiquée. Bordure bien marquée : — α, bande transversale existante.—β, bande transversale nulle.*

♀. Var. K. **A. Fasciata**; NOB. *Tache scutellaire et bordure nulles. Bande transversale bien marquée.*

♀. Var. L. **A. Evanida**; NOB. *Elytres d'un rouge jaune ou d'un fauve rouge. Tache scutellaire, bande et bordure indiquées par une teinte plus foncée.*

Melolontha agricola, DUFTSCH. Faun. Aust. 1. p. 201. Var. θ.

♂♀. Var. M. **A. Ambigua**; NOB. *Elytres d'un rouge jaune, d'un fauve jaune ou d'un fauve rouge. Tache scutellaire indiquée par une teinte plus foncée.*

Melolontha agricola, DUFTSCH. l. c. Var. η.

     Obs. Dans les Var. F. K. le rebord sutural est souvent à peine obscur.

♂. *Etat normal.* Elytres entièrement d'un rouge jaune ou d'un rouge fauve, avec le rebord sutural et parfois aussi l'externe, au moins en partie, obscurs.

Melolontha fruticola, OLIV. Ent. 1. 5. 63. 86. pl. 2. f. 13. b. ♀ (♂).—*Id.* Encycl. Méth. t. 7. p. 35. 110. ♀ (♂).

Melolontha floricola, LATR. Hist. t. 10. p. 195. ♂.

Melolontha agricola, DUFTSCH. l. c. Var. ε.—BAUD. LAF. Monog. p. 31. ♂.

Anisoplia austriaca, DE CASTELN. Hist. t. 2. p. 151.—HEER, Faun. Helv. p. 542. 1. ♂.

L. 0^m,0112 à 0^m,0135 (5 à 6^l). —L. 0^m,048 à 0^m,0056 (2 1/8 à 2 1/2^l).

Tête inclinée, d'un noir verdâtre ou d'un vert métallique obscur. Epistome rétréci d'arrière en avant, et terminé par un rebord presque en forme de groin, ou fortement relevé à sa partie antérieure et dilaté sur les côtés; souvent violâtre ou irisé de violet ; hérissé, ainsi que le reste de la tête, de poils assez courts, d'un livide jaunâtre et comme celle-ci subsquammeusement couvert de points confluents. Suture frontale transversale. Front subobsolètement creusé dans son milieu d'un sillon longitudinal prolongé jusqu'à la base de l'épistome. Palpes et antennes noirs. Prothorax coupé en arc renversé en devant; à angles antérieurs avancés en espèce de dent émoussée et légèrement relevée; curvilinéairement élargi sur les côtés jusqu'à la moitié de la longueur de ceux-ci, rectilinéairement et moins fortement rétréci de ce point aux angles de derrière qui sont à peine émoussés et un peu obtusément ouverts; cilié latéralement ; rebordé dans son pourtour; bissineusement et faiblement en arc renversé à la base; paré sous cette dernière d'une frange courte de poils blanchâtres; médiocrement convexe en dessus, et d'une manière plus déclive près des bords latéraux et de la base; d'un noir verdâtre obscur ou d'un noir métallique; longitudinalement creusé dans son milieu d'un sillon peu profond et souvent en partie oblitéré; marqué de chaque côté de celui-ci d'une impression ou d'un sillon oblique et raccourci; couvert de points confluents et subsquammiformes, dont la partie postérieure du pourtour est souvent à peine indiquée; garni d'un léger duvet formé de poils courts, mi-couchés, d'un cendré jaunâtre. Ecusson en triangle fortement curviligne ou en demi-cercle; d'un vert métallique obscur; densement et plus finement ponctué; garni de poils d'un cendré jaunâtre. Elytres faiblement plus larges aux épaules que le prothorax à ses angles postérieurs; une fois aussi longues que lui; subparallèles (♂) ou subcurvilinéairement dilatées dans leur milieu (♀); arrondies à l'angle postéro-externe; tronquées à l'extrémité; subdéprimées sur le dos, convexement déclives sur les côtés et plus abruptement à leur partie postérieure; chargées de deux calus: l'un huméral très-prononcé, l'autre moins apparent situé au devant du bord apical; presque glabres, ou garnies autour de l'écusson d'un duvet cendré assez court et plus apparent chez les ♀, plus rare et indistinct sur le reste de leur surface; subobsolètement et subruguleusement ponctuées ou marquées d'espèces d'impressions linéaires en demi-cercle ou en trident renversé; obsolètement parées de stries dont le plus souvent les trois ou quatre plus voisines de la suture sont seules prononcées. Pygidium d'un noir bronzé; ruguleusement et finement ponctué; garni de poils d'un blanc sale ou d'un jaune pâle, plus longs et plus épais vers l'anus où ils forment une sorte de houppe ou de pinceau. Dessous du corps et pieds d'un vert métallique obscur ou d'un noir bronzé; subsquammeusement ponctués; assez densement garnis de poils un peu grossiers d'un blanc cendré, hérissés sur la poitrine et sur les cuisses, et régulièrement couchés sur le ventre.

Cette espèce habite les parties méridionales et tempérées de la France. M. Gaubil me l'a envoyée abondamment de Béziers; elle est commune près de Lyon, dans les plaines de Saint-Fonds. On la trouve sur diverses graminées et particulièrement sur les céréales, vers le temps de la maturité des blés.

2. **A. Agricola:** Herbst. *Epistome en forme de groin. Tête et prothorax d'un vert métallique, parfois cuivreux; ponctués et densement hérissés de longs poils d'un blanc cendré. Prothorax rectilinéaire ou à peine arqué sur les côtés de ses angles de devant qui sont peu sensiblement rele-*

vés ; subsinueux près de ceux de derrière qui sont très-prononcés ou sub-dentiformes ; marqué sur son disque d'une raie imponctuée, et parfois offrant les faibles traces d'un sillon. Elytres hérissées de poils d'un blanc cendré, graduellement un peu moins longs vers l'extrémité ; à stries assez distinctes. Pygidium hérissé de poils plus épais vers l'anus. Dessous du corps d'un vert bronzé ; assez densement revêtu de poils cendrés mi-couchés sur le ventre.

♂. Massue des antennes elliptique, presque aussi longue que tous les articles précédents réunis. Elytres sans renflement prononcé à leur bord externe au dessous des épaules. Tarses antérieurs presque aussi gros à la base que les intermédiaires ; à premier article un peu plus court que les deux suivants réunis ; à dernier article épais, très-arqué, de grosseur presque égale, ou comme échancré en dessous.

♀. Massue des antennes subovalaire, à peine aussi longue que les cinq articles précédents réunis. Elytres veineusement renflées au dessous des épaules, à leur bord externe. Tarses antérieurs visiblement plus grêles à la base que les intermédiaires ; à premier article aussi long que les deux suivants réunis ; dernier article graduellement plus épais et légèrement arqué.

♀. *État normal.* Elytres d'un fauve flave ou d'un flave tirant sur le fauve ; noires sur le rebord sutural ; parées en outre : 1° d'une assez large bordure dans leur pourtour, naissant du calus huméral, couvrant le renflement en forme de veine, prolongée jusqu'à l'angle sutural, ou parfois bornée à l'angle postéro-externe ; 2° d'une tache carrée entourant l'écusson ; 3° d'une bande naissant sur chaque étui du calus huméral, et prolongée en arc de cercle vers la suture qu'elle coupe vers la moitié de la longueur, noires ; 4° le plus souvent d'une tache punctiforme de même couleur sur le calus postérieur, liée ou confondue avec la bordure quand celle-ci s'étend jusqu'à l'angle sutural.

L'Arlequin velu, Geoff. Hist. t. 1. p. 81. 17.
Melolontha agricola, Herbst, Arch. p. 16. 11.—*Id.* trad. fr. p. 76. 8.—Laichart. Tyr. Ins. 1. p. 39. 4.
Scarabæus villosus, Fourcr. Ent. Par. 1. p. 9. 17.—Schæff. Icon. pl. 63. f. 1 ?
Melolontha fruticola, Walcken. Faun. Par. t. 1. p. 186. 10 ?
Melolontha graminicola, Latr. Gen. t. 2. p. 114. Var. C. (Var. à élytres tachées).
Anisoplia agricola, De Casteln. Hist. t. 2. p. 151. 2. ♀.

♀. Var. A. **A. Obscura** ; Nob. *Elytres obscures, irisées de violâtre, avec quelques taches peu apparentes d'un fauve livide, ordinairement situées : 1° au côté interne de la fossette humérale ; 2° sous l'écusson près de la suture ; 3° et parfois au devant du calus postérieur.*

♀. Var. B. **A. Curvipunctata**; Nob. *Bande des élytres formée d'espèces de points plus ou moins unis entre eux et liés à la bordure. Celle-ci : α, entière. — β, postérieurement effacée et réduite à une tache punctiforme sur le calus. — γ, entièrement effacée.*

♀. Var. C. **A. Subarcuata**; Nob. *Bande des élytres réduite à cinq taches quelquefois pâles : une, punctiforme sur la suture, et deux sur chaque étui. Celles-ci : α, punctiformes. — β, longitudinalement allongées en forme de trait, et souvent alors d'une teinte affaiblie. Tache scutellaire généralement bien marquée. Bordure souvent effacée vers l'extrémité, ou réduite à un point sur le calus postérieur.*

♀. Var. D. **A. Trimaculata**; Nob. *Bande des élytres réduite à trois taches plus ou moins prononcées : une, punctiforme sur la suture, et une sur chaque étui. Celles-ci : α, punctiformes. – β. longitudinalement allongées en forme de trait, et ordinairement alors d'une teinte affaiblie. Tache scutellaire généralement bien marquée. Bordure souvent effacée postérieurement, ou réduite à un point sur le calus.*

♀. Var. E. **A. Punctum**; Nob. *Bande des élytres réduite à une tache punctiforme sur la suture. Tache scutellaire ordinairement bien marquée. Bordure : α, entière. — β, effacée postérieurement, ou réduite à un point sur le calus.*

♀. Var. F. **A. Defectiva**; Nob. *Bande transversale entièrement nulle. Tache scutellaire bien marquée. Bordure : α, entière. — β, interrompue postérieurement ou réduite à un point sur le calus.*

♀. Var. G. **A. Quadrata**; Nob. *Tache scutellaire faiblement apparente. Bordure plus ou moins pâle : — α, ordinairement interrompue postérieurement, ou réduite à un point sur le calus. — β, rarement entière.*

Obs. Dans les variétés C à G, le rebord sutural est quelquefois concolore ou seulement d'une teinte un peu plus foncée.

♂. *État normal.* Elytres d'un rouge jaune ou plus souvent d'un fauve rouge, avec le rebord sutural, le calus huméral et le rebord externe, noirs.

Melolontha fruticola, Walck. Faun. Par. t. 1. p. 186. 10. ♂. — Latr. Hist. t. 10. p. 196. 22. ♂.

Melolontha graminicola, Latr. Gen. t. 2. p. 114. Var. C. (à élytres sans taches).

Anisoplia agricola, De Casteln. Hist. l. c. ♂.

♂. Var. H. **A. Sycophanta**; Nob. *Elytres parées sur leur disque d'un ou de deux traits longitudinaux d'une teinte légèrement obscure.*

♂. Var. I. **A. Unicolor**; Nob. *Bordure suturale et externe affaiblies ou effacées.*

L. 0^m,0078 à 0^m,0100 (3 1/2 à 4 1/2^l).—L. 0^m,0039 à 0^m,0048 (1 3/4 à 2 1/8^l).

Tête penchée; couverte de points confluents; hérissée de longs poils cendrés; d'un vert métallique souvent irisé de cuivreux, quelquefois presque entièrement de cette couleur, surtout sur l'épistome. Celui-ci rétréci d'arrière en avant, et terminé par un rebord presque en forme de groin, ou fortement relevé à sa partie antérieure et dilaté sur les côtés. Suture frontale rectilinéaire. Palpes et antennes noirs ou d'un noir violet. Prothorax coupé en arc renversé en devant; à angles antérieurs avancés en espèce de dent aiguë; subrectilinéairement élargi sur les côtés jusqu'à la moitié de la longueur de ceux-ci, moins fortement et sinueusement rétréci de ce point aux angles postérieurs qui sont très-prononcés et subrectangulairement ouverts; étroitement rebordé dans son pourtour; bissubsinueusement en arc renversé à la base; paré sous cette dernière d'une frange peu épaisse de poils d'un blanc cendré; médiocrement convexe en dessus; d'un vert métallique, parfois irisé de cuivreux, quelquefois presque entièrement de cette dernière couleur; subruguleusement couvert de points presque confluents; offrant généralement les faibles traces d'un sillon dorsal, ou du moins une trace linéaire imponctuée; marqué de chaque côté de celle-ci d'une dépression peu apparente; assez densement hérissé de longs poils d'un blanc cendré. Ecusson fortement en triangle curviligne, ou en demi cercle; déclive vers son bord postérieur; plus densement et plus finement ponctué que le prothorax; hérissé de poils d'un blanc cendré. Elytres un peu plus larges aux épaules que le prothorax à ses angles postérieurs; une fois aussi longues que lui; subparal·lèles (♂) ou subrectilinéairement plus larges dans leur milieu (♀); arrondies à l'angle postéro-externe et tronquées à l'extrémité; subdéprimées sur le dos; convexement déclives sur les côtés, et plus abruptement à leur partie postérieure; chargées de deux calus : l'un huméral très-prononcé, l'autre beaucoup moins saillant, situé au devant du bord apical; subobsolètement et ruguleusement ponctuées, ou couvertes de points liés par des rides; à six stries : les trois premières prolongées presque jusqu'à l'extrémité et assez apparentes : la troisième généralement la mieux marquée, enclosant avec l'une des dernières le calus postérieur, sur lequel s'oblitèrent celles du disque qui souvent sont peu distinctement tracées; hérissées moins densement que le prothorax de poils d'un blanc cendré, graduellement plus courts de la base à l'extrémité. Pygidium d'un noir verdâtre ou métallique; hérissé de poils d'un blanc cendré ou d'un cendré jaunâtre, graduellement plus longs vers l'anus. Dessous du corps et pieds d'un noir verdâtre ou bronzé; subobsolètement ou subruguleusement couvert de points ; assez densement garni de poils d'un blanc cendré, plus longs et hérissés sur la poitrine et sur les cuisses, mi-couchés sur le ventre, et rassemblés sur les côtés de chaque segment en une touffe subtriangulaire.

Cette espèce habite les parties tempérées et septentrionales de la France. On la trouve dans les environs de Lyon.

Obs. Elle se distingue facilement des deux autres, par ses élytres très-visiblement hérissées de poils d'un blanc cendré.

Illiger et la plupart des auteurs rapportent à cette espèce le *Scar. agricola* de Linné; M. Schœnherr a fait observer avec raison que les expressions suivantes de son immortel compatriote : Statura S. horticolæ sed *minor.* Caput thoraxque albo-villosa. Elytra *glabra....* fascia in medio quæ *non tangit* nigredinem lateralem, ne sauraient convenir à cette espèce dont la taille est généralement supérieure à celle du *P. horticola,* dont les élytres sont visiblement hérissées de poils et dont la bande transversale se lie souvent à la bordure externe. M. Schœnherr n'a su à quelle espèce appliquer la description de Linné; elle me semble indiquer l'état normal de notre *A. arvicola;* l'Europe méridionale que l'auteur du Systema donne pour patrie à son *S. agricola,* semble justifier notre opinion.

Il paraît d'après la tradition que notre espèce se rapporte au *M. agricola* de Fabricius; mais cet écrivain souvent énigmatique s'étant borné à peu près à reproduire les expressions de Linné, nous l'avons exclu de la synonymie, ainsi que plusieurs autres par la même raison.

3. A. Arvicola; Fab. *Epistome en forme de groin. Tête et prothorax d'un noir vert ou violâtre; ponctués; peu densement hérissés de poils d'un blanc cendré. Prothorax rectilinéaire sur les côtés des angles de devant qui sont aigus et très-légèrement relevés; subsinueux près de ceux de derrière qui sont très-prononcés et subdentiformes; uniformément couvert en dessus de points rapprochés. Ecusson sillonné. Elytres parcimonieusement hérissées près de leur base, de poils livides et peu allongés, très-courts et indistincts sur le reste de leur surface; subrugueuses; à dix stries assez inégalement marquées. Pygidium hérissé de poils peu épais. Dessous du corps d'un noir verdâtre; peu densement revêtu de poils fins, irrégulièrement couchés sur le ventre.*

♂. Massue des antennes elliptique, presque aussi longue que les six articles précédents réunis. Elytres sans renflement à leur rebord externe, au dessous des épaules. Tarses antérieurs à peu près aussi gros à la base que les intermédiaires; à premier article moins long que les deux suivants réunis ; à dernier article épais, très-arqué, de grosseur presque égale ou comme échancré en dessous.

♀. Massue des antennes subovalaire, à peine aussi longue que les cinq articles précédents réunis. Elytres veineusement renflées au dessous des épaules, à leur bord externe. Tarses antérieurs visiblement plus grêles à la base que les intermédiaires ; à premier article au moins aussi long que les deux suivants réunis ; à dernier article graduellement plus épais et légèrement arqué.

♂♀. *Etat normal.* Elytres d'un flave livide, d'un flave fauve, d'un jaune cendré ou tirant sur le fauve ; noires sur le calus huméral et sur le rebord sutural ; parées en outre : 1° d'une assez large bordure prenant naissance vers le renflement en forme de veine qu'elle ne couvre pas, et prolongée jusqu'à l'angle sutural en se dilatant vers l'angle postéro-externe ; 2° d'une tache scutellaire carrée : 3° d'une bande subsinueusement en arc renversé, coupant la suture aux deux cinquièmes de la longueur, et non liée à la bordure extérieure , noires.

Scarabæus agricola, Linn. Syst. Nat. p. 553. 58?

♂♀. **Var. A. A. Disjuncta** ; Nob. *Bande noire des élytres formée d'espèces de traits longitudinaux raccourcis et plus ou moins séparés les uns des autres.*

♂♀. **Var. B. A. Bifasciata** ; Nob. *Elytres noires, parées chacune de deux bandes curvilinéaires d'un flave livide ou d'un flave fauve : l'une naissant de la fossette humérale (comme formée de deux taches liées ensemble) , et curvilinéairement prolongée jusqu'à la suture au tiers de la longueur : l'autre, subdentée (ou comme composée de traits longitudinaux raccourcis), partant de la bordure externe, vers la moitié de la longueur et curvilinéairement prolongée vers la suture aux trois-quarts de celle-ci.*

♂♀. **Var. C. A. Fallax** ; Nob. *Semblable à la précédente, mais bande postérieure des élytres réduite à une ou deux petites taches : l'une simple ou souvent géminée près de la suture , aux trois-quarts de la longueur : l'autre, quand elle existe, ordinairement simple , près de la bordure, vers la moitié de celle-ci.*

♂♀. **Var. D. A. Unifasciata** ; Nob. *Elytres noires, luisantes ; parées d'une tache d'un flave fauve ou d'un flave livide, curvilinéairement prolongée de la fossette humérale à la suture ; formant ainsi avec sa semblable un demi-cercle autour de l'écusson.*

♂♀. **Var. E. A. Bipunctata** ; Nob. *Semblable à la précédente , mais tache réduite à une ou deux taches subpunctiformes.*

♂♀. Var. F. **A. Funerea**; Noв. *Elytres entièrement d'un noir luisant ou comme vernissées.*

Melolontha arvicola, Faв. Spec. 1. p. 42. 42.—*Id*. Mant. 1. p. 225. 54.—*Id*. Ent. Syst.
t. 2. p. 172. 71.—*Id*. Syst. El. t. 2. p. 176. 92.—Oliv. Ent. 1. 5. p. 64. 87. pl.
7. f. 84.—*Id*. Encycl. Méth. t. 7. p. 55. 111. – Herbst, Nat. t. 3. p. 115. 68.—Latr.
Hist. t. 10. p. 196. 21.—Boiт. Man. 1. 334.
Anisoplia arvicola, De Casteln. Hist. t. 2. p. 151. 10.—Heer, Faun. Helv. p. 542.
Var. c.

♂♀. Var. G. **A. Laeta**; Noв. *Elytres entièrement d'un fauve jaune.*

Anisoplia arvicola, Heer, Faun. Helv. p. 542. 4.

♂♀. Var. H. **A. Apicalis**; Noв. *Elytres flaves, à extrémité noire.*

Anisoplia arvicola, Heer, l. c. Var. b.

L. 0^m,0095 à 0^m,0112 (4 1/2 à 5^l). — L. 0^m,0045 à 0^m,0050 (2 à 2 1/4^l)

Tête penchée, d'un noir verdâtre, souvent irisée de violet, ou entièrement d'un violet obscur sur l'épistome. Celui-ci rétréci d'arrière
en avant et terminé par un rebord presque en forme de groin, ou fortement relevé en devant, et dilaté sur les côtés; hérissé ainsi que le
front de poils d'un blanc livide, et comme celui-ci couvert de points
confluents et subsquammiformes. Suture frontale transversale. Palpes
et antennes noirs. Prothorax coupé en arc renversé en devant; à angles
antérieurs avancés en espèce de dent aiguë; subrectilinéairement
élargi sur les côtés, jusqu'à la moitié de la longueur de ceux-ci,
subsinueusement et moins fortement rétréci de ce point aux angles de
derrière qui sont très-prononcés, presque en forme de dent et peu
obtusément ouverts; rebordé dans son pourtour, et moins étroitement à la base; bissinueusement en arc renversé à celle-ci; paré sous
cette dernière d'une frange peu épaisse de poils livides; médiocrement convexe en dessus; d'un noir métallique irisé de vert
ou de violet; assez densement couvert de sortes de points affaiblis à leur partie postérieure; offrant rarement de faibles traces
d'un sillon dorsal; hérissé de poils livides un peu clairsemés et
parfois enlevés. Ecusson en triangle fortement curviligne, ou en
demi-cercle; curvilinéairement incliné à sa partie postérieure; d'un
noir violet; obsolètement creusé d'un sillon à peine apparent; plus
densement et plus finement ponctué que le prothorax; hérissé de poils
livides. Elytres faiblement plus larges aux épaules que le prothorax
à ses angles postérieurs; une fois aussi longues que lui; subparallèles
(♂) ou subcurvilinéairement plus large dans leur milieu (♀); arrondies à l'angle postéro-externe; tronquées à l'extrémité; subdéprimées
sur le dos; convexement déclives sur les côtés et plus abruptement à

leur partie postérieure ; chargées de deux calus : l'un huméral très-prononcé : l'autre situé au devant du bord apical et à peine apparent; subrugueusement ponctuées ; à dix stries dont les plus rapprochées de la suture et surtout du bord externe sont les plus prononcées ; peu densement hérissées à la base de poils d'un blanc cendré, presque glabres sur le reste de leur surface, ou garnies de poils courts, très-clairsemés et indistincts. Pygidium d'un noir métallique; très-finement ridé ; hérissé de poils plus longs et plus épais ou presque rassemblés en forme de houppe vers l'anus. Dessous du corps et pieds d'un noir métallique, légèrement verdâtre ; ponctué; peu densement garni de poils fins d'un blanc livide , en partie hérissés sur le ventre.

Cette espèce habite les parties chaudes et tempérées de la France. Elle est commune dans les plaines du Dauphiné qui sont aux portes de Lyon, sur les graminées, particulièrement sur les bromes. On la trouve vers l'époque de la maturité des blés.

Obs. Les Var. *funerea* et surtout *læta* sont les plus communes. Les Var. A et B sont assez rares ; les individus à l'état normal ne se trouvent guère que dans les provinces plus méridionales.

L'*A. arvicola* a été pour la première fois décrit par Fabricius. Cet écrivain paraît n'avoir connu que notre Var. F.

Genre *Phyllopertha*, PHYLLOPERTHE ; KIRBY. Inéd. STEPHENS.

(φύλλον, feuille ; πέρθω, je détruis.)

Caractères. Corps subdéprimé en dessus. Epistome transversal. Mandibules, ou du moins l'une d'elles, tridentelées à l'extrémité.

Ces insectes ressemblent d'ailleurs aux Anisoplies dont ils ont tous les autres caractères. Ils rongent les feuilles et quelquefois même les fleurs des végétaux.

1. **P. Campestris;** LATR. *Epistome transversal. Tête et prothorax d'un noir métallique passant au bleu, au vert ou au bronzé; hérissés de poils médiocrement allongés. Prothorax arcuément dilaté sur les côtés ; sans sinuosité près des angles postérieurs qui sont légèrement émoussés, obtusément ouverts et aussi inclinés que les parties voisines; bissubsinueusement en arc renversé à la base; offrant à peine les traces d'un sillon dorsal. Ecusson densement ponctué sur toute sa surface et ordinairement comme rebordé. Elytres presque glabres ; à calus huméral et postérieur peu marqués; à stries assez distinctes, peu profondes, subobsolétement ponctuées ainsi que les intervalles qui sont subdéprimés et subruguleux.*

♂. Massue des antennes elliptique ou subfusiforme , presque aussi longue que tous les articles précédents réunis. Epistome assez fortement relevé en rebord. Tarses antérieurs presque aussi gros à la base que les intermédiaires; à premier article moins long que les deux suivants réunis ; à dernier article épais , comme échancré en dessous.

♀. Massue des antennes subovalaire, à peine aussi longue que les cinq articles précédents réunis. Epistome médiocrement ou faiblement relevé en rebord. Tarses antérieurs sensiblement plus grêles à la base que les intermédiaires; à premier article plus long que les **deux** suivants : à dernier article sans échancrure en dessous.

♂♀. *Etat normal.* Elytres noires ou d'un noir bleu; luisantes; **parées** de deux bandes arquées , flaves ou d'un jaune pâle : l'une naissant du milieu de la base, comme formée de deux ou trois taches (la basilaire alors plus petite) liées ensemble, et curvilinéairement dirigée **vers** l'intervalle juxta-sutural , au quart de celui-ci: l'autre naissant du tiers de la longueur, près du bord externe qu'elle n'atteint pas, subgraduellement élargie, subdentée ou comme composée de trois à quatre taches curvilinéairement liées ensemble jusqu'à l'intervalle juxtasutural aux deux tiers de la longueur.

Melolontha campestris, Germar , Ins. Spec. p. 129. 218.
Anisoplia campestris, De Casteln. Hist. t. 2 p. 150. 2.—Heer , Faun. Helv. p. 543. 1.

♂♀. Var. A. **P. Maculata;** Nob. *Elytres noires ou d'un noir bleu luisant , n'offrant pour représenter chaque bande, qu'une ou deux et quelquefois trois bandes , isolées à taches isolées d'un jaune pâle.*

♂♀. Var. B. **P. Abbreviata;** Nob. *Elytres noires ou d'un noir bleu luisant; parées de deux bandes obliques et raccourcies, formées par deux et quelquefois trois taches d'un jaune pâle : — α , liées ensemble à l'une des deux, isolées à l'autre. — β, liées ensemble aux deux bandes.*

Melolontha campestris, Latreille, Hist. t. 10. p. 195. 19. ♀. (♂♀).

♂♀. Var. C. **P. Cruciata;** Nob. *Elytres d'un noir brillant ou d'un noir bleu ; parées de deux bandes d'un jaune pâle , arquées, subdentées et rétrécies vers la suture; ou élytres d'un jaune pâle, parées : 1° d'une tache scutellaire en carré transversal ; 2° d'une bordure le long de la suture ; 3° d'une autre moins étroite dans leur pourtour ; 4° d'une sorte de point situé sur le milieu du disque de chacune et uni à une tache suturale carrée , d'un noir bleu ou d'un noir brillant.*

Heer , l. c. Var. b.

♂♀. Var. D. **P. Pauperata;** Nob. *Elytres d'un jaune pâle , à suture et* *calus huméral noirs ; parées en outre : 1° d'une tache scutellaire en carré transversal ; 2° d'une bordure dans leur pourtour, à laquelle se lie généralement, quand il existe, une sorte de point situé au devant du calus postérieur ; 3° d'une tache carrée ou parfois triangulaire, située sur la suture, au milieu de la longueur : 4° quelquefois d'un petit point situé près de cette tache sur le milieu du disque des élytres, noirs ou d'un noir bleu.*

♂♀. Var. E. **P. Occidentalis;** Nob. *Elytres d'un flave livide ou d'un jaune cendré, à suture et calus huméral noirs, et rebord du pourtour noirâtre ; parées en outre : 1° d'une tache scutellaire noire, en carré transversal ; 2° d'une bande noirâtre subdentée, naissant du calus huméral, et curvilinéairement dirigée vers la suture au tiers de la longueur, plus ou moins nébuleusement indiquée et souvent distincte seulement en partie.*

♂♀. Var. F. **P. Circumcincta;** Nob. *Elytres d'un flave livide ou d'un jaune cendré, à suture noire ; parées d'une tache scutellaire en carré transversal et d'une large bordure dans leur pourtour, de même couleur.*

♂♀. Var. G. **P. Sabulosa;** Nob. *Elytres d'un flave livide ou d'un jaune cendré, avec la suture, le calus huméral, une tache scutellaire en carré transversal, noirs; et le rebord du pourtour noirâtre.*

♂♀. Var. H. **P. Arenaria;** De Casteln. *Elytres d'un flave livide ou d'un jaune cendré, avec la suture et le calus huméral, noirs; et le rebord du pourtour noir ou noirâtre.*

Melolontha campestris, Latr. Hist. t. 10. p. 195. 19. ♂. (♂♀).
Anisoplia arenaria, Déj. Inéd. De Castelnau, Hist. t. 2. p. 151. 5.

L. 0,^{m}0090 à 0,^{m}0112 (4 à 5^l).—L. 0,^{m}0045 à 0,^{m}0056 (2 à 2 1/2^l).

Tête penchée; noire, ou d'un noir verdâtre ou bronzé; ruguleusement couverte de points confluents. Epistome transversal, subarrondi aux angles de devant; relevé en rebord; plane et glabre en dessus. Suture frontale rectilinéaire. Front parcimonieusement hérissé de poils cendrés. Palpes d'un rouge brunâtre. Antennes noires ou d'un noir violâtre. Prothorax en arc renversé en devant; à angles antérieurs avancés en espèce de dent; arcuément élargi sur les côtés; à peine plus large dans le milieu de ceux-ci qu'aux angles postérieurs qui sont inclinés à l'égal du bord externe, légèrement émoussés et obtusément ouverts; bissinueusement ou bissubsinueusement en arc renversé à la base; un peu moins étroitement rebordé à cette dernière que dans le reste de sa périphérie; parcimonieusement cilié ou frangé en dessous du milieu de celle-ci; médiocrement convexe en dessus, un peu plus déclive vers le bord externe ; couvert de points confluents pointillés ou ridés dans le fond et dont les intervalles forment en relief une sorte de réseau ; offrant parfois de faibles traces d'un sillon dorsal ; hérissé de poils d'un blanc cendré, fins, médiocrement allongés et assez clairsemés. Ecusson d'un noir verdâtre ; fortement en triangle curviligne ou en demi-cercle ; longitudinalement subarqué en dessus ; déclive à son bord postérieur ; assez densement marqué de points, qui laissent ordinairement près de sa périphérie une sorte de bordure imponctuée. Elytres un peu plus larges aux épaules que le prothorax à ses angles postérieurs ; une fois aussi longues que lui ; subparallèles ($\mathcal{O}^\top$) ou subcurvilinéairement plus larges dans leur milieu ($\mathcal{Q}$) ; arrondies à l'angle postéro-externe et tronquées à l'extrémité ; subdéprimées sur le dos ; convexement déclives sur les côtés et plus abruptement à leur partie postérieure ; à peu près glabres ; luisantes ; presque sans fossette humérale ; chargées de deux calus : l'un huméral faiblement prononcé ; l'autre, situé au devant du bord apical et un peu moins apparent ; subrugueusement ponctuées ou garnies de points moins marqués que les rides ; à dix stries subobsolètement ponctuées : les deuxième et septième parialement réunies au dessous du calus postérieur : les troisième et quatrième, et plus distinctement les cinquième et sixième, pariales et encloses par les précédentes. Intervalles subdéprimés : le second plus près de la suture, plus large et comme rayé d'une strie. Pygidium noir ou d'un noir verdâtre ; hérissé de longs poils d'un blanc cendré et assez clairsemés. Dessous du corps et pieds d'un noir verdâtre ou légèrement bronzé ; luisant. Poitrine et cuisses, surtout les quatre antérieures, hérissées de poils fins et d'un blanc cendré. Ventre garni sur chaque anneau d'une rangée de poils moins longs, mi-couchés et peu apparents.

Cette espèce est plus particulièrement méridionale. On trouve près de Lyon les Var. A à D. ; les suivantes ont été prises dans les environs de Bordeaux par M. Perroud, et m'ont été envoyées de Mont-de-Marsan par M. Perris.

Obs. Les femelles ne présentent point au bord externe de leurs élytres le renflement ou l'espèce de veine presque transparente que nous avons signalé dans les *Anisoplia* et dans l'espèce suivante.

Selon MM. de Castelnau et Chevrolat, il faut rapporter à notre Var. H l'*Anisoplia arenaria* du Catalogue de M. le comte Dejean.

2. **P. Horticola** ; Linn. *Epistome transversal. Tête et prothorax d'un bleu ou vert métallique; hérissés de poils plus ou moins allongés. Prothorax dilaté sur les côtés ; sinueux au devant des angles postérieurs qui sont subdentiformes, légèrement relevés et subrectangulairement ouverts ; forte-*

ment bissinueux ou prolongé dans sa partie médiaire en arc déprimé ; subobsolètement sillonné, au moins en partie, sur le dos. Écusson postérieurement imponctué. Élytres hérissées de poils clairsemés et plus ou moins apparents ; à calus huméral et postérieur très-prononcés ; strialement ponctuées ou parées de stries formées par des points irréguliers ou subruguleux ; imponctuées sur les intervalles qui sont subconvexes.

♂. Massue des antennes subovalaire, à peu près aussi longue que les cinq articles précédents réunis. Élytres sans renflement apparent à leur bord externe, au dessous des épaules. Tarses antérieurs à peu près aussi épais à la base que les intermédiaires : à premier article moins long que les deux suivants réunis : à dernier article presque d'égale grosseur et comme échancré en dessous.

♀. Massue des antennes ovalaire, un peu moins longue que les cinq articles précédents réunis. Élytres offrant à leur bord externe une dilatation sensible et une sorte de renflement en forme de veine. Tarses antérieurs visiblement plus grêles à la base que les intermédiaires ; à premier article plus long que les deux suivants : à dernier article graduellement renflé et sans échancrure en dessous.

Var. A. P. Cyanocephala ; Nob. *Tête et prothorax : — α, d'un bleu métallique. — β, d'un bleu verdâtre ; hérissés de poils obscurs. Élytres fauves ou d'un fauve foncé.*

Scarabæus horticola, Linn. Faun. Suec. p. 136. 391.—*Id.* Syst. Nat. p. 554. 59.— Mull. Zool. Dan. Pr. p. 54. 460.—Muller, (L. P. S.) Linn. Nat. p. 58. 89.— Fischer, (J. L.) Nat. v. Liev. p. 129. 245.—Leske, Nat. p. 446. 9.—Schrank Enum. p. 12. 18.—Fourcr. Ent. Par. 1. p. 7. 8.—Gmel. Linn. Syst. Nat. p. 1559. 59.—De Vill. C. Linn. Ent. 1. p. 27. 42.—Razoum. Hist. 1. p. 135. 6.—Goeze, Ent. Faun. 8. p. 121. 12.—Blumemb. Handb. p. 319. 9.—*Id.* trad. fr. p. 398. 9.—Marsh. Ent. Brit. p. 44. 78.
Melolontha horticola, Fab. Syst. Ent. p. 57. 28.—*Id.* Spec. Ins. 1. p. 42. 41.—*Id.* Mant. 1. p. 22. 50.—*Id.* Ent. Syst. t. 2. p. 171. 68.—*Id.* Syst. El. 1. p. 175. 88. —Laichart. Tyr. Ins. 1. p. 40. 5.—Petagn. Spec. p. 5. 17. pl. 1. f. 5.—Rossi Faun. Etr. 1. p. 20. 46.—*Id.* éd. Helw. p. 20. 46.—Panz. Ent. Germ. p. 223. 14. —*Id.* Faun. Germ. 47. 15.—Martyn, Ent. Angl. pl. 4. f. 43.—Cederh. p. 78. 259. —Schrank, Faun. Boic. 1. p. 409. 575.
Anisoplia horticola, Fischer, Ent. t. 2. p. 217. 8.
Phyllopertha horticola, Steph. Syn. p. 224. 1.

Var. B. P. Ustulatipennis ; Villa. *Élytres d'un brun ou d'un noir luisant ou irisé de violâtre.*

Melolontha ustulatipennis, Villa, Col. Eur. p. 54. 21.
Melolontha horticola, Moll. Nat. Brief. 1. p. 185. 28. Var.—Duftsch. Faun. Aust 1. p. 199. 16. Var. β et γ.—Steph. Syn. 224. 1. Var. 5.

Var. C. P. Macularis ; Nob. *Elytres fauves, avec le rebord sutural et le pourtour noirs ; parées sur leur surface de taches d'un brun noirâtre.*

Anisoplia horticola, Heer, Faun. Helv. p. 543. 6. Var.

Var. D. P. Adiaphora ; Poda. *Tête et prothorax:— α, d'un vert bleuâtre. — β, d'un vert obscur ou bronzé. — γ, d'un vert brillant ou presque doré; hérissés de poils cendrés. Elytres fauves ou d'un fauve jaunâtre, quelquefois d'un jaune fauve, hérissées de poils clair semés. Pieds obscurs, verdâtres, noirs ou bronzés.*

Scarabæus adiaphorus, Poda, Mus. Gr. p. 20.—Scopol. Ent. Carn. p. 5. 10.
Le petit Hanneton à corselet vert, Geoff. Hist. 1. p. 75. 8.
Scarabæus viridicollis, De Geer. Mém. t. 4. p. 278. 24. pl. 10. f. 18.—Ratz. Spec. p.
    125. 750.—Schæff. Icon. pl. 53. 4.
Melolontha horticola, Oliv. Ent. 1. 5. p. 62. 85. pl. 2. f. 17.—*Id.* Encycl. Méth. t. 7. p.
    34. 109.—Meyer, In Scriba Journ. 1. p. 263.— Payk. Faun. Suec. t. 2. p. 211. 6.
    —Walck. Faun. Par. 1. p. 186. 9.—Latr. Hist. t. 10. p. 194. 18.—*Id.* Gen. t. 2.
    p. 112. 8.—*Id.* Nouv. Dict. d'Hist. Nat. t. 14. p. 193.—Duftsch. Faun. Aust. 1. p.
    195. 16.—Gyllenh. Ins. Suec. 1. p. 63. 7.—Baud.-Laf. Monog. p. 25. 8.—Duméril,
    Dict. des Scienc. Nat. t. 20. p. 270.—Boit. Man. 1. p. 334.—Ratzeb. Forstins. p. 81.
    10. pl. 3. f. 9.
Anisoplia horticola, Fischer, l. c. pl. 31. f. 8.—De Casteln. Hist. t. 2. p. 150. 1.

Var. E. P. Perrisi ; Nob. *Tête et prothorax: — α, d'un vert brillant ou presque doré. — β, d'un vert cuivreux changeant ; hérissés de poils livides peu allongés : la première, sur l'épistome, ordinairement d'un fauve livide couvert d'un vernis semi-doré : le second, paré dans son pourtour d'une couleur semblable ou la laissant percer sur quelques points de sa surface. Ecusson et pygidium d'un fauve livide ou d'un flave livide mélangés de vert métallique. Elytres d'un fauve livide ou d'un flave livide; revêtues d'un vernis brillant ; parcimonieusement hérissées de poils livides, fins et peu distincts ; quelquefois presque glabres. Ventre et pieds fauves ou d'un fauve livide, mélangés le plus souvent de vert métallique.*

L. 0,^{m}0090 à 0,^{m}0123 (4 à 5 1/2^l).—L. 0,^{m}0045 à 0,^{m}0056 (2 à 2 1/2^l).

Tête penchée; d'une couleur métallique; ruguleusement couverte de points confluents, moins serrés près du vertex que sur l'épistome. Celui-ci transversal; subarrondi aux angles de devant; relevé en rebord; plane et glabre en dessus. Suture frontale rectilinéaire. Front parcimonieusement hérissé de poils d'un blanc cendré. Palpes et tige des antennes fauves, d'un fauve livide ou d'un fauve obscur : massue des dernières d'un noir violâtre. Prothorax en arc renversé en devant; garni d'un rebord élargi et plus écrasé dans son milieu; à angles antérieurs avancés en espèce de dent; rectilinéairement élargi sur les

côtés jusqu'au milieu de ceux-ci, sinueusement et moins fortement
rétréci de ce point aux angles postérieurs qui sont légèrement relevés,
très-prononcés ou presque en forme de dent et subrectangulairement
ouverts; fortement bissinueux à la base ou bissinueusement en espèce
d'arc renversé, subrectilinéaire dans son milieu, au devant de l'écusson; d'un bleu ou plus ordinairement d'un vert métallique; médiocrement convexe en dessus, plus fortement déclive près des sinuosités
de la base et des bords latéraux; offrant généralement dans son
milieu, un sillon léger, quelquefois en partie oblitéré; couvert de
petits points assez rapprochés de chacun desquels se hérisse un poil
assez long; lisse et déprimé sur les intervalles des points. Écusson en
triangle curviligne obtus à son extrémité, ou presque en demi-cercle
rétréci latéralement vers sa partie postérieure; curvilinéairement un
peu plus incliné vers celle-ci; généralement lisse et imponctué vers
cette dernière; garni sur le reste de sa surface de points souvent peu
profonds ou superficiels; d'un bleu ou vert métallique; brillant;
hérissé de poils peu nombreux. Elytres sensiblement plus larges aux
épaules que le prothorax à ses angles postérieurs; près de deux fois et
demie aussi longues que lui; subparallèles (♂) ou avec une assez
légère dilatation au dessous des épaules(♀); arrondies à l'angle postéro-
externe et tronquées à l'extrémité; subdéprimées sur le dos; convexement déclives sur les côtés, et plus abruptement à leur partie postérieure; d'une couleur fauve, fauve jaune ou flave livide; luisantes;
creusées d'une fossette humérale très-marquée; chargées de deux
calus; l'un huméral très-saillant, l'autre situé au devant du bord
apical et un peu moins prononcé; strialement ponctuées ou parées de
stries formées par des points irréguliers ou ruguleux : la deuxième ou
la troisième strie liée avec la neuvième au dessous du calus postérieur :
quelques-unes des quatrième à dixième généralement moins nettement
marquées. Intervalles subconvexes, lisses; le deuxième le plus large et
substrialement ponctué dans une partie de sa longueur; le neuvième
ou dixième subcostalement relevé jusqu'au dessous du calus. Pygidium
d'une couleur métallique; brillant; obsolètement et subruguleusement
ponctué; parfois subobsolètement sillonné; hérissé de poils assez
longs, fins et peu épais. Poitrine d'un vert métallique plus ou moins
obscur; assez densement hérissée de poils d'un blanc cendré, ainsi que
les cuisses, surtout les quatre antérieures. Ventre plus parcimonieusement hérissé de poils. Pieds subruguleusement pointillés comme tout
le dessous du corps; d'une couleur ou d'un éclat métallique.

Cette espèce habite toutes les parties de la France. Elle dévore les
feuilles des arbres fruitiers et de diverses autres espèces, et quelque -
fois même les fleurs, comme l'ont remarqué M. Heglschweiler et

d'autres écrivains. Elle est connue dans nos environs sous les noms de *Hanneton des jardins*, *Hanneton de la Saint-Jean*, etc.

Obs. Les espèces des lieux froids ou élevés ont généralement la tête et le prothorax d'une teinte bleue, hérissés de poils obscurs, et les élytres d'une teinte plus foncée. Chez les autres la tête et le prothorax sont d'un vert plus ou moins clair et brillant, garnis de poils cendrés. Enfin, dans quelques parties du midi on trouve la variété remarquable que j'ai reçue de M. Perris, de Mont-de-Marsan, et que j'ai dédiée à ce naturaliste.

QUATRIÈME BRANCHE.

LES HOPLIAIRES.

Caractères. Tarses postérieurs pourvus d'un seul ongle, entier ou légèrement fendu. Pieds de devant armés de deux ongles inégaux et bifides. Suture frontale subrectilinéaire. Palpes maxillaires à premier article à peu près aussi gros que chacun des deux suivants. Antennes de neuf à dix articles : le premier notablement plus long qu'aucun de ceux de la tige : le deuxième globuleux : le troisième plus grêle, obconique, ainsi que les deux ou trois suivants qui sont graduellement moins minces : les trois derniers composant une massue feuilletée. Pygidium et parfois une partie du segment dorsal précédent, découverts. Jambes de derrière tronquées à leur extrémité et couronnées de poils spiniformes, mais dépourvues d'éperons. Quatre premier article des tarses postérieurs presque égaux ou faiblement et subgraduellement moins courts : le dernier au moins aussi long que les deux ou trois précédents réunis.

La Nature, chez les Hopliaires, nous conduit aux dernières modifications qu'elle s'est proposée de nous offrir dans la conformation des ongles chez les Mélolonthins. Ce n'est plus ici, comme dans les Anomalaires, une simple inégalité qu'elle nous montre, à l'un de ceux de chacun des quatre tarses antérieurs, mais un rappetissement poussé jusqu'à l'exagération, de l'ongle atrophié. Elle nous conduit ainsi comme par degrés à l'anomalie qu'elle nous présente dans les pieds postérieurs, qui ne sont armés que d'un seul ongle, soit que l'un des deux ait été annihilé, soit qu'il ait été réuni à son voisin par une soudure dont on peut reconnaître les traces, surtout chez les Décamères.

Les Hopliaires ont la tête penchée ; les mandibules cornées au côté externe, membraneuses à leur bord incisif entre leur molaire de la base et leur extrémité, qui parfois est presque bidentée, au moins à l'une des deux ; les mâchoires cornées, armées de dents plus petites, (ordinairement quatre principales offrant entre elles, mais d'une manière peu distincte, neuf dentelures), et quelquefois même ombragées par des poils qui permettent à ces insectes de butiner sur les fleurs ; la suture frontale sublinéairement transversale ; le prothorax subtrapézoïdal, subconvexement et faiblement déclive en dessus ; le pygidium en espèce de triangle arqué à la base, à côtés à peine plus longs que les deux tiers de celle-ci ; le métasternum marqué chez quelques-unes des premières espèces, comme chez les Anomalaires, d'une impression en fer de flèche qui disparaît chez les dernières ; les jambes intermédiaires et postérieures faiblement renflées dans leur milieu, et légèrement étranglées au devant de leur extrémité ; les ongles allongés, faiblement arqués, susceptibles de se replier en dessous par un mouvement de charnière.

Les mâles ont les pieds plus grands ; les jambes de devant plus étroites, souvent armées d'une dent de moins que dans l'autre sexe ; les jambes postérieures plus dilatées, et les tarses proportionnellement plus épais.

Le corps de ces insectes est garni chez les uns de soies, ou d'écaillettes qui ne semblent être qu'une modification plus avancée de la forme des poils ; chez les autres il est paré ou revêtu d'écailles plus larges ou plus épaisses, colorées quelquefois des teintes les plus riches et les plus éclatantes.

Chez quelques espèces les femelles sont peu nombreuses.

Cette branche se compose de deux genres :

GENRES.

		GENRES.
Antennes {	de dix articles. Ongle des pieds postérieurs souvent fendu.	*Decamera.*
	de neuf articles. Ongle des pieds postérieurs toujours entier.	*Hoplia.*

Genre *Decamera*, Décamère ; Nob.

(δέκα, dix ; μέρος, partie.)

Caractères. Antennes de dix articles. Mandibules terminées en pointe à l'extrémité. Mâchoires peu ou point ciliées. Palpes maxillaires ayant les trois premiers articles presque égaux en longueur : le dernier le plus long, renflé, ventru au côté interne, rétréci vers l'extrémité. Palpes labiaux à dernier article subovalaire. Ongle des pieds postérieurs souvent fendu sur l'arête.

Ces insectes vivent aux dépens des feuilles et des fleurs.

Obs. Quelquefois, surtout chez les femelles, deux des articles de la tige sont presque réunis, ou séparés d'une manière si équivoque, que ces organes semblent n'avoir que neuf articles.

1. **D. Brunnipes** ; Bonelli. *Dessus du corps subdéprimé ; d'un brun châtain, plus rougeâtre ou d'un rouge brun sur les élytres ; garni de soies couchées d'un livide blanchâtre. Prothorax anguleusement dilaté sur les côtés, subcurvilinéaire ou sans subsinuosité près des angles postérieurs peu ou point prolongés en dent émoussée, bissubsinueusement anguleux à la base, obsolètement creusé au dessus de celle-ci d'un léger sillon transversal en partie indistinct ; bombé; chargé dans la partie postérieure de son milieu d'une carène peu apparente. Ecusson garni de soies. Elytres de moitié plus longues que le prothorax. Pygidium et dessous du corps garnis d'écaillettes linéaires, blanches mais paraissant légèrement verdâtres ou bleuâtres. Ongle postérieur généralement fendu.*

♂. Jambes de devant bidentées ou subtridentées.

♀. Jambes de devant tridentées.

Hoplia brunnipes, Bonelli, Spec. Faun. Subalp. p. 156. 3. pl. 1. f. 4.

Var. A. D. Pauperata ; Nob. *Tête et prothorax d'un brun rouge ou d'un châtain rouge. Elytres d'un rouge brun ainsi que le dessous du corps.*

L. 0,^m061 à 0,^m0067 (2 3/4 à 3^l).—L. 0,^m0033 (1 1/2^l).

Tête penchée ; à surface presque plane ; d'un brun châtain ou d'un châtain obscur ; subrugueusement ponctuée ; garnie de soies mi-couchées d'un blanc livide. Epistome transversal ; subarrondi aux angles antéro-externes ; relevé en rebord, un peu plus fortement en devant que sur les côtés. Suture frontale subrectilinéaire, souvent indistincte. Palpes et antennes d'un rouge brun : massue de celles-ci, brune. Prothorax en arc renversé en devant ; à angles antérieurs avancés en espèce de dent aiguë peu distinctement relevée ; anguleuse-ment arqué ou anguleusement dilaté sur les côtés ; subcurvilinéaire ou sans subsinuosité sensible près des angles postérieurs qui sont peu émous-sés, légèrement relevés et obtusément ouverts ; bissubsinueusement en arc renversé ou plutôt prolongé en forme d'angle émoussé dans le milieu de sa base ; peu distinctement rebordé latéralement, mais légèrement relevé près des angles de devant, moins indistinctement et moins étroitement près des postérieurs ; comme rebordé dans une partie de la base ou creusé au dessus de celle-ci d'un très-faible sillon transversal indistinct près des angles postérieurs et oblitéré dans le milieu; médio-

crement convexe en dessus, d'un bord latéral à l'autre ; assez bombé
d'avant en arrière ; brun ou d'un brun châtain; chargé longitudinalement dans la partie postérieure de son milieu, d'une carène à peine
visible et quelquefois indistincte ; subobsolètement et subruguleusement couvert de points confluents ; peu densement garni de soies
couchées et d'un blanc livide. Ecusson en demi-cercle; d'un brun châtain; d'une ponctuation analogue à celle du prothorax, et garni comme
lui de soies de même couleur. Elytres un peu plus larges à leur naissance que le prothorax à ses angles postérieurs ; une fois et demie
aussi longues que lui ; arrondies et courbées en dessous à leur bord
huméral ; subcurvilinéairement et très-sensiblement dilatées, vues en
dessus, dans le milieu de leurs côtés ; arrondies à l'angle postéro-
externe; obtusément tronquées à l'extrémité ; émoussées à l'angle
sutural ; subdéprimées sur le dos, obliquement déclives près des bords
latéraux, convexement et abruptement au devant du bord apical ;
chargées chacune, vers leur extrémité, d'un calus moins saillant que
l'huméral, arrondi, couvrant presque toute la largeur de leur partie
postérieure ; légèrement inégales sur leur surface; faiblement relevées
vers la suture dans leur tiers médiaire, en une sorte de carène obtuse;
subobsolètement marquées de quatre à cinq stries peu nettement
dessinées: la première, juxta-suturale et visible seulement vers la
partie postérieure de la suture qui est relevée en rebord; la deuxième
naissant de la région de la base voisine de la fossette humérale, peu
longuement prolongée, généralement moins apparente que l'intervalle relevé en forme de nervure qui la sépare de la suivante : cette
dernière s'étendant presque jusqu'au calus postérieur : les quatrième
et cinquième assez visibles dans la fossette humérale, faiblement
prolongées au delà de cette dernière, l'une longitudinalement, l'autre
obliquement sous le calus huméral; d'un brun châtain ou d'un châtain
rougeâtre ; peu densement garnies comme le prothorax de soies plus
épaisses vers l'extrémité et d'un livide blanchâtre. Pygidium d'un
brun châtain ; paré de soies squammiformes ou d'espèces d'écaillettes
subfiliformes, blanches, mais paraissant d'un blanc légèrement verdâtre ou bleuâtre. Dessous du corps d'un brun rougeâtre ; orné
d'écaillettes plus allongées, mais de même teinte que les précédentes;
parcimonieusement hérissé de poils livides indistincts. Pieds d'un
rouge brun, garnis de soies blanchâtres et couchées. Jambes de devant
tridentées (♀), ou quelquefois seulement bidentées (♂). Ongle des
pieds de derrière généralement ou le plus souvent fendu postérieurement sur son arête.

Cette espèce m'a été envoyée des environs de Béziers par M. Gaubil.
Elle a été trouvée dans les environs de Lyon par MM. Perroud, Rey

et Girodon. Je l'ai vue indiquée dans quelques collections sous le nom
de *nuda*.

2. D. Pulverulenta ; FAB. *Dessus du corps subdéprimé; tête et prothorax bruns ou d'un brun noir. Celui-ci garni d'écaillettes elliptiques d'un blanc
jaunâtre ou verdâtre ; parcimonieusement (♂) ou assez densement (♀)
hérissé de poils peu allongés et mi-couchés d'un flave livide ; anguleusement dilaté sur les côtés ; rectilinéaire ou subsinueux près des angles de
derrière qui sont sensiblement prolongés en forme de dent ; bissinueusement
en arc renversé à la base. Écusson nu. Elytres d'un brun noirâtre (♂) ou
d'un rouge brun (♀); couvertes d'écaillettes rapprochées et livides (♂) ou
d'un livide flavescent (♀); près de deux fois aussi longues que le prothorax.
Pygidium et dessous du corps paré d'écaillettes paraissant d'un blanc verdâtre. Ongle postérieur fendu.*

♂. Premier article des antennes, jambes et tarses généralement
d'un brun noir. Pieds de derrière aussi longs que le corps. Jambes de
devant bidentées ou subtridentées au côté externe.

♀. Premier article des antennes, jambes et tarses généralement d'un
rouge brun. Pieds de derrière moins longs que le corps. Jambes de
devant tridentées.

Melolontha pulverulenta, FAB. Syst. Ent. p. 39. 33. (♀).—*Id*. Spec. 1. p. 45. 56. (♀).
 —*Id*. Mant. 1. p. 24. 69. (♀).—*Id*. Ent. Syst. 2. p. 178. 93. (♀)—*Id*. Syst. El. 2.
 p. 181. 121. (♀).—ROSSI, Faun. Etr. 1. p. 21. 49. (♂).—*Id*. éd. Helw. p. 21. 49.
 (♂).—PANZ. Ent. Germ. 226. 23. (♀).—BRAHM, Rh. Mag. p. 721. 72.
Scarabæus philanthus, SULZER, Gesch. p. 18. 8. (♂).—HERBST, Arch. p. 17. 15. (♂).
Scarabæus pulverulentus, GMEL. Linn. Syst. Nat. p. 1565. 273. (♀). —MARSH. Ent. Brit.
 p. 46. 80. (♀).
Melolontha argentea, OLIV. Ent. 1. 5. p. 67. 91. pl. 3. f. 22. a.-d. (♂) et Var. (♀).
 —*Id*. trad. allem. (Illig.) 2. p. 92. 91.— *Id*. Encycl. Méth. t. 7. p. 36. 115. (♂♀)·
 —KUGEL. in Schneid. Mag. 85. 10. (♂).—PANZ. Faun. Germ. 28. 18. (♂).—*Id*.
 Krit. Rev. p. 101.—MARTYN, Ent. angl. pl. 2. f. 11.—WALCK. Faun. Par. 1. p. 187.
 13. (♀).—LATR. Hist. t. 10. p. 199. 26. (♂).—BAUD.-LAF. Monog. p. 32. 17. (♂).
 —BOIT. Man. 1. p. 330. (♂).
Melolontha philanthus, HERBST, Nat. t. 3. p. 119. 72. pl. 25. f. 4. (♂).
Hoplia pulverulenta, ILLIG. Mag. t. 2. p. 229. 2.
Hoplia philanthus, LATR. Gen. t. 2. p. 115. (♂) et Var. (♀).
Hoplia argentea, DUFTSCH. Faun. Aust. 1. p. 180. 3. (♂♀).—STEPH. Syn. p. 228.
 (♂♀).—DE CASTELN. Hist. t. 2. p. 144. (♀).
Hoplia philanthus, HEER, Faun. Helv. p. 543. 2.

Var. A. **D. Varians ;** NOB. *Couleur foncière des élytres d'un brun rouge
(♂), ou d'un rouge testacé ainsi que les cuisses postérieures (·♀).*

L. 0,^m0068 à 0^m,0090 (3 à 4^l).—L. 0,^m0033 à 0^m,0045 (1/2 à 2^l).

♂. Tête penchée. Epistome transversal; subarrondi aux angles antéro-
externes; relevé en rebord, plus fortement en devant que sur les côtés;
brun ou d'un brun noir ainsi que le reste de la tête; subrugueusement
marqué comme elle de gros points peu profonds et confluents; presque
glabre ou plus parcimonieusement garni de soies d'un flave livide et
mi-couchées; parsemé de poils squammiformes, sublinéaires. Suture
frontale subrectilinéairement transversale; sensiblement saillante
dans sa partie moyenne. Palpes fauves ou d'un rouge brun. Antennes
noires, avec le deuxième article et parfois une partie de tous
ceux de la tige, d'un rouge brun. Prothorax en arc renversé en devant;
à angles antérieurs avancés en espèce de dent aiguë, très-légèrement
ou peu distinctement relevée; subrectilinéairement dilaté sur les
côtés jusqu'au milieu de la longueur de ceux-ci; rétréci plus faiblement
en ligne droite ou légèrement sinueuse de ce point aux angles postérieurs qui sont très-prononcés ou prolongés postérieurement en forme
de petite dent, à peine relevés et un peu obtusément ouverts; bissinueusement en arc renversé ou quelquefois peu sinueusement prolongé en forme d'angle dans le milieu de sa base; peu distinctement
rebordé latéralement, mais légèrement relevé près des angles de
devant et plus largement près de ceux de derrière; sans rebord apparent à sa partie postérieure; médiocrement convexe en dessus; noir
ou d'un noir brunâtre; subruguleux; couvert de petites écailles
elliptiques, blanchâtres, paraissant d'un blanc jaunâtre ou d'un blanc
verdâtre, non contiguës ou séparées les unes des autres par un
espace à peu près égal à leur largeur; brièvement hérissé de soies mi-
couchées d'un flave livide. Ecusson en demi-cercle allongé ou fortement en triangle curviligne; faiblement incliné à son extrémité,
subconcavement et plus sensiblement à la base; noir ou d'un noir
brunâtre; glabre; indistinctement chagriné. Elytres un peu plus
larges à leur naissance que le prothorax à ses angles postérieurs; une
fois aussi longues que lui; arrondies et courbées en dessous, à leur
bord huméral; subcurvilinéairement et faiblement élargies, vues en
dessus, jusqu'au milieu de leur longueur; arrondies à l'angle postéro-
externe; obtusément tronquées à l'extrémité; émoussées à l'angle
sutural; subdéprimées ou déprimées sur le dos; subconvexement
déclives sur les côtés, et plus abruptement à leur bord apical; chargées
chacune vers leur extrémité d'un calus moins saillant que l'huméral,
arrondi, couvrant presque toute la largeur de leur partie postérieure;
légèrement inégales sur leur surface; faiblement relevées vers la
suture dans leur tiers médiaire, en une sorte de carène obtuse; subob-

solètement marquées de cinq à six stries peu nettement dessinées et souvent à peine indiquées : la première, voisine de la suture et visible seulement vers la partie postérieure de celle-ci qui est relevée en rebord : la deuxième naissant de la partie de la base située entre le calus et l'écusson, généralement moins apparente que l'intervalle relevé en forme de nervure qui la sépare de la troisième ; celle-ci et la suivante prolongées presque jusqu'au calus apical : la sixième, sillonnant près de la quatrième la fossette humérale et obliquement dirigée sous le calus voisin : la cinquième naissant au dessous de la fossette, entre les deux dernières, prolongée parallèlement à la quatrième et habituellement moins apparente que l'intervalle en forme de nervure qui la sépare de la précédente ; d'un brun noir ; parées de petites écailles subovalaires, pointues antérieurement, subarrondies postérieurement, livides ou d'un livide flavescent, généralement séparées entre elles par un espace égal à leur largeur, souvent en partie enlevées ; très-brièvement parsemées de poils sétiformes, d'un livide flavescent, mi-couchés, indistincts, si ce n'est en regardant d'avant en arrière. Pygidium noir ; paré d'écaillettes plus filiformes, un peu moins rapprochées, d'un blanc verdâtre ou bleuâtre. Dessous du corps noir ou d'un brun noir ; couvert d'écaillettes ayant la forme de celles des élytres, au moins aussi rapprochées que celles-ci sur le ventre, et plus espacées sur la poitrine, d'un blanc verdâtre ou bleuâtre, ou paraissant telles par l'effet du contraste des couleurs ; hérissé de poils d'un livide flavescent, moins rares sur les segments pectoraux que sur les abdominaux. Pieds d'un brun noir. Cuisses aussi densement garnies que la poitrine d'écaillettes plus filiformes ; hérissées de poils livides. Jambes de devant bidentées au côté externe ou munies souvent d'une troisième dent plus faible. Ongle des pieds de derrière postérieurement fendu sur l'arête.

♀. Antennes à scape et tige d'un rouge brun ou d'un rouge brunâtre. Prothorax d'un noir brunâtre ; couvert d'écaillettes paraissant d'un blanc verdâtre, subelliptiques près des bords latéraux, plus filiformes sur le reste de leur surface où elles se confondent presque avec des soies de même couleur assez densement mi-hérissées. Elytres d'un rouge brun ou d'un rouge testacé, revêtues comme celles des ♂ d'écaillettes blanchâtres paraissant d'un blanc flavescent. Dessous du corps et cuisses plus visiblement parées d'écaillettes moins pâles, ou d'un blanc de lait semblant être d'un blanc glauque, par l'effet du contraste des couleurs. Pieds d'un fauve ou d'un rouge testacé. Jambes toujours tridentées.

Cette espèce habite presque toutes les parties de la France. Elle est commune dans le mois de juin dans les environs de Lyon.

3. **D. Praticola ;** Duftsch. *Corps subdéprimé et noir ou d'un noir brun en dessus. Tête et prothorax hérissés de poils roussâtres (♂) ou couverts de soies livides (♀); garnis (♀) ou à peine parsemés (♂) de petites écailles sublinéaires. Prothorax à angles antérieurs en forme de dent aiguë; subanguleusement dilaté dans le milieu de ses bords latéraux; légèrement sinueux près des angles de derrière qui sont peu ou point émoussés. Elytres marquées d'une strie très-prononcée vers l'angle sutural; parées d'écaillettes elliptiques ou subovalaires, livides, rapprochées et non contiguës. Pygidium et dessous du corps noirs; parsemés d'écaillettes sublinéaires (♂) ou légèrement plus larges postérieurement (♀), paraissant d'un nacré tirant sur le vert ou le bleuâtre. Ongle postérieur entier.*

♂. Massue des antennes subelliptique, aussi grande que les cinq articles précédents réunis. Pieds de derrière un peu plus longs que le corps. Jambes généralement brunes : les antérieures bidentées ou subtridentées.

♀. Massue des antennes ovale, sensiblement moins grande que les cinq articles précédents réunis. Pieds de derrière moins longs que le corps. Jambes généralement d'un rouge testacé : les antérieures tridentées.

Hoplia praticola, Duftsch. Faun. Aust. 1. p. 180. 2.

Var. A. **D. Ripicola ;** Nob. *Elytres et tarses d'un rouge fauve ou d'un rouge testacé.*

Duftsch. l. c. Var. β.

L. 0^m,0100 à 0^m,0112 (4 1/2 à 5^l). — L. 0^m,0045 à 0^m,050 (2 à 2 1/4^l.)

♂. Tête penchée. Epistome transversal ; échancré dans le milieu de sa partie antérieure ; arrondi aux angles antéro-externes ; relevé en rebord, plus fortement en devant que sur les côtés ; noir ou d'un noir brun, ainsi que le reste de la tête ; subrugueusement marqué comme elle, de gros points peu profonds et confluents ; parcimonieusement garni de poils grossiers, roux ou d'un roux livide, plus densement hérissés sur le front. Suture frontale subrectilinéaire, à peine saillante. Palpes et tige des antennes d'un rouge brun. Prothorax en arc renversé en devant ; à angles antérieurs avancés en espèce de dent aiguë et faiblement relevée ; subrectilinéairement dilaté sur les côtés jusqu'au milieu de la longueur de ceux-ci, rétréci plus faiblement presque en ligne droite ou légèrement sinueuse de ce point aux angles postérieurs qui sont très-prononcés, légèrement relevés et un peu obtusément ouverts ; subsinueusement et obliquement coupé de ceux-ci au-milieu de sa base où il présente un angle médiocrement prolongé

en arrière ; à peine rebordé latéralement dans le milieu, mais légèrement relevé près des angles de devant, et plus largement près de ceux
de derrière ; sans rebord apparent à sa partie postérieure ; convexe
en dessus ; noir ou d'un noir brun ; ponctué ou subréticulé ; assez
densement hérissé de longs poils roux ; parcimonieusement garni
de soies subsquammiformes ou d'écaillettes jaunâtres. Ecusson en
triangle curviligne, émoussé ou subarrondi à son extrémité ; subruguleusement et obsolètement ponctué ; noir : hérissé de poils peu
épais et garni de soies squammiformes, d'un jaune livide. Elytres un
peu plus larges à leur naissance que le prothorax à ses angles postérieurs ; une fois plus longues que lui ; arrondies et repliées en dessous
à leur bord huméral ; subcurvilinéairement élargies jusqu'au milieu
de leur longueur ; arrondies à l'angle postéro-externe ; obtusément
tronquées à l'extrémité ; émoussées à l'angle sutural ; subdéprimées
ou déprimées sur le dos ; convexement déclives dans le milieu de leurs
côtés et plus abruptement au devant du bord apical ; creusées d'une
fossette humérale assez forte, faisant ressortir le calus voisin assez anguleusement saillant ; chargées chacune vers leur extrémité d'un autre
calus très-apparent, arrondi, couvrant presque toute la largeur de leur
partie postérieure ; légèrement inégales sur leur surface ; relevées vers
la suture, dans leur tiers médiaire, en une sorte de carène plus ou
moins prononcée ; obsolètement marquées en général de trois ou
quatre stries, peu nettement dessinées et souvent à peine indiquées :
la première, voisine de la suture, seulement apparente vers la partie
postérieure de celle-ci qui est relevée en rebord: les deuxième et troisième naissant de la fossette humérale oblitérées vers le calus apical et
parfois entièrement indistinctes: la quatrième partant de l'angle huméral, en dehors du calus de ce nom et prolongée jusqu'aux quatre cinquièmes de la longueur ; noires ou d'un brun noir ; parées de petites
écailles subovalaires, pointues antérieurement, subarrondies postérieurement; livides ou d'un livide flavescent, non contiguës, mais généralement séparées par un espace moins grand que leur largeur, souvent
en partie enlevées; parsemées en outre de poils assez courts, mi-couchés,
d'un livide roussâtre, et peu apparents si ce n'est en regardant d'avant
en arrière. Pygidium noir ; plus visiblement paré de poils squammiformes ou écaillettes sublinéaires ou fusiformes, blanches, nacrées ou
à reflet vert d'eau Dessous du corps noir ; garni sur la poitrine de
poils cendrés assez épais et peu hérissés. Ventre paré d'écaillettes
blanches, sublinéaires et régulièrement collées à des distances presque
égales. Pieds noirs ; garnis de poils cendrés, en partie plus longs, plus
obscurs et hérissés sur les jambes postérieures : celles de devant bidentées au côté externe.

♀. Epistome sans échancrure en devant. Tête et prothorax garnis de poils sétiformes, livides, peu allongés, hérissés sur la première, mi-couchés sur le second. Celui-ci paré de poils squammiformes ou d'écaillettes sublinéaires ou fusiformes de couleur vert d'eau. Pygidium et dessous du corps, la poitrine comprise, ornés d'écaillettes sublinéaires ou postérieurement élargies, plus petites que dans l'autre sexe, blanches, mais offrant souvent, par l'effet du contraste des couleurs, une teinte tirant sur le vert ou le bleu. Pieds souvent d'un rouge brun. Cuisses et jambes, les postérieures surtout, garnies d'écaillettes semblables. Jambes de devant armées au côté externe de trois dents dont l'inférieure est sensiblement plus petite.

Cette espèce habite nos provinces froides ou septentrionales. Elle a été trouvée dans les environs de Lille par M. Reiche de Paris.

Genre *Hoplia*, Hoplie; Illiger.

(ὁπλή, ongle.)

Caractères. Antennes de neuf articles. Mâchoires garnies au côté interne de poils qui ombragent une partie des dents. Ongle des pieds postérieurs sans fente distincte vers son extrémité.

Ces insectes ont le port et les autres caractères des Hopliaires précédents. Leurs dents maxillaires, plus affaiblies et ombragées par des poils soyeux, révèlent en eux des habitudes moins nuisibles que chez tous les autres Mélolonthins. Ils vont effectivement chercher sur les fleurs les principaux éléments de leur nourriture, et justifient ainsi la qualification d'anthobies que nous leur avons donnée.

1. H. Argentea : Poda. *Corps subdéprimé en dessus ; noir sur la tête et le prothorax, et d'un rouge testacé sur les élytres ; revêtu d'écaillettes presque rondes, contiguës ou imbriquées, mais pas assez densement pour cacher complètement la couleur foncière ; parsemé de soies mi-couchées d'un jaune pâle. Prothorax subanguleusement dilaté dans le milieu de ses bords latéraux, rectilinéaire ou légèrement subsinueux près des angles de derrière qui sont faiblement relevés et à peine prolongés en dent légèrement émoussée. Ecusson moins densement écailleux que les élytres. Celles-ci obtuses à l'extrémité ; peu distinctement striées vers l'angle sutural. Pygidium et dessous du corps noirâtres ; entièrement revêtus d'écaillettes brillantes, ovalaires ou elliptiques, paraissant d'un blanc d'argent.*

♂. Pieds de derrière plus longs que le corps Jambes généralement d'un brun noirâtre : celles de devant bidentées au côté externe.

♀. Pieds de derrière plus courts que le corps. Jambes généralement d'un rouge brun : celles de devant tridentées au côté externe.

♀. Var. A. **H. Deflorata** ; Nob. *Prothorax noir, élytres d'un rouge testacé quelquefois un peu obscur; presque dénudés ou parcimonieusement parsemés d'écaillettes verdâtres, mates.*

Scarabœus argenteus, Poda, Mus. Græc. p. 20.—Scopol. Ent. Carn. p. 5. 10.
Melolontha argentea, Fab. Syst. Ent. p. 38. 32.—*Id.* Spec. Ins. 1. p. 44. 48.—*Id.* Mant.
1. p. 23. 61.—*Id.* Ent. Syst. 2. p. 174. 80.—*Id.* Syst. El. 2. p. 178. 105.—Illig.
Mag. t. 4. p. 82. 105.—Petagn. Spec. p. 4. 15.—Panz. Ent. Germ. p. 225. 21.
—Rossi, Faun. Etr. 1. p. 21. 48.—*Id.* éd. Helw. p. 21. 48.

♀. Var. B. **H. Rufo-lutea** ; Nob. *Prothorax et élytres revétus d'écaillettes d'un jaune roux mat.*

Melolontha argentea, Laichart. Tyr. Ins. 1. p. 44. Var. δ.
Hoplia farinosa, Duftsch. Faun Aust. 1. p. 178. Var. γ.
Hoplia squammosa, Brullé, Expéd. de Mor. t. 3. p. 180. 312.

Var. C. **H. Sedicolor**; Nob. *Prothorax et élytres revétus d'écaillettes d'un jaune roux mat.*

Hoplia squammosa, Heer. Faun. Helv. p. 554. 4. - Brullé, l. c.

Var. D. **H. Sublutea** ; Nob. *Prothorax et élytres revétus d'écaillettes d'un jaune verdâtre mat.*

Melolontha argentea, Laichart. l. c. Var. γ.—Herbst, Nat. t. 3. p. 122. 74. pl. 25. f. 6.
Melolontha farinosa, Oliv. Ent. 1. 5. p. 65. 89. pl. 2. f. 14. b.—*Id.* Encycl. Méth. t. 7.
p. 35. 113.—Scriba, Beytr. c. 1. p. 39. pl. 4. f. 7.—*Id.* Journ. 1. p. 62. α.—Latr.
Hist. t. 10. p. 198. 24. — Baud.-Laf. Monog. p. 34. 19. — Boit. Man. p. 330.—
Muls. Lett. 1. 272. 2.
Hoplia squammosa, De Casteln. Hist. t. 2. p. 144. 3.

Var. E. **H. Micans** ; Nob. *Prothorax et élytres revétus d'écaillet'es brillantes d'un vert semi-doré.*

Var. F. **H. Viridula** ; Nob. *Prothorax et élytres revétus d'écaillettes vertes ou d'un vert jaune mat. Dessous du corps garni d'écaillettes d'argent à reflet verdâtre.*

Melolontha squammosa, Fab. Ent. Syst. 2. p. 174. 78.—*Id.* Syst. El. 2. p. 177. 100.
—Panz. Ent. Germ. p. 225. 20.—*Id.* Faun. Germ. 28. 17.—*Id.* Krit. Rev. p. 100.
—Fallen. Obs. Ent. 2. p. 28. 5.—Schœnh. Syn. Ins. t. 3. p. 159. 5.
Hoplia farinosa, Duftsch. Faun. Aust. 1. p. 178. α et β.

Var. G. **H. Glauca**; Nob. *Prothorax et élytres revétus d'écaillettes mates entièrement d'un vert blanc ou d'un vert d'eau pâle. Dessous du corps garni d'écaillettes d'argent azuré ou verdâtre.*

Scarabœus farinosus, Schrank, Enum. p. 9. 10.—De Vill. C. Linn. Ent. 1. p. 30. 46.

Var. H. **H. Ambigua**; Nob. *Prothorax revêtu d'écaillettes mates: — α,
d'un vert blanchâtre. — β, d'un vert d'eau pâle. — γ, d'un vert d'eau
bleuâtre, parfois avec quelques-unes d'un bleu d'azur brillant. Elytres
couvertes d'écaillettes d'un vert blanchâtre près d'une partie de leurs bords,
et graduellement d'une teinte : — α, violâtre. — β, lilas ou d'un violet pâle,
— γ, azurée, avec quelques-unes aussi parfois d'un azur brillant. Dessous
du corps garni d'écaillettes d'azur argenté ou d'argent azuré.*

Melolontha argentea, Laichart. Tyr. Ins. 1 p. 44. Var. β.

L. 0,^{m}0090 à 0,^{m}100 (4 à 4 1/2^l). — L. 0,^{m}0042 à 0,^{m}0050 (1 7/8 à 2 1/4^l.)

Tête penchée. Epistome transversal ; subarrondi aux angles antéro-
externes ; relevé en rebord, et plus sensiblement en devant que sur
les côtés ; noir, ainsi que le reste de la tête ; subruguleux comme
celle-ci ; hérissé de poils grossiers ou soies jaunâtres, et revêtu
d'écaillettes subovalaires, mais plus parcimonieusement que le front.
Palpes d'un rouge brun. Antennes noires ; à deuxième et troisième
articles souvent rougeâtres. Prothorax en arc renversé en devant; à
angles antérieurs avancés en espèce de dent aiguë ; subarcuément
dilaté sur les côtés jusqu'au milieu de la longueur de ceux-ci ; rectilinéairement et faiblement rétréci de ce point aux angles de derrière
qui sont à peine prolongés postérieurement en forme de dent émoussée, légèrement relevés ; peu obtusément ou subrectangulairement
ouverts ; bissubsinueusement en arc renversé à la base ; à peine rebordé
latéralement ; sans rebord apparent à sa partie postérieure ; convexe
en dessus ; noir ou d'un noir brun, mais entièrement revêtu d'écaillettes généralement de couleur mate, presque rondes ou ovales et
imbriquées ; parsemé de soies assez courtes mi-couchées et d'un jaune
pâle. Ecusson en demi cercle allongé ; noir ; subcurvilinéairement
déclive en devant ; couvert d'écaillettes ovales, presque contiguës,
peu ou point en recouvrement. Elytres un peu plus larges aux
épaules que le prothorax ; une fois plus longues que lui ; presque
en carré long ; arrondies et repliées en dessous à leur bord
huméral ; subcurvilinéairement élargies jusqu'au milieu de leur
longueur ; arrondies à l'angle postéro-externe ; obtuses à l'extrémité ;
subarrondies à l'angle sutural ; subdéprimées ou déprimées sur le dos ;
convexement déclives dans le milieu de leurs côtés et plus abruptement au devant du bord apical ; d'un fauve testacé ou d'un rouge
testacé, mais entièrement revêtues d'écaillettes généralement de
couleur mate, presque rondes, imbriquées les unes sur les autres,
mais toutefois point assez densement pour cacher complètement la
couleur foncière ; parsemées de soies assez courtes, mi-couchées et

65

d'un jaune pâle livide, plus apparentes en regardant d'avant en arrière ; creusées d'une fossette humérale assez faible comme le calus qu'elle limite ; chargées au devant du bord apical d'un calus plus apparent, arrondi, couvrant presque toute la largeur de leur partie postérieure ; légèrement inégales sur leur surface ; relevées vers la suture, dans leur tiers médiaire, en une sorte de carène peu prononcée; peu distinctement striées et sensiblement relevées en rebord près de l'angle apical ; obsolètement marquées de trois autres stries souvent à peine indiquées et peu nettement dessinées ou même indistinctes : deux, naissant de la fossette humérale, légèrement sinueuses et divergentes et s'oblitérant près du calus postérieur: l'autre, partant de l'angle huméral, en dehors du calus de ce nom et à peu près aussi longuement prolongée que les précédentes. Pygidium noir ; revêtu d'écaillettes brillantes presque rondes et imbriquées, le plus souvent d'un blanc d'argent verdâtre, quelquefois bleuâtre, brillant. **Dessous du corps** noir; couvert d'écaillettes semblables, moins contiguës ou moins en recouvrement sur la poitrine, et comme celles du pygidium laissant un peu percer la couleur foncière ; garnies de poils mi-couchés livides ou d'un livide jaunâtre, peu apparents, moins rares sur la poitrine que sur le ventre. Cuisses d'un noir brun, garnies d'écaillettes brillantes ovalaires ou elliptiques. Jambes et tarses ordinairement d'un noir brun (♂), ou plus ordinairement d'un rouge brun (♀), parsemés d'écaillettes aciculées. Jambes de devant bidentées (♂), tridentées ou subtridentées (♀).

Cette espèce habite particulièrement les parties orientales de la zône médiaire de la France. Elle est commune pendant les mois de mai et juin, dans le Bugey et dans quelques cantons de l'Isère; elle fréquente les fleurs, principalement celles d'églantiers. Les femelles sont presque aussi abondantes que les mâles.

Obs. Les dernières variétés se distinguent facilement par leur couleur mate des individus ♂ de l'*H. cœrulea.*

2. H. Cærulea: Drury. *Dessus du corps subdéprimé ; d'un brun noir sur la tête et le prothorax, d'un brun rouge sur les élytres ; paré de petites écailles presque rondes, soit d'un bleu d'azur brillant, et imbriquées les unes sur les autres, de manière à cacher la couleur foncière (♂); soit cendrées ou légèrement azurées et non contiguës (♀); brièvement hérissé de soies livides rares (♂), ou assez nombreuses (♀), sur le prothorax. Ce dernier, arcuément élargi d'avant en arrière ; sans sinuosité au côté externe des angles postérieurs qui sont émoussés. Ecusson aussi densement écailleux que les élytres. Celles-ci obtusément tronquées à l'extrémité ; à fossette humérale légère ; creusées vers l'angle sutural d'une strie subsul-*

ciforme. Dessous du corps garni d'écaillettes nacrées, légèrement nuan-
cées de vert et produisant l'éclat de l'argent. Jambes de devant tridentées.

♂. Pieds de derrière aussi longs que le corps. Tarses plus épais
que dans l'autre sexe : dernier article des postérieurs échancré en
dessous, et 3 ou 4-denticulé dans cette échancrure.

♀. Pieds de derrière beaucoup moins longs que le corps. Dernier
article des tarses postérieurs échancré en dessous, et 1 ou 2-denticulé
dans cette échancrure.

L'Ecailleux violet, GEOF. H;st. t. 1. p. 79. (♂).
Scarabœus cœruleus, DRURY, Nat. Hist. t. 2. p. 59. pl. 32. f. 4. (♂).
Scarabœus argenteus, FOURCR. Ent. Par. 1. p. 8. 13. (♂).
Scarabœus squammosus, DE VILL. C. Linn. Ent. 1. p. 30. 47. (♂).
Melolontha farinosa, FAB. Syst. Ent. p. 38. 31. (♂).—*Id.* Spec. 1. p. 43. 47. (♂).—*Id.*
   Mant. 1. p. 23. 60. (♂).—*Id.* Ent. Syst. 2. p. 173. 77. (♂).—*Id.* Syst. El. t. 2. p.
   177. 99. (♂).—PANZ. Ent. Germ. p. 225. 19. (♂).—*Id.* Faun. Germ. p. 28. 16.
   (♂).—*Id.* Krit. Rev. p. 100.
Melolontha squammosa, OLIV. Ent. 1. 5. p. 66. 90. pl. 2. f. 14. a, c. (♂).—*Id.* Encycl.
   Méth. t. 7. p. 36. 111. (♂).—ROSSI, Faun. Etr. Mant. 1. p. 11. 16. (♂).—*Id.* éd.
   Helw. 1. p. 344. 16. (♂).—LATR. Hist. t. 10. p. 197. (♂).—BAUD.-LAF. Monog. p.
   33. 18. (♂).
Melolontha cœrulea, HERBST, Nat. t. 3. p. 121. 73. pl. 25. f. 5. (♂).
Hoplia formosa, LATR. Gen. t. 2. p. 116. 2. (♂)—*Id.* Nouv. Dict. d'Hist. Nat. t. 15.
   p. 288. (♂).—GUÉRIN, Dict. Pitt. t. 4. p. 19. pl. 222. f. 3.
Hoplia farinosa, GUÉRIN, Règn. anim. pl. 25. (♀) avec détails.—DE CASTELN. Hist. t. 2.
   p. 144. 1. (♂♀).—HEER, Faun. Helv. p. 545. 5.

L. 0^m,0090 à 0^m,0100 (4 à 4 1/2^l)—L. 0^m,0045 à 0^m,0050 (2 à 2 1/4^l).

♂. Tête penchée. Epistome transversal; à peine subéchancré et
relevé en rebord en devant; émoussé à ses angles antérieurs; plane;
chagriné ou aspèrement ponctué; noirâtre et hérissé de poils peu
allongés et livides. Suture frontale indistincte. Front noirâtre, mais
entièrement recouvert, ainsi que le prothorax, l'écusson et les élytres,
de petites écailles imbriquées ou en recouvrement les unes sur les
autres, et d'un bleu d'azur brillant. Prothorax en arc renversé en
devant; à angles antérieurs avancés en espèce de dent émoussée, curvilinéairement et faiblement déclive; subarcuément élargi d'avant en
arrière; d'un tiers moins large en devant qu'aux angles de derrière
qui sont émoussés et obtusément ouverts; en arc renversé ou anguleusement prolongé à la base, souvent avec une sinuosité sensible
près des angles de derrière qui semblent alors former une légère
dent; faiblement convexe en dessus avec les bords latéraux horizon-
taux ou très-légèrement relevés; subconvexement déclive en devai ;

parcimonieusement hérissé de poils livides très-courts et peu appa-
rénts. Ecusson en triangle curviligne. Elytres, à leur naissance, à
peu près de la largeur du prothorax à sa partie postérieure ; une fois
plus longues que lui ; presque en carré long ; arrondies et repliées en
dessous à leur bord huméral ; dilatées jusqu'aux deux cinquièmes de
leur longueur, puis subrectilinéairement rétrécies jusqu'à l'angle
postérieur qui est arrondi ; obtuses à l'extrémité ; émoussées à l'angle
sutural ; subdéprimées ou déprimées sur le dos ; subconvexement
déclives dans le milieu de leurs côtés, et plus abruptement au devant
de leur bord apical ; d'un bleu d'azur ; glabres, ou plutôt parsemées
de poils courts, mi-couchés, peu nombreux, livides et indistincts, si
ce n'est en regardant d'avant en arrière ; creusées d'une fossette humérale très-légère ; chargées de deux calus : l'un aux épaules à peine
saillant : l'autre, prononcé, arrondi, couvrant presque toute la largeur
de leur partie postérieure ; légèrement inégales sur leur surface ;
obsolètement marquées de quatre stries souvent à peine apparentes
et peu nettement dessinées : la première, juxta-suturale, indistincte
dans la plus grande partie de son étendue, et transformée postérieurement en un sillon étroit séparant le calus apical du rebord sutural :
les deuxième et troisième naissant des deux côtés de la fossette humérale, et oblitérées en arrivant au calus : la quatrième, plus étroite,
partant de l'angle huméral et prolongée jusqu'aux quatre cinquièmes
de la longueur. Pygidium recouvert d'écaillettes ovales, nacrées,
nuancées de glauque, et produisant un éclat argenté. Dessous du
corps entièrement revêtu d'écaillettes semblables, moins serrées sur
les cuisses et les jambes qui sont d'un rouge brun. Poitrine et cuisses
hérissées de poils livides assez rares, et plus clairsemés encore sur le
ventre. Jambes de devant tridentées au côté externe. Quatre premiers
articles des tarses postérieurs presque égaux : le dernier plus long que
les trois précédents réunis.

♀. Dessus du corps brun ou d'un brun rouge ; couvert de petites
écailles arrondies, rapprochées mais non en recouvrement les unes
sur les autres, livides, mais paraissant d'un gris de plomb, légèrement ou seulement en partie nuancées d'azur, de telle sorte que le
plus souvent le dessus du corps semble, à l'œil simple, brun avec une
légère teinte azurée. Prothorax à angles antérieurs en dent aiguë ;
assez densement hérissé de poils très-courts ; non relevé à ses bords
latéraux. Elytres à deuxième et troisième stries généralement indistinctes ; relevées vers la suture, dans leur partie médiaire, en une
carène assez apparente. Pygidium garni d'écaillettes linéaires, ou
plutôt de poils squammiformes d'un vert pâle brillant ou semi-doré,
rapprochés, mais laissant percer la couleur foncière d'un rouge brun.

Dessous du corps, cuisses et jambes garni d'écaillettes plus ovalaires, nacrées, nuancées de vert d'eau, rapprochées mais point assez pour cacher la couleur foncière d'un rouge brun. Poitrine et cuisses plus visiblement hérissées de poils livides.

Cette espèce habite diverses parties du midi et du centre de la France. Je l'ai reçue des Basses-Alpes; elle m'a été envoyée des environs de Béziers par M. Gaubil. On la trouve communément dans l'Auvergne; à Roanne, sur les rives de la Loire; près de Lyon, sur les bords du ruisseau de Charbonnières. Elle paraît vers l'époque de la maturité des foins. La femelle est très-rare partout.

Obs. Geoffroy, le premier, a décrit le mâle de l'*H. cærulea*; la femelle est restée longtemps inconnue.

Fabricius appliqua à cette espèce le nom spécifique de *farinosa* consacré à une autre par Linné. Latreille, reconnaissant la nécessité de rectifier cette erreur, donna à cette Hoplie, dans son Genera, la dénomination de *formosa* qu'il crut lui avoir été imposée par Illiger dans le t. 2. p. 228 du Magasin de ce dernier; mais on chercherait vainement ce nom à la page indiquée par le célèbre naturaliste français : il ne s'y trouve pas. Le mot de *formosa* a été imprimé par une erreur typographique pour celui de *farinosa*, dans les observations publiées par l'entomologiste prussien (Mag. t. 4. p. 81.) sur le 2ᵐᵉ vol. du Systema Eleutheratorum. Le nom de *cærulea* réunit aux droits de l'ancienneté celui d'une convenance plus parfaite.

HUITIÈME FAMILLE.

LES CÉTONIENS.

Caractères. Pieds intermédiaires rapprochés ou peu distants; quelquefois séparés par un mésosternum saillant. Ecusson toujours visible. Elytres n'enveloppant pas entièrement le pourtour de l'abdomen et laissant le pygidium à découvert, et souvent une partie du segment dorsal précédent. Joues formant sur les yeux un faible canthus à peine prolongé jusqu'à la moitié de leur côté externe. Antennes de dix articles, insérées au devant des yeux sous le rebord presque nul que forme la tête au point de jonction de l'épistome et des joues: à scape allongé, obconique, souvent arcuément dilaté au côté externe : à deuxième article subglobuleux : les suivants un peu moins épais, obconiques, ou comprimés : les trois derniers formant une massue lamellée. Epistome transversal ou presque en carré, entier ou échancré; couvrant le labre et les mandibules : le premier, généralement membraneux et échancré : les secondes , membraneuses au moins au côté interne. Mâchoires à deux lobes, souvent inermes, quelquefois armés, l'un ou l'autre d'un faible crochet corné : le lobe supérieur au moins pénicillé. Palpes insérés dans une fossette ; à premier article peu apparent ; à dernier article , au moins aussi long que les deux précédents réunis, chez les maxillaires: le plus long et le plus épais, chez les labiaux. Languette non saillante. Ventre généralement plus grand que les deux derniers segments pectoraux. Cuisses postérieures plus renflées. Dernier article des tarses habituellement le plus long, terminé par deux ongles simples et égaux. Corps déprimé ou subdéprimé.

Après avoir, par des essais variés, modifié la conformation des ongles chez les insectes de la famille précédente, la Nature, dans celle-ci, revient au type normal , c'est-à-dire nous présente des tarses terminés par deux crochets simples, égaux et dépourvus en dessous de dents ou d'appendices.

Ce caractère n'est pas le seul ni même le plus important qui serve à faire reconnaître les Cétoniens. Leurs mâchoires sont dépourvues des dents cornées qui armaient celles des Mélolonthins ou n'offrent au plus qu'une sorte d'épine en partie cachée sous des poils. Leurs mandibules devenues presque inutiles par le genre de vie auquel ils étaient réservés, sont membraneuses , au moins au côté interne. Nous sommes ainsi ramenés à la fin de ce groupe à retrouver une organisation buccale à peu près analogue à celle des Copriens ; mais ce n'est plus dans les matières immondes que vivent et se cachent les derniers Pétalocérides. La saillie de leurs yeux et le faible canthus dont ils sont protégés ; le peu de développement de leur poitrine ; leurs cuisses antérieures sans renflement ; leurs ongles forts et arqués indiquent suffisamment qu'ils sont moins nés pour fouir que pour marcher. C'est sur les troncs des arbres laissant fluer de leurs plaies un suc mucilagineux, ou au sein même des fleurs qu'ils vont chercher la nourriture qui leur est nécessaire. Pour compléter une destinée si heureuse, la Nature a généralement paré ces insectes avec une richesse dont les pinceaux de nos peintres les plus habiles chercheraient souvent en vain à reproduire la magnificence et l'éclat.

Les Cétoniens aiment généralement la lumière et la chaleur e' volent la plupart avec agilité, sous les feux d'un soleil ardent.

Dans leur enfance, ces petits animaux vivent les uns dans les parties mortes ou desséchées des arbres ; les autres dans les troncs vermoulus, dans le tan et le terreau; plusieurs se contentent même au besoin de la terre quand elle renferme une certaine quantité d'humus. Les premiers trouvent dans la retraite qui les cache un sépulcre tout préparé pour

subir leurs dernières métamorphoses ; les seconds se construisent d'un
mélange de bois pourri et de terre une coque dans laquelle ils coulent
en repos les jours de sommeil qui doivent les conduire à l'état d'insecte
parfait. La durée de leur vie vermiforme est ordinairement de plusieurs
années.

De Geer, le premier, frappé de l'organisation buccale de ces insectes,
les rangea sous le nom de *Scarabés des fleurs* dans une famille particulière de son genre *Scarabæus*. Fabricius en composa en grande partie
ses genres *Trichius* et *Cetonia* ; Mac Leay, sa famille des *Cétonides* ; et
Latreille, perfectionnant dans la deuxième édition du Nouveau Dictionnaire d'histoire naturelle ses travaux précédents, en forma parmi les
Lamellicornes sa section des *Mélitophiles*. Depuis lors, ils ont fourni
à MM. Gory et Percheron le sujet d'une Monographie dont la partie
iconographique traitée par M. Guérin avec le talent qu'on lui connaît,
est chargée de suppléer à la brièveté des détails descriptifs.

Nous répartirons ces Pétalocérides dans les trois branches suivantes :

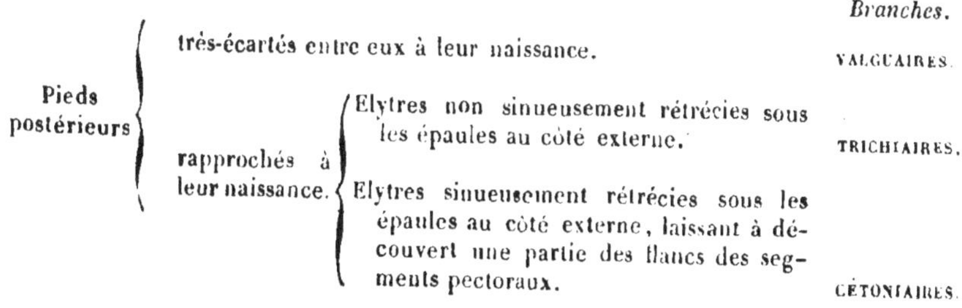

PREMIÈRE BRANCHE.

LES VALGUAIRES.

Caractères. Pieds de derrière très-écartés entre eux à leur naissance.
Point de pièce triangulaire entre les angles postérieurs du prothorax
et la base des élytres. Celles-ci non sinueuses au côté externe. Mésosternum sans saillie.

A la suite des derniers insectes de la famille précédente, viennent
naturellement se ranger des Cétoniens, dont le corps, comme celui
des Hopliaires, est couvert de petites écailles.

Les femelles, par une exception particulière chez les Lamellicornes,
sont armées d'une tarière cornée et dentelée, à l'aide de laquelle
elles introduisent leurs œufs dans les pieux, dans les parties mortes
des arbres, et principalement dans celles qui, par leur proximité de

la terre, sont susceptibles de ressentir l'influence de l'humidité du sol.

La larve de la seule espèce connue en France, a la tête convexe, rugueuse ou chagrinée à sa partie antérieure; les antennes peu allongées; le labre arqué en devant; les mandibules courtes, cornées, bifides ou bidentées à l'extrémité; les mâchoires à un seul lobe, brièvement garnies au côté interne de poils subspinosules; le corps presque glabre, ridé, courbé en dedans; les pieds courts et terminés par un ongle assez fort.

Cette larve a été prise dans l'aulne, par M. C. Rey. Je l'ai trouvée dans le saule, le cerisier et plusieurs autres espèces d'arbres. A l'instar de celles des Longicornes, elle remplit de vermoulure les galeries peu étendues qu'elle forme, et se change en nymphe dans la même retraite. Elle subit, du moins dans les circonstances favorables, toutes ses métamorphoses dans le cours d'une année.

Les Valguaires ont les jambes de devant armées de cinq dents alternativement plus courtes comme celles de certaines scies. Ces dents leur servent à leur frayer un chemin pour arriver au jour quand le terme de leur réclusion est arrivé.

Ces insectes offrent dans l'écartement considérable que présentent entre eux leurs pieds de derrière, un caractère capable de les faire reconnaître entre tous les Lamellicornes. Cette conformation remarquable, à laquelle il est étonnant que Latreille et les autres auteurs de ce siècle aient fait peu d'attention, semble destinée à favoriser les efforts qu'ils ont à faire pour sortir des lieux ténébreux qui ont caché leur jeunesse. Quand ces petits animaux sont effrayés, ils étendent leurs pieds avec raideur, en simulant l'état de mort.

Cette branche et la suivante correspondent à la deuxième division des *Cétoines* d'Olivier; au genre *Trichius* des derniers ouvrages de Fabricius; aux *Trichides* de MM. Gory et Percheron; aux *Trichiades* de MM. Burmeister et Schaum. Ces derniers, dans une Révision des Lamellicornes mélitophiles dont la première partie vient de paraître (Zeitschrift de M. Germar, t. 2. p. 253 et suiv.), ont donné une nouvelle distribution générique des Trichiades. Malheureusement les coupes exposées dans leur tableau synoptique reposent quelquefois sur des caractères qui ne sont pas communs aux deux sexes, et leurs genres principaux sont basés sur les formes de quelques parties de la bouche qu'on ne peut observer sans le secours de la dissection. Sans doute les organes masticateurs méritent d'être étudiés avec soin puisqu'ils fournissent des indices sur le genre de vie des insectes; mais leur accorder une prééminence exclusive, s'attacher principalement à leur configuration souvent si équivoque pour établir une classification, c'est hérisser de difficultés les abords de la science et la rendre inaccessible au plus grand nombre. Ces organes, d'ailleurs, ne présentent-ils pas dans leurs formes des modifications sensibles chez des espèces liées entre elles par des affinités naturelles évidentes? Les caractères faciles à saisir, fournis par les autres organes qui concourent à nous révéler les habitudes des insectes, doivent, ce nous semble, être employés au moins conjointement avec ceux que présentent les organes masticateurs, ou même de préférence à ces derniers quand ils permettent d'arriver au même but. C'est en se servant de toutes les ressources que pouvait lui fournir l'organisation des insectes, que notre illustre Latreille a fondé une méthode devant laquelle s'est éclipsé pour toujours le système de Fabricius, et qu'il se glorifiait d'avoir vue appelée ecclectique par l'un des plus célèbres entomologistes de l'Europe, par le vénérable Kirby.

Les Valguaires ne comprennent que la coupe suivante.

Genre *Valgus*, Valgue; Scriba.

(*valgus*, qui porte les pieds en dehors.)

Caractères. Jambes de devant extérieurement armées de cinq dents. Mandibules presque entièrement membraneuses. Lobe inférieur des mâchoires garni au côté interne de cils subspinosules ; le supérieur longuement pénicillé. Dernier article des palpes maxillaires fusiforme ; le même des palpes labiaux ovalaire, renflé. Elytres laissant à découvert le pygidium et le segment précédent. Cinquième et sixième anneaux du ventre à partir de la naissance des pieds postérieurs notablement plus grands que les précédents ; le cinquième (♂) ou le sixième (♀) le plus grand des deux. Corps couvert de petites écailles. Femelles munies d'une tarière cornée.

Ce genre a été créé en 1790, par Scriba, dans son journal, et reproduit en 1825, dans l'Encyclopédie méthodique, par MM. de Saint-Fargeau et A. Serville. En 1827, Kirby, dans le t. 3. du Zoological Journal, p. 155, reproduisit la même coupe sous le nom d'*Acanthurus*.

1. V. Hemipterus: Linn. *Corps déprimé en dessus ; noir, revêtu d'écaillettes sillonnées. Prothorax subheptagonal; creusé longitudinalement sur son disque d'un sillon bordé par une arête postérieurement affaiblie et divergente ; chargé latéralement d'un relief arqué, enclosant une fossette ; maculé de blanc, ou en grande partie blanc sur les côtés et paré vers l'angle basilaire d'une tache de cette couleur. Ecusson en triangle très-allongé. Elytres courtes; ornées à la base et en partie à l'extrémité d'une bordure et d'une tache sur leur disque, blanches.*

♂. Pygidium inerme. Pieds de derrière plus longs que le corps ;
tarse postérieur près de moitié plus grand que la jambe.

♀. Pygidium armé d'une tarière saillante, droite, cornée, dentelée.
Pieds de derrière moins longs que le corps; tarse postérieur à peine
plus grand que la jambe.

Scarabæus hemipterus, LINN. Syst. Nat. p. 555. 63.—SCHRANK, Enum. p. 14. 22.—
KNOCH, Beytr. c. 2. p. 95. pl. 7. f. 11-12. (tête vue en dessous).—FOURCR. Ent. Par.
1. p. 81. 2.—GMEL. Linn. Syst. Nat. p. 1584. 63.—DE VILL. C. Linn. Ent. 1. p. 29.
45.—GOEZE, Eur. Faun. 8. p. 158. 23.

Scarabæus variegatus, SCOPOL. Ent. Carn. p. 12. 28.

Le Scarabé à tarière, GEOFF. Hist. t. 1. p. 78. 12.

Scarabæus squammulatus, MULLER, Zool. Dan. Prod. p. 55. 472.—SCHÆFFER. Icon. pl.
46. f. 10-11.

Trichius hemipterus, FAB. Syst. Ent. 1. p. 41. 4.—*Id*. Spec. 1. p. 48. 4.—*Id*. Mant. 1.
p. 26. 6.—*Id*. Ent. Syst. 2. p. 121. 9.—*Id*. Syst. El. 1. p. 132. 9.—LAICHART. Tyr.
Ins. 1. p. 46. 2.—HERBST, Arch. p. 17. 1.—*Id*. trad. fr. p. 78. 1.—*Id*. Nat. t. 3.
p. 187. 2. pl. 27. f. 13-14.—PETAGN. Spec. p. 5. 21.—ROSSI, Faun. Etr. 1. p. 23. 55.
—*Id*. éd. Helw. p. 24. 55.—SCHNEID. Mag. p. 290. 3.—PANZ. Ent. Germ. p.
219. 6.—TIGNY, Hist. t. 5. p. 303.—WALCK. Faun. Par. 1. p. 180. 4.—SCHRANK,
Faun. Boic. 1. p. 414. 383.—LATR. Hist. t. 10. p. 231. 6.—*Id*. Gen. t. 2. p. 125. 4.
—*Id*. Dict. d'Hist. Nat. t. 34. p. 417.—*Id*. Régn. anim. 1re éd. t. 3. p. 287.—*Id*.
2me éd. t. 5. p. 571.—DUFTSCH. Faun. Aust. 1. p. 177. 5.—BAUD.-LAF. Monog. p.
42. 3.—SCHOENH. Syn. t. 3. p. 107. 23.—DUMÉRIL, Dict. des Scienc. Nat. t. 55. p.
202. 4.—BOIT. Man. 1. p. 338.—MULS. Lett. 1. p. 276.

Cetonia hemiptera, OLIV. Ent. 1. 6. p. 65. 80. pl. 9. f. 83. ♂. et pl. 11. f. 103. a, b. ♀.
—*Id*. trad. allem. (Illig.) p. 185. 80.—*Id*. Encycl. Méth. t. 5. p. 430. 99. pl. 161. f. 23.

Valgus hemipterus, SCRIBA, Journ. 1. p. 67. 61.—LEPEL. et AUD. SERV. Encycl. Méth.
t. 10. p. 704. 11.—STEPH. Syn. p. 252. 1.—GORY et PERCH. Monog. p. 78. 1. pl. 8.
f. 4. ♂.—DE CASTELN. Hist. t. 2. p. 160. 1.—HEER, Faun. Helv. p. 548. 1.

L.0,ᵐ0067 à 0,ᵐ0100 (3 à 4 1/2ˡ).—L.0,ᵐ0033 à 0,ᵐ0045 (1 1/2 à 2ˡ).

♂. Tête inclinée ou perpendiculaire; noire; garnie d'écaillettes
d'un blanc sale sublinéaires et couchées sur le vertex, plus longues et
hérissées en frange transversale sur le front, courtes et plus obscures
sur l'épistome. Ce dernier aussi long que large ; arcuément élargi sur
les côtés; obsolètement sillonné ou subconcave longitudinalement en
dessus et parfois crucialement ; entier en devant, mais paraissant
subéchancré par l'effet de sa subconcavité. Palpes et antennes bruns.
Prothorax au moins aussi long que large, subheptagonal ; tronqué
en devant ; subcurvilinéairement élargi sur les côtés jusqu'aux deux
cinquièmes de la longueur de ceux-ci, puis rectilinéairement et
parallèlement prolongé de ce point aux angles postérieurs qui sont
obtusément ouverts; angulairement prolongé en arrière dans le milieu
de la base ; subdéprimé et inégal en dessus; longitudinalement

sillonné sur le dos, ou chargé de deux arêtes naissant de la partie médiaire du bord antérieur, subparallèles ou courbées extérieurement jusqu'aux deux tiers de la longueur, où elles s'affaiblissent et se prolongent en divergeant jusqu'au point intermédiaire entre le milieu de la base et l'angle postérieur; paré de deux autres lignes plus obtusément en relief, partant l'une du voisinage de l'angle latéral, l'autre de l'angle postérieur, convergentes vers les deux arêtes prénommées ; sensiblement et inégalement subconcave entre les angles latéraux et postérieurs ; noir ; revêtu d'écaillettes elliptiques, longitudinalement sillonnées comme celles du reste du corps, en partie concolores et en partie d'un blanc sale : ces dernières formant une tache à l'angle basilaire et couvrant les côtés , moins deux lignes convergentes et une transversale , de couleur foncière : les noires généralement hérissées. Écusson en triangle, à côtés une fois aussi longs que la base; noir ; paré d'écaillettes concolores et en grande partie d'un blanc sale. Elytres d'un tiers plus larges aux épaules que le prothorax à ses angles postérieurs ; formant, réunies, presque un carré; subcurvilinéairement rétrécies de leur naissance à l'angle postéro-externe qui est arrondi ; coupées en arc renversé à l'extrémité ; laissant à découvert le pygidium et le segment qui précède ; subconcavement déprimées longitudinalement sur le dos, obliquement déclives sur les côtés; subcalleusement arrondies à l'angle huméral ; chargées d'un calus sublinéaire et luisant au devant du milieu du bord apical; marquées chacune sur la partie concave de cinq stries légères, sans stries sur la déclivité latérale ; d'un noir assez luisant; parées d'écaillettes d'un noir mat et généralement hérissées; ornées l'une et l'autre : 1° d'une sorte de bande transversale à la base, très-sinueuse postérieurement et linéairement prolongée le long de la suture, jusqu'au tiers de celle-ci : 2° d'une tache subarrondie sur le milieu de leur disque ; 3° d'une autre tache semi-lunaire, joignant le bord apical, formées d'écaillettes d'un blanc sale. Segment propygidial revêtu d'écaillettes de cette dernière couleur ; dénudé de chaque côté sur un calus punctiforme ; bifasciculeusement frangé d'écaillettes en partie noires, vers le milieu de son bord postérieur. Pygidium couvert d'écaillettes ovales ; offrant au dessous des fascicules précités deux taches noires subarrondies ; d'un blanc sale sur le reste de la surface; subcaudalement frangé vers l'anus, par des écaillettes allongées. Dessous du corps noir ; garni plus particulièrement sur sa partie médiaire d'écaillettes d'un blanc sale, sublinéaires et peu serrées sur la poitrine, ovales, presque contiguës et imbriquées sur le ventre, plus allongées et mi-relevées sur le milieu du cinquième anneau de ce dernier. Pieds noirs ou d'un brun noir, en partie ornés d'écaillettes blanchâtres: les intermédiaires, et beaucoup plus fortement les postérieurs, écartés entre eux à leur naissance. Jambes de devant armées au côté interne de cinq dents : l'intermédiaire et les deux extrêmes plus prononcées. Premier article des tarses postérieurs le plus long.

♀. Arêtes longitudinales du prothorax moins saillantes, oblitérées à leur partie postérieure; reliefs latéraux moins marqués; écaillettes blanches, en partie d'une teinte moins prononcée. Elytres étroitement bordées d'écaillettes blanches à la base et souvent le long d'une partie de la suture ; parées chacune d'une tache sublinéairement transversale sur leur disque et d'une étroite bordure vers le bord apical, formées d'écaillettes semblables. Avant-dernier segment dorsal et pygidium dépourvus de frange vers leur bord postérieur; revêtus d'écaillettes; parés l'un et l'autre d'une sorte de raie longitudinale dans leur milieu et de faibles taches sur les côtés, d'un blanc sale, noirs sur tout le reste de leur surface : le second armé vers l'anus d'une tarière cornée, aussi longue que la moitié des élytres, tubulaire, subhorizontale, légèrement courbée inférieurement et rétrécie vers l'extrémité, longitudinalement sillonnée en dessus, et dentelée de chaque côté de ce sillon dans sa seconde moitié. Ventre moins blanc et moins densement écailleux. Jambes de devant plus larges.

Cette espèce est commune dans presque toutes les parties de la France. Elle paraît dès le mois d'avril. On la trouve dans le bois où elle a vécu à l'état de larve ou près des mêmes lieux. Quelquefois, mais plus rarement, elle vole sur les fleurs.

DEUXIÈME BRANCHE.

LES TRICHIAIRES.

Caractères. Pieds postérieurs contigus ou rapprochés à leur naissance. Point de pièce triangulaire entre les angles postérieurs du prothorax et la base des élytres. Celles-ci non sinueuses au côté externe, au dessous des épaules. Mésosternum non prolongé antérieurement au delà de la naissance des pieds intermédiaires.

Les larves des Trichiaires vivent dans le bois mort ou pourri. Rœsel le premier a fait connaître l'une d'elles, celle du *Gnorimus nobilis,* nous allons la décrire. Tête convexe; luisante ; parsemée de quelques poils jaunâtres. Labre en triangle curviligne, membraneux. Mandibules subcornées, allongées, terminées en pointe obtuse; pourvues au côté interne d'une dentelure rudimentaire et obtuse. Mâchoires à un seul lobe, garnies de deux rangées d'épines au bord intérieur. Palpes maxillaires de quatre articles: le dernier ovalaire, le plus long de tous.

Palpes labiaux de deux pièces. Antennes de cinq articles : le premier subglobuleux : le deuxième subcylindrique, ainsi que les troisième et quatrième : ceux-ci un peu plus longs que le précédent : le quatrième extérieurement terminé par un prolongement en forme d'appendice : le cinquième subcomprimé, subcurvilinéairement dilaté au côté extérieur, et terminé en pointe. Corps à peine plus large que la tête ; plus étroit proportionnellement que celui des larves de Cétoines ; d'un blanc sale, avec la partie postérieure ardoisée ; ridé ; de treize segments ; couvert sur les sept premiers abdominaux, de poils plus courts, plus épais et plus raides que sur les prothoraciques. Anus transversal, situé à l'extrémité du dernier segment. Pygidium entier. Hypopygium légèrement fendu. Pieds hérissés d'assez longs poils ; pourvus d'ongles graduellement plus courts à chaque paire d'avant en arrière.

Les grandes espèces de Trichiaires s'éloignent peu des arbres qui les ont nourries ; les autres vivent sur les fleurs, principalement sur celles qui se déploient en forme d'ombelle ou de corymbe. Les premières ont le corps glabre et quelquefois paré d'un éclat métallique ; celui des autres est, au moins sur le prothorax, densement hérissé de poils.

Les insectes de cette branche ont été divisés par Kirby (Zool. Journ. t. 3. p. 155 et suiv.), en *Tr. vrais* ou *légitimes*, *Tr. aleurosticles*, *Tr. gymnodes*. Ces coupes sous-génériques correspondent à celles établies quelque temps auparavant (Encyclop. méth. t. 10. p. 702 et suiv.), par MM. Lepelletier de Saint-Fargeau et Audinet Serville. Avec ces derniers, nous répartirons nos Trichiaires dans les genres suivants :

GENRES.

Jambes de devant extérieurement armées de

trois dents ; les postérieures de deux. Ecusson en triangle rectiligne. — *Osmoderma.*

de deux dents ; les postérieures d'une seule. Ecusson en triangle curviligne ou en demi-cercle.

Sixième segment (1) du ventre à partir de la naissance des pieds postérieurs, au moins aussi grand longitudinalement que le segment précédent. — *Gnorimus.*

Sixième segment du ventre à partir de la naissance des pieds postérieurs, moins grand longitudinalement que le segment précédent. — *Trichius.*

(1) Ce sixième segment est ordinairement le dernier ; quelquefois cependant on voit apparaître une partie de l'hypopygium, qui souvent est caché.

Le segment que nous appelons le sixième, serait le septième visible, si on les comptait sur les flancs, près du bord des élytres.

Genre *Osmoderma*, Osmoderme; S. Farg. et Aud. Serv.

(ὀσμός, odeur; δέρμα, peau.)

Caractères. Jambes de devant tridentées au côté externe. Ecusson en triangle rectiligne, à côtés plus longs que la base. Lobe inférieur des mâchoires cilié et armé d'un crochet unguiforme et corné : le supérieur subtriangulaire, glabre au côté interne. Palpes à dernier article subcomprimé, graduellement élargi de la base à l'extrémité qui est subarrondie. Deux derniers segments du ventre longitudinalement plus développés que les autres; à peu près égaux entre eux. Tarses postérieurs plus courts que la jambe. Dessus du corps glabre. Cette coupe répond aux *Trichii gymnodi* de Kirby.

1. O. Eremita; Scopol.*Dessus du corps subdéprimé, entièrement d'un noir brun bronzé luisant. Prothorax presque arrondi ou subhexagonal; bissinueux à la base; longitudinalement creusé en dessus d'un sillon non prolongé jusqu'au bord postérieur; bissubdenté à la partie antérieure de ce sillon. Ecusson en triangle allongé, pointu; sillonné. Elytres rugueusement ponctuées surtout près de la base. Dessous du corps et des pieds d'un noir brun luisant.*

♂. Tête fortement rebordée. Pygidium courbé en dessous à son extrémité. Articles des tarses de devant armés inférieurement d'une espèce de dent plus saillante chez les antérieurs. Ongles des mêmes pieds très-arqués. Tarses postérieurs de deux tiers aussi longs que la jambe.

♀. Tête sans rebord bien sensible. Pygidium non courbé en dessous à son extrémité. Articles des tarses de devant inermes. Ongles des mêmes pieds médiocrement arqués. Tarses postérieurs à peine plus de moitié aussi longs que la jambe.

Scarabœus eremita, Scopol. Ent. Carn. p. 7. 15.—Linn. Syst. Nat. p. 556. 74.—Mull. Zool. Dan. Pr. p. 53. 457.—Schæff. Icon. pl. 26. 1. (♀).—Schrank, Enum. p. 7. 10.—*Id.* Faun. Boic. 1. p. 415. 385.—Fuessly, N. Mag. p. 574. 13.—Moll, Nat. Brief. 1. p. 188. 51.—Gmel. Linn. Syst. Nat. 1578. 74.—De Vill. C. Linn. Ent. 1. p. 32. 53.—Goeze, Eur. Faun. 8. p. 143. 18.—Ponza, Col. Salut. p. 38. 43.

Scarabœus coriarius, De Geer, Mém. t. 4. p. 300. pl. 10. f. 21.—Retz. Spec. p. 126. 758.

Cetonia eremita, Fab. Syst. Ent. p. 45. 12.—*Id.* Spec. Ins. 1. p. 53. 15.—*Id.* Mant. 1. p. 28. 25.—Oliv. Ent. 1. 6. p. 58. 71. pl. 3. f. 17.—*Id.* trad. all. (Illig.) 2. p. 176. 71.—*Id.* Encycl. Méth. t. 5. p. 427. 89. pl. 161. f. 15.—Rossi, Faun. Etr. 1. p. 26. 59.—*Id.* éd. Helw. 1. p. 26. 59.—Knoch. Neu. Beytr. p. 107. (♂).

♀. *Cetonia eremitica,* Knoch. Neu. Beytr. p. 107.

Trichius eremita, Fab. Ent. Syst. t. 2. p. 118. 1.—*Id.* Syst. Eleut. t. 2. p. 130. 1.—
   Kugel. in Schneid. Mag. p. 291. 4.—Panz. Ent. Germ. p. 217. 1.—*Id.* Faun. Germ.
   41. 12. (♀).—*Id.* Enum. Ic. Schæff. p. 58.—Payk. Faun. Suec. t. 2. p. 198. 1.—
   Fallén, Obs. Ent. 2. p. 25. 1. (♂♀).—Walck. Faun. Par. 1. p. 179. 1.—Latr.
   Hist. t. 10. p. 229. 1.—*Id.* Gen. t. 2. p. 123. 1.—*Id.* Règn. anim. 1re éd. t. 3. p.
   287.—*Id.* 2me éd. t. 4. p. 571.—*Id.* Nouv. Dict. d'Hist. Nat. t. 34. p. 416.—Duftsch.
   Faun. Aust. 1. p. 173. 1.—Gyllenh. Ins. Suec. 1. p. 53. 4. (♂).—Baud.-Laf. Monog.
   p. 41. 2.—Rhamdhor, Abhandl. p. 128. pl. 24. f. 3.—Lamarck. An. s. Vert. t. 4. p.
   584. 1.—Drumpalm. Nat. Besc. pl. 11. f. 6. (larve).—Schoenh. Syn. Ins. t. 3. p. 99. 2.
   —Boit. Man. 1. p. 337.—Muls. Lett. 1. 273.—Ratzeb. Forlins. p. 85.

♀. *Trichius eremiticus*, Gyllenh. Ins. Suec. 1. p. 56. 5.

Melolontha eremita, Herbst, Nat. t. 3. p. 176. 127. pl. 27. f. 9.

Osmoderma eremita, Lepell. et A. Serv. Encycl. Méth. t. 10. p. 702.—Gory et Percher.
   Monog. p. 75. 1. pl. 18. f. 1.—De Casteln. Hist. t. 2. 159.—Heer, Faun. Helv. p.
   549.

L. $0^m,0292$ à $0^m,0314$ (13 à 14¹).—L. $0^m,00123$ à $0^m,0140$ (5 1/2 à 6 1/4¹.)

♂. **Dessus** du corps d'un noir brunâtre, bronzé ou légèrement
irisé de verdâtre, luisant, moins la tête qui est mate. Celle-ci penchée ; relevée en rebord entier et subarqué, à la partie antérieure de
l'épistome qui est presque carré ; munie sur les côtés d'un rebord
sinueux près de la partie antérieure de l'épistome, subanguleusement
relevé aux extrémités de la suture frontale, et postérieurement affaibli ;
offrant entre ces rebords qui la font paraître concave, une surface
presque plane postérieurement rétrécie, subréticuleusement et très-
finement ridée. Prothorax subhexagonal ou subarrondi ; coupé en arc
renversé en devant ; à angles antérieurs en dent émoussée et peu
saillante ; arcuément élargi sur les côtés jusqu'aux deux tiers de la
longueur de ceux-ci, subrectilinéairement et moins fortement rétréci
de ce point aux angles de derrière qui sont prolongés en dent émoussée ;
en arc renversé à la base, avec une sinuosité prononcée près de
chacun des angles latéraux ; à peine rebordé sur les côtés, sans
rebord à sa partie postérieure ; subdéprimé ou très-faiblement convexe en dessus ; longitudinalement creusé dans son milieu, d'un large
sillon non prolongé jusqu'à la base, et rendu plus profond par ses
bords relevés, chacun en une sorte de carène subgraduellement plus
saillante d'arrière en avant et brusquement coupée, à sa partie antérieure ; obsolètement creusé d'une fossette, de chaque côté ; chargé
au dessus de celle-ci d'un faible gibbosité subtuberculeuse ; peu densement couvert d'assez gros points peu profonds postérieurement,
transversaux, plus superficiels et moins nettement dessinés près du
bord antérieur. Ecusson en triangle pointu ; à côtés légèrement subsinueux, plus longs que la base ; un peu enfoncé ; faiblement incliné ou

transversalement déprimé, et plus densement'ponctué, près de celle-ci;
longitudinalement sillonné dans ses deux tiers postérieurs. Elytres d'un
tiers moins larges aux épaules que le prothorax aux angles de derrière;
deux fois aussi longues que lui'; faiblement rétrécies et d'une manière
très-légèrement subcurvilinéaire, jusqu'aux quatre cinquièmes de leur
longueur; curvilinéairement coupées de ce point à l'angle sutural;
ciliées de jaune brunâtre; subdéprimées en dessus, ou très-faiblement
et subcurvilinéairement déclives chacune du côté de la suture, surtout
près de l'écusson, convexement et assez fortement déclives près du
bord extérieur; chargées au devant de leur partie postérieure d'un
calus tuberculiforme au moins aussi saillant que l'huméral; couvertes
de rides et de points graduellement affaiblis de la base à l'extrémité;
ornées d'une nervure souvent peu apparente, naissant du calus huméral et prolongée presque parallèlement au bord externe jusqu'au calus
postérieur. Segment propygidial assez densement couvert de poils d'un
jaune brunâtre. Pygidium presque glabre; presque en demi-cercle
irrégulier, dilaté sur les côtés de la base; subobsolètement ponctué;
recourbé en dessous. Partie inférieure du corps et des pieds d'un
noir brun moins bronzé, assez luisant; densement ponctué et garni
de poils peu épais, assez courts et d'un brunâtre livide, sur les côtés de
la poitrine; superficiellement et parcimonieusement ponctué sur le
ventre. Jambes de devant tridentées et tranchantes au bord externe.

♀. Tête sans rebord sensible à la partie antérieure de l'épistome,
subconvexement déclive sur les côtés de celui-ci; subobsolètement
bissillonnée sur le front. Prothorax à angles postérieurs subdentiformes;
déprimé en dessus; creusé d'un sillon moins large, moins profond,
non relevé sur ses bords, qui sont très-faiblement dentés à leur partie
antérieure; plus densement et plus profondément ponctué; moins indistinctement marqué d'une fossette; sans tubercule apparent au dessus
de celle-ci. Pygidium subsinueusement en triangle obtus; moins
indistinctement garni de poils jaunâtres.

Cette espèce habite les provinces tempérées et méridionales de la
France. Elle n'est pas rare dans les environs de Lyon. On la trouve
principalement sur les saules, vers la fin du printemps et dans le
milieu du jour.

Elle répand une forte odeur de cuir de Russie, ou presque une
odeur de prune, qui lui a fait donner dans nos environs le nom vulgaire
de *prunier* ou de *pique-prune*.

Obs. Ponza avait trouvé la nymphe dans le tronc pourri d'un
mûrier. Drumpalmann (Nat. Besch. pl. 11. f. 6.) a figuré la larve.
Elle vit dans les parties cariées des saules, des hêtres et de différentes
autres espèces d'arbres.

Genre *Gnorimus*, Gnorime; S. Farg. et Aud. Serv.

(γνώριμος, facile à connaître.)

Caractères. Jambes de devant bidentées au côté externe. Ecusson en demi-cercle ou en triangle curviligne. Lobes des mâchoires inermes : l'inférieur garni de cils spinosules. Palpes à dernier article faiblement arqué et plus épais extérieurement, tronqué à l'extrémité, notablement plus long que les deux précédents réunis. Pygidium creusé d'une fossette vers l'anus. Cinquième et sixième segments du ventre, à partir de la naissance des pieds postérieurs, longitudinalement plus développés que les autres : le sixième au moins aussi grand que le précédent. Tarses postérieurs au moins aussi longs que la jambe. Dessus du corps glabre.

Cette coupe répond aux *Trichii aleurosticti* de Kirby.

1. G. Variabilis; Linn. *Dessus du corps subdéprimé ; d'un noir médiocrement luisant. Prothorax offrant les faibles traces d'un sillon dorsal; densement couvert de points ombiliqués ; souvent paré d'un point flave à ses angles latéraux et postérieurs. Ecusson en triangle curviligne; lisse dans sa seconde moitié. Elytres subruguleuses près des bords latéraux et graduellement plus rugueuses vers la suture ; à stries peu distinctes ; ordinairement parées chacune de quatre à cinq points flaves, disposés sur deux lignes obliquement convergentes vers le milieu de la suture. Dessous du corps noir. Ventre taché de flave sur les flancs de ses segments.*

♂. Epistome fortement rebordé en devant. Ventre longitudinalement sillonné. Jambes intermédiaires courbées en arc dans leur première moitié, sensiblement dilatées inférieurement dans la seconde en forme de lame de rasoir. Tarses postérieurs notablement plus longs que la jambe. Articles de tous les tarses garnis chacun en dessous d'un fascicule de poils jaunâtres.

♀. Epistome peu sensiblement rebordé en devant. Ventre sans sillon longitudinal. Jambes intermédiaires peu sensiblement courbées à la base ; sans dilatation en dessous dans leur seconde moitié. Tarses postérieurs égaux en longueur à la jambe. Articles de tous les tarses à peu près dépourvus en dessous de fascicules de poils

Scarabæus variabilis, Linn. Faun. Suec. p. 139. 402.—*Id.* Syst. Nat. p. 558. 79. ♀ —Mull. Linn. Nat. p. 89. 79.—Gmel. Linn. Syst. Nat. p. 1581. 79. (la phrase diagnostique seulement).—De Vill. C. Linn. Ent. 1. p. 54. 55.

Scarabæus albo-punctatus, Pill. et Mittpacher, It. pl. 7. f. 1.—Scriba, Journ. p. 75

Scarabæus cordatus, GMEL. Linn. Syst. Nat. p. 1581. 380.

Scarabæus 8-punctatus, BECHST. Forst. 1. p. 71. 11.

Cetonia 8-punctata, FAB. Ent. Syst. p. 44. 6. — *Id.* Spec. 1. p. 51. 7. —*Id.* Mant. 1. p. 27. 11.

Cetonia cordata, FAB. Mant. 1. p. 27. 10

Cetonia variabilis, OLIV. Ent. 1. 6. p. 60. 73. pl. 4. f. 27.—*Id.* trad. all. (Illig.) 2. p. 179. 73.—*Id.* Encycl. Méth. t. 5. p. 428. 91. pl. 161. f. 16.; et pl. 156. f. 14.

Melolontha 8-punctata, HERBST, Arch. p. 17. 16. — *Id.* trad. fr. p. 77. — *Id.* Nat. t. 3. p. 169. 125. pl. 27. f. 7.

Trichius 8-punctatus, FAB. Ent. Syst. t. 2. p. 119. 3.—*Id.* Syst. El. t. 2. p. 131. 3. —SCRIBA, Journ. 1. p. 65.—KUGEL. In SCHNEID. Mag. p. 291. 5.—PANZ. Ent. Germ. p. 217. 2.—*Id.* Faun. Germ. 41. 14. ♀.—HOPPE, Tasch. 1797. p. 220. 21.—PAYK. Faun. Suec. t. 2. p. 199. 2.—GYLLENH. Ins. Suec. 1. p. 54. 3. (♂).—HELFER, Ann. Soc. Ent. t. 2. p. 493.—HEER, Faun. Helv. p. 548. 4.

Trichius variabilis, LATR. Hist. t. 10. p. 23. 3.—DUFTSCH. Faun. Aust. 1. p. 175. 3. —1 Trans. Ent. Soc. 1. p. 81.—BOIT. Man. 1. p. 337.

Trichius 10-punctatus, SCHRANK, Faun. Boic. 1. p. 414. 384.

Gnorimus variabilis, LEPELL. et A. SERV. Encycl. Méth. t. 10. p. 703.

Gnorimus 8-punctatus, GORY et PERCH. Monog. p. 101. 2. pl. 12. f. 5.—DE CASTELN. Hist. t. 2. p. 160. 2.

Aleurosticus variabilis, CURTIS, Brit. Entom. p. 286.

Etat normal. Prothorax et élytres parées de taches punctiformes jaunes, flaves ou blanches: quatre sur le premier, situées près des angles latéraux et postérieurs: cinq ou quelquefois seulement quatre sur chacune des secondes, formant sur leur milieu une sorte de ➤ dont la pointe est dirigée vers la suture.

Var. A. G. 8-punctatus; FAB. *Taches punctiformes en nombre normal. sur le prothorax; nulles ou au dessous du nombre normal sur les élytres.*

Cetonia 8-punctata, FAB. Mant. l. c. etc.

Var. B. G. Angularis; NOB. *Taches punctiformes réduites à deux sur le prothorax; en nombre normal sur les élytres.*

Trichius 8-punctatus, GYLL. l. c. etc.

Var. C. G. Nigricollis; NOB. *Taches punctiformes nulles sur le prothorax, en nombre normal sur les élytres.*

Scarabæus variabilis, LINN. l. c. etc.

Var. D. G. Cordatus; FAB. *Taches punctiformes réduites à deux sur le prothorax; au dessous du nombre normal sur les élytres.*

Cetonia cordata, FAB. Mant. l. c. etc.

Var. E. G · Ambiguus; NOB. *Taches nulles sur le prothorax et les élytres.*

Var. F. G. Juvencus; NOB. *Dessus du corps et surtout les élytres d'un rouge brun.*

L. 0,^{m}0180 à 0^m,0214 (8 à 9 1/2^l).—L. 0,^{m}0087 à 0^m,0093 (3 7/8 à 4 1/8^l.)

♂. Dessus du corps noir et médiocrement luisant. Tête penchée ou inclinée. Epistome presque carré ; relevé en devant en un rebord assez fort et échancré, plus faiblement rebordé sur les côtés ; subsillonné longitudinalement près des bords latéraux ; subréticuleusement chargé de très-fines rides ; hérissé de poils presque indistincts et souvent enlevés. Front couvert de points confluents et ombiliqués ; creusé dans son milieu d'une fossette peu profonde. Palpes et antennes bruns : massue de celles-ci souvent d'un rouge brun. Prothorax bissubsinueux en devant ; à angles antérieurs avancés en espèce de dent ; élargi sur les côtés en arc subanguleux dans son milieu ; près d'une fois moins large aux angles de devant qu'à ceux de derrière qui sont inclinés, obtusément ouverts, et légèrement en forme de dent émoussée ; bissubsinueusement et assez fortement en arc renversé à la base ; muni latéralement d'un rebord dont la tranche se rétrécit graduellement des angles de devant à ceux de derrière ; très-étroitement et faiblement rebordé à sa partie postérieure ; subdéprimé en dessus ; couvert sur la majeure partie de sa surface de points ombiliqués et rapprochés, séparés par des espaces lisses ; ruguleusement ponctué sur les côtés et à sa partie antérieure ; offrant souvent sur son disque les vestiges d'un sillon dorsal ou une trace linéaire imponctuée ; paré à chacun de ses angles latéraux et postérieurs d'un point jaune, flave ou blanchâtre, quelquefois indistinct en partie ou en totalité. Ecusson en triangle curviligne ; ponctué dans sa moitié antérieure ; lisse et curvilinéairement déclive dans la seconde. Elytres d'un quart plus larges aux épaules que le prothorax à ses angles postérieurs (ceux-ci correspondant à la fossette humérale de celles-là) ; près de deux fois aussi longues que lui ; subcurvilinéairement élargies sur les côtés jusqu'au delà de leur milieu ; arrondies à l'angle postéro-externe ; obtusément tronquées à l'extrémité ; subarrondies à l'angle sutural ; subdéprimées en dessus ; chargées au devant du milieu de leur bord apical d'un calus subarrondi aussi saillant que l'huméral ; rugueusement ponctuées sur la majeure partie de leur surface, et d'une manière subruguleuse près des bords latéraux ; muni près de ceux-ci d'un rebord qui suit la périphérie depuis l'angle huméral jusqu'au tiers postérieur de la suture ; indistinctement rayées de quelques stries ; quelquefois parées de deux ou trois nervures à peine apparentes ; ornées chacune de cinq points, ou de taches punctiformes jaunes, flaves ou blanchâtres, parfois en partie ou même en totalité effacés, disposés sur deux lignes convergentes, naissant l'une du tiers, l'autre des deux tiers du bord externe, et convergent vers le milieu de la suture. Pygidium presque en demi-cercle; convexe; recourbé en dessous à son extrémité; creusé d'une fossette au dessus de celle-ci; très-finement ridé; paré de chaque côté de trois taches flaves ou blanchâtres triangulairement disposées, mais souvent effacées; parsemé de poils courts, très-fins et indistincts, si ce n'est vers l'anus où ils sont plus longs et densement hérissés. Dessous du corps et pieds noirs; médiocrement luisants. Poitrine densement revêtue de poils assez longs et mi-couchés, d'un cendré flavescent. Ventre parcimonieusement garni de poils courts; paré d'une tache flave sur les flancs d'une partie de ses anneaux. Cuisses ciliées postérieurement. Jambes de devant bidentées au côté externe. Tarses grêles.

♀. Epistome presque sans rebord sensible. Pygidium en triangle curviligne et obtus; moins convexe en dessus; creusé d'une fossette plus profonde, dont les côtés font une saillie plus prononcée en forme de deux tubercules pointus. Dessous du **corps** généralement moins garni de poils.

Cette espèce habite du nord au midi les parties froides et tempérées de la plupart des provinces de la France; mais en général elle est rare. Elle est principalement crépusculaire. On la trouve dans les environs de Lyon, surtout à Vaugneray et à Roche-Cardon, dans les troncs des châtaigniers. Sa larve vit dans cette même espèce d'arbre; elle a été trouvée dans l'aulne par M. Saxesen. L'insecte parfait paraît vers la fin du printemps.

2. G. Nobilis : Linn. *Dessus du corps subdéprimé; d'un vert métallique brillant, à reflets cuivreux. Prothorax longitudinalement sillonné en dessus; densement ponctué. Ecusson en demi-cercle; couvert, sur toute sa surface, de points serrés laissant ordinairement une trace longitudinale lisse dans le milieu. Elytres rugueuses; granuleuses latéralement; parées de quelques taches blanches : à trois ou quatre stries légères, dont une prolongée jusqu'à l'extrémité, en passant sur le calus postérieur. Dessous du corps cuivreux. Ventre paré latéralement d'une tache blanche sur chaque anneau.*

♂. Epistome fortement rebordé en devant. Ventre longitudinalement sillonné. Jambes intermédiaires courbées presque en demi-cercle dans leur première moitié; dilatées inférieurement dans la seconde, ainsi que les postérieures, en forme de lame de rasoir. Articles des tarses garnis chacun en dessous d'un fascicule épais de poils jaunâtres.

♀. Epistome faiblement rebordé en devant. Ventre sans sillon. Jambes intermédiaires sans courbure bien sensible; sans dilatation ainsi que les postérieures. Articles des tarses à peu près dépourvus en dessous de fascicules de poils.

Scarabœus nobilis, Linn. Faun. Suec. p. 139. 401.—*Id.* Syst. Nat. p. 558. 81.—Scop. Ent. Carn. p. 8. 18.—*Id.* Ann. quinq. Hist. Nat. p. 85. 28.—Mull. Faun. Frid. p. 2. 13.—*Id.* Zool. Dan. Pr. p. 54. 463.—Moll, Linn. Nat. p. 90. 81.—Schæff. Icon. pl. 202. f. 4.—Goeze, Naturforch. t. 9. p. 61.—Moll, Nat. Brief. 1. p. 189. 32. —Fourcr. Ent. Par. 1. p. 6. 5.—Gmel. Linn. Syst. Nat. p. 1582. 81.—De Villers, C. Linn. Ent. 1. p. 54. 56.—Donov. Nat. Hist. Brit. pl. 154. f. 1-5.—Martyn. Ent. pl. 3. f. 28.—Marsh. Ent. Brit. 1. p. 42. 74.

Scarabœus variabilis, Linn. Syst. Nat. p. 558. ♂.—Gmel. Linn. Syst. Nat. p. 1581. 79.

Scarabœus viridulus, De Geer, Mém. t. 4. p. 297. 26.—Retz. Spec. p. 126. 756.

Scarabœus auratus, Rœsel, Ins. Belust. t. 2. 1re cl. p. 18-21. pl. 3. (f. 1. larve; 2. nymphe 3-5, insecte parfait).—Schrank, Enum. p. 9. 14. (♀).

Le Verdet, Geoffroy, Hist. t. 1. p. 73. 6.

Cetonia nobilis, Fab. Syst. Ent. p. 43. 5.—*Id.* Spec Ins. 1. p. 51. 6.—Oliv. Ent. 1. 6. p. 59. 72. pl. 3. f. 10. a, b, c.—*Id.* trad. all. (Illig.) p. 178. 72.—*Id.* Encycl. Méth. t. 5. p. 427. 90. pl. 156. f. 3.

Cetonia cuspidata, Fab. Mant. 1. p. 27. 8.

Melolontha nobilis, Herbst, Nat. t. 3. p. 165. 124. pl. 27. f. 6.

Trichius nobilis, Fab. Ent. Syst. 2. p. 119. 2.—*Id.* Syst. Eleut. 2. p. 130. 2.—Schneid. Mag. p. 292. 6.—Panz. Ent. Germ. p. 218. 3.—*Id.* Faun. Germ. 41. 13.—*Id.* Enum. Ic. Schæff. p. 176. 4.—Payk. Faun. Suec. t. 2. p. 199. 3.—Cuvier, Tabl. p. 520.—Cederhielm, Faun. Ing. Pr. p. 75. 232.—Tigny, Hist. t. 5. p. 500.— Walken. Faun. Par. 1. p. 179. 2.—Fallen, Obs. 2. p. 26. 3.—Latr. Hist. t. 10. p. 230. 2.—*Id.* Gen. t. 2. p. 123. 2.—*Id.* Nouv. Dict. d'Hist. Nat. t. 34. p. 416.—*Id.* Règn. Anim. 2me éd. t. 4. p. 570.—Illig. Mag. t. 2. p. 230. 2.—Duftsch. Faun. Aust. 1. p. 174. 2.—Gyllenh. Ins. Suec. 1. p. 54. 2.—Schœnh. Syn. Ins. t. 3. p. 100. 7.— Baud.-Laf. Monog. p. 41. 1.—Lamarck, Anim. s. Vert. t. 4. p. 584. 2.—Bechst. Fortins. p. 211.—Duméril, Dict. des Scienc. Nat. t. 55. p. 201. pl. 4. n° 8.—Boit. Man. 1. 337.—Steph. Syn. 231. 3.—Muls. Lett. 1. p. 276. 3.—Ratzeb. Forstins. p. 85. pl. 3. f. 17.—Heer, Faun. Helv. p. 548. 3.

Trichius auratus, Schrank, Faun. Boic. 1. p. 413. 381.

Gnorimus nobilis, Lepell. et A. Serv. Encycl. Méth. t. 10. p. 702.—Gory et Percher. Monog. p. 100. pl. 12. f. 4.—De Casteln. Hist. t. 2. p. 160. 1.

Var. A. G. Cupreicollis ; Nob. *Prothorax cuivreux ou d'un cuivreux presque doré.*

Duftsch, l. c. Var. β.

Var. B. G. Rupro-cupreus ; Nob. *Dessus du corps entièrement d'un rouge cuivreux.*

Duftsch, l. c. Var. γ.

♂. **Var. C G. Immaculatus ;** Nob. *Elytres sans taches blanches.*

L. 0^m,0158 à 0^m,0202 (7 à 9^l). — L. 0^m,0061 à 0^m,0090 (2 3/4 à 4^l).

Dessus du corps d'un vert métallique brillant, ordinairement à
reflets cuivreux. Tête penchée ou inclinée. Epistome presque carré,
subéchancré à sa partie antérieure; assez fortement (♂),ou peu sensiblement (♀), relevé en rebord à sa partie antérieure ; très-sensiblement rebordé sur les côtés ; densement et fortement ponctué. Front
subruguleusement ponctué ; creusé longitudinalement d'un sillon peu
profond. Palpes et massue des antennes d'un noir violâtre. Tige de
celles-ci parfois d'un fauve obscur. Prothorax bissubsinueux en devant;
à angles antérieurs avancés en espèce de dent légèrement inclinée ;
élargi sur les côtés, en arc subanguleux dans son milieu ; près d'une
fois moins large aux angles de devant qu'à ceux de derrière qui sont
prolongés postérieurement en dent émoussée; bissinueusement et fortement en arc renversé à la base; muni latéralement d'un rebord denticulé,moins étroit près des angles de derrière; pourvu postérieurement
d'un rebord lisse presque interrompu dans le milieu de celle-ci; subdéprimé en dessus ; longitudinalement creusé d'un sillon dorsal plus
affaibli ou presque indistinct près des bords antérieur et postérieur;
ruguleusement couvert sur les côtés, de points confluents pointillés ou
subruguleux dans le fond ; marqué de points moins serrés, séparés
par de faibles intervalles lisses près du sillon dorsal; souvent paré
entre celui-ci et les angles latéraux d'un point rond, plus gros, plus
profond et ordinairement orné d'une teinte rosée. Ecusson presque en
demi-cercle; faiblement incliné postérieurement; couvert de points
presque confluents, laissant ordinairement dans le milieu une trace
linéaire imponctuée. Elytres d'un cinquième plus larges aux épaules
que le prothorax à ses angles postérieurs (ceux-ci correspondant
plutôt au calus qu'à la fossette humérale de celles-là); deux fois aussi
longues que lui; subcurvilinéairement élargies sur les côtés jusques
au delà de leur moitié; subarrondies chacune à l'extrémité; subdéprimées en dessus ; chargées au devant du milieu de leur bord apical
d'un calus subarrondi presque aussi saillant que l'huméral; rugueuses
sur la majeure partie de leur surface; plus lisses, subchagrinées ou
granuleuses près des bords latéraux; munies près de ceux-ci d'un
rebord qui suit la périphérie (en se rétrécissant vers l'extrémité),
depuis l'angle huméral jusqu'au tiers postérieur de la suture; rayées
de trois ou quatre stries légères et peu nettement dessinées, dont l'une
moins indistincte et moins raccourcie, naît de la fossette humérale et
se prolonge jusqu'à l'extrémité en passant au côté externe du calus
postérieur; parées de quelques petites taches blanches, dont deux

situées, l'une au tiers, l'autre aux deux tiers, non loin du bord externe. Pygidium presque en demi-cercle; à côtés subsinueux; recourbé en dessous à son extrémité; creusé près de celle-ci d'une fossette longitudinale, quelquefois prolongée jusqu'à la base en sillon presque indistinct; très-finement ridé; parsemé de quelques taches blanches irrégulières; hérissé vers la fossette de poils jaunâtres assez longs, presque glabre sur le reste de sa surface. Dessous du corps et des pieds cuivreux, à reflets verdâtres; granuleux. Poitrine revêtue de poils épais et flavescents, moins densement disposés par rangées transversales sur les anneaux du ventre. Celui-ci paré latéralement d'une tache blanche sur chaque segment, et de deux sur le dernier. Cuisses densement garnies à leur partie postérieure de longs poils flavescents. Pieds allongés. Jambes de devant bidentées au côté externe. Tarses grêles.

♀. Pygidium en triangle curviligne et obtus; moins convexe; creusé vers l'anus d'une fossette profonde. Dessous du corps généralement moins garni de poils.

Cette espèce habite les parties froides et tempérées de la France. Elle fréquente les fleurs, principalement les grandes ombellifères. On la trouve dans nos montagnes lyonnaises et plus rarement dans la plaine. Elle est très-commune à la Chartreuse. Sa larve a été prise par Rœsel dans le tronc pourri d'un prunier; elle vit aussi dans l'aulne et d'autres sortes d'arbres. Elle se construit avec le terreau uni à des parcelles de bois une coque dans laquelle elle se change en nymphe vers la fin d'avril ou au commencement de mai. Quatre à cinq semaines après paraît l'insecte parfait.

Genre *Trichius*, TRICHIE; FABR.

(τρίχες, poils.)

Caractères. Jambes de devant bidentées au côté externe. Ecusson en demi-cercle ou en triangle curviligne. Lobes des mâchoires inermes : l'inférieur garni de cils subspinosules. Palpes à dernier article faiblement renflé dans le milieu, tronqué à l'extrémité; à peine plus long que les deux précédents réunis. Pygidium sans fossette. Cinquième et sixième segments du ventre à partir de la naissance des pieds postérieurs, ou avant-dernier et dernier anneaux abdominaux longitudinalement plus développés que les autres : le cinquième plus grand que le sixième. Tarses au moins aussi longs que la jambe. Prothorax hérissé de poils.

Cette coupe répond aux *Trichii legitimi* de Kirby.

Obs. Dans ses premiers écrits Fabricius n'avait admis dans son genre *Trichius* ni nos Osmodermes , ni nos Gnorimes; plus tard , il le rendit conforme à la division plus naturelle qu'Olivier avait établie dans ses Cétoines.

1. T. Fasciatus; Linn. *Dessus du corps subdéprimé. Tête et prothorax noirs et densement hérissés de longs poils flaves ou d'un blanc jaunâtre. Le second subarcuément élargi sur les côtés; curvilinéaire près des angles postérieurs qui sont infléchis , presque émoussés et obtusément ouverts ; bissubsinueusement en arc renversé à la base. Elytres flaves; ornées le long de la suture d'une bordure noire, d'une largeur presque uniforme , à peine dilatée jusqu'à la première strie; parées de trois bandes également noires , transversales , partant du bord externe : l'humérale couvrant la base , et prolongée ordinairement jusqu'à la suture : les deux autres plus courtes. Dessous du corps et pieds d'un noir légèrement bronzé.*

♂. Ventre garni sur l'avant-dernier segment de rides fines et transversales. Jambes de devant plus étroites vers l'extrémité que dans le milieu; faiblement bidentées; pourvues d'un éperon n'atteignant pas la partie antérieure du premier article des tarses de devant.

♀. Ventre ponctué mais non ridé sur l'avant-dernier segment. Jambes de devant graduellement plus larges vers l'extrémité; fortement bidentées; pourvues d'un éperon dépassant le premier article des tarses antérieurs.

Scarabæus fasciatus , Linn. Faun. Suec. p. 138. 395.—*Id.* Syst. Nat. p. 556. 70.—Poda, Mus. Gr. p. 20. 11.—Scopol. Ent. Carn. p. 3. 5.—Mull. Linn. Nat. p. 86. 70.—De Geer , Mém. t. 4. p. 299. 27.—Retz. Spec. p. 126. 757.—Mull. Zool. Dan. Prod. p. 54. 466.—Goeze, Eur. Faun. 8. p. 156. 22.—Schrank , Enum. p. 10. 16.—Moll, Nat. Bri. 1. p. 192. 55.—Gmel. Linn. Syst. Nat. p. 1583. 70.—De Vill. C. Linn. Ent. 1. p. 51. 51.—Martyn. pl. 2. f. 10.—Razoum. Hist. t. 1. p. 137. 9.
Melolontha fasciata, Herbst, Arch. p. 17. 17.—*Id.* trad. franç. 77.—*Id.* Nat. t. 3. p. 179. 28. pl. 27. f. 10.
Trichius fasciatus , Payk. Faun. Suec. 2. p. 200. 4.—Walck. Faun. Par. 1. p. 180. 3 —Schrank , Faun. Boic. 1. p. 413. 382.—Fallén, Obs. Ent. 2. p. 26. 4.—Duftsch. Faun. Aust. 1. p. 177. 4.—Gyllenh. Ins. Suec. 1. p. 53. 1.—Schoenh. Syn. Ins. 3. p. 103. α.—Zettehst. Faun. Lap. p. 171. Var. α.—*Id.* Ins. Lap. p. 62. 1.—Steph Syn. p. 230. 1.—De Manher. Bullet. de la Soc. des Nat. de Mosc. 1837. 8. p. 131 —De Casteln. Hist. t. 2. p. 158. 2.—Heer , Faun. Helv. p. 547. 1.
Trichius succinctus, Latr. Hist. t. 10. p. 231. 5.—*Id.* Gen. 2. p. 124.—*Id.* Nouv. Dict. d'Hist. Nat. t. 34. p. 416.—Baud.-Laf. Monog. p. 44. 5.—Boit. Man. p. 337.— Gory et Percher. Monog. p. 86. pl. 10. f. 2.

Var. A. **T. Dubius;** Nob. *Bande noire de la base des élytres prolongée* *seulement jusqu'à la moitié de la largeur de celles-ci ; quelquefois suivie d'un petit point noir.*

Schæff. Icon. 1. 4.

Var. B. T. Interruptus; Nob. *Bande noire de la base des élytres interrompue dans son milieu, souvent denticulée près de cette interruption.*

> *Obs.* La bande n'étant qu'interrompue, il reste une bordure noire autour de l'écusson.

Var. C. T. Obliquus; Nob. *Bande noire intermédiaire naissant du calus huméral et prolongée vers l'angle sutural, en coupant obliquement les élytres.*

Var. D. T. Prolongatus; Nob. *Bande noire intermédiaire prolongée jusqu'à la suture.*

Schœnh. l. c. App. p. 39. Var. β.

Var. E. T. Divisus; Nob. *Bande noire intermédiaire prolongée jusqu'à la suture, et unie postérieurement dans son milieu avec la tache apicale.*

Schœnh. l. c. Append. p. 39. Var. γ.

Var. F. T. Abbreviatus; Nob. *Bande noire intermédiaire à peine prolongée jusqu'au milieu des élytres; quelquefois suivie d'un point.*

L. 0^m,0123 à 0^m,0146 (5 1/2 à 6 1/2'). —L. 0^m,0067 à 0^m,0078 (3 à 3 1/2').

Tête noire; très-penchée; finement et subaspèrement couverte de petits points presque confluents, desquels se hérissent d'assez longs poils d'un jaune pâle, le plus souvent enlevés sur une partie de l'épistome. Celui-ci presque carré, plus long que large, subarqué sur les côtés; légèrement relevé dans sa moitié antérieure; à peine subsillonné longitudinalement sur celle-ci; échancré en devant. Front marqué d'un sillon très-léger et caché sous les poils. Palpes et antennes d'un brun noir : tige des dernières généralement d'un rouge brunâtre. Prothorax coupé en arc renversé en devant; à angles antérieurs en espèce de dent assez aiguë ; arcuément et subanguleusement élargi sur les côtés d'avant en arrière, avec une légère subsinuosité près des angles de devant : les postérieurs sensiblement inclinés, obtusément ouverts et paraissant émoussés sous les poils qui les couvrent; bissubsinueusement prolongé en arc renversé à la base; muni latéralement d'un rebord denticulé, uniment rebordé à sa partie postérieure; médiocrement convexe en dessus; noir; le plus souvent paré (♀)

d'une tache flave près des angles latéraux; couvert de points plus petits et confluents sur les côtés et en devant, moins rapprochés sur le disque; densement hérissé de longs poils d'un jaune pâle. Ecusson en demi-cercle; noir; imponctué à sa partie postérieure, marqué sur le reste de sa surface de points desquels se hérissent de longs poils flaves. Elytres d'un tiers plus larges aux épaules que le prothorax à ses angles postérieurs; d'un tiers plus longues que lui; formant, réunies, presque un carré; subparallèles ou très-légèrement élargies jusqu'aux deux cinquièmes de leur longueur; médiocrement arrondies chacune à leur extrémité; subdéprimées en dessus, obliquement déclives près des bords latéraux; chargées de deux calus : l'un huméral assez saillant : l'autre, moins anguleux, ovale ou subarrondi, situé au devant du milieu du bord apical; à quatre ou cinq stries peu marquées, ou strialement et presque indistinctement ponctuées; plus visiblement marquées de points sur les calus, surtout sur l'huméral; flaves; parsemées de poils concolores peu apparents; parées dans leur pourtour et le long de la suture d'une bordure noire : celle du pourtour ne couvrant souvent que le rebord : celle de la suture plus apparente, d'une largeur à peu près uniforme, arrivant à peine à la première strie; ornées en outre : 1º d'une bande transversale couvrant la base depuis le bord externe jusqu'à la suture : 2º d'une autre bande transversale naissant du milieu du bord extérieur, arquée à son bord antérieur, rétrécie à son extrémité interne en pointe légèrement courbée postérieurement, à peine prolongée jusqu'à la deuxième strie : 3º d'une tache subarrondie couvrant l'extrémité depuis l'angle postéro-externe jusqu'à la deuxième strie : ces bandes et taches d'un noir velouté mat, si ce n'est sur les calus où elles sont luisantes. Pygidium noir; paré de deux bandes blanches, naissant du milieu de la base où elles sont presque unies et prolongées en arc jusqu'au milieu des bords latéraux; ponctué; moins densement hérissé que le prothorax de longs poils blancs ou d'un blanc jaunâtre. Dessous du corps et pieds d'un noir brun légèrement bronzé. Poitrine et cuisses surtout les antérieures densement hérissées de longs poils d'un blanc jaunâtre. Ventre unicolore ($\male$ et $\female$); garni de poils moins épais, si ce n'est sur le bord de ses flancs. Jambes antérieures bidentées au côté externe.

Cette espèce habite du nord au midi les parties froides et tempérées de la France. On la trouve en mai et juin dans nos montagnes du Lyonnais. Elle est commune à la Chartreuse Lorsqu'on la saisit elle exhale une odeur d'un parfum qui se rapproche de celui du musc. La larve vit dans plusieurs espèces d'arbres.

2. **T. Gallicus:** Déj. Inéd. Heer. *Dessus du corps subdéprimé. Tête et prothorax noirs et densement hérissés de longs poils jaunes ou d'un jaune pâle : le second subarcuément élargi sur les côtés ; légèrement subsinueux près des angles postérieurs, qui sont très-prononcés ou presque en forme de dent et rectangulairement ouverts ; bissinueusement en arc renversé à la base. Elytres jaunes ou flaves, ornées le long de la suture d'une bordure noire, très-étroite sous l'écusson, et graduellement élargie postérieurement jusqu'à la première strie ; parées de trois bandes également noires, transversales, partant du bord externe et non prolongées jusqu'à la suture : l'humérale subtriangulaire, en partie détachée de la base. Dessous du corps et pieds d'un noir légèrement bronzé.*

♂. Ventre garni sur l'avant-dernier anneau de rides fines et transversales ; paré sur la partie médiaire de ce segment et parfois sur celle des trois précédents d'une bande ordinairement interrompue, blanche ou d'un blanc jaunâtre. Jambes de devant plus étroites vers leur extrémité que dans le milieu, faiblement dentées, pourvues d'un éperon n'atteignant pas l'extrémité du premier article des tarses antérieurs.

♀. Ventre unicolore ; ponctué mais non ridé sur l'avant-dernier segment. Jambes de devant plus larges vers l'extrémité que dans le milieu ; fortement dentées ; armées d'un éperon dépassant le premier article des tarses antérieurs.

Trichius fasciatus, Fab. Syst. Ent. p. 40. 1.—*Id.* Spec. 1. p. 48. 1.—*Id.* Ent. Syst. 2. p. 119. 4.—*Id.* Syst. El. 2. p. 131. 4.—Petagna, Spec. p. 5. 20.—De Vill. C. Linn. Ent. 1. 31. 51. Obs. 2.—Roemer, Gen. p. 59. 6. pl. 34. f. 4.—Rossi, Faun. Etr. 1. p. 25 —Panz. Ent. Germ. 218. 4.—Cederh. Faun. Ing. Pr. p. 75. 253.—Tigny, Hist. t. 5. p. 301.—Latr. Hist. t. 10. p. 231. 4.—*Id.* Gen. t. 2. p. 124.—*Id.* Nouv. Dict. d'Hist. Nat. t. 34. p. 416.—*Id.* Règn. an. 1re éd. 3. p. 287.—*Id.* 2me éd. 4. p. 570. —Duftsch. Faun. Aust. 1. p. 177. Var. β?—Baud.-Laf. Monog. p. 43. 4.—Schœnh. Syn. Ins. 3. p. 104. Var. ζ et η.—Duméril, Dict. des Scienc. Nat. t. 55. p. 201. 5. —Lepell. et A. Serv. Encycl. Méth. t. 10. p. 703.—Boit. Man. p. 538.—Muls. Lett. 1. 276. 2.—Gory et Perch. Monog. p. 84. pl. 10. f. 1.—Guérin, Icon. Règn. an. pl. 26. f. 4. (détails).

La livrée d'Ancre, Geoff. Hist. t. 1. p. 80. 16.

Scarabœus fasciatus, Fourcr. Ent. Par. 1. 9. 16.—Razoum. Hist. t. 1. p. 137. 9. Var. —Cuv. Tabl. p. 520. 21.—Marsh. Ent. Brit. p. 43. 75.

Cetonia fasciata, Oliv. Ent. 1. 6. p. 61. 74. pl. 9. f. 84.—*Id.* trad. all. (Illig.) 2. p. 180. 74.—*Id.* Encycl. Méth. t. 5. p. 428. 92.

Trichius gallicus, Déj. Catal. 1re éd. p. 61.—Heer, Faun. Helv. p. 547. 2.

Trichius succinctus, De Casteln. Hist. t. 2. p. 138. 3.

♀. Var. A. **T. Dorsalis**; Nob. *Prothorax sans tache sur les côtés.*

♂♀. Var. B. **T. Intermedius**; Nob. *Bande noire du milieu des élytres prolongée jusqu'à la suture.*

♂♀. Var. C. **T. Bivittatus**; Nob. *Bandes noires du milieu et de l'extrémité des élytres prolongées jusqu'à la suture.*

♂♀. Var. D. **T. Apicalis**; Nob. *Tache du calus postérieur seule prolongée jusqu'à la suture.*

♂♀. Var. E. **T. Dentatus**; Nob. *Tache du calus postérieur bidentée à son bord antérieur.*

♂♀. Var. F. **T. Abdominalis**; Dej. Inéd. *Ventre paré sur la partie intermédiaire des deuxième à cinquième anneaux d'une bande blanchâtre rétrécie ou interrompue dans son milieu, et quelquefois nulle sur un ou deux segments.*

Trichius abdominalis, Déj. Catal. 1re éd. p. 61. et in litteris.

Obs. Le caractère qui distingue cette variété, se retrouve quelquefois chez quelques-unes des précédentes.

L. 0ᵐ,0100 à 0ᵐ,0135 (4 1/2 à 6ˡ).—L. 0ᵐ,0045 à 0ᵐ,0061 (2 à 2 3/4ˡ).

Tête noire; très-penchée; finement et subaspèrement couverte de petits points presque confluents desquels se hérissent d'assez longs poils jaunes ou d'un jaune pâle, le plus souvent enlevés sur une partie de l'épistome. Celui-ci presque carré, plus long que large, subarqué sur les côtés, légèrement relevé dans sa moitié antérieure; subsillonné longitudinalement sur cette dernière; échancré en devant. Front creusé d'un sillon longitudinal assez prononcé, mais caché sous les poils. Palpes et antennes d'un brun noir : tige des dernières souvent d'un rouge brunâtre. Prothorax subtrapézoïdal; coupé en arc renversé en devant; à angles antérieurs en espèce de dent assez aiguë; arcuément et subanguleusement élargi d'avant en arrière, avec une légère subsinuosité près des angles de devant et près des postérieurs : ceux-ci très-prononcés, à peine inclinés, presque en forme de dent, et rectangulairement ouverts; bissinueusement en arc renversé à la base; muni latéralement d'un rebord denticulé, uniment rebordé à sa partie postérieure; médiocrement convexe en dessus; d'un noir velouté; le plus souvent paré (♀) d'une bordure jaune sur une grande partie de ses côtés; subaspèrement et finement couvert de petits points; densement hérissé de longs poils jaunes ou d'un jaune pâle. Écusson en demi-cercle généralement un peu allongé; noir; ponctué

et garni de longs poils mi-couchés à la base, imponctué à l'extrémité.
Elytres d'un quart plus larges aux épaules que le prothorax à ses
angles postérieurs; de moitié environ plus longues que lui; formant
réunies presque un carré; subparallèles ou très-légèrement élargies
jusqu'aux deux cinquièmes de leur longueur; médiocrement arrondies
chacune à leur extrémité; subdéprimées en dessus, obliquement déclives près des bords latéraux; chargées de deux calus : l'un, huméral
assez saillant : l'autre moins anguleux, ovale ou subarrondi, situé au
devant du milieu du bord apical; à quatre ou cinq stries peu marquées; ponctuées sur le calus et plus distinctement sur l'huméral;
jaunes ou d'autres fois flaves; parsemées de poils concolores assez
courts et peu apparents; parées dans leur pourtour et le long de la
suture d'une bande noire : celle du pourtour ne couvrant ordinairement que le rebord : celle de la suture plus apparente, très-étroite
ou presque nulle au dessous de l'écusson, graduellement élargie
ensuite d'avant en arrière et dilatée vers l'angle sutural jusqu'à la
première strie; ornées en outre : 1° d'une tache subtriangulaire couvrant le calus huméral, et transversalement dilatée jusqu'au milieu
de leur largeur en se détachant de leur base : 2° d'une autre bande
naissant du milieu du bord extérieur, transversalement prolongée
jusqu'à la deuxième strie qu'elle atteint, généralement obtuse à son
extrémité interne : 3° d'une tache subarrondie couvrant l'extrémité,
depuis l'angle postéro-externe jusqu'à la deuxième strie : ces bandes
et taches d'un noir velouté mat, si ce n'est sur les calus où elles sont
luisantes. Pygidium subaspèrement et finement ponctué; d'un noir
presque bronzé; paré de deux bandes jaunes (♀), flaves ou blanches(♂),
naissant du milieu de la base où elles sont à peu près unies et prolongées en arc jusqu'au delà du milieu des bords latéraux, en couvrant plus de la moitié (♀) ou à peu près la moitié (♂) de sa superficie; garni de poils généralement jaunes et mi-couchés (♀) ou flaves
et hérissés (♂). Dessous du corps et pieds d'un noir légèrement bronzé.
Poitrine et cuisses surtout les antérieures densement hérissées de longs
poils jaunes (♀) ou d'un jaune pâle (♂). Ventre plus parcimonieusement garni de poils, si ce n'est sur le bord de ses flancs; unicolore (♀)
ou (♂) au moins sur le cinquième anneau d'une bande blanche interrompue. Jambes de devant bidentées au côté externe.

Cette espèce habite les parties chaudes et tempérées de la France.
Sa larve vit dans les parties mortes ou gâtées de diverses espèces d'arbres. L'insecte parfait paraît dès le mois de mai.

Obs. Geoffroy, comme le rapporte M. Duméril, a appelé cette
espèce *Livrée d'Ancre*, parce que le marquis de ce nom faisait porter à
ses valets des galons alternativement coupés de jaune et de vert.

Le *Tr. gallicus* se distingue du *fasciatus* par sa taille ordinairement un peu plus petite; son corps généralement plus étroit; la base de son prothorax plus sensiblement bissinueuse, et moins fortement prolongée postérieurement en arc renversé; la tache ou bande antérieure des élytres toujours courte et se détachant de la base de celles-ci de suite après le calus huméral; la bordure suturale graduellement rétrécie d'arrière en avant, presque nulle au dessous de l'écusson et recouverte le plus souvent d'une matière blanchâtre, analogue à de l'écume desséchée; le ventre paré, dans les mâles, sur le cinquième segment au moins, d'une bande blanchâtre rétrécie ou interrompue dans son milieu.

M. le comte de Mannerheim a publié (Bullet. de la Soc. des Nat. de Moscou, 8. p. 131) des observations très-judicieuses sur la dénomination des *T. fasciatus* et *gallicus*.

M. Menestriés (Voyage au Cauc. p. 189.) a décrit sous le nom de *T. abdominalis*, Dej une espèce dont le dessin des élytres est semblable à celui de notre variété *apicalis*; peut-être faut-il la rapporter à une variété du *T. fasciatus*; l'auteur ne faisant pas mention des fascies blanches du ventre, elle ne peut être réunie à celle que nous avons nommée *abdominalis*, d'après les caractères qui nous ont été indiqués par M le comte Dejean lui-même.

MM. Burmeister et Schaum rapportent à une variété du *T. fasciatus* de Linné le *T. fasciatus* de Fabricius; la description du professeur de Kiel ne paraît pas devoir faire adopter cette synonymie. Les mêmes auteurs semblent ne voir dans notre *T. gallicus* qu'une variété du *T. zonatus* de M. Germar, (dont M. Géné a fait connaître la femelle sous le nom de *T. fasciolatus*); le *T. gallicus*, suivant nous, constitue une espèce très-distincte, différente de la précédente par plusieurs caractères, entre autres par la bordure suturale, qui est graduellement rétrécie d'avant en arrière et n'arrivant pas antérieurement à la première strie, dans celle de nos pays; d'une largeur uniforme et dépassant généralement la première strie, dans le *T. zonatus*.

TROISIÈME BRANCHE.

LES CÉTONIAIRES.

Caractères. Pieds postérieurs contigus ou à peu près à leur naissance. Angles postérieurs du prothorax séparés de la base des élytres par une pièce subtriangulaire. Elytres sinueusement rétrécies au côté externe, au dessous des épaules, laissant à découvert une partie des flancs du postpectus. Mésosternum prolongé antérieurement au delà de la naissance des pieds intermédiaires. Mâchoires frangées ou ciliées au côté interne ; parfois munies d'une épine cornée à leur lobe supérieur. Dernier article des palpes maxillaires subfiliforme, aussi long que les précédents réunis.

Les insectes de cette branche ont la tête subperpendiculairement inclinée ; formant en en retranchant les yeux, un parallélogramme allongé ; en général subconvexement plus élevée longitudinalement dans son milieu, ou chargée d'une sorte de carène obtuse qui souvent semble se bifurquer vers la partie antérieure de l'épistome. Ce dernier est presque en carré ; à peine échancré et muni en devant et sur les côtés d'un rebord relevé, chez les uns ; presque sans rebord et fortement échancré, chez les autres. La suture frontale, ordinairement indistincte, est parfois indiquée près des bords latéraux par une raie courte, subrectilinéaire ou oblique, rendue plus sensible par une sorte de fossette creusée derrière elle sur le front. Le prothorax offre dans le plus grand nombre la figure d'une sorte de triangle tronqué en devant, subcurvilinéaire sur les côtés, et subtrisinueux à la base ; mais chez d'autres espèces cette figure se modifie : ses côtés se montrent obtusément anguleux, l'écointure de ses angles de derrière se prolonge jusqu'au milieu de sa partie postérieure, il se rapproche alors de la forme d'un octogone. Généralement il est garni en dessus de points petits et superficiels sur le disque, graduellement plus gros, plus allongés, et transformés près des bords latéraux en portions de cercles ou en espèces d'arcs souvent subvermiculeusement liés ensemble ; chez les dernières espèces, il est chargé en dessus d'une carène. Les pièces du médipectus auquel M. Audouin a donné le nom d'épimères, qui apparaissent faiblement en dessus chez quelques Trichiaires, forment ici une sorte de plaque subtriangulaire débordant latéralement les angles postérieurs du prothorax, et remplissant l'espace compris entre ceux-ci et la moitié extérieure de la base des élytres. Ces dernières sont sinueusement rétrécies au dessous des épaules et subparallèles ensuite ou faiblement rétrécies, mais dans l'un ou l'autre cas, d'une manière légèrement subcurvilinéaire. Elles offrent latéralement un rebord dont le point de départ varie : parfois il naît presque de l'angle huméral, d'autres fois son origine est plus voisine de la sinuosité. Leur extrémité est obtusément tronquée et souvent d'une manière subsinueuse. En dessus, elles sont chargées au devant du bord apical, près de l'angle postéro-externe d'un calus plus ou moins saillant ; creusées, sur la moitié interne de leur largeur, d'une dépression que nous appellerons juxta-suturale, commençant, en général, vers les deux cinquièmes ou la moitié de la longueur et

souvent d'une manière assez brusque, d'autres fois prolongée en s'affaiblissant plus ou moins graduellement depuis leur extrémité jusque
vers l'écusson ou vers la base. Leur région circumscutellaire est habituellement faiblement ponctuée, parfois entièrement lisse; mais à
mesure que ces points se rapprochent des limites de la moitié longitudinale externe, ils prennent la forme d'arcs ou de demi-cercles gravés
et représentent ainsi des demi-chaînons ou portions moins grandes,
quelquefois ombiliqués ou entourant en partie un point enfoncé. Dans
la dépression, ces demi-chaînons sont le plus souvent en partie disposés subsérialement ou liés en forme de chaînettes, entre lesquelles
se montrent parfois des chaînons entiers ou presque entiers. Les
élytres sont enfin parées souvent, chez les espèces du premier genre,
de fascies cotonneuses, d'un blanc sale ou flavescent, irrégulièrement
transversales, tantôt presque entières, tantôt formées de taches punctiformes ou atomoïdes plus ou moins rapprochées. Ces fascies occupent
assez régulièrement les mêmes places chez les différentes espèces qui
en sont ornées. Trois sont situées dans la dépression, savoir : 1º une à
la naissance de celle-ci : 2º une au milieu : 3º une entre le calus postérieur et la suture; nous leur donnerons respectivement les noms de
fascies *antéro*, *médi* et *postéro-internes*. On en compte également trois
près des bords latéraux : 1º une près de la sinuosité subhumérale :
2º une vers les trois-cinquièmes des élytres, disposée en quinconce
avec les deux premières de la dépression juxta-suturale : 3º une entre
le calus apical et l'angle voisin; elles porteront les noms d'*antéro*,
médi et *postéro-externes*; de toutes ces fascies les antéro, médi-internes
et médi-externe sont les principales, en raison de leur constance et de
leur étendue. Des demi-chaînons parent aussi le ventre et surtout la base
des anneaux; mais sur les côtés des deux derniers segments pectoraux
et sur les cuisses, ces signes se présentent en arcs très-ouverts, liés
ensemble de telle sorte, que ces parties sont vermiculées ou couvertes
de lignes gravées, semblables à ces chemins que tracent dans le bois
certaines larves lignivores. Le mésosternum s'avance tantôt en ovale
transversal ou en triangle renversé, tantôt en saillie soit subglobuleusement renflée, soit seulement arquée ou émoussée à sa partie
antérieure. Dans le premier cas, il se prolonge en général notablement
au devant des pieds intermédiaires; dans le second, il les dépasse à
peine. Les dernières hanches, remarquables par leur développement,
forment une sorte de plaque en parallélipipède transversal dont
l'angle postéro-externe se courbe en arrière en forme de dent. Les
cuisses sont garnies, au moins à leur bord postérieur, de poils plus
longs à celles de devant qu'aux intermédiaires et surtout qu'aux postérieures. Les jambes, par une disposition contraire, sont parées de cils

plus longs à celles de derrière qu'à celles de devant. Celles-ci sont armées au côté externe de deux ou trois dents parfois oblitérées.

La Nature semble avoir tracé cette branche sur un plan parallèle à la précédente, ou avoir, par une disposition qui lui est familière, suivi ici dans son travail la même marche que chez les Trichiaires; ainsi, chez les premières espèces, l'épistome est large et à peine échancré, et le prothorax glabre; chez les dernières celui-là est plus allongé et fortement échancré, et celui-ci hérissé de poils.

Frisch, Rœsel et De Geer ont les premiers fait connaître les larves de quelques espèces de Cétoniaires et nous ont donné des détails sur leurs mœurs. Elles vivent de bois pourri, de tan, de terreau et au besoin même de terre plus ou moins riche en débris de matières végétales. On les trouve en général dans les troncs des arbres caverneux; quelques-unes habitent la partie inférieure du nid de certaines fourmis, où elles se nourrissent aux dépens des parcelles de bois accumulées par ces Hyménoptères laborieux. Ceux-ci paraissent trouver dans les matières excrémentielles de ces larves quelque chose qui flatte leur goût et leur fait supporter le voisinage de ces étrangères.

Nous allons, pour donner une idée des formes et des caractères divers que présentent ces larves, décrire celle de la *C. marmorata.* Tête convexe, parcimonieusement ponctuée; flavescente. Labre subtrilobé. Mandibules courtes, subcornées et d'un rouge jaune à la base, noires et cornées à l'extrémité, l'une tri, l'autre quadridentelée au bord incisif; munies d'une forte molaire à la base. Mâchoires armées de deux pointes noires, cornées et garnies de poils au côté interne. Palpes maxillaires et labiaux à dernier article subconique. Antennes de cinq articles: le premier subhémisphérique : le deuxième aussi long que les deux suivants réunis : le cinquième subovalaire, subarcuément dilaté au côté externe. Corps d'un blanc sale, avec sa partie postérieure ardoisée ; ridé; peu distinctement de treize anneaux; presque une fois plus large que la tête, garni de poils moins courts sur les segments thoraciques que sur les abdominaux : les trois derniers de ceux-ci presque glabres. Anus court, transversal, situé à l'extrémité du dernier segment. Ongles postérieurs très-courts.

Ces larves vivent plusieurs années sous leur première forme; arrivées au temps de se changer en nymphe, elles construisent une coque solide, lisse en dedans, composée des matières qui les entourent, unies par une substance gommeuse. Un mois environ après leur seconde métamorphose, elles passent à leur dernier état.

La plupart de ces insectes sont parés d'un éclat métallique; quelques-uns présentent, sous les feux du soleil, une richesse éblouissante. Lorsqu'on les saisit, ils répandent une bouillie fétide.

Nous les répartirons dans les genres suivants dont les caractères suffisent pour faire connaître les modifications les plus importantes que subissent ces insectes dans leurs formes.

GENRES.

Mésosternum	formant antérieurement une saillie semi - globuleuse ou en triangle renversé, dépassant ordinairement d'une manière notable la naissance des pieds intermédiaires. Ecusson terminé en pointe obtuse. Jambes de devant tridentées.		*Cetonia.*
	formant antérieurement une saillie subparallèle, arquée ou obtusément tronquée à l'extrémité, dépassant à peine la naissance des pieds inteimédiaires.	Prothorax faiblement caréné. Ecusson terminé en pointe aiguë. Jambes de devant bidentées.	*Oxythyrea.*
		Prothorax chargé d'une carène très visible. Jambes de devant tridentées. Corps hérissé de poils.	*Tropin ota*

Genre *Cetonia*, CÉTOINE; ILLIGER.

(étymologie inconnue.)

Caractères. Epistome moins long que large ; ordinairement faible-ment échancré en devant ; muni d'un rebord épais. Prothorax non caréné en dessus ; glabre. Ecusson terminé en pointe émoussée. Mésosternum formant une saillie semi-globuleuse ou en triangle renversé, dépassant ordinairement d'une manière notable la naissance des pieds intermédiaires. Jambes de devant tridentées.

+Mésosternum notablement avancé au devant de la base des cuisses intermédiaires.

✕ Mésosternum avancé en ovale transversal ou en triangle renversé.

1. C. Speciosissima: SCOPOL. *Dessus du corps entièrement d'un vert doré brillant; imponctué, si ce n'est sur la tête et près des bords latéraux du prothorax. Ce dernier trisinueusement et faiblement en arc renversé à la base. Epimères simplement ponctués. Elytres à dépression juxta-suturale à peine marquée. Dessous du corps et pieds d'un vert doré ; glabre. Méso sternum lisse, obtriangulairement avancé. Cuisses postérieures imponctuées sur leur disque.*

♂. Pygidium non bossué. Tarse postérieur aussi long que la jambe

♀. Pygidium bossué. Tarse postérieur moins long que la jambe.

Scarabæus speciosissimus , Scopol. Del. Flor. p. 48. pl. 21. f. A. a. b.—Gmel. Linn. Syst.
 Nat. p. 1575. 345.

Scarabæus superbus , De Vill. Car. Linn. Ent. p. 56. 61.

Scarabæus smaragdus , Braun , Ins. Kal. 1. p. 133. 496.

Cetonia speciosissima , Rossi, Faun. Etr. 1. p. 25. 57. (♀).—*Id.* éd. Helw. p. 25. 57.—
 Kugel. In Scheid. Mag. p. 292. 1.—Herbst , Nat. t. 3. p. 207. 9. pl. 29. f. 1.—Heer ,
 Faun. Helv. p. 549. 1.

Cetonia aurata , Oliv. Ent. 1. 6. pl. 1. f. 1. f.—*Id.* trad. all. (Illig.) 2. p. 130. B.

Cetonia fastuosa , Fab. Ent. Syst. 2. p. 127. 9.—*Id.* Syst. El. 2. p. 137. 10.—Panz. Ent.
 Ger. 1 p. 219. 2.—*Id.* Faun. Ger. 41. 16.—Hoppe , Tasch. 1796. 127. 21.—Latr.
 Hist. t. 10. p. 222. 8.—*Id.* Gen. t. 2. p. 127. 1.—*Id.* Règn. Anim. 1ᵉ éd. t. 3. p. 288.
 —*Id.* Règn. anim. 2ᵉ éd. t. 4. p. 575.—Duftsch. Faun. Aust. 1. p. 165. 1.—Baud.-Laf.
 Monog. p. 36. 1.—Fieber , Bœhm. Cet. 1.—Lamarck , Hist. des anim. s. Vert. t. 4.
 p. 582.—Boit. Man. 1. 339.—Muls. Lett. 1. 277. 1.—Gory et Percher. Mon. p. 222.
 78. pl. 41. 5.—De Casteln. Hist. t. 2. 164. 8.

Var. A. C. Aureo-cuprea; Nob. *Dessus du corps couleur d'or, à reflets
d'un rouge cuivreux.*

L. 0ᵐ,0270 à 0ᵐ,0292 (12 à 13ˡ).—L. 0ᵐ,0146 à 0ᵐ,0157 (6 1/2 à 7ˡ).

Dessus du corps lisse et d'un vert doré brillant. Tête uniformément
marquée de points assez rapprochés; longitudinalement chargée depuis
le vertex d'une carène obtuse, bifurquée antérieurement. Epistome
presque carré; sans échancrure en devant ; relevé dans son pourtour
en un assez large rebord violet sur sa tranche. Antennes et palpes d'un
noir violet. Prothorax subtriangulaire, tronqué en devant ; subcurvilinéairement élargi d'avant en arrière et d'une manière légèrement
bissubsinueuse ; garni latéralement d'un rebord graduellement moins
étroit, s'effaçant vers les angles postérieurs qui sont écointés; trisinueusement et faiblement en arc renversé à la base; deux fois et demie
aussi large à celle-ci qu'à sa partie antérieure ; faiblement convexe en
dessus ; paré au devant de l'écusson d'une étroite bordure violette ;
parcimonieusement marqué près de ses bords latéraux, de points qui
se rappetissent promptement en se rapprochant des côtés du disque
qui est imponctué. Ecusson triangulaire, émoussé à l'extrémité; lisse;
imponctué. Epimères d'un vert doré; parcimonieusement ponctués.
Elytres plus larges que le prothorax; de deux tiers plus longues que lui,
sinueuses au dessous des épaules; subparallèles ensuite ou légèrement et
subcurvilinéairement rétrécies jusqu'à l'angle postéro-externe; munies
depuis la sinuosité, d'un rebord prolongé jusqu'à l'angle postérieur ou
il s'efface; obtusément tronquées et très-légèrement relevées à leur
extrémité ; subdéprimées sur le dos, plus sensiblement et convexement déclives sur les côtés; chargées d'un calus postérieur saillant; à

dépression juxta-suturale très-légère ou à peine indiquée ; sensible
ment relevées vers la suture le long de celle-là ; entièrement lisses ou
indistinctement pointillées, quelquefois cependant ridées ou ponctuées
vers la partie antérieure des bords latéraux. Pygidium d'un vert doré ;
subvermiculé. Dessous du corps et pieds d'un vert doré lisse et luisant,
avec quelques parties à reflet bleuâtre ou violâtre. Flancs des segments
pectoraux , hypopygium, cuisses antérieures et intermédiaires, ponctués : cuisses postérieures vermiculées , seulement près des bords;
sans échancrure à leur première moitié postérieure. Mésosternum
avancé en espèce de triangle renversé. Cuisses intermédiaires et surtout les postérieures peu garnies de poils. Jambes frangées au côté
interne.

Cette espèce habite çà et là les parties chaudes de diverses provinces
de la France. On la trouve dans les environs de Lyon , surtout contre
le tronc des chênes. Sa larve vit dans les mêmes arbres. Elle a été
trouvée , dans la forêt de Fontainebleau par M. Chevrolat, et en
Silésie , par M. Zebe.

Obs. Cette Cétoine a été décrite pour la première fois par Scopoli.
Fabricius, après l'avoir, de son propre aveu, confondue avec la
C. aurata, changea sans raison le nom qu'il savait lui avoir été donné;
car il cite l'ouvrage de l'Entomologiste de la Carniole et la Faune de
Rossi, dans lesquels cette espèce porte la dénomination que la justice
nous a forcé de lui restituer.

2. **C. Affinis :** ANDERSCH. *Dessus du corps entièrement d'un vert doré
brillant Prothorax trisinueusement et faiblement en arc renversé à la
base ; marqué en dessus de points graduellement plus petits et plus superficiels , des bords latéraux au centre du disque. Elytres à dépression
juxta-suturale brusquement prononcée et ornée de demi-chaînons en
partie sérialement disposés. Dessous du corps et pieds d'un vert métallique à
reflets bleuâtres. Poitrine et bords des anneaux du ventre garnis de poils.
Mésosternum obtriangulaire. Cuisses postérieures entièrement ponctuées.*

♂. Pygidium non bossué. Cuisses postérieures fortement échancrées
dans leur première moitié inférieure. Jambes de devant bidentées ou
subtridentées extérieurement. Tarse postérieur aussi long que la
jambe.

♀. Pygidium bossué ou marqué de deux sortes de sillons obliques
séparés par une espèce de carène longitudinale. Cuisses postérieures
peu sensiblement échancrées à la base. Jambes de devant extérieurement tridentées. Tarse postérieur moins long que la jambe.

Cetonia affinis, Andersch, In Hoppe Tasch. 1797. p. 154. 1.—Panz. Faun. Ger. 110. 4.
—Duftscsh. Faun. Aust. 1. p. 165. 2.—Fieber, Bœhm. Cet. 2.—Gory et Perch.
Monog. p. 189. 30. pl. 33. f. 6.—De Casteln. Hist. t. 2. p. 165. 14.—Heer, Faun.
Helv. p. 550. 2.

Cetonia A., Latr. Gen. t. 2. p. 127.

Cetonia quercûs, Bonelli, Spec. Faun. Subalp. p. 159. 5. pl. 1. f. 5.

Cetonia fastuosa, Duméril, Dict. des Sc. Nat. t. 8. p. 33.

Var. A. C. Mirifica; Nob. *Entièrement d'un beau violet métallique.*

L. 0ᵐ,0190 à 0ᵐ,0247 (8 1/2 à 11ˡ). — L. 0ᵐ,0100 à 0ᵐ,0135 (4 1/2 à 6ˡ).

Dessus du corps d'un vert doré brillant. Tête chargée depuis le vertex
d'une carène obtuse, élargie et subbifurquée antérieurement; marquée
de points ordinairement sensiblement plus rapprochés sur la partie
antérieure du front que sur l'épistome. Celui-ci presque carré; sans
échancrure en devant; relevé dans son pourtour en un rebord violet
sur sa tranche. Palpes et antennes d'un vert métallique foncé, quelquefois en partie ou même en totalité d'un violet obscur. Prothorax
subtriangulaire, tronqué en devant; subcurvilinéairement élargi
d'avant en arrière, et d'une manière très-légèrement bissubsinueuse;
garni latéralement d'un rebord graduellement moins étroit, s'effaçant
vers les angles postérieurs qui sont obtusément écointés; subtrisinueusement et faiblement en arc renversé à la base ; de deux fois et quart
aussi large à celle-ci qu'à sa partie antérieure ; peu convexe en dessus;
paré au devant de l'écusson d'une étroite bordure violette ; assez
densement marqué près de ses bords latéraux de points qui se rappetissent, s'affaiblissent et disparaissent presque quelquefois en se rapprochant de la partie centrale du disque. Ecusson triangulaire, émoussé
à l'extrémité ; lisse, imponctué. Epimères d'un vert bleuâtre ; assez
densement ponctués. Elytres plus larges que le prothorax ; de deux
tiers plus longues que lui; sinueuses au dessous des épaules; subparallèles ensuite ou légèrement et subcurvilinéairement rétrécies
jusqu'à l'angle postéro-externe qui est arrondi; munies, presque depuis
l'angle huméral, d'un rebord prolongé jusqu'à l'angle postérieur où
il s'efface; obtusément tronquées et sensiblement relevées à l'extrémité;
déprimées sur le dos; convexement déclives sur les côtés ; chargées
d'un calus postérieur plus saillant que l'huméral ; à dépression juxta-
suturale très-prononcée, naissant brusquement aux deux cinquièmes
de la longueur; chargées d'une légère nervure partant du calus postérieur et prolongée en s'affaiblissant jusqu'à la partie antérieure de la
dépression; parées sur cette dernière de demi-chaînons en partie
disposés en chaînettes longitudinales ; lisses dans la région circum-

scutellaire; marquées dans leur moitié extérieure de points circulaires ou de demi-chaînons, en général plus superficiels que ceux de la dépression et se transformant en petits points en approchant du bord externe. Pygidium d'un vert doré; ruguleux; presque indistinctement pointillé. Dessous du corps et pieds d'un vert métallique, lisse et luisant, avec des reflets bleuâtres principalement sur les segments pectoraux. Ceux-ci prcimonieusement hérissés de poils et vermiculés, ainsi que l'hypopygium, les flancs et une partie de la base des anneaux du ventre. Mésosternum lisse, obtriangulairement saillant. Cuisses, même celles de derrière vermiculées, garnies de poils à leur bord postérieur. Jambes ciliées au côté interne.

Cette espèce est méridionale; on la trouve communément dans les environs de Marseille. M. Gaubil me l'a envoyée abondamment de ceux de Béziers. Elle n'est pas très-rare dans autour de Lyon, principalement en juin et juillet.

La Var. *mirifica* est d'une taille avantageuse (0^m,0247); sa tête est presque uniformément ponctuée, et ses élytres offrent peu de traces de la nervure. Je l'ai décrite sur un exemplaire pris non loin du département de la Lozère par M. Crespon de Nismes, auteur d'une Ornithologie du département du Gard.

3. C. Cardui; Schœnh. *Dessus du corps d'un noir mat légèrement bleuâtre. Tête peu profondément ponctuée; sans échancrure au bord antérieur de l'épistome. Prothorax subarcuément élargi d'avant en arrière; sans sinuosité près des angles postérieurs; trisinueusement en arc renversé à la base, imponctué au dessus de l'écusson. Elytres rebordées latéralement jusqu'à l'angle huméral; à dépression juxta-suturale brusquement prononcée; chargées dans celle-ci d'une faible nervure; imponctuées dans la région circumscutellaire. Dessous du corps d'un bleu obscur brillant. Mésosternum obtriangulaire, impointillé.*

♂. Tarse postérieur aussi long que la jambe.

♀. Tarse postérieur moins long que la jambe.

Cetonia cardui, Schœnherr, Syn. Ins. t. 3. p. 124. 55 et append. p. 47. 72. (décrite par Gyllenhall).—De Casteln. Hist. t. 2. p. 165. 17.

L. 0^m,0225 (10^l). — L. 0^m,0123 (5 1/2^l).

Dessus du corps glabre, d'un noir mat, légèrement bleuâtre. Tête presque uniformément marquée de points médiocrement profonds et passablement distancés; longitudinalement chargée d'une carène très-faible ou très-écrasée, antérieurement bifurquée. Epistome garni dans sa périphérie d'un rebord plus élevé et sans échancrure en devant. Antennes d'un noir bleuâtre, à massue brune ou d'un brun rougeâtre. Palpes en partie d'un brun rouge. Prothorax subtriangulaire, tronqué en devant; subarcuément élargi sur les côtés d'avant en arrière; muni latéralement d'un rebord subgraduellement plus épais jusqu'aux angles postérieurs qui sont très-obtus ou subarrondis; une fois moins large en devant qu'à la base; trisinueusement en arc renversé à cette dernière : la sinuosité scutellaire plus forte; faiblement convexe en dessus; marqué sur les côtés de quarts de chaînons se transformant en points graduellement plus petits et plus superficiels en se rapprochant du milieu, et surtout de la partie postérieure de celui-ci qui est généralement imponctuée. Ecusson en triangle un peu allongé, obtus à l'extrémité; entièrement lisse ou ponctué seulement à la base. Epimères entièrement couverts de quarts de chaînons assez rapprochés. Elytres d'un quart plus larges que le prothorax à ses angles postérieurs; de deux tiers au moins plus longues que lui; sinueusement rétrécies au dessous des épaules, subparallèles ensuite ou faiblement subcurvilinéaires jusqu'à l'angle postéro-externe qui est arrondi; munies latéralement d'un rebord légèrement indiqué à peu près jusqu'à l'angle huméral; tronquées à l'extrémité; déprimées sur le dos, convexement déclives sur les côtés et subconvexement au devant du bord apical; chargées d'un calus postérieur plus prononcé que l'huméral; creusées d'une dépression juxta-suturale, naissant brusquement vers le milieu de la longueur, et graduellement un peu plus large postérieurement; parées d'une nervure plus faible, mais plus distincte partant du calus apical, obliquement dirigée dans le milieu de la dépression et longitudinalement prolongée en s'oblitérant, jusqu'à la partie antérieure de cette dernière; à fossette humérale peu profonde; lisses dans la région circumscutellaire, marquées sur le reste de leur surface de demi-chaînons ombiliqués, plus rapprochés, sur les côtés que dans la dépression où ils sont en partie sérialement unis. Pygidium d'un noir bleuâtre, assez finement vermiculé. Dessous du corps et des pieds d'un bleu foncé, brillant. Arrière-poitrine vermiculée sur les côtés, lisse sur le métasternum qui est longitudinalement rayé d'un léger sillon. Mésosternum antérieurement avancé en espèce de triangle renversé; peu ou point garni de poils en devant; impointillé. Ventre lisse dans son milieu, marqué latéralement de points et de quarts de chaînons graduellement plus développés sur les flancs. Cuisses ciliées postérieurement : vermiculées: celles de derrière parcimonieusement dans leur milieu. Jambes, surtout les postérieures, garnies de longs cils flavescents.

Cette espèce habite les environs de Montpellier et de quelques autres parties du midi de la France. Selon M. Solier, on la trouve plus particulièrement sur le sambucus ebulus que sur les chardons.

Obs. Elle diffère de la *C. affinis* Var. *mirifica* par sa couleur et son défaut d'éclat. Elle se distingue de la *C. morio* par sa taille plus grande; le rebord antérieur de son épistome sans échancrure; les côtés de son prothorax sans sinuosité près des angles de derrière; les élytres imponctuées dans la région circumscutellaire, chargées d'une nervure non prolongée au delà de la dépression juxta-suturale; sa teinte légèrement bleuâtre; son corps souvent un peu moins large, etc.

4. C. Angustata : MEGERL. Inéd. GERMAR. *Dessus du corps d'un vert bronzé. Tête obtusément chargée d'une carène subbifurquée antérieurement. Suture frontale subrectilinéaire ; distincte sur les côtés. Prothorax subarcuément et subanguleusement élargi d'avant en arrière ; sinueux près des angles postérieurs ; subtrisinueusement en arc renversé à la base ; subobsolètement marqué d'une ou de deux fossettes de chaque côté du disque. Elytres rebordées latéralement depuis l'angle huméral; creusées d'une dépression juxta-suturale peu brusquement terminée en devant; chargées de deux faibles nervures, sans fossette humérale apparente. Dessous du corps d'un vert brillant.*

♂. Tarse postérieur aussi long que la jambe.

♀. Tarse postérieur moins long que la jambe.

Cetonia angustata , GERMAR, Reise nach Dalm. p. 215. pl. XI. f. 3.

L. 0^m,0202 à 0^m,0259 (9 à 10 1/2^l).—L. 0^m,0112 à 0^m,0128 (5 à 5 3/4^l).

Dessus du corps glabre; d'un vert bronzé, quelquefois légèrement cuivreux, surtout sur les élytres. Tête presque uniformément couverte d'assez gros points confluents; chargée depuis le milieu du front d'une carène obtuse subbifurquée vers l'extrémité de l'épistome. Celui-ci relevé dans sa périphérie en un rebord généralement plus saillant en devant et échancré dans son milieu. Suture frontale indiquée par une raie subtransversale, à peine apparente ou indistincte dans le milieu. Front creusé de chaque côté, derrière celle-ci, d'une légère fossette. Palpes et antennes bruns ou d'un brun rougeâtre. Prothorax subtriangulaire, tronqué en devant; subanguleusement ou bissubsinueusement élargi en arc, sur les côtés; garni latéralement d'un rebord graduellement moins étroit des angles de devant à ceux de derrière qui sont obtusément écointés; de moitié moins large aux premiers qu'aux seconds; trisubsinueusement en arc renversé à la base : la subsinuosité anté-scutellaire plus marquée; faiblement convexe en dessus; subvermiculeusement marqué latéralement de quarts de chaînons, se transformant en points graduellement moins rapprochés, plus petits et plus superficiels en se rapprochant du milieu et surtout de la partie postérieure de ce dernier; offrant quelquefois les traces presque indistinctes d'une carène longitudinale; obsolètement creusé sur le disque, de chaque côté de celle-ci, d'une ou de deux petites fossettes à peine apparentes ou parfois oblitérées. Ecusson en triangle un peu allongé; obtus à l'extrémité; lisse, ponctué de chaque côté de la base. Epimères subvermiculeusement ponctués. Elytres plus larges que le prothorax; de deux tiers plus longues que lui; sinueusement rétrécies au dessous des épaules; subcurvilinéairement subparallèles de ce point à l'angle postéro-externe qui est arrondi; munies latéralement d'un rebord partant à peu près de l'angle huméral; subdéprimées sur le dos; convexement déclives sur les côtés; chargées d'un calus postérieur très-prononcé; marquées au dessous de celui-ci d'une sorte de sillon à peine apparent, obliquement dirigé vers la suture; creusées d'une dépression juxta-suturale graduellement affaiblie d'arrière en avant jusqu'au milieu de leur longueur; chargées de deux nervures naissant du calus postérieur : l'externe subrectilinéairement et subobsolètement prolongée jusqu'à la base, limitant la dépression : l'interne oblique d'abord, puis subparallèle à l'autre, souvent à peine indiquée; sans fossette humérale apparente; couvertes de quarts de chaînons ou de demi-chaînons, réduits en points sur la région circumscutellaire, et transformés sur la dépression en demi-chaînons allongés et ombiliqués, disposés en chaînettes. Pygidium d'un vert bronzé; subvermiculé. Dessous du corps et pieds d'un vert brillant. Poitrine vermiculée sur les côtés et peu densement garnie de poils mi-hérissés d'un livide flavescent, lisse dans son milieu. Mésosternum obtriangulairement avancé. Métasternum sillonné. Ventre marqué d'une rangée irrégulière de demi-chaînons et parcimonieusement garni de poils, à la base de chaque anneau. Cuisses, surtout les antérieures, et jambes principalement celles de derrière, ciliées.

Cette espèce habite nos provinces méridionales où elle est rare.

5. C. Metallica; Fᴀʙ. *Dessus du corps déprimé. Tête chargée d'une carène obtuse et subbifurquée antérieurement. Prothorax entièrement rebordé sur les côtés, subsinueux près des angles postérieurs; trisinueusement en arc renversé à la base. Elytres à dépression juxta-suturale assez brusquement prononcée, peu densement parée de demi-chaînons; soit d'un vert semi-doré, d'un vert cuivreux, ou cuivreuses; parées de plusieurs médiocres fascies, avec le pygidium et souvent le ventre maculés de blanc : soit d'un vert d'olive, sans taches, avec le pygidium et le ventre peu ou point maculés blanc. Dessous du corps violet ou d'un violet cuivreux.*

♂. Tarse postérieur aussi long que la jambe.

♀. Tarse postérieur moins long que la jambe.

Var. A. C. Rubro-cuprea; Nob. *Dessus du corps d'un rouge cuivreux, souvent avec une légère teinte de rouge de kermès, au moins sur les élytres. Celles-ci parées de fascies peu nombreuse. Pygidium et ventre quelquefois mais parcimonieusement maculés de blanc. Dessous du corps d'un rouge violet.*

Var. B. C. Cuprea; Nob. *Dessus du corps cuivreux ou d'un cuivreux légèrement verdâtre. Elytres parées de fascies légères et peu nombreuses ou n'en offrant souvent que des traces. Pygidium, côtés de l'arrière-poitrine et ventre ordinairement maculés de blanc. Dessous du corps d'un violet cuivreux à reflets verdâtres.*

Cetonia floricola, Heer. Faun. Helv. p. 551 6.

Var. C. C. Obscura; Andersch. *Tête cuivreuse ou d'un cuivreux violet. Elytres d'un vert cuivreux ; — α, parées des trois fascies principales ; — β, id. mais réduites à des taches atomoïdes ; — γ, n'offrant que les traces de ces fascies. Pygidium, côtés de l'arrière-poitrine et ventre : — δ, parcimonieusement ornés de taches blanches ; — ε, sans taches. Dessous du corps — ζ, cuivreux ; — η, d'un violet cuivreux, nuancé de vert.*

Cetonia obscura, Andersch, In Hoppe Taschenb. 1797. p. 161. 4.—Duftsch. Faun. Aust. 1. p. 169. 6.—Gory et Perch. Monog. 223. 79.—De Casteln. Hist. t. 2. p. 164. 10. *Cetonia metallica*, Illig. Mag. t. 2. p. 281. 2.

Var. D. C. Metallica; Fab. *Tête d'un cuivreux violâtre. Elytres ; — α, d'un vert foncé ; — β, d'un vert bronzé ; — γ, d'un vert semi-doré ; — δ, parées de deux ou trois des principales fascies ; — ε, paraissant quelquefois unicolores, mais offrant au moins des traces de la fascie médi-externe. Pygidium, côtés de l'arrière-poitrine et ventre généralement sans taches. Dessous du corps : — ζ, d'un cuivreux semi-doré ; — η, cuivreux — θ, d'un cuivreux violâtre.*

Cetonia metallica ; Fab. Ent. Syst. t. 2. p. 128. 12.—Id. Syst. El. t. 2. p. 138. 14. —Andersch, In Hoppe Taschenb. 1796. p. 128. 22.—Panz. Faun. Germ. 41. 19.— Illig. Mag. t. 2. p. 231 (dernière variété.)—Latr. Hist. t. 10. p. 221. 6.—Gory et Perch. Monog. p. 190. 31. pl. 34. f. 1. *Cetonia aurata*, Oliv. Ent. 1. 6. pl. 1. f. 1. i? *Cetonia floricola*, Heer. Faun. Helvet. p. 551. Var. b.

Var. E. C. Olivacea; Nob. *Tête d'un violet cuivreux. Elytres d'un vert d'olive, souvent légèrement vernissé, généralement sans fascies ou n'offrant que les traces de la médi-externe. Dessous du corps violet, sans taches, ainsi que le pygidium.*

Cetonia metallica, Latr. Genera. t. 2. p. 128. B.—Fieber, Bœhm. Cet. 7.—Duméril, Dict. des Sc. Nat. t. 8. p. 35.—De Casteln. Hist. t. 2. p. 164. 9.

L. 0,^m0180 à 0,^m0236 (8 à 10 1/2^l).—L. 0,^m0106 à 0,^m0135 (4 3/4 à 6^l).

Dessus du corps souvent cuivreux ou d'un vert cuivreux assez brillant. Tête marquée de points graduellement un peu moins gros et plus rapprochés sur l'épistome que sur le front ; longitudinalement chargée depuis la partie postérieure de celui-ci d'une carène obtuse antérieurement élargie et subbifurquée. Epistome garni en devant d'un rebord échancré dans son milieu, plus élevé que celui des côtés. Palpes et antennes d'un vert métallique obscur : scape des dernières souvent violâtre. Prothorax subtriangulaire, tronqué en devant; subarcuément élargi d'avant en arrière et ordinairement d'une manière légèrement ou parfois distinctement bissubsinueuse ; muni latéralement d'un rebord presque uniformément plus épais dans sa seconde moitié ; de trois cinquièmes moins large en devant qu'aux angles de derrière qui sont obtusément écointés; trisinueusement et faiblement en arc renversé à la base; la sinuosité scutellaire plus forte et bordée de violâtre; faiblement convexe en dessus; subverminculeusement marqué sur les côtés de quarts de chaînons se transformant en points graduellement plus petits et plus superficiels en se rapprochant du milieu et surtout de la partie postérieure de celui-ci; parfois creusé vers la partie médiaire de la base de deux légères fossettes souvent indistinctes. Ecusson en triangle un peu allongé, obtus à l'extrémité ; lisse, mais ordinairement ponctué à la base. Epimères cuivreux en partie ; subverminculeusement gravés; offrant généralement au moins les traces d'une bordure blanche le long de la moitié externe de leur partie postérieure. Elytres d'un quart plus larges que le prothorax ; une fois au moins aussi longues que lui ; sensiblement rétrécies de la sinuosité subhumérale à l'angle postéro-externe ; munies latéralement d'un rebord naissant près de l'angle huméral: obtusément tronquées à l'extrémité; subdéprimées sur le dos, convexement déclives sur les côtés ; chargées d'un calus postérieur saillant; creusées d'une dépression juxta-suturale naissant brusquement vers les deux cinquièmes de leur longueur; parées d'une courte nervure naissant du calus et obliquement prolongée jusqu'au milieu de la largeur de la dépression où le plus souvent elle s'oblitère; à fossette humérale peu prononcée; garnies dans la région circumscutellaire de points peu rapprochés et souvent superficiels; marquées sur la moitié extérieure de tiers des chaînons dont quelques-uns sont ombiliqués et se transforment près des bords latéraux en ponctuation irrégulière; peu densement parées dans la dépression de chaînons entiers et de demi-chaînons, formant ordinairement deux chaînettes; parfois sans fascies apparentes, souvent ornées des trois principales ou offrant en outre les traces de la postéro-interne et quelquefois des antéro et postéro-externe. Pygidium d'un vert métallique, souvent cuivreux; vermiculé. Dessous du corps cuivreux ou violet. Arrière-poitrine vermiculée et garnie de poils blonds sur les côtés; lisse, glabre et faiblement sillonnée sur la partie sternale. Mésosternum obtriangulairement avancé au devant des cuisses intermédiaires. Ventre marqué de demi-chaînons et garni de poils blonds peu épais, dans la moitié antérieure des côtés de ses anneaux; orné à l'angle postérieur des flancs de ceux-ci d'une tache stigmatiforme, blanche, et, entre celle-ci et le milieu, d'une tache ou de points de même couleur souvent effacés. Pieds violâtres, violets ou d'un violet bleu. Cuisses et jambes ciliées de blond.

Cette espèce habite une grande partie des provinces de la France. Elle subit, suivant les localités et quelques autres circonstances, des modifications remarquables dans ses couleurs, et dans le nombre de ses taches. Ainsi, dans les Var. *cuprea* et *obscura* généralement propres à nos contrées froides ou tempérées, la tête est cuivreuse; les élytres présentent les trois fascies principales, quelquefois même autour de celles-ci des taches atomoïdes et souvent des traces plus ou moins développées des trois autres fascies; le pygidium, l'arrière-poitrine et le ventre sont plus ou moins ornés de taches blanches; le dessous du corps est généralement cuivreux. Chez la *metallica*, la tête se pare d'une teinte violâtre; les fascies plus ou moins bornées dans leur nombre sont moins entières ou même réduites à quelques taches; le pygidium, l'arrière-poitrine et le ventre se dépouillent de leurs taches blanches; le dessous du corps acquiert une teinte violette. Enfin dans l'*olivacea*, exclusivement propre aux parties les plus chaudes de la Provence, la tête se montre d'un cuivreux violet plus prononcé que dans les variétés précédentes; les fascies des élytres ont généralement disparu; le pygidium et le dessous du corps sont sans taches; celui-ci et les pieds surtout se sont enrichis d'une couleur d'un violet foncé; et la partie supérieure du corps s'est parée d'une transparence ou d'un éclat vernissé, que montrent à un degré plus élevé les individus des climats de la Corse ou de l'Italie, avec lesquels on a formé la variété *florentina*. La variété d'un rouge de kermès ou *kermesina* de Fieber, ne se trouve pas, je crois, en France.

6. **C. Ænea;** Andersch. *Dessus du corps subdéprimé. Tête chargée d'une carène obtuse, non sillonnée en dessus et subbifurquée antérieurement. Prothorax latéralement rebordé; subsinueux au devant des angles postérieurs; trisinueusement en arc renversé à la base. Ecusson ponctué à celle-ci. Elytres à dépression juxta-suturale très-brusquement prononcée, den-*

sement marquées de demi-chaînons ou de chaînons; ponctuées près de l'écus-
son, soit d'un vert d'olive vernissé, et parées de nombreuses et fortes fascies,
avec le pygidium et le dessous du corps d'un cuivreux violet, maculés de
taches blanches : soit d'un vert bronzé, ornées de quelques légères fascies,
avec le dessous du corps cuivreux ou d'un vert cuivreux, généralement sans
taches ainsi que le pygidium.

♂. Tarse des pieds postérieurs aussi long que la jambe.

♀. Tarse des pieds postérieurs moins long que la jambe.

Var. A. C. Albiguttata; Andersch. *Dessus du corps d'un vert d'olive*
vernissé. Prothorax orné de chaque côté de deux ou trois points et d'une
tache marginale, blancs. Épimères postérieurement bordés de blanc.
Elytres parées de six fascies (les trois principales larges et peu interrompues)
et de taches punctiformes près du bord externe. Dessous du corps: — α, d'un
violet cuivreux ou d'un violet cuivreux nuancé de vert. — β, d'un vert foncé
avec ou sans reflets cuivreux. Côtés de l'arrière-poitrine et hanches posté-
rieures parsemées de taches punctiformes blanches et cotonneuses. Ventre
orné sur chaque anneau de deux bandes formées de taches semblables.

Cetonia albiguttata, Andersch, In Hoppe Taschenb. 1797. p. 158. 3.
Cetonia metallica, Payk. Faun. Suec. t. 2. p. 205. 3.—Duftsch. Faun. Aust. 1. p. 168.
  4. α.
Cetonia ænea, Gyllenh. Ins. Suec. 1. p. 50. 2. Var. c.—Zetterst. Faun. Lap. 173.. —
  Id. Ins. Lap. p. 111.1.—Gor. et Perch. Monog. p. 224. 80. pl. 42. 1.

Var. B. C. Difficilis; Nob. *Dessus du corps d'un vert d'olive, peu ver-*
nissé sur les élytres, d'un vert cuivreux sur le prothorax. Celui-ci sans
taches. Elytres parées au moins des trois principales fascies. Pygidium
marqué seulement de quelques points blanchâtres. Côtés de l'arrière-poitrine
sans taches souvent ainsi que les hanches postérieures.

Var. C. C. Aenea; Andersch. *Dessus du corps d'un vert bronzé luisant,*
mais non vernissé. Prothorax et épimères sans taches. Elytres parées seule-
ment, en général, des trois fascies principales, plus ou moins interrompues
ou formées de taches blanches. Pygidium orné de deux ou quatre très-petits
points blancs transversalement disposés. Dessous du corps cuivreux ou d'un
vert cuivreux, ordinairement sans autres taches que les stigmatiformes.

Cetonia ænea, Andersch, In Hoppe Taschenb. 1797 p. 157. 2 —Gyllenhall, Ins. Suec.
  1. p. 50. 2. a.—Fieber. Bœhm. Cet. 5.— De Casteln. Hist. t. 2. p. 165. 15.
Cetonia aurata, Laichart. Tyr. Ins. 1. p. 49. 1. Var. β.?
Cetonia metallica, Payl. Faun. Suec. l. c.—Fallén. Obs. Ent. 2. p. 25. 5.—Duftsch.
  Faun. Aust. l. c. α.
Cetonia D., Latr. Gen. t. 2. p. 128.

L. 0^m,0169 à 0^m,0202 (7 1/2 à 9^l) — L 0^m,0100 à 0^m,0123 (4 1/2 à 5 1/2^l).

Dessus du corps subdéprimé ; luisant. Tête ponctuée, d'une manière subgraduellement moins grossière et plus serrée d'arrière en avant ; chargée depuis le front d'une carène obtuse antérieurement subbifurquée. Epistome presque carré ; relevé dans son pourtour en un rebord violâtre, plus saillant et subéchancré en devant. Palpes et antennes d'un violet obscur. Prothorax trapézoïdal ou subtriangulaire ; tronqué en devant ; subcurvilinéairement élargi d'avant en arrière et d'une manière légèrement subanguleuse vers le milieu de la longueur, en formant une très-légère subsinuosité au devant des angles postérieurs ; muni sur les côtés d'un rebord moins étroit depuis le coude latéral ; à angles de derrière obtusément écointés ; trisinueusement et faiblement en arc renversé à la base ; peu convexe en dessus ; marqué de points enfoncés vermiculeusement liés près des bords, libres et graduellement plus petits et plus affaiblis en se rapprochant du centre du disque ; subobsolètement creusé parfois de deux ou quatre fossettes punctiformes. Ecusson en triangle allongé ; lisse, mais ponctué et garni près de sa base, de poils blanchâtres couchés et peu allongés. Epimères assez densement ridés ou subvermiculés ; garnis de poils blanchâtres. Elytres plus larges que le prothorax ; deux fois aussi longues que lui ; sinueusement rétrécies au dessous des épaules ; assez faiblement rétrécies ensuite et d'une manière légèrement subcurvilinéaire, jusqu'à l'angle postéro-externe qui est arrondi ; garnies sur les côtés d'un rebord naissant près de l'angle huméral et prolongé jusqu'au postérieur près duquel il s'efface ; obtusément tronquées à leur extrémité ; subdéprimées sur le dos, convexement déclives latéralement ; creusées d'une dépression juxta-suturale fortement prononcée, naissant brusquement aux deux cinquièmes de la longueur ; chargées d'un calus postérieur très-apparent ; celui-ci projetant obliquement une courte nervure qui s'efface parfois en atteignant le milieu de la largeur de la dépression, ou qui d'autres fois se prolonge jusqu'à la partie antérieure de celle-ci ; marquées sur toute leur surface, et plus densement sur les côtés et surtout à la partie postérieure de ces derniers, de demi-chaînons ombiliqués : ceux-ci, dans la dépression, soit transformés en ovales isolés, soit liés en chaînettes longitudinales plus ou moins interrompues ; parées au moins des fascies antéro et médi-internes et médi-externe. Pygidium vermiculé ; bronzé ou d'un bronzé verdâtre, maculé de taches blanchâtres ou seulement parfois de deux ou quatre petits points blancs transversalement disposés. Dessous du corps d'un violet cuivreux ou d'un rouge cuivreux à reflets verdâtres, quelquefois d'un cuivreux verdâtre ou même d'un vert métallique obscur; paré souvent de mouchetures cotonneuses d'un blanc sale, réunies en forme de taches sur les hanches postérieures et sur les côtés du disque de chaque segment abdominal mais parfois entièrement effacées. Ventre orné près des élytres à la partie postérieure des mêmes anneaux d'une tache stigmatiforme de couleur semblable. Côtés de l'arrière-poitrine vermiculés; très-visiblement garnis de longs poils d'un blanc flavescent. Ventre marqué, transversalement à la base des anneaux et plus grossièrement sur les côtés, de points donnant naissance à des poils semblables. Mésosternum obtriangulaire, notablement avancé au devant de la base des cuisses intermédiaires; pointillé, quelquefois creusé d'une fossette punctiforme. Métasternum rayé d'un sillon. Pieds cuivreux ou d'un cuivreux violâtre. Cuisses vermiculées; garnies principalement à leur partie postérieure de longs poils jaunâtres. Jambes, surtout les postérieures, ciliées en dessous de poils semblables

Cette espèce habite principalement les parties froides et tempérées de l'orient de la France; mais elle subit, suivant les localités, des modifications importantes dans ses teintes et dans le nombre de ses taches. Ainsi, dans la Var. *albiguttata*, plus particulièrement propre aux régions Alpines, la couleur principale brille d'un vert semi-doré ou d'un vert d'olive comme vernissé; les élytres présentent les six fascies normales dont les trois principales sont larges et en général peu interrompues; elles sont en outre parées de plusieurs petites taches, surtout près des bords externes et postérieur; le pygidium, la poitrine et les côtés du ventre sont fortement maculés; la couleur du dessous du corps tire principalement sur le violet ou rouge violet avec des reflets verts. Mais dans les pays moins froids, dans les environs de Lyon, par exemple, où l'on trouve surtout l'*ænea*, le dessus du corps est d'un vert bronzé très-luisant, mais n'offre plus cet éclat vernissé que présente l'*albiguttata*; les taches du prothorax et des épimères ont disparu; les élytres ne montrent généralement que les trois fascies principales, encore sont-elles réduites dans leur largeur, plus ou moins interrompues ou formées de gouttelettes blanches; le pygidium n'offre que deux ou quatre petits points blanchâtres; et sur le dessous du corps dont la couleur cuivreuse est mélangée de reflets verdâtres ou même en grande partie d'un vert métallique, toutes les taches cotonneuses ont disparu.

Obs. Cette espèce est généralement plus petite, moins déprimée et plus densement marquée de demi-chaînons que la *C. metallica*. Elle se rapproche par sa forme de la *C. marmorata*, mais elle n'a ni la taille aussi grande, ni la couleur aussi obscure, ni la carène épistomale sillonnée, ni enfin les fascies aussi irrégulières.

7. C. Marmorata; Fab. *Dessus du corps d'un brun verdâtre. Tête chargée d'une carène obtuse, longitudinalement sillonnée sur l'épistome. Prothorax légèrement bissubsinueux sur les côtés; sans rebord près des angles de devant, trisinueusement en arc renversé à la base; marqué de deux fossettes punctiformes de chaque côté du disque. Ecusson imponctué. Elytres à dépression juxta-suturale brusquement prononcée; lisses près de l'écusson; parées de fascies formées de taches subatomoïdes blanches. Flancs de chaque segment ventral garni d'une touffe de poils; creusés d'une fossette.*

♂. Ventre sillonné longitudinalement; tarses postérieurs presque aussi longs que la jambe.

♀. Ventre sans sillon longitudinal; tarses postérieurs aussi longs que les deux tiers de la jambe.

Cetonia lugubris , Herbst, Arch. p. 157. 14.—*Id.* trad. fr. p. 78. 2.

Cetonia aurata, Oliv. Ent. 1. 6. pl. 1. f. 1. g.—*Id.* Trad. all. (Jllig.) p. 130. C.

Cetonia aenea , Scriba , Journ. p. 69. 64?

Cetonia aeruginea , Herbst , Nat. t. 3. p. 216. 12. pl. 29. f. 3.—*Id.* Schneid. Mag. p. 294. 2.

Cetonia marmorata , Fab. Ent. Syst. t. 2. p. 127. 10.— *Id.* Syst. El. t. 2. p. 157. 11.— Panz. Ent. Ger. p. 220. 3.—*Id.* Faun.Ger. 41. 17.—Hoppe, Tasch. 1796. p. 128. 23 et 1797.p. 161. (dans la comparaison établie par Andersch avec l'*obscura*).--Payk. Faun. Suec. 2. p. 201. 1.—Walck. Faun. Par. t. 1. 182. 2.—Latr. Hist. t. 10. p. 223. 9.— Id. Gen. t. 2. p. 129. annot.—Duftsch. Faun. Aust. 1. p. 169. 5. —Gyllenh. Ins. Spec. 1. p. 49. 1.—Baud.-Laf. Monog. p. 37. 3.—Fieber, Bœhm. Cet. 4.—Lamarck, Anim. s. Vert. t. 4. p. 583.4.—Dumér. Dict. des Sc. Nat. t. 8. p. 36.— Schœnh. Syn. Ins. t.3. p. 122. 45.—Boit. Man. 339.—Gory et Perch. Monog. p. 197. 41. pl. 35. f. 5. — Bouché. Nat. p. 190. pl. 9. f. 1 à 6 larve.—De Casteln. Hist. t. 2. 164. 11.—Heer, Faun. Helv. p. 550. 5.

Cetonia quercûs, Schrank, Faun. Boic. t. 1. p. 416. 387.

L. 0,^{m}0202 à 0,^{m}0225 (9 à 10) —L. 0,^{m}0112 à 0,^{m}0123 (5 à 5 1/2^l).

Dessus du corps glabre, d'un brun ou noir verdâtre métallique, tête presque uniformément couverte d'assez gros points; chargée depuis le milieu du front et souvent depuis le vertex, d'une carène obtuse généralement plus parcimonieusement ponctuée à sa naissance, et longitudinalement rayée sur l'épistome d'un sillon réduit parfois à une légère fossette. Suture frontale très-visible près des côtés. Epistome presque carré , relevé en rebord dans son pourtour, sans échancrure en devant. Palpes et antennes d'un vert métallique obscur. Prothorax subtriangulaire , tronqué en devant; subcurvilinéairement élargi sur les côtés d'avant en arrière et presque d'une manière bissubsinueuse ; garni latéralement d'un rebord presque nul dans ses deux tiers antérieurs ; à angles postérieurs obtusément écointés ; une fois au moins plus étroit en devant qu'à la base ; trisinueusement en arc renversé à cette dernière : la sinuosité antéscutellaire plus forte et bordée de violâtre ; faiblement convexe en dessus ; subvermiculeusement marqué près des bords latéraux de quarts de cercle se transformant en points graduellement plus petits et plus superficiels en se rapprochant du milieu, et surtout de la partie postérieure de celui-ci où il est souvent imponctué ; paré de chaque côté de la seconde moitié de la ligne médiane de deux légères fossettes ou impressions ovalaires, couvertes d'une tache blanchâtre souvent peu apparente. Ecusson en triangle un peu allongé ; obtus à l'extrémité ; imponctué. Epimères couverts antérieurement d'une frange de poils blanchâtres, en partie parés postérieurement d'une bordure blanche. Elytres plus larges que le prothorax ; une fois plus longues que lui ; sinueusement rétrécies sous les épaules ; subparallèles ensuite ou faiblement et subcurvilinéairement rétrécies ; munies latéralement d'un rebord naissant presque de l'angle huméral ; obtusément tronquées à l'extrémité ; subdéprimées en dessus ; convexement déclives sur les côtés et au devant du bord apical ; chargées postérieurement d'un calus très-prononcé ; creusées d'une dépression juxta-suturale naissant brusquement vers le milieu de la longueur ; lisses sur les calus et surtout dans la région circumscutellaire ; parées sur le reste de leur surface de demi-chaînons en partie disposés en chaînettes dans la dépression juxta-suturale, densement rassemblés et plus superficiels près des bords latéraux ; ornées des six fascies normales, formées par d'étroites taches subatomoïdes, punctiformes ou transversales plus ou moins nombreuses : la fascie antéro-externe projetant un groupe d'atomes au dessous de la fossette humérale : la medi-externe souvent prolongée jusqu'à la suture, et se confondant quelquefois avec l'antéro-interne : la medi-interne ordinairement en forme d'ʌ. Pygidium d'un bronzé verdâtre ; paré de quatre points blancs subarcuément disposés d'un bord à l'autre, et parfois peu apparents ; orné souvent de quelques autres marbrures blanches ; subvermiculé. Dessous du corps et pieds d'un vert métallique plus sensiblement bronzé sur le ventre. Poitrine vermiculée sur les côtés et garnie de poils d'un livide flavescent, très-lisse sur le métasternum qui est longitudinalement sillonné. Mésosternum pointillé ; saillant antérieurement en espèce de triangle renversé, arqué en devant. Ventre presque glabre ; obsolètement pointillé, lisse et luisant dans son milieu ; paré sur les côtés de celui-ci d'une ligne de taches blanches parfois effacées ; garni près des élytres d'une touffe de poils sur le flanc de chaque segment, et, au devant de celles-ci, d'une rangée longitudinale de dépressions en forme de fossettes, à la base de chaque anneau. Cuisses vermiculées : celles de derrière moins fortement; toutes, surtout les antérieures, garnies postérieurement de poils blonds. Jambes ciliées : les antérieures tridentées au côté externe.

Cette espèce est commune dans presque toute la France. Sa larve vit dans le saule, le châtaignier, etc.

Obs. Quelquefois le sillon de la carène de l'épistome se réduit à une légère fossette ou s'oblitère même presque complètement, mais alors la tête offre dans cette partie une surface plane qui sert à distinguer cette espèce.

Herbst paraît avoir le premier connu cette Cétoine qu'il a d'abord appelée *metallica* dans le magasin de Fuessly, puis *lugubris* dans les Archives du même auteur, et enfin *æruginea*, nom trop rapproché de celui d'*æruginosus* donné par Linné à une espèce de Scarabé appartenant à cette branche.

×× Mésosternum subglobuleusement et faiblement arrondi à son extrémité antérieure.

8. C. Aurata ; LINN. *Tête carénée sur le front. Suture frontale indiquée de chaque côté par un raie oblique non prolongée jusqu'au milieu. Prothorax en arc renversé à la base, échancré au dessus de l'écusson; marqué de points, plus petits et plus superficiels sur le disque. Elytres ébréchées à l'extrémité, près de l'angle sutural; chargées en dessus de deux nervures prolongées de la base au calus postérieur; subdéhiscentes entre elles dans leur partie moyenne; à dépression juxta-suturale peu distinctement limitée antérieurement; parées de fascies blanches.*

♂. Ventre longitudinalement sillonné. Tarses postérieurs à peu près aussi longs que la jambe.

♀. Ventre sans sillon longitudinal. Tarses postérieurs notablement moins longs que la jambe.

Scarabœus auratus, L**INN**. Faun. Suec. p. 138. 400.—*Id.* Syst. Nat. p. 557. 78.—P**ODA**, Mus. Gr. p. 19. 7.—S**COPOL**. Ent. Carn. p. 8. 17.—M**ULLER**, Zool. Dan. Prod. p. 54. 462.—S**CHÆFF**. Icon. pl. 26. f. 7.—F**OURCR**. Ent. Par. 1. p. 6. 5.—G**OEZE**, Naturf. t. 9. p. 61.—G**MEL**. Linn. Syst. Nat. p. 1580. 28.—D**E** V**ILL**. C. Linn. Ent. 1. p. 33. 54.— R**AZOUM**, Hist. 1. p. 137. 10.—G**OEZE**, Eur. Faun. 8. p. 144. 19.—C**UV**. Tabl. p. 520. —M**ARSH**. Ent. Brit. p. 41. 73.—B**LUMENB**. Hand. p. 320. 12.—*Id.* trad. fr. p. 400. 12. —P**ONZA**, Col. Sal. p. 39-48.—S**HAW**, Gen. Zool. t. 6. p. 26.

L'Emeraudine, G**EOFF**. Hist. t. 1. p. 73. 5.

Scarabœus smaragdus, D**E** G**EER**, Mém. t. 4. p. 279. 25. pl. 11. f. 1.—R**ETZ**. Spec. 125. 755.

Scarabœus nobilis, S**CHRANK**, Enum. p. 10. 15.

Scarabæus variabilis, Fuessly, Mag. p. 311. 375.—Moll, Nat. Br. 1. p. 193. 35.

Cetonia aurata, Fab. Syst. Ent. p. 43. 4.—*Id.* Spec. 1. p. 50. 4.— *Id.* Mant. 1. p. 26. 4.—*Id.* Ent. Syst. 2. p. 127. 8.—*Id.* Syst. Eleut. 2. p. 137. 9.—Laichart. Tyr. Ins. 1. p. 48. 1. α.—Petagn. Spec. p. 6. 23.—Oliv. Ent. 1. 6. p. 12. 7. pl. 1. f. 1. a-e. —*Id.* trad. all. (Illig.) 2. p. 129. A. et p. 119. larve.—*Id.* Ency. Méth. t. 5. p. 409. 7.—Kugel. In Schneid. Mag. p. 294. 3.—Herbst, Nat. 3. p. 212. 11. pl. 29. f. 2.— Panz. Ent. Ger. p. 219. 1.—*Id.* Faun. Ger. 41. 15.—Payk. Faun. Suec. 2. p. 202. 2.— Cederh. Faun. Ingr. Pr. p. 76. 234.—Fallén. Obs. Ent. 2. p. 24. 2.—Latr. Hist. t. 10. p. 220. pl. 85. f. 1. 5.—*Id.* Gen. t. 2. p. 128. E.—*Id.* Nouv. Dict. d'Histoire Nat. t. 5. p. 612.—*Id.* Règn. An. 1e éd. 3. p. 288.—*Id.* 2e éd. t. 4. p. 574.—Walck. Faun. Par. 1. p. 181.—Tigny, Hist. t. 5. 287.—Duftsch. Faun. Aust. 1. p. 166. 5.— Gyllenh. Ins. Suec. 1. p. 51. 3.—Baud-Laf. Monog. p. 37. 2.—Schœnh. Syn. t. 3. p. 117. 37.—Lamarck, An. s. Vert. t. 4. p. 582.—Dumer. Dict. des Sc. Nat. t. 8. p. 36. —Fieber, Bœhm. Cet. 9.—Boir. Man. 1. 338.—Muls. Lett. 1. 277.—Steph. Syn. p. 233. 1.—Gory et Perch. Monog. p. 240. 102. pl. 45. f. 5.— Guérin. Dict. Pit. t. 2. p. 68.—De Casteln. Hist. t. 2. 165. 2.—Heer, Faun. Helv. p. 551. 7.

Var. A. C. Aurata; Linn. *Dessus du corps d'un vert métallique brillant ou d'un vert presque doré paré de fascies blanches. Dessous du corps cuivreux.*

Scarabæus auratus, Linn. l. c. etc.—Fieber, l. c. Var. β.—Heer, l. c. Var. b.

Obs. J'ai vu dans le cabinet de M. Guillebaud de Lyon, un exemplaire paré sur l'une des élytres de taches d'un beau rouge violet.

Var. B. C. Præclara; Nob. *Dessus du corps d'un vert presque doré. Elytres sans taches ou fascies blanches.*

Scop. l. c. Var. 2.—Laichart. l. c. Var. γ. ?—Heer, l. c. Var. d.

Var. C. C. Piligera; Ziegler, inéd. *Dessus du corps d'un vert presque doré ou parfois légèrement cuivreux, hérissé de longs poils blanchâtres.*

Oliv. l. c. pl. 1. f. 1. e.

Var. D. C. Cuprifulgens; Nob. *Dessus du corps d'un vert métallique ou presque doré à reflets d'un rouge cuivreux, ou d'un rouge cuivreux partiellement irisé de vert métallique ou presque doré. Dessous du corps cuivreux.*

Duftsch. l. c. Var. γ.—Heer. l. c. Var. c. etc.

Var. E. C. Lucidula; Ziegler, inéd. De Casteln. *Téte et prothorax d'un cuivreux violâtre : le second quelquefois d'un vert olivacé sur son disque. Elytres d'un vert presque doré, ordinairement violâtres vers l'extrémité. Dessous du corps d'un vert olivacé nuancé de cuivreux.*

Cetonia lucidula, De Casteln. Hist. t. 2. p. 165. 15.—Fieber, Bœhm. Cet. 10.—Heer, Faun. Helv. p. 551. 8.

Cetonia aurata, Gory et Perch. l. c. var.

Var. F. C. Meridionalis; Nob. *Dessus du corps entièrement violâtre ou violet, parfois légèrement nuancé de vert olivacé. Dessous du corps de cette dernière couleur, souvent nuancé de cuivreux.*

Var. G. C. Valesiaca; Heer. *Dessus du corps d'un bleu violet ou d'un violet noirâtre. Dessous du corps d'un vert métallique obscur.*

Cetonia valesiaca, Heer, Faun. Helv. p. 552. 9.

Obs. Dans ces trois dernières variétés les élytres sont rarement dépourvues de fascies blanches. Je n'en ai vu aucun exemplaire hérissé de poils.

L. 0,™0157 à 0,™0225 (7 à 10[l]). — L. 0,™0090 à 0,™0112 (4 à 5[l]).

Dessus du corps généralement glabre; le plus souvent d'un vert métallique brillant ou d'un vert presque doré, quelquefois à reflets cuivreux. Tête marquée sur le front de point plus gros que sur l'épistome; creusée de chaque côté du premier d'une fossette limitée antérieurement par la suture frontale qui est indistincte dans le milieu; chargée entre ces fossettes d'une carène étroite et prononcée qui se transforme sur l'épistome en subconvexité occupant toute la largeur de celui-ci, et parfois subsillonnée longitudinalement. Epistome presque carré; ordinairement échancré en devant; arrondi aux angles antéro-externes; relevé dans sa périphérie en un rebord médiocrement épais. Palpes et antennes noirs. Prothorax subtriangulaire, tronqué en devant; subcurvilinéairement élargi sur les côtés, jusqu'aux angles de derrière qui sont obtusément écointés; muni latéralement d'un rebord graduellement épaissi jusqu'à ces derniers, près desquels il s'efface; en arc renversé à la base, échancré au dessus de l'écusson; très-brièvement cilié de poils blancs sous cette échancrure; une fois au moins plus large à sa partie postérieure qu'en devant; faiblement convexe en dessus; marqué de points assez gros près des bords, graduellement plus distancés, plus petits et plus superficiels en se rapprochant du centre du disque. Ecusson en triangle allongé et légèrement émoussé; lisse, ordinairement marqué de points peu nombreux à la base. Epimères imponctués à leur bord postérieur. Elytres plus larges à leur naissance que le prothorax; deux fois environ aussi longues que lui; sinueusement rétrécies sous les épaules; subcurvilinéairement subparallèles ensuite jusqu'à l'angle postéro-externe qui est arrondi; obtusément tronquées à l'extrémité, ébréchées près de l'angle sutural; déprimées sur le dos; convexement déclives près des bords latéraux, relevées dans la partie de la longueur de la suture, qui est presque déhiscente ou évasée à son bord interne; chargées de deux nervures, naissant l'une près de l'autre du milieu de la base où parfois elles sont presque oblitérées, subpa-

rallèlement prolongées d'une manière en général graduellement
plus prononcée jusqu'au calus postérieur; creusées entre la suture
et la nervure externe d'une dépression peu distinctement limitée à
la moitié de leur longueur, ou souvent étendue en s'affaiblissant d'arrière en avant, jusque vers l'écusson; marquées de demi-chaînons
formant une espèce de strie le long de la suture, subsérialement disposés près de la nervure interne, déformés près des bords latéraux,
et transformés en simples points près de l'écusson; parées ordinairement des fascies antéro et medi internes et medi-externe; offrant
souvent des traces de la postéro et même de l'antéro-externe. Pygidium
d'un vert doré; assez finement ruguleux; paré de quatre points blanchâtres disposés en arc, d'un côté à l'autre. Dessous du corps et pieds
d'un rouge cuivreux, souvent irisé de vert doré. Poitrine vermiculée, et peu densement mi-hérissée d'assez longs poils d'un blanc
flavescent. Ventre plus parcimonieusement garni de poils couchés,
formant une mèche plus épaisse sur les flancs de chaque anneau. Mésosternum notablement saillant au delà des pieds intermédiaires; subglobuleusement renflé à son extrémité. Cuisses garnies de longs poils.
Jambes ciliées : les antérieures tridentées au côté externe.

Cette espèce est commune dans toute la France. La var. B. est assez
rare, j'en ai vu un exemplaire dans le cabinet de M. Chevrolat; les
trois dernières variétés sont méridionales; la *lucidula* se trouve cependant quelquefois dans les environs de Lyon.

Obs. Dans les dernières variétés le mésosternum est en général plus
globuleux.

Selon M. le baron de Walckenaer il faudrait rapporter à notre *C.
aurata*, l'insecte qui portait chez les Romains le nom de *fullo.*

++ Mésosternum ne dépassant pas en devant la base des cuisses intermédiaires
antérieurement ombragé par une forte houppe de poils.

9. C. Morio ; Fab. *Dessus du corps d'un noir mat. Prothorax curvilinéairement et subanguleusement élargi d'avant en arrière; trisubsinucu-
sement en arc renversé à la base; creusé en dessus de légères fossettes.
Ecusson en triangle subéquilatéral, ponctué à la base. Elytres à dépression juxta suturale brusquement prononcée; à fossette humérale très-
distincte; ponctuées ou marquées sur toute leur surface de demi-chaînons,
ne formant pas près de la suture une strie prolongée jusqu'à l'écusson.
Dessous du corps d'un noir luisant. Métasternum presque imponctué.*

♂. Tarse postérieur aussi long que la jambe.

♀. Tarse postérieur moins long que la jambe.

Cetonia morio, Fab. Spec. Ins. 1. p. 51. 5. — *Id.* Mant. 1. p. 27. 6. — *Id.* Ent. Syst. t. 2.

p. 129. 15.—*Id.* Syst. el. t. 2. p. 158. 17.—Pɛtagn. Ins. Cal. p. 6. 22.—Oliv. Ent. 1. 6. p. 27. 27. pl. 2. f. 3. a, b. c.—Rossi, Faun. Etr. 1. p. 25. 58.—Harbst, Nat. p. 229. 20. pl. 29. f. 11.—Latr. Hist. t. 10. p. 224. 10.—*Id.* Nouv. Dict. d'hist. Nat. t. 5. p. 612.—Baud-Laf. Monog. p. 58. 4.—Schœnh. Syn. Ins. t. 3 p. 123. 54.—Fiɛbɛr, Bœhm. Cet. 6.—Lamarck, An. s. Vert. t. 4. p. 585. 5.—Boit. Man. 1. 340.—Gory et Pɛrch. Monog. p. 225. 82. pl. 42. f. 3.

Scarabœus fuliginosus, Scopol. Del. Flor. et Faun. Ins. 1. p. 51. pl. 21. f. D.

Var. A C. Quadri-punctata, Fab. *Prothorax paré de quatre taches punctiformes, blanches, et quelquefois d'un plus grand nombre.*

Cetonia 4-*punctata*, Fab. Spec. 1. p. 52. 8.—*Id.* Ent. Syst. t. 2. p. 129. 18.—*Id.* Syst. El. t. 2. p. 139. 20.

Cetonia 8-*punctata*, Fab. Mant. 1. p. 27. 11.

Var. B. C. Albo-punctata; Nob. *Prothorax paré de 14 à 16 points blancs disposés de chaque côté de la ligne médiane presque sur trois rangées. Élytres, pygidium, arrière-poitrine et hanches postérieures, parsemés de points blancs.*

Cetonia morio, Dumɛril. Dict. des Sc. nat. t. 8. p. 37.—Dɛ Castɛln. Hist. t. 2. p. 165. 16.

L. 0,^{m}0135 à 0,^{m}0200 (6 à 9^l).—L. 0,^{m}0085 à 0,^{m}0112 (3 1/2^l à 5^l).

Dessus du corps d'un noir mat. Tête uniformement couverte de gros points rapprochés; chargée longitudinalement depuis la naissance du front, d'une sorte de carène obtuse, subbifurquée à son extrémité. Epistome presque carré; rebordé dans sa périphérie; légèrement échancré à son rebord antérieur; arrondi aux angles antéro-externes. Palpes et antennes bruns ou d'un rouge châtain. Prothorax subtriangulaire; tronqué en devant; curvilinéairement élargi d'avant en arrière sur les côtés, en formant un angle très-faible à la moitié de la longueur de ceux-ci; muni latéralement d'un rebord qui s'élargit sensiblement jusqu'aux angles postérieurs qui sont émoussés; sans rebord et trisubsinueusement en arc renversé à la base: l'échancrure scutellaire plus forte que les latérales qui parfois sont peu prononcées; faiblement convexe en dessus; marqué sur les côtés de quarts de chaînons subvermiculeusement liés, graduellement isolés et se transformant en points de plus en plus petits et superficiels en se rapprochant du centre et surtout de la partie postérieure de celui-ci; creusé de chaque côté de la ligne médiane de deux ou trois fossettes souvent peu apparentes et parfois en partie indistinctes, longitudinalement disposées en espèce de rangée arquée en dedans; paré parfois de chaque côté de la ligne médiane de six à huit points blancs disposés presque sur trois rangées et souvent au moins en partie effacés. Ecusson en triangle émoussé; à côtés légèrement subsinueux, à peine plus longs que la base; ponctué près de celle-ci, ou du moins sur les côtés de cette dernière. Epimères subvermiculés ; souvent parés de points blancs. Elytres plus larges que le prothorax ; près d'une fois aussi longues que lui ; sinueusement rétrécies au dessous des épaules ; sub-parallèles ensuite jusqu'aux. angles postérieurs qui sont arrondis ; munies latéralement d'un rebord naissant presque de l'angle huméral, par une série de points tronquées à l'extrémité; déprimées sur le dos, convexement déclives sur les côtés ; creusées d'une fossette humérale généralement assez marquée ; chargées d'un calus postérieur saillant ; parées de point blancs souvent assez nombreux, quelquefois entièrement effacés ; creusées d'une dépression juxta-suturale naissant brusquement vers le milieu de leur longueur ; chargées de deux nervures imponctuées: l'une bornant extérieurement la dépression. naissant du bord interne de la fossette humérale et prolongée jusqu'au calus postérieur en se courbant en dedans: l'autre, partant du calus, obliquement dirigée jusqu'au milieu de la largeur de la dépression, puis en s'effaçant plus ou moins dans cette dernière, étendue ordinairement jusqu'à leur base, subparallèlement à la première; généralement marquées dans la région circumscutellaire de demi-chaînons, quelquefois transformés en points et même superficiels ; couvertes sur le reste de leur surface de demi-chaînons, paraissant en relief par l'effet de leur bord luisant, confusément rapprochés près des bords latéraux, disposés dans la dépression en rangées offrant peu l'apparence de stries : la juxta-suturale non prolongée jusqu'à l'écusson. Pygidium noir ; subruguleux; souvent paré de taches punctiformes, parfois disposées sous la forme de deux bandes longitudinales. Dessous du corps et pieds d'un noir luisant. Arrière-poitrine parcimonieusement garnie de poils blancs ; souvent parée de points de même couleur ; vermiculée sur les côtés. Mésosternum obtriangulaire, ponctué, peu ou point avancé au delà de la base des cuisses intermédiaires. Métasternum lisse, imponctué ou seulement garni de petits points; longitudinalement sillonné. Ventre presque glabre ; marqué latéralement d'une rangée de demi-chaînons à la base des anneaux ; paré d'un point blanc stigmatiforme à l'angle postérieur des flancs des segments. Cuisses parfois tachées de blanc; garnies de poils d'un blanc sale. Jambes, surtout les postérieures, ciliées de même; les antérieures tridentées ou quelquefois anguleuses seulement dans leur milieu, et bidentées à l'extrémité.

Cette espèce habite une grande partie de la France ; elle est commune dans le midi, et n'est pas rare dans les environs de Lyon.

Obs. Peut-être faut-il rapporter à cette espèce le *Sc. lugubris* de Voet.

Chez certains individus la région circumscutellaire des élytres est marquée de demi-chaînons; chez d'autres ceux-ci sont transformés en points superficiels. Quelquefois la ligne gravée qui forme les demi-chaînons est blanche. Dans la var. *albipunctata*, généralement propre aux parties occidentales du midi de la France, les côtés de l'arrière-poitrine et les hanches postérieures sont souvent, ainsi que l'hypopygium, cuivreux ou parés d'un reflet cuivreux.

10. **C. Oblonga;** DEJ. inéd. GORY et PERCH. *Dessus du corps d'un noir mat. Prothorax subanguleusement élargi d'avant en arrière ; en arc renversé, échancré dans son milieu, à la base ; bordé de blanc. Ecusson en triangle notablement plus long que large, imponctué. Elytres ponctuées de blanc ; à dépression juxta-suturale insensiblement prononcée à sa naissance ; à fossette humérale indistincte ; marquées de demi-chaînons sur toute leur surface ; rayées près de la suture d'une strie distincte depuis l'écusson jusqu'à l'angle apical Dessous du corps d'un noir luisant. Métasternum couvert de gros points.*

♂. Tarse postérieur aussi long que la jambe.

♀. Tarse postérieur moins long que la jambe.

Cetonia oblonga, GORY et PERCHER. Monog. p. 227. 83. pl. 42. f. 4.—DE CASTELN. Hist. t. 2. p. 165. 18.

Var. A. **C. Luctifera;** NOB. *Dessus du corps et pygidium sans taches blanches, ainsi que la poitrine et le ventre.*

L.0,^{m}0146 à 0,^{m}0157 (6 1/2 à 7^l). —L.0,^{m}0085 à 0,^{m}0090 (3 3/4 à 4^l).

Tête d'un noir mat ; uniformément couverte de gros points rapprochés ; chargée longitudinalement depuis la naissance du front, d'une sorte de carène obtuse ordinairement non bifurquée à son extrémité. Epistome presque carré ; rebordé dans sa périphérie ; légèrement échancré à son rebord antérieur ; arrondi aux angles antéro-externes. Palpes et antennes d'un rouge châtain. Prothorax subtriangulaire ; tronqué en devant ; curvilinéairement élargi d'avant en arrière, sur les côtés, en formant un angle émoussé aux deux cinquièmes de la longueur de ceux-ci ; muni latéralement d'un rebord qui s'élargit sensiblement pour l'ordinaire en se rapprochant des angles postérieurs qui sont émoussés ; une fois moins large en devant qu'à la base ; sans rebord à cette dernière, et en arc renversé faiblement échancré au dessus de l'écusson, et quelquefois mais presque indistinctement entre celui-ci et les angles de derrière ; faiblement convexe en dessus ; d'un noir mat, parfois d'un noir brunâtre ; ordinairement paré près des bords latéraux d'une bordure blanche plus ou moins interrompue ; marqué sur les côtés de quarts de chaînons subvermiculeuse-

ment liés, puis graduellement isolés et se transformant en points de
plus en plus petits et superficiels à mesure qu'ils se rapprochent du
centre et surtout de la moitié postérieure de celui-ci ; offrant longitudinalement dans son milieu une trace lisse, quelquefois indistinctement élevée ; creusé de chaque côté de celle-ci de trois fossettes,
souvent peu apparentes ou en partie oblitérées, longitudinalement
disposées en une espèce de rangée arquée en dedans. Ecusson en
triangle émoussé à l'extrémité ; à côtés subsinueux, de deux tiers plus
longs que la base ; d'un noir mat ; imponctué. Epimères subvermiculés ; ordinairement parés d'une tache blanche. Elytres plus larges
que le prothorax ; de moitié plus longues que lui ; sinueusement rétrécies au dessous des épaules ; subparallèles ensuite jusqu'aux angles
postérieurs qui sont arrondis ; munies latéralement d'un rebord naissant presque de l'angle huméral et graduellement rétréci jusqu'aux
angles postérieurs où il s'efface ; obtusément tronquées à l'extrémité ;
subdéprimées sur le dos, subconvexement déclives sur les côtés ; sans
fossette humérale apparente ; chargées d'un calus postérieur très-saillant ; d'un noir mat ou souvent d'un noir brunâtre, surtout sur les
côtés ; parsemées de petites taches punctiformes, blanches, peu nombreuses et quelquefois nulles ; creusées d'une dépression juxta-suturale
s'effaçant insensiblement d'arrière en avant vers le milieu de la longueur ; chargées de deux nervures imponctuées : l'une bornant extérieurement la dépression, paraissant naître du lieu qu'occuperait la
fossette humérale, et prolongée jusqu'au calus postérieur en se courbant en dedans : l'autre un peu moins saillante, partant du calus apical en remontant obliquement dans le milieu de la dépression, ou
parfois s'oblitérant un peu après sa naissance ; ponctuées dans la région circumscutellaire ; marquées sur le reste de leur surface de demi-chaînons paraissant en relief par l'effet de leur bord luisant, confusément rapprochés près des bords latéraux, sérialement disposés ou
presque en forme de strie de chaque côté des nervures qu'ils font
ressortir, et formant près de la suture une strie ordinairement plus
distincte, prolongée de l'écusson à l'angle sutural mais, souvent formée seulement de points ou de quarts de chaînons à ses deux extrémités. Pygidium noir ou d'un noir brun ; souvent paré de deux taches blanches convergentes vers l'anus ; glabre ; marqué de demi-
chaînons luisants, réunis en dessins variés. Dessous du corps d'un
noir luisant ; orné sur l'arrière-poitrine de petites taches punctiformes, et de chaque côté du ventre de bandes transversales sur chaque
anneau, blanches, les unes et les autres parfois effacées ; garni, sur
la première, de poils mi-couchés médiocrement épais et assez longs,
d'un blanc sale ou livide ; presque glabre sur le second. Mésosternum

obtriangulaire, peu ou point avancé au devant de la naissance des pieds intermédiaires ; ponctué ; ombragé par une touffe épaisse de poils. Métasternum sillonné ; marqué de gros point assez rapprochés. Pieds d'un noir assez luisant. Cuisses ordinairement tachées de blanc ; garnies de poils d'un blanc livide. Jambes, surtout les postérieures, ciliées de poils semblables : celles de devant tridentées ou quelquefois anguleuses dans leur milieu, et bidentées vers l'extrémité.

Cette espèce habite les provinces méridionales de la France où elle est rare.

11. **C. Floralis ;** Fab. *Dessus du corps subdéprimé ; noir ou d'un noir verdâtre. Suture frontale apparente en partie. Prothorax paraissant allongé ; sinueux sur les côtés au devant des angles postérieurs qui sont obtus ; étroitement rebordé ; ponctué en dessus ; orné de blanc latéralement. Elytres rebordées depuis l'angle huméral ; couvertes de demi-chaînons ; creusées d'une dépression juxta-suturale ; parfois presque sans taches, souvent marbrées de blanc dans leur pourtour et même sur une partie de leur surface. Pygidium en demi-cercle ; maculé de blanc. Anneaux du ventre parés d'une bande blanche sur les côtés.*

♂.Ventre creusé d'un sillon longitudinal. Tarse postérieur au moins aussi long que la jambe.

♀. Ventre sans sillon longitudinal. Tarse postérieur sensiblement moins long que la jambe.

Cetonia floralis, Fab. Mant. 1. p. 51. 63.—*Id.* Ent. Syst. 2. p. 149. 85.—*Id.* Syst. El. 2. p. 156. 109.

Cetonia squammosa , Lefebvr. Mém. de la Soc. linnéenne de Paris , t. 6. p. 103. 6. pl. 5. f. 6.—Gory et Percher. Monog. p. 232. 92. pl. 44. f. 1.

Cetonia tincta, Germar, Faun. Eur. 20. 6.

Etat normal. Dessus du corps noir ou d'un noir verdâtre. Prothorax bordé de blanc sur les côtés. Elytres parées de taches souvent punctiformes ou de marbrures blanches près des bords latéraux et postérieurs. Pygidium plus ou moins couvert de taches de même couleur.

Var. A. **C. Funerea ;** Nob. *Elytres marbrées de blanc sur une grande partie de leur surface.*

Var. B. **C. Lefebvrei ;** Nob. *Bordure du prothorax en partie oblitérée. Elytres parcimonieusement tachées de blanc.*

Var. C. **C. Dolorosa ;** Nob. *Bordure du prothorax en partie oblitérée. Elytres sans taches.*

Var. D. **C. Stigmatica**; Nob. *Bandes latérales des anneaux du ventre, réduites chacune à une tache stigmatiforme.*

L. 0^m,0168 à 0^m,0202 (7 1/2 à 9^l).—L. 0^m,0105 à 0^m,0123 (4 1/2 à 5 1/2^l.)

Dessus du corps subdéprimé; glabre; noir ou d'un noir verdâtre, médiocrement luisant. Tête couverte de points rapprochés, généralement plus petits à sa partie antérieure; chargée d'une carène très-obtuse depuis le milieu du front, jusque vers l'extrémité de l'épistome. Celui-ci presque carré; arrondi aux angles antéro-externes; muni d'un rebord dans sa périphérie : celui de devant échancré. Suture frontale faiblement indiquée de chaque côté par une courte ligne oblique. Front paraissant obsolètement creusé d'une fossette de chaque côté. Palpes et antennes noirs ou quelquefois en partie bruns. Prothorax tronqué en devant; souvent faiblement rougeâtre dans le milieu de son bord antérieur; presque aussi long que large à la base; curvilinéairement dilaté sur les côtés jusqu'aux deux cinquièmes de la longueur de ceux-ci; sinueusement et moins fortement élargi de ce point aux angles postérieurs qui sont émoussés; garni latéralement d'un rebord presque uniformément étroit; en arc renversé à la base; faiblement échancré ou parfois sans échancrure au dessus de l'écusson; une fois moins large en devant qu'à sa partie postérieure; faiblement convexe en dessus; marqué sur les côtés de quarts de chaînons se transformant, en se rapprochant du disque, en points plus ronds, plus petits et plus superficiels; paré latéralement d'une bordure blanche irrégulière, plus ou moins raccourcie, et quelquefois prolongée à la base un peu au delà des angles postérieurs. Ecusson en triangle un peu allongé; émoussé à son extrémité; lisse; souvent ponctué de chaque côté à la base. Epimères subvermiculés; postérieurement bordés de blanc. Elytres plus larges à leur naissance que le prothorax à ses angles postérieurs; de deux tiers plus longues que lui; sinueusement rétrécies au dessous des épaules; subparallèles ou subcurvilinéairement et faiblement rétrécies ensuite jusqu'à l'angle postéro-externe qui est arrondi; munies latéralement d'un rebord naissant de l'angle huméral; obtusément tronquées à l'extrémité; subdéprimées sur le dos, convexement déclives sur les côtés; chargées d'un calus postérieur saillant; à fossette humérale peu apparente; creusées d'une dépression juxta-suturale naissant peu brusquement à la moitié de la longueur; chargées de deux faibles nervures (quelquefois indistinctes) partant de la naissance de la dépression et subparallèlement prolongées jusqu'au calus postérieur; marquées même près de l'écusson, de demi-chaînons ombiliqués, dont quelques-uns forment près de la suture une sorte de strie ou une rangée sub-curvilinéaire; parées près de ses bords latéraux et surtout près de l'apical de taches ou de marbrures blanches, quelquefois en partie couvertes de marbrures semblables sur toute leur surface. Segment propygidial paré d'une bordure blanche, souvent interrompue dans son milieu. Pygidium en demi-cercle; subruguleux; garni de poils blancs très-courts; orné de taches ou de marbrures blanches de for-me variable, présentant souvent une ligne longitudinale et deux taches obliquement convergentes. Dessous du corps et pieds d'un noir luisant, légèrement bronzé. Poitrine et cuisses garnies d'assez longs poils, lisses, luisants, d'un livide fauve. Mésosternum obtriangulaire, peu ou point saillant au delà de la naissance des cuisses intermédiaires; ombragé en devant par une houppe de poils. Métasternum sillonné. Ventre presque glabre; parcimonieusement garni de poils courts et blanchâtres; marbré de blanc sur les flancs des segments et d'une manière graduellement plus forte d'avant en arrière. Cuisses et jambes ciliées. Jambes de devant tridentées au côté externe.

Cette espèce qui est plus particulièrement propre à la Sicile et au nord de l'Afrique habite aussi nos provinces méridionales où elle est rare. Je l'ai reçue de M. Perris.

Genre *Oxythyrea*, OXYTHYRÉE; Nob.

(ὀξύς, pointu; θυρεός, écusson.)

Caractères. Epistome plus long que large; fortement échancré en devant; à peine rebordé. Prothorax faiblement caréné en dessus; parcimonieusement garni de poils. Ecusson terminé en pointe aiguë. Mésosternum formant une saillie subparallèle, arquée à son extrémité, dépassant à peine la naissance des pieds intermédiaires. Jambes de devant bidentées.

1. O. Stictica: LINN. *Dessus du corps déprimé; d'un noir métallique tirant sur le vert obscur ou le cuivreux; parsemé de longs poils blanchâtres. Prothorax en arc renversé à la base; chargé en dessus d'une faible carène oblitérée postérieurement; paré de chaque côté de celle-ci de trois taches blanches. Elytres chargées de deux nervures: l'interne de moitié plus courte, suivie d'une dépression juxta-suturale; parsemées de taches blanches, punctiformes sur le disque, subfasciales près des bords latéraux. Pygidium maculé de blanc. Ventre paré d'une tache de même couleur sur le flanc de chaque anneau.*

♂. Ventre subsillonné longitudinalement et paré de quatre taches punctiformes blanches. Pieds postérieurs aussi grands que le corps.

Tarses antérieurs notablement plus longs que la jambe.

♀. Ventre sans sillon et sans taches. Pieds de derrière moins grands que le corps Tarses antérieurs à peine aussi longs que la jambe.

Scarabæus sticticus, Linn. Syst. Nat. p. 552. 54.—Moll, Nat. Br. 1. p. 194. 54.—Gmel. Linn. Syst. Nat. p. 1576. 54.—De Vill. C. Linn. Ent. 1. p. 25. 59.

Le drap mortuaire, Geoff. Hist. t. 1. p. 79. 14.

Scarabæus funestus, Pods, Mus. Græc. p. 20. 10.—Scop. Ent. Carn. 4. 7.—Schrank, Enum. p. 13. 20.

Scarabæus albo-punctatus, De Geer. Mem. t. 4. p. 301. 29. pl. 10. f. 22.—Retz. Spec. p. 126. 759.

Scarabæus funerarius, Fourcr. Ent. Par. 1. p. 8. 14.

Cetonia sticticu, Fab. Syst. Ent. p. 51. 57.—*Id.* Spec. 1. p. 59. 51.—*Id.* Mant. 1. p. 51. 61.—*Id.* Ent. Syst. 2. p. 149. 85.—*Id.* Syst. Eleut. 2. p. 155. 102.—Laichart. Tyr. Ins. 1. p. 50. 2.—Herbst, Arch. 1. p. 18. 5. pl. 19. bis f. 27.—*Id.* trad. fr. p. 78. 5. pl. 19. bis f. 27.—*Id.* Nat. t. 5. p. 258. 26. pl. 30. f. 5.—Petagn. Ins. Cal. p. 6. 24. —Oliv. Ent. 1. 6. p. 53. 64. pl. 7. f. 57.—*Id.* Ency. Méth. t. 5. p. 425. 82.—Rossi, Faun. Etr. 1. p. 26. 61.—*Id.* éd. Helw. p. 26. 61.—Schrba, Journ. 1. p. 69. 65.— Kugelann, Schneid. Mag. p. 295. 4.—Panz. Ent. Germ. 1. p. 220. 6.—*Id.* Faun. Ger. 1. 4. — Payk. Faun. Suec. 2. p. 205. 4.—Walck. Faun. Par. 1. 182. 4.—Latr. Hist. t. 10. p. 225. 12.—*Id.* Gen. t. 2. p. 129. 2.—*Id.* Nouv. Dict. t. 5. p. 612.—*Id.* Règn. Anim. 1e éd. t. 5. p. 288.—*Id.* 2e éd. t. 4. p. 575.—Duftsch. Faun. Aust. 1. p. 172. 10.— Gyll. Ins. Suec. 1. p. 52. 4.—Baud-Lar. Monog. p. 29. 5. ♂ (♀) et ♀ (♂).—Lamarck, Anim. s. Ver. t. 4. p. 585. 6.—Fieber, Bœhm. Cet. 11.—Dumeril, Dict. des Sc. Nat. t. 8. p. 58.—Boit. Man. 1. p. 540.—Muls. Lettr. 1. 278. 4.—Steph. Syn. 235. 2.— Gory et Perch. Monog. p. 291. 175. pl. 56. 6.—De Casteln. Hist. t. 2. p. 166. 27. —Heer, Faun. Helv. p. 552. 10.

Cetonia funesta, Fab. Spec. 2. App. 497. ♀ —*Id.* Mant. 1. 51. 62 (♀).—*Id.* Ent. Syst. 2. 149. 82 (♀). —*Id.* Syst Eleut. 2. 155. 101 (♀). —Schrank, Faun. Boic. 1. 418. 589.

État normal des taches des élytres. 1° sept attenantes au bord externe depuis la sinuosité subhumérale : les quatre postérieures, plus grandes en forme de courte fascie transversale : 2° onze environ sur le disque (quelques-unes doubles) presque disposées sur trois rangées.

Var. A. O. Deleta; Nob. *Poils du dessus du corps en partie enlevés. Taches partiellement ou en totalité effacées.*

L. 0,^{m}0100 à 0^m,0123 (4 1/2 à 5 1/2^l).—L. 0,^{m}0056 à 0^m,0067 (2 1/2 à 3^l.)

Dessus du corps paré d'un éclat métallique, d'un vert très-obscur, d'un noir verdâtre, d'un noir violâtre, ou cuivreux ; hérissé d'assez longs poils d'un blanc livide ou d'un livide flavescent, médiocrement épais sur le front et sur le prothorax, et plus clairsemés sur les élytres. Épistome plus long que large; assez fortement échancré en devant jusqu'aux angles antéro-externes qui sont légèrement relevés en espèce de dent obtuse ; très-faiblement rebordé sur les côtés; marqué de petits points confluents. Front plus grossièrement ponctué et plus nettement caréné. Palpes et antennes noirs. Prothorax tronqué et sans rebord en devant; subarcuément et fortement élargi sur les côtés jusqu'aux deux cinquièmes de la longueur de ceux-ci, faiblement ou subparallèlement de ce point aux angles postérieurs; muni latéralement d'un rebord qui s'efface un peu après ces angles; une fois moins large en devant qu'à sa partie postérieure; en arc renversé à cette dernière, mais subéchancré au dessus de l'écusson; peu densement cilié au dessous de la base; faiblement convexe en dessus; marqué près des angles antérieurs de points ruguleux, graduellement ombiliqués et moins rapprochés sur le reste de la surface; chargé longitudinalement dans son milieu d'une carène lisse, affaiblie d'avant en arrière et oblitérée avant d'arriver à la base; paré de douze taches blanches disposées sur quatre rangées: les taches situées près des bords parfois effacées: les voisines de la carène couvrant chacune une légère fossette ou impression varioleuse. Ecusson en triangle aigu; lisse, imponctué. Elytres sinueusement rétrécies sous les épaules; subcurvilinéairement et à peine rétrécies ensuite de ce point à l'angle postéro-externe qui est arrondi; obtusément tronqués à l'extrémité; déprimées sur le dos, convexement déclives près des bords latéraux; chargées de deux nervures naissant de la base: l'une du bord interne de la fossette humérale et longitudinalement prolongée jusqu'au calus postérieur: l'autre placée entre la précédente et l'écusson, et prolongée presque jusqu'à la moitié de la longueur où elle s'arrête brusquement; creusées ensuite d'une dépression juxta-suturale; parées de quatre stries ou raies géminées, entre la suture et la nervure externe, et de deux autres en dehors de celles-ci, plus distinctement formées de demi-chaînons; parcimonieusement ponctuées entre ces sortes de stries et plus densement près des bords latéraux; parsemées de taches blanches ou d'un blanc flavescent: celles du disque punctiformes: les plus rapprochées du bord latéral en forme de fascies brièvement transversales. Pygidium marqué de demi-chaînons; parcimonieusement hérissé de poils; paré de chaque côté de trois taches blanches irrégulières triangulairement disposées. Dessous du corps et pieds d'un noir luisant. Mésosternum subparallèle, peu avancé; arqué en devant. Métasternum glabre, lisse, sillonné. Poitrine vermiculée sur les côtés, et assez densement garnie ainsi que les cuisses de longs poils d'un blanc sale. Ventre plus parcimonieusement garni de poils couchés; presque lisse dans son milieu et vers le bord antérieur des anneaux; paré sur chacun des flancs de ceux-ci d'une tache punctiforme blanche. Jambes de devant bidentées au côté externe.

Cette espèce est commune dans toute la France.

Genre *Tropinota*, TROPINOTA ; NOB.

(τρόπις, carène ; νῶτος, dos.)

Caractères. Épistome aussi long que large, fortement échancré en devant et relevé en forme de dent à ses angles antérieurs; sans rebord bien sensible dans sa périphérie. Prothorax suboctogone; écointé aux angles de derrière jusqu'à la base de l'écusson; très-visiblement caréné en dessus; hérissé de poils. Mésosternum à peine saillant au delà de la naissance des pieds intermédiaires; arqué en devant. Jambes antérieures profondément tridentées.

1. T. Reyi; NOB. *Dessus du corps d'un noir verdâtre; hérissé de longs poils d'un jaune fauve, plus épais sur le front et sur le prothorax. Celui-ci presque octogone; ponctué; chargé longitudinalement d'une carène lisse. Écusson obliquement déclive à ses bords latéraux; couvert de chaque côté de la base de points parfois subsérialement disposés près des bords, mais à peine jusqu'à la moitié de la longueur de ceux-ci. Élytres parées de taches blanchâtres, la plupart punctiformes et en partie peu apparentes; chargées de deux nervures subparallèlement prolongées jusqu'au calus postérieur: l'extérieure plus saillante, subcarénée, bifurquée antérieurement.*

♂. Ventre longitudinalement sillonné dans son milieu. Pieds de derrière au moins aussi longs que le corps. Tarses antérieurs notablement plus longs que la jambe.

♀. Ventre sans sillon longitudinal. Pieds de derrière moins longs que le corps. Tarses antérieurs à peine aussi longs que la jambe.

Cetonia hirtella, HEER, Faun. Helv. p. 552. 11.

État normal. Elytres parées de neuf taches: quatre attenantes ou à peu près au bord externe et presque uniformément espacées entre la sinuosité subhumérale et l'angle postérieur: trois, sur la moitié postérieure de la nervure intermédiaire: une au dessous du calus postérieur: une sur la fossette humérale; ordinairement toutes punctiformes excepté l'avant-dernière et quelquefois aussi la dernière externes qui sont en forme de courtes fascies.

Var. A. **T. Submaculata;** NOB. *Taches des élytres au dessus du nombre normal, quelquefois réduites seulement à un petit nombre. Poils souvent plus pâles.*

Var. B. **T. Luctuosa;** NOB. *Dessus du corps plus ou moins dépilé, noir. Élytres : α, avec des taches : β, sans taches.*

L. 0^m,0100 à 0^m,0135 (4 1/2 à 6^l).—L. 0^m,0056 à 0^m,0072 (2 1/2 à 3 1/4^l).

Dessus du corps noir ou d'un noir verdâtre ; assez luisant ; densement hérissé sur le front et le prothorax, et plus parcimonieusement sur l'écusson et les élytres, de longs poils d'un jaune fauve, quelquefois d'un livide tirant sur le fauve jaune. Epistome longitudinalement subarqué sur les côtés ; fortement échancré en devant jusqu'aux angles antéro-externes qui sont relevés en espèce de dent aiguë ; sans rebord ; aspèrement couvert de points confluents ; presque glabre. Front caché sous les poils dont il est hérissé. Palpes et antennes noirs ou noirâtres. Prothorax presque octogone ; bissinueux en devant ; à angles antérieurs sensiblement avancés en forme de dent ; élargi sur les côtés jusqu'au milieu de la longueur de ceux-ci ; subsinueux ou subparallèle de ce point aux angles postérieurs qui sont fortement écointés ou obliquement coupés ; subsinueusement tronqué à la base, qui, par l'écointement des angles, se trouve à peine plus grande que celle de l'écusson ; garni au dessous de sa partie postérieure d'une frange jaune ; sans rebord ; faiblement convexe d'un bord latéral à l'autre ; convexement déclive en devant ; chargé longitudinalement dans son milieu d'une carène lisse ; couvert de points assez gros et séparés par des espaces lisses près de sa partie postérieure, graduellement plus petits et confluents en se rapprochant du bord antérieur, rendus moins distincts par les longs poils dont il est hérissé. Ecusson en triangle, à côtés un peu plus longs que la base ; obliquement déclive à ses bords latéraux, de manière à former un sillon entre ceux-ci et les élytres ; lisse en dessus, marqué de chaque côté à la base, de points agglomérés, formant ensuite sur les côtés une rangée à peine prolongée jusqu'à la moitié de la longueur de ceux-ci. Epimères subvermiculés et hérissés de poils. Elytres sinueusemeut rétrécies sous les épaules, subcurvilinéairement et légèrement rétrécies ensuite jusqu'à l'angle postéro-externe qui est arrondi ; garnies latéralement d'un rebord naissant à peu près de l'angle huméral, moins distinctement prolongé postérieurement jusqu'à l'angle sutural ; tronquées à l'extrémité ; déprimées sur le dos ; convexement déclives près des bords latéraux ; chargées de trois nervures : la première suturale ; les 2e et 3e partant de la base et subparallèlement prolongées jusqu'au calus postérieur sur lequel elles se réunissent parialement : celle-là plus faible, surtout dans son milieu : celle-ci, plus saillante, subcaréniforme, subsinueuse, se bifurquant antérieurement ; parcimonieusement ponctuées sur les trois nervures ; parées sur les côtés de chacune d'elles d'une strie ou d'une raie géminée ; marquées sur le reste de leur surface de demi-chaînons subsérialement rangés sur la partie déprimée, et plus confusément près des bords latéraux ; ornées de taches d'un blanc flavescent ou quelquefois blanches, la plupart punctiformes et en partie peu apparentes. Pygidium d'un noir verdâtre ; finement et subruguleusement ponctué ; hérissé ede poils d'un jaune fauve. Dessous du corps et pieds d'un noir plus verdâtre sur la poitrine que sur le ventre. La première, grossièrement ponctuée et nue sur le métasternum, plus finement ponctuée et hérissée de longs poils fauves sur le reste de sa surface. Cuisses et jambes hérissées de poils semblables. Ventre presque glabre et obsolètement ponctué dans son milieu. Jambes de devant armées de trois dents aiguës : l'intermédiaire plus longue.

Cette espèce habite les parties tempérées et méridionales de la France. Elle paraît dès le mois d'avril, se trouve presque exclusivement sur les fleurs du pissenlit (leontodon toxicum), et dure moins longtemps que la suivante avec laquelle elle avait été jusqu'à ce jour confondue. M. Foudras l'avait déjà regardée comme constituant une espèce distincte. Je l'ai dédiée à M. Cl. Rey, entomologiste lyonnais.

Obs. Elle a généralement la taille plus grande, le corps plus luisant et hérissé de poils plus jaunes que la *T. hirtella*. Son corps noir ne paraît généralement verdâtre que par l'effet des poils jaunes.

2. **T. Hirtella ;** Linn. *Dessus du corps déprimé ; d'un noir verdâtre ; hérissé de longs poils d'un fauve jaunâtre, plus épais sur le front et sur le prothorax. Celui-ci presque octogone ; ponctué ; chargé longitudinalement d'une carène lisse. Ecusson marqué de points disposés parallèlement aux bords latéraux sur une rangée irrégulière presque prolongée jusqu'à l'extrémité. Elytres parées de six à sept taches blanchâtres très-apparentes, la plupart en forme de bandes raccourcies ; marquées sur leur milieu d'une dépression oblique ; chargées de deux faibles nervures subparallèles et réunies sur le calus postérieur : l'extérieure à peine aussi saillante, non bifurquée antérieurement, et ne se liant pas au calus huméral.*

♂. Ventre longitudinalement sillonné dans son milieu. Pieds de derrière au moins aussi longs que le corps. Tarses antérieurs notablement plus longs que la jambe.

♀. Ventre sans sillon. Pieds de derrière moins longs que le corps. Tarses antérieurs à peine aussi longs que la jambe.

Scarabæus hirtellus, Linn. Syst. Nat. p. 556. 69.—Schrank, Enum. p. 12. 19.—Gmel. Linn. Syst. Nat. p. 1577. 69.—De Vill. C. Linn. Ent. 1. p. 51. 50.
Cetonia hirta, Laichart. Tyr. Ins. 1. p. 51. 5.—Oliv. Ent. 1. 6. p. 52. 63. pl. 6. f. 36. a, b.—*Id.* Ency. Meth. t. 5. p. 424. 81.—Panz. Faun. Ger. 1. 5.—Gory et Perch. Monog. p. 289. 174. pl. 56. f. 5. —De Casteln. Hist. t. 2. p. 166. 26.

Etat normal. Elytres parées de sept taches : trois attenantes à peu près au bord externe et presque uniformément espacées entre la sinuosité subhumérale et le commencement de la courbe que forme l'angle postéro-externe : une au dessous de la fossette humérale : deux sur la nervure intermédiaire, l'une, aux deux cinquièmes, l'autre, aux deux tiers de la longueur ; la dernière sur la même ligne, au dessous du calus huméral ; quatre ou cinq d'entre elles ayant la forme de courtes fascies.

Var. A. **T. Subfasciata ;** Nob. *Taches des élytres au dessous du nombre normal.*

Var. B. **T. Squalida ;** Linn. *Elytres poilues mais sans taches.*

Scarabæus squalidus , Linn. Syst. Nat. p. 556. 68 ?

Var. C. **T. Nigrina ;** Nob. *Dessus du corps dépilé en grande partie ou en totalité, noir. Elytres : — α, parées de taches ; — β, sans taches.*

L. 0^m,0100 à 0^m,0135 (4 1/2 à 6^l).—L. 0^m,0056 à 0^m,0067 (2 1/2 à 3^l).

Dessus du corps noir ou d'un noir verdâtre ; presque sans éclat ; densement hérissé sur le front et le prothorax, et plus parcimonieusement sur l'écusson et les élytres de longs poils d'un fauve jaune, quelquefois d'un blanc sale. Epistome subarqué sur les côtés ; fortement échancré en devant jusqu'aux angles antéro-externes qui sont relevés en espèce de dent aiguë ; sans rebord ; aspèrement couvert de points confluents ; presque glabre. Front caché sous les poils dont il est hérissé. Palpes et antennes noirs ou noirâtres. Prothorax presque octogone ; bissubsinueux en devant ; à angles antérieurs sensiblement avancés en forme de dent ; élargi sur les côtés jusqu'au milieu de la longueur de ceux-ci ; subsinueux ou subparallèle de ce point aux angles postérieurs qui sont fortement écointés ou obliquement coupés ; subsinueusement tronqué à la base qui, par l'écointement des angles, se trouve à peine plus grande que celle de l'écusson ; garni au dessous de sa partie postérieure d'une frange d'un fauve jaune ; sans rebord ; faiblement convexe d'un bord latéral à l'autre ; convexement déclive en devant ; chargé longitudinalement dans son milieu d'une forte carène lisse ; couvert de points plus petits en devant, et confluents sur tout le reste de sa surface, mais rendus moins distincts par les longs poils dont il est hérissé. Ecusson en triangle subéquilatéral ou à côtés un peu plus longs que la base ; lisse, marqué de points ou de sortes de demi-chaînons disposés sur une ou deux rangées longitudinales, parallèles chacune aux bords latéraux, et prolongées jusqu'aux trois quarts de sa longueur. Epimères subvermiculés et hérissés de poils. Elytres sinueusement rétrécies sous les épaules, subparallèles ensuite jusqu'à l'angle postéro-externe qui est arrondi ; garnies latéralement d'un rebord naissant à peu près de l'angle huméral et graduellement rétréci jusqu'à l'angle postérieur où il s'efface ; légèrement relevées en rebord et obtusément tronquées à l'extrémité ; déprimées sur le dos ; convexement déclives près des bords latéraux ; un peu inégales ; creusées dans leur milieu d'une dépression oblique ; chargées de trois nervures : la première suturale ; la seconde partant de la base, près de l'écusson, et longitudinalement prolongée jusqu'au calus postérieur ; la troisième, naissant de ce calus, à peine plus forte, non caréniforme et projetée en avant subparallèlement à la précédente, jusqu'à la dépression subhumérale où elle s'oblitère généralement, quelquefois cependant obsolètement prolongée jusqu'au bord interne de la fossette, et sans se confondre avec l'espèce de côte ou d'arête qui, du calus huméral, s'étend jusqu'à la moitié des étuis ; presque imponctuées sur les trois nervures ; généralement parées de chaque côté de celles-ci d'une strie ou d'une raie géminée ; marquées, sur le reste de leur surface, de points ou de demi-chaînons plus distincts vers les bords latéraux ; ornées de taches d'un blanc flavescent ou quelquefois blanches, la plupart en forme de fascies courtes et sinueuses, ordinairement au nombre de sept sur chaque étui, très-apparentes sous les poils jaunâtres dont ceux-ci sont hérissés. Pygidium d'un noir verdâtre ; ruguleux ; hérissé de poils jaunâtres. Dessous du corps et pieds d'un noir plus verdâtre ou bronzé sur la poitrine que sur le ventre. La première grossièrement ponctuée et nue sur le métasternum, plus finement ponctuée et hérissée de poils jaunâtres épais sur le reste de sa surface. Cuisses et jambes densement hérissées de poils semblables. Ventre presque glabre et obsolètement ponctué dans son milieu. Jambes de devant armées de trois dents aiguës : l'intermédiaire plus longue.

Cette espèce habite une grande partie des provinces de la France. Elle paraît dès le mois d'avril et dure plus longtemps que la précédente. On la trouve sur différentes fleurs.

Obs. Le nombre des taches des élytres que Linné a eu le soin de mentionner, permet de voir dans cette espèce le *Scarabæus hirtellus* de cet auteur. Il n'est pas si facile de dire à laquelle de celle-ci ou de la précédente appartiennent le *Sc. hirtus* de Scopoli , ou la *C. hirta* de Fabricius et de tous les autres écrivains dont nous avons été forcé de négliger la synonymie.

Le *Sc. squalidus* de Scopoli et de Linné est probablement une variété déflorée de la *T. hirtella* qui souvent, en effet, est en partie salie de terre, et justifie ainsi le nom précité.

DEUXIÈME GROUPE.

LES PRIOCÉRIDES.

(πριών, scie , κέρας , corne.)

Caractères. Antennes insérées, en avant des yeux, vers la partie antérieure des bords latéraux de la tête ; de dix articles ; généralement géniculées ou formant un coude à l'extrémité de l'article basilaire : celui-ci grêle , légèrement arqué et plus long que tous ceux de la tige réunis ; à massue de trois à six articles dilatés au côté interne en forme de lamelles ou disposés perpendiculairement à l'axe comme les dents d'un peigne. Mandibules toujours cornées. Elytres couvrant le pygidium. Jambes antérieures multidentelées au côté externe. Tarses grêles : à dernier article le plus long de tous, terminé par deux ongles forts, simples et égaux , pourvu entre ceux-ci d'une plantule munie de deux soies divergentes.

Ces insectes sont principalement crépusculaires; leurs couleurs sont généralement sombres. Plusieurs semblent destinés à habiter les pays froids ou les grandes forêts.

Leurs larves ont l'anus longitudinal ; le dos des segments abdominaux dépourvu de plis transversaux ; le deuxième article des antennes au moins aussi long que tous les suivants réunis; le dernier petit, grêle, et comme enté sur le précédent. Elles vivent dans les parties mortes ou cariées des arbres.

Cette coupe répond à la famille des Priocères de M. Duméril. Nous la diviserons en trois.

Familles.

Métasternum.

soudé ou presque uni au mésosternum, et formant avec lui une bande de séparation entre les pieds intermédiaires , à leur naissance.

    Mandibules saillantes au devant de la tête , au moins de la moitié de la longueur de celle-ci. Epistome inerme. Corps subdéprimé.   LUCANIENS.

    Mandibules peu apparentes. Epistome armé d'une corne ou d'un tubercule corniforme. Corps semi-cylindrique.   SINODENDRIENS.

avancé seul entre les pieds intermédiaires à leur naissance. Prosternum antérieurement dilaté en demi-cercle ; prolongé postérieurement en une saillie dont l'extrémité glisse ou se cache légèrement sous l'avancement du métasternum , quand l'insecte incline le prothorax. Corps convexe.   ÆSALIENS.

PREMIÈRE FAMILLE.

LES LUCANIENS.

Caractères. Métasternum uni ou sondé au mésosternum, et formant avec lui une bande de séparation entre les pieds intermédiaires, à leur naissance. Prosternum ni dilaté en demi-cercle à sa partie antérieure, ni prolongé postérieurement en une saillie dont l'extrémité est destinée à se cacher sous l'avancement du métasternum quand l'insecte incline la partie antérieure du corps. Mandibules saillantes au devant de la tête, au moins de la moitié de la longueur de celle-ci ; dentées au bord incisif. Mâchoires terminées par un lobe pénicillé. Epistome inerme. Tête subhorizontale ou penchée. Pieds allongés, grêles. Corps subdéprimé.

On peut les partager en deux branches :

		Branches.
Yeux.	en partie au moins coupés par les joues.	LUCANAIRES.
	entiers.	PLATYCÉRAIRES.

PREMIÈRE BRANCHE.

LES LUCANAIRES.

Caractères. Yeux en partie au moins coupés par les joues. Languette saillante, pénicillée.

A cette branche appartiennent les plus grands Priocérides et même les plus grands Coléoptères de l'Europe. Pendant le jour on trouve souvent ces insectes dans les haies ou dans les bois, accrochés aux troncs des chênes, recueillant avec leurs mâchoires en pinceau le flui-de mucilagineux qui coule des blessures de ces végétaux.

Leurs larves, comme celles de toutes les espèces de Priocérides, habitent les parties mortes ou gâtées des troncs des arbres. Elles vivent plusieurs années sous leur première forme. Nous allons décrire celle du *Dorcus parallelipipedus.* Tête convexe, jaune, lisse, luisante. Epistome transversal; trapézoïdal. Labre cilié et arrondi à son bord antérieur; rétréci d'avant en arrière. Mandibules allongées; d'un rouge fauve à la base, noires et cornées à l'extrémité ; armées au bord incisif de cinq dents dont les deux plus rapprochées de la base peu saillantes. Mâchoires coriaces; divisées en deux branches terminées chacune par un crochet corné : la branche interne garnie de petites épines. Palpes maxillaires coniques; composés de quatre articles,

Menton arqué à son bord antérieur ; portant deux palpes écartés entre eux , peu allongés, coniques. Antennes aussi prolongées que les
mandibules ; de quatre articles : le premier court, subglobuleux : le
second au moins aussi long que les deux suivants réunis, subfiliforme, légèrement renflé vers l'extrémité : le troisième un peu plus
épais que celui-ci dont il a les deux tiers de longueur : le dernier court,
grêle, comme enté sur le précédent. Corps à peine plus large que
la tête ; semi-cylindrique ; arqué en dedans ; composé de treize
anneaux ; d'un blanc sale ou livide sur les premiers, d'un cendré
rougeâtre sur les derniers ; hérissé sur les segments thoraciques de poils jaunâtres peu nombreux ; garni sur les quatrième à
neuvième segments abdominaux de poils très-courts, faisant paraître le dos granulé. Pieds jaunâtres, armés d'un ongle assez fort. Stig-
mates en forme de ◌ renversé. Anus longitudinal. Dernier segment
chargé, de chaque côté du sillon anal, d'une espèce de tumeur ovale.

Les Lucanaires forment trois genres.

GENRES.

Joues prolongées en forme de canthus	à peine jusqu'à la moitié du côté externe des yeux.	Mandibules armées d'une seule dent au côté interne. Massue des antennes de six feuillets.	*Hexaphyllus.*
		Mandibules armées au moins de deux dents au côté interne. Massue des antennes de quatre feuillets.	*Lucanus.*
	sur presque toute la zone médiaire des yeux.		*Dorcus.*

Genre *Hexaphyllus*, HEXAPHYLLE ; NOB.

(εξ, six ; φύλλον, feuille).

Caractères. Joues prolongées en forme de canthus à peine jusqu'à
la moitié du côté externe des yeux. Mandibules armées d'une seule
dent au côté interne. Mâchoires inermes ; terminées par un lobe pénicillé. Palpes maxillaires allongés , grêles , subcomprimés ; à
dernier article faiblement arqué, peu distinctement séparé du
troisième avec lequel il est uni en biseau : le deuxième aussi long que
les deux derniers réunis. Palpes labiaux courts ; à dernier article
subfiliforme ; le plus grand de tous. Languette saillante , pénicillée.
Menton transversal. Massue des antennes de six articles : le premier
plus court. Tête presque aussi large (♂) que le prothorax. Prosternum en forme de bande assez large séparant les pieds antérieurs.
Corps subconvexe.

1. H. Pontbrianti: Nob. *Corps allongé; subconvexe. Tête et pro-*
thorax d'un noir brunâtre : la première couverte de points confluents : le
second marqué de points moins rapprochés et plus superficiels sur le dis-
que; offrant longitudinalement dans le milieu de celui-ci une ligne lisse :
creusé de chaque côté de deux gros points enfoncés. Ecusson en demi-
cercle, ponctué sur toute sa surface. Elytres de couleur marron; poin-
tillées.

♂. Mandibules de moitié plus longues que la tête ; corniformes ;
arquées; diminuant de diamètre de l'origine à l'extrémité ; armées
d'une dent au milieu du côté interne ; terminées en pointe et légèrement relevées à leur extrémité.

Hexaphyllus pontbrianti , Muls. Ann. des Scienc. Phys. et Nat. publ. par la Soc. d'Agric
de Lyon. t. 2. p. 119. pl. 2.

L. 0,^{m}0349 (15 1/2^l) mandibules non comprises. 0,^{m}449 (20^l) mandibules
comprises. Larg. — 0^m,135 (6^l).

♂. Epistome en triangle obtus moins long que large ; subperpendiculaire ; presque entièrement caché, quand l'insecte est vu en dessus,
par le postépistome dont le bord antérieur est avancé en forme d'a-
rête presque tranchante. Tête d'un noir brunâtre ; antérieurement
sinueuse entre le postépistome et les angles de devant ; écointée à
ceux-ci ; légèrement rétrécie d'avant en arrière ; déprimée en dessus;
couverte de points confluents à sa partie antérieure, graduellement
moins marqués et moins rapprochés à sa partie postérieure; sans traces
de rebord à cette dernière. Palpes et antennes d'un brun rouge : massue
de celles-ci d'un gris obscur. Prothorax bissinueux et garni de cils dorés
à son bord antérieur ; à angles de devant avancés en forme de dent;
une fois moins long que large ; subparallèle sur les côtés; fortement
écointé à ses angles postérieurs ; tronqué en ligne droite à la base ;
muni dans toute sa périphérie d'un rebord plus large et plus écrasé
dans le milieu de sa partie antérieure ; médiocrement convexe en
dessus; d'un noir brunâtre médiocrement luisant ; subruguleusement couvert sur les côtés de points moins rapprochés, plus petits et
plus superficiels sur son disque; offrant longitudinalement dans son
milieu une trace linéaire lisse ou les traces légères d'un sillon oblitéré; marqué de chaque côté de celui-ci de deux gros points enfoncés
transversalement placés sur la même ligne. Ecusson en demi-cercle;
subcaréné dans son milieu; ponctué sur tout le reste de sa surface;
d'un noir brunâtre ; peu distinctement garni à sa base d'un duvet
très-court. Elytres un peu plus larges à leur naissance que le protho-

rax à sa base ; à peine aussi larges que ce dernier sur les côtés ; près
de trois fois aussi longues que lui ; munies à l'angle huméral d'une
petite dent obtuse ; légèrement élargies jusqu'au quart de leur longueur ; subcurvilinéairement rétrécies de ce point à l'angle sutural ;
relevées latéralement en gouttière graduellement aplanie et plus large
vers l'extrémité ; faiblement convexes en dessus ; de couleur marron ; assez luisantes ; presque lisses, finement pointillées ; offrant de
légères traces d'une strie juxta-suturale. Dessous du corps brun ; finement ponctué ; garni d'un duvet moins court sur l'arrière-poitrine.
Pieds d'un brun marron ; grêles ; allongés. Jambes de devant armées
au côté externe de deux faibles dents et d'une plus forte bifide à l'extrémité. Jambes intermédiaires et postérieures munies sur l'arête de
deux épines.

Cet insecte a été trouvé en mil huit cent trente-trois, dans les bois
de Rochecardon, près Lyon, par M. Clément Lecourt ; la femelle
m'est inconnue.

J'ai dédié cette espèce à M. de Pontbriant, entomologiste lyonnais.

Genre Lucanus, Lucane ; Scopoli.

(Lucanus, de Lucanie.)

Caractères. Joues prolongées en forme de canthus à peine jusqu'à
la moitié du côté externe des yeux. Mandibules armées au moins de
deux dents au côté interne. Mâchoires inermes, terminées par un
lobe pénicillé. Palpes maxillaires très-allongés, grêles, subcomprimés :
à deuxième article aussi long que les deux suivants réunis : le troisième
court, formant presque une dent au côté interne dans son point de jonction avec le dernier : celui-ci subparallèle. Palpes labiaux à dernier
article aussi grand que les deux autres. Languette saillante, pénicillée.
Menton transversal. Massue des antennes de quatre articles : le premier
plus court. Prosternum en forme de bande assez large séparant les
pieds antérieurs. Corps subconvexe.

Nigidius Figulus qui, selon Macrobe (Saturn. lib. 2. 12.), avait écrit
en plusieurs livres une histoire des animaux qui ne nous est pas parvenue, a, le premier, suivant Pline (11. 28. 34.) donné à la grande
espèce de nos pays le nom de *Lucanus*, soit parce que cet insecte se
trouvait en grand nombre dans la Lucanie, soit parce que ses mandibules avaient de l'analogie avec les cornes des bœufs, qui faisaient
la richesse de cette dernière contrée. Le nom de *Lucanus* reviendrait
à celui de *Taurus volans* sous lequel notre *L. cervus* est désigné dans
les ouvrages de quelques naturalistes antérieurs à Linné.

Quelques mois avant l'apparition de l'ouvrage de Scopoli à qui l'on doit l'emploi générique du nom inventé par Nigidius, Geoffroy avait créé la même coupe sous le nom de *Platycerus*.

1. L. Cervus : Linn. *Corps allongé ; très-faiblement convexe en dessus. Tête et prothorax d'un noir peu luisant : la première couverte de points confluents : le second moins densement ponctué sur son disque ; paré de cils dorés à ses bords antérieur et postérieur ; fortement écointé aux angles de derrière. Écusson légèrement subcaréné. Élytres de couleur marron, subruguleusement pointillées, mais paraissant presque lisses.*

♂. Mandibules de couleur marron, corniformes, notablement plus longues que la tête, armées d'une dent au milieu de leur côté interne et de deux autres vers l'extrémité ; souvent munies en outre de dentelures plus ou moins nombreuses. Cuisses et jambes de devant plus grandes que les intermédiaires.

♀. Mandibules noires, arquées, plus courtes que la tête ; armées de deux dents, situées l'une au dessus de l'autre au milieu de leur côté interne, et d'une seule à l'extrémité. Cuisses de devant plus courtes, que les intermédiaires.

Der Hirsch-Kefer (le cerf-volant) Rœsel, Ins. Belust. t. 2. n. 4. p. 25. pl. 4. f. 1. œufs f. 2 et 3, larve ; 4, coque : 5 et 6, nymphe ; pl. 5. f. 7. 9, ♂ ; 8, ♀ ; 10, 11, détails.
Scarabæus cervus, Linn. Faun. Suec. p. 159. 405.— Muller, Faun. Fried. p. 2. 14.
♂. *Le Grand Cerf-volant*, Geoff. Hist. t. 1. p. 61. 1. pl. 1. f. 1.
♀. *La grande Biche*, Geoff. Hist. t. 1. p. 62. 2.
Lucanus cervus, Scopol. Ent. Carn. p. 1. 1.—Linn. Syst. Nat. p. 559. 1.—Muller, Linn. Nat. p. 94. 1.—De Geer, Mem. t. 4. p. 527. 1. pl. 12. f. 1-6, ♂ ; 7-8, ♀.—Retz. Spec. p. 128. 777.—Fab. Syst. Ent. p. 1. 2.—*Id.* Spec. 1. p. 1. 2.—*Id.* Mant. 1. p. 2.— *Id.* Ent. Syst. 2. p. 236. 2.—*Id.* Syst. El. 2. p. 248. 5.—Laichart. Tyr. Ins. p. 1. 1. α, ♂ ; β, ♀.—Schrank, Enum. p. 19. 52.—*Id.* Faun. Boic. 1. p. 574. 321.—Moll. Nat. Br. 1. p. 149.—Gmel. Linn. Syst. Nat. p. 1588. 1.—De Vill. C. Linn. Ent. 1. p. 41. α, ♂ ; β, ♀.—Razoum. Hist. 1 p. 138. 11. ♂ et pag. 12. ♀.—Leske, Mus. 1. 1.—Oliv. Ent. t. 1. n. 1. p. 9. 2. pl. 1. f. 1 b, 1 c. 1 d. ♂ ; 1 a-g. détails. 1. f., ♀. —*Id.* trad. all. (Illig.) 1. p. 55. 2.—*Id.* Encv. méth. t. 7. p. 578. 2. pl. 133, 2, ♂ ; 3, ♀.—Scriba, Journ. 1. 40. 1.—Rossi, Faun. Etr. 1. p. 1.—*Id.* éd. Helv. 1. 1.— Preyssl. Bœhm. Ins. 1. p. 9. 4.—Schneid. Mag. c. 2. p. 255. 1.—Herbst, Nat. t. 3. p. 287. 1. pl. 33. f. 1. ♂ ; 2. ♀.—Brahm, Rhein. Mag. p. 657.—Panz. Ent. Germ. p. 244. 1.—Hoppe, Taschenb. 1796. p. 169. 15 et 1797 p. 179. 14.—Payk. Faun. Suec. t. 3. p. 45. 1.—Cuv. Tabl. p. 514.—Fallén. Obs. Ent. 2. p. 22. 1.—Ticny, Hist. t. 5. p. 192. f. 1.—Marsh. Ent. Brit. 1. p. 46 ♂ et ♀ (♂ Var.).—Walck. Faun. Par. 1. p. 200.—Latr. Hist. t. 10. p. 246. 1. pl. 80. f. 6. ♂ 7. ♀.—*Id.* Gen. t. 2 135.—*Id.* Nouv. Dict. d'Hist. Nat. t. 18. p. 24.—*Id.* Règn. Anim. 1ᵉ éd. t. 3. p. 281.— 2ᵉ éd. t. 4. p. 573.—Duftsch. Faun. Aust. 1. p. 64. 1.—Shaw. Gen. Zool. t. 6

p. 27. pl. 6. ♂, larve et nymphe (copie retournée de Rœsel).—Thunb. Mem. des Nat.
de Mosc. 1. p. 191. 9.—Gyllenh. Ins. Suec. 1. p. 65. 1.—Baud.-Laf. Monog. p. 6.—
Schoenh. Syn. Ins. t. 3 p. 318.—Mac Leay. Hor. Ent.t.1. 114.—Kœchl. Corresp. pl. 1.
III· VI. ♂; 1, 3, 6, ♀.—Duméril, Dict. des Sc. Nat. t. 27. p. 259.—Boit. Man. 1. 342.
—Steph. Syn. p. 166.—Muls. Lett. 1. 271.—Guérin, Dict. Pitt. t. 4. p. 501. pl. 90·
f. 1. ♂♀.—De Casteln. Hist. t. 2. p. 171. 3.—Heer, Faun. Helv. p. 495. 1.
♀ *Lucanus dorcas*, Mull. Zool. Dan. pr. p. 52. 444.
♀ *Lucanus inermis* . Marsh. Ent. Brit. p. 48. 2.
♂♀. *Platycerus Cervus*, Fourcr. Ent. Par. 1. p. 2. 1.

♂. *Etat normal.* Tête notablement plus large que le prothorax ;
garnie d'un rebord plus saillant à sa partie postérieure que sur les
côtés et subperpendiculairement coupé au tiers de celle-là, en laissant
le tiers médiaire sans traces de rebord. Mandibules : — α, aussi longues
ou plus longues que les élytres ; bifurquées à l'extrémité et armées
d'une dent aussi saillante , dans le milieu de leur côté interne ; munies
de 8 à 9 dentelures antérieurement et de 6 à 7 postérieurement à cette
dent. — β, d'un sixième moins longues que les élytres ; munies de 6 à
7 dentelures antérieurement et de 3 à 5 postérieurement à la dent
médiaire. — γ, de deux cinquièmes moins longues que les élytres ;
munies de 4 à 5 dentelures antérieurement et de 2 à 3 postérieurement
à la dent médiaire.

Var. A. **L. Microcephalus** , Nob. *Tête à peine aussi large que la partie
postérieure du prothorax ; sans rebord ou n'offrant que de faibles traces
d'un rebord non brusquement coupé postérieurement. Mandibules : — δ,
des trois septièmes moins longues que les élytres ; munies de trois dentelures antérieurement et de deux postérieurement à la dent médiaire. — ε,
de moitié aussi longues que les élytres ; munies de deux à trois dentelures
antérieurement et d'une à deux postérieurement à la dent médiaire qui est très-
émoussée. — δ , plus courtes que la moitié de la longueur des élytres; munies
ordinairement de deux dentelures antérieurement, et souvent d'une seule
postérieurement à la dent médiaire qui est très-émoussée. Avant-dernière
dent parfois très-affaiblie. Bord avancé du postépistome quelquefois sans
saillie dans son milieu.*

Lucanus cervus, Laichart. l. c. Var. γ.—Scriba, Journ. p. 269.—Illig. Mag. 1. p. 107.
—Duftsch. l. c. var.—Kœchl. l. c. pl. IX et XII.—Heer, l. c. Var. b.
Lucanus capreolus , Sultzer, Abg. Gesch. 1. 19. pl. 2. f. 1.—Petagn. Ins. Cal. p. 1. 1.—
Rossi , Faun. Etr. 1. p. 2. 2.—*Id.* éd. Helw. 1. p. 2. 2.—Fab. Ent. Syst. t. 2. p. 257.
4.—*Id.* Syst. El. t. 2. p. 249. 5.—Hoppe, Tasch. 1796. p. 181. 34 et 1797 p. 200.
—Thunb. Mem. des Nat. de Mosc. 1. p. 190. 6.—Lamarck, Anim. s. Vert. t. 4. p. 603.
3.—De Casteln. Hist. t. 2. p. 171. 4.
Lucanus hircus , Scheven, In Fuessly, neu. Mag. 1. p. 60.—Scriba, Journ. 1. p. 40. 2.—

Brahm, Ins. Kal. p. 124. 434.—*Id.* Rhein. Mag. p. 657. 2.—Kugel. In Schneid. Mag.
c. 2. p. 255. 2.—Hoppe, Tasch. 1796. p. 179. 35.—Schrank, Faun. Boic. 1. p. 375·
522.—Gyllenh. Ins. Suec. p. 66. 2.

Lucanus capra, Oliv. Ent. 1. 1. p. 11. 5. pl. 1. f. c.—*Id.* Ency. Méth. t. 7. p. 570.—
Latr. Hist. t. 10. p. 247. 2.—Baud.-Lar. Monog. p. 7. 2.—Muls. Lett. 1. 272.

Var. B. **L. Dorcas**, Panz. *Tête un peu moins large que le prothorax ; sans traces de rebord. Mandibules plus courtes que la moitié des élytres ; armées vers leur extrémité interne de trois dents assez faibles et presque égales. Jambes intermédiaires et postérieures triépineuses sur l'arête.*

Lucanus dorcas, Panz. Faun. Germ. 58. 11.—*Id.* Krit. rev. p. 111.

Lucanus capra, Oliv. Ent. 1.-1. pl. 2. f. 1. g.—Boit. Man. 1. 342.

Long. 0^m,0292 à 0^m,0495 (13 à 22^l). Mandibules non comprises.

Larg. 0^m,0112 à 0^m,180 (5 à 8^l)

♂. Epistome en triangle allongé ; châtain avec une bordure noirâtre perpendiculaire ; caché, quand l'insecte est vu en dessus, par le post-épistome dont le bord antérieur est avancé, presque tranchant, légèrement sinueux dans son milieu. Tête d'un noir peu luisant ; transversale, notablement plus large que le prothorax ; antérieurement sinueuse entre le postépistome et les angles de devant ; sinueusement élargie d'avant en arrière ; en arc renversé à la base ; munie, depuis les angles de devant, où il fait une saillie en espèce de dent, d'un rebord graduellement plus relevé jusqu'au tiers de la partie postérieure où il est subperpendiculairement coupé en laissant sans trace de rebord le tiers médiaire de celle-ci, déprimée en dessus, déclive à sa partie antérieure ; granuleusement couverte de petits points confluents ; garnie d'un duvet peu visible, cendré, fin et très court qui la fait paraître légèrement couverte de poussière. Mandibules de couleur marron ; d'une longueur parfois égale à celle des élytres ; subarquées ; bifurquées à l'extrémité, ou terminées par deux dents divergentes ; armées dans le milieu de leur bord interne d'une dent aussi longue, légèrement relevée, précédée et suivie de crénelures ou de petites dentelures obtuses. Palpes et antennes d'un châtain noirâtre : massue des dernières d'un châtain gris. Prothorax plus étroit que la tête ; une fois moins long que large ; bissinueux et cilié de jaune en devant et en arrière ; un peu replié en dessous et garni d'un rebord faible et peu visible sur les côtés ; fortement écointé ou obliquement coupé aux angles postérieurs ; légèrement bissubsinueux ou presque en ligne droite à la base ; muni à cette dernière d'un rebord étroit,

relevé en espèce de dent à ses extrémités ; faiblement convexe en
dessus ; longitudinalement creusé d'un sillon superficiel, brièvement
relevé en carène à son extrémité postérieure ; granuleusement ponctué
ou couvert latéralement de petits grains qui se transforment graduellement en points enfoncés en se rapprochant du disque ; d'un noir
peu luisant ; parsemé comme la tête d'un duvet très-fin et presque
indistinct. Ecusson en demi-cercle ; châtain obscur ; ponctué à la base ;
subcaréné longitudinalement. Elytres un peu moins larges que le
prothorax sur ses côtés ; trois fois au moins aussi longues que lui ;
coupées en ligne droite à la base ; subdentées à l'angle huméral ;
repliées en dessous aux épaules ; élargies latéralement jusqu'au cinquième de leur longueur ; subcurvilinéairement rétrécies ensuite
jusqu'aux deux tiers, et curvilinéairement de ce point à l'angle sutural ;
garnies sur les côtés d'un rebord graduellement moins étroit et plus
plane ; faiblement convexes en dessus ; de couleur châtain ou marron ;
couvertes et presque subruguleusement de très-petits points confluents ; subobsolètement marquées d'une strie juxta-suturale plus
visible postérieurement et graduellement oblitérée vers la moitié antérieure. Dessous du corps noir ; médiocrement luisant, densement
pointillé ; brièvement garni d'un duvet cendré moins indistinct sur la
poitrine. Pieds noirs ; allongés ; grêles. Cuisses et jambes de devant
plus longues ; celles-ci subparallèles ; bidentées à l'extrémité et armées
extérieurement de dents spiniformes isolées ou séparées par de faibles
dentelures. Jambes intermédiaires et postérieures munies sur l'arête
supérieure de quatre épines mi-couchées.

♀. Epistome presque en demi-cercle ; penché , suivant l'inclinaison
de la partie antérieure de la tête ; postépistome peu distinct. Tête notablement plus étroite que le prothorax ; écointée aux angles de devant ; sans traces de rebord ; couverte en dessus de points confluents
et d'une manière chagrinée. Mandibules plus courtes que la tête ;
noires ; fortes ; arquées ; terminées en pointe peu aiguë et armées de
deux autres dents, situées l'une au dessus de l'autre au milieu de leur
côté interne : la supérieure mi-relevée ou subperpendiculaire. Pieds ,
surtout les antérieurs, moins grands. Cuisses plus fortes. Jambes de
devant élargies de la base à l'extrémité ; munies au côté externe de
dents contiguës et graduellement plus fortes. Jambes intermédiaires
et postérieures triépineuses sur l'arête supérieure.

Cette espèce est commune dans tous les parties de la France. Sa larve
dont Rœsel a décrit les formes et les mœurs, vit communément dans le
tronc caverneux des chênes ; elle a été trouvée dans celui d'un cerisier par M. le marquis de la Ferté-Sénectère. Après plusieurs années
d'une existence vermiforme, cette larve se construit avec de la terre

une sorte de coque pour passer à l'état de nymphe. L'insecte parfait paraît en juin. Il vit de feuilles et principalement de la liqueur qui suinte des crevasses des arbres. On peut le nourrir d'eau sucrée; Swamerdam en a gardé pendant longtemps un individu dont il se faisait suivre en mettant du miel à sa portée.

Obs. Malgré les observations de Rœsel qui avait indiqué les différences extérieures par lesquelles se distinguent les sexes, Geoffroy, Marsham et quelques autres, ont cru voir la femelle dans les mâles ayant la taille plus petite et les mandibules moins fortement armées. D'autres écrivains, en plus grand nombre, ont fait une espèce particulière de ces individus dégénérés. Pour démontrer les rapports évidents par lesquels ceux-ci se rattachent au type principal, M. Jean Kœchlin, en 1823, dans un opuscule intitulé: Correspondance Entomologique, donna une suite de figures représentant les principales modifications de l'espèce. L'auteur fut moins heureux dans l'explication des causes capables de les produire. Ces modifications proviennent exclusivement des circonstances dans lesquelles se trouvent les larves. Quand les parties ligneuses destinées à les nourrir sont peu ramollies par l'humidité, ces larves éprouvent à les ronger une difficulté dont se ressent leur développement; et comme nous l'avons remarqué chez les Copriens, les appendices ou les parties les moins utiles à l'insecte, éprouvent le plus visiblement les effets des privations endurées par celui-ci dans son jeune âge. Ainsi chez le *L. cervus* ♂ à mesure que les individus se montrent d'une taille moins forte, l'épistome, d'allongé qu'il était, se change en un triangle moins long que large; les mandibules, dans leur état normal au moins aussi grandes que les élytres, se rappetissent au point de ne pas égaler la moitié de celles-ci; en même temps, leurs dentelures se montrent moins nombreuses; la dent médiaire s'émousse, l'antéro-interne s'affaiblit; ces deux dernières finissent par former avec la pointe de l'extrémité les seules dentelures dont soit muni le côté interne des mandibules. La tête, beaucoup plus large que le prothorax, diminue peu à peu de volume et voit disparaître le rebord élevé dont elle était parée. Enfin les jambes intermédiaires et postérieures perdent une des épines dont elles sont pourvues et se rapprochent ainsi de la conformation de celles des femelles,

Les Romains, suivant Pline (30. 47), suspendaient au cou de leurs enfants, en guise d'amulettes ou de remèdes contre certaines maladies, les mandibules corniformes du Lucane ♂. Autrefois on utilisait cet insecte dans la médecine.

Dans quelques contrées de l'Allemagne, principalement dans les environs de Bamberg, on donne au *L. cervus* ♂ le surnom de *feuer-*

schrœter c'est-à-dire *incendiaire;* les gens de la campagne l'accusent de prendre dans les maisons des charbons ardents entre ses pinces et de les porter sur les chaumières pour y mettre le feu; ils se réunissent, dit-on, pour lui faire la chasse dès qu'il paraît.

Genre *Dorcus* , Dorcus; Mac Leay.

(δορκάς, chèvre sauvage.)

Caractères. Joues prolongées en forme de canthus sur presque toute la partie externe de la zône médiaire des yeux , qu'elles divisent ainsi transversalement. Mandibules saillantes; armées de deux dents au côté interne. Mâchoires munies d'un onglet corné. Palpes maxillaires allongés, subcomprimés; à dernier article légèrement plus renflé vers l'extrémité, presque aussi long que les deux précédents réunis. Palpes labiaux à premier article subfiliforme : le second plus court que la moitié de celui-ci : le dernier ovalaire , subcomprimé , moins long que le premier. Labre et menton transversal (♂) ou presque en demi-cercle (♀). Massue des antennes de quatre articles. Tête aussi large à peu près que les élytres. Prosternum en forme de bande assez large séparant les pieds antérieurs. Corps subdéprimé ou faiblement sub-caconvexe ; subparallèle.

Ce genre a été fondé par M. Mac Leay dans ses Horæ Entomologi-cæ, p. 111; mais il avait été indiqué quelque temps auparavant dans les talogues des naturalistes allemands.

1. D. Parallelipipedus; Linn. *Corps subparallèle ; faiblement subconvexe ; d'un noir peu ou point luisant en dessus. Tête et prothorax ponctués entièrement (♀) ou plus particulièrement sur les côtés (♂). Ecusson ponctué dans sa première moitié. Elytres couvertes de points hexagonaux, séparés par des intervalles étroits formant en relief une sorte de réseau; marquées légèrement d'une strie juxta-suturale. Dessous du corps d'un noir plus luisant.*

♂. Tête marquée de point séparés par des intervalles assez larges, planes, indistinctement pointillés; non chargée de deux points tuberculeux sur le milieu de son disque. Labre transversal, entier. Tarse postérieur presque aussi long que la jambe.

♀. Tête rugueusement couverte de points confluents; chargée sur le milieu de son disque de deux points tuberculeux, transversalement situés l'un près de l'autre. Labre en demi-cercle fendu en de-

vant. Tarse postérieur à peine aussi long que les trois cinquièmes de
la jambe.

La petite Biche, Geoff. Hist. t. 1. p. 62. 3. ♂ (♀) et ♀ (♂).
Lucanus parallelipipedus, Linn. Syst. Nat. p. 561. 6.—Scopoli. 5. années. p. 76. 12.—
  Muller, Nat. p. 98. 6.—De Geer, Mém. t. 4. 354. 2. pl. 12. f. 9 (♀).—Fab. Syst. Ent.
  p. 2. 6.—*Id.* Spec. 1. p. 2. 6.—*Id.* Mant. 1. p. 1. 7.—*Id.* Ent. Syst. 2. p. 259. 11. ..
  Id. Syst. El. 2. p. 251. 16.—Bergstr. Nomencl. 4. pl. 1. 13. 4.—Schrank. Enum
  p. 19. 33. ♂ (♀) et β ♀ (♂).—Laichart. Tyr. Ins. 1. p. 3. 2 (♂). Var. β. (♀).—
  Bonsdorff, Konung. Vetens. 1782, p. 222. 4.—Petagn. Ins. Calab. p. 1. 2.—Gmel.
  Linn. Syst. Nat. p. 1590. 6.—De Vill. C. Linn. Ent. 1. p. 42. 2.—Scriba, journ. 41.
  3.—Oliv. Ent. 1. 1. p. 17. 11. pl. 4. f. 9. ♂ (♀) et ♀ (♂) pl. 4. f. 9. a, b.—*Id.* trad.
  all. (Illig.) 1. p. 66. 11.—*Id.* Ency. Meth. t. 7. p. 581. 11. ♂ (♀) et ♀ (♂).—Rossi,
  Faun. Etr. 1. p. 2. 3.—*Id.* éd. Helw. p. 2. 3.—Preyssl. Bœhm. Ins. p. 10. 5.—Herbst.
  Nat. t. 3. p. 308. 9. pl. 34. f. 5. ♂.—Panz. Ent. Ger. p. 244. 2.—*Id.* Faun. Ger. 2.
  19. (♂).—Hoppe, Tasch. 1797. p. 178. 13.—Payk. Faun. Suec. t. 3. p. 47. 2.—Fallén,
  Obs. Ent. 2. p. 22. 2.—Marsh. Ent. Brit. 1. p. 48. 3.—Walck. Faun. Par. 1. 201. 3.
  —Tigny. Hist. t. 3. p. 197.—Duftsch, Faun. Aust. 1. p. 66. 2.—Thunb. Mém. des
  Nat. de Mosc. 1. p. 196. 18.—Gyllenh. Ins. Suec. 1. p. 67. 3. ♂ Var. β. ♀? (♀).
  —Latr. Gen. t. 2. p. 136. obs.—Baud-Laf. Monog. 8. 3.—Schoenh. Syn. Ins. t. 3.
  p. 325. 26.—Latr. Nouv. Dict. d'Hist. Nat. t. 18. p. 225 (♀).—Duméril, Dict. des
  Sc. Nat. t. 27. p. 259. 2.—Boit. Man. 1. 543.—Muls. Lett. 1. 272.—Ratzer. Forst.
  p. 87. pl. 3. f. 19. A ♂; K tête de la ♀; B larve; G nymphe.—De Casteln. Hist.
  t. 2. p. 173. 15.—Heer, Faun. Helv. p. 493. 2.
Platycerus parallelipipedus, Schoeff. Elem. pl. 101 1 ♂. 2, 3 détails.—*Id.* Icon. pl. 63.
  7.—Harrer, Beschz. n. 2.—Fourcr. Ent. Par. 1. p. 2. 3.—Latr. Hist. t. 10. p. 249. 1
  —*Id.* Règn. Anim. 2ᵉ édition t. 4. p. 579.
♀ *Lucanus infractus*. Bergstr. Nomencl. n. 2. pl. 8. f. 2.
♀ *Lucanus dama*, Muller, Zool. Dan. Prod. p. 52. 446.
♀ *Lucanus capra*, Panz. Faun. Ger. 58. 12.—*Id.* Krit. rev. p. 110.—Heer, Faun. Helv.
  p. 493.
♀ *Lucanus bipunctatus*, Schrank, Faun. Boic. 1. p. 376. 323.
Dorcus parallelipipedus, Mac Leay, Horæ. Entom. t. 1. p. 111. (♂)—*Id.* éd. Leq. p. 24
  1.—Steph. Syn. p. 164.
♀ *Dorcus tuberculatus*, Mac Leay, Horæ. Entom. t. 1. p. 112.—*Id.* éd. Leq. p. 25. 2.

Var. A. D. Immaturus; Nob. *Dessus du corps d'un rouge brun.*
Ann. Soc. Ent. t. 6. p. LXXVII.

L. 0ᵐ,0180 à 0ᵐ,0225 (8 à 10ˡ).—L. 0ᵐ,0078 à 0ᵐ,0081 (3 1/2 à 3 3/4ˡ).

♂. **Dessus du corps d'un noir presque mat.** Tête transversale; subdéprimée, déclive vers son bord antérieur; marquée de points graduellement plus petits vers le centre que sur les côtés; indistinctement pointillée dans les intervalles de ces points; armée de deux
mandibules aussi longues qu'elle, arquées, munies au milieu de leur
bord interne de deux dents, dont la supérieure mi-relevée. Labre trans-

versal, entier. Antennes noires, à massue d'un gris obscur. Prothorax
un peu plus large que la tête; bissinueux en devant; à angles antérieurs avancés en forme de dent émoussée; subcurvilinéairement
parallèle sur les côtés, jusqu'aux angles postérieurs qui sont écointés; tronqué à la base; rebordé à cette dernière ainsi que latéralement; légèrement convexe en dessus; couvert de points confluents
et plus profonds sur les côtés, graduellement moins rapprochés,
plus petits et plus superficiels sur le disque; indistinctement pointillé
sur les intervalles de ces points. Ecusson en triangle curviligne, assez
densement ponctué. Elytres un peu moins larges que le prothorax;
une fois au moins plus longues que lui; subparallèles jusqu'aux deux
tiers de leur longueur, et curvilinéaires de ce point à l'angle sutural;
très-faiblement convexes ou subconvexement subdéprimées; chargées d'un calus huméral saillant; couvertes de points arrondis ou sub-
hexagonaux près des bords latéraux, graduellement plus petits et rétrécis en se rapprochant de la suture, confluents ou séparés par des
intervalles étroits formant une sorte de réseau; offrant parfois les traces presque indistinctes de quelques espèces de stries, parmi lesquelles
la juxta-suturale est ordinairement la moins équivoquement indiquée.
Dessous du corps et pieds d'un noir faiblement luisant. Menton marqué de points assez gros laissant entre eux des intervalles lisses. Arrière-poitrine garnie d'un duvet fauve peu apparent, et squammeuse-
ment ponctuée sur les côtés, glabre, pointillée et légèrement sillonnée sur la partie sternale. Ventre subaspèrement couvert sur les
côtés de points graduellement plus petits sur sa partie médiaire,
donnant chacun naissance à une soie courte et luisante. Cuisses plus
parcimonieusement marquées de petits points. Jambes antérieures bidentées extérieurement à l'extrémité et munies depuis celle-ci jusqu'à la base de huit à neuf dentelures; les intermédiaires et postérieures uniépineuses sur l'arête. Quatre premiers articles des tarses
garnis en dessous d'un fascicule de poils d'un jaune fauve.

♀. Outre les caractères indiqués. Tête un peu moins large. Mandibules plus courtes, armées de dents faibles. Ponctuation du prothorax
un peu plus forte que dans l'autre sexe. Menton rugueusement couvert de points confluents.

Cette espèce est commune dans toute la France. On la trouve dans
les saules et dans différentes autres sortes d'arbres.

2. **D. Oblongus :** CHARPENT. *Corps subdéprimé; noir. Mandibules
armées, au côté interne, d'une dent mi-relevée. Elytres creusées de sillons
ponctués. Tête des femelles non chargées de tubercules.*

Lucanus oblongus, CHARPENT. Horæ. Entom. p. 214.

Cette espèce, que je ne connais pas, habite les Pyrénées, selon M. Charpentier. D'après cet auteur, elle diffère de la précédente par une taille plus allongée ; une ponctuation plus forte et plus profonde ; des élytres sillonnées et densement ponctuées, soit dans les sillons, soit dans les intervalles qui les séparent. La femelle enfin a la tête dépourvue de points tuberculeux.

Obs. Ce dernier caractère serviraità distinguer la ♀ du *D. oblongus* de celle du *D. musimon* trouvé en Sardaigne par M. Géné, et décrit par lui dans les Mémoires de l'Académie de Turin. Le *D. musimon* est d'une taille plus grande que le *D. parallelipipedus.* Le ♂ a le dessus du corps entièrement lisse, sauf l'écusson qui est légèrement ponctué. La ♀ a le corps luisant ; la tête rugueusement couverte de gros points confluents, chargée d'un point tuberculeux sur le milieu de son disque ; le prothorax couvert sur les côtés de points progressivement plus petits et plus superficiels sur le disque ; les élytres creusées de douze à quatorze stries oblitérées aux quatre cinquièmes de la longueur et formées de points ronds et ombiliqués, plus profonds antérieurement et graduellement analogues à ceux qui sont confluents sur l'extrémité des étuis ; les intervalles finement ponctués.

DEUXIÈME BRANCHE.

LES PLATYCÉRAIRES.

Caractères. Yeux entiers. Languette peu ou point saillante ; souvent presque indistinctement pénicillée.

Ces insectes sont de taille médiocre ; quelques-uns brillent d'un éclat métallique. Ils vivent dans les bois et sont principalement nocturnes.

Leurs larves habitent dans un voisinage rapproché les parties gâtées de divers arbres. Celle du *Ceruchus tarandus* donnera une idée de leurs formes. Tête convexe ; d'un jaune ou d'un jaune rouge ; lisse ; parsemée de poils peu nombreux. Labre coriace ; arrondi en devant ; d'un rouge ferrugineux. Mandibules cornées ; allongées ; noires ; bifides à l'extrémité. Mâchoires à deux branches terminées chacune par un crochet subcorné : l'inférieure garnie en outre de poils raides au bord interne. Palpes maxillaires de quatre articles décroissant graduellement de grosseur : le dernier le plus long de tous. rétréci de la base à l'extrémité. Palpes labiaux de deux pièces. Antennes prolongées au moins jusqu'à l'extrémité des mandibules ; de quatre articles : le premier subglobuleux ; le deuxième plus long que les deux suivants réunis, cylindrique, renflé vers l'extrémité : le troisième de moitié moins grand que le second, graduellement plus épais vers le sommet: le dernier petit, grêle, implanté du côté externe sur la troncature du précédent. Corps semi-cylindrique; hexapode; courbé en dedans ; rétréci vers l'extrémité ; d'un blanc sale, postérieurement d'un cendré ardoisé; de treize anneaux ; presque lisse et parsemé de longs poils sur les thoraciques , comme chagriné et garni de poils courts sur les six abdominaux antérieurs. Anus longitudinal. Pieds munis vers l'extrémité de poils subspinosules *;* armés d'un ongle graduellement plus court à chaque paire et presque nul à la dernière.

Cette branche se divise en deux genres.

GENRES.

Pieds antérieurs { séparés par le prosternum, qui forme entre eux une lame aussi saillante que les hanches. *Platycerus.*

rapprochés , cachant le prosternum qui ne forme pas entre eux une lame saillante. *Ceruchus.*

<h3 style="text-align:center">Genre Platycerus, PLATYCÈRE ; GEOFF.</h3>

(πλατὺς , large ; κέρας , corne.)

Caractères. Joues non prolongées sur les yeux. Prosternum formant entre les pieds antérieurs, qu'il sépare, une lame ou bande étroite aussi saillante que les hanches. Mandibules avancées, armées de deux (♀) ou de quatre à cinq dents (♂) à leur bord incisif. Mâchoires inermes, terminées par un lobe pénicillé. Palpes maxillaires allongés ; à dernier article plus renflé vers l'extrémité ; moins long que le deuxième. Palpes labiaux à dernier article graduellement renflé; le plus long de tous. Menton arqué ou en demi-cercle à son bord antérieur ; à surface plane. Antennes géniculées ; à massue de quatre lamelles : la première plus petite. Tête notablement plus étroite que le prothorax (♂♀). Corps subdéprimé ou légèrement convexe ; subparallèle.

Le nom de *Platycerus,* déjà employé par les premiers naturalistes modernes, avait été appliqué génériquement par Geoffroy à nos Lucaniens. Latreille, dans son Précis, le consacra aux insectes de cette coupe , et le donna plus tard à d'autres espèces de la même famille.

Les larves ont beaucoup d'analogie avec celles des Céruches.

1. P. Caraboïdes; LINN. *Dessus du corps subdéprimé ou faiblement subconvexe ; violet , bleu, vert ou vert bronzé. Palpes et scape des antennes d'un rouge brun. Tête et prothorax ponctués : ce dernier arqué et rebordé sur les côtés avec les angles postérieurs subdentiformes. Elytres parallèles, munies latéralement d'un rebord plus large postérieurement ; ruguleuses ; substrialement couvertes de points rapprochés.*

♂ Mandibules aussi longues au moins que les deux tiers de la tête ; armées de quatre à cinq dents au bord incisif. Prothorax à peu près aussi large aux angles de devant qu'à ceux de derrière.

♀ Mandibules à peine aussi longues que la moitié de la tête ; armées au bord incisif de deux dents, y compris celle de l'extrémité. Prothorax sensiblement plus large aux angles postérieurs qu'aux antérieurs.

Etat normal. Dessus du corps α, d'un violet obscur — β, violet — γ, d'un bleu violet — δ, d'un bleu verdâtre.

Scarabæus caraboides, LINN. Faun. Suec. p. 140. 407.

Lucanus caraboides, SCOPOL. Ent. Carn. p. 2. 2.—LINN. Syst. Nat. p. 561. 7.—FAB. Syst. Ent. p. 3. 8.—*Id.* Spec. 1. p. 3. 9.—*Id.* Mant. 1. p. 2. 12.—*Id.* Ent. Syst. 2. p. 259. 14.—*Id.* Syst. El. t. 2. p. 253. 23.— BONSDORF, Konung. Vetens. 1786. p. 222.— LAICHART. Tyr. Ins. 1. p. 3. 3.—RAZOUM. Hist. 1. p. 159. 13.—GMEL. Linn. Syst. Nat. p. 1591. 7.—DE VILL. C. Linn. Ent. 1. p. 43. 3. pl. 1. f. 4.—SCRIBA, Journ. p. 41. 4.—OLIV. Ent. 1. 1. p. 20. 14. pl. 2. f. 2. c. d.—*Id.* trad. all. (Illig.) p. 71. 14.— *Id.* Ency. méth. t. 7. p. 582. 14.—ROSSI, Faun. Etr. 1. p. 3. 4.—*Id.* éd. HELW. 1. p. 3. 4.—PREYSSL. Bœhm. Ins. p. 11. 6.—SCHNEID. Mag. p. 256. 4.—HERBST, Nat. t. 3. p. 310. 10. pl. 34. f. 6. 7.—PANZ. Ent. Beytr. p. 21. pl. 3. f. 1. 2.—*Id.* Ent. Ger. p. 245. 4.—*Id.* Faun. Ger. 58. 13.—HOPPE, Tasch. 1797. p. 177. 12.—PAYK. Faun. Suec. t. 3. p. 49. 4.—CEDERH. Faun. Ingr. pr. p. 85. 263.— MARSH. Ent. Brit. p. 50. 5.—WALCK. Faun. Par. 1. 201. 4.—TIGNY. Hist. t. 5. p. 198.—ILLIG. Mag. t. 4. p. 104. 23.—DUFTSCH. Faun. Aust. 1. p. 68. 4. Var. δ.—LATR. Règn. Anim. 2e éd. t. 4. p. 579.—MULS. Lett. 1. 273.

La Chevrette bleue, GEOFF. Hist. t. 1. p. 63. 4.

Platycerus caraboides, FOURCR. Ent. Par. 1. p. 3. 4.—LATR. Précis. des Caract. gén. p. 2. —*Id.* Hist. t. 10. p. 250.—*Id.* Gen. t. 2. p. 134. 2.—CUV. Tabl. p. 515. 3.—GYLLENH. Ins. Suec. 1. p. 70. 2.—BAUD.-LAF. Monog. p. 10. 1.—SCHOENH. Sys. Ins. t. 3. p. 330. 2.—MAC LEAY, Hor. Ent. t. 1. p. 117.—*Id.* éd. LEQ. p. 29. — CURTIS, Brit. Ent. 6. pl. 274.—BOIT. Man. 1. 343.—STEPH. Syn. p. 164. — DE CASTELN. Hist. t. 2. 173. 1.— HEER, Faun. Helv. p. 496. 1.

Var. A. P. Virescens; NOB. *Dessus du corps d'un vert métallique légèrement bleuâtre.*

FAB. l. c. Var.—LAICHART. l. c. Var. β, etc.

Var. B. P. Viridi-aeneus ; NOB. *Tête et prothorax d'un vert bleuâtre. Elytres d'un vert ou d'un bronzé semi-doré.*

HEER, l. c. Var. b.

Var. C. P. Rufipes; FAB. *Pieds d'un rouge ferrugineux. Elytres rarement — α, violettes — β, bleues ; plus souvent— γ, vertes ou — δ, d'un vert semi-doré.*

Lucanus caraboides, RAZOUM. l. c. Var. 2,—OLIV. trad. all. p. 71. 14,—FAB. Ent. Syst. 1.

c.—Illig. Mag. t. 4. p. 104. 24.—Duftsch. l. c. Var. z.—Heer, l. c. Var. b. (c).
Lucanus rufipes, Herbst, Nat. t. 3. p. 311. 11. pl. 34 f. 8.—Panz. Faun. Ger. 58. 14.—
Id. Krit. Rev. p. 100.—Hoppe, Tasch. 1797. p. 222. 23.—Fab. Suppl. p. 140. 15.
—*Id.* Syst. El. t. 2. p. 253. 24.—Fallén. Obs. Ent. 1. p. 13 et 2. p. 23. 5.—Gyllenh.
Ins. Succ. 1. p. 70. 3.—Thunb. Mém. des Nat. de Mosc. 1. p. 195. 15.
Platycerus rufipes, Latr. Hist. t. 10. p. 251. 3.—*Id.* Gen. t. 2. p. 134 2. obs.—Boit.
Man. 1. p. 345.—De Casteln. Hist. t. 2. 173. 2.

Obs. Razoumowsky et Duftschmidt indiquent une variété toute noire que je n'ai pas vue.

L. 0,^{m}0112 à 0,^{m}0146 (5 à 6 1/2).—L. 0,^{m}0039 à 0,^{m}0050 (1 4/2 à 2 1/4^l)

Dessus du corps glabre et brillant, violet obscur, violet, d'un bleu violet, d'un bleu verdâtre, d'un vert bleuâtre ou d'un vert semi-doré. Tête presque carrée; à angles de devant avancés en forme de lobes; très-fortement échancrée entre ceux-ci; déclive dans cette échancrure, subdéprimée postérieurement; ruguleusement (♀) ou subruguleusement (♂) marquée de points rapprochés (♂) ou presque confluents (♀); peu distinctement hérissée de poils fins et obscurs. Palpes et antennes d'un rouge brun : massue des dernières d'un gris obscur. Prothorax transversal; coupé en arc renversé en devant; à angles antérieurs avancés en forme de dent; subanguleusement arqué et largement rebordé, sur les côtés; à peine plus étroit (♂) ou notablement plus étroit (♀) en devant qu'aux angles postérieurs qui sont légèrement relevés, très-prononcés ou rectangulairement ouverts et presque en forme de dent; tronqué et faiblement rebordé à la base; subdéprimé ou plutôt légèrement convexe en dessus; d'une couleur métallique analogue à celle de la tête; uniformément couvert de points assez rapprochés, séparés par des espaces lisses; offrant longitudinalement dans son milieu les traces d'un léger sillon. Ecusson en triangle curviligne; ponctué; d'un vert bleu ou d'un vert bronzé. Elytres d'un quart plus larges aux épaules que le prothorax aux angles postérieurs; trois fois aussi longues que lui; subsinueusement parallèles jusqu'aux deux tiers de leur longueur; curvilinéairement rétrécies de ce point jusque près de l'angle sutural ou obtusément tronquées à l'extrémité; garnies dans leur périphérie d'un rebord graduellement plus large au devant du bord apical; subdéprimées ou légèrement convexes sur le dos, convexement déclives près des bords latéraux; relevées en rebord le long de la suture et d'une manière graduellement moins prononcée d'arrière en avant; ruguleusement et substrialement marquées de points rapprochés et presque en parallélipipède allongé, formant parfois moins indistinctement les traces de quelques stries. Dessous du corps et pieds d'un bleu métallique, d'un vert bleu, d'un brun verdâtre ou d'un vert obscur; celui-là ponctué; à peu près glabre sur la poitrine, garni sur le ventre de poils fins et peu apparents si ce n'est sur l'hypopygium. Métasternum sillonné. Pieds grêles. Jambes de devant denticulées au côté externe, et bidentées à l'extrémité.

♀. Tête moins large que dans l'autre sexe.

Cette espèce habite les parties froides ou montagneuses d'une grande partie des provinces de la France. On la trouve sur le Pila, dans nos montagnes lyonnaises et quelquefois même dans les bois des environs de Lyon. J'ai pris sa larve dans le pied gâté des troncs de hêtre. Elle se loge également dans d'autres arbres. Celles que j'ai élevées se sont changées en nymphe, du 20 au 25 juillet, et ont subi leur dernière métamorphose, du 15 au 20 du mois suivant.

Genre *Ceruchus*, Ceruche; Mac Leay.

(κεροῦχος, qui a des cornes.)

Caractères. Joues non prolongées sur les yeux. Prosternum caché entre les pieds antérieurs, ne formant point une lame ou bande saillante chargée de les séparer à leur naissance. Mandibules avancées ; cornées ; armées d'une dent et garnies de poils vers le milieu du bord incisif. Mâchoires inermes, terminées par un lobe pénicillé. Palpes maxillaires allongés, subcomprimés ; à dernier article légèrement renflé dans son milieu du côté interne, aussi long que le deuxième qui est élargi vers son extrémité. Palpes labiaux à premier article faiblement arqué au côté externe ; aussi long que le précédent. Languette peu apparente, ciliée. Menton arqué ou en demi-cercle à son bord antérieur ; à surface concave. Antennes subgéniculées ; à premier article légèrement arqué : à massue de trois lamelles. Tête plus large que le prothorax (♂). Corps faiblement convexe.

Ce genre a été formé par M. Mac Leay dans ses Horæ Entomologicæ, pag. 115. Les entomologistes allemands ont indiqué dans leurs catalogues la même coupe sous le nom de *Tarandus.*

1. C. Tarandus; Panz. *Dessus du corps d'un noir luisant ; ponctué. Tête bissinueusement échancrée en devant. Palpes et antennes d'un rouge ferrugineux. Prothorax transversal ; rebordé dans sa périphérie ; à angles postérieurs rectangulairement ouverts et relevés légèrement en forme de petite dent. Elytres à dix stries : la juxta-suturale prolongée jusqu'au bord apical : les autres graduellement affaiblies, oblitérées vers l'extrémité : les sixième à neuvième ordinairement moins distinctes. Dessous du corps brun ou en partie d'un brun rouge.*

♂. Tête plus grande et aussi large que le prothorax. Mandibules aussi longues que la tête; arquées vers l'extrémité; élargies dans leur milieu en une dent relevée; munies de deux dents vers la base; hérissées de poils nombreux au côté interne.

♀. Tête moins grande et moins large que le prothorax. Mandibules notablement plus courtes que la tête; arquées; plus larges à la base que dans leur milieu, et armées, à celui-ci, d'une dent à peine relevée; munies à la base d'une seule dent; parcimonieusement garnies de poils au côté interne.

Lucanus tarandus, Panzer, Beytr. p. 25. pl. 3. f. 3. 4. 5 ♂.—*Id.* Naturf. t. 24. p. 2. 1. pl. 1. f. 1. ♀.—Schneid. Mag. c. 1. p .61.—Schrank, Faun. Boic. 1. p. 378. 325.
Lucanus piceus, Bonsdorff, Konung. Vetens. 1785. p. 222. 5. pl. 8. f. a.—*Id.* trad. allem. p. 217.—Gmel. Linn. Syst. Nat. p. 1591. 15.
Lucanus chrysomelinus, Hohenw. Schrift. de Berl. Nat. fr. t. 6. p. 356. pl. 8. f. 11 (♂).
Lucanus tenebrioides, Fab. Mant. 1. p. 2. 11.—*Id.* Ent. Syst. 2. p. 239. 13.—*Id.* Syst. El. t. 2. p. 252. 21.—Herbst, Nat. t. 3. p. 314. 15.—Froelich, Naturf. t. 26. p. 74. 2.—Panz. Ent. Ger. 243. 3.—*Id.* Faun. Ger. 62. 1 ♂, 62. 2 ♀.—Fallén, Obs. Ent. p. 25. 3.—Duftsch. Faun. Aust. t. 2. p. 67. 3.—Thunberg, Mém. des Nat. de Mosc. 1. p. 204. 23.
Platycerus tenebrioides, Latr. Hist. t. 10. p. 251. 4.—*Id.* Gen. t. 2. p.133. 1.—Gyllenh. Ins. Suec. t. 2. p. 68. 1.—Schœnh. Syn. Ins. t. 3. p. 328. 1.—Boit. Man. 1. p. 343.— De Casteln. Hist. t. 2. p. 175. 4.
Ceruchus tenebrioides, Mac Leay, Horæ. Entom. t. 1. p. 115.—*Id.*éd. Leq. p. 28.—Heer, Faun. Helv. p. 497. 1.

Var. A. C. Sylvicola; Nob. *Dessus du corps d'un rouge brunâtre.*

Mac Leay, l. c. Var. β.

L.0,ᵐ0146 (♀) à 0,ᵐ0180 (♂) (6 1/2 à 8ˡ). —L.0,ᵐ0056 (2 1/2ˡ).

♂. Dessus du corps entièrement d'un noir luisant. Tête plus grande que le prothorax; bissinueusement échancrée en devant, avancée en espèce de dent au dessus du labre; arquée latéralement; rugueusement couverte de points espacés, rugueux sur les côtés, graduellement plus petits et séparés par des intervalles lisses, en se rapprochant du milieu; subconcave derrière l'échancrure, subconvexe sur le reste de sa surface. Antennes et palpes d'un rouge brun : massue des dernières d'un gris obscur. Prothorax transversal; à peine aussi large que la tête; coupé en devant en forme d'⌣; à angles antérieurs avancés en dent assez aiguë; bissubsinueusement subparallèle ou légèrement rétréci d'avant en arrière, sur les côtés; à angles postérieurs subrectangulairement ouverts et relevés légèrement en une petite dent aiguë ; tronqué presque en ligne droite à la base, ou très-légèrement en arc renversé subsinueux dans son milieu ; garni dans toute sa périphérie d'un rebord très-visible : celui de devant plus large mais plus écrasé ; subconvexe en dessus ; uniformément parsemé de points plus petits que les moins gros de ceux de la tête ; ordinairement marqué, au tiers de la longueur, d'une fossette punctiforme de chaque côté du disque ; indistinctement chargé d'une arête transversale sur son milieu. Écusson presque en demi-cercle, ponctué. Élytres à peine plus larges aux épaules que le prothorax à ses angles postérieurs ; trois fois aussi longues que lui ; presque armées d'une petite dent à l'angle huméral ; subsinueusement parallèles jusqu'aux deux tiers de leur longueur ; curvilinéairement rétrécies de ce point à l'angle sutural ; munies d'un rebord plus large au devant du bord apical ; subdéprimées ou faiblement convexes sur le dos, subperpendiculaires sur les côtés ; marquées sur toute leur surface de points d'une grosseur à peu près égale à ceux du prothorax, mais plus rapprochés que ceux-ci, moins petits et moins distancés de la base à l'extrémité ; rayées de quelques rides transversales peu apparentes ; à dix stries environ, graduellement affaiblies d'avant en arrière et en partie oblitérées avant d'arriver au bord apical ; chargées près de ce dernier d'un calus formé ou rendu apparent par la profondeur subsulciforme des stries juxta-suturale et externe, parialement réunies. Dessous du corps et pieds, bruns ou souvent d'un brun rouge sur le ventre et sur une partie des cuisses ; celui-là pointillé, mais marqué de points moins petits et plus distancés sur les côtés de l'arrière-poitrine. Métasternum non sillonné. Pieds assez grêles. Cuisses postérieures plus épaisses. Jambes de devant aplaties, sensiblement élargies de la base à l'extrémité ; armées au côté externe de dents dont l'avant-dernière est la plus forte, séparées par des intervalles subdenticulés. Jambes intermédiaires et postérieures munies sur l'arête externe de dents agglomérées et subgraduellement moins petites dans le milieu.

♀. Tête sensiblement plus étroite que le prothorax et moins grande que lui ; marquée sur les côtés de points qui ne sont pas rugueux ; moins visiblement subconcave à sa partie antérieure. Prothorax bissubsinueusement en arc renversé en devant, légèrement avancé en pointe dans le milieu de son bord antérieur ; à angles de devant émoussés ; subcurvilinéairement et bissubsinueusement élargi faiblement d'avant en arrière ; marqué en dessus de points aussi rapprochés que ceux de la tête et aussi gros que les moins petits de cette dernière. Dessus du corps d'un noir médiocrement luisant.

Cette espèce rare paraît jusqu'à ce jour habiter exclusivement les Alpes. Je l'ai reçue de M. de Verneuil qui l'avait trouvée à la Char-

treuse ; je l'ai prise moi-même plusieurs fois dans la même localité.
Elle paraît en août. Sa larve vit dans le tronc des sapins mi-pourris ,
couchés sur le sol et se cache souvent profondément dans leur sein.
La première fois que je l'ai trouvée j'étais aidé dans mes recherches
par M. Nourrisson.

SECONDE FAMILLE.

LES SINODENDRIENS.

Caractères. Métasternum presque uni au mésosternum et formant
avec lui une bande de séparation entre les pieds intermédiaires, à
leur naissance. Prosternum dilaté à sa partie antérieure; rétréci entre
les pieds de devant en forme de lame presque interrompue et moins
saillante que les hanches ; prolongé postérieurement en une courte
saillie non destinée à se cacher sous l'avancement du métasternum.
Mandibules peu apparentes. Epistome armé d'une corne ou d'un tubercule corniforme. Tête subhorizontale ou penchée. Corps semi-cylindrique.

Les insectes de cette branche vivent également pendant leur jeune
âge dans les parties mortes ou cariées des arbres, et sous leur dernière
forme on les trouve généralement pendant le jour dans les mêmes
lieux ou non loin de là.

Nous allons décrire la larve de la seule espèce connue en France.
Tête convexe; d'un jaune fauve; lisse. Labre d'un rouge corné ; ponctué;
presque en parallélogramme transversal ; arqué sur les côtés ; muni
de cils spinosules à sa partie antérieure. Mandibules allongées ; subcornées et d'un jaune fauve à la base, noires et cornées à l'extrémité :
l'une bidentée , l'autre tridentée au bord incisif ;munies d'une autre
dent rudimentaire plus rapprochée de la base. Mâchoires subcoriaces;
à deux branches terminées l'une et l'autre par un crochet unguiforme:
l'inférieure garnie en outre de poils spinosules. Palpes maxillaires de
quatre articles décroissant graduellement de grosseur : le dernier
conique. Menton presque carré. Palpes labiaux de deux articles: le
dernier grêle. Antennes aussi longuement prolongées que les mandibules; de quatre articles: le premier subglobuleux : le 3e formant
ordinairement un coude avec le précédent, égalant environ la moitié
de la longueur de celui-ci, graduellement renflé: le 4e grêle, petit,
comme enté sur le 3e. Corps semi-cylindrique, arqué en dedans; d'un
blanc cendré dans ses deux tiers antérieurs, ardoisé postérieurement;
de treize anneaux: le prothoracique marqué de deux fossettes, moins
grand que les derniers segments abdominaux, légèrement plissé sur

les côtés ainsi que les deux suivants: les cinq premiers anneaux de l'abdomen non ridés et garnis en dessus de poils très-courts, mi-couchés en arrière, servant à la progression : les derniers segments peu densement garnis de poils assez longs. Anus longitudinal; bordé de chaque côté par une sorte de plaque ou de tumeur ovale. Pieds garnis de poils; composés de quatre pièces. Cuisses plus longues que la jambe, et celle-ci que le tarse qui est terminé par un ongle.

Genre *Sinodendron*; Sinodendre, Helwig, Inéd. Fab.

(σίνω, causer du dommage; δένδρον, arbre.)

Caractères. On peut ajouter à ceux que nous avons mentionnés ci-dessus: Mandibules courtes, cornées, arquées, trigones, sans dents ou munies seulement d'une faible dentelure au côté interne. Mâchoires inermes, terminées par un lobe pénicillé. Palpes maxillaires subcom-primés; à 1ʳ article court : le 2ᵉ graduellement renflé vers le sommet : le 3ᵉ obconique, court: le dernier notablement moins long que le second, allongé (♂), ou subovalaire (♀). Palpes labiaux courts. à dernier article ovale. Menton subtriangulaire, cachant presque entièrement la languette. Antennes subgéniculées, à scape grêle, presque aussi long que tous les suivants réunis: à massue composée de trois articles subla-mellaires ou dilatés au côté interne.

En 1790, dans les écrits de la Société d'histoire naturelle de Copen-hague, Fabricius avait publié ce genre sous le nom de *Ligniperda*. Son travail fut reproduit en 1791 dans le Magasin de Schneider. Le pro-fesseur de Kiel avait négligé de mentionner qu'Helwig lui avait, le premier, signalé cette coupe, sous le nom de *Sinodendron* dont celui de *Ligniperda* n'était que la traduction. Ce dernier naturaliste ayant re-levé cet oubli (Schneid. Mag. p. 391.), Fabricius, dans son Entomologia Systematica, adopta la dénomination Helwigienne dont il dénatura le sens en substituant un *y* à un *i*, (*Synodendron*). Brahm restitua à ce mot sa véritable orthographe qui depuis a été généralement adoptée.

1. S. Cylindricum; Linn. *Corps semi-cylindrique; d'un noir luisant. Prothorax marqué de gros points enfoncés, lisse longitudinalement sur son disque, et muni d'une saillie à la partie antérieure de cette trace imponc-tuée. Elytres à dix stries; marquées de gros points sur les intervalles : les troisième et cinquième légèrement relevés chacun en forme de côte gra-duellement affaiblie postérieurement.*

♂. Tête armée d'une corne mi-relevée, au moins aussi longue qu'elle. Prothorax offrant à sa partie antérieure une troncature oblique, dont la périphérie s'avance en rebord sinueux.

♀. Tête munie d'un tubercule corniforme, à peine moitié aussi long qu'elle. Prothorax creusé de deux fossettes à sa partie antérieure.

Scarabæus cylindricus, LINN. Faun. Suec. p. 133. 380.—*Id*. Syst. Nat. p. 544. 11.—
DE GEER, Mém. t. 4. p. 258. 3. pl. 10. f. 2 et 3 (tête grossie).—RETZ. Spec. p. 120.
714.—FAB. Syst. Ent. p. 12. 33.—*Id*. Spec. Ins. 1. p. 12. 39.—*Id*. Mant. 1. p. 6. 41.
—SCHÆFF. Icon. pl. 201. 1, ♂; 2, ♀.—GMEL. Linn. Syst. Nat. p. 1552. 11'.—DE VILL.
C. Linn. Ent. 1. p. 12. 3.—HERBST, Nat. t. 1. p. 307. pl. 6. f. 8. 9.—PREYSSL. Bœhm.
Ins. 29. 27.—OLIV. Ent. 1. 3. p. 47. 54. pl. 9. f. a, b, c, ♂♀.
Lucanus cylindricus, LAICHART. Tyr. Ins. 1. p. 4. 4.—MOLL, Nat. Brief. t. 1. p. 151. 4.
—SCRIBA, Journ. 1. p. 42. 5.—MARSH. Ent. Brit. p. 50. 5.
Ligniperda cylindrica, FAB. In SCHNEID. Mag. 1. p. 18. — KUGEL. Schn. Mag. p. 256.
Synodendron cylindricum, FAB. Ent. Syst. 2. p. 358. 1.—CEDERH. Faun. Ingr. Pr. p. 101.
306.—PAYK. Faun. Suec. t. 3. p. 140. 1.—DUMÉRIL, Dict. des Sc. Nat. t. 51. p. 482.
pl. 8. f. 3 ♂.
Sinodendron cylindricum, BRAHM, Rhein. Mag. p. 660. 6.—PANZ. Ent. Germ. p. 282. 1.
—*Id*. Faun. Germ. 1. pl. 1. a, b ♂; c. antennes; pl. 2. 11 ♀; a, tête et prothorax grossi.
—TIGNY, Hist. t. 5 p. 21. f. 1.—FAB. Syst. El. t. 2. p. 376. 1.—LATR. Hist. t. 10. p. 156.
1.—*Id*. Gen. t. 2. p. 101. 1.—*Id*. Nouv. Dict. d'Hist. Nat. t. 31. p. 307 pl. R. 1. f. 7.
—DUFTSCH. Faun. Aust. t. p. 72. 1.—GYLLENH. Ins. Suec. 1. 71. 1.—BAUD-LAF. Monog.
p. 11. 1.—LAMARK, Anim. s. Vert. t. 4. p. 598.—MAC LEAY, Hor. Ent. p. 118.—*Id*. éd.
Leq. p. 30.—BOIT. Man. 1. 341.—ZETTERST. Faun. Lapp. p. 169.—*Id*. Ins. Lap. p. 110.
—GUÉRIN, Icon. Règu. Anim. pl. 27. f. 1 ♂ et détails.—RATZEB. Forst. p. 87.—
WESTWOOD, Introd. to class. of Ins. pl. 18. f. 11, 12 et 13.—DE CASTELN. Hist. t. 2. p. 176.
—HEER, Faun. Helv. p. 497.

Var. A. S. Juvenilis ; NOB. *Dessus du corps ou seulement les élytres et les pieds d'un rouge brun.*

L. 0,ᵐ0123 à 0,ᵐ0146 (5 1/2 à 6 1/2ˡ).—L. 0,ᵐ0045 à 0,ᵐ0050 (2 à 2 1/4ˡ).

♂. Corps semi-cylindrique ; d'un noir luisant en dessus. Tête presque en demi-cercle ou en ogive ; subcarénée et parcimonieusement ponc_tuée en dessus ; rebordée sur les côtés ; armée à sa partie antérieure d'une corne de moitié plus longue qu'elle, subarquée, penchée ou mi-relevée graduellement rétrécie, denticulée de chaque côté de son bord postérieur, et hérissée sur la dernière moitié de celui-ci de poils d'un jaune doré. Prothorax notablement plus large que la tête ; coupé en arc renversé en devant ; à angles antérieurs avancés en forme de dent saillante ; parallèle latéralement ; aussi long que large, arrondi aux angles postérieurs ; tronqué à la base ; muni dans toute sa périphérie d'un rebord moins prononcé en devant ; semi-cylindrique ou légèrement relevé d'arrière en avant ; obliquement tronqué ou déclive dans ses deux cinquièmes antérieurs ; avancé dans le pourtour de cette déclivité en un rebord trisinueusement découpé ou unidenté de chaque

côté et prolongé en pointe plus saillante dans la partie médiaire ;
d'un noir mat, peu profondément ponctué et garni de poils indistincts
sur la déclivité ; d'un noir luisant, glabre et profondément marqué
sur le reste de sa surface de gros points, laissant sur le disque un assez
grand espace lisse. Écusson presque en demi-cercle, marqué postérieurement d'une impression transversale. Élytres à peine moins larges
que le prothorax ; de moitié plus longues que lui ; subparallèles
jusqu'aux deux tiers de leur longueur ; curvilinéairement rétrécies de
ce point à l'angle sutural ; luisantes ; convexes en dessus ; à dix stries :
les 2ᵉ et 9ᵉ parialement réunies postérieurement en enclosant un calus
prononcé ; les 3ᵉ à 8ᵉ s'oblitérant sur ce calus. Intervalles profondément marqués de points ronds au moins aussi gros que ceux du
prothorax ; les 3ᵉ et 5ᵉ intervalles relevés chacun en une sorte de côte
assez légère et graduellement affaiblie en se rapprochant du calus postérieur. Dessous du corps d'un noir brunâtre ou brun , surtout sur le
ventre ; luisant ; pointillé ; peu densement garni d'un duvet fauve
faiblement apparent. Arrière-poitrine bombée. Métasternum sillonné.
Pieds d'un noir brun. Jambes denticulées au côté externe : les antérieures sur une, les autres sur deux rangées, hérissées de poils très-fins.

♀. Tête subconvexe ; couverte de gros points presque confluents ;
garnie de poils faiblement apparents ; munie d'une tubercule subcorniforme , égalant à peine le tiers de sa longueur , et détaché de la
partie antérieure qui est rebordée ainsi que les côtés. Prothorax subcurvilinéairement déclive d'arrière en avant dans sa première moitié ;
antérieurement creusé de deux grosses fossettes contiguës, dont l'angle
antéro-externe et la ligne de séparation forment chacun une sorte
de dent ; lisse en dessus sur un espace plus rétréci ou longitudinalement linéaire.

Cette espèce habite généralement les parties froides ou septentrionales de la France. On la trouve sur le mont Pila , et moins rarement à la Chartreuse, dans les parties mortes ou cariées des hêtres et
principalement des frênes. Elle a été trouvée en Auvergne dans le
châtaignier, par M. Baudet Lafarge. Dans la Normandie, elle vit dans le
pommier à cidre. La larve se nourrit aux dépens des mêmes arbres.

Obs. Chez les mâles les plus développés la corne est longue , très-
visiblement denticulée postérieurement , et le prothorax graduellement plus élevé d'arrière en avant que le niveau des élytres. Chez les
individus moins bien développés, la corne montre un raccourcissement
plus ou moins sensible , des dentelures moins apparentes ou presque
oblitérées ; et le prothorax est horizontal ou suit le niveau des élytres.
Les femelles éprouvent des modifications en harmonie avec celles de
l'autre sexe.

TROISIÈME FAMILLE.

LES ÆSALIENS.

Caractères. Métasternum avancé seul entre les pieds intermédiaires à leur naissance. Prosternum antérieurement dilaté en demi-cercle; prolongé postérieurement en une saillie dont l'extrémité glisse ou se cache légèrement sous l'avancement du métasternum, quand l'insecte incline le prothorax. Tête subperpendiculaire. Corps court, convexe.

Les Æsaliens vivent, surtout à l'état de larve, dans les parties mortes des arbres.

Dans le premier congrès des naturalistes allemands réunis à Breslau, M. le docteur Hammerschmidt a lu un mémoire sur l'anatomie de la larve de l'*Æs. scarabœoïdes.* Ce mémoire n'ayant pas encore été imprimé, à notre connaissance, nous allons décrire cette larve. Tête convexe, luisante, parcimonieusement garnie de longs poils. Épistome transversal. Labre moins large, cilié en devant. Mandibules cornées; arquées; noires; longitudinalement sillonnées au côté externe; l'une bi, l'autre tridentée à l'extrémité du bord incisif. Mâchoires à deux branches brièvement terminées par une pointe subcornée. Palpes maxillaires et labiaux à dernier article conique. Antennes de quatre pièces : la première subglobuleuse, petite : la deuxième cylindrique, plus longue que les autres réunies : la troisième graduellement renflée vers le sommet : la quatrième petite, grêle, comme entée sur la précédente. Corps semi-cylindrique, hexapode; courbé en dedans, à peine plus large que la tête; de treize anneaux ; d'un blanc sale, avec la partie postérieure ardoisée; parcimonieusement garni d'assez longs poils. Anus longitudinal. Pieds armés d'un ongle.

Au terme de sa vie vermiforme, la larve se construit une petite cavité dans la partie du bois où elle s'est arrêtée, et après quelques jours de repos, elle se change en nymphe.

Cette famille ne renferme que la coupe suivante.

Genre *Æsalus,* ÆSALE, FABR.

(αἰσάλων, oiseau de proie.)

Caractères. Outre ceux indiqués : Mandibules saillantes; cornées armées dans leur milieu d'une dent relevée en forme de corne dans les mâles. Mâchoires inermes, pénicillées. Palpes maxillaires allongés, subcomprimés; dernier article renflé dans son milieu, plus grand que le deuxième : le troisième court. Palpes labiaux à dernier article ova-

laire : le premier moins court que le deuxième. Languette peu apparente. Menton presque en demi-cercle, cachant la base des mâchoires.
Antennes subgéniculées, à scape arqué, comprimé, d'égale grosseur,
presque aussi long que tous les autres articles réunis : à massue de trois
lamelles. Prothorax coupé en devant en arc renversé pour recevoir
la tête; élargi d'avant en arrière sur les côtés. Jambes comprimées,
multidentelées au côté externe.

1. **Æ. Scarabæoïdes.** Creutzer, inéd. Panz. *Corps subparallélipipède; convexe; d'un brun rouge en dessus. Tête et prothorax marqués de
points ronds; hérissés de soies d'un livide jaunâtre. Elytres couvertes d'ovales
imprimés; chargées de cinq côtes légères, hérissées de soies alternativement brunes et d'un livide blanchâtre sur des espaces assez réguliers. Dessous du corps d'une couleur un peu plus claire. Anneaux du ventre crénelés.*

♂. Dent du milieu des mandibules allongée, élevée, corniforme.

♀. Dent des mandibules courte, subhorizontale.

Lucanus scarabæoïdes, Panz. Faun. Germ. 26. 15 ♂; 26. 16 ♀.—*Id.* Ent. Germ. p. 245. 5.
Æsalus scarabæoïdes, Fab. Syst. El. t. 2. p. 254. 1.—Latr. Hist. t. 10. p. 257. pl. 86.
f. 1.; 2 à 5, détails.—*Id.* Gen. t. 2. p. 133.—*Id.* Nouv. Dict. d'Hist. Nat. t. 1. p. 180.—
Duftsch. Faun. Aust. 1. p. 70. 1.—Gyllenh. Ins. Suec. t. 3. add. p. 673. 1.—Schoenh.
Syn. Ins. t. 3. p. 331.—Lamark, Anim. S. Vert. t. 4. p. 599.—Mac Leay, Hor. Ent.
p. 103.—*Id.* éd. Leq. p. 17.—Lepel. de S. Farg. et Aud. Serv. Encycl. Méth. t. 10.
p. 435. pl. 359. f. 46 à 53.—Boit. Man. 1. p. 541.—De Casteln. Hist. t. 2. p. 177.
—Heer, Faun. Helv. p. 497. 1.

L. 0^m,0045 à 0^m,0067 (2 à 3^l).—L. 0^m,0030 à 0^m,0041 (1 2/3 à 1 4/5^l).

Dessus du corps d'un brun rougeâtre, d'un brun rouge ou quelquefois même d'un rouge brun. Tête noirâtre près des bords; subconvexement perpendiculaire; couverte de points ronds et rapprochés, desquels se hérissent des soies d'un livide obscur, souvent enlevées.
Epistome subtriangulaire. Suture frontale indiquée par un léger sillon.
Antennes et palpes d'un brun rouge. Yeux noirs. Prothorax en arc
renversé en devant, embrassant ainsi la partie postérieure de la tête;
à angles antérieurs en forme de dent aiguë; subsinueusement d'abord,
puis subcurvilinéairement élargi sur les côtés jusqu'aux angles postérieurs qui sont peu émoussés et rectangulairement ouverts; subhori-
zontalement relevé latéralement en une sorte de rebord assez larges;
sans rebord à la base; prolongé à celle-ci en forme d'angle tronqué
à l'extrémité; presque une fois moins large en devant qu'à sa partie
postérieure; convexe en dessus d'un bord latéral à l'autre; convexement déclive d'arrière en avant; couvert comme la tête de points

ronds, desquels se hérissent des espèces de soies obscures et souvent enlevées au moins en partie. Ecusson en triangle curviligne, à côtés plus longs que la base ; ponctué. Elytres à peine aussi larges à leur naissance que le prothorax à ses angles postérieurs ; trois fois aussi longues que lui ; subparallèles, vues en dessus, jusqu'aux deux tiers de leur longueur ; arrondies à l'extrémité ; angulairement abaissées au tiers de leur bord externe ; convexes en dessus ; marquées d'ovales imprimés un peu moins rapprochés que les points du prothorax ; chargées de cinq côtes légères, également distancées, hérissées de soies elliptiques, comprimées, mi-couchées, alternativement brunes et d'un blanc sale sur des espaces presque égaux : la bande juxta-suturale atteignant l'extrémité : les deuxième et troisième parialement réunies aux quatre cinquièmes de la longueur : les quatrième et cinquième au moins aussi longuement prolongées. Dessous du corps d'un rouge brun; parcimonieusement garni de soies très-courtes, couchées, d'un blanc livide, peu apparentes ; marqué sur l'arrière-poitrine de demi-chaînons obliquement liés ; ponctué sur l'hypopygium; subvermiculé sur les autres anneaux abdominaux, dont le bord est crénelé. Pieds d'un rouge brun; garnis de soies blanchâtres. Cuisses ponctuées; presque rebordées : les antérieures plus enflées. Jambes comprimées : celles de devant subcurvilinéairement élargies de la base au sommet; toutes munies en dessous d'une arête assez légère ; armées au côté externe de dents inégales : celle de l'extrémité plus saillante, subdenticulée. Quatre premiers articles des tarses courts, obconiques, garnis en dessous de longs poils.

Cette espèce a été, pour la première fois, trouvée en automne par Creutzer, dans un chêne gâté, à Neuwaldegg, près Vienne en Autriche, et décrite par Panzer. Elle est rare en France. M. Silbermann l'a prise à Strasbourg; M. Nourrisson me l'a envoyée du département de la Moselle ; elle m'a été donnée également ainsi que sa larve par M. Foudras : ce dernier avait trouvé l'une et l'autre à Uriage, près Grenoble, dans la souche d'un châtaignier.

Obs. Les soies qui forment les bandes longitudinales des élytres, les livides surtout, sont assez souvent enlevées, au moins en partie.

TABLE

PAR ORDRE ALPHABÉTIQUE.

Les majuscules grasses indiquent les groupes , (Ex.: **PÉTALOCÉRIDES**).

Les petites majuscules grasses ind. les familles , (Ex.: **ÆSALIENS**).

Les lettres minuscules grasses ind. les branches, (Ex.: **Anomalaires**).

Les lettres égyptiennes indiquent les rameaux , (Ex.: **Ammœciates**).

Les majuscules en caractères romains indiquent les genres adoptés dans cet ouvrage. (Ex.: ACROSSUS).

Les majuscules italiques indiquent les genres non adoptés. (Ex.: *ACTINOPHORUS*.)

Les minuscules en caractères romains , indiquent les espèces adoptées dans cet ouvrage , (Ex.: Depressus).

Les minuscules italiques indiquent les espèces non adoptées , (Ex.; *Cantharus*).

ACROSSUS.	269
Depressus.	278
Discus.	269
Rufipes.	271
Luridus.	274
Pecari.	281
ACTINOPHORUS.	
Cantharus.	55
Geoffroyi.	55
Sacer.	46
Schœfferi.	62
Semi-punctatus.	50
ÆGIALIA.	326
Arenaria.	326
Cornifrons.	339
Elevata.	303
Globosa.	327
ÆSALIENS.	604
ÆSALUS.	604
Scarabæoïdes.	605
ALEUROSTICTUS.	
Variabilis.	550
Ammœciates.	501
AMMOECIUS.	502
Elevatus.	502
AMPHIMALLUS.	440
Ater.	440
Fallenii.	447

Marginatus. 454
Paganus. 455
Pini. 442-443
Rufescens. 452
Solstitialis. 449-450
Tropicus. 444-445
ANISOPLIA. 484
Agricola. . . . 488-489-490
Arenaria. 497
Arvicola. 492-494
Austriaca. 485-487
Campestris. 496
Horticola. 499-500
ANOMALA. 482
Frischii. 476-477
Julii. 476-478
Junii. 482
Vitis. 477
Anomalaires. 473
ANOXIA. 417
Australis. 420
Matutinalis. 417-418
Pilosa. 425
Scutellaris. 422
Villosa. 425-426
Aphodiaires. 160
Aphodiates. 160
APHODIENS. 156
APHODIUS. 178
Alpicola. 191
Anachoreta. 235-236
Arenarius. 306-326
Asper. 314
Ater. 195-196
Bicolor. 187
Bimaculatus. 201
Cæsus. 312
Carbonarius 199
Conflagratus. 179
Conjugatus. 182
Conspurcatus. . . 240-241-244-246
Consputus. 258
Consputus. . . . 283 284-285
Contaminatus. 283-291
Depressus. 279

Discus. 270
Elevatus. 302
Exiguus. 210
Fasciatus. 182
Ferrugineus. 233
Fimetarius. 186
Fimetarius. 184
Fœtens. 183-184
Foriorum. 232
Fossor. 177
Globosus. 326
Granarius. 198
Granarius. 212-213
Granum. 212-213
Hæmorrhoïdalis. . . . 173-174
Hydrochæris. 217
Hypocyphtus. 222
Ictericus. 229
Immundus. 226-227
Inquinatus. . . . 243-244-246
Inquinatus. 198-248
Insubidus. 288
Lineolatus. 237-238
Lividus. 235-236
Lividus. 275
Lugens. 224-225
Luridus. . . 274-275-276-277
Marginalis. 284
Melanostictus. 240
Merdarius. 231-232
Mæstus. 199
Monticola. 215
Niger. 198-202-204
Nigripes. . . . 275-276-279
Nitidulus. 229
Nubilus. 246
Obliteratus. 288
Oblongus. 272
Obscurus 264-265
Obscurus. 196
Pecari. 281
Pedellus. 187
Pictus. 248
Plagiatus. 203-204
Porcatus. 309

Porcicollis.	323
Porcus.	267
Prodromus.	255 258 283-284
Punctatosulcatus.	285
Pusillus.	212-213
Quadriguttatus.	260-261
Quadrimaculatus.	206
Quadrimaculatus.	261
Quadripustulatus.	206-261
Rubens.	189
Rufescens.	222
Rufipes.	272-274-276
Rufitarsis.	275-276-277
Sabuleti.	319
Scropha.	295
Scrutator.	168
Scybalarius.	179-180
Sericatus.	262-263
Sordidus.	220-221-222
Sphacelatus.	283-284-285
Sticticus.	255
Subterraneus.	171
Sulcicollis.	321
Sus.	297
Sylvaticus.	177
Terrenus.	196
Terrestris.	196-201-202
Tessulatus.	251-252
Testudinarius.	300
Thermicola.	263
Tristis.	208
Varians.	201-202
Variegatus.	276
Vernus.	193
ARMIDEUS.	
Typhœus.	354
ATEUCHUS.	
Flagellatus.	58
Flavipes.	99
Geoffroy.	55
Laticollis.	52
Ovatus.	152
Pallipes.	96
Pilularius.	53
Pius.	46
Sacer.	46
Schæfferi.	62
Schreberi.	145
Semi-punctatus.	50
Bolbocéraires.	547
BOLBOCERAS.	347
Gallicus.	350
Mobilicornis.	347-348-349
BRACHYPHYLLA.	465
Ruricola.	465
BUBAS.	76
Bison.	77
Bubalus.	80
CALICNÉMIENS,	386
CALICNEMIS.	387
Latreillæi.	387
CATALASIS.	
Pilosa.	425
CERATOPHYUS.	353
Mobilicornis.	348-349
Typhœus.	353-354
CERUCHUS.	597
Tarandus.	597
Tenebrioides.	598
CETONIA.	546
Ænea.	556-557
Ænea.	560
Æruginea.	560
Affinis.	548-549
Albiguttata.	557
Angustata.	552
Aurata.	562-563
Aurata.	547-554 557-560
Cardui.	550
Cordata.	550
Cuspidata.	553
Eremita.	526
Eremitica.	526
Fasciata.	559
Fastuosa.	547-549
Floralis.	570
Floricola.	554
Funesta.	573
Hemiptera.	522
Hirta.	577

Hirtella.	575
Luridula.	563
Lugubris.	560
Marmorata.	560
Metallica.	553-554
Metallica.	557
Morio.	565
Nobilis.	553
Oblonga.	568
Obscura.	554
Octo-punctata.	530-566
Quadripunctata.	566
Quercûs.	549-560
Speciosissima.	546-547
Squammosa.	570
Stictica.	573
Tincta.	570
Valesiaca.	564
Variabilis.	530

Cétoniaires. 542

CÉTONIENS. 517

COELODERA.

Excavata.	390

COLOBOPTERUS. 165

Erraticus.	165

Copriaires. 64

COPRIENS. 40

COPRIMORPHUS. 168

Scrutator.	168

COPRIS. 67

Acornis.	115
Affinis.	132-133-134
Alces.	105
Amyntas.	105
Arachnoides.	62
Arenarius.	306
Asper.	314
Bimaculatus.	201
Bison.	77
Capra.	139-140
Coenobita.	128
Conflagrans.	179
Conspurcatus.	132
Corniger.	138
Dorcas.	559

Emarginatus.	73
Erraticus.	166
Fimetarius.	187
Flagellatus.	58
Flavipes.	99
Foetens.	222
Fossor.	177
Fracticornis.	119
Fulvus.	99
Furcatus.	149
Gagates.	276
Geoffroae.	54
Gibbosus.	105
Granarius.	198
Haemorrhoidalis.	143-173-174
Hispanus.	68-69
Hottentota.	52
Hybneri.	105
Inquinatus.	251
Laticollis.	52
Lemur.	109
Lividus.	235
Lunaris.	72
Luridus.	275
Maki.	111
Medius.	132-134
Merdarius.	231
Nuchicornis.	115-119-132-133
Nutans.	125
Ovatus.	152
Paniscus.	67-68
Pilularius.	54
Plagiatus.	204
Planicornis.	115
Porcatus.	308
Pubescens.	297
Rubidus.	168
Rufipes.	272
Sacer.	45
Schoefferi.	62
Schreberi.	143
Scropha.	295
Scybalarius.	179
Semicornis.	146
Serratus.	52

Similis. 119-120
Sinuatus. 54
Sordidus. 221
Sphinx. 85
Subterraneus. 171
Sus. 297
Tages. 105
Taurus. 138-139-140
Testudinarius. 300
Thoraco-circularis. . . . 99
Vacca. 132-134
Variolosus. 50
Vitulus. 105
Xiphias. 115-119
DIASTICTUS. 318
Sabuleti. 319
DECAMERA. 503
Brunnipes. 504
Praticola. 509
Pulverulenta. 506
DORCUS. 590
Oblongus. 592
Parallelipipedus. . . . 590-591
Tuberculatus. 591
EUCHLORA. 475
Devota. 480
Julii. 475-477-478
Junii. 482
Vitis. 477
EUPLEURUS. 170
Subterraneus. 170
GEOBIUS. 559
Cornifrons. 559
Dorcas. 559
Géotrupaires. 555
GEOTRUPES. 556
Arator. 557
Excavatus. 590
Foveatus. 558
Grypus. 575
Hypocrita. 560
Lævigatus. 568
Lævis. 565
Mobilicornis. 548
Monodon. 582-584

Mutator. 558
Nasicornis. 376-377
Punctato-striatus. 558
Punctatus. 584
Puncticollis. 557
Pyrænneus. 566
Silenus. 579
Stercorarius. 556-557
Sublævigatus. 560
Sylvaticus. 562
Typhœus. 554
Vernalis. . . . 564-565-566
GÉOTRUPINS. 543
GNORIMUS. 529
Nobilis. 532-533
Octo-punctatus. 530
Variabilis. 529-530
GYMNOPLEURUS. 53
Asperatus. 58
Cantharus. 55
Flagellatus. 57-58
Pilularius. **54-55**
HEPTAULACUS. 296
Nivalis. 298
Sus. 296
Testudinarius. 300
HEXAPHYLLUS. 582
Pontbriauti. 585
HOPLIA. 511
Argentea. 511-512
Argentea. 506
Brunnipes. 504
Cœrulea. 514
Farinosa. 512-513
Formosa. 513
Philanthus. 506
Praticola. 509
Pulverulenta. 506
Squammosa. 512
Hopliaires. 503
HYBALUS.
Cornifrons. 559
Dorcas. 559
HYBOSORUS. 557
Arator. 557

HYMENOPLIA. 470
  Chevrolati. 471
LIGNIPERDA.
  Cylindrica. 601
Lucanaires. 581
LUCANIENS. 581
LUCANUS. 584
  Bipunctatus. 591
  Capra. 586-591
  Capreolus. 586
  Caraboides. 595
  Cervus. 585
  Cylindricus. 602
  Chrysomelinus. 598
  Dama. 591
  Dorcas. 586-587
  Hircus. 586
  Inermis. 586
  Infractus. 591
  Parallelipipedus. . . . 591
  Piceus. 598
  Rufipes. 596
  Scarabœoides. 605
  Tarandus. 598
  Tenebrioides. 598
MELINOPTERUS. 282
  Contaminatus. 291
  Obliteratus. 288
  Prodromus. 283
MELOLONTHA. 405
  Æstiva. 428
  Agricola. 486-487-489
  Albida. 409-410
  Anketeri. 426
  Argentea 506-512
  Arvicola. 494
  Atra. 441
  Australis. 420
  Austriaca. . . . 485-486-487
  Berolinensis. 463
  Brunnea. 460
  Campestris. 496-497
  Cærulœa. 515
  Cornuta. 390
  Chrysomelina. . . . 341-463

Devota. 480
Dubia. 476-477-478
Eremita. 527
Farinosa. 512-515
Fasciata. 536
Fallenii. 447
Floricola. 466-487
Frischii. . . 476-477-478-482
Fruticola. . . 486-487-489-490
Fullo. 407
Fusca. 441
Graminicola. . 486-487-489-490
Hippocastani. 414-415
Holoscericea. 463
Horticola. 499-500
Humeralis. 466
Inanis. 428
Julii. 476-477-478
Junii. 482
Maculicollis. 429
Marginata. 455
Nigrita. 476
Nigripes. 415
Nigromarginata. 466
Nobilis. 533
Oblonga. 476
Occidentalis. 420
Octo-punctata. 530
Pagana. 455
Philanthus. 506
Pilosa. 425-426
Pini. 443
Pulverulenta. 506
Rufescens. 452
Ruficornis. 455
Ruricola. . . . 465-466-467
Semi-rufa. 452
Solstitialis. 450
Squammosa. 512-515
Tropica. 445
Ustulatipennis. 499
Variabilis. 463
Villosa. 425-426
Vitis. 477
Vulgaris. 411-412

Vulgaris.	415
Melolonthaires.	405
MELOLONTHINS,	392
MICRODONTA.	
Pini.	443
OCHODÆUS.	541
Chrysomelinus.	541-542
ODONTÆUS.	
Mobilicornis.	548
OMALOPLIA.	462
Aquila.	469
Holoscericea.	462
Ruricola.	466
ONITICELLUS.	95
Flavipes.	99
Pallipes.	96
ONITIS.	84
Amyntas.	88
Bison.	77-78
Bubalus.	81
Flavipes.	99
Ion.	92
Melibæus.	88
Olivieri.	85
Pallipes.	96
Sphinx.	85
Vandelii.	92
ONTHOPHAGUS.	102
Amyntas.	106
Bos.	139
Cœnobita.	127-128
Kapra.	139-140
Dillwynii.	115-116
Emarginatus.	154
Flavipes.	99
Fracticornis.	118-119
Furcatus.	149
Hybneri.	106
Lemur.	108-109
Maki.	111
Medius.	133
Nuchicornis.	114-115
Nutans.	124-125
Ovatus.	152
Planicornis.	115

Tages.	105-106
Taurus.	138-139
Schreberi.	143
Semicornis.	146
Vacca.	132-133-134
Xiphias.	115
ORYCTES.	375
Corniculatus.	377
Grypus.	375
Nasicornis.	375-376-377
Silenus.	379
Oryctesaires.	372
ORYCTESIENS.	369
OSMODERMA.	526
Eremita.	526-527
OTOPHORUS.	172
Hæmorrhoidalis.	173
OXYOMUS.	308
Asper.	314
Cæsus.	312
Porcatus.	308-309
OXYTHYREA.	572
Stictica.	572
PACHYPUS.	389
Candidæ.	389
Excavatus.	389
Siculus.	590
PENTODON.	382
Monodon.	382
Punctatus.	384
Pentodonaires.	381
PÉTALOCÉRIDES.	37
PHYLLOGNATHUS.	378
Silenus.	379
PHYLLOPERTHA.	495
Campestris.	495
Horticola.	498-499
PILULARIUS.	
Belisama.	73
Cruoreus.	139
Longipes.	62
Lunus.	73
Nuchicornis.	115
Nutans.	125
Ovatus.	152

Schreberi	143
Taurus.	159
Trituberculatus.	115
PLAGIOGONUS.	300
Arenarius.	306
Platycéraires. . . .	593
PLATYCERUS.	594
Caraboides.	594-595
Cervus.	586
Parallelipipedus. . . .	591
Rufipes.	596
Tenebrioides.	598
PLATYTOMUS.	310
Sabulosus.	310
Pleurophorates. . . .	304
PLEUROPHORUS.	312
Cæsus.	312
PRIOCÉRIDES. . . .	580
Psammodiaires. . .	317
PSAMMODIUS.	320
Arenarius.	327
Asper.	314
Cæsus.	312
Elevatus.	303
Porcatus.	309
Porcicollis	322-323
Sabuleti.	319
Sulcicollis.	321
PTINUS.	
Germanus.	314
RHYSSEMUS.	314
Asper.	314
Verrucosus.	316
RHYZOTROGUS. . . .	427
Æstivus.	428
Ater.	441
Cicatricosus. . . .	433
Maculicollis. . . .	429
Marginipes. . . .	435-436
Ochraceus.	447
Paganus.	455
Pini.	443
Rufescens.	450
Solstitialis	451
Thoracicus. . . .	431

Tropicus.	445
Vicinus.	438
SCARABÆUS.	43
Adiaphorus.	500
Æneus.	477
Affinis.	281
Agricola. . . .	485-486-493
Albopunctatus. . . .	573
Alces.	105
Algerinus.	384
Alpinus.	173
Amyntas.	105
Anachoreta. . . .	267
Arator.	276-337
Arcuatus.	222
Arenarius. . . .	306-326
Arenosus.	335
Aries.	377
Argenteus.	512-515
Armiger.	348
Asper.	314-321
Assimilis.	119
Ater.	195
Atratus.	466
Attaminatus.	244
Auratus. . . .	533-562-563
Austriacus.	486
Autumnalis.	450
Bicolor.	187-448
Biliteratus.	235
Bimaculatus. . . .	174-201
Bison.	77
Brevicornis.	168
Brunneus.	468
Cæsus.	312
Candidæ.	589
Capitatus.	272
Capra.	139
Caraboides.	595
Castaneus.	229
Centrolineatus. . . .	246
Cerealis.	426
Cervus.	585
Chrysomeloides. . .	342-465
Cænobita. . . . r .	128

Cœnosus. 213
Cœruleus. 515
Conflagratus. 179
Conjugatus. 182
Conspurcatus. 179-221-240-244-284
. . . . 291
Contaminatus. . 252-285 284-291
Coprinus. 179
Cordatus. 550
Coriarius. 57-526
Crenatus. 45
Cyathiger. 485
Cylindricus. 602
Decempunctatus. . . . 109
Decipiens. 281
Depressus. 279
Deserti. 425
Distinctus. 244
Dubius. 476-477
Elevatus. 302
Emarginatus. 72
Eremita. 526
Erraticus. 165
Excavatus. 379-390
Farinosus. 512
Fasciatus. 536-539
Femoratus. 333
Fenestralis. 308
Fimetarius. . . 180-184-186-284
Flagellatus. 57
Flavipes. 99
Fœdatus. 244
Fœtens. 184-222
Fœtidus. 180
Foriorum. 252
Fossor. 176-177
Foveatus. 558
Foveolatus. 508
Fracticornis. 119
Frischii. 478
Fulgens. 128
Fuliginosus. 566
Fullo. 407
Fulvescens. 460
Fulvus. 460

Funerarius 573
Funestus. 573
Furcatus. 149
Fuscus. 295
Gagates. 276
Gagatinus. 276
Gelbinus. 252
Geoffroœ. 54
Geoffroyx. 54
Glaucus. 426
Globosus. 526
Granarius. . . . 173-198-212
Hæmorrhoidalis. . . 173-198
Hemipterus. 522
Herbstii. 119
Hirtellus. 577
Hispanicus. 68
Hispanus. 68
Holosericeus. 465
Horticola. 499
Humeralis. 466
Hybneri. 105
Hydrochœris. 217
Hypocrita. 560
Ictericus. 229-252
Idiota. 382
Illyricus. 458
Inquinatus. . . . 244-251-252
Interpunctatus. . . . 273
Ion. 92
Janthinus. 476
Juvencus. 105
Lævigatus. 568
Lamellatus. 465
Laticollis. 51-52
Lemur. 108
Limicola. 256
Lividus. 255
Longipes. 61
Lunaris. 72
Luridus. . . . 274-275-276
Majalis. 412
Marginatus. 466
Medius. 132
Melolontha. 412

Merdarius.	229-231
Minutus.	295
Mobilicornis.	347-349
Monodon.	382
Mopsus.	54
Mutator.	358
Nasicornis.	376
Nemoralis.	255
Niger.	202
Nigripes.	276
Nigrosulcatus.	275
Nitidulus.	229
Nobilis.	533-562
Nubilus.	246
Nuchicornis.	114-119-128-132
Nutans.	125
Oblongus.	272
Obscurus.	195-265
Octopunctatus.	530
Ovatus.	152
Pallipes.	96
Paniscus.	68
Pecari.	281
Pedellus.	187
Pellucidus.	463
Philanthus.	506
Pilularius.	54
Plagiatus.	203-204
Planicornis.	114
Porcatus.	308
Porcus.	267
Prodromus.	283-284
Pubescens.	297
Pulverulentus.	506
Pumilus.	355
Punctatus.	382-384
Punctulatus.	384
Pusillus.	196-212-306
Putridus.	267
Quadridentatus.	72
Quadriguttatus.	260
Quadrimaculatus.	206-260
Quadripunctatus.	221
Quadripustulatus.	206
Quadrituberculatus.	109
Quadrum.	138
Quisquilius.	251-297
Recticornis.	159
Rhododactylus.	306
Rubidus.	168
Rufipes.	272-276
Rufus.	222
Rugosus.	138
Ruricola.	466
Sabuleti.	519
Sacer.	45
Sanguinolentus.	174-206
Satellitius.	281
Schæfferi.	61
Schreberi.	143
Scopoli.	476
Scropha.	294
Scrutator.	168-184
Scybalarius.	179-180
Semicornis.	146
Semipunctatus.	50
Silenus.	379
Smaragdus.	562
Solstitialis.	450
Sordidus.	220-221-222
Speciosissimus.	547
Sphacelatus.	284
Sphinx.	85
Spiniger.	357
Squalidus.	578
Squammosus.	515
Squammulatus.	522
Squammulosus.	515
Stercorarius.	357-360
Stercorosus.	362
Sticticus.	255-573
Sturmii.	54
Subsulcatus.	46
Subterraneus.	171-329
Sulzeri.	463
Superbus.	547
Sus.	297
Sylvaticus.	362
Sylvestris.	308
Tages.	105

Taurus.	138-140
Tenuicornis.	128
Terrestris.	195
Tessulatus.	244-252
Testaceus.	349-426
Testudinarius.	500
Thoracocircularis.	99
Tomentosus.	295
Tristis.	208
Turpis.	267
Typhæus.	334
Vacca.	132
Vaccinarius.	184
Vaginosus.	244
Variabilis.	529-530-533-563
Variegatus.	275-276-522
Variolosus.	50
Varius.	276
Vernalis.	364-365
Verticicornis.	125
Vespertinus.	235-236
Villosus.	426-489
Viridicollis.	500
Viridulus.	533
Vitis.	477
Vitulus.	149
Xiphias.	114-119
SERICA.	459
Aquila.	469
Brunnea.	460
Marginata.	466-467
Strigosa.	471
Sultzeri.	463
Variabilis.	463
Sericaires.	457
SILPHA.	
Scabra.	333
SINODENDRIENS.	600
SINODENDRON.	601
Cylindricum.	601
Sisyphaires.	41
SISYPHUS.	60
Boschncki.	62
Schæfferi.	61-62
SYNODENDRON.	
Cylindricum.	602
TEUCHESTES.	176
Fossor.	176
THORECTES.	367
Lævigatus.	367
Trichiaires.	524
TRICHIUS.	535
Abdominalis.	540
Auratus.	533
Decempunctatus.	530
Eremita.	527
Eremiticus.	527
Fasciatus.	536
Fasciatus.	539
Gallicus.	539
Hemipterus.	522
Nobilis.	535
Octopunctatus.	530
Succinctus.	536-539
Variabilis.	530
TRICHONOTUS.	294
Scropha.	294
TRIODONTA.	468
Aquila.	468
TROGIDIENS.	324
TROPINOTA.	575
Hirtella.	577
Reyi.	575
TROX.	528
Arenarius.	531-533
Arenosus.	531
Barbosus.	533
Hispidus.	530-531
Hispidus.	533
Holosericeus.	465

Luridus. 331
Niger. 331
Perlatus. 329
Sabulosus. 332-333
Sabulosus. 329
Scaber. 335

TYPHÆUS.
Vulgaris. 354

Valguaires. 519
VALGUS. . . . .
Hemipterus. 521-522

FIN DE LA TABLE.

ERRATA ET ADDENDA.

Page   13. ligne 12. Dans les Anisoplies, etc. lisez : dans les Anisoplies et les Phyllognathes, la dernière pièce des tarses antérieurs offre une courbure et un
renflement plus prononcés dans les mâles.

P.   17. lig. 25. Westhouse, lisez : Waterhouse.

P. 182. lig. 17. Reportez après *Aphodius fasciatus* la citation de Panz. Faun. Germ.
28. 6.

Panzer après avoir, le premier, dans son Ent. Germ. fait connaître cette
espèce sous le nom de *Conjugatus*, adopta, dans sa Faune, le nom nouveau
qu'il avait plu à Fabricius de lui imposer.

P. 264. lig. 15. Rouix, lisez Rouy.

P. 308. lig. 18. Après **O. Porcatus;** ajoutez : F_{AB}.

P. 344. lig. 27. Se trouvent cramponnés, lisez : se tiennent cramponnés.

P. 313. lig. 20. ⎫
P. 361. lig. 28. ⎬ Au lieu de : Elytres une fois aussi longues, lisez : Elytres une fois
P. 362. lig. 17. ⎪   plus longues.
P. 363. lig. 31. ⎭

P. 363. Avant-dernière ligne **G. Amæthysticus**, lisez : **Amethystinus.**

P. 370. lig. 22. Armées de crochets simples *et* bidentées, lisez : simples ou bidentées.

P. 371. lig. 33. Après : hyménoptères fouisseurs vivent à leurs dépens, ajoutez:
suivant les belles observations de M. le docteur Passerini, publiées à Pise,
en 1840, et à Florence en 1841.

P. 378. Après la description de l'*O. Nasicornis*, ajoutez :
Obs. Cette espèce offre avec la précédente une si grande identité de
conformation qu'elle semble n'en être qu'une variété septentrionale d'une
taille généralement plus petite, et d'une ponctuation visible ; toutefois on
n'a pas encore trouvé les variétés intermédiaires qui justifieraient complétement cette supposition.

P. 442. lig. 28. Après *A. ater*, ajoutez: ♀.

P. 474. Au tableau, au lieu de : Epistome en forme de groin ou rétréci d'avant en
arrière... *Anisoplia*, lisez : rétréci d'arrière en avant.

P. 512. lig. 12. Au lieu de jaune roux, lisez : roux jaune.

EXPLICATION DES PLANCHES.

PLANCHE PREMIERE.

1. *Scarabœus sacer.*
2. Pieds de la bouche du *Scarabœus semipunctatus.*—a, Labre
—b, Mandibules.—c, Mâchoire et palpe maxillaire.—d, Menton et palpes labiaux.
3. Jambe antérieure du *Gymnopleurus pilularius.*—a, ♂; b, ♀.
4. *Onitis Ion.*
5. a, Larve grossie de l'*Onthophagus vacca.*—b, Tête laissant voir le labre, les mandibules et les antennes.—c, Mâchoires, palpes maxillaires, menton et palpes labiaux.
6. Mâchoires et palpes maxillaires, menton et palpes labiaux de l'*Onthophagus taurus.*
7. a. Larve grossie de l'*Acrossus pecari.*—b, Tête, laissant voir le labre, les mandibules et les antennes.—c, Mâchoires, palpes maxillaires, menton et palpes labiaux.
8. Tête grossie de la larve de l'*Aphodius bimaculatus,* montrant les antennes, le labre et les mandibules.
9. Antennes, mâchoires et palpes maxillaires grossis de la larve de l'*Aphodius inquinatus.*
10. *Aphodius nivalis.*—11. Elytre grossie.
12. Elytre grossie de l'*Aphodius scybalarius,* montrant les septième et huitième stries ou rainurelles plus courtes, pariales et encloses par les sixième et neuvième.
13. Elytre grossie de l'*Acrossus luridus* offrant les cinquième et sixième rainurelles plus courtes et pariales.
14. Pièces de la bouche du *Ceratophyus typhœus.*—a, Labre.—b, Mandibule.—c, Mâchoire et palpe maxillaire.—d, Menton et palpes labiaux.

15. *Bolboceras gallicus* ♂.—16. *id.* ♀.—17. Tête de la ♀ vue de face.

18. a, Larve du *Dorcus parallelipipedus.*—b, Tête grossie, laissant voir le labre, les mandibules et les antennes.—c, Mâchoires et palpes maxillaires, menton et palpes labiaux.

DEUXIÈME PLANCHE.

1. *Hybosorus arator.*
2. *Geobius dorcas,* ♂.—3. Tête et prothorax de la ♀.
4. Tarse postérieur de l'*Oryctes nasicornis.*
5. Tarse postérieur du *Pentodon punctatus.*
6. Pièces de la bouche du *Pachypus candidæ.*—a, Mandibule.—b, Mâchoire et palpe maxillaire.—c, Menton et palpes labiaux.
7. Dernier article des tarses et ongles de l'*Anoxia pilosa.*
8. Pièces de la bouche de l'*Amphimallus ater.*—a, Labre.—b, Mandibule.—c, Mâchoire et palpe maxillaire.—d, Menton et palpes labiaux.
9. Dernier article des tarses et ongles de l'*Amphimallus ater.*
10. Pièces de la bouche de l'*Amphimallus pini.*—a, Labre.—b, Mandibule.—c, Mâchoire et palpe maxillaire.—d, Menton et palpes labiaux.
11. Dernier article du tarse postérieur et ongles du *Triodonta aquila.*
12. Pièces de la bouche de l'*Hymenoplia chevrolati.*—a, Labre.—b, Mandibule.—c, Mâchoire et palpe maxillaire.—d, Menton et palpes labiaux.
13. Dernier article des tarses et ongles des pieds antérieurs du même insecte.—a, ♂; b, ♀.
14. Dernier article des tarses et ongles des pieds antérieurs de l'*Euchlora julii.*
15. Dernier article des tarses et ongles des pieds antérieurs de l'*Anisoplia austriaca.*—a, ♂; b, ♀.
16. a, *Gnorimus nobilis.*—b, Pygidium, ♂.—c, *id.* ♀.—d, Jambe postérieure ♂.—e, ♀.
17. Ongle des pieds postérieurs.—a, de la *Decamera pulverulenta.* —b, de l'*Hoplia cærulea.*
18. Pièces de la bouche de l'*Osmoderma eremita.*—a, Labre.—b, Mandibules.—c, Mâchoire et palpe maxillaire.—d, Menton et palpes labiaux.
19. Extrémité de la jambe et tarses des pieds antérieurs du *Gnorimus nobilis.*—a, ♂.—b, ♀.

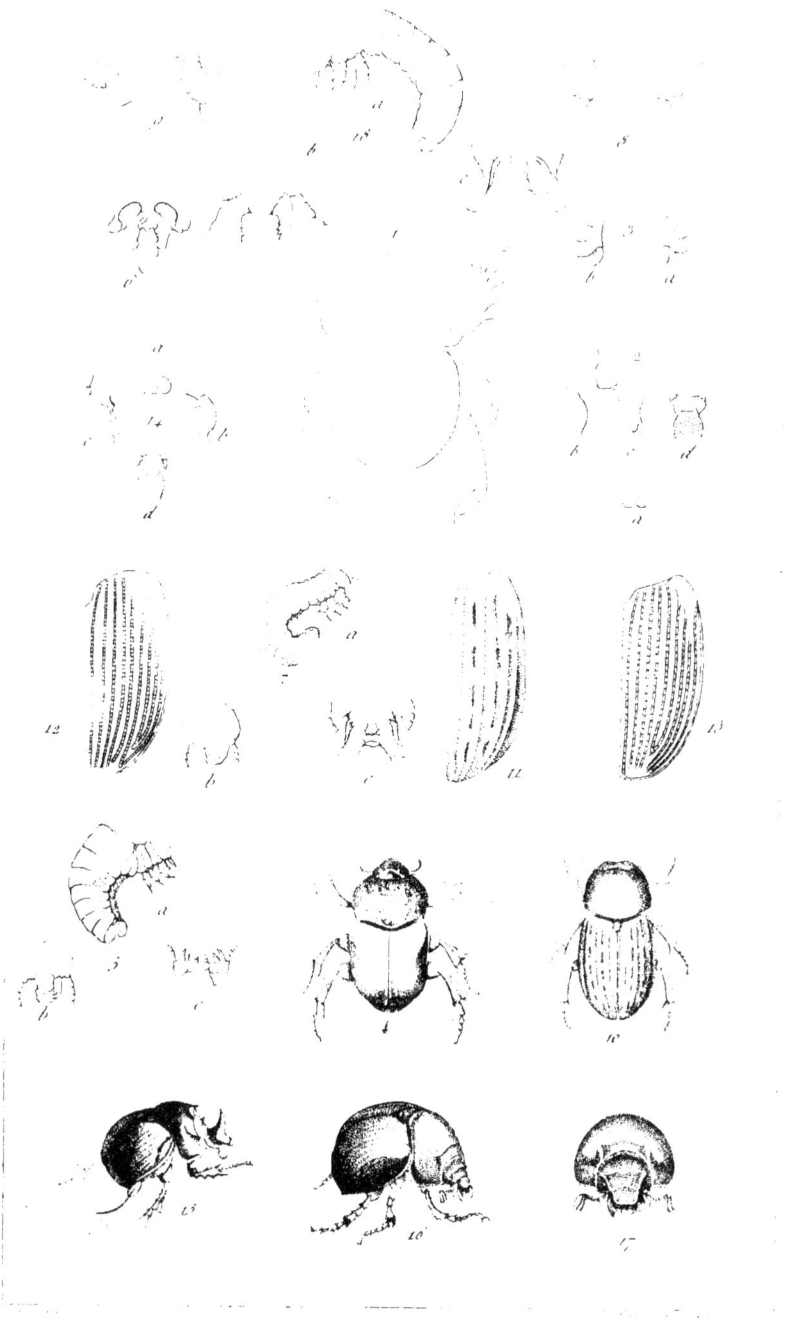

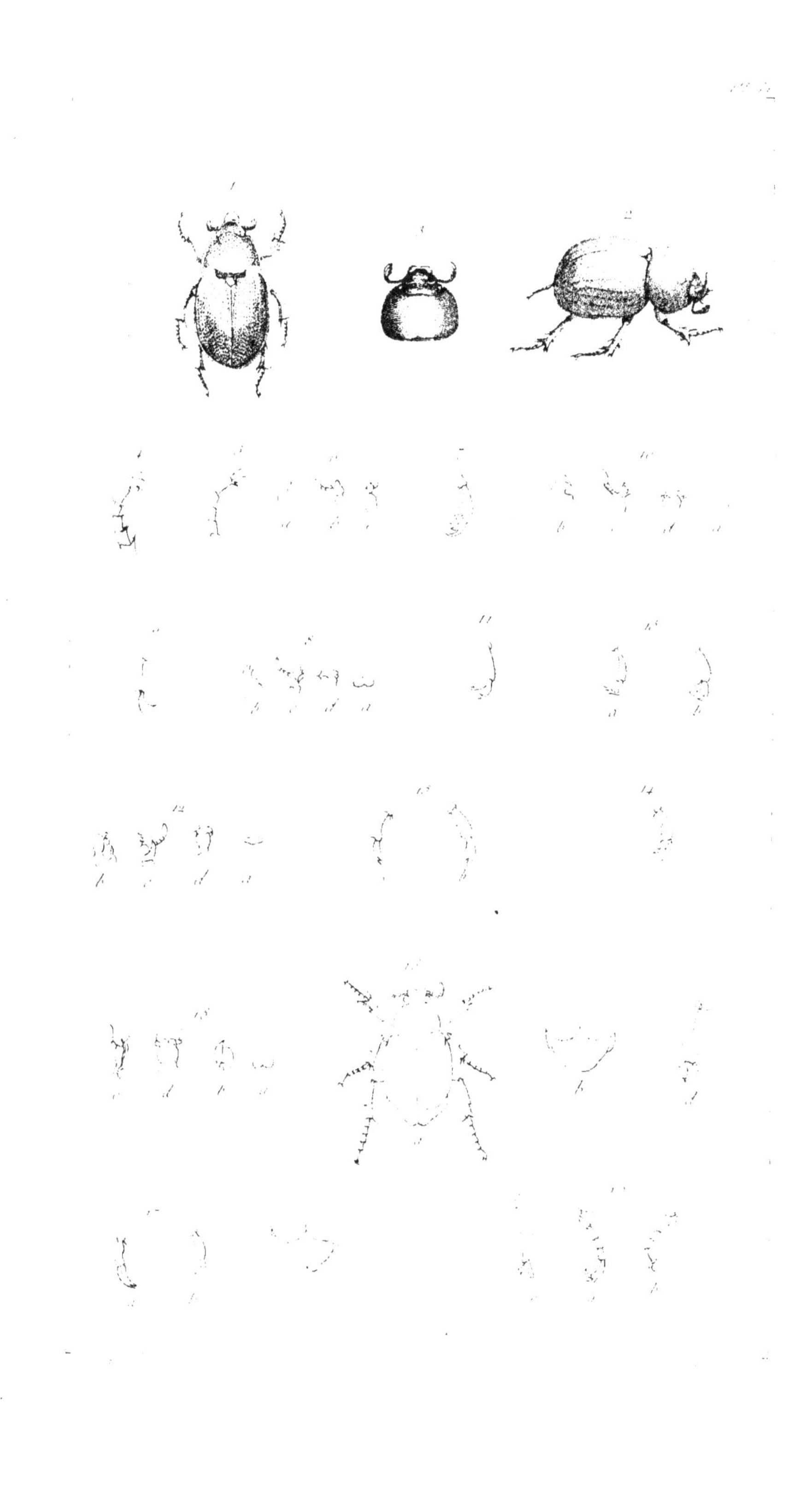

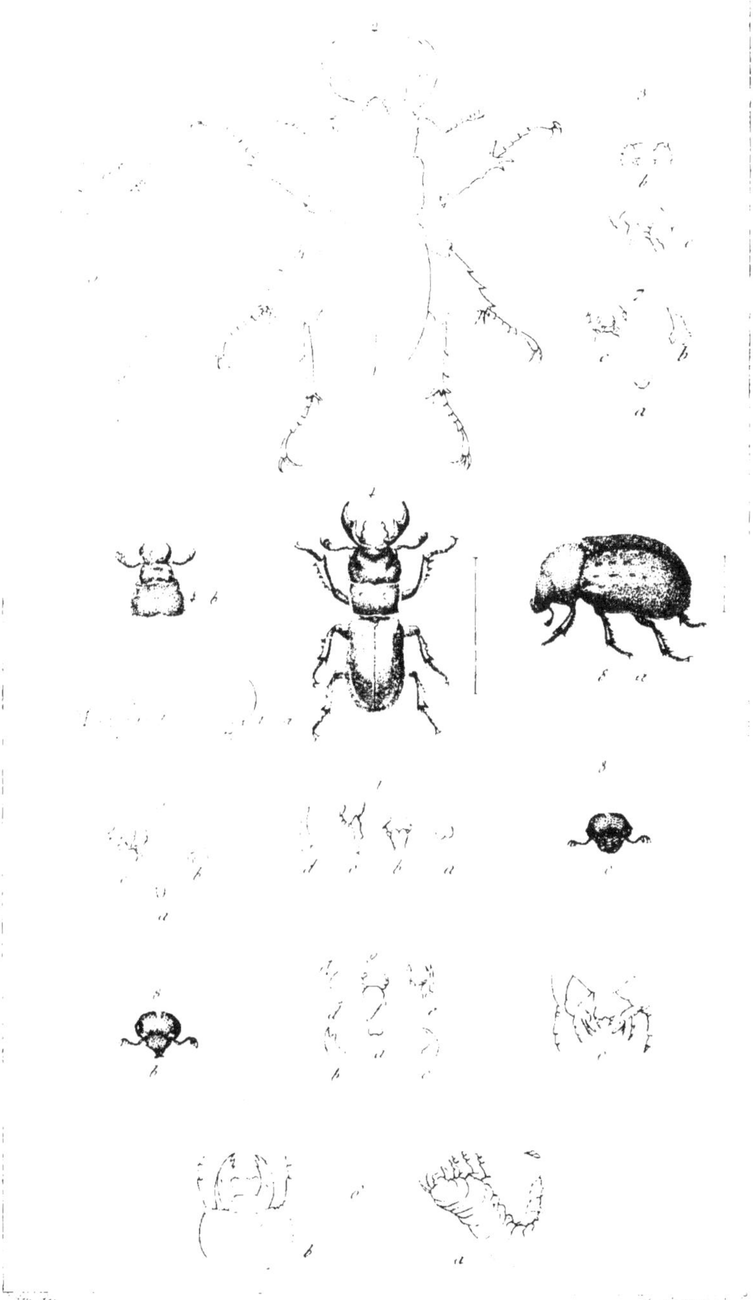

TROISIÈME PLANCHE.

1. Pièces de la bouche du *Trichius fasciatus.*—a, Labre.—b, Mandibule.—c, Mâchoire et palpe maxillaire.—d, Menton et palpes labiaux.
2. *Hexaphyllus pontbrianti.*
3. Larve grossie du *Valgus hemipterus.*—a, Tête laissant voir le labre, les mandibules et les antennes.—b, Mâchoires et palpe maxillaire, menton et palpes labiaux.
4. *Ceruchus tarandus.*—a, ♂ ; b, tête et prothorax de la ♀.
5. Pièces de la bouche du *Ceruchus tarandus* ♀.—a, Labre.—b, Mandibule.—c, Mâchoires et palpes maxillaires, menton et palpes labiaux.
6. Larve du *Ceruchus tarandus.*—a, Tête grossie, laissant voir le labre, les mandibules et les antennes.—b, même tête, vue en dessous, montrant les antennes, les mâchoires et les palpes maxillaires, le menton et les palpes labiaux.
7. Pièces de la bouche du *Sinodendron cylindricum.*—a, Labre.—b, Mandibule.—c, Mâchoires et palpes maxillaires, menton et palpes labiaux.
8. a, *Æsalus scarabæoides* ♂.—b, Tête de la ♀.—c, Tête du ♂.
9. Pièces de la bouche de l'*Æsalus scarabæoïdes.*—a, Labre.—b, c, Mandibules de la ♀.—d, Mandibule du ♂.—e, Mâchoire et palpe maxillaire.—f, Menton et palpes labiaux ♂ ♀.
10. Larve un peu grossie du *Sinodendron cylindricum.*—a, Tête laissant voir le labre des mandibules et les antennes.—b, Mâchoires, palpes maxillaires et palpes labiaux.

RECTIFICATIONS ET ADDITIONS

A LA MONOGRAPHIE DES LONGICORNES.

Pag. 65. Le nom générique du *Strommatium* créé par M. Audinet
Serville doit être substitué à celui de *Solenophorus*.

Ajoutez après la phrase diagnostique du *S. strepens :*

♂. Antennes de moitié plus longues que le corps. Prothorax garni sur les côtés d'une sorte de brosse, ou marqué
d'une plaque subcrénelée sur ses bords et densement hérissée
de poils sur sa surface. Corps plus étroit. Pygidium couvert
par les élytres.

♀. Antennes plus courtes que le corps. Prothorax dépourvu
de brosses sur les côtés. Corps plus large ; dernier anneau de
l'abdomen et tarière ordinairement saillants.

Pag. 71. Le nom générique de *Platynotus* ayant déjà été publié par
Fabricius, nous le remplacerons par celui de *Plagionotus*.

Pag. 162. Le nom générique de *Stenosoma* servant à désigner une coupe
de Crustacés, nous lui subtituerons celui de *Stenidea*.

Pag. 271. **Lept. Fontenayi.** La phrase diagnostique doit être remplacée par celle-ci :

Prothorax arrondi latéralement dans son milieu ; étranglé au dessus des angles postérieurs qui sont obtus. Elytres d'un rouge ferrugineux, obliquement échancrées au sommet. Tête, pieds et dessous du corps, noirs.

♂. Antennes dentées en scie, surtout vers l'extrémité. Prothorax noir. Elytres subgraduellement rétrécies de la base à l'extrémité.

♀. Antennes plus faiblement dentées. Prothorax d'un rouge semblable à celui des élytres. Celles-ci subparallèles dans la plus grande partie de leur longueur, et curvilinéairement rétrécies vers l'extrémité.

Obs. Notre histoire des Coléoptères étant bornée à ceux de la France continentale, nous ne signalerons point ici le *Prinobius myardi*, espèce remarquable de Prioniens trouvée en Corse par M. Myard, et décrite par nous dans le tome 5 des Annales de la Société d'Agriculture de Lyon.

—

1-2. Toxotus Dentipes; Nob. *Quatrième article des antennes à peine plus grand que la moitié du précédent : celui-ci à peu près égal au cinquième. Elytres rétrécies vers l'extrémité ; inermes à cette dernière. Cuisses intermédiaires et postérieures épineuses en dessous près de l'articulation femoro-tibiale.*

Toxotus dentipes, Muls. Annales des sciences physiques, etc., publiées par la Société
d'Agriculture de Lyon, t. 5. p. 109. pl. xi. f. 2.

Long. 0^m,0247 (11^l).—Larg. 0^m,0090 (4^l).

♀. Tête noire; marquée de points presque confluents; garnie d'un duvet jaune, luisant et peu épais; longitudinalement creusée sur le milieu du front d'un sillon médiocrement profond; subtuberculeusement relevée à la base des antennes; sillonnée transversalement en arc renversé sur les limites antérieures du front; rétrécie derrière les yeux en une sorte de cou. Labre garni de poils flavescents; d'un rouge brun livide ainsi que le postépistome et l'épistome : ce dernier tirant davantage sur le jaune. Yeux saillants sur les bords de la tête; légèrement échancrés dans le milieu de leur parties antérieure et postérieure. Antennes situées au devant des yeux; aussi longues que les deux tiers du corps; subfiliformes; ferrugineuses ou d'un rouge brunâtre; de onze articles : le premier graduellement renflé, presque égal en longueur au troisième : celui-ci à peu près aussi grand que le cinquième : le quatrième à peine plus grand que la moitié de chacun de ses voisins; garnies sur les sept premiers articles de poils d'un livide flavescent, couvertes sur les quatre derniers d'un duvet très-court d'un éclat argenté. Prothorax arqué antérieurement; bissinueusement tronqué à sa partie postérieure; plus étroit en devant qu'en arrière; relevé en rebord au sommet et à la base; transversalement sillonné derrière le premier et au devant de la seconde; étranglé latéralement à l'extrémité de ces sillons : armé de chaque côté dans son milieu d'un tubercule pointu ou subépineux; longitudinalement canaliculé sur son disque; ponctué; noir ; garni d'un duvet jaune, luisant, paraissant d'un jaune verdâtre par l'effet du contraste des couleurs. Ecusson triangulaire; à côtés subsinueux, plus longs que la base; noir; revêtu d'un duvet jaune, luisant. Elytres presque une fois aussi larges que le prothorax à sa base, trois fois et tiers aussi longues que lui; rétrécies des épaules à l'extrémité ou formant, réunies, un triangle une fois plus long que large; inermes et très-brièvement déhiscentes à l'angle sutural; faiblement convexes en dessus; à fossette humérale très-apparente; relevées aux épaules; rugueusement ponctuées dans leur tiers antérieur et graduellement d'une manière plus fine vers l'extrémité ; chargées sur leur disque d'un empâtement court et linéaire ; garnies d'un duvet peu apparent si ce n'est vers leur partie postérieure ; d'un rouge livide, brunâtre aux deux extrémités, jaunâtre dans la partie médiaire. Dessous du corps noir ; densement revêtu d'un duvet doré, brillant, paraissant d'un jaune verdâtre. Pieds allongés ; ferrugineux ou d'un rouge brun ; garnis d'un duvet jaune médiocrement apparent. Cuisses intermédiaires et postérieures creusées en dessous d'un sillon graduellement plus profond vers l'articulation fémoro-tibiale ; armée près de celle-ci d'une épine de chaque côté de ce sillon.

Cette espèce remarquable a été trouvée morte, mais dans un état parfait de conservation, dans la forêt de Loches (Indre-et-Loire) par M. Blaive entomologiste de Tours à qui j'en dois la communication.

8-9. Strangalia Distigma: CHARPENT. *Tête et prothorax noirs : le dernier sinueusement rétréci d'arrière en avant : épineux à ses angles postérieurs. Elytres rétrécies de la base à l'extrémité et uniformément d'un rouge pourpré (♂); ou subsinueusement parallèles dans leur plus grande longueur, rétrécies postérieurement, d'un rouge de minium avec l'extrémité et une tache sur chacun de leur disque, noires (♀).*

CHARPENT. *Leptura distigma*, Hor. Ent. p. 227. pl. 9. f. 1. ♂; f. 4. ♀.

Tête triangulaire; noire; hérissée de poils cendrés; presque lisse et parcimonieusement ponctuée sur le postépistome; subruguleusement couverte de points enfoncés plus gros et confluents sur le reste de sa surface; transversalement sillonnée à la base du front et marquée dans ce point d'une plaque triangulaire presque imponctuée; longitudinalement rayée entre les antennes et tuberculeusement relevée à leur base; brusquement rétrécie derrière les yeux et séparée du prothorax par une sorte de cou. Yeux bruns; médiocrement échancrés; saillants sur les bords de la tête. Antennes situées à la partie antérieure de l'échancrure des yeux; presque aussi longues que le corps et subdentelées (♂), ou moins longues que lui, subfiliformes, presque insensiblement et graduellement plus renflées dans leur seconde moitié (♀); noires; garnies de poils de même couleur, très-courts, couchés et peu apparents; de onze articles : le premier renflé, moins long que le troisième qui est plus grand que les suivants. Prothorax tronqué antérieurement; fortement bissinueux à sa partie postérieure; étroitement rebordé au sommet et à la base; subsillonné transversalement au dessus de celle-ci; sinueusement rétréci d'arrière en avant ou subangulairement dilaté sur les côtés, au dessous du sommet, et rétréci au devant des angles postérieurs prolongés sur les épaules, en pointe épineuse; convexe en dessus; brièvement marqué longitudinalement sur son disque d'une ligne souvent indistincte; noir; hérissé de poils cendrés; ruguleusement couvert de points enfoncés confluents, plus gros que ceux du vertex. Ecusson noir; en triangle curviligne; densement ponctué et garni de poils noirs mi-couchés. Elytres un peu plus larges que le prothorax à l'extrémité de ses angles postérieurs; deux fois et demie (♂) ou près de trois fois aussi longues que lui (♀); à fossette humérale profonde; graduellement rétrécies de la base à l'extrémité (♂) ou subsinueusement parallèles jusqu'aux quatre cinquièmes de leur longueur et curvilinéairement rétrécies de ce point à l'extrémité (♀); échancrées à celle-ci; un peu débordées par le segment anal; subconvexes (♂) ou subdéprimées (♀) longitudinalement en dessus; plus fortement rabattues sur les côtés; garnies à la suture d'un léger rebord ; ruguleusement ponctuées, ou garnies de points assez rapprochés, plus gros près de la base, graduellement plus petits vers l'extrémité, et de chacun desquels sort un poil mi-couché, noir (♂) ou cendré doré (♀) ; uniformément d'un rouge de pourpre (♂), ou d'un rouge de minium avec l'extrémité et une tache ovale ou oblongue sur le disque de chacune, noires (♀). Dessous du corps entièrement noir (♂) ou avec les cinq derniers anneaux du ventre rouge (♀) ; finement pointillé ; garni d'un duvet cendré blanchâtre, brillant, plus apparent sur les parties pectorales. Pieds allongés, grêles ; noirs (♂) ou avec les cuisses et les jambes rouges dans leur partie moyenne (♀).

Cette belle espèce a été trouvée par M. Doublier dans les environs de Draguignan ; elle m'a été communiquée par M. Bompart. J'ai décrit le mâle d'après M. Charpentier ; je n'ai vu que la femelle.

Obs. La tache noire de l'extrémité des élytres ne couvre quelquefois qu'un cinquième ou un sixième de la longueur de celles-ci, d'autres fois elle en occupe le tiers. Ordinairement elle est transversalement droite en devant, d'autres fois elle est sinueusement coupée. La tache du disque est située entre le quart et la moitié de la longueur.

6-7. Leptura stragulata; Germar. *Prothorax arrondi latéralement dans son milieu, étranglé au dessus des angles postérieurs qui sont obtus; noir et ponctué ainsi que la tête. Élytres obliquement échancrées à l'extrémité; d'un rouge jaune; ornées d'une tache noire partant de l'extrémité, se détachant, un peu au dessus de celle-ci, des côtés extérieurs, bordant largement la suture en remontant jusqu'à la moitié de sa longueur, et de là prolongée obliquement vers les épaules.*

Germar. Insect. Spec. p. 523. 701.—Charpent. Hor. Entom. p. 288. pl. 9. f. 7, 8, ♂; ♀.

Var. A. **L. Sublineata;** Nob. *Partie oblique de la tache des élytres réduite à un prolongement linéaire.*

Var. B. **L. Scapularis;** Nob. *Prolongement oblique de la tache des élytres réduite à une tache subhumérale.*

Var. C. **L. Abbreviata;** Nob. *Tache des élytres sans prolongement vers les épaules.*

Var. D. **L. Fusciventris;** Nob. *Ventre noir.*

Var. E. **L. Rufiventris;** Nob. *Ventre d'un rouge jaune.*

Var. F. **L. Luteipes;** Nob. *Pieds entièrement d'un rouge jaune.*

Var. G. **L. Varipes;** Nob. *Cuisses et jambes et quelquefois partie des tarses d'un rouge jaune.*

Var. H. **L. Fuscipes;** Nob. *Pieds entièrement noirs.*

L. 0^m,012 à 0^m,013 (5 à 5 1/2^l).—L. 0^m,0035 à 0^m,0040 (2 1/2^l).

Tête triangulaire, noire; marquée de points enfoncés presque confluents et graduellement moins petits en se rapprochant de l'occiput; parsemée de poils d'un gris jaunâtre; transversalement sillonnée au bas du front; tuberculeusement relevée à la base des antennes; brusquement rétrécie derrière les yeux et séparée du prothorax par une sorte de cou. Yeux noirs; subarrondis, faiblement échancrés; saillants sur les bords de la tête. Antennes insérées à l'extrémité antérieure de l'échancrure des yeux; à peine aussi longues que le corps (♂), ou notablement moins longues que lui (♀); subfiliformes ou très-faiblement plus épaisses vers leur extrémité (♀); dentées en scie dans leur seconde moitié (♂); tantôt entièrement noires ou d'un rouge jaune à leurs trois ou quatre premiers articles (♂), tantôt annelées de noir et de rouge jaune, excepté leurs trois derniers articles qui sont toujours noirs (♀); légèrement garnies d'un duvet concolore; de onze articles: le premier, renflé, arqué, à peine plus long que le troisième. Prothorax tronqué antérieurement en ligne droite; bissinueusement à sa partie postérieure; étroitement rebordé au sommet et à la base; creusé d'un sillon parallèle au dessous de celui-là et au dessus de celle-ci; plus étroit en devant que la partie postérieure de la tête; arrondi de chaque côté et aussi large dans son milieu que cette dernière; étranglé au dessus des angles postérieurs qui sont obtus; convexe en dessus; longitudinalement marqué sur son dos d'un empâtement linéaire à peine apparent; couvert de points enfoncés rapprochés; noir, hérissé de poils de même couleur et peu apparents. Ecusson subarrondi; noir, garni de poils fauves et couchés. Elytres d'un tiers au moins plus larges que le prothorax à sa base; trois fois aussi longues que lui; à fossette humérale très-marquée; rétrécies des épaules à l'extrémité un peu curvilinéairement, chez les femelles surtout; obliquement échancrées à l'extrémité; terminées en pointe à l'angle extérieur; faiblement débordées par le segment anal; subconvexes longitudinalement sur leur disque, plus brusquement rabattues sur les côtés; couvertes de points rapprochés et graduellement d'une manière plus forte à la base qu'à la partie opposée; d'un rouge jaune; parées d'une tache noire partant de l'extrémité qu'elle couvre entièrement, se détachant un peu au dessus de celle-ci des côtés externes, bordant largement et subparallèlement la suture en remontant au moins jusqu'à la moitié de la longueur de celle-ci, et de là divisée en deux branches obliques qui se prolongent chacune vers les épaules; garnies d'un duvet peu apparent et concolore. Dessous de la tête et du prothorax noirs : ce dernier pointillé et garni d'un duvet gris fauve, luisant. Ventre tantôt noir, tantôt d'un rouge jaune chez les mâles; toujours de cette même couleur dans l'autre sexe. Segment anal presque entier (♂) ou échancré (♀). Pieds allongés, tantôt entièrement d'un rouge jaune, tantôt de cette couleur avec les tarses au moins en partie noirs, tantôt enfin tout noirs.

Cette jolie espèce a été trouvée par M. Myard sur les sapins qui couvrent une partie du Canigou, (Pyrénées Orientales).

Elle varie beaucoup. Chez la femelle, les antennes sont annelées de noir et de rouge jaune avec les deux premiers articles et la moitié du troisième de la même couleur et les trois derniers noirs. Chez le mâle elles sont toutes noires ou d'un rouge jaune à leurs trois ou quatre premiers articles. Les prolongements antérieurs et latéraux de la tache des élytres se réduisent chez quelques individus à une forme linéaire ou bilinéaire inférieurement; chez d'autres il n'en reste qu'une sorte de point subhuméral; chez plusieurs, enfin, ils disparaissent complètement. La tache principale elle-même au lieu d'être parallèlement prolongée jusqu'au point où elle s'arrête en devant, se rétrécit vers cet endroit. Les pieds et le ventre varient aussi.

www.ingramcontent.com/pod-product-compliance
Lightning Source LLC
LaVergne TN
LVHW021918170726
843501LV00001BA/73